Prüfungstraining Theoretische Physik – Elektrodynamik

Markus Eichhorn

Prüfungstraining Theoretische Physik – Elektrodynamik

Klausuren mit ausführlichen Lösungen

Markus Eichhorn
Landau in der Pfalz, Deutschland

ISBN 978-3-662-71708-0   ISBN 978-3-662-71709-7   (eBook)
https://doi.org/10.1007/978-3-662-71709-7

Die Deutsche Nationalbibliothek verzeichnet diese Publikation in der Deutschen Nationalbibliografie; detaillierte
bibliografische Daten sind im Internet über https://portal.dnb.de abrufbar.

Planung/Lektorat: Caroline Strunz
Springer Spektrum ist ein Imprint der eingetragenen Gesellschaft Springer-Verlag GmbH, DE und ist ein Teil von
Springer Nature.
Die Anschrift der Gesellschaft ist: Heidelberger Platz 3, 14197 Berlin, Germany

Wenn Sie dieses Produkt entsorgen, geben Sie das Papier bitte zum Recycling.

Vorwort

Mit großer Freude blicke ich auf dieses wunderbare Projekt zurück. Als vor einigen Jahren die Idee zu dieser Reihe an mich herangetragen wurde, hätte ich mir kaum vorstellen können, was daraus einmal entstehen würde. Mit diesem Werk liegt nun bereits der dritte Band der Reihe „Prüfungstraining Theoretische Physik" vor – und ich hoffe sehr, dass es noch lange nicht der letzte sein wird.

Als Theoretischer Physiker, aber auch als Mensch unserer modernen Zeiten, bin ich fasziniert von der Elektrodynamik und ihrem Einfluss auf unser aller Leben.
Von der Entdeckung elektrischer und magnetischer Phänomene in der Antike, ihrer genaueren Untersuchung und ihre Vereinheitlichung zur Elektrodynamik im 18. und 19. Jahrhundert, über ihre relativistische Formulierung und ihrer Interpretation im Rahmen einer Quantenfeldtheorie, bis hin zu ihrem Auftreten im heutigen Standardmodell der Teilchenphysik und der elektroschwachen Vereinheitlichung, hat sie die Menschheit fortwährend begleitet. Alltägliche Phänomene wie Blitze oder das Verhalten von Magnetnadeln und Licht konnten durch sie erklärt und ihre Erkenntnisse für neue Technologien benutzt werden. Von einfachen Stromkreisen, über Elektromotoren, Funk und Fernsehen, bis hin zu modernen Geräten wie Computern oder Smartphones wäre nichts ohne genauere Kenntnis der Elektrodynamik möglich gewesen. Ohne Relativitätstheorie wären Ortungsdienste, wie GPS unmöglich und die Quantenmechanik erlaubte uns den Sprung in das moderne Informationszeitalter. Was heute noch reine Theorie ist, kann in Zukunft zur alltäglichen Technologie gehören und das Leben der Menschheit entscheidend verändern. Doch dies ist nicht der einzige Zweck der Wissenschaft. Sie hat auch einen Zweck an sich und erlaubt es uns Menschen, die Welt um uns herum zu verstehen.

Aus einem so bewegten und reichen Themengebiet lässt sich natürlich eine Vielzahl an Aufgaben generieren. Ich habe versucht, mich auf die gängigsten Arten von Aufgaben zu beschränken, aber dennoch einige eigene Schwerpunkte miteinfließen zu lassen. Ich hoffe, mit diesem Werk vor allem all denen helfen zu können, die sich auf ihre Prüfung in der Elektrodynamik vorbereiten und sich noch unsicher oder etwas verloren fühlen. Es kann vor allem aufgrund der umfangreichen Mathematik zunächst ein überwältigendes Themengebiet sein. Doch sobald es etwas verständlicher wird, öffnet sich eine ganz neue Sicht auf die Welt.

Ich hoffe, Sie haben beim Durchgehen der Aufgaben mindestens genauso viel Freude, wie ich beim Erstellen derselbigen. Viel Vergnügen.

Markus Eichhorn, Landau in der Pfalz 11.04.2025

Danksagungen

Auch in diesem Buch möchte ich all den zahlreichen Unterstützer*innen meinen herzlichen Dank aussprechen.

Allen voran danke ich meiner Familie.
Meine Eltern Manuela und Stefan Eichhorn und meine Geschwister Lukas und Leila Eichhorn geben mir seit Jahren Rückhalt bei meiner Beschäftigung mit der Physik.

Mit vielen Freunden konnte ich über die Themen dieses Buches diskutieren. Zu ihnen gehören Manuel Egner, Philipp Meder, Jannik Seger und Johann Frank. Auch ihnen gilt mein Dank. Ganz besonders möchte ich mich hier bei Philipp-Tobias Dörner bedanken, mit dem ich in wöchentlichen Telefonaten Themen der Elektrotechnik und -dynamik erörtern konnte und der immer ein offenes Ohr für mich hatte.

Ohne das fleißige Team von Springer Spektrum wäre dieses Buch nicht möglich gewesen. Ganz besonders haben mir Caroline Strunz und Bianca Alton beim Erstellen dieses Werkes mit Rat und Tat zur Seite gestanden. Olivia Serena Frey hat mit ihren Hinweisen zu Grammatik und Rechtschreibung geholfen, dem Buch den finalen Schliff zu geben. Für ihren tatkräftigen Einsatz möchte ich mich ebenfalls bedanken.

Alle Abbildungen in diesem Werk wurden mit Hilfe von Python Software, im Besonderen den Paketen numpy und matplotlib erstellt.

Interessenkonflikt Der Autor hat keine für den Inhalt dieser Publikation relevanten Interessenkonflikte.

Inhaltsverzeichnis

0 Vorbemerkungen   **1**

  0.1 Aufbau des Prüfungstrainings 3

    0.1.1 Themenauswahl 3

    0.1.2 Aufbau der Klausuren 4

  0.2 Selbständiges Überprüfen von Ergebnissen 8

    0.2.1 Umgang mit Vektoren 8

    0.2.2 Einheiten und Dimensionsanalyse 10

    0.2.3 Weitere Methoden 18

  0.3 Vorbereitende und weiterführende Literatur 22

  0.4 Formelsammlung 24

    0.4.1 Physikalische Formeln 24

    0.4.2 Mathematische Formeln 34

1 Klausur I – Elektrodynamik – Sehr Einfach   **47**

  1.1 Aufgaben zur Klausur I – Elektrodynamik – Sehr Einfach 49

    Aufgabe **1 - Kurzfragen** 49

    Aufgabe **2 - Relativistischer Dopplereffekt** 50

    Aufgabe **3 - Ebene Leiterschleifen** 51

    Aufgabe **4 - Elektromagnetische Wellen an der Grenzfläche zweier linearer Medien** 53

  1.2 Hinweise zur Klausur I – Elektrodynamik – Sehr Einfach 55

  1.3 Lösung zur Klausur I – Elektrodynamik – Sehr Einfach 59

    Aufgabe **1 - Kurzfragen** 59

    Aufgabe **2 - Relativistischer Dopplereffekt** 64

    Aufgabe **3 - Ebene Leiterschleifen** 70

    Aufgabe **4 - Elektromagnetische Wellen an der Grenzfläche zweier linearer Medien** 75

2 Klausur II – Elektrodynamik – Einfach   **87**

  2.1 Aufgaben zur Klausur II – Elektrodynamik – Einfach 89

    Aufgabe **1 - Kurzfragen** 89

    Aufgabe **2 - Larmor-Präzession** 90

    Aufgabe **3 - Streuung elektromagnetischer Wellen** 91

    Aufgabe **4 - Der Skin-Effekt** 93

  2.2 Hinweise zur Klausur II – Elektrodynamik – Einfach 95

  2.3 Lösung zur Klausur II – Elektrodynamik – Einfach 99

    Aufgabe **1 - Kurzfragen** 99

    Aufgabe **2 - Larmor-Präzession** 104

    Aufgabe **3 - Streuung elektromagnetischer Wellen** 110

    Aufgabe **4 - Der Skin-Effekt** 119

3 Klausur III – Elektrodynamik – Einfach   **129**

3.1 Aufgaben zur Klausur III – Elektrodynamik – Einfach 131

Aufgabe **1** - **Kurzfragen** 131

Aufgabe **2** - **Multipolmomente von Ladungen im Dreieck** 132

Aufgabe **3** - **Das Biot-Savart'sche Gesetz und Leiterschleifen** 133

Aufgabe **4** - **Relativistische Bewegung im Magnetfeld** 135

3.2 Hinweise zur Klausur III – Elektrodynamik – Einfach 137

3.3 Lösung zur Klausur III – Elektrodynamik – Einfach 143

Aufgabe **1** - **Kurzfragen** 143

Aufgabe **2** - **Multipolmomente von Ladungen im Dreieck** 148

Aufgabe **3** - **Das Biot-Savart'sche Gesetz und Leiterschleifen** 156

Aufgabe **4** - **Relativistische Bewegung im Magnetfeld** 162

4 Klausur IV – Elektrodynamik – Einfach   **169**

4.1 Aufgaben zur Klausur IV – Elektrodynamik – Einfach 171

Aufgabe **1** - **Kurzfragen** 171

Aufgabe **2** - **Lorentz-Oszillator** 172

Aufgabe **3** - **Multipolentwicklung von Kreisströmen** 173

Aufgabe **4** - **Spiegelladungen an geerdeter Platte** 175

4.2 Hinweise zur Klausur IV – Elektrodynamik – Einfach 177

4.3 Lösung zur Klausur IV – Elektrodynamik – Einfach 181

Aufgabe **1** - **Kurzfragen** 181

Aufgabe **2** - **Lorentz-Oszillator** 185

Aufgabe **3** - **Multipolentwicklung von Kreisströmen** 191

Aufgabe **4** - **Spiegelladungen an geerdeter Platte** 198

5 Klausur V – Elektrodynamik – Mittel   **205**

5.1 Aufgaben zur Klausur V – Elektrodynamik – Mittel 207

Aufgabe **1** - **Kurzfragen** 207

Aufgabe **2** - **TM-Moden im Rechteckhohlleiter** 208

Aufgabe **3** - **Liénard-Wiechert-Potentiale** 209

Aufgabe **4** - **Multipolentwicklung der Magnetostatik** 211

5.2 Hinweise zur Klausur V – Elektrodynamik – Mittel 213

5.3 Lösung zur Klausur V – Elektrodynamik – Mittel 217

Aufgabe **1** - **Kurzfragen** 217

Aufgabe **2** - **TM-Moden im Rechteckhohlleiter** 221

Aufgabe **3** - **Liénard-Wiechert-Potentiale** 226

Aufgabe **4** - **Multipolentwicklung der Magnetostatik** 233

6 Klausur VI – Elektrodynamik – Mittel   **241**

6.1 Aufgaben zur Klausur VI – Elektrodynamik – Mittel 243

Aufgabe **1** - **Kurzfragen** 243

Aufgabe **2** - **Multipolmomente eines Oktaeders** 244

Aufgabe **3** - **Magnetisierung einer Kugel im homogenen magnetischen Feld** 245

Aufgabe **4** - **Relativistische Bewegung einer Ladung im Zentralfeld** . . 246

6.2 Hinweise zur Klausur VI – Elektrodynamik – Mittel 249
6.3 Lösung zur Klausur VI – Elektrodynamik – Mittel 253
    Aufgabe **1** - **Kurzfragen** 253
    Aufgabe **2** - **Multipolmomente eines Oktaeders** 258
    Aufgabe **3** - **Magnetisierung einer Kugel im homogenen magnetischen**
        Feld 262
    Aufgabe **4** - **Relativistische Bewegung einer Ladung im Zentralfeld** . . 270

7 Klausur VII – Elektrodynamik – Mittel   **279**
7.1 Aufgaben zur Klausur VII – Elektrodynamik – Mittel 281
    Aufgabe **1** - **Kurzfragen** 281
    Aufgabe **2** - **Translationsinvariante Ströme** 282
    Aufgabe **3** - **Eigenschaften des Energie-Impuls-Tensors** 283
    Aufgabe **4** - **Zylindrischer Wellenleiter** 285
7.2 Hinweise zur Klausur VII – Elektrodynamik – Mittel 287
7.3 Lösung zur Klausur VII – Elektrodynamik – Mittel 291
    Aufgabe **1** - **Kurzfragen** 291
    Aufgabe **2** - **Translationsinvariante Ströme** 298
    Aufgabe **3** - **Eigenschaften des Energie-Impuls-Tensors** 304
    Aufgabe **4** - **Zylindrischer Wellenleiter** 310

8 Klausur VIII – Elektrodynamik – Mittel   **319**
8.1 Aufgaben zur Klausur VIII – Elektrodynamik – Mittel 321
    Aufgabe **1** - **Kurzfragen** 321
    Aufgabe **2** - **Magnetfeld am ausgedehnten Draht** 322
    Aufgabe **3** - **Polarisation einer Kugel im homogenen elektrischen Feld** 323
    Aufgabe **4** - **TEM-Moden am Hohlraumwellenleiter** 324
8.2 Hinweise zur Klausur VIII – Elektrodynamik – Mittel 327
8.3 Lösung zur Klausur VIII – Elektrodynamik – Mittel 331
    Aufgabe **1** - **Kurzfragen** 331
    Aufgabe **2** - **Magnetfeld am ausgedehnten Draht** 337
    Aufgabe **3** - **Polarisation einer Kugel im homogenen elektrischen Feld** 342
    Aufgabe **4** - **TEM-Moden am Hohlraumwellenleiter** 348

9 Klausur IX – Elektrodynamik – Mittel   **357**
9.1 Aufgaben zur Klausur IX – Elektrodynamik – Mittel 359
    Aufgabe **1** - **Kurzfragen** 359
    Aufgabe **2** - **Zylindrischer Kondensator** 360
    Aufgabe **3** - **Der Cherenkov-Winkel** 361
    Aufgabe **4** - **Kräfte und Drehmomente auf magnetische Dipolmomente** 363
9.2 Hinweise zur Klausur IX – Elektrodynamik – Mittel 365
9.3 Lösung zur Klausur IX – Elektrodynamik – Mittel 369
    Aufgabe **1** - **Kurzfragen** 369
    Aufgabe **2** - **Zylindrischer Kondensator** 375
    Aufgabe **3** - **Der Cherenkov-Winkel** 381
    Aufgabe **4** - **Kräfte und Drehmomente auf magnetische Dipolmomente** 388

10 Klausur X – Elektrodynamik – Mittel   **397**
10.1 Aufgaben zur Klausur X – Elektrodynamik – Mittel 399
    Aufgabe **1** - **Kurzfragen** 399
    Aufgabe **2** - **Die Helmholtz-Gleichung** 400
    Aufgabe **3** - **Dipolstrahlung** 402
    Aufgabe **4** - **Green'sche Funktion einer Kugelschale** 404
10.2 Hinweise zur Klausur X – Elektrodynamik – Mittel 405
10.3 Lösung zur Klausur X – Elektrodynamik – Mittel 409
    Aufgabe **1** - **Kurzfragen** 409
    Aufgabe **2** - **Die Helmholtz-Gleichung** 415
    Aufgabe **3** - **Dipolstrahlung** 423
    Aufgabe **4** - **Green'sche Funktion einer Kugelschale** 430

11 Klausur XI – Elektrodynamik – Mittel   **437**
11.1 Aufgaben zur Klausur XI – Elektrodynamik – Mittel 439
    Aufgabe **1** - **Kurzfragen** 439
    Aufgabe **2** - **Ausgedehnte Stromverteilungen** 440
    Aufgabe **3** - **Multipolmomente einer asymmetrisch geladenen Kugel-
        schale** 442
    Aufgabe **4** - **Ebene Welle an bewegter Grenzfläche** 444
11.2 Hinweise zur Klausur XI – Elektrodynamik – Mittel 447
11.3 Lösung zur Klausur XI – Elektrodynamik – Mittel 451
    Aufgabe **1** - **Kurzfragen** 451
    Aufgabe **2** - **Ausgedehnte Stromverteilungen** 457
    Aufgabe **3** - **Multipolmomente einer asymmetrisch geladenen Kugel-
        schale** 463
    Aufgabe **4** - **Ebene Welle an bewegter Grenzfläche** 470

12 Klausur XII – Elektrodynamik – Schwer   **479**
12.1 Aufgaben zur Klausur XII – Elektrodynamik – Schwer 481
    Aufgabe **1** - **Kurzfragen** 481
    Aufgabe **2** - **Randwertprobleme und Green'sche Funktionen** 482
    Aufgabe **3** - **Der Energie-Impuls-Tensor der Elektrodynamik** 484
    Aufgabe **4** - **Energieabstrahlung auf der Kreisbahn** 485
12.2 Hinweise zur Klausur XII – Elektrodynamik – Schwer 487
12.3 Lösung zur Klausur XII – Elektrodynamik – Schwer 491
    Aufgabe **1** - **Kurzfragen** 491
    Aufgabe **2** - **Randwertprobleme und Green'sche Funktionen** 496
    Aufgabe **3** - **Der Energie-Impuls-Tensor der Elektrodynamik** 503
    Aufgabe **4** - **Energieabstrahlung auf der Kreisbahn** 509

13 Klausur XIII – Elektrodynamik – Schwer   **521**
13.1 Aufgaben zur Klausur XIII – Elektrodynamik – Schwer 523
    Aufgabe **1** - **Kurzfragen** 523
    Aufgabe **2** - **Feld einer magnetisierten Kugel** 524
    Aufgabe **3** - **Kräfte und Drehmomente auf elektrische Dipolmomente** . 525

Aufgabe **4 - Potentiale gleichförmig bewegter Ladung** 527
13.2 Hinweise zur Klausur XIII – Elektrodynamik – Schwer 529
13.3 Lösung zur Klausur XIII – Elektrodynamik – Schwer 533
Aufgabe **1 - Kurzfragen** 533
Aufgabe **2 - Feld einer magnetisierten Kugel** 540
Aufgabe **3 - Kräfte und Drehmomente auf elektrische Dipolmomente** . 547
Aufgabe **4 - Potentiale gleichförmig bewegter Ladung** 554

14 Klausur XIV – Elektrodynamik – Schwer **561**
14.1 Aufgaben zur Klausur XIV – Elektrodynamik – Schwer 563
Aufgabe **1 - Kurzfragen** 563
Aufgabe **2 - Bestimmung der spezifischen Ladung** 564
Aufgabe **3 - Elektrisches Feld einer Kugelschale** 566
Aufgabe **4 - Ebene Wellen zwischen leitenden Platten** 567
14.2 Hinweise zur Klausur XIV – Elektrodynamik – Schwer 569
14.3 Lösung zur Klausur XIV – Elektrodynamik – Schwer 573
Aufgabe **1 - Kurzfragen** 573
Aufgabe **2 - Bestimmung der spezifischen Ladung** 580
Aufgabe **3 - Elektrisches Feld einer Kugelschale** 584
Aufgabe **4 - Ebene Wellen zwischen leitenden Platten** 591

15 Klausur XV – Elektrodynamik – Sehr Schwer **599**
15.1 Aufgaben zur Klausur XV – Elektrodynamik – Sehr Schwer 601
Aufgabe **1 - Kurzfragen** 601
Aufgabe **2 - Die Lagrange-Formulierung der Elektrodynamik** 602
Aufgabe **3 - Zirkulare Polarisation elektromagnetischer Wellen** 604
Aufgabe **4 - Multipolmomente am regelmäßigen Sechseck** 606
15.2 Hinweise zur Klausur XV – Elektrodynamik – Sehr Schwer 609
15.3 Lösung zur Klausur XV – Elektrodynamik – Sehr Schwer 613
Aufgabe **1 - Kurzfragen** 613
Aufgabe **2 - Die Lagrange-Formulierung der Elektrodynamik** 619
Aufgabe **3 - Zirkulare Polarisation elektromagnetischer Wellen** 625
Aufgabe **4 - Multipolmomente am regelmäßigen Sechseck** 634

Abbildungsverzeichnis

1.1	Raumzeitdiagramm zum Bestimmen des relativistischen Doppler-Effekts	64
3.1	Skizze der Ladungsverteilung aus drei Ladungen	132
3.2	Skizze der Ladungsverteilung aus drei Ladungen	148
6.1	Skizze des Oktaeders	244
6.2	Skizze des Oktaeders	258
14.1	Skizze des elektrischen Feldes und des Potentials einer Kugelschale	590
14.2	Skizze des elektrischen Feldes und des Potentials einer Vollkugel	590
15.1	Skizze der hexagonal angeordneten Ladungen	606
15.2	Skizze der hexagonal angeordneten Ladungen	634

0 Vorbemerkungen

Wie die beiden Vorgängerbände „Prüfungstraining Theoretische Physik – Klassische Mechanik" und „Prüfungstraining Theoretische Physik – Analytische Mechanik" beginnt auch dieses Buch mit Vorbemerkungen. Diese enthalten neben dem grundlegenden Aufbau des Prüfungstrainings und der darin enthaltenen Klausuren auch nützliche Hinweise über das eigenständige Überprüfen von Aufgaben und eine ausführliche Formelsammlung, welche die wichtigsten Zusammenhänge kompakt auflistet und Ideen für ein eigenes Formelblatt bieten kann.

Überblick

0.1 Aufbau des Prüfungstrainings 3
   0.1.1 Themenauswahl 3
   0.1.2 Aufbau der Klausuren 4
0.2 Selbständiges Überprüfen von Ergebnissen 8
   0.2.1 Umgang mit Vektoren 8
   0.2.2 Einheiten und Dimensionsanalyse 10
   0.2.3 Weitere Methoden 18
0.3 Vorbereitende und weiterführende Literatur 22
0.4 Formelsammlung 24
   0.4.1 Physikalische Formeln 24
   0.4.2 Mathematische Formeln 34

© Der/die Autor(en), exklusiv lizenziert an
Springer-Verlag GmbH, DE, ein Teil von Springer Nature 2025
M. Eichhorn, *Prüfungstraining Theoretische Physik – Elektrodynamik,*
https://doi.org/10.1007/978-3-662-71709-7_1

0.1 Aufbau des Prüfungstrainings

Das Prüfungstraining besteht aus dem einleitenden Kapitel „Vorbemerkungen", das von einzelnen Kapiteln der insgesamt fünfzehn Klausuren gefolgt wird. Jedes Kapitel einer Klausur setzt sich dabei aus den Aufgaben, Lösungshinweisen und ausführlichen Lösungen zusammen.

0.1.1 Themenauswahl

Bei der Auswahl der Themen wurden die Modulhandbücher mehrerer Universitäten in Deutschland, darunter der Technische Universität (TU) Dresden, der Technische Universität (TU) Berlin, der Universität Hamburg, der Rheinisch-westfälische Technische Hochschule (RWTH) Aachen, der Johannes-Guttenberg Universität (JGU) Mainz, der Rheinland-Pfälzisch Technischen Universität (RPTU) Kaiserslautern-Landau, der Universität Heidelberg, des Karlsruher Instituts für Technologie (KIT), der Technische Universität (TU) München und der Ludwig- Maximilians-Universität (LMU) München herangezogen. Aus ihnen ließ sich der folgende Themenkatalog zusammenstellen, an dem sich auch lose die Schlagwörter im Stichwortverzeichnis orientieren.

- Mathematische Methoden

    - Vektoranalysis und Ableitungsregeln
    - Gradient, Rotation, Divergenz
    - Mehrdimensionale Integrale und Integralsätze
    - Linien-, Flächen-, Volumenintegral
    - Zylinder- und Kugelkoordinaten
    - Dirac-Delta-Distribution und Heaviside-Theta-Funktion
    - Green'sche Funktionen
    - Fourier-Transformationen und Fourier-Reihe
    - Legendre-Polynome
    - Kugelflächenfunktionen
    - Bessel-Funktionen

- Grundlagen der Elektrodynamik

    - Maxwell-Gleichungen, integrale Form, differentielle Form
    - Elektrodynamische Potentiale
    - Eichtransformationen, -freiheit, -invarianz
    - Kontinuitätsgleichung und Erhaltungssätze

- Elektro- und Magnetostatik

    - Gauß'sches und Ampère'sches Gesetz
    - Randwertprobleme
    - Spiegelladungen
    - Multipolentwicklung
    - Feldenergie

- Zeitabhängige Phänomene

    - Elektromagnetische Wellen
        * Ebene Wellen
        * Polarisation
        * Wellenpakete
        * Streuung an geladenen Teilchen (Thomson, Rayleigh)
        * Wellenleiter
    - Felder zeitabhängiger Ladungs- und Stromverteilungen

- Liénard-Wiechert-Potentiale, retardierte und avancierte Potentiale
- Hertz'scher Dipol (Nah- und Fernfeld)
- Abstrahlung lokaler Quellen
- Poynting-Theorem

• Relativität

- Postulate und Konsequenzen
- Vierer-Vektoren und -Tensoren
- Lorentz-Transformationen
- Kovariante Formulierung der Elektrodynamik
- Transformationsverhalten elektrodynamischer Felder

• Klassische Feldtheorie

- Wirkungsprinzip
- Euler-Lagrange-Gleichungen
- Noether-Theorem
- Lagrange-Dichte der Elektrodynamik
- Energie-Impuls-Tensor

• Elektrodynamik in Materie

- Maxwell-Gleichungen in Materie
- Makroskopische Felder, P, M, D, H
- Randbedingungen
- Elektro- und Magnetostatik in Materie
- Elektromagnetische Wellen in Materie

• Optik

- Geometrische Optik
- Brechung
- Beugung
- Reflexion

• Elektrotechnik

- Widerstände
- Kondensatoren
- Spulen
- Reihen- und Parallelschaltungen
- Kirchhoff'sche Regeln
- Impedanz, Admittanz

0.1.2 Aufbau der Klausuren

Jede Klausur in diesem Prüfungstraining besteht aus vier Aufgaben zu je 25 Punkten. Nach dem Titel der Aufgabe folgt immer eine Liste mit Schlagwörtern, welche die in der Aufgabe behandelten Themen beschreiben. Danach folgen einzelne, kleinere Teilaufgaben, die alphabetisch durchnummeriert sind. Neben der alphabetischen Nummerierung ist in Klammern die Punktzahl für die konkrete Teilaufgabe vermerkt.

Die erste Aufgabe der Klausur ist dabei immer ein Fragebogen aus fünf kurzen Aufgaben. Diese behandeln unterschiedliche Themen aus der Elektrodynamik, die sonst eher nicht in den anderen drei Aufgaben auftauchen. Die meisten Kurzfragebögen sind dabei so aufgebaut, dass vier der Fragen aus den Themenbereichen

• Mathematische Zusammenhänge (meistens Vektoranalysis)

• Anwendung des Gauß'schen bzw. Ampère'schen Gesetz

- Elektrische Bauteile und Elektrotechnik

- Nennung oder Anwendung der Maxwell-Gleichungen

stammen. Die fünfte Frage ist an keinen bestimmten Themenbereich gebunden und deckt Lücken in der Themenauswahl der restlichen Klausur ab. Bspw. eine Frage zu Relativistik, wenn im Rest der Klausur nicht explizit relativistische Konzepte abgefragt werden.

In der zweiten bis vierten Aufgabe der Klausur wird jeweils eine konkrete Problemstellung verfolgt. Sie sind dem Schwierigkeitsgrad nach sortiert. D.h. zuerst kommt die einfachste, dann die mittlere und zuletzt die schwerste der drei Aufgaben. Der Schwierigkeitsgrad bemisst sich hierbei vorrangig an der zu erwartenden Arbeitszeit. Eine Aufgabe zu Feldtheorie – die im dritten Semester noch sehr kontraintuitiv wirken kann – welche nur aus wenigen Teilaufgaben besteht, kann daher auch als leichter eingestuft werden als eine Aufgabe zum Gauß'schen Gesetz, die dafür aber viele Teilaspekte oder konkrete Berechnungen verschiedener Konfigurationen aufweist.

Jeder Klausur folgen direkt Hinweise zum Lösen der Aufgaben. Diese stellen oft zusätzlich Fragen, entlang derer der Lösungsansatz entwickelt werden kann, geben wichtige Zwischenergebnisse an, oder formulieren eine offene Frage so um, dass ein bestimmter Zusammenhang nur noch gezeigt und nicht mehr gefunden werden muss.

Daran schließen sich die vollständigen Lösungen an, in denen der Übersicht zu liebe, der Aufgabentext wiederholt und darunter in Einschüben ein möglicher Lösungsweg dargestellt wird. Es ist durchaus auch möglich, dass es andere Lösungswege gibt. So könnte bspw. in der vorgeschlagenen Lösung starker Gebrauch von der Indexschreibweise gemacht werden, obwohl es durch Anwenden verschiedener Regeln, wie der *bac-cab*-Regel auch möglich wäre, alles in Vektorschreibweise zu lösen. Gelegentlich werden auch mehrere alternative Ansätze diskutiert. Viele der Aufgaben nehmen Bezug zu interessanten physikalischen Phänomenen, auf die auch in der Lösung eingegangen wird. Dies geschieht am Ende des Lösungsvorschlags unter dem Stichwort *„Nicht gefragt"*. Hier werden zusätzliche Informationen oder Verweise auf die Anwendung, des in der Aufgabe behandelten Inhalts bereit gestellt.

In jeder Klausur sind insgesamt **100 Punkte** zu erzielen und jede Klausur sollte in einer Zeit von **120 Minuten** bearbeitet werden. Wird eine Aufgabe gelöst, können zu einer vollständigen Prüfungssimulation die entsprechenden Punkte oder Teilpunkte aus Teilaufgaben gutgeschrieben und am Ende zusammengezählt werden. Wurden Hinweise in Anspruch genommen, sollte nur die Hälfte der entsprechenden Teilpunkte gutgeschrieben werden. Beim Einsehen der Lösung einer Teilaufgabe, um die folgenden Teilaufgaben lösen zu können, sollten entsprechend keine Punkte gutgeschrieben werden. Die „erreichte Note" kann dann über die Notentabelle 0.1 gemäß der üblichen Bewertung an Hochschulen ermittelt werden. Die erzielten Noten in einer Prüfungssimulation mit den Klausuren dieses Prüfungstrainings stellen dabei keine Garantie für die am Ende tatsächlich erreichte Note bei der Klausur dar. Sie können höchstens einen Eindruck über noch mögliche Wissenslücken bieten und helfen, bereits Gelerntes zu festigen und so schneller die geforderten Leistungen in der tatsächlichen Prüfung zu erbringen.

Tab. 0.1 Benotungstabelle

Punkte	Note	Punkte	Note
< 50	5,0	≥ 75	2,3
≥ 50	4,0	≥ 80	2,0
≥ 55	3,7	≥ 85	1,7
≥ 60	3,3	≥ 90	1,3
≥ 65	3,0	≥ 95	1,0
≥ 70	2,7		

Jeder Klausur wird auch ein Schwierigkeitsgrad von sehr leicht, über leicht, mittel und schwer bis hin zu sehr schwer zugeteilt. Wie auch der Schwierigkeitsgrad der einzelnen Aufgaben, richtet sich dieser vorrangig an der Bearbeitungszeit und damit an der Machbarkeit der Aufgaben in der vorgegebenen Bearbeitungszeit von 120 Minuten. Je schwerer die Klausur, desto schwerer ist es, diese auch in der vorgegebenen Zeit vollständig zu bearbeiten.

Idealerweise werden Klausuren an Hochschulen so aufgebaut, dass es einige wenige Aufgaben zum schnellen Punktesammeln, meist auf der Stufe des Anforderungsbereichs 1, bspw. das Nennen von Definitionen, Auflisten von Eigenschaften, Wiedergeben eines Beweises aus der Vorlesung etc. gibt. Einen wesentlich größeren Teil machen Aufgaben aus dem Anforderungsbereich 2 aus. In diesen wird das Gelernte auf ein konkretes Problem angewendet. Im Rahmen der Elektrodynamik sind treffende Beispiele das Anwenden des Gauß'schen oder Ampère'schen Gesetzes. Wiederum weniger Aufgaben aus dem Anforderungsbereich 3 – die Transferaufgaben – dienen vor allem dazu, die Note konkreter festlegen zu können. Sie erfordern das Übertragen der gelernten Inhalte auf noch nicht zuvor betrachtete Probleme. Wurde in der Vorlesung bspw. der Skin-Effekt nur oberflächlich behandelt, kann in einer Aufgabe zu diesem der Transfer der Maxwell-Gleichungen in Materie, der Verknüpfung zwischen Stromdichte und elektrischer Feldstärke, das Lösen von Differentialgleichungen und vielem mehr stattfinden und das physikalische Denken und die Fähigkeit des Verknüpfens der Lerninhalte überprüft werden. Es wurde versucht dieses Verhältnis in etwa in den Klausuren dieses Prüfungstrainings abzubilden, wenn auch die Transferaufgaben oft nur als Teilaufgaben auftreten.

Wie eingangs bereits dargelegt, verfügt jede Aufgabe über Schlagwörter, welche einen ersten Überblick über die behandelten Themen bieten. Um gezielt nach Aufgaben zu bestimmten Themen suchen zu können, sind diese Schlagwörter im Stichwortverzeichnis aufgeführt. Die Schlagwörter einer Aufgabe können auch einen guten Überblick darüber bieten, ob eine Aufgabe zu viel unbekannte Inhalte abfragt. So kann es vorkommen, dass die Themen Relativistik und Felder in Materie in unterschiedlichen Vorlesungen unterschiedlich stark gewichtet werden. Wurde bspw. Relativistik sehr ausführlich, Felder in

Materie aber so gut wie gar nicht behandelt, stellt eine Aufgabe zur Ausbreitung elektromagnetischer Felder an Grenzflächen zweier Medien durchaus eine große Herausforderung dar. In einem solchen Fall bietet es sich natürlich an, die entsprechende Aufgabe durch eine andere Aufgabe der gleichen Stufe aus einer Klausur auf etwa dem gleichen Schwierigkeitsgrad zu ersetzen. Als Faustregel sollte ab etwa einem Drittel unbekannter oder nur flüchtig bekannter Schlagworte die Aufgabe ersetzt werden.

0.2   Selbständiges Überprüfen von Ergebnissen

Klausuraufgaben sind so aufgebaut, dass es immer eine klare Lösung gibt. Die selbst ermittelte Lösung kann mit dieser verglichen und als richtig oder falsch bewertet werden. Bei einem tatsächlichen Problem, außerhalb des Klausurkontexts, liegt die „richtige" Lösung aber meist nicht zum Vergleich bereit. Wurde ein solches Problem bereits von Anderen gelöst, kann durch Recherche die eigene mit deren Lösungen verglichen werden. Es kann aber auch passieren, dass ein solches Problem noch nicht gelöst wurde, oder etwaige Lösungen nur schwer zugänglich sind. In diesem Fall ist es sehr hilfreich, einige Methoden zu beherrschen, um die eigenen Lösung auf Unschlüssigkeiten zu überprüfen. Diese Methoden können auch im Rahmen einer Klausur verwendet werden, um schnell zu Überprüfen, ob die gefundene Lösung überhaupt richtig sein kann, oder ob sich eventuell Fehler eingeschlichen haben. Bereits in den Bänden „Prüfungstraining Theoretische Physik – Klassische Mechanik" und „Prüfungstraining Theoretische Physik – Analytische Mechanik" sind solche Methoden dargelegt worden. Hier sollen vor allem zwei Methoden ausführlich benannt und ergänzt werden.

0.2.1   Umgang mit Vektoren

Die meisten Probleme der Elektrodynamik beziehen sich darauf die elektrischen und magnetischen Felder zu bestimmen. Da es sich bei diesen um vektorartige Größen handelt, ist ein sicherer Umgang mit Vektoren essentiell. Bei Vektoren v handelt es sich um eine geordnete Ansammmlung aus drei (seltener auch zwei oder vier) reellen oder komplexen Zahlen. Diese können addiert und subtrahiert

$$\boldsymbol{v} \pm \boldsymbol{w} = \begin{pmatrix} v_x \pm w_x \\ v_y \pm w_y \\ v_z \pm w_z \end{pmatrix}$$

oder mit einer reellen oder komplexen Zahl λ multipliziert

$$\lambda \boldsymbol{v} = \begin{pmatrix} \lambda v_x \\ \lambda v_y \\ \lambda v_z \end{pmatrix}$$

werden. Es gibt allerdings keine Möglichkeit, einen Vektor mit einer Zahl zu addieren, zu subtrahieren oder zu vergleichen. D.h. Vektorgleichungen können nur dann richtig sein, wenn auf beiden Seiten ein Vektor steht und niemals eine Zahl und ein Vektor addiert oder subtrahiert werden. Auf diese Weise ließe sich sofort erkennen, dass eine Gleichung der Art

$$\boldsymbol{A} \stackrel{?}{=} \frac{1}{4\pi} \sum_{\alpha=1}^{N} \frac{q_\alpha}{|\boldsymbol{r} - \boldsymbol{r}_\alpha|}$$

falsch sein muss. Hier steht auf der linken Seite nämlich eine vektorielle Größe, während rechts über N Zahlen – sogenannte skalare Größen – summiert wird und sich somit eine

Zahl ergibt. Da auf beiden Seiten das Gleiche – entweder eine Zahl oder ein Vektor – stehen müsste, kann die Gleichung nicht richtig sein.

Es gibt auch Möglichkeiten Produkte von Vektoren zu bilden, die je nach Art des Produkts eine Zahl oder einen Vektor ergeben:

- Das Skalarprodukt $a \cdot b$ bildet das Produkt zweier Vektoren und hat eine Zahl als Ergebnis.

- Das Kreuzprodukt $a \times b$ bildet das Produkt zweier Vektoren und hat einen Vektor (welcher senkrecht auf den Vektoren a und b steht) als Ergebnis.

Als Beispiel soll der Ausdruck $a \cdot (b \times c)$ betrachtet werden. In einer Rechnung könnte man unter Umständen zu dem Eindruck kommen, dieser Ausdruck ließe sich auch durch

$$a \cdot (b \times c) \overset{?}{=} b(a \cdot c) - c(a \cdot b)$$

beschreiben. Mit den bisherigen Regeln soll diese Vermutung überprüft werden. Auf der linken Seite wird zunächst das Kreuzprodukt von b mit c gebildet. Dessen Ergebnis ist ein Vektor. Bei der Bildung des Skalarprodukts dieses Vektors und des Vektors a muss sich ein Skalar ergeben. Auf der rechten Seite wird im ersten Term das Skalarprodukt von a und c gebildet und somit eine Zahl ermittelt. Diese wird mit dem Vektor b multipliziert und ergibt damit einen Vektor. Eine gleiche Betrachtung kann für den zweiten Term durchgeführt werden, womit sich auf der rechten Seite insgesamt ein Vektor ergibt. Damit steht auf der linken Seite eine Zahl und auf der rechten Seite ein Vektor. Die Gleichung kann damit unmöglich richtig sein! [1]

Wie viele andere Gesetze der Physik, ist auch die Elektrodynamik in der Sprache von Differentialgleichungen formuliert. Da es sich um vektorartige Größen handelt, werden auch vektorartige Ableitungen betrachtet. Hierbei gibt es drei verschiedene Ableitungen:

- Der Gradient $\nabla \phi$ wandelt eine skalare Größe in eine Vektorgröße um.

- Die Rotation $\nabla \times A$ wandelt eine Vektorgröße in eine andere Vektorgröße um.

- Die Divergenz $\nabla \cdot A$ wandelt eine Vektorgröße in eine skalare Größe um.

In Verbindung mit den bisherigen Regeln lassen sich auch so Gleichungen auf ihre Sinnhaftigkeit überprüfen und es wird klar, dass eine Differentialgleichung der Form

$$\nabla \times A = \rho$$

unmöglich richtig sein kann, da links ein Vektor und rechts eine skalare Größe stehen.

Genauso wie es vektorartige Ableitungen gibt, können auch vektorartige Integrale definiert werden. Inwiefern sie als vektoriell betrachtet werden, wird üblicherweise durch das

---

[1] Tatsächlich ergibt sich der Zusammenhang auf der rechten Seite bei der Bildung zweier Kreuzprodukte der Form $a \times (b \times c)$ und ist als bac-cab-Regel bekannt.

Differential angegeben. So ist $\mathrm{d}\boldsymbol{r}$ ein vektorielles Differential für ein Linienintegral und bei Integralen der Form

$$\int \mathrm{d}\boldsymbol{r}\ \phi(\boldsymbol{r}) \qquad \int \mathrm{d}\boldsymbol{r}\cdot\boldsymbol{A}(\boldsymbol{r}) \qquad \int \mathrm{d}\boldsymbol{r}\times\boldsymbol{A}(\boldsymbol{r})$$

würde es sich im Ergebnis jeweils um einen Vektor, eine Zahl und einen Vektor handeln. Volumenelemente $\mathrm{d}^3 r$ sind skalare Größen. Bei Oberflächenintegralen können sowohl vektorartige Elemente $\mathrm{d}^2\boldsymbol{f}$ als auch skalare Elemente $\mathrm{d}^2 f$ Verwendung finden.

Um die Regeln für Integrale zu verinnerlichen, ist es besonders hilfreich Integrale als eine Verallgemeinerung von Summen bzw. als eine unendliche Summe aufzufassen. Das Ergebnis einer Summe von Vektoren ist ein Vektor, während das Ergebnis aus der Summe von Zahlen eine Zahl ist.

0.2.2   Einheiten und Dimensionsanalyse

Jede physikalisch messbare Größe X setzt sich aus einem Zahlenwert $\{X\}$ und einer Einheit $[X]$ zusammen. Die Einheit ist ein Vergleichsmaßstab, der durch das internationale Einheitensystem oder auch SI-System (système international d'unités) festgelegt ist. Die Mechanik kennt hierbei die drei Grundeinheiten des Meters m, der Sekunde s und des Kilogramms kg. Im Rahmen der Elektrodynamik kommt die neue Größe der Ladung hinzu. Für sie muss eine neue Einheit definiert werden. Aus historischen Gründen wird aber die abgeleitete Größe der Stromstärke, das Ampère A als die Basisgröße des SI-Systems verwendet. Im Rahmen der Elektrodynamik lassen sich die Einheiten einer jeden physikalischen Größe als ein Produkt von Potenzen dieser vier Basisgrößen

$$[X] = \mathrm{m}^a \cdot \mathrm{s}^b \cdot \mathrm{kg}^c \cdot \mathrm{A}^d$$

mit $a, b, c, d \in \mathbb{Z}$ ausdrücken.

Einheitenkontrolle

Da nur Größen gleicher Dimension miteinander addiert, subtrahiert oder gleichgesetzt werden können, bietet sich dadurch die Möglichkeit, Formeln auf ihre Richtigkeit zu überprüfen. Dieses Vorgehen wird als Einheitenkontrolle bezeichnet und soll anhand der Energiedichte

$$w = \frac{\varepsilon_0}{2}|\boldsymbol{E}|^2 + \frac{1}{2\mu_0}|\boldsymbol{B}|^2 \tag{0.1}$$

des elektromagnetischen Feldes diskutiert werden. Die Energiedichte bezeichnet die im Feld vorhandene Energie pro Volumenelement und muss daher die Einheit

$$[w] = \frac{\mathrm{J}}{\mathrm{m}^3} = \frac{\mathrm{kg}\cdot\frac{\mathrm{m}^2}{\mathrm{s}^2}}{\mathrm{m}^3} = \frac{\mathrm{kg}}{\mathrm{m}\cdot\mathrm{s}^2}$$

aufweisen. Dementsprechend muss jeder Summand auf der rechten Seite von Gl. (0.1) die gleichen Einheiten besitzen. Für den ersten Summanden kann so zunächst

$$\left[\frac{\varepsilon_0}{2}|\boldsymbol{E}|^2\right] = [\varepsilon_0][E]^2$$

gefunden werden. Aus dem elektrischen Kraftgesetz

$$\boldsymbol{F} = q\,\boldsymbol{E}$$

kann dann

$$[E] = \left[\frac{F}{q}\right] = \frac{[F]}{[q]} = \frac{\mathrm{N}}{[q]}$$

bestimmt werden. Da aber auch immer

$$I = \dot{Q}$$

und damit

$$A = [I] = [\dot{Q}] = \frac{[Q]}{\mathrm{s}} \quad \Rightarrow \quad [Q] = \mathrm{C} = \mathrm{A}\cdot\mathrm{s}$$

gilt, lässt sich schlussendlich

$$[E] = \frac{\mathrm{N}}{\mathrm{C}} = \frac{\mathrm{kg}\cdot\frac{\mathrm{m}}{\mathrm{s}^2}}{\mathrm{A}\cdot\mathrm{s}} = \frac{\mathrm{kg}\cdot\mathrm{m}}{\mathrm{A}\cdot\mathrm{s}^3}$$

bestimmen. Um nun die Einheiten von ε_0 zu bestimmen, kann dass Coulomb'sche Kraftgesetz

$$F_{\mathrm{C}} = \frac{1}{4\pi\varepsilon_0}\frac{q_1 q_2}{r^2}$$

herangezogen werden. Mit ihm lässt sich

$$\mathrm{N} = [F_{\mathrm{C}}] = \left[\frac{1}{4\pi\varepsilon_0}\frac{q_1 q_2}{r^2}\right] = \frac{1}{[4\pi\varepsilon_0]}\frac{[q_1][q_2]}{[r]^2} = \frac{1}{[\varepsilon_0]}\frac{\mathrm{A}^2\cdot\mathrm{s}^2}{\mathrm{m}^2}$$

$$\Rightarrow \quad [\varepsilon_0] = \frac{\mathrm{A}^2\cdot\mathrm{s}^2}{\mathrm{m}^2\cdot\mathrm{N}} = \frac{\mathrm{A}^2\cdot\mathrm{s}^2}{\mathrm{m}^2\cdot\mathrm{kg}\frac{\mathrm{m}}{\mathrm{s}^2}} = \frac{\mathrm{A}^2\cdot\mathrm{s}^4}{\mathrm{kg}\cdot\mathrm{m}^3}$$

ermitteln. Daher weist der erste Summand der Energiedichte die Einheiten

$$\left[\frac{\varepsilon_0}{2}|\boldsymbol{E}|^2\right] = [\varepsilon_0][E]^2 = \frac{\mathrm{A}^2\cdot\mathrm{s}^4}{\mathrm{kg}\cdot\mathrm{m}^3}\left(\frac{\mathrm{kg}\cdot\mathrm{m}}{\mathrm{A}\cdot\mathrm{s}^3}\right)^2 = \frac{\mathrm{A}^2\cdot\mathrm{s}^4}{\mathrm{kg}\cdot\mathrm{m}^3}\frac{\mathrm{kg}^2\cdot\mathrm{m}^2}{\mathrm{A}^2\cdot\mathrm{s}^6} = \frac{\mathrm{kg}}{\mathrm{m}\cdot\mathrm{s}^2}$$

auf. Da dies den Einheiten der Energiedichte entspricht, *kann* die Formel richtig sein. Es ist recht schnell klar, dass aufgrund von $[2] = 1$ oder allgemeiner $[x] = 1$ für jede dimensionslose Zahl $x \in \mathbb{R}$ keine numerischen Faktoren überprüft werden können. Hätten sich jedoch zwei unterschiedliche Einheiten ergeben, so wäre direkt klar gewesen, dass die

Formel nicht richtig sein kann.

Anstatt alles auf die SI-Basiseinheiten zu reduzieren, können auch speziell definierte Einheiten, wie bspw. Newton N, Joule J oder Volt V für die Einheitenkontrolle verwendet werden, was am Beispiel des zweiten Summanden in Gl. (0.1) illustriert werden soll. Seine Einheiten können mit

$$\left[\frac{1}{2\mu_0}|\boldsymbol{B}|^2\right] = \frac{[B]^2}{[\mu_0]}$$

bestimmt werden. Die Einheiten der magnetischen Flussdichte lassen sich aus der Lorentz-Kraft

$$\boldsymbol{F}_{\mathrm{L}} = q\boldsymbol{v} \times \boldsymbol{B} \quad \Rightarrow \quad \mathrm{N} = [F_{\mathrm{L}}] = [q\boldsymbol{v} \times \boldsymbol{B}] = [q][v][B] = \mathrm{C} \cdot \frac{\mathrm{m}}{\mathrm{s}}[B]$$

$$\Rightarrow \quad [B] = \mathrm{T} = \frac{\mathrm{N} \cdot \mathrm{s}}{\mathrm{C} \cdot \mathrm{m}}$$

bestimmen. Um die Einheiten der magnetischen Feldkonstante zu ermitteln, kann die Rotationsgleichung der Magnetostatik

$$\nabla \times \boldsymbol{B} = \mu_0 \boldsymbol{j}$$

herangezogen werden. Da sowohl $[\nabla] = \frac{1}{\mathrm{m}}$ als auch

$$[\boldsymbol{j}] = \left[\frac{I}{A}\right] = \frac{\mathrm{A}}{\mathrm{m}^2}$$

gilt, lässt sich damit

$$\frac{[B]}{\mathrm{m}} = [\nabla \times \boldsymbol{B}] = [\mu_0 \boldsymbol{j}] = [\mu_0]\frac{\mathrm{A}}{\mathrm{m}^2} \quad \Rightarrow \quad [\mu_0] = \frac{\mathrm{T} \cdot \mathrm{m}}{\mathrm{A}}$$

finden. Auf diese Weise kann für den zweiten Summand die Einheitenkombination

$$\left[\frac{1}{2\mu_0}|\boldsymbol{B}|^2\right] = \frac{[B]^2}{[\mu_0]} = \frac{\mathrm{T}}{\frac{\mathrm{T} \cdot \mathrm{m}}{\mathrm{A}}}\frac{\mathrm{N} \cdot \mathrm{s}}{\mathrm{C} \cdot \mathrm{m}} = \frac{\mathrm{A} \cdot \mathrm{N} \cdot \mathrm{s}}{\mathrm{C} \cdot \mathrm{m}^2} = \frac{\mathrm{A} \cdot \mathrm{J} \cdot \mathrm{s}}{\mathrm{A} \cdot \mathrm{s} \cdot \mathrm{m}^3} = \frac{\mathrm{J}}{\mathrm{m}^3}$$

ermittelt werden. Dies stimmt mit den Einheiten einer Energiedichte überein, womit sich auch hier zeigt, dass die Formel von den Einheiten her plausibel ist und daher richtig sein könnte.

Häufig ist es einfacher, dem zweiten Weg zu folgen, da sich durch physikalische Grundzusammenhänge, viele Einheiten physikalischer Größen in Verbindung bringen lassen und diese nicht vollständig auf die Basiseinheiten reduziert werden müssen.

Die Basiseinheiten sind auch mit dem Begriff der Dimension (X) einer physikalischen Größe X verknüpft, die im Rahmen der Elektrodynamik neben den Dimensionen Länge L, Zeit T und Masse M um die Dimension Strom I erweitert werden müssen.

Wie auch in den Vorgängerbänden sollen auch hier in Tabelle 0.2 die Einheiten und Dimensionen neu hinzu gekommener Größen aufgeführt werden.

Tab. 0.2 Übersicht über Größen mit ihren Formelzeichen, Dimension und Einheiten

Größe	Formelzeichen	Dimension	Einheit
Zeitableitung	$\frac{\partial}{\partial t}, \partial_t$	T^{-1}	s^{-1}
Gradient	∇	L^{-1}	m^{-1}
Laplace-Operator	Δ	L^{-2}	m^{-2}
D'Alembert-Operator	$\Box, \partial_\mu \partial^\mu$	L^{-2}	m^{-2}
Ladung	q, Q	$T \cdot I$	$\mathrm{C}, \mathrm{A} \cdot \mathrm{s}$
Strom	I, i	I	A
Spannung	U, u, V	$M \cdot L^2 \cdot T^{-3} \cdot I^{-1}$	$\mathrm{V}, \frac{\mathrm{kg} \cdot \mathrm{m}^2}{\mathrm{A} \cdot \mathrm{s}^3}$
Widerstand	R	$M \cdot L^2 \cdot T^{-3} \cdot I^{-2}$	$\Omega, \frac{\mathrm{V}}{\mathrm{A}}, \frac{\mathrm{kg} \cdot \mathrm{m}^2}{\mathrm{A}^2 \cdot \mathrm{s}^3}$
Spezifischer Widerstand	ϱ, ρ	$M \cdot L^3 \cdot T^{-3} \cdot I^{-2}$	$\Omega \cdot \mathrm{m}, \frac{\mathrm{kg} \cdot \mathrm{m}^3}{\mathrm{A}^2 \cdot \mathrm{s}^3}$
Leitwert	G	$M^{-1} \cdot L^{-2} \cdot T^3 \cdot I^2$	$\mathrm{S}, \frac{1}{\Omega}, \frac{\mathrm{A}^2 \cdot \mathrm{s}^3}{\mathrm{kg} \cdot \mathrm{m}^2}$
Leitfähigkeit	σ, κ	$M^{-1} \cdot L^{-3} \cdot T^3 \cdot I^2$	$\frac{\mathrm{S}}{\mathrm{m}}, \frac{1}{\Omega \cdot \mathrm{m}}, \frac{\mathrm{A}^2 \cdot \mathrm{s}^3}{\mathrm{kg} \cdot \mathrm{m}^3}$
Kapazität	C	$M^{-1} \cdot L^{-2} \cdot T^4 \cdot I^2$	$\mathrm{F}, \frac{\mathrm{C}}{\mathrm{V}}, \frac{\mathrm{A}^2 \cdot \mathrm{s}^4}{\mathrm{kg} \cdot \mathrm{m}^2}$
Induktivität	L	$M \cdot L^2 \cdot T^{-2} \cdot I^{-2}$	$\mathrm{H}, \frac{\mathrm{Vs}}{\mathrm{A}}, \frac{\mathrm{kg} \cdot \mathrm{m}^2}{\mathrm{A}^2 \cdot \mathrm{s}^2}$
Impedanz	Z	$M \cdot L^2 \cdot T^{-3} \cdot I^{-2}$	$\Omega, \frac{\mathrm{V}}{\mathrm{A}}, \frac{\mathrm{kg} \cdot \mathrm{m}^2}{\mathrm{A}^2 \cdot \mathrm{s}^3}$
Admittanz	Y	$M^{-1} \cdot L^{-2} \cdot T^3 \cdot I^2$	$\mathrm{S}, \frac{1}{\Omega}, \frac{\mathrm{A}^2 \cdot \mathrm{s}^3}{\mathrm{kg} \cdot \mathrm{m}^2}$
Ladungsdichte	ρ	$L^{-3} \cdot T \cdot I$	$\frac{\mathrm{C}}{\mathrm{m}^3}, \frac{\mathrm{As}}{\mathrm{m}^3}$
Elektrische Feldstärke	$\boldsymbol{E}$	$M \cdot L \cdot T^{-3} \cdot I^{-1}$	$\frac{\mathrm{V}}{\mathrm{m}}, \frac{\mathrm{N}}{\mathrm{C}}, \frac{\mathrm{kg} \cdot \mathrm{m}}{\mathrm{A} \cdot \mathrm{s}^3}$
Elektrisches Skalarpotential	ϕ	$M \cdot L^2 \cdot T^{-3} \cdot I^{-1}$	$\mathrm{V}, \frac{\mathrm{kg} \cdot \mathrm{m}^2}{\mathrm{A} \cdot \mathrm{s}^3}$
Elektrisches Dipolmoment	$\boldsymbol{p}, \boldsymbol{d}, \boldsymbol{Q}^{(1)}$	$L \cdot T \cdot I$	$\mathrm{C} \cdot \mathrm{m}, \mathrm{A} \cdot \mathrm{s} \cdot \mathrm{m}$
Elektrisches Quadrupolmoment	$Q_{ij}^{(2)}, \underline{Q}^{(2)}, q_{lm}$	$L^2 \cdot T \cdot I$	$\mathrm{C} \cdot \mathrm{m}^2, \mathrm{A} \cdot \mathrm{s} \cdot \mathrm{m}^2$
n-tes elektrisches Moment	$Q^{(n)}$	$L^n \cdot T \cdot I$	$\mathrm{C} \cdot \mathrm{m}^n, \mathrm{A} \cdot \mathrm{s} \cdot \mathrm{m}^n$
Polarisation	$\boldsymbol{P}$	$L^{-2} \cdot T \cdot I$	$\frac{\mathrm{C}}{\mathrm{m}^2}, \frac{\mathrm{A} \cdot \mathrm{s}}{\mathrm{m}^2}$
Elektrische Flussdichte	$\boldsymbol{D}$	$L^{-2} \cdot T \cdot I$	$\frac{\mathrm{C}}{\mathrm{m}^2}, \frac{\mathrm{A} \cdot \mathrm{s}}{\mathrm{m}^2}$
Elektrischer Fluss	Ψ	$T \cdot I$	$\mathrm{C}, \mathrm{A} \cdot \mathrm{s}$
Permittivität	$\varepsilon, \varepsilon_0$	$M^{-1} \cdot L^{-3} \cdot T^4 \cdot I^2$	$\frac{\mathrm{As}}{\mathrm{Vm}}, \frac{\mathrm{C}^2}{\mathrm{Nm}^2}, \frac{\mathrm{A}^2 \cdot \mathrm{s}^4}{\mathrm{kg} \cdot \mathrm{m}^3}$
Stromdichte	$\boldsymbol{j}$	$L^{-2} \cdot I$	$\frac{\mathrm{A}}{\mathrm{m}^2}$
Magnetische Flussdichte	$\boldsymbol{B}$	$M \cdot T^{-2} \cdot I^{-1}$	$\mathrm{T}, \frac{\mathrm{N}}{\mathrm{Am}}, \frac{\mathrm{kg}}{\mathrm{As}^2}$
Magnetischer Fluss	Φ	$M \cdot L^2 \cdot T^{-2} \cdot I^{-1}$	$\mathrm{Wb}, \mathrm{T} \cdot \mathrm{m}^2 \, \frac{\mathrm{kg} \cdot \mathrm{m}^2}{\mathrm{As}^2}$
Vektorpotential	$\boldsymbol{A}$	$M \cdot L \cdot T^{-2} \cdot I^{-1}$	$\mathrm{T} \cdot \mathrm{m}, \frac{\mathrm{N}}{\mathrm{A}}, \frac{\mathrm{kg} \cdot \mathrm{m}}{\mathrm{As}^2}$
Magnetisches Dipolmoment	$\boldsymbol{\mu}, \boldsymbol{m}, \boldsymbol{m}^{(1)}$	$L^2 \cdot I$	$\frac{\mathrm{J}}{\mathrm{T}}, \mathrm{A} \cdot \mathrm{m}^2$
n-tes magnetisches Moment	$m^{(n)}$	$L^{1+n} \cdot I$	$\mathrm{A} \cdot \mathrm{m}^{1+n}$
Magnetisierung	$\boldsymbol{M}$	$L^{-1} \cdot I$	$\frac{\mathrm{A}}{\mathrm{m}}$
Magnetische Feldstärke	$\boldsymbol{H}$	$L^{-1} \cdot I$	$\frac{\mathrm{A}}{\mathrm{m}}$

Tab. 0.2 (Fortsetzung) Übersicht über Größen mit ihren Formelzeichen, Dimension und Einheiten

Größe	Formelzeichen	Dimension	Einheit
Permeabilität	$\mu,\ \mu_0$	$M \cdot L \cdot T^{-2} \cdot I^{-2}$	$\frac{\mathrm{Vs}}{\mathrm{A^2 m}},\ \frac{\mathrm{N}}{\mathrm{A^2}},\ \frac{\mathrm{kg \cdot m}}{\mathrm{A^2 \cdot s^2}}$
Kreisfrequenz	ω	T^{-1}	$\frac{1}{\mathrm{s}}$
Wellenvektor	$\boldsymbol{k}$	L^{-1}	$\frac{1}{\mathrm{m}}$
Lichtgeschwindigkeit	$c,\ c_0$	$L \cdot T^{-1}$	$\frac{\mathrm{m}}{\mathrm{s}}$
Brechungsindex	n	1	1
Ausbreitungsgeschwindigkeit	$u,\ v,\ c$	$L \cdot T^{-1}$	$\frac{\mathrm{m}}{\mathrm{s}}$
Energiedichte	$w,\ \rho,\ u$	$M \cdot L^{-1} \cdot T^{-2}$	$\frac{\mathrm{J}}{\mathrm{m^3}},\ \frac{\mathrm{kg}}{\mathrm{m \cdot s^2}}$
Poynting-Vektor	$\boldsymbol{S}$	$M \cdot T^{-3}$	$\frac{\mathrm{J}}{\mathrm{m^2 s}},\ \frac{\mathrm{W}}{\mathrm{m^2}},\ \frac{\mathrm{kg}}{\mathrm{s^3}}$
Maxwell'scher Spannungstensor	σ_{ij}	$M \cdot L^{-1} \cdot T^{-2}$	$\frac{\mathrm{J}}{\mathrm{m^3}},\ \frac{\mathrm{kg}}{\mathrm{m \cdot s^2}}$
Feldstärketensor	$F_{\mu\nu}$	$M \cdot T^{-2} \cdot I^{-1}$	$\mathrm{T},\ \frac{\mathrm{Vs}}{\mathrm{m^2}},\ \frac{\mathrm{kg}}{\mathrm{As^2}}$
Lagrange-Dichte	$\mathcal{L}$	$M \cdot L^{-1} \cdot T^{-2}$	$\frac{\mathrm{J}}{\mathrm{m^3}},\ \frac{\mathrm{kg}}{\mathrm{m \cdot s^2}}$
Energie-Impuls-Tensor	$T_{\mu\nu}$	$M \cdot L^{-1} \cdot T^{-2}$	$\frac{\mathrm{J}}{\mathrm{m^3}},\ \frac{\mathrm{kg}}{\mathrm{m \cdot s^2}}$

Einheitensysteme der Elektrodynamik

Obwohl in der bisherigen Betrachtung zur Einheitenkontrolle, wie auch im gesamten Rest des Buches, das SI-Einheitensystem verwendet werden, sollen hier noch kurz weitere gängige (Maß-)Einheitensysteme diskutiert werden. Denn wie auch überall sonst in der Physik, gibt es auch in der Elektrodynamik eine Vielzahl sich unterscheidender Konventionen.

Im Zuge der Untersuchungen des Coulomb'schen und Ampère'schen Kraftgesetzes werden Proportionalitäten festgestellt, die über Proportionalitätskonstanten in Gleichungen umgeformt werden können. Gleichzeitig tritt eine neue Größe – die elektrische Ladung Q, bzw. die daraus abgeleitete Größe der Stromstärke I – auf, deren Einheit noch vollkommen frei wählbar ist. Ihre Wahl wird durch die Proportionalitätskonstanten festgelegt. Daneben wird das Konzept der Kraft auf das Konzept des Feldes abstrahiert. Deren Einheiten können zu einem gewissen Grad auch frei gewählt werden, was einen weiteren Unterschied zwischen den Maßeinheitensystemen herstellt. Bei der Verwendung verschiedener Bücher sollte immer darauf geachtet werden, welches Einheitensystem Anwendung findet.

Wird nun also das Coulomb'sche Gesetz betrachtet, so wird eine Proportionalität der Kraft zum Produkt der Ladung und eine umgekehrte Proportionalität zum Quadrat des Abstands zweier Ladungen festgestellt, womit sich

$$F_{\mathrm{C}} = k_1 \frac{q_1 q_2}{r^2}$$

ergibt.

Wie eingangs beschrieben unterscheiden sich die verschiedenen Einheitensysteme in der Wahl der Proportionalitätskonstante k_1. Im sogenannten Gauß'schen Einheitensystem wird der enormen Einfachheit halber die Konstante k_1 auf den Wert eins gesetzt, womit Ladungen die Einheit

$$[q] = \sqrt{\mathrm{N} \cdot \mathrm{m}^2} = \frac{\sqrt{\mathrm{kg} \cdot \mathrm{m}^3}}{\mathrm{s}}$$

erhalten. [2]

Wird q_1 als Testladung q betrachtet, die sich im Kraftfeld der Feldladung $q_2 = Q$ bewegt, so kann das Feld von Q unabhängig von q untersucht werden, indem die Testladung heraus geteilt wird. Auf diese Weise wird das elektrische Feld

$$\boldsymbol{E} = \frac{\boldsymbol{F}}{q} = k_1 \frac{Q}{r^2} \hat{\boldsymbol{e}}_r$$

definiert. Es kann durch Feldlinien, welche von einer positiven Feldladung strahlenförmig nach außen zeigen, visualisiert werden. Die Anzahl dieser Feldlinien bleibt dabei gleich. Auf ein festes Flächenelement, bspw. $1\,\mathrm{m}^2$ bezogen, wird die Anzahl der Feldlinien aber abnehmen. Denn die Gesamtzahl N der Feldlinien, muss sich auf eine Kugeloberfläche

---

[2]Genau genommen wird im Gauß'schen Einheitensystem auch in Zentimetern, Gramm und Sekunden gemessen und die spezielle Einheit des Franklin $\mathrm{Fr} = \frac{\sqrt{\mathrm{g} \cdot \mathrm{cm}^3}}{\mathrm{s}}$ für die Ladung eingeführt.

der Größe $4\pi r^2$ verteilen. Das bedeutet die Feldliniendichte kann durch

$$\frac{N}{4\pi r^2}$$

bestimmt werden. Augenscheinlich fällt die Feldliniendichte in genau dem gleichen Maße, nach außen hin ab, wie das elektrische Feld $\boldsymbol{E}$. D.h. wird ein Faktor 4π in das Coulomb'sche Kraftgesetz eingebaut, so kann das elektrische Feld als Feldliniendichte interpretiert werden. [3] In einem solchen Fall wird von einem *rationalisierten Einheitensystem* gesprochen. Durch das Einführen einer neuen Konstante $k_1' = k_1 4\pi$ kann das Coulomb'sche Kraftgesetz dann in die Form

$$F_\text{C} = k_1' \frac{q_1 q_2}{4\pi r^2}$$

gebracht werden.
Wird wieder der Einfachheit halber $k_1' = 1$ gewählt, so ergibt sich das Heaviside-Lorentz-Einheitensystem, in welchem das Coulomb'sche Kraftgesetz durch

$$F_\text{C} = \frac{q_1 q_2}{4\pi r^2}$$

gegeben ist. In ihm haben Ladungen die gleichen SI-Einheiten, wie im Gauß'schen Einheitensystem.
Schlussendlich gibt es die Möglichkeit über das Einführen einer neuen Naturkonstante ε_0 Ladungen eine eigene Einheit – das Coulomb C – zu geben. Aus historischen Gründen, wird das Coulomb'sche Gesetz dann als

$$F_\text{C} = \frac{1}{4\pi\varepsilon_0} \frac{q_1 q_2}{r^2}$$

geschrieben. Dies ist die Form des Coulomb'schen Gesetz im SI-Eiheitensystem.

Ebenso beschreibt das Ampère'sche Kraftgesetz, dass sich zwei parallel stromdurchflossene Leiter der Länge l im Abstand s mit einer Kraft proportional zum Produkt der Stromstärken I_1 und I_2 und der des Längenabschnitts l und umgekehrt zum Abstand s

$$F_\text{A} = k_2 \frac{I_1 I_2}{s} \cdot l$$

anziehen. Da der Strom und die Ladung durch $I = \dot{Q}$ zusammenhängen, ist in jedem der oben diskutierten Einheitensysteme die Einheit von k_2 bereits festgelegt. Es muss sich um eine Größe der Dimension Kraft pro Stromstärke im Quadrat handeln. Im Gauß'schen Einheitensystem und dem System von Heaviside-Lorentz ist sie also durch

$$[k_2] = \frac{[F]}{[I]^2} = \frac{\text{N}}{\text{N} \cdot \frac{\text{m}^2}{\text{s}^2}} = \frac{1}{\frac{\text{m}^2}{\text{s}^2}}$$

gegeben und entspricht damit dem inversen Quadrat einer Geschwindigkeit. Die einzige universelle Geschwindigkeit ist die Vakuumslichtgeschwindigkeit c, die dementsprechend

---

[3] Die Anzahl der Feldlinien ist dann proportional zum Betrag der Ladung Q.

in k_2 auftauchen wird. Das Gauß'sche Einheitensystem trifft hierbei wieder eine möglichst einfache Wahl und setzt $k_2 = \frac{2}{c^2}$ womit sich das Ampère'sche Kraftgesetz in der Form

$$F_\text{A} = \frac{2}{c^2}\frac{I_1 I_2}{s} \cdot l \quad \Leftrightarrow \quad k_2 = \frac{2}{c^2}$$

ergibt.

Im Heaviside-Lorentz-System war in der Coulomb-Kraft der Faktor 4π eingeführt worden, um eine Analogie zwischen dem Abklingverhalten des Feldes – und damit der Kraft – und der Oberfläche einer Kugel ziehen zu können. Im Fall des Ampère'schen Kraftgesetzes nimmt die Kraft mit dem Abstand s ab. Dies kann mit dem Umfang eines Kreises $U = 2\pi s$ identifiziert werden, so dass sich für das Heaviside-Lorentz-System die Wahl

$$F_\text{A} = \frac{1}{c^2}\frac{I_1 I_2}{2\pi s} \cdot l \quad \Leftrightarrow \quad k_2 = \frac{1}{2\pi c^2}$$

ergibt. Das SI-Einheitensystem ist die Elektrodynamik betreffend ebenfalls ein rationalisiertes Einheitensystem, wird also ebenfalls den Faktor $\frac{1}{2\pi}$ aufweisen. Aber anders als im Gauß'schen Einheitensystem und im Heaviside-Lorentz-System, muss eine weitere Konstante μ_0 eingeführt werden. [4] Damit ist das Ampère'sche Kraftgesetz im SI-Einheitensystem durch

$$F_\text{A} = \mu_0 \frac{I_1 I_2}{2\pi s} \cdot l \quad \Leftrightarrow \quad k_2 = \frac{\mu_0}{2\pi}$$

gegeben.

Wie oben bereits erwähnt, kann anstatt der direkten Kraft zwischen Ladungen auch die elektrische Feldstärke $\boldsymbol{E}$ über

$$\boldsymbol{F}_\text{C} = q\boldsymbol{E}$$

definiert werden.

Es stellt sich auch heraus, dass Magnetnadeln um einen stromdurchflossenen Draht ausgelenkt werden und sich diese kreisförmig anordnen. Dies kann auch durch ein Feld, welches den Namen magnetische Flussdichte $\boldsymbol{B}$ erhält, beschrieben werden. Wie sich herausstellt, werden bewegte Ladungen in Magnetfeldern senkrecht zu den Feldlinien und ihrer Geschwindigkeit abgelenkt. Die wirkende Kraft, wird als Lorentz-Kraft

$$\boldsymbol{F}_\text{L} = k_3 q \boldsymbol{v} \times \boldsymbol{B}$$

bezeichnet. Wie genau die magnetische Flussdichte definiert wird, ist erneut eine Wahl, die getroffen werden kann. Je nach Wahl tauchen an unterschiedlicher Stelle unterschiedliche Konstanten auf. Im SI-Einheitensystem wird die Formel möglichst einfach zu

$$\boldsymbol{F}_\text{L} = q\boldsymbol{v} \times \boldsymbol{B} \quad \Leftrightarrow \quad k_3 = 1$$

---

[4]Diese ist aber über $\mu_0 \varepsilon_0 = \frac{1}{c^2}$ mit der Lichtgeschwindigkeit und ε_0 verknüpft.

gewählt. Damit haben elektrische Feldstärke und magnetische Flussdichte aber unterschiedliche Einheiten und unterscheiden sich um den Faktor einer Geschwindigkeit.[5] Im Gauß'schen Einheitensystem und im Heaviside-Lorentz-System, wird hingegen gefordert, dass die beiden Felder die gleichen Einheiten haben. Aus diesem Grund wird der Faktor einer inversen Geschwindigkeit benötigt. Da die einzig universelle Geschwindigkeit die Lichtgeschwindigkeit ist, muss die Lorentz-Kraft in diesen beiden Systemen die Form

$$F_{\mathrm{L}} = q \, \frac{v}{c} \times B \quad \Leftrightarrow \quad k_3 = \frac{1}{c}$$

annehmen.

Aus dem SI-Einheitensystem lassen sich immer in eindeutiger und einfacher Weise die Formeln in den anderen beiden Systemen herleiten. Um zum Heaviside-Lorentz-System zu gelangen müssen ε_0 und μ_0 auf die Werte eins und $\frac{1}{c^2}$ gesetzt und die magnetische Flussdichte durch c geteilt werden. Um vom SI-System in das Gauß'sche Einheitensystem zu gelangen, muss die magnetische Flussdichte ebenfalls durch c geteilt werden. ε_0 und μ_0 müssen jeweils durch $\frac{1}{4\pi}$ und $\frac{4\pi}{c^2}$ ersetzt werden. Müssen andererseits aus den Gleichungen im Heaviside-Lorentz-System oder dem Gauß'schen Einheitensystem die Gleichungen im SI-System hergeleitet werden, so müssen über Dimensionsanalysen oder Einheitenkontrollen die Konstanten ε_0 und μ_0 rekonstruiert werden und ggf. Faktoren von 2π oder 4π an der richtigen Stelle eingefügt oder entfernt werden. Da sich dies als wesentlich schwieriger gestaltet, ist es sinnvoller das SI-System zu verwenden.

Alle Formeln, Aufgaben und Lösungen in diesem Buch werden im SI-Einheitensystem aufgeführt.

0.2.3   Weitere Methoden

Einige weitere Methoden zum selbstständigen Überprüfen sollen hier kurz umrissen, aber nicht ausführlich beschrieben werden.

- **Differentialgleichungen**
  Oft ist es nötig bestimmte Differentialgleichungen zu lösen. Bspw. könnte es notwendig sein, die Poisson-Gleichung der Elektrodynamik

$$\Delta \phi = -\frac{\rho}{\varepsilon_0}$$

  für eine vorgegebene Ladungsverteilung $\rho(r)$ mit den Randbedingungen $\phi|_{\partial V} = 0$ zu lösen. Es gibt hierzu spezielle Lösungsmethoden, wie das Einführen von Spiegelladungen zum Bestimmen der Green'schen Funktion. Soll nun aber eine Lösung überprüft werden, so kann diese zum einen einfach in die Differentialgleichung eingesetzt werden, und zum anderen können die Randbedingungen durch Einsetzen getestet werden. Sind beide Gleichungen durch die vermeintliche Lösung erfüllt, so

---

[5]Dies muss aber nicht zwangsweise die Lichtgeschwindigkeit sein, sondern hängt vom konkret vorliegenden Problem ab.

handelt es sich um die richtige Lösung. Sind eine oder beide Bedingungen nicht erfüllt, so ist die Lösung falsch und beim Herleiten der Lösung, muss sich ein Fehler eingeschlichen haben.

- **Stammfunktionen**
  Zum Lösen von Differentialgleichungen müssen meist Integrale berechnet werden. In der Elektrodynamik treten häufig bestimmte, mehrdimensionale Integrale über vorgegebene Raumgebiete oder den gesamten Raum auf, in denen die spätere Variable r als Parameter auftaucht. Gelegentlich ist es aber auch nötig unbestimmte eindimensionale Integrale zu lösen. Dabei ergibt sich nach dem Hauptsatz der Differential- und Integralrechnung

$$\int \mathrm{d}x\, f(x) = F(x) + c \qquad F'(x) = f(x)$$

  die Stammfunktion $F(x)$ bis auf eine unbestimmte Konstante. Da die Ableitung der Stammfunktion aber wieder die Funktion $f(x)$ selbst sein muss, und das Ableiten oft einfacher ist, als das Integrieren, lässt sich so schnell die Richtigkeit einer Stammfunktion überprüfen. Stimmt die Ableitung der Stammfunktion nicht mit der ursprünglichen Funktion überein, so muss an einer Stelle etwas schief gelaufen sein. Dabei handelt es sich meistens, um die Findung der Stammfunktion. Es kann aber auch passieren, dass beim Ableiten ein Rechenfehler gemacht wurde. Genauso kann es passieren, dass beim Bilden der Stammfunktion und beim Bilden der Ableitung der gleiche oder zumindest ein ähnlicher Fehler gemacht wurde und sich der Effekt daher nicht zeigt. So könnte bspw. der Vorzeichenwechsel bei Trigonometrischen Funktionen falsch vorgenommen worden sein und *fälschlicherweise* $\int \mathrm{d}x\, \sin(x) = \cos(x)$ und $\cos'(x) = \sin(x)$ angenommen worden sein, womit das Testergebnis vermuten lässt, die richtige Stammfunktion gefunden zu haben, obwohl die Stammfunktion das falsche Vorzeichen aufweist. Daher ist diese Methode mit Vorsicht zu genießen, kann aber bei gutem Umgang mit Ableitungen anzeigen, ob eine Stammfunktion falsch ist.

- **Grenzfälle**
  Gelegentlich werden Probleme behandelt, die ein erweitertes Modell darstellen oder zumindest spezielle Parameter beinhalten, die eine physikalische Bedeutung tragen. Lösungen solcher Probleme können mit denen der einfacheren Modelle oder speziellen Grenzwerten der Parameter verglichen werden. Als Beispiel kann die Wellengleichung in einem linearen, homogenen und isotropen Medium

$$\mu\varepsilon \frac{\partial^2 \boldsymbol{E}}{\partial t^2} - \Delta \boldsymbol{E} = 0$$

betrachtet werden. Da sich die Permeabilität und die Permittivität mittels

$$\mu\varepsilon = \mu_{\mathrm{r}}\mu_0\varepsilon_{\mathrm{r}}\varepsilon_0 = \frac{\mu_{\mathrm{r}}\varepsilon_{\mathrm{r}}}{c^2}$$

auch durch die relativen Größen und die Lichtgeschwindigkeit c ausdrücken lassen, zeigt sich bereits in der Differentialgleichung, dass sich für $\mu_{\mathrm{r}} \to 1$ und $\varepsilon_{\mathrm{r}} \to 1$ die

Wellengleichung im Vakuum ergibt. Da die relative Permeabilität und Permittivität des Vakuums gerade den Wert eins annehmen, war dies auch zu erwarten. Hätte sich etwas Anderes ergeben, so wäre klar, dass die erweiterte Wellengleichung falsch sein muss. Genauso lassen sich die Lösungen dieser Wellengleichung in Materie in einem solchem Grenzfall mit denen im Vakuum vergleichen.[6] Reduzieren sich im Grenzfall die Lösungen in Materie nicht auf die Lösungen im Vakuum, so muss etwas falsch sein!

Andererseits heißt eine Gleichheit im Grenzfall noch nicht, dass das vermeintliche Ergebnis richtig ist. Es kann immerhin passieren, dass eine falsche Lösung gefunden wurde, die sich im Grenzfall aber trotzdem auf das gleiche Ergebnis reduziert. Ein Beispiel hierfür ist die Ausbreitungsgeschwindigkeit von Licht in einem Medium. Nach Fresnel kann diese mittels

$$u = \frac{c}{n} + v\left(1 - \frac{1}{n^2}\right)$$

bestimmt werden. Im Grenzfall eines sich nicht bewegenden Mediums $v \to 0$ reduziert sich dies auf $u = \frac{c}{n}$, was der Ausbreitungsgeschwindigkeit von Licht in einem Medium entspricht. Sie ist allerdings nur für nicht-relativistische Relativgeschwindigkeiten $v \ll c$ gültig. Die richtige Ausbreitungsgeschwindigkeit kann aber nur im Rahmen der Relativitätstheorie zu

$$u = c\frac{1 + n\beta}{n + \beta}$$

bestimmt werden, wie es bspw. von Max von Laue getan wurde. Auch hier ergibt sich im Fall $\beta = \frac{v}{c} \to 0$ die Ausbreitungsgeschwindigkeit $u = \frac{c}{n}$ für ein ruhendes Medium.

- **Symmetrieargumente**
  Häufig werden Symmetrieargumente verwendet, um einige Eigenschaften einer Lösung direkt bestimmen zu können. Ist die physikalische Situation bspw. unverändert, bei einer Verschiebung entlang der z-Achse, so kann auch das Ergebnis einer physikalischen Größe, wie dem elektrischen Feld nicht von z abhängen. Ist die Situation unverändert unter Verschiebungen in beliebiger Richtung, so darf das Ergebnis nicht von $\boldsymbol{r}$ abhängen. Bleibt die Situation unverändert unter Drehung um die z-Achse, darf das Ergebnis nicht von φ abhängen. Ist die Situation unter beliebigen Drehungen unverändert, darf das Ergebnis nur von r abhängen. Ist die Situation zu beliebigen Zeitpunkten gleich, so darf das Ergebnis nicht explizit von t abhängen. Dies sind nur einige Beispiele für Symmetrieargumente.
  Wird nun aber eine Lösung nicht über solche Argumente gefunden, sondern bspw. durch eine Formel, so können sie verwendet werden, um das Ergebnis zu prüfen. Wurde über eine Formel eine Lösung ermittelt, die explizit von z abhängt und die physikalische Situation bleibt unverändert bei Verschiebungen entlang der z-Achse,

---

[6]Ein ähnliches Beispiel ist die Telegraphengleichung $\mu\varepsilon\frac{\partial^2 \boldsymbol{E}}{\partial t^2} + \mu\sigma\frac{\partial \boldsymbol{E}}{\partial t} - \Delta\boldsymbol{E} = 0$. Wird die Leitfähigkeit σ des Materials auf null gesetzt, so muss sich die Lösung einer elektromagnetischen Welle im Vakuum ergeben. Ebenso kann im Fall $\sigma \to \infty$ das Verhalten eines idealen Leiters untersucht werden.

so muss etwas beim Bestimmen der Lösung schief gelaufen sein.

Auch hier, kann aus einer passenden Symmetrie noch nicht auf die Richtigkeit des Ergebnisses geschlossen werden. So könnte eine Translationssymmetrie entlang der z-Achse vorliegen, aber keine Rotationssymmetrie um die selbige. Ist das Ergebnis nun unabhängig von z, heißt das noch nicht, dass das Ergebnis richtig ist, da es bzgl. seiner Abhängigkeit von φ Fehler (bspw. Konstanz obwohl die Lösung explizit von φ abhängen müsste) aufweisen könnte. Es können daher nur Teilaspekte der Lösung überprüft werden.

Eine weitere wichtige Bemerkung ist, dass diese Argumente nur auf physikalische Größen angewendet werden können. So sind bei einem stromfreien Raum eine verschwindende oder eine konstante magnetische Flussdichte möglich, da sie beide die Homogenität des Raums durch ihre Unabhängigkeit von r erfüllen. Das Vektorpotential $\boldsymbol{A}$ kann im Fall einer konstanten Flussdichte $\boldsymbol{B}_0$ aber durch

$$\boldsymbol{A} = \frac{1}{2}\boldsymbol{B}_0 \times \boldsymbol{r}$$

gegeben sein. Es weist damit eine explizite Abhängigkeit von r trotz der vorliegenden Symmetrie auf. Im Gegensatz zur magnetischen Flussdichte $\boldsymbol{B}$ ist das Vektorpotential nämlich keine physikalische Größe und muss damit auch nicht die offensichtlichen Symmetriebedingungen erfüllen.

0.3 Vorbereitende und weiterführende Literatur

Es gibt eine Vielzahl an Lehrbüchern, die Lerninhalte zum Themengebiet der Elektrodynamik und dafür nötige Vorkenntnisse vermitteln. Auch zur Vertiefung in einzelne, aus der Elektrodynamik ableitbare, Teilgebiete, wie Antennentechnik, Optik oder Relativistik gibt es eine breite Auswahl an Literatur. Die hier aufgeführte Liste ist keines Falls vollständig, sondern soll nur erste Anhaltspunkte liefern.

Lehrbücher zur Elektrodynamik

- Wolfgang Nolting, *Grundkurs Theoretische Physik 3, Elektrodynamik*, Springer-Verlag Berlin Heidelberg, (2013)

- Torsten Fließbach, *Elektrodynamik, Lehrbuch zur Theoretischen Physik II*, Springer-Verlag Berlin Heidelberg, (2022)

- L.D. Landau, E.M. Lifschitz, *Lehrbuch der theoretischen Physik, II Klassische Feldtheorie*, Verlag Europa Lehrmittel, (2018)

- John David Jackson, *Klassische Elektrodynamik*, De Gruyter, (2014)

- David J. Griffiths, *Elektrodynamik, Eine Einführung*, Pearson Studium, (2018)

Lehr- und Übersichtswerke zu notwendigen, mathematischen Grundlagen

- Bronstein, Semendjajew, Musiol, Mühlig, *Taschenbuch der Mathematik*, Verlag Europa Lehrmittel, (2020)

- Peter Furlan, *Das gelbe Rechenbuch*, Band 1-3, Verlag Martina Furlan, (1995)

- Lothar Papula, *Mathematik für Ingenieure und Naturwissenschaftler Band 1, Ein Lehr- und Arbeitsbuch für das Grundstudium*, Springer-Verlag Berlin Heidelberg, (2014)

- Lothar Papula, *Mathematik für Ingenieure und Naturwissenschaftler Band 2, Ein Lehr- und Arbeitsbuch für das Grundstudium*, Springer-Verlag Berlin Heidelberg, (2015)

- Lothar Papula, *Mathematik für Ingenieure und Naturwissenschaftler Band 3, Vektoranalysis, Wahrscheinlichkeitsrechnung, Mathematische Statistik, Fehler- und Ausgleichsrechnung*, Springer-Verlag Berlin Heidelberg, (2016)

- Lothar Papula, *Mathematische Formelsammlung, Für Ingenieure und Naturwissenschaftler*, Springer-Verlag, Berlin Heidelberg, (2017)

- Merziger, Mühlbach, Wille, Wirth, *Formeln + Hilfen Höhere Mathematik*, Binomi Verlag, (2018)

- Markus Eichhorn, *Einführung in die Mathematik der Theoretischen Physik*, Springer-Verlag Berlin Heidelberg, (2023)

Übersichtswerke zur Physik

- Dieter Meschede, *Gerthsen Physik*, Springer-Verlag Berlin Heidelberg, (2015)

- Paul A. Tipler, Gene Mosca, *Tipler Physik, für Studierende der Naturwissenschaften und Technik*, Springer-Verlag Berlin Heidelberg, (2024)

- Douglas C. Giancoli, *Physik*, Pearson Studium, (2019)

- Marco Busch, Walther Ebner, *Lindner Physik, für das Ingenieurstudium*, Hanser Verlag, (2024)

Lehrbücher zur Vertiefung in einzelne Themen

- Wolfgang Nolting, *Grundkurs Theoretische Physik 4/1, Spezielle Relativitätstheorie*, Springer-Verlag Berlin Heidelberg, (2016)

- Torsten Fließbach, *Allgemeine Relativitätstheorie*, Springer-Verlag Berlin Heidelberg, (2016)

- Ekbert Hering, Rolf Martin, *Optik für Ingenieure und Naturwissenschaftler, Grundlagen und Anwendung*, Hanser Verlag, (2017)

- Klaus W. Kark, *Antennen und Strahlungsfelder, Elektromagnetische Wellen auf Leitungen, im Freiraum und ihre Abstrahlung*, Springer-Verlag Berlin Heidelberg, (2022)

0.4   Formelsammlung

Im Folgenden werden einige der wichtigsten Formeln aus dem Bereich der Elektrodynamik aufgelistet. Diese können während dem Bearbeiten der Klausuren verwendet werden, um daraus weitere Zusammenhänge herzuleiten. Falls es gestattet ist, in die tatsächliche Klausur ein selbst angefertigtes Formelblatt mitzunehmen, können die hier aufgeführten Formeln als eine kleine Vorauswahl betrachtet werden. Selbst wenn kein solches Formelblatt gestattet ist, empfiehlt es sich dennoch ein solches kurz vor der Klausur anzufertigen. Das gezielte auseinandersetzen mit den Formeln und Aufschreiben kann erfahrungsgemäß dem Merkprozess zuträglich sein.

0.4.1   Physikalische Formeln

Grundlagen

Ladungs- und Stromdichte

$$\rho = \frac{\mathrm{d}Q}{\mathrm{d}V} \qquad Q_{\mathcal{V}} = \iiint_{\mathcal{V}} \mathrm{d}^3 r \; \rho(\boldsymbol{r}) \qquad I_{\mathcal{F}} = \iint_{\mathcal{F}} \mathrm{d}^2 \boldsymbol{f} \cdot \boldsymbol{j}(\boldsymbol{r})$$

Kontinuitätsgleichung

$$I_{\partial \mathcal{V}} + \frac{\mathrm{d}Q_{\mathcal{V}}}{\mathrm{d}t} = 0 \quad \Rightarrow \quad \partial_t \rho + \boldsymbol{\nabla} \cdot \boldsymbol{j} = 0$$

Coulomb-Kraft zwischen zwei Ladungen

$$\boldsymbol{F}_{1\to 2} = \frac{q_1 q_2}{4\pi\varepsilon_0} \frac{\boldsymbol{r}_2 - \boldsymbol{r}_1}{|\boldsymbol{r}_2 - \boldsymbol{r}_1|^3} \qquad F_{\mathrm{C}} = \frac{1}{4\pi\varepsilon_0} \frac{q_1 q_2}{r^2}$$

Ampère'sches Kraftgesetz für zwei unendlich lange stromdurchflossene Leiter

$$F_{\mathrm{A}} = \frac{\mu_0}{2\pi} \frac{I_1 I_2}{s} l$$

Elektrische Kraft und Lorentz-Kraft (im engeren Sinne)

$$\boldsymbol{F}_{\mathrm{E}} = q\, \boldsymbol{E} \qquad \boldsymbol{F}_{\mathrm{L}} = q\, \boldsymbol{v} \times \boldsymbol{B}$$

Zusammenhänge der Elektrotechnik

Zusammenhang zwischen Strom und Ladung

$$I = \dot{Q}$$

Ohm'sches Gesetz, spezifischer Widerstand und elektrische Leitfähigkeit

$$U = R \cdot I \qquad R = \varrho \frac{l}{A} \qquad \sigma = \frac{1}{\varrho}$$

Kapazität eines Kondensators

$$C = \frac{Q}{U}$$

Spannung an einer Spule als Bauteil, Induktivität

$$U = L \cdot \dot{I}$$

Kirchhoff'sche Gesetze - Knoten- und Maschenregel

$$\sum_k I_k = 0 \qquad \sum_k U_k = 0$$

Elektrostatik

Elektrostatik im Vakuum

Maxwell-Gleichungen der Elektrostatik

$$\boldsymbol{\nabla} \cdot \boldsymbol{E} = \frac{\rho}{\varepsilon_0} \qquad \boldsymbol{\nabla} \times \boldsymbol{E} = \boldsymbol{0}$$

Gauß'scher Satz

$$\oiint_{\partial \mathcal{V}} \mathrm{d}^2 \boldsymbol{f} \cdot \boldsymbol{E}(\boldsymbol{r}) = \frac{Q_{\mathcal{V}}}{\varepsilon_0} = \frac{1}{\varepsilon_0} \iiint_{\mathcal{V}} \mathrm{d}^3 r \; \rho(\boldsymbol{r})$$

Elektrisches Feld

$$\boldsymbol{E}(\boldsymbol{r}) = \frac{1}{4\pi\varepsilon_0} \iiint_{\mathbb{R}^3} \mathrm{d}^3 r' \; \rho(\boldsymbol{r}') \frac{\boldsymbol{r} - \boldsymbol{r}'}{|\boldsymbol{r} - \boldsymbol{r}'|^3}$$

Elektrisches Potential und Poisson-Gleichung

$$\boldsymbol{E} = -\boldsymbol{\nabla}\phi \qquad \Delta\phi = -\frac{\rho}{\varepsilon_0}$$

Lösung der Poisson-Gleichung mit Green'scher Funktion

$$\phi(\boldsymbol{r}) = -\frac{1}{\varepsilon_0} \iiint_{V} \mathrm{d}^3 r' \; G_\Delta(\boldsymbol{r}, \boldsymbol{r}')\rho(\boldsymbol{r}') = \frac{1}{4\pi\varepsilon_0} \iiint_{V} \mathrm{d}^3 r' \frac{\rho(\boldsymbol{r}')}{|\boldsymbol{r} - \boldsymbol{r}'|}$$

Randwertprobleme der Elektrostatik

Poisson-Gleichung für alle $\boldsymbol{r} \in \mathcal{V}$

$$\Delta\phi(\boldsymbol{r}) = -\frac{\rho(\boldsymbol{r})}{\varepsilon_0}$$

Dirichlet-Randbedingungen für alle $\boldsymbol{r} \in \partial V$

$$\phi(\boldsymbol{r}) = \phi_0(\boldsymbol{r})$$

Neumann-Randbedingungen für alle $\boldsymbol{r} \in \partial V$

$$\boldsymbol{\nabla}\phi(\boldsymbol{r}) = -\boldsymbol{E}_0(\boldsymbol{r})$$

Green'sche Funktion

$$\Delta G(\boldsymbol{r},\boldsymbol{r}') = \delta^{(3)}(\boldsymbol{r} - \boldsymbol{r}') \qquad G(\boldsymbol{r},\boldsymbol{r}') = G_\Delta(\boldsymbol{r},\boldsymbol{r}') + F(\boldsymbol{r},\boldsymbol{r}') \qquad \Delta F(\boldsymbol{r},\boldsymbol{r}') = 0$$

Allgemeine Lösung mit Green'scher Funktion

$$\phi(\boldsymbol{r}) = -\frac{1}{\varepsilon_0} \iiint\limits_{V} \mathrm{d}^3 r'\, G(\boldsymbol{r},\boldsymbol{r}')\rho(\boldsymbol{r}')$$

$$+ \oiint\limits_{\partial V} \mathrm{d}^2 \boldsymbol{f}' \cdot [(\boldsymbol{\nabla}'G(\boldsymbol{r},\boldsymbol{r}'))\phi_0(\boldsymbol{r}') + G(\boldsymbol{r},\boldsymbol{r}')\boldsymbol{E}_0(\boldsymbol{r}')]$$

Dirichlet'sche Green'sche Funktion

$$G_\mathrm{D}(\boldsymbol{r},\boldsymbol{r}')|_{\boldsymbol{r}'\in\partial V} = 0$$

$$\phi(\boldsymbol{r}) = -\frac{1}{\varepsilon_0} \iiint\limits_{V} \mathrm{d}^3 r'\, G_\mathrm{D}(\boldsymbol{r},\boldsymbol{r}')\rho(\boldsymbol{r}') + \oiint\limits_{\partial V} \mathrm{d}^2 \boldsymbol{f}' \cdot (\boldsymbol{\nabla}'G_\mathrm{D}(\boldsymbol{r},\boldsymbol{r}'))\phi_0(\boldsymbol{r}')$$

Induzierte Oberflächenladung für $\boldsymbol{E} = \boldsymbol{0}$ *in* $\mathbb{R}^3 \setminus V$

$$\sigma = \varepsilon_0[\boldsymbol{n} \cdot \boldsymbol{\nabla}\phi]_{\partial V} = -\varepsilon_0[\boldsymbol{n} \cdot \boldsymbol{E}]_{\partial V}$$

Neumann'sche Green'sche Funktion

$$[\boldsymbol{\nabla}'G_\mathrm{N}(\boldsymbol{r},\boldsymbol{r}')]_{\boldsymbol{r}'\in\partial V} = \frac{\boldsymbol{n}}{|\partial V|}$$

$$\phi(\boldsymbol{r}) = -\frac{1}{\varepsilon_0} \iiint\limits_{V} \mathrm{d}^3 r'\, G_\mathrm{N}(\boldsymbol{r},\boldsymbol{r}')\rho(\boldsymbol{r}') + \oiint\limits_{\partial V} \mathrm{d}^2 \boldsymbol{f}' \cdot (G_\mathrm{N}(\boldsymbol{r},\boldsymbol{r}')\boldsymbol{E}_0(\boldsymbol{r}'))$$

Multipolentwicklung der Elektrostatik

Monopolmoment

$$Q = Q^{(0)} = \iiint\limits_{\mathbb{R}^3} \mathrm{d}^3 r\, \rho(\boldsymbol{r})$$

Dipolmoment

$$Q_i^{(1)} = \iiint\limits_{\mathbb{R}^3} \mathrm{d}^3 r\, \rho(\boldsymbol{r})\, x_i \qquad \boldsymbol{p} = \boldsymbol{Q}^{(1)} = \iiint\limits_{\mathbb{R}^3} \mathrm{d}^3 r\, \rho(\boldsymbol{r})\,\boldsymbol{r}$$

Quadrupoltensor

$$Q_{ij}^{(2)} = \iiint_{\mathbb{R}^3} \mathrm{d}^3 r \; \rho(\boldsymbol{r})(3 r_i r_j - \delta_{ij} \boldsymbol{r}^2) \qquad \underline{\underline{Q}} = \underline{\underline{Q}}^{(2)} = \iiint_{\mathbb{R}^3} \mathrm{d}^3 r \; \rho(\boldsymbol{r})(3 \boldsymbol{r}\boldsymbol{r}^T - \boldsymbol{r}^2 \, \mathbb{1})$$

Potentiale

$$\phi(\boldsymbol{r}) = \frac{1}{4\pi\varepsilon_0} \left(\frac{Q^{(0)}}{r} + \frac{Q_i^{(1)} r_i}{r^3} + \frac{1}{2} \frac{r_i Q_{ij}^{(2)} r_j}{r^5} + \cdots \right)$$

Sphärische Multipolmomente und Potential

$$q_{lm} = \sqrt{\frac{4\pi}{2l+1}} \iiint_{\mathbb{R}^3} \mathrm{d}^3 r \; \rho(\boldsymbol{r}) \, r^l \, Y_{lm}^*(\theta, \varphi)$$

$$\phi(\boldsymbol{r}) = \frac{1}{4\pi\varepsilon_0} \sum_{l=0}^{\infty} \sum_{m=-l}^{l} \sqrt{\frac{4\pi}{2l+1}} \frac{q_{lm}}{r^{l+1}} Y_{lm}(\theta, \varphi)$$

Zusammenhänge zwischen sphärischen und kartesischen Multipolmomenten

$$q_{00} = Q^{(0)} \qquad q_{10} = Q_3^{(1)} \qquad q_{1\pm1} = \frac{1}{\sqrt{2}} (\mp Q_1^{(1)} + \mathrm{i} Q_2^{(1)})$$

Lösung der Laplace-Gleichung durch Entwicklung in vollständigen Funktionssätzen

Entwicklung in Legendre-Polynomen bei zylindrischer Symmetrie

$$\phi(\boldsymbol{r}) = \phi(r, \theta) = \sum_{l=0}^{\infty} \left(A_l r^l + \frac{B_l}{r^{l+1}} \right) P_l(\cos(\theta))$$

Elektrostatik in Materie

Polarisation und elektrische Flussdichte

$$\boldsymbol{P} = \frac{\mathrm{d}\boldsymbol{p}}{\mathrm{d}V} \qquad \boldsymbol{D} = \varepsilon_0 \boldsymbol{E} + \boldsymbol{P} \qquad \boldsymbol{P} = \boldsymbol{D} - \varepsilon_0 \boldsymbol{E}$$

Freie Ladungsdichte und Polarisationsladungsdichte

$$\rho_{\mathrm{f}} = \rho - \rho_{\mathrm{p}} \qquad \rho_{\mathrm{p}} = -\boldsymbol{\nabla} \cdot \boldsymbol{P}$$

Maxwell-Gleichungen der Elektrostatik in Materie

$$\boldsymbol{\nabla} \cdot \boldsymbol{D} = \rho_{\mathrm{f}} \qquad \boldsymbol{\nabla} \times \boldsymbol{E} = \boldsymbol{0}$$

$$\boldsymbol{\nabla} \times \boldsymbol{D} = \boldsymbol{\nabla} \times \boldsymbol{P} \qquad \boldsymbol{\nabla} \cdot \boldsymbol{E} = \frac{\rho_{\mathrm{f}} - \boldsymbol{\nabla} \cdot \boldsymbol{P}}{\varepsilon_0}$$

Stetigkeitsbedingungen an Grenzflächen ($\boldsymbol{n}_{12}$ zeigt von Medium 1 in Medium 2)

$$\boldsymbol{n}_{12} \times (\boldsymbol{E}_2 - \boldsymbol{E}_1) = 0 \qquad \boldsymbol{n}_{12} \cdot (\boldsymbol{D}_2 - \boldsymbol{D}_1) = \sigma_{\mathrm{f}}$$

$$E_1^{(\mathrm{t})} = E_2^{(\mathrm{t})} \qquad D_2^{(\mathrm{n})} - D_2^{(\mathrm{n})} = \sigma_{\mathrm{f}}$$

Lineare Medien – Elektrischer Suszeptibilitätstensor $\underline{\chi}_{\mathrm{e}}$

$$\boldsymbol{P} = \varepsilon_0 \underline{\chi}_{\mathrm{e}}\, \boldsymbol{E} \quad \Rightarrow \quad \boldsymbol{D} = \varepsilon_0 (\mathbb{1} + \underline{\chi}_{\mathrm{e}})\boldsymbol{E}$$

Lineare, isotrope Medien – Elektrische Suszeptibilität χ_{e}

$$\boldsymbol{P} = \varepsilon_0 \chi_{\mathrm{e}}\, \boldsymbol{E} \quad \Rightarrow \quad \boldsymbol{D} = \varepsilon_0 (1 + \chi_{\mathrm{e}})\boldsymbol{E}$$

Lineare, isotrope Medien – Absolute und relative Permittivität (Dielektrizität)

$$\varepsilon = \varepsilon_0 (1 + \chi_{\mathrm{e}}) \qquad \varepsilon_{\mathrm{r}} = \frac{\varepsilon}{\varepsilon_0} = (1 + \chi_{\mathrm{e}})$$

$$\boldsymbol{D} = \varepsilon \boldsymbol{E} \qquad \boldsymbol{P} = (\varepsilon - \varepsilon_0)\boldsymbol{E}$$

Stetigkeitsbedingungen an Grenzflächen von linearen, isotropen Medien

$$\frac{1}{\varepsilon_1} D_1^{(\mathrm{t})} = \frac{1}{\varepsilon_2} D_2^{(\mathrm{t})} \qquad \varepsilon_1 E_1^{(\mathrm{n})} - \varepsilon_2 E_2^{(\mathrm{n})} = \sigma_{\mathrm{f}}$$

Polarisationsladungsdichten an Grenzflächen zum Vakuum ($\boldsymbol{n}$ zeigt aus dem Dielektrikum heraus)

$$\sigma_{\mathrm{p}} = \boldsymbol{n} \cdot \boldsymbol{P}$$

Magnetostatik

Magnetostatik im Vakuum

Maxwell-Gleichungen der Magnetostatik

$$\nabla \cdot \boldsymbol{B} = 0 \qquad \nabla \times \boldsymbol{B} = \mu_0\, \boldsymbol{j}(\boldsymbol{r})$$

Ampère'sches Gesetz

$$\oint_{\partial \mathcal{F}} \mathrm{d}^2 \boldsymbol{r} \cdot \boldsymbol{B}(\boldsymbol{r}) = \mu_0 I_{\mathcal{F}} = \mu_0 \iint_{\mathcal{F}} \mathrm{d}^2 \boldsymbol{f} \cdot \boldsymbol{j}(\boldsymbol{r})$$

Magnetfeld des Biot-Savart'schen Gesetzes

$$\boldsymbol{B}(\boldsymbol{r}) = \frac{\mu_0}{4\pi} \iiint_{\mathbb{R}^3} \mathrm{d}^3 r'\, \boldsymbol{j}(\boldsymbol{r}') \times \frac{\boldsymbol{r} - \boldsymbol{r}'}{|\boldsymbol{r} - \boldsymbol{r}'|^3}$$

Vektorpotential und Poisson-Gleichung in Coulomb-Eichung

$$B = \nabla \times A \qquad \nabla \cdot A = 0 \quad \Rightarrow \quad \Delta A = -\mu_0 \, j$$

Lösung der Poisson-Gleichung mit Green'scher Funktion

$$A(r) = -\mu_0 \iiint_{\mathbb{R}^3} \mathrm{d}^3 r' \, G_\Delta(r,r') \, j(r') = \frac{\mu_0}{4\pi} \iiint_{\mathbb{R}^3} \mathrm{d}^3 r' \, \frac{j(r')}{|r - r'|}$$

Magnetische Momente und Vektorpotential bei räumlich beschränkter Ströme

$$\mu = \frac{1}{2} \iiint_{\mathbb{R}^3} \mathrm{d}^3 r' \, r' \times j(r') \qquad A(r) = \frac{\mu_0}{4\pi} \frac{\mu \times r}{r^3}$$

Magnetostatik in Materie

Magnetisierung und magnetische Feldstärke

$$M = \frac{\mathrm{d}\mu}{\mathrm{d}V} \qquad H = \frac{1}{\mu_0} B - M \qquad M = \frac{1}{\mu_0} B - H$$

Freie Stromdichte und Magnetisierungsstromdichte

$$j_{\mathrm{f}} = j - j_{\mathrm{M}} \qquad j_{\mathrm{M}} = \nabla \times M$$

Maxwell-Gleichungen der Magnetostatik in Materie

$$\nabla \cdot B = 0 \qquad \nabla \times H = j_{\mathrm{f}}$$
$$\nabla \times B = \mu_0(j_{\mathrm{f}} + \nabla \times M) \qquad \nabla \cdot H = -\nabla \cdot M$$

Stetigkeitsbedingungen an Grenzflächen (n_{12} zeigt von Medium 1 in Medium 2; $t \propto k_{\mathrm{f}} \times n_{12}$)

$$n_{12} \cdot (B_2 - B_1) = 0 \qquad n_{12} \times (H_2 - H_1) = k_{\mathrm{f}}$$
$$B_1^{(\mathrm{n})} = B_2^{(\mathrm{n})} \qquad H_2^{(\mathrm{t})} - H_1^{(\mathrm{t})} = k_{\mathrm{f}}$$

Linear magnetisierbare Materialien – Magnetischer Suszeptibilitätstensor $\underline{\chi}_{\mathrm{m}}$

$$M = \mu_0 \underline{\chi}_{\mathrm{m}} H \quad \Rightarrow \quad B = \mu_0(\mathbb{1} + \underline{\chi}_{\mathrm{m}}) H$$

Linear, isotrop magnetisierbare Materialien – Magnetische Suszeptibilität $\underline{\chi}_{\mathrm{m}}$

$$M = \mu_0 \chi_{\mathrm{m}} H \quad \Rightarrow \quad B = \mu_0(1 + \chi_{\mathrm{m}}) H$$

Linear, isotrop magnetisierbare Materialien – Absolute und relative Permeabilität

$$\mu = \mu_0(1 + \chi_{\mathrm{m}}) \qquad \mu_{\mathrm{r}} = \frac{\mu}{\mu_0} = (1 + \chi_{\mathrm{m}})$$
$$B = \mu H \qquad M = (\mu - \mu_0) H$$

Stetigkeitsbedingungen an Grenzflächen von linear, isotrop magnetisierbarer Materialien

$$\mu_1 H_1^{(\mathrm{n})} = \mu_2 H_2^{(\mathrm{n})} \qquad \frac{1}{\mu_2} B_2^{(\mathrm{t})} - \frac{1}{\mu_1} B_1^{(\mathrm{t})} = k_{\mathrm{f}}$$

Magnetisierungsstromdichte an Grenzfläche zum Vakuum ($\boldsymbol{n}$ zeigt aus dem magnetisierbaren Material heraus)

$$k_{\mathrm{M}} = -\boldsymbol{n} \times \boldsymbol{M}$$

Elektrodynamik

Maxwell-Gleichungen im Vakuum

Differentielle Form

$$\boldsymbol{\nabla} \cdot \boldsymbol{E} = \frac{\rho}{\varepsilon_0} \qquad \boldsymbol{\nabla} \times \boldsymbol{E} = -\frac{\partial \boldsymbol{B}}{\partial t}$$

$$\boldsymbol{\nabla} \cdot \boldsymbol{B} = 0 \qquad \boldsymbol{\nabla} \times \boldsymbol{B} = \mu_0 \boldsymbol{j} + \varepsilon_0 \mu_0 \frac{\partial \boldsymbol{E}}{\partial t}$$

Integrale Form

$$\oiint_{\partial V} \mathrm{d}^2 \boldsymbol{f} \cdot \boldsymbol{E} = \frac{1}{\varepsilon_0} \iiint_V \mathrm{d}^3 r\, \rho \qquad \oint_{\partial F} \mathrm{d}\boldsymbol{r} \cdot \boldsymbol{E} = - \iint_F \mathrm{d}^2 \boldsymbol{f} \cdot \frac{\partial \boldsymbol{B}}{\partial t}$$

$$\oiint_{\partial V} \mathrm{d}^2 \boldsymbol{f} \cdot \boldsymbol{B} = 0 \qquad \oint_{\partial F} \mathrm{d}\boldsymbol{r} \cdot \boldsymbol{B} = \mu_0 \iint_F \mathrm{d}^2 \boldsymbol{f} \cdot \boldsymbol{j} - \varepsilon_0 \mu_0 \oiint_F \mathrm{d}^2 \boldsymbol{f} \cdot \frac{\partial \boldsymbol{E}}{\partial t}$$

Elektromagnetische Potentiale

$$\boldsymbol{E} = -\boldsymbol{\nabla}\phi - \frac{\partial \boldsymbol{A}}{\partial t} \qquad \boldsymbol{B} = \boldsymbol{\nabla} \times \boldsymbol{A}$$

$$-\frac{\partial}{\partial t}(\boldsymbol{\nabla} \cdot \boldsymbol{A}) - \Delta\phi = \frac{\rho}{\varepsilon_0} \qquad \Box \boldsymbol{A} = \mu_0 \boldsymbol{j} - \boldsymbol{\nabla} \cdot \left(\frac{1}{c^2} \frac{\partial \phi}{\partial t} + \boldsymbol{\nabla} \cdot \boldsymbol{A} \right)$$

Coulomb-Eichung

$$\boldsymbol{\nabla} \cdot \boldsymbol{A} = 0 \qquad \Delta\phi = -\frac{\rho}{\varepsilon_0} \qquad \Box \boldsymbol{A} = \mu_0 \boldsymbol{j} - \frac{1}{c^2} \frac{\partial}{\partial t} \boldsymbol{\nabla}\phi$$

Lorenz-Eichung

$$\partial_\mu A^\mu = \frac{1}{c^2} \frac{\partial \phi}{\partial t} + \boldsymbol{\nabla} \cdot \boldsymbol{A} = 0 \qquad \Box \phi = \frac{\rho}{\varepsilon_0} \qquad \Box \boldsymbol{A} = \mu_0 \boldsymbol{j}$$

Elektromagnetische Wellen im Vakuum

$$\boldsymbol{E} = \boldsymbol{E}_0\,\mathrm{e}^{\mathrm{i}(\boldsymbol{k}\cdot\boldsymbol{r}-\omega t)} \qquad \boldsymbol{B} = \boldsymbol{B}_0\,\mathrm{e}^{\mathrm{i}(\boldsymbol{k}\cdot\boldsymbol{r}-\omega t)}$$

$$\omega = |\boldsymbol{k}|c \qquad \boldsymbol{k} \perp \boldsymbol{E} \perp \boldsymbol{B} \perp \boldsymbol{k} \qquad \boldsymbol{B} = \frac{\boldsymbol{k}}{\omega} \times \boldsymbol{E}$$

$$\text{Lineare Polarisation} \qquad \boldsymbol{E}_0 = E_0\,\hat{\boldsymbol{e}}_{x,y}$$

$$\text{Zirkulare Polarisation} \qquad \boldsymbol{E}_0 = \frac{E_0}{\sqrt{2}}(\hat{\boldsymbol{e}}_x \pm \mathrm{i}\hat{\boldsymbol{e}}_y) = E_0\,\hat{\boldsymbol{e}}_\pm$$

Maxwell-Gleichungen in Materie

Hilfsgrößen

$$\boldsymbol{D} = \varepsilon_0\,\boldsymbol{E} + \boldsymbol{P} \qquad \boldsymbol{H} = \frac{1}{\mu_0}\boldsymbol{B} - \boldsymbol{M}$$

$$\rho_\mathrm{f} = \rho + \boldsymbol{\nabla}\cdot\boldsymbol{P} \qquad \boldsymbol{j}_\mathrm{f} = \boldsymbol{j} - \boldsymbol{\nabla}\times\boldsymbol{M} - \frac{\partial\boldsymbol{P}}{\partial t}$$

Differentielle Form

$$\boldsymbol{\nabla}\cdot\boldsymbol{D} = \rho_\mathrm{f} \qquad \boldsymbol{\nabla}\times\boldsymbol{E} = -\frac{\partial\boldsymbol{B}}{\partial t}$$

$$\boldsymbol{\nabla}\cdot\boldsymbol{B} = 0 \qquad \boldsymbol{\nabla}\times\boldsymbol{H} = \boldsymbol{j}_\mathrm{f} + \frac{\partial\boldsymbol{D}}{\partial t}$$

Integrale Form

$$\oiint_{\partial V} \mathrm{d}^2\boldsymbol{f}\cdot\boldsymbol{D} = \iiint_V \mathrm{d}^3r\,\rho_\mathrm{f} \qquad \oint_{\partial F} \mathrm{d}\boldsymbol{r}\cdot\boldsymbol{E} = -\iint_F \mathrm{d}^2\boldsymbol{f}\cdot\frac{\partial\boldsymbol{B}}{\partial t}$$

$$\oiint_{\partial V} \mathrm{d}^2\boldsymbol{f}\cdot\boldsymbol{B} = 0 \qquad \oint_{\partial F} \mathrm{d}\boldsymbol{r}\cdot\boldsymbol{H} = \iint_F \mathrm{d}^2\boldsymbol{f}\cdot\boldsymbol{j}_\mathrm{f} - \oiint_F \mathrm{d}^2\boldsymbol{f}\cdot\frac{\partial\boldsymbol{D}}{\partial t}$$

Ohm'sches Gesetz

$$\boldsymbol{j} = \sigma\boldsymbol{E} \quad \Leftrightarrow \quad \boldsymbol{E} = \varrho\boldsymbol{j}$$

Telegraphen-Gleichung

$$\mu\varepsilon\frac{\partial^2\boldsymbol{E}}{\partial t^2} + \mu\sigma\frac{\partial\boldsymbol{E}}{\partial t} - \Delta\boldsymbol{E} = \boldsymbol{0}$$

Ausbreitungsgeschwindigkeit und Brechungsindex

$$u = \frac{1}{\sqrt{\mu\varepsilon}} = \frac{c}{\sqrt{\mu_\mathrm{r}\varepsilon_\mathrm{r}}} = \frac{c}{n}$$

Wellenvektor und Eindringtiefe

$$k = \frac{\omega}{u}\frac{\sqrt{\varrho\omega\varepsilon + \sqrt{1 + (\varrho\omega\varepsilon)^2}}}{\sqrt{2\varrho\omega\varepsilon}} \qquad \delta = \sqrt{\frac{2\varrho}{\omega\mu}}\sqrt{\varrho\omega\varepsilon + \sqrt{1 + (\varrho\omega\varepsilon)^2}}$$

Relativistik und Feldtheorie

Relativistische Formulierung der Maxwell-Gleichungen im Vakuum

Metrik und Levi-Civita-Symbol

$$\eta^{\alpha\beta} = \mathrm{diag}(+1, -1, -1, -1) \qquad \epsilon_{0123} = -1$$

D'Alembert-Operator

$$\Box = \partial_\mu \partial^\mu = \frac{1}{c^2}\frac{\partial^2}{\partial t^2} - \Delta$$

Vierer-Potential und -Stromdichte

$$A^\mu = \begin{pmatrix} \frac{\phi}{c} \\ \boldsymbol{A} \end{pmatrix} \qquad A_\mu = \begin{pmatrix} \frac{\phi}{c} & -\boldsymbol{A}^T \end{pmatrix} \qquad j^\mu = \begin{pmatrix} \rho c \\ \boldsymbol{j} \end{pmatrix} \qquad j_\mu = \begin{pmatrix} \rho c & -\boldsymbol{j}^T \end{pmatrix}$$

Feldstärketensor und dualer Feldstärketensor

$$F_{\mu\nu} = \partial_\mu A_\nu - \partial_\nu A_\mu \qquad F^{\mu\nu} = \eta^{\mu\alpha} F_{\alpha\beta} \eta^{\beta\nu} \qquad \tilde{F}^{\mu\nu} = \frac{1}{2}\epsilon^{\mu\nu\alpha\beta} F_{\alpha\beta}$$

$$F_{\mu\nu} = \begin{pmatrix} 0 & \frac{E_x}{c} & \frac{E_y}{c} & \frac{E_z}{c} \\ -\frac{E_x}{c} & 0 & -B_z & B_y \\ -\frac{E_y}{c} & B_z & 0 & -B_x \\ -\frac{E_z}{c} & -B_y & B_x & 0 \end{pmatrix} \qquad F^{\mu\nu} = \begin{pmatrix} 0 & -\frac{E_x}{c} & -\frac{E_y}{c} & -\frac{E_z}{c} \\ \frac{E_x}{c} & 0 & -B_z & B_y \\ \frac{E_y}{c} & B_z & 0 & -B_x \\ \frac{E_z}{c} & -B_y & B_x & 0 \end{pmatrix}$$

$$\tilde{F}_{\mu\nu} = \begin{pmatrix} 0 & B_x & B_y & B_z \\ -B_x & 0 & \frac{E_z}{c} & -\frac{E_y}{c} \\ -B_y & -\frac{E_z}{c} & 0 & \frac{E_x}{c} \\ -B_z & \frac{E_y}{c} & -\frac{E_x}{c} & 0 \end{pmatrix} \qquad \tilde{F}^{\mu\nu} = \begin{pmatrix} 0 & -B_x & -B_y & -B_z \\ B_x & 0 & \frac{E_z}{c} & -\frac{E_y}{c} \\ B_y & -\frac{E_z}{c} & 0 & \frac{E_x}{c} \\ B_z & \frac{E_y}{c} & -\frac{E_x}{c} & 0 \end{pmatrix}$$

Homogene Maxwell-Gleichungen

$$\partial_\mu \tilde{F}^{\mu\nu} = 0 \quad \Leftrightarrow \quad \partial_\alpha F_{\beta\gamma} + \partial_\beta F_{\gamma\alpha} + \partial_\gamma F_{\alpha\beta} = 0$$

Inhomogene Maxwell-Gleichungen

$$\partial_\mu F^{\mu\nu} = \Box A^\nu - \partial^\nu \partial_\mu A^\mu = \mu_0\, j^\nu$$

Relativistische Bewegung in elektromagnetischen Feldern (Lorentz-Kraft)

$$m\frac{\mathrm{d}u^\mu}{\mathrm{d}\tau} = q\, F^{\mu\nu} u_\nu$$

Lagrange'sche Formulierung der Elektrodynamik

Wirkung

$$S = \frac{1}{c}\int_\Omega \mathrm{d}^4 x\; \mathcal{L}_{\mathrm{ED}}(A_\mu, \partial_\nu A_\mu, x^\lambda)$$

Lagrange-Dichte

$$\mathcal{L}_{\mathrm{ED}}(A_\mu, \partial_\nu A_\mu, x^\lambda) = \mathcal{L}_{\mathrm{Feld}} + \mathcal{L}_{\mathrm{int}} = -\frac{1}{4\mu_0} F_{\mu\nu} F^{\mu\nu} - j_\mu A^\mu$$

Euler-Lagrange-Gleichungen

$$\partial_\mu \frac{\partial \mathcal{L}_{\mathrm{ED}}}{\partial(\partial_\mu A_\nu)} = \frac{\partial \mathcal{L}_{\mathrm{ED}}}{\partial A_\nu} \quad \Rightarrow \quad \partial_\mu F^{\mu\nu} = \mu_0 \, j^\nu$$

Energie-Impuls-Tensor

$$T^{\mu\nu} = T^{\nu\mu} \qquad T^{\mu\nu} = T'^{\mu\nu} + \partial_\lambda \tau^{\lambda\mu\nu} \qquad \tau^{\lambda\mu\nu} = -\tau^{\mu\lambda\nu}$$

$$T'^{\mu\nu} = \frac{\partial \mathcal{L}_{\mathrm{ED}}}{\partial(\partial_\mu A_\lambda)} \partial^\nu A^\lambda - \eta^{\mu\nu} \mathcal{L}_{\mathrm{ED}} \qquad T^{\mu\nu}_{\mathrm{ED}} = -\frac{1}{\mu_0} F^{\mu\sigma} F^\nu_{\ \sigma} + \eta^{\mu\nu} \frac{1}{4\mu_0} F^{\alpha\beta} F_{\alpha\beta}$$

Zerlegung in Energiedichte, Poyntingvektor und Maxwell'schen Spannungstensor

$$w = T^{00}_{\mathrm{EM}} = \frac{1}{2}\left(\varepsilon_0 |\boldsymbol{E}|^2 + \frac{1}{\mu_0}|\boldsymbol{B}|^2\right) \qquad \boldsymbol{S}_i = c\,T^{0i}_{\mathrm{EM}} = \frac{1}{\mu_0}\left(\boldsymbol{E}\times\boldsymbol{B}\right)_i$$

$$\sigma_{ij} = -T^{ij}_{\mathrm{EM}} = \varepsilon_0 \boldsymbol{E}_i \boldsymbol{E}_j + \frac{1}{\mu_0} \boldsymbol{B}_i \boldsymbol{B}_j - \delta_{ij} w$$

Kontinuitätsgleichung des Energie-Impuls-Tensors und Lorentz-Kraftdichte

$$\partial_\mu T^{\mu\nu} = j_\mu F^{\mu\nu} = -k^\nu_{\mathrm{L}}$$

0.4.2   Mathematische Formeln

Grundlegendes

Trigonometrische und hyperbolische Funktionen

Trigonometrisch – Additionstheoreme

$$\sin(x \pm y) = \sin(x)\cos(y) \pm \sin(y)\cos(x) \qquad \sin(2x) = 2\sin(x)\cos(y)$$

$$\cos(x \pm y) = \cos(x)\cos(y) \mp \sin(x)\sin(y) \qquad \cos(2x) = \cos^2(x) - \sin^2(x)$$

$$1 = \cos^2(x) + \sin^2(x)$$

Trigonometrisch – Komplexe Darstellung

$$\mathrm{e}^{\pm \mathrm{i}x} = \cos(x) \pm \mathrm{i}\sin(x) \qquad \sin(x) = \frac{1}{2\mathrm{i}}\left(\mathrm{e}^{\mathrm{i}x} - \mathrm{e}^{-\mathrm{i}x}\right) \qquad \cos(x) = \frac{1}{2}\left(\mathrm{e}^{\mathrm{i}x} + \mathrm{e}^{\mathrm{i}x}\right)$$

Hyperbolisch – Additionstheoreme

$$\sinh(x \pm y) = \sinh(x)\cosh(y) \pm \sinh(y)\cosh(x) \qquad \sinh(2x) = 2\sinh(x)\cosh(y)$$

$$\cosh(x \pm y) = \cosh(x)\cosh(y) \pm \sinh(x)\sinh(y) \qquad \cosh(2x) = \cosh^2(x) + \sinh^2(x)$$

$$1 = \cosh^2(x) - \sinh^2(x)$$

Hyperbolisch – Exponentialdarstellung

$$\mathrm{e}^{\pm x} = \cosh(x) \pm \sinh(x) \qquad \sinh(x) = \frac{1}{2}\left(\mathrm{e}^{x} - \mathrm{e}^{-x}\right) \qquad \cosh(x) = \frac{1}{2}\left(\mathrm{e}^{x} + \mathrm{e}^{-x}\right)$$

Zusammenhang

$$\sin(\mathrm{i}x) = \mathrm{i}\sinh(x) \qquad \cos(\mathrm{i}x) = \cosh(x) \qquad \sinh(\mathrm{i}x) = \mathrm{i}\sin(x) \qquad \cosh(\mathrm{i}x) = \cos(x)$$

Differential- und Integralrechnung

Ableitungen

Definition

$$f'(x) = \frac{\mathrm{d}f}{\mathrm{d}x} = \lim_{\Delta x \to 0} \frac{f(x + \Delta x) - f(x)}{\Delta x} \qquad f^{(n)}(x) = \frac{\mathrm{d}^n f}{\mathrm{d}x^n} = \frac{\mathrm{d}}{\mathrm{d}x} f^{(n-1)}(x)$$

Ableitungsregeln

$$(\alpha f(x) + \beta g(x))' = \alpha f'(x) + \beta g'(x) \qquad (f(x) \cdot g(x))' = f'(x)g(x) + f(x)g'(x)$$

$$(f(g(x)))' = f'(g(x)) \cdot g'(x) \qquad \left(\frac{f(x)}{g(x)}\right)' = \frac{f'(x)g(x) - f(x)g'(x)}{(g(x))^2}$$

$$\left(f^{-1}(x)\right)' = \frac{1}{f'(f^{-1}(x))} \qquad \frac{\mathrm{d}^n}{\mathrm{d}x^n}(f(x)g(x)) = \sum_{k=0}^{n} \binom{n}{k} f^{(n-k)}(x)g^{(k)}(x)$$

Beispiele

$$\frac{\mathrm{d}}{\mathrm{d}x}\,x^n = n\cdot x^{n-1} \qquad \frac{\mathrm{d}}{\mathrm{d}x}\,\mathrm{e}^{ax} = a\,\mathrm{e}^{ax} \qquad \frac{\mathrm{d}}{\mathrm{d}x}\,\ln(x) = \frac{1}{x}$$

$$\frac{\mathrm{d}}{\mathrm{d}x}\,\sin(x) = \cos(x) \qquad \frac{\mathrm{d}}{\mathrm{d}x}\,\cos(x) = -\sin(x)$$

$$\frac{\mathrm{d}}{\mathrm{d}x}\,\sinh(x) = \cosh(x) \qquad \frac{\mathrm{d}}{\mathrm{d}x}\,\cosh(x) = \sinh(x)$$

$$\frac{\mathrm{d}}{\mathrm{d}x}\,\tan(x) = 1 + \tan^2(x) = \frac{1}{\cos^2(x)} \qquad \frac{\mathrm{d}}{\mathrm{d}x}\,\tanh(x) = 1 - \tanh^2(x) = \frac{1}{\cosh^2(x)}$$

$$\frac{\mathrm{d}}{\mathrm{d}x}\,\mathrm{Arcsin}(x) = \frac{1}{\sqrt{1-x^2}} \qquad \frac{\mathrm{d}}{\mathrm{d}x}\,\mathrm{Arccos}(x) = \frac{-1}{\sqrt{1-x^2}}$$

$$\frac{\mathrm{d}}{\mathrm{d}x}\,\mathrm{Arsinh}(x) = \frac{1}{\sqrt{x^2+1}} \qquad \frac{\mathrm{d}}{\mathrm{d}x}\,\mathrm{Arcosh}(x) = \frac{1}{\sqrt{x^2-1}}$$

$$\frac{\mathrm{d}}{\mathrm{d}x}\,\mathrm{Arctan}(x) = \frac{1}{1+x^2} \qquad \frac{\mathrm{d}}{\mathrm{d}x}\,\mathrm{Artanh}(x) = \frac{1}{1-x^2}$$

Taylor-Reihe

Definition

$$f(x) = \sum_{n=0}^{\infty} \frac{f^{(n)}(x_0)}{n!}(x - x_0)^n$$

$$= f(x_0) + f'(x_0)(x - x_0) + \frac{f''(x_0)}{2}(x - x_0)^2 + \cdots$$

$$\approx f(x_0) + f'(x_0)(x - x_0) \qquad |x - x_0| \ll 1$$

Beispiele, mit $|x| \ll 1$

$$\sin(x) = \sum_{n=0}^{\infty} \frac{(-1)^n}{(2n+1)!}x^{2n+1} \qquad \sin(x) \approx x - \frac{x^3}{6} + \frac{x^5}{120}$$

$$\cos(x) = \sum_{n=0}^{\infty} \frac{(-1)^n}{(2n)!}x^{2n} \qquad \cos(x) \approx 1 - \frac{x^2}{2} + \frac{x^4}{24}$$

$$\sinh(x) = \sum_{n=0}^{\infty} \frac{x^{2n+1}}{(2n+1)!} \qquad \sinh(x) \approx x + \frac{x^3}{6} + \frac{x^5}{120}$$

$$\cosh(x) = \sum_{n=0}^{\infty} \frac{x^{2n}}{(2n)!} \qquad \cosh(x) \approx 1 + \frac{x^2}{2} + \frac{x^4}{24}$$

$$\mathrm{e}^x = \sum_{n=0}^{\infty} \frac{x^n}{n!} \qquad \mathrm{e}^x \approx 1 + x + \frac{x^2}{2} + \frac{x^3}{6}$$

$$\ln(1+x) = \sum_{n=1}^{\infty} \frac{(-1)^n}{n} x^n \qquad |x| < 1 \qquad \ln(x) \approx x - \frac{x^2}{2} + \frac{x^3}{3}$$

$$(1+x)^n = 1 + \sum_{k=1}^{\infty} \binom{n}{k} x^k = 1 + \sum_{k=1}^{\infty} \frac{1}{k!} \left(\prod_{m=1}^{\infty} k(n-m+1) \right) x^k$$

$$\approx 1 + n \cdot x + \frac{n(n-1)}{2} x^2 + \frac{n(n-1)(n-2)}{6} x^3 \qquad |x| \ll 1$$

$$\sqrt{1+x} = 1 + \sum_{n=1}^{\infty} \frac{1}{2^n n!} \left(\prod_{k=1}^{\infty} n(3-2k) \right) x^n$$

$$\approx 1 + \frac{x}{2} - \frac{x^2}{8} \qquad |x| \ll 1$$

$$\frac{1}{\sqrt{1+x}} = 1 + \sum_{n=0}^{\infty} \frac{(-1)^n}{2^n n!} \left(\prod_{k=1}^{\infty} n(2k-1) \right) x^n$$

$$\approx 1 - \frac{x}{2} + \frac{3}{8} x^2 - \frac{5}{16} x^3 \qquad |x| \ll 1$$

Integrale

Regeln

$$\int_a^b \mathrm{d}x \, (\alpha f(x) + \beta g(x)) = \alpha \int_a^b \mathrm{d}x \, f(x) + \beta \int_a^b \mathrm{d}x \, g(x)$$

$$\int_a^b \mathrm{d}x \, f(x) + \int_b^c \mathrm{d}x \, f(x) = \int_a^c \mathrm{d}x \, f(x) \qquad \int_a^b \mathrm{d}x \, f(x) = - \int_b^a \mathrm{d}x \, f(x)$$

$$f(x) = f(-x) \quad \Rightarrow \quad \int_{-a}^{a} \mathrm{d}x \, f(x) = 2 \int_0^a \mathrm{d}x \, f(x)$$

$$f(x) = -f(-x) \quad \Rightarrow \quad \int_{-a}^{a} \mathrm{d}x \, f(x) = 0$$

$$\int \mathrm{d}x\; f(x) = F(x) + C \qquad \int_a^b \mathrm{d}x\; f(x) = [F(x)]_a^b = F(b) - F(a)$$

$$F'(x) = f(x) \qquad f(x) = \int \mathrm{d}x\; f'(x)$$

$$\int \mathrm{d}x\; f(\alpha x + \beta) = \frac{F(\alpha x + \beta)}{\alpha}$$

$$\int_a^b \mathrm{d}x\; f(\alpha x + \beta) = \frac{F(\alpha b + \beta) - F(\alpha a + \beta)}{\alpha}$$

$$\int \mathrm{d}x\; f(x)g'(x) = f(x)g(x) - \int \mathrm{d}x\; f'(x)g(x)$$

$$\int_a^b \mathrm{d}x\; f(x)g'(x) = [f(x)g(x)]_a^b - \int_a^b \mathrm{d}x\; f'(x)g(x)$$

$$\int_a^b \mathrm{d}x\; f(u(x))u'(x) = \int_{u(a)}^{u(b)} \mathrm{d}u\; f(u)$$

$$\int_a^b \mathrm{d}x\; f(x) = \int_{t_a}^{t_b} \mathrm{d}t\; f(x(t))x'(t)$$

Beispiele

$$\int \mathrm{d}x\; x^n = \frac{x^{n+1}}{n+1} + C \qquad \int \mathrm{d}x\; \mathrm{e}^{ax} = \frac{\mathrm{e}^{ax}}{a} + C$$

$$\int \mathrm{d}x\; \ln(x) = x\ln(x) - x + C$$

$$\int \mathrm{d}x\; \sin(x) = -\cos(x) + C \qquad \int \mathrm{d}x\; \cos(x) = \sin(x) + C$$

$$\int \mathrm{d}x\; \sinh(x) = \cosh(x) + C \qquad \int \mathrm{d}x\; \cosh(x) = \sinh(x) + C$$

$$\int \mathrm{d}x\ \sin^2(x) = \frac{x}{2} - \frac{\sin(2x)}{4} + C \qquad \int \mathrm{d}x\ \cos^2(x) = \frac{x}{2} + \frac{\sin(2x)}{4} + C$$

$$\int \mathrm{d}x\ \sinh^2(x) = -\frac{x}{2} + \frac{\sinh(2x)}{4} + C \qquad \int \mathrm{d}x\ \cosh^2(x) = \frac{x}{2} + \frac{\sinh(2x)}{4} + C$$

$$\int \frac{\mathrm{d}x}{\sqrt{1 - x^2}} = \mathrm{Arcsin}(x) + C \qquad \int \frac{\mathrm{d}x}{\sqrt{1 + x^2}} = \mathrm{Arsinh}(x) + C$$

$$\int \frac{\mathrm{d}x}{1 + x^2} = \mathrm{Arctan}(x) + C \qquad \int \frac{\mathrm{d}x}{1 - x^2} = \frac{1}{2} \ln\left(\left|\frac{1 + x}{1 - x}\right|\right) + C$$

$$\int \mathrm{d}x\ \mathrm{e}^{ax} \sin(bx) = \frac{\mathrm{e}^{ax}}{a^2 + b^2}(a\sin(bx) - b\cos(bx))$$

$$\int \mathrm{d}x\ \mathrm{e}^{ax} \cos(bx) = \frac{\mathrm{e}^{ax}}{a^2 + b^2}(a\cos(bx) + b\sin(bx))$$

$$\int \mathrm{d}x\ \mathrm{e}^{ax} \sinh(bx) = \frac{\mathrm{e}^{ax}}{a^2 - b^2}(a\sinh(bx) - b\cosh(bx))$$

$$\int \mathrm{d}x\ \mathrm{e}^{ax} \cosh(bx) = \frac{\mathrm{e}^{ax}}{a^2 - b^2}(a\cosh(bx) - b\sinh(bx))$$

$$\int_{-\infty}^{\infty} \mathrm{d}x\ \mathrm{e}^{-ikx} = 2\pi\delta(k) \qquad \int_{-\infty}^{\infty} \mathrm{d}x\ \mathrm{e}^{-iax} \sin(bx) = i\pi(\delta(a + b) - \delta(a - b))$$

$$\int_{-\infty}^{\infty} \mathrm{d}x\ \mathrm{e}^{-iax} \cos(bx) = \pi(\delta(a + b) + \delta(a - b))$$

Dirac-Delta-Funktion und Heaviside-Theta-Funktion

Dirac-Delta-Funktion – Definition

$$\epsilon > 0 \quad \Rightarrow \quad \int_{-\epsilon}^{\epsilon} \mathrm{d}x\ \delta(x)\, f(x) = f(0)$$

$$\delta(x) = \begin{cases} \infty & x = 0 \\ 0 & x \neq 0 \end{cases} \qquad \int_{-\infty}^{\infty} \mathrm{d}x\ \delta(x) = 1$$

Dirac-Delta-Funktion – Eigenschaften

$$\int\limits_{-\infty}^{\infty} \mathrm{d}x \; \delta(x-a)\, f(x) = f(a) \qquad \delta(ax) = \frac{\delta(x)}{|a|}$$

$$\delta(g(x)) = \sum_{x_i;\, g(x_i)=0} \frac{\delta(x-x_i)}{|g'(x_i)|}$$

Heaviside-Theta-Funktion – Definition und Zusammenhang mit der Dirac-Delta-Funktion

$$\Theta(x) = \begin{cases} 1 & x > 0 \\ \frac{1}{2} & x = 0 \\ 0 & x < 0 \end{cases} \qquad \frac{\mathrm{d}}{\mathrm{d}x}\Theta(x) = \delta(x) \qquad \Theta(a-x)\,\Theta(a+x) = \Theta(a-|x|)$$

Integrale mit der Heaviside-Theta-Funktion

$$\int\limits_{-\infty}^{\infty} \mathrm{d}x \; \Theta(x-a)\, f(x) = \int\limits_{a}^{\infty} \mathrm{d}x \; f(x) \qquad \int\limits_{-\infty}^{\infty} \mathrm{d}x \; \Theta(b-x)\, f(x) = \int\limits_{-\infty}^{b} \mathrm{d}x \; f(x)$$

$$\int\limits_{-\infty}^{\infty} \mathrm{d}x \; \Theta(x-a)\,\Theta(b-x)\, f(x) = \Theta(b-a) \int\limits_{a}^{b} \mathrm{d}x \; f(x)$$

$$\int\limits_{a}^{b} \mathrm{d}x \; \Theta(x)\, f(x) = \Theta(a) \int\limits_{a}^{b} \mathrm{d}x \; f(x) + \Theta(-a) \int\limits_{0}^{b} \mathrm{d}x \; f(x) \qquad b > a, b > 0$$

Vektoren

Kreuzprodukte

Regeln für Kreuzprodukte

$$\boldsymbol{a} \times \boldsymbol{b} = -\boldsymbol{b} \times \boldsymbol{a} \qquad \boldsymbol{a} \times \boldsymbol{a} = \boldsymbol{0}$$

$$\boldsymbol{a} \cdot (\boldsymbol{b} \times \boldsymbol{c}) = \boldsymbol{b} \cdot (\boldsymbol{c} \times \boldsymbol{a}) = \boldsymbol{c} \cdot (\boldsymbol{a} \times \boldsymbol{b}) = -\boldsymbol{a} \cdot (\boldsymbol{c} \times \boldsymbol{b})$$

$$\boldsymbol{a} \times (\boldsymbol{b} \times \boldsymbol{c}) = \boldsymbol{b}(\boldsymbol{a} \cdot \boldsymbol{c}) - \boldsymbol{c}(\boldsymbol{a} \cdot \boldsymbol{b})$$

$$(\boldsymbol{a} \times \boldsymbol{b}) \cdot (\boldsymbol{c} \times \boldsymbol{d}) = (\boldsymbol{a} \cdot \boldsymbol{c})(\boldsymbol{b} \cdot \boldsymbol{d}) - (\boldsymbol{a} \cdot \boldsymbol{d})(\boldsymbol{b} \cdot \boldsymbol{c})$$

$$(\boldsymbol{a} \times \boldsymbol{b})^2 = \boldsymbol{a}^2 \boldsymbol{b}^2 - (\boldsymbol{a} \cdot \boldsymbol{b})^2$$

Levi-Civita-Symbol und Indexschreibweise

Kronecker-Delta – Definition und Regeln

$$\delta_{ij} = \begin{cases} 1 & i = j \\ 0 & i \neq j \end{cases} \qquad \delta_{ij}\delta_{jk} = \delta_{ik}$$

Levi-Civita-Symbol – Definition und Regeln

$$\epsilon_{ijk} = \det \begin{pmatrix} \delta_{i1} & \delta_{i2} & \delta_{i3} \\ \delta_{j1} & \delta_{j2} & \delta_{j3} \\ \delta_{k1} & \delta_{k2} & \delta_{k3} \end{pmatrix} \qquad \epsilon_{ijk} = \epsilon_{jki} = \epsilon_{kij} = -\epsilon_{ikj}$$

$$\epsilon_{ijk}\epsilon_{ilm} = \delta_{jl}\delta_{km} - \delta_{jm}\delta_{kl} \qquad \epsilon_{ijk}\epsilon_{ijl} = 2\delta_{kl} \qquad \epsilon_{123} = +1$$

$$\boldsymbol{a} \cdot \boldsymbol{b} = \sum_{i=1}^{3} a_i b_i \qquad \boldsymbol{a} \times \boldsymbol{b} = \hat{\boldsymbol{e}}_i \epsilon_{ijk} a_j b_k$$

Krummlinige Koordinatensysteme

Kartesische Koordinaten – Basisvektoren, Orthogonalität und Rechtshändigkeit

$$\hat{\boldsymbol{e}}_1 = \hat{\boldsymbol{e}}_x = \begin{pmatrix} 1 \\ 0 \\ 0 \end{pmatrix} \qquad \hat{\boldsymbol{e}}_2 = \hat{\boldsymbol{e}}_y = \begin{pmatrix} 0 \\ 1 \\ 0 \end{pmatrix} \qquad \hat{\boldsymbol{e}}_3 = \hat{\boldsymbol{e}}_z = \begin{pmatrix} 0 \\ 0 \\ 1 \end{pmatrix}$$

$$x \in (-\infty, \infty) \qquad y \in (-\infty, \infty) \qquad z \in (-\infty, \infty)$$

$$\hat{\boldsymbol{e}}_i \cdot \hat{\boldsymbol{e}}_j = \delta_{ij} \qquad \hat{\boldsymbol{e}}_i \times \hat{\boldsymbol{e}}_j = \epsilon_{ijk}\hat{\boldsymbol{e}}_k$$

Ortsvektor und Entwicklung in Kartesischen Koordinaten

$$\boldsymbol{r} = x\hat{\boldsymbol{e}}_x + y\hat{\boldsymbol{e}}_y + z\hat{\boldsymbol{e}}_z = \begin{pmatrix} x \\ y \\ z \end{pmatrix}$$

$$\boldsymbol{A} = \hat{\boldsymbol{e}}_x(\hat{\boldsymbol{e}}_x \cdot \boldsymbol{A}) + \hat{\boldsymbol{e}}_y(\hat{\boldsymbol{e}}_y \cdot \boldsymbol{A}) + \hat{\boldsymbol{e}}_z(\hat{\boldsymbol{e}}_z \cdot \boldsymbol{A}) = \hat{\boldsymbol{e}}_i(\hat{\boldsymbol{e}}_i \cdot \boldsymbol{A}) = \hat{\boldsymbol{e}}_i A_i$$

Polarkoordinaten – Basisvektoren

$$\hat{\boldsymbol{e}}_s = \begin{pmatrix} \cos(\phi) \\ \sin(\phi) \end{pmatrix} \qquad \hat{\boldsymbol{e}}_\phi = \begin{pmatrix} -\sin(\phi) \\ \cos(\phi) \end{pmatrix} \qquad s \in [0, \infty), \quad \phi \in [0, 2\pi)$$

Polarkoordinaten – Orthogonalität

$$\hat{\boldsymbol{e}}_s \cdot \hat{\boldsymbol{e}}_s = \hat{\boldsymbol{e}}_\phi \cdot \hat{\boldsymbol{e}}_\phi = 1 \qquad \hat{\boldsymbol{e}}_s \cdot \hat{\boldsymbol{e}}_\phi = 0$$

Ortsvektor und Entwicklung in Polarkoordinaten

$$\boldsymbol{r} = s\hat{\boldsymbol{e}}_s \qquad \boldsymbol{A} = \hat{\boldsymbol{e}}_s(\hat{\boldsymbol{e}}_s \cdot \boldsymbol{A}) + \hat{\boldsymbol{e}}_\phi(\hat{\boldsymbol{e}}_\phi \cdot \boldsymbol{A}) = \hat{\boldsymbol{e}}_s A_s + \hat{\boldsymbol{e}}_\phi A_\phi$$

Zylinderkoordinaten – Basisvektoren

$$\hat{\boldsymbol{e}}_s = \begin{pmatrix} \cos(\phi) \\ \sin(\phi) \\ 0 \end{pmatrix} \qquad \hat{\boldsymbol{e}}_\phi = \begin{pmatrix} -\sin(\phi) \\ \cos(\phi) \\ 0 \end{pmatrix} \qquad \hat{\boldsymbol{e}}_z = \begin{pmatrix} 0 \\ 0 \\ 1 \end{pmatrix}$$

$$s \in [0, \infty), \quad \phi \in [0, 2\pi), \quad z \in (-\infty, \infty)$$

Zylinderkoordinaten – Orthogonalität und Rechtshändigkeit

$$\hat{\boldsymbol{e}}_s \cdot \hat{\boldsymbol{e}}_s = \hat{\boldsymbol{e}}_\phi \cdot \hat{\boldsymbol{e}}_\phi = \hat{\boldsymbol{e}}_z \cdot \hat{\boldsymbol{e}}_z = 1 \qquad \hat{\boldsymbol{e}}_s \cdot \hat{\boldsymbol{e}}_\phi = \hat{\boldsymbol{e}}_s \cdot \hat{\boldsymbol{e}}_z = \hat{\boldsymbol{e}}_\phi \cdot \hat{\boldsymbol{e}}_z = 0$$

$$\hat{\boldsymbol{e}}_s \times \hat{\boldsymbol{e}}_\phi = \hat{\boldsymbol{e}}_z \quad \hat{\boldsymbol{e}}_\phi \times \hat{\boldsymbol{e}}_z = \hat{\boldsymbol{e}}_s \quad \hat{\boldsymbol{e}}_z \times \hat{\boldsymbol{e}}_s = \hat{\boldsymbol{e}}_\phi$$

Ortsvektor und Entwicklung in Zylinderkoordinaten

$$\boldsymbol{r} = s\hat{\boldsymbol{e}}_s + z\hat{\boldsymbol{e}}_z \qquad \boldsymbol{A} = \hat{\boldsymbol{e}}_s(\hat{\boldsymbol{e}}_s \cdot \boldsymbol{A}) + \hat{\boldsymbol{e}}_\phi(\hat{\boldsymbol{e}}_\phi \cdot \boldsymbol{A}) + \hat{\boldsymbol{e}}_z(\hat{\boldsymbol{e}}_z \cdot \boldsymbol{A}) = \hat{\boldsymbol{e}}_s A_s + \hat{\boldsymbol{e}}_\phi A_\phi + \hat{\boldsymbol{e}}_z A_z$$

Kugelkoordinaten – Basisvektoren

$$\hat{\boldsymbol{e}}_r = \begin{pmatrix} \sin(\theta)\cos(\phi) \\ \sin(\theta)\sin(\phi) \\ \cos(\theta) \end{pmatrix} \qquad \hat{\boldsymbol{e}}_\theta = \begin{pmatrix} \cos(\theta)\cos(\phi) \\ \cos(\theta)\sin(\phi) \\ -\sin(\theta) \end{pmatrix} \qquad \hat{\boldsymbol{e}}_\phi = \begin{pmatrix} -\sin(\phi) \\ \cos(\phi) \\ 0 \end{pmatrix}$$

$$r \in [0, \infty), \quad \theta \in [0, \pi], \quad \phi \in [0, 2\pi)$$

Kugelkoordinaten – Orthogonalität und Rechtshändigkeit

$$\hat{\boldsymbol{e}}_r \cdot \hat{\boldsymbol{e}}_r = \hat{\boldsymbol{e}}_\theta \cdot \hat{\boldsymbol{e}}_\theta = \hat{\boldsymbol{e}}_\phi \cdot \hat{\boldsymbol{e}}_\phi = 1 \qquad \hat{\boldsymbol{e}}_r \cdot \hat{\boldsymbol{e}}_\theta = \hat{\boldsymbol{e}}_r \cdot \hat{\boldsymbol{e}}_\phi = \hat{\boldsymbol{e}}_\theta \cdot \hat{\boldsymbol{e}}_\phi = 0$$

$$\hat{\boldsymbol{e}}_r \times \hat{\boldsymbol{e}}_\theta = \hat{\boldsymbol{e}}_\phi \quad \hat{\boldsymbol{e}}_\theta \times \hat{\boldsymbol{e}}_\phi = \hat{\boldsymbol{e}}_r \quad \hat{\boldsymbol{e}}_\phi \times \hat{\boldsymbol{e}}_r = \hat{\boldsymbol{e}}_\theta$$

Ortsvektor und Entwicklung in Kugelkoordinaten

$$\boldsymbol{r} = r\hat{\boldsymbol{e}}_r \qquad \boldsymbol{A} = \hat{\boldsymbol{e}}_r(\hat{\boldsymbol{e}}_r \cdot \boldsymbol{A}) + \hat{\boldsymbol{e}}_\theta(\hat{\boldsymbol{e}}_\theta \cdot \boldsymbol{A}) + \hat{\boldsymbol{e}}_\phi(\hat{\boldsymbol{e}}_\phi \cdot \boldsymbol{A}) = \hat{\boldsymbol{e}}_r A_r + \hat{\boldsymbol{e}}_\theta A_\theta + \hat{\boldsymbol{e}}_\phi A_\phi$$

Vekotranalysis

Gradient, Rotation und Divergenz

$$\operatorname{grad}(\phi) = \boldsymbol{\nabla}\phi \qquad \operatorname{rot}(\boldsymbol{A}) = \boldsymbol{\nabla} \times \boldsymbol{A} \qquad \operatorname{div}(\boldsymbol{A}) = \boldsymbol{\nabla} \cdot \boldsymbol{A} \qquad \boldsymbol{\nabla} = \begin{pmatrix} \partial_x \\ \partial_y \\ \partial_z \end{pmatrix}$$

Produktregeln

$$\boldsymbol{\nabla}(\phi\psi) = \phi\boldsymbol{\nabla}\psi + \psi\boldsymbol{\nabla}\phi$$

$$\boldsymbol{\nabla}(\boldsymbol{A} \cdot \boldsymbol{B}) = \boldsymbol{A} \times (\boldsymbol{\nabla} \times \boldsymbol{B}) + (\boldsymbol{A} \cdot \boldsymbol{\nabla})\boldsymbol{B} + \boldsymbol{B} \times (\boldsymbol{\nabla} \times \boldsymbol{A}) + (\boldsymbol{B} \cdot \boldsymbol{\nabla})\boldsymbol{A}$$

$$\boldsymbol{\nabla} \times (\phi\boldsymbol{A}) = \phi(\boldsymbol{\nabla} \times \boldsymbol{A}) - \boldsymbol{A} \times \boldsymbol{\nabla}\phi$$

$$\boldsymbol{\nabla} \times (\boldsymbol{A} \times \boldsymbol{B}) = \boldsymbol{A}(\boldsymbol{\nabla} \cdot \boldsymbol{B}) + (\boldsymbol{B} \cdot \boldsymbol{\nabla})\boldsymbol{A} - \boldsymbol{B}(\boldsymbol{\nabla} \cdot \boldsymbol{A}) - (\boldsymbol{A} \cdot \boldsymbol{\nabla})\boldsymbol{B}$$

$$\boldsymbol{\nabla}(\phi\boldsymbol{A}) = \boldsymbol{A} \cdot \boldsymbol{\nabla}\phi + \phi(\boldsymbol{\nabla} \cdot \boldsymbol{A})$$

$$\boldsymbol{\nabla} \cdot (\boldsymbol{A} \times \boldsymbol{B}) = \boldsymbol{B} \cdot (\boldsymbol{\nabla} \times \boldsymbol{A}) - \boldsymbol{A} \cdot (\boldsymbol{\nabla} \times \boldsymbol{B})$$

Laplace-Operator

$$\Delta = \partial_x^2 + \partial_y^2 + \partial_z^2 = \partial_i\partial_i \qquad \Delta\phi = \partial_x^2\phi + \partial_y^2\phi + \partial_z^2\phi \qquad \Delta\boldsymbol{A} = \begin{pmatrix} \Delta A_x \\ \Delta A_y \\ \Delta A_z \end{pmatrix}$$

Zweite Ableitungen

$$\nabla \times (\nabla \phi) = 0 \qquad \nabla \cdot (\nabla \phi) = \Delta \phi$$
$$\nabla \cdot (\nabla \times \boldsymbol{A}) = 0 \qquad \nabla \times (\nabla \times \boldsymbol{A}) = \nabla(\nabla \cdot \boldsymbol{A}) - \Delta \boldsymbol{A}$$

Ableitungen in Zylinderkoordinaten

$$\nabla \phi = \hat{\boldsymbol{e}}_s \frac{\partial \phi}{\partial s} + \hat{\boldsymbol{e}}_\phi \frac{1}{s} \frac{\partial \phi}{\partial \varphi} + \hat{\boldsymbol{e}}_z \frac{\partial \phi}{\partial z}$$

$$\nabla \times \boldsymbol{A} = \hat{\boldsymbol{e}}_s \left[\frac{1}{s} \frac{\partial A_z}{\partial \varphi} - \frac{\partial A_\varphi}{\partial z} \right] + \hat{\boldsymbol{e}}_\varphi \left[\frac{\partial A_s}{\partial z} - \frac{\partial A_z}{\partial s} \right] + \hat{\boldsymbol{e}}_z \frac{1}{s} \left[\frac{\partial}{\partial s}(s A_\varphi) - \frac{\partial A_s}{\partial \varphi} \right]$$

$$\nabla \cdot \boldsymbol{A} = \frac{1}{s} \frac{\partial}{\partial s}(s A_s) + \frac{1}{s} \frac{\partial A_\varphi}{\partial \varphi} + \frac{\partial A_z}{\partial z}$$

$$\Delta \phi = \frac{1}{s} \frac{\partial}{\partial s}\left(s \frac{\partial \phi}{\partial s} \right) + \frac{1}{s^2} \frac{\partial^2 \phi}{\partial \varphi^2} + \frac{\partial^2 \phi}{\partial z^2}$$

Ableitungen in Kugelkoordinaten

$$\nabla \phi = \hat{\boldsymbol{e}}_r \frac{\partial \phi}{\partial r} + \hat{\boldsymbol{e}}_\theta \frac{1}{r} \frac{\partial \phi}{\partial \theta} + \hat{\boldsymbol{e}}_\varphi \frac{1}{r \sin(\theta)} \frac{\partial \phi}{\partial \varphi}$$

$$\nabla \times \boldsymbol{A} = \hat{\boldsymbol{e}}_r \frac{1}{r \sin(\theta)} \left[\frac{\partial}{\partial \theta}(A_\varphi \sin(\theta)) - \frac{\partial A_\theta}{\partial \varphi} \right] + \hat{\boldsymbol{e}}_\theta \frac{1}{r} \left[\frac{1}{\sin(\theta)} \frac{\partial A_r}{\partial \varphi} - \frac{\partial}{\partial r}(r A_\varphi) \right]$$
$$+ \hat{\boldsymbol{e}}_\varphi \frac{1}{r} \left[\frac{\partial}{\partial r}(r A_\theta) - \frac{\partial A_r}{\partial \theta} \right]$$

$$\nabla \cdot \boldsymbol{A} = \frac{1}{r^2} \frac{\partial}{\partial r}(r^2 A_r) + \frac{1}{r \sin(\theta)} \left[\frac{\partial}{\partial \theta}(A_\theta \sin(\theta)) + \frac{\partial A_\varphi}{\partial \varphi} \right]$$

$$\Delta \phi = \frac{1}{r^2} \frac{\partial}{\partial r}\left(r^2 \frac{\partial \phi}{\partial r} \right) + \frac{1}{r^2 \sin(\theta)} \frac{\partial}{\partial \theta}\left(\frac{\partial \phi}{\partial \theta} \sin(\theta) \right) + \frac{1}{r^2 \sin^2(\theta)} \frac{\partial^2 \phi}{\partial \varphi^2}$$

Satz von wandernden d (Gradientensatz, Satz von Stokes und Satz von Gauß)

$$\int_\Lambda \mathrm{d}\omega = \oint_{\partial \Lambda} \omega \qquad \int_{\gamma, A}^{B} \mathrm{d}\boldsymbol{r} \cdot \nabla \phi = \phi(B) - \phi(A)$$

$$\iint_{\mathcal{F}} \mathrm{d}^2 \boldsymbol{f} \cdot (\nabla \times \boldsymbol{A}) = \oint_{\partial \mathcal{F}} \mathrm{d}\boldsymbol{r} \cdot \boldsymbol{A} \qquad \iiint_{\mathcal{V}} \mathrm{d}^3 r \, \nabla \cdot \boldsymbol{A} = \oiint_{\partial \mathcal{V}} \mathrm{d}^2 \boldsymbol{f} \cdot \boldsymbol{A}$$

Sätze von Green

$$\iiint_{\mathcal{V}} \mathrm{d}^3 r \, \phi \Delta \psi = \oiint_{\partial \mathcal{V}} \mathrm{d}^2 \boldsymbol{f} \cdot (\phi \nabla \psi) - \iiint_{\mathcal{V}} \mathrm{d}^3 r \, (\nabla \psi) \cdot (\nabla \phi)$$

$$\iiint_{\mathcal{V}} \mathrm{d}^3 r [\phi \Delta \psi - \psi \Delta \phi] = \oiint_{\partial \mathcal{V}} \mathrm{d}^2 \boldsymbol{f} \cdot [\phi \nabla \psi - \psi \nabla \phi]$$

Helmholtz'scher Zerlegungssatz

$$|\boldsymbol{V}(\boldsymbol{r})| < \frac{\text{const.}}{r^2} \quad (r \to \infty) \quad \Rightarrow \quad \boldsymbol{V}(\boldsymbol{r}) = -\nabla\phi + \nabla \times \boldsymbol{A}$$

$$\phi(\boldsymbol{r}) = \frac{1}{4\pi} \iiint_{\mathbb{R}^3} \mathrm{d}^3 r' \frac{\nabla' \cdot \boldsymbol{V}(\boldsymbol{r}')}{|\boldsymbol{r} - \boldsymbol{r}'|} \qquad \boldsymbol{A}(\boldsymbol{r}) = \frac{1}{4\pi} \iiint_{\mathbb{R}^3} \mathrm{d}^3 r' \frac{\nabla' \times \boldsymbol{V}(\boldsymbol{r}')}{|\boldsymbol{r} - \boldsymbol{r}'|}$$

Wichtige Differentialgleichungen und ihre Green'schen Funktionen

Laplace-Gleichung $\Delta\phi = 0$

$$\Delta G_\Delta(\boldsymbol{r},\boldsymbol{r}') = \delta^{(3)}(\boldsymbol{r} - \boldsymbol{r}') \qquad G_\Delta(\boldsymbol{r},\boldsymbol{r}') = -\frac{1}{4\pi}\frac{1}{|\boldsymbol{r} - \boldsymbol{r}'|}$$

Helmholtz-Gleichung $\left(\Delta + k^2\right)\phi = 0$

$$\left(\Delta + k^2\right) G(\boldsymbol{r},\boldsymbol{r}') = \delta^{(3)}(\boldsymbol{r} - \boldsymbol{r}') \qquad G(\boldsymbol{r},\boldsymbol{r}') = -\frac{\mathrm{e}^{\mathrm{i}k|\boldsymbol{r}-\boldsymbol{r}'|}}{4\pi|\boldsymbol{r} - \boldsymbol{r}'|}$$

Wellengleichung $\Box\phi = \left(\frac{1}{c^2}\frac{\partial^2}{\partial t^2} - \Delta\right)\phi = 0$

$$\Box G(x,x') = \delta^{(4)}(x - x') \qquad G(x,x') = \frac{\delta(c(t - t') - |\boldsymbol{r} - \boldsymbol{r}'|)}{4\pi|\boldsymbol{r} - \boldsymbol{r}'|}$$

Spezielle Funktionen

Legendre-Polynome

Legendre'sche Differentialgleichung

$$(1 - x^2)P_l''(x) - 2xP_l'(x) + l(l + 1)P_l(x) = 0$$

Erzeugende Funktion

$$\frac{1}{\sqrt{1 - 2\lambda x + \lambda^2}} = \sum_{l=0}^{\infty} \lambda^l P_l(x)$$

Liste bis $l = 3$

$$P_1(x) = 1 \qquad P_1(x) = x \qquad P_2(x) = \frac{3x^2 - 1}{2} \qquad P_3(x) = \frac{5x^3 - 3x}{2}$$

Rodrigues-Formel

$$P_l(x) = \frac{1}{2^l l!}\frac{\mathrm{d}^l}{\mathrm{d}x^l}(x^2 - 1)^l$$

Normierung und Eigenschaften

$$P_l(1) = 1 \qquad P_l(-x) = (-1)^l P_l(x) \qquad P_l(-x) = (-1)^l$$

Orthogonalität

$$\int\limits_{-1}^{1} \mathrm{d}x \; P_l(x) P_{l'}(x) = \frac{2}{2l+1}\delta_{ll'}$$

Vollständigkeit

$$\sum_{l=0}^{\infty} \frac{2l+1}{2} P_l(x) P_l(x') = \delta(x - x')$$

Zugeordnete Legendre-Polynome

Differentialgleichung ($l \in \mathbb{N}_0$, $0 \leq m \leq l$)

$$(1 - x^2)\frac{\mathrm{d}^2 P_l^m}{\mathrm{d}x^2} - 2x\frac{\mathrm{d}P_l^m}{\mathrm{d}x} + \left(l(l+1) - \frac{m^2}{1 - x^2} \right) P_l^m(x) = 0$$

Liste bis $l = 2$

$$P_0^0(x) = 1 \qquad P_1^0(x) = x \qquad P_1^1 = \sqrt{1 - x^2}$$

$$P_2^0(x) = \frac{3x^2 - 1}{2} \qquad P_2^1(x) = 3x\sqrt{1 - x^2} \qquad P_2^2(x) = 3(1 - x^2)$$

Rodrigues-Formel

$$P_l^m(x) = (1 - x^2)^{m/2}\frac{\mathrm{d}^m}{\mathrm{d}x^m}P_l(x)$$

Orthogonalität

$$\int\limits_{-1}^{1} \mathrm{d}x \; P_l^m(x) P_{l'}^m(x) = \frac{2}{2l+1}\frac{(l+m)!}{(l-m)!}\delta_{ll'}$$

$$\int\limits_{-1}^{1} \mathrm{d}x \; P_l^m(x) P_l^{m'}(x) = \frac{2}{2l+1}\frac{(l+m)!}{m(l-m)!}\delta_{mm'} \qquad (m, m' \neq 0)$$

Kugelflächenfunktionen

Eigenwert-Gleichungen ($l \in \mathbb{N}_0$, $-l \leq m \leq l$)

$$\Delta_{\theta,\varphi}Y_{lm} = \left(\frac{1}{\sin(\theta)}\frac{\partial}{\partial\theta}\left(\sin(\theta)\frac{\partial}{\partial\theta} \right) + \frac{1}{\sin^2(\theta)}\frac{\partial^2}{\partial\varphi^2} \right) Y_{lm} = -l(l+1)Y_{lm}$$

$$\frac{\partial}{\partial\varphi}Y_{lm} = \mathrm{i}mY_{lm}$$

Liste bis $l = 2$

$$Y_{00} = \frac{1}{\sqrt{4\pi}} \qquad Y_{10} = \sqrt{\frac{3}{4\pi}}\cos(\theta) \qquad Y_{1\pm1} = \mp\sqrt{\frac{3}{8\pi}}\sin(\theta)\,\mathrm{e}^{\pm\mathrm{i}\varphi}$$

$$Y_{20} = \sqrt{\frac{5}{16\pi}}(3\cos^2(\theta) - 1) \qquad Y_{2\pm1} = \mp\sqrt{\frac{15}{8\pi}}\cos(\theta)\sin(\theta)\,\mathrm{e}^{\pm\mathrm{i}\varphi}$$

$$Y_{2\pm2} = \sqrt{\frac{15}{32\pi}}\sin^2(\theta)\cos(\theta)\,\mathrm{e}^{\pm2\mathrm{i}\varphi}$$

Definition

$$Y_{lm}(\theta,\varphi) = (-1)^m\sqrt{\frac{2l+1}{4\pi}\frac{(l-m)!}{(l+m)!}}\,P_l^m(\cos(\theta))\,\mathrm{e}^{\mathrm{i}m\varphi} \quad (m \geq 0)$$

$$Y_{l-|m|}(\theta,\varphi) = (-1)^m Y_{l|m|}^*(\theta,\varphi)$$

Orthogonalität

$$\int \mathrm{d}\Omega\; Y_{l'm'}(\theta,\varphi)Y_{lm}^*(\theta,\varphi) = \int_0^\pi \mathrm{d}\theta\;\sin(\theta)\int_0^{2\pi}\mathrm{d}\varphi\; Y_{l'm'}(\theta,\varphi)Y_{lm}^*(\theta,\varphi) = \delta_{ll'}\delta_{mm'}$$

Vollständigkeit

$$\sum_{l=0}^{\infty}\sum_{m=-l}^{l} Y_{lm}(\theta,\varphi)Y_{lm}^*(\theta',\varphi') = \delta(\cos(\theta) - \cos(\theta'))\,\delta(\varphi - \varphi')$$

Zusammenhang zu Legendre-Polynomen

$$P_l\left(\frac{\boldsymbol{r}\cdot\boldsymbol{r}'}{rr'}\right) = \frac{4\pi}{2l+1}\sum_{m=-l}^{l} Y_{lm}^*(\theta',\varphi')Y_{lm}(\theta,\varphi)$$

Bessel-Funktionen (erster Gattung)

Bessel'sche Differentialgleichung ($n \in \mathbb{N}_0$)

$$x^2 J_n''(x) + x J_n'(x) + (x^2 - n^2)J_n(x) = 0$$

Reihendarstellung und Konstruktion aus Ableitungen

$$J_n(x) = \sum_{m=0}^{\infty}\frac{(-1)^m}{m!(m+n)!}\left(\frac{x}{2}\right)^{2m+n} \qquad J_n(x) = x^n\left(-\frac{1}{x}\frac{\mathrm{d}}{\mathrm{d}x}\right)^n J_0(x)$$

Asymptotisches Verhalten

$$J_n(x) \approx \frac{1}{n!}\left(\frac{x}{2}\right)^n \quad (x \ll 1) \qquad J_n(x) \approx \sqrt{\frac{2}{\pi x}}\cos\left(x - \frac{\pi}{4} - \frac{n\pi}{2}\right) \quad (x \gg 1)$$

1 Klausur I – Elektrodynamik – Sehr Einfach

Im Kurzfragebogen dieser Klausur werden die Divergenz einer Rotation, der Hall-Effekt, das magnetische Feld einer unendlich ausgedehnten und unendlich dünnen Platte, die Maxwell-Gleichungen im Vakuum in integraler Form, sowie die Impedanz eines in Reihe geschalteten RCL-Schwingkreises behandelt. In Aufgabe 2 wird der relativistische Dopplereffekt untersucht. Aufgabe 3 untersucht das magnetische Feld, welches von Leiterschleifen in einer Ebene verursacht wird. In Aufgabe 4 wird das Verhalten von elektromagnetischen Wellen am Übergang zwischen zwei Medien untersucht.

Überblick

1.1 Aufgaben zur Klausur I – Elektrodynamik – Sehr Einfach 49

Aufgabe **1** - **Kurzfragen** 49

Aufgabe **2** - **Relativistischer Dopplereffekt** 50

Aufgabe **3** - **Ebene Leiterschleifen** 51

Aufgabe **4** - **Elektromagnetische Wellen an der Grenzfläche zweier linearer Medien** 53

1.2 Hinweise zur Klausur I – Elektrodynamik – Sehr Einfach 55

1.3 Lösung zur Klausur I – Elektrodynamik – Sehr Einfach 59

Aufgabe **1** - **Kurzfragen** 59

Aufgabe **2** - **Relativistischer Dopplereffekt** 64

Aufgabe **3** - **Ebene Leiterschleifen** 70

Aufgabe **4** - **Elektromagnetische Wellen an der Grenzfläche zweier linearer Medien** 75

1.1 Aufgaben zur Klausur I – Elektrodynamik – Sehr Einfach

Aufgabe 1   **25 *Punkte***

Kurzfragen

Schlagwörter:
Vektoranalysis, Bewegung im elektromagnetischen Feld, Ampère'sches Gesetz, Maxwell-Gleichungen, Elektrische Bauteile

(a) **(5 Punkte)** Zeigen Sie, das für ein zweimal stetig differenzierbares Vektorfeld $\boldsymbol{A}$ stets

$$\boldsymbol{\nabla} \cdot (\boldsymbol{\nabla} \times \boldsymbol{A}) = 0$$

gilt.

(b) **(5 Punkte)** Betrachten Sie ein quaderförmiges Leiterplättchen, das entlang seiner Länge l von einem Strom I durchflossen wird. Es soll entlang seiner Breite b von einem homogenen Magnetfeld B durchsetzt werden. Entlang seiner Dicke d wird dann die Hall-Spannung U_H gemessen. Erklären Sie das Zustandekommen dieser Spannung, wenn es sich bei den freien Ladungsträgern um Elektronen handelt. Drücken Sie die Hall-Spannung U_H durch das Magnetfeld B, die Stromstärke I, die Ladungsträgerdichte n, den passenden Abmessungen des Plättchens und nötiger Naturkonstanten aus.

(c) **(5 Punkte)** Betrachten Sie eine unendlich dünne, unendlich weit ausgedehnte Platte, welche die zx-Ebene ausfüllt. Sie soll in z-Richtung von der konstanten Oberflächenstromdichte k_0 durchsetzt sein. Bestimmen Sie das Magnetfeld $\boldsymbol{B}(r)$ im gesamten Raumbereich.

(d) **(5 Punkte)** Nennen Sie die Maxwell-Gleichungen im Vakuum in ihrer integralen Form. Verwenden Sie dabei soweit wie möglich Vereinfachungen durch bekannte Integralsätze.

(e) **(5 Punkte)** Betrachten Sie einen getriebenen RCL-Schwingkreis in dem ein Widerstand R, eine Spule L und ein Kondensator C in Reihe geschaltet sind. Die anliegende Wechselspannung soll die Form $U_0(t) = \hat{U}_0\, \mathrm{e}^{\mathrm{i}\omega t}$ haben. Bestimmen Sie die Gesamtimpedanz Z_ges als Vielfaches von R und damit die Stromstärke $I(t)$. Ermitteln Sie dann die Amplitude und Phasenverschiebung der Stromstärke. Drücken Sie ihre Ergebnisse soweit wie möglich durch $\gamma = \frac{R}{2L}$ und $\omega_0 = \frac{1}{\sqrt{LC}}$ aus.

Aufgabe 2 **25 *Punkte***

Relativistischer Dopplereffekt

Schlagwörter:
Relativistik, Lorentz-Boost, Kreisfrequenz, Wellenvektor

In dieser Aufgabe soll der relativistische Dopplereffekt für Licht untersucht werden. Betrachten Sie dazu eine Lichtquelle in deren Ruhesystem ein Lichtstrahl mit Kreisfrequenz ω und Wellenvektor $\boldsymbol{k}$ ausgesandt wird. Zunächst soll sich ein Detektor vereinfachend parallel zum Wellenvektor bewegen.

(a) (**4 Punkte**) Zeichnen Sie ein Raumzeitdiagramm, in dem die Lichtquelle bei $x = 0$ ruht und für $t > 0$ zwei aufeinander folgende Wellenberge im Abstand $T = \frac{2\pi}{\omega}$ aussendet. Zeichnen Sie auch die Weltlinie eines bewegten Detektors ein, der zum Zeitpunkt $t = 0$ den Ursprung passiert und sich mit der Geschwindigkeit v in positiver x-Richtung von der Quelle entfernt.

(b) (**4 Punkte**) Bestimmen Sie die zeitlichen und räumlichen Abstände Δx und Δt zwischen dem Eintreffen des ersten und zweiten Wellenberges beim Detektor, gemessen im Inertialsystem der Quelle. Drücken Sie damit Δt und Δx allein durch T und v aus.

(c) (**5 Punkte**) Verwenden Sie die Lorentz-Transformation, um den zeitlichen Abstand $\Delta t'$ des Eintreffens der beiden Wellenberge im Inertialsystems des Detektors zu ermitteln. Welche Frequenz ω_b und welche Wellenlänge λ_b misst dieser demnach für das Licht?

(d) (**5 Punkte**) Verwenden Sie nun die kovariante Formulierung der Relativitätstheorie und konstruieren Sie aus dem Vierer-Wellenvektor k^μ und der Vierer-Geschwindigkeit u_D^μ des Detektors die beobachtete Frequenz ω_b. Betrachten Sie dazu auch den allgemeinen Fall, in dem nicht zwangsläufig $\boldsymbol{v} \parallel \boldsymbol{k}$ gilt.

(e) (**7 Punkte**) Nehmen Sie an, ein Stern und ein Planet umkreisen in weiter Entfernung ihren gemeinsamen Schwerpunkt mit einem festen Abstand zueinander. Bestimmen Sie die Geschwindigkeit des Sterns entlang der Sichtlinie aus Sicht eines Detektors auf der Erde als Funktion der Zeit. Bedenken Sie, dass der Detektor aus einem Winkel θ zum Bahndrehimpuls des kreisenden Sterns auf das System blickt. Verwenden Sie dann ihre bisherigen Ergebnisse, um die Rotverschiebung

$$z = \frac{\lambda_\mathrm{b}(t) - \lambda}{\lambda}$$

zu bestimmen. Wie lässt sich unter geeigneten Annahmen bei einer bekannten Sternenmasse eine untere Schranke für die Masse des Planeten angeben?

Aufgabe 3   **25 _Punkte_**

Ebene Leiterschleifen

Schlagwörter:
Magnetostatik, Vektoranalysis, Vektorpotential, Magnetische Flussdichte, Dipol, Magnetisches Moment

In dieser Aufgabe sollen die magnetischen Dipolmomente ebener Leiterschleifen und die von ihnen erzeugten Felder untersucht werden. Das magnetische Dipolmoment m einer Stromverteilung $j(r)$ ist dabei durch

$$m = \frac{1}{2} \iiint \mathrm{d}^3 r'\, r' \times j(r')$$

gegeben und das entsprechende magnetische Potential kann über

$$A(r) = \frac{\mu_0}{4\pi} \frac{m \times r}{r^3}$$

berechnet werden.

(a) **(4 Punkte)** Zeigen Sie zunächst, dass die zugehörige magnetische Flussdichte durch

$$B(r) = \frac{\mu_0}{4\pi} \frac{3\,\hat{e}_r (\hat{e}_r \cdot m) - m}{r^3}$$

gegeben ist.

(b) **(5 Punkte)** Betrachten Sie zuerst eine quadratische Leiterschleife in der xy-Ebene mit Kantenlänge a, deren Mittelpunkt mit dem Ursprung zusammenfällt. Sie wird gegen den Uhrzeigersinn mit der Stromstärke I durchflossen. Zeigen Sie, dass das magnetische Moment durch

$$m = I a^2\, \hat{e}_z$$

gegeben ist und bestimmen Sie damit B in Kugelkoordinaten.

(c) **(5 Punkte)** Betrachten Sie nun eine Leiterschleife in Form eines gleichseitigen Dreiecks mit Kantenlänge a, die mit der Stromstärke I gegen den Uhrzeigersinn durchflossen wird. Die Eckpunkte $\left(-\frac{a}{2}, \frac{a}{2\sqrt{3}}\right)$, $\left(\frac{a}{2}, \frac{a}{2\sqrt{3}}\right)$ und $\left(0, -\frac{a}{\sqrt{3}}\right)$ sind dabei so gewählt, dass der Mittelpunkt des Dreiecks mit dem Ursprung zusammenfällt. Bestimmen Sie auch hier das magnetische Moment m und dann die magnetische Flussdichte $B(r)$ in Kugelkoordinaten.

(d) **(3 Punkte)** Zeigen Sie für die Beispiele aus Teilaufgabe (b) und (c), dass das magnetische Dipolmoment ein Produkt aus der Stromstärke und der von der Leiterschleife umschlossenen Fläche A ist. Wie lässt sich die magnetische Flussdichte in diesem Fall durch A ausdrücken?

(e) **(4 Punkte)** Verwenden Sie, dass für Leiterschleifen $\mathrm{d}^3 r'\, \boldsymbol{j}(\boldsymbol{r}') = I\, \mathrm{d}\boldsymbol{r}'$ gilt, sowie den Stokes'schen Satz mit dem Vektorfeld $\boldsymbol{V}(\boldsymbol{r}') = \boldsymbol{n} \times \boldsymbol{r}'$, wobei $\boldsymbol{n}$ ein beliebiger aber konstanter Vektor ist, um zu zeigen, dass das magnetische Moment für Leiterschleifen durch

$$\boldsymbol{m} = I \iint_{\mathcal{F}} \mathrm{d}^2 \boldsymbol{f}'$$

berechnet werden kann. Hierbei beschreibt $\mathcal{F}$ eine von der Leiterschleife umschlossene Fläche.

(f) **(4 Punkte)** Betrachten Sie nun eine Leiterschleife, welche sich aus zwei Halbkreisen des Radius R zusammensetzt. Die Mittelpunkte beider Vollkreise ist der Ursprung. Der erste Halbkreis befindet sich in der xy-Ebene, beginnt und endet an der y-Achse und erstreckt sich in den Bereich mit positiven x-Werten. Er wird gegen den Uhrzeigersinn mit der Stromstärke I durchflossen. Der zweite Halbkreis befindet sich in der yz-Ebene, beginnt und endet an den Endpunkten des ersten Halbkreises und erstreckt sich in den Bereich mit negativen z-Werten. Bestimmen Sie das magnetische Dipolmoment dieser Konfiguration.

Aufgabe 4   25 *Punkte*

Elektromagnetische Wellen an der Grenzfläche zweier linearer Medien

Schlagwörter:
Elektrodynamik, Elektromagnetische Wellen, Maxwell-Gleichungen, Magnetische Fluss-
dichte, Elektrisches Feld, Poynting-Vektor, Kreisfrequenz, Wellenvektor, Stetigkeitsbedin-
gungen, Felder in Materie

In dieser Aufgabe soll das Verhalten von elektromagnetischen Wellen an der Grenzflä-
che zweier linearen Medien mit den relativen Permittivitäten $\varepsilon_{r,1}$, $\varepsilon_{r,2}$ und den relativen
Permeabilitäten $\mu_{r,1}$, $\mu_{r,2}$ untersucht werden. Es sollen keine freien Ladungen oder Ströme
vorhanden sein.

(a) **(4 Punkte)** Stellen Sie zunächst die Maxwell-Gleichung in einem linearen Medium
auf und führen Sie diese auf die beiden Wellengleichungen

$$\frac{1}{u^2}\frac{\partial^2 E}{\partial t^2} - \Delta E = 0 \qquad \frac{1}{u^2}\frac{\partial^2 B}{\partial t^2} - \Delta B = 0 \qquad (1.1)$$

für die elektrische Feldstärke und die magnetische Flussdichte zurück. Zeigen Sie
dabei, dass sich die Ausbreitungsgeschwindigkeit im Medium u mittels

$$u = \frac{c}{n}$$

durch die Ausbreitungsgeschwindigkeit im Vakuum c mit einem zu bestimmenden
Brechungsindex n bestimmen lässt.

(b) **(4 Punkte)** Zeigen Sie, dass der Ansatz

$$E = E_0\, e^{i(\boldsymbol{k}\cdot\boldsymbol{r}-\omega t)} \qquad B = B_0\, e^{i(\boldsymbol{k}\cdot\boldsymbol{r}-\omega t)}$$

eine Lösung der Gl. (1.1) darstellen kann. Welche Beziehungen müssen dafür zwi-
schen ω, k bzw. $\boldsymbol{E}_0$, $\boldsymbol{B}_0$ und $\boldsymbol{k}$ gültig sein? Bestimmen Sie anschließend die Intensität
$I = |\langle \boldsymbol{S}\rangle_t|$ der ebenen Welle.

(c) **(4 Punkte)** Betrachten Sie nun eine Grenzfläche bei $z = 0$ und leiten Sie die Stetigkeitsbedingungen für die elektrische Feldstärke und die magnetische Flussdichte an
dieser aus den Maxwell-Gleichungen her.

(d) **(8 Punkte)** Gehen Sie von einer linear polarisierten, senkrecht einfallenden Welle

$$\boldsymbol{E}_u = E_i\,\hat{\boldsymbol{e}}_x\, e^{i(kz-\omega t)}$$

mit Amplitude E_i und Frequenz ω aus. Es werden sich eine reflektierte und eine transmittierte Welle in der Form

$$\boldsymbol{E}_r = E_r\,\hat{\boldsymbol{e}}_r\, e^{i(\boldsymbol{k}_1'\boldsymbol{r}-\omega t)} \qquad \boldsymbol{E}_t = E_t\,\hat{\boldsymbol{e}}_t\, e^{i(\boldsymbol{k}_2'\boldsymbol{r}-\omega t)}$$

ergeben. Zeigen Sie, dass sich diese ebenfalls senkrecht zur Grenzfläche ausbreiten und dieselbe Polarisation wie die einfallende Welle aufweisen.

Hinweis: Für die Tangentialkomponente eines Vektorfeldes A an einer Grenzfläche mit Normalenvektor n können Sie auch $n \times A$ verwenden.

(e) **(3 Punkte)** Nutzen Sie die Stetigkeitsbedingungen, um mit

$$\beta = \frac{\mu_{\mathrm{r},1} n_2}{\mu_{\mathrm{r},2} n_1}$$

die Amplitude der reflektierten und transmittierten Wellen durch die der einfallenden Welle auszudrücken.

(f) **(2 Punkte)** Bestimmen Sie die Intensitäten der reflektierten und transmittierten Welle I_{r} und I_{t}. Ermitteln Sie weiter den Reflexions- und Transmissionskoeffizienten

$$R = \frac{I_{\mathrm{r}}}{I_{\mathrm{i}}} \qquad T = \frac{I_{\mathrm{t}}}{I_{\mathrm{i}}}$$

und zeigen Sie durch explizite Rechnung, dass dieser

$$R + T = 1$$

gehorcht.

1.2 Hinweise zur Klausur I – Elektrodynamik – Sehr Einfach

Aufgabe 1 - Kurzfragen

(a) Wie lässt sich der gesuchte Ausdruck in Indexschreibweise darstellen? Welche Folgen zieht die zweimalige stetige Differenzierbarkeit beim Vertauschen von Ableitungen nach sich? Was passiert, wenn ein unter der Vertauschung zweier Indizes symmetrischer Ausdruck mit dem Levi-Civita-Symbol kontrahiert wird?

(b) Welche Kraft erfahren Ladungen, die sich senkrecht in einem Magnetfeld bewegen? Was passiert, wenn sich Ladungen an einer Stelle im Raum sammeln und an anderer Stelle abwesend bleiben? Wann stellt sich ein Gleichgewicht der beiden Effekte ein? Wie lässt sich die Stromdichte auf zwei unterschiedliche Weise für den vorliegenden Fall ausdrücken? Wie kann so die Geschwindigkeit der Elektronen mittels

$$v_{\mathrm{D}} = \frac{I}{nebd}$$

bestimmt werden?

(c) Wie lautet das Ampère'sche Gesetz? Welche Symmetrien liegen vor und wie schränken sie die Abhängigkeiten des Magnetfelds auf $\boldsymbol{B}(\boldsymbol{r}) = \boldsymbol{B}(y)$ und $\boldsymbol{B}(-y) = -\boldsymbol{B}(y)$ ein? Welche Integrationsfläche bietet sich für die vorliegende Situation an?

(d) Was sind die Aussagen der Sätze von Gauß und von Stokes? Was passiert, wenn man die Divergenz über ein Volumen und die Rotation über eine Fläche integriert?

(e) Wie müssen die jeweiligen Impedanzen

$$Z_R = R \qquad Z_C = \frac{1}{\mathrm{i}\omega C} \qquad Z_L = \mathrm{i}\omega L$$

im vorliegenden Stromkreis kombiniert werden, um die Gesamtimpedanz zu bestimmen? Welcher Zusammenhang besteht zwischen $I(t)$, $U(t)$ und der Gesamtimpedanz?

Aufgabe 2 - Relativistischer Dopplereffekt

(a) Wieso ist die Weltlinie eines ruhenden Objekts eine vertikale Linie im Raumzeitdiagramm? Welchen Winkel muss die Weltlinie des Detektors mit der der Quelle einschließen? Welchen Winkel haben die Weltlinien von Lichtstrahlen in einem Raumzeitdiagramm zur ct-Achse?

(b) Welcher Zusammenhang besteht zwischen Δx und Δt? Wieso lässt sich daneben noch

$$\Delta t = T + \frac{\Delta x}{c}$$

finden?

(c) Was passiert, wenn die Ergebnisse aus Teilaufgabe (b) in die Lorentz-Transformation

$$\Delta t' = \gamma \left(\Delta t - \frac{v}{c^2} \Delta x \right) \qquad \Delta x' = \gamma \left(\Delta x - v \Delta t \right)$$

eingesetzt werden? Wieso lässt sich die Beobachtete Kreisfrequenz durch $\omega_\text{b} = \frac{2\pi}{\Delta t'}$ bestimmen? Wie lautet die Dispersionsrelation für Licht im Vakuum?

(d) Warum muss es sich bei ω_b um ein Lorentz-Skalar handeln? Wie lässt sich aus u_D^μ und k^μ ein Lorentz-Skalar konstruieren? Wie würde die Situation für einen im Inertialsystem der Quelle ruhenden Detektor aussehen? Lässt sich mit einem geeigneten Ansatz das Ergebnis aus Teilaufgabe (c) rekonstruieren?

(e) Welchen Abstand wird der Stern zum gemeinsamen Schwerpunkt haben? Was sagt das dritte Kepler'sche Gesetz über die Umlaufzeit und den Abstand zwischen Planet und Stern aus? Wie lässt sich damit die Bahngeschwindigkeit

$$v_\text{s} \approx m \sqrt{\frac{G}{MR}}$$

des Sterns bestimmen. Was ergibt sich für die Rotverschiebung im Fall $v_\text{s} \ll c$? Wie lässt sich der Abstand zwischen Stern und Planet durch die Umlauffrequenz Ω ausdrücken?

Aufgabe 3 - Ebene Leiterschleifen

(a) Wie lautet der Zusammenhang zwischen magnetischer Flussdichte $\boldsymbol{B}$ und Vektorpotential $\boldsymbol{A}$? Inwiefern helfen die Relationen

$$\nabla \times (\psi \boldsymbol{V}) = \psi \nabla \times \boldsymbol{V} - \boldsymbol{V} \times \nabla \psi$$

und

$$\nabla \times (\boldsymbol{a} \times \boldsymbol{b}) = \boldsymbol{a}(\nabla \cdot \boldsymbol{b}) + (\boldsymbol{b} \cdot \nabla)\boldsymbol{a} - (\boldsymbol{a} \cdot \nabla)\boldsymbol{b} - \boldsymbol{b}(\nabla \cdot \boldsymbol{a})$$

der Vektoranalysis?

(b) Wie lassen sich die Rotationssymmetrien des Quadrats ausnutzen, um nur den Beitrag einer Seite der Leiterschleife bestimmen zu müssen? Wie lässt sich der Vektor $\hat{\boldsymbol{e}}_z$ in Kugelkoordinaten ausrücken?

(c) Wieso genügt es hier den Beitrag des Leiterstücks zu bestimmen, das parallel zur x-Achse ist? Wie unterschieden sich die Dipolmomente der dreieckigen und der quadratischen Leiterschleife? Wie muss demnach die magnetische Flussdichte aussehen?

(d) Wieso ist die Höhe eines gleichseitigen Dreiecks durch $h = \frac{\sqrt{3}}{2}a$ gegeben?

(e) Wie lässt sich das Integral

$$\iint_\mathcal{F} \mathrm{d}^2 \boldsymbol{f} \cdot (\nabla \times (\boldsymbol{n} \times \boldsymbol{r}))$$

auf zweierlei Weisen auswerten? Was ergibt sich jeweils unter der Berücksichtigung, dass $\boldsymbol{n}$ konstant ist? Welche Aussage lässt sich treffen, weil $\boldsymbol{n}$ beliebig ist?

(f) Wie kann durch das geschickte hinzufügen zweier Zusatzsegmente ohne physikalischen Effekt, das Problem auf zwei geschlossene, ebene Leiterschleifen reduzieren. In welche Richtung zeigt deren magnetisches Moment jeweils?

Aufgabe 4 - Elektromagnetische Wellen an der Grenzfläche zweier linearer Medien

(a) Welche Vereinfachungen können an den Maxwell-Gleichungen in Materie

$$\nabla \cdot \boldsymbol{D} = \rho_{\mathrm{f}} \qquad \nabla \times \boldsymbol{E} = -\frac{\partial \boldsymbol{B}}{\partial t}$$
$$\nabla \cdot \boldsymbol{B} = 0 \qquad \nabla \times \boldsymbol{H} = \boldsymbol{j}_{\mathrm{f}} + \frac{\partial \boldsymbol{D}}{\partial t}$$

im vorliegenden Fall vorgenommen werden? Welcher Zusammenhang besteht zwischen den physikalischen Feldern und den Hilfsfeldern in einem linearen Medium? Was kann mit der Vektoridentität

$$\nabla \times (\nabla \times \boldsymbol{A}) = \nabla(\nabla \cdot \boldsymbol{A}) - \Delta \boldsymbol{A}$$

für die elektrische Feldstärke und die magnetische Flussdichte bestimmt werden? Sie sollten

$$n = \sqrt{\varepsilon_{\mathrm{r}}\mu_{\mathrm{r}}}$$

erhalten.

(b) Was passiert, wenn die beiden Ansätze in die Gleichung (1.1) eingesetzt werden? Warum sind die Gleichungen erfüllt, wenn

$$\omega = u|\boldsymbol{k}|$$

gilt? Welcher geometrische Zusammenhang lässt sich zwischen $\boldsymbol{k}$, $\boldsymbol{E}$ und $\boldsymbol{B}$ herstellen, wenn die Divergenzen der beiden Felder betrachtet werden? Was ergibt sich aus der Rotation des elektrischen Feldes? Wie kann der Zusammenhang

$$\langle A(t)B(t)\rangle_t = \frac{1}{2}\,\mathrm{Re}\left[A(t)B^*(t)\right]$$

für das zeitliche Mittel komplexer Größen mit gleicher Frequenz benutzt werden, um die Intensität zu bestimmen.

(c) Was passiert, wenn für die Divergenzgleichungen über ein kleines Volumen integriert wird, das die Grenzfläche enthält? Wie lässt sich das entstehende Oberflächenintegral ausdrücken, wenn eine kleine Fläche F gewählt wird, auf der die betrachteten Vektorfelder nicht stark variieren? Was passiert für die Rotationsgleichungen bei einer kleinen Schlaufe, die die Grenzfläche enthält? Warum verschwinden hier die Integrale über die zeitlichen Ableitungen der Felder? Sie sollten finden, dass die Normalkomponente von $\boldsymbol{B}$ und $\boldsymbol{D}$ erhalten ist, während von $\boldsymbol{E}$ und $\boldsymbol{H}$ die Tangentialkomponente erhalten ist.

(d) Wie lässt sich aus der Erkenntnis $\boldsymbol{k} \cdot \boldsymbol{E} = 0$ aus Teilaufgabe (b) zeigen, dass die Polarisationsvektoren senkrecht auf den jeweiligen Wellenvektoren stehen? Was passiert, wenn die Stetigkeitsbedingung für die Tangentialkomponente der elektrischen Feldstärke verwendet wird? Wieso müssen alle Exponenten für $z = 0$ verschwinden? Was ergibt sich demnach für die Orientierung der Wellenvektoren senkrecht zur Grenzfläche? Was passiert, wenn die Polarisationsvektoren durch

$$\hat{\boldsymbol{e}}_r = \cos(\theta_{\mathrm{r}})\,\hat{\boldsymbol{e}}_x + \sin(\theta_{\mathrm{r}})\,\hat{\boldsymbol{e}}_y$$
$$\hat{\boldsymbol{e}}_t = \cos(\theta_{\mathrm{t}})\,\hat{\boldsymbol{e}}_x + \sin(\theta_{\mathrm{t}})\,\hat{\boldsymbol{e}}_y$$

ausgedrückt werden und die Tangentialkomponente der elektrischen Feldstärke und der magnetischen Flussdichte betrachtet werden? Wie lassen sich daraus die beiden Zusammenhänge

$$E_{\mathrm{r}} \sin(\theta_{\mathrm{r}}) = E_{\mathrm{t}} \sin(\theta_{\mathrm{t}}) \qquad -\frac{E_{\mathrm{r}}}{\mu_1 u_1}\sin(\theta_{\mathrm{r}}) = \frac{E_{\mathrm{t}}}{\mu_2 u_2}\sin(\theta_{\mathrm{t}})$$

herleiten? Was implizieren diese für die Polarisationswinkel?

(e) Wieso ergeben sich die Stetigkeitsbedingungen

$$E_{\mathrm{i}} + E_{\mathrm{r}} = E_{\mathrm{t}} \qquad \frac{1}{\mu_1 u_1}(E_{\mathrm{i}} - E_{\mathrm{r}}) = \frac{1}{\mu_2 u_2}E_{\mathrm{t}}$$

für den Fall, dass Polarisation und Ausbreitungsrichtung der Wellen erhalten bleiben? Wie lässt sich hierin die Größe β einführen? Für die transmittierte Amplitude sollten Sie

$$E_{\mathrm{t}} = \frac{2}{1+\beta}E_{\mathrm{i}}$$

erhalten.

(f) Was passiert, wenn die Ergebnisse

$$E_{\mathrm{r}} = \frac{1-\beta}{1+\beta}E_{\mathrm{i}} \qquad E_{\mathrm{t}} = \frac{2}{1+\beta}E_{\mathrm{i}}$$

aus Teilaufgabe (e) in die Formel für die Intensität

$$I = \frac{|E|^2}{2\mu u}$$

aus Teilaufgabe (b) eingesetzt werden?

1.3   Lösung zur Klausur I – Elektrodynamik – Sehr Einfach

Aufgabe 1   **25 *Punkte***

Kurzfragen

(a) **(5 Punkte)** Zeigen Sie, dass für ein zweimal stetig differenzierbares Vektorfeld $\boldsymbol{A}$ stets

$$\nabla \cdot (\nabla \times \boldsymbol{A}) = 0$$

gilt.

Lösungsvorschlag:
In Indexschreibweise kann der zu untersuchende Term durch

$$\nabla \cdot (\nabla \times \boldsymbol{A}) = \partial_i (\nabla \times \boldsymbol{A})_i = \partial_i (\epsilon_{ijk} \partial_j A_k) = \epsilon_{ijk} \partial_i \partial_j A_k$$

ausgedrückt werden. An dieser Stelle kann bereits argumentiert werden, dass wegen der zweimal stetigen Differenzierbarkeit von $\boldsymbol{A}$ der Satz von Schwarz gilt und der Ausdruck $\partial_i \partial_j A_k$ symmetrisch unter dem Vertauschen der Indizes i und j ist und in der Summe mit dem total anti-symmetrischen Levi-Civita-Symbol gerade null ergibt. Dieses Argument soll hier näher ausgeführt werden. So kann zunächst

$$\nabla \cdot (\nabla \times \boldsymbol{A}) = \epsilon_{ijk} \partial_i \partial_j A_k = \frac{1}{2} \left(\epsilon_{ijk} \partial_i \partial_j A_k + \epsilon_{ijk} \partial_i \partial_j A_k \right)$$

geschrieben werden. Der zweite Term kann nun unter Verwendung von $\epsilon_{ijk} = -\epsilon_{jik}$ umgeformt werden, um

$$\nabla \cdot (\nabla \times \boldsymbol{A}) = \frac{1}{2} \left(\epsilon_{ijk} \partial_i \partial_j A_k - \epsilon_{jik} \partial_i \partial_j A_k \right)$$

zu erhalten. Durch Umbenennen von i in j lässt sich so der Ausdruck

$$\nabla \cdot (\nabla \times \boldsymbol{A}) = \frac{1}{2} \left(\epsilon_{ijk} \partial_i \partial_j A_k - \epsilon_{ijk} \partial_j \partial_i A_k \right)$$

finden. Aufgrund der zweimaligen stetigen Differenzierbarkeit von $\boldsymbol{A}$ lassen sich die Ableitungen im zweiten Term vertauschen, womit sich

$$\nabla \cdot (\nabla \times \boldsymbol{A}) = \frac{1}{2} \left(\epsilon_{ijk} \partial_i \partial_j A_k - \epsilon_{ijk} \partial_i \partial_j A_k \right) = 0$$

ergibt.

(b) **(5 Punkte)** Betrachten Sie ein quaderförmiges Leiterplättchen, das entlang seiner Länge l von einem Strom I durchflossen wird. Es soll entlang seiner Breite b von einem homogenen Magnetfeld B durchsetzt werden. Entlang seiner Dicke d wird dann die Hall-Spannung U_{H} gemessen. Erklären Sie das Zustandekommen dieser Spannung, wenn es sich bei den freien Ladungsträgern um Elektronen handelt. Drücken Sie die Hall-Spannung U_{H} durch das Magnetfeld B, die Stromstärke I, die Ladungsträgerdichte n, den passenden Abmessungen des Plättchens und nötiger Naturkonstanten aus.

Lösungsvorschlag:
Der Strom wird durch frei bewegliche Elektronen innerhalb des Leiters verursacht, welche sich mit einer mittleren Driftgeschwindigkeit v_{D} entlang der Länge l des Leiterplättchens bewegen. Wird das Leiterplättchen nun von einem Magnetfeld durchsetzt, so werden die Elektronen aufgrund der Lorentz-Kraft im engeren Sinne $F_{\mathrm{L}} = Bev_{\mathrm{D}}$ senkrecht zu ihrer Bewegungsrichtung und dem Magnetfeld abgelenkt. Dadurch bildet sich entlang der Dicke d eine inhomogene Ladungsverteilung der Elektronen aus. Auf einer Seite herrscht ein Elektronenüberschuss, während auf der anderen Seite ein Elektronenmangel herrscht. Dies führt zu einem elektrischen Feld, mit dem eine Spannung U_{H} verbunden ist. Wird das elektrische Feld E als homogen angesehen, so hängt es mit der Hall-Spannung über

$$E = \frac{U_{\mathrm{H}}}{d} \quad \Rightarrow \quad U_{\mathrm{H}} = Ed$$

zusammen. Der Aufbau des Elektronenmangels bzw. -überschuss findet so lange statt, bis die Kraft des elektrischen Feldes die Lorentz-Kraft ausgleicht. Danach herrscht für weitere Elektronen, die in das Plättchen eintreten, ein Kräftegleichgewicht und sie können sich mit einer festen Geschwindigkeit durch das Plättchen bewegen. [1] Demnach ist die Bedingung an die Hall-Spannung durch

$$F_{\mathrm{el}} = F_{\mathrm{L}} \quad \Rightarrow \quad eE = Bev_{\mathrm{D}} \quad \Rightarrow \quad U_{\mathrm{H}} = Bdv_{\mathrm{D}}$$

gegeben. Hierin tritt noch die bisher unbekannte Driftgeschwindigkeit v_{D} auf. Diese kann aber mittels der Stromdichte ausgedrückt werden. Zum einen hat das Leiterplättchen den Leiterquerschnitt $A = bd$ und wird von der Stromstärke I durchflossen, so dass die Stromdichte j durch

$$j = \frac{I}{A} = \frac{I}{bd}$$

bestimmt werden kann. Auf der anderen Seite ist die Stromdichte aber auch als das Produkt aus der Ladungsdichte und der Geschwindigkeit v_{D} der Ladungen gegeben. Die Ladungsdichte lässt sich als Produkt aus der Anzahldichte n der Elektronen, also der Ladungsträger, und ihrer individuellen Ladungen, also der Elementarladung e ermitteln. Auf diese Weise kann auch der Ausdruck

$$j = nev_{\mathrm{D}}$$

für die Stromdichte gefunden werden. Durch Gleichsetzen, kann die Driftgeschwindigkeit auch durch

$$nev_{\mathrm{D}} = \frac{I}{bd} \quad \Rightarrow \quad v_{\mathrm{D}} = \frac{I}{nebd}$$

---

[1] Das bedeutet, es hat sich ein Gleichgewicht eingestellt und die auftretende Hall-Spannung nimmt einen festen Wert an, welcher dann auch gemessen wird.

ausgedrückt werden. Eingesetzt in den Ausdruck für die Hall-Spannung, kann diese mit

$$U_{\mathrm{H}} = Bdv_{\mathrm{D}} = Bd\frac{I}{nebd} = \frac{BI}{neb} = \frac{1}{ne}\frac{BI}{b}$$

ermittelt werden. [2]

(c) **(5 Punkte)** Betrachten Sie eine unendlich dünne, unendlich weit ausgedehnte Platte, welche die zx-Ebene ausfüllt. Sie soll in z-Richtung von der konstanten Oberflächenstromdichte k_0 durchsetzt sein. Bestimmen Sie das Magnetfeld $\boldsymbol{B}(\boldsymbol{r})$ im gesamten Raumbereich.

Lösungsvorschlag:
Aufgrund der vorliegenden Symmetrie kann das Ampère'sche Gesetz

$$\oint_{\partial\mathcal{F}} \mathrm{d}\boldsymbol{r} \cdot \boldsymbol{B} = \mu_0 I_{\mathcal{F}}$$

verwendet werden. Da das Problem translationsinvariant entlang der x- und z-Richtung ist, kann das B-Feld nur von y abhängen, so dass $\boldsymbol{B}(\boldsymbol{r}) = \boldsymbol{B}(y)$ gilt. Da der Strom in z-Richtung läuft und entlang der zx-Ebene unendlich ausgedehnt ist, kann das Magnetfeld nur parallel zu $\hat{\boldsymbol{e}}_x$ sein. Schlussendlich muss aufgrund der Spiegelsymmetrie der Zusammenhang $\boldsymbol{B}(-y) = -\boldsymbol{B}(y)$ gelten. Soll nun das Ampère'sche Gesetz angewendet werden, bietet sich als Integrationsfläche ein Rechteck mit einem zur z-Achse parallelen Normalenvektor an. Zwei Seiten mit Länge l sollen sich dabei im Abstand a zur zx-Ebene mit je einem positiven und einem negativen y-Wert befinden. Ihre Position entlang der x-Achse ist wegen $\boldsymbol{B}(\boldsymbol{r}) = \boldsymbol{B}(y)$ dabei unerheblich. Gemäß der Orientierung des Normalenvektors muss die Fläche so umlaufen werden, dass die Seite l bei positivem y-Werten entgegen der x-Richtung abgeschritten wird. Auf der linken Seite kann mit diesen Überlegungen dann der Ausdruck

$$\oint_{\partial\mathcal{F}} \mathrm{d}\boldsymbol{r} \cdot \boldsymbol{B} = \int_{-a}^{a} \mathrm{d}y\, B_y(y) + \int_{l/2}^{-l/2} \mathrm{d}x\, B_x(a) + \int_{a}^{-a} \mathrm{d}y\, B_y(y) + \int_{-l/2}^{l/2} \mathrm{d}x\, B_x(-a)$$

$$= -lB_x(a) + lB_x(-a) = -2lB_x(a)$$

gefunden werden. Auf der rechten Seite des Ampère'schen Gesetz lässt sich hingegen der eingeschlossene Strom

$$I_{\mathcal{F}} = \iint_{\mathcal{F}} \mathrm{d}^2\boldsymbol{f} \cdot \boldsymbol{j} = \int_{-l/2}^{l/2} \mathrm{d}x \int_{-a}^{a} \mathrm{d}y\, k_0\delta(y) = k_0 l$$

finden. Für positive y kann daher der Zusammenhang

$$\boldsymbol{B}(y) = -\hat{\boldsymbol{e}}_x \frac{\mu_0 k_0}{2} \qquad y > 0$$

---

[2] Die Größe $A_{\mathrm{H}} = \frac{1}{ne}$ ist eine materialabhängige Konstante und wird als Hall-Konstante bezeichnet.

ermittelt werden. Um die Bedingung $\boldsymbol{B}(-y) = -\boldsymbol{B}(y)$ zu erfüllen muss dieser Ausdruck noch mit der Vorzeichenfunktion $\mathrm{sgn}(y)$ multipliziert werden, um so schlussendlich

$$\boldsymbol{B}(y) = -\hat{\boldsymbol{e}}_x \frac{\mu_0 k_0}{2} \mathrm{sgn}(y)$$

zu erhalten.

(d) **(5 Punkte)** Nennen Sie die Maxwell-Gleichungen im Vakuum in ihrer integralen Form. Verwenden Sie dabei soweit wie möglich Vereinfachungen durch bekannte Integralsätze.

Lösungsvorschlag:
Die beiden Divergenz-Gesetze können durch

$$\oiint_{\partial \mathcal{V}} \mathrm{d}^2 \boldsymbol{f} \cdot \boldsymbol{E} = \iiint_{\mathcal{V}} \mathrm{d}^3 r \, \boldsymbol{\nabla} \cdot \boldsymbol{E} = \frac{1}{\varepsilon_0} \iiint_{\mathcal{V}} \mathrm{d}^3 r \, \rho(\boldsymbol{r}) = \frac{Q_{\mathcal{V}}}{\varepsilon_0}$$

$$\oiint_{\partial \mathcal{V}} \mathrm{d}^2 \boldsymbol{f} \cdot \boldsymbol{B} = \iiint_{\mathcal{V}} \mathrm{d}^3 r \, \boldsymbol{\nabla} \cdot \boldsymbol{B} = 0$$

ausgedrückt werden. Dabei wurde der Satz von Gauß verwendet, um das Volumenintegral einer Divergenz in ein Oberflächenintegral umzuwandeln. Die Rotations-Gesetze können hingegen durch

$$\oint_{\partial \mathcal{F}} \mathrm{d}\boldsymbol{r} \cdot \boldsymbol{E} = \iint_{\mathcal{F}} \mathrm{d}^2 \boldsymbol{f} \cdot (\boldsymbol{\nabla} \times \boldsymbol{E}) = -\iint_{\mathcal{F}} \mathrm{d}^2 \boldsymbol{f} \cdot (\partial_t \boldsymbol{B})$$

$$\oint_{\partial \mathcal{F}} \mathrm{d}\boldsymbol{r} \cdot \boldsymbol{B} = \iint_{\mathcal{F}} \mathrm{d}^2 \boldsymbol{f} \cdot (\boldsymbol{\nabla} \times \boldsymbol{B}) = \mu_0 \iint_{\mathcal{F}} \mathrm{d}^2 \boldsymbol{f} \cdot \boldsymbol{j} + \frac{1}{c^2} \iint_{\mathcal{F}} \mathrm{d}^2 \boldsymbol{f} \cdot (\partial_t \boldsymbol{E})$$

$$= \mu_0 I_{\mathcal{F}} + \frac{1}{c^2} \iint_{\mathcal{F}} \mathrm{d}^2 \boldsymbol{f} \cdot (\partial_t \boldsymbol{E})$$

ausgedrückt werden. Hierbei wurde der Satz von Stokes ausgenutzt, der es erlaubt, das Oberflächenintegral über eine Rotation durch ein Linienintegral über den Rand der Oberfläche auszudrücken.

(e) **(5 Punkte)** Betrachten Sie einen getriebenen RCL-Schwingkreis in dem ein Widerstand R, eine Spule L und ein Kondensator C in Reihe geschaltet sind. Die anliegende Wechselspannung soll die Form $U_0(t) = \hat{U}_0 \, \mathrm{e}^{\mathrm{i}\omega t}$ haben. Bestimmen Sie die Gesamtimpedanz Z_{ges} als Vielfaches von R und damit die Stromstärke $I(t)$. Ermitteln Sie dann die Amplitude und Phasenverschiebung der Stromstärke. Drücken Sie ihre Ergebnisse soweit wie möglich durch $\gamma = \frac{R}{2L}$ und $\omega_0 = \frac{1}{\sqrt{LC}}$ aus.

Lösungsvorschlag:
Die Impedanzen für Widerstände, Kondensatoren und Spulen sind durch

$$Z_R = R \qquad Z_C = \frac{1}{\mathrm{i}\omega C} \qquad Z_L = \mathrm{i}\omega L$$

gegeben. Da es sich um eine Reihenschaltung handelt, wird die Gesamtimpedanz als Summe

$$Z_{\text{ges}} = Z_R + Z_C + Z_L = R + \frac{1}{\mathrm{i}\omega C} + \mathrm{i}\omega L = R\left(1 + \mathrm{i}\omega\frac{L}{R}\left(1 - \frac{1}{\omega^2 LC}\right)\right)$$

$$= R\left(1 + \mathrm{i}\frac{\omega}{2\gamma}\left(1 - \frac{\omega_0^2}{\omega^2}\right)\right) = \frac{R}{2\gamma\omega}\left(2\gamma\omega + \mathrm{i}(\omega^2 - \omega_0^2)\right)$$

ermittelt. Da in einem Wechselstromkreis der Zusammenhang

$$U(t) = Z_{\text{ges}}I(t)$$

gilt, kann die Stromstärke so durch

$$I(t) = \frac{U(t)}{Z_{\text{ges}}} = \frac{U_0\,\mathrm{e}^{\mathrm{i}\omega t}}{R}\,\frac{2\gamma\omega}{2\gamma\omega + \mathrm{i}(\omega^2 - \omega_0^2)} = I_0\,\mathrm{e}^{\mathrm{i}\omega t}$$

gefunden werden. Die Amplitude kann hieraus direkt durch

$$|I_0| = |I(t)| = \frac{|U_0|}{R}\left|\frac{2\gamma\omega}{2\gamma\omega + \mathrm{i}(\omega^2 - \omega_0^2)}\right| = \frac{|U_0|}{R}\,\frac{2\gamma\omega}{\sqrt{4\gamma^2\omega^2 + (\omega^2 - \omega_0^2)^2}}$$

bestimmt werden. Um die Phasenverschiebung zu ermitteln, können I_0 und U_0 durch

$$I_0 = |I_0|\,\mathrm{e}^{\mathrm{i}\phi_{\mathrm{I}}} \qquad U_0 = |U_0|\,\mathrm{e}^{\mathrm{i}\phi_{\mathrm{U}}}$$

dargestellt werden. Da sich aber auch

$$\frac{1}{2\gamma\omega + \mathrm{i}(\omega^2 - \omega_0^2)} = \frac{22\gamma\omega - \mathrm{i}(\omega^2 - \omega_0^2)}{4\gamma^2\omega^2 + (\omega^2 - \omega_0^2)^2} = \frac{1}{\sqrt{4\gamma^2\omega^2 + (\omega^2 - \omega_0^2)^2}}\,\mathrm{e}^{\mathrm{i}\psi(\omega)}$$

schreiben lässt, wobei

$$\tan(\psi(\omega)) = -\frac{\omega^2 - \omega_0^2}{2\gamma\omega} = \frac{\omega_0^2 - \omega^2}{2\gamma\omega}$$

ist, muss für die Phasenverschiebung

$$\phi_{\mathrm{I}} = \phi_{\mathrm{U}} + \psi(\omega) \quad \Rightarrow \quad \Delta\phi = \phi_{\mathrm{I}} - \phi_{\mathrm{U}} = \psi(\omega)$$

gelten.

Aufgabe 2   25 *Punkte*

Relativistischer Dopplereffekt

In dieser Aufgabe soll der relativistische Dopplereffekt für Licht untersucht werden. Betrachten Sie dazu eine Lichtquelle in deren Ruhesystem ein Lichtstrahl mit Kreisfrequenz ω und Wellenvektor $\boldsymbol{k}$ ausgesandt wird. Zunächst soll sich ein Detektor vereinfachend parallel zum Wellenvektor bewegen.

(a) **(4 Punkte)** Zeichnen Sie ein Raumzeitdiagramm, in dem die Lichtquelle bei $x = 0$ ruht und für $t > 0$ zwei aufeinander folgende Wellenberge im Abstand $T = \frac{2\pi}{\omega}$ aussendet. Zeichnen Sie auch die Weltlinie eines bewegten Detektors ein, der zum Zeitpunkt $t = 0$ den Ursprung passiert und sich mit der Geschwindigkeit v in positiver x-Richtung von der Quelle entfernt.

Lösungsvorschlag:
Die entsprechende Grafik ist in Abb. 1.1 zu sehen. Da die Quelle sich in Ruhe be-

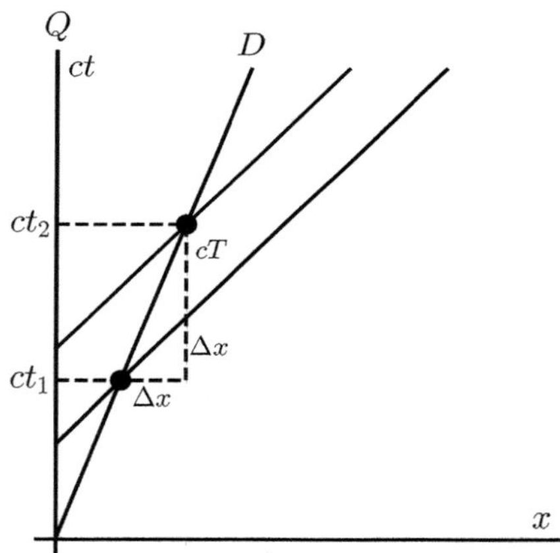

Abb. 1.1 Raumzeitdiagramm zum Bestimmen des relativistischen Doppler-Effekts

findet, fällt ihre Weltlinie mit der *ct*-Achse zusammen. Der Detektor bewegt sich mit Geschwindigkeit v von der Quelle weg, weshalb seine Weltlinie eine Gerade im Raumzeitdiagramm ist. Den Winkel, den diese mit der *ct* Achse einschließt ist durch $\alpha = \mathrm{Arctan}\left(\frac{v}{c}\right)$ gegeben. Die beiden Linien im 45° Winkel zur *ct* Achse sind die von der Quelle ausgesendeten Lichtimpulse. An einem gegeben Ort x haben diese auf die *ct*-Achse projiziert, immer den Abstand cT zueinander. Zwischen dem Eintreffen des ersten und des zweiten Lichtpulses legt der Detektor die Strecke $\Delta x = v \cdot \Delta t$ zurück, die ebenfalls eingezeichnet ist.

(b) **(4 Punkte)** Bestimmen Sie die zeitlichen und räumlichen Abstände Δx und Δt zwischen dem Eintreffen des ersten und zweiten Wellenberges beim Detektor, gemessen im Inertialsystem der Quelle. Drücken Sie damit Δt und Δx allein durch T und v aus.

Lösungsvorschlag:
Der Abstand Δt kann mittels

$$\Delta t = t_2 - t_2 = \frac{ct_2 - ct_1}{c}$$

bestimmt werden. Aus Abb. 1.1 geht hervor, dass die Differenz im Zähler durch die Summe von cT und Δx gegeben sein muss, so dass sich

$$\Delta t = \frac{cT + \Delta x}{c} = T + \frac{\Delta x}{c}$$

ergibt. Da der zurückgelegte Abstand gerade $\Delta x = v \cdot \Delta t$ ist, lässt sich dies mit

$$\Delta t = T + \frac{v}{c}\Delta t \quad \Rightarrow \quad \Delta t \left(1 - \frac{v}{c}\right) T$$

weiter zu

$$\Delta t = \frac{1}{1 - \frac{v}{c}} T$$

umformen. Dies lässt sich nun wieder in $\Delta x = v \cdot \Delta t$ einsetzen, um auch

$$\Delta x = \frac{v}{1 - \frac{v}{c}} T$$

zu erhalten.

(c) **(5 Punkte)** Verwenden Sie die Lorentz-Transformation, um den zeitlichen Abstand $\Delta t'$ des Eintreffens der beiden Wellenberge im Inertialsystems des Detektors zu ermitteln. Welche Frequenz $\omega_{\rm b}$ und welche Wellenlänge $\lambda_{\rm b}$ misst dieser demnach für das Licht?

Lösungsvorschlag:
Die Lorentz-Transformation besagt, dass das gemessene Zeitintervall $\Delta t'$ im Ruhesystem des Detektors durch

$$\Delta t' = \gamma \left(\Delta t - \frac{v}{c^2}\Delta x\right)$$

gegeben ist. Darin ist $\gamma = \left(1 - \frac{v^2}{c^2}\right)^{-1/2}$ der Lorentz-Faktor. Werden die Ergebnisse aus Teilaufgabe (b) eingesetzt, kann damit

$$\Delta t' = \gamma \left(1 - \frac{v^2}{c^2}\right) \frac{T}{1 - \frac{v}{c}} = \gamma \left(1 + \frac{v}{c}\right) T = T \frac{1 + \frac{v}{c}}{\sqrt{1 - \frac{v^2}{c^2}}} = T \sqrt{\frac{1 + \frac{v}{c}}{1 - \frac{v}{c}}}$$

gefunden werden. Dabei wurde

$$1 - \frac{v^2}{c^2} = \left(1 - \frac{v}{c}\right)\left(1 + \frac{v}{c}\right)$$

ausgenutzt. Die Kreisfrequenz im Ruhesystem der Quelle ist durch $\omega = \frac{2\pi}{T}$ gegeben, hängt also mit dem Zeitabstand zwischen dem Aussenden der beiden Impulse zusammen. Im Ruhesystem des Detektors wird die Kreisfrequenz mit dem Abstand des Eintreffens der beiden Signale zusammenhängen, also durch

$$\omega_{\mathrm{b}} = \frac{2\pi}{\Delta t'} = \frac{2\pi}{T}\sqrt{\frac{1 - \frac{v}{c}}{1 + \frac{v}{c}}} = \omega\sqrt{\frac{1 - \frac{v}{c}}{1 + \frac{v}{c}}}$$

gegeben sein. Die gemessene Frequenz wird also kleiner, wenn sich der Detektor von der Quelle entfernt und größer, wenn sich der Detektor auf die Quelle zubewegt ($v <$ 0). Da in jedem Inertialsystem die Dispersionsrelation $\omega = c|\boldsymbol{k}|$ gültig ist, lässt sich so die beobachtete Wellenlänge durch

$$\lambda_{\mathrm{b}} = \frac{2\pi c}{\omega_{\mathrm{b}}} = c\Delta t' = cT\sqrt{\frac{1 + \frac{v}{c}}{1 - \frac{v}{c}}} = \lambda\sqrt{\frac{1 + \frac{v}{c}}{1 - \frac{v}{c}}}$$

ermitteln. Die Wellenlänge nimmt damit zu, wenn sich der Detektor von der Quelle entfernt. Das Licht wird rotverschoben.

Nicht gefragt: Häufig wird die Rotverschiebung

$$z = \frac{\lambda_{\mathrm{b}} - \lambda}{\lambda} = \sqrt{\frac{1 + \frac{v}{c}}{1 - \frac{v}{c}}} - 1 \approx 1 + \frac{1}{2}\frac{v}{c} + \frac{1}{2}\frac{v}{c} + \mathcal{O}\left(\frac{v^2}{c^2}\right) - 1 = \frac{v}{c}$$

definiert, wobei zuletzt eine Näherung für kleine Geschwindigkeiten verwendet wurde. Auch im Rahmen der Kosmologie wird eine Rotverschiebung des Lichtes weit entfernter Galaxien beobachtet, die linear mit der Entfernung ansteigt. Dieser Zusammenhang ist als Hubble'sches Gesetz bekannt und eine der Evidenzen für das sich ausdehnende Universum.

(d) **(5 Punkte)** Verwenden Sie nun die kovariante Formulierung der Relativitätstheorie und konstruieren Sie aus dem Vierer-Wellenvektor k^μ und der Vierer-Geschwindigkeit u_{D}^μ des Detektors die beobachtete Frequenz ω_{b}. Betrachten Sie dazu auch den allgemeinen Fall, in dem nicht zwangsläufig $\boldsymbol{v} \parallel \boldsymbol{k}$ gilt.

Lösungsvorschlag:
Der Vierer-Wellenvektor des Lichtes ist im Inertialsystem der Quelle durch

$$k^\mu = \begin{pmatrix} \omega/c \\ \boldsymbol{k} \end{pmatrix}$$

gegeben. Egal aus welchem Inertialsystem heraus die Siutuation bewertet wird, muss der Detektor immer die gleiche Frequenz messen. Das bedeutet, es muss ein Lorentz-Skalar für ω_b konstruiert werden. Zunächst fällt auf, dass ein ruhender Detektor im Inertialsystem der Quelle einfach die Frequenz ω messen sollte. Die Vierer-Geschwindigkeit eines solchen ruhenden Detektors ist durch

$$u^\mu_{\mathrm{D,r}} = \begin{pmatrix} c \\ \mathbf{0} \end{pmatrix}$$

gegeben. Die Kontraktion

$$u^\mu_{\mathrm{D,r}} k_\mu = c\frac{\omega}{c} - \mathbf{0} \cdot \mathbf{k} = \omega$$

ergibt somit die von diesem Detektor beobachtete Frequenz. Für einen bewegten Detektor liegt die Vierer-Geschwindigkeit

$$u^\mu_{\mathrm{D}} = \begin{pmatrix} \gamma c \\ \gamma \mathbf{v} \end{pmatrix}$$

vor. Mit dem zuvor gefundenen Ergebnis wird der Ansatz

$$\omega_\mathrm{b} = u^\mu_{\mathrm{D}} k_\mu$$

gemacht. Es handelt sich bei diesem Ausdruck um ein Lorentz-Skalar, da er aus zwei Vierer-Vektoren konstruiert ist. Durch Einsetzen kann so zunächst der Ausdruck

$$\omega_\mathrm{b} = \gamma c\frac{\omega}{c} - \gamma \mathbf{v} \cdot \mathbf{k} = \gamma\omega \left(1 - \frac{\mathbf{v} \cdot \mathbf{k}}{\omega} \right)$$

gefunden werden. Wird nun angenommen, dass $\mathbf{k} \parallel \mathbf{v}$ gilt, so sollte sich das Ergebnis aus Teilaufgabe (c) ergeben. Mit der Dispersionsrelation und dem Lorentz-Faktor kann der Ausdruck

$$\omega_\mathrm{b} = \gamma\omega \left(1 - \frac{v \cdot k}{ck} \right) = \omega \frac{1 - \frac{v}{c}}{\sqrt{1 - \frac{v^2}{c^2}}} = \omega \sqrt{\frac{1 - \frac{v}{c}}{1 + \frac{v}{c}}}$$

gefunden werden. Er stimmt tatsächlich mit dem Ergebnis aus (c) überein, so dass $\omega_\mathrm{b} = u^\mu_{\mathrm{D}} k_\mu$ der Lorentz-kovariante Ausdruck für die beobachtete Frequenz darstellt. Für den Fall dass $\mathbf{v}$ und $\mathbf{k}$ nicht parallel sind, kann der oben gefundene Ausdruck mit der Dispersionsrelation weiter zu

$$\omega_\mathrm{b} = \gamma\omega \left(1 - \frac{v_\parallel}{c} \right)$$

gefunden werden, wobei

$$v_\parallel = \frac{\mathbf{v} \cdot \mathbf{k}}{k}$$

der parallele Anteil zum Wellenvektor ist.

(e) **(7 Punkte)** Nehmen Sie an, ein Stern und ein Planet umkreisen in weiter Entfernung ihren gemeinsamen Schwerpunkt mit einem festen Abstand zueinander. Bestimmen Sie die Geschwindigkeit des Sterns entlang der Sichtlinie aus Sicht eines Detektors auf der Erde als Funktion der Zeit. Bedenken Sie, dass der Detektor aus einem Winkel θ zum Bahndrehimpuls des kreisenden Sterns auf das System blickt. Verwenden Sie dann ihre bisherigen Ergebnisse, um die Rotverschiebung

$$z = \frac{\lambda_{\mathrm{b}}(t) - \lambda}{\lambda}$$

zu bestimmen. Wie lässt sich unter geeigneten Annahmen bei einer bekannten Sternenmasse eine untere Schranke für die Masse des Planeten angeben?

Lösungsvorschlag:
Der Stern der Masse M und der Planet der Masse m umkreisen ihren gemeinsamen Schwerpunkt im festen Abstand R. Dabei ist es sinnvoll anzunehmen, dass der Stern eine wesentlich größere Masse als der Planet hat. Der Planet weist demnach den Abstand

$$r = \frac{m}{M + m} R \approx \frac{m}{M} R$$

zum Schwerpunkt auf. Laut dem dritten Kepler'schen Gesetz ist der Zusammenhang

$$\Omega^2 R^3 = G(M + m) \approx GM$$

für die Winkelgeschwindigkeit des Umlaufs Ω gültig. Die Bahngeschwindigkeit des Sterns kann dann mit

$$v_{\mathrm{s}} = r\Omega = \frac{m}{M} R\Omega = \frac{m}{M} \sqrt{\frac{GM}{R}} = m\sqrt{\frac{G}{MR}}$$

bestimmt werden. Da die Situation unter dem Winkel θ betrachtet wird, kann die Geschwindigkeit der Quelle mit

$$v(t) = v_{\mathrm{s}} \sin(\theta) \cos(\Omega t)$$

angegeben werden. Die Rotverschiebung einer Spektrallinie ist als Funktion der Zeit demnach durch

$$z = \frac{\lambda_{\mathrm{b}}(t) - \lambda}{\lambda} = \sqrt{\frac{1 + \frac{v}{c}}{1 - \frac{v}{c}}} - 1 \approx \frac{v}{c} = \frac{v_{\mathrm{s}}}{c} \sin(\theta) \cos(\Omega t)$$

gegeben. Die maximalen Abstände der möglichen Wellenlängen lassen sich somit durch

$$\Delta z = 2\frac{v_{\mathrm{s}}}{c} \sin(\theta) = \frac{2m}{c} \sqrt{\frac{G}{MR}} \sin(\theta)$$

bestimmen. Da der Abstand zwischen dem Stern und dem Planeten zunächst nicht zugänglich ist, empfiehlt es sich, R mittels

$$R = \left(\frac{GM}{\Omega^2}\right)^{1/3}$$

durch Ω auszudrücken. Dies ist aus Beobachtungen der Rotverschiebung zugänglich. So könnte beispielsweise $\lambda(t)$ über der Zeit aufgetragen und daraus die Periodendauer abgeleitet werden. Auf diese Weise kann der Ausdruck

$$\Delta z = \frac{2m}{c}\sqrt{\frac{(G\Omega)^{2/3}}{M^{4/3}}}\sin(\theta) = \frac{2m}{c}\left(\frac{G\Omega}{M^2}\right)^{1/3}\sin(\theta) \leq \frac{2m}{c}\left(\frac{G\Omega}{M^2}\right)^{1/3}$$

gefunden werden. Damit lässt sich nun die untere Schranke

$$m \geq \frac{\Delta z}{2}\frac{M^{2/3}c}{(G\Omega)^{1/3}} = M \cdot \frac{\Delta z}{2}\left(\frac{c^3}{GM\Omega}\right)^{1/3}$$

für die Masse des Planeten bestimmen.

Nicht gefragt:
Die Masse des Sterns kann über die Masse-Leuchtkraft-Beziehung ermittelt werden. Für das System Jupiter Sonne ist Δz in der Größenordnung $8 \cdot 10^{-8}$ und könnte mittels eines Spektrographen detektiert werden. Mit dieser Methode wurde auch der erste Exoplanet Dimidium entdeckt.

Aufgabe 3   **25 _Punkte_**

Ebene Leiterschleifen

In dieser Aufgabe sollen die magnetischen Dipolmomente ebener Leiterschleifen und die von ihnen erzeugten Felder untersucht werden. Das magnetische Dipolmoment $\boldsymbol{m}$ einer Stromverteilung $\boldsymbol{j}(\boldsymbol{r})$ ist dabei durch

$$\boldsymbol{m} = \frac{1}{2} \iiint \mathrm{d}^3 r' \; \boldsymbol{r}' \times \boldsymbol{j}(\boldsymbol{r}')$$

gegeben und das entsprechende magnetische Potential kann über

$$\boldsymbol{A}(\boldsymbol{r}) = \frac{\mu_0}{4\pi} \frac{\boldsymbol{m} \times \boldsymbol{r}}{r^3}$$

berechnet werden.

(a) **(4 Punkte)** Zeigen Sie zunächst, dass die zugehörige magnetische Flussdichte durch

$$\boldsymbol{B}(\boldsymbol{r}) = \frac{\mu_0}{4\pi} \frac{3\,\hat{\boldsymbol{e}}_r(\hat{\boldsymbol{e}}_r \cdot \boldsymbol{m}) - \boldsymbol{m}}{r^3}$$

gegeben ist.

Lösungsvorschlag:
Der Zusammenhang zwischen der magnetischen Flussdichte und dem Vektorpotential ist durch $\boldsymbol{B} = \nabla \times \boldsymbol{A}$ gegeben. Im vorliegenden Fall setzt sich das Vektorpotential als Produkt aus einem Vektoranteil und einem skalaren Anteil zusammen, so dass

$$\nabla \times (\psi \boldsymbol{V}) = \psi \nabla \times \boldsymbol{V} - \boldsymbol{V} \times \nabla \psi$$

zu verwenden ist. Auf diese Weise kann

$$\nabla \times \boldsymbol{A} = \frac{\mu_0}{4\pi} \left(\frac{1}{r^3} \nabla \times (\boldsymbol{m} \times \boldsymbol{r}) - (\boldsymbol{m} \times \boldsymbol{r}) \times (-3r^{-4}\hat{\boldsymbol{e}}_r) \right)$$

gefunden werden. Um diesen Ausdruck weiter auswerten zu können, muss die Rotation eines Kreuzprodukts gemäß

$$\nabla \times (\boldsymbol{a} \times \boldsymbol{b}) = \boldsymbol{a}(\nabla \cdot \boldsymbol{b}) + (\boldsymbol{b} \cdot \nabla)\boldsymbol{a} - (\boldsymbol{a} \cdot \nabla)\boldsymbol{b} - \boldsymbol{b}(\nabla \cdot \boldsymbol{a})$$

gebildet werden. Im vorliegenden Fall lässt sich so wegen der Konstanz von $\boldsymbol{m}$

$$\nabla \times (\boldsymbol{m} \times \boldsymbol{r}) = \boldsymbol{m}(\nabla \cdot \boldsymbol{r}) - (\boldsymbol{m} \cdot \nabla)\boldsymbol{r} = 3\boldsymbol{m} - m_i \underbrace{\partial_i \hat{\boldsymbol{e}}_j r_j}_{\hat{\boldsymbol{e}}_i} = 2\boldsymbol{m}$$

ermitteln. Eingesetzt in den obigen Ausdruck kann mit der bac-cab-Formel so

$$\begin{aligned}
\nabla \times \boldsymbol{A} &= \frac{\mu_0}{4\pi} \frac{1}{r^3} \left(2\boldsymbol{m} + 3\frac{(\boldsymbol{m} \times \boldsymbol{r}) \times \boldsymbol{r}}{r^2} \right) \\
&= \frac{\mu_0}{4\pi} \frac{1}{r^3} \left(2\boldsymbol{m} + 3\frac{\boldsymbol{r}(\boldsymbol{m} \cdot \boldsymbol{r}) - \boldsymbol{m}\,r^2}{r^2} \right) = \frac{\mu_0}{4\pi} \frac{3\,\hat{\boldsymbol{e}}_r(\hat{\boldsymbol{e}}_r \cdot \boldsymbol{m}) - \boldsymbol{m}}{r^3}
\end{aligned}$$

gefunden werden.

(b) **(5 Punkte)** Betrachten Sie zuerst eine quadratische Leiterschleife in der xy-Ebene mit Kantenlänge a, deren Mittelpunkt mit dem Ursprung zusammenfällt. Sie wird gegen den Uhrzeigersinn mit der Stromstärke I durchflossen. Zeigen Sie, dass das magnetische Moment durch

$$\boldsymbol{m} = Ia^2\,\hat{\boldsymbol{e}}_z$$

gegeben ist und bestimmen Sie damit $\boldsymbol{B}$ in Kugelkoordinaten.

Lösungsvorschlag:
Da das Problem invariant unter Rotationen um die z-Achse um $90°$ ist, kann auch der Beitrag zum Dipolmoment eines Segments bestimmt und anschließend mit vier multipliziert werden. Der Teil der Leiterschleife, welcher parallel zur y-Achse verläuft und bei $(a/2, 0)$ die x-Achse schneidet, kann durch die Stromdichte

$$\boldsymbol{j}_1(\boldsymbol{r}) = I\delta(z)\,\delta(x - a/2)\,\Theta\!\left(\frac{a}{2} - |y|\right)\hat{\boldsymbol{e}}_y$$

beschrieben werden. Eingesetzt in das Integral für das magnetische Dipolmoment kann so

$$\frac{1}{2}\iiint \mathrm{d}^3r'\;\boldsymbol{r}' \times \boldsymbol{j}_1(\boldsymbol{r}') = \frac{I}{2}\iint \mathrm{d}^2x'\;(x'\hat{\boldsymbol{e}}_x + y'\hat{\boldsymbol{e}}_y) \times \hat{\boldsymbol{e}}_y\,\delta(x' - a/2)\,\Theta\!\left(\frac{a}{2} - |y'|\right)$$

$$= \frac{I}{2}\hat{\boldsymbol{e}}_z \int\limits_{-a/2}^{a/2} \mathrm{d}x'\;\frac{a}{2} = I\frac{a^2}{4}\hat{\boldsymbol{e}}_z$$

gefunden werden. Wird dieses Ergebnis mit vier Multipliziert, so lässt sich erkennen, dass das magnetische Dipolmoment der quadratischen Leiterschleife durch

$$\boldsymbol{m} = Ia^2\,\hat{\boldsymbol{e}}_z$$

gegeben sein muss. Wird es in die in Teilaufgabe (a) gefundene magnetische Flussdichte eingesetzt, so kann zunächst

$$\boldsymbol{B}(\boldsymbol{r}) = \frac{\mu_0}{4\pi}Ia^2\frac{3\hat{\boldsymbol{e}}_r(\hat{\boldsymbol{e}}_r\cdot\hat{\boldsymbol{e}}_z) - \hat{\boldsymbol{e}}_z}{r^3}$$

gefunden werden. Mit den Zusammenhängen

$$\hat{\boldsymbol{e}}_z\cdot\hat{\boldsymbol{e}}_r = \cos(\theta) \qquad \hat{\boldsymbol{e}}_z = \cos(\theta)\,\hat{\boldsymbol{e}}_r - \sin(\theta)\,\hat{\boldsymbol{e}}_\theta$$

kann so die magnetische Flussdichte

$$\boldsymbol{B}(\boldsymbol{r}) = \frac{\mu_0}{4\pi}Ia^2\frac{3\hat{\boldsymbol{e}}_r\cos(\theta) - (\cos(\theta)\,\hat{\boldsymbol{e}}_r - \sin(\theta)\,\hat{\boldsymbol{e}}_\theta)}{r^3}$$

$$= \frac{\mu_0}{4\pi}Ia^2\frac{2\cos(\theta)\,\hat{\boldsymbol{e}}_r + \sin(\theta)\,\hat{\boldsymbol{e}}_\theta}{r^3}$$

bestimmt werden.

(c) **(5 Punkte)** Betrachten Sie nun eine Leiterschleife in Form eines gleichseitigen Dreiecks mit Kantenlänge a, die mit der Stromstärke I gegen den Uhrzeigersinn durchflossen wird. Die Eckpunkte $\left(-\frac{a}{2}, \frac{a}{2\sqrt{3}}\right)$, $\left(\frac{a}{2}, \frac{a}{2\sqrt{3}}\right)$ und $\left(0, -\frac{a}{\sqrt{3}}\right)$ sind dabei so gewählt, dass der Mittelpunkt des Dreiecks mit dem Ursprung zusammenfällt. Bestimmen Sie auch hier das magnetische Moment $\boldsymbol{m}$ und dann die magnetische Flussdichte $\boldsymbol{B}(\boldsymbol{r})$ in Kugelkoordinaten.

Lösungsvorschlag:
Auch hier lässt sich die Rotationssymmetrie des Dreiecks ausnutzen, um nur den Beitrag einer Seite berechnen zu müssen und diesen anschließend mit drei zu multiplizieren. Zu diesem Zweck bietet es sich an, die Seite parallel zur x-Achse zu nehmen. Sie wird in negativer x-Richtung vom Strom I durchflossen und ihre Stromdichte ist damit durch

$$\boldsymbol{j}_1(\boldsymbol{r}) = I\delta(z)\,\delta\left(y - \frac{a}{2\sqrt{3}}\right)\Theta\left(\frac{a}{2} - |x|\right)(-\hat{\boldsymbol{e}}_x)$$

gegeben. Eingesetzt in den Ausdruck für das magnetische Dipolmoment kann so

$$\frac{1}{2}\iiint \mathrm{d}^3r'\, \boldsymbol{r}' \times \boldsymbol{j}_1(\boldsymbol{r}') = \frac{I}{2}\int \mathrm{d}x'\, \left(x'\hat{\boldsymbol{e}}_x + \frac{a}{2\sqrt{3}}\hat{\boldsymbol{e}}_y\right) \times (-\hat{\boldsymbol{e}}_x)\Theta\left(\frac{a}{2} - |x'|\right)$$

$$= \frac{I}{2}\frac{a}{2\sqrt{3}}\hat{\boldsymbol{e}}_z \int\limits_{-a/2}^{a/2} \mathrm{d}x' = I\frac{a^2}{4\sqrt{3}}\hat{\boldsymbol{e}}_z$$

gefunden werden. Das Dipolmoment der gesamten Leiterschleife ist daher durch

$$\boldsymbol{m} = 3 \cdot I\frac{a^2}{4\sqrt{3}}\hat{\boldsymbol{e}}_z = I\frac{\sqrt{3}}{4}a^2\,\hat{\boldsymbol{e}}_z$$

gegeben. Der einzige Unterschied zum Dipolmoment der quadratischen Leiterschleife besteht im Faktor $\frac{\sqrt{3}}{4}$, weshalb die magnetische Flussdichte durch

$$\boldsymbol{B}(\boldsymbol{r}) = \frac{\mu_0}{4\pi}I\frac{\sqrt{3}}{4}a^2\frac{2\cos(\theta)\,\hat{\boldsymbol{e}}_r + \sin(\theta)\,\hat{\boldsymbol{e}}_\theta}{r^3}$$

gegeben sein muss.

(d) **(3 Punkte)** Zeigen Sie für die Beispiele aus Teilaufgabe (b) und (c), dass das magnetische Dipolmoment ein Produkt aus der Stromstärke und der von der Leiterschleife umschlossenen Fläche A ist. Wie lässt sich die magnetische Flussdichte in diesem Fall durch A ausdrücken?

Lösungsvorschlag:
Im Fall von Teilaufgabe (b) ist der Flächeninhalt des Quadrates gerade durch a^2 gegeben und es zeigt sich in der Tat, dass

$$\boldsymbol{m} = Ia^2\,\hat{\boldsymbol{e}}_z = IA\hat{\boldsymbol{e}}_z$$

gilt. Im Fall der dreieckigen Leiterschleife kann der Flächeninhalt durch das halbe Produkt aus der Grundseite und der Höhe bestimmt werden. Die Grundseite ist durch a gegeben und die Höhe kann mit $h = a\cos(60°) = \frac{\sqrt{3}}{2}a$ bestimmt werden. Damit ist die Fläche des gleichseitigen Dreiecks durch

$$A = \frac{1}{2}a \cdot h = \frac{\sqrt{3}}{4}a^2$$

zu bestimmen. Ein Vergleich mit dem gefunden Dipolmoment zeigt, dass auch hier

$$\boldsymbol{m} = I\frac{\sqrt{3}}{4}a^2\,\hat{\boldsymbol{e}}_z = IA\,\hat{\boldsymbol{e}}_z$$

gilt. Wird die magnetische Flussdichte aus Teilaufgabe (a) betrachtet, so kann der Zusammenhang

$$\boldsymbol{B}(\boldsymbol{r}) = \frac{\mu_0}{4\pi}IA\frac{2\cos(\theta)\,\hat{\boldsymbol{e}}_r + \sin(\theta)\,\hat{\boldsymbol{e}}_\theta}{r^3}$$

gefunden werden.

(e) **(4 Punkte)** Verwenden Sie, dass für Leiterschleifen $\mathrm{d}^3r'\,\boldsymbol{j}(\boldsymbol{r}') = I\,\mathrm{d}\boldsymbol{r}'$ gilt, sowie den Stokes'schen Satz mit dem Vektorfeld $\boldsymbol{V}(\boldsymbol{r}') = \boldsymbol{n} \times \boldsymbol{r}'$, wobei $\boldsymbol{n}$ ein beliebiger aber konstanter Vektor ist, um zu zeigen, dass das magnetische Moment für Leiterschleifen durch

$$\boldsymbol{m} = I\iint_{\mathcal{F}}\mathrm{d}^2\boldsymbol{f}'$$

berechnet werden kann. Hierbei beschreibt $\mathcal{F}$ eine von der Leiterschleife umschlossene Fläche.

Lösungsvorschlag:
Eingesetzt in die Definition des magnetischen Dipolmoments kann zunächst

$$\boldsymbol{m} = \frac{1}{2}\iiint\mathrm{d}^3r'\,\boldsymbol{r}' \times \boldsymbol{j}(\boldsymbol{r}') = \frac{I}{2}\oint_{\partial\mathcal{F}}\boldsymbol{r}' \times \mathrm{d}\boldsymbol{r}'$$

gefunden werden. Als nächstes kann der Satz von Stokes mit dem gegebenen Vektorfeld untersucht werden. Dabei wird sich einerseits

$$\iint_{\mathcal{F}}\mathrm{d}^2\boldsymbol{f} \cdot (\boldsymbol{\nabla} \times (\boldsymbol{n} \times \boldsymbol{r})) = \oint_{\partial\mathcal{F}}\mathrm{d}\boldsymbol{r} \cdot (\boldsymbol{n} \times \boldsymbol{r}) = \boldsymbol{n} \cdot \oint_{\partial\mathcal{F}}\boldsymbol{r} \times \mathrm{d}\boldsymbol{r}$$

und wegen

$$\oint_{\partial\mathcal{F}}\mathrm{d}\boldsymbol{r} \cdot (\boldsymbol{n} \times \boldsymbol{r}) = 2\boldsymbol{n}$$

andererseits

$$\iint_{\mathcal{F}}\mathrm{d}^2\boldsymbol{f} \cdot (\boldsymbol{\nabla} \times (\boldsymbol{n} \times \boldsymbol{r})) = 2\boldsymbol{n} \cdot \iint_{\mathcal{F}}\mathrm{d}^2\boldsymbol{f}$$

ergeben. Dabei wurde mehrmals verwendet, dass es sich um einen konstanten Vektor handelt und dass ein Ausdruck der Form $\nabla \times (\boldsymbol{n} \times \boldsymbol{r})$ aus Teilaufgabe (a) mit $\boldsymbol{n} = \boldsymbol{m}$ bekannt ist. Da $\boldsymbol{n}$ beliebig ist, müssen die Integrale auch ohne Projektion auf $\boldsymbol{n}$ gleich sein, so dass

$$\oint_{\partial \mathcal{F}} \boldsymbol{r} \times \mathrm{d}\boldsymbol{r} = 2 \iint_{\mathcal{F}} \mathrm{d}^2\boldsymbol{f} \quad \Leftrightarrow \quad \frac{1}{2} \oint_{\partial \mathcal{F}} \boldsymbol{r} \times \mathrm{d}\boldsymbol{r} = \iint_{\mathcal{F}} \mathrm{d}^2\boldsymbol{f}$$

gilt. Wird dies nun für das magnetische Dipolmoment verwendet, so kann

$$\boldsymbol{m} = I \frac{1}{2} \oint_{\partial \mathcal{F}} \boldsymbol{r}' \times \mathrm{d}\boldsymbol{r}' = I \iint_{\mathcal{F}} \mathrm{d}^2\boldsymbol{f}$$

gefunden werden.

(f) **(4 Punkte)** Betrachten Sie nun eine Leiterschleife, welche sich aus zwei Halbkreisen des Radius R zusammensetzt. Die Mittelpunkte beider Vollkreise ist der Ursprung. Der erste Halbkreis befindet sich in der xy-Ebene, beginnt und endet an der y-Achse und erstreckt sich in den Bereich mit positiven x-Werten. Er wird gegen den Uhrzeigersinn mit der Stromstärke I durchflossen. Der zweite Halbkreis befindet sich in der yz-Ebene, beginnt und endet an den Endpunkten des ersten Halbkreises und erstreckt sich in den Bereich mit negativen z-Werten. Bestimmen Sie das magnetische Dipolmoment dieser Konfiguration.

Lösungsvorschlag:
Um dieses Problem zu lösen, können zunächst zwei Hilfssegmente eingeführt werden. Sie verlaufen parallel und führen entlang der y-Achse von einem der Berührungspunkte der beiden Kreise zu dem anderen. Sie werden in entgegengesetzter Richtung mit Strom durchflossen, so dass sie keinen Einfluss auf das Problem haben. Damit lassen sich aber nun zwei halbkreisförmige geschlossene Leiterschleifen jeweils in der xy- und der yz-Ebene betrachten. Sie haben beide den Flächeninhalt $\frac{\pi R^2}{2}$. Die Schlaufe in der xy-Ebene wird gegen den Uhrzeigersinn durchflossen, während die Schlaufe in der yz-Ebene aufgrund von $\nabla \cdot \boldsymbol{j} = 0$ im Uhrzeigersinn durchflossen wird. Damit ist das magnetische Dipolmoment durch

$$\boldsymbol{m} = I \frac{\pi R^2}{2} (\hat{\boldsymbol{e}}_z - \hat{\boldsymbol{e}}_x)$$

gegeben.

Aufgabe 4   **25 *Punkte***

Elektromagnetische Wellen an der Grenzfläche zweier linearer Medien

In dieser Aufgabe soll das Verhalten von elektromagnetischen Wellen an der Grenzfläche zweier linearen Medien mit den relativen Permittivitäten $\varepsilon_{\mathrm{r},1}$, $\varepsilon_{\mathrm{r},2}$ und den relativen Permeabilitäten $\mu_{\mathrm{r},1}$, $\mu_{\mathrm{r},2}$ untersucht werden. Es sollen keine freien Ladungen oder Ströme vorhanden sein.

(a) (**4 Punkte**) Stellen Sie zunächst die Maxwell-Gleichung in einem linearen Medium auf und führen Sie diese auf die beiden Wellengleichungen

$$\frac{1}{u^2}\frac{\partial^2 E}{\partial t^2} - \Delta E = 0 \qquad \frac{1}{u^2}\frac{\partial^2 B}{\partial t^2} - \Delta B = 0 \tag{1.2}$$

für die elektrische Feldstärke und die magnetische Flussdichte zurück. Zeigen Sie dabei, dass sich die Ausbreitungsgeschwindigkeit im Medium u mittels

$$u = \frac{c}{n}$$

durch die Ausbreitungsgeschwindigkeit im Vakuum c mit einem zu bestimmenden Brechungsindex n bestimmen lässt.

Lösungsvorschlag:
In Materie sind die Maxwell-Gleichungen neben der elektrischen Feldstärke und der magnetischen Flussdichte auch durch die elektrische Flussdichte D und die magnetische Feldstärke H auszudrücken, so dass diese durch

$$\nabla \cdot D = \rho_{\mathrm{f}} \qquad \nabla \times E = -\frac{\partial B}{\partial t}$$

$$\nabla \cdot B = 0 \qquad \nabla \times H = j_{\mathrm{f}} + \frac{\partial D}{\partial t}$$

gegeben sind. Im vorliegenden Problem sollen weder freie Ladungen noch freie Ströme auftreten. Darüber hinaus soll es sich um ein lineare Medium gelten, so dass such mit $\varepsilon = \varepsilon_{\mathrm{r}}\varepsilon_0$ und $\mu = \mu_{\mathrm{r}}\mu_0$ die Zusammenhänge

$$D = \varepsilon E \qquad H = \frac{1}{\mu} B$$

zwischen den jeweiligen Hilfsfeldern und den physikalischen Feldern herstellen lassen. Werden diese in die Maxwell-Gleichungen der Hilfsfelder eingesetzt, so können diese auf

$$\nabla \cdot D = \nabla \cdot (\varepsilon E) = \varepsilon \nabla \cdot E = 0 \quad \Rightarrow \quad \nabla \cdot E = 0$$

und

$$\nabla \times \boldsymbol{H} = \nabla \times \left(\frac{1}{\mu} \boldsymbol{B} \right) = \frac{1}{\mu} \nabla \times \boldsymbol{B}$$

$$= \frac{\partial}{\partial t} \boldsymbol{D} = \frac{\partial}{\partial t} (\varepsilon \boldsymbol{E}) = \varepsilon \frac{\partial \boldsymbol{E}}{\partial t}$$

$$\Rightarrow \quad \nabla \times \boldsymbol{B} = \mu \varepsilon \frac{\partial \boldsymbol{E}}{\partial t}$$

umgeformt werden. Die Größen ε und μ können hier jeweils aus den Ableitungen heraus gezogen werden, da ein einziges Medium betrachtet wird. [3] Unter Verwendung der Vektoridentität

$$\nabla \times (\nabla \times \boldsymbol{A}) = \nabla (\nabla \cdot \boldsymbol{A}) - \Delta \boldsymbol{A}$$

können aufgrund der verschwindenden Divergenzen von $\boldsymbol{E}$ und $\boldsymbol{B}$ die Zusammenhänge

$$\nabla \times (\nabla \times \boldsymbol{E}) = \nabla (\nabla \cdot \boldsymbol{E}) - \Delta \boldsymbol{E} = -\Delta \boldsymbol{E}$$

$$= -\nabla \times \frac{\partial \boldsymbol{B}}{\partial t} = -\frac{\partial}{\partial t} (\nabla \times \boldsymbol{B}) = -\frac{\partial}{\partial t} \left(\mu \varepsilon \frac{\partial \boldsymbol{E}}{\partial t} \right) = -\mu \varepsilon \frac{\partial^2 \boldsymbol{E}}{\partial t^2}$$

$$\Rightarrow \quad 0 = \mu \varepsilon \frac{\partial^2 \boldsymbol{E}}{\partial t^2} - \Delta \boldsymbol{E}$$

und

$$\nabla \times (\nabla \times \boldsymbol{B}) = \nabla (\nabla \cdot \boldsymbol{B}) - \Delta \boldsymbol{B} = -\Delta \boldsymbol{B}$$

$$= \nabla \times \left(\mu \varepsilon \frac{\partial \boldsymbol{E}}{\partial t} \right) = \mu \varepsilon \frac{\partial}{\partial t} (\nabla \times \boldsymbol{E}) = \mu \varepsilon \frac{\partial}{\partial t} \left(-\frac{\partial \boldsymbol{B}}{\partial t} \right) = -\mu \varepsilon \frac{\partial^2 \boldsymbol{B}}{\partial t^2}$$

$$\Rightarrow \quad 0 = \mu \varepsilon \frac{\partial^2 \boldsymbol{B}}{\partial t^2} - \Delta \boldsymbol{B}$$

gefunden werden. Bei beiden handelt es sich um eine Wellengleichung mit einer Ausbreitungsgeschwindigkeit u, die durch

$$\frac{1}{u^2} = \mu \varepsilon = \mu_{\mathrm{r}} \varepsilon_{\mathrm{r}} \mu_0 \varepsilon_0 \quad \Rightarrow \quad u = \frac{1}{\sqrt{\mu_{\mathrm{r}} \varepsilon_{\mathrm{r}}}} \frac{1}{\sqrt{\mu_0 \varepsilon_0}}$$

bestimmt werden kann. Im Fall des Vakuums ist $\mu_{\mathrm{r}} = \varepsilon_{\mathrm{r}} = 1$ und die Vakuumsgeschwindigkeit kann durch

$$c = \frac{1}{\sqrt{\mu_0 \varepsilon_0}}$$

---

[3] An Grenzflächen verschwinden ihre Ableitungen nicht, weshalb für Stetigkeitsbedingungen die Hilfsfelder berücksichtigt werden müssen.

ermittelt werden. Dadurch wird mit dem in der Aufgabenstellung vorgegebenen Ausdruck der Brechungsindex gemäß

$$n = \frac{c}{u} = \frac{1}{\sqrt{\mu_0\varepsilon_0}}\sqrt{\mu_{\mathrm{r}}\varepsilon_{\mathrm{r}}}\sqrt{\mu_0\varepsilon_0} = \sqrt{\mu_{\mathrm{r}}\varepsilon_{\mathrm{r}}}$$

bestimmt werden.

(b) **(4 Punkte)** Zeigen Sie, dass der Ansatz

$$\boldsymbol{E} = \boldsymbol{E}_0\,\mathrm{e}^{\mathrm{i}(\boldsymbol{k}\cdot\boldsymbol{r}-\omega t)} \qquad \boldsymbol{B} = \boldsymbol{B}_0\,\mathrm{e}^{\mathrm{i}(\boldsymbol{k}\cdot\boldsymbol{r}-\omega t)}$$

eine Lösung der Gl. (1.2) darstellen kann. Welche Beziehungen müssen dafür zwischen ω, k bzw. $\boldsymbol{E}_0$, $\boldsymbol{B}_0$ und $\boldsymbol{k}$ gültig sein? Bestimmen Sie anschließend die Intensität $I = |\langle\boldsymbol{S}\rangle_t|$ der ebenen Welle.

Lösungsvorschlag:
Formal sind die beiden Wellengleichungen und Lösungen identisch, so dass hier nur der Fall für das elektrische Feld betrachtet werden soll. Die zweifache Zeitableitung des elektrischen Felds ist durch

$$\frac{\partial^2 \boldsymbol{E}}{\partial t^2} = (-\mathrm{i}\omega)^2 \boldsymbol{E}_0\,\mathrm{e}^{\mathrm{i}(\boldsymbol{k}\cdot\boldsymbol{r}-\omega t)} = -\omega^2 \boldsymbol{E}$$

gegeben. Der Laplace-Operator des elektrischen Feldes kann durch

$$\Delta \boldsymbol{E} = (\mathrm{i}\boldsymbol{k})^2 \boldsymbol{E}_0\,\mathrm{e}^{\mathrm{i}(\boldsymbol{k}\cdot\boldsymbol{r}-\omega t)} = -k^2 \boldsymbol{E}$$

bestimmt werden. Wird dies in die ursprüngliche Gleichung eingesetzt, so kann

$$0 = \frac{1}{u^2}\frac{\partial^2 \boldsymbol{E}}{\partial t^2} - \Delta \boldsymbol{E} = -\left(\frac{\omega^2}{u^2} - k^2\right)\boldsymbol{E}$$

gefunden werden. Diese Gleichung wird gelöst, sofern die Beziehung

$$\omega = u|\boldsymbol{k}|$$

gültig ist. Der Betrag des Wellenvektor und damit die Wellenlänge wird also durch die Frequenz und die Ausbreitungsgeschwindigkeit im Medium bestimmt. Da das elektrische und das magnetische Feld aber auch die beiden Maxwell-Gleichungen

$$\nabla \cdot \boldsymbol{E} = 0 \qquad \nabla \cdot \boldsymbol{B} = 0$$

erfüllen müssen, kann wegen der jeweiligen Divergenzen

$$\nabla \cdot \boldsymbol{E} = \mathrm{i}\boldsymbol{k} \cdot \boldsymbol{E}_0\,\mathrm{e}^{\mathrm{i}(\boldsymbol{k r}-\omega t)} = \mathrm{i}(\boldsymbol{k}\cdot\boldsymbol{E})$$
$$\nabla \cdot \boldsymbol{B} = \mathrm{i}\boldsymbol{k} \cdot \boldsymbol{B}_0\,\mathrm{e}^{\mathrm{i}(\boldsymbol{k r}-\omega t)} = \mathrm{i}(\boldsymbol{k}\cdot\boldsymbol{B})$$

festgestellt werden, dass sowohl das elektrische wie auch das magnetische Feld senkrecht auf dem Wellenvektor stehen müssen. Es handelt sich damit um Transversalwellen. Da über die Maxwell-Gleichung

$$\nabla \times \boldsymbol{E} = -\frac{\partial \boldsymbol{B}}{\partial t}$$

und die Rotation des elektrischen Feldes

$$\nabla \times \boldsymbol{E} = \mathrm{i}\boldsymbol{k} \times \boldsymbol{E}_0\, \mathrm{e}^{\mathrm{i}(\boldsymbol{kr}-\omega t)} = \mathrm{i}(\boldsymbol{k} \times \boldsymbol{E})$$

sowie der zeitlichen Ableitung des magnetischen Feldes

$$\frac{\partial \boldsymbol{B}}{\partial t} = -\mathrm{i}\omega \boldsymbol{B}_0\, \mathrm{e}^{\mathrm{i}(\boldsymbol{kr}-\omega t)} = -\mathrm{i}\omega \boldsymbol{B}$$

der Zusammenhang

$$\mathrm{i}(\boldsymbol{k} \times \boldsymbol{E}) = \mathrm{i}\omega \boldsymbol{B} \quad \Rightarrow \quad \boldsymbol{B} = \frac{\boldsymbol{k}}{\omega} \times \boldsymbol{E}$$

hergestellt werden kann, zeigt sich, dass die Vektoren $\boldsymbol{E}$, $\boldsymbol{B}$ und $\boldsymbol{k}$ ein Rechtssystem bilden und dass die Amplituden dem Zusammenhang

$$B_0 = \frac{|\boldsymbol{k}|}{\omega} E_0 = \frac{E_0}{u} \quad \Rightarrow \quad E_0 = u B_0$$

genügen.

Für die Intensität muss der Poynting-Vektor

$$\boldsymbol{S} = \boldsymbol{E} \times \boldsymbol{H} = \frac{1}{\mu} \boldsymbol{E} \times \boldsymbol{B}$$

zeitlich gemittelt werden. Da für komplexe Größen mit gleicher Frequenz beim zeitlichen Mittel in Produkten der Zusammenhang

$$\langle A(t)B(t)\rangle_t = \frac{1}{2} \operatorname{Re}\left[A(t)B^*(t)\right]$$

gilt, kann für das zeitliche Mittel des Poynting-Vektors der Ausdruck

$$\langle \boldsymbol{S}\rangle_t = \frac{1}{\mu} \langle \boldsymbol{E} \times \boldsymbol{B}\rangle_t = \frac{1}{2\mu} \operatorname{Re}\left[\boldsymbol{E} \times \boldsymbol{B}^*\right]$$

$$= \frac{1}{2\mu} \operatorname{Re}\left[\frac{E_0 E_0^*}{u}\hat{\boldsymbol{e}}_{\boldsymbol{k}}\right] = \frac{1}{2\mu u}|E_0|^2 \hat{\boldsymbol{e}}_{\boldsymbol{k}}$$

gefunden werden. Für die Intensität wird sich damit der Ausdruck

$$I = |\langle \boldsymbol{S}\rangle_t| = \frac{|E_0|^2}{2\mu u}$$

ergeben.

(c) **(4 Punkte)** Betrachten Sie nun eine Grenzfläche bei $z = 0$ und leiten Sie die Stetigkeitsbedingungen für die elektrische Feldstärke und die magnetische Flussdichte an dieser aus den Maxwell-Gleichungen her.

Lösungsvorschlag:
Für die Maxwell-Gleichungen mit Divergenz kann ein kleines Volumen betrachtet werden, in dessen Inneren die Grenzfläche liegt. Im vorliegenden Fall ist die Grenzfläche eine Ebene, so dass ohne weitere Problemen ein Quader Q verwendet werden kann, der über zwei zur Grenzfläche parallele Flächen verfügt. Für ein Vektorfeld A mit verschwindender Divergenz kann daher

$$0 = \iiint\limits_Q \mathrm{d}^3r \, \nabla \cdot A = \oiint \mathrm{d}^2 f \cdot A$$

gefunden werden. Die linke Seite ist vom Volumen Q unabhängig. Für eine weitere Auswertung bietet es sich an, Quader immer kleinerer Höhe h aber festen Flächeninhalts F der Flächen parallel zur Grenzfläche zu betrachten. Wird der Normalenvektor auf der Fläche im Gebiet $z > 0$, also Gebiet 2 mit $\hat{e}_n$ bezeichnet, und wird F so klein gewählt, dass das Vektorfeld A als konstant betrachtet werden kann, so kann der Zusammenhang

$$0 = \lim_{Q \to 0} \oiint_{\partial Q} \mathrm{d}^2 f \cdot A = (\hat{e}_n \cdot A_2 - \hat{e}_n \cdot A_1) F$$

gefunden werden. Damit ist die Normalkomponente dieses Vektorfeldes erhalten. Da nun sowohl die Divergenz der elektrischen wie auch der magnetischen Flussdichte im vorliegenden Fall verschwinden, können so die Stetigkeitsbedingungen

$$D_1^n = D_2^n \qquad B_1^n = B_2^n$$

gefunden werden. [4] Da die elektrische Flussdichte und Feldstärke durch $D = \varepsilon E$ verknüpft sind, wird für die elektrische Feldstärke die Stetigkeitsbedingung

$$\varepsilon_{\mathrm{r},1} E_1^{(n)} = \varepsilon_{\mathrm{r},2} E_2^{(n)}$$

gefunden.
Für die Maxwell-Gleichungen mit Rotation bietet es sich an, eine Schlaufe S zu betrachten, die auf beiden Seiten der Grenzflächen ein paralleles Segment zur Grenzfläche besitzt. Für ein Vektorfeld A dessen Rotation durch das Vektorfeld V gegeben ist, kann so der Zusammenhang

$$\iint_S \mathrm{d}^2 f \cdot V = \iint_S \mathrm{d}^2 f \cdot \nabla \times A = \oint_{\partial S} \mathrm{d}r \cdot A$$

---

[4]Selbst bei linearen Medien muss hier die elektrische Flussdichte verwendet werden, da nur über deren Divergenz eine Aussage getroffen wird. An Grenzflächen ändert sich die Permittivität, so dass sie einen Einfluss auf die Divergenz hat.

gefunden werden. [5] Wird die Schlaufe nun so verkleinert, dass die Strecke parallel zu der Grenzfläche in ihrer Länge erhalten bleibt, der Abstand zur Grenzfläche aber verringert wird, so geht der Flächeninhalt der Schlaufe gegen null und die linke Seite dieses Ausdrucks verschwindet. Andererseits kann mit der Bezeichnung $\hat{e}_t$ für den Tangentialvektor an der Schlaufe im Gebiet $z > 0$ der Ausdruck

$$0 = \lim_{S \to 0} \iint_S \mathrm{d}^2 \boldsymbol{f} \cdot \boldsymbol{V} = \lim_{S \to 0} \oint_{\partial S} \mathrm{d}\boldsymbol{r} \cdot \boldsymbol{A} = (\hat{e}_t \cdot \boldsymbol{A}_2 - \hat{e}_t \cdot \boldsymbol{A}_1) L$$

gefunden werden. Hierbei wurde auch angenommen, dass die Länge L klein genug ist, so dass sich $\boldsymbol{A}$ im betrachteten Abschnitt nicht signifikant verändert. Damit zeigt sich, dass die Tangentialkomponenten solcher Vektorfelder erhalten ist. Da die Maxwell-Gleichungen mit Rotation genau die betrachtete Form hat, können die Stetigkeitsbedingungen

$$\boldsymbol{E}_1^t = \boldsymbol{E}_2^t \qquad \boldsymbol{H}_1^t = \boldsymbol{H}_2^t$$

gefunden werden. Da die magnetische Flussdichte und Feldstärke durch $\boldsymbol{B} = \mu \boldsymbol{H}$ miteinander verbunden sind, kann die entsprechende Stetigkeitsbedingung durch

$$\frac{1}{\mu_{\mathrm{r},1}} \boldsymbol{B}_1^t = \frac{1}{\mu_{\mathrm{r},2}} \boldsymbol{B}_2^t$$

formuliert werden.

(d) **(8 Punkte)** Gehen Sie von einer linear polarisierten, senkrecht einfallenden Welle

$$\boldsymbol{E}_{\mathrm{u}} = E_{\mathrm{i}}\,\hat{e}_x\,\mathrm{e}^{\mathrm{i}(kz - \omega t)}$$

mit Amplitude E_{i} und Frequenz ω aus. Es werden sich eine reflektierte und eine transmittierte Welle in der Form

$$\boldsymbol{E}_{\mathrm{r}} = E_{\mathrm{r}}\,\hat{e}_{\mathrm{r}}\,\mathrm{e}^{\mathrm{i}(\boldsymbol{k}_1' \boldsymbol{r} - \omega t)} \qquad \boldsymbol{E}_{\mathrm{t}} = E_{\mathrm{t}}\,\hat{e}_{\mathrm{t}}\,\mathrm{e}^{\mathrm{i}(\boldsymbol{k}_2' \boldsymbol{r} - \omega t)}$$

ergeben. Zeigen Sie, dass sich diese ebenfalls senkrecht zur Grenzfläche ausbreiten und dieselbe Polarisation wie die einfallende Welle aufweisen.

Hinweis: Für die Tangentialkomponente eines Vektorfeldes $\boldsymbol{A}$ an einer Grenzfläche mit Normalenvektor $\boldsymbol{n}$ können Sie auch $\boldsymbol{n} \times \boldsymbol{A}$ verwenden.

Lösungsvorschlag:
Da nach den Erkenntnissen von Teilaufgabe (b) stets $\boldsymbol{B} = \frac{\boldsymbol{k}}{\omega} \times \boldsymbol{E}$ gilt, genügt es zunächst nur die elektrische Feldstärke zu betrachten. Ebenso kann aus Teilaufgabe (b) die Erkenntnis

$$\boldsymbol{k} \cdot \boldsymbol{E} = 0$$

---

[5]Dabei darf $\boldsymbol{V}$ keine unendlichen Werte auf der Grenzfläche annehmen. Da Oberflächen Ströme möglich sind, würde durch $\boldsymbol{j}_{\mathrm{f}}$ ein Beitrag kommen, durch $\frac{\partial \boldsymbol{B}}{\partial t}$ und $\frac{\partial \boldsymbol{D}}{\partial t}$ aber nicht. Da im vorliegenden Fall $\boldsymbol{j}_{\mathrm{f}}$ aber null ist, gibt es auch diese Beiträge nicht.

verwendet werden, um festzustellen, dass die jeweiligen Polarisationsvektoren auf den Wellenvektoren gemäß

$$k_1' \cdot \hat{e}_{\mathrm{r}} = 0 \qquad k_2' \cdot \hat{e}_{\mathrm{t}} = 0$$

senkrecht stehen. Da die Tangentialkomponente der elektrischen Feldstärke erhalten ist, und der Normalenvektor hier durch $\hat{e}_z$ gegeben ist, kann mit dem Hinweis $E^t = \hat{e}_z \times E$ die Stetigkeitsbedingung

$$E_1^t = E_2^t \quad \Rightarrow \quad E_{\mathrm{i}}^t + E_{\mathrm{r}}^t = E_{\mathrm{t}}^t$$

aufgestellt und gemäß

$$(\hat{e}_z \times \hat{e}_z)E_{\mathrm{i}}\,\mathrm{e}^{-\mathrm{i}\omega t} + (\hat{e}_z \times \hat{e}_{\mathrm{r}})E_{\mathrm{r}}\,\mathrm{e}^{\mathrm{i}(k_1' r|_{z=0} - \omega t)} = (\hat{e}_z \times \hat{e}_{\mathrm{t}})E_{\mathrm{t}}\,\mathrm{e}^{\mathrm{i}(k_2' r|_{z=0} - \omega t)}$$

ausgewertet werden. Dabei wurde mit $z = 0$ berücksichtigt, dass die Stetigkeitsbedingungen nur an den Grenzflächen gültig sind. Da alle Terme den gemeinsamen Faktor $\mathrm{e}^{-\mathrm{i}\omega t}$ aufweisen, hebt sich dieser raus. Diese Gleichung muss für beliebige Punkte in der xy-Ebene gelten. Alle Größen abgesehen von r sind von der Wahl dieses Punktes unabhängig. Das bedeutet im Besonderen, dass die einzelnen Exponenten identisch sein müssten, so dass der Zusammenhang

$$k_1' r|_{z=0} = k_2' r|_{z=0} = 0$$

gefunden werden kann. Da k_1' und k_2' senkrecht auf allen Punkten in der xy-Ebene stehen, müssen sie parallel zu $\hat{e}_z$ sein, so dass

$$k_1' = -k_1 \hat{e}_z \qquad k_2' = k_2 \hat{e}_z$$

gewählt werden kann. Damit zeigt sich bereits, dass sich die reflektierte und transmittierte Welle senkrecht zur Grenzfläche ausbreiten.

Da die Polarisationsvektoren senkrecht auf den jeweiligen Wellenvektoren stehen müssen, können diese durch

$$\hat{e}_r = \cos(\theta_{\mathrm{r}})\,\hat{e}_x + \sin(\theta_{\mathrm{r}})\,\hat{e}_y$$
$$\hat{e}_t = \cos(\theta_{\mathrm{t}})\,\hat{e}_x + \sin(\theta_{\mathrm{t}})\,\hat{e}_y$$

beschrieben werden, wobei θ_{r} und θ_{t} der Polarisationswinkel der reflektierten und transmittierten Welle darstellt. Eingesetzt in die obige Stetigkeitsbedingung, können so aufgrund von

$$\hat{e}_z \times \hat{e}_x = \hat{e}_y \qquad \hat{e}_z \times \hat{e}_y$$

und der linearen Unabhängigkeit der Basisvektoren die beiden Gleichungen

$$E_{\mathrm{i}} + E_{\mathrm{r}} \cos(\theta_{\mathrm{r}}) = E_{\mathrm{t}} \cos(\theta_{\mathrm{t}}) \qquad E_{\mathrm{r}} \sin(\theta_{\mathrm{r}}) = E_{\mathrm{t}} \sin(\theta_{\mathrm{t}})$$

gefunden werden. Um die Winkel durch die Winkelfunktionen exakt festlegen zu können, ist es hilfreich noch zwei weitere Gleichungen in Betracht zu ziehen. Die Normalkomponente der elektrischen Feldstärke kommt hierbei nicht in Frage, da sie nach der Erkenntnis $\boldsymbol{E} \cdot \boldsymbol{k} = 0$ immer null ist. Stattdessen empfiehlt es sich, die Tangentialkomponente der magnetischen Flussdichte zu berücksichtigen. Wie auch bei der Gleichung für die elektrische Feldstärke werden sich die Exponentialfunktionen vollständig herausheben, so dass es angebracht ist die magnetische Flussdichten für $t = 0$ und $\boldsymbol{r} = \boldsymbol{0}$ zu bestimmen. Diese können durch

$$\boldsymbol{B}(\boldsymbol{r} = \boldsymbol{0}, t = 0) = \frac{\boldsymbol{k}}{\omega} \times \boldsymbol{E} = \frac{1}{u}(\hat{\boldsymbol{e}}_k \times \hat{\boldsymbol{e}}_p)E$$

ermittelt werden. Darin ist $\hat{\boldsymbol{e}}_p$ der Polarisationseinheitsvektor und E die entsprechende Amplitude. Mit den entsprechenden magnetischen Flussdichten

$$\boldsymbol{B}_{\mathrm{i}}(\boldsymbol{0}, 0) = \frac{1}{u_1}\hat{\boldsymbol{e}}_y E_{\mathrm{i}} \qquad \boldsymbol{B}_{\mathrm{r}}(\boldsymbol{0}, 0) = -\frac{1}{u_1}(\hat{\boldsymbol{e}}_z \times \hat{\boldsymbol{e}}_r)E_{\mathrm{r}} \qquad \boldsymbol{B}_{\mathrm{t}}(\boldsymbol{0}, 0) = \frac{1}{u_2}(\hat{\boldsymbol{e}}_z \times \hat{\boldsymbol{e}}_t)E_{\mathrm{t}}$$

kann so aus

$$\frac{1}{\mu_1}\boldsymbol{B}_1^t = \frac{1}{\mu_2}\boldsymbol{B}_2^t$$

die Stetigkeitsbedingung

$$\frac{1}{\mu_1 u_1}\left(\hat{\boldsymbol{e}}_z \times \hat{\boldsymbol{e}}_y E_{\mathrm{i}} - \hat{\boldsymbol{e}}_z \times (\hat{\boldsymbol{e}}_z \times \hat{\boldsymbol{e}}_r)E_{\mathrm{r}}\right) = \frac{1}{\mu_2 u_2}(\hat{\boldsymbol{e}}_z \times (\hat{\boldsymbol{e}}_z \times \hat{\boldsymbol{e}}_t))E_{\mathrm{t}}$$

gefunden werden. Da nach der bac-cab-Regel und der Orthogonalität der Polarisationsvektoren zum Wellenvektor auch

$$\hat{\boldsymbol{e}}_z \times (\hat{\boldsymbol{e}}_z \times \hat{\boldsymbol{e}}_p) = \hat{\boldsymbol{e}}_z(\hat{\boldsymbol{e}}_z \cdot \hat{\boldsymbol{e}}_p) - \hat{\boldsymbol{e}}_p(\hat{\boldsymbol{e}}_z^2) = -\hat{\boldsymbol{e}}_p$$

gefunden werden kann, lässt sich die Stetigkeitsbedingung auf

$$\frac{1}{\mu_1 u_1}\left(\hat{\boldsymbol{e}}_x E_{\mathrm{i}} - \hat{\boldsymbol{e}}_r E_{\mathrm{r}}\right) = \frac{1}{\mu_2 u_2}\hat{\boldsymbol{e}}_t E_{\mathrm{t}}$$

reduzieren. Mit der expliziten Form der Polarisationsvektoren kann dies in die beiden Gleichungen

$$\frac{1}{\mu_1 u_1}\left(E_{\mathrm{i}} - \cos(\theta_{\mathrm{r}})\, E_{\mathrm{r}}\right) = \frac{1}{\mu_2 u_2}\cos(\theta_{\mathrm{t}})\, E_{\mathrm{t}} \qquad -\frac{E_{\mathrm{r}}}{\mu_1 u_1}\sin(\theta_{\mathrm{r}}) = \frac{E_{\mathrm{t}}}{\mu_2 u_2}\sin(\theta_{\mathrm{t}})$$

zerlegt werden. Die beiden Gleichungen

$$E_{\mathrm{r}}\sin(\theta_{\mathrm{r}}) = E_{\mathrm{t}}\sin(\theta_{\mathrm{t}}) \qquad -\frac{E_{\mathrm{r}}}{\mu_1 u_1}\sin(\theta_{\mathrm{r}}) = \frac{E_{\mathrm{t}}}{\mu_2 u_2}\sin(\theta_{\mathrm{t}})$$

zeigen, dass $E_{\mathrm{r}}\sin(\theta_{\mathrm{r}})$ und $E_{\mathrm{t}}\sin(\theta_{\mathrm{t}})$ jeweils proportional zu ihrem eigenem Negativen sein müssen, weshalb sie null sind. Da aber nicht beide Amplituden immer null sind, ist diese Gleichung nur zu erfüllen, wenn bereist die Sinusfunktionen null sind. Damit sind die Polarisationsvektoren der elektrischen Feldstärke parallel zur Polarisation der einfallenden Wellen. Im Fall eines Minus-Zeichens würde ein Phasensprung in der Welle stattfinden. [6]

(e) **(3 Punkte)** Nutzen Sie die Stetigkeitsbedingungen, um mit

$$\beta = \frac{\mu_{r,1} n_2}{\mu_{r,2} n_1}$$

die Amplitude der reflektierten und transmittierten Wellen durch die der einfallenden Welle auszudrücken.

Lösungsvorschlag:
Werden nun die Polarisationswinkel $\theta_r = \theta_t = 0$ betrachtet und damit mögliche Phasensprünge explizit in die Amplitude übernommen, so können die Stetigkeitsbedingungen

$$E_i + E_r \cos(\theta_r) = E_t \cos(\theta_t) \qquad \frac{1}{\mu_1 u_1}(E_i - \cos(\theta_r) E_r) = \frac{1}{\mu_2 u_2} \cos(\theta_t) E_t$$

aus Teilaufgabe (d) auf

$$E_i + E_r = E_t \qquad \frac{1}{\mu_1 u_1}(E_i - E_r) = \frac{1}{\mu_2 u_2} E_t$$

vereinfacht werden. Mit

$$\beta = \frac{\mu_{r,1} n_2}{\mu_{r,2} n_1} = \frac{\mu_{r,1}\mu_0}{\mu_{r,2}\mu_0} \cdot \frac{\frac{c}{n_1}}{\frac{c}{n_2}} = \frac{\mu_1}{\mu_2} \frac{u_1}{u_2}$$

lässt sich die letzte dieser Gleichungen sogar auf

$$E_i - E_r = \beta E_t$$

vereinfachen. In Summe mit der ersten Gleichung lässt sich so

$$2E_i = (1 + \beta)E_t \quad \Rightarrow \quad E_t = \frac{2}{1+\beta} E_i$$

finden. Da stets $\beta > 0$ gilt, ist die Amplitude nur in ihrer Auslenkung verändert, aber es findet kein Phasensprung an der Grenzfläche statt. Wird dieses Ergebnis in die erste der beiden Gleichungen eingesetzt, so kann

$$E_i + E_r = \frac{2}{1+\beta} E_i \quad \Rightarrow \quad E_r = \left(\frac{2}{1+\beta} - 1\right) E_i = \frac{1-\beta}{1+\beta} E_i$$

gefunden werden. Mit $\beta > 1$ ändert die Amplitude ihr Vorzeichen, was einem Phasensprung von π gleich kommt.

---

[6]Dieser Fall wird am Ende der Teilaufgabe (e) diskutiert.

Nicht gefragt: Die gefundenen Ausdrücke lassen sich explizit durch die μ_r und Brechungsindizes n ausdrücken, um so die Terme

$$E_t = \frac{2\mu_{r,2}n_1}{\mu_{r,1}n_2 + \mu_{r,2}n_1} E_i \qquad E_r = \frac{\mu_{r,2}n_1 - \mu_{r,1}n_2}{\mu_{r,1}n_2 + \mu_{r,2}n_1} E_i$$

zu erhalten. Da in vielen optischen Medien $\mu \approx 1$ gilt, tritt ein Phasensprung eines reflektierten Lichtstrahls an Grenzflächen auf, an denen $n_2 > n_1$ gilt.

(f) **(2 Punkte)** Bestimmen Sie die Intensitäten der reflektierten und transmittierten Welle I_r und I_t. Ermitteln Sie weiter den Reflexions- und Transmissionskoeffizienten

$$R = \frac{I_r}{I_i} \qquad T = \frac{I_t}{I_i}$$

und zeigen Sie durch explizite Rechnung, dass dieser

$$R + T = 1$$

gehorcht.

Lösungsvorschlag:
Nach den Erkenntnissen von Teilaufgabe (b) ist die Intensität einer ebenen Welle durch

$$I = \frac{|E_0|^2}{2\mu u}$$

gegeben. Somit kann für die reflektierte Welle

$$I_r = \frac{|E_r|^2}{2\mu_1 u_1} = \left(\frac{1-\beta}{1+\beta}\right)^2 \frac{|E_i|^2}{2\mu_1 u_1}$$

gefunden werden, während sich für die transmittierte Welle der Ausdruck

$$I_t = \frac{|E_t|^2}{2\mu_2 u_2} = \left(\frac{2}{1+\beta}\right)^2 \frac{\mu_1 u_1}{\mu_2 u_2} \frac{|E_i|^2}{2\mu_1 u_1} = \frac{4\beta}{(1+\beta)^2} \frac{|E_i|^2}{2\mu_1 u_1}$$

ergibt. Da die Intensität der einfallenden Welle durch

$$I_i = \frac{|E_i|^2}{2\mu_1 u_1}$$

bestimmt werden kann, sind der Reflexions- und Transmissionskoeffizient durch

$$R = \frac{I_r}{I_i} = \left(\frac{1-\beta}{1+\beta}\right)^2 \qquad T = \frac{I_t}{I_i} = \frac{4\beta}{(1+\beta)^2}$$

gegeben. So lässt sich für die Summe

$$R + T = \left(\frac{1-\beta}{1+\beta}\right)^2 + \frac{4\beta}{(1+\beta)^2} = \frac{1 - 2\beta + \beta^2 + 4\beta}{(1+\beta)^2} = \frac{1 + 2\beta + \beta^2}{(1+\beta)^2} = 1$$

ermitteln.

Nicht gefragt: Auch hier lassen sich Transmissions- und Reflexionskoeffizient durch μ_r und n ausdrücken, um

$$R = \left(\frac{\mu_{\mathrm{r},2} n_1 - \mu_{\mathrm{r},1} n_2}{\mu_{\mathrm{r},2} n_1 + \mu_{\mathrm{r},1} n_2}\right)^2 \approx \left(\frac{n_1 - n_2}{n_1 + n_2}\right)^2$$

$$T = \frac{4\mu_{\mathrm{r},1}\mu_{\mathrm{r},2} n_1 n_2}{(\mu_{\mathrm{r},2} n_1 + \mu_{\mathrm{r},1} n_2)^2} \approx \frac{4 n_1 n_2}{(n_1 + n_2)^2}$$

zu finden.

2 Klausur II – Elektrodynamik – Einfach

Im Kurzfragebogen dieser Klausur werden zwei parallel geschaltete Kondensatoren, der Laplace-Runge-Lenz-Vektor einer Ladung im zentralen elektrischen Feld, das Oberflächenintegral eines Gradientenfeldes, die Stetigkeitsbedingungen der elektrischen Flussdichte und das elektrische Feld einer geladenen, unendlich weit ausgedehnten Platte mit endlicher Dicke behandelt. In Aufgabe 2 wird das Verhalten einer rotierenden Ladungsverteilung in einem homogenen Magnetfeld untersucht. In Aufgabe 3 soll untersucht werden, wie elektromagnetische Wellen an Atomen oder Molekülen in Form von Lorentz-Oszillatoren gestreut werden. In Aufgabe 4 wird untersucht, welche Stromverteilung sich bei einem Wechselstrom im Inneren eines Leiters einstellt.

Überblick

2.1 Aufgaben zur Klausur II – Elektrodynamik – Einfach 89
    Aufgabe **1 - Kurzfragen** 89
    Aufgabe **2 - Larmor-Präzession** 90
    Aufgabe **3 - Streuung elektromagnetischer Wellen** 91
    Aufgabe **4 - Der Skin-Effekt** 93
2.2 Hinweise zur Klausur II – Elektrodynamik – Einfach 95
2.3 Lösung zur Klausur II – Elektrodynamik – Einfach 99
    Aufgabe **1 - Kurzfragen** 99
    Aufgabe **2 - Larmor-Präzession** 104
    Aufgabe **3 - Streuung elektromagnetischer Wellen** 110
    Aufgabe **4 - Der Skin-Effekt** 119

© Der/die Autor(en), exklusiv lizenziert an
Springer-Verlag GmbH, DE, ein Teil von Springer Nature 2025
M. Eichhorn, *Prüfungstraining Theoretische Physik – Elektrodynamik*,
https://doi.org/10.1007/978-3-662-71709-7_3

2.1 Aufgaben zur Klausur II – Elektrodynamik – Einfach

Aufgabe 1   25 *Punkte*

Kurzfragen

Schlagwörter:
Elektrische Bauteile, Bewegung im elektromagnetischen Feld, Vektoranalysis, Stetigkeits-
bedingungen, Gauß'sches Gesetz

(a) **(5 Punkte)** Bestimmen Sie anhand der Kirchhoff'schen Gesetze die Gesamtkapazität
zweier parallel geschalteter Kondensatoren C_1 und C_2.

(b) **(5 Punkte)** Betrachten Sie eine Ladung q mit Masse m, die sich im Feld einer im Ursprung fixierten Ladung Q bewegt. Zeigen Sie, dass der Laplace-Runge-Lenz-Vektor

$$A = p \times J + \frac{mqQ}{4\pi\varepsilon_0}\hat{e}_r$$

eine erhaltene Größe der Bewegung ist.

(c) **(5 Punkte)** Zeigen Sie mit Hilfe des Satzes von Stokes, dass für ein stetig differenzierbares Skalarfeld ϕ der Zusammenhang

$$\iint_{\mathcal{F}} \mathrm{d}^2 f \times \nabla\phi = \oint_{\partial\mathcal{F}} \mathrm{d}r\,\phi$$

gilt.

(d) **(5 Punkte)** Bestimmen Sie das Verhalten der Normalkomponente der elektrischen
Flussdichte D an einer Grenzfläche, falls sich auf dieser eine Oberflächenladungsdichte σ_f befindet. Drücken Sie ihr Ergebnis auch mit Hilfe des Normalenvektors n_{12}
aus, der von Medium eins in Medium zwei zeigt.

(e) **(5 Punkte)** Betrachten Sie die homogene Ladungsverteilung $\rho(r) = \rho_0\Theta\left(\frac{a}{2} - |z|\right)$.
Bestimmen Sie das elektrische Feld im gesamten Raumbereich.

Aufgabe 2 **25 *Punkte***

Larmor-Präzession

Schlagwörter:
Magnetostatik, Magnetisches Moment, Ladungsdichte, Bewegung im elektromagnetischen Feld, Kreisfrequenz

In dieser Aufgabe soll das Verhalten einer rotierenden Ladungsverteilung in einem Magnetfeld mit Flussdichte $\boldsymbol{B}_0 = B_0\,\hat{\boldsymbol{e}}_z$ untersucht werden. Gehen Sie dazu von einer kugelförmigen Ladungsverteilung mit Radius R und homogener Ladungs- und Massendichte ρ_{e} und ρ_{m} aus. Insgesamt soll diese Kugel die Ladung Q und Masse M aufweisen. Nehmen Sie an, die Kugel rotiere mit der Winkelgeschwindigkeit $\boldsymbol{\omega}$.

(a) **(5 Punkte)** Bestimmen Sie das magnetische Moment der Kugel.

(b) **(5 Punkte)** Drücken Sie das magnetische Moment durch den Drehimpuls $\boldsymbol{S}$ aus. Zeigen Sie so, dass sich das magnetische Moment durch das zu bestimmende gyromagnetische Verhältnis γ über

$$\boldsymbol{\mu} = \gamma\,\boldsymbol{S}$$

ausdrücken lässt. Welche Bedingung muss eine räumlich lokalisierte Ladungsverteilung erfüllen, damit dieser Zusammenhang mit gleichem γ gültig ist?

(c) **(5 Punkte)** Verwenden Sie den Zusammenhang

$$\iiint_{\mathbb{R}^3} \mathrm{d}^3 r\,(\phi\,\boldsymbol{j}\cdot\boldsymbol{\nabla}\psi + \psi\,\boldsymbol{j}\cdot\boldsymbol{\nabla}\phi) = 0 \tag{2.1}$$

für zwei beliebige differenzierbare Skalarfelder ψ und ϕ und räumlich begrenzte Stromverteilungen $\boldsymbol{j}$, sowie

$$\iiint_{\mathbb{R}^3} \mathrm{d}^3 r\,(\boldsymbol{B}\cdot\boldsymbol{r})\boldsymbol{j}(\boldsymbol{r}) = -\frac{\boldsymbol{B}}{2}\times\iiint_{\mathbb{R}^3}\mathrm{d}^3 r\,\boldsymbol{r}\times\boldsymbol{j}(\boldsymbol{r}) \tag{2.2}$$

für konstante Flussdichten, um zu zeigen, dass das auf die Kugel wirkende Drehmoment durch

$$\dot{\boldsymbol{S}} = \boldsymbol{\mu}\times\boldsymbol{B}_0 \tag{2.3}$$

gegeben ist.

(d) **(5 Punkte)** Zeigen Sie weiter, dass der Betrag des Drehimpulses aufgrund von Gl. (2.3) eine Erhaltungsgröße ist.

(e) **(5 Punkte)** Lösen Sie Differentialgleichung (2.3) im vorliegenden Fall mit der Anfangsbedingung $\boldsymbol{S}(0) = S_0\sin(\alpha)\,\hat{\boldsymbol{e}}_x + S_0\cos(\alpha)\,\hat{\boldsymbol{e}}_z$. Mit welcher Kreisfrequenz ω_{L} präzediert der Drehimpuls der Kugel um die Magnetfeldachse?

Aufgabe 3   25 *Punkte*

Streuung elektromagnetischer Wellen

Schlagwörter:
Elektromagnetische Wellen, Elektrisches Feld, Vektorpotential, Poynting-Vektor, Magnetfeld, Dipol

In dieser Aufgabe soll die Streuung elektromagnetischer Wellen an einem Lorentz-Oszillator untersucht werden. Dazu wird zunächst die auslaufende elektromagnetische Welle einer linear und periodisch mit Frequenz ω und Phase ψ schwingenden Ladung q untersucht, deren Dipolmoment durch

$$\boldsymbol{p}(t) = q x_0 \cos(\omega t + \psi)\,\hat{\boldsymbol{e}}_x$$

beschrieben werden kann. x_0 ist hierbei die Amplitude der Schwingung und wird im Laufe der Aufgabe durch das Lorentz-Oszillator-Modell spezifiziert.

(a) **(6 Punkte)** Bestimmen Sie mit Hilfe von

$$\boldsymbol{A}_\Omega(\boldsymbol{r}) = \frac{1}{\sqrt{2\pi}} \int_{-\infty}^{\infty} dt\, \boldsymbol{A}(\boldsymbol{r},t)\, e^{i\Omega t} \approx -i\Omega \frac{\mu_0}{4\pi r}\, e^{i\frac{\Omega}{c} r}\, \boldsymbol{p}_\Omega$$

das Vektorpotential $\boldsymbol{A}(\boldsymbol{r},t)$ in großer Entfernung $r \gg x_0$ zur Quelle und zeigen Sie, dass dieses durch

$$\boldsymbol{A}(\boldsymbol{r},t) = \omega \frac{\mu_0}{4\pi r} q x_0 \sin\big(k(r - ct) - \psi\big)\,\hat{\boldsymbol{e}}_x$$

gegeben ist, wobei $k = \frac{\omega}{c}$ der Betrag des Wellenvektors $\boldsymbol{k} = k\,\hat{\boldsymbol{e}}_r$ ist.

(b) **(2 Punkte)** Bestimmen Sie nun die magnetische Flussdichte in der Fernfeldnäherung $kr \gg 1$. Nutzen Sie weiter den Zusammenhang

$$\boldsymbol{E} = (c\boldsymbol{B}) \times \hat{\boldsymbol{e}}_k$$

für elektromagnetische Wellen, um die elektrische Feldstärke in großer Entfernung zur Quelle in der Fernfeldnäherung zu bestimmen.

(c) **(3 Punkte)** Zeigen Sie, dass der zeitlich gemittelte Poynting-Vektor der auslaufenden Welle durch

$$\langle \boldsymbol{S}_{\text{out}} \rangle_t = \hat{\boldsymbol{e}}_r \frac{c}{32\pi^2 \varepsilon_0 r^2} q^2 k^4 x_0^2 \left(1 - \sin^2(\theta)\cos^2(\varphi)\right)$$

gegeben ist. Darin beschreiben θ und φ die üblichen Winkel in Kugelkoordinaten.

Weist die einlaufende elektromagnetische Welle das elektrische Feld

$$\boldsymbol{E}(\boldsymbol{r},t) = E_0 \cos(kz - \omega t)\,\hat{\boldsymbol{e}}_x$$

auf, so lässt sich im Rahmen des Lorentz-Oszillator-Modells zeigen, dass eine Ladung mit Masse m am Ursprung die Bewegung

$$x(t) = \frac{q}{m} \frac{E_0}{\sqrt{(\omega_0^2 - \omega^2)^2 + 4\gamma^2\omega^2}} \cos(\omega t + \psi)$$

ausführen wird. Hierin sind ω_0 die Resonanzfrequenz des Oszillators, γ die Dämpfungskonstante und ψ die auftretende Phasenverschiebung.

(d) **(8 Punkte)** Bestimmen Sie den zeitlich gemittelten Poynting-Vektor der einlaufenden Welle $\langle \boldsymbol{S}_{\text{in}} \rangle_t$ und ermitteln Sie so die einlaufende Strahlungsleistung pro Flächenelement

$$\frac{\mathrm{d}P_{\text{in}}}{\mathrm{d}\sigma} = \frac{\langle \boldsymbol{S}_{\text{in}} \rangle_t \cdot \mathrm{d}\boldsymbol{f}_{\text{in}}}{\mathrm{d}\sigma} = \frac{\langle \boldsymbol{S}_{\text{in}} \rangle_t \cdot \hat{\boldsymbol{e}}_z \ \mathrm{d}\sigma}{\mathrm{d}\sigma}$$

und die abgestrahlte Leistung pro Raumwinkelelement

$$\frac{\mathrm{d}P_{\text{out}}}{\mathrm{d}\Omega} = \frac{\langle \boldsymbol{S}_{\text{out}} \rangle_t \cdot \mathrm{d}\boldsymbol{f}_{\text{out}}}{\mathrm{d}\Omega} = \frac{\langle \boldsymbol{S}_{\text{out}} \rangle_t \cdot \hat{\boldsymbol{e}}_r \ r^2 \, \mathrm{d}\Omega}{\mathrm{d}\Omega}.$$

Zeigen Sie mit Hilfe Ihrer Ergebnisse, dass der differentielle Streuquerschnitt im Fall elastischer Streuung durch

$$\frac{\mathrm{d}\sigma}{\mathrm{d}\Omega} = \left(\frac{q^2}{4\pi\varepsilon_0 \, mc^2} \right)^2 \frac{\omega^4}{(\omega_0^2 - \omega^2)^2 + 4\gamma^2\omega^2} \left(1 - \sin^2(\theta)\cos^2(\varphi) \right)$$

gegeben ist. Welche Interpretation kommt den Winkeln θ und φ im Rahmen der Streuung zu?

(e) **(6 Punkte)** Bestimmen Sie den totalen Streuquerschnitt

$$\sigma_{\text{tot}} = \int \mathrm{d}\Omega \ \frac{\mathrm{d}\sigma}{\mathrm{d}\Omega}$$

und diskutieren Sie für diesen sowie für den differentiellen Streuquerschnitt $\frac{\mathrm{d}\sigma}{\mathrm{d}\Omega}$ die Grenzfälle $\omega_0, \gamma \ll \omega$ und $\omega_0 \gg \omega, \gamma$. Um welche Form von Streuung handelt es sich jeweils?

Aufgabe 4   **25 *Punkte***

Der Skin-Effekt

Schlagwörter:
Maxwell-Gleichungen, Elektromagnetische Wellen, Stromdichte, Elektrisches Feld, Felder in Materie

In dieser Aufgabe soll das Verhalten von elektromagnetischen Feldern in leitfähigen Materialien mit konstanter, elektrischer Leitfähigkeit σ, Dielektrizität ε und Permeabilität μ untersucht werden.

(a) **(4 Punkte)** Stellen Sie die Maxwell-Gleichungen innerhalb des Materials auf. Gehen Sie davon aus, dass alle freien Ströme durch das elektrische Feld gemäß des Ohm'schen Gesetzes $j = \sigma E$ erzeugt werden und zeigen Sie so, dass das elektrische Feld die Gleichung

$$\frac{1}{u^2}\left(\frac{\partial^2 E}{\partial t^2} + \frac{\sigma}{\varepsilon}\frac{\partial E}{\partial t}\right) - \Delta E = 0$$

mit $u^2 = \frac{1}{\mu\varepsilon}$ erfüllen muss.

(b) **(5 Punkte)** Betrachten Sie eine ebene Welle, welche sich im Vakuum in z-Richtung mit Frequenz ω ausbreitet und die Amplitude E_0 besitzt. Sie soll bei $z = 0$ auf das leitende Material treffen. Zeigen Sie, dass das elektrische Feld innerhalb des Materials bei kleinen Frequenzen gegenüber der Leitfähigkeit $\omega \ll \frac{\sigma}{\varepsilon}$ durch

$$E = E_0\,\mathrm{e}^{\mathrm{i}(kz-\omega t)}\,\mathrm{e}^{-z/\delta}$$

gegeben ist und bestimmen Sie den Wellenvektor k, sowie die Eindringtiefe δ als Funktion des spezifischen Widerstands $\varrho = \frac{1}{\sigma}$, der Frequenz ω und der Permeabilität μ.

Für den Rest der Aufgabe soll ein zylinderförmiger Draht mit Radius R betrachtet werden, in dem durch ein elektrisches Wechselfeld mit kleiner Frequenz ω gemäß $j = \sigma E$ eine Stromdichte $j = j(s)\,\mathrm{e}^{-\mathrm{i}\omega t}\,\hat{e}_z$ verursacht wird.

(c) **(4 Punkte)** Zeigen Sie, dass die Stromdichte $j(s)$ die Gleichung

$$\Delta j + \kappa^2 j = 0$$

erfüllen muss. Drücken Sie κ^2 dabei durch ω, u und δ aus und bestimmen Sie im Fall kleiner Frequenzen κ allein durch δ.

(d) **(3 Punkte)** Nehmen Sie an, dass sich $j(s)$ durch eine Funktion $f(\kappa s)$ ausdrücken lässt und zeigen Sie, dass diese Funktion die Differentialgleichung

$$u^2 f''(u) + u f'(u) + u^2 f(u) = 0$$

erfüllen muss.

(e) **(5 Punkte)** Drücken Sie die Funktion $f(u)$ als eine Potenzreihe mit Koeffizienten c_n aus und zeigen Sie, dass diese durch

$$c_{2m+1} = 0 \qquad c_{2m} = \frac{(-1)^m}{2^{2m}(m!)^2}c_0 \qquad m \in \mathbb{N}_0$$

gegeben sind.

(f) **(4 Punkte)** Verwenden Sie die bisherigen Ergebnisse, um $j(s)$ als ein Vielfaches der Stromdichte auf der Leiteroberfläche $j(R)$ auszudrücken. Diskutieren Sie das Ergebnis qualitativ.

2.2   Hinweise zur Klausur II – Elektrodynamik – Einfach

Aufgabe 1 - Kurzfragen

(a) Welchen Zusammenhang stellt der Maschensatz zwischen den Spannungen an den beiden Kondensatoren her? In welchem Verhältnis stehen diese zur Spannung am Ersatzkondensator? Welcher Zusammenhang besteht zwischen der Stromstärke an den parallelen Kondensatoren und am Ersatzkondensator? Wie überträgt sich dies auf die Ladung? In welchem Zusammenhang stehen die Kapazität, die Ladung und die Spannung an einem Kondensator?

(b) Welche Kraft erfährt die Ladung q nach dem Coulomb'schen Gesetz? Weshalb ist der Drehimpuls J in einem Zentralkraftfeld erhalten? Wieso findet die Bewegung in einer Ebene statt?

(c) Was passiert, wenn der Ausdruck $\nabla \times (\phi A)$ mit einem beliebigen aber konstanten Vektorfeld A über eine Fläche integriert wird? Wie lässt sich dieser Ausdruck durch die Produktregeln der Vektoranalysis umschreiben?

(d) Welche Maxwell-Gleichung macht eine Aussage über die elektrische Flussdichte und freie Ladungen? Was passiert, wenn diese über ein Volumen integriert wird? Welches Volumen könnte sich für das vorliegende Problem besonders anbieten und was passiert, wenn es immer kleiner gemacht wird?

(e) Was passiert, wenn auf das vorliegende Problem das Gauß'sche Gesetz angewendet wird? Wieso bietet es sich an, über eine Box zu integrieren, welche parallele Flächen mit der xy-Ebene aufweist? Welche Konsequenzen haben die Translationsinvarianz in x- und y-Richtung so wie die Spiegelsymmetrie an der xy-Ebene?

Aufgabe 2 - Larmor-Präzession

(a) Wieso lässt sich die Stromverteilung im vorliegenden Fall durch

$$j(r) = \rho_{\mathrm{e}}(\omega \times r)\Theta(R - r)$$

ausdrücken? Wie lässt sich damit über das Integral

$$\mu = \frac{1}{2} \iiint_{\mathbb{R}^3} \mathrm{d}^3 r \; r \times j(r)$$

das magnetische Moment bestimmen? Sie sollten das Ergebnis

$$\mu = \frac{1}{5} Q R^2 \omega$$

erhalten.

(b) Wie lässt sich der Drehimpuls der Kugel mit dem Trägheitsmoment $I = \frac{2}{5} M R^2$ ermitteln? Wie lässt sich der Drehimpuls durch ein Integral darstellen? Was fällt auf, wenn dieses mit dem Integral für das magnetische Moment verglichen wird? Sie sollten das gyromagnetische Verhältnis $\gamma = \frac{Q}{2M}$ erhalten.

(c) Welches Drehmoment erfährt das Ladungselement $\mathrm{d}q$ aufgrund der Lorentz-Kraft? Was passiert wenn hierin konkret die Bahngeschwindigkeit $\boldsymbol{v} = \boldsymbol{\omega} \times \boldsymbol{r}$ des Ladungselements $\mathrm{d}q$ eingesetzt wird? Sie sollten so als Zwischenergebnis das Integral

$$\dot{\boldsymbol{S}} = \iiint_{\mathbb{R}^3} \mathrm{d}^3 r \; (\boldsymbol{j}(\boldsymbol{r} \cdot \boldsymbol{B}_0) - \boldsymbol{B}_0(\boldsymbol{r} \cdot \boldsymbol{j}))$$

erhalten. Wie lässt sich dieses Integral mit den angegebenen Zusammenhängen auswerten? Betrachten Sie für (2.1) die Kombination $\phi = \psi = r$.

(d) Wie lässt sich $\frac{\mathrm{d}|\boldsymbol{S}|}{\mathrm{d}t}$ über $\frac{\mathrm{d}\boldsymbol{S}^2}{\mathrm{d}t}$ mit $\dot{\boldsymbol{S}}$ in Verbindung bringen? Was passiert, wenn hierin $\boldsymbol{\mu} = \gamma\,\boldsymbol{S}$ eingesetzt wird?

(e) Was passiert, wenn $\boldsymbol{\mu} = \gamma\,\boldsymbol{S}$ und $\boldsymbol{B}_0 = B_0\,\hat{\boldsymbol{e}}_z$ in Gl. (2.3) eingesetzt werden? Wie lassen sich daraus drei Differentialgleichungen für die kartesischen Komponenten aufstellen? Hilft es, die Größe $w = S_x + iS_y$ aufzustellen?

Aufgabe 3 - Streuung elektromagnetischer Wellen

(a) Wie lässt sich mit

$$\int\limits_{-\infty}^{\infty} \mathrm{d}t \; \mathrm{e}^{i(\omega\pm\Omega)t} = 2\pi\delta(\omega \pm \Omega)$$

zeigen, dass die Fourier-Transformation des Dipolmoments durch

$$\boldsymbol{p}_\Omega = \hat{\boldsymbol{e}}_x\sqrt{2\pi}\frac{qx_0}{2}\left(\delta(\omega + \Omega)\,\mathrm{e}^{i\psi} + \delta(\omega - \Omega)\,\mathrm{e}^{-i\psi}\right)$$

gegeben ist?

(b) Wie kann die Produktregel der Vektoranalysis

$$\nabla \times (\phi\boldsymbol{w}) = \phi(\nabla \times \boldsymbol{w}) - \boldsymbol{w} \times (\nabla\phi)$$

helfen, um die magnetische Flussdichte zu ermitteln? Wieso tragen in der Fernfeldnäherung nur solche Terme bei, die durch Ableitung einen Faktor k erhalten? Sie sollten für das elektrische Feld

$$\boldsymbol{E}(\boldsymbol{r}, t) = \frac{q}{4\pi\varepsilon_0 r}\frac{x_0}{r}k^2\cos(k(r - ct) - \psi)\,\hat{\boldsymbol{e}}_r \times (\hat{\boldsymbol{e}}_x \times \hat{\boldsymbol{e}}_r)$$

finden.

(c) Wieso kann der Poynting-Vektor einfach durch

$$\boldsymbol{S}_{\mathrm{out}} = \hat{\boldsymbol{e}}_r\,\frac{c}{\mu_0}|\boldsymbol{B}|^2$$

bestimmt werden? Weshalb ist das zeitliche Mittel über das Quadrat des Kosinus durch

$$\left\langle\cos^2(k(r - ct) - \psi)\right\rangle_t = \frac{1}{2}$$

gegeben? Wie kann der Betrag des Kreuzprodukts

$$|\hat{\boldsymbol{e}}_r \times \hat{\boldsymbol{e}}_x| = \cos^2(\theta) + \sin^2(\theta)\sin^2(\varphi)$$

bestimmt werden? Mit welchen trigonometrischen Identitäten, lässt sich dieser umformen?

(d) Wie lässt sich zeigen, dass für den Poynting-Vektor der einlaufenden Welle

$$\boldsymbol{S}_{\mathrm{in}} = \hat{\boldsymbol{e}}_z \, \frac{1}{\mu_0 c} |\boldsymbol{E}|^2$$

gilt? Für die Leistung pro Flächenelement der einlaufenden Welle sollten Sie

$$\frac{\mathrm{d}P_{\mathrm{in}}}{\mathrm{d}\sigma} = \frac{1}{2\mu_0 c^2} E_0^2$$

erhalten. Welchen Wert nimmt im Lorentz-Oszillator-Modell die Amplitude x_0 aus

$$x(t) = x_0 \cos(\omega t + \psi)$$

an, die im Dipolmoment auftaucht? Was gilt für einlaufende und auslaufende Leistung bei einer elastischen Streuung?

(e) Wieso ist das Integral des Raumwinkelelements über den Ausdruck

$$1 - \sin^2(\theta)\cos^2(\varphi)$$

durch

$$\int \mathrm{d}\Omega \, \left(1 - \sin^2(\theta)\cos^2(\varphi)\right) = \frac{8\pi}{3}$$

gegeben? Welche Terme lassen sich in den einzelnen Grenzfällen in

$$\frac{\omega^4}{(\omega^2 - \omega_0^2)^2 + 4\gamma^2\omega^2}$$

vernachlässigen?

Aufgabe 4 - Der Skin-Effekt

(a) Wie lassen sich die Maxwell-Gleichungen in einem linearen Medium mit Leitfähigkeit σ auf

$$\nabla \cdot \boldsymbol{E} = 0 \qquad \nabla \times \boldsymbol{E} = -\frac{\partial \boldsymbol{B}}{\partial t}$$
$$\nabla \cdot \boldsymbol{B} = 0 \qquad \nabla \times \boldsymbol{B} = \frac{1}{u^2}\left(\frac{\sigma}{\varepsilon}\boldsymbol{E} + \frac{\partial \boldsymbol{E}}{\partial t}\right)$$

umformen? Was passiert, wenn nun die Rotation der Rotation von $\boldsymbol{E}$ betrachtet wird und wie kann hierbei die Identität

$$\nabla \times (\nabla \times \boldsymbol{A}) = \nabla(\nabla \cdot \boldsymbol{A}) - \Delta \boldsymbol{A}$$

der Vektoranalysis hilfreich sein?

(b) Was passiert, wenn der Ansatz

$$E = E_0 \, e^{i(\kappa z - \omega t)}$$

mit komplexem κ in die in Teilaufgabe (a) gefundene Gleichung eingesetzt wird? Wieso kann der Realteil in κ^2 vernachlässigt werden? Sie können verwenden, dass die Wurzel von i durch

$$\sqrt{i} = \frac{1 + i}{\sqrt{2}}$$

gegeben ist.

(c) Wie lassen sich die Ergebnisse von Teilaufgabe (a) und (b) auf dieses Problem übertragen? Bestimmen Sie den Wert von $\frac{1}{\delta^2}$ gemäß Ihrer Ergebnisse aus (b) und vergleichen Sie diesen mit auftretenden Termen.

(d) Wieso ist der Zusammenhang

$$\partial_s = \kappa \, \partial_u$$

gültig, wenn $u = \kappa s$ gilt?

(e) Wie kann aus dem Potenzreihenansatz $f(u) = \sum_{n=0}^{\infty} c_n u^n$ die Rekursionsformel

$$c_n = -\frac{c_{n-2}}{n^2} \qquad n \geq 2$$

hergeleitet werden? Was ergibt sich dabei für c_1? Nehmen Sie an, dass der angegebene Ausdruck der c_{2m} für ein festes aber beliebiges m gilt. Wie lässt sich mittels der Rekursionsformel dann zeigen, dass er auch für $m + 1$ gilt? Was folgt daraus?

(f) Wie kann mittels der Randbedingungen c_0 bestimmt werden? Es ist hilfreich hierzu die Notation $f(u) = c_0 J_0(u)$ einzuführen. Was passiert, wenn $\kappa = \frac{1+i}{\delta}$ eingesetzt wird? Wie kann sich die Stromdichte im Inneren des Drahtes verglichen mit der Oberfläche verändern? Was passiert im Fall $\frac{R}{\delta} \ll 1$? Tritt der hier untersuchte Effekt dann noch auf? Wann werden die hier getätigten Betrachtungen dementsprechend relevant?

2.3   Lösung zur Klausur II – Elektrodynamik – Einfach

Aufgabe 1   25 *Punkte*

Kurzfragen

(a) **(5 Punkte)** Bestimmen Sie anhand der Kirchhoff'schen Gesetze die Gesamtkapazität zweier parallel geschalteter Kondensatoren C_1 und C_2.

Lösungsvorschlag:
Laut dem Maschensatz bilden die beiden Kondensatoren in Parallelschaltung eine einzige Masche, wobei die Spannungen in unterschiedliche Richtungen gemessen werden. Daher kann der Zusammenhang

$$0 = U_1 - U_2 \quad \Rightarrow \quad U_1 = U_2$$

gefunden werden. Die Spannung, die jeweils über den beiden Kondensatoren abfällt, muss auch über dem Ersatzkondensator abfallen, so dass $U_{\text{ges}} = U_1 = U_2$ sein muss. Mit dem Knotensatz wird klar, dass sich der Gesamtstrom I_{ges}, der in die Parallelschaltung hinein fließt auf die beiden Kondensatoren aufteilen muss, so dass $I_{\text{ges}} = I_1 + I_2$ gilt. Der Strom, der in die Parallelschaltung fließt muss auch der Strom sein, der in den Ersatzkondensator fließt. Da Strom und Ladung mittels $I = \dot{Q}$ zusammenhängen, kann so auch der Zusammenhang $Q_{\text{ges}} = Q_1 + Q_2$ gefunden werden. Die Kapazität, die Spannung und die Ladung an einem Kondensator sind mittels $C = \frac{Q}{U}$ miteinander verknüpft. Daher kann für die Ersatzkapazität

$$C_{\text{ges}} = \frac{Q_{\text{ges}}}{U_{\text{ges}}} = \frac{Q_1 + Q_2}{U_{\text{ges}}} = \frac{Q_1}{U_{\text{ges}}} + \frac{Q_2}{U_{\text{ges}}} = \frac{Q_1}{U_1} + \frac{Q_2}{U_2} = C_1 + C_2$$

gefunden werden.

(b) **(5 Punkte)** Betrachten Sie eine Ladung q mit Masse m, die sich im Feld einer im Ursprung fixierten Ladung Q bewegt. Zeigen Sie, dass der Laplace-Runge-Lenz-Vektor

$$\boldsymbol{A} = \boldsymbol{p} \times \boldsymbol{J} + \frac{mqQ}{4\pi\varepsilon_0}\hat{\boldsymbol{e}}_r$$

eine erhaltene Größe der Bewegung ist.

Lösungsvorschlag:
Die Ladung q wird die Coulomb-Kraft

$$\boldsymbol{F} = \frac{qQ}{4\pi\varepsilon_0}\frac{1}{r^2}\hat{\boldsymbol{e}}_r$$

erfahren. Da diese parallel zu $\hat{\boldsymbol{e}}_r$ ist, wird der Drehimpuls

$$\boldsymbol{J} = \boldsymbol{r} \times \boldsymbol{p}$$

eine Erhaltungsgröße sein, was sich schnell durch

$$\dot{\boldsymbol{J}} = \dot{\boldsymbol{r}} \times (m\dot{\boldsymbol{r}}) + \boldsymbol{r} \times \dot{\boldsymbol{p}} = \boldsymbol{r} \times \boldsymbol{F} = \boldsymbol{r} \times \hat{\boldsymbol{e}}_r \, \frac{qQ}{4\pi\varepsilon_0} \frac{1}{r^2} = 0$$

zeigen lässt. Die Bewegung findet daher in einer Ebene statt. Damit kann der Ortsvektor durch

$$\boldsymbol{r} = s\,\hat{\boldsymbol{e}}_s$$

ausgedrückt werden, womit sich der Geschwindigkeitsvektor

$$\dot{\boldsymbol{r}} = \dot{s}\,\hat{\boldsymbol{e}}_s + s\dot{\varphi}\,\hat{\boldsymbol{e}}_\varphi$$

ergibt. Hiermit lässt sich die alternative Form

$$\boldsymbol{J} = \boldsymbol{r} \times (m\dot{\boldsymbol{r}}) = ms\,\hat{\boldsymbol{e}}_s \times (\dot{s}\,\hat{\boldsymbol{e}}_s + s\dot{\varphi}\,\hat{\boldsymbol{e}}_\varphi) = ms^2\dot{\varphi}\,\hat{\boldsymbol{e}}_z$$

für den Drehimpulsvektor bestimmen. Wird nun die Ableitung des Laplace-Runge-Lenz-Vektors betrachtet, so kann zunächst

$$\dot{\boldsymbol{A}} = \dot{\boldsymbol{p}} \times \boldsymbol{J} + \boldsymbol{p} \times \dot{\boldsymbol{J}} + \frac{mqQ}{4\pi\varepsilon_0}\dot{\varphi}\,\hat{\boldsymbol{e}}_\varphi = \boldsymbol{F} \times \boldsymbol{J} + \frac{mqQ}{4\pi\varepsilon_0}\dot{\varphi}\,\hat{\boldsymbol{e}}_\varphi$$

gefunden werden, wobei ausgenutzt wurde, dass der Drehimpuls konstant ist. Werden hierin die Kraft und der Drehimpuls eingesetzt, lässt sich dieser Ausdruck weiter auflösen, um so

$$\dot{\boldsymbol{A}} = \frac{qQ}{4\pi\varepsilon_0}\frac{1}{s^2}\hat{\boldsymbol{e}}_s \times (ms^2\dot{\varphi}\,\hat{\boldsymbol{e}}_z) + \frac{mqQ}{4\pi\varepsilon_0}\dot{\varphi}\,\hat{\boldsymbol{e}}_\varphi = -\frac{mqQ}{4\pi\varepsilon_0}\dot{\varphi}\,\hat{\boldsymbol{e}}_\varphi + \frac{mqQ}{4\pi\varepsilon_0}\dot{\varphi}\,\hat{\boldsymbol{e}}_\varphi = \boldsymbol{0}$$

zu erhalten. Da die Ableitung verschwindet, muss es sich bei $\boldsymbol{A}$ um eine Erhaltungsgröße handeln.

(c) **(5 Punkte)** Zeigen Sie mit Hilfe des Satzes von Stokes, dass für ein stetig differenzierbares Skalarfeld ϕ der Zusammenhang

$$\iint_{\mathcal{F}} \mathrm{d}^2\boldsymbol{f} \times \boldsymbol{\nabla}\phi = \oint_{\partial\mathcal{F}} \mathrm{d}\boldsymbol{r}\,\phi$$

gilt.

Lösungsvorschlag:
Der Satz von Stokes besagt, dass ein Oberflächenintegral einer Rotation in ein Linienintegral über den Rand umgewandelt werden kann. Dementsprechend muss die Rotation eines Vektorfeldes betrachtet werden und zu diesem Zweck kann der Ausdruck

$$\boldsymbol{\nabla} \times (\phi\boldsymbol{A})$$

mit einem konstanten Vektorfeld A näher analysiert werden. So kann nach den Produktregeln der Vektoranalysis nämlich

$$\nabla \times (\phi A) = \phi \nabla \times A - A \times \nabla \phi = -A \times \nabla \phi$$

gefunden werden. Der erste Term fällt hierbei aufgrund der Konstanz des Vektorfeldes A weg. Damit kann der Satz von Stokes als

$$\iint_{\mathcal{F}} \mathrm{d}^2 f \cdot \nabla \times (\phi A) = -\iint_{\mathcal{F}} \mathrm{d}^2 f \cdot (A \times \nabla \phi) = A \cdot \iint_{\mathcal{F}} \mathrm{d}^2 f \times \nabla \phi$$
$$= \oint_{\partial \mathcal{F}} \mathrm{d}r \cdot (\phi A) = A \cdot \oint_{\partial \mathcal{F}} \mathrm{d}r\, \phi$$

formuliert werden. Dabei wurde im letzten Schritt einer jeden Zeile verwendet, dass es sich bei A um ein konstantes Vektorfeld handelt. Da A auch beliebig ist, müssen bereits die beiden Integrale gemäß

$$\iint_{\mathcal{F}} \mathrm{d}^2 f \times \nabla \phi = \oint_{\partial \mathcal{F}} \mathrm{d}r\, \phi$$

übereinstimmen, womit die Behauptung gezeigt ist.

(d) **(5 Punkte)** Bestimmen Sie das Verhalten der Normalkomponente der elektrischen Flussdichte D an einer Grenzfläche, falls sich auf dieser eine Oberflächenladungsdichte σ_{f} befindet. Drücken Sie ihr Ergebnis auch mit Hilfe des Normalenvektors n_{12} aus, der von Medium eins in Medium zwei zeigt.

Lösungsvorschlag:
Um die Stetigkeit der elektrischen Flussdichte an einer Grenzfläche zu untersuchen, muss die Maxwell-Gleichung

$$\nabla \cdot D = \rho_{\mathrm{f}}$$

untersucht werden. Diese kann über ein Volumen V integriert werden, das teilweise in beiden Medien liegt. Mit dem Satz von Gauß lässt sich dies dann durch

$$\iiint_V \mathrm{d}^3 r\, \nabla \cdot D = \oiint_{\partial V} \mathrm{d}^2 f \cdot D = \iiint_V \mathrm{d}^3 r\, \rho_{\mathrm{f}}$$

ausdrücken. Besonders bietet sich hierbei ein Volumen V an, bei welchem es sich um einen Zylinder mit parallel zur Grenzfläche ausgerichteten Deckflächen der Größe A im jeweiligen Abstand h zur Grenzfläche handelt. Werden die Deckflächen so klein gewählt, dass die elektrische Flussdichte auf ihnen fast konstant ist, so können ihre Beiträge direkt durch $A\, n_{12} \cdot D_2$ und $-A\, n_{12} \cdot D_1$ bestimmt werden. Wird gleichzeitig h gegen null geschickt, so trägt die Mantelfläche nichts zum Integral bei und es kann

$$\oiint_{\partial V} \mathrm{d}^2 f \cdot D \approx A\, n_{12} \cdot (D_2 - D_1)$$

gefunden werden. Auf der anderen Seite wird die Gesamtladung im betrachteten Volumen ermittelt. Da die Höhe $2h$ des Zylinders auf null geschickt wurde, können nur die Ladungen auf der Grenzfläche selbst zum Integral beitragen. [1] Damit kann das Integral auf der rechten Seite zu

$$\iiint_V \mathrm{d}^3 r \; \rho_\mathrm{f} = A\sigma_\mathrm{f}$$

ausgewertet werden. Werden die Integrale nun miteinander verglichen, kann so die Bedingung

$$A\,\boldsymbol{n}_{12} \cdot (\boldsymbol{D}_2 - \boldsymbol{D}_1) = A\sigma_\mathrm{f} \quad \Rightarrow \quad \boldsymbol{n}_{12} \cdot (\boldsymbol{D}_2 - \boldsymbol{D}_1) = \sigma_\mathrm{f}$$

gefunden werden. Damit macht die Normalkomponente der elektrischen Flussdichte an einer Grenzfläche einen Sprung in Höhe der vorliegenden Flächenladungsdichte.

(e) **(5 Punkte)** Betrachten Sie die homogene Ladungsverteilung $\rho(\boldsymbol{r}) = \rho_0 \Theta\left(\frac{a}{2} - |z|\right)$. Bestimmen Sie das elektrische Feld im gesamten Raumbereich.

Lösungsvorschlag:
Die Ladungsverteilung entspricht einer unendlich weit ausgedehnten Platte der Dicke a. Entsprechend kann das Gauß'sche Gesetz

$$\oiint_{\partial V} \mathrm{d}^2 \boldsymbol{f} \cdot \boldsymbol{E} = \iiint_V \mathrm{d}^3 r \; \boldsymbol{\nabla} \cdot \boldsymbol{E} = \frac{1}{\varepsilon_0} \iiint_V \mathrm{d}^3 r \; \rho = \frac{Q_V}{\varepsilon_0}$$

verwendet werden. Wird nun als Volumen V eine Box gewählt, welche zwei parallele Flächen zur xy-Ebene hat, die jeweils den Abstand z zu dieser haben, kann das Problem nur mit Hilfe des Gauß'schen Gesetz gelöst werden. Da das Problem translationsinvariant entlang der x- und y-Richtung ist, kann die elektrische Feldstärke nicht von x oder y abhängen. Die durch die Ladungsverteilung verursachte Feldstärke kann auch in keine der beiden Richtungen eine Komponente aufweisen. Dementsprechend tragen nur die Ober- und Unterseite der Box etwas zum Integral bei. Beim Integral über die Oberfläche der Box wird über x und y integriert und da E unabhängig von diesen Größen ist, handelt es sich um eine Konstante. Da das Problem spiegelsymmetrisch um die xy-Ebene ist, sind die elektrische Feldstärke auf der Ober- und Unterseite gleich stark und entgegengesetzt. Damit kann das Integral auf der linken Seite durch

$$\oiint_{\partial V} \mathrm{d}^2 \boldsymbol{f} \cdot \boldsymbol{E} = A\hat{\boldsymbol{e}}_z(\boldsymbol{E} - (-\boldsymbol{E})) = 2AE_z(z)$$

bestimmt werden. Darin beschreibt A den Flächeninhalt der Ober- bzw. Unterseite der Box. Außerdem wurde hier implizit $z > 0$ angenommen. Für $z < 0$ dreht sich das Vorzeichen um. Die von der Box eingeschlossenen Ladung Q_V, lässt sich mittels

$$Q_V = \iiint_V \mathrm{d}^3 r \; \rho(\boldsymbol{r}) = A\rho_0 \int\limits_{-z}^{z} \mathrm{d}z' \; \Theta\left(\frac{a}{2} - |z'|\right) = 2A\rho_0 \int\limits_{0}^{z} \mathrm{d}z' \; \Theta\left(\frac{a}{2} - z'\right)$$

---

[1] Flächenladungsdichte können durch eine Dirac-Delta-Funktion in der dreidimensionalen Ladungsdichte realisiert werden, bspw. in der Form $\rho(\boldsymbol{r}) = \sigma_0\delta(z)$. Sie nehmen damit unendliche Werte an und ein Integral über ein unendlich kleines Volumen kann dennoch endliche Werte liefern.

bestimmen. Im letzten Schritt wurde hierbei die Symmetrie bei Spiegelung an der xy-Ebene ausgenutzt. Das auftretende Integral ist nun entweder ein Integral bis z, falls $z < \frac{a}{2}$ ist oder es ist ein Integral bis $\frac{a}{2}$, falls $z > \frac{a}{2}$ gilt. Entsprechend kann das Integral durch

$$
\begin{aligned}
Q_V &= 2A\rho_0 \left(\Theta\!\left(\frac{a}{2} - z\right) \int_0^z \mathrm{d}z' + \Theta\!\left(z - \frac{a}{2}\right) \int_0^{a/2} \mathrm{d}z' \right) \\
&= 2A\rho_0 \left(\Theta\!\left(\frac{a}{2} - z\right) z + \Theta\!\left(z - \frac{a}{2}\right) \frac{a}{2} \right) \\
&= 2A\frac{a\rho_0}{2} \left(\Theta\!\left(z - \frac{a}{2}\right) + \Theta\!\left(\frac{a}{2} - z\right) \frac{z}{a/2} \right)
\end{aligned}
$$

ausgedrückt werden. Wird dies nun mit dem Oberflächenintegral über die elektrische Feldstärke verglichen, so kann der Zusammenhang

$$
E_z(z) = \frac{a\rho_0}{2\varepsilon_0} \left(\Theta\!\left(z - \frac{a}{2}\right) + \Theta\!\left(\frac{a}{2} - z\right) \frac{z}{a/2} \right)
$$

gefunden werden. Außerhalb der Ladungsverteilung hat das elektrische Feld daher den konstanten Wert $\frac{a\rho_0}{2\varepsilon_0}$, während es im Inneren linear mit dem Abstand zu xy-Achse ansteigt. [2]

---

[2] Die Größe $a\rho_0$ kann als effektive Flächenladungsdichte aufgefasst werden, womit sich der bekannte Ausdruck für eine unendlich dünne geladene Platte ergibt.

Aufgabe 2   **25 *Punkte***

Larmor-Präzession

In dieser Aufgabe soll das Verhalten einer rotierenden Ladungsverteilung in einem Magnetfeld mit Flussdichte $\boldsymbol{B}_0 = B_0\,\hat{e}_z$ untersucht werden. Gehen Sie dazu von einer kugelförmigen Ladungsverteilung mit Radius R und homogener Ladungs- und Massendichte ρ_e und ρ_m aus. Insgesamt soll diese Kugel die Ladung Q und Masse M aufweisen. Nehmen Sie an, die Kugel rotiere mit der Winkelgeschwindigkeit ω.

(a) **(5 Punkte)** Bestimmen Sie das magnetische Moment der Kugel.

Lösungsvorschlag:
Das magnetische Moment jeder Stromverteilung kann durch

$$\boldsymbol{\mu} = \frac{1}{2} \iiint_{\mathbb{R}^3} \mathrm{d}^3 r \; \boldsymbol{r} \times \boldsymbol{j}(\boldsymbol{r})$$

bestimmt werden. Im vorliegenden Fall kann die Stromverteilung aufgrund von

$$\boldsymbol{v}(\boldsymbol{r}) = \boldsymbol{\omega} \times \boldsymbol{r}$$

durch

$$\boldsymbol{j}(\boldsymbol{r}) = \rho(\boldsymbol{r})\,\boldsymbol{v}(\boldsymbol{r}) = \rho_\mathrm{e}(\boldsymbol{\omega} \times \boldsymbol{r})\Theta(R - r)$$

ausgedrückt werden. Damit kann zunächst das Integral

$$\boldsymbol{\mu} = \frac{1}{2} \iiint_{\mathbb{R}^3} \mathrm{d}^3 r \; \boldsymbol{r} \times (\rho_\mathrm{e}(\boldsymbol{\omega} \times \boldsymbol{r})\Theta(R - r)) = \frac{\rho_\mathrm{e}}{2} \iiint_{\mathrm{K}_R} \mathrm{d}^3 r \; (\boldsymbol{\omega}\,r^2 - \boldsymbol{r}(\boldsymbol{r} \cdot \boldsymbol{\omega}))$$

aufgestellt werden, wobei K_R das Volumen einer Kugel mit Radius R ausdrückt. Da der Integrand aus einer Differenz besteht, kann das Integral in zwei Integrale aufgespalten werden. Beim ersten davon kann der konstante Vektor $\boldsymbol{\omega}$ vor das Integral gezogen werden, so dass nur

$$\iiint_{\mathrm{K}_R} \mathrm{d}^3 r \; r^2 = \int_0^{2\pi} \mathrm{d}\varphi \int_{-1}^{1} \mathrm{d}\cos(\theta) \int_0^R \mathrm{d}r \; r^4 = 2\pi \cdot 2 \cdot \frac{1}{5}R^5 = \frac{4\pi}{5}R^5$$

zu bestimmen ist. Für das zweite Integral lässt sich die z-Achse innerhalb des Integrals parallel zu $\boldsymbol{\omega}$ legen, so dass $\boldsymbol{r} \cdot \boldsymbol{\omega} = r\omega \cos(\theta)$ eingesetzt werden kann, um zunächst den Ausdruck

$$\iiint_{\mathrm{K}_R} \mathrm{d}^3 r \; \boldsymbol{r}(\boldsymbol{r} \cdot \boldsymbol{\omega}) = \omega \iiint_{\mathrm{K}_R} \mathrm{d}^3 r \; r^2 \cos(\theta)\,\hat{e}_r$$

zu erhalten. Beim Ausführen des Integrals über φ sorgen die Sinus- und Kosinusfunktionen in der x- und y-Komponente dafür, dass die Beiträge der jeweiligen Komponente verschwinden. Lediglich in der z-Komponente verbleibt der Beitrag $2\pi\cos^2(\theta)$. Damit kann das Integral auf

$$\iiint_{\mathrm{K}_R} \mathrm{d}^3 r \; \boldsymbol{r}(\boldsymbol{r}\cdot\boldsymbol{\omega}) = 2\pi\omega\,\hat{\boldsymbol{e}}_z \int\limits_{-1}^{1} \mathrm{d}\cos(\theta)\; \cos^2(\theta) \int\limits_{0}^{R} \mathrm{d}r\; r^4 = \boldsymbol{\omega}\,\frac{4\pi}{3}\cdot\frac{1}{5}R^5$$

$$= \frac{1}{3}\frac{4\pi}{5}R^5\,\boldsymbol{\omega}$$

umgeformt werden. Insgesamt kann das magnetische Moment daher durch

$$\boldsymbol{\mu} = \frac{\rho_\mathrm{e}}{2}\left(\boldsymbol{\omega}\frac{4\pi}{5}R^5 - \frac{1}{3}\frac{4\pi}{5}R^5\,\boldsymbol{\omega}\right) = \frac{4\pi}{3}R^3\frac{1}{5}R^2\,\boldsymbol{\omega} = \frac{1}{5}QR^2\,\boldsymbol{\omega}$$

bestimmt werden.

(b) **(5 Punkte)** Drücken Sie das magnetische Moment durch den Drehimpuls $\boldsymbol{S}$ aus. Zeigen Sie so, dass sich das magnetische Moment durch das zu bestimmende gyromagnetische Verhältnis γ über

$$\boldsymbol{\mu} = \gamma\,\boldsymbol{S}$$

ausdrücken lässt. Welche Bedingung muss eine räumlich lokalisierte Ladungsverteilung erfüllen, damit dieser Zusammenhang mit gleichem γ gültig ist?

Lösungsvorschlag:
Aus der klassischen Mechanik ist bekannt, dass eine Kugel mit homogener Massendichte das Trägheitsmoment $I = \frac{2}{5}MR^2$ aufweist und daher der Drehimpuls der Kugel durch

$$\boldsymbol{S} = I\boldsymbol{\omega} = \frac{2}{5}MR^2\,\boldsymbol{\omega}$$

zu bestimmen ist. Alternativ kann auch das Integral

$$\boldsymbol{S} = \iiint_{\mathbb{R}^3} \mathrm{d}^3 r\; \rho(\boldsymbol{r})\,(\boldsymbol{r}\times\boldsymbol{v})$$

analog zu Aufgabe (a) berechnet werden. Diese Form des Integrals rührt daher, dass die Drehimpulse

$$\mathrm{d}S = \boldsymbol{r}\times\mathrm{d}p = \boldsymbol{r}\times(\mathrm{d}m\,\boldsymbol{v}) = \mathrm{d}m\,\boldsymbol{r}\times(\boldsymbol{\omega}\times\boldsymbol{r})$$

der einzelnen Massenelemente $\mathrm{d}m = \rho_\mathrm{m}\,\mathrm{d}^3 r$ aufsummiert werden können.

Das magnetische Moment und der Drehimpuls sind entlang derselben Achse ausgerichtet, so dass das gyromagnetische Verhältnis durch den Quotient der Beträge mittels

$$\gamma = \frac{|\boldsymbol{\mu}|}{|\boldsymbol{S}|} = \frac{\frac{1}{5}QR^2|\boldsymbol{\omega}|}{\frac{2}{5}MR^2|\boldsymbol{\omega}|} = \frac{Q}{2M}$$

bestimmt werden kann. Die Integrale für das magnetsiche Moment

$$\boldsymbol{\mu} = \frac{1}{2} \iiint_{\mathbb{R}^3} \mathrm{d}^3 r \; \rho_{\mathrm{e}}(\boldsymbol{r}) \left(\boldsymbol{r} \times (\boldsymbol{\omega} \times \boldsymbol{r}) \right)$$

und für den Drehimpuls

$$\boldsymbol{S} = \iiint_{\mathbb{R}^3} \mathrm{d}^3 r \; \rho_{\mathrm{m}}(\boldsymbol{r}) \left(\boldsymbol{r} \times (\boldsymbol{\omega} \times \boldsymbol{r}) \right)$$

rotierender Ladungs- bzw. Massenverteilungen lassen sich miteinander vergleichen. Die beiden Integrale stimmen miteinander überein, wenn $\rho_{\mathrm{e}} = \frac{Q}{M} \rho_{\mathrm{m}}$ gültig ist. In diesem Fall kann das magnetische Moment direkt durch

$$\begin{aligned}
\boldsymbol{\mu} &= \frac{1}{2} \iiint_{\mathbb{R}^3} \mathrm{d}^3 r \; \frac{Q}{M} \rho_{\mathrm{e}}(\boldsymbol{r}) \left(\boldsymbol{r} \times (\boldsymbol{\omega} \times \boldsymbol{r}) \right) \\
&= \frac{Q}{2M} \iiint_{\mathbb{R}^3} \mathrm{d}^3 r \; \rho_{\mathrm{m}}(\boldsymbol{r}) \left(\boldsymbol{r} \times (\boldsymbol{\omega} \times \boldsymbol{r}) \right) = \frac{Q}{2M} \boldsymbol{S}
\end{aligned}$$

bestimmt werden. Es stellt sich damit das gleiche gyromagnetische Verhältnis wie im konkreten Fall der Kugel ein. Wenn also die Ladungs- und Massenverteilung direkt proportional zueinander sind, wird sich das gyromagnetische Verhältnis $\gamma = \frac{Q}{2M}$ ergeben.

(c) (**5 Punkte**) Verwenden Sie den Zusammenhang

$$\iiint_{\mathbb{R}^3} \mathrm{d}^3 r \left(\phi \boldsymbol{j} \cdot \boldsymbol{\nabla} \psi + \psi \boldsymbol{j} \cdot \boldsymbol{\nabla} \phi \right) = 0 \tag{2.4}$$

für zwei beliebige differenzierbare Skalarfelder ψ und ϕ und räumlich begrenzte Stromverteilungen $\boldsymbol{j}$, sowie

$$\iiint_{\mathbb{R}^3} \mathrm{d}^3 r \left(\boldsymbol{B} \cdot \boldsymbol{r} \right) \boldsymbol{j}(\boldsymbol{r}) = -\frac{\boldsymbol{B}}{2} \times \iiint_{\mathbb{R}^3} \mathrm{d}^3 r \; \boldsymbol{r} \times \boldsymbol{j}(\boldsymbol{r}) \tag{2.5}$$

für konstante Flussdichten, um zu zeigen, dass das auf die Kugel wirkende Drehmoment durch

$$\dot{\boldsymbol{S}} = \boldsymbol{\mu} \times \boldsymbol{B}_0 \tag{2.6}$$

gegeben ist.

Lösungsvorschlag:
Das auf das Ladungselement $\mathrm{d}q$ wirkende Drehmoment ist durch

$$\mathrm{d}\boldsymbol{D} = \boldsymbol{r} \times \left(\mathrm{d}q \, \boldsymbol{v} \times \boldsymbol{B}_0 \right) = \mathrm{d}^3 r \; \boldsymbol{r} \times \left(\boldsymbol{j} \times \boldsymbol{B}_0 \right)$$

gegeben, so dass sich das gesamte Drehmoment durch das Integral

$$\dot{\boldsymbol{S}} = \boldsymbol{D} = \int \mathrm{d}\boldsymbol{D} = \iiint_{\mathbb{R}^3} \mathrm{d}^3 r \; \boldsymbol{r} \times \left(\boldsymbol{j} \times \boldsymbol{B}_0 \right) = \iiint_{\mathbb{R}^3} \mathrm{d}^3 r \left(\boldsymbol{j}(\boldsymbol{r} \cdot \boldsymbol{B}_0) - \boldsymbol{B}_0(\boldsymbol{r} \cdot \boldsymbol{j}) \right)$$

bestimmen lässt. Da es sich beim Integranden um eine Differenz handelt, kann dieser wieder auseinander gezogen werden. Es fällt dabei auf, dass der erste Teil damit der Form aus Gl. (2.5) entspricht und damit direkt auf

$$\iiint_{\mathbb{R}^3} \mathrm{d}^3 r \; \boldsymbol{j}(\boldsymbol{r} \cdot \boldsymbol{B}_0) = -\frac{\boldsymbol{B}_0}{2} \times \iiint_{\mathbb{R}^3} \mathrm{d}^3 r \; \boldsymbol{r} \times \boldsymbol{j}(\boldsymbol{r})$$

umgeformt werden kann. Wird dies mit der Definition des magnetischen Moments

$$\boldsymbol{\mu} = \frac{1}{2} \iiint_{\mathbb{R}^3} \mathrm{d}^3 r \; \boldsymbol{r} \times \boldsymbol{j}(\boldsymbol{r})$$

verglichen, so kann direkt der Zusammenhang

$$\iiint_{\mathbb{R}^3} \mathrm{d}^3 r \; \boldsymbol{j}(\boldsymbol{r} \cdot \boldsymbol{B}_0) = -\boldsymbol{B}_0 \times \boldsymbol{\mu} = \boldsymbol{\mu} \times \boldsymbol{B}_0$$

gefunden werden. Es bleibt somit noch der zweite Teil des Integrals

$$\iiint_{\mathbb{R}^3} \mathrm{d}^3 r \; \boldsymbol{B}_0(\boldsymbol{r} \cdot \boldsymbol{j}) = \boldsymbol{B}_0 \iiint_{\mathbb{R}^3} \mathrm{d}^3 r \; \boldsymbol{r} \cdot \boldsymbol{j}$$

zu betrachten. Zu diesem Zweck kann der Ausdruck $\boldsymbol{r} \cdot \boldsymbol{j}$ gemäß

$$\boldsymbol{r} \cdot \boldsymbol{j} = r(\boldsymbol{j} \cdot \hat{\boldsymbol{e}}_r) = r(\boldsymbol{j} \cdot \boldsymbol{\nabla} r) = \frac{1}{2}\left(r(\boldsymbol{j} \cdot \boldsymbol{\nabla} r) + r(\boldsymbol{j} \cdot \boldsymbol{\nabla} r)\right)$$

umgeformt werden. Damit entspricht dieser Ausdruck dem Integranden von Gl. (2.4) mit $\psi = \phi = r$. Das bedeutet, das Integral

$$\iiint_{\mathbb{R}^3} \mathrm{d}^3 r \; \boldsymbol{r} \cdot \boldsymbol{j} = \frac{1}{2} \iiint_{\mathbb{R}^3} \mathrm{d}^3 r \; \left(r(\boldsymbol{j} \cdot \boldsymbol{\nabla} r) + r(\boldsymbol{j} \cdot \boldsymbol{\nabla} r)\right)$$

muss mit null identisch sein. Daher ist der einzig verbleibende Term durch

$$\iiint_{\mathbb{R}^3} \mathrm{d}^3 r \; \boldsymbol{r} \times (\boldsymbol{j} \times \boldsymbol{B}_0) = \boldsymbol{\mu} \times \boldsymbol{B}_0$$

und das Drehmoment daher mit

$$\dot{\boldsymbol{S}} = \boldsymbol{\mu} \times \boldsymbol{B}_0$$

gegeben.

(d) **(5 Punkte)** Zeigen Sie weiter, dass der Betrag des Drehimpulses aufgrund von Gl. (2.6) eine Erhaltungsgröße ist.

Lösungsvorschlag:
Es kann der Zusammenhang

$$\frac{\mathrm{d}|\boldsymbol{S}|}{\mathrm{d}t} = \frac{1}{2|\boldsymbol{S}|} \frac{\mathrm{d}|\boldsymbol{S}|^2}{\mathrm{d}t} = \frac{1}{2|\boldsymbol{S}|} \frac{\mathrm{d}\boldsymbol{S}^2}{\mathrm{d}t} = \frac{1}{|\boldsymbol{S}|} \boldsymbol{S} \cdot \frac{\mathrm{d}\boldsymbol{S}}{\mathrm{d}t}$$

ausgenutzt werden, um so

$$\frac{\mathrm{d}|\boldsymbol{S}|}{\mathrm{d}t} = \frac{1}{|\boldsymbol{S}|}\boldsymbol{S} \cdot (\boldsymbol{\mu} \times \boldsymbol{B}_0)$$

zu finden. Da nun $\boldsymbol{\mu} = \gamma\,\boldsymbol{S}$ gilt, kann dies weiter auf

$$\frac{\mathrm{d}|\boldsymbol{S}|}{\mathrm{d}t} = \frac{\gamma}{|\boldsymbol{S}|}\boldsymbol{S} \cdot (\boldsymbol{S} \times \boldsymbol{B}_0) = \frac{\gamma}{|\boldsymbol{S}|}\boldsymbol{B}_0 \cdot (\boldsymbol{S} \times \boldsymbol{S}) = 0$$

umgeformt werden. Damit zeigt sich, dass der Drehimpuls eine Erhaltungsgröße ist.

(e) **(5 Punkte)** Lösen Sie Differentialgleichung (2.6) im vorliegenden Fall mit der Anfangsbedingung $\boldsymbol{S}(0) = S_0 \sin(\alpha)\,\hat{\boldsymbol{e}}_x + S_0 \cos(\alpha)\,\hat{\boldsymbol{e}}_z$. Mit welcher Kreisfrequenz ω_L präzediert der Drehimpuls der Kugel um die Magnetfeldachse?

Lösungsvorschlag:
Werden $\boldsymbol{\mu} = \gamma\,\boldsymbol{S}$ und $\boldsymbol{B}_0 = B_0\,\hat{\boldsymbol{e}}_z$ in die Differentialgleichung (2.6) eingesetzt, so kann zunächst die Form

$$\dot{\boldsymbol{S}} = \boldsymbol{\mu} \times \boldsymbol{B}_0 = \gamma B_0\,(\boldsymbol{S} \times \hat{\boldsymbol{e}}_z)$$

gefunden werden. Diese lässt sich auf die einzelnen Komponenten projizieren, um so

$$\dot{S}_x = \gamma B_0\,\hat{\boldsymbol{e}}_x \cdot (\boldsymbol{S} \times \hat{\boldsymbol{e}}_z) = \gamma B_0\,\boldsymbol{S} \cdot (\hat{\boldsymbol{e}}_z \times \hat{\boldsymbol{e}}_x) = \gamma B_0(\boldsymbol{S} \cdot \hat{\boldsymbol{e}}_y) = \gamma B_0\,S_y$$
$$\dot{S}_y = \gamma B_0\,\hat{\boldsymbol{e}}_y \cdot (\boldsymbol{S} \times \hat{\boldsymbol{e}}_z) = \gamma B_0\,\boldsymbol{S} \cdot (\hat{\boldsymbol{e}}_z \times \hat{\boldsymbol{e}}_y) = -\gamma B_0(\boldsymbol{S} \cdot \hat{\boldsymbol{e}}_x) = -\gamma B_0\,S_x$$
$$\dot{S}_z = \gamma B_0\,\hat{\boldsymbol{e}}_z \cdot (\boldsymbol{S} \times \hat{\boldsymbol{e}}_z) = \gamma B_0\,\boldsymbol{S} \cdot (\hat{\boldsymbol{e}}_z \times \hat{\boldsymbol{e}}_z) = 0$$

zu erhalten. Aus der letzten Gleichung wird sofort ersichtlich, dass S_z eine erhaltene Größe ist und daher

$$S_z(t) = S_z(0) = S_0 \cos(\alpha)$$

gilt. Bei den ersten beiden Gleichungen handelt es sich jedoch um gekoppelte Differentialgleichungen. Durch das Einführen der Größe

$$w = S_x + \mathrm{i}S_y$$

kann die Differentialgleichung

$$\dot{w} = \dot{S}_x + \mathrm{i}\dot{S}_y = \gamma B_0(S_y - \mathrm{i}S_x) = -\mathrm{i}\gamma B_0(S_x + \mathrm{i}S_y) = -\mathrm{i}\gamma B_0 w$$

gefunden werden. Diese kann wiederum durch

$$w(t) = w(0)\,\mathrm{e}^{-\mathrm{i}\gamma B_0 t}$$

gelöst werden. Da $S_x(0) = S_0 \sin(\alpha)$ und $S_y(0) = 0$ ist, kann w direkt als

$$w(t) = S_0 \sin(\alpha)\,\mathrm{e}^{-\mathrm{i}\gamma B_0 t} = S_0 \sin(\alpha)\,(\cos(\gamma B_0 t) - \mathrm{i}\sin(\gamma B_0 t))$$

bestimmt werden. Da S_x der Realteil und S_y der Imaginärteil von w sind, können diese wiederum durch

$$S_x(t) = S_0 \sin(\alpha) \cos(\gamma B_0 t) \qquad S_y(t) = -S_0 \sin(\alpha) \sin(\gamma B_0 t)$$

ermittelt werden. Daran ist direkt abzulesen, dass die Winkelgeschwindigkeit mit der die Kugel präzediert durch

$$\omega_{\mathrm{L}} = |\gamma B_0| = \left| \frac{Q B_0}{2M} \right|$$

gegeben ist. Es handelt sich dabei um die Larmor-Frequenz. Für $\gamma > 0$ stellt sich so eine Präzession im Uhrzeigersinn ein, während die Präzession für $\gamma < 0$ gegen den Uhrzeigersinn erfolgt.

Anmerkung: Zusammen mit dem Stern-Gerlach-Experiment und dem Einstein-de-Haas-Effekt, ist die Larmor-Präzession einer der experimentellen Stützpfeiler zum Verständnis des Spins der Elektronen. So zeigt sich, dass Elektronen über ein magnetisches Moment verfügen (Stern-Gerlach), welches mit einem Drehimpuls verknüpft ist (Einstein-de-Haas und Larmor-Präzession), und das gyromagnetische Verhältnis nicht mit der klassischen Erwartung übereinstimmt, sondern durch den Landé-Faktor $g_S \approx 2$ korrigiert werden muss. Im Rahmen der relativistischen Quantenmechanik – im Besonderen durch die Dirac-Gleichung – lässt sich das Auftreten dieses Faktors erklären.

Aufgabe 3   **25 *Punkte***

Streuung elektromagnetischer Wellen

In dieser Aufgabe soll die Streuung elektromagnetischer Wellen an einem Lorentz-Oszillator untersucht werden. Dazu wird zunächst die auslaufende elektromagnetische Welle einer linear und periodisch mit Frequenz ω und Phase ψ schwingenden Ladung q untersucht, deren Dipolmoment durch

$$\boldsymbol{p}(t) = qx_0 \cos(\omega t + \psi)\, \hat{\boldsymbol{e}}_x$$

beschrieben werden kann. x_0 ist hierbei die Amplitude der Schwingung und wird im Laufe der Aufgabe durch das Lorentz-Oszillator-Modell spezifiziert.

(a) **(6 Punkte)** Bestimmen Sie mit Hilfe von

$$\boldsymbol{A}_\Omega(\boldsymbol{r}) = \frac{1}{\sqrt{2\pi}} \int\limits_{-\infty}^{\infty} \mathrm{d}t\, \boldsymbol{A}(\boldsymbol{r},t)\, \mathrm{e}^{\mathrm{i}\Omega t} \approx -\mathrm{i}\Omega \frac{\mu_0}{4\pi r}\, \mathrm{e}^{\mathrm{i}\frac{\Omega}{c}r}\, \boldsymbol{p}_\Omega$$

das Vektorpotential $\boldsymbol{A}(\boldsymbol{r},t)$ in großer Entfernung $r \gg x_0$ zur Quelle und zeigen Sie, dass dieses durch

$$\boldsymbol{A}(\boldsymbol{r},t) = \omega \frac{\mu_0}{4\pi r} qx_0 \sin\big(k(r-ct)-\psi\big)\, \hat{\boldsymbol{e}}_x$$

gegeben ist, wobei $k = \frac{\omega}{c}$ der Betrag des Wellenvektors $\boldsymbol{k} = k\,\hat{\boldsymbol{e}}_r$ ist.

Lösungsvorschlag:
Die Fourier-Transformation des Dipolmoments lässt sich mit

$$\boldsymbol{p}_\Omega = \frac{1}{\sqrt{2\pi}} \int\limits_{-\infty}^{\infty} \mathrm{d}t\, \boldsymbol{p}(t)\, \mathrm{e}^{\mathrm{i}\Omega t} = \frac{qx_0 \hat{\boldsymbol{e}}_x}{2\sqrt{2}} \int\limits_{-\infty}^{\infty} \mathrm{d}t\, \left(\mathrm{e}^{\mathrm{i}(\omega+\Omega)t}\, \mathrm{e}^{\mathrm{i}\psi} + \mathrm{e}^{-\mathrm{i}(\omega-\Omega)t}\, \mathrm{e}^{-\mathrm{i}\psi} \right)$$

$$= \hat{\boldsymbol{e}}_x \sqrt{2\pi}\, \frac{qx_0}{2} \left(\delta(\omega+\Omega)\, \mathrm{e}^{\mathrm{i}\psi} + \delta(\omega-\Omega)\, \mathrm{e}^{-\mathrm{i}\psi} \right)$$

bestimmen, wobei der Zusammenhang

$$\int\limits_{-\infty}^{\infty} \mathrm{d}t\, \mathrm{e}^{\mathrm{i}(\omega\pm\Omega)t} = 2\pi\delta(\omega\pm\Omega)$$

ausgenutzt wurde. Hiermit kann die Fourier-Transformation des Vektorpotentials

$$\boldsymbol{A}_\Omega(\boldsymbol{r}) = -\mathrm{i}\Omega \frac{\mu_0}{4\pi r}\, \mathrm{e}^{\mathrm{i}\frac{\Omega}{c}r}\, \boldsymbol{p}_\Omega$$

$$= -\hat{\boldsymbol{e}}_x \mathrm{i}\Omega \frac{\mu_0}{4\pi r}\, \mathrm{e}^{\mathrm{i}\frac{\Omega}{c}r}\, \sqrt{2\pi}\, \frac{qx_0}{2} \left(\delta(\omega+\Omega)\, \mathrm{e}^{\mathrm{i}\psi} + \delta(\omega-\Omega)\, \mathrm{e}^{-\mathrm{i}\psi} \right)$$

$$= -\hat{\boldsymbol{e}}_x \mathrm{i}\omega \frac{\mu_0}{4\pi r}\, \sqrt{2\pi}\, \frac{qx_0}{2} \left(\delta(\omega-\Omega)\, \mathrm{e}^{\mathrm{i}\frac{\omega}{c}r}\, \mathrm{e}^{-\mathrm{i}\psi} - \delta(\omega+\Omega)\, \mathrm{e}^{-\mathrm{i}\frac{\omega}{c}r}\, \mathrm{e}^{\mathrm{i}\psi} \right)$$

in großer Entfernung zur Quelle ermittelt werden. Wird nun das Fourier-Integral

$$\boldsymbol{A}(\boldsymbol{r},t) = \frac{1}{\sqrt{2\pi}} \int\limits_{-\infty}^{\infty} \mathrm{d}\Omega \; \boldsymbol{A}_\Omega(\boldsymbol{r}) \, \mathrm{e}^{-\mathrm{i}\Omega t}$$

$$= -\frac{1}{\sqrt{2\pi}} \hat{\boldsymbol{e}}_x \mathrm{i}\omega \frac{\mu_0}{4\pi r} \sqrt{2\pi} \frac{qx_0}{2} \left(\mathrm{e}^{-\mathrm{i}\omega t} \, \mathrm{e}^{\mathrm{i}\frac{\omega}{c}r} \, \mathrm{e}^{-\mathrm{i}\psi} - \mathrm{e}^{\mathrm{i}\omega t} \, \mathrm{e}^{-\mathrm{i}\frac{\omega}{c}r} \, \mathrm{e}^{\mathrm{i}\psi} \right)$$

$$= \hat{\boldsymbol{e}}_x \omega \frac{\mu_0}{4\pi r} qx_0 \frac{1}{2\mathrm{i}} \left(\mathrm{e}^{\mathrm{i}\left(\frac{\omega}{c}r - \omega t - \psi\right)} - \mathrm{e}^{-\mathrm{i}\left(\frac{\omega}{c}r - \omega t - \psi\right)} \right)$$

ausgewertet, kann das Vektorpotential

$$\boldsymbol{A}(\boldsymbol{r},t) = \omega \frac{\mu_0}{4\pi r} qx_0 \sin\left(\frac{\omega}{c}(r - ct) - \psi \right) \hat{\boldsymbol{e}}_x$$

$$= \omega \frac{\mu_0}{4\pi r} qx_0 \sin\left(k(r - ct) - \psi \right) \hat{\boldsymbol{e}}_x$$

gefunden werden. Im letzten Schritt wurde hierbei die Definition $k = \frac{\omega}{c}$ ausgenutzt. An der Form der vorliegenden Funktion

$$\frac{\sin(k(r - ct))}{r}$$

lässt sich erkennen, dass es sich um eine auslaufende Kugelwelle mit Wellenvektor $\boldsymbol{k} = k \, \hat{\boldsymbol{e}}_r$ handelt.

(b) **(2 Punkte)** Bestimmen Sie nun die magnetische Flussdichte in der Fernfeldnäherung $kr \gg 1$. Nutzen Sie weiter den Zusammenhang

$$\boldsymbol{E} = (c\boldsymbol{B}) \times \hat{\boldsymbol{e}}_k$$

für elektromagnetische Wellen, um die elektrische Feldstärke in großer Entfernung zur Quelle in der Fernfeldnäherung zu bestimmen.

Lösungsvorschlag:
Um die magnetische Flussdichte zu finden, muss die Rotation des Vektorpotentials bestimmt werden. Diese kann zunächst als

$$\boldsymbol{\nabla} \times \boldsymbol{A} = \omega \frac{\mu_0}{4\pi} qx_0 \left(\boldsymbol{\nabla} \times \frac{\sin(k(r - ct) - \psi)}{r} \hat{\boldsymbol{e}}_x \right)$$

ermittelt werden. Mit der Produktregel

$$\boldsymbol{\nabla} \times (\phi\boldsymbol{w}) = \phi(\boldsymbol{\nabla} \times \boldsymbol{w}) - \boldsymbol{w} \times (\boldsymbol{\nabla}\phi)$$

der Vektoranalysis lässt sich diese aufgrund der Konstanz von $\hat{\boldsymbol{e}}_x$ auf

$$\boldsymbol{\nabla} \times \boldsymbol{A} = \omega \frac{\mu_0}{4\pi} qx_0 \left(-\hat{\boldsymbol{e}}_x \times \left(\boldsymbol{\nabla} \frac{\sin(k(r - ct) - \psi)}{r} \right) \right)$$

vereinfachen. Der darin auftretende Gradient kann mittels

$$\nabla \frac{\sin\left(k\left(r-ct\right)-\psi\right)}{r} = \hat{\boldsymbol{e}}_r \frac{\partial}{\partial r}\frac{\sin\left(k\left(r-ct\right)-\psi\right)}{r}$$

$$= \hat{\boldsymbol{e}}_r \frac{\cos(k(r-ct)-\psi)\,kr - \sin(k(r-ct)-\psi)}{r^2}$$

bestimmt werden. Da nun aber die Fernfeldnäherung $kr \gg 1$ betrachtet werden soll, liefert nur der erste Term einen Beitrag, so dass

$$\nabla \frac{\sin\left(k\left(r-ct\right)-\psi\right)}{r} \approx \hat{\boldsymbol{e}}_r \frac{\cos(k(r-ct)-\psi)\,k}{r}$$

gilt. Somit lässt sich die magnetische Flussdichte in der Fernfeldnäherung

$$\boldsymbol{B}(\boldsymbol{r},t) = \nabla \times \boldsymbol{A} = \omega \frac{\mu_0}{4\pi} q x_0 \left(-\hat{\boldsymbol{e}}_x \times \left(\hat{\boldsymbol{e}}_r \frac{\cos(k(r-ct)-\psi)\,k}{r} \right) \right)$$

$$= \frac{\mu_0 c}{4\pi r} q k^2 x_0 \cos(k(r-ct)-\psi)\,(\hat{\boldsymbol{e}}_r \times \hat{\boldsymbol{e}}_x)$$

ermitteln. Hierbei wurde wiederum $\omega = kc$ ausgenutzt. Da der Wellenvektor durch $\boldsymbol{k} = k\,\hat{\boldsymbol{e}}_r$ gegeben ist, ist auch $\hat{\boldsymbol{e}}_k = \hat{\boldsymbol{e}}_r$ gültig, so dass sich die elektrische Feldstärke durch

$$\boldsymbol{E}(\boldsymbol{r},t) = (c\,\boldsymbol{B}) \times \hat{\boldsymbol{e}}_r = \frac{\mu_0 c^2}{4\pi r} q k^2 x_0 \cos(k(r-ct)-\psi)\,(\hat{\boldsymbol{e}}_r \times \hat{\boldsymbol{e}}_x) \times \hat{\boldsymbol{e}}_r$$

$$= \frac{q}{4\pi\varepsilon_0 r}\frac{x_0}{r} k^2 \cos(k(r-ct)-\psi)\,\hat{\boldsymbol{e}}_r \times (\hat{\boldsymbol{e}}_x \times \hat{\boldsymbol{e}}_r)$$

bestimmen lässt. Im letzten Schritt wurde dazu $c^2 = \frac{1}{\mu_0\varepsilon_0}$ ausgenutzt.

(c) **(3 Punkte)** Zeigen Sie, dass der zeitlich gemittelte Poynting-Vektor der auslaufenden Welle durch

$$\langle \boldsymbol{S}_{\text{out}} \rangle_t = \hat{\boldsymbol{e}}_r \frac{c}{32\pi^2\varepsilon_0 r^2} q^2 k^4 x_0^2 \left(1 - \sin^2(\theta)\cos^2(\varphi)\right)$$

gegeben ist. Darin beschreiben θ und φ die üblichen Winkel in Kugelkoordinaten.

Lösungsvorschlag:
Für den Poynting-Vektor der auslaufenden Welle muss

$$\boldsymbol{S}_{\text{out}} = \frac{1}{\mu_0}\boldsymbol{E} \times \boldsymbol{B}$$

ermittelt werden. Mit dem Zusammenhang zwischen elektrischer Feldstärke und magnetischer Flussdichte kann dieser zunächst auf

$$\boldsymbol{S}_{\text{out}} = \frac{1}{\mu_0}((c\,\boldsymbol{B}) \times \hat{\boldsymbol{e}}_r) \times \boldsymbol{B} = \hat{\boldsymbol{e}}_r \frac{c}{\mu_0}|\boldsymbol{B}|^2$$

umgeformt werden. Hierin lässt sich die in Teilaufgabe (b) gefundene magnetische Flussdichte einsetzen, um

$$\boldsymbol{S}_{\text{out}} = \hat{\boldsymbol{e}}_r \, \frac{c}{\mu_0} \left(\frac{\mu_0 c}{4\pi r} q k^2 x_0 \right)^2 \cos^2(k(r-ct)-\psi) \, |\hat{\boldsymbol{e}}_r \times \hat{\boldsymbol{e}}_x|^2$$

$$= \hat{\boldsymbol{e}}_r \, \frac{c}{\mu_0} \, \frac{\mu_0^2 c^2}{16\pi^2 r^2} q^2 k^4 x_0^2 \cos^2(k(r-ct)-\psi) \, |\hat{\boldsymbol{e}}_r \times \hat{\boldsymbol{e}}_x|^2$$

$$= \hat{\boldsymbol{e}}_r \, \frac{c}{16\pi^2 \varepsilon_0 r^2} q^2 k^4 x_0^2 \cos^2(k(r-ct)-\psi) \, |\hat{\boldsymbol{e}}_r \times \hat{\boldsymbol{e}}_x|^2$$

zu finden, wobei erneut $c^2 = \frac{1}{\mu_0 \varepsilon_0}$ ausgenutzt wurde. Die einzige Zeitabhängigkeit tritt im Quadrat des Kosinus auf. Bei dessen zeitlichen Mittel ergibt sich aufgrund von

$$\langle \cos^2(k(r-ct)-\psi) \rangle_t = \frac{\omega}{2\pi} \int_0^{\frac{2\pi}{\omega}} \mathrm{d}t \; \cos^2(kr - \omega t - \psi)$$

$$= \frac{1}{2\pi} \int_0^{2\pi} \mathrm{d}u \; \cos^2(u) = \frac{1}{2\pi} \left[\frac{u}{2} + \frac{\sin(2u)}{4} \right]_0^{2\pi} = \frac{1}{2}$$

ein Faktor $\frac{1}{2}$, so dass sich weiter

$$\langle \boldsymbol{S}_{\text{out}} \rangle_t = \hat{\boldsymbol{e}}_r \, \frac{c}{32\pi^2 \varepsilon_0 r^2} q^2 k^4 x_0^2 |\hat{\boldsymbol{e}}_r \times \hat{\boldsymbol{e}}_x|^2$$

finden lässt. [3] Zuletzt bleibt das auftretende Kreuzprodukt über

$$\hat{\boldsymbol{e}}_r \times \hat{\boldsymbol{e}}_x = \begin{pmatrix} \sin(\theta)\cos(\varphi) \\ \sin(\theta)\sin(\varphi) \\ \cos(\theta) \end{pmatrix} \times \begin{pmatrix} 1 \\ 0 \\ 0 \end{pmatrix} = \begin{pmatrix} 0 \\ \cos(\theta) \\ -\sin(\theta)\sin(\varphi) \end{pmatrix}$$

zu bestimmen. Dessen Betrag kann durch

$$|\hat{\boldsymbol{e}}_r \times \hat{\boldsymbol{e}}_x| = \cos^2(\theta) + \sin^2(\theta)\sin^2(\varphi) = \cos^2(\theta) + \sin^2(\theta)\left(1 - \cos^2(\varphi)\right)$$

$$= 1 - \sin^2(\theta)\cos^2(\varphi)$$

berechnet werden. So zeigt sich, dass sich der in der Aufgabenstellung angegebene Ausdruck

$$\langle \boldsymbol{S}_{\text{out}} \rangle_t = \hat{\boldsymbol{e}}_r \, \frac{c}{32\pi^2 \varepsilon_0 r^2} q^2 k^4 x_0^2 \left(1 - \sin^2(\theta)\cos^2(\varphi)\right)$$

für den zeitlich gemittelten Poynting-Vektor der auslaufenden Welle ergibt.

---

[3]Mathematisch ganz sauber sind die Integrationsgrenzen in der zweiten Zeile beide um den gleichen Wert verschoben. Da aber eine Integration über eine 2π-periodische Funktion durchgeführt wird, ist die Wahl des Bezugspunkt des Integrationsintervalls irrelevant.

Weist die einlaufende elektromagnetische Welle das elektrische Feld

$$\boldsymbol{E}(\boldsymbol{r},t) = E_0 \cos(kz - \omega t)\,\hat{\boldsymbol{e}}_x$$

auf, so lässt sich im Rahmen des Lorentz-Oszillator-Modells zeigen, dass eine Ladung mit Masse m am Ursprung die Bewegung

$$x(t) = \frac{q}{m}\,\frac{E_0}{\sqrt{(\omega_0^2 - \omega^2)^2 + 4\gamma^2\omega^2}}\,\cos(\omega t + \psi)$$

ausführen wird. Hier sind ω_0 die Resonanzfrequenz des Oszillators, γ die Dämpfungskonstante und ψ die auftretende Phasenverschiebung.

(d) **(8 Punkte)** Bestimmen Sie den zeitlich gemittelten Poynting-Vektor der einlaufenden Welle $\langle \boldsymbol{S}_{\mathrm{in}}\rangle_t$ und ermitteln Sie so die einlaufende Strahlungsleistung pro Flächenelement

$$\frac{\mathrm{d}P_{\mathrm{in}}}{\mathrm{d}\sigma} = \frac{\langle \boldsymbol{S}_{\mathrm{in}}\rangle_t \cdot \mathrm{d}\boldsymbol{f}_{\mathrm{in}}}{\mathrm{d}\sigma} = \frac{\langle \boldsymbol{S}_{\mathrm{in}}\rangle_t \cdot \hat{\boldsymbol{e}}_z\,\mathrm{d}\sigma}{\mathrm{d}\sigma}$$

und die abgestrahlte Leistung pro Raumwinkelelement

$$\frac{\mathrm{d}P_{\mathrm{out}}}{\mathrm{d}\Omega} = \frac{\langle \boldsymbol{S}_{\mathrm{out}}\rangle_t \cdot \mathrm{d}\boldsymbol{f}_{\mathrm{out}}}{\mathrm{d}\Omega} = \frac{\langle \boldsymbol{S}_{\mathrm{out}}\rangle_t \cdot \hat{\boldsymbol{e}}_r\,r^2\,\mathrm{d}\Omega}{\mathrm{d}\Omega}.$$

Zeigen Sie mit Hilfe Ihrer Ergebnisse, dass der differentielle Streuquerschnitt im Fall elastischer Streuung durch

$$\frac{\mathrm{d}\sigma}{\mathrm{d}\Omega} = \left(\frac{q^2}{4\pi\varepsilon_0\,mc^2}\right)^2 \frac{\omega^4}{(\omega_0^2 - \omega^2)^2 + 4\gamma^2\omega^2}\left(1 - \sin^2(\theta)\cos^2(\varphi)\right)$$

gegeben ist. Welche Interpretation kommt den Winkeln θ und φ im Rahmen der Streuung zu?

Lösungsvorschlag:
Da die einlaufende Welle die elektrische Feldstärke

$$\boldsymbol{E} = E_0 \cos(kz - \omega t)\,\hat{\boldsymbol{e}}_z$$

aufweisen soll und damit in positive z-Richtung läuft, ist der Wellenvektor durch $\boldsymbol{k} = k\,\hat{\boldsymbol{e}}_z$ gegeben. Die magnetische Flussdichte kann daher durch

$$\boldsymbol{B} = \frac{1}{c}(\hat{\boldsymbol{e}}_k \times \boldsymbol{E}) = \frac{1}{c}(\hat{\boldsymbol{e}}_z \times \boldsymbol{E})$$

ermittelt werden. Daher ist der Poynting-Vektor der einlaufenden Welle durch

$$\boldsymbol{S}_{\mathrm{in}} = \frac{1}{\mu_0}\boldsymbol{E} \times \boldsymbol{B} = \frac{1}{\mu_0 c}\boldsymbol{E} \times (\hat{\boldsymbol{e}}_z \times \boldsymbol{E}) = \hat{\boldsymbol{e}}_z\,\frac{1}{\mu_0 c}|\boldsymbol{E}|^2$$

gegeben. Mit dem vorliegenden elektrischen Feld, lässt sich dies weiter zu

$$\boldsymbol{S}_{\text{in}} = \hat{\boldsymbol{e}}_z \, \frac{1}{\mu_0 c} |E_0|^2 \cos^2(kz - \omega t)$$

ausformulieren. Wie auch beim zeitlichen Mittel des auslaufenden Poynting-Vektors gibt das Quadrat des Kosinus den Faktor $\frac{1}{2}$, so dass

$$\langle \boldsymbol{S}_{\text{in}} \rangle_t = \hat{\boldsymbol{e}}_z \, \frac{1}{2\mu_0 c} |E_0|^2$$

gefunden werden kann. Damit kann recht einfach die Strahlungsleistung pro Flächenelement für die einlaufende Welle gemäß

$$\frac{\mathrm{d}P_{\text{in}}}{\mathrm{d}\sigma} = \frac{\langle \boldsymbol{S}_{\text{in}} \rangle_t \cdot \hat{\boldsymbol{e}}_z \, \mathrm{d}\sigma}{\mathrm{d}\sigma} = \langle \boldsymbol{S}_{\text{in}} \rangle_t \cdot \hat{\boldsymbol{e}}_z = \frac{1}{2\mu_0 c} E_0^2$$

gefunden werden. Für das zeitliche Mittel des Poynting-Vektors der auslaufenden Welle kann im Lorentz-Oszillator-Modell zunächst die Amplitude des Ortsvektors der Ladung

$$x_0 = \frac{q}{m} \frac{E_0}{\sqrt{(\omega_0^2 - \omega^2) + 4\gamma^2\omega^2}}$$

bestimmt werden. Damit kann der zeitlich gemittelte Poynting-Vektor

$$\langle \boldsymbol{S}_{\text{out}} \rangle_t = \hat{\boldsymbol{e}}_r \, \frac{c}{32\pi^2\varepsilon_0 r^2} q^2 k^4 \left(\frac{q}{m} \frac{E_0}{\sqrt{(\omega_0^2 - \omega^2) + 4\gamma^2\omega^2}} \right)^2 \left(1 - \sin^2(\theta)\cos^2(\varphi)\right)$$

$$= \hat{\boldsymbol{e}}_r \, \frac{c}{32\pi^2\varepsilon_0 r^2} \frac{q^4}{m^2 c^4} E_0^2 \frac{\omega^4}{(\omega_0^2 - \omega^2) + 4\gamma^2\omega^2} \left(1 - \sin^2(\theta)\cos^2(\varphi)\right)$$

gefunden werden, wobei die Ersetzung $\omega = \frac{k}{c}$ vorgenommen wurde. Hieraus lässt sich wiederum die abgestrahlte Leistung pro Raumwinkelelement durch

$$\frac{\mathrm{d}P_{\text{out}}}{\mathrm{d}\Omega} = \frac{\langle \boldsymbol{S}_{\text{out}} \rangle_t \cdot \hat{\boldsymbol{e}}_r \, r^2 \, \mathrm{d}\Omega}{\mathrm{d}\Omega} = \langle \boldsymbol{S}_{\text{out}} \rangle_t \cdot \hat{\boldsymbol{e}}_r \, r^2$$

$$= \frac{c}{32\pi^2\varepsilon_0} \frac{q^4}{m^2 c^4} E_0^2 \frac{\omega^4}{(\omega_0^2 - \omega^2) + 4\gamma^2\omega^2} \left(1 - \sin^2(\theta)\cos^2(\varphi)\right)$$

bestimmen. Da es sich um elastische Streuung handelt, muss die einlaufende Leistung P_{in} gerade der auslaufenden Leistung P_{out} entsprechen, so dass der differentielle Streuquerschnitt durch

$$\frac{\mathrm{d}\sigma}{\mathrm{d}\Omega} = \frac{\mathrm{d}P}{\mathrm{d}\Omega} \frac{\mathrm{d}\sigma}{\mathrm{d}P} = \frac{\frac{\mathrm{d}P_{\text{out}}}{\mathrm{d}\Omega}}{\frac{\mathrm{d}P_{\text{in}}}{\mathrm{d}\sigma}}$$

zu bestimmen ist. Nun können die gefundenen Ergebnisse eingesetzt werden, um

$$\frac{\mathrm{d}\sigma}{\mathrm{d}\Omega} = \frac{2\mu_0 c}{E_0^2} \frac{c}{32\pi^2\varepsilon_0} \frac{q^4}{m^2 c^4} E_0^2 \frac{\omega^4}{(\omega_0^2 - \omega^2) + 4\gamma^2\omega^2} \left(1 - \sin^2(\theta)\cos^2(\varphi)\right)$$

$$= \frac{\mu_0 c^2}{16\pi^2\varepsilon_0} \frac{q^4}{m^2 c^4} \frac{\omega^4}{(\omega_0^2 - \omega^2) + 4\gamma^2\omega^2} \left(1 - \sin^2(\theta)\cos^2(\varphi)\right)$$

$$= \left(\frac{q^2}{4\pi\varepsilon_0 m c^2}\right)^2 \frac{\omega^4}{(\omega_0^2 - \omega^2) + 4\gamma^2\omega^2} \left(1 - \sin^2(\theta)\cos^2(\varphi)\right)$$

zu erhalten. Dabei wurde im letzten Schritt erneut $c^2 = \frac{1}{\mu_0\varepsilon_0}$ verwendet.

Da die einlaufende Welle in $\hat{e}_x$-Richtung polarisiert ist, und die Beobachtung der Welle unter dem Polarwinkel θ und dem Azimutwinkel φ stattfindet, entspricht der Winkel φ eben jenem Winkel zwischen der Polarisationsebene der einlaufenden Wellen und der Streuebene, in die die Welle gestreut wird. Der Winkel θ entspricht dem Polarwinkel. Er kann wegen dem einzigen Auftauchen im Term $\sin^2(\theta)$ aber auch mit seinem Gegenwinkel $\vartheta = \pi - \theta$ ausgetauscht bzw. gleichgesetzt werden. Dieser Winkel entspricht gerade dem Streuwinkel.

(e) **(6 Punkte)** Bestimmen Sie den totalen Streuquerschnitt

$$\sigma_{\text{tot}} = \int \mathrm{d}\Omega \, \frac{\mathrm{d}\sigma}{\mathrm{d}\Omega}$$

und diskutieren Sie für diesen sowie für den differentiellen Streuquerschnitt $\frac{\mathrm{d}\sigma}{\mathrm{d}\Omega}$ die Grenzfälle $\omega_0, \gamma \ll \omega$ und $\omega_0 \gg \omega, \gamma$. Um welche Form von Streuung handelt es sich jeweils?

Lösungsvorschlag:
Für den totalen Streuquerschnitt muss über alle Raumwinkel integriert werden. Dazu ist nötig das Integral über den Term

$$I(\theta, \varphi) = (1 - \sin^2(\theta)\cos^2(\varphi))$$

zu bestimmen. Dies kann durch die Rechnung

$$\int \mathrm{d}\Omega \, I(\theta, \varphi) = \int\limits_{-1}^{1} \mathrm{d}\cos(\theta) \int\limits_{0}^{2\pi} \mathrm{d}\varphi \, (1 - \sin^2(\theta)\cos^2(\varphi))$$

$$= \int\limits_{-1}^{1} \mathrm{d}\cos(\theta) \, (2\pi - \pi\sin^2(\theta)) = \pi \int\limits_{-1}^{1} \mathrm{d}\cos(\theta) \, (2 - \sin^2(\theta))$$

$$= \pi \int\limits_{-1}^{1} \mathrm{d}\cos(\theta) \, (1 + \cos^2(\theta)) = \pi \left[\cos(\theta) + \frac{\cos^3(\theta)}{3}\right]_{-1}^{1}$$

$$= \pi \left(2 + \frac{2}{3}\right) = \frac{8\pi}{3}$$

geschehen. Daher ist der totale Streuquerschnitt durch

$$\sigma_{\text{tot}} = \frac{8\pi}{3}\left(\frac{q^2}{4\pi\varepsilon_0 mc^2}\right)^2 \frac{\omega^4}{(\omega_0^2 - \omega^2) + 4\gamma^2\omega^2}$$

$$= \frac{q^4}{6\pi\varepsilon_0^2 m^2 c^4}\frac{\omega^4}{(\omega_0^2 - \omega^2) + 4\gamma^2\omega^2}$$

gegeben.

Im Grenzfall $\omega_0, \gamma \ll \omega$ verbleibt im Ausdruck

$$\frac{\omega^4}{(\omega^2 - \omega_0^2)^2 + 4\gamma^2\omega^2}$$

im Nenner nur der Term ω^4, so dass sich der differentielle und totale Streuquerschnitt
zu

$$\frac{d\sigma}{d\Omega} \approx \left(\frac{q^2}{4\pi\varepsilon_0 mc^2}\right)^2 \left(1 - \sin^2(\theta)\cos^2(\varphi)\right)$$

und

$$\sigma_{\text{tot}} \approx \frac{q^4}{6\pi\varepsilon_0^2 m^2 c^4}$$

ermitteln lassen. Sie sind beide unabhängig von ω. Die rückstellende Kraft im Os-
zillator kann vernachlässigt werden, wodurch dies ein Modell für die Streuung an
freien Ladungen beschreibt. In einem solchen Fall wird von Thomson-Streuung ge-
sprochen. Für ein Elektron mit Ladung $|q| = e \approx 1{,}602 \cdot 10^{-19}$ C und Masse $m_{\text{e}} \approx$
$9{,}11 \cdot 10^{-31}$ kg kann so der Thomson-Streuqeurschnitt

$$\sigma_{\text{T}} = \frac{e^4}{6\pi\varepsilon_0^2 m_{\text{e}}^2 c^4} \approx 6{,}65 \cdot 10^{-29}\ \text{m}^2$$

bestimmt werden.

Wird hingegen $\omega, \gamma \ll \omega_0$ betrachtet, so muss der Ausdruck

$$\frac{\omega^4}{(\omega^2 - \omega_0^2)^2 + 4\gamma^2\omega^2}$$

mit

$$\left(\frac{\omega}{\omega_0}\right)^4$$

ersetzt werden, so dass sich für den differentiellen und totalen Streuquerschnitt die
Ausdrücke

$$\frac{d\sigma}{d\Omega} \approx \frac{d\sigma}{d\Omega}\bigg|_{\text{T}}\frac{\omega^4}{\omega_0^4} \approx \left(\frac{q^2}{4\pi\varepsilon_0 mc^2}\right)^2 \frac{\omega^4}{\omega_0^4}\left(1 - \sin^2(\theta)\cos^2(\varphi)\right)$$

und

$$\sigma_{\text{tot}} \approx \sigma_{\text{tot}}\big|_{\text{T}}\frac{\omega^4}{\omega_0^4} \approx \frac{q^4}{6\pi\varepsilon_0^2 m^2 c^4}\frac{\omega^4}{\omega_0^4}$$

ergeben. In diesem Fall sind die Streuquerschnitte von der Frequenz ω der einlaufenden Welle in der vierten Potenz abhängig. Es handelt sich um Rayleigh-Streuung. Höhere Frequenzen werden wesentlich stärker gestreut. Werden Lorentz-Oszillatoren als Modelle für Atome und Moleküle in der Atmosphäre herangezogen, lässt sich mit ihnen erklären, weshalb der Himmel blau erscheint. Blaues Licht hat gegenüber von rotem Licht eine höher Frequenz und wird deshalb stärker gestreut. Licht der Sonne, das eine Person am Boden normalerweise nicht erreichen würde, kann dies durch eine einmalige Streuung nun doch schaffen. Da hierbei blaues Licht stärker gestreut wird, als rotes Licht, erscheint der Himmel in jede Richtung blau. Steht die Sonne nahe am Horizont, so muss das Licht einen wesentlich längeren Weg durch die Atmosphäre passieren. Das Licht, welches eine Person in diesem Fall auf direktem Wege erreicht hat schon einen erheblichen Anteil seines blauen Lichtes durch Streuung verloren, weshalb die Sonne bei Auf- und Untergang rot erscheint.

Nicht gefragt:

Durch den Zusammenhang

$$\frac{\mathrm{d}\sigma}{\mathrm{d}\Omega} = \left(\frac{q^2}{4\pi\varepsilon_0 mc^2}\right)^2 \frac{\omega^4}{\omega_0^4}\left(1 - \sin^2(\theta)\cos^2(\varphi)\right)$$

lässt sich zusätzlich die Polarisation des in der Atmosphäre gestreuten Lichts untersuchen. Wird der Blick in einen Bereich des Himmels gerichtet, so dass die Blickrichtung und die Sonnenstrahlen einen Winkel von α einschließen, so entspricht der Streuwinkel θ des Lichts gerade α. Im Fall $\alpha = \theta = 90°$ ist es somit möglich, dass der differentielle Wirkungsquerschnitt vollkommen verschwindet, wenn zusätzlich $\varphi \in \{0, \pi\}$ gilt. Anschaulich kann dies so verstanden werden: Das Licht der Sonne liegt in allerhand linearer Polarisationen vor, trifft auf einen Dipol in der Atmosphäre und versetzt diesen in Schwingung. Wird eine Ebene aus der beobachtenden Person, den Sonnenstrahlen und dem streuenden Dipol untersucht, so können jene beiden Polarisationsrichtungen betrachtet werden, unter denen der Dipol innerhalb der Ebene (I) und senkrecht zu dieser (II) schwingt. [4] Ein Dipol strahlt in die Ebene senkrecht zu seiner Schwingrichtung Licht zu einem Anteil von $1 - \sin^2(\theta)$ ab. Das bedeutet im Fall (I) kann bei der Person nur der Anteil $1 - \sin^2(\theta)$ ankommen und für $\theta = 90°$ kommt gar kein Licht aus dieser Dipolschwingung an. Im Fall (II) hingegen, fällt die Ebene senkrecht zur Schwingung gerade mit der Ebene aus Dipol, Person und Sonnenstrahlen zusammen. Es kann damit der maximale Anteil der Strahlung bei der Person ankommen. Anders ausgedrückt: Das in der Atmosphäre gestreute Licht, welches unter einem Winkel $90°$ relativ zur Sonne zu sehen ist, ist linear polarisiert. Da damit eine geringere Intensität gegenüber anderen Himmelsbereichen zu erwarten ist, erscheint diese Himmelsregion tendenziell in einem dunkleren blau. Durch das Vorhalten eines Polarisationsfilters in dieser Himmelsregion kann der polarisierte Charakter des Lichtes untersucht werden.

---

[4]Alle anderen Polarisationen sind nur Überlagerungen dieser beiden.

Aufgabe 4 $\hspace{6em}$ **25 *Punkte***

Der Skin-Effekt

In dieser Aufgabe soll das Verhalten von elektromagnetischen Feldern in leitfähigen Materialien mit konstanter, elektrischer Leitfähigkeit σ, Dielektrizität ε und Permeabilität μ untersucht werden.

(a) **(4 Punkte)** Stellen Sie die Maxwell-Gleichungen innerhalb des Materials auf. Gehen Sie davon aus, dass alle freien Ströme durch das elektrische Feld gemäß des Ohm'schen Gesetzes $j = \sigma E$ erzeugt werden und zeigen Sie so, dass das elektrische Feld die Gleichung

$$\frac{1}{u^2}\left(\frac{\partial^2 E}{\partial t^2} + \frac{\sigma}{\varepsilon}\frac{\partial E}{\partial t}\right) - \Delta E = 0$$

mit $u^2 = \frac{1}{\mu\varepsilon}$ erfüllen muss.

Lösungsvorschlag:
Die Maxwell-Gleichungen in Materie sind durch

$$\nabla \cdot D = \rho \qquad \nabla \times E = -\frac{\partial B}{\partial t}$$

$$\nabla \cdot B = 0 \qquad \nabla \times H = j + \frac{\partial D}{\partial t}$$

gegeben. In einem Material sind die Feldstärken und Flussdichten durch $D = \varepsilon E$ und $B = \mu H$ verknüpft. Da freie Ladungen in Leitern mit der Zeit exponentiell zerfallen, können diese auf null gesetzt werden. Da die Ströme durch das elektrische Feld gemäß $j = \sigma E$ erzeugt werden sollen, können die Maxwell-Gleichungen auf

$$\nabla \cdot E = 0 \qquad \nabla \times E = -\frac{\partial B}{\partial t}$$

$$\nabla \cdot B = 0 \qquad \nabla \times B = \mu\sigma E + \mu\varepsilon\frac{\partial E}{\partial t}$$

umgeschrieben werden. Mit der Identifikation $\frac{1}{u^2} = \mu\varepsilon$ lässt sich die letzte dieser Gleichungen weiter auf

$$\nabla \times B = \frac{\sigma}{u^2\varepsilon}E + \frac{1}{u^2}\frac{\partial E}{\partial t} = \frac{1}{u^2}\left(\frac{\sigma}{\varepsilon}E + \frac{\partial E}{\partial t}\right)$$

umformen. Wird nun die Rotation der Rotation von E betrachtet, kann einerseits

$$\nabla \times (\nabla \times E) = \nabla(\underbrace{\nabla \cdot E}_{0}) - \Delta E = -\Delta E$$

gefunden werden, während andererseits

$$\nabla \times (\nabla \times E) = -\partial_t(\nabla \times B) = -\frac{1}{u^2}\left(\frac{\sigma}{\varepsilon}\frac{\partial E}{\partial t} + \frac{\partial^2 E}{\partial t^2}\right)$$

gilt. Werden die beiden Ergebnisse gleich gesetzt, so kann

$$-\Delta \boldsymbol{E} = -\frac{1}{u^2}\left(\frac{\sigma}{\varepsilon}\frac{\partial \boldsymbol{E}}{\partial t} + \frac{\partial^2 \boldsymbol{E}}{\partial t^2}\right) \quad \Rightarrow \quad \frac{1}{u^2}\left(\frac{\partial^2 \boldsymbol{E}}{\partial t^2} + \frac{\sigma}{\varepsilon}\frac{\partial \boldsymbol{E}}{\partial t}\right) - \Delta \boldsymbol{E} = 0$$

gefunden werden.

(b) **(5 Punkte)** Betrachten Sie eine ebene Welle, welche sich im Vakuum in z-Richtung mit Frequenz ω ausbreitet und die Amplitude $\boldsymbol{E}_0$ besitzt. Sie soll bei $z = 0$ auf das leitende Material treffen. Zeigen Sie, dass das elektrische Feld innerhalb des Materials bei kleinen Frequenzen gegenüber der Leitfähigkeit $\omega \ll \frac{\sigma}{\varepsilon}$ durch

$$\boldsymbol{E} = \boldsymbol{E}_0\, \mathrm{e}^{\mathrm{i}(kz-\omega t)}\, \mathrm{e}^{-z/\delta}$$

gegeben ist und bestimmen Sie den Wellenvektor k, sowie die Eindringtiefe δ als Funktion des spezifischen Widerstands $\varrho = \frac{1}{\sigma}$, der Frequenz ω und der Permeabilität μ.

Lösungsvorschlag:
Zunächst kann der Ansatz

$$\boldsymbol{E} = \boldsymbol{E}_0\, \mathrm{e}^{\mathrm{i}(\kappa z-\omega t)}$$

für das elektrische Feld betrachtet werden. Dabei ist $\boldsymbol{E}_0$ eine vektorielle, komplexe, aber konstante Amplitude und κ eine zu bestimmende komplexe Zahl. Soll dieser Ansatz in die Gleichung aus Teilaufgabe (a) eingesetzt werden, so müssen zunächst die Ableitungen bestimmt werden. Für die zeitlichen Ableitungen kann

$$\frac{\partial \boldsymbol{E}}{\partial t} = -\mathrm{i}\omega\, \boldsymbol{E}_0\, \mathrm{e}^{\mathrm{i}(\kappa z-\omega t)} = -\mathrm{i}\omega\, \boldsymbol{E}$$

$$\frac{\partial^2 \boldsymbol{E}}{\partial t^2} = (-\mathrm{i}\omega)^2\, \boldsymbol{E} = -\omega^2\, \boldsymbol{E}$$

gefunden werden. Da die vektorartige Amplitude konstant ist und der Laplace-Operator auf jede Komponente wirkt, muss nur seine Wirkung auf die Exponentialfunktion untersucht werden, womit sich

$$\Delta \boldsymbol{E} = \boldsymbol{E}_0 \Delta\, \mathrm{e}^{\mathrm{i}(\kappa z-\omega t)} = \boldsymbol{E}_0 \frac{\partial^2}{\partial z^2}\, \mathrm{e}^{\mathrm{i}(\kappa z-\omega t)} = -\kappa^2\, \boldsymbol{E}_0\, \mathrm{e}^{\mathrm{i}(\kappa z-\omega t)} = -\kappa^2\, \boldsymbol{E}$$

finden lässt. Wird all dies in die Gleichung aus Teilaufgabe (a) eingesetzt, so kann

$$0 = \frac{1}{u^2}\left(-\omega^2\, \boldsymbol{E} - \mathrm{i}\omega\frac{\sigma}{\varepsilon}\, \boldsymbol{E}\right) + \kappa^2\, \boldsymbol{E} = \left(\kappa^2 - \frac{1}{u^2}\left(\omega^2 + \mathrm{i}\omega\frac{\sigma}{\varepsilon}\right)\right)\boldsymbol{E}$$

gefunden werden. Da die Gleichung an allen Raumpunkten zu allen Zeiten gültig sein muss, muss bereits die Klammer null sein, so dass κ^2 durch

$$\kappa^2 = \frac{1}{u^2}\left(\omega^2 + \mathrm{i}\omega\frac{\sigma}{\varepsilon}\right)$$

bestimmt wird. Da kleine Frequenzen gegenüber der Leitfähigkeit betrachtet werden sollen, ist der Realteil der komplexen Zahl auf der rechten Seite verschwindend gering und es kann die Näherung

$$\kappa^2 \approx \mathrm{i}\frac{\omega}{u^2}\frac{\sigma}{\varepsilon} = \mathrm{i}\frac{\omega\mu}{\varrho}$$

vorgenommen werden. Im letzten Schritt wurden hierbei die Zusammenhänge $\frac{1}{u^2} = \varepsilon\mu$ und $\sigma = \frac{1}{\varrho}$ ausgenutzt. [5] Wird hieraus nun die Wurzel gezogen und die Wurzel von i

$$\sqrt{\mathrm{i}} = \frac{1+\mathrm{i}}{\sqrt{2}}$$

eingesetzt, so lässt sich κ durch

$$\kappa = (1+\mathrm{i})\sqrt{\frac{\omega\mu}{2\varrho}}$$

bestimmen. Wird dies in die ebene Welle eingesetzt

$$\boldsymbol{E} = \boldsymbol{E}_0 \exp(\mathrm{i}(\kappa z - \omega t)) = \boldsymbol{E}_0 \exp\left(\mathrm{i}\left(\sqrt{\frac{\omega\mu}{2\varrho}}z - \omega t\right) - \sqrt{\frac{\omega\mu}{2\varrho}}z\right)$$

und mit dem gesuchten Ausdruck

$$\boldsymbol{E}_0 \, \mathrm{e}^{\mathrm{i}(kz-\omega t)} \, \mathrm{e}^{-z/\delta}$$

verglichen, so lassen sich der Wellenvektor k und die Eindringtiefe δ mit

$$k = \mathrm{Re}\,[\kappa] = \sqrt{\frac{\omega\mu}{2\varrho}} \qquad \frac{1}{\delta} = \mathrm{Im}\,[\kappa] = \sqrt{\frac{\omega\mu}{2\varrho}} \quad \Rightarrow \quad \delta = \sqrt{\frac{2\varrho}{\omega\mu}}$$

identifizieren.

Für den Rest der Aufgabe soll ein zylinderförmiger Draht mit Radius R betrachtet werden, in dem durch ein elektrisches Wechselfeld mit kleiner Frequenz ω gemäß $\boldsymbol{j} = \sigma\boldsymbol{E}$ eine Stromdichte $\boldsymbol{j} = j(s)\,\mathrm{e}^{-\mathrm{i}\omega t}\,\hat{\boldsymbol{e}}_z$ verursacht wird.

(c) (**4 Punkte**) Zeigen Sie, dass die Stromdichte $j(s)$ die Gleichung

$$\Delta j + \kappa^2 j = 0$$

erfüllen muss. Drücken Sie κ^2 dabei durch ω, u und δ aus und bestimmen Sie im Fall kleiner Frequenzen κ allein durch δ.

---

[5]Die Betrachtung kleiner Frequenzen ist gleichbedeutend mit der Näherung $\left|\frac{\partial^2 \boldsymbol{E}}{\partial t^2}\right| \ll \left|\frac{\sigma}{\varepsilon}\frac{\partial \boldsymbol{E}}{\partial t}\right|$. In diesem Fall kann bereits die Gleichung für das elektrische Feld durch $\frac{\partial \boldsymbol{E}}{\partial t} - \frac{\varrho}{\mu}\Delta\boldsymbol{E} = \boldsymbol{0}$ genähert werden. Es handelt sich hierbei um eine Diffusionsgleichung für das elektrische Feld.

Lösungsvorschlag:

Da zwischen der Stromstärke und der elektrischen Feldstärke gemäß $j = \sigma E$ ein linearer Zusammenhang besteht, muss die Stromstärke ebenfalls die Gleichung aus Teilaufgabe (a)

$$\frac{1}{u^2}\left(\frac{\partial^2 j}{\partial t^2} + \frac{\sigma}{\varepsilon}\frac{\partial j}{\partial t}\right) - \Delta j = 0$$

erfüllen. Wird hierin die gegebene Form $j = j(s)\,\mathrm{e}^{-\mathrm{i}\omega t}\,\hat{e}_z$ der Stromdichte eingesetzt, so kann mit den zeitlichen Ableitungen

$$\frac{\partial j}{\partial t} = -\mathrm{i}\omega\, j \qquad \frac{\partial^2 j}{\partial t^2} = -\omega^2\, j$$

die Gleichung

$$\frac{1}{u^2}\left(-\omega^2 j - \mathrm{i}\omega\frac{\sigma}{\varepsilon}j\right) - \Delta j = 0$$

gefunden werden. Da der Laplace-Operator komponentenweise wirkt, und nur die z-Komponente nicht verschwindend ist, kann dies auf die skalare Gleichung

$$\Delta j + \frac{1}{u^2}\left(\omega^2 + \mathrm{i}\omega\frac{\sigma}{\varepsilon}\right)j = 0$$

reduziert werden. Ein Vergleich mit der gesuchten Form zeigt, dass der Zusammenhang

$$\kappa^2 = \frac{1}{u^2}\left(\omega^2 + \mathrm{i}\omega\frac{\sigma}{\varepsilon}\right) = \frac{\omega^2}{u^2} + \mathrm{i}\frac{\omega\mu}{\varrho}$$

gilt. [6] Wird

$$\frac{1}{\delta^2} = \frac{\omega\mu}{2\varrho}$$

betrachtet, so kann κ^2 auch durch

$$\kappa^2 = \frac{\omega^2}{u^2} + \mathrm{i}\frac{2}{\delta^2}$$

ausgedrückt werden. Wie bereits in Teilaufgabe (b) diskutiert kann bei niedrigen Frequenzen der Realteil vernachlässigt werden, so dass sich κ direkt durch

$$\kappa \approx \sqrt{\mathrm{i}}\frac{\sqrt{2}}{\delta} = \frac{1+\mathrm{i}}{\delta}$$

bestimmen lässt. Damit gilt es im weiteren Verlauf die Gleichung

$$\Delta j + \kappa^2 j = \Delta j + \mathrm{i}\frac{2}{\delta^2}j = 0$$

zu lösen.

---

[6]Das hier auftretende κ^2 ist identisch mit dem bereits in der Lösung zu Teilaufgabe (b) eingeführten κ^2.

(d) **(3 Punkte)** Nehmen Sie an, dass sich $j(s)$ durch eine Funktion $f(\kappa s)$ ausdrücken lässt und zeigen Sie, dass diese Funktion die Differentialgleichung

$$u^2 f''(u) + u f'(u) + u^2 f(u) = 0$$

erfüllen muss.

Lösungsvorschlag:
Zunächst kann die Wirkung des Laplace-Operators auf $j(s)$

$$\Delta j(s) = \frac{1}{s}\partial_s(s\partial_s j) = \partial_s^2 j + \frac{1}{s}\partial_s j$$

betrachtet werden, womit sich die Differentialgleichung

$$\partial_s^2 j + \frac{1}{s}\partial_s j + \kappa^2 j = 0$$
$$\Rightarrow \quad s^2\partial_s^2 j + s\partial_s j + \kappa^2 s^2 j = 0$$

ergibt. Mit der Einführung der Größe $u = \kappa s$ und $j(s) = f(\kappa s) = f(u)$ lässt sich wegen

$$\frac{\partial}{\partial u} = \frac{\partial}{\partial(\kappa s)} = \frac{1}{\kappa}\frac{\partial}{\partial s} \quad \Rightarrow \quad \partial_s = \kappa\,\partial_u$$

so die Differentialgleichung

$$\kappa^2 s^2 \partial_u f(u) + \kappa s\partial_u f(u) + u^2 f(u) = u^2 f''(u) + f'(u) + u^2 f(u) = 0$$

finden. [7]

(e) **(5 Punkte)** Drücken Sie die Funktion $f(u)$ als eine Potenzreihe mit Koeffizienten c_n aus und zeigen Sie, dass diese durch

$$c_{2m+1} = 0 \qquad c_{2m} = \frac{(-1)^m}{2^{2m}(m!)^2}c_0 \qquad m \in \mathbb{N}_0$$

gegeben sind.

Lösungsvorschlag:
Die Funktion $f(u)$ kann als Potenzreihe mittels

$$f(u) = \sum_{n=0}^{\infty} c_n u^n$$

ausgedrückt werden. Ihre Ableitungen sind dann durch

$$f'(u) = \sum_{n=0}^{\infty} n c_n u^{n-1}$$

---

[7]Es handelt sich um die Bessel'sche Differentialgleichung für $\nu = 0$.

und

$$f(u) = \sum_{n=0}^{\infty} n(n-1)c_n u^{n-2}$$

bestimmt. Da in der Differentialgleichung die Terme $u^2 f''(u)$, $u f'(u)$ und $u^2 f(u)$ auftreten, müssen diese zunächst mittels

$$u^2 f(u) = \sum_{n=0}^{\infty} c_n u^{n+2} = \sum_{n=2}^{\infty} c_{n-2} u^n$$

$$u f'(u) = \sum_{n=0}^{\infty} n c_n u^n \qquad u^2 f''(u) = \sum_{n=0}^{\infty} n(n-1)c_n u^n$$

bestimmt werden. Werden diese Ergebnisse in die Differentialgleichung eingesetzt, so kann

$$0 = u^2 f''(u) + f'(u) + u^2 f(u)$$
$$= \sum_{n=0}^{\infty} n(n-1)c_n u^n + \sum_{n=0}^{\infty} n c_n u^n + \sum_{n=2}^{\infty} c_{n-2} u^n$$
$$= c_1 u + \sum_{n=2}^{\infty} (n(n-1)c_n + n c_n + c_{n-2}) u^n$$

gefunden werden. Da diese Gleichung für alle u gelten muss und die u^n voneinander linear unabhängig sind, muss einerseits $c_1 = 0$ gelten und andererseits die Klammer null sein. Dadurch kann die Rekursionsformel

$$0 = n(n-1)c_n + n c_n + c_{n-2} = n^2 c_n + c_{n-2} \quad \Rightarrow \quad c_n = -\frac{c_{n-2}}{n^2} \quad n \geq 2$$

bestimmt werden. Da die Rekursionsformel Koeffizienten miteinander verbindet, deren Index um zwei verschieden ist, bietet es sich an, Koeffizienten mit geraden und ungeraden Indizes zu betrachten. Dies kann durch die Darstellung $n = 2m$ für gerade und $n = 2m + 1$ für ungerade Indizes mit $m \in \mathbb{N}_0$ erreicht werden. Da der Koeffizient c_1 bereits null ist und c_3 ein Vielfaches von c_1 ist, muss dieser auch null sein. Diese Logik lässt sich auf den fünften Koeffizienten übertragen, der deshalb ebenfalls null sein muss. Da sich dies unendlich fortsetzen lässt, müssen alle ungeraden Koeffizienten verschwinden. Für die geraden Koeffizienten kann eine vollständige Induktion verwendet werden. Wird der gegebene Ausdruck

$$c_{2m} = \frac{(-1)^m}{2^{2m}(m!)^2} c_0$$

für $m = 0$ ausgewertet, so kann

$$c_0 = \frac{(-1)^0}{2^0(0!)^2} c_0 = c_0$$

gefunden werden, was eine wahre Aussage ist. Würde für ein beliebiges aber festes m die Aussage

$$c_{2m} = \frac{(-1)^m}{2^{2m}(m!)^2} c_0$$

gültig sein, so ließe sich mittels der Rekursionsformel für $m+1$ der Ausdruck

$$c_{2(m+1)} = c_{2m+2} = -\frac{c_{2m}}{(2m+2)^2} = -\frac{c_{2m}}{2^2(m+1)^2}$$

$$= -\frac{1}{2^2(m+1)^2} \frac{(-1)^m}{2^{2m}(m!)^2} c_0 = \frac{(-1)^{m+1}}{2^{2m+2}(m!(m+1))^2} c_0$$

$$= \frac{(-1)^{m+1}}{2^{2(m+1)}((m+1)!)^2} c_0$$

finden. Dies ist aber der gegebene Ausdruck ausgewertet bei $m+1$. Daher ist die explizite Form der Koeffizienten für $m+1$ gültig, wenn der Ausdruck für m gültig ist. Da er aber nachgewiesenermaßen für $m=0$ gültig ist und m beliebig war, ist er für jedes m gültig. Damit ist gezeigt, dass die Koeffizienten explizit durch

$$c_{2m+1} = 0 \qquad c_{2m} = \frac{(-1)^m}{2^{2m}(m!)^2} c_0 \qquad m \in \mathbb{N}_0$$

bestimmt werden können. Die Potenzreihe ist damit durch

$$f(u) = c_0 \sum_{m=0}^{\infty} \frac{(-1)^m}{2^{2m}(m!)^2} u^{2m} = c_0 \sum_{m=0}^{\infty} \frac{(-1)^m}{(m!)^2} \left(\frac{u}{2}\right)^{2m}$$

gegeben. Es handelt sich bei $c_0 = 1$ um die Potenzreihendarstellung der Besselfunktion erster Gattung $J_0(u)$.

(f) **(4 Punkte)** Verwenden Sie die bisherigen Ergebnisse, um $j(s)$ als ein Vielfaches der Stromdichte auf der Leiteroberfläche $j(R)$ auszudrücken. Diskutieren Sie das Ergebnis qualitativ.

Lösungsvorschlag:
Da die Funktion f mittels $j(s) = f(\kappa s)$ eingeführt wurde und sich $f(u)$ als

$$f(u) = c_0 \sum_{m=0}^{\infty} \frac{(-1)^m}{(m!)^2} \left(\frac{u}{2}\right)^{2m} = c_0 J_0(u)$$

ausdrücken lässt, ist $j(s)$ auch durch

$$j(s) = c_0 J_0(\kappa s)$$

gegeben. c_0 muss nun durch eine Randbedingung bestimmt werden. Hierzu kann angesetzt werden, dass sich für $s = R$ die Stromdichte auf der Oberfläche des Leiters $j(R)$ ergeben muss, weshalb

$$j(R) = c_0 J_0(\kappa R) \quad \Rightarrow \quad c_0 = \frac{j(R)}{J_0(\kappa R)}$$

gilt. Eingesetzt in die Stromdichte kann diese damit durch

$$j(s) = j(R)\frac{J_0(\kappa s)}{J_0(\kappa R)}$$

ausgedrückt werden. Da nur Ströme innerhalb des Leiters betrachtet werden, bietet es sich an, im Zähler das Argument durch

$$\kappa s = \kappa R\frac{s}{R} = \kappa R \cdot x$$

mit $0 \leq x \leq 1$ auszudrücken. Darüber hinaus ist Teilaufgabe (c) klar, dass κ durch $\frac{1+\mathrm{i}}{\delta}$ gegeben ist, womit sich zeigt, dass

$$j(s) = j(R)\frac{J_0\left((1+\mathrm{i})\frac{R}{\delta} \cdot x\right)}{J_0\left((1+\mathrm{i})\frac{R}{\delta}\right)}$$

gilt. Die erste allgemeine Aussage, die getroffen werden kann, bezieht sich darauf, dass die Funktion an zwei unterschiedlichen komplexen Argumenten ausgewertet wird. Da die Ergebnisse sehr wahrscheinlich ebenfalls komplex sein werden, wird der Quotient eine komplexe Zahl mit Betrag und Phase sein. Die Ströme im Inneren des Drahtes haben also eine andere Amplitude als auf der Oberfläche des Drahtes und unterliegen einer möglichen Phasenverschiebung. Da $x \leq 1$ ist, kann für $\frac{R}{\delta} \ll 1$ eine Taylor-Entwicklung in $\frac{R}{\delta}$ unternommen werden, womit sich

$$j(s) \approx j(R)\frac{J_0(0) + \mathcal{O}\!\left(\frac{R}{\delta}\right)}{J_0(0) + \mathcal{O}\!\left(\frac{R}{\delta}\right)} \approx j(R)$$

ergibt. Für $R \ll \delta$ treten also weder Änderungen der Amplitude noch der Phase der Ströme im Inneren des Drahtes auf. Der hier betrachtete Effekt ist also nur für $R \gtrsim \delta$ relevant und kann durch passende Auslegung des Leiterquerschnitts vermieden werden.

Nicht notwendig für die Lösung:
Der hier auftretende Effekt wird als Skin-Effekt bezeichnet. Durch die Untersuchung des asymptotischen Verhaltens der Besselfunktion für eine komplexe Zahl z der oberen Halbebene bei $|z| \gg 1$

$$J_0(z) \approx \frac{1}{\sqrt{2\pi z}}\,\mathrm{e}^{-\mathrm{i}(z-\pi/4)}$$

kann mit $z = (1+\mathrm{i})w$ der Zusammenhang

$$J_0((1+\mathrm{i})w) \approx \frac{1}{\sqrt{2\pi w(1+\mathrm{i})}}\,\mathrm{e}^{-\mathrm{i}w}\,\mathrm{e}^{w}\,\mathrm{e}^{\mathrm{i}\pi/4}$$

gefunden werden. Das zu betrachtende Verhältnis kann im Fall $\frac{R}{\delta} \gg 1$ dann gemäß

$$\frac{J_0\left((1+\mathrm{i})\frac{R}{\delta} \cdot x\right)}{J_0\left((1+\mathrm{i})\frac{R}{\delta}\right)} \approx \frac{1}{\sqrt{x}}\,\mathrm{e}^{-\mathrm{i}\frac{R}{\delta}(x-1)}\,\mathrm{e}^{\frac{R}{\delta}(x-1)}$$

ausgewertet werden. Da $x = \frac{s}{R}$ ist, beschreibt die Größe $n = 1 - \frac{s}{R} = \frac{d}{R}$ mit $d = R - s$ den relativen Abstand zum Rand des Drahtes. Durch sie kann das Verhältnis mittels

$$\frac{J_0\left((1+\mathrm{i})\frac{R}{\delta}\cdot x\right)}{J_0\left((1+\mathrm{i})\frac{R}{\delta}\right)} \approx \frac{1}{\sqrt{1-n}}\,\mathrm{e}^{\mathrm{i}\frac{R}{\delta}n}\,\mathrm{e}^{-n\frac{R}{\delta}}$$

ausgedrückt werden. Ist $n = \frac{\delta}{R}$, so ist die Exponentialfunktion auf den Faktor $\frac{1}{e}$ abgefallen. Da diese Betrachtung im Grenzfall $R \gg \delta$ stattfindet, muss n aber wesentlich kleiner als eins sein und in diesem Bereich ist daher auch die Näherung

$$\frac{J_0\left((1+\mathrm{i})\frac{R}{\delta}\cdot x\right)}{J_0\left((1+\mathrm{i})\frac{R}{\delta}\right)} \approx \mathrm{e}^{\mathrm{i}\frac{R}{\delta}n}\,\mathrm{e}^{-n\frac{R}{\delta}} = \mathrm{e}^{\mathrm{i}\frac{R-s}{\delta}}\,\mathrm{e}^{-\frac{R-s}{\delta}}$$

gestattet. Damit zeigt sich, dass die Stromdichte ins Innere des Drahtes hinein exponentiell abnimmt.

3 Klausur III – Elektrodynamik – Einfach

Im Kurzfragebogen dieser Klausur werden der Gradient des Produkts zweier Skalarfelder, die Maxwell-Gleichungen im Vakuum in ihrer Darstellung durch Potentiale, der Aufladevorgang eines Kondensators, das elektrische Feld eines unendlich langen und unendlich dünnen geladenen Drahtes, sowie die Wellengleichungen elektromagnetischer Wellen betrachtet. In Aufgabe 2 soll die elektrische Feldstärke dreier in einem Dreieck befindlicher Ladungen in großer Entfernung bestimmt werden. In Aufgabe 3 soll das Biot-Savart'sche Gesetz aus den Maxwell-Gleichungen hergeleitet und auf eine ebene Leiterschleife angewendet werden. In Aufgabe 4 wird die relativistische Bewegung einer Ladung im elektromagnetischen Feld untersucht und konkret auf die Bewegung in einem homogenen Magnetfeld angewendet.

Überblick

3.1   Aufgaben zur Klausur III – Elektrodynamik – Einfach 131

     Aufgabe 1 - **Kurzfragen** 131

     Aufgabe 2 - **Multipolmomente von Ladungen im Dreieck** 132

     Aufgabe 3 - **Das Biot-Savart'sche Gesetz und Leiterschleifen** 133

     Aufgabe 4 - **Relativistische Bewegung im Magnetfeld** 135

3.2   Hinweise zur Klausur III – Elektrodynamik – Einfach 137

3.3   Lösung zur Klausur III – Elektrodynamik – Einfach 143

     Aufgabe 1 - **Kurzfragen** 143

     Aufgabe 2 - **Multipolmomente von Ladungen im Dreieck** 148

     Aufgabe 3 - **Das Biot-Savart'sche Gesetz und Leiterschleifen** 156

     Aufgabe 4 - **Relativistische Bewegung im Magnetfeld** 162

3.1 Aufgaben zur Klausur III – Elektrodynamik – Einfach

Aufgabe 1   **25 _Punkte_**

Kurzfragen

Schlagwörter:
Vektoranalysis, Maxwell-Gleichungen, Elektrische Bauteile, Gauß'sches Gesetz, Elektromagnetische Wellen

(a) **(5 Punkte)** Zeigen Sie durch explizite Rechnung, dass für zwei Skalarfelder ϕ und ψ der Zusammenhang

$$\nabla(\phi \cdot \psi) = \phi(\nabla\psi) + \psi(\nabla\phi)$$

gilt.

(b) **(5 Punkte)** Nennen Sie die Maxwell-Gleichungen im Vakuum im SI-Einheitensystem und zeigen Sie, dass die homogenen Gleichungen durch die Wahl

$$E = -\nabla\phi - \frac{\partial A}{\partial t} \qquad B = \nabla \times A$$

direkt erfüllt sind. Dabei sind ϕ und A mindestens zweimal stetig differenzierbar.

(c) **(5 Punkte)** Betrachten Sie einen zunächst ungeladenen Kondensator der Kapazität C, welcher in Reihe mit einem Ohm'schen Widerstand R an eine Spannungsquelle mit konstanter Spannung U_0 angeschlossen wird. Finden Sie eine Differentialgleichung für die Ladung $Q(t)$ des Kondensators und lösen Sie diese. Bestimmen Sie dann $Q_{\mathrm{max}} = \lim\limits_{t\to\infty} Q(t)$.

(d) **(5 Punkte)** Betrachten Sie einen Draht mit der konstanten Linienladungsdichte λ, der mit der z-Achse zusammenfällt. Bestimmen Sie das elektrische Feld $E(r)$.

(e) **(5 Punkte)** Leiten Sie aus den quellenfreien Maxwell-Gleichungen im Vakuum die Wellengleichung für das elektrische und das magnetische Feld her. Mit welcher Geschwindigkeit breiten sich diese Wellen jeweils aus?

Aufgabe 2   **25 *Punkte***

Multipolmomente von Ladungen im Dreieck

Schlagwörter:
Elektrostatik, Elektrisches Feld, Multipolentwicklung, Elektrisches Potential, Ladungsdichte, Monopol, Dipol, Quadrupol

In dieser Aufgabe soll das Potential $\phi(\boldsymbol{r})$ des elektrischen Feldes $\boldsymbol{E}(\boldsymbol{r})$ für eine Anordnung von drei Ladungen bestimmt werden. Die erste Ladung Q soll sich am Ort $\boldsymbol{r}_Q = d\hat{\boldsymbol{e}}_y$ mit $d > 0$ befinden. Die beiden anderen Ladungen sollen jeweils q betragen und sich an den Orten $\boldsymbol{r}_1 = -a\hat{\boldsymbol{e}}_x - d\hat{\boldsymbol{e}}_y$ und $\boldsymbol{r}_2 = a\hat{\boldsymbol{e}}_x - d\hat{\boldsymbol{e}}_y$ mit $a > 0$ befinden. Eine Skizze dieser Ladungsverteilung ist in Abb. 3.1 zu sehen.

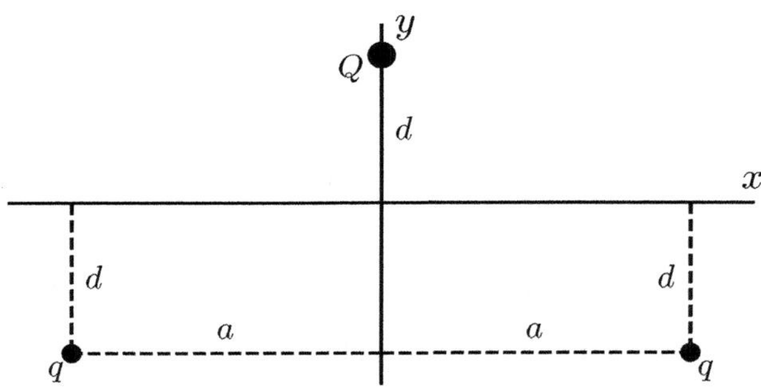

Abb. 3.1 Skizze der Ladungsverteilung aus drei Ladungen

(a) (**2 Punkte**) Stellen Sie die Ladungsdichte $\rho(\boldsymbol{r})$ auf.

(b) (**3 Punkte**) Bestimmen Sie das Monopolmoment $Q^{(\mathrm{MP})}$ sowie das Dipolmoment $\boldsymbol{p}$.

(c) (**5 Punkte**) Ermitteln Sie mit Ihren bisherigen Ergebnissen das Potential ϕ und das elektrische Feld $\boldsymbol{E}$. Drücken Sie Ihre Ergebnisse in Zylinderkoordinaten aus.

(d) (**7 Punkte**) Für welche Wahl von Q, q, d und a verschwinden sowohl das Monopol- als auch das Dipolmoment? Finden Sie für diesen Fall den Quadrupoltensor $Q_{ij}^{(\mathrm{QP})}$.

(e) (**3 Punkte**) Finden Sie das Potential ϕ und das Feld $\boldsymbol{E}$ des in Teilaufgabe (d) betrachteten Falls in Zylinderkoordinaten mit der x-Achse in der Rolle der z-Achse.

(f) (**5 Punkte**) Diskutieren Sie für den in Teilaufgabe (e) betrachteten Fall die Bewegung einer Testladung in der xy-Ebene qualitativ.

Aufgabe 3   25 *Punkte*

Das Biot-Savart'sche Gesetz und Leiterschleifen

Schlagwörter:
Magnetostatik, Vektorpotential, Eichfreiheit, Stromdichte, Magnetische Flussdichte

In dieser Aufgabe soll das Biot-Savart'sche Gesetz

$$\boldsymbol{B}(\boldsymbol{r}) = \frac{\mu_0}{4\pi} \iiint \mathrm{d}^3 r'\, \boldsymbol{j}(\boldsymbol{r}') \times \frac{\boldsymbol{r} - \boldsymbol{r}'}{|\boldsymbol{r} - \boldsymbol{r}'|^3} \tag{3.1}$$

und seine Anwendung untersucht werden.

Zunächst soll Gl. (3.1) bewiesen werden. Betrachten Sie dazu die beiden Maxwell-Gleichungen der Magnetostatik

$$\nabla \cdot \boldsymbol{B} = 0 \qquad \nabla \times \boldsymbol{B} = \mu_0 \boldsymbol{j}(\boldsymbol{r})$$

und führen Sie das mindestens zweimal stetig differenzierbare Vektorpotential $\boldsymbol{A}(\boldsymbol{r})$ ein.

(a) **(3 Punkte)** Zeigen Sie, dass der Ansatz $\boldsymbol{B} = \nabla \times \boldsymbol{A}$ eine der beiden Maxwell-Gleichungen direkt löst, und leiten Sie aus der anderen eine Differentialgleichung zweiter Ordnung von $\boldsymbol{A}$ her. Wählen Sie dazu eine passende Eichung für $\boldsymbol{A}$ und benennen Sie diese.

(b) **(4 Punkte)** Finden Sie die integrale Form der Differentialgleichung aus Teilaufgabe (a), indem Sie ausnutzen, dass die Green'sche Funktion des Laplace-Operators durch $-\frac{1}{4\pi r}$ gegeben ist.

(c) **(5 Punkte)** Bestimmen Sie die Rotation des in Teilaufgabe (b) gefunden Ausdrucks und machen Sie von dem Zusammenhang

$$\nabla \times (\phi \boldsymbol{V}) = \phi(\nabla \times \boldsymbol{V}) - \boldsymbol{V} \times (\nabla \phi)$$

Gebrauch, um das Biot-Savart'sche Gesetz (3.1) herzuleiten.

Im weiteren Aufgabenteil soll das Biot-Savart'sche Gesetz angewandt werden, um die magnetische Flussdichte einer im Uhrzeigersinn mit konstantem Strom I durchflossenen kreisförmigen Leiterschleife mit Radius R in der xy-Ebene zu bestimmen. Der Mittelpunkt der Leiterschleife soll dabei mit dem Ursprung des Koordinatensystems zusammenfallen.

(d) **(2 Punkte)** Stellen Sie die Stromdichte $\boldsymbol{j}(\boldsymbol{r})$ in Zylinderkoordinaten auf.

(e) **(3 Punkte)** Bestimmen Sie nun mit Hilfe des Biot-Savart'schen Gesetz (3.1) die magnetische Flussdichte $\boldsymbol{B}(\boldsymbol{r})$ für einen Punkt auf der z-Achse.

Nehmen Sie nun an, es gäbe zwei solche Leiterschleifen, welche symmetrisch angeordnet sind und die Mittelpunkte $a\hat{e}_z$ und $-a\hat{e}_z$ besitzen.

(f) (**8 Punkte**) Bestimmen Sie $\frac{\mathrm{d}B_z}{\mathrm{d}z}$ und $\frac{\mathrm{d}^2 B_z}{\mathrm{d}z^2}$ für alle Punkte auf der z-Achse. Finden Sie dann die Werte für $z = 0$ und legen Sie eine Bedingung für a fest, damit sich

$$\frac{\mathrm{d}^2 B_z}{\mathrm{d}z^2}\bigg|_{z=0} = 0$$

ergibt. Welchen Wert nimmt $B_z(0)$ in diesem Fall an?

Aufgabe 4 $\hspace{6cm}$ **25 *Punkte***

Relativistische Bewegung im Magnetfeld

Schlagwörter:
Feldstärketensor, Relativistik, Lorentz-Kraft, Lorentz-Boost, Bewegungsgleichung

In dieser Aufgabe soll die relativistische Bewegung eines Teilchens der Ruhemasse m und der Ladung q in einem homogenen Magnetfeld mit magnetischer Flussdichte $\boldsymbol{B} = B\hat{\boldsymbol{e}}_z$ betrachtet werden.

(a) **(5 Punkte)** Bestimmen Sie zunächst die Matrix-Form des Feldstärketensors

$$F_{\mu\nu} = \partial_\mu A_\nu - \partial_\nu A_\mu$$

und $F^{\mu\nu}$, wobei $A^\mu = \begin{pmatrix} \frac{\phi}{c} & \boldsymbol{A} \end{pmatrix}^T$ die elektromagnetischen Potentiale darstellen. Drücken Sie Ihr Ergebnis durch die Komponenten der elektrischen Feldstärke $\boldsymbol{E}$ und der magnetischen Flussdichte $\boldsymbol{B}$ aus.

(b) **(3 Punkte)** Zeigen Sie nun, dass sich die Bewegungsgleichung

$$m\frac{\mathrm{d}u^\mu}{\mathrm{d}\tau} = qF^{\mu\nu}u_\nu$$

im nicht-relativistischen Grenzfall auf die Bewegung einer Ladung mit einwirkender Lorentz-Kraft

$$\boldsymbol{F}_{\mathrm{L}} = q(\boldsymbol{E} + \boldsymbol{v} \times \boldsymbol{B})$$

reduziert. Dabei beschreibt $u^\mu = \frac{\mathrm{d}x^\mu}{\mathrm{d}\tau}$ die Vierer-Geschwindigkeit.

(c) **(2 Punkte)** Bestimmen Sie aus dem Potential $A^\mu = \begin{pmatrix} 0 & -yB/2 & xB/2 & 0 \end{pmatrix}^T$ den Feldstärketensor $F^{\mu\nu}$ und zeigen Sie so, dass dadurch ein homogenes Magnetfeld der Flussdichte B entlang der z-Achse beschrieben wird.

(d) **(3 Punkte)** Stellen Sie die Bewegungsgleichung des Teilchens auf und ermitteln Sie diese explizit für jede Komponente von u^μ.

(e) **(6 Punkte)** Lösen Sie die in Teilaufgabe (d) gefundene Bewegungsgleichungen mit den Anfangsbedingungen $x^\mu(0) = \begin{pmatrix} 0 & 0 & 0 & 0 \end{pmatrix}^T$ und $u^\mu(0) = \begin{pmatrix} \gamma c & 0 & \gamma v_0 & 0 \end{pmatrix}^T$ und $\gamma^{-2} = 1 - \frac{v_0^2}{c^2}$. Zeigen Sie so, dass sich das Teilchen auf einer Kreisbahn bewegt und bestimmen Sie deren Radius als Funktion des relativistischen Impulses $\boldsymbol{p}$.

(f) **(6 Punkte)** Betrachten Sie nun einen Lorentz-Boost entlang der z-Achse mit der Geschwindigkeit $-w$. Bestimmen Sie $F'^{\mu\nu}$, u'^μ und x'^μ. Wie transformieren sich die Feldstärken und Anfangsbedingungen? Vergleichen Sie die Situation im gestrichenen Inertialsystem I' und im ungestrichenen Inertialsystem I.

3.2 Hinweise zur Klausur III – Elektrodynamik – Einfach

Aufgabe 1 - Kurzfragen

(a) Wie lässt sich der Gradient in Komponentenschreibweise ausdrücken? Wie lautet die Produktregel?

(b) Welche Aussagen treffen die Maxwell-Gleichungen über die Divergenz und die Rotation der elektrischen Feldstärke E und die magnetische Flussdichte B? Was besagt der Satz von Schwarz? Warum ist die Rotation eines Gradienten und die Divergenz einer Rotation immer null?

(c) Was besagt die Maschenregel? Welcher Zusammenhang besteht zwischen Spannung und Strom an einem Ohm'schen Widerstand? Welcher Zusammenhang besteht zwischen Ladung und Spannung an einem Kondensator? Wie hängen Ladung und Stromstärke zusammen?

(d) Wie lässt sich die Ladungsdichte des Drahtes mathematisch beschreiben? Was besagt das Gauß'sche Gesetz? Wieso eignet sich ein Zylinder der Höhe h und des Radius s, um das Gauß'sche Gesetz in diesem Fall anzuwenden? Von was kann E abhängen? In welche Richtung muss E gemäß der Ladungsanordnung zeigen?

(e) Was passiert, wenn die Rotation der Rotation von E bzw. B gebildet wird? Ist die Relation

$$\nabla \times (\nabla \times V) = \nabla(\nabla \cdot V) - \Delta V$$

für ein zweimal stetig differenzierbares Vektorfeld V hilfreich?

Aufgabe 2 - Multipolmomente von Ladungen im Dreieck

(a) Wie lassen sich die Ladungsdichten einzelner Punktladungen durch die Dirac-Delta-Funktion ausdrücken?

(b) Wie sind Mono- und Dipolmoment definiert? Wieso reduziert sich die Definition in diesem Fall für das Monopolmoment zu einer Summe aller Ladungen und für das Dipolmoment zu einer Summe der Produkte aus den Ladungen und ihren Ortsvektoren? Das Dipol-Moment, welches Sie erhalten, sollte

$$p = (Q - 2q)d\,\hat{e}_y$$

lauten.

(c) Wie lässt sich das Potential Φ durch die Multipolmomente ausdrücken? Sie sollten das Potential

$$\phi(s, \varphi, z) = \frac{1}{4\pi\varepsilon_0}\left(\frac{Q + 2q}{s} + \frac{(Q - 2q)d}{s^2}\sin(\varphi)\right)$$

erhalten. Verwenden Sie auch, dass der Gradient in Zylinderkoordinaten durch

$$\nabla = \hat{\boldsymbol{e}}_s \frac{\partial}{\partial s} + \hat{\boldsymbol{e}}_\varphi \frac{1}{s}\frac{\partial}{\partial \varphi} + \hat{\boldsymbol{e}}_z \frac{\partial}{\partial z}$$

gegeben ist.

(d) Wie lassen sich beide Momente auf null wählen, ohne dass alle anderen Momente auch null werden? Warum müssen alle Ladungen auf der x-Achse liegen? Wie ist der Quadrupoltensor definiert? Lässt sich ausnutzen, dass dieser spurfrei und symmetrisch ist? Sie sollten in kartesischen Koordinaten

$$Q^{(\mathrm{QP})} = qa^2 \begin{pmatrix} 4 & 0 & 0 \\ 0 & -2 & 0 \\ 0 & 0 & -2 \end{pmatrix}$$

erhalten.

(e) Wieso müssen die betrachteten Zylinderkoordinaten durch die Basisvektoren

$$\hat{\boldsymbol{e}}_r = \hat{\boldsymbol{e}}_y \cos(\theta) + \hat{\boldsymbol{e}}_z \sin(\theta) \qquad \hat{\boldsymbol{e}}_\theta = -\sin(\theta)\,\hat{\boldsymbol{e}}_y + \cos(\theta)\,\hat{\boldsymbol{e}}_z$$

aufgespannt werden? Wie ist das Potential für ein Quadrupolmoment definiert? Wie lauten die Ableitungen des Potentials nach x und r? Sie sollten das Feld

$$\boldsymbol{E} = -\frac{qa^2}{8\pi\varepsilon_0} \left(\frac{3r^2 - 22x^2}{(r^2 + x^2)^{7/2}} \cdot r\,\hat{\boldsymbol{e}}_r + \frac{13r^2 - 12x^2}{(r^2 + x^2)^{7/2}} \cdot x\,\hat{\boldsymbol{e}}_x \right)$$

erhalten.

(f) Wie lässt sich das elektrische Feld durch Polarkoordinaten

$$s = \sqrt{x^2 + y^2} \qquad x = s\cos(\varphi) \qquad y = s\sin(\varphi)$$

ausdrücken? Was für eine Kraft wird durch die $\hat{\boldsymbol{e}}_\varphi$ bzw. $\hat{\boldsymbol{e}}_s$-Komponente verursacht? Welche Form nimmt die radiale Komponente auf der x- und y-Achse an? Ist der Beitrag attraktiv oder repulsiv? Wann wird die radiale Komponente null?

Aufgabe 3 - Das Biot-Savart'sche Gesetz und Leiterschleifen

(a) Wie lässt sich B_i durch das Levi-Civita-Symbol ausdrücken? Was gilt für die Divergenz einer Rotation? Ist der Zusammenhang

$$\epsilon_{kij}\epsilon_{klm} = \delta_{il}\delta_{jm} - \delta_{im}\delta_{jl}$$

hilfreich? Wie ist die Coulomb-Eichung definiert? Sie sollten die Poisson-Gleichung

$$\Delta \boldsymbol{A} = -\mu_0 \boldsymbol{j}$$

erhalten.

(b) Was passiert, wenn der Laplace-Operator auf

$$\frac{1}{|\boldsymbol{r} - \boldsymbol{r}'|}$$

angewandt wird? Warum erfüllt

$$\boldsymbol{A} = \frac{\mu_0}{4\pi} \iiint \mathrm{d}^3 r' \, \frac{\boldsymbol{j}(\boldsymbol{r}')}{|\boldsymbol{r} - \boldsymbol{r}'|}$$

die Differentialgleichung aus Teilaufgabe (a)?

(c) Welche Rollen übernehmen $\boldsymbol{j}$ und $\frac{1}{|\boldsymbol{r}-\boldsymbol{r}'|}$ in dem gegebenen Zusammenhang für $\nabla \times$ $(\phi \boldsymbol{V})$? Wie lautet der Gradient von $\frac{1}{|\boldsymbol{r}-\boldsymbol{r}'|}$?

(d) Wie lassen sich die Bedingung eines Kreises und das Befinden in der xy-Ebene durch Dirac-Delta-Funktionen beschreiben? Welche Dimensionalität haben die Dirac-Delta-Funktionen? Sie sollten die Stromdichte

$$\boldsymbol{j}(\boldsymbol{r}) = I\delta(s - R)\,\delta(z)\,\hat{\boldsymbol{e}}_\varphi$$

erhalten.

(e) Wie lässt sich der Ortsvektor in Zylinderkoordinaten ausdrücken? Was passiert, wenn die Dirac-Delta-Funktionen ausgewertet werden? Wieso verschwindet ein Integral von $\hat{\boldsymbol{e}}_{s'}$ über φ' im Intervall $[0, 2\pi)$? Sie sollten das Ergebnis

$$\boldsymbol{B}(z) = \frac{\mu_0 I}{2} \cdot \frac{R^2}{\left(z^2 + R^2\right)^{\frac{3}{2}}} \hat{\boldsymbol{e}}_z$$

finden.

(f) Wieso ist die magnetische Flussdichte im beschriebenen Fall durch

$$B_z(z) = \frac{\mu_0 I R^2}{2} \left(\frac{1}{\left((z - a)^2 + R^2\right)^{\frac{3}{2}}} + \frac{1}{\left((z + a)^2 + R^2\right)^{\frac{3}{2}}} \right)$$

gegeben? Wieso sind die Zusammenhänge

$$\frac{\mathrm{d}}{\mathrm{d}z} \frac{1}{\left((z \pm a)^2 + R^2\right)^{\frac{3}{2}}} = -\frac{3(z \pm a)}{\left((z \pm a)^2 + R^2\right)^{\frac{5}{2}}}$$

und

$$\frac{\mathrm{d}}{\mathrm{d}z} \frac{z \pm a}{\left((z \pm a)^2 + R^2\right)^{\frac{5}{2}}} = \frac{R^2 - 4(z \pm a)^2}{\left((z \pm a)^2 + R^2\right)^{\frac{7}{2}}}$$

gültig? Wie lässt sich damit

$$\left. \frac{\mathrm{d}^2 B_z}{\mathrm{d}z^2} \right|_{z=0} = 0$$

für $a = \frac{R}{2}$ finden?

Aufgabe 4 - Relativistische Bewegung im Magnetfeld

(a) Wie sehen ∂_μ und A_μ aus? Wieso lässt sich damit

$$F_{\mu\nu} = \begin{pmatrix} 0 & E_x/c & E_y/c & E_y/c \\ -E_x/c & 0 & -B_z & B_y \\ -E_y/c & B_z & 0 & -B_x \\ -E_z/c & -B_y & B_x & 0 \end{pmatrix}$$

bestimmen? Wie lässt sich dann mit der Metrik $\eta_{\mu\nu} = \mathrm{diag}(1,-1,-1,-1)$ der Ausdruck

$$F^{\mu\nu} = \eta^{\mu\alpha} F_{\alpha\beta} \eta^{\beta\nu}$$

bestimmen?

(b) Welchen Wert nimmt γ im nicht-relativistischen Grenzfall an? Welcher Zusammenhang besteht dann zwischen t und τ?

(c) Was passiert, wenn A^μ in die Definition von $F_{\mu\nu}$ eingesetzt wird? Sie sollten

$$F^{\mu\nu} = \begin{pmatrix} 0 & 0 & 0 & 0 \\ 0 & 0 & -B & 0 \\ 0 & B & 0 & 0 \\ 0 & 0 & 0 & 0 \end{pmatrix}$$

erhalten.

(d) Wie muss die Bewegungsgleichung nach Teilaufgabe (b) lauten? Sie sollten

$$m\frac{\mathrm{d}u^0}{\mathrm{d}\tau} = 0 \qquad m\frac{\mathrm{d}u^1}{\mathrm{d}\tau} = qBu^2 \qquad m\frac{\mathrm{d}u^2}{\mathrm{d}\tau} = -qBu^1 \qquad m\frac{\mathrm{d}u^3}{\mathrm{d}\tau} = 0$$

finden.

(e) Wieso lässt sich $x^\mu(\tau)$ durch

$$x^\mu(\tau) = x^\mu(0) + \int_0^\tau \mathrm{d}\tau'\, u^\mu(\tau')$$

bestimmen? Was passiert, wenn die Differentialgleichung von u^1 ein zweites Mal nach τ abgeleitet wird? Sie sollten die Lösungen

$$x^0(\tau) = \gamma c\tau \qquad x^1(\tau) = \frac{\gamma m v_0}{qB}(1 - \cos(\omega\tau))$$

$$x^2(\tau) = \frac{\gamma m v_0}{qB}\sin(\omega\tau) \qquad x^3(\tau) = 0$$

finden.

(f) Weshalb ist der zu betrachtende Lorentz-Boost durch

$$\Lambda^{\mu}_{\ \nu} = \begin{pmatrix} \gamma_z & 0 & 0 & \gamma_z\beta_z \\ 0 & 1 & 0 & 0 \\ 0 & 0 & 1 & 0 \\ \gamma_z\beta_z & 0 & 0 & \gamma_z \end{pmatrix} \qquad \beta_z = \frac{w}{c} \qquad \gamma_z = \frac{1}{\sqrt{1-\beta_z^2}}$$

gegeben?

3.3 Lösung zur Klausur III – Elektrodynamik – Einfach

Aufgabe 1
$\qquad$ **25 _Punkte_**

Kurzfragen

(a) **(5 Punkte)** Zeigen Sie durch explizite Rechnung, dass für zwei Skalarfelder ϕ und ψ der Zusammenhang

$$\nabla(\phi \cdot \psi) = \phi(\nabla\psi) + \psi(\nabla\phi)$$

gilt.

Lösungsvorschlag:
In Komponentenschreibweise lässt sich

$$\nabla(\phi\psi) = \hat{e}_i \partial_i(\phi\psi)$$

finden. Wird nun die Produktregel angewendet, so kann

$$\nabla(\phi\psi) = \hat{e}_i(\phi(\partial_i\psi) + (\partial_i\phi)\psi) = \phi\,\hat{e}_i \partial_i\psi + \psi\,\hat{e}_i \partial_i\phi = \phi(\nabla\psi) + \psi(\nabla\phi)$$

bestimmt werden.

(b) **(5 Punkte)** Nennen Sie die Maxwell-Gleichungen im Vakuum im SI-Einheitensystem und zeigen Sie, dass die homogenen Gleichungen durch die Wahl

$$E = -\nabla\phi - \frac{\partial A}{\partial t} \qquad B = \nabla \times A$$

direkt erfüllt sind. Dabei sind ϕ und A mindestens zweimal stetig differenzierbar.

Lösungsvorschlag:
Die Maxwell-Gleichungen im Vakuum im SI-Einheitensystem sind durch

$$\nabla \cdot E = \frac{\rho}{\varepsilon_0} \qquad \nabla \times E + \frac{\partial B}{\partial t} = 0$$

$$\nabla \cdot B = 0 \qquad \nabla \times B - \mu_0\varepsilon_0 \frac{\partial E}{\partial t} = \mu_0 j$$

gegeben. Da die Divergenz einer Rotation eines zweimal stetig differenzierbaren Vektorfeldes aufgrund des Satzes von Schwarz immer null ist, erfüllt $B = \nabla \times A$ direkt die Gleichung $\nabla \cdot B = 0$. Für die Gleichung

$$\nabla \times E + \frac{\partial B}{\partial t} = 0$$

wird der Ansatz eingesetzt, um

$$\nabla \times E + \frac{\partial B}{\partial t} = \nabla \times \left(-\nabla\phi - \frac{\partial A}{\partial t}\right) + \frac{\partial}{\partial t}\left(\nabla \times A\right)$$

zu erhalten. Da die Rotation eines Gradienten eines zweimal stetig differenzierbaren Skalarfeldes aufgrund des Satzes von Schwarz immer null ist, muss der erste Term der Klammer verschwinden. Da das Vektorfeld $\boldsymbol{A}$ zweimal stetig differenzierbar ist, können die Ableitungen getauscht werden, so dass

$$\left(\nabla \times \boldsymbol{E} + \frac{\partial \boldsymbol{B}}{\partial t} \right)_i = -\epsilon_{ijk} \frac{\partial^2 A_k}{\partial x_j \partial t} + \epsilon_{ijk} \frac{\partial^2 A_k}{\partial t \partial x_j} = 0$$

gefunden werden kann. Damit löst der gegebene Ansatz die homogenen Maxwell-Gleichungen.

(c) **(5 Punkte)** Betrachten Sie einen zunächst ungeladenen Kondensator der Kapazität C, welcher in Reihe mit einem Ohm'schen Widerstand R an eine Spannungsquelle mit konstanter Spannung U_0 angeschlossen wird. Finden Sie eine Differentialgleichung für die Ladung $Q(t)$ des Kondensators und lösen Sie diese. Bestimmen Sie dann $Q_{\mathrm{max}} = \lim\limits_{t \to \infty} Q(t)$.

Lösungsvorschlag:
Die Spannungsquelle, der Widerstand und der Kondensator bilden eine Masche, so dass nach der Maschenregel der Zusammenhang

$$U_0 + U_R + U_C = 0$$

gelten muss. Gleichzeitig gilt für einen Ohm'schen Widerstand $U_R = R \cdot I$ während für einen Kondensator $C = \frac{Q}{U_C}$ gilt. Daneben ist $I = \dot{Q}$, so dass sich die Differentialgleichung

$$U_0 + R \cdot \dot{Q} + \frac{Q}{C} = 0 \quad \Rightarrow \quad \dot{Q} = -\frac{1}{RC} \left(Q + U_0 C \right)$$

aufstellen lässt. Mit der Substitution

$$Q' = Q + U_0 C \qquad \dot{Q}' = \dot{Q}$$

lässt sich diese auf die Differentialgleichung

$$\dot{Q}' = -\frac{1}{RC} Q'$$

vereinfachen, welche durch

$$Q'(t) = K \, \mathrm{e}^{-\frac{t}{RC}}$$

mit einer Integrationskonstante K gelöst wird. Damit kann also die Ladung

$$Q(t) = K \, \mathrm{e}^{-\frac{t}{RC}} - U_0 C$$

gefunden werden. Mit der Anfangsbedingung $Q(0) = 0$ wird klar, dass die Integrationskonstante durch $K = U_0 C$ gegeben sein muss, so dass die Lösung als

$$Q(t) = -U_0 C \left(1 - \mathrm{e}^{-\frac{t}{RC}} \right)$$

geschrieben werden kann. Im Grenzfall $t \to \infty$ wird der Exponent unendlich klein und die Exponentialfunktion damit null, so dass sich $Q_{\mathrm{max}} = -CU_0$ ergibt und die Lösung stattdessen auch durch

$$Q(t) = Q_{\mathrm{max}} \left(1 - \mathrm{e}^{-\frac{t}{RC}} \right)$$

geschrieben werden kann.

(d)　**(5 Punkte)** Betrachten Sie einen Draht mit der konstanten Linienladungsdichte λ, der mit der z-Achse zusammenfällt. Bestimmen Sie das elektrische Feld $\boldsymbol{E}(\boldsymbol{r})$.

Lösungsvorschlag:
Die Ladungsdichte kann durch

$$\rho(\boldsymbol{r}) = \lambda \delta(x)\, \delta(y)$$

beschrieben werden. Das Gauß'sche Gesetz besagt, dass der Fluss der elektrischen Feldstärke durch eine geschlossene Oberfläche ∂V gerade der darin eingeschlossenen Ladung entspricht und kann mathematisch durch

$$\oiint_{\partial V} \mathrm{d}\boldsymbol{f} \cdot \boldsymbol{E} = \iiint_V \mathrm{d}V \frac{\rho(\boldsymbol{r})}{\varepsilon_0} = \frac{Q_V}{\varepsilon_0}$$

formuliert werden. Als Oberfläche kann die Mantelfläche eines Zylinders mit Radius s und Höhe h betrachtet werden. Im Grenzfall $h \to \infty$ können die Kappen vernachlässigt werden. Da der Draht unendlich ausgedehnt ist, ist dieser Grenzfall gerechtfertigt. Die eingeschlossene Ladung ist daher durch

$$Q_V = \iiint_V \mathrm{d}V\, \lambda \delta(x)\, \delta(y) = \lambda h$$

gegeben. Das Oberflächenelement der Manteloberfläche eines Zylinders mit Radius s ist durch

$$\mathrm{d}\boldsymbol{f} = s\, \hat{\boldsymbol{e}}_s\, \mathrm{d}\phi\, \mathrm{d}z$$

gegeben. Da die Ladungsverteilung von ϕ und z unabhängig ist, kann der Betrag von $\boldsymbol{E}$ ebenfalls nicht von diesen Größen abhängen. Daneben muss das elektrische Feld aufgrund der Ladungsanordnung – also der Anordnung seiner Quellen und Senken – in $\hat{\boldsymbol{e}}_s$ Richtung gerichtet sein. Somit lässt sich

$$\oiint_{\partial V} \mathrm{d}\boldsymbol{f} \cdot \boldsymbol{E} = sE(s) \oiint_{\partial V} \mathrm{d}\phi\, \mathrm{d}z = 2\pi h s E(s)$$

finden. Werden die beiden Seiten zusammengebracht, so kann

$$2\pi h s E(s) = \frac{\lambda h}{\varepsilon_0} \quad \Rightarrow \quad E(s) = \frac{1}{2\pi\varepsilon_0} \frac{\lambda}{s}$$

ermittelt werden, um schlussendlich

$$E = \frac{1}{2\pi\varepsilon_0}\frac{\lambda}{s}\hat{e}_s$$

zu bestimmen.

(e) **(5 Punkte)** Leiten Sie aus den quellenfreien Maxwell-Gleichungen im Vakuum die Wellengleichung für das elektrische und das magnetische Feld her. Mit welcher Geschwindigkeit breiten sich diese Wellen jeweils aus?

Lösungsvorschlag:
Wird die Rotation der Rotation des elektrischen Feldes betrachtet, so kann zunächst

$$\nabla \times (\nabla \times E)) = -\nabla \times \frac{\partial B}{\partial t}$$

gefunden werden. Nun kann zunächst verwendet werden, dass für jedes zweimal stetig differenzierbare Vektorfeld V der Zusammenhang

$$\nabla \times (\nabla \times V)) = \nabla(\nabla \cdot V) - \Delta V$$

gilt. Damit kann die linke Seite zu

$$\nabla \times (\nabla \times E)) = \nabla(\nabla \cdot E) - \Delta E$$

umgeformt werden. Für die quellenfreien Gleichungen ist $\nabla \cdot E = 0$, so dass

$$-\Delta E = -\frac{\partial}{\partial t}(\nabla \times B)$$

gelten muss, wobei ausgenutzt wurde, dass B zweimal stetig differenzierbar ist und die zeitlichen und räumlichen Ableitungen daher vertauscht werden können. Die Rotation der magnetischen Flussdichte ist im quellenfreien Fall durch

$$\nabla \times B = -\mu_0\varepsilon_0\frac{\partial E}{\partial t}$$

gegeben. Somit kann die Gleichung

$$-\Delta E = \mu_0\varepsilon_0\frac{\partial^2 E}{\partial t^2} \quad \Rightarrow \quad \left(\mu_0\varepsilon_0\frac{\partial^2}{\partial t^2} - \Delta\right)E = \left(\frac{1}{c^2}\frac{\partial^2}{\partial t^2} - \Delta\right)E = \Box E = 0$$

bestimmt werden, die eine Wellengleichung mit der Ausbreitungsgeschwindigkeit

$$c = \frac{1}{\sqrt{\varepsilon_0\mu_0}}$$

darstellt. Es handelt sich bei dieser um die Lichtgeschwindigkeit.
Analog kann die Rotation der Rotation der magnetischen Flussdichte B betrachtet

werden, um

$$\nabla \times (\nabla \times \boldsymbol{B}) = \nabla(\nabla \cdot \boldsymbol{B}) - \Delta \boldsymbol{B} = -\Delta \boldsymbol{B}$$

$$= \mu_0 \varepsilon_0 \nabla \times \frac{\partial \boldsymbol{E}}{\partial t} = \mu_0 \varepsilon_0 \frac{\partial}{\partial t} \nabla \times \boldsymbol{E} = -\mu_0 \varepsilon_0 \frac{\partial^2 \boldsymbol{B}}{\partial t^2}$$

$$\Rightarrow \quad \Box \boldsymbol{B} = \left(\mu_0 \varepsilon_0 \frac{\partial^2}{\partial t^2} - \Delta \right) \boldsymbol{B} = \boldsymbol{0}$$

zu erhalten. Hierbei wurde die homogene Maxwell-Gleichung $\nabla \cdot \boldsymbol{B} = 0$ verwendet.

Aufgabe 2   **25 *Punkte***

Multipolmomente von Ladungen im Dreieck

In dieser Aufgabe soll das Potential $\phi(\boldsymbol{r})$ des elektrischen Feldes $\boldsymbol{E}(\boldsymbol{r})$ für eine Anordnung von drei Ladungen bestimmt werden. Die erste Ladung Q soll sich am Ort $\boldsymbol{r}_Q = d\hat{\boldsymbol{e}}_y$ mit $d > 0$ befinden. Die beiden anderen Ladungen sollen jeweils q betragen und sich an den Orten $\boldsymbol{r}_1 = -a\hat{\boldsymbol{e}}_x - d\hat{\boldsymbol{e}}_y$ und $\boldsymbol{r}_2 = a\hat{\boldsymbol{e}}_x - d\hat{\boldsymbol{e}}_y$ mit $a > 0$ befinden. Eine Skizze dieser Ladungsverteilung ist in Abb. 3.2 zu sehen.

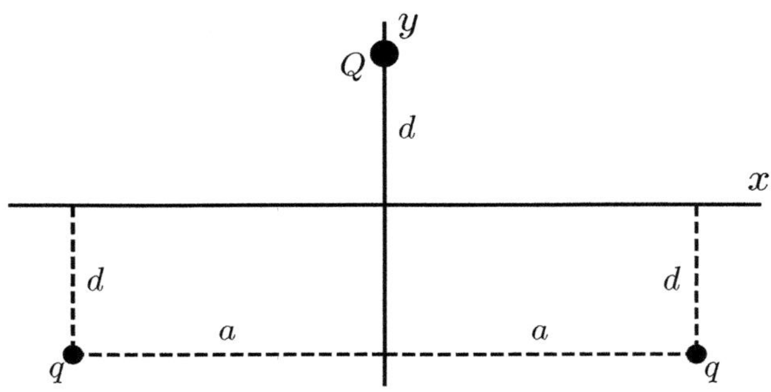

Abb. 3.2 Skizze der Ladungsverteilung aus drei Ladungen

(a) **(2 Punkte)** Stellen Sie die Ladungsdichte $\rho(\boldsymbol{r})$ auf.

Lösungsvorschlag:
Es handelt sich um Punktladungen deren Ladungsdichte mit Hilfe der Dirac-Delta-Funktion angegeben werden kann. Alle Ladungen befinden sich in der xy-Ebene, weshalb sie alle den Faktor $\delta(z)$ tragen müssen. Die Ladung Q befindet sich auf y-Achse, weshalb bei ihr ein Faktor $\delta(x)$ auftreten muss. Ihre y-Komponente ist durch d gegeben, so dass ihr Beitrag insgesamt durch

$$Q\delta(x)\,\delta(y - d)\,\delta(z)$$

beschrieben werden kann. Die beiden Ladungen q haben beide die y-Komponente $-d$, weshalb sie einen Faktor $\delta(y + d)$ erhalten werden. Ihre x Koordinaten sind durch $x = a$ und $x = -a$ gegeben, so dass ihre Beiträge durch

$$q\delta(x + a)\,\delta(y + d)\,\delta(z)$$

und

$$q\delta(x - a)\,\delta(y + d)\,\delta(z)$$

ausgedrückt werden können. Die Ladungsdichte ist die Summe dieser drei Ausdrücke und somit durch

$$\rho(\boldsymbol{r}) = (Q\delta(x)\,\delta(y-d) + q(\delta(x+a) + \delta(x-a))\delta(y+d))\delta(z)$$

gegeben.

(b) **(3 Punkte)** Bestimmen Sie das Monopolmoment $Q^{(\mathrm{MP})}$ sowie das Dipolmoment $\boldsymbol{p}$.

Lösungsvorschlag:
Das Monopolmoment ist durch

$$Q^{(\mathrm{MP})} = \iiint \mathrm{d}^3 r\, \rho(\boldsymbol{r})$$

definiert. Es ist die Gesamtladung. Da alle Beiträge zur Ladungsdichte aus Dirac-Delta-Funktionen bestehen und deren Integrale über den gesamten Raum jeweils eins ergeben, können die Ladungen einfach addiert werden, um

$$Q^{(\mathrm{MP})} = Q + q + q = Q + 2q$$

zu erhalten. Das Dipolmoment wiederum ist durch

$$\boldsymbol{p} = \iiint \mathrm{d}^3 r\, \rho(\boldsymbol{r})\boldsymbol{r}$$

definiert. Durch die Dirac-Delta-Funktionen müssen in

$$\boldsymbol{r} = x\hat{\boldsymbol{e}}_x + y\hat{\boldsymbol{e}}_y + z\hat{\boldsymbol{e}}_z$$

die Koordinaten x, y und z durch die jeweiligen Werte aus dem Argument der Dirac-Delta-Funktion ersetzt werden. Das bedeutet, es werden die Produkte aus Ladungen und deren Ortsvektoren aufaddiert. Auf diese Weise kann das Dipolmoment

$$\begin{aligned}
\boldsymbol{p} &= Qd\hat{\boldsymbol{e}}_y + q(a\hat{\boldsymbol{e}}_x - d\hat{\boldsymbol{e}}_y) + q(-a\hat{\boldsymbol{e}}_x - d\hat{\boldsymbol{e}}_y) \\
&= Qd\hat{\boldsymbol{e}}_y - 2qd\hat{\boldsymbol{e}}_y = (Q - 2q)d\hat{\boldsymbol{e}}_y
\end{aligned}$$

erhalten werden.

(c) **(5 Punkte)** Ermitteln Sie mit Ihren bisherigen Ergebnissen das Potential ϕ und das elektrische Feld $\boldsymbol{E}$. Drücken Sie Ihre Ergebnisse in Zylinderkoordinaten aus.

Lösungsvorschlag:
Das Potential in der Multipolentwicklung ist durch

$$\phi(\boldsymbol{r}) = \frac{1}{4\pi\varepsilon_0}\left(\frac{Q^{(\mathrm{MP})}}{r} + \frac{\boldsymbol{p}\cdot\boldsymbol{r}}{r^3}\right)$$

gegeben, wobei nur Terme bis zum Dipol berücksichtigt wurden. Mit den Ergebnissen aus Teilaufgabe (b)

$$Q^{(\mathrm{MP})} = Q + 2q \qquad \boldsymbol{p} = (Q - 2q)d\hat{\boldsymbol{e}}_y$$

und

$$r = \sqrt{s^2 + z^2} = s \qquad \hat{e}_y \cdot \boldsymbol{r} = y$$

kann so

$$\phi(\boldsymbol{r}) = \frac{1}{4\pi\varepsilon_0} \left(\frac{Q + 2q}{s} + \frac{(Q - 2q)dy}{s^3} \right)$$

gefunden werden. In Zylinderkoordinaten ist der Zusammenhang

$$\frac{y}{r} = \sin(\varphi)$$

gültig, so dass sich das Potential durch

$$\phi(s, \varphi, z) = \frac{1}{4\pi\varepsilon_0} \left(\frac{Q + 2q}{s} + \frac{(Q - 2q)d}{s^2} \sin(\varphi) \right)$$

ausdrücken lässt. Der Gradient in Zylinderkoordinaten ist durch

$$\boldsymbol{\nabla} = \hat{e}_s \frac{\partial}{\partial s} + \hat{e}_\varphi \frac{1}{s} \frac{\partial}{\partial \varphi} + \hat{e}_z \frac{\partial}{\partial z}$$

gegeben. Somit kann das elektrische Feld $\boldsymbol{E} = -\boldsymbol{\nabla}\phi$ mittels

$$\boldsymbol{E} = -\frac{1}{4\pi\varepsilon_0} \left(-\frac{Q + 2q}{s^2}\hat{e}_s + (Q - 2q)d \left(-\frac{2}{s^3}\hat{e}_s \sin(\varphi) + \frac{1}{s^3}\cos(\varphi)\,\hat{e}_\varphi \right) \right)$$

$$= \frac{1}{4\pi\varepsilon_0} \left(\frac{Q}{s^2} \left(1 + 2\frac{d}{s}\sin(\varphi) \right) + 2\frac{q}{s^2} \left(1 - 2\frac{d}{s}\sin(\varphi) \right) \right) \hat{e}_s$$

$$- \frac{1}{4\pi\varepsilon_0} \cdot \frac{Q - 2q}{s^2} \cdot \frac{d}{s}\cos(\varphi)\,\hat{e}_\varphi$$

bestimmt werden.

(d) **(7 Punkte)** Für welche Wahl von Q, q, d und a verschwinden sowohl das Monopol- als auch das Dipolmoment? Finden Sie für diesen Fall den Quadrupoltensor $Q_{ij}^{(\text{QP})}$.

Lösungsvorschlag:
Mit den Ergebnissen aus Teilaufgabe (c)

$$Q^{(\text{MP})} = Q + 2q \qquad \boldsymbol{p} = (Q - 2q)d\,\hat{e}_y$$

lässt sich herausfinden, unter welchen Umständen das Mono- und Dipolmoment null werden. Damit das Monopolmoment null wird, muss

$$Q^{(\text{MP})} = Q + 2q = 0$$

gelten, was durch

$$Q = -2q$$

erfüllt wird. Das Dipolmoment muss damit die Form

$$\boldsymbol{p} = (Q - 2q)d\,\hat{\boldsymbol{e}}_y = -4qd\,\hat{\boldsymbol{e}}_y$$

annehmen. Es gibt zwei Möglichkeiten dieses null werden zu lassen. Einerseits könnte $q = 0$ sein. In diesem Fall gäbe es aber keine Quellen für das elektrische Feld. Es würde sich um die triviale Lösung handeln. Andererseits könnte auch $d = 0$ sein. In diesem Fall wären drei Ladungen q, $-2q$ und q auf der x-Achse an den Stellen $x = -a$, $x = 0$ und $x = a$ angeordnet und würden als Quellen für ein elektrisches Feld dienen. Die Ladungsdichte würde sich in diesem Fall also auf

$$\rho(\boldsymbol{r}) = q(\delta(x + a) - 2\delta(x) + \delta(x - a))\delta(y)\,\delta(z)$$

reduzieren. Die Komponenten des Quadrupoltensors sind durch

$$Q_{ij}^{(\mathrm{QP})} = \iiint \mathrm{d}^3r \, \rho(\boldsymbol{r})(3r_i r_j - \delta_{ij}\boldsymbol{r}^2)$$

definiert. Es handelt sich um einen symmetrischen und spurfreien Tensor. Zunächst sollen die Nicht-Diagonal-Elemente betrachtet werden. Da diese durch

$$Q_{ij}^{(\mathrm{QP})} = 3 \iiint \mathrm{d}^3r \, \rho(\boldsymbol{r})r_i r_j \qquad (i \neq j)$$

gegeben sind und immer entweder einen Faktor y oder z beinhalten, werden sie alle verschwinden, so dass

$$Q_{xy}^{(\mathrm{QP})} = Q_{xz}^{(\mathrm{QP})} = Q_{yz}^{(\mathrm{QP})} = 0$$

gültig ist.

Die Ladungen sind alle auf der x-Achse positioniert. Das bedeutet, dass bei der Betrachtung der y- bzw. z-Achse die gleiche Situation vorliegt. Daher müssen die Komponenten $Q_{yy}^{(\mathrm{QP})}$ und $Q_{zz}^{(\mathrm{QP})}$ gleich sein. Für $Q_{yy}^{(\mathrm{QP})}$ kann zunächst der Ausdruck

$$Q_{yy}^{(\mathrm{QP})} = \iiint \mathrm{d}^3r \, \rho(\boldsymbol{r})(3y^2 - (x^2 + y^2 + z^2)) = \iiint \mathrm{d}^3r \, \rho(\boldsymbol{r})(2y^2 - x^2 - z^2))$$

bestimmt werden. Da alle Ladungen auf der x-Achse liegen, werden die Beiträge mit dem Faktor y^2 und z^2 verschwinden, so dass sich auch

$$Q_{yy}^{(\mathrm{QP})} = - \iiint \mathrm{d}^3r \, \rho(\boldsymbol{r})x^2$$

schreiben lässt. Bei der Betrachtung von $Q_{zz}^{(\mathrm{QP})}$ kann der gleiche Ausdruck gefunden werden, wie aus der vorherigen Überlegung bereits zu erwarten war. Hierin kann die Ladungsdichte eingesetzt werden, um

$$Q_{yy}^{(\mathrm{QP})} = Q_{zz}^{(\mathrm{QP})} = -q((-a)^2 + 0^2 + a^2) = -2aq^2$$

zu erhalten. Da der Quadrupoltensor spurfrei ist, muss

$$Q_{xx}^{(\mathrm{QP})} = -Q_{yy}^{(\mathrm{QP})} - Q_{zz}^{(\mathrm{QP})} = 4qa^2$$

gelten. Somit kann der Quadrupoltensor in kartesischen Koordinaten durch

$$Q^{(\mathrm{QP})} = qa^2 \begin{pmatrix} 4 & 0 & 0 \\ 0 & -2 & 0 \\ 0 & 0 & -2 \end{pmatrix}$$

ausgedrückt werden.

(e) **(3 Punkte)** Finden Sie das Potential ϕ und das Feld $\boldsymbol{E}$ des in Teilaufgabe (d) betrachteten Falls in Zylinderkoordinaten mit der x-Achse in der Rolle der z-Achse.

Lösungsvorschlag:
Zylinderkoordinaten mit der x-Achse in der Rolle der z-Achse lassen sich durch

$$\hat{\boldsymbol{e}}_r = \hat{\boldsymbol{e}}_y \cos(\theta) + \hat{\boldsymbol{e}}_z \sin(\theta) \qquad \hat{\boldsymbol{e}}_\theta = -\sin(\theta)\,\hat{\boldsymbol{e}}_y + \cos(\theta)\,\hat{\boldsymbol{e}}_z$$

definieren. Sie eignen sich wegen der Rotationssymmetrie entlang der x-Achse für dieses Problem besonders gut. Das Potential durch das Quadrupolmoment ist durch

$$\phi(\boldsymbol{r}) = \frac{1}{8\pi\varepsilon_0} \cdot \frac{Q_{ij}^{(\mathrm{QP})} r_i r_j}{|\boldsymbol{r}|^5}$$

gegeben. Es kann mit den Ergebnissen von Teilaufgabe (e)

$$Q^{(\mathrm{QP})} = qa^2 \begin{pmatrix} 4 & 0 & 0 \\ 0 & -2 & 0 \\ 0 & 0 & -2 \end{pmatrix}$$

und

$$|\boldsymbol{r}| = \sqrt{r^2 + x^2}$$

durch

$$\phi(r, \theta, x) = \frac{qa^2}{8\pi\varepsilon_0} \frac{4x^2 - y^2 - z^2}{|\boldsymbol{r}|^5} = \frac{qa^2}{8\pi\varepsilon_0} \frac{4x^2 - r^2}{(r^2 + x^2)^{5/2}}$$

ausgedrückt werden. Die Ableitungen nach r und nach x können jeweils durch

$$\begin{aligned}
\frac{\partial \phi}{\partial r} &= \frac{qa^2}{8\pi\varepsilon_0} \frac{-2r(r^2 + x^2)^{5/2} - (4x^2 - r^2)\frac{5}{2}2r(r^2 + x^2)^{3/2}}{(r^2 + x^2)^5} \\
&= \frac{qa^2}{8\pi\varepsilon_0} \frac{-2(r^2 + x^2) - 5(4x^2 - r^2)}{(r^2 + x^2)^{7/2}} \cdot r \\
&= \frac{qa^2}{8\pi\varepsilon_0} \frac{3r^2 - 22x^2}{(r^2 + x^2)^{7/2}} \cdot r
\end{aligned}$$

und durch

$$\frac{\partial \phi}{\partial x} = \frac{qa^2}{8\pi\varepsilon_0} \frac{8x(r^2+x^2)^{5/2} - (4x^2-r^2)\frac{5}{2}2x(r^2+x^2)^{3/2}}{(r^2+x^2)^5}$$

$$= \frac{qa^2}{8\pi\varepsilon_0} \frac{8(r^2+x^2) - 5(4x^2-r^2)}{(r^2+x^2)^{7/2}} \cdot x$$

$$= \frac{qa^2}{8\pi\varepsilon_0} \frac{13r^2 - 12x^2}{(r^2+x^2)^{7/2}} \cdot x$$

bestimmt werden. Damit muss das elektrische Feld durch

$$\boldsymbol{E} = -\frac{qa^2}{8\pi\varepsilon_0} \left(\frac{3r^2 - 22x^2}{(r^2+x^2)^{7/2}} \cdot r\,\hat{\boldsymbol{e}}_r + \frac{13r^2 - 12x^2}{(r^2+x^2)^{7/2}} \cdot x\,\hat{\boldsymbol{e}}_x \right)$$

gegeben sein.

(f) **(5 Punkte)** Diskutieren Sie für den in Teilaufgabe (e) betrachteten Fall die Bewegung einer Testladung in der xy-Ebene qualitativ.

Lösungsvorschlag:
Für die Bewegung in der xy-Ebene kann $\hat{\boldsymbol{e}}_r$ durch $\hat{\boldsymbol{e}}_y$ ersetzt werden und r durch y, wobei dann sowohl positive als auch negative Werte erlaubt sind. Da eine Rotationssymmetrie um die x-Achse vorliegt, gelten die Betrachtungen auch für jede Ebene, welche die x-Achse enthält. Das elektrische Feld ist in dieser Eben also durch

$$\boldsymbol{E} = -\frac{qa^2}{8\pi\varepsilon_0} \left(\frac{3y^2 - 22x^2}{(y^2+x^2)^{7/2}} \cdot y\,\hat{\boldsymbol{e}}_y + \frac{13y^2 - 12x^2}{(y^2+x^2)^{7/2}} \cdot x\,\hat{\boldsymbol{e}}_x \right)$$

gegeben. Für die Betrachtung bietet es sich an, Polarkoordinaten

$$s = \sqrt{x^2+y^2} \qquad x = s\cos(\varphi) \quad y = s\sin(\varphi)$$

einzuführen, um

$$\boldsymbol{E} = -\frac{qa^2}{8\pi\varepsilon_0} \left(\frac{3s^2 - 25x^2}{s^7} \cdot s\sin(\varphi)\,\hat{\boldsymbol{e}}_y + \frac{13s^2 - 25x^2}{s^7} \cdot s\cos(\varphi)\,\hat{\boldsymbol{e}}_x \right)$$

$$= -\frac{1}{8\pi\varepsilon_0} \frac{a^2}{s^2} \frac{q}{s^2} \left((3\sin(\varphi)\,\hat{\boldsymbol{e}}_y + 13\cos(\varphi)\,\hat{\boldsymbol{e}}_x) - 25\frac{x^2}{s^2}(\sin(\varphi)\,\hat{\boldsymbol{e}}_y + \cos(\varphi)\,\hat{\boldsymbol{e}}_x) \right)$$

zu erhalten. Mit den beiden Basisvektoren

$$\hat{\boldsymbol{e}}_s = \cos(\varphi)\,\hat{\boldsymbol{e}}_x + \sin(\varphi)\,\hat{\boldsymbol{e}}_y \qquad \hat{\boldsymbol{e}}_\varphi = -\sin(\varphi)\,\hat{\boldsymbol{e}}_x + \cos(\varphi)\,\hat{\boldsymbol{e}}_y$$

lässt sich auch der Zusammenhang

$$\hat{\boldsymbol{e}}_x = \cos(\varphi)\,\hat{\boldsymbol{e}}_s - \sin(\varphi)\,\hat{\boldsymbol{e}}_\varphi$$

finden. Damit kann das elektrische Feld durch

$$\boldsymbol{E} = -\frac{1}{8\pi\varepsilon_0}\frac{a^2}{s^2}\frac{q}{s^2}\left(3\hat{\boldsymbol{e}}_s + 10\cos(\varphi)\left(\cos(\varphi)\,\hat{\boldsymbol{e}}_s - \sin(\varphi)\,\hat{\boldsymbol{e}}_\varphi\right) - 25\cos^2(\varphi)\,\hat{\boldsymbol{e}}_s\right)$$

$$= -\frac{1}{8\pi\varepsilon_0}\frac{a^2}{s^2}\frac{q}{s^2}\left(\left(3 - 15\cos^2(\varphi)\right)\hat{\boldsymbol{e}}_s - 10\cos(\varphi)\sin(\varphi)\,\hat{\boldsymbol{e}}_\varphi\right)$$

ausgedrückt werden. Damit erfährt eine Testladung eine Überlagerung aus einer radialen Kraft und einer Kraft entlang eines Kreises mit dem Ursprung als Mittelpunkt durch die $\hat{\boldsymbol{e}}_\varphi$-Komponente. Für die qualitative Beschreibung wird $q > 0$ angenommen. Im Falle $q < 0$ ergeben sich für eine negative Testladung die gleichen Bewegungen, während sie für eine positive Testladung entgegengesetzt sind. Zunächst kann die allgemeine Betrachtung angestellt werden, dass der Vorfaktor des elektrischen Feldes

$$\frac{1}{8\pi\varepsilon_0}\frac{a^2}{s^2}\frac{q}{s^2}$$

bis auf den numerischen Vorfaktor $\frac{1}{2}$ dem einer Punktladung q im Ursprung entspricht, welcher um den zusätzlichen Faktor $\frac{a^2}{s^2}$ unterdrückt wird. Ebenso kann die $\hat{\boldsymbol{e}}_\varphi$-Komponente untersucht werden. Diese kann als

$$E_\varphi(s, \varphi) = \frac{5}{8\pi\varepsilon_0}\frac{a^2}{s^2}\frac{q}{s^2}\sin(2\varphi)$$

ausgedrückt werden. Es zeigt sich, dass diese Komponente im ersten und dritten Quadranten stets positiv ist, während sie im zweiten und vierten Quadranten stets negativ ist. Das bedeutet, eine Testladung wird neben der radialen Kraft auch eine Kraft erfahren, welche die Testladung zur y-Achse treibt.

Befindet sich die Testladung auf der positiven x-Achse, so ist das elektrische Feld $\boldsymbol{E}(s, \varphi)$ durch

$$\boldsymbol{E}(x, 0) = \frac{12}{8\pi\varepsilon_0}\frac{a^2}{s^2}\frac{q}{s^2}\hat{\boldsymbol{e}}_s = \frac{3}{2\pi\varepsilon_0}\frac{a^2}{s^2}\frac{q}{s^2}\hat{\boldsymbol{e}}_x$$

gegeben. Es handelt sich also um ein repulsives Feld. Dies ist anschaulich dadurch zu erklären, dass die Ladung, welche sich am nächsten befindet, durch q gegeben ist. Auf der y-Achse kann das elektrische Feld durch

$$\boldsymbol{E}(y, \pi/2) = -\frac{1}{8\pi\varepsilon_0}\frac{a^2}{s^2}\frac{q}{s^2}3\hat{\boldsymbol{e}}_s = -\frac{3}{8\pi\varepsilon_0}\frac{a^2}{s^2}\frac{q}{s^2}\hat{\boldsymbol{e}}_y$$

bestimmt werden. Es handelt sich um ein attraktives Feld. Der Einfluss der Ladung $-2q$ im Ursprung ist hier also stärker. Schlussendlich kann noch der Winkel φ bestimmt werden, unter dem die radiale Komponente verschwindet. In diesem Fall ist das Feld weder anziehend noch abstoßend, sondern resultiert nur in einer Kraft in die $\hat{\boldsymbol{e}}_\varphi$ Richtung. Es muss dafür

$$3 - 15\cos^2(\varphi_0) = 0 \quad \Rightarrow \quad \cos^2(\varphi_0) = \frac{1}{5}$$

gelten. Zu dieser Gleichung gibt es zwei Lösungen. Wird die positive Lösung betrachtet, können

$$\cos(\varphi_0) = \frac{1}{\sqrt{5}} \qquad \sin(\varphi_0) = \frac{2}{\sqrt{5}}$$

gefunden werden. Damit kann das elektrische Feld in diesem Fall zu

$$\boldsymbol{E}(s,\varphi_0) = -\frac{1}{8\pi\varepsilon_0}\frac{a^2}{s^2}\frac{q}{s^2}\left(-10\cdot\frac{2}{5}\cdot\hat{\boldsymbol{e}}_{\varphi_0}\right) = \frac{1}{2\pi\varepsilon_0}\frac{a^2}{s^2}\frac{q}{s^2}\hat{\boldsymbol{e}}_{\varphi_0}$$

bestimmt werden. Entsprechend der allgemeinen Betrachtung zeigt die φ-Komponente in diesem Fall – im ersten Quadranten – gegen den Uhrzeigersinn.

Aufgabe 3   **25 *Punkte***

Das Biot-Savart'sche Gesetz und Leiterschleifen

In dieser Aufgabe soll das Biot-Savart'sche Gesetz

$$B(r) = \frac{\mu_0}{4\pi} \iiint \mathrm{d}^3 r'\, j(r') \times \frac{r - r'}{|r - r'|^3} \tag{3.2}$$

und seine Anwendung untersucht werden.

Zunächst soll Gl. (3.2) bewiesen werden. Betrachten Sie dazu die beiden Maxwell-Gleichungen der Magnetostatik

$$\nabla \cdot B = 0 \qquad \nabla \times B = \mu_0 j(r)$$

und führen Sie das mindestens zweimal stetig differenzierbare Vektorpotential $A(r)$ ein.

(a) **(3 Punkte)** Zeigen Sie, dass der Ansatz $B = \nabla \times A$ eine der beiden Maxwell-Gleichungen direkt löst, und leiten Sie aus der anderen eine Differentialgleichung zweiter Ordnung von A her. Wählen Sie dazu eine passende Eichung für A und benennen Sie diese.

Lösungsvorschlag:
Mit

$$B_i = \epsilon_{ijk}\partial_j A_k$$

kann die Divergenz zu

$$\nabla \cdot B = \partial_i B_i = \epsilon_{ijk}\partial_i\partial_j A_k$$

gefunden werden. Da A zweimal stetig differenzierbar ist, können die Ableitungen nach dem Satz von Schwarz vertauscht werden. Damit ist der Ausdruck $\partial_i\partial_j A_k$ symmetrisch in den Indizes i und j. Zusammen mit dem antisymmetrischen Levi-Civita-Symbol muss der gefundene Ausdruck null sein. Dies ist gleichbedeutend mit der Aussage, die Divergenz einer Rotation ist null. Die Maxwell-Gleichung

$$\nabla \cdot B = 0$$

wird also automatisch erfüllt. Für die Rotation von B kann nun

$$\begin{aligned}
(\nabla \times B)_i &= \epsilon_{ijk}\partial_j B_k = \epsilon_{ijk}\partial_j\epsilon_{klm}\partial_l A_m = \epsilon_{kij}\epsilon_{klm}\partial_j\partial_l A_m \\
&= (\delta_{il}\delta_{jm} - \delta_{im}\delta_{jl})\partial_j\partial_l A_m = \partial_i(\partial_j A_j) - \partial_j\partial_j A_i \\
&= (\nabla(\nabla \cdot A))_i - \Delta A_i = (\nabla(\nabla \cdot A) - \Delta A)_i
\end{aligned}$$

gefunden werden. In der Coulomb-Eichung $\nabla \cdot A = 0$ kann somit die Poisson-Gleichung

$$-\Delta A = \mu_0 j \quad \Rightarrow \quad \Delta A = -\mu_0 j$$

gefunden werden.

(b) **(4 Punkte)** Finden Sie die integrale Form der Differentialgleichung aus Teilaufgabe (a), indem Sie ausnutzen, dass die Green'sche Funktion des Laplace-Operators durch $-\frac{1}{4\pi r}$ gegeben ist.

Lösungsvorschlag:
Da der Zusammenhang

$$\Delta\left(-\frac{1}{4\pi r}\right) = \delta^{(3)}(\boldsymbol{r})$$

und somit auch

$$\Delta\frac{1}{|\boldsymbol{r}-\boldsymbol{r}'|} = -4\pi\delta^{(3)}(\boldsymbol{r}-\boldsymbol{r}')$$

gilt, kann der Ansatz

$$\boldsymbol{A} = \frac{\mu_0}{4\pi}\iiint \mathrm{d}^3 r' \frac{\boldsymbol{j}(\boldsymbol{r}')}{|\boldsymbol{r}-\boldsymbol{r}'|}$$

gemacht werden. Wird dies in die Poisson-Gleichung eingesetzt, so kann

$$\Delta\boldsymbol{A} = \frac{\mu_0}{4\pi}\iiint \mathrm{d}^3 r'\boldsymbol{j}(\boldsymbol{r}')\Delta\frac{1}{|\boldsymbol{r}-\boldsymbol{r}'|}$$
$$= \frac{\mu_0}{4\pi}\iiint \mathrm{d}^3 r'\boldsymbol{j}(\boldsymbol{r}')(-4\pi\delta^{(3)}(\boldsymbol{r}-\boldsymbol{r}')) = -\mu_0\boldsymbol{j}(\boldsymbol{r})$$

gefunden werden. Somit handelt es sich bei

$$\boldsymbol{A} = \frac{\mu_0}{4\pi}\iiint \mathrm{d}^3 r' \frac{\boldsymbol{j}(\boldsymbol{r}')}{|\boldsymbol{r}-\boldsymbol{r}'|}$$

um die integrale Form der Poisson-Gleichung.

(c) **(5 Punkte)** Bestimmen Sie die Rotation des in Teilaufgabe (b) gefunden Ausdrucks und machen Sie von dem Zusammenhang

$$\boldsymbol{\nabla}\times(\phi\boldsymbol{V}) = \phi(\boldsymbol{\nabla}\times\boldsymbol{V}) - \boldsymbol{V}\times(\boldsymbol{\nabla}\phi)$$

Gebrauch, um das Biot-Savart'sche Gesetz (3.2) herzuleiten.

Lösungsvorschlag:
Die Rotation von $\boldsymbol{A}$ aus Teilaufgabe (b) ist zunächst durch

$$\boldsymbol{\nabla}\times\boldsymbol{A} = \frac{\mu_0}{4\pi}\iiint \mathrm{d}^3 r' \boldsymbol{\nabla}\times\frac{\boldsymbol{j}(\boldsymbol{r}')}{|\boldsymbol{r}-\boldsymbol{r}'|}$$

gegeben. $\boldsymbol{j}(\boldsymbol{r}')$ nimmt im gegebenen Zusammenhang

$$\boldsymbol{\nabla}\times(\phi\boldsymbol{V}) = \phi(\boldsymbol{\nabla}\times\boldsymbol{V}) - \boldsymbol{V}\times(\boldsymbol{\nabla}\phi)$$

die Rolle des Vektorfeldes V ein, während $\frac{1}{|\boldsymbol{r}-\boldsymbol{r}'|}$ die Rolle des Skalarfeldes übernimmt. Da $\boldsymbol{j}$ nur von $\boldsymbol{r}'$ und nicht von $\boldsymbol{r}$ abhängt, ist es bezüglich der betrachteten Ableitungen konstant und seine Ableitung verschwindet damit. Aus diesem Grund lässt sich der Ausdruck weiter auf

$$\nabla \times \boldsymbol{A} = -\frac{\mu_0}{4\pi} \iiint \mathrm{d}^3 r' \, \boldsymbol{j}(\boldsymbol{r}') \times \left(\nabla \frac{1}{|\boldsymbol{r}-\boldsymbol{r}'|} \right)$$

umformen. Der auftretende Gradient lässt sich durch

$$\nabla \frac{1}{|\boldsymbol{r}-\boldsymbol{r}'|} = -\frac{1}{|\boldsymbol{r}-\boldsymbol{r}'|^2} \nabla |\boldsymbol{r}-\boldsymbol{r}'| = -\frac{\boldsymbol{r}-\boldsymbol{r}'}{|\boldsymbol{r}-\boldsymbol{r}'|^3}$$

bestimmen. Somit kann wegen $\boldsymbol{B} = \nabla \times \boldsymbol{A}$ das Biot-Savart'sche Gesetz (3.2)

$$\boldsymbol{B}(\boldsymbol{r}) = \frac{\mu_0}{4\pi} \iiint \mathrm{d}^3 r' \, \boldsymbol{j}(\boldsymbol{r}') \times \frac{\boldsymbol{r}-\boldsymbol{r}'}{|\boldsymbol{r}-\boldsymbol{r}'|^3}$$

gefunden werden.

Im weiteren Aufgabenteil soll das Biot-Savart'sche Gesetz angewandt werden, um die magnetische Flussdichte einer im Uhrzeigersinn mit konstantem Strom I durchflossenen kreisförmigen Leiterschleife mit Radius R in der xy-Ebene zu bestimmen. Der Mittelpunkt der Leiterschleife soll dabei mit dem Ursprung des Koordinatensystems zusammenfallen.

(d) **(2 Punkte)** Stellen Sie die Stromdichte $\boldsymbol{j}(\boldsymbol{r})$ in Zylinderkoordinaten auf.

Lösungsvorschlag:
In Zylinderkoordinaten muss die Stromdichte durch die Einheitsvektoren $\hat{\boldsymbol{e}}_s$, $\hat{\boldsymbol{e}}_\varphi$ und $\hat{\boldsymbol{e}}_z$ dargestellt werden. Da der Strom in der xy-Ebene auf einem Kreis fließt, wird $\boldsymbol{j}$ parallel zu $\hat{\boldsymbol{e}}_\varphi$ sein. Der Strom befindet sich in einem infinitesimal kleinen Intervall entlang der $\hat{\boldsymbol{e}}_s$-Achse mit dem Zentrum R, so dass die Stromdichte den Faktor $\delta(s-R)$ beinhalten muss. Der Strom befindet sich in der xy-Ebene und damit in einem infinitesimal kleinen Intervall auf der z-Achse mit dem Zentrum bei $z = 0$. Daher muss die Stromdichte auch den Faktor $\delta(z)$ beinhalten. Diese beiden Delta-Funktionen sorgen bereits dafür, dass der Ausdruck einen dimensionalen Faktor L^{-2} beinhaltet. Da die Stromdichte als Strom pro Fläche definiert ist, ist der Ansatz

$$\boldsymbol{j}(\boldsymbol{r}) = I\delta(s-R)\,\delta(z)\,\hat{\boldsymbol{e}}_\varphi$$

sinnvoll. Tatsächlich lässt sich um den infinitesimal dünnen Draht eine kleine Fläche in der sz-Ebene betrachten. Bei einer Integration der Stromdichte über diese Fläche ergibt sich die Stromstärke I, weshalb der gefundene Ausdruck die Stromdichte beschreiben muss.

(e) **(3 Punkte)** Bestimmen Sie nun mit Hilfe des Biot-Savart'schen Gesetz (3.2) die magnetische Flussdichte $\boldsymbol{B}(\boldsymbol{r})$ für einen Punkt auf der z-Achse.

Lösungsvorschlag:
Da sich der Ortsvektor in Zylinderkoordinaten durch

$$\boldsymbol{r} = s\hat{\boldsymbol{e}}_s + z\hat{\boldsymbol{e}}_z$$

ausdrücken lässt und die z-Achse für $\boldsymbol{r}$ und $\boldsymbol{r}'$ übereinstimmen, kann das Integral zunächst zu

$$\boldsymbol{B}(z) = \frac{\mu_0}{4\pi} \iiint \mathrm{d}^3 r' \, I\delta(s'-R)\,\delta(z')\,\hat{\boldsymbol{e}}_{\varphi'} \times \frac{z\hat{\boldsymbol{e}}_z - s'\hat{\boldsymbol{e}}_{s'} - z'\hat{\boldsymbol{e}}_z}{|z\hat{\boldsymbol{e}}_z - s'\hat{\boldsymbol{e}}_{s'} - z'\hat{\boldsymbol{e}}_z|^3}$$

$$= \frac{\mu_0 I R}{4\pi} \int_0^{2\pi} \mathrm{d}\varphi' \, \hat{\boldsymbol{e}}_{\varphi'} \times \frac{z\hat{\boldsymbol{e}}_z - R\hat{\boldsymbol{e}}_{s'}}{|z\hat{\boldsymbol{e}}_z - R\hat{\boldsymbol{e}}_{s'}|^3} = \frac{\mu_0 I R}{4\pi} \int_0^{2\pi} \mathrm{d}\varphi' \, \frac{z\hat{\boldsymbol{e}}_{s'} + R\hat{\boldsymbol{e}}_z}{|z\hat{\boldsymbol{e}}_z - R\hat{\boldsymbol{e}}_{s'}|^3}$$

bestimmt werden. Dabei wurde im letzten Schritt ausgenutzt, dass $\hat{\boldsymbol{e}}_{\varphi'} \times \hat{\boldsymbol{e}}_z = \hat{\boldsymbol{e}}_{s'}$ und $\hat{\boldsymbol{e}}_{\varphi'} \times \hat{\boldsymbol{e}}_{s'} = -\hat{\boldsymbol{e}}_z$ gelten. Der auftretende Betrag kann durch

$$|z\hat{\boldsymbol{e}}_z - R\hat{\boldsymbol{e}}_{s'}|^2 = z^2 + R^2 - 2zR\,\hat{\boldsymbol{e}}_z \cdot \hat{\boldsymbol{e}}_{s'} = z^2 + R^2$$

bestimmt werden. Er ist von φ' unabhängig und kann daher vor das Integral gezogen werden. Somit verbleibt

$$\boldsymbol{B}(z\hat{\boldsymbol{e}}_z) = \frac{\mu_0}{4\pi} \cdot \frac{IR}{(z^2 + R^2)^{3/2}} \int_0^{2\pi} \mathrm{d}\varphi' \, (z\hat{\boldsymbol{e}}_{s'} + R\hat{\boldsymbol{e}}_z)$$

als zu bestimmendes Integral. Da der Einheitsvektor $\hat{\boldsymbol{e}}_{s'}$ durch

$$\hat{\boldsymbol{e}}_{s'} = \begin{pmatrix} \cos(\phi') \\ \sin(\phi') \\ 0 \end{pmatrix}$$

gegeben ist, wird er bei einer Integration über φ null werden. Somit kann das Integral weiter gelöst werden, um

$$\boldsymbol{B}(z) = \frac{\mu_0}{4\pi} \cdot \frac{IR}{(z^2 + R^2)^{3/2}} \int_0^{2\pi} \mathrm{d}\varphi' \, R\hat{\boldsymbol{e}}_z = \frac{\mu_0 I}{2} \cdot \frac{R^2}{(z^2 + R^2)^{\frac{3}{2}}} \hat{\boldsymbol{e}}_z$$

zu erhalten.

Nehmen Sie nun an, es gäbe zwei solche Leiterschleifen, welche symmetrisch angeordnet sind und die Mittelpunkten $a\hat{\boldsymbol{e}}_z$ und $-a\hat{\boldsymbol{e}}_z$ besitzen.

(f) **(8 Punkte)** Bestimmen Sie $\frac{\mathrm{d}B_z}{\mathrm{d}z}$ und $\frac{\mathrm{d}^2 B_z}{\mathrm{d}z^2}$ für alle Punkte auf der z-Achse. Finden Sie dann die Werte für $z = 0$ und legen Sie eine Bedingung für a fest, damit sich

$$\left. \frac{\mathrm{d}^2 B_z}{\mathrm{d}z^2} \right|_{z=0} = 0$$

ergibt. Welchen Wert nimmt $B_z(0)$ in diesem Fall an?

Lösungsvorschlag:
Wird die Leiterschleife entlang der z-Achse um $\pm a$ verschoben, so muss z durch $z \mp a$ ersetzt werden. Damit lässt sich festhalten, dass nach dem Superpositionsprinzip $B_z(z)$ durch

$$B_z(z) = \frac{\mu_0 I R^2}{2} \left(\frac{1}{((z-a)^2 + R^2)^{\frac{3}{2}}} + \frac{1}{((z+a)^2 + R^2)^{\frac{3}{2}}} \right)$$

gegeben sein muss. Die erste Ableitung kann damit zu

$$\frac{\mathrm{d}B_z}{\mathrm{d}z} = \frac{\mu_0 I R^2}{2} \left(-\frac{3}{2} \right) \cdot \left(\frac{2(z-a)}{((z-a)^2 + R^2)^{\frac{5}{2}}} + \frac{2(z+a)}{((z+a)^2 + R^2)^{\frac{5}{2}}} \right)$$

$$= -\frac{3\mu_0 I R^2}{2} \left(\frac{z-a}{((z-a)^2 + R^2)^{\frac{5}{2}}} + \frac{z+a}{((z+a)^2 + R^2)^{\frac{5}{2}}} \right)$$

ermittelt werden. An der Stelle $z = 0$ nimmt dies den Wert

$$\left. \frac{\mathrm{d}B_z}{\mathrm{d}z} \right|_{z=0} = -\frac{3\mu_0 I R^2}{2} \left(\frac{-a}{(a^2 + R^2)^{\frac{5}{2}}} + \frac{a}{((a^2 + R^2)^{\frac{5}{2}}} \right) = 0$$

an. Die zweite Ableitung kann mit

$$\frac{\mathrm{d}}{\mathrm{d}z} \frac{z \pm a}{((z \pm a)^2 + R^2)^{\frac{5}{2}}} = \frac{((z \pm a)^2 + R^2)^{\frac{5}{2}} - (z \pm a)\frac{5}{2}2(z \pm a)((z \pm a)^2 + R^2)^{\frac{3}{2}}}{((z \pm a)^2 + R^2)^{\frac{10}{2}}}$$

$$= \frac{((z \pm a)^2 + R^2) - (z \pm a)5(z \pm a)}{((z \pm a)^2 + R^2)^{\frac{7}{2}}} = \frac{R^2 - 4(z \pm a)^2}{((z \pm a)^2 + R^2)^{\frac{7}{2}}}$$

durch

$$\frac{\mathrm{d}^2 B_z}{\mathrm{d}z^2} = -\frac{3\mu_0 I R^2}{2} \left(\frac{R^2 - 4(z-a)^2}{((z-a)^2 + R^2)^{\frac{7}{2}}} + \frac{R^2 - 4(z+a)^2}{((z+a)^2 + R^2)^{\frac{7}{2}}} \right)$$

bestimmt werden. An der Stelle $z = 0$ nimmt diese Ableitung die Form

$$\left. \frac{\mathrm{d}^2 B_z}{\mathrm{d}z^2} \right|_{z=0} = -\frac{3\mu_0 I R^2}{2} \left(\frac{R^2 - 4a^2}{(a^2 + R^2)^{\frac{7}{2}}} + \frac{R^2 - 4a^2}{(a^2 + R^2)^{\frac{7}{2}}} \right)$$

$$= -\frac{3\mu_0 I R^2}{(a^2 + R^2)^{\frac{7}{2}}} \left(R^2 - 4a^2 \right)$$

an. Diese wird null, wenn die Bedingung

$$4a^2 = R^2 \quad \Rightarrow \quad a^2 = \frac{R^2}{4} \quad \Rightarrow \quad a = \frac{R}{2}$$

erfüllt ist. Mit dieser Bedingung lässt sich dann

$$B_z(z) = \frac{\mu_0 I R^2}{2}\left(\frac{1}{((z-R/2)^2+R^2)^{\frac{3}{2}}} + \frac{1}{((z+R/2)^2+R^2)^{\frac{3}{2}}}\right)$$

und somit

$$B_z(0) = \frac{\mu_0 I R^2}{2}\left(\frac{1}{((R/2)^2+R^2)^{\frac{3}{2}}} + \frac{1}{((R/2)^2+R^2)^{\frac{3}{2}}}\right)$$

$$= \frac{\mu_0 I R^2}{R^3\left(\frac{5}{4}\right)^{3/2}} = \frac{8\mu_0 I}{R\sqrt{5^3}} = \frac{8\mu_0 I}{R\sqrt{125}}$$

bestimmen.

Nicht gefragt:
Eine solche Anordnung wird als Helmholtz-Spulenpaar bezeichnet. Üblicherweise wird ein Draht dabei mehrmals gewunden, so dass bei N Windungen die magnetische Flussdichte durch

$$B_z(0) = \frac{8\mu_0 N I}{R\sqrt{125}}$$

gegeben ist. Da es sich bei $B_z(z)$ um eine gerade Funktion handelt, muss nicht nur die erste, sondern auch die dritte Ableitung null sein. Das bedeutet, bei Punkten nahe $z = 0$ ist die magnetische Flussdichte nahezu konstant und variiert erst in der vierten Ordnung von z. Solche Spulenpaare werden verwendet, um möglichst homogene Felder zu erzeugen.

Aufgabe 4 **25 *Punkte***

Relativistische Bewegung im Magnetfeld

In dieser Aufgabe soll die relativistische Bewegung eines Teilchens der Ruhemasse m und der Ladung q in einem homogenen Magnetfeld mit magnetischer Flussdichte $\boldsymbol{B} = B\hat{\boldsymbol{e}}_z$ betrachtet werden.

(a) **(5 Punkte)** Bestimmen Sie zunächst die Matrix-Form des Feldstärketensors

$$F_{\mu\nu} = \partial_\mu A_\nu - \partial_\nu A_\mu$$

und $F^{\mu\nu}$, wobei $A^\mu = \left(\frac{\phi}{c} \quad \boldsymbol{A} \right)^T$ die elektromagnetischen Potentiale darstellen. Drücken Sie Ihr Ergebnis durch die Komponenten der elektrischen Feldstärke $\boldsymbol{E}$ und der magnetischen Flussdichte $\boldsymbol{B}$ aus.

Lösungsvorschlag:
Zunächst ist zu bemerken, dass der kovariante Ausdruck für das Vierer-Potential durch $A_\mu = \left(\frac{\phi}{c} \quad -\boldsymbol{A}^T \right)$ gegeben ist. Die kovariante Form der Ableitung ist hingegen durch $\partial_\mu = \left(\frac{1}{c}\partial_t \quad \boldsymbol{\nabla}^T \right)$ gegeben. Der Feldstärketensor ist antisymmetrisch, so dass alle Diagonalelemente null sind und nur die sechs Komponenten oberhalb der Diagonale betrachtet werden müssen. So lässt sich zunächst

$$F_{0i} = \partial_0 A_i - \partial_i A_0 = \frac{1}{c}\partial_t(-\boldsymbol{A}_i) - \boldsymbol{\nabla}_i \frac{\phi}{c} = \frac{1}{c}\left(-\boldsymbol{\nabla}\phi - \frac{\partial \boldsymbol{A}}{\partial t} \right)_i = \frac{\boldsymbol{E}_i}{c}$$

bestimmen. Daneben kann auch

$$F_{ij} = \partial_i A_j - \partial_j A_i = -\boldsymbol{\nabla}_i \boldsymbol{A}_j + \boldsymbol{\nabla}_j \boldsymbol{A}_i$$

gefunden werden. Da nun aber auch

$$\epsilon_{ijk}\boldsymbol{B}_k = \epsilon_{ijk}\epsilon_{klm}\boldsymbol{\nabla}_l \boldsymbol{A}_m = \boldsymbol{\nabla}_i \boldsymbol{A}_j - \boldsymbol{\nabla}_j \boldsymbol{A}_i$$

gilt, kann dies auch durch

$$F_{ij} = -\epsilon_{ijk}\boldsymbol{B}_k$$

ausgedrückt werden. Damit nimmt der Feldstärketensor mit zwei kovarianten Indizes die Matrixform

$$F_{\mu\nu} = \begin{pmatrix} 0 & \boldsymbol{E}_x/c & \boldsymbol{E}_y/c & \boldsymbol{E}_y/c \\ -\boldsymbol{E}_x/c & 0 & -\boldsymbol{B}_z & \boldsymbol{B}_y \\ -\boldsymbol{E}_y/c & \boldsymbol{B}_z & 0 & -\boldsymbol{B}_x \\ -\boldsymbol{E}_z/c & -\boldsymbol{B}_y & \boldsymbol{B}_x & 0 \end{pmatrix}$$

an. Um den Feldstärketensor mit zwei kontravarianten Indizes zu erhalten, muss der Ausdruck

$$F^{\mu\nu} = \eta^{\mu\alpha} F_{\alpha\beta} \eta^{\beta\nu}$$

berechnet werden. Da die Metrik die Form $\eta_{\mu\nu} = \mathrm{diag}(1, -1, -1, -1)$ hat, ändert sich das Vorzeichen der Komponenten F_{ij} zweimal, während sich das Vorzeichen der Komponenten F_{0i} nur einmal ändert. Daher muss die Form mit zwei kontravarianten Indizes durch

$$F^{\mu\nu} = \begin{pmatrix} 0 & -\boldsymbol{E}_x/c & -\boldsymbol{E}_y/c & -\boldsymbol{E}_y/c \\ \boldsymbol{E}_x/c & 0 & -\boldsymbol{B}_z & \boldsymbol{B}_y \\ \boldsymbol{E}_y/c & \boldsymbol{B}_z & 0 & -\boldsymbol{B}_x \\ \boldsymbol{E}_z/c & -\boldsymbol{B}_y & \boldsymbol{B}_x & 0 \end{pmatrix}$$

gegeben sein.

(b) **(3 Punkte)** Zeigen Sie nun, dass sich die Bewegungsgleichung

$$m\frac{\mathrm{d}u^{\mu}}{\mathrm{d}\tau} = qF^{\mu\nu}u_{\nu}$$

im nicht-relativistischen Grenzfall auf die Bewegung einer Ladung mit einwirkender Lorentz-Kraft

$$\boldsymbol{F}_{\mathrm{L}} = q(\boldsymbol{E} + \boldsymbol{v} \times \boldsymbol{B})$$

reduziert. Dabei beschreibt $u^{\mu} = \frac{\mathrm{d}x^{\mu}}{\mathrm{d}\tau}$ die Vierer-Geschwindigkeit.

Lösungsvorschlag:
Die Vierer-Geschwindigkeit ist durch

$$u^{\mu} = \begin{pmatrix} \gamma c \\ \gamma \boldsymbol{v} \end{pmatrix} \qquad u_{\nu} = \begin{pmatrix} \gamma c & -\gamma \boldsymbol{v}^T \end{pmatrix}$$

gegeben. Damit lässt sich für $\mu = i$ der Ausdruck

$$m\frac{\mathrm{d}u^i}{\mathrm{d}\tau} = m\frac{\mathrm{d}}{\mathrm{d}\tau}\gamma \boldsymbol{v}_i$$

$$= qF^{i\nu}u_{\nu} = q(F^{i0}u_0 + F^{ij}u_j) = q\frac{\boldsymbol{E}_i}{c}\gamma c + q(-\epsilon_{ijk}\boldsymbol{B}_k)(-\gamma \boldsymbol{v}_j)$$

$$= \gamma q\boldsymbol{E}_i + \gamma q\epsilon_{ijk}\boldsymbol{v}_j\boldsymbol{B}_k = \gamma q(\boldsymbol{E} + (\boldsymbol{v} \times \boldsymbol{B}))_i = \gamma(\boldsymbol{F}_{\mathrm{L}})_i$$

finden. Im nicht-relativistischen Grenzfall ist nun $\gamma \approx 1$ und $\mathrm{d}\tau \approx \mathrm{d}t$. Damit kann schlussendlich

$$m\frac{\mathrm{d}\boldsymbol{v}_i}{\mathrm{d}t} = \frac{\mathrm{d}}{\mathrm{d}t}m\boldsymbol{v}_i = (\boldsymbol{F}_{\mathrm{L}})_i$$

gefunden werden.

(c) (**2 Punkte**) Bestimmen Sie aus dem Potential $A^\mu = \begin{pmatrix} 0 & -yB/2 & xB/2 & 0 \end{pmatrix}^T$ den Feldstärketensor $F^{\mu\nu}$ und zeigen Sie so, dass dadurch ein homogenes Magnetfeld der Flussdichte B entlang der z-Achse beschrieben wird.

Lösungsvorschlag:
Die einzigen nicht verschwindenden Ableitungen des gegebenen Potentials sind durch

$$\partial_2 A_1 = \frac{\partial}{\partial y}\left(\frac{yB}{2}\right) = \frac{B}{2} \qquad \partial_1 A_2 = \frac{\partial}{\partial x}\left(-\frac{xB}{2}\right) = -\frac{B}{2}$$

gegeben. Damit kann die einzige nicht verschwindende Komponente des Feldstärketensors durch

$$F_{12} = -F_{21} = \partial_1 A_2 - \partial_2 A_1 = -B$$

bestimmt werden. Wie ein Vergleich mit Teilaufgabe (a) zeigt, handelt es sich bei F_{12} um das negative der z-Komponente der magnetischen Flussdichte. Damit handelt es sich bei dem Feld, welches aus dem gegebenen Potential erzeugt wird, um ein homogenes Magnetfeld mit Flussdichte B entlang der z-Achse. Der Feldstärketensor kann damit als

$$F^{\mu\nu} = \begin{pmatrix} 0 & 0 & 0 & 0 \\ 0 & 0 & -B & 0 \\ 0 & B & 0 & 0 \\ 0 & 0 & 0 & 0 \end{pmatrix}$$

geschrieben werden.

(d) (**3 Punkte**) Stellen Sie die Bewegungsgleichung des Teilchens auf und ermitteln Sie diese explizit für jede Komponente von u^μ.

Lösungsvorschlag:
Die Bewegungsgleichung muss nach Teilaufgabe (b) durch

$$m\frac{\mathrm{d}u^\mu}{\mathrm{d}\tau} = qF^{\mu\nu}u_\nu$$

gegeben sein. Da $F^{0\nu}$ und $F^{3\nu}$ stets null sind, können sehr schnell die entsprechenden Gleichungen

$$m\frac{\mathrm{d}u^0}{\mathrm{d}\tau} = 0 \qquad m\frac{\mathrm{d}u^3}{\mathrm{d}\tau} = 0$$

gefunden werden. Für u^1 muss hingegen

$$m\frac{\mathrm{d}u^1}{\mathrm{d}\tau} = qF^{1\nu}u_\nu = qF^{12}u_2 = q(-B)(-u^2) = qBu^2 \quad \Rightarrow \quad \frac{\mathrm{d}u^1}{\mathrm{d}\tau} = \frac{qB}{m}u^2$$

betrachtet werden. Ebenso kann

$$m\frac{\mathrm{d}u^2}{\mathrm{d}\tau} = qF^{2\nu}u_\nu = qF^{21}u_1 = qB(-u^1) = -qBu^1 \quad \Rightarrow \quad \frac{\mathrm{d}u^2}{\mathrm{d}\tau} = -\frac{qB}{m}u^1$$

gefunden werden.

(e) **(6 Punkte)** Lösen Sie die in Teilaufgabe (d) gefundene Bewegungsgleichungen mit den Anfangsbedingungen $x^\mu(0) = \begin{pmatrix} 0 & 0 & 0 & 0 \end{pmatrix}^T$ und $u^\mu(0) = \begin{pmatrix} \gamma c & 0 & \gamma v_0 & 0 \end{pmatrix}^T$ und $\gamma^{-2} = 1 - \frac{v_0^2}{c^2}$. Zeigen Sie so, dass sich das Teilchen auf einer Kreisbahn bewegt und bestimmen Sie deren Radius als Funktion des relativistischen Impulses $\boldsymbol{p}$.

Lösungsvorschlag:
Zunächst wird aus den Gleichungen

$$\frac{\mathrm{d}u^0}{\mathrm{d}\tau} = \frac{\mathrm{d}u^3}{\mathrm{d}\tau} = 0$$

und den Anfangsbedingungen $u^0(0) = \gamma c$ und $u^3(0) = 0$ klar, dass

$$u^0(\tau) = \gamma c \qquad u^3(\tau) = 0$$

gelten muss. Damit kann dann durch

$$x^\mu(\tau) = x^\mu(0) + \int_0^\tau \mathrm{d}\tau'\; u^\mu(\tau')$$

auch direkt

$$x^0(\tau) = \gamma c\tau \qquad x^3(\tau) = 0$$

gefunden werden. Um eine Lösung für u^1 und u^2 zu finden, bietet es sich an, die Gleichung

$$\frac{\mathrm{d}^2 u^1}{\mathrm{d}\tau^2} = \frac{qB}{m}\frac{\mathrm{d}u^2}{\mathrm{d}\tau} = -\left(\frac{qB}{m}\right)^2 u^1$$

zu betrachten. Diese ist die Bewegungsgleichung eines harmonischen Oszillators mit Kreisfrequenz $\omega = \frac{qB}{m}$ und wird durch

$$u^1(\tau) = A\cos(\omega\tau) + B\sin(\omega\tau)$$

gelöst. [1] Hieraus lässt sich mit dem Zusammenhang

$$u^2 = \frac{m}{qB}\frac{\mathrm{d}u^1}{\mathrm{d}\tau} = \frac{1}{\omega}\frac{\mathrm{d}u^1}{\mathrm{d}\tau}$$

---

[1] Die gefundene Kreisfrequenz wird auch als Zyklotronfrequenz bezeichnet.

direkt u^2 als

$$u^2 = \frac{1}{\omega}(-A\omega \sin(\omega\tau) + B\omega \cos(\omega\tau)) = -A\sin(\omega\tau) + B\cos(\omega\tau)$$

bestimmen. Die Konstanten A und B lassen sich mit den Anfangsbedingungen $u^1(0) = 0$ und $u^2(0) = \gamma v_0$ zu

$$A = 0 \qquad B = \gamma v_0$$

bestimmen, so dass die Lösungen durch

$$u^1(\tau) = \gamma v_0 \sin(\omega\tau) \qquad u^2(\tau) = \gamma v_0 \cos(\omega\tau)$$

gegeben sind. Hieraus lassen sich mit den Anfangsbedingungen $x^1(0) = 0$ und $x^2(0) = 0$ auch

$$x^1(\tau) = \gamma v_0 \int_0^\tau d\tau' \ \sin(\omega\tau') = -\frac{\gamma v_0}{\omega}(\cos(\omega\tau) - 1)$$

$$x^2(\tau) = \gamma v_0 \int_0^\tau d\tau' \ \cos(\omega\tau') = \frac{\gamma v_0}{\omega}\sin(\omega\tau)$$

bestimmen. Es handelt sich um eine Kreisbahn mit dem Radius

$$R = \frac{\gamma v_0}{\omega} = \frac{\gamma m v_0}{qB} = \frac{p}{qB}$$

und Mittelpunkt $(R, 0)$ in der xy-Ebene. Das darin auftretende p ist der Betrag des relativistischen Impulses des Teilchens. An der gefundenen Lösung lässt sich auch erkennen, dass ein positiv geladenes Teilchen eine Bahn im Uhrzeigersinn beschreibt, während sich ein negativ geladenes Teilchen gegen den Uhrzeigersinn bewegt.

(f) **(6 Punkte)** Betrachten Sie nun einen Lorentz-Boost entlang der z-Achse mit der Geschwindigkeit $-w$. Bestimmen Sie $F'^{\mu\nu}$, u'^μ und x'^μ. Wie transformieren sich die Feldstärken und Anfangsbedingungen? Vergleichen Sie die Situation im gestrichenen Inertialsystem I' und im ungestrichenen Inertialsystem I.

Lösungsvorschlag:
Mit

$$\beta_z = \frac{w}{c} \qquad \gamma_z = \frac{1}{\sqrt{1 - \beta_z^2}}$$

lässt sich der Lorentz-Boost durch

$$\Lambda^\mu{}_\nu = \begin{pmatrix} \gamma_z & 0 & 0 & \gamma_z\beta_z \\ 0 & 1 & 0 & 0 \\ 0 & 0 & 1 & 0 \\ \gamma_z\beta_z & 0 & 0 & \gamma_z \end{pmatrix}$$

ausdrücken. Die Geschwindigkeit im gestrichenen Koordinatensystem kann somit zu

$$
u'^\mu = \Lambda^\mu{}_\nu u^\nu = \begin{pmatrix} \gamma_z & 0 & 0 & \gamma_z\beta_z \\ 0 & 1 & 0 & 0 \\ 0 & 0 & 1 & 0 \\ \gamma_z\beta_z & 0 & 0 & \gamma_z \end{pmatrix} \begin{pmatrix} \gamma c \\ \gamma v_0 \sin(\omega\tau) \\ \gamma v_0 \cos(\omega\tau) \\ 0 \end{pmatrix} = \begin{pmatrix} \gamma\gamma_z c \\ \gamma v_0 \sin(\omega\tau) \\ \gamma v_0 \cos(\omega\tau) \\ \gamma\gamma_z w \end{pmatrix}
$$

bestimmt werden. Da dies der Form

$$
u'^\mu = \begin{pmatrix} \gamma' c \\ \gamma' \boldsymbol{v}' \end{pmatrix}
$$

entsprechen muss, lässt sich $\gamma' = \gamma\gamma_z$ ablesen, womit

$$
v'_0 = \frac{v_0}{\gamma_z}
$$

gelten muss. Ebenso lässt sich

$$
x'^\mu \Lambda^\mu{}_\nu x^\nu = \begin{pmatrix} \gamma_z & 0 & 0 & \gamma_z\beta_z \\ 0 & 1 & 0 & 0 \\ 0 & 0 & 1 & 0 \\ \gamma_z\beta_z & 0 & 0 & \gamma_z \end{pmatrix} \begin{pmatrix} \gamma c\tau \\ R(1 - \cos(\omega\tau)) \\ R\sin(\omega\tau) \\ 0 \end{pmatrix} = \begin{pmatrix} \gamma\gamma_z c\tau \\ R(1 - \cos(\omega\tau)) \\ R\sin(\omega\tau) \\ \gamma\gamma_z w\tau \end{pmatrix}
$$

bestimmen. Für den Feldstärketensor muss

$$
F'^{\mu\nu} = \Lambda^\mu{}_\alpha \Lambda^\nu{}_\beta F^{\alpha\beta} = \Lambda^\mu{}_\alpha F^{\alpha\beta} (\Lambda^T){}_\beta{}^\nu
$$

betrachtet werden, was sich durch

$$
F'^{\mu\nu} = \begin{pmatrix} \gamma_z & 0 & 0 & \gamma_z\beta_z \\ 0 & 1 & 0 & 0 \\ 0 & 0 & 1 & 0 \\ \gamma_z\beta_z & 0 & 0 & \gamma_z \end{pmatrix} \begin{pmatrix} 0 & 0 & 0 & 0 \\ 0 & 0 & -B & 0 \\ 0 & B & 0 & 0 \\ 0 & 0 & 0 & 0 \end{pmatrix} \begin{pmatrix} \gamma_z & 0 & 0 & \gamma_z\beta_z \\ 0 & 1 & 0 & 0 \\ 0 & 0 & 1 & 0 \\ \gamma_z\beta_z & 0 & 0 & \gamma_z \end{pmatrix}
$$

$$
= \begin{pmatrix} 0 & 0 & 0 & 0 \\ 0 & 0 & -B & 0 \\ 0 & B & 0 & 0 \\ 0 & 0 & 0 & 0 \end{pmatrix}
$$

bestimmen lässt. Damit zeigt sich, dass die magnetische Flussdichte beim Boosten entlang der z-Achse unverändert bleibt.

Im Vergleich zum ungestrichenen Bezugsystem finden sich in I' also die gleiche Flussdichte mit der leicht veränderten Anfangsbedingung $v'_0 = \frac{v_0}{\gamma_z}$. Das bedeutet, ein Problem, bei dem sich das Teilchen zusätzlich in z-Richtung bewegt, kann dadurch gelöst werden, dass zunächst die Lösung in einem Bezugssystem gefunden wird, in dem $v_z = 0$ ist und anschließend ein Boost in das ursprüngliche Bezugssystem vorgenommen wird.

4 Klausur IV – Elektrodynamik – Einfach

Im Kurzfragebogen dieser Klausur werden zwei in Reihe geschaltete Kondensatoren, der zweite Integralsatz von Green, die Stetigkeitsbedingung der Tangentialkomponente des elektrischen Feldes, das elektrische Feld einer homogen geladenen Kugel und zusätzliche Terme in der Lagrange-Dichte der Elektrodynamik betrachtet. Aufgabe 2 behandelt das spezielle Modell der Lorentz-Oszillatoren zur Beschreibung von Atomen in linearen Medien, um deren Permittivität und damit deren Brechungsindex bestimmen zu können. Aufgabe 3 untersucht das magnetische Feld kreisförmiger Ströme in großer Entfernung mit Hilfe der Multipolentwicklung. In Aufgabe 4 soll das elektrische Feld einer Punktladung in Anwesenheit einer geerdeten Platte mittels Spiegelladungen bestimmt werden, um die Green'sche Funktion dieses speziellen Randwertproblems zu ermitteln.

Überblick

4.1   Aufgaben zur Klausur IV – Elektrodynamik – Einfach 171
       Aufgabe **1 - Kurzfragen** 171
       Aufgabe **2 - Lorentz-Oszillator** 172
       Aufgabe **3 - Multipolentwicklung von Kreisströmen** 173
       Aufgabe **4 - Spiegelladungen an geerdeter Platte** 175
4.2   Hinweise zur Klausur IV – Elektrodynamik – Einfach 177
4.3   Lösung zur Klausur IV – Elektrodynamik – Einfach 181
       Aufgabe **1 - Kurzfragen** 181
       Aufgabe **2 - Lorentz-Oszillator** 185
       Aufgabe **3 - Multipolentwicklung von Kreisströmen** 191
       Aufgabe **4 - Spiegelladungen an geerdeter Platte** 198

© Der/die Autor(en), exklusiv lizenziert an
Springer-Verlag GmbH, DE, ein Teil von Springer Nature 2025
M. Eichhorn, *Prüfungstraining Theoretische Physik – Elektrodynamik,*
https://doi.org/10.1007/978-3-662-71709-7_5

4.1 Aufgaben zur Klausur IV – Elektrodynamik – Einfach

Aufgabe 1   **25 *Punkte***

Kurzfragen

Schlagwörter:
Elektrische Bauteile, Vektoranalysis, Stetigkeitsbedingungen, Gauß'sches Gesetz, Lagrange-Formalismus

(a) **(5 Punkte)** Betrachten Sie einen Gleichstromkreis, in dem zwei Kondensatoren C_1 und C_2 in Reihe geschaltet sind. Bestimmen Sie die Gesamtkapazität dieser Konfiguration.

(b) **(5 Punkte)** Verwenden Sie den ersten Integralsatz von Green, um damit

$$\iiint_V \mathrm{d}^3 r \, (\psi \Delta \phi - \phi \Delta \psi)$$

durch ein Oberflächenintegral über ∂V auszudrücken. Hierin sind ϕ und ψ zweimal stetig differenzierbare Funktionen.

(c) **(5 Punkte)** Zeigen Sie, dass die Tangentialkomponente der elektrischen Feldstärke an einer Grenzfläche erhalten ist.

(d) **(5 Punkte)** Bestimmen Sie im gesamten Raumbereich die elektrische Feldstärke E einer homogen geladenen Kugel mit Ladung Q und Radius R.

(e) **(5 Punkte)** Weshalb taucht ein Term der Form $F_{\mu\nu}\tilde{F}^{\mu\nu}$ nicht in der Lagrange-Dichte der Elektrodynamik auf? Betrachten Sie dazu den Ausdruck $\partial_\mu(\epsilon^{\mu\alpha\beta\gamma} A_\alpha F_{\beta\gamma})$.

Aufgabe 2   **25 *Punkte***

Lorentz-Oszillator

Schlagwörter:
Felder in Materie, Dielektrizität, Bewegung im elektromagnetischen Feld, Bewegungsgleichung, Dipol, Polarisation, Elektromagnetische Wellen

In dieser Aufgabe soll das einfache Modell des Lorentz-Oszillators untersucht werden, welches es erlaubt, die Frequenzabhängigkeit der Permittivität $\varepsilon_{\mathrm{r}}(\omega)$ zu beschreiben. Gehen Sie davon aus, dass der positiv geladene Atomrumpf bei $x = 0$ fest verankert ist und ein Elektron der Masse m eine eindimensionale Bewegung ausführt und durch eine Rückstellende Kraft der Form $F_k = -kx$ an den Atomrumpf gebunden wird. Darüber hinaus soll die Bewegung des Elektrons mit einer Kraft der Form $F_\gamma = -2m\gamma\dot{x}$ gedämpft werden, wobei m die Masse des Elektrons und γ die Dämpfungskonstante beschreibt. Nun soll ein anregendes elektrisches Feld der Form $E = E_0\,\mathrm{e}^{-\mathrm{i}\omega t}$ angelegt werden.

(a) (**8 Punkte**) Bestimmen Sie die Bewegungsgleichung, welcher das Elektron folgt. Finden Sie dann die partikuläre Lösung für die Bewegung des Elektrons und argumentieren Sie, weshalb nur diese für die betrachtete Bewegung von Interesse ist.

(b) (**2 Punkte**) Bestimmen Sie den zeitlichen Verlauf des Dipol-Moments eines solchen Atoms. Gehen Sie von einer Anzahldichte N_v solcher Atome aus und ermitteln Sie daraus die Polarisation des Materials.

(c) (**2 Punkte**) Zeigen Sie mit Ihren Ergebnissen der bisherigen Teilaufgaben, dass in einem linearen Medium die relative Permittivität durch

$$\varepsilon_{\mathrm{r}}(\omega) = \varepsilon_{\mathrm{r}}' + \mathrm{i}\varepsilon_{\mathrm{r}}'' = 1 + \frac{N_v e^2}{m\varepsilon_0}\frac{\omega_0^2 - \omega^2 + 2\mathrm{i}\gamma\omega}{(\omega_0^2 - \omega^2)^2 + 4\gamma^2\omega^2}$$

gegeben ist. Darin ist ω_0 die zu bestimmende Eigenfrequenz und $-e$ die Ladung des Elektrons.

(d) (**5 Punkte**) Der Brechungsindex eines Materials ist durch

$$n = \sqrt{\varepsilon_{\mathrm{r}}\mu_{\mathrm{r}}}$$

mit der relativen Permeabilität μ_{r} gegeben. Betrachten Sie den Fall $\mu_{\mathrm{r}} \approx 1$ und bestimmen Sie so den Realteil n' und Imaginärteil n'' des Brechungsindex $n = n' + \mathrm{i}n''$ als Funktion von $\varepsilon_{\mathrm{r}}'$ und $\varepsilon_{\mathrm{r}}''$.

(e) (**8 Punkte**) Betrachten Sie nun die Ausbreitung einer ebenen Welle $E = E_0\,\mathrm{e}^{\mathrm{i}(kx-\omega t)}$ innerhalb des Mediums, wobei $k = \frac{\omega}{c_0}n$ ist und x den Abstand zu einer Grenzfläche angibt. Zeigen Sie so, dass die Intensität ein Verhalten gemäß

$$I(x) = I_0\,\mathrm{e}^{-\kappa x}$$

aufweist. Bestimmen Sie darin den Abklingkoeffizienten κ.

Aufgabe 3   25 *Punkte*

Multipolentwicklung von Kreisströmen

Schlagwörter:
Magnetostatik, Magnetisches Moment, Magnetische Flussdichte, Multipolentwicklung, Dipol, Quadrupol, Vektorpotential, Stromdichte

In dieser Aufgabe sollen die magnetischen Multipolmomente von Kreisströmen untersucht werden. Dazu werden sowohl das magnetische Dipolmoment

$$\boldsymbol{m}^{(1)} = \frac{1}{2} \iiint_{\mathbb{R}^3} \mathrm{d}^3 r' \; \boldsymbol{r}' \times \boldsymbol{j}(\boldsymbol{r}')$$

wie auch der spurlose aber nicht zwangsläufig symmetrische magnetische Quadrupoltensor

$$m_{ij}^{(2)} = \frac{2}{3} \iiint_{\mathbb{R}^3} \mathrm{d}^3 r' \; (\boldsymbol{r}' \times \boldsymbol{j}(\boldsymbol{r}'))_i r_j'$$

benötigt, aus denen sich die Vektorpotentiale gemäß

$$\boldsymbol{A}^{(1)}(\boldsymbol{r}) = \frac{\mu_0}{4\pi} \frac{\boldsymbol{m}^{(1)} \times \boldsymbol{r}}{r^3}$$

und

$$A_i^{(2)}(\boldsymbol{r}) = \frac{\mu_0}{8\pi} \epsilon_{ijl} m_{jk} \frac{3 r_k r_l - r^2 \delta_{kl}}{r^5}$$

bestimmen lassen. Damit lassen sich durch $\boldsymbol{B} = \boldsymbol{\nabla} \times \boldsymbol{A}$ die jeweiligen Beiträge zur magnetischen Flussdichte in großen Abständen zur Stromverteilung ermitteln.

Betrachten Sie zunächst eine kreisförmige Leiterschlaufe mit Radius R, die sich in der xy-Ebene befindet und mit der Stromstärke I_0 gegen den Uhrzeigersinn durchflossen wird. Ihr Mittelpunkt soll mit dem Ursprung zusammenfallen.

(a) **(7 Punkte)** Bestimmen Sie das magnetische Dipolmoment dieser Schlaufe und zeigen Sie, dass dessen Beitrag zur magnetische Flussdichte durch

$$\boldsymbol{B}^{(1)} = \frac{\mu_0 I_0 R^2}{4} \frac{3(\hat{\boldsymbol{e}}_z \cdot \boldsymbol{r})\boldsymbol{r} - r^2 \hat{\boldsymbol{e}}_z}{r^5}$$

gegeben ist.

(b) **(2 Punkte)** Zeigen Sie, dass der magnetische Quadrupoltensor der Leiterschlaufe vollkommen verschwindet.

Betrachten Sie nun zwei Leiterschlaufen mit Radius R, die sich parallel zur xy-Ebene in den Abständen $-a/2$ und $+a/2$ befinden. Ihre Mittelpunkte sollen weiterhin mit der z-Achse zusammenfallen. Die obere Schlaufe wird gegen den Uhrzeigersinn mit dem Strom I_0 durchflossen, während die untere Leiterschlaufe ebenfalls mit I_0 im Uhrzeigersinn durchflossen wird.

(c) **(4 Punkte)** Untersuchen Sie zuerst, wie sich das magnetische Dipolmoment $m^{(1)}$ aus einem bekannten Moment $m_0^{(1)}$ errechnen lässt, wenn die jeweilige Stromverteilung um den Vektor d aus dem Ursprung heraus verschoben wird. Sie dürfen dazu ohne Beweis den Zusammenhang

$$\iiint_{\mathbb{R}^3} \mathrm{d}^3 r'\, j(r') = 0$$

für räumlich begrenzte Stromverteilungen verwenden. Zeigen Sie so, dass das Dipolmoment der vorliegenden Stromverteilung verschwindet.

(d) **(6 Punkte)** Bestimmen Sie den Quadrupoltensor $m_{ij}^{(2)}$ dieser Anordnung.

(e) **(6 Punkte)** Bestimmen Sie mit den Ergebnissen von Teilaufgabe (d) das Vektorpotential $A^{(2)}$ und die magnetische Flussdichte $B^{(2)}$ für das Qaudrupolfeld der vorliegenden Anordnung. Zeigen Sie so, dass die magnetische Flussdichte durch

$$B^{(2)}(r) = \frac{1}{4}\mu_0 R^2 I_0 a \left(z\frac{2r^2 - 5s^2}{r^7} \hat{e}_z - s\frac{r^2 - 5z^2}{r^7} \hat{e}_s \right)$$

gegeben ist.

Aufgabe 4   **25 *Punkte***

Spiegelladungen an geerdeter Platte

Schlagwörter:
Randwertproblem, Elektrostatik, Elektrisches Potential, Oberflächenladungsdichte,
Green'sche Funktion, Spiegelladungen

In dieser Aufgabe soll ein Randwertproblem mit einer leitenden und geerdeten Platte untersucht werden. Sie soll unendlich weit ausgedehnt sein und sich in der xy-Ebene befindet. Es sollen die Felder im Halbraum $z > 0$ bestimmt werden.

(a) **(2 Punkte)** Formulieren Sie das Randwertproblem für diese Konfiguration.

(b) **(5 Punkte)** Bestimmen Sie das Potential einer Punktladung q, die auf der z-Achse bei $z_0 > 0$ platziert wird mit Hilfe der Methode der Spiegelladungen und leiten Sie daraus die Dirichlet'sche Green'sche Funktion der vorliegenden Geometrie her.

(c) **(4 Punkte)** Bestimmen Sie die induzierte Ladungsdichte σ in kartesischen sowie in Polarkoordinaten.

(d) **(3 Punkte)** Bestimmen Sie die insgesamt induzierte Ladung Q_{infl}.

(e) **(8 Punkte)** Gehen Sie nun davon aus, statt einer Punktladung wird ein unendlich langer und unendlich dünner geladener Draht mit Linienladungsdichte λ entlang der z-Achse startend bei $z = 0$ platziert. Finden Sie das Potential dieser Konfiguration mit Hilfe der Dirichlet'schen Green'schen Funktion.

(f) **(3 Punkte)** Bestimmen Sie das elektrische Feld der Ladungskonfiguration aus Teilaufgabe (e) und die induzierte Oberflächenladungsdichte.

4.2 Hinweise zur Klausur IV – Elektrodynamik – Einfach

Aufgabe 1 - Kurzfragen

(a) Wieso müssen die beiden Kondensatoren die gleiche Ladung tragen? Wieso ist der Zusammenhang $U_\mathrm{q} = U_1 + U_2$ gültig? Wie lässt sich dann $C = \frac{Q}{U}$ ausnutzen, um die Gesamtkapazität zu bestimmen?

(b) Was passiert, wenn der Integralsatz

$$\iiint_V \mathrm{d}^3 r\; \psi \Delta \phi = \oiint_{\partial V} \mathrm{d}^2 f \cdot (\psi \nabla \phi) - \iiint_V \mathrm{d}^3 r\; (\nabla \psi) \cdot (\nabla \phi)$$

für vertauschte Rollen von ϕ und ψ ausgewertet wird?

(c) Wie lautet die integrale Form der Maxwell-Gleichung für die Rotation der elektrischen Feldstärke? Was passiert, wenn diese über eine Schlaufe integriert wird, welche je einen Teil in jedem Medium hat? Wie verhält sich die Situation, wenn die Schlaufe auf eine Linie in der Grenzfläche zusammengezogen wird?

(d) Wie lässt sich aus der Maxwell-Gleichung $\nabla \cdot E = \frac{\rho}{\varepsilon_0}$ das Gauß'sche Gesetz

$$\oiint_{\partial V} \mathrm{d}^2 f \cdot E = \frac{Q_V}{\varepsilon_0}$$

herleiten? Welche Abhängigkeiten und Komponenten können aufgrund der vorliegenden Symmetrien ausgeschlossen werden? Warum ist innerhalb der Kugel der Zusammenhang $Q_V = Q \frac{r^3}{R^3}$ gültig?

(e) Wie lässt sich mit der Definition des dualen Feldstärketensors

$$\tilde{F}^{\mu\alpha} = \frac{1}{2} \epsilon^{\mu\alpha\beta\gamma} F_{\beta\gamma}$$

zeigen, dass der zu untersuchende Ausdruck gerade mit $F_{\mu\alpha} \tilde{F}^{\mu\alpha}$ übereinstimmt? Wie lautet der Satz von Gauß in vier Dimensionen? Welchen Einfluss haben Konstanten in der Wirkung auf die Bewegungsgleichungen?

Aufgabe 2 - Lorentz-Oszillator

(a) Welche Kräfte wirken alle auf das Elektron? Lässt sich die Bewegungsgleichung in die Form eines harmonischen Oszillators bringen? Was ergibt sich, wenn der Ansatz

$$x(t) = x_0\, \mathrm{e}^{-i\omega t}$$

gemacht wird?

(b) Wieso lässt sich das Dipolmoment im vorliegenden Fall durch

$$p = Q x(t)$$

mit der Ladung Q der Elektronen bestimmen? Wie lässt sich aus der Anzahldichte und dem Dipolmoment die Polarisation des Materials ermitteln?

(c) Wie lässt sich der Zusammenhang

$$\boldsymbol{D} = \varepsilon\,\boldsymbol{E} = \varepsilon_0\,\boldsymbol{E} + \boldsymbol{P}$$

in einem linearen Medium verwenden, um die relative Permittivität zu bestimmen?

(d) Wie lässt sich für den vorliegenden Fall der Zusammenhang

$$n^2 = \varepsilon_{\mathrm{r}}$$

finden? Was passiert, wenn hierin die komplexe Darstellung eingesetzt wird? Wie lässt sich so für Real- und Imaginärteil je eine Formel finden? Wo ist die komplexe Zahl ε_{r} nach den Erkenntnissen aus Teilaufgabe (c) in der komplexen Ebene zu verorten?

(e) Wie lässt sich aus den Maxwell-Gleichungen die Wellengleichung

$$\mu\varepsilon\frac{\partial^2 \boldsymbol{E}}{\partial t^2} - \Delta\boldsymbol{E} = 0$$

herleiten? Was lässt sich für die ebene Welle dann für ein Zusammenhang zwischen k und ε_{r} bzw. n herstellen? Was passiert, wenn dies wieder in die ebene Welle eingesetzt wird? Wie lässt sich der Zusammenhang

$$I \sim \mathrm{Re}\left[EE^*\right]$$

zwischen Intensität und elektrischem Feld verwenden, um das Abklingverhalten zu ermitteln?

Aufgabe 3 - Multipolentwicklung von Kreisströmen

(a) Wieso ist die Stromdichte in diesem Problem durch

$$\boldsymbol{j}(\boldsymbol{r}) = I_0\delta(s - R)\,\delta(z)\,\hat{\boldsymbol{e}}_\varphi$$

gegeben? Wie lässt sich das Integral in Zylinderkoordinaten lösen? Ist die Rotation in Zylinderkoordinaten

$$\boldsymbol{\nabla} \times \boldsymbol{A} = \hat{\boldsymbol{e}}_s\left[\frac{1}{s}\frac{\partial A_z}{\partial\varphi} - \frac{\partial A_\varphi}{\partial z}\right] + \hat{\boldsymbol{e}}_\varphi\left[\frac{\partial A_s}{\partial z} - \frac{\partial A_z}{\partial s}\right] + \hat{\boldsymbol{e}}_z\,\frac{1}{s}\left[\frac{\partial}{\partial s}(sA_\varphi) - \frac{\partial A_s}{\partial\varphi}\right]$$

hilfreich? Wie lässt sich der Zusammenhang

$$r^2 = s^2 + z^2$$

ausnutzen, um auf die gewünschte Form zu kommen?

(b) Warum ist der Quadrupoltensor in diesem Fall durch

$$m_{ij}^{(2)} = \frac{2I_0}{3}\iiint_{\mathbb{R}^3}\mathrm{d}^3r'\,(s'\hat{\boldsymbol{e}}_z)_i\,r_j'\,\delta(s' - R)\,\delta(z')$$

zu bestimmen? Welche Komponenten werden damit automatisch null?

(c) Wenn sich das bekannte magnetische Moment aus einer bekannten Stromverteilung $\boldsymbol{j}_0(\boldsymbol{r})$ ergibt, wie lässt sich die Stromdichte der verschobenen Ladungsverteilung dann durch $\boldsymbol{j}_0(\boldsymbol{r})$ und $\boldsymbol{d}$ ausdrücken? Was passiert, wenn dies in die Definition des magnetischen Dipolmoments eingesetzt und eine Translation der Integrationsvariable durchgeführt wird? Wieso lässt sich die Stromdichte der vorliegenden Ladungsverteilung durch

$$\boldsymbol{j}(\boldsymbol{r}) = \boldsymbol{j}_{\mathrm{a}}(\boldsymbol{r} - \boldsymbol{d}) - \boldsymbol{j}_{\mathrm{a}}(\boldsymbol{r} + \boldsymbol{d})$$

ausdrücken, wenn $\boldsymbol{j}_{\mathrm{a}}(\boldsymbol{r})$ die Stromdichte aus Teilaufgabe (a) beschreibt?

(d) Wieso lässt sich die Stromdichte hier auch durch

$$\boldsymbol{j}(\boldsymbol{r}') = I_0 \delta(s' - R)\left(\delta(z' - a/2) - \delta(z + a/2)\right)\hat{\boldsymbol{e}}_{\varphi'}$$

beschreiben? Wie lassen sich durch die Betrachtung des φ'-Integrals alle nicht diagonalen Komponenten bestimmen? Wie hilft die verschwindende Spur des Quadrupoltensors und die Zylindersymmetrie des Problems, um die restlichen Komponenten zu bestimmen? Sie sollten

$$\underline{m}^{(2)} = \frac{2}{3}\pi R^2 I_0 a \begin{pmatrix} -1 & 0 & 0 \\ 0 & -1 & 0 \\ 0 & 0 & 2 \end{pmatrix}$$

finden.

(e) Wieso wird im Vektorpotential der Term mit

$$\epsilon_{ijl} m_{jk} \delta_{kl}$$

verschwinden? Wie kann so das Vektorpotential

$$\boldsymbol{A}^{(2)}(\boldsymbol{r}) = \frac{1}{4}\mu_0 R^2 I_0 a \frac{zs}{(z^2 + s^2)^{5/2}}\hat{\boldsymbol{e}}_\varphi$$

gefunden werden? Ist es sinnvoll, wieder die Rotation in Zylinderkoordinaten zu verwenden?

Aufgabe 4 - Spiegelladungen an geerdeter Platte

(a) Wie lässt sich aus dem Gauß'schen Gesetz im betrachteten Raumbereich $z > 0$ eine Aussage über $\Delta\phi$ treffen? Was für ein Potential liegt bei einer geerdeten Platte vor?

(b) Aus welcher Symmetriebetrachtung lässt sich folgern, dass die Spiegelladung ebenfalls auf der z-Achse liegen muss? Wie lässt sich mit dieser die Randbedingung erfüllen? Welche Eigenschaften muss eine Dirichlet'sche Green'sche Funktion aufweisen? Wieso wird diese proportional zu $\phi(\boldsymbol{r})|_{z_0\,\hat{\boldsymbol{e}}_z = \boldsymbol{r}'}$ sein?

(c) Bedenken Sie, dass die induzierte Oberflächenladungsdichte durch

$$\sigma(\boldsymbol{r}) = \varepsilon_0 \left[\boldsymbol{n} \cdot \boldsymbol{\nabla}\phi(\boldsymbol{r})\right]_{\boldsymbol{r} \in \partial V}$$

definiert ist, wobei $\boldsymbol{n}$ der Normalenvektor der Grenzfläche ist, der aus V heraus zeigt.

(d) Sie sollten in Teilaufgabe (c) in Zylinderkoordinaten den Ausdruck

$$\sigma(s,\varphi) = -\frac{q}{2\pi}\frac{z_0}{(s^2 + z_0^2)^{3/2}}$$

erhalten haben. Die Substitution $u = s^2 + s_0^2$ erweist sich als zielführend.

(e) Bedenken Sie, dass das Potential durch die Dirichlet'sche Green'sche Funktion durch

$$\phi(\boldsymbol{r}) = -\frac{1}{\varepsilon_0} \iiint_V \mathrm{d}^3 r'\, G_{\mathrm{D}}(\boldsymbol{r},\boldsymbol{r}')\,\rho(\boldsymbol{r}') + \oiint_{\partial V} \mathrm{d}^2\boldsymbol{f}' \cdot \left(\boldsymbol{\nabla}'G_{\mathrm{D}}(\boldsymbol{r},\boldsymbol{r}')\right)\phi_0(\boldsymbol{r}')$$

bestimmt werden kann. Um die auftretenden Integrale zu lösen, ist die Stammfunktion

$$\int \frac{\mathrm{d}x}{\sqrt{1 + x^2}} = \mathrm{Arsinh}(x) + c$$

und die logarithmische Darstellung des Areasinus hyperbolicus

$$\mathrm{Arsinh}(x) = \ln\left(x + \sqrt{x^2 + 1}\right)$$

nötig.

(f) Sie sollten in (e) das Potential

$$\phi(\boldsymbol{r}) = \frac{\lambda}{2\pi\varepsilon_0}\,\mathrm{Arsinh}\left(\frac{z}{s}\right)$$

erhalten haben. Verwenden Sie den Gradienten in Zylinderkoordinaten

$$\boldsymbol{\nabla}\phi = \hat{\boldsymbol{e}}_s \frac{\partial \phi}{\partial s} + \hat{\boldsymbol{e}}_\varphi \frac{1}{s}\frac{\partial \phi}{\partial \varphi} + \hat{\boldsymbol{e}}_z \frac{\partial \phi}{\partial z}$$

und die Definition der Oberflächenladungsdichte aus Teilaufgabe (c).

4.3 Lösung zur Klausur IV – Elektrodynamik – Einfach

Aufgabe 1   **25 *Punkte***

Kurzfragen

(a) **(5 Punkte)** Betrachten Sie einen Gleichstromkreis, in dem zwei Kondensatoren C_1 und C_2 in Reihe geschaltet sind. Bestimmen Sie die Gesamtkapazität dieser Konfiguration.

Lösungsvorschlag:
Da bei unterschiedlichen Ladungen auf den beiden Kondensatoren ein Strom zwischen ihnen entstünde, welcher die Ladungen ausgleicht, haben bei einer Reihenschaltung Kondensatoren stets die gleiche Ladung $Q_1 = Q_2 = Q_{\text{ges}}$. Dies lässt sich auch über den Knotensatz argumentieren. Da es im Stromkreis keine Verzweigung gibt, liegt an allen Bauteilen die gleiche Stromstärke an, die über $I = \dot{Q}$ den Zufluss der Ladung regelt. Damit muss auch die Ladung auf den Kondensatoren gleich sein. Da die Quellspannung und die beiden Kondensatoren eine Masche bilden, muss der Zusammenhang $U_{\text{q}} = U_1 + U_2$ gelten. Mit einem Ersatzkondensator bilden dieser und die Quellspannung eine Masche, so dass auch $U_{\text{ges}} = U_{\text{q}}$ gilt. Mit dem Zusammenhang $C = \frac{Q}{U}$ kann so für die Gesamtkapazität

$$\frac{1}{C_{\text{ges}}} = \frac{U_{\text{ges}}}{Q_{\text{ges}}} = \frac{U_1 + U_2}{Q_{\text{ges}}} = \frac{U_1}{Q_{\text{ges}}} + \frac{U_2}{Q_{\text{ges}}} = \frac{U_1}{Q_1} + \frac{U_2}{Q_2} = \frac{1}{C_1} + \frac{1}{C_2}$$

gefunden werden, was sich auf

$$C_{\text{ges}} = \frac{C_1 C_2}{C_1 + C_2}$$

umformen lässt.

(b) **(5 Punkte)** Verwenden Sie den ersten Integralsatz von Green, um damit

$$\iiint_V \mathrm{d}^3 r \; (\psi \Delta \phi - \phi \Delta \psi)$$

durch ein Oberflächenintegral über ∂V auszudrücken. Hierin sind ϕ und ψ zweimal stetig differenzierbare Funktionen.

Lösungsvorschlag:
Der erste Green'sche Integralsatz besagt, dass

$$\iiint_V \mathrm{d}^3 r \; \psi \Delta \phi = \oiint_{\partial V} \mathrm{d}^2 f \cdot (\psi \nabla \phi) - \iiint_V \mathrm{d}^3 r \; (\nabla \psi) \cdot (\nabla \phi)$$

gilt. Dies kann verwendet werden, um

$$\iiint_V \mathrm{d}^3 r \, (\psi \Delta \phi - \phi \Delta \psi) = \oiint_{\partial V} \mathrm{d}^2 f \cdot [\psi \nabla \phi - \phi \nabla \psi]$$

$$- \iiint_V \mathrm{d}^3 r \, [(\nabla \psi) \cdot (\nabla \phi) - (\nabla \phi) \cdot (\nabla \psi)]$$

$$= \oiint_{\partial V} \mathrm{d}^2 f \cdot [\psi \nabla \phi - \phi \nabla \psi]$$

zu bestimmen.

(c) **(5 Punkte)** Zeigen Sie, dass die Tangentialkomponente der elektrischen Feldstärke an einer Grenzfläche erhalten ist.

Lösungsvorschlag:
Die elektrische Feldstärke muss die Maxwell-Gleichung $\nabla \times \boldsymbol{E} = -\partial_t \boldsymbol{B}$ erfüllen. In integraler Form kann diese durch

$$\iint_{\mathcal{F}} \mathrm{d}^2 f \cdot (\nabla \times \boldsymbol{E}) = \oint_{\partial \mathcal{F}} \mathrm{d}r \cdot \boldsymbol{E}$$

$$= - \iint_{\mathcal{F}} \mathrm{d}^2 f \cdot (\partial_t \boldsymbol{B})$$

ausgedrückt werden. Wird als Integrationsfläche ein Rechteck gewählt, dessen Seiten der Länge l parallel zur Grenzfläche verlaufen und beide den Abstand h zur selbigen aufweisen, so kann der Grenzfall $h \to 0$ betrachtet werden. Ist die Fläche klein genug, können alle auftretenden Felder als räumlich konstant betrachtet werden. Für das Wegintegral kann so der Ausdruck

$$\iint_{\mathcal{F}} \mathrm{d}^2 f \cdot (\nabla \times \boldsymbol{E}) = l(E_1^{(t)} - E_2^{(t)})$$

gefunden werden. Das Minuszeichen kommt dadurch zu Stande, dass bei einem geschlossenen Weg in den beiden Medien in zwei unterschiedliche Richtungen integriert werden muss, die Tangentialkomponente in beiden Medien als in die gleiche Richtung zeigend definiert wird. Das Integral über die magnetische Flussdichte

$$\iint_{\mathcal{F}} \mathrm{d}^2 f \cdot (\partial_t \boldsymbol{B}) = \partial_t \iint_{\mathcal{F}} \mathrm{d}^2 f \cdot \boldsymbol{B}$$

verschwindet, da im Grenzfall $h \to 0$ nicht über eine Fläche, sondern nur über eine Linie integriert wird. Auf dieser müsste die magnetische Flussdichte einen unendlich großen Wert annehmen, damit sich etwas von null verschiedenes ergibt. Da es sich bei der magnetischen Flussdichte $\boldsymbol{B}$ aber um ein physikalisches Feld handelt, kann es keinen unendlich großen Wert annehmen. Insgesamt muss also

$$l(E_1^{(t)} - E_2^{(t)}) = 0 \quad \Rightarrow \quad E_1^{(t)} = E_2^{(t)}$$

gelten, womit sich zeigt, dass die Tangentialkomponente der elektrischen Feldstärke erhalten bleibt.

(d) **(5 Punkte)** Bestimmen Sie im gesamten Raumbereich die elektrische Feldstärke $\boldsymbol{E}$ einer homogen geladenen Kugel mit Ladung Q und Radius R.

Lösungsvorschlag:
Die elektrische Feldstärke muss die Maxwell-Gleichung $\nabla \cdot \boldsymbol{E} = \frac{\rho}{\varepsilon_0}$ erfüllen, die in integraler Form durch

$$\iiint_V \mathrm{d}^3\boldsymbol{r}\,(\nabla \cdot \boldsymbol{E}) = \oiint_{\partial V} \mathrm{d}^2\boldsymbol{f} \cdot \boldsymbol{E}$$

$$= \iiint_V \mathrm{d}^3\boldsymbol{r}\,\frac{\rho}{\varepsilon_0} = \frac{1}{\varepsilon_0}\iiint_V \mathrm{d}^3\boldsymbol{r}\,\rho = \frac{Q_V}{\varepsilon_0}$$

ausgedrückt werden kann. Da das Problem rotationssymmetrisch ist, kann $\boldsymbol{E}$ nur von r abhängen. Da es sich bei dem von der Ladung erzeugten Feld $\boldsymbol{E}$ um ein Quellenfeld handelt, kann es nur in $\hat{e}_r$-Richtung zeigen. Wird um die Ladung eine Kugel mit Radius r gelegt, kann in jedem Fall das Oberflächenintegral gemäß

$$\oiint_{\partial V} \mathrm{d}^2\boldsymbol{f} \cdot \boldsymbol{E} = \oiint_{\partial V} \mathrm{d}^2 f(\hat{e}_r \cdot \hat{e}_r)E_r(r) = 4\pi r^2 E_r(r)$$

ausgewertet werden. Ist die betrachtete Kugel größer als die geladene Kugel, so ist die gesamte Ladung Q im Raumbereich enthalten, so dass $Q_V = Q$ gilt. Damit kann im Bereich $r > R$ der Zusammenhang

$$4\pi r^2 E_r(r) = \oiint_{\partial V} \mathrm{d}^2\boldsymbol{f} \cdot \boldsymbol{E} = \frac{Q_V}{\varepsilon_0} = \frac{Q}{\varepsilon_0}$$

$$E_r(r) = \frac{1}{4\pi\varepsilon_0}\frac{Q}{r^2} \quad \Rightarrow \quad \boldsymbol{E}(\boldsymbol{r}) = \frac{1}{4\pi\varepsilon_0}\frac{Q}{r^2}\hat{e}_r$$

gefunden werden. Wird hingegen eine kleinere Kugel betrachtet, so kann für die eingeschlossene Ladung

$$Q_V = \iiint_V \mathrm{d}^3\boldsymbol{r}\,\rho(r) = \iiint_V \mathrm{d}^3\boldsymbol{r}\,\frac{Q}{\frac{4}{3}\pi R^3} = Q\frac{\frac{4}{3}\pi r^3}{\frac{4}{3}\pi R^3} = Q\frac{r^3}{R^3}$$

gefunden werden. Damit muss die elektrische Feldstärke im Inneren

$$E_r = \frac{1}{4\pi\varepsilon_0}\frac{Q_V}{r^2} = \frac{1}{4\pi\varepsilon_0}\frac{Q}{R^2}\frac{r}{R} \quad \Rightarrow \quad \boldsymbol{E}(\boldsymbol{r}) = \frac{1}{4\pi\varepsilon_0}\frac{Q}{R^2}\frac{r}{R}\hat{e}_r$$

erfüllen.

(e) **(5 Punkte)** Weshalb taucht ein Term der Form $F_{\mu\nu}\tilde{F}^{\mu\nu}$ nicht in der Lagrange-Dichte der Elektrodynamik auf? Betrachten Sie dazu den Ausdruck $\partial_\mu(\epsilon^{\mu\alpha\beta\gamma}A_\alpha F_{\beta\gamma})$.

Lösungsvorschlag:
Wird der Ausdruck $\partial_\mu(\epsilon^{\mu\alpha\beta\gamma}A_\alpha F_{\beta\gamma})$ betrachtet, so kann dieser zunächst auf

$$\partial_\mu(\epsilon^{\mu\alpha\beta\gamma}A_\alpha F_{\beta\gamma}) = \epsilon^{\mu\alpha\beta\gamma}(\partial_\mu A_\alpha)F_{\beta\gamma} + A_\alpha\partial_\mu(\epsilon^{\mu\alpha\beta\gamma}F_{\beta\gamma})$$

umgeformt werden. Der erste Term, der hierin auftritt, kann aufgrund von

$$\epsilon^{\mu\alpha\beta\gamma}\partial_\mu A_\alpha = \frac{1}{2}\left(\epsilon^{\mu\alpha\beta\gamma}\partial_\mu A_\alpha + \epsilon^{\mu\alpha\beta\gamma}\partial_\mu A_\alpha\right) = \frac{1}{2}\left(\epsilon^{\mu\alpha\beta\gamma}\partial_\mu A_\alpha + \epsilon^{\alpha\mu\beta\gamma}\partial_\alpha A_\mu\right)$$

$$= \frac{1}{2}\left(\epsilon^{\mu\alpha\beta\gamma}\partial_\mu A_\alpha - \epsilon^{\mu\alpha\beta\gamma}\partial_\alpha A_\mu\right) = \frac{1}{2}\epsilon^{\mu\alpha\beta\gamma}\left(\partial_\mu A_\alpha - \partial_\alpha A_\mu\right)$$

auch als

$$\epsilon^{\mu\alpha\beta\gamma}(\partial_\mu A_\alpha)F_{\beta\gamma} = \frac{1}{2}\epsilon^{\mu\alpha\beta\gamma}F_{\mu\alpha}F_{\beta\gamma} = F_{\mu\alpha}\tilde{F}^{\mu\alpha}$$

geschrieben werden, wobei die Definition des dualen Feldstärketensors

$$\tilde{F}^{\mu\alpha} = \frac{1}{2}\epsilon^{\mu\alpha\beta\gamma}F_{\beta\gamma}$$

verwendet wurde. Der zu untersuchende Ausdruck kann damit zunächst als

$$\partial_\mu(\epsilon^{\mu\alpha\beta\gamma}A_\alpha F_{\beta\gamma}) = F_{\mu\alpha}\tilde{F}^{\mu\alpha} + A_\alpha\partial_\mu(\epsilon^{\mu\alpha\beta\gamma}F_{\beta\gamma})$$

geschrieben werden. Der zweite hierin auftretende Term kann durch

$$\partial_\mu(\epsilon^{\mu\alpha\beta\gamma}F_{\beta\gamma}) = 2\partial_\mu\left(\frac{1}{2}\epsilon^{\mu\alpha\beta\gamma}F_{\beta\gamma}\right) = 2\partial_\mu\tilde{F}^{\mu\alpha}$$

umformuliert werden. Es handelt sich dabei um eine der kovarianten Formulierungen der homogenen Maxwell-Gleichungen $\partial_\mu\tilde{F}^{\mu\alpha} = 0$. Daher ist der zu untersuchende Term mit $F_{\mu\alpha}\tilde{F}^{\mu\alpha}$ identisch. Anders ausgedrückt, handelt es sich bei $F_{\mu\alpha}\tilde{F}^{\mu\alpha}$ um eine Vierer-Divergenz des Ausdrucks $K^\mu = \epsilon^{\mu\alpha\beta\gamma}A_\alpha F_{\beta\gamma}$. Tritt ein solcher Term in der Wirkung auf, kann er mit dem Satz von Gauß gemäß

$$\int \mathrm{d}^4 x\, \partial_\mu K^\mu = \oint \mathrm{d}^3 S_\mu\, K^\mu$$

umgeformt werden. Da die physikalischen Felder $F_{\mu\nu}$ im räumlich Unendlichen verschwinden, bleiben nur noch solche Integrale mit einem zeitartigen Flächenelement $\mathrm{d}^3 S_0$ übrig. Damit stellt das auftretende Integral aber eine Konstante dar, die auf die Variation der Wirkung keinen Einfluss hat. Aus diesem Grund kann solch ein Term zwar in der Lagrange-Dichte addiert werden, hat aber keinen Einfluss auf die sich ergebenen Feldgleichungen.

Aufgabe 2   **25 *Punkte***

Lorentz-Oszillator

In dieser Aufgabe soll das einfache Modell des Lorentz-Oszillators untersucht werden, welches es erlaubt, die Frequenzabhängigkeit der Permittivität $\varepsilon_r(\omega)$ zu beschreiben. Gehen Sie davon aus, dass der positiv geladene Atomrumpf bei $x = 0$ fest verankert ist und ein Elektron der Masse m eine eindimensionale Bewegung ausführt und durch eine Rückstellende Kraft der Form $F_k = -kx$ an den Atomrumpf gebunden wird. Darüber hinaus soll die Bewegung des Elektrons mit einer Kraft der Form $F_\gamma = -2m\gamma\dot{x}$ gedämpft werden, wobei m die Masse des Elektrons und γ die Dämpfungskonstante beschreibt. Nun soll ein anregendes elektrisches Feld der Form $E = E_0\,e^{-i\omega t}$ angelegt werden.

(a) **(8 Punkte)** Bestimmen Sie die Bewegungsgleichung, welcher das Elektron folgt. Finden Sie dann die partikuläre Lösung für die Bewegung des Elektrons und argumentieren Sie, weshalb nur diese für die betrachtete Bewegung von Interesse ist.

Lösungsvorschlag:
Neben den beiden genannten Kräften erfährt das Elektron im elektrischen Feld auch die Kraft $F_{el} = QE$, wobei Q die Ladung des Elektrons ist. Damit kann nach dem 2. Newton'schen Axiom die Bewegungsgleichung

$$m\ddot{x} = F_k + F_\gamma + F_{el} = -kx - 2\gamma m\dot{x} + QE(t)$$

aufgestellt werden. Diese kann mit m dividiert und zu

$$\ddot{x} + 2\gamma\dot{x} + \frac{k}{m}x = \frac{Q}{m}E_0\,e^{-i\omega t}$$

umgestellt werden, um die Bewegungsgleichung eines getriebenen, gedämpften, harmonischen Oszillators mit Eigenfrequenz

$$\omega_0^2 = \frac{k}{m}$$

zu erhalten. Durch den Ansatz

$$x(t) = x_0\,e^{-i\omega t}$$

lassen sich die beiden Ableitungen

$$\dot{x} = -i\omega x_0\,e^{-i\omega t} = -i\omega x$$

und

$$\ddot{x} = (-i\omega)^2 x = -\omega^2 x$$

bestimmen. Nach Einsetzen in die Bewegungsgleichung kann so

$$-\omega^2 x - 2i\gamma\omega x + \omega_0^2 x = (\omega_0^2 - \omega^2 - 2i\gamma\omega)x_0\,e^{-i\omega t} = \frac{Q}{m}E_0\,e^{-i\omega t}$$

gefunden werden. Dies lässt sich nach x_0 umstellen, um den Ausdruck

$$x_0 = \frac{Q}{m} \frac{1}{\omega_0^2 - \omega^2 - 2\mathrm{i}\gamma\omega} E_0 = \frac{Q}{m} \frac{\omega_0^2 - \omega^2 + 2\mathrm{i}\gamma\omega}{(\omega_0^2 - \omega^2)^2 + 4\gamma^2\omega^2} E_0$$

zu erhalten. Damit ist die spezielle Lösung durch

$$\begin{aligned} x(t) = x_0\,\mathrm{e}^{-\mathrm{i}\omega t} &= \frac{Q}{m} \frac{\omega_0^2 - \omega^2 + 2\mathrm{i}\gamma\omega}{(\omega_0^2 - \omega^2)^2 + 4\gamma^2\omega^2} E_0\,\mathrm{e}^{-\mathrm{i}\omega t} \\ &= \frac{Q}{m} \frac{\omega_0^2 - \omega^2 + 2\mathrm{i}\gamma\omega}{(\omega_0^2 - \omega^2)^2 + 4\gamma^2\omega^2} E(t) \end{aligned}$$

gegeben. Die homogenen Lösungen sind für das Langzeitverhalten eines gedämpften harmonischen Oszillators uninteressant, da sie mit der Zeit abklingen. So ist im Schwingfall bspw. eine exponentielle Unterdrückung der Form $\mathrm{e}^{-\gamma t}$ in den homogenen Lösungen vorhanden.

(b) **(2 Punkte)** Bestimmen Sie den zeitlichen Verlauf des Dipol-Moments eines solchen Atoms. Gehen Sie von einer Anzahldichte N_v solcher Atome aus und ermitteln Sie daraus die Polarisation des Materials.

Lösungsvorschlag:
Das Dipolmoment einer Ladungsverteilung in einer Dimension ist durch

$$p = \int \mathrm{d}x\, x\rho(x)$$

gegeben. Da der Atomrumpf am Ursprung verharrt, wird er keinen Beitrag zum Dipolmoment leisten. Die Ladungsdichte des Elektrons ist durch $\rho(x) = Q\delta(x - x(t))$ gegeben, weshalb das Dipolmoment des Atoms zu

$$p = Qx(t) = \frac{Q^2}{m} \frac{\omega_0^2 - \omega^2 + 2\mathrm{i}\gamma\omega}{(\omega_0^2 - \omega^2)^2 + 4\gamma^2\omega^2} E(t)$$

ermittelt werden kann. Da die Anzahldichte der Atome durch N_v gegeben ist, und die Polarisation das Gesamtdipolmoment bezogen auf das Volumen ist, ergibt sich die Polarisation durch die Multiplikation der Anzahldichte mit dem einzelnen Dipolmoment, so dass der Ausdruck

$$P = N_v p = \frac{N_v Q^2}{m} \frac{\omega_0^2 - \omega^2 + 2\mathrm{i}\gamma\omega}{(\omega_0^2 - \omega^2)^2 + 4\gamma^2\omega^2} E(t)$$

gefunden werden kann.

(c) **(2 Punkte)** Zeigen Sie mit Ihren Ergebnissen der bisherigen Teilaufgaben, dass in einem linearen Medium die relative Permittivität durch

$$\varepsilon_{\mathrm{r}}(\omega) = \varepsilon_{\mathrm{r}}' + \mathrm{i}\varepsilon_{\mathrm{r}}'' = 1 + \frac{N_v e^2}{m\varepsilon_0} \frac{\omega_0^2 - \omega^2 + 2\mathrm{i}\gamma\omega}{(\omega_0^2 - \omega^2)^2 + 4\gamma^2\omega^2}$$

gegeben ist. Darin ist ω_0 die zu bestimmende Eigenfrequenz und $-e$ die Ladung des Elektrons.

Lösungsvorschlag:
Die Polarisation und das elektrische Feld hängen in einem linearen Ausdruck durch

$$\boldsymbol{D} = \varepsilon_0\varepsilon_{\mathrm{r}}\,\boldsymbol{E} = \varepsilon_0\,\boldsymbol{E} + \boldsymbol{P} \quad \Rightarrow \quad \varepsilon_{\mathrm{r}} = 1 + \frac{P}{\varepsilon_0 E}$$

zusammen. Mit den bisherigen Ergebnissen kann somit

$$\begin{aligned}
\varepsilon_{\mathrm{r}} &= 1 + \frac{1}{\varepsilon_0 E} \cdot \frac{N_v Q^2}{m} \frac{\omega_0^2 - \omega^2 + 2\mathrm{i}\gamma\omega}{(\omega_0^2 - \omega^2)^2 + 4\gamma^2\omega^2} E(t) \\
&= 1 + \frac{N_v Q^2}{m\varepsilon_0} \frac{\omega_0^2 - \omega^2 + 2\mathrm{i}\gamma\omega}{(\omega_0^2 - \omega^2)^2 + 4\gamma^2\omega^2}
\end{aligned}$$

gefunden werden. Wird nun für die Ladung des Elektrons $Q = -e$ eingesetzt, so kann der Ausdruck der Aufgabenstellung ermittelt werden.

(d) **(5 Punkte)** Der Brechungsindex eines Materials ist durch

$$n = \sqrt{\varepsilon_{\mathrm{r}}\mu_{\mathrm{r}}}$$

mit der relativen Permeabilität μ_{r} gegeben. Betrachten Sie den Fall $\mu_{\mathrm{r}} \approx 1$ und bestimmen Sie so den Realteil n' und Imaginärteil n'' des Brechungsindex $n = n' + \mathrm{i}n''$ als Funktion von $\varepsilon_{\mathrm{r}}'$ und $\varepsilon_{\mathrm{r}}''$.

Lösungsvorschlag:
Im Fall $\mu_{\mathrm{r}} \approx 1$ kann der Zusammenhang

$$n^2 = \varepsilon_{\mathrm{r}}$$

gefunden werden. Werden auf beiden Seiten die Darstellungen der komplexen Zahlen eingesetzt, lässt sich dadurch die Gleichung

$$\varepsilon_{\mathrm{r}}' + \mathrm{i}\varepsilon_{\mathrm{r}}'' = (n' + \mathrm{i}n'')^2 = n'^2 - n''^2 + 2\mathrm{i}n'n''$$

ermitteln. Da Realteil- und Imaginärteil unabhängig voneinander gleich sein müssen, können daraus die beiden Gleichungen

$$\varepsilon_{\mathrm{r}}' = n'^2 - n''^2 \qquad \varepsilon_{\mathrm{r}}'' = 2n'n''$$

gewonnen werden. Die zweite lässt sich direkt nach n'' umstellen, um

$$n'' = \frac{\varepsilon_{\mathrm{r}}''}{2n'}$$

zu erhalten. Dies lässt sich wiederum in die erste Gleichung einsetzen, womit sich zunächst die Gleichung

$$\varepsilon_{\mathrm{r}}' = n'^2 - \frac{\varepsilon_{\mathrm{r}}''^2}{4n'^2}$$

$$0 = n'^4 - \varepsilon_{\mathrm{r}}' n'^2 - \frac{\varepsilon_{\mathrm{r}}''^2}{4}$$

ergibt. Dies kann mit der pq-Formel nach

$$n_{\pm}'^2 = \frac{\varepsilon_{\mathrm{r}}'}{2} \pm \sqrt{\frac{\varepsilon_{\mathrm{r}}'^2}{4} + \frac{\varepsilon_{\mathrm{r}}''^2}{4}} = \frac{\varepsilon_{\mathrm{r}}' \pm \sqrt{\varepsilon_{\mathrm{r}}'^2 + \varepsilon_{\mathrm{r}}''^2}}{2}$$

aufgelöst werden. Da der Radikand größer oder gleich $\varepsilon_{\mathrm{r}}'$ ist und n' eine reelle Zahl sein muss, ist nur das positive Vorzeichen physikalisch. Des Weiteren ist aus den Ergebnissen von Teilaufgabe (c) bekannt, dass $\varepsilon_{\mathrm{r}}''$ durch

$$\varepsilon_{\mathrm{r}}'' = \frac{N_v e^2}{m\varepsilon_0} \frac{2\gamma\omega}{(\omega_0^2 - \omega^2)^2 + 4\gamma^2\omega^2}$$

gegeben ist und somit stets positiv ist. Das bedeutet, die komplexe Zahl ε_{r} befindet sich in der oberen Halbebene. Das Ziehen der Wurzel einer komplexen Zahl entspricht neben dem Ziehen der Wurzel des Betrags auch dem Halbieren des Arguments. Damit muss sich die Komplexe Zahl n im ersten Quadranten befinden, was bedeutet, dass der Realteil größer oder gleich null ist. Damit muss auch beim Ziehen der verbleibenden Wurzel das positive Vorzeichen verwendet werden, so dass

$$n' = \sqrt{\frac{\varepsilon_{\mathrm{r}}' + \sqrt{\varepsilon_{\mathrm{r}}'^2 + \varepsilon_{\mathrm{r}}''^2}}{2}}$$

gefunden werden kann. Mit der obigen Formel für n'' kann so auch

$$n'' = \frac{\varepsilon_{\mathrm{r}}''}{2n'} = \frac{\varepsilon_{\mathrm{r}}''}{\sqrt{2\left(\varepsilon_{\mathrm{r}}' + \sqrt{\varepsilon_{\mathrm{r}}'^2 + \varepsilon_{\mathrm{r}}''^2}\right)}}$$

ermittelt werden.

(e) **(8 Punkte)** Betrachten Sie nun die Ausbreitung einer ebenen Welle $E = E_0\, e^{i(kx - \omega t)}$ innerhalb des Mediums, wobei $k = \frac{\omega}{c_0} n$ ist und x den Abstand zu einer Grenzfläche angibt. Zeigen Sie so, dass die Intensität ein Verhalten gemäß

$$I(x) = I_0\, e^{-\kappa x}$$

aufweist. Bestimmen Sie darin den Abklingkoeffizienten κ.

Lösungsvorschlag:
Die quellenfreien Maxwell-Gleichungen in einem linearen Medium sind durch

$$\nabla \cdot \boldsymbol{D} = 0 \qquad \nabla \times \boldsymbol{E} = -\frac{\partial \boldsymbol{B}}{\partial t}$$

$$\nabla \cdot \boldsymbol{B} = 0 \qquad \nabla \times \boldsymbol{H} = \frac{\partial \boldsymbol{D}}{\partial t}$$

gegeben. Zwischen den Flussdichten und Feldstärken besteht der Zusammenhang

$$\boldsymbol{D} = \varepsilon \, \boldsymbol{E} \qquad \boldsymbol{B} = \mu \, \boldsymbol{H}.$$

Durch Bilden der Rotation der Rotation des elektrischen Feldes kann die Gleichung

$$\nabla \times (\nabla \times \boldsymbol{E}) = \nabla(\nabla \cdot \boldsymbol{E}) - \Delta \boldsymbol{E} = -\partial_t \nabla \times \boldsymbol{B}$$

$$\Rightarrow \quad -\frac{1}{\varepsilon}\Delta \boldsymbol{D} = -\mu \frac{\partial^2 \boldsymbol{D}}{\partial t^2}$$

$$\Rightarrow \quad \mu\varepsilon \frac{\partial^2 \boldsymbol{E}}{\partial t^2} - \Delta \boldsymbol{E} = 0$$

gefunden werden. Die Ausbreitungsgeschwindigkeit der elektromagnetischen Welle ist daher durch

$$\frac{1}{c^2} = \mu\varepsilon = \mu_0 \varepsilon_0 \mu_\mathrm{r} \varepsilon_\mathrm{r}$$

gegeben. Im Vergleich zur Vakuumgeschwindigkeit $c_0 = \frac{1}{\sqrt{\varepsilon_0 \mu_0}}$ lässt sich mit $\mu_\mathrm{r} \approx 1$ so auch

$$\frac{\varepsilon_\mathrm{r}}{c_0^2} \frac{\partial^2 \boldsymbol{E}}{\partial t^2} - \Delta \boldsymbol{E} = 0$$

schreiben. Wird hier für den eindimensionalen Fall eine ebene Welle der Form

$$E = E_0 \, \mathrm{e}^{\mathrm{i}(kx - \omega t)}$$

eingesetzt, so müssen Frequenz und Wellvektor die Beziehung

$$\frac{\varepsilon_\mathrm{r}}{c_0^2}\omega^2 - k^2 = 0 \quad \Rightarrow \quad k^2 = \frac{\omega^2}{c_0^2}\varepsilon_\mathrm{r} \quad \Rightarrow \quad k = \frac{\omega}{c_0}\sqrt{\varepsilon_\mathrm{r}} = \frac{\omega}{c_0}n$$

erfüllen. Damit ist der Wellenvektor selbst aber auch eine komplexe Größe und für das elektrische Feld kann der Zusammenhang

$$E = E_0 \exp\left(\mathrm{i}\left(\frac{\omega}{c_0}n'x + \mathrm{i}\frac{\omega}{c_0}n''x - \omega t \right) \right)$$

$$= E_0 \exp\left(\mathrm{i}\frac{\omega}{c_0}n'\left(x - \frac{c_0}{n'}t \right) \right) \exp\left(-\frac{\omega}{c_0}n''x \right)$$

gefunden werden. Hieran lässt sich erkennen, dass sich die ebene Welle mit der gegenüber dem Vakuum reduzierten Geschwindigkeit $\frac{c_0}{n'}$ für $n' > 1$ innerhalb des Mediums ausbreitet. Durch das Auftreten des Terms mit n'' kommt es zu einer exponentiellen Abnahme der Amplitude bei der Ausbreitung der Welle im Medium. Da die Intensität einer ebenen Welle mit der Amplitude des elektrischen Feldes durch

$$I \sim \mathrm{Re}\left[EE^*\right] = E_0^2\, \mathrm{e}^{-2\frac{\omega}{c_0}n''x}$$

zusammenhängt, kann so auch

$$I = I_0\, \mathrm{e}^{-2\frac{\omega}{c_0}n''x}$$

gefunden werden. Ein Vergleich mit dem Verhalten in der Aufgabenstellung lässt zu, den Abklingkoeffizienten durch

$$\kappa = 2\frac{\omega}{c_0}n''$$

zu bestimmen.

Nicht gefragt: Die hier auftretenden Größen n' und κ sind Funktionen von ε_r und somit auch Funktionen der Frequenz ω. Das optische Verhalten für Licht ist somit von dessen Frequenz abhängig. So treten bspw. chromatische Aberrationen bei Linsen auf, da Licht unterschiedlicher Frequenzen und damit unterschiedlicher Farben unterschiedlich stark gebrochen wird. Ein besonders schönes Naturphänomen, das sich hieraus ergibt, ist der Regenbogen.

Aufgabe 3   25 *Punkte*

Multipolentwicklung von Kreisströmen

In dieser Aufgabe sollen die magnetischen Multipolmomente von Kreisströmen untersucht werden. Dazu werden sowohl das magnetische Dipolmoment

$$\boldsymbol{m}^{(1)} = \frac{1}{2} \iiint_{\mathbb{R}^3} \mathrm{d}^3 r'\; \boldsymbol{r}' \times \boldsymbol{j}(\boldsymbol{r}')$$

wie auch der spurlose aber nicht zwangsläufig symmetrische magnetische Quadrupoltensor

$$m_{ij}^{(2)} = \frac{2}{3} \iiint_{\mathbb{R}^3} \mathrm{d}^3 r'\; (\boldsymbol{r}' \times \boldsymbol{j}(\boldsymbol{r}'))_i r'_j$$

benötigt, aus denen sich die Vektorpotentiale gemäß

$$\boldsymbol{A}^{(1)}(\boldsymbol{r}) = \frac{\mu_0}{4\pi} \frac{\boldsymbol{m}^{(1)} \times \boldsymbol{r}}{r^3}$$

und

$$A_i^{(2)}(\boldsymbol{r}) = \frac{\mu_0}{8\pi} \epsilon_{ijl} m_{jk} \frac{3 r_k r_l - r^2 \delta_{kl}}{r^5}$$

bestimmen lassen. Damit lassen sich durch $\boldsymbol{B} = \nabla \times \boldsymbol{A}$ die jeweiligen Beiträge zur magnetischen Flussdichte in großen Abständen zur Stromverteilung ermitteln.

Betrachten Sie zunächst eine kreisförmige Leiterschlaufe mit Radius R, die sich in der xy-Ebene befindet und mit der Stromstärke I_0 gegen den Uhrzeigersinn durchflossen wird. Ihr Mittelpunkt soll mit dem Ursprung zusammenfallen.

(a) **(7 Punkte)** Bestimmen Sie das magnetische Dipolmoment dieser Schlaufe und zeigen Sie, dass dessen Beitrag zur magnetische Flussdichte durch

$$\boldsymbol{B}^{(1)} = \frac{\mu_0 I_0 R^2}{4} \frac{3(\hat{\boldsymbol{e}}_z \cdot \boldsymbol{r})\,\boldsymbol{r} - r^2 \hat{\boldsymbol{e}}_z}{r^5}$$

gegeben ist.

Lösungsvorschlag:
Die Stromdichte liegt vollständig in der xy-Ebene, weshalb sie einen Faktor $\delta(z)$ aufweisen wird. Da es sich um eine kreisförmige Stromverteilung handelt, bietet es sich an, Zylinderkoordinaten zu benutzen. In diesen kann die Kreisförmigkeit mit Radius R durch den Faktor $\delta(s - R)$ eingebracht werden. Schließlich wird die Schlaufe im Uhrzeigersinn durchlaufen, weshalb sie parallel zum Vektor $\hat{\boldsymbol{e}}_\varphi$ verläuft. Somit kann insgesamt die Stromverteilung

$$\boldsymbol{j}(\boldsymbol{r}) = I_0 \delta(s - R)\, \delta(z)\, \hat{\boldsymbol{e}}_\varphi$$

gefunden werden. Für das magnetische Dipolmoment muss ein Integral über den Ausdruck

$$\boldsymbol{r}' \times \boldsymbol{j}(\boldsymbol{r}')$$

gebildet werden. Da sich der Ortsvektor in Zylinderkoordinaten durch

$$\boldsymbol{r}' = s'\,\hat{\boldsymbol{e}}_{s'} + z'\,\hat{\boldsymbol{e}}_z$$

ausdrücken lässt, muss als Integrand also

$$\begin{aligned}
\boldsymbol{r}' \times \boldsymbol{j}(\boldsymbol{r}') &= (s'\,\hat{\boldsymbol{e}}_{s'} + z'\,\hat{\boldsymbol{e}}_z) \times (I_0\delta(s' - R)\,\delta(z')\,\hat{\boldsymbol{e}}_{\varphi'}) \\
&= I_0\delta(s' - R)\,\delta(z')\,(s'\,\hat{\boldsymbol{e}}_z - z'\hat{\boldsymbol{e}}_{s'})
\end{aligned}$$

verwendet werden. Aufgrund der Dirac-Delta-Funtion mit Argument z' wird der zweite Term direkt null, so dass nach durchführen des Integrals der Ausdruck

$$\begin{aligned}
\boldsymbol{m}^{(1)} &= \frac{1}{2} \iiint_{\mathbb{R}^3} \mathrm{d}^3 r'\,\boldsymbol{r}' \times \boldsymbol{j}(\boldsymbol{r}') \\
&= \frac{I_0}{2}\hat{\boldsymbol{e}}_z \int\limits_{-\infty}^{\infty} \mathrm{d}z'\,\delta(z') \int\limits_{0}^{2\pi} \mathrm{d}\varphi' \int\limits_{0}^{\infty} \mathrm{d}s'\,s'^2\delta(s' - R) \\
&= I_0\pi R^2\,\hat{\boldsymbol{e}}_z = m^{(1)}\,\hat{\boldsymbol{e}}_z
\end{aligned}$$

gefunden werden kann. Das Vektorpotential lässt sich demnach durch

$$\boldsymbol{A}^{(1)}(\boldsymbol{r}) = \frac{\mu_0}{4\pi}\frac{\boldsymbol{m}^{(1)} \times \boldsymbol{r}}{r^3} = \frac{\mu_0\,m^{(1)}}{4\pi}\frac{\hat{\boldsymbol{e}}_z \times \boldsymbol{r}}{r^3} = \frac{\mu_0\,m^{(1)}}{4\pi}\frac{s}{(s^2 + z^2)^{3/2}}\hat{\boldsymbol{e}}_\varphi$$

ausdrücken. Mit der Rotation in Zylinderkoordinaten

$$\boldsymbol{\nabla} \times \boldsymbol{A} = \hat{\boldsymbol{e}}_s \left[\frac{1}{s}\frac{\partial A_z}{\partial \varphi} - \frac{\partial A_\varphi}{\partial z}\right] + \hat{\boldsymbol{e}}_\varphi \left[\frac{\partial A_s}{\partial z} - \frac{\partial A_z}{\partial s}\right] + \hat{\boldsymbol{e}}_z \frac{1}{s} \left[\frac{\partial}{\partial s}(sA_\varphi) - \frac{\partial A_s}{\partial \varphi}\right]$$

lässt sich erkennen, dass nur die beiden Ausdrücke

$$\begin{aligned}
\frac{\partial A_\varphi}{\partial z} &= -\frac{3}{2}\frac{\mu_0\,m^{(1)}}{4\pi}\frac{s}{(s^2 + z^2)^3}(s^2 + z^2)^{1/2}2z \\
&= -\frac{\mu_0 m^{(1)}}{4\pi}\frac{3zs}{(s^2 + z^2)^{5/2}} = -\frac{\mu_0 m^{(1)}}{4\pi}\frac{3zs}{r^5}
\end{aligned}$$

und

$$\begin{aligned}
\frac{1}{s}\frac{\partial}{\partial s}(sA_\varphi) &= \frac{1}{s}\frac{\mu_0\,m^{(1)}}{4\pi}\frac{2s(s^2 + z^2)^{3/2} - \frac{3}{2}s^2 2s(s^2 + z^2)^{1/2}}{(s^2 + z^2)^3} \\
&= \frac{\mu_0\,m^{(1)}}{4\pi}\frac{2(s^2 + z^2) - 3s^2}{(s^2 + z^2)^{5/2}} = \frac{\mu_0\,m^{(1)}}{4\pi}\frac{2z^2 - s^2}{r^5} = \frac{\mu_0\,m^{(1)}}{4\pi}\frac{3z^2 - r^2}{r^5}
\end{aligned}$$

bestimmt werden müssen, um so das Dipolfeld

$$
\begin{aligned}
\boldsymbol{B}^{(1)} &= \hat{\boldsymbol{e}}_z \,\frac{1}{s}\frac{\partial}{\partial s}(sA_\varphi) - \hat{\boldsymbol{e}}_s \,\frac{\partial A_\varphi}{\partial z} = \frac{\mu_0\, m^{(1)}}{4\pi r^5}\left(\hat{\boldsymbol{e}}_z(3z^2 - r^2) + \hat{\boldsymbol{e}}_s(3zs)\right) \\
&= \frac{\mu_0\, m^{(1)}}{4\pi r^5}\left(3z(s\,\hat{\boldsymbol{e}}_s + z\,\hat{\boldsymbol{e}}_z) - r^2\,\hat{\boldsymbol{e}}_z\right) = \frac{\mu_0\, m^{(1)}}{4\pi r^5}\left(3(\hat{\boldsymbol{e}}_z\cdot\boldsymbol{r})\boldsymbol{r} - r^2\,\hat{\boldsymbol{e}}_z\right) \\
&= \frac{\mu_0 I_0 R^2}{4}\,\frac{3(\hat{\boldsymbol{e}}_z\cdot\boldsymbol{r})\boldsymbol{r} - r^2\,\hat{\boldsymbol{e}}_z}{r^5}
\end{aligned}
$$

zu erhalten.

Nicht gefragt:
Aus dem gefundenen Term lässt sich auch die übliche Form des Dipolfeldes

$$
\boldsymbol{B}^{(1)} = \frac{\mu_0}{4\pi}\,\frac{3(\boldsymbol{m}^{(1)}\cdot\boldsymbol{r})\boldsymbol{r} - r^2\,\boldsymbol{m}^{(1)}}{r^5}
$$

bestimmen.

(b) **(2 Punkte)** Zeigen Sie, dass der magnetische Quadrupoltensor der Leiterschlaufe vollkommen verschwindet.

Lösungsvorschlag:
Da sich der Quadrupoltensor durch

$$
m_{ij}^{(2)} = \frac{2}{3}\iiint_{\mathbb{R}^3} \mathrm{d}^3 r'\,(\boldsymbol{r}'\times\boldsymbol{j}(\boldsymbol{r}'))_i\, r'_j
$$

bestimmen lässt und aus Teilaufgabe (a) der Zusammenhang

$$
\boldsymbol{r}'\times\boldsymbol{j}(\boldsymbol{r}') = I_0 s'\,\delta(s' - R)\,\delta(z')\,\hat{\boldsymbol{e}}_z
$$

bekannt ist, lässt sich dieser auf

$$
m_{ij}^{(2)} = \frac{2I_0}{3}\iiint_{\mathbb{R}^3} \mathrm{d}^3 r'\,(s'\hat{\boldsymbol{e}}_z)_i\, r'_j\,\delta(s' - R)\,\delta(z')
$$

umformen. Aufgrund der Dirac-Delta-Funktion mit Argument z' ist klar, dass jede Komponente mit $j = 3$ verschwindet. Daneben ist wegen des Einheitsvektors $\hat{\boldsymbol{e}}_z$ auch klar, dass jede Komponente mit $i \neq 3$ verschwindet. Daher können nur die Komponenten 31 und 32 nicht verschwindend sein. In diesem Fall wird durch r'_j jedoch ein Faktor $\cos(\varphi')$ oder $\sin(\varphi')$ im Integral stehen. Dieser wird bei der Integration über φ' verschwinden, so dass auch diese Komponenten null werden. Somit zeigt sich, dass jede Komponente von $m_{ij}^{(2)}$ verschwindet und es für eine kreisförmige Leiterschleife kein magnetisches Quadrupolfeld gibt.

Betrachten Sie nun zwei Leiterschlaufen mit Radius R, die sich parallel zur xy-Ebene in den Abständen $-a/2$ und $+a/2$ befinden. Ihre Mittelpunkte sollen weiterhin mit der z-Achse zusammenfallen. Die obere Schlaufe wird gegen den Uhrzeigersinn mit dem Strom I_0 durchflossen, während die untere Leiterschlaufe ebenfalls mit I_0 im Uhrzeigersinn durchflossen wird.

(c) **(4 Punkte)** Untersuchen Sie zuerst, wie sich das magnetische Dipolmoment $m^{(1)}$ aus einem bekannten Moment $m_0^{(1)}$ errechnen lässt, wenn die jeweilige Stromverteilung um den Vektor d aus dem Ursprung heraus verschoben wird. Sie dürfen dazu ohne Beweis den Zusammenhang

$$\iiint_{\mathbb{R}^3} \mathrm{d}^3 r' \, j(r') = 0$$

für räumlich begrenzte Stromverteilungen verwenden. Zeigen Sie so, dass das Dipolmoment der vorliegenden Stromverteilung verschwindet.

Lösungsvorschlag:
Wenn das Dipolmoment $m_0^{(1)}$ durch die Stromverteilung $j_0(r)$ erzeugt wird, so ist es durch

$$m_0^{(1)} = \frac{1}{2} \iiint_{\mathbb{R}^3} \mathrm{d}^3 r' \, r' \times j_0(r')$$

zu bestimmen. Wird nun die Ladungsverteilung um den Vektor d verschoben, so ist die neue Stromverteilung durch

$$j(r) = j_0(r - d)$$

gegeben. Damit lässt sich das neue Dipolmoment durch

$$m^{(1)} = \frac{1}{2} \iiint_{\mathbb{R}^3} \mathrm{d}^3 r' \, r' \times j(r') = \frac{1}{2} \iiint_{\mathbb{R}^3} \mathrm{d}^3 r' \, r' \times j_0(r' - d)$$

bestimmen. Durch das Verschieben der Integrationsvariable $r' \to r' + d$ kann so weiter der Ausdruck

$$m^{(1)} = \frac{1}{2} \iiint_{\mathbb{R}^3} \mathrm{d}^3 r' \, (r' + d) \times j_0(r')$$

$$= \frac{1}{2} \iiint_{\mathbb{R}^3} \mathrm{d}^3 r' \, r' \times j_0(r') + \frac{1}{2} \iiint_{\mathbb{R}^3} \mathrm{d}^3 r' \, d \times j_0(r')$$

$$= \frac{1}{2} \iiint_{\mathbb{R}^3} \mathrm{d}^3 r' \, r' \times j_0(r') + \frac{1}{2} d \times \iiint_{\mathbb{R}^3} \mathrm{d}^3 r' \, j_0(r')$$

gewonnen werden. Mit der Angabe in der Aufgabenstellung ist klar, dass das zweite Integral verschwindet. Das erste Integral hingegen entspricht dem bekannten Moment. Damit zeigt sich, dass das magnetische Dipolmoment unabhängig von der Wahl des Koordinatenursprungs ist. Wird nun die Stromdichte aus Teilaufgabe (a) mit $j_a(r)$ bezeichnet, so kann die Stromdichte der vorliegenden Anordnung durch

$$j(r) = j_a(r - d) - j_a(r + d)$$

ausgedrückt werden, wenn es sich bei d um den Vektor $d = \frac{a}{2} \hat{e}_z$ handelt. Da das Kreuzprodukt distributiv ist und Integrale linear sind, kann das magnetische Dipolmoment der vorliegenden Ladungsverteilung also durch

$$\boldsymbol{m}^{(1)} = \frac{1}{2} \iiint_{\mathbb{R}^3} \mathrm{d}^3 r'\, \boldsymbol{r}' \times (\boldsymbol{j}_\mathrm{a}(\boldsymbol{r} - \boldsymbol{d}) - \boldsymbol{j}_\mathrm{a}(\boldsymbol{r} + \boldsymbol{d}))$$

$$= \frac{1}{2} \iiint_{\mathbb{R}^3} \mathrm{d}^3 r'\, \boldsymbol{r}' \times \boldsymbol{j}_\mathrm{a}(\boldsymbol{r} - \boldsymbol{d}) - \frac{1}{2} \iiint_{\mathbb{R}^3} \mathrm{d}^3 r'\, \boldsymbol{r}' \times \boldsymbol{j}_\mathrm{a}(\boldsymbol{r} + \boldsymbol{d})$$

ausgedrückt werden. Bei beiden Integralen handelt es sich nun um verschobene Ladungsverteilungen, die also mit dem Dipolmoment aus Teilaufgabe (a) übereinstimmen müssen, so dass das vorliegende Dipolmoment

$$\boldsymbol{m}^{(1)} = \boldsymbol{m}_\mathrm{a}^{(1)} - \boldsymbol{m}_\mathrm{a}^{(1)} = \boldsymbol{0}$$

gefunden werden kann.

(d) **(6 Punkte)** Bestimmen Sie den Quadrupoltensor $m_{ij}^{(2)}$ dieser Anordnung.

Lösungsvorschlag:
Die Stromdichte kann auch durch

$$\boldsymbol{j}(\boldsymbol{r}') = I_0 \delta(s' - R)\left(\delta(z' - a/2) - \delta(z + a/2)\right)\hat{\boldsymbol{e}}_{\varphi'}$$

ausgedrückt werden. Damit kann zunächst der Ausdruck

$$m_{ij}^{(2)} = \frac{2}{3} \iiint_{\mathbb{R}^3} \mathrm{d}^3 r'\, (\boldsymbol{r}' \times \boldsymbol{j}(\boldsymbol{r}'))_i\, r_j'$$

$$= \frac{2 I_0}{3} \iiint_{\mathbb{R}^3} \mathrm{d}^3 r'\, \delta(s' - R)\left(\delta(z' - a/2) - \delta(z + a/2)\right)(s'\hat{\boldsymbol{e}}_z - z'\hat{\boldsymbol{e}}_{s'})_i\, r_j'$$

für die Quadrupolmomente gefunden werden. Es ist möglich, alle neun Komponenten direkt per Integration zu bestimmen. Durch einige Überlegungen muss aber tatsächlich nur ein einziges Integral berechnet werden: Wird zunächst $i = 3$ betrachtet, so wird für $j = 1, 2$ im Integral ein einziger Faktor $\cos(\varphi)$ bzw. $\sin(\varphi')$ auftauchen, der beim Integral über φ' verschwindet. Genauso taucht auch für $i = 1, 2$ und $j = 3$ nur ein einziger Faktor $\cos(\varphi')$ bzw. $\sin(\varphi')$ auf, weswegen auch diese Komponenten null werden. Schließlich können die Komponenten 12 bzw. 21 betrachtet werden. In diesem Fall wird es den Faktor $\sin(\varphi')\cos(\varphi')$ geben, der aufgrund von

$$2\sin(\varphi')\cos(\varphi') = \sin(2\varphi')$$

ebenfalls beim Integral über φ' verschwinden wird. Damit können nur noch die Komponenten 11, 22 oder 33 nicht verschwindend sein. Aufgrund der Zylindersymmetrie des Problems kann die Anordnung beliebig um die z-Achse gedreht werden, ohne dass sich die Komponenten des Quadrupoltensors verändern sollten. Bei einer 90°-Drehung werden die Rollen von 11 und 22 getauscht. Daher müssen sie gleich sein. Da aber $m_{ij}^{(2)}$ über eine verschwindende Spur verfügt, muss auch der Zusammenhang

$$0 = m_{11}^{(2)} + m_{22}^{(2)} + m_{33}^{(2)} = 2m_{11}^{(2)} + m_{33}^{(2)} \quad \Rightarrow \quad m_{11}^{(2)} = m_{22}^{(2)} = -\frac{1}{2}m_{33}^{(2)}$$

gültig sein. Es genügt daher, $m_{33}^{(2)}$ mittels

$$
m_{33}^{(2)} = \frac{2I_0}{3} \iiint_{\mathbb{R}^3} \mathrm{d}^3 r'\, \delta(s' - R)\, (\delta(z' - a/2) - \delta(z + a/2))\, s' z'
$$

$$
= \frac{2I_0}{3} 2\pi \cdot R^2 \cdot \left(\frac{a}{2} - \left(-\frac{a}{2} \right) \right) = \frac{4\pi R^2 I_0}{3} a
$$

zu bestimmen, um so den Quadrupoltensor

$$
\underline{m}^{(2)} = \frac{2}{3} \pi R^2 I_0 a \begin{pmatrix} -1 & 0 & 0 \\ 0 & -1 & 0 \\ 0 & 0 & 2 \end{pmatrix}
$$

vollständig ermitteln zu können.

(e) **(6 Punkte)** Bestimmen Sie mit den Ergebnissen von Teilaufgabe (d) das Vektorpotential $\boldsymbol{A}^{(2)}$ und die magnetische Flussdichte $\boldsymbol{B}^{(2)}$ für das Qaudrupolfeld der vorliegenden Anordnung. Zeigen Sie so, dass die magnetische Flussdichte durch

$$
\boldsymbol{B}^{(2)}(\boldsymbol{r}) = \frac{1}{4} \mu_0 R^2 I_0 a \left(z \frac{2r^2 - 5s^2}{r^7} \, \hat{\boldsymbol{e}}_z - s \frac{r^2 - 5z^2}{r^7} \, \hat{\boldsymbol{e}}_s \right)
$$

gegeben ist.

Lösungsvorschlag:
Das Vektorpotential ist gemäß den Angaben in der Aufgabe durch

$$
A_i^{(2)}(\boldsymbol{r}) = \frac{\mu_0}{8\pi} \epsilon_{ijl} m_{jk} \frac{3 r_k r_l - r^2 \delta_{kl}}{r^5}
$$

zu bestimmen. Für den zweiten Term würde sich dabei jedoch

$$
\epsilon_{ijl} m_{jk} \delta_{kl} = \epsilon_{ijk} m_{jk}
$$

ergeben. Da es sich im vorliegenden Fall bei m_{jk} aber um einen symmetrischen Tensor handelt, wird dieser Term als Kontraktion eines total antisymmetrischen Terms mit einem symmetrischen Term null ergeben. Daher bleibt nur

$$
A_i^{(2)}(\boldsymbol{r}) = \frac{3\mu_0}{8\pi} \epsilon_{ijl} m_{jk} \frac{r_k r_l}{r^5} = \frac{3\mu_0}{8\pi} \epsilon_{ijl} \frac{(\underline{m}^{(2)} \boldsymbol{r})_j r_l}{r^5} = \frac{3\mu_0}{8\pi} \frac{((\underline{m}^{(2)} \boldsymbol{r}) \times \boldsymbol{r})_i}{r^5}
$$

zu bestimmen. Mit dem in Teilaufgabe (d) gefundenen Tensor kann zunächst

$$
\underline{m}^{(2)} \boldsymbol{r} = \frac{2}{3} \pi R^2 I_0 a \begin{pmatrix} -1 & 0 & 0 \\ 0 & -1 & 0 \\ 0 & 0 & 2 \end{pmatrix} \begin{pmatrix} x \\ y \\ z \end{pmatrix} = \frac{2}{3} \pi R^2 I_0 a \begin{pmatrix} -x \\ -y \\ 2z \end{pmatrix}
$$

ermittelt werden, um dann

$$(\underline{m}^{(2)}\boldsymbol{r}) \times \boldsymbol{r} = \frac{2}{3}\pi R^2 I_0 a \begin{pmatrix} -x \\ -y \\ 2z \end{pmatrix} \times \begin{pmatrix} x \\ y \\ z \end{pmatrix} = \frac{2}{3}\pi R^2 I_0 a \begin{pmatrix} -3zy \\ 3zx \\ 0 \end{pmatrix} = 2\pi R^2 I_0 azs\,\hat{\boldsymbol{e}}_\varphi$$

zu erhalten. Damit kann dann das Vektorpotential

$$\boldsymbol{A}^{(2)}(\boldsymbol{r}) = \frac{\mu_0}{8\pi} 2\pi R^2 I_0 a \frac{zs}{r^5}\,\hat{\boldsymbol{e}}_\varphi = \frac{\mu_0}{4} R^2 I_0 a \frac{zs}{(z^2+s^2)^{5/2}}\,\hat{\boldsymbol{e}}_\varphi$$

gefunden werden. Zum Bestimmen der magnetischen Flussdichte bietet es sich wieder an, die Rotation in Zylinderkoordinaten zu verwenden, wofür die Ableitungen

$$\begin{aligned}
\frac{\partial A_\varphi}{\partial z} &= \frac{1}{4}\mu_0 R^2 I_0 as \frac{(z^2+s^2)^{5/2} - z5z(z^2+s^2)^{3/2}}{(z^2+s^2)^5} \\
&= \frac{1}{4}\mu_0 R^2 I_0 as \frac{(z^2+s^2) - 5z^2}{(z^2+s^2)^{7/2}} = \frac{1}{4}\mu_0 R^2 I_0 as \frac{r^2 - 5z^2}{r^7}
\end{aligned}$$

und

$$\begin{aligned}
\frac{1}{s}\frac{\partial}{\partial s}(sA_\varphi) &= \frac{1}{s}\frac{1}{4}\mu_0 R^2 I_0 az \frac{2s(z^2+s^2)^{5/2} - s^2 5s(z^2+s^2)^{3/2}}{(z^2+s^2)^5} \\
&= \frac{1}{4}\mu_0 R^2 I_0 az \frac{2(z^2+s^2) - 5s^2}{(z^2+s^2)^{7/2}} = \frac{1}{4}\mu_0 R^2 I_0 az \frac{2r^2 - 5s^2}{r^7}
\end{aligned}$$

bestimmt werden müssen. Damit kann die magnetische Flussdichte zu

$$\begin{aligned}
\boldsymbol{B}^{(2)}(\boldsymbol{r}) &= \hat{\boldsymbol{e}}_z \frac{1}{s}\frac{\partial}{\partial s}(sA_\varphi) - \hat{\boldsymbol{e}}_s \frac{\partial A_\varphi}{\partial z} \\
&= \frac{1}{4}\mu_0 R^2 I_0 a \left(z\frac{2r^2 - 5s^2}{r^7}\,\hat{\boldsymbol{e}}_z - s\frac{r^2 - 5z^2}{r^7}\,\hat{\boldsymbol{e}}_s \right)
\end{aligned}$$

bestimmt werden.

Aufgabe 4 **25 *Punkte***

Spiegelladungen an geerdeter Platte

In dieser Aufgabe soll ein Randwertproblem mit einer leitenden und geerdeten Platte untersucht werden. Sie soll unendlich weit ausgedehnt sein und sich in der xy-Ebene befindet. Es sollen die Felder im Halbraum $z > 0$ bestimmt werden.

(a) **(2 Punkte)** Formulieren Sie das Randwertproblem für diese Konfiguration.

Lösungsvorschlag:
Der betrachtete Raumbereich V wird durch alle Punkte mit $z > 0$ definiert. In diesem muss die Poisson-Gleichung

$$\Delta \phi(\boldsymbol{r}) = -\frac{\rho(\boldsymbol{r})}{\varepsilon_0}$$

erfüllt werden. V wird durch eine geerdete Platte begrenzt, das Potential muss hier also den Wert null annehmen. Somit liegen Dirichlet-Randbedingungen

$$\phi(\boldsymbol{r})\big|_{\boldsymbol{r} \in \partial V} = \phi(x, y, 0) = 0$$

vor.

(b) **(5 Punkte)** Bestimmen Sie das Potential einer Punktladung q, die auf der z-Achse bei $z_0 > 0$ platziert wird mit Hilfe der Methode der Spiegelladungen und leiten Sie daraus die Dirichlet'sche Green'sche Funktion der vorliegenden Geometrie her.

Lösungsvorschlag:
Da die Ladung q auf der z-Achse platziert ist und das Problem damit eine Rotationssymmetrie um diese Achse aufweist, muss auch die Lösung diese Symmetrie besitzen. Würde eine Spiegelladung abseits der z-Achse platziert, so wäre diese Symmetrie gebrochen. Aus diesem Grund ist es notwendig, die Spiegelladung q' bei $z_0' < 0$ zu platzieren. Das entsprechende Potential ist durch

$$\phi(\boldsymbol{r}) = \frac{1}{4\pi\varepsilon_0} \left(\frac{q}{|\boldsymbol{r} - z_0\,\hat{\boldsymbol{e}}_z|} + \frac{q'}{|\boldsymbol{r} - z_0'\,\hat{\boldsymbol{e}}_z|} \right)$$

gegeben. Wird nun wegen der Randbedingung $\phi(x, y, 0) = 0$ gefordert, so kann der Zusammenhang

$$\frac{q}{\sqrt{x^2 + y^2 + z_0^2}} + \frac{q'}{\sqrt{x^2 + y^2 + z_0'^2}} = 0$$

gefunden werden. Dieser wird durch die einfache Wahl $q' = -q$ und $z_0'^2 = z_0^2$ erfüllt. Da $z_0' < 0$ gelten soll, muss $z_0' = -z_0$ gewählt werden. Das gesuchte Potential ist also durch

$$\phi(\boldsymbol{r}) = \frac{q}{4\pi\varepsilon_0} \left(\frac{1}{|\boldsymbol{r} - z_0\,\hat{\boldsymbol{e}}_z|} - \frac{1}{|\boldsymbol{r} + z_0\,\hat{\boldsymbol{e}}_z|} \right)$$

gegeben. Es erfüllt die Poisson-Gleichung

$$\Delta\phi(\boldsymbol{r}) = -\frac{q}{\varepsilon_0}\left(\delta^{(3)}(\boldsymbol{r} - z_0\,\hat{\boldsymbol{e}}_z) - \delta^{(3)}(\boldsymbol{r} + z_0\,\hat{\boldsymbol{e}}_z)\right)$$

und die Bedingung $\phi(x, y, 0) = 0$. Wird $\boldsymbol{r}$ auf den Bereich mit $z > 0$ beschränkt, kann die zweite Dirac-Delta-Funktion niemals einen von null verschiedenen Wert annehmen und es zeigt sich, dass das Potential die Gleichung

$$\Delta\phi(\boldsymbol{r}) = -\frac{q}{\varepsilon_0}\delta^{(3)}(\boldsymbol{r} - z_0\,\hat{\boldsymbol{e}}_z) = -\frac{\rho(\boldsymbol{r})}{\varepsilon_0}$$

mit der Ladungsdichte

$$\rho(\boldsymbol{r}) = q\delta^{(3)}(\boldsymbol{r} - z_0\,\hat{\boldsymbol{e}}_z)$$

erfüllt.

Eine Dirichlet'sche Green'sche Funktion für das vorliegende Randwertproblem muss die Bedingung

$$\Delta G_{\mathrm{D}}(\boldsymbol{r}, \boldsymbol{r}') = \delta^{(3)}(\boldsymbol{r} - \boldsymbol{r}')$$

für alle $\boldsymbol{r} \in V$ und

$$G_{\mathrm{D}}(\boldsymbol{r}, \boldsymbol{r}')|_{\boldsymbol{r}' \in \partial V} = 0$$

erfüllen. Das gefundene Potential erfüllt bis auf den Vorfaktor $-\frac{q}{\varepsilon_0}$ die erste Bedingung, wenn $\boldsymbol{r}' = z_0\,\hat{\boldsymbol{e}}_z$ gesetzt wird. Die zweite Bedingung lässt sich schnell für $z_0 = 0$ überprüfen, so dass die Dirichlet'sche Green'sche Funktion in diesem Fall durch

$$G_{\mathrm{D}}(\boldsymbol{r}, \boldsymbol{r}') = -\frac{\varepsilon_0}{q}\phi(\boldsymbol{r})|_{z_0\,\hat{\boldsymbol{e}}_z = \boldsymbol{r}'} = -\frac{1}{4\pi}\left(\frac{1}{|\boldsymbol{r} - \boldsymbol{r}'|} - \frac{1}{|\boldsymbol{r} + \boldsymbol{r}'|}\right)$$

gegeben sein muss.

(c) **(4 Punkte)** Bestimmen Sie die induzierte Ladungsdichte σ in kartesischen sowie in Polarkoordinaten.

Lösungsvorschlag:
Die induzierte Oberflächenladung ist durch

$$\sigma(x, y) = \varepsilon_0[\boldsymbol{n} \cdot \boldsymbol{\nabla}\phi(\boldsymbol{r})]_{\boldsymbol{r} \in \partial V} = \varepsilon_0[\boldsymbol{n} \cdot \boldsymbol{\nabla}\phi(\boldsymbol{r})]_{z=0}$$

zu bestimmen. Dabei ist $\boldsymbol{n}$ der Normalenvektor der Grenzfläche, der aus V heraus zeigt. Im vorliegenden Fall ist er durch $\boldsymbol{n} = -\hat{\boldsymbol{e}}_z$ gegeben. Der Gradient des in Teilaufgabe (b) gefundenen Potentials kann durch

$$\boldsymbol{\nabla}\phi = -\frac{q}{4\pi\varepsilon_0}\left(\frac{\boldsymbol{r} - z_0\,\hat{\boldsymbol{e}}_z}{|\boldsymbol{r} - z_0\,\hat{\boldsymbol{e}}_z|^3} - \frac{\boldsymbol{r} + z_0\,\hat{\boldsymbol{e}}_z}{|\boldsymbol{r} + z_0\,\hat{\boldsymbol{e}}_z|^3}\right)$$

gebildet werden. Für die gesuchte Projektion kann somit der Ausdruck

$$
\sigma(x,y) = -\varepsilon_0 [\hat{\boldsymbol{e}}_z \cdot \boldsymbol{\nabla}\phi(\boldsymbol{r})]_{z=0}
$$

$$
= \frac{q}{4\pi}\left(\frac{-z_0}{|x\,\hat{\boldsymbol{e}}_x + y\,\hat{\boldsymbol{e}}_y - z_0\,\hat{\boldsymbol{e}}_z|^3} - \frac{z_0}{|x\,\hat{\boldsymbol{e}}_x + y\,\hat{\boldsymbol{e}}_y + z_0\,\hat{\boldsymbol{e}}_z|^3} \right)
$$

$$
= -\frac{qz_0}{4\pi}\left(\frac{1}{(x^2 + y^2 + z_0^2)^{3/2}} + \frac{1}{(x^2 + y^2 + z_0^2)^{3/2}} \right)
$$

$$
= -\frac{q}{2\pi}\frac{z_0}{(x^2 + y^2 + z_0^2)^{3/2}}
$$

gefunden werden. In Polarkoordinaten ist dies wegen $s^2 = x^2 + y^2$ durch

$$
\sigma(s,\varphi) = -\frac{q}{2\pi}\frac{z_0}{(s^2 + z_0^2)^{3/2}}
$$

gegeben.

(d) **(3 Punkte)** Bestimmen Sie die insgesamt induzierte Ladung Q_{infl}.

Lösungsvorschlag:
Die induzierte Ladung kann durch das Integral

$$
Q_{\text{infl}} = \oiint_{\partial V} \mathrm{d}^2 f \; \sigma(\boldsymbol{r})
$$

bestimmt werden. Im vorliegenden Fall bietet es sich an, die Polarkoordinaten zu verwenden, in denen das Integral die Form

$$
Q_{\text{infl}} = \int_0^\infty \mathrm{d}s \int_0^{2\pi} \mathrm{d}\varphi\; s \cdot \sigma(s,\varphi) = -\frac{qz_0}{2\pi} \int_0^\infty \mathrm{d}s \int_0^{2\pi} \mathrm{d}\varphi\; \frac{s}{(s^2 + z_0^2)^{3/2}}
$$

$$
= -qz_0 \int_0^\infty \mathrm{d}s\; \frac{s}{(s^2 + z_0^2)^{3/2}}
$$

annimmt. Mit der Substitution

$$
u = s^2 + z_0^2 \quad \Rightarrow \quad \mathrm{d}u = 2s\,\mathrm{d}s
$$

und den neuen Grenzen

$$
s = 0 \Rightarrow u = z_0^2 \qquad s = \infty \Rightarrow u = \infty
$$

lässt sich das Integral so durch

$$
Q_{\text{infl}} = -qz_0 \frac{1}{2} \int_{z_0^2}^\infty \mathrm{d}u\; u^{-3/2} = -\frac{qz_0}{2}\left[-2u^{-1/2} \right]_{z_0^2}^\infty = -\frac{qz_0}{\sqrt{z_0^2}} = -q
$$

lösen.

(e) **(8 Punkte)** Gehen Sie nun davon aus, statt einer Punktladung wird ein unendlich langer und unendlich dünner geladener Draht mit Linienladungsdichte λ entlang der z-Achse startend bei $z = 0$ platziert. Finden Sie das Potential dieser Konfiguration mit Hilfe der Dirichlet'schen Green'schen Funktion.

Lösungsvorschlag:

Mit der Dirichlet'schen Green'schen Funktion lässt sich das Potential durch

$$\phi(\boldsymbol{r}) = -\frac{1}{\varepsilon_0} \iiint_V \mathrm{d}^3 r'\, G_\mathrm{D}(\boldsymbol{r},\boldsymbol{r}')\, \rho(\boldsymbol{r}') + \oiint_{\partial V} \mathrm{d}^2 \boldsymbol{f}' \cdot (\boldsymbol{\nabla}' G_\mathrm{D}(\boldsymbol{r},\boldsymbol{r}'))\, \phi_0(\boldsymbol{r}')$$

bestimmen. Da die Platte geerdet ist, ist das Potential am Rand von V durch null gegeben und es muss nur das erste Integral betrachtet werden. Die Ladungsdichte kann durch

$$\rho(\boldsymbol{r}) = \lambda\, \delta(x)\, \delta(y)$$

beschrieben werden. Damit lässt sich das Integral als

$$\phi(\boldsymbol{r}) = \frac{\lambda}{4\pi\varepsilon_0} \iiint_V \mathrm{d}^3 r' \left(\frac{1}{|\boldsymbol{r}-\boldsymbol{r}'|} - \frac{1}{|\boldsymbol{r}+\boldsymbol{r}'|} \right) \delta(x')\, \delta(y')$$

$$= \frac{\lambda}{4\pi\varepsilon_0} \int_0^\infty \mathrm{d}z' \left(\frac{1}{|\boldsymbol{r}-z'\hat{\boldsymbol{e}}_z|} - \frac{1}{|\boldsymbol{r}+z'\hat{\boldsymbol{e}}_z|} \right)$$

auswerten. Um dieses Integral zu lösen, werden die Stammfunktionen der beiden Terme gesucht. Es muss damit also das unbestimmte Integral

$$\int \frac{\mathrm{d}z'}{|\boldsymbol{r}\pm z'\hat{\boldsymbol{e}}_z|} = \int \frac{\mathrm{d}z'}{\sqrt{x^2+y^2+(z\pm z')^2}} = \int \frac{\mathrm{d}z'}{\sqrt{s^2+(z'\pm z)^2}}$$

gelöst werden. Hierbei wurden Zylinderkoordinaten eingeführt. Es bietet sich an, die Substitution

$$(z'\pm z) = s \cdot u \quad \Rightarrow \quad \mathrm{d}z' = s\,\mathrm{d}u$$

durchzuführen, um so

$$\int \frac{\mathrm{d}z'}{\sqrt{s^2+(z'\pm z)^2}} = s \int \frac{\mathrm{d}u}{\sqrt{s^2+s^2 u^2}} = \int \frac{\mathrm{d}u}{\sqrt{1+u^2}}$$

zu finden. Da die Stammfunktion von $\frac{1}{\sqrt{1+u^2}}$ der Areasinus hyperbolicus ist, kann das Integral auf diese Weise durch

$$\int \frac{\mathrm{d}z'}{|\boldsymbol{r}\pm z'\hat{\boldsymbol{e}}_z|} = \mathrm{Arsinh}(u) = \mathrm{Arsinh}\left(\frac{z'\pm z}{s}\right)$$

gelöst werden. Damit lässt sich das Potential auf

$$\phi(\boldsymbol{r}) = \frac{\lambda}{4\pi\varepsilon_0} \left[\mathrm{Arsinh}\left(\frac{z'-z}{s}\right) - \mathrm{Arsinh}\left(\frac{z'+z}{s}\right) \right]_0^\infty$$

umformen. Im Grenzfall $z' \to \infty$ lässt sich durch die logarithmische Darstellung des Areasinus hyperbolicus

$$\mathrm{Arsinh}(x) = \ln\left(x + \sqrt{x^2 + 1}\right)$$

zunächst der Zusammenhang

$$\mathrm{Arsinh}\left(\frac{z' - z}{s}\right) - \mathrm{Arsinh}\left(\frac{z' + z}{s}\right) = \ln\left(\frac{\frac{z'-z}{s} + \sqrt{\frac{(z'-z)^2}{s^2} + 1}}{\frac{z'+z}{s} + \sqrt{\frac{(z'+z)^2}{s^2} + 1}}\right)$$

$$= \ln\left(\frac{z' + z + \sqrt{(z' - z)^2 + s^2}}{z' - z + \sqrt{(z' + z)^2 + s^2}}\right)$$

finden. Der Grenzwert des Arguments lässt sich durch die Regel von L'Hospital mittels

$$\lim_{z' \to \infty} \frac{z' + z + \sqrt{(z' - z)^2 + s^2}}{z' - z + \sqrt{(z' + z)^2 + s^2}} = \lim_{z' \to \infty} \frac{1 + \frac{z'-z}{\sqrt{(z'-z)^2 + s^2}}}{1 + \frac{z'+z}{\sqrt{(z'+z)^2 + s^2}}}$$

$$= \lim_{z' \to \infty} \frac{1 + \frac{1}{\sqrt{1 + \frac{s^2}{(z'-z)^2}}}}{1 + \frac{1}{\sqrt{1 + \frac{s^2}{(z'+z)^2}}}} = 1$$

bestimmen. Damit leistet die obere Grenze keinen Beitrag und das Potential lässt sich durch

$$\phi(\boldsymbol{r}) = -\frac{\lambda}{4\pi\varepsilon_0}\left[\mathrm{Arsinh}\left(\frac{-z}{s}\right) - \mathrm{Arsinh}\left(\frac{z}{s}\right)\right] = \frac{\lambda}{2\pi\varepsilon_0}\mathrm{Arsinh}\left(\frac{z}{s}\right)$$

bestimmen.

(f) **(3 Punkte)** Bestimmen Sie das elektrische Feld der Ladungskonfiguration aus Teilaufgabe (e) und die induzierte Oberflächenladungsdichte.

Lösungsvorschlag:
Um das elektrische Feld zu bestimmen, bietet es sich an, den Gradienten in Zylinderkoordinaten

$$\nabla\phi = \hat{\boldsymbol{e}}_s\frac{\partial\phi}{\partial s} + \hat{\boldsymbol{e}}_\varphi\frac{1}{s}\frac{\partial\phi}{\partial\varphi} + \hat{\boldsymbol{e}}_z\frac{\partial\phi}{\partial z}$$

zu verwenden. Damit kann das elektrische Feld durch

$$\boldsymbol{E} = \nabla\phi = -\left(\hat{\boldsymbol{e}}_s\frac{\partial\phi}{\partial s} + \hat{\boldsymbol{e}}_z\frac{\partial\phi}{\partial z}\right) = -\frac{\lambda}{2\pi\varepsilon_0}\left(\frac{1}{\sqrt{1 + \frac{z^2}{s^2}}}\left(-\frac{z}{s^2}\right)\hat{\boldsymbol{e}}_s + \frac{1}{\sqrt{1 + \frac{z^2}{s^2}}}\frac{1}{s}\hat{\boldsymbol{e}}_z\right)$$

$$= -\frac{\lambda}{2\pi\varepsilon_0}\frac{1}{\sqrt{s^2 + z^2}}\left(-\frac{z}{s}\hat{\boldsymbol{e}}_s + \hat{\boldsymbol{e}}_z\right) = \frac{\lambda}{2\pi\varepsilon_0}\frac{1}{s\sqrt{s^2 + z^2}}(z\hat{\boldsymbol{e}}_s - s\hat{\boldsymbol{e}}_z)$$

bestimmt werden.

Um die Oberflächenladungsdichte zu bestimmen, muss der Ausdruck

$$\sigma = \varepsilon_0 [\boldsymbol{n} \cdot \boldsymbol{\nabla} \phi(\boldsymbol{r})]_{\boldsymbol{r} \in \partial V} = -\varepsilon_0 \, \boldsymbol{n} \cdot \boldsymbol{E}|_{z=0}$$

ausgewertet werden. Darin beschreibt $\boldsymbol{n}$ den Normalenvektor der Grenzfläche, der aus dem betrachteten Raumbereich V heraus zeigt. In diesem Fall handelt es sich also um $-\hat{\boldsymbol{e}}_z$. Somit kann die Oberflächenladungsdichte

$$\sigma(s, \varphi) = \varepsilon_0 \, \hat{\boldsymbol{e}}_z \cdot \boldsymbol{E}(\boldsymbol{r})|_{z=0} = -\frac{\lambda}{2\pi} \frac{1}{\sqrt{s^2}} = -\frac{\lambda}{2\pi s}$$

gefunden werden.

5 Klausur V – Elektrodynamik – Mittel

Im Kurzfragebogen dieser Klausur wird der Gesamtwiderstand zweier Ohm'scher Widerstände in einer Reihenschaltung, das elektrische Feld einer geladenen unendlich weit ausgedehnten und unendlich dünnen Platte, die Rotation aus dem Produkt eines Skalar- und eines Vektorfeldes, die Eichtransformation der Potentiale und der Faraday'sche Käfig betrachtet. Aufgabe 2 beschäftigt sich mit der Ausbreitung elektromagnetischer Wellen in einem Rechteckhohlleiter und konzentriert sich dabei auf transversal magnetische Moden. Aufgabe 3 behandelt die Wellengleichungen der Elektrodynamik in der Potentialformulierung und löst diese mittels Green'scher Funktionen, um die Liénard-Wiechert-Potentiale bewegter Punktladungen zu erhalten. Aufgabe 4 beschäftigt sich mit magnetischen Dipol- und Quadrupolmomenten auf einer möglichst allgemeinen Ebene.

Überblick

5.1 Aufgaben zur Klausur V – Elektrodynamik – Mittel 207

Aufgabe **1** - **Kurzfragen** 207

Aufgabe **2** - **TM-Moden im Rechteckhohlleiter** 208

Aufgabe **3** - **Liénard-Wiechert-Potentiale** 209

Aufgabe **4** - **Multipolentwicklung der Magnetostatik** 211

5.2 Hinweise zur Klausur V – Elektrodynamik – Mittel 213

5.3 Lösung zur Klausur V – Elektrodynamik – Mittel 217

Aufgabe **1** - **Kurzfragen** 217

Aufgabe **2** - **TM-Moden im Rechteckhohlleiter** 221

Aufgabe **3** - **Liénard-Wiechert-Potentiale** 226

Aufgabe **4** - **Multipolentwicklung der Magnetostatik** 233

© Der/die Autor(en), exklusiv lizenziert an
Springer-Verlag GmbH, DE, ein Teil von Springer Nature 2025
M. Eichhorn, *Prüfungstraining Theoretische Physik – Elektrodynamik*,
https://doi.org/10.1007/978-3-662-71709-7_6

5.1   Aufgaben zur Klausur V – Elektrodynamik – Mittel

Aufgabe 1   **25 _Punkte_**

Kurzfragen

Schlagwörter:
Elektrische Bauteile, Gauß'sches Gesetz, Vektoranalysis, Eichfreiheit, Elektrostatik

(a) **(5 Punkte)** Verwenden Sie das Ohm'sche Gesetz und die Kirchhoff'schen Gesetze, um den Gesamtwiderstand zweier Widerstände R_1 und R_2 in einer Reihenschaltung zu bestimmen.

(b) **(5 Punkte)** Verwenden Sie den Satz von Gauß, um das elektrische Feld über einer unendlich ausgedehnten geladenen Platte mit Flächenladungsdichte σ zu bestimmen.

(c) **(5 Punkte)** Zeigen Sie, dass ein Skalarfeld ψ und ein Vektorfeld A den Zusammenhang

$$\nabla \times (\psi A) = \psi(\nabla \times A) - A \times \nabla \psi$$

erfüllen.

(d) **(5 Punkte)** Zeigen Sie, dass die Potentiale der Elektrodynamik ϕ und A unter der Transformation

$$\phi \to \phi - \partial_t \Lambda \qquad A \to A + \nabla \Lambda$$

mit einem zweimal stetig differenzierbaren Skalarfeld $\Lambda(r,t)$ zu den gleichen physikalischen Feldern führen.

(e) **(5 Punkte)** Zeigen Sie, dass im Rahmen der Elektrostatik in einem ladungsfreien Gebiet V, das durch geerdete Metallplatten umschlossen ist, kein elektrisches Feld existieren kann. Sie können hierzu den Integralsatz von Green

$$\iiint_V \mathrm{d}^3 r \, \psi \, \Delta\phi = \oiint \mathrm{d}^2 f \cdot (\psi \nabla \phi) - \iiint_V \mathrm{d}^3 r \, (\nabla \psi) \cdot (\nabla \phi)$$

ohne Beweis verwenden.

Aufgabe 2   **25 _Punkte_**

TM-Moden im Rechteckhohlleiter

Schlagwörter:
Maxwell-Gleichungen, Elektromagnetische Wellen, Randwertproblem, Stetigkeitsbedingungen, Wellenleiter

In dieser Aufgabe soll die Ausbreitung von TM-Moden in einem rechteckigen Hohlraumwellenleiter untersucht werden, welcher durch perfekte elektrische Leiter begrenzt wird. Der Innenraum ist ein Vakuum ohne Ladungen und Ströme. Der Hohlraumwellenleiter soll sich entlang der z-Achse in beide Richtungen in die Unendlichkeit erstrecken. Seine Ausdehnung in x-Richtung soll durch a gegeben sein, während seine Ausrichtung in y-Richtung durch $b \leq a$ gegeben ist. Durch die Maxwell-Gleichungen und den Ansatz

$$\boldsymbol{E} = \boldsymbol{E}_0(x,y)\,\mathrm{e}^{\mathrm{i}(k_z z - \omega t)} \qquad \boldsymbol{B} = \boldsymbol{B}_0(x,y)\,\mathrm{e}^{\mathrm{i}(k_z z - \omega t)}$$

lässt sich zeigen, dass $\boldsymbol{E}_{0x}$, $\boldsymbol{E}_{0y}$, $\boldsymbol{B}_{0x}$ und $\boldsymbol{B}_{0y}$ vollständig durch E_{0z}, B_{0z} und deren räumliche Ableitungen bestimmt werden können.

(a) **(8 Punkte)** Verwenden Sie die Maxwell-Gleichungen im Innenraum, um eine Differentialgleichung 2. Ordnung für E_{0z} und B_{0z} zu bestimmen. Welche Randbedingungen müssen das elektrische und magnetische Feld erfüllen?

Betrachten Sie für den Rest der Aufgaben die TM-Moden, also $B_{0z} = 0$.

(b) **(5 Punkte)** Zeigen Sie, dass der Ansatz $E_{0z} = \hat{E}_{0z} X(x) Y(y)$ auf die Differentialgleichung

$$X'' = -k_x^2 X \qquad Y'' = -k_y^2 Y$$

mit unbestimmten Konstanten k_x und k_y führt.

(c) **(4 Punkte)** Lösen Sie die Differentialgleichung aus Teilaufgabe (b) und verwenden Sie die Randbedingungen aus Teilaufgabe (a), um k_x und k_y zu bestimmen.

(d) **(3 Punkte)** Zeigen Sie, dass sich eine TM_{nm}-Mode nur ausbreiten kann, wenn für die Frequenz ω der Zusammenhang

$$\omega > \omega_{nm} = \pi c \sqrt{\frac{n^2}{a^2} + \frac{m^2}{b^2}}$$

gültig ist.

(e) **(5 Punkte)** Begründen Sie, warum es im rechteckigen Hohlleiter keine TM_{10}- bzw. TM_{01}-Moden gibt. Zeigen Sie damit, dass die Grenzfrequenz der TM-Moden in einem quadratischen Hohlleiter mit Kantenlänge a durch

$$\omega_{\mathrm{g}} = \frac{\pi c}{a} \sqrt{2}$$

gegeben ist.

Aufgabe 3   25 *Punkte*

Liénard-Wiechert-Potentiale

Schlagwörter:
Maxwell-Gleichungen, Elektromagnetische Wellen, Elektrisches Potential, Vektorpotential, Green'sche Funktion

In dieser Aufgabe sollen die Liénard-Wiechert-Potentiale einer bewegten Punktladung hergeleitet werden.

(a) **(5 Punkte)** Stellen Sie die Maxwell-Gleichungen im Vakuum auf und zeigen Sie, dass bei geeigneter Eichbedingung die Potentiale die Wellengleichungen

$$\Box\phi = \frac{1}{c^2}\frac{\partial^2\phi}{\partial t^2} - \Delta\phi = \frac{\rho}{\varepsilon_0} \qquad \Box\boldsymbol{A} = \frac{1}{c^2}\frac{\partial^2\boldsymbol{A}}{\partial t^2} - \Delta\boldsymbol{A} = \mu_0\boldsymbol{j}$$

erfüllen.

(b) **(4 Punkte)** Nehmen Sie an, es gäbe eine Green'sche Funktion $G(\boldsymbol{r},t)$, welche

$$\Box G(\boldsymbol{r},t) = \delta^{(3)}(\boldsymbol{r})\,\delta(t)$$

erfüllt. Zeigen Sie, dass sich das elektrische Potential und das Vektorpotential dann mit

$$\phi(\boldsymbol{r},t) = \frac{1}{\varepsilon_0}\iiint \mathrm{d}^3r'\int \mathrm{d}t'\; G(\boldsymbol{r}-\boldsymbol{r}',t-t')\rho(\boldsymbol{r}',t')$$

$$\boldsymbol{A}(\boldsymbol{r},t) = \mu_0\iiint \mathrm{d}^3r'\int \mathrm{d}t'\; G(\boldsymbol{r}-\boldsymbol{r}',t-t')\,\boldsymbol{j}(\boldsymbol{r}',t')$$

bestimmen lassen.

(c) **(7 Punkte)** Zeigen Sie, dass es sich bei

$$G(\boldsymbol{r},t) = \frac{1}{4\pi r}\delta\left(t - \frac{r}{c}\right)$$

um eine Green'sche Funktion des d'Alembert-Operators handelt.

(d) **(2 Punkte)** Betrachten Sie nun zunächst nur das elektrische Potential einer Punktladung q auf einer vorgegebenen Bahnkurve $\boldsymbol{r}_0(t)$. Führen Sie mit der Green'schen Funktion aus Teilaufgabe (c) zunächst die räumliche Integration aus, um das elektrische Potential als ein Integral über t' darzustellen.

(e) **(5 Punkte)** Zeigen Sie, dass das Argument der verbleibenden Delta-Funktion

$$f(t') = t' - t + \frac{|\boldsymbol{r} - \boldsymbol{r}_0(t')|}{c}$$

genau eine Nullstelle hat und identifizieren Sie diese mit der retardierten Zeit t_r. Zeigen Sie so, dass

$$\phi(\boldsymbol{r}, t) = \frac{q}{4\pi\varepsilon_0} \frac{1}{d(t_\mathrm{r}) - \boldsymbol{\beta}(t_\mathrm{r}) \cdot \boldsymbol{d}(t_\mathrm{r})}$$

gilt. Darin sind $\boldsymbol{d}(t) = \boldsymbol{r} - \boldsymbol{r}_0(t)$, $\boldsymbol{\beta}(t) = \frac{\boldsymbol{v}_0(t)}{c}$ und $\boldsymbol{v}_0(t) = \dot{\boldsymbol{r}}_0(t)$.

(f) **(2 Punkte)** Bestimmen Sie nun $\boldsymbol{A}(\boldsymbol{r}, t)$.

Aufgabe 4   25 *Punkte*

Multipolentwicklung der Magnetostatik

Schlagwörter:
Magnetostatik, Magnetisches Moment, Maxwell-Gleichungen, Magnetische Flussdichte,
Multipolentwicklung, Dipol, Quadrupol, Vektorpotential, Stromdichte

In dieser Aufgabe sollen Magnetfelder von räumlich begrenzten Strömen in großer Entfernung untersucht werden. Gehen Sie dazu zunächst ganz allgemein von einer räumlich begrenzten Stromverteilung $j(r)$ aus, die sich durch eine Kugel des Radius R vollständig umschließen lässt.

(a) **(2 Punkte)** Betrachten Sie die Maxwell-Gleichungen der Magnetostatik und zeigen Sie, dass in der Coulomb-Eichung das Potential A eine Poisson-Gleichung erfüllt. Formulieren Sie deren allgemeine Lösung ohne Randbedingungen.

(b) **(2 Punkte)** Zeigen Sie, dass für räumlich begrenzte Stromverteilungen in der Magnetostatik der Zusammenhang

$$\iiint_{\mathbb{R}^3} \mathrm{d}^3 r \, (\phi\, j \cdot \nabla\psi + \psi\, j \cdot \nabla\phi) = 0 \tag{5.1}$$

mit zwei beliebigen differenzierbaren Skalarfeldern ψ und ϕ gültig ist.

(c) **(6 Punkte)** Entwickeln Sie die Lösung aus Teilaufgabe (a) für beliebige Punkte r in großer Entfernung des räumlich beschränkten Stroms und zeigen Sie so, dass sich die Komponenten des Vektorpotentials in den ersten beiden nicht verschwindenden Ordnungen durch $A_i = A_i^{(1)} + A_i^{(2)}$ mit

$$A_i^{(1)}(r) = \frac{\mu_0}{4\pi r^3} r_j \iiint_{\mathbb{R}^3} \mathrm{d}^3 r' \, j_i(r') r_j' \tag{5.2}$$

und

$$A_i^{(2)}(r) = \frac{\mu_0}{8\pi r^5} (3 r_j r_k - r^2 \delta_{jk}) \iiint_{\mathbb{R}^3} \mathrm{d}^3 r' \, j_i(r') r_j' r_k' \tag{5.3}$$

beschreiben lassen.

(d) **(6 Punkte)** Verwenden Sie Gl. (5.1), um zunächst den Zusammenhang

$$r_j \iiint_{\mathbb{R}^3} \mathrm{d}^3 r' \, j_i(r') r_j' = \frac{1}{2} \iiint_{\mathbb{R}^3} \mathrm{d}^3 r' \, ((r' \times j(r')) \times r)_i$$

zu beweisen. Zeigen Sie so, dass sich Gl. (5.2) auch als

$$A^{(1)} = \frac{\mu_0}{4\pi} \frac{m \times r}{r^3}$$

schreiben lässt, worin m das noch zu bestimmende magnetische Dipolmoment ist.

(e) **(2 Punkte)** Bestimmen Sie aus dem Vektorpotential die magnetische Flussdichte in großer Entfernung zur Stromverteilung für das Dipolfeld.

(f) **(7 Punkte)** Zeigen Sie, dass sich Gl. (5.3) mit dem magnetischen Quadrupoltensor

$$m_{ij} = \frac{2}{3} \iiint_{\mathbb{R}^3} \mathrm{d}^3 r' \, (\boldsymbol{r'} \times \boldsymbol{j}(\boldsymbol{r'}))_i r'_j$$

durch

$$A_i^{(2)}(\boldsymbol{r}) = \frac{\mu_0}{8\pi} \epsilon_{ijl} m_{jk} \frac{3 r_k r_l - r^2 \delta_{kl}}{r^5}$$

ausdrücken lässt. Zeigen Sie weiter, dass der Tensor m_{ij} spurlos ist.

5.2 Hinweise zur Klausur V – Elektrodynamik – Mittel

Aufgabe 1 - Kurzfragen

(a) Wieso sind $U_{\text{ges}} = U_1 + U_2$ und $I_{\text{ges}} = I_1 = I_2$ gültig?

(b) Wie lässt sich das Gauß'sche Gesetz in Integraler Form

$$\oiint_{\partial V} \mathrm{d}^2 \boldsymbol{f} \cdot \boldsymbol{E} = \frac{Q_V}{\varepsilon_0}$$

mit einem Quader, mit zwei zur Platte parallelen Flächen A, die sich beide im Abstand $h/2$ zu diesem befinden, ausnutzen? Welche Ladung ist in diesem Quader eingeschlossen? Welche Aussagen können über das elektrische Feld aufgrund der vorliegenden Symmetrien getroffen werden?

(c) Wie kann der gesuchte Ausdruck in Indexschreibweise durch das Levi-Civita-Symbol ϵ_{ijk} ausgedrückt werden?

(d) Wie sind die Felder $\boldsymbol{E}$ und $\boldsymbol{B}$ durch die Potentiale definiert? Was passiert, wenn das angegebene Transformationsverhalten darin eingesetzt wird?

(e) Wie lässt sich das elektrische Feld durch ein Potential ϕ darstellen? Welche Bedingungen muss es in einem ladungsfreien Gebiet V erfüllen? Welche Randbedingung erlegen geerdete Metallplatten dem Feld ϕ auf? Was passiert, wenn dieses Potential für die beiden Felder im Green'schen Integralsatz eingesetzt wird?

Aufgabe 2 - TM-Moden im Rechteckhohlleiter

(a) Wie kann die Identität

$$\boldsymbol{\nabla} \times (\boldsymbol{\nabla} \times \boldsymbol{A}) = \boldsymbol{\nabla}(\boldsymbol{\nabla} \cdot \boldsymbol{A}) - \Delta \boldsymbol{A}$$

der Vektoranalysis helfen, um die Differentialgleichung zweiter Ordnung für E_{0z} zu bestimmen? Was gilt für elektrische Felder in perfekten elektrischen Leitern? Welche Komponente von $\boldsymbol{E}$ bzw. $\boldsymbol{B}$ bleibt an einer Grenzfläche unabhängig von Ladungen und Strömen auf der Grenzfläche erhalten?

(b) Was passiert, wenn der Ansatz in die Differentialgleichung

$$\left(\partial_x^2 + \partial_y^2 + \frac{\omega^2}{c^2} - k_z^2 \right) E_{0z}(x, y) = 0$$

eingesetzt wird? Was passiert, wenn anschließend durch E_{0z} geteilt wird? Welche Terme hängen von x bzw. von y ab und was bedeutet das für die jeweiligen Terme?

(c) Wie lassen sich die Randbedingungen für E_{0z} verwenden, um

$$X(0) = X(a) = 0 \qquad Y(0) = Y(b) = 0$$

zu zeigen? Wie lautet die allgemeine homogene Lösung eines harmonischen Oszillators?

(d) Wie lassen sich die Ergebnisse aus Teilaufgabe (b) und (c) kombinieren, um den Ausdruck

$$0 = \frac{\omega^2}{c^2} - \frac{n^2\pi^2}{a^2} - \frac{m^2\pi^2}{b^2} - k_z^2$$

mit den Zahlen $n, m \in \mathbb{N}_0$ zu erhalten? Was muss k_z^2 erfüllen, damit sich eine Welle entlang der z-Richtung ausbreitet? Was für eine Forderung wird damit an ω^2 bzw. ω gestellt?

(e) Was wird durch die Lösung von E_{0z} für die Fälle $n = 0$ oder $m = 0$ impliziert? Warum handelt es sich dann um eine TEM-Mode? Was gilt für TEM-Moden in einem Hohlraumwellenleiter?

Aufgabe 3 - Liénard-Wiechert-Potentiale

(a) Wieso lassen sich die homogenen Maxwell-Gleichungen durch den Ansatz

$$\boldsymbol{E} = -\boldsymbol{\nabla}\phi - \frac{\partial \boldsymbol{A}}{\partial t} \qquad \boldsymbol{B} = \boldsymbol{\nabla} \times \boldsymbol{A}$$

lösen? Was passiert, wenn dies in die inhomogenen Maxwell-Gleichungen eingesetzt wird? Wie sorgt die Lorenz-Eichung

$$\frac{1}{c^2}\partial_t\phi + \boldsymbol{\nabla} \cdot \boldsymbol{A} = 0$$

für die Entkopplung der beiden so entstehenden Differentialgleichungen?

(b) Was passiert, wenn der d'Alembert-Operator auf die gegebenen Ausdrücke angewandt wird? Auf welche Argumente wirkt der d'Alembert-Operator? Wieso ist auch

$$\Box G(\boldsymbol{r} - \boldsymbol{r}', t - t') = \delta^{(3)}(\boldsymbol{r} - \boldsymbol{r}')\,\delta(t - t')$$

gültig?

(c) Wie lässt sich die zweite Zeitableitung der gegebenen Funktion G bestimmen, wenn darin nur Formableitungen der Dirac-Delta-Funktion verwendet werden? Beachten Sie, dass der Laplace-Operator von $\frac{1}{r}$ nicht einfach durch die Ableitungen in der Darstellung in Kugelkoordinaten berechnet werden kann. Welchen Zusammenhang hat der Laplace von $\frac{1}{r}$ mit $\delta^{(3)}(\boldsymbol{r})$? Wie lässt sich dann

$$\Delta(\psi\phi) = \psi\Delta\phi + 2(\boldsymbol{\nabla}\psi) \cdot (\boldsymbol{\nabla}\phi) + (\Delta\psi)\phi$$

für zwei skalare Funktionen verwenden, um zu zeigen, dass G tatsächlich eine Green'sche Funktion ist?

(d) Wieso lässt sich die Ladungsverteilung durch $\rho(\boldsymbol{r}, t) = q\delta^{(3)}(\boldsymbol{r} - \boldsymbol{r}_0(t))$ beschreiben? Was passiert, wenn diese in das Ergebnis aus Teilaufgabe (b)

$$\phi(\boldsymbol{r}, t) = \frac{1}{\varepsilon_0} \iiint \mathrm{d}^3 r' \int \mathrm{d}t'\, G(\boldsymbol{r} - \boldsymbol{r}', t - t')\rho(\boldsymbol{r}', t')$$

mit der Green'schen Funktion

$$G(\boldsymbol{r}, t) = \frac{1}{4\pi r}\delta\left(t - \frac{r}{c}\right)$$

aus Teilaufgabe (c) eingesetzt wird?

(e) Was ergibt sich als Ableitung von $f(t')$? Lässt sich zeigen, dass die Ableitung stets echt größer als null ist? Wie viele Nullstellen kann eine Funktion mit stets positiver Ableitung besitzen? Wie lässt sich eine Dirac-Delta-Funktion der Form $\delta(g(x))$ durch die Nullstellen von $g(x)$ ausdrücken?

(f) Wieso ist die Stromdichte durch $\boldsymbol{j}(\boldsymbol{r}, t) = q\,\boldsymbol{v}_0(t)\,\delta^{(3)}(\boldsymbol{r} - \boldsymbol{r}_0(t))$ gegeben? Wie lässt sich eine Analogie zur Rechnung für das elektrische Potential herstellen? Wie kann so

$$\boldsymbol{A}(\boldsymbol{r}, t) = \mu_0\varepsilon_0\,\boldsymbol{v}_0(t_\mathrm{r})\,\phi(\boldsymbol{r}, t)$$

gezeigt werden?

Aufgabe 4 - Multipolentwicklung der Magnetostatik

(a) Wieso lassen sich die Maxwell-Gleichungen der Magnetostatik

$$\boldsymbol{\nabla} \cdot \boldsymbol{B} = 0 \qquad \boldsymbol{\nabla} \times \boldsymbol{B} = \mu_0\,\boldsymbol{j}$$

durch ein Vektorpotential $\boldsymbol{A}$ mittels

$$\boldsymbol{B} = \boldsymbol{\nabla} \times \boldsymbol{A}$$

beschreiben? Was gilt in der Coulomb-Eichung für die Divergenz von $\boldsymbol{A}$? Wie lassen sich Poisson-Gleichungen $\Delta\phi = \rho$ ohne Randbedingungen lösen? Wie lässt sich das auf die Poisson-Gleichung eines Vektorfeldes übertragen? Sie sollten

$$\boldsymbol{A}(\boldsymbol{r}) = \frac{\mu_0}{4\pi} \iiint_{\mathbb{R}^3} \mathrm{d}^3 r' \, \frac{\boldsymbol{j}(\boldsymbol{r}')}{|\boldsymbol{r} - \boldsymbol{r}'|}$$

erhalten.

(b) Wie lassen sich die Produktregeln

$$\boldsymbol{\nabla}(\phi\psi) = \phi\boldsymbol{\nabla}\psi + \psi\boldsymbol{\nabla}\phi$$

und

$$\boldsymbol{\nabla}(\phi\boldsymbol{v}) = \boldsymbol{v} \cdot \boldsymbol{\nabla}\phi + \phi\boldsymbol{\nabla} \cdot \boldsymbol{v}$$

der Vektoranalysis verwenden? Wie lautet der Satz von Gauß? Welche Werte nimmt $\boldsymbol{j}$ am Rand des betrachteten Integrationsvolumens an?

(c) Wie lässt sich der Term

$$\frac{1}{|\boldsymbol{r} - \boldsymbol{r}'|}$$

im Integranden mit

$$\frac{1}{\sqrt{1 + x^2 - 2xz}} = \sum_{l=0}^{\infty} x^l P_l(z)$$

durch Legendre-Polynome ausdrücken? Verwenden Sie diese Entwicklung bis einschließlich $l = 2$. Wie lässt sich Gl. (5.1) verwenden, um zu zeigen, dass

$$\iiint_{\mathbb{R}^3} \mathrm{d}^3 r' \, j_i(\boldsymbol{r}') = 0$$

gilt?

(d) Was passiert, wenn in Gl. (5.1) die Felder $\phi = r_i$ und $\psi = r_j$ gewählt werden? Warum ist

$$\iiint_{\mathbb{R}^3} \mathrm{d}^3 r' \, j_i r_j' = - \iiint_{\mathbb{R}^3} \mathrm{d}^3 r' \, j_j r_i'$$

gültig? Wie lässt sich so das magnetische Dipolmoment

$$\boldsymbol{m} = \frac{1}{2} \iiint_{\mathbb{R}^3} \mathrm{d}^3 r' \, \boldsymbol{r}' \times \boldsymbol{j}(\boldsymbol{r}')$$

finden?

(e) Wie kann mit den Erkenntnissen von Teilaufgabe (d) die k-te Komponente von $\boldsymbol{A}^{(1)}$ ausgedrückt werden? Wie lässt sich die i-te Komponente von $\boldsymbol{B}^{(1)}$ ausdrücken? Sind die Zusammenhänge

$$\epsilon_{kln}\epsilon_{ijk} = \delta_{li}\delta_{nj} - \delta_{lj}\delta_{in} \qquad \partial_j r_n = \delta_{jn} \qquad \delta_{nj}\delta_{nj} = \delta_{jj} = 3$$

hilfreich?

(f) Was passiert, wenn der Quadrupoltensors in den gegebenen Term eingesetzt wird? Wie können durch Vergleiche mit dem bereits gefundenen Quadrupolterm aus Gl. (5.3) Terme direkt identifiziert werden? Lässt sich mittels Gl. (5.1) der Zusammenhang

$$\iiint_{\mathbb{R}^3} \mathrm{d}^3 r' \, (j_l r_i' r_k' + j_i r_k' r_l' + j_k r_l' r_i') = 0$$

beweisen? Was passiert, wenn die Spur des Quadrupoltensor direkt ermittelt wird? Was ergibt sich für ein Spatprodukt, in dem zwei Vektoren gleich sind?

5.3 Lösung zur Klausur V – Elektrodynamik – Mittel

Aufgabe 1   **25 *Punkte***

Kurzfragen

(a) (**5 Punkte**) Verwenden Sie das Ohm'sche Gesetz und die Kirchhoff'schen Gesetze, um den Gesamtwiderstand zweier Widerstände R_1 und R_2 in einer Reihenschaltung zu bestimmen.

Lösungsvorschlag:
In einer Reihenschaltung von Widerständen bilden die Quellspannung U_q und die beiden Widerstände eine Masche, so dass nach dem Maschensatz der Zusammenhang

$$U_\mathrm{q} = U_1 + U_2$$

gelten muss. Dies kann mit der Spannung U_ges identifiziert werden, die am Ersatzwiderstand anliegt. Da in einer Reihenschaltung keine Konten vorliegen, wird durch die Widerstände R_1, R_2 wie auch den Ersatzwiderstand R_ges der gleiche Strom fließen, so dass

$$I_\mathrm{ges} = I_1 = I_2$$

gilt. Mit dem Ohm'schen Gesetz $U = R \cdot I$ lässt sich so

$$R_\mathrm{ges} = \frac{U_\mathrm{ges}}{I_\mathrm{ges}} = \frac{U_1 + U_2}{I_\mathrm{ges}} = \frac{U_1}{I_\mathrm{ges}} + \frac{U_2}{I_\mathrm{ges}} = \frac{U_1}{I_1} + \frac{U_2}{I_2} = R_1 + R_2$$

bestimmen.

(b) (**5 Punkte**) Verwenden Sie den Satz von Gauß, um das elektrische Feld über einer unendlich ausgedehnten geladenen Platte mit Flächenladungsdichte σ zu bestimmen.

Lösungsvorschlag:
Das Gauß'sche Gesetz in integraler Form kann durch

$$\oiint_{\partial V} \mathrm{d}^2 \boldsymbol{f} \cdot \boldsymbol{E} = \iiint_V \mathrm{d}^3 \boldsymbol{r}\, \boldsymbol{\nabla} \cdot \boldsymbol{E} = \iiint_V \mathrm{d}^3 \boldsymbol{r}\, \frac{\rho}{\varepsilon_0} = \frac{Q_V}{\varepsilon_0}$$

ausgedrückt werden. Als Integrationsvolumen bietet es sich an, einen Quader so im Raum zu positionieren, dass zwei Seiten mit dem Flächeninhalt A parallel zu den Platten sind und sich im gleichen Abstand $h/2$ von den Platten entfernt befinden. Die einzige im Quader befindliche Ladung ist auf der Platte und kann durch

$$Q_V = \iiint_V \mathrm{d}^3 \boldsymbol{r}\, \rho = \sigma A$$

bestimmt werden. Da die Platte unendlich ausgedehnt ist und eine konstante Flächenladungsdichte σ besitzt, wird jede Komponente des elektrischen Feldes parallel zur Platte, die von einem Flächenelement erzeugt wird, durch ein anderes Flächenelement aufgehoben. Es kann also nur Komponenten senkrecht zur Platte geben. Damit können im Integral

$$\oiint_{\partial V} \mathrm{d}^2 \boldsymbol{f} \cdot \boldsymbol{E}$$

nur die Seiten des Quaders parallel zur Platte einen Beitrag leisten. Wegen der Translationsinvarianz des Problems entlang der x- und y-Richtung darf das elektrische Feld nicht von x bzw. y abhängen, womit das Integral sich aus dem Produkt des Flächeninhalts und der elektrischen Feldstärke zusammensetzen wird. Da die beiden Seiten des Quaders gleich weit von den Platten entfernt sind, muss die elektrische Feldstärke den gleichen Wert haben. Zuletzt ist festzustellen, dass das elektrische Feld ober- und unterhalb der Platte bei positiver Ladungsdichte σ von der Platte weg zeigt und somit parallel zum Oberflächenvektor liegt. Damit kann das Integral

$$\oiint_{\partial V} \mathrm{d}^2 \boldsymbol{f} \cdot \boldsymbol{E} = AE_z + AE_z = 2AE_z$$

berechnet werden. Aus dem Gauß'schen Gesetz kann somit das (konstante) Feld

$$\oiint_{\partial V} \mathrm{d}^2 \boldsymbol{f} \cdot \boldsymbol{E} = \frac{Q_V}{\varepsilon_0} \quad \Rightarrow \quad 2AE_z = \frac{\sigma A}{\varepsilon_0} \quad \Rightarrow \quad E_z = \frac{\sigma}{2\varepsilon_0}$$

ermittelt werden.

(c) **(5 Punkte)** Zeigen Sie, dass ein Skalarfeld ψ und ein Vektorfeld $\boldsymbol{A}$ den Zusammenhang

$$\boldsymbol{\nabla} \times (\psi \boldsymbol{A}) = \psi(\boldsymbol{\nabla} \times \boldsymbol{A}) - \boldsymbol{A} \times \boldsymbol{\nabla}\psi$$

erfüllen.

Lösungsvorschlag:
In Indexschreibweise kann die i-te Komponente dieses Ausdrucks durch

$$(\boldsymbol{\nabla} \times (\psi \boldsymbol{A}))_i = \epsilon_{ijk}\partial_j(\psi A_k)$$

geschrieben werden. Hierauf kann nun die übliche Produktregel für Ableitungen angewandt werden, um

$$\epsilon_{ijk}\partial_j(\psi A_k) = \epsilon_{ijk}(\partial_j \psi)A_k + \epsilon_{ijk}\psi\partial_j A_k$$

zu erhalten. Der letzte Ausdruck ist die i-te Komponente der Rotation von $\boldsymbol{A}$, während im ersten Ausdruck $\partial_j \psi = (\boldsymbol{\nabla}\psi)_j$ identifiziert werden kann. Damit kann dann schlussendlich

$$\epsilon_{ijk}\partial_j(\psi A_k) = \epsilon_{ijk}(\boldsymbol{\nabla}\psi)_j A_k + \psi(\boldsymbol{\nabla} \times \boldsymbol{A})_i = ((\boldsymbol{\nabla}\psi) \times \boldsymbol{A})_i + \psi(\boldsymbol{\nabla} \times \boldsymbol{A})_i$$

erhalten werden, was in Vektorschreibweise den Zusammenhang

$$\boldsymbol{\nabla} \times (\psi \boldsymbol{A}) = (\boldsymbol{\nabla}\psi) \times \boldsymbol{A} + \psi(\boldsymbol{\nabla} \times \boldsymbol{A}) = \psi(\boldsymbol{\nabla} \times \boldsymbol{A}) - \boldsymbol{A} \times \boldsymbol{\nabla}\psi$$

bestätigt.

(d) **(5 Punkte)** Zeigen Sie, dass die Potentiale der Elektrodynamik ϕ und $\boldsymbol{A}$ unter der Transformation

$$\phi \to \phi - \partial_t \Lambda \qquad \boldsymbol{A} \to \boldsymbol{A} + \boldsymbol{\nabla} \Lambda$$

mit einem zweimal stetig differenzierbaren Skalarfeld $\Lambda(\boldsymbol{r}, t)$ zu den gleichen physikalischen Feldern führen.

Lösungsvorschlag:
Das elektrische und magnetische Feld können durch die Potentiale mittels

$$\boldsymbol{E} = -\boldsymbol{\nabla}\phi - \frac{\partial \boldsymbol{A}}{\partial t} \qquad \boldsymbol{B} = \boldsymbol{\nabla} \times \boldsymbol{A}$$

ausgedrückt werden. Bei der angegebenen Transformation wird sich das magnetische Feld gemäß

$$\boldsymbol{B} = \boldsymbol{\nabla} \times \boldsymbol{A} \to \boldsymbol{B}' = \boldsymbol{\nabla} \times (\boldsymbol{A} + \boldsymbol{\nabla}\Lambda) = \boldsymbol{\nabla} \times \boldsymbol{A} + \boldsymbol{\nabla} \times (\boldsymbol{\nabla}\Lambda) = \boldsymbol{B} + \boldsymbol{\nabla} \times (\boldsymbol{\nabla}\Lambda)$$

verändern. Da die Rotation eines Gradientenfeldes einer zweimal stetig differenzierbaren Funktion verschwindet, wird sich das magnetische Feld unter dieser Transformation also nicht ändern. Für das elektrische Feld kann das Transformationsverhalten

$$\boldsymbol{E} = -\boldsymbol{\nabla}\phi - \frac{\partial \boldsymbol{A}}{\partial t} \to \boldsymbol{E}' = -\boldsymbol{\nabla}(\phi - \partial_t \Lambda) - \partial_t(\boldsymbol{A} + \boldsymbol{\nabla}\Lambda)$$
$$= -\boldsymbol{\nabla}\phi - \partial_t \boldsymbol{A} + \boldsymbol{\nabla}\partial_t \Lambda - \partial_t \boldsymbol{\nabla}\Lambda$$
$$= \boldsymbol{E} + \boldsymbol{\nabla}\partial_t \Lambda - \partial_t \boldsymbol{\nabla}\Lambda$$

gefunden werden. Da es sich bei Λ um eine zweimal stetig differenzierbare Funktion handelt, können die Orts- und Zeitableitungen vertauscht werden, so dass nur das elektrische Feld stehen bleibt. Auch das elektrische Feld ist damit invariant unter dieser Transformation.

(e) **(5 Punkte)** Zeigen Sie, dass im Rahmen der Elektrostatik in einem ladungsfreien Gebiet V, das durch geerdete Metallplatten umschlossen ist, kein elektrisches Feld existieren kann. Sie können hierzu den Integralsatz von Green

$$\iiint_V \mathrm{d}^3 r\, \psi\, \Delta\phi = \oiint \mathrm{d}^2 \boldsymbol{f} \cdot (\psi \boldsymbol{\nabla}\phi) - \iiint_V \mathrm{d}^3 r\, (\boldsymbol{\nabla}\psi) \cdot (\boldsymbol{\nabla}\phi)$$

ohne Beweis verwenden.

Lösungsvorschlag:
Im Rahmen der Elektrostatik lässt sich das elektrische Feld aufgrund von $\boldsymbol{\nabla} \times \boldsymbol{E} = \boldsymbol{0}$ durch $\boldsymbol{E} = -\boldsymbol{\nabla}\phi$ darstellen. Da das elektrische Feld die Gleichung

$$\boldsymbol{\nabla} \cdot \boldsymbol{E} = \frac{\rho}{\varepsilon_0}$$

erfüllt und innerhalb des Gebiets keine Ladungen vorhanden sein sollen, muss auch

$$0 = \nabla \cdot \boldsymbol{E} = -\nabla \cdot (\nabla \phi) = -\Delta \phi$$

gelten. Bei ϕ handelt es sich demnach um eine harmonische Funktion. Zusätzlich soll das Gebiet durch geerdete Metallplatten beschränkt sein. Da Metallplatten eine Äquipotentialfläche darstellen, muss ϕ auf dem Rand konstant sein. Bei geerdeten Metallplatten ist $\phi = 0$. [1] Wird in dem Green'schen Integralsatz

$$\iiint_V \mathrm{d}^3 r \, \psi \, \Delta \phi = \iiint_V \mathrm{d}^3 r \, (\nabla \psi) \cdot (\nabla \phi) - \oiint \mathrm{d}^2 \boldsymbol{f} \cdot (\psi \nabla \phi)$$

nun für die Skalarfelder ϕ und ψ jeweils das elektrostatische Potential ϕ eingesetzt, so kann

$$0 = \iiint_V \mathrm{d}^3 r \, \phi \, \underbrace{\Delta \phi}_{0}$$
$$= \oiint \mathrm{d}^2 \boldsymbol{f} \cdot (\underbrace{\phi}_{0} \nabla \phi) - \iiint_V \mathrm{d}^3 r \, (\nabla \phi) \cdot (\nabla \phi) = -\iiint_V \mathrm{d}^3 r \, (\nabla \phi)^2$$

gefunden werden. Das verbleibende Integral ist größer als null, wenn $|\nabla \phi| > 0$ ist. Damit muss $\nabla \phi = \boldsymbol{0}$ auf dem gesamten Gebiet V gelten, womit auch $\boldsymbol{E} = \boldsymbol{0}$ im gesamten Gebiet gelten muss. Damit ist die Aussage bewiesen. [2]

---

[1] Da harmonische Funktionen auf dem Rand eines Gebiets flussfrei sind, würde der folgende Beweis sogar bei nicht geerdeten Metallplatten seine Gültigkeit behalten.

[2] Es handelt sich um den Beweis der Möglichkeit von Faraday'schen Käfigen.

Aufgabe 2   **25 Punkte**

TM-Moden im Rechteckhohlleiter

In dieser Aufgabe soll die Ausbreitung von TM-Moden in einem rechteckigen Hohlraumwellenleiter untersucht werden, welcher durch perfekte elektrische Leiter begrenzt wird. Der Innenraum ist ein Vakuum ohne Ladungen und Ströme. Der Hohlraumwellenleiter soll sich entlang der z-Achse in beide Richtungen in die Unendlichkeit erstrecken. Seine Ausdehnung in x-Richtung soll durch a gegeben sein, während seine Ausrichtung in y-Richtung durch $b \leq a$ gegeben ist. Durch die Maxwell-Gleichungen und den Ansatz

$$\boldsymbol{E} = \boldsymbol{E}_0(x,y)\,\mathrm{e}^{\mathrm{i}(k_z z - \omega t)} \qquad \boldsymbol{B} = \boldsymbol{B}_0(x,y)\,\mathrm{e}^{\mathrm{i}(k_z z - \omega t)}$$

lässt sich zeigen, dass $\boldsymbol{E}_{0x}$, $\boldsymbol{E}_{0y}$, $\boldsymbol{B}_{0x}$ und $\boldsymbol{B}_{0y}$ vollständig durch E_{0z}, B_{0z} und deren räumliche Ableitungen bestimmt werden können.

(a) **(8 Punkte)** Verwenden Sie die Maxwell-Gleichungen im Innenraum, um eine Differentialgleichung 2. Ordnung für E_{0z} und B_{0z} zu bestimmen. Welche Randbedingungen müssen das elektrische und magnetische Feld erfüllen?

Lösungsvorschlag:
Die Maxwell-Gleichungen im Inneren des Wellenleiters sind durch

$$\nabla \cdot \boldsymbol{E} = 0 \qquad \nabla \times \boldsymbol{E} = -\frac{\partial \boldsymbol{B}}{\partial t}$$

$$\nabla \cdot \boldsymbol{B} = 0 \qquad \nabla \times \boldsymbol{B} = \frac{1}{c^2}\frac{\partial \boldsymbol{E}}{\partial t}$$

gegeben, wobei c die Vakuumslichtgeschwindigkeit ist. Wird nun die Rotation der Rotation von $\boldsymbol{E}$ betrachtet, so kann

$$\nabla \times (\nabla \times \boldsymbol{E}) = \nabla(\nabla \cdot \boldsymbol{E}) - \Delta \boldsymbol{E}$$

$$= -\nabla \times (\partial_t \boldsymbol{B}) = -\partial_t(\nabla \times \boldsymbol{B}) = -\frac{1}{c^2}\frac{\partial^2 \boldsymbol{E}}{\partial t^2}$$

$$\Rightarrow \quad 0 = \left(\frac{1}{c^2}\frac{\partial^2}{\partial t^2} - \Delta\right)\boldsymbol{E} = \square\boldsymbol{E}$$

gefunden werden. Analog kann die Rotation der Rotation von $\boldsymbol{B}$ gebildet werden, um $\square\boldsymbol{B} = 0$ zu finden. Wird hierin der Ansatz für $\boldsymbol{E}$ eingesetzt, so lässt sich für E_{0z} die Differentialgleichung

$$0 = \left(\frac{1}{c^2}\partial_t^2 - \partial_x^2 - \partial_y^2 - \partial_z^2\right)\left(E_{0z}(x,y)\,\mathrm{e}^{\mathrm{i}(k_z z - \omega t)}\right)$$

$$= \mathrm{e}^{\mathrm{i}(k_z z - \omega t)}\left(\frac{-\omega^2}{c^2} - \partial_x^2 - \partial_y^2 - (-k_z^2)\right)E_{0z}(x,y)$$

$$\Rightarrow \quad 0 = \left(\partial_x^2 + \partial_y^2 + \frac{\omega^2}{c^2} - k_z^2\right)E_{0z}(x,y)$$

bestimmen. Da E und B die gleiche Differentialgleichung erfüllen und die gleiche Struktur haben, wird auch B_{0z} die gleiche Differentialgleichung

$$0 = \left(\partial_x^2 + \partial_y^2 + \frac{\omega^2}{c^2} - k_z^2 \right) B_{0z}(x, y)$$

erfüllen. Da der Wellenleiter durch perfekte elektrische Leiter begrenzt wird, ist das elektrische Feld in ihnen null und das magnetische Feld kann auf null gesetzt werden, sofern es am Anfang auch null betragen hat. An einer Grenzfläche sind die Tangentialkomponente von E und die Normalkomponente von B erhalten. Daher müssen am Rand des Wellenleiters die Tangentialkomponente von E und die Normalkomponente von B verschwinden.

Betrachten Sie für den Rest der Aufgaben die TM-Moden, also $B_{0z} = 0$.

(b) **(5 Punkte)** Zeigen Sie, dass der Ansatz $E_{0z} = \hat{E}_{0z} X(x) Y(y)$ auf die Differentialgleichung

$$X'' = -k_x^2 X \qquad Y'' = -k_y^2 Y$$

mit unbestimmten Konstanten k_x und k_y führt.

Lösungsvorschlag:
Wird der Ansatz in die in Teilaufgabe (a) gefundene Differentialgleichung

$$\left(\partial_x^2 + \partial_y^2 + \frac{\omega^2}{c^2} - k_z^2 \right) E_{0z}(x, y) = 0$$

eingesetzt, so kann zunächst die Gleichung

$$\hat{E}_0 \left(Y X'' + X Y'' + \left(\frac{\omega^2}{c^2} - k_z^2 \right) XY \right) = 0$$

gefunden werden. Wird diese durch $\hat{E}_0 XY$ dividiert

$$\frac{1}{X} X'' + \frac{1}{Y} Y'' + \frac{\omega^2}{c^2} - k_z^2 = 0,$$

ergibt sich eine x-Abhängigkeit nur im ersten und eine y-Abhängigkeit nur im zweiten Term. Da x und y unabhängig voneinander sind, muss somit jeder dieser Terme bereits konstant sein. Werden diese Konstanten mit $-k_x^2$ und $-k_y^2$ bezeichnet, so werden schlussendlich die Gleichungen

$$X'' = -k_x^2 X \qquad Y'' = -k_y^2 Y$$

gefunden. [3]

---

[3]Die Wahl der Konstanten als $-k_{x,y}^2$ geschieht hier in weiser Voraussicht, kann aber auch dadurch motiviert werden, dass die entsprechenden Ableitungen aus dem Laplace-Operator stammen und dieser in einer Fourier-Transformation mit $-\boldsymbol{k}^2$ verknüpft ist.

(c) (**4 Punkte**) Lösen Sie die Differentialgleichung aus Teilaufgabe (b) und verwenden Sie die Randbedingungen aus Teilaufgabe (a), um k_x und k_y zu bestimmen.

Lösungsvorschlag:
Bei den Differentialgleichungen aus Teilaufgabe (b) handelt es sich um die Differentialgleichungen harmonischer Oszillatoren, die für reelle k_x und k_y durch

$$X(x) = A\cos(k_x x) + B\sin(k_x x) \qquad Y(y) = C\cos(k_y y) + D\sin(k_y y)$$

gelöst werden. Darin sind A, B, C und D noch zu bestimmende Integrationskonstanten. Eine der Randbedingungen fordert, dass die Tangentialkomponente von $\boldsymbol{E}$ gerade null ist. Da E_{0z} die z-Komponente der Tangentialkomponente darstellt, muss es am Rand null sein. Das bedeutet, die vier Gleichungen

$$E_{0z}(0,y) = \hat{E}_0 X(0)Y(y) = 0 \qquad E_{0z}(a,y) = \hat{E}_0 X(a)Y(y) = 0$$
$$B_{0z}(x,0) = \hat{E}_0 X(x)Y(0) = 0 \qquad B_{0z}(x,b) = \hat{E}_0 X(x)Y(b) = 0$$

müssen erfüllt sein. Da die Gleichungen der ersten Zeile für beliebige y gelten müssen und die Gleichungen der zweiten Zeile für beliebige x, können die Bedingungen

$$X(0) = 0 \qquad Y(0) = 0 \qquad X(a) = 0 \qquad Y(b) = 0$$

gefunden werden. Die beiden ersten dieser Gleichungen lassen den Schluss

$$X(0) = A\cos(0) + B\sin(0) = A = 0 \qquad Y(0) = C\cos(0) + D\sin(0) = C = 0$$

zu, weshalb die Funktionen X und Y weiter durch

$$X(x) = B\sin(k_x x) \qquad Y(y) = D\sin(k_y y)$$

gegeben sind. Die beiden letzten Bedingungen

$$X(a) = B\sin(k_x a) = 0 \qquad Y(b) = D\sin(k_y b) = 0$$

können mit den Zahlen $n, m \in \mathbb{N}_0$ durch

$$k_x a = n\pi \quad \Rightarrow \quad k_x = \frac{n\pi}{a} \qquad k_y b = m\pi \quad \Rightarrow \quad k_y = \frac{m\pi}{b}$$

erfüllt werden. [4]

(d) (**3 Punkte**) Zeigen Sie, dass sich eine TM_{nm}-Mode nur ausbreiten kann, wenn für die Frequenz ω der Zusammenhang

$$\omega > \omega_{nm} = \pi c\sqrt{\frac{n^2}{a^2} + \frac{m^2}{b^2}}$$

---

[4]Die Konstanten B und D können auf eins gesetzt werden, da noch die Konstante $\hat{E}_0$ im Ansatz enthalten ist.

gültig ist.

Lösungsvorschlag:
Mit den Ergebnissen aus Teilaufgabe (c) kann die Differentialgleichung aus Teilaufgabe (b) auf

$$0 = \frac{\omega^2}{c^2} - k_x^2 - k_y^2 - k_z^2 = \frac{\omega^2}{c^2} - \frac{n^2\pi^2}{a^2} - \frac{m^2\pi^2}{b^2} - k_z^2$$

umgeformt werden. Diese lässt sich nach k_z^2 umstellen, um so

$$k_z^2 = \frac{\omega^2}{c^2} - \frac{n^2\pi^2}{a^2} - \frac{m^2\pi^2}{b^2}$$

zu finden. Nur wenn der Ausdruck auf der rechten Seite größer als null ist, handelt es sich bei k_z um eine reelle Zahl. Ist der Ausdruck auf der rechten Seite kleiner als null, so ist k_z eine komplexe Zahl, die durch $k_z = k' + ik''$ ausgedrückt werden kann. Wird dies in den gegebenen Ansatz für $\boldsymbol{E}$ eingesetzt, so wird das elektrische Feld im Wellenleiter durch

$$\boldsymbol{E} \sim \mathrm{e}^{ik_z z} = \mathrm{e}^{ik'z}\,\mathrm{e}^{-k''z}$$

gegeben sein. Das elektrische Feld wird exponentiell abfallen und damit breitet sich die Welle nicht mit konstanter Amplitude aus. Es muss also

$$\omega^2 > c^2\left(\frac{n^2\pi^2}{a^2} + \frac{m^2\pi^2}{b^2}\right) = \pi^2 c^2\left(\frac{n^2}{a^2} + \frac{m^2}{b^2}\right)$$

gefordert werden. Die rechte Seite kann als eine von n und m abhängige niedrigste Frequenz ω_{nm} aufgefasst werden, die durch

$$\omega_{nm} = \pi c\sqrt{\frac{n^2}{a^2} + \frac{m^2}{b^2}}$$

gegeben ist.

(e) **(5 Punkte)** Begründen Sie, warum es im rechteckigen Hohlleiter keine TM_{10}- bzw. TM_{01}-Moden gibt. Zeigen Sie damit, dass die Grenzfrequenz der TM-Moden in einem quadratischen Hohlleiter mit Kantenlänge a durch

$$\omega_\mathrm{g} = \frac{\pi c}{a}\sqrt{2}$$

gegeben ist.

Lösungsvorschlag:
In Teilaufgabe (c) wurde gezeigt, dass die Lösung für E_{0z} durch

$$E_{0z} = \hat{E}_0 \sin\left(\frac{n\pi}{a}x\right)\sin\left(\frac{m\pi}{b}y\right)$$

gegeben ist. Wäre nun entweder n oder m null, so wäre E_{0z} null. Das elektrische Feld wäre damit senkrecht zur Ausbreitungsrichtung. Da aber die TM-Moden betrachtet werden, wäre zusätzlich das Magnetfeld senkrecht zur Ausbreitungsrichtung. Es würde sich also um eine TEM-Mode handeln. Allerdings können sich in Hohlraumwellenleitern keine TEM-Moden ausbreiten. Also ist die niedrigste TM-Mode die TM_{11}-Mode. Die niedrigste Frequenz, mit der sich eine TM-Mode auf dem Wellenleiter ausbreiten kann, ist die Grenzfrequenz ω_g der TM-Moden. Diese ist dann also durch

$$\omega_\mathrm{g} = \omega_{11} = \pi c \sqrt{\frac{1}{a^2} + \frac{1}{b^2}} = \pi c \sqrt{\frac{a^2 + b^2}{a^2 b^2}} = \frac{\pi c}{ab} \sqrt{a^2 + b^2}$$

gegeben. Im Fall eines quadratischen Wellenleiters mit $a = b$ kann diese weiter zu

$$\omega_\mathrm{g} = \frac{\pi c}{a^2} \sqrt{a^2 + a^2} = \frac{\pi c}{a} \sqrt{2}$$

vereinfacht werden. [5]

Nicht gefragt:
Die x- und y-Komponenten des elektrischen und magnetischen Feldes können mittels

$$E_{0x} = \frac{\mathrm{i}c^2}{\omega^2 - k_z^2 c^2} \left(k_z \partial_x E_{0z} + \omega \partial_y B_{0z} \right), \quad E_{0y} = \frac{\mathrm{i}c^2}{\omega^2 - k_z^2 c^2} \left(k_z \partial_y E_{0z} - \omega \partial_x B_{0z} \right)$$

$$B_{0x} = \frac{\mathrm{i}c^2}{\omega^2 - k_z^2 c^2} \left(k_z \partial_x B_{0z} - \frac{\omega}{c^2} \partial_y E_{0z} \right), \quad B_{0y} = \frac{\mathrm{i}c^2}{\omega^2 - k_z^2 c^2} \left(k_z \partial_y B_{0z} + \frac{\omega}{c^2} \partial_x E_{0z} \right)$$

bestimmt werden. Damit können sie im Fall der TM_{nm}-Mode jeweils durch

$$E_{0x} = \hat{E}_0 \frac{\mathrm{i}\sqrt{\omega^2 - \omega_{nm}^2}}{\omega_{nm}^2} c \frac{n\pi}{a} \cos\left(\frac{n\pi}{a} x\right) \sin\left(\frac{m\pi}{b} y\right)$$

$$E_{0y} = \hat{E}_0 \frac{\mathrm{i}\sqrt{\omega^2 - \omega_{nm}^2}}{\omega_{nm}^2} c \frac{m\pi}{b} \sin\left(\frac{n\pi}{a} x\right) \cos\left(\frac{m\pi}{b} y\right)$$

$$B_{0x} = \frac{\hat{E}_0}{c} \frac{-\mathrm{i}\omega}{\omega_{nm}^2} c \frac{m\pi}{b} \sin\left(\frac{n\pi}{a} x\right) \cos\left(\frac{m\pi}{b} y\right)$$

$$B_{0y} = \frac{\hat{E}_0}{c} \frac{\mathrm{i}\omega}{\omega_{nm}^2} c \frac{n\pi}{a} \cos\left(\frac{n\pi}{a} x\right) \sin\left(\frac{m\pi}{b} y\right)$$

ermittelt werden.

---

[5]Die Grenzfrequenz der TE-Moden ist durch $\frac{\pi c}{a}$ gegeben und es lässt sich zeigen, dass die Grenzfrequenz der TM-Moden in einem rechteckigen Wellenleiter immer mindestens um den Faktor $\sqrt{2}$ größer ist als die der TE-Moden.

Aufgabe 3 **25 *Punkte***

Liénard-Wiechert-Potentiale

In dieser Aufgabe sollen die Liénard-Wiechert-Potentiale einer bewegten Punktladung hergeleitet werden.

(a) **(5 Punkte)** Stellen Sie die Maxwell-Gleichungen im Vakuum auf und zeigen Sie, dass bei geeigneter Eichbedingung die Potentiale die Wellengleichungen

$$\Box\phi = \frac{1}{c^2}\frac{\partial^2\phi}{\partial t^2} - \Delta\phi = \frac{\rho}{\varepsilon_0} \qquad \Box\boldsymbol{A} = \frac{1}{c^2}\frac{\partial^2\boldsymbol{A}}{\partial t^2} - \Delta\boldsymbol{A} = \mu_0\boldsymbol{j}$$

erfüllen.

Lösungsvorschlag:
Die homogenen Maxwell-Gleichungen sind durch

$$\boldsymbol{\nabla}\times\boldsymbol{E} = -\frac{\partial\boldsymbol{B}}{\partial t} \qquad \boldsymbol{\nabla}\cdot\boldsymbol{B} = 0$$

gegeben. Das elektrische und magnetische Feld können mit dem Ansatz

$$\boldsymbol{E} = -\boldsymbol{\nabla}\phi - \frac{\partial\boldsymbol{A}}{\partial t} \qquad \boldsymbol{B} = \boldsymbol{\nabla}\times\boldsymbol{A}$$

durch das elektrische Potential ϕ und das Vektorpotential $\boldsymbol{A}$ dargestellt werden, da

$$\boldsymbol{\nabla}\times\boldsymbol{E} = -\underbrace{\boldsymbol{\nabla}\times(\boldsymbol{\nabla}\phi)}_{=0} - \partial_t\underbrace{\boldsymbol{\nabla}\times\boldsymbol{A}}_{=\boldsymbol{B}} = -\partial_t\boldsymbol{B}$$

und

$$\boldsymbol{\nabla}\cdot\boldsymbol{B} = \boldsymbol{\nabla}\cdot(\boldsymbol{\nabla}\times\boldsymbol{A}) = 0$$

gültig sind. Die inhomogenen Maxwell-Gleichungen

$$\boldsymbol{\nabla}\cdot\boldsymbol{E} = \frac{\rho}{\varepsilon_0} \qquad \boldsymbol{\nabla}\times\boldsymbol{B} = \mu_0\boldsymbol{j} + \mu_0\varepsilon_0\frac{\partial\boldsymbol{E}}{\partial t} = \mu_0\boldsymbol{j} + \frac{1}{c^2}\frac{\partial\boldsymbol{E}}{\partial t}$$

lassen sich dann auf

$$\boldsymbol{\nabla}\cdot\boldsymbol{E} = -\boldsymbol{\nabla}(\boldsymbol{\nabla}\phi) - \partial_t\boldsymbol{\nabla}\boldsymbol{A} = -\Delta\phi - \partial_t\boldsymbol{\nabla}\boldsymbol{A} = \frac{\rho}{\varepsilon_0}$$

und

$$\begin{aligned}
\boldsymbol{\nabla}\times\boldsymbol{B} - \frac{1}{c^2}\frac{\partial\boldsymbol{E}}{\partial t} &= \boldsymbol{\nabla}\times(\boldsymbol{\nabla}\times\boldsymbol{A}) + \frac{1}{c^2}\boldsymbol{\nabla}\partial_t\phi + \frac{1}{c^2}\frac{\partial^2\boldsymbol{A}}{\partial t^2} \\
&= \boldsymbol{\nabla}(\boldsymbol{\nabla}\cdot\boldsymbol{A}) - \Delta\boldsymbol{A} + \frac{1}{c^2}\boldsymbol{\nabla}\partial_t\phi + \frac{1}{c^2}\frac{\partial^2\boldsymbol{A}}{\partial t^2} \\
&= \frac{1}{c^2}\frac{\partial^2\boldsymbol{A}}{\partial t^2} - \Delta\boldsymbol{A} + \frac{1}{c^2}\boldsymbol{\nabla}\partial_t\phi + \boldsymbol{\nabla}(\boldsymbol{\nabla}\cdot\boldsymbol{A}) = \mu_0\boldsymbol{j}
\end{aligned}$$

umformen. Die letzte Gleichung lässt sich auf die gegebene Wellengleichung

$$\Box \boldsymbol{A} = \frac{1}{c^2}\frac{\partial^2 \boldsymbol{A}}{\partial t^2} - \Delta \boldsymbol{A} = \mu_0\, \boldsymbol{j}$$

umformen, wenn die Lorenz-Eichung

$$\frac{1}{c^2}\partial_t \phi + \boldsymbol{\nabla}\cdot\boldsymbol{A} = 0$$

gewählt wird. In der inhomogenen Maxwell-Gleichung für das elektrische Feld lässt sich dann auch

$$\boldsymbol{\nabla}\cdot\boldsymbol{A} = -\frac{1}{c^2}\frac{\partial \phi}{\partial t}$$

ersetzen, um so ebenfalls

$$-\Delta\phi + \frac{1}{c^2}\frac{\partial^2 \phi}{\partial t^2} = \frac{1}{c^2}\frac{\partial^2 \phi}{\partial t^2} - \Delta\phi = \Box\phi = \frac{\rho}{\varepsilon_0}$$

zu erhalten.

(b) **(4 Punkte)** Nehmen Sie an, es gäbe eine Green'sche Funktion $G(\boldsymbol{r}, t)$, welche

$$\Box G(\boldsymbol{r}, t) = \delta^{(3)}(\boldsymbol{r})\,\delta(t)$$

erfüllt. Zeigen Sie, dass sich das elektrische Potential und das Vektorpotential dann mit

$$\phi(\boldsymbol{r}, t) = \frac{1}{\varepsilon_0}\iiint \mathrm{d}^3 r' \int \mathrm{d}t'\; G(\boldsymbol{r}-\boldsymbol{r}', t-t')\rho(\boldsymbol{r}', t')$$

$$\boldsymbol{A}(\boldsymbol{r}, t) = \mu_0 \iiint \mathrm{d}^3 r' \int \mathrm{d}t'\; G(\boldsymbol{r}-\boldsymbol{r}', t-t')\,\boldsymbol{j}(\boldsymbol{r}', t')$$

bestimmen lassen.

Lösungsvorschlag:
Wird das elektrische Potential betrachtet, so kann

$$\Box\phi = \Box\left(\frac{1}{\varepsilon_0}\iiint \mathrm{d}^3 r' \int \mathrm{d}t'\; G(\boldsymbol{r}-\boldsymbol{r}', t-t')\rho(\boldsymbol{r}', t')\right)$$

$$= \frac{1}{\varepsilon_0}\iiint \mathrm{d}^3 r' \int \mathrm{d}t'\; (\Box G(\boldsymbol{r}-\boldsymbol{r}', t-t'))\rho(\boldsymbol{r}', t')$$

bestimmt werden. Da der d'Alembert-Operator links auf $\phi(\boldsymbol{r}, t)$ wirkt, muss er auf die Argumente $\boldsymbol{r}$ und t angewandt werden; diese tauchen auf der rechten Seite nur in der Green'schen Funktion auf. Da der d'Alembert-Operator die Argumente nur in Ableitungen und nicht explizit in Koeffizienten enthält, ist er invariant unter Translationen in den Argumenten, so dass neben

$$\Box G(\boldsymbol{r}, t) = \delta^{(3)}(\boldsymbol{r})\,\delta(t)$$

auch

$$\Box G(\boldsymbol{r} - \boldsymbol{r}', t - t') = \delta^{(3)}(\boldsymbol{r} - \boldsymbol{r}')\,\delta(t - t')$$

gültig ist. Wird dies in den obigen Ausdruck eingesetzt, so kann

$$\begin{aligned}
\Box\phi &= \frac{1}{\varepsilon_0} \iiint \mathrm{d}^3 r' \int \mathrm{d}t'\, \delta^{(3)}(\boldsymbol{r} - \boldsymbol{r}')\,\delta(t - t')\,\rho(\boldsymbol{r}', t') \\
&= \frac{1}{\varepsilon_0} \iiint \mathrm{d}^3 r'\, \delta^{(3)}(\boldsymbol{r} - \boldsymbol{r}')\,\rho(\boldsymbol{r}', t) \\
&= \frac{1}{\varepsilon_0}\rho(\boldsymbol{r}, t) = \frac{\rho}{\varepsilon_0}
\end{aligned}$$

gefunden werden. Damit stellt das angegebene elektrische Potential eine spezielle Lösung der Differentialgleichung dar. Ebenso kann

$$\begin{aligned}
\Box\boldsymbol{A} &= \Box\left(\mu_0 \iiint \mathrm{d}^3 r' \int \mathrm{d}t'\, G(\boldsymbol{r} - \boldsymbol{r}', t - t')\,\boldsymbol{j}(\boldsymbol{r}', t')\right) \\
&= \mu_0 \iiint \mathrm{d}^3 r' \int \mathrm{d}t'\, (\Box G(\boldsymbol{r} - \boldsymbol{r}', t - t'))\,\boldsymbol{j}(\boldsymbol{r}', t') \\
&= \mu_0 \iiint \mathrm{d}^3 r' \int \mathrm{d}t'\, \delta^{(3)}(\boldsymbol{r} - \boldsymbol{r}')\,\delta(t - t')\,\boldsymbol{j}(\boldsymbol{r}', t') \\
&= \mu_0 \iiint \mathrm{d}^3 r'\, \delta^{(3)}(\boldsymbol{r} - \boldsymbol{r}')\,\boldsymbol{j}(\boldsymbol{r}', t) = \mu_0\,\boldsymbol{j}(\boldsymbol{r}, t) = \mu_0\,\boldsymbol{j}
\end{aligned}$$

gefunden werden.

(c) **(7 Punkte)** Zeigen Sie, dass es sich bei

$$G(\boldsymbol{r}, t) = \frac{1}{4\pi r}\delta\!\left(t - \frac{r}{c}\right)$$

um eine Green'sche Funktion des d'Alembert-Operators handelt.

Lösungsvorschlag:
Um zu zeigen, dass es sich bei der gegeben Funktion G tatsächlich um eine Green'sche Funktion handelt, muss

$$\Box G(\boldsymbol{r}, t) = \frac{1}{c^2}\frac{\partial^2 G}{\partial t^2} - \Delta G = \delta^{(3)}(\boldsymbol{r})\,\delta(t)$$

gezeigt werden. Die zeitliche Ableitung der gegebenen Funktion lässt sich einfach durch

$$\frac{\partial G}{\partial t} = \frac{1}{4\pi r}\delta'\!\left(t - \frac{r}{c}\right) \quad \Rightarrow \quad \frac{\partial^2 G}{\partial t^2} = \frac{1}{4\pi r}\delta''\!\left(t - \frac{r}{c}\right)$$

bestimmen, wobei die Striche die Formableitung der Delta-Funktion darstellen und zunächst nicht explizit eingesetzt werden sollen. Für die Bestimmung des Laplace-Operators könnte nun der radiale Teil in Kugelkoordinaten

$$\Delta_r = \partial_r^2 + \frac{2}{r}\partial_r$$

betrachtet werden. Allerdings ist der Laplace-Operator von $\frac{1}{r}$ durch

$$\Delta \frac{1}{r} = -4\pi \delta^{(3)}(\boldsymbol{r})$$

gegeben und daher muss die Green'sche Funktion als ein Produkt aus zwei skalaren Funktionen ψ und ϕ aufgefasst und mit

$$\Delta(\psi\phi) = \psi\Delta\phi + 2(\boldsymbol{\nabla}\psi)\cdot(\boldsymbol{\nabla}\phi) + (\Delta\psi)\phi$$

untersucht werden. Der Laplace-Operator der Delta-Funktion kann mit

$$\Delta\delta\left(t - \frac{r}{c}\right) = \Delta_r\delta\left(t - \frac{r}{c}\right) = \left(\partial_r^2 + \frac{2}{r}\partial_r\right)\delta\left(t - \frac{r}{c}\right)$$
$$= \frac{1}{c^2}\delta''\left(t - \frac{r}{c}\right) - \frac{2}{rc}\delta'\left(t - \frac{r}{c}\right)$$

ermittelt werden. Der Gradient der Delta-Funktion ist hingegen durch

$$\boldsymbol{\nabla}\delta\left(t - \frac{r}{c}\right) = -\frac{1}{c}\delta'\left(t - \frac{r}{c}\right)\,\hat{\boldsymbol{e}}_r$$

gegeben, während der Gradient von $\frac{1}{r}$ mit

$$\boldsymbol{\nabla}\frac{1}{r} = -\frac{1}{r^2}\,\hat{\boldsymbol{e}}_r$$

zu ermitteln ist. Werden all diese Ausdrücke zusammen genommen, so kann

$$4\pi\Delta G(\boldsymbol{r}, t) = \frac{1}{r}\Delta\delta\left(t - \frac{r}{c}\right) + 2\left(\boldsymbol{\nabla}\frac{1}{r}\right)\cdot\left(\boldsymbol{\nabla}\delta\left(t - \frac{r}{c}\right)\right) + \left(\Delta\frac{1}{r}\right)\delta\left(t - \frac{r}{c}\right)$$
$$= \frac{1}{rc^2}\delta''\left(t - \frac{r}{c}\right) - \frac{2}{r^2c}\delta'\left(t - \frac{r}{c}\right) + 2\frac{1}{r^2c}\delta'\left(t - \frac{r}{c}\right)$$
$$\qquad - 4\pi\delta^{(3)}(\boldsymbol{r})\,\delta\left(t - \frac{r}{c}\right)$$
$$= \frac{1}{rc^2}\delta''\left(t - \frac{r}{c}\right) - 4\pi\delta^{(3)}(\boldsymbol{r})\,\delta\left(t - \frac{r}{c}\right)$$

und somit schließlich

$$\Delta G = \frac{1}{c^2}\frac{1}{4\pi r}\delta''\left(t - \frac{r}{c}\right) - \delta^{(3)}(\boldsymbol{r})\,\delta\left(t - \frac{r}{c}\right) = \frac{1}{c^2}\frac{1}{4\pi r}\delta''\left(t - \frac{r}{c}\right) - \delta^{(3)}(\boldsymbol{r})\,\delta(t)$$

gefunden werden. Im letzten Schritt wurde r dabei wegen der Dirac-Delta-Funktion $\delta^{(3)}(\boldsymbol{r})$ auf null gesetzt. Der d'Alembert-Operator der Funktion G kann daher zu

$$\Box G(\boldsymbol{r}, t) = \frac{1}{c^2}\frac{\partial^2 G}{\partial t^2} - \Delta G = \frac{1}{c^2}\frac{1}{4\pi r}\delta''\left(t - \frac{r}{c}\right) - \frac{1}{c^2}\frac{1}{4\pi r}\delta''\left(t - \frac{r}{c}\right) + \delta^{(3)}(\boldsymbol{r})\,\delta(t)$$
$$= \delta^{(3)}(\boldsymbol{r})\,\delta(t)$$

bestimmt werden. Es handelt sich demnach tatsächlich um eine Green'sche Funktion. Sie wird als retardierte Green'sche Funktion bezeichnet.

Nicht gefragt: Analog lässt sich zeigen, dass

$$G_{\mathrm{a}}(\boldsymbol{r}, t) = \frac{1}{4\pi r}\delta\left(t + \frac{r}{c}\right)$$

ebenfalls eine Green'sche Funktion ist, die als avancierte Green'sche Funktion bezeichnet wird. Sie verletzt die Kausalität, da bei ihrer Verwendung die Wirkung in Form der elektromagnetischen Felder der Ursache in Form der zeitlich veränderten Ladungs- und Stromverteilungen vorauseilt. Tatsächlich kann sie aber zur Beschreibung von Absorptionsprozessen elektromagnetischer Strahlung verwendet werde.

(d) **(2 Punkte)** Betrachten Sie nun zunächst nur das elektrische Potential einer Punktladung q auf einer vorgegebenen Bahnkurve $\boldsymbol{r}_0(t)$. Führen Sie mit der Green'schen Funktion aus Teilaufgabe (c) zunächst die räumliche Integration aus, um das elektrische Potential als ein Integral über t' darzustellen.

Lösungsvorschlag:
Die Ladungsdichte kann mit $\rho(\boldsymbol{r}, t) = q\delta^{(3)}(\boldsymbol{r} - \boldsymbol{r}_0(t))$ beschrieben werden. Daher muss nach den Erkenntnissen von Teilaufgabe (b) das elektrische Potential durch

$$\begin{aligned}
\phi(\boldsymbol{r}, t) &= \frac{1}{\varepsilon_0}\int \mathrm{d}t' \iiint \mathrm{d}^3 r'\, G(\boldsymbol{r} - \boldsymbol{r}', t - t')\rho(\boldsymbol{r}', t') \\
&= \frac{1}{\varepsilon_0}\int \mathrm{d}t' \iiint \mathrm{d}^3 r'\, \frac{1}{4\pi}\frac{1}{|\boldsymbol{r} - \boldsymbol{r}'|}\delta\left(t - t' - \frac{|\boldsymbol{r} - \boldsymbol{r}'|}{c}\right)q\delta(\boldsymbol{r}' - \boldsymbol{r}_0(t')) \\
&= \frac{q}{4\pi\varepsilon_0}\int \mathrm{d}t' \iiint \mathrm{d}^3 r'\, \frac{\delta(\boldsymbol{r}' - \boldsymbol{r}_0(t'))}{|\boldsymbol{r} - \boldsymbol{r}'|}\delta\left(t - t' - \frac{|\boldsymbol{r} - \boldsymbol{r}'|}{c}\right) \\
&= \frac{q}{4\pi\varepsilon_0}\int \mathrm{d}t'\, \frac{1}{|\boldsymbol{r} - \boldsymbol{r}_0(t')|}\delta\left(t - t' - \frac{|\boldsymbol{r} - \boldsymbol{r}_0(t')|}{c}\right)
\end{aligned}$$

gegeben sein. Da das Vorzeichen im Argument einer Delta-Funktion keinen Einfluss hat, kann stattdessen auch

$$\phi(\boldsymbol{r}, t) = \frac{q}{4\pi\varepsilon_0}\int \mathrm{d}t'\, \frac{1}{|\boldsymbol{r} - \boldsymbol{r}_0(t')|}\delta\left(t' - t + \frac{|\boldsymbol{r} - \boldsymbol{r}_0(t')|}{c}\right)$$

geschrieben werden.

(e) **(5 Punkte)** Zeigen Sie, dass das Argument der verbleibenden Delta-Funktion

$$f(t') = t' - t + \frac{|\boldsymbol{r} - \boldsymbol{r}_0(t')|}{c}$$

genau eine Nullstelle hat und identifizieren Sie diese mit der retardierten Zeit t_{r}. Zeigen Sie so, dass

$$\phi(\boldsymbol{r}, t) = \frac{q}{4\pi\varepsilon_0}\frac{1}{d(t_{\mathrm{r}}) - \boldsymbol{\beta}(t_{\mathrm{r}}) \cdot \boldsymbol{d}(t_{\mathrm{r}})}$$

gilt. Darin sind $\boldsymbol{d}(t) = \boldsymbol{r} - \boldsymbol{r}_0(t)$, $\boldsymbol{\beta}(t) = \frac{\boldsymbol{v}_0(t)}{c}$ und $\boldsymbol{v}_0(t) = \dot{\boldsymbol{r}}_0(t)$.

Lösungsvorschlag:
Das Argument der Delta-Funktion kann nach t' abgeleitet werden, um

$$\frac{\mathrm{d}f}{\mathrm{d}t'} = 1 + \frac{1}{c}\frac{\boldsymbol{r} - \boldsymbol{r}_0(t')}{|\boldsymbol{r} - \boldsymbol{r}_0(t')|}\left(-\frac{\mathrm{d}\boldsymbol{r}_0}{\mathrm{d}t'}\right) = 1 - \frac{\boldsymbol{d}(t')}{d(t')}\cdot\frac{\boldsymbol{v}_0(t')}{c}$$

zu erhalten. Da es sich bei $\frac{\boldsymbol{d}}{d}$ um einen Einheitsvektor handelt, kann die Ableitung nach unten durch

$$\frac{\mathrm{d}f}{\mathrm{d}t'} \geq 1 - \frac{v_0(t)}{c}$$

abgeschätzt werden. Hierin ist $v_0 = |\boldsymbol{v}_0|$. Da Ladungen immer zusammen mit Massen auftreten und sich massive Objekte niemals mit Lichtgeschwindigkeit bewegen können, ist der auftretende Bruch $\frac{v_0}{c}$ echt kleiner als eins und die Ableitung der Funktion damit echt größer als null. Es handelt sich also um eine streng monoton wachsende Funktion, was bedeutet, dass sie höchstens über eine Nullstelle verfügen kann. Nun lässt sich eine Dirac-Delta-Funktion der Art $\delta(g(x))$ durch die Nullstellen x_i der Funktion g aber durch

$$\delta(g(x)) = \sum_i \frac{\delta(x - x_i)}{|g'(x_i)|}$$

ausdrücken. Verfügt die Funktion f über keine Nullstelle, so würde sich das Integral zu null ergeben und das elektrische Potential würde verschwinden. Eine analoge Betrachtung (s. Teilaufgabe (f)) kann auch für das Vektorpotential durchgeführt werden, das dann ebenfalls verschwände. Dann gäbe es aber weder Potentiale noch Felder. Doch Ladungen und Ströme erzeugen stets elektromagnetische Felder. Daher muss es mindestens eine Nullstelle geben. Also gibt es genau eine Nullstelle t_r, die implizit durch

$$t_\mathrm{r} - t + \frac{|\boldsymbol{r} - \boldsymbol{r}_0(t_\mathrm{r})|}{c} = 0 \quad\Rightarrow\quad t_\mathrm{r} = t - \frac{|\boldsymbol{r} - \boldsymbol{r}_0(t_\mathrm{r})|}{c}$$

definiert wird. Die Dirac-Delta-Funktion kann damit zu

$$\delta\left(t' - t + \frac{|\boldsymbol{r} - \boldsymbol{r}_0(t')|}{c}\right) = \delta(f(t')) = \frac{\delta(t - t_\mathrm{r})}{\left|\frac{\mathrm{d}f}{\mathrm{d}t'}\big|_{t_\mathrm{r}}\right|} = \frac{\delta(t - t_\mathrm{r})}{1 - \frac{\boldsymbol{d}(t_\mathrm{r})}{d(t_\mathrm{r})}\cdot\frac{\boldsymbol{v}_0(t_\mathrm{r})}{c}}$$

umgeschrieben werden. Dabei können im letzten Schritt die Betragsstriche weggelassen werden, da es sich bei f um eine streng monoton wachsende Funktion handelt. Da sich das Ergebnis aus Teilaufgabe (d)

$$\phi(\boldsymbol{r}, t) = \frac{q}{4\pi\varepsilon_0}\int \mathrm{d}t'\,\frac{1}{|\boldsymbol{r} - \boldsymbol{r}_0(t')|}\delta\left(t' - t + \frac{|\boldsymbol{r} - \boldsymbol{r}_0(t')|}{c}\right)$$

nun auch als

$$\phi(\boldsymbol{r}, t) = \frac{q}{4\pi\varepsilon_0} \int \mathrm{d}t' \, \frac{1}{d(t')} \delta(f(t'))$$

schreiben lässt, kann so der gesuchte Ausdruck

$$\phi(\boldsymbol{r}, t) = \frac{q}{4\pi\varepsilon_0} \int \mathrm{d}t' \, \frac{1}{d(t')} \frac{\delta(t - t_\mathrm{r})}{1 - \frac{\boldsymbol{d}(t_\mathrm{r})}{d(t_\mathrm{r})} \cdot \frac{\boldsymbol{v}_0(t_\mathrm{r})}{c}}$$

$$= \frac{q}{4\pi\varepsilon_0} \frac{1}{d(t_\mathrm{r})} \frac{1}{1 - \frac{\boldsymbol{d}(t_\mathrm{r})}{d(t_\mathrm{r})} \cdot \frac{\boldsymbol{v}_0(t_\mathrm{r})}{c}} = \frac{q}{4\pi\varepsilon_0} \frac{1}{d(t_\mathrm{r}) - \boldsymbol{\beta}(t_\mathrm{r}) \cdot \boldsymbol{d}(t_\mathrm{r})}$$

gefunden werden. Hierbei wurde im letzten Schritt noch die Ersetzung $\boldsymbol{\beta}(t) = \frac{\boldsymbol{v}_0(t)}{c}$ vorgenommen. Bei diesem Ergebnis handelt es sich um das Liénard-Wiechert-Potential des elektrischen Potentials.

(f) **(2 Punkte)** Bestimmen Sie nun $\boldsymbol{A}(\boldsymbol{r}, t)$.

Lösungsvorschlag:
Die Inhomogenität in der Wellengleichung des Vektorpotentials ist die Stromdichte $\boldsymbol{j}(\boldsymbol{r}, t)$. Für eine Punktladung ist diese durch

$$\boldsymbol{j}(\boldsymbol{r}, t) = q\boldsymbol{v}_0(t) \, \delta(\boldsymbol{r} - \boldsymbol{r}_0(t))$$

gegeben. Da $\boldsymbol{v}_0(t)$ keinen Einfluss auf das räumliche Integral hat, lässt sich eine Reduktion auf ein Integral über die Zeit vollkommen analog zu Teilaufgabe (d) durchführen, so dass sich zunächst

$$\boldsymbol{A}(\boldsymbol{r}, t) = \frac{\mu_0 q}{4\pi} \int \mathrm{d}t' \, \frac{\boldsymbol{v}_0(t')}{|\boldsymbol{r} - \boldsymbol{r}_0(t')|} \delta\left(t' - t + \frac{|\boldsymbol{r} - \boldsymbol{r}_0(t')|}{c}\right)$$

ergibt. Da die Dirac-Delta-Funktion genau wie in Teilaufgabe (e) umgeschrieben werden kann und somit das Argument von $\boldsymbol{v}_0$ auf t_r setzen lässt, kann durch einen Vergleich mit dem Ausdruck

$$\phi(\boldsymbol{r}, t) = \frac{q}{4\pi\varepsilon_0} \int \mathrm{d}t' \, \frac{1}{|\boldsymbol{r} - \boldsymbol{r}_0(t')|} \delta\left(t' - t + \frac{|\boldsymbol{r} - \boldsymbol{r}_0(t')|}{c}\right)$$

für das elektrische Potential der Zusammenhang

$$\boldsymbol{A}(\boldsymbol{r}, t) = \mu_0\varepsilon_0 \, \boldsymbol{v}_0(t_\mathrm{r}) \, \phi(\boldsymbol{r}, t)$$

gefunden werden. Damit ist das Vektorpotential schlussendlich durch

$$\boldsymbol{A}(\boldsymbol{r}, t) = \frac{\mu_0 q}{4\pi} \frac{\boldsymbol{v}_0(t_\mathrm{r})}{d(t_\mathrm{r}) - \boldsymbol{\beta}(t_\mathrm{r}) \cdot \boldsymbol{d}(t_\mathrm{r})}$$

gegeben. Es handelt sich um das Liénard-Wiechert Potential des Vektorpotentials.

Aufgabe 4   **25 *Punkte***

Multipolentwicklung der Magnetostatik

In dieser Aufgabe sollen Magnetfelder von räumlich begrenzten Strömen in großer Entfernung untersucht werden. Gehen Sie dazu zunächst ganz allgemein von einer räumlich begrenzten Stromverteilung $\boldsymbol{j}(\boldsymbol{r})$ aus, die sich durch eine Kugel des Radius R vollständig umschließen lässt.

(a) **(2 Punkte)** Betrachten Sie die Maxwell-Gleichungen der Magnetostatik und zeigen Sie, dass in der Coulomb-Eichung das Potential $\boldsymbol{A}$ eine Poisson-Gleichung erfüllt. Formulieren Sie deren allgemeine Lösung ohne Randbedingungen.

Lösungsvorschlag:
Die Maxwell-Gleichungen der Magnetostatik sind durch

$$\nabla \cdot \boldsymbol{B} = 0 \qquad \nabla \times \boldsymbol{B} = \mu_0 \boldsymbol{j}$$

gegeben. Die erste dieser beiden Maxwell-Gleichungen kann automatisch durch das Einführen eines Vektorpotentials $\boldsymbol{A}$ mit $\boldsymbol{B} = \nabla \times \boldsymbol{A}$ gelöst werden. Da sich für die zweite Gleichung damit eine Rotation einer Rotation ergibt, kann diese gemäß

$$\nabla \times (\nabla \times \boldsymbol{A}) = \nabla(\nabla \cdot \boldsymbol{A}) - \Delta \boldsymbol{A}$$

umgeformt werden, wobei der Laplace-Operator komponentenweise wirkt. Das Vektorpotential $\boldsymbol{A}$ ist nicht eindeutig festgelegt, da ein beliebiges Gradientenfeld $\nabla\Lambda$ hinzu addiert werden kann. Aus diesem Grund gibt es eine Eichfreiheit, welche es erlaubt, $\nabla \cdot \boldsymbol{A} = 0$ zu wählen. Dies entspricht der Coulomb-Eichung. Damit lässt sich die zweite Maxwell-Gleichung insgesamt auf

$$\nabla \times \boldsymbol{B} = \nabla(\nabla \cdot \boldsymbol{A}) - \Delta \boldsymbol{A} = -\Delta \boldsymbol{A} = \mu_0 \boldsymbol{j} \qquad \Delta \boldsymbol{A} = -\mu_0 \boldsymbol{j}$$

umformen. Hierbei handelt es sich um eine Poisson-Gleichung für jede Komponente von $\boldsymbol{A}$. Die Green'sche-Funktion des Laplace-Operators in drei Dimensionen ist mit

$$G_\Delta(\boldsymbol{r}, \boldsymbol{r}') = -\frac{1}{4\pi} \frac{1}{|\boldsymbol{r} - \boldsymbol{r}'|}$$

zu lösen. Auf diese Weise kann die allgemeine Lösung ohne Randbedingungen

$$\boldsymbol{A}(\boldsymbol{r}) = \frac{\mu_0}{4\pi} \iiint_{\mathbb{R}^3} \mathrm{d}^3 r' \, \frac{\boldsymbol{j}(\boldsymbol{r}')}{|\boldsymbol{r} - \boldsymbol{r}'|}$$

gefunden werden.

(b) **(2 Punkte)** Zeigen Sie, dass für räumlich begrenzte Stromverteilungen in der Magnetostatik der Zusammenhang

$$\iiint_{\mathbb{R}^3} \mathrm{d}^3 r \, (\phi \boldsymbol{j} \cdot \nabla\psi + \psi \boldsymbol{j} \cdot \nabla\phi) = 0 \tag{5.4}$$

mit zwei beliebigen differenzierbaren Skalarfeldern ψ und ϕ gültig ist.

Lösungsvorschlag:
Zunächst ist zu bemerken, dass der Integrand wie das Ergebnis einer Produktregel aussieht und nach genauer Betrachtung durch

$$\phi\,\boldsymbol{j}\cdot\boldsymbol{\nabla}\psi + \psi\,\boldsymbol{j}\cdot\boldsymbol{\nabla}\phi = \boldsymbol{j}\cdot(\phi\,\boldsymbol{\nabla}\psi + \psi\,\boldsymbol{\nabla}\phi) = \boldsymbol{j}\cdot\boldsymbol{\nabla}(\phi\psi)$$

ausgedrückt werden kann. Da in der Magnetostatik auch $\boldsymbol{\nabla}\cdot\boldsymbol{j} = 0$ gültig ist, kann dieser Ausdruck weiter auf

$$\boldsymbol{j}\cdot\boldsymbol{\nabla}(\phi\psi) = \boldsymbol{j}\cdot\boldsymbol{\nabla}(\phi\psi) + \phi\psi\,\boldsymbol{\nabla}\cdot\boldsymbol{j}$$

umgeformt werden. Hierbei handelt es sich wieder um eine Produktregel der Vektoranalysis, weshalb sich der Integrand insgesamt auf

$$\phi\,\boldsymbol{j}\cdot\boldsymbol{\nabla}\psi + \psi\,\boldsymbol{j}\cdot\boldsymbol{\nabla}\phi = \boldsymbol{j}\cdot\boldsymbol{\nabla}(\phi\psi) + \phi\psi\,\boldsymbol{\nabla}\cdot\boldsymbol{j} = \boldsymbol{\nabla}\cdot(\phi\psi\,\boldsymbol{j})$$

umformen lässt. Damit lässt sich das Integral in Gl. (5.4) gemäß des Satzes von Gauß durch

$$\iiint_{\mathbb{R}^3} \mathrm{d}^3 r\ (\phi\,\boldsymbol{j}\cdot\boldsymbol{\nabla}\psi + \psi\,\boldsymbol{j}\cdot\boldsymbol{\nabla}\phi) = \iiint_{\mathbb{R}^3} \mathrm{d}^3 r\,\boldsymbol{\nabla}\cdot(\phi\psi\,\boldsymbol{j}) = \oiint_{\partial\mathbb{R}^3} \mathrm{d}^2\boldsymbol{f}'\cdot(\phi\psi\,\boldsymbol{j})$$

ausdrücken. Da die Stromverteilung aber räumlich begrenzt sein soll, verschwindet diese im Unendlichen – also dem Rand des betrachteten Integrationsvolumens – wodurch das gesamte Integral null wird. Somit ist die Gültigkeit von Gl. (5.4) gezeigt.

(c) **(6 Punkte)** Entwickeln Sie die Lösung aus Teilaufgabe (a) für beliebige Punkte $\boldsymbol{r}$ in großer Entfernung des räumlich beschränkten Stroms und zeigen Sie so, dass sich die Komponenten des Vektorpotentials in den ersten beiden nicht verschwindenden Ordnungen durch $A_i = A_i^{(1)} + A_i^{(2)}$ mit

$$A_i^{(1)}(\boldsymbol{r}) = \frac{\mu_0}{4\pi r^3} r_j \iiint_{\mathbb{R}^3} \mathrm{d}^3 r'\ j_i(\boldsymbol{r}') r_j' \tag{5.5}$$

und

$$A_i^{(2)}(\boldsymbol{r}) = \frac{\mu_0}{8\pi r^5}(3 r_j r_k - r^2 \delta_{jk}) \iiint_{\mathbb{R}^3} \mathrm{d}^3 r'\ j_i(\boldsymbol{r}') r_j' r_k' \tag{5.6}$$

beschreiben lassen.

Lösungsvorschlag:
In der allgemeinen Lösung für $\boldsymbol{A}$ tritt der Term

$$\frac{1}{|\boldsymbol{r}-\boldsymbol{r}'|} = \frac{1}{\sqrt{r^2 + r'^2 - 2\boldsymbol{r}\cdot\boldsymbol{r}'}}$$

auf. Da Punkte weit außerhalb der räumlich beschränkten Stromverteilung betrachtet werden sollen, ist $|\boldsymbol{r}| \gg |\boldsymbol{r}'|$ gültig. Es bietet sich daher an, r^2 aus der Wurzel zu ziehen und so den Ausdruck

$$\frac{1}{|\boldsymbol{r} - \boldsymbol{r}'|} = \frac{1}{r} \frac{1}{\sqrt{1 + \left(\frac{r'}{r}\right)^2 - 2\frac{r'}{r}\frac{\boldsymbol{r}\cdot\boldsymbol{r}'}{rr'}}}$$

zu finden. Hierbei handelt es sich um die erzeugende Funktion der Legendre-Polynome, so dass sich zunächst

$$\frac{1}{|\boldsymbol{r} - \boldsymbol{r}'|} = \frac{1}{r} \sum_{l=0}^{\infty} \left(\frac{r'}{r}\right)^{l} P_l\left(\frac{\boldsymbol{r}\cdot\boldsymbol{r}'}{rr'}\right)$$

finden lässt. Werden nun nur die Terme bis zur zweiten Ordnung in $\frac{r'}{r}$ betrachtet, wird zunächst das Potential

$$A_i(\boldsymbol{r}) \approx \frac{\mu_0}{4\pi r}\left(\iiint_{\mathbb{R}^3} \mathrm{d}^3 r'\, j_i(\boldsymbol{r}') \sum_{l=0}^{2} \left(\frac{r'}{r}\right)^{l} P_l\left(\frac{\boldsymbol{r}\cdot\boldsymbol{r}'}{rr'}\right)\right)$$

$$= \frac{\mu_0}{4\pi r}\left(\iiint_{\mathbb{R}^3} \mathrm{d}^3 r'\, j_i(\boldsymbol{r}') + \iiint_{\mathbb{R}^3} \mathrm{d}^3 r'\, j_i(\boldsymbol{r}')\frac{r'}{r}\frac{r_j r_j'}{rr'}\right.$$

$$\left. + \iiint_{\mathbb{R}^3} \mathrm{d}^3 r'\, j_i(\boldsymbol{r}')\frac{r'^2}{r^2}\frac{3r_j r_j' r_k r_k' - r^2 r'^2}{2r^2 r'^2}\right)$$

$$= \frac{\mu_0}{4\pi r}\left(\iiint_{\mathbb{R}^3} \mathrm{d}^3 r'\, j_i(\boldsymbol{r}') + \frac{r_j}{r^2}\iiint_{\mathbb{R}^3} \mathrm{d}^3 r'\, j_i(\boldsymbol{r}')r_j'\right.$$

$$\left. + \frac{3r_j r_k - r^2 \delta_{jk}}{2r^4}\iiint_{\mathbb{R}^3} \mathrm{d}^3 r'\, j_i(\boldsymbol{r}')r_j' r_k'\right)$$

gefunden. Hieran zeigt sich, dass sich das Vektorpotential zunächst aus den drei Teilen

$$A_i^{(0)} = \frac{\mu_0}{4\pi r}\iiint_{\mathbb{R}^3} \mathrm{d}^3 r'\, j_i(\boldsymbol{r}') \qquad A_i^{(1)} = \frac{\mu_0}{4\pi r^3}r_j \iiint_{\mathbb{R}^3} \mathrm{d}^3 r'\, j_i(\boldsymbol{r}')r_j'$$

$$A_i^{(2)} = \frac{\mu_0}{8\pi r^5}(3r_j r_k - r^2 \delta_{jk}) \iiint_{\mathbb{R}^3} \mathrm{d}^3 r'\, j_i(\boldsymbol{r}')r_j' r_k'$$

zusammenzusetzen scheint. Die beiden Teile $A_i^{(1)}$ und $A_i^{(2)}$ stimmen dabei bereits mit denen der Aufgabenstellung überein. Der Teil $A_i^{(0)}$ bedarf einer näheren Untersuchung. Zu diesem Zweck ist es vorteilhaft, den Integranden durch

$$j_i = \hat{\boldsymbol{e}}_i \cdot \boldsymbol{j} = (\boldsymbol{\nabla}' r_i') \cdot \boldsymbol{j}$$

auszudrücken. Hieran zeigt sich bereits eine gewisse Ähnlichkeit mit den Integranden aus Gl. (5.4). Wird das Feld ψ mit r_i' und das Feld $\phi = 1$ gesetzt, so kann wegen $\boldsymbol{\nabla}'\phi = \boldsymbol{\nabla}'1 = \boldsymbol{0}$ der Integrand auf die Form

$$j_i = 1(\boldsymbol{\nabla}' r_i') \cdot \boldsymbol{j} + r_i'\boldsymbol{j} \cdot (\boldsymbol{\nabla}'1) = \phi\boldsymbol{j} \cdot \boldsymbol{\nabla}'\psi + \psi\boldsymbol{j} \cdot \boldsymbol{\nabla}'\phi$$

gebracht werden. Nach Gl. (5.4) sind Integrale über solche Terme aber stets null, so dass sich

$$A_i^{(0)} = \frac{\mu_0}{4\pi r} \iiint_{\mathbb{R}^3} \mathrm{d}^3 r'\, j_i(\boldsymbol{r}') = 0$$

ergibt. Es gibt demnach keinen Monopolterm, was auch mit der Aussage $\nabla \cdot \boldsymbol{B} = 0$ zu erwarten war, da diese besagt, dass es keine magnetischen Punktquellen (Monopole) gibt.

(d) **(6 Punkte)** Verwenden Sie Gl. (5.4), um zunächst den Zusammenhang

$$r_j \iiint_{\mathbb{R}^3} \mathrm{d}^3 r'\, j_i(\boldsymbol{r}')r_j' = \frac{1}{2} \iiint_{\mathbb{R}^3} \mathrm{d}^3 r'\, ((\boldsymbol{r}' \times \boldsymbol{j}(\boldsymbol{r}')) \times \boldsymbol{r})_i$$

zu beweisen. Zeigen Sie so, dass sich Gl. (5.5) auch als

$$\boldsymbol{A}^{(1)} = \frac{\mu_0}{4\pi} \frac{\boldsymbol{m} \times \boldsymbol{r}}{r^3}$$

schreiben lässt, worin $\boldsymbol{m}$ das noch zu bestimmende magnetische Dipolmoment ist.

Lösungsvorschlag:
Es bietet sich an, zunächst das Integral der linken Seite

$$\iiint_{\mathbb{R}^3} \mathrm{d}^3 r'\, j_i(\boldsymbol{r}')r_j'$$

isoliert zu betrachten. Wie auch in der vorherigen Teilaufgabe kann die Komponente der Stromdichte gemäß

$$j_i(\boldsymbol{r}') = \boldsymbol{j} \cdot \nabla' r_i'$$

ersetzt werden. Demnach kann das entsprechende Integral durch

$$\iiint_{\mathbb{R}^3} \mathrm{d}^3 r'\, j_i(\boldsymbol{r}')r_j' = \iiint_{\mathbb{R}^3} \mathrm{d}^3 r'\, r_j'(\boldsymbol{j} \cdot \nabla' r_i')$$

ausgedrückt werden. Mit $\phi = r_i'$ und $\psi = r_j'$ entspricht dies wieder einem Teil des Integranden von Gl. (5.4). Damit kann der Zusammenhang

$$\iiint_{\mathbb{R}^3} \mathrm{d}^3 r'\, (r_j'(\boldsymbol{j} \cdot \nabla' r_i') + r_i'(\boldsymbol{j} \cdot \nabla' r_j')) = 0$$

gefunden werden. Dies kann wiederum zu

$$\iiint_{\mathbb{R}^3} \mathrm{d}^3 r'\, r_j'(\boldsymbol{j} \cdot \nabla' r_i') = - \iiint_{\mathbb{R}^3} \mathrm{d}^3 r'\, r_i'(\boldsymbol{j} \cdot \nabla' r_j')$$

umgestellt werden, um so

$$\iiint_{\mathbb{R}^3} \mathrm{d}^3 r'\, j_i(\boldsymbol{r}')r_j' = - \iiint_{\mathbb{R}^3} \mathrm{d}^3 r'\, j_j(\boldsymbol{r}')r_i'$$

zu erhalten. Mit dieser Erkenntnis wiederum lässt sich die rechte Seite des ursprünglichen Ausdrucks gemäß der bac-cab-Regel zu

$$\frac{1}{2} \iiint_{\mathbb{R}^3} \mathrm{d}^3 r' \, ((r' \times j(r')) \times r)_i = \frac{1}{2} \iiint_{\mathbb{R}^3} \mathrm{d}^3 r' \, (j_j r_i r_i' - r_i' j_j r_j)$$

umformen, um so

$$\frac{1}{2} \iiint_{\mathbb{R}^3} \mathrm{d}^3 r' \, ((r' \times j(r')) \times r)_i = \frac{1}{2} \iiint_{\mathbb{R}^3} \mathrm{d}^3 r' \, (j_j r_i r_i' + r_j' j_i r_j)$$
$$= \iiint_{\mathbb{R}^3} \mathrm{d}^3 r' \, j_i(r') r_j' r_j = r_j \iiint_{\mathbb{R}^3} \mathrm{d}^3 r' \, j_i(r') r_j'$$

zu finden. Mit diesem Zusammenhang kann nun das Potential

$$A_i^{(1)} = \frac{\mu_0}{4 \pi r^3} r_j \iiint_{\mathbb{R}^3} \mathrm{d}^3 r' \, j_i(r') r_j'$$

gemäß

$$A_i^{(1)} = \frac{\mu_0}{4 \pi r^3} r_j \iiint_{\mathbb{R}^3} \mathrm{d}^3 r' \, j_i(r') r_j' = \frac{\mu_0}{4 \pi r^3} \left(\frac{1}{2} \iiint_{\mathbb{R}^3} \mathrm{d}^3 r' \, ((r' \times j(r')) \times r)_i \right)$$
$$= \frac{\mu_0}{4 \pi r^3} \left(\left(\frac{1}{2} \iiint_{\mathbb{R}^3} \mathrm{d}^3 r' \, r' \times j(r') \right) \times r \right)_i$$

umgeformt werden. Ein Vergleich mit dem gesuchten Ausdruck

$$A^{(1)} = \frac{\mu_0}{4 \pi} \frac{m \times r}{r^3}$$

zeigt, dass das magnetische Dipolmoment durch

$$m = \frac{1}{2} \iiint_{\mathbb{R}^3} \mathrm{d}^3 r' \, r' \times j(r')$$

gegeben ist.

(e) **(2 Punkte)** Bestimmen Sie aus dem Vektorpotential die magnetische Flussdichte in großer Entfernung zur Stromverteilung für das Dipolfeld.

Lösungsvorschlag:
Die k-te Komponente des Vektorpotentials kann durch

$$A_k^{(1)} = \frac{\mu_0}{4 \pi} \epsilon_{kln} m_l \frac{r_n}{r^3}$$

ausgedrückt werden. Damit kann die i-te Komponente der magnetischen Flussdichte durch

$$
\begin{aligned}
B_i^{(1)} &= (\boldsymbol{\nabla} \times \boldsymbol{A}^{(1)})_i = \epsilon_{ijk}\partial_j A_k^{(1)} = \frac{\mu_0}{4\pi}\epsilon_{kln}\epsilon_{ijk}m_l\partial_j \frac{r_n}{r^3} \\
&= \frac{\mu_0}{4\pi}(\delta_{li}\delta_{nj} - \delta_{lj}\delta_{in})m_l \frac{\delta_{jn}r^3 - 3r_n r_j r}{r^6} \\
&= \frac{\mu_0}{4\pi}\frac{m_i(3r^3 - 3r^3) - m_i r^3 + 3m_j r_j r_i r}{r^6} = \frac{\mu_0}{4\pi}\frac{3\left(m_j \cdot \frac{r_j}{r}\right)\frac{r_i}{r} - m_i}{r^3}
\end{aligned}
$$

ermittelt werden. Die magnetische Flussdichte kann als Vektor daher durch

$$
\boldsymbol{B}^{(1)} = \frac{\mu_0}{4\pi}\frac{3(\boldsymbol{m}\cdot\hat{\boldsymbol{e}}_r)\hat{\boldsymbol{e}}_r - \boldsymbol{m}}{r^3}
$$

ausgedrückt werden.

(f) **(7 Punkte)** Zeigen Sie, dass sich Gl. (5.6) mit dem magnetischen Quadrupoltensor

$$
m_{ij} = \frac{2}{3}\iiint_{\mathbb{R}^3} \mathrm{d}^3 r' \,(\boldsymbol{r}' \times \boldsymbol{j}(\boldsymbol{r}'))_i r_j'
$$

durch

$$
A_i^{(2)}(\boldsymbol{r}) = \frac{\mu_0}{8\pi}\epsilon_{ijl}m_{jk}\frac{3r_k r_l - r^2\delta_{kl}}{r^5}
$$

ausdrücken lässt. Zeigen Sie weiter, dass der Tensor m_{ij} spurlos ist.

Lösungsvorschlag:
Durch das Einsetzen des Quadrupoltensors in das Vektorpotential kann zunächst der Ausdruck

$$
\begin{aligned}
I_i &= \frac{\mu_0}{8\pi}\epsilon_{ijl}\frac{3r_k r_l - r^2\delta_{kl}}{r^5}\frac{2}{3}\iiint_{\mathbb{R}^3}\mathrm{d}^3 r'\,(\boldsymbol{r}'\times\boldsymbol{j}(\boldsymbol{r}'))_j r_k' \\
&= \frac{\mu_0}{8\pi}\epsilon_{ijl}\frac{3r_k r_l - r^2\delta_{kl}}{r^5}\frac{2}{3}\iiint_{\mathbb{R}^3}\mathrm{d}^3 r'\,\epsilon_{jmn}r_m' j_n r_k' \\
&= \frac{\mu_0}{8\pi}\frac{3r_k r_l - r^2\delta_{kl}}{r^5}\frac{2}{3}\iiint_{\mathbb{R}^3}\mathrm{d}^3 r'\,(\delta_{lm}\delta_{in} - \delta_{ln}\delta_{im})r_m' j_n r_k' \\
&= \frac{\mu_0}{8\pi}\frac{3r_k r_l - r^2\delta_{kl}}{r^5}\frac{2}{3}\iiint_{\mathbb{R}^3}\mathrm{d}^3 r'\,(j_i r_l' r_k' - j_l r_i' r_k')
\end{aligned}
$$

gewonnen werden. Ein Vergleich mit dem bereits gefundenen Term (5.6) für das Vektorpotential

$$
A_i^{(2)} = \frac{\mu_0}{8\pi}\frac{3r_j r_k - r^2\delta_{jk}}{r^5}\iiint_{\mathbb{R}^3}\mathrm{d}^3 r'\, j_i(\boldsymbol{r}')r_j' r_k'
$$

zeigt, dass der erste Summand des Integranden nur um den Faktor $\frac{2}{3}$ vom Vektorpotential abweicht, so dass

$$I_i = \frac{2}{3} A_i^{(2)} - \frac{\mu_0}{8\pi} \frac{3 r_k r_l - r^2 \delta_{kl}}{r^5} \frac{2}{3} \iiint_{\mathbb{R}^3} \mathrm{d}^3 r' \; j_l r_i' r_k'$$

geschrieben werden kann. Es bleibt somit nur das restliche Integral

$$F_i = -\frac{\mu_0}{8\pi} \frac{3 r_k r_l - r^2 \delta_{kl}}{r^5} \frac{2}{3} \iiint_{\mathbb{R}^3} \mathrm{d}^3 r' \; j_l r_i' r_k'$$

zu untersuchen. Zu diesem Zweck lohnt es sich, zunächst den Ausdruck

$$\iiint_{\mathbb{R}^3} \mathrm{d}^3 r' \; j_l r_i' r_k'$$

näher unter die Lupe zu nehmen. Erneut bietet es sich aufgrund von Gl. (5.4) an, diesen auf

$$\iiint_{\mathbb{R}^3} \mathrm{d}^3 r' \; j_l r_i' r_k' = \iiint_{\mathbb{R}^3} \mathrm{d}^3 r' \; (\hat{\boldsymbol{e}}_l \cdot \boldsymbol{j}) r_i' r_k' = \iiint_{\mathbb{R}^3} \mathrm{d}^3 r' \; r_i' r_k' \boldsymbol{j} \cdot (\boldsymbol{\nabla}' r_l')$$

umzuformen. Mit Hilfe von (5.4) kann so der Zusammenhang

$$\begin{aligned}
\iiint_{\mathbb{R}^3} \mathrm{d}^3 r' \; j_l r_i' r_k' &= \iiint_{\mathbb{R}^3} \mathrm{d}^3 r' \; r_i' r_k' \boldsymbol{j} \cdot (\boldsymbol{\nabla}' r_l') \\
&= -\iiint_{\mathbb{R}^3} \mathrm{d}^3 r' \; r_l' \boldsymbol{j} \cdot (\boldsymbol{\nabla}' r_i' r_k') \\
&= -\iiint_{\mathbb{R}^3} \mathrm{d}^3 r' \; r_l' \boldsymbol{j} \cdot (r_i' \hat{\boldsymbol{e}}_k + r_k' \hat{\boldsymbol{e}}_i) \\
&= -\iiint_{\mathbb{R}^3} \mathrm{d}^3 r' \; (j_k r_i' r_l' + j_i r_k' r_l')
\end{aligned}$$

gefunden werden, welcher sich auch zu

$$\iiint_{\mathbb{R}^3} \mathrm{d}^3 r' \; (j_l r_i' r_k' + j_i r_k' r_l' + j_k r_l' r_i') = 0$$

umstellen lässt. Es bietet sich daher an, den in F_i auftretenden Term gemäß

$$\begin{aligned}
(3 r_k r_l - r^2 \delta_{kl}) \iiint_{\mathbb{R}^3} \mathrm{d}^3 r' \; j_l r_i' r_k' &= \frac{1}{2}(3 r_k r_l - r^2 \delta_{kl}) \iiint_{\mathbb{R}^3} \mathrm{d}^3 r' \; (j_l r_i' r_k' + j_l r_i' r_k') \\
&= \frac{1}{2}(3 r_k r_l - r^2 \delta_{kl}) \iiint_{\mathbb{R}^3} \mathrm{d}^3 r' \; (j_l r_i' r_k' + j_k r_i' r_l')
\end{aligned}$$

umzuformen. Hierbei wurde genutzt, dass es sich bei dem Ausdruck in Klammern um einen symmetrischen Term in k und l handelt und damit innerhalb des Integrals

k und l miteinander vertauscht werden können. Aufgrund des eben gefundenen Zusammenhang lässt sich dieser aber durch ein Integral über $j_i r'_k r'_l$ ausdrücken, womit sich

$$(3r_k r_l - r^2 \delta_{kl}) \iiint_{\mathbb{R}^3} \mathrm{d}^3 r' \; j_l r'_i r'_k = -\frac{1}{2}(3r_k r_l - r^2 \delta_{kl}) \iiint_{\mathbb{R}^3} \mathrm{d}^3 r' \; j_i r'_k r'_l$$

ergibt. Damit kann für F_i der Ausdruck

$$F_i = -\frac{\mu_0}{8\pi} \frac{3r_k r_l - r^2 \delta_{kl}}{r^5} \frac{2}{3} \iiint_{\mathbb{R}^3} \mathrm{d}^3 r' \; j_l r'_i r'_k$$

$$= \frac{\mu_0}{8\pi} \frac{3r_k r_l - r^2 \delta_{kl}}{r^5} \frac{1}{3} \iiint_{\mathbb{R}^3} \mathrm{d}^3 r' \; j_i r'_l r'_k$$

gefunden werden, der bei einem Vergleich mit

$$A_i^{(2)} = \frac{\mu_0}{8\pi} \frac{3r_j r_k - r^2 \delta_{jk}}{r^5} \iiint_{\mathbb{R}^3} \mathrm{d}^3 r' \; j_i(\boldsymbol{r}') r'_j r'_k$$

gerade ein Drittel desselbigen darstellt. Insgesamt ist so der Zusammenhang

$$I_i = \frac{2}{3} A_i^{(2)} + \frac{1}{3} A_i^{(2)} = A_i^{(2)}$$

gültig. Damit ist gezeigt, dass der gegebene Ausdruck tatsächlich mit dem Quadrupolterm übereinstimmt.

Um zu zeigen, dass der Quadrupoltensor spurlos ist, kann die Spur direkt mittels

$$m_{ii} = \frac{2}{3} \iiint_{\mathbb{R}^3} \mathrm{d}^3 r' \; (\boldsymbol{r}' \times \boldsymbol{j}(\boldsymbol{r}'))_i r'_i = \frac{2}{3} \iiint_{\mathbb{R}^3} \mathrm{d}^3 r' \; (\boldsymbol{r}' \times \boldsymbol{j}(\boldsymbol{r}')) \cdot \boldsymbol{r}'$$

gebildet werden. Das Spatprodukt innerhalb des Integrals verschwindet, da $\boldsymbol{r}' \times \boldsymbol{j}$ senkrecht auf $\boldsymbol{r}'$ steht.

Nicht gefragt:
Die magnetische Flussdichte für den Quadrupolterm lässt sich natürlich auch hier mittels $\boldsymbol{B}^{(2)} = \nabla \times \boldsymbol{A}^{(2)}$ ermitteln. Nach einer langwierigen Rechnung kann so der Ausdruck

$$B_i^{(2)}(\boldsymbol{r}) = \frac{3\mu_0}{8\pi} \frac{5r_i(r_j m_{jk} r_k) - r^2(r_j \delta_{ki} + r_k \delta_{ij} + r_i \delta_{jk}) m_{jk}}{r^7}$$

gefunden werden. In vielen Problemen bietet es sich jedoch an $\boldsymbol{A}^{(2)}$, explizit zu errechnen und über die Rotation $\boldsymbol{B}^{(2)}$ zu bestimmen. Der hier auftretende Quadrupoltensor m_{ij} mag zwar spurlos sein, fällt im Allgemeinen aber nicht symmetrisch aus.

6 Klausur VI – Elektrodynamik – Mittel

Im Kurzfragenbogen dieser Klausur werden der Gesamtwiderstand zweier parallel geschalteter Ohm'scher Widerstände, der erste Green'sche Integralsatz, das Magnetfeld eines homogen stromdurchflossenen unendlich langen zylinderförmigen Drahts, das Verhalten der elektromagnetischen Felder unter Punktspiegelungen und die Wellengleichung in einem linearen Medium betrachtet. In Aufgabe 2 soll das elektrische Potential von sechs an den Spitzen eines Oktaeders angeordneten Ladungen in großer Entfernung durch die Multipolentwicklung bestimmt werden. Aufgabe 3 beschäftigt sich mit der Magnetisierung einer Kugel in einem äußeren Feld und dem daraus resultierenden Magnetfeld. In Aufgabe 4 wird die relativistische Bewegung einer Ladung in Gegenwart einer felderzeugenden, fixierten Punktladung im Rahmen des Hamilton-Formalismus untersucht.

Überblick

6.1 Aufgaben zur Klausur VI – Elektrodynamik – Mittel 243
    Aufgabe **1 - Kurzfragen** 243
    Aufgabe **2 - Multipolmomente eines Oktaeders** 244
    Aufgabe **3 - Magnetisierung einer Kugel im homogenen magnetischen Feld** 245
    Aufgabe **4 - Relativistische Bewegung einer Ladung im Zentralfeld** . . 246
6.2 Hinweise zur Klausur VI – Elektrodynamik – Mittel 249
6.3 Lösung zur Klausur VI – Elektrodynamik – Mittel 253
    Aufgabe **1 - Kurzfragen** 253
    Aufgabe **2 - Multipolmomente eines Oktaeders** 258
    Aufgabe **3 - Magnetisierung einer Kugel im homogenen magnetischen Feld** 262
    Aufgabe **4 - Relativistische Bewegung einer Ladung im Zentralfeld** . . 270

M. Eichhorn, *Prüfungstraining Theoretische Physik – Elektrodynamik*,
https://doi.org/10.1007/978-3-662-71709-7_7

6.1 Aufgaben zur Klausur VI – Elektrodynamik – Mittel

Aufgabe 1   **25 *Punkte***

Kurzfragen

Schlagwörter:
Elektrische Bauteile, Vektoranalysis, Ampère'sches Gesetz, Maxwell-Gleichungen, Elektromagnetische Wellen

(a) **(5 Punkte)** Verwenden Sie die Kirchhoff'schen Gesetze und das Ohm'sche Gesetz, um den Gesamtwiderstand zweier parallel geschalteter Widerstände R_1 und R_2 zu bestimmen.

(b) **(5 Punkte)** Verwenden Sie den Satz von Gauß, um den Green'schen Integralsatz

$$\iiint_V \mathrm{d}^3 \boldsymbol{r} \; \psi \Delta \phi = \oiint_{\partial V} \mathrm{d}^2 \boldsymbol{f} \cdot (\psi \boldsymbol{\nabla} \phi) - \iiint_V \mathrm{d}^3 \boldsymbol{r} \; (\boldsymbol{\nabla} \psi) \cdot (\boldsymbol{\nabla} \phi)$$

zu beweisen.

(c) **(5 Punkte)** Bestimmen Sie mit dem Ampère'schen Gesetz die magnetische Flussdichte $\boldsymbol{B}$ einer homogenen ausgedehnten Stromverteilung der Form $\boldsymbol{j} = j_0 \Theta(R - s)\,\hat{\boldsymbol{e}}_z$ im gesamten Raumbereich.

(d) **(5 Punkte)** Verwenden Sie die Lorentz-Kraft, um das Transformationsverhalten der elektrischen Feldstärke $\boldsymbol{E}$ und der magnetischen Flussdichte $\boldsymbol{B}$ unter einer Raumspiegelung (**Paritätstransformation**)

$$\boldsymbol{r} \xrightarrow{P} -\boldsymbol{r}$$

zu ermitteln. Zeigen Sie dann, dass die Maxwell-Gleichungen invariant unter einer solchen Transformation sind.

(e) **(5 Punkte)** Betrachten Sie ein lineares und homogenes Medium und leiten Sie aus den Maxwell-Gleichungen im quellenfreien Fall die Wellengleichungen für die elektrische Feldstärke $\boldsymbol{E}$ und die magnetische Flussdichte $\boldsymbol{B}$ in diesem her.

Aufgabe 2 **25 *Punkte***

Multipolmomente eines Oktaeders

Schlagwörter:
Elektrostatik, Multipolentwicklung, Dipol, Monopol, Quadrupol, Elektrisches Potential,
Elektrisches Feld

In dieser Aufgabe sollen die Multipolmomente von sechs Ladungen, die an den Ecken eines Oktaeders positioniert sind, untersucht werden. Das Oktaeder hat die Kantenlänge a und ist so ausgerichtet, dass die Ladungen sich jeweils auf der x-, y- und z-Achse befinden. Je Achse tragen sie den gleichen Ladungsbetrag, aber mit entgegengesetztem Vorzeichen. Die Ladungen auf der positiven Seite der Achsen werden jeweils mit q_x, q_y und q_z bezeichnet. Eine Skizze der Ladungsverteilung ist auch in Abb. 6.1 zu sehen.
Das elektrische Potential ist durch

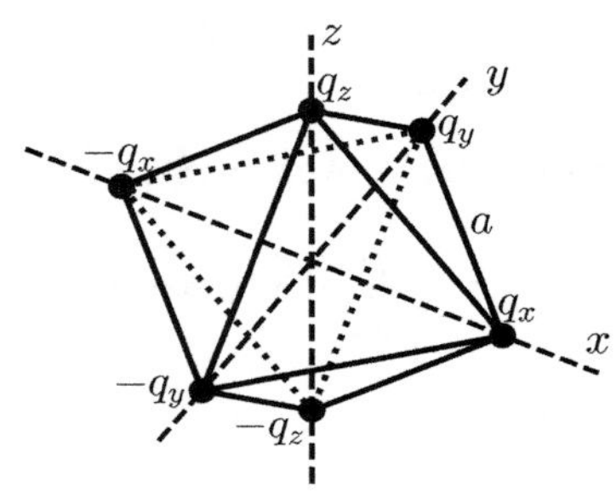

Abb. 6.1 Skizze des Oktaeders

$$\phi(\boldsymbol{r}) = \frac{1}{4\pi\varepsilon_0} \sum_{\alpha=1}^{6} \frac{q_\alpha}{|\boldsymbol{r} - \boldsymbol{r}_\alpha|}$$

gegeben.

(a) **(8 Punkte)** Führen Sie eine Taylor-Entwicklung des Terms $\frac{1}{|\boldsymbol{r}-\boldsymbol{r}_\alpha|}$ für $\frac{r_\alpha}{r} \ll 1$ aus und finden Sie so das elektrische Potential in Abhängigkeit des Monopolmoments $Q = \sum_\alpha q_\alpha$, des Dipolmoments $\boldsymbol{p} = \sum_\alpha q_\alpha \boldsymbol{r}_\alpha$ und des Quadrupoltensors

$$Q_{ij} = \sum_\alpha q_\alpha (3 r_{\alpha,i} r_{\alpha,j} - \delta_{ij} r_\alpha^2).$$

(b) **(2 Punkte)** Finden Sie die Koordinaten aller Ladungen im vorliegenden Problem.

(c) **(5 Punkte)** Zeigen Sie, dass für das Oktaeder sowohl das Monopolmoment wie auch der Quadrupoltensor verschwinden.

(d) **(5 Punkte)** Bestimmen Sie das Dipolmoment des Oktaeders und damit das elektrische Potential.

(e) **(5 Punkte)** Bestimmen Sie das elektrische Feld, welches durch das in Teilaufgabe (d) gefundene Dipolmoment erzeugt wird.

Aufgabe 3   **25 *Punkte***

Magnetisierung einer Kugel im homogenen magnetischen Feld

Schlagwörter:
Magnetostatik, Magnetisches Moment, Magnetisierung, Magnetische Flussdichte, Magnetfeld, Magnetische Feldstärke, Magnetisches Skalarpotential, Legendre-Polynome, Permeabilität

In dieser Aufgabe soll eine Vollkugel des Radius R bestehend aus einem linearen Medium mit der konstanten magnetischen Permeabilität μ in einem homogenen Magnetfeld mit der Flussdichte $\boldsymbol{B}_0 = B_0\,\hat{\boldsymbol{e}}_z$ untersucht werden. Ziel ist es, die sich ergebende Feldkonfiguration zu bestimmen. Freie Ströme sollen nicht vorliegen.

(a) **(2 Punkte)** Verwenden Sie die Maxwell-Gleichungen in Materie, um zu zeigen, dass sich die magnetische Feldstärke $\boldsymbol{H}$ durch das magnetische Skalarpotential ψ darstellen lässt und dass dieses im vorliegenden Problem die Laplace-Gleichung im gesamten Raumbereich, ausgenommen der Grenzfläche, erfüllen muss.

(b) **(5 Punkte)** Stellen Sie Randbedingungen für das Potential im Unendlichen sowie an der Kugeloberfläche $r = R$ auf. Leiten Sie dafür die Stetigkeitsbedingungen der magnetischen Feldstärke $\boldsymbol{H}$ sowie der magnetischen Flussdichte $\boldsymbol{B}$ her.

(c) **(2 Punkte)** Verwenden Sie die Zylindersymmetrie des Problems, um das magnetische Potential in Legendre-Polynomen zu entwickeln. Begründen Sie, wie sich das magnetische Potential so durch

$$\psi_{r<R}(r,\theta) = \sum_{l=0}^{\infty} A_l r^l P_l(\cos(\theta))$$

bzw.

$$\psi_{r>R}(r,\theta) = -\frac{B_0}{\mu_0} r \cos(\theta) + \sum_{l=0}^{\infty} \frac{C_l}{r^{l+1}} P_l(\cos(\theta))$$

ausdrücken lässt.

(d) **(10 Punkte)** Verwenden Sie nun die Stetigkeitsbedingungen aus Teilaufgabe (b), um das magnetische Potential im gesamten Raumbereich zu ermitteln.

(e) **(3 Punkte)** Bestimmen Sie die Magnetisierung der Kugel $\boldsymbol{M}$ und das daraus resultierende magnetische Moment $\boldsymbol{m}$.

(f) **(3 Punkte)** Ermitteln Sie nun die magnetische Flussdichte $\boldsymbol{B}$ im gesamten Raumbereich. Drücken Sie Ihre Ergebnisse dabei durch $\boldsymbol{B}_0$ aus.

Aufgabe 4   **25 *Punkte***

Relativistische Bewegung einer Ladung im Zentralfeld

Schlagwörter:
Bewegung im elektromagnetischen Feld, Relativistik, Lagrange-Formalismus, Elektrisches Feld

In dieser Aufgabe soll die relativistische Bewegung einer Ladung in einem attraktiven, zentralen elektrischen Feld untersucht werden.

(a) **(5 Punkte)** Zeigen Sie zunächst mit der Euler-Lagrange-Gleichung, dass es sich bei

$$\mathcal{L}(\boldsymbol{r}, \boldsymbol{v}, t) = -mc^2 \sqrt{1 - \frac{v^2}{c^2}} + q\,\boldsymbol{v} \cdot \boldsymbol{A}(\boldsymbol{r}, t) - q\phi(\boldsymbol{r}, t)$$

um die passende Lagrange-Funktion für ein relativistisches Teilchen in einem elektromagnetischen Feld handelt. ϕ und $\boldsymbol{A}$ sind dabei das übliche elektrische Potential und das Vektorpotential.

(b) **(5 Punkte)** Verwenden Sie nun

$$\boldsymbol{A} = 0 \qquad q\phi = \frac{qQ}{4\pi\varepsilon_0} \frac{1}{r} = -\frac{\alpha}{r}$$

mit der zentralen Ladung Q und zeigen Sie, dass es sich bei

$$H = \sqrt{m^2 c^4 + p^2 c^2} - \frac{\alpha}{r}$$

und

$$\boldsymbol{L} = \boldsymbol{r} \times \boldsymbol{p}$$

mit $\boldsymbol{p} = \gamma m \boldsymbol{v}$ um Erhaltungsgrößen des Problems handelt. Argumentieren Sie, weshalb die Bewegung in einer Ebene stattfindet.

(c) **(4 Punkte)** Führen Sie die Größe $u = \frac{1}{r}$ ein und zeigen Sie, dass diese

$$\left(\frac{\mathrm{d}u}{\mathrm{d}\varphi}\right)^2 = -u^2 \left(1 - \frac{\alpha^2}{L^2 c^2}\right) + 2\frac{\alpha H}{L^2 c^2} u + \frac{H^2 - m^2 c^4}{L^2 c^2} \qquad (6.1)$$

erfüllt.

(d) **(6 Punkte)** Lösen Sie die Differentialgleichung (6.1) aus Teilaufgabe (c) unter Verwendung des Integrals

$$\int \frac{\mathrm{d}u}{\sqrt{-A^2 u + 2Bu + C}} = -\frac{1}{A} \operatorname{Arccos}\left(\frac{A^2 u - B}{\sqrt{B^2 + A^2 C}}\right) \quad \text{falls} \quad B^2 + A^2 C > 0$$

und zeigen Sie so, dass $r(\varphi)$ die Form

$$r(\varphi) = \frac{p}{1 + e\cos(\eta\varphi)} \tag{6.2}$$

annimmt. Drücken Sie die auftretenden Größen p und e durch H, L und

$$\eta = \sqrt{1 - \frac{\alpha^2}{L^2 c^2}}$$

aus.

(e) **(2 Punkte)** Interpretieren Sie die Lösung (6.2) und beschreiben Sie die Bedeutung der Parameter p, e und η.

(f) **(3 Punkte)** Zeigen Sie, dass p und e im nicht-relativistischen Grenzfall in

$$p = \frac{l^2}{m\alpha}$$

und

$$e = \sqrt{1 + \frac{2El^2}{m\alpha^2}}$$

übergehen. Dabei stellen l und E den nicht-relativistischen Drehimpuls und die nicht-relativistische Energie (ohne Ruheenergie) dar.

6.2 Hinweise zur Klausur VI – Elektrodynamik – Mittel

Aufgabe 1 - Kurzfragen

(a) Wie lassen sich zunächst $U_{\text{ges}} = U_1 = U_2$ und $I_{\text{ges}} = I_1 + I_2$ zeigen? Wieso ist es praktisch, das Ohm'sche Gesetz zu verwenden, um $\frac{1}{R_{\text{ges}}}$ zu bestimmen?

(b) Was passiert, wenn die Divergenz von $\psi\boldsymbol{\nabla}\phi$ gebildet wird?

(c) Von was kann die magnetische Flussdichte aufgrund der auftretenden Symmetrien abhängen? Welche Komponenten kann sie aufweisen? Wie kann die Maxwell-Gleichung $\boldsymbol{\nabla} \times \boldsymbol{B} = \mu_0\,\boldsymbol{j}$ in integraler Form dargestellt werden?

(d) Wie lässt sich die Invarianz der klassischen Mechanik unter Raumspiegelung nutzen, um das Transformationsverhalten der Lorentz-Kraft $\boldsymbol{F}_{\mathrm{L}} \overset{P}{\to} -\boldsymbol{F}_{\mathrm{L}}$ zu ermitteln? Wie müssen sich demnach die elektrische Feldstärke und die magnetische Flussdichte transformieren? Welche Folge zieht $\boldsymbol{\nabla} \overset{P}{\to} -\boldsymbol{\nabla}$ für das Transformationsverhalten der Maxwell-Gleichungen nach sich?

(e) Wie lassen sich die Maxwell-Gleichungen im gegebenen Fall auf

$$\boldsymbol{\nabla} \cdot \boldsymbol{E} = 0 \qquad \boldsymbol{\nabla} \times \boldsymbol{E} = -\partial_t \boldsymbol{B}$$
$$\boldsymbol{\nabla} \cdot \boldsymbol{B} = 0 \qquad \boldsymbol{\nabla} \times \boldsymbol{B} = \mu\varepsilon\partial_t \boldsymbol{E}$$

reduzieren? Was passiert, wenn die Rotation der Rotation von $\boldsymbol{B}$ bzw. $\boldsymbol{E}$ betrachtet wird?

Aufgabe 2 - Multipolmomente eines Oktaeders

(a) Wie lässt sich das Skalarprodukt verwenden, um $|\boldsymbol{r} - \boldsymbol{r}_\alpha|$ durch eine Wurzel auszudrücken? Was passiert, wenn aus dieser r^2 faktorisiert wird? Wie lässt sich das auftretende Skalarprodukt auf ein Skalarprodukt aus Einheitsvektoren zurückführen? Wie kann die Taylor-Näherung

$$(1 + x)^{-1/2} \approx 1 - \frac{1}{2}x + \frac{3}{8}x^2$$

im vorliegenden Fall genutzt werden?

(b) Bedenken Sie, dass die Kantenlänge des Oktaeders a betragen soll. Welchen Abstand haben die Ladungen demnach vom Ursprung? Wie hilft an dieser Stelle der Satz des Pythagoras?

(c) Was passiert, wenn alle Ladungen des Problems addiert werden? Was für eine Aussage lässt sich über Terme der Art $r_{\alpha,i}r_{\alpha,j}$ bei Ladungen auf den Achsen treffen? Welchen Einfluss hat es, dass alle Ladungen den gleichen Abstand zum Ursprung haben? Was passiert mit dem Term proportional zu δ_{ij} im Quadrupoltensor? Wann ist das Produkt $r_{\alpha,i}r_{\alpha,j}$ für die auf den Achsen liegenden Ladungen von null verschieden?

(d) Was passiert, wenn die Definition des Dipolmoments angewandt wird? Sie sollten das Potential

$$\phi(\boldsymbol{r}) = \frac{a\sqrt{2}}{4\pi\varepsilon_0} \frac{q_x x + q_y y + q_z z}{r^3}$$

finden.

(e) Wie hängen das elektrische Feld und das elektrische Potential zusammen? Wie lässt sich so zeigen, dass

$$\boldsymbol{E} = \frac{1}{4\pi\varepsilon_0} \frac{3(\boldsymbol{p} \cdot \hat{\boldsymbol{e}}_r)\hat{\boldsymbol{e}}_r - \boldsymbol{p}}{r^3}$$

gelten muss?

Aufgabe 3 - Magnetisierung einer Kugel im homogenen magnetischen Feld

(a) Wie lauten die Maxwell-Gleichungen der Magnetostatik in Materie? Wieso lässt sich im Fall nicht vorhandener freier Ströme die magnetische Feldstärke als Gradientenfeld darstellen? Wie hängen magnetische Flussdichte und Feldstärke bei einem linearen Medium mit Permeabilität μ zusammen? Welche Gleichungen ergeben sich damit für das magnetische Potential innerhalb und außerhalb der Kugel?

(b) Welchen Wert muss die magnetische Flussdichte und damit die magnetische Feldstärke im Unendlichen annehmen? Was bedeutet das für das magnetische Potential dort? Handelt es sich beim magnetischen Potential um eine stetige Funktion? Was passiert, wenn die Divergenz der magnetischen Flussdichte über ein infinitesimales Volumen an der Grenzfläche integriert wird? Warum ist deren Normalkomponente erhalten? Was passiert, wenn die Rotation der magnetischen Feldstärke über eine infinitesimale Fläche mit einem Normalenvektor tangential zur Grenzfläche integriert wird? Warum ist die Tangentialkomponente der Feldstärke erhalten?

(c) Wie sieht die Lösung für die Poisson-Gleichung bei einer vorliegenden Zylindersymmetrie aus? Wie lässt sich ausnutzen, dass das Potential für $r \to 0$ nicht divergieren darf? Welches ist nach Teilaufgabe (b) die einzig erlaubte Divergenz für $r \to \infty$?

(d) Wie lassen sich aus den Stetigkeitsbedingungen aus Teilaufgabe (b) die beiden Gleichungen

$$A_l R^l = -\frac{B_0}{\mu_0} R \delta_{l1} + \frac{C_l}{R^{l+1}}$$

und

$$\mu l A_l R^{l-1} = -B_0 \delta_{l1} - \mu_0 \frac{(l+1)C_l}{R^{l+2}}$$

herleiten? Wie lassen sich diese kombinieren, um zu zeigen, dass nur A_1 und C_1 nicht verschwindend sind?

(e) Wie lassen sich die beiden Zusammenhänge

$$H = \frac{1}{\mu_0} B - M \qquad B = \mu H$$

verwenden, um die Magnetisierung zu bestimmen? Welcher Zusammenhang besteht zwischen magnetischen Momenten und der Magnetisierung?

(f) Durch welchen Ausdruck wird die magnetische Feldstärke außerhalb der Kugel beschrieben? Wie lässt sich z durch ein Produkt aus Ortsvektor r und $\hat{e}_z$ ersetzen? Wie lässt sich so die magnetische Flussdichte des äußeren Feldes B_0 einbringen?

Aufgabe 4 - Relativistische Bewegung einer Ladung im Zentralfeld

(a) Was passiert, wenn die Lagrange-Funktion in die Euler-Lagrange-Gleichungen

$$\frac{\mathrm{d}}{\mathrm{d}t} \frac{\partial \mathcal{L}}{\partial v_i} = \frac{\partial \mathcal{L}}{\partial r_i}$$

eingesetzt wird? Bedenken Sie, dass A und ϕ durch ihre Abhängigkeit von $r(t)$ auch implizit von der Zeit abhängen. Wie lassen sich die erhaltenen Bewegungsgleichungen mit Hilfe von

$$E_i = -\partial_i \phi - \partial_t A_i \qquad \partial_i A_j - \partial_j A_i = \epsilon_{ijk} B_k$$

weiter vereinfachen? Inwiefern ist das Ergebnis mit der kovarianten Form

$$\frac{\mathrm{d}p^\mu}{\mathrm{d}\tau} = q F^{\mu\nu} u_\nu$$

vereinbar?

(b) Wie lässt sich die Hamilton-Funktion des Problems bestimmen? Wie kann die zeitliche Entwicklung von Phasenraumfunktionen

$$\frac{\mathrm{d}f}{\mathrm{d}t} = \{f, H\} + \frac{\partial f}{\partial t}$$

verwendet werden, um zu zeigen, dass H eine Erhaltungsgröße ist? Was passiert, wenn die zeitliche Ableitung von L betrachtet wird? Berücksichtigen Sie, dass explizit $q\phi = -\frac{\alpha}{r}$ angenommen wird.

(c) Was passiert, wenn der Ausdruck $\frac{\mathrm{d}u}{\mathrm{d}\varphi}$ mit der Kettenregel durch die Ableitungen $\dot{r}$ und $\dot{\varphi}$ ausgedrückt wird? Wie können die Ableitungen durch die radiale Komponente des Impulses p_r und den Drehimpuls L ausgedrückt werden? Wie lässt sich der radiale Impuls durch H, L und r ausdrücken?

(d) Welches Vorzeichen müssen sie wählen, wenn bei $\varphi = 0$ der minimale Radius eingenommen werden soll? Welchen Wert wird u dann annehmen und was ergibt sich demnach für die untere Grenze des Integrals? Wie lassen sich p und e auf

$$p = \frac{L^2 c^2 \eta^2}{\alpha H} \qquad e = \frac{Lc}{\alpha H} \sqrt{H^2 - \eta^2 m^2 c^4}$$

umformen?

(e) Was beschreibt die Lösung, falls $\eta = 1$ gilt? Ist η kleiner oder größer als eins? Was für Werte muss φ dementsprechend annehmen, damit das Argument des Kosinus 2π beträgt? Was bedeutet das für den Winkel, unter dem der kleinste Abstand zur zentralen Ladung auftritt?

(f) Wie hängen L und l und E und H im nicht-relativistischen Grenzfall zusammen? Was für eine radikale Näherung kann für Ausdrücke der Form $\frac{H}{mc^2}$ vorgenommen werden?

6.3 Lösung zur Klausur VI – Elektrodynamik – Mittel

Aufgabe 1   **25 *Punkte***

Kurzfragen

(a) **(5 Punkte)** Verwenden Sie die Kirchhoff'schen Gesetze und das Ohm'sche Gesetz, um den Gesamtwiderstand zweier parallel geschalteter Widerstände R_1 und R_2 zu bestimmen.

Lösungsvorschlag:
Nach dem Maschensatz bilden R_1 und R_2 eine Masche, in der die abfallenden Spannungen mit unterschiedlichen Vorzeichen gemessen werden. Daher muss $U_1 = U_2$ gelten. Dies muss aber auch der Spannung U_{ges} entsprechen, die über den Ersatzwiderstand abfallen würde. Laut dem Knotensatz teilt sich die Stromstärke an der Verzweigung auf. Die in die Verzweigung einlaufende Stromstärke wäre eben jene Stromstärke, die auch in den Ersatzwiderstand einläuft, so dass sich

$$I_{\mathrm{ges}} = I_1 + I_2$$

schreiben lässt. Da sich die Stromstärken addieren, ist es praktischer, mit dem Ohm'schen Gesetz $U = R \cdot I$ den Kehrwert des Widerstands zu betrachten, um

$$\frac{1}{R_{\mathrm{ges}}} = \frac{I_{\mathrm{ges}}}{U_{\mathrm{ges}}} = \frac{I_1 + I_2}{U_{\mathrm{ges}}} = \frac{I_1}{U_{\mathrm{ges}}} + \frac{I_2}{U_{\mathrm{ges}}} = \frac{I_1}{U_1} + \frac{I_2}{U_2} = \frac{1}{R_1} + \frac{1}{R_2}$$

zu ermitteln. Dies lässt sich auch auf

$$R_{\mathrm{ges}} = \frac{R_1 R_2}{R_1 + R_2}$$

umformen.

(b) **(5 Punkte)** Verwenden Sie den Satz von Gauß, um den Green'schen Integralsatz

$$\iiint_V \mathrm{d}^3 r \; \psi \Delta \phi = \oiint_{\partial V} \mathrm{d}^2 f \cdot (\psi \nabla \phi) - \iiint_V \mathrm{d}^3 r \; (\nabla \psi) \cdot (\nabla \phi)$$

zu beweisen.

Lösungsvorschlag:
Zunächst kann aus den Produktregeln der Vektoranalysis

$$\nabla \cdot (\psi \nabla \phi) = (\nabla \psi) \cdot (\nabla \phi) + \psi \Delta \phi$$

bestimmt werden. Wird hiervon ein Volumenintegral über V gebildet, kann mit dem Satz von Gauß

$$\iiint_V \mathrm{d}^3 r \; \nabla \cdot (\psi \nabla \phi) = \oiint_{\partial V} \mathrm{d}^2 f \cdot (\psi \nabla \phi)$$

$$= \iiint_V \mathrm{d}^3 r \; [(\nabla \psi) \cdot (\nabla \phi) + \psi \Delta \phi]$$

gefunden werden. Das letzte Integral kann aufgespalten werden, um

$$\oiint_{\partial V} \mathrm{d}^2\boldsymbol{f} \cdot (\psi \boldsymbol{\nabla}\phi) = \iiint_V \mathrm{d}^3\boldsymbol{r}\,(\boldsymbol{\nabla}\psi)\cdot(\boldsymbol{\nabla}\phi) + \iiint_V \mathrm{d}^3\boldsymbol{r}\,\psi\Delta\phi$$

$$\Rightarrow \quad \iiint_V \mathrm{d}^3\boldsymbol{r}\,\psi\Delta\phi = \oiint_{\partial V} \mathrm{d}^2\boldsymbol{f}\cdot(\psi\boldsymbol{\nabla}\phi) - \iiint_V \mathrm{d}^3\boldsymbol{r}\,(\boldsymbol{\nabla}\psi)\cdot(\boldsymbol{\nabla}\phi)$$

zu bestimmen.

(c) **(5 Punkte)** Bestimmen Sie mit dem Ampère'schen Gesetz die magnetische Flussdichte $\boldsymbol{B}$ einer homogenen ausgedehnten Stromverteilung der Form $\boldsymbol{j} = j_0\Theta(R - s)\,\hat{\boldsymbol{e}}_z$ im gesamten Raumbereich.

Lösungsvorschlag:
In der Magnetostatik kann die Maxwell-Gleichung

$$\boldsymbol{\nabla} \times \boldsymbol{B} = \mu_0\,\boldsymbol{j}$$

in integraler Form durch

$$\iint_{\mathcal{F}} \mathrm{d}^2\boldsymbol{f} \cdot (\boldsymbol{\nabla} \times \boldsymbol{B}) = \oint_{\partial\mathcal{F}} \mathrm{d}\boldsymbol{r} \cdot \boldsymbol{B}$$

$$= \mu_0 \iint_{\mathcal{F}} \mathrm{d}^2\boldsymbol{f} \cdot \boldsymbol{j} = \mu_0 I_{\mathcal{F}}$$

ausgedrückt werden. Da das Problem rotationssymmetrisch um die z-Achse und translationsinvariant entlang dieser Achse ist, kann das vom Strom erzeugte $\boldsymbol{B}$-Feld nur von s abhängen und als Wirbelfeld nur eine $\hat{\boldsymbol{e}}_\varphi$-Komponente aufweisen. Wird als Integrationsfläche ein Kreis mit dem Radius $r > R$ gewählt, so ist der eingeschlossene Strom durch

$$I = I_{\mathcal{F}} = \iint_{\mathcal{F}} \mathrm{d}^2 f\, j_0\Theta(R - s)$$

$$= j_0 \int\limits_0^r \mathrm{d}s\, s \int\limits_0^{2\pi} \mathrm{d}\varphi\,\Theta(R - s) = 2\pi j_0 \int\limits_0^R \mathrm{d}s\, s = j_0\pi R^2$$

gegeben. Das Linienintegral über die magnetische Flussdichte kann dann auch durch

$$\oint_{\partial\mathcal{F}} \mathrm{d}\boldsymbol{r} \cdot \boldsymbol{B} = \int\limits_0^{2\pi} \mathrm{d}\varphi\, r B_\varphi(r) = 2\pi R B_\varphi(r)$$

bestimmt werden, so dass sich im Bereich $s > R$ insgesamt

$$B_\varphi(r) = \frac{\mu_0 I_{\mathcal{F}}}{2\pi r} = \frac{\mu_0 I}{2\pi r} \quad \Rightarrow \quad \boldsymbol{B}(s) = \frac{\mu_0 I}{2\pi s}\hat{\boldsymbol{e}}_\varphi$$

ergibt. Wird der Radius des Kreises r kleiner als R gewählt, kann das Linienintegral nach wie vor durch

$$\oint_{\partial \mathcal{F}} \mathrm{d}\boldsymbol{r} \cdot \boldsymbol{B} = 2\pi R B_\varphi(r)$$

berechnet werden. Für den eingeschlossenen Strom kann hingegen

$$I_{\mathcal{F}} = \iint_{\mathcal{F}} \mathrm{d}^2 f \; j_0 \Theta(R - s)$$

$$= j_0 \int\limits_0^r \mathrm{d}s \; s \int\limits_0^{2\pi} \mathrm{d}\varphi \; \Theta(R - s) = 2\pi j_0 \int\limits_0^r \mathrm{d}s \; s = j_0 \pi r^2 = I \frac{r^2}{R^2}$$

gefunden werden. Durch Gleichsetzen kann im Inneren der Zusammenhang

$$B_\varphi(r) = \frac{\mu_0 I_{\mathcal{F}}}{2\pi r} = \frac{\mu_0 I}{2\pi R} \frac{r}{R}$$

aufgestellt werden, weshalb das Feld im Inneren durch

$$\boldsymbol{B}(s) = \frac{\mu_0 I}{2\pi R} \frac{s}{R} \hat{\boldsymbol{e}}_\varphi$$

gegeben ist.

(d) **(5 Punkte)** Verwenden Sie die Lorentz-Kraft, um das Transformationsverhalten der elektrischen Feldstärke $\boldsymbol{E}$ und der magnetischen Flussdichte $\boldsymbol{B}$ unter einer Raumspiegelung (**Paritätstransformation**)

$$\boldsymbol{r} \overset{P}{\to} -\boldsymbol{r}$$

zu ermitteln. Zeigen Sie dann, dass die Maxwell-Gleichungen invariant unter einer solchen Transformation sind.

Lösungsvorschlag:
Da es in der klassischen Mechanik unmöglich ist zu unterscheiden, ob ein Prozess räumlich gespiegelt abläuft oder nicht, muss das zweite Newton'sche Gesetz invariant unter der P-Transformation sein, so dass

$$\boldsymbol{F} = m \frac{\mathrm{d}^2 \boldsymbol{r}}{\mathrm{d}t^2} \to \boldsymbol{F}' = -m \frac{\mathrm{d}^2 \boldsymbol{r}}{\mathrm{d}t^2} - \boldsymbol{F}$$

gelten muss. Demnach muss auch die Lorentz-Kraft unter der P-Transformation auf ihr eigenes Negatives übergehen. Die Ladungen im Problem bleiben unverändert und daher kann das Transformationsverhalten

$$\boldsymbol{F}_{\mathrm{L}} = q(\boldsymbol{E} + \boldsymbol{v} \times \boldsymbol{B}) \overset{P}{\to} \boldsymbol{F}_{\mathrm{L}}' = q(\boldsymbol{E}' + \boldsymbol{v}' \times \boldsymbol{B}')$$
$$= -\boldsymbol{F}_{\mathrm{L}} = -q(\boldsymbol{E} + \boldsymbol{v} \times \boldsymbol{B})$$

gefordert werden.[1] Der direkte Vergleich des elektrischen Felds zeigt, dass

$$\boldsymbol{E}' = -\boldsymbol{E}$$

gelten muss. Da sich die Geschwindigkeit unter der Raumspiegelung gemäß

$$\boldsymbol{v} = \frac{\mathrm{d}\boldsymbol{r}}{\mathrm{d}t} \xrightarrow{P} \boldsymbol{v}' = -\frac{\mathrm{d}\boldsymbol{r}}{\mathrm{d}t} = -\boldsymbol{v}$$

transformiert, muss für die magnetische Flussdichte

$$\boldsymbol{v}' \times \boldsymbol{B}' = -\boldsymbol{v} \times \boldsymbol{B}' = -\boldsymbol{v} \times \boldsymbol{B} \quad \Rightarrow \quad \boldsymbol{B}' = \boldsymbol{B}$$

gelten.[2] Unter der Raumspiegelung weist der Ableitungsoperator das Verhalten

$$\boldsymbol{\nabla} \xrightarrow{P} -\boldsymbol{\nabla}$$

auf. Da die Ladungen unverändert bleiben, wird die Ladungsdichte gemäß

$$\rho \xrightarrow{P} \rho$$

transformieren, während wegen $\boldsymbol{j} = \rho\,\boldsymbol{v}$ die Transformation der Stromdichte

$$\boldsymbol{j} \xrightarrow{P} -\boldsymbol{j}$$

vorliegt. Damit können die Transformationsverhalten der Maxwell-Gleichungen

$$\boldsymbol{\nabla} \cdot \boldsymbol{E} = \rho \quad \xrightarrow{P} \quad (-\boldsymbol{\nabla}) \cdot (-\boldsymbol{E}) = \boldsymbol{\nabla} \cdot \boldsymbol{E} = \rho$$

$$\boldsymbol{\nabla} \cdot \boldsymbol{B} = 0 \quad \xrightarrow{P} \quad (-\boldsymbol{\nabla}) \cdot \boldsymbol{B} = -\boldsymbol{\nabla} \cdot \boldsymbol{B} = 0 \quad \Rightarrow \quad \boldsymbol{\nabla} \cdot \boldsymbol{B} = 0$$

$$\boldsymbol{\nabla} \times \boldsymbol{E} + \partial_t \boldsymbol{B} = 0 \quad \xrightarrow{P} \quad (-\boldsymbol{\nabla}) \cdot (-\boldsymbol{E}) + \partial_t \boldsymbol{B} = \boldsymbol{\nabla} \times \boldsymbol{E} + \partial_t \boldsymbol{B} = 0$$

$$\boldsymbol{\nabla} \times \boldsymbol{B} - \frac{1}{c^2}\partial_t \boldsymbol{E} = \mu_0 \boldsymbol{j} \quad \xrightarrow{P} \quad (-\boldsymbol{\nabla}) \times \boldsymbol{B} - \frac{1}{c^2}\partial_t(-\boldsymbol{E}) = \mu_0\,(-\boldsymbol{j})$$

$$\Rightarrow \quad \boldsymbol{\nabla} \times \boldsymbol{B} - \frac{1}{c^2}\partial_t \boldsymbol{E} = \mu_0 \boldsymbol{j}$$

gefunden werden. Diese sind somit forminvariant unter der Raumspiegelung.

(e) **(5 Punkte)** Betrachten Sie ein lineares und homogenes Medium und leiten Sie aus den Maxwell-Gleichungen im quellenfreien Fall die Wellengleichungen für die elektrische Feldstärke $\boldsymbol{E}$ und die magnetische Flussdichte $\boldsymbol{B}$ in diesem her.

Lösungsvorschlag:
Die Maxwell-Gleichungen in Materie sind durch

$$\boldsymbol{\nabla} \cdot \boldsymbol{D} = \rho_{\mathrm{f}} \qquad \boldsymbol{\nabla} \times \boldsymbol{E} = -\partial_t \boldsymbol{B}$$

$$\boldsymbol{\nabla} \cdot \boldsymbol{B} = 0 \qquad \boldsymbol{\nabla} \times \boldsymbol{H} = \boldsymbol{j}_{\mathrm{f}} + \partial_t \boldsymbol{D}$$

---

[1] Die Umkehrung der Ladung stellt eine eigenständige Transformation, die „Charge conjugation" C dar.

[2] Da sich $\boldsymbol{E}$ wie der Ortsvektor transformiert, $\boldsymbol{B}$ jedoch nicht, wird $\boldsymbol{B}$ unter der Raumspiegelung auch als Pseudovektor bezeichnet.

gegeben. Da in einem linearen und homogenen Medium die Zusammenhänge

$$D = \varepsilon E \qquad B = \mu H$$

gültig sind, lassen sich im quellenfreien Fall stattdessen die Gleichungen

$$\nabla \cdot E = 0 \qquad \nabla \times E = -\partial_t B$$
$$\nabla \cdot B = 0 \qquad \nabla \times B = \mu\varepsilon\partial_t E$$

aufstellen. Wird nun die Rotation der Rotation der magnetischen Flussdichte betrachtet, kann

$$\nabla \times (\nabla \times B) = \nabla(\underbrace{\nabla \cdot B}_{0}) - \Delta B = -\Delta B$$
$$= \nabla \times (\mu\varepsilon\partial_t E) = \mu\varepsilon\partial_t(\underbrace{\nabla \times E}_{-\partial_t B}) = -\mu\varepsilon\partial_t^2 B$$

gefunden werden. Zusammengefasst wird so die Wellengleichung

$$\left(\mu\varepsilon\frac{\partial^2}{\partial t^2} - \Delta\right) B = \left(\frac{1}{u^2}\frac{\partial^2}{\partial t^2} - \Delta\right) B = 0$$

mit der Ausbreitungsgeschwindigkeit

$$\frac{1}{u^2} = \mu\varepsilon = \mu_0\varepsilon_0\mu_r\varepsilon_r = \frac{n^2}{c^2} \qquad n = \sqrt{\mu_r\varepsilon_r}$$

gefunden. Analog kann auch die Wellengleichung

$$\left(\frac{1}{u^2}\frac{\partial^2}{\partial t^2} - \Delta\right) E = 0$$

bestimmt werden.

Aufgabe 2   **25 _Punkte_**

Multipolmomente eines Oktaeders

In dieser Aufgabe sollen die Multipolmomente von sechs Ladungen, die an den Ecken eines Oktaeders positioniert sind, untersucht werden. Das Oktaeder hat die Kantenlänge a und ist so ausgerichtet, dass die Ladungen sich jeweils auf der x, y- und z-Achse befinden. Je Achse tragen sie den gleichen Ladungsbetrag, aber mit entgegengesetztem Vorzeichen. Die Ladungen auf der positiven Seite der Achsen werden jeweils mit q_x, q_y und q_z bezeichnet. Eine Skizze der Ladungsverteilung ist auch in Abb. 6.2 zu sehen.

Das elektrische Potential ist durch

$$\phi(\boldsymbol{r}) = \frac{1}{4\pi\varepsilon_0} \sum_{\alpha=1}^{6} \frac{q_\alpha}{|\boldsymbol{r} - \boldsymbol{r}_\alpha|}$$

gegeben.

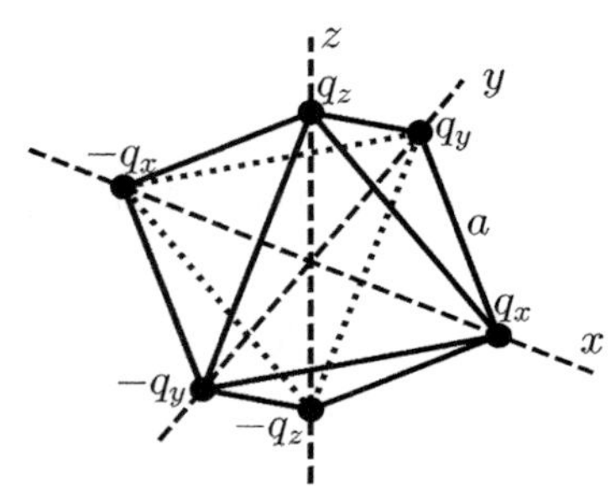

Abb. 6.2 Skizze des Oktaeders

(a) **(8 Punkte)** Führen Sie eine Taylor-Entwicklung des Terms $\frac{1}{|\boldsymbol{r}-\boldsymbol{r}_\alpha|}$ für $\frac{r_\alpha}{r} \ll 1$ aus und finden Sie so das elektrische Potential in Abhängigkeit des Monopolmoments $Q = \sum_\alpha q_\alpha$, des Dipolmoments $\boldsymbol{p} = \sum_\alpha q_\alpha \boldsymbol{r}_\alpha$ und des Quadrupoltensors

$$Q_{ij} = \sum_\alpha q_\alpha (3 r_{\alpha,i} r_{\alpha,j} - \delta_{ij} r_\alpha^2).$$

Lösungsvorschlag:
Der betrachtete Ausdruck lässt sich zunächst auf

$$\frac{1}{|\boldsymbol{r} - \boldsymbol{r}_\alpha|} = \frac{1}{\sqrt{r^2 - 2\boldsymbol{r} \cdot \boldsymbol{r}_\alpha + r_\alpha^2}} = \frac{1}{r} \frac{1}{\sqrt{1 - 2\frac{r_\alpha}{r}\left(\frac{\boldsymbol{r}_\alpha}{r_\alpha} \cdot \frac{\boldsymbol{r}}{r}\right) + \frac{r_\alpha^2}{r^2}}}$$

umformen. Da die Größe $\frac{\boldsymbol{r}_\alpha}{r_\alpha} \cdot \frac{\boldsymbol{r}}{r}$ das Produkt zweier Einheitsvektoren ist, handelt es sich um eine Zahl, deren Betrag stets kleiner als eins ist. Damit kann eine Taylor-Näherung durchgeführt werden, wobei die spezielle Formel

$$(1 + x)^{-1/2} \approx 1 - \frac{1}{2}x + \frac{3}{8}x^2$$

Anwendung findet. Auf diese Weise kann

$$\frac{1}{|\boldsymbol{r} - \boldsymbol{r}_\alpha|} \approx \frac{1}{r}\left(1 + \frac{r_\alpha}{r}\left(\frac{\boldsymbol{r}_\alpha}{r_\alpha} \cdot \frac{\boldsymbol{r}}{r}\right) - \frac{1}{2}\frac{r_\alpha^2}{r^2} + \frac{3}{8} \cdot 4\frac{r_\alpha^2}{r^2}\left(\frac{\boldsymbol{r}_\alpha}{r_\alpha} \cdot \frac{\boldsymbol{r}}{r}\right)^2 + \mathcal{O}\left(\frac{r_\alpha^3}{r^3}\right)\right)$$

$$= \frac{1}{r}\left(1 + \frac{\boldsymbol{r}_\alpha \cdot \boldsymbol{r}}{r^2} + \frac{1}{2r^4}(3(\boldsymbol{r}_\alpha \cdot \boldsymbol{r})^2 - r^2 r_\alpha^2)\right)$$

gefunden werden. Das elektrische Potential ist demnach durch

$$\phi(\boldsymbol{r}) \approx \frac{1}{4\pi\varepsilon_0} \frac{1}{r} \left(\sum_\alpha q_\alpha + \frac{1}{r^2} \left(\sum_\alpha q_\alpha \boldsymbol{r}_\alpha \right) \cdot \boldsymbol{r} \right.$$

$$\left. + \frac{1}{2r^4} r_i \left(\sum_\alpha q_\alpha (3r_{\alpha,i} r_{\alpha,j} - \delta_{ij} r_\alpha^2) \right) r_j \right)$$

$$= \frac{1}{4\pi\varepsilon_0} \frac{1}{r} \left(Q + \frac{\boldsymbol{p} \cdot \boldsymbol{r}}{r^2} + \frac{1}{2} \frac{r_i Q_{ij} r_j}{r^4} \right)$$

gegeben.

(b) **(2 Punkte)** Finden Sie die Koordinaten aller Ladungen im vorliegenden Problem.

Lösungsvorschlag:
Da die Kantenlänge des Oktaeders gerade a betragen soll, müssen die Ladungen auf den Achsen den Abstand $a/\sqrt{2}$ zum Ursprung haben. Damit kann für die Ladungen auf der x-Achse $(a/\sqrt{2}, 0, 0)$ und $(-a/\sqrt{2}, 0, 0)$ gefunden werden. Die Ladungen auf der y-Achse liegen bei $(0, a/\sqrt{2}, 0)$ und $(0, -a/\sqrt{2}, 0)$, während die Ladungen auf der z-Achse an den Punkten $(0, 0, a/\sqrt{2})$ und $(0, 0, -a/\sqrt{2})$ zu finden sind. Der erste Punkt ist dabei immer die Ladung ohne zusätzliches Vorzeichen, also jeweils q_x, q_y und q_z.

(c) **(5 Punkte)** Zeigen Sie, dass für das Oktaeder sowohl das Monopolmoment wie auch der Quadrupoltensor verschwinden.

Lösungsvorschlag:
Für das Monopolmoment kann

$$Q = \sum_\alpha q_\alpha = q_x - q_x + q_y - q_y + q_z - q_z = 0$$

gefunden werden. Da die Ladungen auf den Achsen entgegengesetzte Vorzeichen haben, verschwindet das Monopolmoment. Für den Quadrupoltensor muss

$$Q_{ij} = \sum_\alpha q_\alpha (3r_{\alpha,i} r_{\alpha,j} - \delta_{ij} r_\alpha^2)$$

ausgewertet werden. Zunächst lässt sich feststellen, dass alle Ladungen den gleichen Abstand $r_\alpha^2 = a^2/2$ zum Ursprung haben und der diagonale Term

$$\sum_\alpha q_\alpha \delta_{ij} r_\alpha^2 = \frac{a^2}{2} \delta_{ij} \sum_\alpha q_\alpha = \frac{a^2}{2} \delta_{ij} Q$$

damit direkt proportional zum Monopolmoment ist und daher verschwindet. Damit bleibt nur noch

$$3 \sum_\alpha q_\alpha r_{\alpha,i} r_{\alpha,j}$$

auszuwerten. Da die Ladungen auf den Achsen liegen, kann das Produkt $r_{\alpha,i} r_{\alpha,j}$ nur dann von null verschieden sein, wenn i und j mit dem Index der Achse übereinstimmen. In diesem Fall ist das Produkt das Quadrat des Abstands der Ladung zum Ursprung. Damit lässt sich der auszuwertende Term durch

$$\sum_{\alpha} q_\alpha r_{\alpha,i} r_{\alpha,j} = \frac{a^2}{2} (\delta_{i1}\delta_{j1}(q_x - q_x) + \delta_{i2}\delta_{j2}(q_y - q_y) + \delta_{i3}\delta_{j3}(q_z - q_z)) = 0$$

bestimmen. Es zeigt sich also, dass der Quadrupoltensor verschwindet.

(d) **(5 Punkte)** Bestimmen Sie das Dipolmoment des Oktaeders und damit das elektrische Potential.

Lösungsvorschlag:
Das Dipolmoment kann durch

$$\boldsymbol{p} = \sum_{\alpha} q_\alpha \boldsymbol{r}_\alpha = q_x \begin{pmatrix} \frac{a}{\sqrt{2}} - \left(-\frac{a}{\sqrt{2}}\right) \\ 0 \\ 0 \end{pmatrix} + q_y \begin{pmatrix} 0 \\ \frac{a}{\sqrt{2}} - \left(-\frac{a}{\sqrt{2}}\right) \\ 0 \end{pmatrix} + q_z \begin{pmatrix} 0 \\ 0 \\ \frac{a}{\sqrt{2}} - \left(-\frac{a}{\sqrt{2}}\right) \end{pmatrix}$$

$$= a\sqrt{2} \begin{pmatrix} q_x \\ q_y \\ q_z \end{pmatrix}$$

ermittelt werden. Das entsprechende elektrische Potential ist daher durch

$$\phi(\boldsymbol{r}) = \frac{1}{4\pi\varepsilon_0} \frac{\boldsymbol{p} \cdot \boldsymbol{r}}{r^3} = \frac{a\sqrt{2}}{4\pi\varepsilon_0} \frac{q_x x + q_y y + q_z z}{r^3}$$

gegeben.

(e) **(5 Punkte)** Bestimmen Sie das elektrische Feld, welches durch das in Teilaufgabe (d) gefundene Dipolmoment erzeugt wird.

Lösungsvorschlag:
Das elektrische Feld eines Dipols ist allgemein durch

$$\boldsymbol{E} = -\boldsymbol{\nabla}\phi = -\frac{1}{4\pi\varepsilon_0} \frac{\boldsymbol{p}\, r^3 - (\boldsymbol{p} \cdot \boldsymbol{r}) 3 r^2 \hat{e}_r}{r^6} = \frac{1}{4\pi\varepsilon_0} \frac{3(\boldsymbol{p} \cdot \hat{e}_r)\hat{e}_r - \boldsymbol{p}}{r^3}$$

zu bestimmen. Wird hierin das Dipolmoment aus Teilaufgabe (d) eingesetzt, so kann aufgrund von

$$\boldsymbol{p} \cdot \boldsymbol{r} = (q_x x + q_y y + q_z z) a\sqrt{2}$$

das elektrische Feld

$$\boldsymbol{E} = \frac{a\sqrt{2}}{4\pi\varepsilon_0 r^5} \begin{pmatrix} 3(q_x x + q_y y + q_z z)x - (x^2 + y^2 + z^2)q_x \\ 3(q_x x + q_y y + q_z z)y - (x^2 + y^2 + z^2)q_y \\ 3(q_x x + q_y y + q_z z)z - (x^2 + y^2 + z^2)q_z \end{pmatrix}$$

$$= \frac{a\sqrt{2}}{4\pi\varepsilon_0 r^5} \begin{pmatrix} q_x(2x^2 - y^2 - z^2) + 3(q_y y + q_z z)x \\ q_y(2y^2 - x^2 - z^2) + 3(q_x x + q_z z)y \\ q_z(2z^2 - x^2 - y^2) + 3(q_x x + q_y y)z \end{pmatrix}$$

gefunden werden.

Aufgabe 3   **25 _Punkte_**

Magnetisierung einer Kugel im homogenen magnetischen Feld

In dieser Aufgabe soll eine Vollkugel des Radius R bestehend aus einem linearen Medium mit der konstanten magnetischen Permeabilität μ in einem homogenen Magnetfeld mit der Flussdichte $\boldsymbol{B}_0 = B_0\,\hat{\boldsymbol{e}}_z$ untersucht werden. Ziel ist es, die sich ergebende Feldkonfiguration zu bestimmen. Freie Ströme sollen nicht vorliegen.

(a) (**2 Punkte**) Verwenden Sie die Maxwell-Gleichungen in Materie, um zu zeigen, dass sich die magnetische Feldstärke $\boldsymbol{H}$ durch das magnetische Skalarpotential ψ darstellen lässt und dass dieses im vorliegenden Problem die Laplace-Gleichung im gesamten Raumbereich, ausgenommen der Grenzfläche, erfüllen muss.

Lösungsvorschlag:
Die Maxwell-Gleichungen der Magnetostatik in Materie sind durch

$$\boldsymbol{\nabla} \cdot \boldsymbol{B} = 0 \qquad \boldsymbol{\nabla} \times \boldsymbol{H} = \boldsymbol{j}_\mathrm{f} = \boldsymbol{0}$$

gegeben, wobei bereits die verschwindenden freien Ströme eingesetzt wurden. Die rechte Gleichung lässt sich direkt erfüllen, indem die magnetische Feldstärke als ein Gradientfeld mit dem Potential ψ über

$$\boldsymbol{H} = -\boldsymbol{\nabla}\psi$$

dargestellt wird. Da es sich bei der Kugel um ein lineares Medium mit Permeabilität μ handeln soll, ist der Zusammenhang zwischen magnetischer Feldstärke und Flussdichte hier durch

$$\boldsymbol{B} = \mu\,\boldsymbol{H}$$

gegeben. Im äußeren Bereich ist $\mu = \mu_0$ zu setzen. Damit kann für die Raumbereiche $r \neq R$ die Divergenz von $\boldsymbol{H}$ durch

$$\boldsymbol{\nabla} \cdot \boldsymbol{H} = -\boldsymbol{\nabla} \cdot \left(\frac{1}{\mu}\boldsymbol{B}\right) = \frac{1}{\mu}\boldsymbol{\nabla} \cdot \boldsymbol{B} = 0$$

bestimmt werden. Andererseits lässt sich dies durch

$$0 = \boldsymbol{\nabla} \cdot \boldsymbol{H} = \boldsymbol{\nabla} \cdot (-\boldsymbol{\nabla}\psi) = -\Delta\psi$$

auf das magnetische Potential übertragen, um so die Gleichung

$$\Delta\psi = 0$$

im Raumbereich $r \neq R$ zu erhalten.

(b) **(5 Punkte)** Stellen Sie Randbedingungen für das Potential im Unendlichen sowie an der Kugeloberfläche $r = R$ auf. Leiten Sie dafür die Stetigkeitsbedingungen der magnetischen Feldstärke $\boldsymbol{H}$ sowie der magnetischen Flussdichte $\boldsymbol{B}$ her.

Lösungsvorschlag:
Im Unendlichen muss die magnetische Flussdichte durch das äußere Magnetfeld

$$\boldsymbol{B}|_{r \gg R} = \boldsymbol{B}_0$$

gegeben sein. Damit kann die magnetische Feldstärke im Unendlichen ebenfalls durch

$$\boldsymbol{H}|_{r \gg R} = \frac{1}{\mu_0}\boldsymbol{B}|_{r \gg R} = \frac{\boldsymbol{B}_0}{\mu_0} = \frac{B_0}{\mu_0}\hat{\boldsymbol{e}}_z$$

bestimmt werden. Da dies durch ein magnetisches Potential über

$$\boldsymbol{\nabla}\psi|_{r \gg R} = -\boldsymbol{H}|_{r \gg R} = -\frac{B_0}{\mu_0}\hat{\boldsymbol{e}}_z$$

dargestellt werden kann, muss das magnetische Potential im Unendlichen durch

$$\psi|_{r \gg R} = -\frac{B_0}{\mu_0}z \tag{6.3}$$

gegeben sein. Das magnetische Potential muss eine stetige Funktion sein. Aus diesem Grund muss die Stetigkeitsbedingung

$$\psi_{r>R}(R) = \psi_{r<R}(R) \tag{6.4}$$

gültig sein.

Um die Stetigkeitsbedingungen der magnetischen Flussdichte und Feldstärke herzuleiten, werden die Maxwell-Gleichungen über infinitesimal kleine Raumbereiche um die Grenzfläche herum integriert. Die Divergenz von $\boldsymbol{B}$ kann über einen infinitesimalen Zylinder mit Volumen V integriert werden. Damit muss der Zusammenhang

$$0 = \iiint_V \mathrm{d}^3 r \, (\boldsymbol{\nabla} \cdot \boldsymbol{B}) = \oiint_{\partial V} \mathrm{d}^2 \boldsymbol{f} \cdot \boldsymbol{B}$$

gültig sein. Wird die Höhe des Zylinders gegen null geschickt und die Kappenfläche klein genug gewählt, damit $\boldsymbol{B}$ darauf nicht zu stark variiert, so lässt sich das Integral auf der rechten Seite durch

$$0 = \lim_{V \to 0} \oiint_{\partial V} \mathrm{d}^2 \boldsymbol{f} \cdot \boldsymbol{B} = [\boldsymbol{n} \cdot (\boldsymbol{B}_{\mathrm{vac}} - \boldsymbol{B}_{\mathrm{med}})]_{\boldsymbol{r} \in \partial V}$$

auswerten. Hierin beschreibt $\boldsymbol{B}_{\mathrm{vac}}$ die Flussdichte im leeren Raumbereich und $\boldsymbol{B}_{\mathrm{med}}$ die Flussdichte innerhalb des Mediums. Der Normalenvektor $\boldsymbol{n}$ zeigt dabei in Richtung des Vakuums. Hieran zeigt sich, dass die Normalkomponente der magnetischen

Flussdichte erhalten ist. Soll dies auf das magnetische Potential übertragen werden, so muss der Zusammenhang

$$\boldsymbol{B} = \mu \boldsymbol{H} = -\mu \boldsymbol{\nabla} \psi$$

betrachtet werden. Im vorliegenden Fall ist der Normalenvektor durch $\hat{\boldsymbol{e}}_r$ gegeben und im äußeren Bereich ist $\mu = \mu_0$ einzusetzen. Auf diese Weise kann mit $\hat{\boldsymbol{e}}_r \cdot \boldsymbol{\nabla} = \frac{\partial}{\partial r}$ die Stetigkeitsbedingung

$$\mu_0 \frac{\partial \psi_{r>R}}{\partial r}\bigg|_{r=R} = \mu \frac{\partial \psi_{r<R}}{\partial r}\bigg|_{r=R} \tag{6.5}$$

erhalten werden.

Schlussendlich kann noch eine Stetigkeitsbedingung aus der Rotation der Feldstärke gewonnen werden. Dazu wird über einen kleinen rechteckigen Pfad integriert, welcher zwei parallele Geraden zu einem kleinen Ausschnitt der Grenzfläche und zwei senkrechte Geraden dazu besitzt. Dieser Pfad umschließt die rechteckige Fläche A. Das entsprechende Integral kann durch

$$0 = \iint_A \mathrm{d}^2\boldsymbol{f} \cdot (\boldsymbol{\nabla} \times \boldsymbol{H}) = \oint_{\partial A} \mathrm{d}\boldsymbol{r} \cdot \boldsymbol{H}$$

ausgedrückt werden. Wird der Abstand zur Grenzfläche nun immer kleiner gemacht und die Länge so gewählt, dass die Feldstärke darauf nicht zu stark variiert, so ist das Integral durch

$$0 = \lim_{A \to 0} \oint_{\partial A} \mathrm{d}\boldsymbol{r} \cdot \boldsymbol{H} = \boldsymbol{t} \cdot (\boldsymbol{H}_{\mathrm{vac}} - \boldsymbol{H}_{\mathrm{med}})$$

gegeben. Darin beschreibt $\boldsymbol{H}_{\mathrm{vac}}$ die magnetische Feldstärke im Vakuum, $\boldsymbol{H}_{\mathrm{med}}$ die magnetische Feldstärke im Medium und $\boldsymbol{t}$ einen Tangentialvektor an der Grenzfläche im Vakuum. Damit ist die Tangentialkomponente der magnetischen Feldstärke an Grenzflächen erhalten. [3]

(c) **(2 Punkte)** Verwenden Sie die Zylindersymmetrie des Problems, um das magnetische Potential in Legendre-Polynomen zu entwickeln. Begründen Sie, wie sich das magnetische Potential so durch

$$\psi_{r<R}(r, \theta) = \sum_{l=0}^{\infty} A_l r^l P_l(\cos(\theta))$$

bzw.

$$\psi_{r>R}(r, \theta) = -\frac{B_0}{\mu_0} r \cos(\theta) + \sum_{l=0}^{\infty} \frac{C_l}{r^{l+1}} P_l(\cos(\theta))$$

---

[3]Theoretisch gesehen, ließe sich auch hieraus eine Stetigkeitsbedingung konstruieren, wenn als Tangentialvektor $\hat{\boldsymbol{e}}_\theta$ gewählt würde. Da die Lösungen im weiteren Verlauf der Aufgabe aber Legendre-Polynome beinhalten werden, würden sich Ableitungen nach θ als unpraktisch erweisen.

ausdrücken lässt.

Lösungsvorschlag:
Da das magnetische Potential für $r \neq R$ die Poisson-Gleichung erfüllt und eine Zylindersymmetrie vorliegt, kann wie im Fall der Elektrostatik das Potential durch eine Reihe in Legendre-Polynomen mit

$$\psi(r,\theta) = \sum_{l=0}^{\infty} \left(A_l r^l + \frac{C_l}{r^{l+1}} \right) P_l(\cos(\theta))$$

ausgedrückt werden. [4] Zunächst kann der Fall $r \to 0$ betrachtet werden. In diesem Fall würden alle Terme mit C_l divergieren. Da es aber keinen Grund für eine solche Divergenz im Potential gibt, müssen für $r < R$ alle Koeffizienten $C_l = 0$ sein, so dass dieser Teil der Lösung durch

$$\psi_{r<R}(r,\theta) = \sum_{l=0}^{\infty} A_l r^l P_l(\cos(\theta))$$

gegeben ist. Für den Bereich $r > R$ kann das Verhalten für $r \to \infty$ betrachtet werden. Auch hier würde das Potential für die Terme mit A_l divergieren. Wegen des Verhaltens im Unendlichen aus Gleichung (6.3) liegt aber tatsächlich eine Divergenz in der Form

$$\psi_{r>R}(r,\theta)|_{r \gg R} = -\frac{B_0}{\mu_0} z = -\frac{B_0}{\mu_0} r \cos(\theta) = -\frac{B_0}{\mu_0} r P_1(\cos(\theta))$$

vor. Da die Legendre-Polynome einen Satz orthogonaler und somit linear unabhängiger Polynome bilden, ist klar, dass es genügt, den Koeffizienten $A_1 \neq 0$ zu setzen, während für $l \neq 1$ alle Koeffizienten $A_l = 0$ sein müssen. Der direkte Vergleich zeigt auch, dass

$$A_1 = -\frac{B_0}{\mu_0}$$

gilt. Auf diese Weise kann der Ausdruck

$$\psi_{r>R}(r,\theta) = -\frac{B_0}{\mu_0} r \cos(\theta) + \sum_{l=0}^{\infty} \frac{C_l}{r^{l+1}} P_l(\cos(\theta))$$

gefunden werden.

(d) **(10 Punkte)** Verwenden Sie nun die Stetigkeitsbedingungen aus Teilaufgabe (b), um das magnetische Potential im gesamten Raumbereich zu ermitteln.

Lösungsvorschlag:

---

[4]Im Gegensatz zur üblichen Form der Elektrostatik wurde der zweite Satz an Koeffizienten hier C_l statt B_l genannt, um Verwechslungen mit der magnetischen Flussdichte auszuschließen.

Die Stetigkeitsbedingung (6.4) kann mit den Ergebnissen von Teilaufgabe (c) verwendet werden, um so zunächst den Zusammenhang

$$\psi_{r>R}(R,\theta) = -\frac{B_0}{\mu_0} R\cos(\theta) + \sum_{l=0}^{\infty} \frac{C_l}{R^{l+1}} P_l(\cos(\theta)) = \sum_{l=0}^{\infty} A_l R^l P_l(\cos(\theta))$$

zu finden. Auch hier kann aufgrund der linearen Unabhängigkeit der Legendre-Polynome ein direkter Vergleich der Koeffizienten angestellt werden, um

$$A_l R^l = -\frac{B_0}{\mu_0} R\delta_{l1} + \frac{C_l}{R^{l+1}}$$

zu finden.
Ebenso kann die Stetigkeitsbedingung (6.5)

$$\mu_0 \frac{\partial \psi_{r>R}}{\partial r}\bigg|_{r=R} = \mu \frac{\partial \psi_{r<R}}{\partial r}\bigg|_{r=R}$$

verwendet werden. Hierzu müssen jedoch zunächst die Ableitungen der beiden Ausdrücke nach r an der Stelle $r = R$ ausgewertet werden. Diese beiden Ableitungen können dann durch

$$\frac{\partial \psi_{r<R}}{\partial r}\bigg|_{r=R} = \sum_{l=0}^{\infty} l A_l R^{l-1} P_l(\cos(\theta))$$

und

$$\frac{\partial \psi_{r>R}}{\partial r}\bigg|_{r=R} = -\frac{B_0}{\mu_0}\cos(\theta) - \sum_{l=0}^{\infty} \frac{(l+1)C_l}{R^{l+2}} P_l(\cos(\theta))$$

bestimmt werden. Eingesetzt in die Stetigkeitsbedingung (6.5) muss so

$$-B_0\cos(\theta) - \mu_0 \sum_{l=0}^{\infty} \frac{(l+1)C_l}{R^{l+2}} P_l(\cos(\theta)) = \mu \sum_{l=0}^{\infty} l A_l R^{l-1} P_l(\cos(\theta))$$

ausgewertet werden. Wieder kann aufgrund der linearen Unabhängigkeit der Legendre-Polynome ein Koeffizientenvergleich vorgenommen werden, um so

$$\mu l A_l R^{l-1} = -B_0\delta_{l1} - \mu_0 \frac{(l+1)C_l}{R^{l+2}}$$

zu erhalten. Wird die letzte Gleichung mit R multipliziert

$$\mu l A_l R^l = -B_0 R\delta_{l1} - \mu_0 \frac{(l+1)C_l}{R^{l+1}},$$

so kann der zuvor gefundene Ausdruck

$$A_l R^l = -\frac{B_0}{\mu_0} R\delta_{l1} + \frac{C_l}{R^{l+1}}$$

eingesetzt werden, um so die Gleichung

$$\mu l \left(-\frac{B_0}{\mu_0} R \delta_{l1} + \frac{C_l}{R^{l+1}} \right) = -B_0 R \delta_{l1} - \mu_0 \frac{(l+1)C_l}{R^{l+1}}$$

zu erhalten. Dieser kann nun gemäß

$$\frac{C_l}{R^{l+1}} \left(\mu l + \mu_0(l+1) \right) = -B_0 R \left(1 - l\frac{\mu}{\mu_0} \right) \delta_{l1} = \frac{\mu - \mu_0}{\mu_0} B_0 R \delta_{l1}$$

umgestellt werden. Im letzten Schritt wurde dabei bereits das Kronecker-Delta ausgenutzt. Da die Klammer auf der linken Seite für alle l von null verschieden ist, zeigt sich, dass auch alle C_l – außer für $l = 1$ – verschwinden. Das einzige nicht verschwindende C_l ist damit durch

$$C_1 = \frac{\mu - \mu_0}{\mu_0} B_0 R \frac{R^2}{\mu + 2\mu_0} = \frac{\mu - \mu_0}{\mu + 2\mu_0} \frac{B_0 R^3}{\mu_0}$$

gegeben. Damit lassen sich die C_l aber auch durch

$$C_l = \frac{\mu - \mu_0}{\mu + 2\mu_0} \frac{B_0 R^3}{\mu_0} \delta_{l1}$$

ausdrücken. Mit dem Ausdruck

$$A_l R^l = -\frac{B_0}{\mu_0} R \delta_{l1} + \frac{C_l}{R^{l+1}}$$

können so die A_l zu

$$A_l = -\frac{B_0}{\mu_0 R^l} R \delta_{l1} + \frac{C_l}{R^{2l+1}} = -\frac{B_0}{\mu_0} \delta_{l1} + \frac{\mu - \mu_0}{\mu + 2\mu_0} \frac{B_0 R^3}{\mu_0 R^{2l+1}} \delta_{l1}$$

$$= \frac{B_0}{\mu_0} \delta_{l1} \left(-1 + \frac{\mu - \mu_0}{\mu + 2\mu_0} \right) = \frac{B_0}{\mu_0} \frac{-3\mu_0}{\mu + 2\mu_0} \delta_{l1} = -B_0 \frac{3}{\mu + 2\mu_0} \delta_{l1}$$

bestimmt werden. Mit diesen Ergebnissen lässt sich nun das Potential innerhalb

$$\psi_{r<R}(r, \theta) = -\frac{B_0}{\mu_0} \frac{3\mu_0}{\mu + 2\mu_0} r \cos(\theta)$$

wie außerhalb der Kugel

$$\psi_{r>R}(r, \theta) = \left(-\frac{B_0}{\mu_0} r + \frac{\mu - \mu_0}{\mu + 2\mu_0} \frac{B_0 R^3}{\mu_0} \frac{1}{r^2} \right) \cos(\theta)$$

$$= -\frac{B_0}{\mu_0} \left(1 - \frac{\mu - \mu_0}{\mu + 2\mu_0} \frac{R^3}{r^3} \right) r \cos(\theta)$$

bestimmen.

(e) **(3 Punkte)** Bestimmen Sie die Magnetisierung der Kugel M und das daraus resultierende magnetische Moment m.

Lösungsvorschlag:
Da es sich um ein lineares Medium handelt, ist neben

$$H = \frac{1}{\mu_0} B - M$$

auch der Zusammenhang

$$B = \mu H$$

gültig. Mit diesen beiden Zusammenhängen kann die Magnetisierung durch die magnetische Feldstärke mittels

$$M = \frac{1}{\mu_0} B - H = \left(\frac{\mu}{\mu_0} - 1 \right) H = \frac{\mu - \mu_0}{\mu_0} H$$

ausgedrückt werden. Die magnetische Feldstärke kann im Inneren der Kugel durch

$$H_{r<R} = -\nabla \psi_{r<R} = -\nabla \left(-\frac{B_0}{\mu_0} \frac{3\mu_0}{\mu + 2\mu_0} z \right) = \frac{B_0}{\mu_0} \frac{3\mu_0}{\mu + 2\mu_0} \hat{e}_z$$

ermittelt werden. Dabei wurde die Ersetzung $z = r\cos(\theta)$ vorgenommen. Daher kann die Magnetisierung zu

$$M = \frac{3}{\mu_0} \frac{\mu - \mu_0}{\mu + 2\mu_0} B_0$$

bestimmt werden. [5] Es handelt sich um eine konstante Größe. Da sie die Dichte des magnetischen Moments darstellt, kann das magnetische Moment der Kugel einfach durch

$$m = M V = M \frac{4}{3} \pi R^3 = \frac{4\pi R^3}{\mu_0} \frac{\mu - \mu_0}{\mu + 2\mu_0} B_0$$

ermittelt werden.

(f) **(3 Punkte)** Ermitteln Sie nun die magnetische Flussdichte B im gesamten Raumbereich. Drücken Sie Ihre Ergebnisse dabei durch B_0 aus.

Lösungsvorschlag:
Mit den Zusammenhängen aus Teilaufgabe (e) lässt sich direkt der Zusammenhang

$$B_{r<R} = \mu H_{r<R} = \frac{3\mu}{\mu + 2\mu_0} B_0$$

---

[5]Hieran lässt sich gut sehen, dass für $0 < \mu < \mu_0$ eine Ausrichtung der Magnetisierung gegen das äußere Feld vorliegt (Diamagnetismus), während für $\mu_0 < \mu$ eine Ausrichtung parallel zum äußeren Feld auftritt (Paramagnetismus)

ermitteln. Für den äußeren Bereich ist zunächst die magnetische Feldstärke

$$\boldsymbol{H}_{r>R}(\boldsymbol{r}) = -\boldsymbol{\nabla}\psi_{r>R} = \frac{B_0}{\mu_0}\boldsymbol{\nabla}\left(z - \frac{\mu-\mu_0}{\mu+2\mu_0}R^3\frac{z}{r^3}\right)$$

$$= \frac{B_0}{\mu_0}\left(\hat{\boldsymbol{e}}_z - \frac{\mu-\mu_0}{\mu+2\mu_0}R^3\left(\hat{\boldsymbol{e}}_z\frac{1}{r^3} - 3\frac{z}{r^4}\hat{\boldsymbol{e}}_r\right)\right)$$

$$= \frac{B_0}{\mu_0}\left(\hat{\boldsymbol{e}}_z + \frac{\mu-\mu_0}{\mu+2\mu_0}\frac{R^3}{r^3}\left(3\frac{z}{r}\hat{\boldsymbol{e}}_r - \hat{\boldsymbol{e}}_z\right)\right)$$

zu ermitteln. Da im äußeren Bereich auch $\mu = \mu_0$ gültig ist, kann so die magnetische Flussdichte

$$\boldsymbol{B}_{r>R} = \mu_0\,\boldsymbol{H}_{r>R} = B_0\left(\hat{\boldsymbol{e}}_z + \frac{\mu-\mu_0}{\mu+2\mu_0}\frac{R^3}{r^3}\left(3\frac{z}{r}\hat{\boldsymbol{e}}_r - \hat{\boldsymbol{e}}_z\right)\right)$$

$$= \boldsymbol{B}_0 + \frac{\mu-\mu_0}{\mu+2\mu_0}\frac{R^3}{r^3}\left(3(\boldsymbol{B}_0\cdot\hat{\boldsymbol{e}}_r)\hat{\boldsymbol{e}}_r - \boldsymbol{B}_0\right)$$

gefunden werden.

Aufgabe 4 25 *Punkte*

Relativistische Bewegung einer Ladung im Zentralfeld

In dieser Aufgabe soll die relativistische Bewegung einer Ladung in einem attraktiven, zentralen elektrischen Feld untersucht werden.

(a) **(5 Punkte)** Zeigen Sie zunächst mit der Euler-Lagrange-Gleichung, dass es sich bei

$$\mathcal{L}(\boldsymbol{r}, \boldsymbol{v}, t) = -mc^2\sqrt{1 - \frac{v^2}{c^2}} + q\boldsymbol{v} \cdot \boldsymbol{A}(\boldsymbol{r}, t) - q\phi(\boldsymbol{r}, t)$$

um die passende Lagrange-Funktion für ein relativistisches Teilchen in einem elektromagnetischen Feld handelt. ϕ und $\boldsymbol{A}$ sind dabei das übliche elektrische Potential und das Vektorpotential.

Lösungsvorschlag:
Da die Euler-Lagrange-Gleichungen durch

$$\frac{\mathrm{d}}{\mathrm{d}t}\frac{\partial \mathcal{L}}{\partial v_i} = \frac{\partial \mathcal{L}}{\partial r_i}$$

gegeben sind, bietet es sich an, zunächst

$$\frac{\partial \mathcal{L}}{\partial r_i} = qv_j\frac{\partial A_j}{\partial r_i} - q\frac{\partial \phi}{\partial r_i}$$

und

$$\frac{\partial \mathcal{L}}{\partial v_i} = -mc^2\frac{-2v_i/c^2}{2\sqrt{1 - \frac{v^2}{c^2}}} + qA_i = \frac{mv_i}{\sqrt{1 - \frac{v^2}{c^2}}} + qA_i$$

zu bestimmen. Wird der kanonische Impuls nun nach der Zeit abgeleitet, so kann

$$\frac{\mathrm{d}}{\mathrm{d}t}\frac{\partial \mathcal{L}}{\partial v_i} = \frac{\mathrm{d}}{\mathrm{d}t}\left(\frac{mv_i}{\sqrt{1 - \frac{v^2}{c^2}}}\right) + q\frac{\partial A_i}{\partial r_j}v_j + q\frac{\partial A_i}{\partial t}$$

gefunden werden. Eingesetzt in die Euler-Lagrange-Gleichungen wird zunächst die Form

$$\frac{\mathrm{d}}{\mathrm{d}t}\left(\frac{mv_i}{\sqrt{1 - \frac{v^2}{c^2}}}\right) = qv_j\frac{\partial A_j}{\partial r_i} - q\frac{\partial \phi}{\partial r_i} - q\frac{\partial A_i}{\partial r_j}v_j - q\frac{\partial A_i}{\partial t}$$

$$= q\left((-\partial_i\phi - \partial_t A_i) + v_j(\partial_i A_j - \partial_j A_i)\right)$$

der Bewegungsgleichungen gefunden. Mit den Zusammenhängen

$$E_i = -\partial_i\phi - \partial_t A_i \qquad \partial_i A_j - \partial_j A_i = \epsilon_{ijk}B_k$$

kann dies auf

$$\frac{\mathrm{d}}{\mathrm{d}t}\left(\frac{mv_i}{\sqrt{1-\frac{v^2}{c^2}}}\right) = q(E_i + \epsilon_{ijk}v_j B_k) = q(\boldsymbol{E} + \boldsymbol{v}\times\boldsymbol{B})_i$$

umgeformt werden. Durch die Ersetzung $\frac{\mathrm{d}}{\mathrm{d}t} = \frac{1}{\gamma}\frac{\mathrm{d}}{\mathrm{d}\tau}$ und die Identifikation

$$\frac{mv_i}{\sqrt{1-\frac{v^2}{c^2}}} = \gamma m v_i = p^i$$

ergibt sich ein mit der Lorentz-kovarianten Form

$$\frac{\mathrm{d}p^i}{\mathrm{d}\tau} = q\gamma\left(\frac{\boldsymbol{E}}{c}c + \boldsymbol{v}\times\boldsymbol{B}\right)_i = qF^{i\nu}u_\nu$$

verträglicher Term. Somit ist gezeigt, dass die gegebene Lagrange-Funktion die Bewegung einer Ladung im elektromagnetischen Feld korrekt beschreibt.

(b) **(5 Punkte)** Verwenden Sie nun

$$\boldsymbol{A} = 0 \qquad q\phi = \frac{qQ}{4\pi\varepsilon_0}\frac{1}{r} = -\frac{\alpha}{r}$$

mit der zentralen Ladung Q und zeigen Sie, dass es sich bei

$$H = \sqrt{m^2 c^4 + p^2 c^2} - \frac{\alpha}{r}$$

und

$$\boldsymbol{L} = \boldsymbol{r}\times\boldsymbol{p}$$

mit $\boldsymbol{p} = \gamma m\boldsymbol{v}$ um Erhaltungsgrößen des Problems handelt. Argumentieren Sie, weshalb die Bewegung in einer Ebene stattfindet.

Lösungsvorschlag:
Zunächst ist festzustellen, dass der kanonische Impuls nun mit dem relativistischen Impuls gemäß

$$p_i = \frac{\partial \mathcal{L}}{\partial v_i} = \frac{mv_i}{\sqrt{1-\frac{v^2}{c^2}}} = \gamma m v_i$$

übereinstimmt. Dies lässt sich durch

$$p^2\left(1-\frac{v^2}{c^2}\right) = m^2 v^2 \quad\Rightarrow\quad \left(m^2 + \frac{p^2}{c^2}\right)v^2 = p^2$$

$$\Rightarrow\quad v^2 = \frac{p^2 c^2}{m^2 c^2 + p^2}$$

nach $\boldsymbol{v}$ auflösen, um

$$\boldsymbol{v} = \frac{\boldsymbol{p}\,c}{\sqrt{m^2c^2 + p^2}}$$

und

$$1 - \frac{v^2}{c^2} = \frac{m^2c^2}{m^2c^2 + p^2}$$

zu erhalten. Die zur Lagrange-Funktion gehörende Hamilton-Funktion ist daher durch

$$H(\boldsymbol{r},\boldsymbol{p}) = \boldsymbol{v} \cdot \boldsymbol{p} - \mathcal{L} = \frac{p^2c}{\sqrt{m^2c^2 + p^2}} + \frac{m^2c^3}{\sqrt{m^2c^2 + p^2}} + q\phi$$
$$= \frac{1}{c}\frac{p^2c^2 + m^2c^4}{\sqrt{p^2 + m^2c^2}} + q\phi = \sqrt{p^2c^2 + m^2c^4} - \frac{\alpha}{r}$$

gegeben und nicht explizit von der Zeit abhängig. Damit ist ihre zeitliche Ableitung durch

$$\frac{\mathrm{d}H}{\mathrm{d}t} = \{H, H\} + \frac{\partial H}{\partial t} = 0$$

gegeben und es handelt sich um eine Erhaltungsgröße.

Für die Größe $\boldsymbol{L}$ kann die totale Zeitableitung betrachtet werden, um

$$\frac{\mathrm{d}\boldsymbol{L}}{\mathrm{d}t} = \boldsymbol{v} \times (\gamma m \boldsymbol{v}) + \boldsymbol{r} \times \frac{\mathrm{d}}{\mathrm{d}t}(\gamma m \boldsymbol{v}) = \boldsymbol{r} \times (-q\boldsymbol{\nabla}\phi)$$

zu erhalten. Wird hierin die explizite Form $q\phi = -\frac{\alpha}{r}$ eingesetzt, lässt sich dies weiter auf

$$\frac{\mathrm{d}\boldsymbol{L}}{\mathrm{d}t} = \boldsymbol{r} \times \left(-\frac{\alpha}{r^3}\boldsymbol{r}\right) = \boldsymbol{0}$$

vereinfachen, womit gezeigt ist, dass es sich bei $\boldsymbol{L}$ um einen erhaltenen Vektor handelt. Da dieser Vektor seine Richtung nicht ändert, stehen $\boldsymbol{r}$ und $\boldsymbol{p}$ stets senkrecht auf demselben Vektor und befinden sich damit in einer Ebene, dessen Normalenvektor durch $\boldsymbol{L}$ gegeben ist. Er stellt den Drehimpuls des Problems dar.

(c) **(4 Punkte)** Führen Sie die Größe $u = \frac{1}{r}$ ein und zeigen Sie, dass diese

$$\left(\frac{\mathrm{d}u}{\mathrm{d}\varphi}\right)^2 = -u^2\left(1 - \frac{\alpha^2}{L^2c^2}\right) + 2\frac{\alpha H}{L^2c^2}u + \frac{H^2 - m^2c^4}{L^2c^2} \tag{6.6}$$

erfüllt.

Lösungsvorschlag:
Da die Bewegung in einer Ebene stattfindet, kann sie vollständig durch $r(t)$ und $\varphi(t)$

beschrieben werden. Alternativ kann für die Form der Bahn auch $r(\varphi)$ betrachtet werden, so dass durch eine Kettenregel

$$\frac{\mathrm{d}u}{\mathrm{d}\varphi} = -\frac{1}{r^2}\frac{\mathrm{d}r}{\mathrm{d}\varphi} = -\frac{1}{r^2}\frac{\mathrm{d}r}{\mathrm{d}t}\frac{1}{\frac{\mathrm{d}\varphi}{\mathrm{d}t}} = -\frac{1}{r^2}\frac{\dot{r}}{\dot{\varphi}}$$

gefunden werden kann. Wird der Ortsvektor in Polarkoordinaten ausgedrückt, so können die Geschwindigkeit

$$\dot{\boldsymbol{r}} = \dot{r}\,\hat{\boldsymbol{e}}_r + r\dot{\varphi}\,\hat{\boldsymbol{e}}_\varphi$$

und der Impuls

$$\boldsymbol{p} = \gamma m\dot{\boldsymbol{r}} = \gamma m\dot{r}\hat{\boldsymbol{e}}_r + \gamma m r\dot{\varphi}\,\hat{\boldsymbol{e}}_\varphi$$

gefunden werden. Der Drehimpuls ist demnach durch

$$\boldsymbol{L} = \boldsymbol{r} \times (\gamma m\dot{r}\hat{\boldsymbol{e}}_r + \gamma m r\dot{\varphi}\,\hat{\boldsymbol{e}}_\varphi) = \gamma m r^2\dot{\varphi}\,\hat{\boldsymbol{e}}_z = L\,\hat{\boldsymbol{e}}_z$$

gegeben und da sein Betrag erhalten ist, lässt sich $\dot{\varphi}$ auch durch

$$\dot{\varphi} = \frac{L}{\gamma m r^2}$$

ausdrücken, um

$$\boldsymbol{p} = p_r\,\hat{\boldsymbol{e}}_r + \frac{L}{r}\,\hat{\boldsymbol{e}}_\varphi$$

zu erhalten. Eingesetzt in obige Differentialgleichung lässt sich so zunächst der Ausdruck

$$\frac{\mathrm{d}u}{\mathrm{d}\varphi} = -\frac{1}{r^2}\frac{\dot{r}}{\dot{\varphi}} = -\frac{1}{r^2}\frac{1}{\gamma m}\frac{p_r}{L}\gamma m r^2 = -\frac{p_r}{L}$$

finden. Durch Quadrieren kann dies auf die Form

$$\left(\frac{\mathrm{d}u}{\mathrm{d}\varphi}\right)^2 = \frac{p_r^2}{L^2}$$

gebracht werden. Um p_r^2 zu finden, bietet es sich an, die Hamilton-Funktion gemäß

$$\left(H + \frac{\alpha}{r}\right)^2 = p^2 c^2 + m^2 c^4 = p_r^2 c^2 + \frac{L^2 c^2}{r^2} + m^2 c^4$$

$$\Rightarrow \quad p_r^2 c^2 = \left(H + \frac{\alpha}{r}\right)^2 - \frac{L^2 c^2}{r^2} - m^2 c^4$$

$$\Rightarrow \quad \frac{p_r^2}{L^2} = \frac{1}{L^2 c^2}\left(H^2 + 2\frac{\alpha}{r}H + \frac{\alpha^2}{r^2}\right) - \frac{1}{r^2} - \frac{m^2 c^4}{L^2 c^2}$$

$$= -\frac{1}{r^2}\left(1 - \frac{\alpha^2}{L^2 c^2}\right) + 2\frac{\alpha H}{L^2 c^2}\frac{1}{r} + \frac{H^2 - m^2 c^4}{L^2 c^2}$$

umzuformen. Mit der Ersetzung $u = \frac{1}{r}$ wird so der Zusammenhang

$$\left(\frac{\mathrm{d}u}{\mathrm{d}\varphi}\right)^2 = \frac{p_r^2}{L^2} = -u^2\left(1 - \frac{\alpha^2}{L^2c^2}\right) + 2\frac{\alpha H}{L^2c^2}u + \frac{H^2 - m^2c^4}{L^2c^2}$$

offensichtlich.

(d) **(6 Punkte)** Lösen Sie die Differentialgleichung (6.6) aus Teilaufgabe (c) unter Verwendung des Integrals

$$\int \frac{\mathrm{d}u}{\sqrt{-A^2u + 2Bu + C}} = -\frac{1}{A}\,\mathrm{Arccos}\left(\frac{A^2u - B}{\sqrt{B^2 + A^2C}}\right) \quad \text{falls} \quad B^2 + A^2C > 0$$

und zeigen Sie so, dass $r(\varphi)$ die Form

$$r(\varphi) = \frac{p}{1 + e\cos(\eta\varphi)} \tag{6.7}$$

annimmt. Drücken Sie die auftretenden Größen p und e durch H, L und

$$\eta = \sqrt{1 - \frac{\alpha^2}{L^2c^2}}$$

aus.

Lösungsvorschlag:
Unter der Annahme, dass für $\varphi = 0$ der minimale Radius erreicht wird, nimmt r mit steigendem φ zu und u demnach ab. Beim Ziehen der Wurzel muss also das negative Vorzeichen verwendet werden, wodurch sich

$$\frac{\mathrm{d}u}{\mathrm{d}\varphi} = -\sqrt{-u^2\left(1 - \frac{\alpha^2}{L^2c^2}\right) + 2\frac{\alpha H}{L^2c^2}u + \frac{H^2 - m^2c^4}{L^2c^2}}$$

$$= -\sqrt{-A^2u^2 + 2Bu + C}$$

ergibt. Dabei wurden bereits die Bezeichnungen

$$A^2 = \eta^2 = 1 - \frac{\alpha^2}{L^2c^2} \qquad B = \frac{\alpha H}{L^2c^2} \qquad C = \frac{H^2 - m^2c^4}{L^2c^2}$$

eingeführt. Mit Hilfe der abc-Formel lässt sich erkennen, dass es hierbei maximale und minimale Werte von u gibt, die durch

$$u_\pm = \frac{-2B \mp \sqrt{4B^2 + 4A^2C}}{-2A^2} = \frac{B \pm \sqrt{B^2 + A^2C}}{B}$$

gegeben sind. Da für $\varphi = 0$ der minimale Radius und damit das maximale u eingenommen werden soll, kann die Differentialgleichung durch das Integral

$$\varphi = \int\limits_\varphi^0 \mathrm{d}\varphi' = \int\limits_{u_+}^u \mathrm{d}u'\,\frac{1}{\frac{\mathrm{d}u}{\mathrm{d}\varphi}(u')} = -\int\limits_{u_+}^u \frac{\mathrm{d}u'}{\sqrt{-A^2u'^2 + 2Bu' + C}}$$

gelöst werden. Mit der gegebenen Stammfunktion kann die rechte Seite zu

$$\int_{u_+}^{u} \frac{\mathrm{d}u'}{\sqrt{-A^2 u'^2 + 2Bu' + C}} = \frac{1}{A}\left[\operatorname{Arccos}\left(\frac{A^2 u' - B}{\sqrt{B^2 + A^2 C}}\right)\right]_{u_+}^{u}$$

umgeformt werden. Wird die untere Grenze ausgewertet, so zeigt sich durch

$$\operatorname{Arccos}\left(\frac{A^2 u_+ - B}{\sqrt{B^2 + A^2 C}}\right) = \operatorname{Arccos}\left(\frac{\sqrt{B^2 + A^2 C}}{\sqrt{B^2 + A^2 C}}\right) = \operatorname{Arccos}(1) = 0,$$

dass diese verschwindet und stattdessen der Zusammenhang

$$\varphi = \frac{1}{A}\operatorname{Arccos}\left(\frac{A^2 u - B}{\sqrt{B^2 + A^2 C}}\right)$$

gültig ist. Dieser lässt sich nach u auflösen, um so

$$A^2 u = B + \sqrt{B^2 + A^2 C}\,\cos(A\varphi)$$
$$= \frac{\alpha H}{L^2 c^2} + \sqrt{\left(\frac{\alpha H}{L^2 c^2}\right)^2 + \left(1 - \frac{\alpha^2}{L^2 c^2}\right)\frac{H^2 - m^2 c^4}{L^2 c^2}}\,\cos(\eta\varphi)$$

zu erhalten. Dabei wurden im letzten Schritt die Größen A^2, B und C wieder eingesetzt. Der darin auftretende Radikant kann durch

$$\left(\frac{\alpha H}{L^2 c^2}\right)^2 + \left(1 - \frac{\alpha^2}{L^2 c^2}\right)\frac{H^2 - m^2 c^4}{L^2 c^2} = \frac{H^2}{L^2 c^2} - \left(1 - \frac{\alpha^2}{L^2 c^2}\right)\frac{m^2 c^4}{L^2 c^2}$$
$$= \frac{H^2 - \eta^2 m^2 c^4}{L^2 c^2}$$

noch weiter vereinfacht werden. Damit lässt sich dann

$$u = \frac{1}{r} = \frac{\alpha H}{L^2 c^2 \eta^2} + \frac{1}{Lc\eta^2}\sqrt{H^2 - \eta^2 m^2 c^4}\,\cos(\eta\varphi)$$
$$= \frac{\alpha H}{L^2 c^2 \eta^2}\left(1 + \frac{Lc}{\alpha H}\sqrt{H^2 - \eta^2 m^2 c^4}\,\cos(\eta\varphi)\right)$$

bestimmen. Dies kann mit der angegebenen Lösung in ihrer äquivalenten Form

$$\frac{1}{r} = \frac{1 + e\cos(\eta\varphi)}{p} = \frac{1}{p}\left(1 + e\cos(\eta\varphi)\right)$$

verglichen werden, um die Ausdrücke

$$p = \frac{L^2 c^2 \eta^2}{\alpha H} \qquad e = \frac{Lc}{\alpha H}\sqrt{H^2 - \eta^2 m^2 c^4}$$

zu finden.

(e) **(2 Punkte)** Interpretieren Sie die Lösung (6.7) und beschreiben Sie die Bedeutung der Parameter p, e und η.

Lösungsvorschlag:
Wäre $\eta = 1$, so würde es sich um die übliche Lösung einer Ellipse handeln. e beschreibt dann die Exzentrizität und $p = a(1 - e^2)$ trifft eine Aussage über die große Halbachse der Ellipse. Allerdings befindet sich im Argument des Kosinus der skalierende Faktor η, der stets kleiner als eins ist. Daher muss ein größerer Winkel φ angenommen werden, damit die Ladung wieder den kleinsten Abstand durchläuft. Das bedeutet, die Periapsis der Ellipse verschiebt sich in Umlaufrichtung. Der Winkel, um den sich die Periapsis pro Umlauf verschiebt, kann durch

$$\Delta\psi_T = \frac{2\pi}{\eta} - 2\pi = 2\pi \left(\frac{1}{\eta} - 1 \right)$$

ermittelt werden. Für $\eta \approx 1$ und damit $\frac{\alpha^2}{L^2 c^2} \ll 1$ kann so der Ausdruck

$$\Delta\psi_T \approx 2\pi \left(1 + \frac{1}{2} \frac{\alpha^2}{L^2 c^2} - 1 \right) = \pi \frac{\alpha^2}{L^2 c^2}$$

gefunden werden. Es handelt sich bei der Bewegung also um eine präzedierende Ellipse.

(f) **(3 Punkte)** Zeigen Sie, dass p und e im nicht-relativistischen Grenzfall in

$$p = \frac{l^2}{m\alpha}$$

und

$$e = \sqrt{1 + \frac{2El^2}{m\alpha^2}}$$

übergehen. Dabei stellen l und E den nicht-relativistischen Drehimpuls und die nicht-relativistische Energie (ohne Ruheenergie) dar.

Lösungsvorschlag:
Im nicht-relativistischen Grenzfall kann die Hamilton-Funktion durch

$$H = \sqrt{m^2 c^4 + p^2 c^2} - \frac{\alpha}{r} \approx mc^2 + \frac{p^2}{2m} - \frac{\alpha}{r} = mc^2 + E$$

genähert werden, wodurch auch Brüche der Form $\frac{H}{mc^2}$ durch eins angenähert werden können. Da der relativistische Drehimpuls durch

$$L = \gamma m |\mathbf{r} \times \mathbf{v}| = \gamma l$$

gegeben ist und im nicht-relativistischen Grenzfall $\gamma \to 1$ gilt, kann L direkt durch l ersetzt werden. Schlussendlich bleibt noch das Verhalten von

$$\eta^2 = 1 - \frac{\alpha^2}{c^2 L^2} \approx 1 - \frac{\alpha^2}{c^2 l^2}$$

zu untersuchen. Im einfachen Falle einer Kreisbahn müssen die beiden Zusammenhänge

$$l = mrv \qquad m\frac{v^2}{r} = \frac{\alpha}{r}$$

gültig sein. Diese lassen sich ineinander einsetzen, um so

$$mv^2 = \frac{\alpha}{r} = \frac{\alpha}{\frac{l}{mv}} = m\frac{\alpha}{l}v \quad \Rightarrow \quad v = \frac{\alpha}{l}$$

zu erhalten. Damit zeigt sich, dass im nicht-relativistischen Grenzfall auch

$$\eta^2 \approx 1 - \frac{v^2}{c^2} \approx \frac{1}{\gamma} \approx 1$$

gelten muss. Daher kann für p der Zusammenhang

$$p = \frac{L^2 c^2 \eta^2}{\alpha H} = \frac{L^2 \eta^2}{\alpha m}\frac{mc^2}{H} \approx \frac{l^2}{m\alpha}$$

gefunden werden. Er geht also in den bekannten nicht-relativistischen Ausdruck über. Die Exzentrizität kann auf

$$e = \frac{Lc}{\alpha H}\sqrt{H^2 - \eta^2 m^2 c^4} = \frac{L}{\alpha mc}\frac{H}{mc^2}\sqrt{(mc^2 + E)^2 - \eta^2 m^2 c^4}$$

$$= \frac{L}{\alpha mc}\frac{H}{mc^2}\sqrt{(1 - \eta^2)m^2 c^4 + 2mc^2 E + E^2}$$

$$= \frac{L}{\alpha mc}\frac{H}{mc^2}\sqrt{\frac{\alpha^2}{L^2 c^2}m^2 c^4 + 2mc^2 E + E^2}$$

umgeformt werden, was auf

$$e \approx \frac{l}{\alpha mc}\sqrt{\frac{\alpha^2}{l^2}m^2 c^2 + 2mc^2 E} = \sqrt{1 + \frac{2lE}{\alpha^2 m}}$$

führt. Auch hierbei handelt es sich um den bekannten nicht-relativistischen Ausdruck.

Nicht gefragt:
Ein kinematischer Effekt der speziellen Relativitätstheorie ist die sogenannte Thomas-Präzession, nach der sich das mitbewegte Koordinatensystem eines beschleunigten Beobachters dreht. Im nicht-relativistischen Grenzfall kann die Winkelgeschwindigkeit, mit der diese Rotation von Statten geht, durch

$$\omega_\mathrm{T} \approx \frac{1}{2c^2}|\boldsymbol{a} \times \boldsymbol{v}|$$

angenähert werden. Dabei beschreibt $\boldsymbol{a}$ die Beschleunigung, die das Bezugssystem erfährt. Wird der Einfachheit halber eine Kreisbahn angenommen, so kann sie aufgrund von $\boldsymbol{a} \perp \boldsymbol{v}$ und $a = \omega^2 r = \omega v$ durch

$$\omega_\mathrm{T} \approx \frac{1}{2c^2}av = \frac{1}{2}\omega\frac{v^2}{c^2}$$

ausgedrückt werden. Wie in Teilaufgabe (f) bereits diskutiert wurde, ist auf einer Kreisbahn

$$v = \frac{\alpha}{L}$$

gültig. Wird dies in die Winkelgeschwindigkeit der Thomas-Präzession eingesetzt, kann der Ausdruck

$$\omega_{\mathrm{T}} \approx \frac{1}{2}\omega\frac{v^2}{c^2} = \frac{1}{2}\omega\frac{\alpha^2}{L^2c^2}$$

gefunden werden. Ein Umlauf hat die Periodendauer $\frac{2\pi}{\omega}$, womit die Verschiebung des Koordinatensystems durch

$$\Delta\psi_T = \omega_{\mathrm{T}}\frac{2\pi}{\omega} \approx \pi\frac{\alpha^2}{L^2c^2}$$

gegeben ist. Dies stimmt mit dem in Teilaufgabe (e) gefundenen Ausdruck überein, womit klar wird, dass die Präzession der Ellipse durch die Thomas-Präzession verursacht wird.

7 Klausur VII – Elektrodynamik – Mittel

Im Kurzfragebogen dieser Klausur werden die Divergenz aus dem Produkt eines Skalar- und eines Vektorfeldes, die Stetigkeit der Normalenkomponente der magnetischen Flussdichte an einer Grenzfläche, das Entladen eines Kondensators über einen Widerstand, das elektrische Feld einer Kugel mit nach außen hin linear ansteigender Ladungsdichte und das Verhalten der elektromagnetischen Felder unter Zeitumkehr betrachtet. In Aufgabe 2 soll das Vektorpotential einer speziellen Klasse von Strömen über das Verfahren der Green'schen Funktion bestimmt werden. In Aufgabe 3 werden allgemeine Eigenschaften des Energie-Impuls-Tensors klassischer Feldtheorien untersucht und schließlich in Bezug auf die Elektrodynamik angewendet. In Aufgabe 4 wird die Ausbreitung einer elektromagnetischen Welle in einem unendlich langen, leeren Zylinder untersucht.

Überblick

7.1 Aufgaben zur Klausur VII – Elektrodynamik – Mittel 281
    Aufgabe **1** - **Kurzfragen** 281
    Aufgabe **2** - **Translationsinvariante Ströme** 282
    Aufgabe **3** - **Eigenschaften des Energie-Impuls-Tensors** 283
    Aufgabe **4** - **Zylindrischer Wellenleiter** 285
7.2 Hinweise zur Klausur VII – Elektrodynamik – Mittel 287
7.3 Lösung zur Klausur VII – Elektrodynamik – Mittel 291
    Aufgabe **1** - **Kurzfragen** 291
    Aufgabe **2** - **Translationsinvariante Ströme** 298
    Aufgabe **3** - **Eigenschaften des Energie-Impuls-Tensors** 304
    Aufgabe **4** - **Zylindrischer Wellenleiter** 310

© Der/die Autor(en), exklusiv lizenziert an
Springer-Verlag GmbH, DE, ein Teil von Springer Nature 2025
M. Eichhorn, *Prüfungstraining Theoretische Physik – Elektrodynamik*,
https://doi.org/10.1007/978-3-662-71709-7_8

7.1 Aufgaben zur Klausur VII – Elektrodynamik – Mittel

Aufgabe 1   **25 *Punkte***

Kurzfragen

Schlagwörter:
Vektoranalysis, Stetigkeitsbedingungen, Elektrische Bauteile, Gauß'sches Gesetz, Maxwell-Gleichungen

(a) **(5 Punkte)** Zeigen Sie, dass für ein differenzierbares Skalarfeld ψ und ein differenzierbares Vektorfeld $\boldsymbol{A}$ der Zusammenhang

$$\nabla \cdot (\psi\,\boldsymbol{A}) = \boldsymbol{A} \cdot \nabla\psi + \psi\,\nabla \cdot \boldsymbol{A}$$

gilt.

(b) **(5 Punkte)** Zeigen Sie, dass an der Grenzfläche zweier Medien die Normalkomponente der magnetischen Flussdichte $\boldsymbol{B}$ immer erhalten ist.

(c) **(5 Punkte)** Betrachten Sie einen Kondensator der Kapazität C und der anfänglichen Ladung Q_0, dessen Platten über einen Widerstand R miteinander verbunden werden. Der Kondensator kann sich so über den Widerstand entladen. Stellen Sie eine Differentialgleichung dieses Vorgangs auf und finden Sie so die Ladung Q am Kondensator als eine Funktion der Zeit. Nach welcher Zeit hat sich der Kondensator auf den Anteil p seiner ursprünglichen Ladung entladen?

(d) **(5 Punkte)** Betrachten Sie eine Kugel mit Radius R und Ladung Q, deren Ladungsdichte vom Mittelpunkt aus linear mit dem Radius r wächst. Bestimmen Sie das elektrische Feld dieser Ladungskonfiguration im gesamten Raum in Kugelkoordinaten.

(e) **(5 Punkte)** Verwenden Sie die Lorentz-Kraft und die Invarianz der klassischen Mechanik unter Zeitumkehr

$$T: \quad t \to -t,$$

um das Verhalten der elektrischen Feldstärke und der magnetischen Flussdichte unter dieser Transformation zu ermitteln. Zeigen Sie dann, dass die Maxwell-Gleichungen unter dieser Transformation forminvariant sind.

Aufgabe 2   25 *Punkte*

Translationsinvariante Ströme

Schlagwörter:
Maxwell-Gleichungen, Magnetostatik, Vektorpotential, Green'sche Funktion, Magnetische
Flussdichte

In dieser Aufgabe sollen Stromverteilungen der Form $\boldsymbol{j}(\boldsymbol{r}) = j(x,y)\,\hat{\boldsymbol{e}}_z$ in der Magnetostatik im Allgemeinen untersucht werden. Solche Ströme sind invariant unter Verschiebungen entlang der z-Achse. Alle hier getätigten Betrachtungen sollen im Vakuum stattfinden.

(a) (**2 Punkte**) Stellen Sie die nötigen Maxwell-Gleichungen für dieses Problem auf, führen Sie das Vektorpotential ein und bestimmen Sie dessen Differentialgleichung in passender Eichung.

(b) (**4 Punkte**) Argumentieren Sie, weshalb das Vektorpotential durch $\boldsymbol{A} = A(x,y)\,\hat{\boldsymbol{e}}_z$ ausgedrückt werden kann und zeigen Sie, dass es

$$\Delta_2 A = \partial_x^2 A + \partial_y^2 A = -\mu_0\, j(x,y) \tag{7.1}$$

erfüllen muss.

Um Gleichung (7.1) lösen zu können, soll die Green'sche Funktion $G(\boldsymbol{r},\boldsymbol{r}')$ des Laplace-Operators in zwei Dimensionen gefunden werden.

(c) (**4 Punkte**) Argumentieren Sie zunächst, weshalb die Green'sche Funktion allein von $s = |\boldsymbol{s}| = |\boldsymbol{r}-\boldsymbol{r}'|$ abhängen kann und schreiben Sie dann Gl. (7.1) in Polarkoordinaten um, um zu zeigen, dass

$$\frac{1}{s}\partial_s(s\partial_s G) = \delta^{(2)}(\boldsymbol{s}) \tag{7.2}$$

gilt.

(d) (**10 Punkte**) Lösen Sie Gl. (7.2), indem Sie zunächst die homogene Lösung bestimmen und über den Satz von Gauß in drei Dimensionen auftretende Integrationskonstanten ermitteln. Sie sollten so die Green'sche Funktion

$$G(s) = \frac{1}{2\pi}\ln(ks) \tag{7.3}$$

erhalten, worin k eine nicht näher bestimmte Konstante ist. Argumentieren Sie, weshalb k keinen Einfluss auf die physikalische Lösung hat.

(e) (**3 Punkte**) Verwenden Sie Gl. (7.3), um das Vektorpotential eines unendlich langen und unendlich dünnen mit Stromstärke I durchflossenen Drahtes zu bestimmen.

(f) (**2 Punkte**) Ermitteln Sie die magnetische Flussdichte des in Teilaufgabe (e) betrachteten Drahtes.

Aufgabe 3   25 *Punkte*

Eigenschaften des Energie-Impuls-Tensors

Schlagwörter:
Feldstärketensor, Relativistik, Vektorpotential, Energie-Impuls-Tensor, Lagrange-Formalismus,
Feldtheorie

In dieser Aufgabe sollen ein paar generelle Eigenschaften des Energie-Impuls-Tensors $T_{\mu\nu}$ einer klassischen Feldtheorie mit der Lagrange-Dichte $\mathcal{L}(\phi_r(x), \partial_\mu \phi_r(x), x^\mu)$ untersucht werden.

(a) **(5 Punkte)** Betrachten Sie eine Lagrange-Dichte, die nicht explizit von den Raumzeitpunkten x abhängt und somit $\partial_\nu \mathcal{L} = 0$ erfüllt. Zeigen Sie so, dass es sich bei

$$T^{\mu\nu} = \sum_r \frac{\partial \mathcal{L}}{\partial(\partial_\mu \phi_r)} \partial^\nu \phi_r - \eta^{\mu\nu} \mathcal{L}$$

um eine Erhaltungsgröße im Sinne von $\partial_\mu T^{\mu\nu} = 0$ handelt. Sie können dabei ohne Beweis verwenden, dass der Zusammenhang

$$\partial_\mu [\eta^{\mu\nu} \mathcal{L}] = \frac{\mathrm{d}\mathcal{L}}{\mathrm{d}x_\nu}$$

gültig ist. Interpretieren Sie die Bedeutung der Komponenten T^{00} und T^{0i}.

(b) **(2 Punkte)** Zeigen Sie, dass der Energie-Impuls-Tensor unter der Transformation

$$T'^{\mu\nu} = T^{\mu\nu} + \partial_\lambda \tau^{\lambda\mu\nu}$$

weiterhin die Gleichung $\partial_\mu T'^{\mu\nu} = 0$ erfüllt, sofern $\tau^{\lambda\mu\nu}$ zweimal stetig differenzierbar ist und $\tau^{\lambda\mu\nu} = -\tau^{\mu\lambda\nu}$ gilt.

(c) **(5 Punkte)** Betrachten Sie die Größe

$$P^\nu = \frac{1}{c} \int_{\mathcal{S}} \mathrm{d}^3 S_\mu \, T^{\mu\nu}$$

mit einer dreidimensionalen Hyperfläche $\mathcal{S}$, deren Normalenvektor zeitartig ist, und interpretieren Sie die Bedeutung der einzelnen Komponenten. Wie verhält sich diese Größe unter der Transformation aus Teilaufgabe (b), wenn $\tau^{\lambda\mu\nu}$ für $|\boldsymbol{r}| \to \infty$ gegen null strebt?

Hinweis:
Hier kann der Satz von Gauß in kovarianter Formulierung in drei Dimensionen

$$\int_{\mathcal{S}} \mathrm{d}^3 S_\mu \, \partial_\nu A^\nu = \oint_{\partial \mathcal{S}} \mathrm{d}^2 f_{\mu\nu} \, A^\nu$$

hilfreich sein.

(d) **(6 Punkte)** Betrachten Sie nun die Größe

$$J^{\mu\nu} = \frac{1}{c} \int_{\mathcal{S}} \mathrm{d}^3 S_\lambda \, \left(x^\mu T^{\lambda\nu} - x^\nu T^{\lambda\mu} \right)$$

und interpretieren Sie deren physikalische Bedeutung. Weshalb muss es sich mit $\partial_\mu \mathcal{L} = 0$ auch hierbei um eine Erhaltungsgröße handeln? Nutzen Sie diesen Umstand, um zu zeigen, dass der Energie-Impuls-Tensor ein symmetrischer Tensor sein muss und als solcher gewählt werden kann.

(e) **(7 Punkte)** Die Lagrange-Dichte des elektromagnetischen Feldes ist mit dem Feldstärketensor

$$F_{\mu\nu} = \partial_\mu A_\nu - \partial_\nu A_\mu$$

durch

$$\mathcal{L}(A^\mu(x), \partial_\nu A^\mu(x), x^\mu) = -\frac{1}{4\mu_0} F^{\mu\nu} F_{\mu\nu}$$

gegeben und führt auf die homogenen Maxwell-Gleichungen $\partial_\mu F^{\mu\nu} = 0$. Bestimmen Sie mit Hilfe der vorherigen Aufgaben den symmetrischen Energie-Impuls-Tensor des elektromagnetischen Feldes.

Aufgabe 4   **25 *Punkte***

Zylindrischer Wellenleiter

Schlagwörter:
Maxwell-Gleichungen, Elektromagnetische Wellen, Randwertproblem, Wellenleiter

In dieser Aufgabe sollen elektromagnetische Wellen in einem unendlich langen, zylinderförmigen Wellenleiter mit Radius R betrachtet werden. Der Wellenleiter wird durch perfekte elektrische Leiter begrenzt, sein Innenraum soll ein Vakuum sein und es sollen sich keine Ladungen oder Ströme darin befinden.

(a) **(3 Punkte)** Verwenden Sie die Maxwell-Gleichungen und den Ansatz

$$\boldsymbol{E} = \boldsymbol{E}_0(s,\varphi)\,\mathrm{e}^{\mathrm{i}(k_z z - \omega t)} \qquad \boldsymbol{B} = \boldsymbol{B}_0(s,\varphi)\,\mathrm{e}^{\mathrm{i}(k_z z - \omega t)},$$

um zu zeigen, dass innerhalb des Wellenleiters die Zusammenhänge

$$\mathrm{i}\omega\,\boldsymbol{B}_0 = \boldsymbol{\nabla} \times \boldsymbol{E}_0 + \mathrm{i}k_z\,\hat{\boldsymbol{e}}_z \times \boldsymbol{E}_0$$

$$-\frac{\mathrm{i}\omega}{c^2}\,\boldsymbol{E}_0 = \boldsymbol{\nabla} \times \boldsymbol{B}_0 + \mathrm{i}k_z\,\hat{\boldsymbol{e}}_z \times \boldsymbol{B}_0$$

gelten müssen.

(b) **(6 Punkte)** Verwenden Sie die Rotation in Zylinderkoordinaten

$$\boldsymbol{\nabla} \times \boldsymbol{V} = \hat{\boldsymbol{e}}_s\left[\frac{1}{s}\partial_\varphi V_z - \partial_z V_\varphi\right] + \hat{\boldsymbol{e}}_\varphi\left[\partial_z V_s - \partial_s V_z\right] + \hat{\boldsymbol{e}}_z\,\frac{1}{s}\left[\partial_s(sV_\varphi) - \partial_\varphi V_s\right],$$

um zu zeigen, dass die Komponenten $E_{0\varphi}$ und B_{0s} durch

$$E_{0\varphi} = \frac{-\mathrm{i}}{\frac{\omega^2}{c^2} - k_z^2}\left(\omega\partial_s B_{0z} - \frac{k_z}{s}\partial_\varphi E_{0z}\right)$$

$$B_{0s} = \frac{-\mathrm{i}}{\frac{\omega^2}{c^2} - k_z^2}\left(\frac{\omega}{c^2}\frac{1}{s}\partial_\varphi E_{0z} - k_z\partial_s B_{0z}\right)$$

gegeben sind.

(c) **(2 Punkte)** Nennen Sie die Randbedingungen für elektrische und magnetische Felder an perfekten elektrischen Leitern und verwenden Sie die Ergebnisse aus Teilaufgabe (b), um damit Bedingungen an B_{0z} bzw. E_{0z} und deren Ableitungen bei $s = R$ für TE- bzw. TM-Moden zu stellen.

(d) **(3 Punkte)** Setzen Sie den Ansatz aus Teilaufgabe (a) in die Wellengleichungen

$$\Box\boldsymbol{E} = \left(\frac{1}{c^2}\frac{\partial^2}{\partial t^2} - \Delta\right)\boldsymbol{E} = 0 \qquad \Box\boldsymbol{B} = 0$$

ein, um die Bestimmungsgleichung für E_{0z} und B_{0z} zu finden.

(e) **(5 Punkte)** Machen Sie den Ansatz $E_{0z}(s, \varphi) = E_0 J_n(\kappa s)\, e^{in\varphi}$ mit $n \in \mathbb{N}_0$ und konstantem E_0. Zeigen Sie, dass die Funktion $J_n(u)$ die Gleichung

$$u^2 J_n''(u) + u J_n'(u) + (u^2 - n^2) J_n(u) = 0$$

erfüllen muss. Wie hängt die Größe κ mit anderen Größen des Problems zusammen?

(f) **(5 Punkte)** Werten Sie nun die Randbedingungen aus Teilaufgabe (c) aus und finden Sie die minimalen Frequenzen ω_{nm} der jeweiligen Moden in Abhängigkeit der Nullstellen $J(u_{nm}) = 0$ und $J'(w_{nm}) = 0$.

(g) **(1 Punkt)** Betrachten Sie die Liste der relevanten Nullstellenpaare[1] (u_{nm}, w_{nm})

$n\backslash m$	1	2
0	$(2{,}41, 3{,}83)$	$(5{,}52, 7{,}02)$
1	$(3{,}83, 1{,}84)$	$(7{,}02, 5{,}33)$
2	$(5{,}14, 3{,}05)$	$(8{,}42, 6{,}71)$

und bestimmen Sie so die Mode mit der niedrigsten Grenzfrequenz. Was fällt Ihnen im Vergleich zu einem rechteckigen Wellenleiter auf?

---

[1] Der Übersichtlichkeit halber auf die zweite Nachkommastelle gerundet

7.2 Hinweise zur Klausur VII – Elektrodynamik – Mittel

Aufgabe 1 - Kurzfragen

(a) Was passiert, wenn der Ausdruck $\nabla \cdot (\psi\, \boldsymbol{A})$ in Komponentenschreibweise überführt wird?

(b) Wie lauten die Maxwell-Gleichungen in Materie? Was passiert, wenn die Divergenz von $\boldsymbol{B}$ über ein kleines Volumen integriert wird, das teilweise in den verschiedenen Medien liegt? Warum eignet sich ein Zylinder, dessen Deckflächen parallel zur Grenzfläche sind, besonders gut? Was passiert, wenn dieses Volumen immer kleiner wird?

(c) Wie kann das Maschengesetz verwendet werden, um einen Zusammenhang zwischen den Spannungen am Kondensator und am Widerstand aufzustellen? Welcher Zusammenhang besteht zwischen der Stromstärke am Widerstand und der Ladung am Kondensator? Wie lässt sich so zeigen, dass

$$Q(t) = Q_0\, \mathrm{e}^{-t/(RC)}$$

gilt?

(d) Wie lässt sich die Ladungsverteilung formal beschreiben? Wie kann der Satz von Gauß verwendet werden, um die elektrische Feldstärke außerhalb und innerhalb der Kugel zu bestimmen? Was erwarten Sie intuitiv für das Feld außerhalb der Kugel? Stimmt Ihr Ergebnis mit dieser Erwartung überein?

(e) Wie verhält sich eine Kraft unter Zeitumkehr, wenn die Gesetze der Newton'schen Physik unter derselbigen forminvariant sind? Wie lässt sich dies auf die Felder übertragen, wenn Sie berücksichtigen, dass die Ladungen ihr Vorzeichen beibehalten? Was ändert sich an der Stromdichte unter Zeitumkehr?

Aufgabe 2 - Translationsinvariante Ströme

(a) Was passiert im zeitunabhängigen Fall mit dem Maxwell'schen Verschiebungsstrom $\frac{1}{c^2}\frac{\partial^2 \boldsymbol{E}}{\partial t^2}$? Was gilt für die Divergenz einer Rotation und die Rotation eines Gradienten? Wie lautet die Coulomb-Eichung? Sie sollten

$$\Delta \boldsymbol{A} = -\mu_0\, \boldsymbol{j}$$

erhalten.

(b) Wir würde eine Poisson-Gleichung üblicherweise durch eine Green'sche Funktion gelöst werden? Was ergibt sich daraus für die vektorielle Richtung von $\boldsymbol{A}$? Wenn sich die Stromdichte durch Verschiebungen entlang der z-Achse nicht verändert, können sich dann die magnetische Flussdichte oder ihr Potential bei solchen Verschiebungen verändern?

(c) Welche Gleichung muss eine Green'sche Funktion $G(\boldsymbol{r}, \boldsymbol{r}')$ erfüllen? Was passiert mit Gl. 7.1, wenn die Translation $\boldsymbol{r} \to \boldsymbol{r} + \boldsymbol{a}$ und $\boldsymbol{r}' \to \boldsymbol{r}' + \boldsymbol{a}$ mit einem konstanten

a durchgeführt wird? Wie lässt sich mit der Wahl $a = -r'$ eine spezielle Aussage gewinnen? Wie kann

$$\delta^{(2)}(Rs) = \frac{\delta^{(2)}(s)}{\det(R)}$$

benutzt werden, um die Richtungsabhängigkeit von s aus G heraus zu argumentieren?

(d) Wie vereinfacht sich die Gleichung, wenn die Größe $F(s) = G'(s)$ eingeführt wird? Wie lässt sich aus $F(s)$ die Green'sche Funktion $G(s)$ durch Integration gewinnen? Sie sollten hier als Zwischenergebnis

$$G(s) = G_0 + F_0 s_0 \ln\left(\frac{s}{s_0}\right)$$

finden. Wie können die Logarithmengesetze verwendet werden, um G_0 in den Logarithmus zu absorbieren? Was passiert bei einer Integration von ΔG über einen entlang der z-Achse ausgerichteten Zylinder mit Höhe h und Radius R? Welchen Beitrag leistet die Konstante k zum Potential $A(r)$? Was passiert mit konstanten Termen bei einer Ableitung?

(e) Was passiert, wenn die Green'sche Funktion und die Stromdichte

$$j(r) = I\delta(x)\,\delta(y)$$

in den Ausdruck

$$A(r) = -\mu_0 \iint \mathrm{d}^2 r'\; G(r - r')j(r')$$

eingesetzt werden?

(f) Wie lässt sich der Zusammenhang

$$\nabla \times (\psi v) = \psi\,(\nabla \times v) - v \times (\nabla\psi)$$

ausnutzen, um die magnetische Flussdichte zu bestimmen?

Aufgabe 3 - Eigenschaften des Energie-Impuls-Tensors

(a) Was passiert, wenn naiv $\partial_\mu T^{\mu\nu}$ gebildet wird? Wie lautet die Euler-Lagrange-Gleichung in einer Feldtheorie? Welche Dimensionen hat die Lagrange-Dichte? Was sagt eine Kontinuitätsgleichung $\partial_\mu J^\mu = 0$ aus?

(b) Was passiert, wenn $\partial_\mu T'^{\mu\nu}$ gebildet wird? Was besagt der Satz von Schwarz?

(c) Welche Dimensionen haben die Größen P^ν? Lassen sie sich mit dem relativistischen Impuls eines Massenpunktes vergleichen?

(d) Wenn P^μ mit dem kinetischen Impuls verglichen werden kann, weshalb kann $J^{\mu\nu}$ dann mit dem kinetischen Drehimpuls verglichen werden? Was gilt laut Noether-Theorem für den Drehimpuls, wenn eine Isotropie des Raums vorliegt? Wie lässt sich die Differenz von $J^{\mu\nu}$ zu zwei Zeitpunkten durch ein Integral über den Rand eines Raumzeitvolumens $\partial\Omega$ auffassen? Lässt sich dies mit dem Satz von Gauß in vier Dimensionen

$$\int_\Omega \mathrm{d}^4x\, \partial_\lambda A^\lambda = \oint_{\partial\Omega} \mathrm{d}^3 S_\lambda\, A^\lambda$$

umformen?

(e) Wie lautet die Ableitung $\frac{\partial F_{\alpha\beta}}{\partial(\partial_\mu A_\sigma)}$? Wie kann damit der Energie-Impuls-Tensor $T^{\mu\nu}$ bestimmt werden? Ist es hilfreich, auftretende Ableitungen des Vektorpotentials durch den Feldstärketensor zu ersetzen? Wie können nicht-symmetrische Terme mit $\partial_\lambda T^{\lambda\mu\nu}$ aus Teilaufgabe (b) in Verbindung gebracht werden?

Aufgabe 4 - Zylindrischer Wellenleiter

(a) Welche der vier Maxwell-Gleichungen

$$\nabla \cdot E = \frac{\rho}{\varepsilon_0} \qquad \nabla \times E = -\frac{\partial B}{\partial t}$$

$$\nabla \cdot B = 0 \qquad \nabla \times B = \mu_0\, j + \frac{1}{c^2}\frac{\partial B}{\partial t}$$

könnten hier hilfreich sein? Was gilt für die Ströme und Ladungen innerhalb des Wellenleiters? Wie kann die Produktregel der Vektoranalysis in diesem Problem

$$\nabla \times (\psi A) = \psi\, \nabla \times A - A \times \nabla\psi$$

sinnvoll angewendet werden?

(b) Was passiert, wenn aus den Ergebnissen von Teilaufgabe (a)

$$\mathrm{i}\omega\, B_0 = \nabla \times E_0 + \mathrm{i}k_z\, \hat{e}_z \times E_0$$

$$-\frac{\mathrm{i}\omega}{c^2} E_0 = \nabla \times B_0 + \mathrm{i}k_z\, \hat{e}_z \times B_0$$

die s- bzw. φ-Komponente heraus projiziert wird? Wie lässt sich die Unabhängigkeit der Felder E_0 und B_0 von z ausnutzen, um die Rotation zu vereinfachen? Wie kann die Zyklizität des Spatproduktes und die Rechtshändigkeit der Basisvektoren $(\hat{e}_s, \hat{e}_\varphi, \hat{e}_z)$ verwendet werden? Wie kann das entstehende lineare Gleichungssystem durch Einsetzen oder Invertieren der Koeffizientenmatrix gelöst werden?

(c) Was gilt für die elektrische Feldstärke in einem perfekten Leiter? Warum kann die magnetische Flussdichte auf null gesetzt werden? Welche Komponenten der elektrischen Feldstärke und magnetischen Flussdichte sind unabhängig von Ladungen und Strömen auf der Grenzfläche erhalten?

(d) Sie sollten

$$\left(\Delta_2 + \frac{\omega^2}{c^2} - k_z^2\right) E_{0z} = 0$$

erhalten.

(e) Was passiert, wenn auf den Ansatz der zweidimensionale Laplace-Operator in Zylinderkoordinaten

$$\Delta_2 = \frac{1}{s}\partial_s(s\partial_s\cdot) + \frac{1}{s^2}\partial_\varphi^2$$

angewendet wird? Sie sollten

$$\kappa^2 = \frac{\omega^2}{c^2} - k_z^2$$

erhalten.

(f) Was passiert, wenn der Ansatz aus Teilaufgabe (e) in die Randbedingungen von Teilaufgabe (c) eingesetzt wird? Welche Bedingung muss k_z^2 erfüllen, damit sich eine Welle im Wellenleiter ausbreiten kann?

(g) Welches ist die Mode mit der niedrigsten Frequenz in einem rechteckigen Wellenleiter? Was sind die qualitativen Unterschiede zu der hier relevanten Mode?

7.3   Lösung zur Klausur VII – Elektrodynamik – Mittel

Aufgabe 1   **25 *Punkte***

Kurzfragen

(a) **(5 Punkte)** Zeigen Sie, dass für ein differenzierbares Skalarfeld ψ und ein differenzierbares Vektorfeld $\boldsymbol{A}$ der Zusammenhang

$$\boldsymbol{\nabla} \cdot (\psi \boldsymbol{A}) = \boldsymbol{A} \cdot \boldsymbol{\nabla}\psi + \psi \boldsymbol{\nabla} \cdot \boldsymbol{A}$$

gilt.

Lösungsvorschlag:
Durch die Indexschreibweise lässt sich die linke Seite zunächst auf

$$\boldsymbol{\nabla} \cdot (\psi \boldsymbol{A}) = \partial_i (\psi \boldsymbol{A})_i = \partial_i (\psi A_i)$$

umformen. Auf diesen Ausdruck kann nun die Produktregel angewendet werden, um

$$\partial_i (\psi A_i) = A_i \partial_i \psi + \psi \partial_i A_i$$

zu erhalten. Der letzte Ausdruck lässt sich direkt mit der Divergenz

$$\partial_i A_i = \boldsymbol{\nabla} \cdot \boldsymbol{A}$$

identifizieren. Der erste Ausdruck hingegen kann als ein Skalarprodukt aus dem Vektorfeld $\boldsymbol{A}$ und dem Gradienten

$$(\boldsymbol{\nabla}\psi)_i = \partial_i \psi$$

aufgefasst werden, so dass sich insgesamt

$$\boldsymbol{\nabla} \cdot (\psi \boldsymbol{A}) = A_i \partial_i \psi + \psi \partial_i A_i = \boldsymbol{A} \cdot \boldsymbol{\nabla}\psi + \psi \boldsymbol{\nabla} \cdot \boldsymbol{A}$$

ergibt.

(b) **(5 Punkte)** Zeigen Sie, dass an der Grenzfläche zweier Medien die Normalkomponente der magnetischen Flussdichte $\boldsymbol{B}$ immer erhalten ist.

Lösungsvorschlag:
Die Maxwell-Gleichungen in Materie sind durch

$$\boldsymbol{\nabla} \cdot \boldsymbol{D} = \rho_{\mathrm{f}} \qquad \boldsymbol{\nabla} \times \boldsymbol{E} = -\partial_t \boldsymbol{B}$$
$$\boldsymbol{\nabla} \cdot \boldsymbol{B} = 0 \qquad \boldsymbol{\nabla} \times \boldsymbol{H} = j_{\mathrm{f}} + \partial_t \boldsymbol{D}$$

gegeben. Um eine Aussage über die Normalkomponente von $\boldsymbol{B}$ zu treffen, bietet es sich an, die Gleichung $\boldsymbol{\nabla} \cdot \boldsymbol{B} = 0$ zu betrachten. Diese kann über ein zylinderförmiges Volumen integriert werden. Die Deckflächen des Zylinders sollen dabei parallel zur Grenzfläche ausgerichtet sein und sich im Abstand h zur Grenzfläche in je einem der beiden Medien befinden. Wird das Zylindervolumen mit $\mathcal{V}$ bezeichnet, so kann das Integral mit dem Satz von Gauß auf

$$0 = \iiint_{\mathcal{V}} \mathrm{d}^3 r \, \boldsymbol{\nabla} \cdot \boldsymbol{B} = \oiint_{\partial\mathcal{V}} \mathrm{d}^2 \boldsymbol{f} \cdot \boldsymbol{B}$$

umgeformt werden. Werden die Deckflächen des Zylinders mit Flächeninhalt A nun so klein gewählt, dass sich die magnetische Flussdichte nicht nennenswert ändert, so kann der Beitrag der Deckflächen durch

$$A \boldsymbol{n} \cdot \boldsymbol{B}_2$$

und

$$-A \boldsymbol{n} \cdot \boldsymbol{B}_1$$

ausgedrückt werden. Hierbei bezeichnet $\boldsymbol{n}$ den Normalenvektor der Grenzfläche, der von Medium eins in Medium zwei zeigt. Geht der Abstand h nun gegen null, so trägt die Mantelfläche nichts zum Oberflächenintegral bei, so dass insgesamt

$$\oiint_{\partial\mathcal{V}} \mathrm{d}^2 \boldsymbol{f} \cdot \boldsymbol{B} \overset{h \to 0}{\to} A \boldsymbol{n} \cdot \boldsymbol{B}_2 - A \boldsymbol{n} \cdot \boldsymbol{B}_1 = A \boldsymbol{n} \cdot (\boldsymbol{B}_2 - \boldsymbol{B}_1)$$

gültig ist. Da das Oberflächenintegral aber verschwindet, muss auch

$$0 = \boldsymbol{n} \cdot (\boldsymbol{B}_2 - \boldsymbol{B}_1)$$

gelten. Anders ausgedrückt, müssen die beiden Normalkomponenten der magnetischen Flussdichte an einer Grenzfläche gemäß

$$\boldsymbol{n} \cdot \boldsymbol{B}_1 = \boldsymbol{n} \cdot \boldsymbol{B}_2 \quad \Leftrightarrow \quad \boldsymbol{B}_1^{(\perp)} = \boldsymbol{B}_2^{(\perp)}$$

miteinander übereinstimmen.

(c) **(5 Punkte)** Betrachten Sie einen Kondensator der Kapazität C und der anfänglichen Ladung Q_0, dessen Platten über einen Widerstand R miteinander verbunden werden. Der Kondensator kann sich so über den Widerstand entladen. Stellen Sie eine Differentialgleichung dieses Vorgangs auf und finden Sie so die Ladung Q am Kondensator als eine Funktion der Zeit. Nach welcher Zeit hat sich der Kondensator auf den Anteil p seiner ursprünglichen Ladung entladen?

Lösungsvorschlag:
Da sich ein geschlossener Stromkreis mit einem Kondensator und einem Widerstand ergibt, muss laut dem Maschensatz auch der Zusammenhang

$$0 = U_C + U_R$$

gelten. An einem Kondensator ist der Zusammenhang

$$C = \frac{Q}{U_C} \quad \Rightarrow \quad U_C = \frac{Q}{C}$$

zwischen der Spannung, der Kapazität C und der Ladung Q des Kondensators gültig. An einem Widerstand ist hingegen das Ohm'sche Gesetz

$$U_R = R I_R$$

gültig. Die Menge an Ladung, die vom Kondensator abfließt, muss den Widerstand passieren, so dass der Strom durch die Änderung der Ladung

$$I_R = \dot{Q}$$

gegeben ist. Damit kann obige Gleichung auf

$$0 = \frac{Q}{C} + R\dot{Q} \quad \Rightarrow \quad \dot{Q} = -\frac{1}{RC} Q$$

umgeformt werden. Wird in diese Differentialgleichung der Ansatz

$$Q(t) = A\,e^{-\alpha t}$$

eingesetzt, so lässt sich

$$\dot{Q} = -\alpha A\,e^{-\alpha t} = -\alpha Q \overset{!}{=} -\frac{1}{RC} Q$$

finden. Damit lässt sich bereits die Größe α gemäß

$$\alpha = \frac{1}{RC}$$

bestimmen. Es wird auch häufig die Zeitkonstante $\tau = RC$ eingeführt. Die Konstante A kann durch die Anfangsbedingung $Q(0) = Q_0$ über

$$Q(0) = A\,e^{-0} = A \overset{!}{=} Q_0$$

ermittelt werden. Insgesamt wird das Verhalten dieses Schaltkreises also durch

$$Q(t) = Q_0\,e^{-t/\tau}$$

beschrieben. Soll der Kondensator zum Zeitpunkt t_p nur noch den Anteil p seiner anfänglichen Ladung aufweisen, so muss

$$Q(t_p) = p Q_0 = Q_0\,e^{-t_p/\tau}$$

gelten. Dies kann gemäß

$$p = e^{-t_p/\tau} \quad \Rightarrow \quad \ln(p) = -\frac{t_p}{\tau}$$

umgeformt werden, um

$$t_p = \tau \ln\left(\frac{1}{p}\right)$$

zu finden.

(d) **(5 Punkte)** Betrachten Sie eine Kugel mit Radius R und Ladung Q, deren Ladungsdichte vom Mittelpunkt aus linear mit dem Radius r wächst. Bestimmen Sie das elektrische Feld dieser Ladungskonfiguration im gesamten Raum in Kugelkoordinaten.

Lösungsvorschlag:
Zunächst lohnt es sich, die Ladungsdichte $\rho(r)$ zu bestimmen. Diese soll linear mit r ansteigen und auf die Kugel mit Radius R begrenzt sein. Es kann daher der Ansatz

$$\rho(r) = \rho_0 \frac{r}{R} \Theta(R - r)$$

gemacht werden. Die Konstante ρ_0 ist dabei noch über die Bedingung

$$Q = \iiint_{\mathbb{R}^3} \mathrm{d}^3 r \; \rho(r)$$

zu ermitteln. Wird das Integral auf der rechten Seite ausgewertet, so kann der Ausdruck

$$\iiint_{\mathbb{R}^3} \mathrm{d}^3 r \; \rho(r) = \frac{4\pi\rho_0}{R} \int_0^R \mathrm{d}r \; r^2 \cdot r = \frac{\pi\rho_0}{R} R^4 = \pi\rho_0 R^3$$

gefunden werden. Daher ist die Ladungsdichte durch

$$\rho(r) = \frac{Q}{\pi R^3} \frac{r}{R} \Theta(R - r)$$

gegeben. Das elektrische Feld lässt sich mit Hilfe des Satzes von Gauß bestimmen. Demnach muss das elektrische Feld den Zusammenhang

$$\oiint_{\mathcal{V}} \mathrm{d}^2 \boldsymbol{f} \cdot \boldsymbol{E} = \iiint_{\mathcal{V}} \mathrm{d}^3 r \; \boldsymbol{\nabla} \cdot \boldsymbol{E} = \frac{1}{\varepsilon_0} \iiint_{\mathcal{V}} \mathrm{d}^3 r \; \rho(r) = \frac{Q_{\mathcal{V}}}{\varepsilon_0}$$

erfüllen. Als Integrationsvolumen bietet sich eine Kugel mit Radius r und dem gleichen Mittelpunkt wie die geladene Kugel an. Aufgrund der vorherrschenden Kugelsymmetrie des Problems wird das elektrische Feld nur von r abhängen. Die linke Seite des Integrals kann daher einfach durch

$$\oiint_{\mathcal{V}} \mathrm{d}^2 \boldsymbol{f} \cdot \boldsymbol{E} = \int \mathrm{d}\Omega' \; r^2 \hat{\boldsymbol{e}}_{r'} \cdot \boldsymbol{E}(r) = 4\pi r^2 E_r(r)$$

bestimmt werden. Auf der rechten Seite muss das Integral

$$Q_{\mathcal{V}} = \iiint_{\mathcal{V}} \mathrm{d}^3 r' \; \rho(r') = \frac{Q}{\pi R^4} \int \mathrm{d}\Omega' \int_0^r \mathrm{d}r' \; r'^3 \Theta(R - r')$$

$$= \frac{4Q}{R^4} \int_0^r \mathrm{d}r' \; r'^3 \Theta(R - r')$$

weiter ausgewertet werden. Ist $r < R$, wird also das Feld innerhalb der Kugel betrachtet, so wird das verbleibende Integral tatsächlich bis r integriert. Ist hingegen $r > R$, so sorgt die Theta-Funktion innerhalb des Integrals dafür, dass das Integral nur bis R ausgeführt wird. Das verbleibende Integral kann daher durch

$$\int_0^r \mathrm{d}r'\, r'^3 \Theta(R - r') = \Theta(R - r) \int_0^r \mathrm{d}r'\, r'^3 + \Theta(r - R) \int_0^R \mathrm{d}r'\, r'^3$$

ausgedrückt werden, was sich schlussendlich zu

$$\int_0^r \mathrm{d}r'\, r'^3 \Theta(R - r') = \Theta(R - r)\, \frac{r^4}{4} + \Theta(r - R)\, \frac{R^4}{4}$$

berechnen lässt. Die vom Integrationsvolumen eingeschlossene Ladung kann daher durch

$$Q_V = \frac{4Q}{R^4}\left(\Theta(R - r)\, \frac{r^4}{4} + \Theta(r - R)\, \frac{R^4}{4} \right) = Q\left(\Theta(r - R) + \Theta(R - r)\, \frac{r^4}{R^4} \right)$$

ermittelt werden. Daher lässt sich das elektrische Feld gemäß

$$4\pi r^2 E_r(r) = \frac{Q_V}{\varepsilon_0}$$

durch

$$E_r(r) = \frac{1}{4\pi\varepsilon_0}\, \frac{Q}{r^2}\left(\Theta(r - R) + \Theta(R - r)\, \frac{r^4}{R^4} \right)$$

ausdrücken. Aufgrund der Rotationssymmetrie wird die Ladungsverteilung keine elektrischen Felder in $\hat{e}_\varphi$- oder $\hat{e}_\theta$-Richtung hervorrufen. Daher ist das elektrische Feld durch

$$\boldsymbol{E}(\boldsymbol{r}) = \hat{\boldsymbol{e}}_r E_r(r)$$

gegeben. Seine Stärke steigt innerhalb der Kugel quadratisch an und fällt nach außen hin invers quadratisch ab.

(e) **(5 Punkte)** Verwenden Sie die Lorentz-Kraft und die Invarianz der klassischen Mechanik unter Zeitumkehr

$$T: \quad t \to -t,$$

um das Verhalten der elektrischen Feldstärke und der magnetischen Flussdichte unter dieser Transformation zu ermitteln. Zeigen Sie dann, dass die Maxwell-Gleichungen unter dieser Transformation forminvariant sind.

Lösungsvorschlag:

Die Gesetze der klassischen Physik können nicht die Richtung der Zeit bestimmen und sind daher unter der Zeitumkehr forminvariant. Da eine Kraft mit der Beschleunigung über

$$F = m\frac{\mathrm{d}^2 r}{\mathrm{d}t^2}$$

zusammenhängt, muss sich diese unter der Zeitumkehr gemäß

$$F = m\frac{\mathrm{d}^2 r}{\mathrm{d}t^2} \xrightarrow{T} m\frac{\mathrm{d}^2 r}{\mathrm{d}(-t)^2} = m\frac{\mathrm{d}^2 r}{\mathrm{d}t^2} = F$$

verhalten. Eine Kraft ändert ihr Vorzeichen unter der Zeitumkehr also nicht. Das gleiche muss auch für die Lorentz-Kraft gelten. Werden die Felder unter Zeitumkehr mit E' und B' bezeichnet, so muss also

$$F_{\mathrm{L}} = q(E' + v' \times B') \stackrel{!}{=} q(E + v \times B) = F_{\mathrm{L}}$$

gültig sein. [1] Die Geschwindigkeit wird sich gemäß

$$v = \frac{\mathrm{d}r}{\mathrm{d}t} \xrightarrow{T} \frac{\mathrm{d}r}{\mathrm{d}(-t)} = -\frac{\mathrm{d}r}{\mathrm{d}t} = -v$$

transformieren, so dass sich direkt die Zusammenhänge

$$E' = E \qquad B' = -B$$

bzw.

$$E \xrightarrow{T} E' = E \qquad B \xrightarrow{T} B' = -B$$

ablesen lassen. Das elektrische Feld verändert sich demnach nicht unter der Zeittransformation, während das magnetische Feld sein Vorzeichen ändert.

Für die Maxwell-Gleichungen müssen weiter die Transformationsverhalten der Quellen und der Ableitungsoperatoren untersucht werden. Wie oben bereits angeführt, werden die Ladungen q ihr Vorzeichen nicht ändern, womit auch die Ladungsdichte unter der Zeitumkehr gemäß

$$\rho \xrightarrow{T} \rho' = \rho$$

keine Änderung erfährt. Da die Stromdichte allerdings durch

$$j = \rho v$$

beschrieben wird, muss auch

$$j \xrightarrow{T} j' = -j$$

---

[1]Dabei wurde die gleiche Ladung angesetzt, da die Umkehr der Ladung eine eigenständige Transformation, die sogenannte C-Transformation (vom englischen *charge conjugation*) ist.

gelten. Die Raumkomponenten sind von den Zeitkomponenten vollkommen unabhängig, so dass

$$\nabla \xrightarrow{T} \nabla' = \nabla$$

gilt, während die Zeitableitung

$$\partial_t \xrightarrow{T} \partial_t' = -\partial_t$$

erfüllt. Die Maxwell-Gleichungen sind durch

$$\nabla \cdot \boldsymbol{E} = \frac{\rho}{\varepsilon_0} \qquad \nabla \times \boldsymbol{E} = -\partial_t \boldsymbol{B}$$

$$\nabla \cdot \boldsymbol{B} = 0 \qquad \nabla \times \boldsymbol{B} = \mu_0 \boldsymbol{j} + \mu_0 \varepsilon_0 \partial_t \boldsymbol{E}$$

gegeben. Für das Gauß'sche Gesetz kann durch Einsetzen

$$\frac{\rho'}{\varepsilon_0} = \frac{\rho}{\varepsilon_0} = \nabla \cdot \boldsymbol{E} = \nabla' \cdot \boldsymbol{E}'$$

erhalten werden, womit sich die Forminvarianz dieser Gleichung zeigt. Im Induktionsgesetz kann durch Einsetzen

$$0 = \nabla \times \boldsymbol{E} + \partial_t \boldsymbol{B} = \nabla' \times \boldsymbol{E}' + (-\partial_t')(-\boldsymbol{B}) = \nabla' \times \boldsymbol{E}' + \partial_t' \boldsymbol{B}'$$

gefunden werden, womit auch dieses Gesetz forminvariant ist. Für die Nicht-Existenz magnetischer Monopole lässt sich

$$0 = \nabla \cdot \boldsymbol{B} = \nabla' \cdot (-\boldsymbol{B}') = -\nabla' \cdot \boldsymbol{B}' \quad \Rightarrow \quad \nabla' \cdot \boldsymbol{B}' = 0$$

finden, womit auch dieses forminvariant ist. Letztlich bleibt das erweiterte Durchflutungsgesetz, für welches sich

$$\mu_0 \boldsymbol{j}' = -\mu_0 \boldsymbol{j} = -\left(\nabla \times \boldsymbol{B} - \mu_0 \varepsilon_0 \partial_t \boldsymbol{E}\right)$$
$$= -\left(\nabla' \times (-\boldsymbol{B}') - \mu_0 \varepsilon_0 (-\partial_t') \boldsymbol{E}'\right) = \nabla' \times \boldsymbol{B}' - \mu_0 \varepsilon_0 \partial_t' \boldsymbol{E}'$$

bestimmen lässt. Auch dieses zeigt damit eine Forminvarianz. Insgesamt sind die Maxwell-Gleichungen also forminvariant unter Zeitumkehr.

Aufgabe 2   25 *Punkte*

Translationsinvariante Ströme

In dieser Aufgabe sollen Stromverteilungen der Form $\boldsymbol{j}(\boldsymbol{r}) = j(x,y)\,\hat{\boldsymbol{e}}_z$ in der Magnetostatik im Allgemeinen untersucht werden. Solche Ströme sind invariant unter Verschiebungen entlang der z-Achse. Alle hier getätigten Betrachtungen sollen im Vakuum stattfinden.

(a) (**2 Punkte**) Stellen Sie die nötigen Maxwell-Gleichungen für dieses Problem auf, führen Sie das Vektorpotential ein und bestimmen Sie dessen Differentialgleichung in passender Eichung.

Lösungsvorschlag:
Die Maxwell-Gleichungen der Magnetostatik sind durch

$$\nabla \cdot \boldsymbol{B} = 0 \qquad \nabla \times \boldsymbol{B} = \mu_0\,\boldsymbol{j}$$

gegeben. Der Maxwell'sche Verschiebungsstrom $\frac{1}{c^2}\frac{\partial \boldsymbol{E}}{\partial t}$ liegt wegen der Zeitunabhängigkeit der Situation nicht vor. Die erste dieser beiden Maxwell-Gleichungen kann durch das Einführen des Vektorpotentials

$$\boldsymbol{B} = \nabla \times \boldsymbol{A}$$

direkt erfüllt werden, da die Divergenz einer Rotation stets verschwindet. Wird dies in die zweite Maxwell-Gleichung eingesetzt, so muss die Identität

$$\nabla \times \boldsymbol{B} = \nabla \times (\nabla \times \boldsymbol{A}) = \nabla(\nabla \cdot \boldsymbol{A}) - \Delta \boldsymbol{A}$$

der Vektoranalysis verwendet werden. Da die Rotation eines Gradienten ebenfalls verschwindet, ist das Potential $\boldsymbol{A}$ nicht eindeutig bestimmt und es kann in der Coulomb-Eichung $\nabla \cdot \boldsymbol{A} = 0$ gewählt werden, so dass sich die zweite Maxwell-Gleichung auf

$$-\Delta \boldsymbol{A} = \mu_0\,\boldsymbol{j} \quad \Rightarrow \quad \Delta \boldsymbol{A} = -\mu_0\,\boldsymbol{j}$$

reduziert.

(b) (**4 Punkte**) Argumentieren Sie, weshalb das Vektorpotential durch $\boldsymbol{A} = A(x,y)\,\hat{\boldsymbol{e}}_z$ ausgedrückt werden kann und zeigen Sie, dass es

$$\Delta_2 A = \partial_x^2 A + \partial_y^2 A = -\mu_0\,j(x,y) \tag{7.4}$$

erfüllen muss.

Lösungsvorschlag:
Durch die Green'sche Funktion des Laplace-Operators in drei Dimensionen kann das Vektorpotential durch

$$\boldsymbol{A}(\boldsymbol{r}) = \frac{\mu_0}{4\pi} \iiint_{\mathbb{R}^3} \mathrm{d}^3 r'\, \frac{\boldsymbol{j}(\boldsymbol{r}')}{|\boldsymbol{r} - \boldsymbol{r}'|}$$

ausgedrückt werden. [2] Da hier die Stromdichte parallel zu $\hat{e}_z$ ist und $\hat{e}_z$ ein konstanter Vektor ist und damit aus dem Integral herausgezogen werden kann, wird auch das Vektorpotential parallel zu $\hat{e}_z$ sein. Darüber hinaus ist die Stromverteilung an jedem möglichen Wert von z gleich. Damit muss auch die magnetische Flussdichte und ihr Potential an jedem möglichen z die gleichen Werte annehmen, muss also von z unabhängig sein. Daher lässt sich das Vektorpotential durch $\boldsymbol{A} = A(x,y)\,\hat{e}_z$ ausdrücken. Eingesetzt in die in Teilaufgabe (a) gefundene Gleichung, kann so

$$\Delta \boldsymbol{A} = (\partial_x^2 + \partial_y^2 + \partial_z^2)(A(x,y)\,\hat{e}_z) = \hat{e}_z(\partial_x^2 + \partial_y^2)A(x,y) = -\mu_0\,j(x,y)\hat{e}_z$$

bestimmt werden. Diese Gleichung kann auf die $\hat{e}_z$-Komponente projiziert werden, um

$$(\partial_x^2 + \partial_y^2)A(x,y) = \Delta_2 A = -\mu_0\,j(x,y)$$

zu erhalten.

Um Gleichung (7.4) lösen zu können, soll die Green'sche Funktion $G(\boldsymbol{r},\boldsymbol{r}')$ des Laplace-Operators in zwei Dimensionen gefunden werden.

(c) **(4 Punkte)** Argumentieren Sie zunächst, weshalb die Green'sche Funktion allein von $s = |\boldsymbol{s}| = |\boldsymbol{r} - \boldsymbol{r}'|$ abhängen kann und schreiben Sie dann Gl. (7.4) in Polarkoordinaten um, um zu zeigen, dass

$$\frac{1}{s}\partial_s(s\partial_s G) = \delta^{(2)}(\boldsymbol{s}) \tag{7.5}$$

gilt.

Lösungsvorschlag:
Die Green'sche Funktion der betrachteten Gleichung muss

$$\Delta_2 G(\boldsymbol{r},\boldsymbol{r}') = \delta^{(2)}(\boldsymbol{r} - \boldsymbol{r}')$$

erfüllen. In dieser Gleichung kann nun die Translation $\boldsymbol{r} \to \boldsymbol{r} + \boldsymbol{a}$ und $\boldsymbol{r}' \to \boldsymbol{r}' + \boldsymbol{a}$ mit konstantem $\boldsymbol{a}$ durchgeführt werden, um so

$$\Delta_2 G(\boldsymbol{r} + \boldsymbol{a},\boldsymbol{r}' - \boldsymbol{a}) = \delta^{(2)}(\boldsymbol{r} + \boldsymbol{a} - \boldsymbol{r}' - \boldsymbol{a}) = \delta^{(2)}(\boldsymbol{r} - \boldsymbol{r}')$$

zu erhalten. Dies ist nur möglich, da Δ_2 nicht explizit von $\boldsymbol{r}$ abhängt und damit auf $\boldsymbol{r}$ und $\boldsymbol{r} + \boldsymbol{a}$ die gleiche Wirkung entfaltet. Wird nun $\boldsymbol{a} = -\boldsymbol{r}'$ gewählt, so kann bereits

$$\Delta_2 G(\boldsymbol{r} - \boldsymbol{r}',\boldsymbol{0}) = \delta^{(2)}(\boldsymbol{r} - \boldsymbol{r}')$$

gefunden werden. Es kann also immer eine solche Transformation durchgeführt werden, bei der G nur noch von $\boldsymbol{s} = \boldsymbol{r} - \boldsymbol{r}'$ abhängig ist und

$$\Delta_2 G(\boldsymbol{s}) = \delta^{(2)}(\boldsymbol{s})$$

---

[2]Technisch gesehen wäre hierdurch das gesamte Problem bereits gelöst. Allerdings treten für Translationsinvariante Ströme beim Auswerten dieses Ausdrucks häufig komplizierte oder sogar divergente Integrale auf, weshalb es einer anderen Lösungsmethode bedarf.

erfüllt. Hierin kann nun eine Rotation $s \to Rs$ durchgeführt werden, bei welcher sich der Zusammenhang

$$\Delta_2 G(Rs) = \delta^{(2)}(Rs) = \frac{\delta^{(2)}(s)}{\det(R)} = \delta^{(2)}(s)$$

finden lässt. Dies ist auch hier nur deshalb möglich, weil Δ_2 nicht explizit von den Koordinaten abhängt. Damit kann G auch nicht von der expliziten Richtung, sondern nur vom Betrag von s abhängen, so dass

$$\Delta_2 G(s) = \delta^{(2)}(s)$$

gefunden werden kann. Da der Laplace-Operator in Polarkoordinaten durch

$$\Delta_2 \Phi(s, \varphi) = \frac{1}{s} \partial_s (s \partial_s \Phi) + \frac{1}{s^2} \partial_\varphi^2 \Phi$$

gegeben ist, kann schlussendlich aufgrund von $\partial_\varphi^2 G(s) = 0$ auch

$$\frac{1}{s} \partial_s (s \partial_s G) = \delta^{(2)}(s)$$

gefunden werden.

(d) **(10 Punkte)** Lösen Sie Gl. (7.5), indem Sie zunächst die homogene Lösung bestimmen und über den Satz von Gauß in drei Dimensionen auftretende Integrationskonstanten ermitteln. Sie sollten so die Green'sche Funktion

$$G(s) = \frac{1}{2\pi} \ln(ks) \tag{7.6}$$

erhalten, worin k eine nicht näher bestimmte Konstante ist. Argumentieren Sie, weshalb k keinen Einfluss auf die physikalische Lösung hat.

Lösungsvorschlag:
Für $s \neq 0$ handelt es sich bei (7.5) um die Gleichung

$$\frac{1}{s} \partial_s (s \partial_s G) = \partial_s^2 G + \frac{1}{s} \partial_s G = 0.$$

Mit der Einführung der Größe $F(s) = \partial_s G(s)$ kann diese auf die Form

$$F'(s) + \frac{1}{s} F(s) = 0 \quad \Rightarrow \quad F'(s) = -\frac{1}{s} F(s)$$

gebracht werden. Da es sich um eine lineare Differentialgleichung erster Ordnung handelt, kann sie durch Trennung der Variablen gelöst werden. Mit den Anfangsbedingungen $F(s_0) = F_0$ lässt sich demnach

$$\int\limits_{F_0}^{F} \frac{\mathrm{d}\tilde{F}}{\tilde{F}} = [\ln(\tilde{F})]_{F_0}^{F} = \ln\left(\frac{F(s)}{F_0}\right)$$

$$= -\int\limits_{s_0}^{s} \frac{\mathrm{d}\tilde{s}}{\tilde{s}} = -[\ln(\tilde{s})]_{s_0}^{s} = \ln\left(\frac{s_0}{s}\right)$$

$$\Rightarrow \quad F(s) = F_0 \frac{s_0}{s}$$

ermitteln. Wird dies mit der Anfangsbedingung $G(s_0) = G_0$ weiter integriert, so kann

$$G(s) = G_0 + \int\limits_{s_0}^{s} \mathrm{d}\tilde{s}\, F(\tilde{s}) = G_0 + F_0 s_0 \ln\left(\frac{s}{s_0}\right)$$

gefunden werden. Durch die Umformung

$$G_0 = F_0 s_0 \frac{G_0}{F_0 s_0} = F_0 s_0 \ln\left(\exp\left(\frac{G_0}{F_0 s_0}\right)\right)$$

lässt sich die Green'sche Funktion also bereits auf die Form

$$G(s) = G_0 + F_0 s_0 \ln\left(\frac{s}{s_0}\right) + F_0 s_0 \ln\left(\exp\left(\frac{G_0}{F_0 s_0}\right)\right) = F_0 s_0 \ln\left(\frac{s}{s_0}\exp\left(\frac{G_0}{F_0 s_0}\right)\right)$$

bringen. Wird nun im Argument des Logarithmus die Kombination

$$\frac{1}{s_0}\exp\left(\frac{G_0}{F_0 s_0}\right)$$

mit einer Konstanten k identifiziert und die Kombination $F_0 s_0$ in eine Konstante A umgeschrieben, so kann die übersichtliche Form

$$G(s) = A \ln(ks)$$

erhalten werden. Um die Konstante A bestimmen zu können, kann ein Zylinder der Höhe h und des Radius R betrachtet werden, welcher entlang der z-Achse ausgerichtet ist und den Ursprung enthält. Wird über diesen im dreidimensionalen Raum integriert, so muss nach der Bedingung für die Green'sche Funktion auch

$$\iiint\limits_{\text{Zylinder}} \mathrm{d}^3 s\, \Delta G(s) = \iiint\limits_{\text{Zylinder}} \mathrm{d}^3 s\, \Delta_2 G(s) = \iiint\limits_{\text{Zylinder}} \mathrm{d}^3 s\, \delta^{(2)}(\boldsymbol{s}) = \int\limits_{-h/2}^{h/2} \mathrm{d}z = h$$

gültig sein. Die erste Gleichheit beruht darauf, dass G nicht von z abhängt und damit der Laplace-Operator in drei Dimensionen mit dem in zwei Dimensionen übereinstimmt. Das Integral über die xy-Ebene wird wegen der Dirac-Delta-Funktion gerade zu eins. Da der Laplace von G aber auch als die Divergenz des Gradienten aufgefasst wird, kann der Satz von Gauß in der Form

$$\iiint\limits_{\text{Zylinder}} \mathrm{d}^3s\, \Delta G(s) = \iiint\limits_{\text{Zylinder}} \mathrm{d}^3s\, \boldsymbol{\nabla} \cdot (\boldsymbol{\nabla} G(s)) = \oiint\limits_{\partial(\text{Zylinder})} \mathrm{d}^2\boldsymbol{s} \cdot \boldsymbol{\nabla} G(s)$$

verwendet werden. Zum einen kann der Gradient von G durch

$$\boldsymbol{\nabla} G(s) = \hat{\boldsymbol{e}}_s \frac{\partial G}{\partial s} = \hat{\boldsymbol{e}}_s\, A \frac{1}{ks} k = \hat{\boldsymbol{e}}_s \frac{A}{s}$$

bestimmt werden. Zum anderen setzt sich die Oberfläche des Zylinders aus den beiden Kreisflächen mit Flächenelementen $\sim \hat{\boldsymbol{e}}_z$ zusammen, die aufgrund von $\hat{\boldsymbol{e}}_s \cdot \hat{\boldsymbol{e}}_z = 0$ keinen Beitrag liefern, und der Mantelfläche, die mit dem Flächenelement

$$\mathrm{d}^2\boldsymbol{s} = \hat{\boldsymbol{e}}_s\, R\, \mathrm{d}\varphi\, \mathrm{d}z$$

näher untersucht werden kann. Somit kann auch

$$\oiint\limits_{\partial(\text{Zylinder})} \mathrm{d}^2\boldsymbol{s} \cdot \boldsymbol{\nabla} G(s) = \oiint\limits_{\text{Mantel}} \mathrm{d}\varphi\, \mathrm{d}z\, R\hat{\boldsymbol{e}}_s \cdot \left(\hat{\boldsymbol{e}}_s \frac{A}{R}\right) = A \oiint\limits_{\text{Mantel}} \mathrm{d}\varphi\, \mathrm{d}z = A2\pi h$$

gefunden werden. Aufgrund der Gleichheit muss also

$$A2\pi h = h \quad \Rightarrow \quad A = \frac{1}{2\pi}$$

gelten. Somit kann die Green'sche Funktion

$$G(s) = \frac{1}{2\pi} \ln(ks)$$

bestimmt werden. Mit den Logarithmengesetzen kann diese auch auf

$$G(s) = \frac{1}{2\pi} \ln(s) + \frac{1}{2\pi} \ln(k)$$

umgeformt werden. Da die allgemeine Lösung zu Gleichung (7.4) durch

$$A(\boldsymbol{r}) = -\mu_0 \iint \mathrm{d}^2r'\, G(\boldsymbol{r} - \boldsymbol{r}')j(\boldsymbol{r}')$$

gegeben ist, wird der Term mit der Konstante k den Beitrag

$$-\frac{\mu_0}{2\pi} \iint \mathrm{d}^2r'\, \ln(k)\, j(\boldsymbol{r}')$$

leisten. Dieser ist von $\boldsymbol{r}$ unabhängig und somit nur ein konstanter Term im Potential. Er verändert also das Potential, hat auf das physikalische Feld der magnetischen Flussdichte aber keinen Einfluss, da das Vektorpotential abgeleitet wird. [3]

---

[3]Die Darstellung der Green'schen Funktion mit der Konstanten k ist daher zu präferieren, da s ein dimensionsbehafteter Parameter ist und die Argumente von mathematischen Funktionen stets dimensionslos sein sollten. Dies kann durch k bewerkstelligt werden.

(e) **(3 Punkte)** Verwenden Sie Gl. (7.6), um das Vektorpotential eines unendlich langen und unendlich dünnen mit Stromstärke I durchflossenen Drahtes zu bestimmen.

Lösungsvorschlag:
Ein unendlich dünner und langer mit Stromstärke I durchflossener Draht entspricht der Stromdichte $\boldsymbol{j} = I\delta(x)\,\delta(y)\,\hat{\boldsymbol{e}}_z$ und daher mit

$$j(x,y) = I\delta(x)\,\delta(y)$$

genau den Voraussetzungen dieser Aufgabe. Aus diesem Grund kann die Größe $A(x,y)$ des Vektorpotentials $\boldsymbol{A}(\boldsymbol{r}) = A(x,y)\,\hat{\boldsymbol{e}}_z$ gerade zu

$$A(x,y) = -\mu_0 \iint \mathrm{d}^2r'\, G(\boldsymbol{r}-\boldsymbol{r}')j(\boldsymbol{r}') = -\frac{\mu_0}{2\pi} \iint \mathrm{d}^2r'\, \ln\!\big(k|\boldsymbol{r}-\boldsymbol{r}'|\big)\, j(\boldsymbol{r}')$$

$$= -\frac{\mu_0}{2\pi} \iint \mathrm{d}^2r'\, \ln\!\big(k|\boldsymbol{r}-\boldsymbol{r}'|\big)\, I\delta(x')\,\delta(y') = -\frac{\mu_0 I}{2\pi} \ln(k|\boldsymbol{r}|)$$

$$= -\frac{\mu_0 I}{2\pi} \ln(ks)$$

ermittelt werden. Damit ist das Vektorpotential also durch

$$\boldsymbol{A}(\boldsymbol{r}) = -\frac{\mu_0 I}{2\pi} \ln(ks)\, \hat{\boldsymbol{e}}_z$$

gegeben.

(f) **(2 Punkte)** Ermitteln Sie die magnetische Flussdichte des in Teilaufgabe (e) betrachteten Drahtes.

Lösungsvorschlag:
Um aus dem Vektorpotential die magnetische Flussdichte zu bestimmen, muss die Rotation ermittelt werden. Da für eine Kombination aus Vektorfeld $\boldsymbol{v}$ und Skalarfeld ψ stets

$$\boldsymbol{\nabla} \times (\psi\boldsymbol{v}) = \psi\,(\boldsymbol{\nabla} \times \boldsymbol{v}) - \boldsymbol{v} \times (\boldsymbol{\nabla}\psi)$$

gilt, kann hier

$$\boldsymbol{B}(\boldsymbol{r}) = \boldsymbol{\nabla} \times \boldsymbol{A}(\boldsymbol{r}) = -\frac{\mu_0 I}{2\pi} \boldsymbol{\nabla} \times (\ln(ks)\,\hat{\boldsymbol{e}}_z) = \frac{\mu_0 I}{2\pi}\hat{\boldsymbol{e}}_z \times \boldsymbol{\nabla} \ln(ks)$$

$$= \frac{\mu_0 I}{2\pi}\hat{\boldsymbol{e}}_z \times \left(\hat{\boldsymbol{e}}_s \frac{1}{ks}k\right) = \frac{\mu_0 I}{2\pi s}\hat{\boldsymbol{e}}_z \times \hat{\boldsymbol{e}}_s = \frac{\mu_0 I}{2\pi s}\hat{\boldsymbol{e}}_\varphi$$

gefunden werden.

Aufgabe 3 **25 _Punkte_**

Eigenschaften des Energie-Impuls-Tensors

In dieser Aufgabe sollen ein paar generelle Eigenschaften des Energie-Impuls-Tensors $T_{\mu\nu}$ einer klassischen Feldtheorie mit der Lagrange-Dichte $\mathcal{L}(\phi_r(x), \partial_\mu \phi_r(x), x^\mu)$ untersucht werden.

(a) **(5 Punkte)** Betrachten Sie eine Lagrange-Dichte, die nicht explizit von den Raumzeit-punkten x abhängt und somit $\partial_\nu \mathcal{L} = 0$ erfüllt. Zeigen Sie so, dass es sich bei

$$T^{\mu\nu} = \sum_r \frac{\partial \mathcal{L}}{\partial(\partial_\mu \phi_r)} \partial^\nu \phi_r - \eta^{\mu\nu} \mathcal{L}$$

um eine Erhaltungsgröße im Sinne von $\partial_\mu T^{\mu\nu} = 0$ handelt. Sie können dabei ohne Beweis verwenden, dass der Zusammenhang

$$\partial_\mu [\eta^{\mu\nu} \mathcal{L}] = \frac{\mathrm{d}\mathcal{L}}{\mathrm{d}x_\nu}$$

gültig ist. Interpretieren Sie die Bedeutung der Komponenten T^{00} und T^{0i}.

Lösungsvorschlag:
Durch das Bilden der Ableitung kann zunächst der Ausdruck

$$\partial_\mu T^{\mu\nu} = \left(\partial_\mu \frac{\partial \mathcal{L}}{\partial(\partial_\mu \phi_r)} \right) \partial^\nu \phi_r + \frac{\partial \mathcal{L}}{\partial(\partial_\mu \phi_r)} \partial_\mu \partial^\nu \phi_r - \partial_\mu [\eta^{\mu\nu} \mathcal{L}]$$

gefunden werden. Hierbei wurde die Summe über r nicht explizit ausgeschrieben. Einerseits kann der angegebene Ausdruck für $\partial_\mu [\eta^{\mu\nu} \mathcal{L}]$ eingesetzt werden und anderer-seits kann die Euler-Lagrange-Gleichung

$$\partial_\mu \frac{\partial \mathcal{L}}{\partial(\partial_\mu \phi_r)} = \frac{\partial \mathcal{L}}{\partial \phi_r}$$

ausgenutzt werden, um den Ausdruck

$$\partial_\mu T^{\mu\nu} = \frac{\partial \mathcal{L}}{\partial \phi_r} \partial^\nu \phi_r + \frac{\partial \mathcal{L}}{\partial(\partial_\mu \phi_r)} \partial_\mu \partial^\nu \phi_r - \frac{\mathrm{d}\mathcal{L}}{\mathrm{d}x_\nu}$$

zu finden. Da nun auch

$$\frac{\mathrm{d}\mathcal{L}}{\mathrm{d}x_\nu} = \frac{\partial \mathcal{L}}{\partial \phi_r} \partial^\nu \phi_r + \frac{\partial \mathcal{L}}{\partial(\partial_\mu \phi_r)} \partial^\nu \partial_\mu \phi_r + \underbrace{\frac{\partial \mathcal{L}}{\partial x_\nu}}_{0} = \frac{\partial \mathcal{L}}{\partial \phi_r} \partial^\nu \phi_r + \frac{\partial \mathcal{L}}{\partial(\partial_\mu \phi_r)} \partial^\nu \partial_\mu \phi_r$$

gilt, kann der Zusammenhang

$$\partial_\mu T^{\mu\nu} = 0$$

gefunden werden. Bei $T^{\mu\nu}$ handelt es sich für jede Komponente ν um einen erhaltenen Strom. An der Definition des Energie-Impuls-Tensors lässt sich erkennen, dass dieser die gleiche Dimension der Lagrange-Dichte aufweisen muss. Diese wiederum hat die Dimensionen einer Energiedichte. Die Größen T^{00} und T^{0i} treten im Fall $\nu = 0$ in

$$0 = \partial_\mu T^{\mu 0} = \partial_0 T^{00} + \partial_i T^{0i} = \frac{1}{c}\frac{\partial T^{00}}{\partial t} + \frac{\partial T^{0i}}{\partial x^i} \quad \Rightarrow \quad \frac{\partial T^{00}}{\partial t} + \frac{\partial(cT^{0i})}{\partial x^i} = 0$$

auf. Wird $w = T^{00}$ tatsächlich als die Energiedichte des Feldes aufgefasst, so muss es sich bei cT^{0i} um die Energiestromdichte handeln. [4]

(b) **(2 Punkte)** Zeigen Sie, dass der Energie-Impuls-Tensor unter der Transformation

$$T'^{\mu\nu} = T^{\mu\nu} + \partial_\lambda \tau^{\lambda\mu\nu}$$

weiterhin die Gleichung $\partial_\mu T'^{\mu\nu} = 0$ erfüllt, sofern $\tau^{\lambda\mu\nu}$ zweimal stetig differenzierbar ist und $\tau^{\lambda\mu\nu} = -\tau^{\mu\lambda\nu}$ gilt.

Lösungsvorschlag:
Durch Einsetzen kann zunächst

$$\partial_\mu T'^{\mu\nu} = \underbrace{\partial_\mu T^{\mu\nu}}_{0} + \partial_\mu \partial_\lambda \tau^{\lambda\mu\nu} = \partial_\mu \partial_\lambda \tau^{\lambda\mu\nu}$$

gefunden werden. Im verbleibenden Term lassen sich nun nach dem Satz von Schwarz die Ableitungen vertauschen. Anschließend kann λ in μ und μ in λ umbenannt werden. Auf diese Weise lässt sich die Gleichheit

$$\partial_\mu \partial_\lambda \tau^{\lambda\mu\nu} = \partial_\mu \partial_\lambda \tau^{\mu\lambda\nu}$$

feststellen. Da $\tau^{\lambda\mu\nu}$ nun aber $\tau^{\lambda\mu\nu} = -\tau^{\mu\lambda\nu}$ erfüllt, ist auch

$$\partial_\mu \partial_\lambda \tau^{\lambda\mu\nu} = -\partial_\mu \partial_\lambda \tau^{\lambda\mu\nu}$$

gültig. Damit ist die verbleibende Größe ihr eigenes Negatives und somit null. Also muss der Zusammenhang

$$\partial_\mu T'^{\mu\nu} = 0$$

gültig sein. Damit zeigt sich, dass der Energie-Impuls-Tensor zunächst nicht eindeutig definiert ist, sondern bis auf eine additive Größe der Form $\partial_\lambda \tau^{\lambda\mu\nu}$ umdefiniert werden kann.

(c) **(5 Punkte)** Betrachten Sie die Größe

$$P^\nu = \frac{1}{c}\int_{\mathcal{S}} \mathrm{d}^3 S_\mu \, T^{\mu\nu}$$

---

[4]Bei den Komponenten T^{ij} handelt es sich um den Spannungstensor, der über $\partial_\mu T^{\mu i} = 0$ mit der Energiestromdichte in Verbindung steht.

mit einer dreidimensionalen Hyperfläche $\mathcal{S}$, deren Normalenvektor zeitartig ist, und interpretieren Sie die Bedeutung der einzelnen Komponenten. Wie verhält sich diese Größe unter der Transformation aus Teilaufgabe (b), wenn $\tau^{\lambda\mu\nu}$ für $|\boldsymbol{r}| \to \infty$ gegen null strebt?

Hinweis:
Hier kann der Satz von Gauß in kovarianter Formulierung in drei Dimensionen

$$\int_{\mathcal{S}} \mathrm{d}^3 S_\mu \, \partial_\nu A^\nu = \oint_{\partial\mathcal{S}} \mathrm{d}^2 f_{\mu\nu} \, A^\nu$$

hilfreich sein.

Lösungsvorschlag:
Da es sich nach Teilaufgabe (a) bei T^{00} um die Energiedichte des Feldes handelt und $\mathcal{S}$ über einen zeitartigen Normalenvektor verfügt, kann in einem passenden Inertialsystem für $\nu = 0$ auch

$$P^0 = \frac{1}{c} \iiint_{\mathbb{R}^3} \mathrm{d}^3 x \, T^{00}$$

geschrieben werden. Das Integral stellt die im Feld vorhandene Energie dar. Aus der relativistischen Kinematik ist bekannt, dass $p^0 = \frac{E}{c}$ ist. Also lässt sich P^0 als die nullte Komponente eines Impulsvektors des Feldes interpretieren.
Analog kann

$$P^i = \frac{1}{c} \iiint_{\mathbb{R}^3} \mathrm{d}^3 x \, T^{0i} = \frac{1}{c^2} \iiint_{\mathbb{R}^3} \mathrm{d}^3 x \, (cT^{0i})$$

gefunden werden. Da es sich bei cT^{0i} um die Energiestromdichte mit den Einheiten $\frac{\mathrm{J}}{\mathrm{m}^2 \cdot \mathrm{s}}$ handelt, beschreibt das Integral zusammen mit einem der Faktoren $\frac{1}{c}$ eine Größe der Form Energie. Der zweite Faktor $\frac{1}{c}$ wandelt über den Zusammenhang $E = pc$ die Energie in einen Impuls um. Damit entspricht auch P^i den Komponenten eines Impulsviervektors p^i, wie er aus der relativistischen Mechanik bekannt ist. Das bedeutet auch, dass es sich bei $\frac{1}{c}T^{0i}$ um die Impulsstromdichte des Feldes handelt. Da $T^{\mu\nu}$ die Kontinuitätsgleichung $\partial_\mu T^{\mu\nu} = 0$ erfüllt, handelt es sich bei P^ν um die vier damit assoziierten erhaltenen Größen.

Unter der Transformation von Teilaufgabe (b) kann das Transformationsverhalten von P^ν mittels

$$P'^\nu = \frac{1}{c} \int_{\mathcal{S}} \mathrm{d}^3 S_\mu \, T'^{\mu\nu} = \frac{1}{c} \int_{\mathcal{S}} \mathrm{d}^3 S_\mu \, (T^{\mu\nu} + \partial_\lambda \tau^{\lambda\mu\nu})$$
$$= P^\nu + \int_{\mathcal{S}} \mathrm{d}^3 S_\mu \, \partial_\lambda \tau^{\lambda\mu\nu} = P^\nu + \frac{1}{c} \oint_{\partial\mathcal{S}} \mathrm{d}^2 f_{\mu\lambda} \, \tau^{\lambda\mu\nu}$$

bestimmt werden. Da das verbleibende Integral τ auf dem Rand von $\mathcal{S}$ und somit für $|\boldsymbol{r}| \to \infty$ auswertet und dort τ gegen null streben soll, ist es gerade null. Die erhaltenen Größen P^ν ändern sich unter dieser Transformation also nicht.

(d) (**6 Punkte**) Betrachten Sie nun die Größe

$$J^{\mu\nu} = \frac{1}{c} \int_{S} \mathrm{d}^3 S_\lambda \, (x^\mu T^{\lambda\nu} - x^\nu T^{\lambda\mu})$$

und interpretieren Sie deren physikalische Bedeutung. Weshalb muss es sich mit $\partial_\mu \mathcal{L} = 0$ auch hierbei um eine Erhaltungsgröße handeln? Nutzen Sie diesen Umstand, um zu zeigen, dass der Energie-Impuls-Tensor ein symmetrischer Tensor sein muss und als solcher gewählt werden kann.

Lösungsvorschlag:
Da die Größe $\mathrm{d}^3 S_\lambda \, T^{\lambda\nu}$ als $\mathrm{d}P^\nu$ aufgefasst werden kann, lässt sich $J^{\mu\nu}$ in differentieller Form durch

$$\mathrm{d}J^{\mu\nu} = x^\mu \, \mathrm{d}P^\nu - x^\nu \, \mathrm{d}P^\mu$$

ausdrücken. Dies ist aber in der Form eines Drehimpulses. Damit repräsentiert $J^{\mu\nu}$ den Drehimpuls des Feldes. Ist die Lagrange-Dichte nicht explizit von x^μ abhängig, so liegt nicht nur eine Homogenität des Raumes, sondern auch eine Isotropie desselbigen vor. Nach dem Noether-Theorem muss dann aber auch der Drehimpuls erhalten sein. Die Größe $J^{\mu\nu}$ kann zu zwei Zeitpunkten, das heißt für zwei Hyperflächen $S_{1,2}$ ausgewertet werden. Die Differenz ist dann durch

$$\Delta J^{\mu\nu} = \frac{1}{c} \int_{S_2} \mathrm{d}^3 S_\lambda \, (x^\mu T^{\lambda\nu} - x^\nu T^{\lambda\mu}) - \frac{1}{c} \int_{S_1} \mathrm{d}^3 S_\lambda \, (x^\mu T^{\lambda\nu} - x^\nu T^{\lambda\mu})$$

gegeben. Die Normalenvektoren der beiden Hyperflächen sollen dabei parallel sein. Da im Feld eine endliche Energie vorhanden sein soll, muss der Energie-Impuls-Tensor für $|r| \to \infty$ gegen null streben. Mit diesem Argument kann der vorliegende Ausdruck für die Differenz von $J^{\mu\nu}$ auf den Rand eines Hypervolumens $\partial\Omega$ ausgeweitet werden, das in Zeitrichtung durch S_1 und S_2 begrenzt wird. Mit dem Satz von Gauß in vier Dimensionen

$$\int_\Omega \mathrm{d}^4 x \, \partial_\lambda A^\lambda = \oint_{\partial\Omega} \mathrm{d}^3 S_\lambda \, A^\lambda$$

kann so der Zusammenhang

$$\Delta J^{\mu\nu} = \frac{1}{c} \int_{\partial\Omega} \mathrm{d}^3 S_\lambda \, (x^\mu T^{\lambda\nu} - x^\nu T^{\lambda\mu}) = \frac{1}{c} \int_\Omega \mathrm{d}^4 x \, \partial_\lambda (x^\mu T^{\lambda\nu} - x^\nu T^{\lambda\mu})$$

$$= \frac{1}{c} \int_\Omega \mathrm{d}^4 x \, (\delta_\lambda^\mu T^{\lambda\nu} - \delta_\lambda^\nu T^{\lambda\mu}) = \frac{1}{c} \int_\Omega \mathrm{d}^4 x \, (T^{\mu\nu} - T^{\nu\mu})$$

gefunden werden. Dabei wurde ausgenutzt, dass $\partial_\lambda T^{\lambda\mu} = 0$ gilt. Da es sich bei $J^{\mu\nu}$ nun aber um Erhaltungsgrößen handeln muss, muss die Differenz null sein, so dass bereits der Integrand null sein muss. Daher muss der Energie-Impuls-Tensor die Bedingung

$$T^{\mu\nu} = T^{\nu\mu}$$

erfüllen und symmetrisch sein. Mit den Erkenntnissen aus Teilaufgabe (b) ist klar, dass es immer möglich ist, den Energie-Impuls-Tensor umzudefinieren, ohne seine essentiellen Eigenschaften zu ändern. Ist zunächst $T^{\mu\nu} \neq T^{\nu\mu}$ gültig, so kann

$$T'^{\mu\nu} = T^{\mu\nu} + \partial_\lambda \tau^{\lambda\mu\nu}$$

definiert werden. Unter der Forderung, dass $T'^{\mu\nu} = T'^{\nu\mu}$ gilt, lässt sich zeigen, dass τ die Bedingung

$$\partial_\lambda(\tau^{\lambda\mu\nu} - \tau^{\lambda\nu\mu}) = T^{\nu\mu} - T^{\mu\nu}$$

erfüllen muss.

(e) **(7 Punkte)** Die Lagrange-Dichte des elektromagnetischen Feldes ist mit dem Feldstärketensor

$$F_{\alpha\beta} = \partial_\alpha A_\beta - \partial_\beta A_\alpha$$

durch

$$\mathcal{L}(A^\mu(x), \partial_\nu A^\mu(x), x^\mu) = -\frac{1}{4\mu_0} F^{\alpha\beta} F_{\alpha\beta}$$

gegeben und führt auf die homogenen Maxwell-Gleichungen $\partial_\mu F^{\mu\nu} = 0$. Bestimmen Sie mit Hilfe der vorherigen Aufgaben den symmetrischen Energie-Impuls-Tensor des elektromagnetischen Feldes.

Lösungsvorschlag:
Es bietet sich an, zunächst die Ableitung

$$\frac{\partial F_{\alpha\beta}}{\partial(\partial_\mu A_\sigma)} = \delta_\alpha^\mu \delta_\beta^\sigma - \delta_\beta^\mu \delta_\alpha^\sigma$$

und damit

$$\frac{\partial \mathcal{L}}{\partial(\partial_\mu A_\sigma)} = -\frac{1}{2\mu_0} F^{\alpha\beta} \frac{\partial F_{\alpha\beta}}{\partial \partial_\mu A_\sigma} = -\frac{1}{2\mu_0} F^{\alpha\beta}(\delta_\alpha^\mu \delta_\beta^\sigma - \delta_\beta^\mu \delta_\alpha^\sigma)$$

$$= -\frac{1}{2\mu_0}(F^{\mu\sigma} - F^{\sigma\mu}) = -\frac{1}{\mu_0} F^{\mu\sigma}$$

zu bestimmen. Damit kann der Energie-Impuls-Tensor zunächst zu

$$T'^{\mu\nu} = \frac{\partial \mathcal{L}}{\partial(\partial_\mu A_\sigma)} \partial^\nu A_\sigma - \eta^{\mu\nu} \mathcal{L} = -\frac{1}{\mu_0} F^{\mu\sigma} \partial^\nu A_\sigma + \eta^{\mu\nu} \frac{1}{4\mu_0} F^{\alpha\beta} F_{\alpha\beta}$$

ermittelt werden. Der erste Term ist dabei offensichtlich nicht symmetrisch in den Indizes μ und ν. Er lässt sich jedoch durch

$$F^{\mu\sigma} \partial^\nu A_\sigma = F^{\mu\sigma}(\partial^\nu A_\sigma - \partial_\sigma A^\nu) + F^{\mu\sigma} \partial_\sigma A^\nu = F^{\mu\sigma} F^\nu_{\ \sigma} + F^{\mu\sigma} \partial_\sigma A^\nu$$

umformen. Aufgrund der homogenen Maxwell-Gleichung $\partial_\sigma F^{\mu\sigma} = 0$ lässt sich der letzte Term auch als

$$\partial_\sigma \left(F^{\mu\sigma} A^\nu \right)$$

schreiben. Dabei hat $F^{\mu\sigma} A^\nu$ aber die gleiche Form, wie der in Teilaufgabe (b) besprochene Tensor $\tau^{\lambda\mu\nu}$. Er kann also durch eine geeignete Wahl von τ eliminiert werden, um so den symmetrischen Energie-Impuls-Tensor des elektromagnetischen Feldes

$$T^{\mu\nu} = -\frac{1}{\mu_0} F^{\mu\sigma} F^\nu_{\ \sigma} + \eta^{\mu\nu} \frac{1}{4\mu_0} F^{\alpha\beta} F_{\alpha\beta}$$

zu erhalten.

Aufgabe 4   **25 *Punkte***

Zylindrischer Wellenleiter

In dieser Aufgabe sollen elektromagnetische Wellen in einem unendlich langen, zylinderförmigen Wellenleiter mit Radius R betrachtet werden. Der Wellenleiter wird durch perfekte elektrische Leiter begrenzt, sein Innenraum soll ein Vakuum sein und es sollen sich keine Ladungen oder Ströme darin befinden.

(a) **(3 Punkte)** Verwenden Sie die Maxwell-Gleichungen und den Ansatz

$$\boldsymbol{E} = \boldsymbol{E}_0(s,\varphi)\,\mathrm{e}^{\mathrm{i}(k_z z - \omega t)} \qquad \boldsymbol{B} = \boldsymbol{B}_0(s,\varphi)\,\mathrm{e}^{\mathrm{i}(k_z z - \omega t)},$$

um zu zeigen, dass innerhalb des Wellenleiters die Zusammenhänge

$$\mathrm{i}\omega\,\boldsymbol{B}_0 = \boldsymbol{\nabla} \times \boldsymbol{E}_0 + \mathrm{i}k_z\,\hat{\boldsymbol{e}}_z \times \boldsymbol{E}_0$$

$$-\frac{\mathrm{i}\omega}{c^2}\,\boldsymbol{E}_0 = \boldsymbol{\nabla} \times \boldsymbol{B}_0 + \mathrm{i}k_z\,\hat{\boldsymbol{e}}_z \times \boldsymbol{B}_0$$

gelten müssen.

Lösungsvorschlag:
Die Maxwell-Gleichungen mit Rotation sind durch

$$\boldsymbol{\nabla} \times \boldsymbol{E} = -\frac{\partial \boldsymbol{B}}{\partial t} \qquad \boldsymbol{\nabla} \times \boldsymbol{B} = \frac{1}{c^2}\frac{\partial \boldsymbol{E}}{\partial t}$$

gegeben, wobei bereits genutzt wurde, dass die Ströme innerhalb des Wellenleiters verschwinden. Wird der Ansatz für das elektrische Feld in die Rotation eingesetzt, so kann mit der Produktregel der Vektoranalysis

$$\boldsymbol{\nabla} \times (\psi\,\boldsymbol{A}) = \psi\,\boldsymbol{\nabla} \times \boldsymbol{A} - \boldsymbol{A} \times \boldsymbol{\nabla}\psi$$

der Ausdruck

$$\boldsymbol{\nabla} \times \boldsymbol{E} = \mathrm{e}^{\mathrm{i}(k_z z - \omega t)}\,\boldsymbol{\nabla} \times \boldsymbol{E}_0 - \boldsymbol{E}_0 \times \left(\mathrm{i}k_z\,\hat{\boldsymbol{e}}_z\,\mathrm{e}^{\mathrm{i}(k_z z - \omega t)}\right)$$

$$= \mathrm{e}^{\mathrm{i}(k_z z - \omega t)}\left(\boldsymbol{\nabla} \times \boldsymbol{E}_0 + \mathrm{i}k_z\,\hat{\boldsymbol{e}}_z \times \boldsymbol{E}_0\right)$$

gefunden werden. Für die zeitliche Ableitung kann hingegen

$$\partial_t \boldsymbol{E} = \mathrm{e}^{\mathrm{i}(k_z z - \omega t)}\left(-\mathrm{i}\omega\,\boldsymbol{E}_0\right)$$

gefunden werden. Analog sind die Ableitungen der magnetischen Flussdichte durch

$$\boldsymbol{\nabla} \times \boldsymbol{B} = \mathrm{e}^{\mathrm{i}(k_z z - \omega t)}\left(\boldsymbol{\nabla} \times \boldsymbol{B}_0 + \mathrm{i}k_z\,\hat{\boldsymbol{e}}_z \times \boldsymbol{B}_0\right)$$

$$\partial_t \boldsymbol{B} = \mathrm{e}^{\mathrm{i}(k_z z - \omega t)}\left(-\mathrm{i}\omega\,\boldsymbol{B}_0\right)$$

gegeben. Werden diese Ergebnisse in $\nabla \times \boldsymbol{E} = -\partial_t \boldsymbol{B}$ eingesetzt, so kann

$$e^{i(k_z z - \omega t)} \left(\nabla \times \boldsymbol{E}_0 + i k_z \hat{\boldsymbol{e}}_z \times \boldsymbol{E}_0 \right) = - e^{i(k_z z - \omega t)} \left(-i\omega \, \boldsymbol{B}_0 \right)$$

$$\Rightarrow \quad i\omega \, \boldsymbol{B}_0 = \nabla \times \boldsymbol{E}_0 + i k_z \hat{\boldsymbol{e}}_z \times \boldsymbol{E}_0$$

gefunden werden. Analog lässt sich mit $\nabla \times \boldsymbol{B} = \frac{1}{c^2} \partial_t \boldsymbol{E}$ der Zusammenhang

$$-\frac{i\omega}{c^2} \boldsymbol{E}_0 = \nabla \times \boldsymbol{B}_0 + i k_z \hat{\boldsymbol{e}}_z \times \boldsymbol{B}_0$$

finden.

(b) **(6 Punkte)** Verwenden Sie die Rotation in Zylinderkoordinaten

$$\nabla \times \boldsymbol{V} = \hat{\boldsymbol{e}}_s \left[\frac{1}{s} \partial_\varphi V_z - \partial_z V_\varphi \right] + \hat{\boldsymbol{e}}_\varphi \left[\partial_z V_s - \partial_s V_z \right] + \hat{\boldsymbol{e}}_z \frac{1}{s} \left[\partial_s(s V_\varphi) - \partial_\varphi V_s \right],$$

um zu zeigen, dass die Komponenten $E_{0\varphi}$ und B_{0s} durch

$$E_{0\varphi} = \frac{-i}{\frac{\omega^2}{c^2} - k_z^2} \left(\omega \partial_s B_{0z} - \frac{k_z}{s} \partial_\varphi E_{0z} \right)$$

$$B_{0s} = \frac{-i}{\frac{\omega^2}{c^2} - k_z^2} \left(\frac{\omega}{c^2} \frac{1}{s} \partial_\varphi E_{0z} - k_z \partial_s B_{0z} \right)$$

gegeben sind.

Lösungsvorschlag:
Da nach dem Ansatz die Felder $\boldsymbol{E}_0$ und $\boldsymbol{B}_0$ nicht von z abhängen, ist deren Rotation effektiv durch

$$\nabla \times \boldsymbol{V}_0 = \hat{\boldsymbol{e}}_s \frac{1}{s} \partial_\varphi V_z - \hat{\boldsymbol{e}}_\varphi \partial_s V_z + \hat{\boldsymbol{e}}_z \frac{1}{s} \left[\partial_s(s V_\varphi) - \partial_\varphi V_s \right]$$

gegeben. Um die Komponenten $E_{0\varphi}$ und B_{0s} zu bestimmen, bietet es sich an, diese aus den Zusammenhängen aus Teilaufgabe (a)

$$i\omega \, \boldsymbol{B}_0 = \nabla \times \boldsymbol{E}_0 + i k_z \hat{\boldsymbol{e}}_z \times \boldsymbol{E}_0$$

$$-\frac{i\omega}{c^2} \boldsymbol{E}_0 = \nabla \times \boldsymbol{B}_0 + i k_z \hat{\boldsymbol{e}}_z \times \boldsymbol{B}_0$$

heraus zu projizieren. Damit können dann zunächst die beiden Gleichungen

$$i\omega B_{0s} = \frac{1}{s} \partial_\varphi E_{0z} - i k_z E_{0\varphi}$$

$$-\frac{i\omega}{c^2} E_{0\varphi} = -\partial_s B_{0z} + i k_z B_{0s}$$

gefunden werden. Hierbei wurden die Zusammenhänge

$$\hat{\boldsymbol{e}}_s \cdot (\hat{\boldsymbol{e}}_z \times \boldsymbol{E}_0) = \boldsymbol{E}_0 \cdot (\hat{\boldsymbol{e}}_s \times \hat{\boldsymbol{e}}_z) = \boldsymbol{E}_0 \cdot (-\hat{\boldsymbol{e}}_\varphi) = -E_{0\varphi}$$

$$\hat{\boldsymbol{e}}_\varphi \cdot (\hat{\boldsymbol{e}}_z \times \boldsymbol{B}_0) = \boldsymbol{B}_0 \cdot (\hat{\boldsymbol{e}}_\varphi \cdot \hat{\boldsymbol{e}}_z) = \boldsymbol{B}_0 \cdot \hat{\boldsymbol{e}}_s = B_{0s}$$

ausgenutzt. Wird nun die erste in die zweite Gleichung eingesetzt, so kann

$$-\frac{\mathrm{i}\omega}{c^2}E_{0\varphi} = -\partial_s B_{0z} + \frac{\mathrm{i}k_z}{\mathrm{i}\omega}\left(\frac{1}{s}\partial_\varphi E_{0z} - \mathrm{i}k_z E_{0\varphi}\right)$$

$$\Rightarrow \quad \frac{\omega^2}{c^2}E_{0\varphi} = -\mathrm{i}\omega\partial_s B_{0z} + \mathrm{i}\frac{k_z}{s}\partial_\varphi E_{0z} + k_z^2 E_\varphi$$

$$\Rightarrow \quad \left(\frac{\omega^2}{c^2} - k_z^2\right)E_{0\varphi} = -\mathrm{i}\left(\omega\partial_s B_{0z} - \frac{k_z}{s}\partial_\varphi E_{0z}\right)$$

$$\Rightarrow \quad E_{0\varphi} = \frac{-\mathrm{i}}{\frac{\omega^2}{c^2} - k_z^2}\left(\omega\partial_s B_{0z} - \frac{k_z}{s}\partial_\varphi E_{0z}\right)$$

gefunden werden. Dieses Ergebnis kann wiederum in die Gleichung für B_{0s} eingesetzt werden, um

$$\mathrm{i}\omega B_{0s} = \frac{1}{s}\partial_\varphi E_{0z} - \mathrm{i}k_z E_{0\varphi}$$

$$\Rightarrow \quad B_{0s} = -\frac{\mathrm{i}}{\omega s}\partial_\varphi E_{0z} - \frac{-\mathrm{i}k_z/\omega}{\frac{\omega^2}{c^2} - k_z^2}\left(\omega\partial_s B_{0z} - \frac{k_z}{s}\partial_\varphi E_{0z}\right)$$

$$= \frac{-\mathrm{i}}{\frac{\omega^2}{c^2} - k_z^2}\left(\left(\frac{\omega^2}{c^2} - k_z^2\right)\frac{1}{\omega s}\partial_\varphi E_{0z} - \frac{k_z}{\omega}\left(\omega\partial_s B_{0z} - \frac{k_z}{s}\partial_\varphi E_{0z}\right)\right)$$

$$= \frac{-\mathrm{i}}{\frac{\omega^2}{c^2} - k_z^2}\left(\frac{\omega}{c^2}\frac{1}{s}\partial_\varphi E_{0z} - k_z\partial_s B_{0z}\right)$$

zu erhalten.

Alternativer Lösungsvorschlag:
Die Gleichungen für B_{0s} und $E_{0\varphi}$ können auch als

$$\omega B_{0s} + k_z E_{0\varphi} = -\mathrm{i}\frac{1}{s}\partial_\varphi E_{0z}$$

$$-k_z B_{0s} - \frac{\omega}{c^2}E_{0\varphi} = \mathrm{i}\partial_s B_{0z}$$

geschrieben werden und stellen damit ein lineares Gleichungssystem mit zwei unbekannten B_{0s} und $E_{0\varphi}$ dar. Die Koeffizientenmatrix ist durch

$$\begin{pmatrix} \omega & k_z \\ -k_z & -\frac{\omega}{c^2} \end{pmatrix}$$

gegeben. Da eine 2×2-Matrix der Form

$$\begin{pmatrix} a & b \\ c & d \end{pmatrix}$$

bei nicht verschwindender Determinante durch

$$\frac{1}{ad - bc}\begin{pmatrix} d & -b \\ -c & a \end{pmatrix}$$

invertiert werden kann, kann die Lösung durch

$$
\begin{pmatrix} B_{0s} \\ E_{0\varphi} \end{pmatrix} = \frac{1}{-\frac{\omega^2}{c^2} + k_z^2} \begin{pmatrix} -\frac{\omega}{c^2} & -k_z \\ k_z & \omega \end{pmatrix} \begin{pmatrix} -\mathrm{i}\frac{1}{s}\partial_\varphi E_{0z} \\ \mathrm{i}\partial_s B_{0z} \end{pmatrix}
$$

$$
= \frac{-\mathrm{i}}{\frac{\omega^2}{c^2} - k_z^2} \begin{pmatrix} \frac{\omega}{c^2}\frac{1}{s}\partial_\varphi E_{0z} - k_z \partial_s B_{0z} \\ -\frac{k_z}{s}\partial_\varphi E_{0z} + \omega \partial_s B_{0z} \end{pmatrix}
$$

gefunden werden.

(c) **(2 Punkte)** Nennen Sie die Randbedingungen für elektrische und magnetische Felder an perfekten elektrischen Leitern und verwenden Sie die Ergebnisse aus Teilaufgabe (b), um damit Bedingungen an B_{0z} bzw. E_{0z} und deren Ableitungen bei $s = R$ für TE- bzw. TM-Moden zu stellen.

Lösungsvorschlag:

In perfekten elektrischen Leitern ist die elektrische Feldstärke null und die magnetische Flussdichte zeitlich konstant. Durch passende zeitliche Anfangsbedingungen kann die magnetische Flussdichte daher auf null gesetzt werden. [5] Da an Grenzflächen die Tangentialkomponente der elektrischen Feldstärke und die Normalkomponente der magnetischen Flussdichte erhalten bleiben, müssen eben jene Komponenten an den Begrenzungen des Wellenleiters verschwinden.

Im Fall einer TE-Mode ist $E_{0z} = 0$ und $B_{0z} \neq 0$. Mit den Ergebnissen aus Teilaufgabe (b) lässt sich so sehen, dass die Normalkomponente von $\boldsymbol{B}_0$ durch

$$
B_{0s} = \frac{\mathrm{i}}{\frac{\omega^2}{c^2} - k_z^2} k_z \partial_s B_{0z} \sim \partial_s B_{0z}
$$

gegeben ist, während die relevante Tangentialkomponente von $\boldsymbol{E}_0$ durch

$$
E_{0\varphi} = \frac{-\mathrm{i}}{\frac{\omega^2}{c^2} - k_z^2} \omega \partial_s B_{0z} \sim \partial_s B_{0z}
$$

gegeben ist. [6] Beide müssen am Rand verschwinden, so dass für TE-Moden die Bedingung

$$
\left.\frac{\partial B_{0z}}{\partial s}\right|_R = 0
$$

gilt.

---

[5]Physikalisch muss ein Material in die Phase der perfekten Leitfähigkeit $\sigma \to \infty$ übergehen. Ist die magnetische Flussdichte bei diesem Phasenübergang null, so bleibt sie auch danach null.

[6]Die Tangentialkomponente hat natürlich auch einen Anteil in die z-Richtung, im Falle der TE-Mode ist dieser aber automatisch null.

Im Fall einer TM-Mode ist $B_{0z} = 0$ und $E_{0z} \neq 0$. Da die Tangentialkomponente von $\boldsymbol{E}$ nun einen Anteil in z-Richtung hat, muss dieser die Randbedingung

$$E_{0z}(s = R, \varphi) = 0$$

erfüllen. [7]

(d) **(3 Punkte)** Setzen Sie den Ansatz aus Teilaufgabe (a) in die Wellengleichungen

$$\Box \boldsymbol{E} = \left(\frac{1}{c^2} \frac{\partial^2}{\partial t^2} - \Delta \right) \boldsymbol{E} = 0 \qquad \Box \boldsymbol{B} = 0$$

ein, um die Bestimmungsgleichung für E_{0z} und B_{0z} zu finden.

Lösungsvorschlag:
Zunächst kann aus dem Ansatz die z-Komponente projiziert werden

$$E_z = E_{0z}\, \mathrm{e}^{\mathrm{i}(k_z z - \omega t)},$$

um diese anschließend in die Wellengleichung einzusetzen. Auf diese Weise kann

$$0 = \Box E_z = \left(\frac{1}{c^2} \frac{\partial^2}{\partial t^2} - \Delta \right) E_{0z}\, \mathrm{e}^{\mathrm{i}(k_z z - \omega t)}$$

$$= \mathrm{e}^{\mathrm{i}(k_z z - \omega t)} \left(-\frac{\omega^2}{c^2} + k_z^2 - \Delta_2 \right) E_{0z}$$

gefunden werden. Darin bezeichnet Δ_2 den Laplace-Operator in zwei Dimensionen, der im kartesischen Fall durch $\partial_x^2 + \partial_y^2$ gegeben ist. Da die ebene Welle links der Klammer nie null werden kann, muss der Operator in Klammern angewendet auf E_{0z} bereits null ergeben, so dass

$$\left(\Delta_2 + \frac{\omega^2}{c^2} - k_z^2 \right) E_{0z} = 0$$

gilt. Analog lässt sich zeigen, dass

$$\left(\Delta_2 + \frac{\omega^2}{c^2} - k_z^2 \right) B_{0z} = 0$$

gelten muss.

(e) **(5 Punkte)** Machen Sie den Ansatz $E_{0z}(s, \varphi) = E_0 J_n(\kappa s)\, \mathrm{e}^{\mathrm{i}n\varphi}$ mit $n \in \mathbb{N}_0$ und konstantem E_0. Zeigen Sie, dass die Funktion $J_n(u)$ die Gleichung

$$u^2 J_n''(u) + u J_n'(u) + (u^2 - n^2) J_n(u) = 0$$

---

[7]Durch Auswerten der Ableitungen zeigt sich, dass auch $\partial_\varphi E_{0z}(s = R, \varphi) = 0$ gelten muss. Damit zeigt sich bereits, dass die Funktion E_{0z} und ihre erste Ableitung am Rand denselben Wert annehmen und deutet darauf hin, dass die s- und φ-Abhängigkeit durch einen Separationsansatz getrennt werden können.

erfüllen muss. Wie hängt die Größe κ mit anderen Größen des Problems zusammen?

Lösungsvorschlag:
Wird der gegebene Ansatz in die Bestimmungsgleichung für E_{0z} aus Teilaufgabe (d) eingesetzt, so kann zunächst

$$0 = E_0 \left(\Delta_2 + \frac{\omega^2}{c^2} - k_z^2 \right) J_n(\kappa s)\, \mathrm{e}^{\mathrm{i}n\varphi}$$

gefunden werden. Wird der zweidimensionale Laplace in Zylinderkoordinaten ausgeschrieben,

$$\Delta_2 = \frac{1}{s}\partial_s(s\partial_s\cdot) + \frac{1}{s^2}\partial_\varphi^2 = \partial_s^2 + \frac{1}{s}\partial_s + \frac{1}{s}\partial_\varphi^2$$

so lässt sich weiter

$$0 = \left(\frac{1}{s}\partial_s(s\partial_s\cdot) + \frac{1}{s^2}\partial_\varphi^2 + \frac{\omega^2}{c^2} - k_z^2 \right) J_n(\kappa s)\, \mathrm{e}^{\mathrm{i}n\varphi}$$

$$= \mathrm{e}^{\mathrm{i}n\varphi} \left(\partial_s^2 + \frac{1}{s}\partial_s - \frac{n^2}{s^2} + \frac{\omega^2}{c^2} - k_z^2 \right) J_n(\kappa s)$$

$$\Rightarrow \quad 0 = \partial_s^2 J_n(\kappa s) + \frac{1}{s}\partial_s J_n(\kappa s) - \frac{n^2}{s^2} J_n(\kappa s) + \left(\frac{\omega^2}{c^2} - k_z^2 \right) J_n(\kappa s)$$

$$= \kappa^2 J_n''(\kappa s) + \frac{\kappa}{s} J_n'(\kappa s) + \left(\frac{\omega^2}{c^2} - k_z^2 - \frac{n^2}{s^2} \right) J_n(\kappa s)$$

finden. Wird die letzte Gleichung mit s^2 multipliziert, so kann

$$0 = \kappa^2 s^2 J_n''(\kappa s) + \kappa s J_n'(\kappa s) + \left(\left(\frac{\omega^2}{c^2} - k_z^2 \right) s^2 - n^2 \right) J_n(\kappa s)$$

gefunden werden. Wird nun die Größe $u = \kappa s$ eingeführt, so kann dies auf die Form

$$u^2 J_n''(u) + u J_n'(u) + \left(\frac{\frac{\omega^2}{c^2} - k_z^2}{\kappa^2} u^2 - n^2 \right) J_n(u) = 0$$

gebracht werden. Diese Gleichung stimmt nur mit der Gleichung aus der Aufgabenstellung überein, wenn

$$\kappa^2 = \frac{\omega^2}{c^2} - k_z^2$$

gilt.

Zusatzinfo:
Bei der hier auftretenden Differentialgleichung handelt es sich um die Bessel'sche Differentialgleichung. Ihre Lösung umfasst die Besselfunktionen erster Gattung $J_n(u)$ und die Besselfunktionen zweiter Gattung $Y_n(u)$. Da Funktionen zweiter Gattung für $s = 0$ divergieren, hier aber für das elektrische Feld auftreten, sind sie unphysikalische Lösungen und müssen daher nicht weiter berücksichtigt werden.

(f) **(5 Punkte)** Werten Sie nun die Randbedingungen aus Teilaufgabe (c) aus und finden Sie die minimalen Frequenzen ω_{nm} der jeweiligen Moden in Abhängigkeit der Nullstellen $J(u_{nm}) = 0$ und $J'(w_{nm}) = 0$.

Lösungsvorschlag:
In Teilaufgabe (e) wurde ein Ansatz für E_{0z} gemacht, der genauso auch für B_{0z} gemacht werden kann. Damit zeigt sich, dass die elektrische Feldstärke oder die magnetische Flussdichte je nach betrachteter Mode durch

$$E_{0z} = E_0 J_n(\kappa s)\, \mathrm{e}^{\mathrm{i}n\varphi} \qquad B_{0z} = B_0 J_n(\kappa s)\, \mathrm{e}^{\mathrm{i}n\varphi}$$

gegeben sind. Im Fall einer TE-Mode muss $E_{0z} = 0$ sein und B_{0z} muss die Bedingung

$$\left.\frac{\partial B_{0z}}{\partial s}\right|_R = 0$$

erfüllen. Damit muss also

$$\left.\frac{\partial B_{0z}}{\partial s}\right|_R = \left(\kappa B_0 J_n'(\kappa s)\, \mathrm{e}^{\mathrm{i}n\varphi}\right)_R = \kappa B_0 J_n'(\kappa R)\, \mathrm{e}^{\mathrm{i}n\varphi}$$

gelten. Dies kann nur durch

$$J_n'(\kappa R) = 0 \quad \Rightarrow \quad \kappa_{nm} R = w_{nm}$$

erfüllt werden. Somit kann zwischen k_z und ω der Zusammenhang

$$\frac{\omega^2}{c^2} = k_z^2 + \kappa_{nm}^2 = k_z^2 + \frac{w_{nm}^2}{R^2}$$

herausgearbeitet werden. Da die Größe k_z^2 für eine Ausbreitung der elektromagnetischen Welle positiv sein muss, kann die minimale Frequenz der TE-Moden durch die Bedingung $k_z = 0$ zu

$$\omega_{nm}^{\mathrm{TE}} = \frac{c}{R} w_{nm}$$

bestimmt werden.

Für die TM-Mode muss $E_z(R, \varphi) = 0$ gelten, so dass

$$E_0 J_n(\kappa R)\, \mathrm{e}^{\mathrm{i}n\varphi} = 0$$

gefunden werden kann. Dies kann nur erfüllt werden, falls

$$J_n(\kappa_{nm} R) = 0$$

gilt. Somit ist der Zusammenhang zwischen k_z und ω im Fall der TM-Moden durch

$$\frac{\omega^2}{c^2} = k_z^2 + \kappa_{nm}^2 = k_z^2 + \frac{u_{nm}^2}{R^2}$$

gegeben und es kann wie oben bereits die minimale Frequenz durch die Bedingung $k_z = 0$ durch

$$\omega_{nm}^{\mathrm{TM}} = \frac{c}{R} u_{nm}$$

ermittelt werden.

(g) **(1 Punkt)** Betrachten Sie die Liste der relevanten Nullstellenpaare[8] (u_{nm}, w_{nm})

$n\backslash m$	1	2
0	$(2{,}41, 3{,}83)$	$(5{,}52, 7{,}02)$
1	$(3{,}83, 1{,}84)$	$(7{,}02, 5{,}33)$
2	$(5{,}14, 3{,}05)$	$(8{,}42, 6{,}71)$

und bestimmen Sie so die Mode mit der niedrigsten Grenzfrequenz. Was fällt Ihnen im Vergleich zu einem rechteckigen Wellenleiter auf?

Lösungsvorschlag:
Da sich in Teilaufgabe (f) bereits gezeigt hat, dass jede minimale Frequenz der einzelnen Moden das Produkt aus $\frac{c}{R}$ und den Nullstellen w_{nm} bzw. u_{nm} ist, muss die Nullstelle mit dem niedrigsten Wert aus der Tabelle betrachtet werden. Dieser ist durch $w_{11} \approx 1{,}84$ gegeben. Das bedeutet, die Grenzfrequenz ist durch die minimale Frequenz der Mode TE_{11} mit

$$\omega_{\mathrm{g}} \approx 1{,}84 \, \frac{c}{R}$$

bestimmt. In einem rechteckigen Wellenleiter ist die Grenzfrequenz durch die Mode TE_{01} bestimmt. Die hier auftretende dominante Mode hat also nicht die kleinsten Kennzahlen, wie die TE_{01}- bzw. TM_{01}-Moden, die intuitiv als Moden mit geringster Frequenz vermutet worden wären.

Anmerkung:
In der angegebenen Tabelle tauchen keine Nullstellen der Form $u = 0$ oder $w = 0$ auf. Dies hat die folgenden Gründe.
Jede Besselfunktion erster Gattung mit $n \geq 2$ und ihre Ableitung haben eine Nullstelle bei $u = 0$. In diesem Fall müsste aber $\kappa = 0$ gesetzt werden, und es würden damit sowohl B_{0z} wie auch E_{0z} null werden. Da sich solche TEM-Moden in einem leeren Wellenleiter nicht ausbreiten können, werden diese Nullstellen nicht betrachtet. Im Fall der Besselfunktion $J_1(u)$ gibt es eine Nullstelle bei $u = 0$, während die Ableitung bei $u = 0$ einen endlichen, von null verschiedenen Wert annimmt. Hier würde die Wahl $\kappa = 0$ also nur für eine TM-Mode in Frage kommen. Da damit aber auch E_{0z} direkt zu null werden würde, würde es sich wieder um eine TEM-Mode handeln, die nicht in einem Wellenleiter auftreten kann. Schlussendlich kann der Fall

---

[8]Der Übersichtlichkeit halber auf die zweite Nachkommastelle gerundet

der Besselfunktion $J_0(u)$ betrachtet werden. Diese hat für $u = 0$ einen von null verschiedenen und endlichen Wert, während ihre Ableitung bei $u = 0$ verschwindet. Das bedeutet, dass eine TE_{00}-Mode zunächst möglich scheint. Allerdings wäre dann die Komponente B_{0z} räumlich konstant. Wird die Maxwell-Gleichung

$$\nabla \times \boldsymbol{E} = -\frac{\partial \boldsymbol{B}}{\partial t}$$

über den Querschnitt des Wellenleiters integriert, so kann

$$0 = \oint_{\partial \mathcal{F}} \mathrm{d}\boldsymbol{r} \cdot \boldsymbol{E} = \iint_{\mathcal{F}} \mathrm{d}^2\boldsymbol{f} \cdot (\partial_t \boldsymbol{B})$$
$$= \pi R^2 B_{0z}(-\mathrm{i}\omega)\,\mathrm{e}^{\mathrm{i}(k_z z - \omega t)}$$

gefunden werden. Die linke Seite verschwindet hierbei, da die Tangentialkomponente der elektrischen Feldstärke aufgrund der Stetigkeitsbedingungen null sein muss. Die einzige Möglichkeit, wie auch die rechte Seite null ist, besteht darin, dass $B_{0z} = 0$ sein muss. Damit würde es sich aber wieder um eine TEM-Mode handeln, die in einem Wellenleiter nicht existieren kann.

In zylindrischen Wellenleitern können also nur nicht-triviale Nullstellen der Besselfunktionen ($u \neq 0$) und ihrer Ableitung ($w \neq 0$) zu einer möglichen Mode führen.

8 Klausur VIII – Elektrodynamik – Mittel

Im Kurzfragebogen dieser Klausur werden die Divergenz aus dem Kreuzprodukt zweier Vektorfelder, die Eichtransformationen der Potentiale in Lorentz-kovarianter Formulierung, die Stetigkeitsbedingungen der Tangentialkomponente der magnetischen Feldstärke an einer Grenzfläche, der Einschaltvorgang einer Spule sowie das elektrische Feld einer geladenen Kreisscheibe betrachtet. In Aufgabe 2 soll für eine spezielle Klasse ausgedehnter Stromverteilungen in magnetisierbaren Materialien die magnetische Flussdichte bestimmt werden. Aufgabe 3 beschäftigt sich mit der Polarisation einer dielektrischen Kugel in einem äußeren elektrischen Feld. Aufgabe 4 untersucht die Ausbreitung elektromagnetischer Wellen in einem Hohlraumwellenleiter, welcher durch perfekt leitende Platten beschränkt wird.

Überblick

8.1	Aufgaben zur Klausur VIII – Elektrodynamik – Mittel	321
	Aufgabe **1** - **Kurzfragen**	321
	Aufgabe **2** - **Magnetfeld am ausgedehnten Draht**	322
	Aufgabe **3** - **Polarisation einer Kugel im homogenen elektrischen Feld**	323
	Aufgabe **4** - **TEM-Moden am Hohlraumwellenleiter**	324
8.2	Hinweise zur Klausur VIII – Elektrodynamik – Mittel	327
8.3	Lösung zur Klausur VIII – Elektrodynamik – Mittel	331
	Aufgabe **1** - **Kurzfragen**	331
	Aufgabe **2** - **Magnetfeld am ausgedehnten Draht**	337
	Aufgabe **3** - **Polarisation einer Kugel im homogenen elektrischen Feld**	342
	Aufgabe **4** - **TEM-Moden am Hohlraumwellenleiter**	348

8.1 Aufgaben zur Klausur VIII – Elektrodynamik – Mittel

Aufgabe 1   **25 *Punkte***

Kurzfragen

Schlagwörter:
Vektoranalysis, Eichfreiheit, Stetigkeitsbedingungen, Elektrische Bauteile, Elektrisches Feld

(a) **(5 Punkte)** Zeigen Sie, dass für zwei stetig differenzierbare Vektorfelder A und B der
Zusammenhang

$$\nabla \cdot (A \times B) = B \cdot (\nabla \times A) - A \cdot (\nabla \times B)$$

gültig ist.

(b) **(5 Punkte)** Betrachten Sie die Eichtransformation der Potentiale

$$\phi \to \phi + \partial_t \Lambda \qquad A \to A - \nabla \Lambda$$

mit einer zweimal stetig differenzierbaren Funktion Λ und finden Sie das Transformationsverhalten des Viererpotentials A^μ. Zeigen Sie dann, dass der Feldstärketensor
$F_{\mu\nu}$ unter Eichtransformationen invariant ist.

(c) **(5 Punkte)** Zeigen Sie, dass die Tangentialkomponente der magnetischen Feldstärke
H an einer Grenzfläche erhalten ist, falls keine freien Ströme auftreten.

(d) **(5 Punkte)** Betrachten Sie eine Spule der Induktivität L, die mit einem Widerstand
R in Reihe geschaltet ist. Beide werden an die Spannungsquelle U_0 angeschlossen.
Stellen Sie eine Differentialgleichung des vorliegenden Schaltkreises auf und finden
Sie den Strom $I_L(t)$ an der Spule als eine Funktion der Zeit.

(e) **(5 Punkte)** Betrachten Sie eine unendlich ausgedehnte Platte mit der Oberflächenladungsdichte $\sigma(s) = \sigma_0 \Theta(R - s)$ und der Gesamtladung Q. Bestimmen Sie die elektrische Feldstärke E auf der z-Achse und drücken Sie Ihr Ergebnis durch Q, R und z
aus.

Aufgabe 2   25 *Punkte*

Magnetfeld am ausgedehnten Draht

Schlagwörter:
Maxwell-Gleichungen, Magnetostatik, Stromdichte, Ampère'sches Gesetz, Stetigkeitsbedingungen, Magnetische Flussdichte, Magnetische Feldstärke, Permeabilität

In dieser Aufgabe soll die magnetische Flussdichte eines stromdurchflossenen Drahtes mit Hilfe des Ampère'schen Gesetzes im Rahmen der Magnetostatik bestimmt werden. Dazu soll ein unendlich langer zylinderförmiger Draht mit Radius R betrachtet werden, welcher von einer zylindersymmetrischen, stationären Stromverteilung $\boldsymbol{j}(s) \parallel \hat{\boldsymbol{e}}_z$ durchflossen wird. Der Draht soll aus einem linearen Medium mit der Permeabilität μ bestehen.

(a) **(3 Punkte)** Nennen Sie die Maxwell-Gleichungen der Magnetostatik in differentieller Form und wandeln Sie die Gleichung für die Rotation in ihre Integralform um. Zeigen Sie so, dass das Ampère'sche Gesetz

$$\oint_{\mathcal{F}} \mathrm{d}\boldsymbol{r} \cdot \boldsymbol{H}(\boldsymbol{r}) = I_{\mathcal{F}}$$

mit dem durch die Fläche $\mathcal{F}$ fließenden Strom $I_{\mathcal{F}}$ gilt.

(b) **(7 Punkte)** Verwenden Sie, dass die Stromverteilung die Form $\boldsymbol{j}(\boldsymbol{r}) = \Theta(R - s)\, j(s)\, \hat{\boldsymbol{e}}_z$ aufweist und zeigen Sie so, dass außerhalb des Drahtes stets

$$\boldsymbol{B}(\boldsymbol{r}) = \frac{\mu_0 I}{2\pi s}\, \hat{\boldsymbol{e}}_\varphi$$

gilt. Hierbei ist I der durch den Draht fließende Strom.

(c) **(5 Punkte)** Zeigen Sie nun, dass für die magnetische Flussdichte im Inneren des Drahtes der Ausdruck

$$B_\varphi(s) = \frac{\mu}{s} \int_0^s \mathrm{d}s'\, s'\, j(s')$$

gefunden werden kann.

Betrachten Sie für den Rest der Aufgabe die konstante Stromverteilung $j(s) = j_0$.

(d) **(2 Punkte)** Bestimmen Sie j_0, ausgedrückt durch den Radius R des Drahtes, und die Stromstärke I, welche durch den Draht fließt.

(e) **(3 Punkte)** Bestimmen Sie die magnetische Flussdichte und Feldstärke im Inneren des Drahtes als eine Funktion von s.

(f) **(5 Punkte)** Bewerten Sie, ob die Stetigkeitsbedingungen für die magnetische Flussdichte und Feldstärke erfüllt sind.

Aufgabe 3   25 *Punkte*

Polarisation einer Kugel im homogenen elektrischen Feld

Schlagwörter:
Elektrostatik, Elektrisches Feld, Polarisation, Elektrisches Potential, Dipol, Ladungsdichte, Dielektrizität, Legendre-Polynome

In dieser Aufgabe wird eine Kugel mit Radius R und der Dielektrizität $\varepsilon > \varepsilon_0$ betrachtet. Die Kugel soll in einem äußeren Feld $\boldsymbol{E}_0 = E_0\,\hat{\boldsymbol{e}}_z$ eingebracht werden.

(a) **(6 Punkte)** Stellen Sie alle Randbedingungen für das Potential im vorliegenden Problem auf und drücken Sie das Potential innerhalb ϕ_i und außerhalb ϕ_a der Kugel durch eine Reihenentwicklung in Legendre-Polynomen aus.

(b) **(7 Punkte)** Nutzen Sie die Randbedingungen, um die Koeffizienten der Entwicklung festzulegen und zeigen Sie so, dass das Potential innerhalb der Kugel durch

$$\phi_\mathrm{i}(\boldsymbol{r}) = -\frac{3\varepsilon_0}{\varepsilon + 2\varepsilon_0} E_0 r \cos(\theta)$$

gegeben ist, während das Potential außerhalb der Kugel

$$\phi_\mathrm{a}(\boldsymbol{r}) = -E_0 r \cos(\theta) \left(1 - \frac{\varepsilon - \varepsilon_0}{\varepsilon + 2\varepsilon_0} \left(\frac{R}{r}\right)^3\right)$$

lautet.

(c) **(3 Punkte)** Bestimmen Sie mit dem Ergebnis aus Teilaufgabe (b) das elektrische Feld und prüfen Sie, ob dieses für $r \to \infty$ gegen $\boldsymbol{E}_0$ geht.

(d) **(3 Punkte)** Bestimmen Sie die Polarisation der Kugel und daraus die Polarisationsladungsdichte im Inneren der Kugel sowie auf der Kugeloberfläche.

(e) **(3 Punkte)** Welches Dipolmoment $\boldsymbol{p} = p_0\,\hat{\boldsymbol{e}}_z$ weist die Kugel auf? Verfügt Sie über weitere Multipolmomente?

(f) **(3 Punkte)** Nehmen Sie an, das äußere Feld $\boldsymbol{E}_0$ würde abgeschaltet werden, die Polarisation der Kugel aber erhalten bleiben. Welches elektrische Feld würde sich außerhalb der Kugel einstellen? Drücken Sie Ihr Ergebnis in Kugelkoordinaten und durch das Dipolmoment p_0 aus Teilaufgabe (e) aus.

Aufgabe 4   **25 *Punkte***

TEM-Moden am Hohlraumwellenleiter

Schlagwörter:
Maxwell-Gleichungen, Vektoranalysis, Elektromagnetische Wellen, Randwertproblem, Stetigkeitsbedingungen, Felder in Materie, Wellenleiter

In dieser Aufgabe soll die Ausbreitung elektromagnetischer Wellen in einem Hohlraumwellenleiter betrachtet werden. Das bedeutet, ein Raumbereich wird durch einen in die z-Richtung unendlich ausgedehnten, perfekten Leiter umschlossen. Zunächst werden dazu Felder in perfekten Leitern untersucht.

(a) **(2 Punkte)** Stellen Sie die Maxwell-Gleichungen innerhalb des Leiters mit konstanter Permittivität ε, Permeabilität μ und Leitfähigkeit σ auf. Zeigen Sie, dass daraus ein exponentieller Zerfall der freien Ladungsdichte ρ folgt. Welche freie Ladungsdichte kann demnach für einen perfekten Leiter $\sigma \to \infty$ angesetzt werden?

(b) **(5 Punkte)** Zeigen Sie nun, dass eine elektromagnetische Welle, die auf einen guten Leiter trifft, mit der Eindringtiefe exponentiell abfällt. Untersuchen Sie hier wieder den Grenzfall eines perfekten Leiters. Welche Annahme lässt sich daher über die Felder in perfekten Leitern treffen?

(c) **(2 Punkte)** Verwenden Sie die allgemeinen, homogenen Maxwell-Gleichungen, um zu zeigen, dass beim Übergang zu einem perfekten Leiter die Tangentialkomponente der elektrischen Feldstärke und die Normalkomponente der magnetischen Flussdichte verschwinden.

Als nächstes soll eine elektromagnetische Welle im durch den Leiter umschlossenen Hohlraum untersucht werden. Bei diesem Hohlraum soll es sich um ein Vakuum ohne freie Ladungen und Ströme handeln.

(d) **(6 Punkte)** Stellen Sie die Maxwell-Gleichungen für die elektrische Feldstärke und die magnetische Flussdichte sowie die entsprechenden Randbedingungen auf. Machen Sie den Ansatz

$$\boldsymbol{E} = \boldsymbol{E}_0(x,y)\,\mathrm{e}^{\mathrm{i}(k_z z - \omega t)} \qquad \boldsymbol{B} = \boldsymbol{B}_0(x,y)\,\mathrm{e}^{\mathrm{i}(k_z z - \omega t)}$$

und zeigen Sie, dass

$$\mathrm{i}\omega \boldsymbol{B}_0 = \boldsymbol{\nabla} \times \boldsymbol{E}_0 + \mathrm{i}k_z\,\hat{\boldsymbol{e}}_z \times \boldsymbol{E}_0$$

$$-\frac{\mathrm{i}\omega}{c^2}\boldsymbol{E}_0 = \boldsymbol{\nabla} \times \boldsymbol{B}_0 + \mathrm{i}k_z\,\hat{\boldsymbol{e}}_z \times \boldsymbol{B}_0$$

gelten muss.

(e) **(5 Punkte)** Zeigen Sie, dass sich eine TEM-Mode, das heißt $B_{0z}, E_{0z} = 0$ nicht in einem Hohlraumwellenleiter ausbreiten kann. Zeigen Sie dafür zunächst, dass sowohl die Rotation wie auch die Divergenz von $\boldsymbol{E}_0$ verschwinden. Kombinieren Sie diese

Erkenntnis mit den Randbedingungen aus Teilaufgabe (d).
Hinweis: Sie dürfen das Maximumsprinzip harmonischer Funktionen ohne Beweis verwenden.

(f) **(5 Punkte)** Verwenden Sie die Ergebnisse aus Teilaufgabe (d), um am Beispiel einer Komponente zu zeigen, dass sich im Fall $\omega^2 \neq k_z^2 c^2$ die Komponenten E_{0x}, E_{0y}, B_{0x} und B_{0y} vollständig durch E_{0z} und B_{0z} bestimmen lassen. Welche Differentialgleichung müssen E_{0z} und B_{0z} erfüllen?

8.2 Hinweise zur Klausur VIII – Elektrodynamik – Mittel

Aufgabe 1 - Kurzfragen

(a) Wie können Kreuzprodukte, Skalarprodukte, Rotationen und Divergenzen in der Indexschreibweise ausgedrückt werden?

(b) Wie ist das Viererpotential definiert? Wie sind die kontravarianten Komponenten der Ableitungen definiert? Wie ist der Feldstärketensor definiert?

(c) Wie lässt sich die Rotation der magnetischen Feldstärke noch ausdrücken? Was passiert, wenn die entsprechende Gleichung über eine rechteckige Fläche integriert wird, die teilweise in beiden Medien liegt?

(d) Was besagt der Maschensatz? Was passiert, wenn das Ohm'sche Gesetz $U_R = R \cdot I_R$ und der Zusammenhang von Spannung und Änderung der Stromstärke an einer Spule $U_L = L \cdot \dot{I}_l$ verwendet werden? Welche Lösung würde sich ergeben, wenn $U_0 = 0$ wäre? Wieso lässt sich die vollständige Differentialgleichung dann lösen, indem eine Konstante auf die entsprechende Lösung addiert wird? Wie schränkt die Anfangsbedingung $I(0) = 0$ die auftretenden Konstanten ein?

(e) Wie lässt sich das Integral

$$E(r) = \frac{1}{4\pi\varepsilon_0} \iiint \mathrm{d}^3 r'\, \rho(r') \frac{r - r'}{|r - r'|^3}$$

im Falle einer Flächenladungsdichte ausdrücken? Wie kann die Substitution $u = z^2 + s'^2$ helfen, das Integral auszuwerten? Welcher Form entspricht die mit Ladung gefüllte Fläche? Wie kann demnach die Flächenladungsdichte σ_0 ausgedrückt werden?

Aufgabe 2 - Magnetfeld am ausgedehnten Draht

(a) Was passiert, wenn die Maxwell-Gleichung

$$\nabla \times H = j$$

über eine Oberfläche $\mathcal{F}$ integriert wird? Wie lautet der Integralsatz von Stokes?

(b) Was passiert, wenn als Fläche $\mathcal{F}$ eine Kreisscheibe in der xy-Ebene mit Radius r gewählt wird? Wie lauten in diesem Fall das Oberflächenelement und das Linienelement für den Rand? Wieso ist $H_\varphi(r)$ von z und φ unabhängig? Wie kann der Zusammenhang zwischen B und H in einem linearen Medium genutzt werden, um die magnetische Flussdichte zu bestimmen?

(c) Was passiert mit der Theta-Funktion, wenn eine Kreisscheibe mit $r < R$ betrachtet wird? Wie lässt sich so zeigen, dass der Strom durch die Kreisscheibe durch

$$I_{\mathcal{F}} = 2\pi \int_0^r \mathrm{d}s\, s\, j(s)$$

zu bestimmen ist?

(d) Wie lässt sich das Integral

$$I_{\mathcal{F}} = 2\pi \int_0^r \mathrm{d}s \; s \, j(s)$$

verwenden, um mit der gegebenen Stromdichte die Gesamtstromstärke zu ermitteln?

(e) Wie lässt sich durch Auswerten der vorliegenden Integrale zeigen, dass die magnetische Flussdichte im Inneren linear mit s ansteigt?

(f) Sind die Tangentialkomponente der magnetischen Feldstärke und die Normalkomponente der magnetischen Flussdichte erhalten?

Aufgabe 3 - Polarisation einer Kugel im homogenen elektrischen Feld

(a) Wie lässt sich das Potential ϕ_0 des äußeren Feldes $\boldsymbol{E}_0$ in Kugelkoordinaten ausdrücken? Handelt es sich bei dem gesuchten Potential ϕ um eine stetige Funktion? Wie lauten die Stetigkeitsbedingungen für die dielektrische Verschiebung an einer Grenzfläche? Wieso kann die allgemeine Lösung der Laplace-Gleichung bei einer vorliegenden Zylindersymmetrie

$$\phi(r,\theta) = \sum_{l=0}^{\infty} \left(A_l r^l + \frac{B_l}{r^{l+1}} \right) P_l(\cos(\theta))$$

als Ansatz für das Potential innerhalb und außerhalb der Kugel verwendet werden?

(b) Sie sollten die Ansätze

$$\phi_{\mathrm{i}}(r,\theta) = \sum_{l=0}^{\infty} A_l r^l P_l(\cos(\theta))$$

$$\phi_{\mathrm{a}}(r,\theta) = -E_0 r \cos(\theta) + \sum_{l=0}^{\infty} \frac{B_l}{r^{l+1}} P_l(\cos(\theta))$$

verwenden und die Stetigkeitsbedingungen einsetzen. Warum sind die Koeffizienten nur für $l = 1$ nicht null?

(c) Wie hängen das elektrische Feld und das elektrische Potential miteinander zusammen? Sie sollten im Inneren das Feld

$$\boldsymbol{E}_{\mathrm{i}} = \frac{3\varepsilon_0}{\varepsilon + 2\varepsilon_0} E_0 \, \hat{\boldsymbol{e}}_z$$

finden.

(d) Wie hängen die Polarisation und das elektrische Feld innerhalb der Kugel miteinander zusammen? Wie lassen sich aus $\nabla \cdot \boldsymbol{P}$ und $\hat{\boldsymbol{e}}_r \cdot \boldsymbol{P}$ die Polarisationsladungsdichten in der Kugel und auf deren Oberfläche bestimmen?

(e) Wie hängen Polarisation und Dipolmomente zusammen? Wie ließe sich das Dipolmoment über die Polarisationsladungsdichten bestimmen? Was passiert, wenn die Dipolladungsdichte in Kugelflächenfunktionen ausgedrückt wird? Welche sphärischen Multipolmomente wären demnach nicht verschwindend?

(f) Das Feld eines Dipols kann durch

$$E = \frac{1}{4\pi\varepsilon_0} \frac{3(\boldsymbol{p} \cdot \hat{\boldsymbol{e}}_r)\hat{\boldsymbol{e}}_r - \boldsymbol{p}}{r^3}$$

bestimmt werden. Welcher Teil des Feldes $\boldsymbol{E}_{\mathrm{a}}$ beschreibt das äußere Feld und welcher wird durch die polarisierte Kugel verursacht?

Aufgabe 4 - TEM-Moden am Hohlraumwellenleiter

(a) Welcher Zusammenhang besteht nach dem Ohm'schen Gesetz zwischen $\boldsymbol{j}$ und $\boldsymbol{E}$? Was passiert, wenn die Divergenz der Rotation von $\boldsymbol{H}$ gebildet wird?

(b) Was passiert, wenn die Rotation der Rotation der elektrischen Feldstärke gebildet wird? Verwenden Sie, dass in einem guten Leiter Terme mit Leitfähigkeit Termen mit Zeitableitungen überlegen sind. Wieso ist das elektrische Feld in einem perfekten Leiter dann verschwindend? Was für eine Aussage kann dann über die räumlichen wie zeitlichen Ableitungen der magnetischen Flussdichte getroffen werden?

(c) Was passiert, wenn die Divergenz der magnetischen Flussdichte über ein quaderförmiges Volumen integriert wird, das die Grenzschicht enthält und zwei zur Grenzschicht parallele Flächen aufweist? Was passiert, wenn die Rotation der elektrischen Feldstärke über eine kleine Fläche senkrecht zur Grenzschicht mit zwei zur Grenzschicht parallelen Kanten integriert wird? Welchen Einfluss hat die Bedingung einer physikalischen, also nicht unendlich großen magnetischen Flussdichte auf diese Betrachtung?

(d) Was passiert, wenn die zeitliche Ableitung, die Divergenz und die Rotation der Felder aus dem Ansatz bestimmt werden? Was ergibt sich, wenn sie in die Maxwell-Gleichungen für die Rotation eingesetzt werden?

(e) Wieso kann $\boldsymbol{E}_0$ im Fall einer TEM-Mode als zweidimensionales Vektorfeld aufgefasst werden? Wieso lässt sich $\boldsymbol{E}_0$ daher durch ein skalares Potential $\phi(x, y)$ ausdrücken? Handelt es sich bei ϕ um eine harmonische Funktion, erfüllt sie also die Laplace-Gleichung in zwei Dimensionen? Wieso ist ϕ konstant auf dem Rand des betrachteten Gebiets, also an der Grenzfläche zum elektrischen Leiter? Was folgt demnach mit dem Maximumsprinzip harmonischer Funktionen? Das Maximumsprinzip harmonischer Funktionen besagt, dass diese bei stetigen Werten auf dem Rand eines Gebiets ihre Maxima und Minima nur auf dem Rand des betrachteten Gebiets annehmen können.

(f) Welche vier Gleichungen lassen sich aus den x- und y-Komponenten der Rotation der Felder $\boldsymbol{E}$ und $\boldsymbol{B}$ gewinnen? Wie kann dies als lineares Gleichungssystem geschrieben werden? Was ziehen die Wellengleichungen $\Box E = 0$ und $\Box B = 0$ für $\boldsymbol{E}_0$ und $\boldsymbol{B}_0$ nach sich? Wie sieht dies explizit für die jeweiligen z-Komponenten aus?

8.3 Lösung zur Klausur VIII – Elektrodynamik – Mittel

Aufgabe 1   **25 Punkte**
Kurzfragen

(a) **(5 Punkte)** Zeigen Sie, dass für zwei stetig differenzierbare Vektorfelder $\boldsymbol{A}$ und $\boldsymbol{B}$ der Zusammenhang

$$\nabla \cdot (\boldsymbol{A} \times \boldsymbol{B}) = \boldsymbol{B} \cdot (\nabla \times \boldsymbol{A}) - \boldsymbol{A} \cdot (\nabla \times \boldsymbol{B})$$

gültig ist.

Lösungsvorschlag:
Wird das Kreuzprodukt in der Index-Schreibweise mit dem Levi-Civita-Symbol

$$(\boldsymbol{A} \times \boldsymbol{B})_i = \epsilon_{ijk} A_j B_k$$

ausgeschrieben und die Indexschreibweise der Divergenz

$$\nabla \cdot \boldsymbol{C} = \partial_i C_i$$

verwendet, so kann zunächst der Ausdruck

$$\nabla \cdot (\boldsymbol{A} \times \boldsymbol{B}) = \partial_i(\epsilon_{ijk} A_j B_k) = \epsilon_{ijk} \partial_i (A_j B_k)$$

gefunden werden. Hierauf kann die Produktregel angewendet werden, um

$$\nabla \cdot (\boldsymbol{A} \times \boldsymbol{B}) = \epsilon_{ijk} B_k \partial_i A_j + \epsilon_{ijk} A_j \partial_i B_k$$

zu erhalten. Durch passendes Vertauschen der Indizes im Levi-Civita-Symbol lässt sich dies weiter auf

$$\nabla \cdot (\boldsymbol{A} \times \boldsymbol{B}) = B_k \epsilon_{kij} \partial_i A_j - A_j \epsilon_{jik} \partial_i B_k$$

umformen. Die Ableitungsterme können mit dem Levi-Civita-Symbol zu Rotationen zusammengefasst und durch Skalarprodukte als

$$\nabla \cdot (\boldsymbol{A} \times \boldsymbol{B}) = B_k (\nabla \times \boldsymbol{A})_k - A_j (\nabla \times \boldsymbol{B})_j = \boldsymbol{B} \cdot (\nabla \times \boldsymbol{A}) - \boldsymbol{A} \cdot (\nabla \times \boldsymbol{B})$$

ausgedrückt werden. Damit ist der gesuchte Zusammenhang gezeigt.

(b) **(5 Punkte)** Betrachten Sie die Eichtransformation der Potentiale

$$\phi \to \phi + \partial_t \Lambda \qquad \boldsymbol{A} \to \boldsymbol{A} - \nabla \Lambda$$

mit einer zweimal stetig differenzierbaren Funktion Λ und finden Sie das Transformationsverhalten des Viererpotentials A^μ. Zeigen Sie dann, dass der Feldstärketensor $F_{\mu\nu}$ unter Eichtransformationen invariant ist.

Lösungsvorschlag:

Zunächst ist festzustellen, dass die kontravarianten Komponenten des Viererpotentials durch

$$A^\mu = \begin{pmatrix} \phi/c \\ \boldsymbol{A} \end{pmatrix}$$

gegeben sind. Werden hierin die gegebenen Transformationen eingesetzt, so kann das neue Viererpotential

$$A'^\mu = \begin{pmatrix} \frac{\phi}{c} + \frac{1}{c}\partial_t \Lambda \\ \boldsymbol{A} - \nabla\Lambda \end{pmatrix} = \begin{pmatrix} \phi/c \\ \boldsymbol{A} \end{pmatrix} + \begin{pmatrix} \frac{1}{c}\partial_t \\ -\nabla \end{pmatrix} \Lambda$$

ermittelt werden. Da die kontravarianten Komponenten des Ableitungsoperators aufgrund von

$$\partial^\mu x_\nu = \frac{\partial x_\nu}{\partial x_\mu} = \delta^\mu_\nu \quad \text{mit} \quad x_\nu = \begin{pmatrix} ct & -\boldsymbol{r}^T \end{pmatrix}$$

aber durch

$$\partial^\mu = \begin{pmatrix} \frac{1}{c}\partial_t \\ -\nabla \end{pmatrix}$$

gegeben sind, lässt sich der gefundene Zusammenhang auch durch

$$A'^\mu = A^\mu + \partial^\mu \Lambda$$

ausdrücken. Entsprechend kann auch der kovariante Ausdruck

$$A'_\mu = A_\mu + \partial_\mu \Lambda$$

gefunden werden. Der Feldstärketensor ist durch

$$F_{\mu\nu} = \partial_\mu A_\nu - \partial_\nu A_\mu$$

gegeben, womit er sich unter der Eichtransformation gemäß

$$F'_{\mu\nu} = \partial_\mu A'_\nu - \partial_\nu A'_\mu = \partial_\mu(A_\nu + \partial_\nu \Lambda) - \partial_\nu(A_\mu + \partial_\mu \Lambda)$$
$$= \partial_\mu A_\nu - \partial_\nu A_\mu + \partial_\mu \partial_\nu \Lambda - \partial_\nu \partial_\mu \Lambda$$

verändert. Da Λ zweimal stetig differenzierbar sein soll, ist der Satz von Schwarz gültig und die partiellen Ableitungen dürfen vertauscht werden. Damit sind die letzten beiden Terme gleich und heben sich auf. Daher ist insgesamt das Transformationsverhalten

$$F'_{\mu\nu} = \partial_\mu A_\nu - \partial_\nu A_\mu = F_{\mu\nu}$$

gültig und der Feldstärketensor ändert sich nicht unter Eichtransformationen. Da er die physikalischen Felder beinhaltet und die Eichtransformationen diese unverändert lassen, war dieses Ergebnis auch zu erwarten.

(c) **(5 Punkte)** Zeigen Sie, dass die Tangentialkomponente der magnetischen Feldstärke H an einer Grenzfläche erhalten ist, falls keine freien Ströme auftreten.

Lösungsvorschlag:
Für die Stetigkeitsbedingung der magnetischen Feldstärke kann von der Maxwell-Gleichung

$$\nabla \times H = j_{\mathrm{f}} + \partial_t D = \partial_t D$$

ausgegangen werden. Hierbei wurde bereits verwendet, dass keine freien Ströme auftreten sollen. Diese Gleichung kann nun über eine rechteckige Fläche $\mathcal{F}$ integriert werden. Diese sollte so ausgerichtet sein, dass zwei ihrer Seiten der Länge l jeweils im Abstand h parallel zur Grenzfläche verlaufen und die beiden anderen Seiten die Grenzfläche senkrecht durchstoßen. Mit dem Satz von Stokes lässt sich dies dann durch

$$\iint_{\mathcal{F}} \mathrm{d}^2 f \cdot (\nabla \times H) = \oint_{\partial\mathcal{F}} \mathrm{d}r \cdot H = \iint_{\mathcal{F}} \mathrm{d}^2 f \cdot \partial_t D$$

ausdrücken. Wird die Länge l klein genug gewählt, wird sich die magnetische Feldstärke entlang der beiden Seiten parallel zur Grenzfläche nicht verändern, wohl aber entlang der Seiten, welche die Grenzfläche durchstoßen. Die Länge $2h$ dieser Seiten kann aber gegen null gebracht werden, so dass sie keinen Beitrag zum Umlaufintegral leisten werden. Auf diese Weise kann

$$\oint_{\partial\mathcal{F}} \mathrm{d}r \cdot H \approx l \cdot (H_1 - H_2)$$

gefunden werden. Auf der rechten Seite ist die Fläche unabhängig von der Zeit, so dass sich das verbleibende Integral durch

$$\iint_{\mathcal{F}} \mathrm{d}^2 f \cdot \partial_t D = \partial_t \iint_{\mathcal{F}} \mathrm{d}^2 f \cdot D$$

ausdrücken lässt. Da die elektrische Flussdichte mit der elektrischen Feldstärke direkt zusammenhängt, in einem isotropen Medium sogar linear, und die elektrische Feldstärke keine unendlich großen Werte annehmen darf, darf auch die elektrische Flussdichte keinen unendlichen Wert annehmen. Da die Länge $2h$ gegen null gebracht wurde, ist die zu integrierende Fläche ebenfalls null. Da die elektrische Flussdichte keinen unendlichen Wert annimmt, wird das entsprechende Integral ebenfalls null werden, so dass

$$l \cdot (H_1 - H_2) = 0$$

gilt. Damit sind die beiden Tangentialkomponenten gleich und somit beim Übergang über die Grenzfläche erhalten.

(d) **(5 Punkte)** Betrachten Sie eine Spule der Induktivität L, die mit einem Widerstand R in Reihe geschaltet ist. Beide werden an die Spannungsquelle U_0 angeschlossen.

Stellen Sie eine Differentialgleichung des vorliegenden Schaltkreises auf und finden Sie den Strom $I_L(t)$ an der Spule als eine Funktion der Zeit.

Lösungsvorschlag:
Laut dem Maschensatz muss die Summe aller Quellspannungen gleich der Summe aller Bauteilspannungen innerhalb einer Masche sein. Da die Spule und der Widerstand in Reihe geschaltet sind, befinden sie sich in der gleichen Masche und es kann entsprechend der Zusammenhang

$$U_0 = U_R + U_L$$

aufgestellt werden. Hierin bezeichnet U_R die Spannung am Widerstand und U_L die Spannung an der Spule. An einem Widerstand ist das Ohm'sche Gesetz $U_R = R \cdot I_R$ gültig, während an einer Spule $U_L = L \cdot \dot{I}_L$ gilt. Da die Spule und der Widerstand in Reihe geschaltet sind, durchfließt sie der gleiche Strom I, so dass die Differentialgleichung auf

$$U_0 = R \cdot I + L \cdot \dot{I} \quad \Rightarrow \quad \dot{I} = -\frac{R}{L}I + \frac{U_0}{L}$$

umgeformt werden kann. Wäre $U_0 = 0$, so wäre die Lösung der Differentialgleichung durch

$$I = \hat{I}\,\mathrm{e}^{-\frac{R}{L}t}$$

mit der Integrationskonstante $\hat{I}$ gegeben. Da aber noch der konstante Term $\frac{U_0}{L}$ auftritt, muss auf den bisherigen Ansatz von I ebenfalls eine Konstante K addiert werden. Diese kann auf der rechten Seite den Term mit U_0 aufheben, während sie auf der linken Seite wegen der Ableitung nicht auftritt. Dementsprechend kann der Ansatz

$$I(t) = \hat{I}\,\mathrm{e}^{-\frac{R}{L}t} + K$$

gemacht werden. Um die Konstante K zu bestimmen, muss I in die Differentialgleichung eingesetzt werden. Zu diesem Zweck kann zunächst die Ableitung

$$\dot{I} = -\frac{R}{L}\hat{I}\,\mathrm{e}^{-\frac{R}{L}t}$$

gebildet werden, die dann mittels

$$\hat{I}\,\mathrm{e}^{-\frac{R}{L}t} = I - K \quad \Rightarrow \quad \dot{I} = -\frac{R}{L}(I - K)$$

wieder durch I ausgedrückt werden kann. Ein Vergleich mit der Differentialgleichung

$$\dot{I} = -\frac{R}{L}I + \frac{R}{L}K \stackrel{!}{=} -\frac{R}{L}I + \frac{U_0}{L}$$

zeigt, dass die Konstante durch

$$\frac{R}{L}K = \frac{U_0}{L} \quad \Rightarrow \quad K = \frac{U_0}{R}$$

gegeben sein muss. Die Größe $\hat{I}$ kann nun aus den Anfangsbedingungen bestimmt werden. Zum Zeitpunkt $t = 0$ wurde die Spule nämlich noch nicht an die Spannungsquelle angeschlossen und deshalb muss $I(0) = 0$ gelten. Wird diese Bedingung eingesetzt, so kann mittels

$$I(0) = \hat{I}\,\mathrm{e}^{-\frac{R}{L}\cdot 0} + \frac{U_0}{R} = \hat{I} + \frac{U_0}{R} \stackrel{!}{=} 0$$

die Konstante

$$\hat{I} = -\frac{U_0}{R}$$

gefunden werden. Insgesamt ist die Stromstärke an der Spule also durch

$$I(t) = \frac{U_0}{R}\left(1 - \mathrm{e}^{-\frac{R}{L}t}\right)$$

gegeben.

(e) **(5 Punkte)** Betrachten Sie eine unendlich ausgedehnte Platte mit der Oberflächenladungsdichte $\sigma(s) = \sigma_0\Theta(R - s)$ und der Gesamtladung Q. Bestimmen Sie die elektrische Feldstärke $\boldsymbol{E}$ auf der z-Achse und drücken Sie Ihr Ergebnis durch Q, R und z aus.

Lösungsvorschlag:
Das elektrische Feld kann ohne weitere Randbedingungen durch

$$\boldsymbol{E}(\boldsymbol{r}) = \frac{1}{4\pi\varepsilon_0} \iiint \mathrm{d}^3 r'\, \rho(\boldsymbol{r}') \frac{\boldsymbol{r} - \boldsymbol{r}'}{|\boldsymbol{r} - \boldsymbol{r}'|^3}$$

bestimmt werden. Da eine Flächenladungsdichte vorliegt, kann das Integral auf ein Integral in der xy-Ebene

$$\boldsymbol{E}(\boldsymbol{r}) = \frac{1}{4\pi\varepsilon_0} \iint \mathrm{d}^2 r'\, \sigma(\boldsymbol{r}') \frac{\boldsymbol{r} - \boldsymbol{r}'}{|\boldsymbol{r} - \boldsymbol{r}'|^3}$$

reduziert werden. Da die betrachtete Ladungsverteilung symmetrisch unter Drehungen um die z-Achse ist, lohnt es sich, das Problem durch Zylinderkoordinaten zu beschreiben. Der Vektor $\boldsymbol{r}'$ liegt in der xy-Ebene und wird daher durch $\boldsymbol{r}' = s'\,\hat{\boldsymbol{e}}_{s'}$ beschrieben. Es soll nur das elektrische Feld auf der z-Achse untersucht werden, so dass der Vektor $\boldsymbol{r}$ allein durch $\boldsymbol{r} = z\,\hat{\boldsymbol{e}}_z$ gegeben ist. Damit lässt sich das Integral durch

$$\boldsymbol{E}(z\,\hat{\boldsymbol{e}}_z) = \frac{1}{4\pi\varepsilon_0} \int\limits_0^{2\pi} \mathrm{d}\varphi \int\limits_0^{\infty} \mathrm{d}s'\, s'\sigma(s') \frac{z\,\hat{\boldsymbol{e}}_z - s'\hat{\boldsymbol{e}}_{s'}}{(z^2 + s'^2)^{3/2}}$$

ausdrücken. Da die Größe φ' nur in $\hat{\boldsymbol{e}}_{s'}$ in Form von trigonometrischen Funktionen auftaucht, wird das Integral von $\hat{\boldsymbol{e}}_{s'}$ über φ' verschwinden, während es für alle anderen

Terme einen Faktor 2π ergibt, womit sich das Integral bereits auf

$$E(z\,\hat{\boldsymbol{e}}_z) = \frac{z\,\hat{\boldsymbol{e}}_z}{2\varepsilon_0} \int\limits_0^\infty \mathrm{d}s' \; \frac{s'\sigma(s')}{(z^2 + s'^2)^{3/2}}$$

vereinfachen lässt. Die konkrete Form der Flächenladungsdichte $\sigma(s') = \sigma_0\Theta(R - s')$ sorgt dafür, dass die obere Grenze des Integrals auf R gesetzt wird, womit sich

$$E(z\,\hat{\boldsymbol{e}}_z) = \frac{\sigma_0}{2\varepsilon_0} z\,\hat{\boldsymbol{e}}_z \int\limits_0^R \mathrm{d}s' \; \frac{s'}{(z^2 + s'^2)^{3/2}}$$

ergibt. Mit der Substitution $u = s'^2 + z^2$ und dem daraus resultierenden Differential $\mathrm{d}u = 2s'\,\mathrm{d}s'$ sowie den neuen Grenzen z^2 und $z^2 + R^2$ kann das Integral gemäß

$$E(z\,\hat{\boldsymbol{e}}_z) = \frac{\sigma_0}{2\varepsilon_0} z\,\hat{\boldsymbol{e}}_z \frac{1}{2} \int\limits_{z^2}^{z^2+R^2} \mathrm{d}u \; \frac{1}{u^{3/2}} = \frac{\sigma_0}{2\varepsilon_0} z\,\hat{\boldsymbol{e}}_z \frac{1}{2} \left[-2\frac{1}{\sqrt{u}} \right]_{z^2}^{z^2+R^2}$$

$$= \frac{\sigma_0}{2\varepsilon_0} z \left(\frac{1}{\sqrt{z^2}} - \frac{1}{\sqrt{z^2 + R^2}} \right) \hat{\boldsymbol{e}}_z = \frac{\sigma_0}{2\varepsilon_0} \left(\frac{z}{|z|} - \frac{z}{\sqrt{z^2 + R^2}} \right) \hat{\boldsymbol{e}}_z$$

ausgewertet werden. Da sich die Ladung Q auf einen Kreis mit Fläche πR^2 verteilt, kann die konstante Flächenladungsdichte auch durch $\sigma_0 = \frac{Q}{\pi R^2}$ ausgedrückt werden. Entsprechend ist das elektrische Feld durch

$$E(z\,\hat{\boldsymbol{e}}_z) = \frac{Q}{2\pi R^2 \varepsilon_0} \left(\frac{z}{|z|} - \frac{z}{\sqrt{z^2 + R^2}} \right) \hat{\boldsymbol{e}}_z$$

gegeben.

Nicht gefragt:
Wird die Flächenladungsdichte σ_0 konstant gehalten und R gegen unendlich geschickt, ergibt sich

$$E(z\,\hat{\boldsymbol{e}}_z) = \frac{\sigma_0}{2\varepsilon_0} \frac{z}{|z|} \hat{\boldsymbol{e}}_z$$

als bekanntes Ergebnis des elektrischen Feldes über einer unendlich weit ausgedehnten Platte mit konstanter Flächenladungsdichte. Wird hingegen die Ladung Q konstant gehalten und R gegen null geschickt, so lässt sich zeigen, dass der gefundene Ausdruck gegen

$$E(z\,\hat{\boldsymbol{e}}_z) = \frac{Q}{4\pi\varepsilon_0} \frac{z}{|z|^3} \hat{\boldsymbol{e}}_z$$

strebt. Dieses Ergebnis entspricht dem elektrischen Feld einer Punktladung im Ursprung.

Aufgabe 2 25 *Punkte*

Magnetfeld am ausgedehnten Draht

In dieser Aufgabe soll die magnetische Flussdichte eines stromdurchflossenen Drahtes mit Hilfe des Ampère'schen Gesetzes im Rahmen der Magnetostatik bestimmt werden. Dazu soll ein unendlich langer zylinderförmiger Draht mit Radius R betrachtet werden, welcher von einer zylindersymmetrischen, stationären Stromverteilung $\boldsymbol{j}(s) \parallel \hat{\boldsymbol{e}}_z$ durchflossen wird. Der Draht soll aus einem linearen Medium mit der Permeabilität μ bestehen.

(a) **(3 Punkte)** Nennen Sie die Maxwell-Gleichungen der Magnetostatik in differentieller Form und wandeln Sie die Gleichung für die Rotation in ihre Integralform um. Zeigen Sie so, dass das Ampère'sche Gesetz

$$\oint_{\mathcal{F}} \mathrm{d}\boldsymbol{r} \cdot \boldsymbol{H}(\boldsymbol{r}) = I_{\mathcal{F}}$$

mit dem durch die Fläche $\mathcal{F}$ fließenden Strom $I_{\mathcal{F}}$ gilt.

Lösungsvorschlag:
Die Maxwell-Gleichungen der Magnetostatik in Materie sind durch

$$\nabla \cdot \boldsymbol{B} = 0 \qquad \nabla \times \boldsymbol{H} = \boldsymbol{j}$$

gegeben. Dabei ist $\boldsymbol{B}$ die magnetische Flussdichte und im Falle eines linearen Mediums über $\boldsymbol{H} = \mu \boldsymbol{B}$ mit der magnetischen Feldstärke $\boldsymbol{H}$ verbunden. $\boldsymbol{j}$ ist die Stromdichte der freien Ströme. In der Magnetostatik muss für diese $\nabla \cdot \boldsymbol{j} = 0$ gelten. Die Gleichung für die Rotation lässt sich über eine Oberfläche $\mathcal{F}$ integrieren, um so auf der linken Seite

$$\iint_{\mathcal{F}} \mathrm{d}^2\boldsymbol{f} \cdot \boldsymbol{j} = I_{\mathcal{F}}$$

zu erhalten. Da die Stromdichte über die Fläche integriert wird, wird damit der Strom durch die Oberfläche $\mathcal{F}$ bestimmt. Beim Integral auf der linken Seite lässt sich der Integralsatz von Stokes verwenden, um

$$\iint_{\mathcal{F}} \mathrm{d}^2\boldsymbol{f} \cdot (\nabla \times \boldsymbol{H}) = \oint_{\partial\mathcal{F}} \mathrm{d}\boldsymbol{r} \cdot \boldsymbol{H}(\boldsymbol{r})$$

zu finden. Das verbleibende Integral wird über die Begrenzung der Fläche ausgeführt und addiert die Tangentialkomponenten der magnetischen Feldstärke auf. Zusammen kann so der gesuchte Ausdruck

$$\oint_{\mathcal{F}} \mathrm{d}\boldsymbol{r} \cdot \boldsymbol{H}(\boldsymbol{r}) = I_{\mathcal{F}}$$

gefunden werden.

(b) **(7 Punkte)** Verwenden Sie, dass die Stromverteilung die Form $\boldsymbol{j}(\boldsymbol{r}) = \Theta(R - s)\, j(s)\, \hat{\boldsymbol{e}}_z$ aufweist und zeigen Sie so, dass außerhalb des Drahtes stets

$$\boldsymbol{B}(\boldsymbol{r}) = \frac{\mu_0 I}{2\pi s}\,\hat{\boldsymbol{e}}_\varphi$$

gilt. Hierbei ist I der durch den Draht fließende Strom.

Lösungsvorschlag:
Zunächst lässt sich die rechte Seite des Ampère'schen Gesetzes auswerten. Als Oberfläche bietet es sich hier an, eine Kreisscheibe parallel zur xy-Ebene mit ihrem Mittelpunkt auf der z-Achse und einem Radius $r > R$ zu wählen. Da die Situation vollkommen unabhängig von z ist, kann die Kreisscheibe in die xy-Ebene gelegt werden. Das Oberflächenelement ist daher durch $\mathrm{d}^2\boldsymbol{f} = s\,\mathrm{d}s\,\mathrm{d}\varphi\,\hat{\boldsymbol{e}}_z$ gegeben. Somit kann der Strom

$$I_{\mathcal{F}} = \iint_{\mathcal{F}} \mathrm{d}^2\boldsymbol{f} \cdot \boldsymbol{j} = \int_0^r \mathrm{d}s \int_0^{2\pi} \mathrm{d}\varphi\,\Theta(R - s)\, s\, j(s)$$

bestimmt werden. Da $r > R$ gilt, wird die obere Grenze des ersten Integrals auf R beschränkt, so dass sich

$$I_{\mathcal{F}} = \int_0^R \mathrm{d}s \int_0^{2\pi} \mathrm{d}\varphi\,\Theta(R - s)\, s\, j(s) = I$$

ergibt. Damit wird aber nur über die Querschnittsfläche des Drahtes integriert und es handelt sich um die Gesamtstromstärke I, welche durch den Draht fließt. Um die linke Seite auszuwerten, muss das Linienelement $\mathrm{d}\boldsymbol{r} = r\,\mathrm{d}\varphi\,\hat{\boldsymbol{e}}_\varphi$ eingesetzt werden. Dadurch kann das Integral zunächst auf

$$\oint_{\mathcal{F}} \mathrm{d}\boldsymbol{r} \cdot \boldsymbol{H}(\boldsymbol{r}) = \int_0^{2\pi} \mathrm{d}\varphi\, r\,\hat{\boldsymbol{e}}_\varphi \cdot \boldsymbol{H}(\boldsymbol{r}) = r \int_0^{2\pi} \mathrm{d}\varphi\, H_\varphi(\boldsymbol{r})$$

umgeschrieben werden. Da die Stromverteilung sich bei Drehungen um die z-Achse und bei Translationen entlang der z-Achse nicht verändert, müssen auch die magnetischen Felder unter diesen beiden Transformationen unverändert bleiben. Daher kann H_φ nicht von φ und z abhängen. Das Integral kann daher durch

$$r \int_0^{2\pi} \mathrm{d}\varphi\, H_\varphi(\boldsymbol{r}) = r \int_0^{2\pi} \mathrm{d}\varphi\, H_\varphi(r) = 2\pi r\, H_\varphi(r)$$

ausgewertet werden. Durch Gleichsetzen der beiden Seiten kann dann

$$2\pi r\, H_\varphi(r) = I \quad \Rightarrow \quad H_\varphi(r) = \frac{I}{2\pi r}$$

gefunden werden. Da die magnetische Flussdichte und die magnetische Feldstärke über $\boldsymbol{B} = \mu\,\boldsymbol{H}$ zusammenhängen, ist die magnetische Flussdichte außerhalb des Drahtes mit $\mu = \mu_0$ durch

$$B_\varphi(s) = \frac{\mu_0 I}{2\pi s}$$

gegeben. Weder eine z- noch eine s-Komponente werden durch die Stromverteilung im Draht erzeugt, sondern können nur durch das addieren eines konstanten äußeren Feldes eingefügt werden. Daher ist die durch den Draht erzeugte magnetische Flussdichte durch

$$\boldsymbol{B}(\boldsymbol{r}) = \frac{\mu_0 I}{2\pi s}\,\hat{\boldsymbol{e}}_\varphi$$

zu bestimmen.

(c) **(5 Punkte)** Zeigen Sie nun, dass für die magnetische Flussdichte im Inneren des Drahtes der Ausdruck

$$B_\varphi(s) = \frac{\mu}{s} \int\limits_0^s \mathrm{d}s'\, s'\, j(s')$$

gefunden werden kann.

Lösungsvorschlag:
Wieder kann als Oberfläche eine Kreisscheibe in der xy-Ebene mit Radius r gewählt werden. Diesmal soll r allerdings kleiner als R sein. Das Integral für den Strom ist durch

$$I_{\mathcal{F}} = \iint_{\mathcal{F}} \mathrm{d}^2\boldsymbol{f} \cdot \boldsymbol{j} = \int\limits_0^r \mathrm{d}s \int\limits_0^{2\pi} \mathrm{d}\varphi\, \Theta(R - s)\, s\, j(s)$$

gegeben. Da $s < r < R$ gilt, ist die Theta-Funktion stets eins und das Integral kann auf

$$I_{\mathcal{F}} = 2\pi \int\limits_0^r \mathrm{d}s\, s\, j(s)$$

vereinfacht werden. Auf der linken Seite kann wie in der vorangegangenen Teilaufgabe

$$\oint_{\mathcal{F}} \mathrm{d}\boldsymbol{r} \cdot \boldsymbol{H}(\boldsymbol{r}) = 2\pi r H_\varphi(r)$$

gefunden werden. Durch Gleichsetzen und Ausnutzen von $\boldsymbol{B} = \mu\,\boldsymbol{H}$ lässt sich so

$$B_\varphi(r) = \mu H_\varphi(r) = \mu \frac{I_{\mathcal{F}}}{2\pi r} = \frac{\mu}{r} \int\limits_0^r \mathrm{d}s\, s\, j(s)$$

finden. Wird nun s statt r und im Integral s' statt s verwendet, so ergibt sich der gesuchte Ausdruck.

Betrachten Sie für den Rest der Aufgabe die konstante Stromverteilung $j(s) = j_0$.

(d) (**2 Punkte**) Bestimmen Sie j_0, ausgedrückt durch den Radius R des Drahtes, und die Stromstärke I, welche durch den Draht fließt.

Lösungsvorschlag:
Die Gesamtstromstärke I durch den Draht muss sich nach den Erkenntnissen von Teilaufgabe (c) durch das Integral

$$I = 2\pi \int\limits_0^R \mathrm{d}s \; s \, j(s)$$

bestimmen lassen. Mit der Stromstärke $j(s) = j_0$ kann so der Ausdruck

$$I = 2\pi \int\limits_0^R \mathrm{d}s \; s \, j_0 = 2\pi j_0 \frac{1}{2} R^2 = j_0 \, \pi R^2$$

gefunden werden. Weshalb der Zusammenhang

$$j_0 = \frac{I}{\pi R^2}$$

gültig sein muss.

(e) (**3 Punkte**) Bestimmen Sie die magnetische Flussdichte und Feldstärke im Inneren des Drahtes als eine Funktion von s.

Lösungsvorschlag:
Da die magnetische Flussdichte nach den Erkenntnissen von Teilaufgabe (c) durch

$$B_\varphi(s) = \frac{\mu}{s} \int\limits_0^s \mathrm{d}s' \; s' \, j(s')$$

gegeben ist, muss nur das Integral auf der rechten Seite gemäß

$$\int\limits_0^s \mathrm{d}s' \; s' \, \frac{I}{\pi R^2} = \frac{I}{\pi R^2} \int\limits_0^s \mathrm{d}s' \; s' = \frac{I}{2\pi R^2} s^2$$

ausgewertet werden. Eingesetzt in den Ausdruck für die magnetische Flussdichte, kann diese zu

$$B_\varphi(s) = \frac{\mu}{s} \frac{I}{2\pi R^2} s^2 = \frac{\mu I}{2\pi R} \cdot \frac{s}{R}$$

bestimmt werden. Sie steigt also linear innerhalb des Drahtes an. Um die magnetische Feldstärke zu finden, muss einfach μ dividiert werden, um

$$H_\varphi(s) = \frac{I}{2\pi R} \cdot \frac{s}{R}$$

zu erhalten.

(f) **(5 Punkte)** Bewerten Sie, ob die Stetigkeitsbedingungen für die magnetische Flussdichte und Feldstärke erfüllt sind.

Lösungsvorschlag:
Die Stetigkeitsbedingung für die magnetische Feldstärke ist die Erhaltung der Tangentialkomponente an einer Grenzfläche. Die Grenzfläche ist hierbei die Begrenzung des Drahtes und damit die Mantelfläche eines Zylinders. Die Tangentialkomponenten an diesem setzen sich aus der z-Komponente und der φ-Komponente zusammen. Da die magnetische Feldstärke in keinem Fall eine z-Komponente hat, ist diese bereits erhalten. Andererseits ist die φ-Komponente im Inneren durch

$$H_\varphi^{(\mathrm{i})}(s) = \frac{I}{2\pi R} \cdot \frac{s}{R}$$

gegeben, während sie außerhalb durch

$$H_\varphi^{(\mathrm{a})}(s) = \frac{I}{2\pi s}$$

bestimmt wird. An der Grenzfläche ist $s = R$, so dass

$$H_\varphi^{(\mathrm{a})}(R) = \frac{I}{2\pi R} = \frac{I}{2\pi R} \cdot \frac{R}{R} = H_\varphi^{(\mathrm{i})}(R)$$

gilt. Die Stetigkeitsbedingung für die magnetische Feldstärke ist damit erfüllt.
Für die magnetische Flussdichte muss die Normalkomponente erhalten sein. Im Falle einer Zylindermantelfläche als Grenzfläche handelt es sich also um die s-Komponente. Da diese sowohl im Inneren wie auch im Äußeren verschwindet, ist die Stetigkeitsbedingung erfüllt.

Aufgabe 3   25 *Punkte*

Polarisation einer Kugel im homogenen elektrischen Feld

In dieser Aufgabe wird eine Kugel mit Radius R und der Dielektrizität $\varepsilon > \varepsilon_0$ betrachtet. Die Kugel soll in einem äußeren Feld $\boldsymbol{E}_0 = E_0\,\hat{\boldsymbol{e}}_z$ eingebracht werden.

(a) **(6 Punkte)** Stellen Sie alle Randbedingungen für das Potential im vorliegenden Problem auf und drücken Sie das Potential innerhalb ϕ_i und außerhalb ϕ_a der Kugel durch eine Reihenentwicklung in Legendre-Polynomen aus.

Lösungsvorschlag:
Das von Außen angelegte Feld ist durch $\boldsymbol{E}_0 = E_0\,\hat{\boldsymbol{e}}_z$ gegeben und weist daher das Potential

$$\phi_0 = -E_0 z = -E_0 r \cos(\theta)$$

auf. In großer Entfernung zur Kugel $r \gg R$ muss das Potential eben dieses Potential aufweisen, so dass

$$\phi \to -E_0 r \cos(\theta) \quad (r \to \infty)$$

gilt. Dabei wurde z bereits durch $r\cos(\theta)$ ersetzt, um eine spätere Identifikation mit $P_1(\cos(\theta)) = \cos(\theta)$ zu erleichtern.
Als nächstes ist zu beachten, dass es zwei Raumbereiche gibt: jenen Bereich innerhalb der Kugel $r < R$ und jenen Bereich außerhalb der Kugel $r > R$. Genauso wie es für diese Raumbereiche die elektrischen Felder $\boldsymbol{E}_\mathrm{i}$ und $\boldsymbol{E}_\mathrm{a}$ gibt, wird es auch zwei Potentiale ϕ_i und ϕ_a in diesen beiden Bereichen geben. Das Potential ist eine stetige Funktion, so dass die Randbedingung

$$\phi_\mathrm{i}(R, \theta, \varphi) = \phi_\mathrm{a}(R, \theta, \varphi)$$

gültig sein muss. Schlussendlich handelt es sich um eine Grenzfläche zwischen einem Dielektrikum und einem Vakuum. An einem solchen kann für die Normalkomponente der dielektrischen Verschiebung die Bedingung

$$\boldsymbol{n} \cdot (\boldsymbol{D}_\mathrm{a} - \boldsymbol{D}_\mathrm{i}) = \hat{\boldsymbol{e}}_r \cdot (\boldsymbol{D}_\mathrm{a} - \boldsymbol{D}_\mathrm{i}) = \sigma_\mathrm{f}$$

gefunden werden. Da keine freien Ladungen auf der Oberfläche vorliegen und im vorliegenden Fall $\boldsymbol{D}_\mathrm{i} = \varepsilon \boldsymbol{E}_\mathrm{i}$ und $\boldsymbol{D}_\mathrm{a} = \varepsilon_0 \boldsymbol{E}_\mathrm{a}$ gültig sind, kann die Stetigkeitsbedingung

$$\varepsilon\, \hat{\boldsymbol{e}}_r \cdot \boldsymbol{E}_\mathrm{i}\big|_{r=R} = \varepsilon_0\, \hat{\boldsymbol{e}}_r \cdot \boldsymbol{E}_\mathrm{a}\big|_{r=R} \quad \Leftrightarrow \quad \varepsilon \frac{\partial \phi_\mathrm{i}}{\partial r}\bigg|_{r=R} = \varepsilon_0 \frac{\partial \phi_\mathrm{a}}{\partial r}\bigg|_{r=R}$$

gefunden werden.

Im gesamten Problem treten keine freien Ladungen auf und es ist damit klar, dass außerhalb der Kugel für das Potential die Laplace-Gleichung

$$\Delta\phi = 0$$

gelöst werden muss. Es handelt sich bei der Kugel mit der Dielektrizität ε um ein lineares (und isotropes) Medium, weshalb innerhalb der Kugel $\boldsymbol{D} = \varepsilon\,\boldsymbol{E}$ gilt. Da ε innerhalb der Kugel konstant ist, ist dort auch

$$0 = \boldsymbol{\nabla} \cdot \boldsymbol{D}_{\mathrm{i}} = \boldsymbol{\nabla} \cdot (\varepsilon\,\boldsymbol{E}_{\mathrm{i}}) = \varepsilon(\boldsymbol{\nabla} \cdot \boldsymbol{E}_{\mathrm{i}})$$

gültig. Demnach ist auch hier die Laplace-Gleichung zu lösen. Die beiden Lösungen sind durch die Stetigkeitsbedingungen miteinander zu verknüpfen.

Da das äußere Feld entlang der z-Achse ausgerichtet ist, ändert sich nichts an dessen Situation bei einer Drehung um dieselbige. Ebenso kann der Kugelmittelpunkt in den Ursprung gelegt werden, so dass insgesamt eine Zylindersymmetrie auftritt. In diesem Fall kann die Laplace-Gleichung durch

$$\phi(r, \theta) = \sum_{l=0}^{\infty} \left(A_l r^l + \frac{B_l}{r^{l+1}} \right) P_l(\cos(\theta))$$

gelöst werden. Dies kann jeweils als Ansatz für das Potential innerhalb und außerhalb der Kugel angesetzt werden. Im Inneren der Kugel darf es zu keinen Divergenzen für $r \to 0$ kommen, weshalb dort alle Koeffizienten $B_l = 0$ sein müssen. Auf diese Weise kann der Ansatz

$$\phi_{\mathrm{i}}(r, \theta) = \sum_{l=0}^{\infty} A_l r^l P_l(\cos(\theta))$$

gemacht werden. Außerhalb der Kugel darf es ebenso zu keinen Divergenzen für $r \to \infty$ kommen. Daher werden fast alle Koeffizienten A_l null. Allerdings muss für solch große Abstände das Potential die Form $-E_0 r \cos(\theta)$ annehmen. Da dieser Term die benötigte Form für $l = 1$ hat, kann er hinzugenommen werden, so dass das Potential außerhalb der Kugel der Form

$$\phi_{\mathrm{a}}(r, \theta) = -E_0 r \cos(\theta) + \sum_{l=0}^{\infty} \frac{B_l}{r^{l+1}} P_l(\cos(\theta))$$

genügt.

(b) **(7 Punkte)** Nutzen Sie die Randbedingungen, um die Koeffizienten der Entwicklung festzulegen und zeigen Sie so, dass das Potential innerhalb der Kugel durch

$$\phi_{\mathrm{i}}(\boldsymbol{r}) = -\frac{3\varepsilon_0}{\varepsilon + 2\varepsilon_0} E_0 r \cos(\theta)$$

gegeben ist, während das Potential außerhalb der Kugel

$$\phi_{\mathrm{a}}(\boldsymbol{r}) = -E_0 r \cos(\theta) \left(1 - \frac{\varepsilon - \varepsilon_0}{\varepsilon + 2\varepsilon_0} \left(\frac{R}{r} \right)^3 \right)$$

lautet.

Lösungsvorschlag:

Zum Ausnutzen der Stetigkeit des Potentials muss dieses zunächst für $r = R$ durch

$$\phi_{\mathrm{i}}(R, \theta) = \sum_{l=0}^{\infty} A_l R^l P_l(\cos(\theta))$$

$$\phi_{\mathrm{a}}(R, \theta) = -E_0 R \cos(\theta) + \sum_{l=0}^{\infty} \frac{B_l}{R^{l+1}} P_l(\cos(\theta))$$

bestimmt werden. Da die Legendre-Polynome einen Satz orthogonaler Funktionen bilden, sind sie auch linear unabhängig und ihre Koeffizienten können direkt gleichgesetzt werden. Unter der Berücksichtigung von $P_1(\cos\theta) = \cos(\theta)$ kann so der Zusammenhang

$$A_l R^l = -E_0 R \delta_{l1} + \frac{B_l}{R^{l+1}}$$

gefunden werden. Zum Ausnutzen der zweiten Stetigkeitsbedingung müssen die Ableitungen der beiden Potentiale gebildet und bei $r = R$ ausgewertet werden. Auf diese Weise können die Ausdrücke

$$\left. \frac{\partial \phi_{\mathrm{i}}}{\partial r} \right|_{r=R} = \sum_{l=0}^{\infty} l A_l R^{l-1} P_l(\cos(\theta))$$

$$\left. \frac{\partial \phi_{\mathrm{a}}}{\partial r} \right|_{r=R} = -E_0 \cos(\theta) + \sum_{l=0}^{\infty} \frac{-(l+1)B_l}{R^{l+2}} P_l(\cos(\theta))$$

gefunden werden. Wieder können die Koeffizienten der Legendre-Polynome miteinander verglichen werden, so dass sich in diesem Fall der Zusammenhang

$$\varepsilon \left(l A_l R^{l-1} \right) = \varepsilon_0 \left(-E_0 \delta_{l1} - \frac{(l+1)B_l}{R^{l+2}} \right)$$

ergibt. Auf der linken Seite kann nun die erste der beiden Bedingungen eingesetzt werden, um damit

$$\varepsilon \frac{l}{R} \left(-E_0 R \delta_{l1} + \frac{B_l}{R^{l+1}} \right) = \varepsilon_0 \left(-E_0 \delta_{l1} - \frac{(l+1)B_l}{R^{l+2}} \right)$$

$$\Rightarrow \quad \frac{B_l}{R^{l+2}} \left(\varepsilon l + \varepsilon_0(l+1) \right) = -E_0 \delta_{l1} (\varepsilon_0 - \varepsilon l)$$

zu erhalten. Hieraus ist sofort ersichtlich, dass $B_l = 0$ für $l \neq 1$ gilt. Im Fall $l = 1$ kann dann aber

$$B_1(\varepsilon + 2\varepsilon_0) = -E_0 R^3 (\varepsilon_0 - \varepsilon) \quad \Rightarrow \quad B_1 = E_0 R^3 \frac{\varepsilon - \varepsilon_0}{\varepsilon + 2\varepsilon_0}$$

gefunden werden. Aus der ersten Bedingung kann so auch

$$A_l R^l = -E_0 R \delta_{l1} + \frac{1}{R^{l+1}} \delta_{l1} E_0 R^3 \frac{\varepsilon - \varepsilon_0}{\varepsilon + 2\varepsilon_0} = -E_0 R \delta_{l1} + \delta_{l1} E_0 R \frac{\varepsilon - \varepsilon_0}{\varepsilon + 2\varepsilon_0}$$

$$\Rightarrow \quad A_l = \delta_{l1} \left(-E_0 + E_0 \frac{\varepsilon - \varepsilon_0}{\varepsilon + 2\varepsilon_0} \right) = -\delta_{l1} E_0 \frac{3\varepsilon_0}{\varepsilon + 2\varepsilon_0}$$

gefunden werden.

Das Potential innerhalb der Kugel kann somit durch

$$\phi_i(r,\theta) = \sum_{l=0}^{\infty} A_l r^l P_l(\cos(\theta)) = -E_0 \frac{3\varepsilon_0}{\varepsilon + 2\varepsilon_0} \sum_{l=0}^{\infty} \delta_{l1} r^l P_l(\cos(\theta))$$

$$= -E_0 \frac{3\varepsilon_0}{\varepsilon + 2\varepsilon_0} r P_1(\cos(\theta)) = -\frac{3\varepsilon_0}{\varepsilon + 2\varepsilon_0} E_0 r \cos(\theta) = -\frac{3\varepsilon_0}{\varepsilon + 2\varepsilon_0} E_0 z$$

bestimmt werden. Für das Potential außerhalb kann hingegen

$$\phi_a(r,\theta) = -E_0 r \cos(\theta) + \sum_{l=0}^{\infty} \frac{B_l}{r^{l+1}} P_l(\cos(\theta))$$

$$= -E_0 r \cos(\theta) + E_0 R^3 \frac{\varepsilon - \varepsilon_0}{\varepsilon + 2\varepsilon_0} \sum_{l=0}^{\infty} \frac{\delta_{l1}}{r^{l+1}} P_l(\cos(\theta))$$

$$= -E_0 r \cos(\theta) + E_0 R^3 \frac{\varepsilon - \varepsilon_0}{\varepsilon + 2\varepsilon_0} \frac{1}{r^2} P_1(\cos(\theta))$$

$$= -E_0 r \left(\cos(\theta) - \frac{\varepsilon - \varepsilon_0}{\varepsilon + 2\varepsilon_0} \frac{R^3}{r^3} \cos(\theta) \right)$$

$$= -E_0 r \cos(\theta) \left(1 - \frac{\varepsilon - \varepsilon_0}{\varepsilon + 2\varepsilon_0} \left(\frac{R}{r} \right)^3 \right) = -E_0 z \left(1 - \frac{\varepsilon - \varepsilon_0}{\varepsilon + 2\varepsilon_0} \left(\frac{R}{r} \right)^3 \right)$$

gefunden werden.

(c) **(3 Punkte)** Bestimmen Sie mit dem Ergebnis aus Teilaufgabe (b) das elektrische Feld und prüfen Sie, ob dieses für $r \to \infty$ gegen $\boldsymbol{E}_0$ geht.

Lösungsvorschlag:
Im Inneren der Kugel kann das elektrische Feld

$$\boldsymbol{E}_i = -\boldsymbol{\nabla}\phi_i = -\boldsymbol{\nabla} \left(-\frac{3\varepsilon_0}{\varepsilon + 2\varepsilon_0} E_0 z \right) = \frac{3\varepsilon_0}{\varepsilon + 2\varepsilon_0} E_0 \, \hat{\boldsymbol{e}}_z$$

gefunden werden. Außerhalb der Kugel wird sich hingegen das Feld

$$\boldsymbol{E}_a = -\boldsymbol{\nabla}\phi_a = -\boldsymbol{\nabla} \left(-E_0 z \left(1 - \frac{\varepsilon - \varepsilon_0}{\varepsilon + 2\varepsilon_0} \left(\frac{R}{r} \right)^3 \right) \right)$$

$$= E_0 \left(1 - \frac{\varepsilon - \varepsilon_0}{\varepsilon + 2\varepsilon_0} \left(\frac{R}{r} \right)^3 \right) \hat{\boldsymbol{e}}_z - E_0 z \frac{\varepsilon - \varepsilon_0}{\varepsilon + 2\varepsilon_0} (-3) \frac{R^3}{r^4} \boldsymbol{\nabla} r$$

$$= E_0 \left(1 - \frac{\varepsilon - \varepsilon_0}{\varepsilon + 2\varepsilon_0} \left(\frac{R}{r} \right)^3 \right) \hat{\boldsymbol{e}}_z + 3 E_0 z \frac{\varepsilon - \varepsilon_0}{\varepsilon + 2\varepsilon_0} \frac{R^3}{r^5} \boldsymbol{r}$$

$$= E_0 \, \hat{\boldsymbol{e}}_z + E_0 \frac{\varepsilon - \varepsilon_0}{\varepsilon + 2\varepsilon_0} \left(\frac{R}{r} \right)^3 \left(3 \frac{z \boldsymbol{r}}{r^2} - \hat{\boldsymbol{e}}_z \right)$$

ergeben. Hierbei wurde $\nabla r = \frac{\boldsymbol{r}}{r}$ verwendet. Wird für dieses Feld der Grenzfall $r \to \infty$ betrachtet, so wird der zweite Term mit $\frac{R^3}{r^3}$ abnehmen und es wird nur der erste Term $E_0 \, \hat{\boldsymbol{e}}_z$ verbleiben, der auch mit dem äußeren Feld übereinstimmt.

(d) **(3 Punkte)** Bestimmen Sie die Polarisation der Kugel und daraus die Polarisationsladungsdichte im Inneren der Kugel sowie auf der Kugeloberfläche.

Lösungsvorschlag:
Die Polarisation der Kugel kann aus dem elektrischen Feld in der Kugel durch

$$\boldsymbol{P} = (\varepsilon - \varepsilon_0)\boldsymbol{E}_{\mathrm{i}} = (\varepsilon - \varepsilon_0)\frac{3\varepsilon_0}{\varepsilon + 2\varepsilon_0}E_0 \, \hat{\boldsymbol{e}}_z = \varepsilon_0 \frac{3(\varepsilon - \varepsilon_0)}{\varepsilon + 2\varepsilon_0}E_0 \, \hat{\boldsymbol{e}}_z$$

bestimmt werden. Die Polarisationsladungsdichte hängt mit der Polarisation durch

$$\rho_{\mathrm{p}} = -\boldsymbol{\nabla} \cdot \boldsymbol{P}$$

zusammen. Da nun aber die Polarisation konstant innerhalb der Kugel ist, wird dort auch $\rho_{\mathrm{p}} = 0$ gelten. Für die Oberflächenladungsdichte muss hingegen

$$\sigma_{\mathrm{p}} = \boldsymbol{n} \cdot \boldsymbol{P} = \hat{\boldsymbol{e}}_r \cdot \boldsymbol{P}$$

bestimmt werden. Unter Verwendung von $\hat{\boldsymbol{e}}_r \cdot \hat{\boldsymbol{e}}_z = \cos(\theta)$ kann so die Oberflächenladungsdichte

$$\sigma_{\mathrm{p}} = \varepsilon_0 \frac{3(\varepsilon - \varepsilon_0)}{\varepsilon + 2\varepsilon_0}E_0(\hat{\boldsymbol{e}}_r \cdot \hat{\boldsymbol{e}}_z) = \varepsilon_0 \frac{3(\varepsilon - \varepsilon_0)}{\varepsilon + 2\varepsilon_0}E_0 \cos(\theta)$$

gefunden werden.

(e) **(3 Punkte)** Welches Dipolmoment $\boldsymbol{p} = p_0 \, \hat{\boldsymbol{e}}_z$ weist die Kugel auf? Verfügt Sie über weitere Multipolmomente?

Lösungsvorschlag:
Die Polarisation ist die Dipolmomentdichte. Um das Dipolmoment der Kugel zu finden, muss sie über das gesamte Volumen der Kugel integriert werden. Da die Polarisation im vorliegenden Fall konstant ist, kann sie mit dem Volumen der Kugel multipliziert werden, um so

$$\boldsymbol{p} = \frac{4\pi R^3}{3}\boldsymbol{P} = \frac{4\pi R^3}{3} \cdot \varepsilon_0 \frac{3(\varepsilon - \varepsilon_0)}{\varepsilon + 2\varepsilon_0}E_0 \, \hat{\boldsymbol{e}}_z = 4\pi\varepsilon_0 \frac{\varepsilon - \varepsilon_0}{\varepsilon + 2\varepsilon_0}E_0 R^3 \, \hat{\boldsymbol{e}}_z$$

zu finden, womit sich auch

$$p_0 = 4\pi\varepsilon_0 \frac{\varepsilon - \varepsilon_0}{\varepsilon + 2\varepsilon_0}E_0 R^3$$

ergibt. Alternativ kann auch aus der Polarisationsladungsdichte das Dipolmoment über

$$\boldsymbol{p} = \oiint \mathrm{d}f \, \sigma_{\mathrm{p}}(\theta, \varphi)\boldsymbol{r}$$

ermittelt werden. Da die Oberflächenladungsdichte nur proportional zu $\cos(\theta)$ und damit proportional zu $Y_{10}(\theta, \varphi)$ ist, würde sich beim Bestimmen der sphärischen Multipolmomente nur q_{10} als nicht verschwindendes Element ergeben. Damit besitzt die Kugel nur das hier gefundene Dipolmoment und keine höheren Momente.

(f) **(3 Punkte)** Nehmen Sie an, das äußere Feld E_0 würde abgeschaltet werden, die Polarisation der Kugel aber erhalten bleiben. Welches elektrische Feld würde sich außerhalb der Kugel einstellen? Drücken Sie Ihr Ergebnis in Kugelkoordinaten und durch das Dipolmoment p_0 aus Teilaufgabe (e) aus.

Lösungsvorschlag:
Einerseits kann das elektrische Feld durch das Dipolmoment bestimmt werden. Ein reiner Dipol weist das elektrische Feld

$$E = \frac{1}{4\pi\varepsilon_0} \frac{3(\boldsymbol{p} \cdot \hat{\boldsymbol{e}}_r)\hat{\boldsymbol{e}}_r - \boldsymbol{p}}{r^3}$$

auf. Mit $\boldsymbol{p} = p_0\, \hat{\boldsymbol{e}}_z$ kann so der Ausdruck

$$E = \frac{p_0}{4\pi\varepsilon_0} \frac{3\cos(\theta)\, \hat{\boldsymbol{e}}_r - \hat{\boldsymbol{e}}_z}{r^3}$$

gefunden werden. Da nun aber auch $\hat{\boldsymbol{e}}_z = \cos(\theta)\, \hat{\boldsymbol{e}}_r - \sin(\theta)\, \hat{\boldsymbol{e}}_\theta$ gilt, ist es möglich, das elektrische Feld vollständig in Kugelkoordinaten durch

$$E = \frac{p_0}{4\pi\varepsilon_0} \frac{3\cos(\theta)\, \hat{\boldsymbol{e}}_r - \cos(\theta)\, \hat{\boldsymbol{e}}_r + \sin(\theta)\, \hat{\boldsymbol{e}}_\theta}{r^3} = \frac{p_0}{4\pi\varepsilon_0} \frac{2\cos(\theta)\, \hat{\boldsymbol{e}}_r + \sin(\theta)\, \hat{\boldsymbol{e}}_\theta}{r^3}$$

auszudrücken. Wird hierin explizit p_0 eingesetzt, um den Ausdruck

$$E = E_0 \frac{\varepsilon - \varepsilon_0}{\varepsilon + 2\varepsilon_0} \left(\frac{R}{r}\right)^3 (2\cos(\theta)\, \hat{\boldsymbol{e}}_r + \sin(\theta)\, \hat{\boldsymbol{e}}_\theta)$$

zu erhalten, so kann dieser mit dem Ergebnis aus Teilaufgabe (c) verglichen werden. Der im Fall $r \to \infty$ verschwindende Teil des äußeren Feldes kann nämlich wegen $\frac{z}{r} = \cos(\theta)$ und $\frac{r}{r} = \hat{\boldsymbol{e}}_r$ auf

$$
\begin{aligned}
\boldsymbol{E}_\mathrm{a} - \boldsymbol{E}_0 &= E_0 \frac{\varepsilon - \varepsilon_0}{\varepsilon + 2\varepsilon_0} \left(\frac{R}{r}\right)^3 \left(3\frac{z\boldsymbol{r}}{r^2} - \hat{\boldsymbol{e}}_z\right) \\
&= E_0 \frac{\varepsilon - \varepsilon_0}{\varepsilon + 2\varepsilon_0} \left(\frac{R}{r}\right)^3 (3\cos(\theta)\, \hat{\boldsymbol{e}}_r - \hat{\boldsymbol{e}}_z) \\
&= E_0 \frac{\varepsilon - \varepsilon_0}{\varepsilon + 2\varepsilon_0} \left(\frac{R}{r}\right)^3 (2\cos(\theta)\, \hat{\boldsymbol{e}}_r + \sin(\theta)\, \hat{\boldsymbol{e}}_\theta)
\end{aligned}
$$

umgeformt werden und stimmt mit dem gefundenen Feld überein. Und dies stellt die zweite Möglichkeit dar, dieses Feld zu bestimmen. Das Feld $\boldsymbol{E}_\mathrm{a} - \boldsymbol{E}_0$ stellt nämlich das durch die Polarisation der Kugel erzeugte Feld dar. Auf diese Weise lässt sich das Feld auch ohne größere Rechnungen bestimmen.

Aufgabe 4 25 *Punkte*

TEM-Moden am Hohlraumwellenleiter

In dieser Aufgabe soll die Ausbreitung elektromagnetischer Wellen in einem Hohlraumwellenleiter betrachtet werden. Das bedeutet, ein Raumbereich wird durch einen in die z-Richtung unendlich ausgedehnten, perfekten Leiter umschlossen. Zunächst werden dazu Felder in perfekten Leitern untersucht.

(a) **(2 Punkte)** Stellen Sie die Maxwell-Gleichungen innerhalb des Leiters mit konstanter Permittivität ε, Permeabilität μ und Leitfähigkeit σ auf. Zeigen Sie, dass daraus ein exponentieller Zerfall der freien Ladungsdichte ρ folgt. Welche freie Ladungsdichte kann demnach für einen perfekten Leiter $\sigma \to \infty$ angesetzt werden?

Lösungsvorschlag:
Innerhalb eines Mediums sind die Maxwell-Gleichungen durch

$$\nabla \cdot D = \rho \qquad \nabla \times E = -\dot{B}$$
$$\nabla \cdot B = 0 \qquad \nabla \times H = j + \dot{D}$$

gegeben, wobei ρ und j die Ladungs- und Stromdichte der freien Ladungen beschreiben. Da ein Leiter betrachtet werden soll, ist nach dem Ohm'schen Gesetz $j = \sigma E$ für die Rotation von H der Ausdruck

$$\nabla \times H = \sigma E + \dot{D}$$

zu betrachten. Wird von dieser Gleichung nun die Divergenz gebildet, so muss

$$0 = \nabla \cdot (\nabla \times H) = \sigma \underbrace{\nabla \cdot E}_{\rho/\varepsilon} + \partial_t \underbrace{\nabla \cdot D}_{\rho} = \frac{\sigma}{\varepsilon}\rho + \dot{\rho}$$

gelten. Dies führt auf die Differentialgleichung

$$\dot{\rho} = -\frac{\sigma}{\varepsilon}\rho,$$

welche durch

$$\rho(r, t) = \rho(r, 0)\, \mathrm{e}^{-\frac{\sigma}{\varepsilon}t} = \rho(r, 0)\, \mathrm{e}^{-t/\tau}$$

gelöst wird. Somit zerfällt die freie Ladungsdichte exponentiell mit der Zeitkonstante $\tau = \frac{\varepsilon}{\sigma}$. Im Grenzfall eines perfekten Leiters geht diese gegen null, womit keine freien Ladungen innerhalb des Leiters existieren können. Für perfekte Leiter kann für die Divergenz von D also stets

$$\nabla \cdot D = 0$$

angenommen werden.

(b) **(5 Punkte)** Zeigen Sie nun, dass eine elektromagnetische Welle, die auf einen guten Leiter trifft, mit der Eindringtiefe exponentiell abfällt. Untersuchen Sie hier wieder den Grenzfall eines perfekten Leiters. Welche Annahme lässt sich daher über die Felder in perfekten Leitern treffen?

Lösungsvorschlag:
Wird die Rotation der Rotation von $\boldsymbol{E}$ betrachtet, so kann

$$\boldsymbol{\nabla} \times (\boldsymbol{\nabla} \times \boldsymbol{E}) = \boldsymbol{\nabla}(\underbrace{\boldsymbol{\nabla} \cdot \boldsymbol{E}}_{0}) - \Delta \boldsymbol{E} = -\partial_t \boldsymbol{\nabla} \times \boldsymbol{B} = -\partial_t \left(\mu\sigma \boldsymbol{E} + \frac{1}{u^2}\partial_t \boldsymbol{E} \right)$$

gefunden werden. Hierbei bezeichnet $u^2 = \frac{1}{\mu\varepsilon}$ das Quadrat der Ausbreitungsgeschwindigkeit ebener Wellen innerhalb des Mediums. Da ein guter Leiter betrachtet werden soll, ist der Einfluss von σ gegenüber der zweiten zeitlichen Ableitung dominierend, so dass

$$-\Delta \boldsymbol{E} = -\mu\sigma \dot{\boldsymbol{E}} \quad \Rightarrow \quad \dot{\boldsymbol{E}} = \frac{1}{\mu\sigma}\Delta \boldsymbol{E}$$

gefunden werden kann. Wird der Einfachheit halber eine ebene Welle betrachtet, die auf eine Grenzfläche zwischen Vakuum und Leiter trifft, so kann der Ansatz

$$\boldsymbol{E} = \boldsymbol{E}_0 \, \mathrm{e}^{\mathrm{i}(kz-\omega t)}$$

gemacht werden. Durch Einsetzen in die gefundene Gleichung wird der Zusammenhang

$$\left(-\mathrm{i}\omega + \frac{k^2}{\mu\sigma} \right) \boldsymbol{E} = 0$$

offenbart. Damit muss dann auch

$$k = \sqrt{i}\sqrt{\mu\sigma\omega} = (1+\mathrm{i})\sqrt{\frac{\mu\sigma\omega}{2}}$$

gelten. Wird dies in die ebene Welle eingesetzt, zeigt sich ein exponentiell abfallendes Verhalten

$$\boldsymbol{E} = \boldsymbol{E}_0 \exp\left(\mathrm{i}\left(\sqrt{\frac{\mu\sigma\omega}{2}}z - \omega t \right) \right) \exp\left(-\sqrt{\frac{\mu\sigma\omega}{2}}z \right)$$

mit der Eindringtiefe $\delta = \sqrt{\frac{2}{\mu\sigma\omega}}$. Im Grenzfall eines perfekten Leiters geht diese wieder gegen null, womit kein elektrisches Feld im perfekten Leiter vorliegt. Da sich nach $-\dot{\boldsymbol{B}} = \boldsymbol{\nabla} \times \boldsymbol{E} = 0$ die magnetische Flussdichte nicht verändert und sie wegen $\boldsymbol{\nabla} \cdot \boldsymbol{B} = 0$ und $\boldsymbol{\nabla} \times \boldsymbol{B} = 0$ konstant sein muss, kann sie auf null gesetzt werden, sofern sie zur Anfangszeit gerade null ist.

(c) **(2 Punkte)** Verwenden Sie die allgemeinen, homogenen Maxwell-Gleichungen, um zu zeigen, dass beim Übergang zu einem perfekten Leiter die Tangentialkomponente der elektrischen Feldstärke und die Normalkomponente der magnetischen Flussdichte verschwinden.

Lösungsvorschlag:
Die homogenen Maxwell-Gleichungen sind durch

$$\nabla \times \boldsymbol{E} = -\dot{\boldsymbol{B}} = 0 \qquad \nabla \cdot \boldsymbol{B} = 0$$

gegeben. Zunächst kann die Divergenz der magnetischen Flussdichte über ein quaderförmiges Volumen integriert werden, in dem ein Teil der Grenzfläche enthalten ist und das zwei Flächen parallel zur Grenzfläche aufweist. Nach dem Satz von Gauß muss demnach

$$0 = \iiint_{\mathcal{V}} \mathrm{d}^3 r \, \nabla \cdot \boldsymbol{B} = \oiint_{\partial \mathcal{V}} \mathrm{d}^2 \boldsymbol{f} \cdot \boldsymbol{B}$$

gelten. Wird der Quader so verkleinert, dass die Flächen parallel zur Grenzfläche gleich bleiben, ihr Abstand zur Grenzfläche aber abnimmt, so kann das Integral auf der rechten Seite näherungsweise durch

$$\oiint_{\partial \mathcal{V}} \mathrm{d}^2 \boldsymbol{f} \cdot \boldsymbol{B} \approx A(\boldsymbol{B}_1^{(\mathrm{n})} - \boldsymbol{B}_2^{(\mathrm{n})})$$

bestimmt werden. Wird die Fläche des Quaders klein genug gewählt, verwandelt sich die Näherung in einen exakten Zusammenhang. Daher muss die Normalkomponente der magnetischen Flussdichte an der Grenzschicht erhalten sein, so dass

$$\boldsymbol{B}_1^{(\mathrm{n})} = \boldsymbol{B}_2^{(\mathrm{n})}$$

gilt. Für die Rotation der elektrischen Feldstärke kann eine rechteckige Fläche betrachtet werden, deren Begrenzung zwei parallele Linien auf je einer Seite der Grenzschicht aufweist und diese senkrecht schneidet. Demnach kann mit dem Satz von Stokes der Zusammenhang

$$-\iint_{\mathcal{F}} \mathrm{d}^2 \boldsymbol{f} \cdot \dot{\boldsymbol{B}} = \iint_{\mathcal{F}} \mathrm{d}^2 \boldsymbol{f} \cdot (\nabla \times \boldsymbol{E}) = \oint_{\partial \mathcal{F}} \mathrm{d}\boldsymbol{l} \cdot \boldsymbol{E}$$

gefunden werden. Wird nun der Abstand der beiden parallelen Strecken zur Grenzschicht immer kleiner und kleiner, muss das Integral auf der rechten Seite verschwinden, da sonst die magnetische Flussdichte einen unphysikalischen, unendlich hohen Wert annehmen müsste. Auf der rechten Seite kann das Integral durch

$$\oint_{\partial \mathcal{F}} \mathrm{d}\boldsymbol{l} \cdot \boldsymbol{E} \approx l(\boldsymbol{E}_1^{(\mathrm{t})} - \boldsymbol{E}_2^{(\mathrm{t})})$$

genähert werden. Wird die Länge l der Streifen nun auch gegen null geschickt, so wird auch diese Näherung exakt und es zeigt sich, dass die Tangentialkomponente der elektrischen Feldstärke erhalten bleiben muss, so dass

$$E_1^{(t)} = E_2^{(t)}$$

gilt. Wie in Teilaufgabe (b) festgestellt wurde, ist die elektrische Feldstärke in einem perfekten Leiter immer null und die magnetische Flussdichte ist dann in einem perfekten Leiter null, wenn sie zu Beginn null war. Der Übergang zwischen Vakuum und Leiter stellt nun die betrachtete Grenzschicht dar, so dass am Übergang zu einem Leiter immer

$$E^{(t)}(r,t) = 0 \qquad B^{(n)}(r,t) = 0 \qquad r \in \partial \mathcal{V}_{\text{Leiter}}$$

gelten muss.

Als nächstes soll eine elektromagnetische Welle im durch den Leiter umschlossenen Hohlraum untersucht werden. Bei diesem Hohlraum soll es sich um ein Vakuum ohne freie Ladungen und Ströme handeln.

(d) **(6 Punkte)** Stellen Sie die Maxwell-Gleichungen für die elektrische Feldstärke und die magnetische Flussdichte sowie die entsprechenden Randbedingungen auf. Machen Sie den Ansatz

$$E = E_0(x,y)\,e^{i(k_z z - \omega t)} \qquad B = B_0(x,y)\,e^{i(k_z z - \omega t)}$$

und zeigen Sie, dass

$$i\omega B_0 = \nabla \times E_0 + ik_z\,\hat{e}_z \times E_0$$
$$-\frac{i\omega}{c^2}E_0 = \nabla \times B_0 + ik_z\,\hat{e}_z \times B_0$$

gelten muss.

Lösungsvorschlag:
Innerhalb des Hohlraums liegen weder freie Ladungen noch freie Ströme vor. Auch die Permittivität und Permeabilität sollen mit denen des Vakuums übereinstimmen, womit sich

$$\nabla \cdot E = 0 \qquad \nabla \times E = -\partial_t B$$
$$\nabla \cdot B = 0 \qquad \nabla \times B = -\frac{1}{c^2}\partial_t E$$

aufstellen lässt. Aus Teilaufgabe (c) ist bekannt, dass die Tangentialkomponente von E und die Normalkomponente von B auf dem Leiter verschwinden müssen. Da dieser als Begrenzung des untersuchten Raumbereiches $\mathcal{V}$ aufgefasst werden kann, lässt sich dies mathematisch durch

$$E^{(t)} = 0 \qquad B^{(n)} = 0 \qquad r \in \partial \mathcal{V}$$

ausdrücken. Werden von dem Ansatz für das elektrische Feld die zeitliche Ableitung

$$\partial_t \boldsymbol{E} = -\mathrm{i}\omega\,\boldsymbol{E}_0\,\mathrm{e}^{\mathrm{i}(k_z z - \omega t)},$$

die Rotation

$$\begin{aligned}
\boldsymbol{\nabla} \times \boldsymbol{E} &= (\boldsymbol{\nabla} \times \boldsymbol{E}_0)\,\mathrm{e}^{\mathrm{i}(k_z z - \omega t)} - \boldsymbol{E}_0 \times (\mathrm{i}k_z\,\hat{\boldsymbol{e}}_z)\,\mathrm{e}^{\mathrm{i}(k_z z - \omega t)} \\
&= (\boldsymbol{\nabla} \times \boldsymbol{E}_0 + \mathrm{i}k_z(\hat{\boldsymbol{e}}_z \times \boldsymbol{E}_0))\,\mathrm{e}^{\mathrm{i}(k_z z - \omega t)}
\end{aligned}$$

und die Divergenz

$$\begin{aligned}
\boldsymbol{\nabla} \cdot \boldsymbol{E} &= (\boldsymbol{\nabla} \cdot \boldsymbol{E}_0)\,\mathrm{e}^{\mathrm{i}(k_z z - \omega t)} + \mathrm{i}k_z(\hat{\boldsymbol{e}}_z \cdot \boldsymbol{E}_0)\,\mathrm{e}^{\mathrm{i}(k_z z - \omega t)} \\
&= (\boldsymbol{\nabla} \cdot \boldsymbol{E}_0 + \mathrm{i}k_z E_{0z})\,\mathrm{e}^{\mathrm{i}(k_z z - \omega t)}
\end{aligned}$$

gebildet, lassen sich die Ergebnisse direkt auf den Ansatz der magnetischen Flussdichte übertragen, um so

$$\begin{aligned}
\partial_t \boldsymbol{B} &= -\mathrm{i}\omega\,\boldsymbol{B}_0\,\mathrm{e}^{\mathrm{i}(k_z z - \omega t)} \\
\boldsymbol{\nabla} \times \boldsymbol{B} &= (\boldsymbol{\nabla} \times \boldsymbol{B}_0 + \mathrm{i}k_z(\hat{\boldsymbol{e}}_z \times \boldsymbol{B}_0))\,\mathrm{e}^{\mathrm{i}(k_z z - \omega t)} \\
\boldsymbol{\nabla} \cdot \boldsymbol{B} &= (\boldsymbol{\nabla} \cdot \boldsymbol{B}_0 + \mathrm{i}k_z B_{0z})\,\mathrm{e}^{\mathrm{i}(k_z z - \omega t)}
\end{aligned}$$

zu erhalten. Werden diese Ergebnisse in die Maxwell-Gleichungen der Rotation

$$\boldsymbol{\nabla} \times \boldsymbol{E} = -\partial_t \boldsymbol{B} \qquad \boldsymbol{\nabla} \times \boldsymbol{B} = -\frac{1}{c^2}\partial_t \boldsymbol{E}$$

eingesetzt, so kann

$$\begin{aligned}
(\boldsymbol{\nabla} \times \boldsymbol{E}_0 + \mathrm{i}k_z(\hat{\boldsymbol{e}}_z \times \boldsymbol{E}_0))\,\mathrm{e}^{\mathrm{i}(k_z z - \omega t)} &= -\left(-\mathrm{i}\omega\,\boldsymbol{B}_0\,\mathrm{e}^{\mathrm{i}(k_z z - \omega t)}\right) \\
\Rightarrow \quad \boldsymbol{\nabla} \times \boldsymbol{E}_0 + \mathrm{i}k_z(\hat{\boldsymbol{e}}_z \times \boldsymbol{E}_0) &= \mathrm{i}\omega\,\boldsymbol{B}_0
\end{aligned}$$

und

$$\begin{aligned}
(\boldsymbol{\nabla} \times \boldsymbol{B}_0 + \mathrm{i}k_z(\hat{\boldsymbol{e}}_z \times \boldsymbol{B}_0))\,\mathrm{e}^{\mathrm{i}(k_z z - \omega t)} &= \frac{1}{c^2}\left(-\mathrm{i}\omega\,\boldsymbol{E}_0\,\mathrm{e}^{\mathrm{i}(k_z z - \omega t)}\right) \\
\Rightarrow \quad \boldsymbol{\nabla} \times \boldsymbol{B}_0 + \mathrm{i}k_z(\hat{\boldsymbol{e}}_z \times \boldsymbol{B}_0) &= -\frac{\mathrm{i}\omega}{c^2}\,\boldsymbol{E}_0
\end{aligned}$$

bestimmt werden.

(e) **(5 Punkte)** Zeigen Sie, dass sich eine TEM-Mode, das heißt $B_{0z}, E_{0z} = 0$ nicht in einem Hohlraumwellenleiter ausbreiten kann. Zeigen Sie dafür zunächst, dass sowohl die Rotation wie auch die Divergenz von $\boldsymbol{E}_0$ verschwinden. Kombinieren Sie diese Erkenntnis mit den Randbedingungen aus Teilaufgabe (d).
Hinweis: Sie dürfen das Maximumsprinzip harmonischer Funktionen ohne Beweis verwenden.

Lösungsvorschlag:
Aus der Divergenz der elektrischen Feldstärke kann auch der Zusammenhang

$$0 = \boldsymbol{\nabla} \cdot \boldsymbol{E} = (\boldsymbol{\nabla} \cdot \boldsymbol{E}_0 + \mathrm{i}k_z E_{0z})\, \mathrm{e}^{\mathrm{i}(k_z z - \omega t)}$$
$$\Rightarrow \quad 0 = \boldsymbol{\nabla} \cdot \boldsymbol{E}_0 + \mathrm{i}k_z E_{0z}$$

hergeleitet werden. Ist nun $E_{0z} = 0$, so muss auch die Divergenz von $\boldsymbol{E}_0$ verschwinden. Für die Rotation konnte in Teilaufgabe (d) hingegen der Ausdruck

$$\boldsymbol{\nabla} \times \boldsymbol{E}_0 + \mathrm{i}k_z\, \hat{\boldsymbol{e}}_z \times \boldsymbol{E}_0 = \mathrm{i}\omega\, \boldsymbol{B}_0$$
$$\Rightarrow \quad \boldsymbol{\nabla} \times \boldsymbol{E}_0 = \mathrm{i}\omega\, \boldsymbol{B}_0 - \mathrm{i}k_z\, \hat{\boldsymbol{e}}_z \times \boldsymbol{E}_0$$

gefunden werden. Wird hieraus die z-Komponente projiziert, so wird

$$\hat{\boldsymbol{e}}_z \cdot (\boldsymbol{\nabla} \times \boldsymbol{E}_0) = \mathrm{i}\omega B_{0z} - \mathrm{i}k_z\, \hat{\boldsymbol{e}}_z \cdot (\hat{\boldsymbol{e}}_z \times \boldsymbol{E}_0) = \mathrm{i}\omega B_{0z}$$
$$= \partial_x E_{0y} - \partial_y E_{0x}$$

gefunden. Ist nun auch $B_{0z} = 0$, so verschwindet die z-Komponente der Rotation von $\boldsymbol{E}_0$. Da $E_{0z} = 0$ ist, kann $\boldsymbol{E}_0(x, y)$ auch als ein Vektorfeld aus dem zweidimensionalen Raum aufgefasst werden. Da

$$\partial_x E_{0y} - \partial_y E_{0x} = 0$$

gilt, kann es durch ein skalares Potential $\phi(x, y)$ mittels

$$\boldsymbol{E}_0 = -\boldsymbol{\nabla}\phi = -\hat{\boldsymbol{e}}_x \partial_x \phi - \hat{\boldsymbol{e}}_y \partial_y \phi$$

dargestellt werden, da dies bei zweifacher stetiger Differenzierbarkeit

$$\partial_x E_{0y} - \partial_y E_{0x} = -\partial_x \partial_y \phi + \partial_y \partial_x \phi = -\partial_y \partial_x \phi + \partial_y \partial_x \phi = 0$$

erfüllt. Wird dies in die verschwindende Divergenz eingesetzt, so wird klar, dass

$$0 = \boldsymbol{\nabla} \cdot \boldsymbol{E}_0 = -\boldsymbol{\nabla} \cdot (\boldsymbol{\nabla}\phi) = -\Delta\phi$$
$$\Rightarrow \quad 0 = \Delta\phi = (\partial_x^2 + \partial_y^2)\phi = \Delta_2 \phi$$

gelten muss. ϕ muss somit die Laplace-Gleichung in zwei Dimensionen erfüllen, wobei zu beachten ist, dass dies nur innerhalb des Hohlraums gilt. Am Rand des Hohlraums befindet sich der Leiter, an dem die Tangentialkomponente des elektrischen Feldes verschwinden muss. Damit stehen die elektrischen Feldlinien und somit auch $\boldsymbol{E}_0(x, y)$ senkrecht auf der Oberfläche des Leiters. Es handelt sich bei der Oberfläche des Leiters also um eine Äquipotentialfläche des skalaren Potentials ϕ. Nach dem Maximumsprinzip harmonischer Funktionen darf ϕ innerhalb des Hohlraums weder lokale Maxima noch Minima annehmen. Diese dürfen nur auf dem Rand des betrachteten Gebiets liegen. Da das Potential auf dem Rand des betrachteten Gebiets jedoch konstant ist, muss es im gesamten Raumbereich konstant sein. Demnach ist $\boldsymbol{E}_0 = -\boldsymbol{\nabla}\phi = \boldsymbol{0}$ und es gibt keine Welle innerhalb des Hohlraumleiters.

(f) **(5 Punkte)** Verwenden Sie die Ergebnisse aus Teilaufgabe (d), um am Beispiel einer Komponente zu zeigen, dass sich im Fall $\omega^2 \neq k_z^2 c^2$ die Komponenten E_{0x}, E_{0y}, B_{0x} und B_{0y} vollständig durch E_{0z} und B_{0z} bestimmen lassen. Welche Differentialgleichung müssen E_{0z} und B_{0z} erfüllen?

Lösungsvorschlag:

Sind nun E_{0z} und B_{0z} von null verschieden, so können die in Teilaufgabe (d) gefundenen Gleichungen explizit für jede Komponente ausgeschrieben werden. Wird hierbei beachtet, dass die z-Ableitungen von $\boldsymbol{E}_0$ und $\boldsymbol{B}_0$ verschwinden, so können die Gleichungen

$$\mathrm{i}\omega B_{0x} = \partial_y E_{0z} - \mathrm{i}k_z E_{0y} \qquad \frac{-\mathrm{i}\omega}{c^2} E_{0x} = \partial_y B_{0z} - \mathrm{i}k_z B_{0y}$$

$$\mathrm{i}\omega B_{0y} = -\partial_x E_{0z} + \mathrm{i}k_z E_{0x} \qquad \frac{-\mathrm{i}\omega}{c^2} E_{0y} = -\partial_x B_{0z} + \mathrm{i}k_z B_{0x}$$

$$\mathrm{i}\omega B_{0z} = \partial_x E_{0y} - \partial_y E_{0x} \qquad \frac{-\mathrm{i}\omega}{c^2} E_{0y} = -\partial_x B_{0z} + \mathrm{i}k_z B_{0x}$$

gefunden werden. Werden hier bspw. die erste Gleichung der ersten Zeile

$$\mathrm{i}\omega B_{0x} = \partial_y E_{0z} - \mathrm{i}k_z E_{0y}$$

und die zweite Gleichung der zweiten Zeile

$$\frac{-\mathrm{i}\omega}{c^2} E_{0y} = -\partial_x B_{0z} + \mathrm{i}k_z B_{0x}$$

betrachtet, so lassen sie sich ineinander einsetzen, um

$$\frac{-\mathrm{i}\omega}{c^2} E_{0y} = -\partial_x B_{0z} + \mathrm{i}k_z \frac{1}{\mathrm{i}\omega} \left(\partial_y E_{0z} - \mathrm{i}k_z E_{0y} \right)$$

$$= -\partial_x B_{0z} + \frac{k_z}{\omega} \partial_y E_{0z} - \mathrm{i}\frac{k_z}{\omega} E_{0y}$$

$$\Rightarrow \quad \frac{-\mathrm{i}}{\omega} \left(\frac{\omega^2}{c^2} - k_z^2 \right) E_{0y} = -\partial_x B_{0z} + \frac{k_z}{\omega} \partial_y E_{0z}$$

$$\Rightarrow \quad \left(\frac{\omega^2}{c^2} - k_z^2 \right) E_{0y} = -\mathrm{i}\omega \partial_x B_{0z} + \mathrm{i}k_z \partial_y E_{0z}$$

zu erhalten. Im Fall $\omega^2 \neq k_z^2 c^2$ kann die Klammer auf der linken Seite dividiert werden, um schlussendlich

$$E_{0y} = \frac{\mathrm{i}}{\frac{\omega^2}{c^2} - k_z^2} \left(k_z \partial_y E_{0z} - \omega \partial_x B_{0z} \right)$$

zu erhalten. Aus der ersten Gleichung der ersten Zeile lässt sich so direkt B_{0x} zu

$$B_{0x} = \frac{-\mathrm{i}}{\omega} \partial_y E_{0z} - \frac{k_z}{\omega} \left(\frac{\mathrm{i}}{\frac{\omega^2}{c^2} - k_z^2} \left(k_z \partial_y E_{0z} - \omega \partial_x B_{0z} \right) \right)$$

$$= \frac{\mathrm{i}}{\frac{\omega^2}{c^2} - k_z^2} \left(k_z \partial_x B_{0z} - \frac{\omega}{c^2} \partial_y E_{0z} \right)$$

bestimmen. Eine analoge Betrachtung ermöglicht es dann auch,

$$E_{0x} = \frac{\mathrm{i}}{\frac{\omega^2}{c^2} - k_z^2} \left(k_z \partial_x E_{0z} + \omega \partial_y B_{0z} \right)$$

$$B_{0y} = \frac{\mathrm{i}}{\frac{\omega^2}{c^2} - k_z^2} \left(k_z \partial_y B_{0z} + \frac{\omega}{c^2} \partial_x E_{0z} \right)$$

zu ermitteln. Da die Felder $\boldsymbol{E}$ und $\boldsymbol{B}$ nach wie vor die quellenfreien Maxwell-Gleichungen im freien Raum erfüllen und daher auch

$$\Box \boldsymbol{E}_0 = \boldsymbol{0} \qquad \Box \boldsymbol{B}_0 = \boldsymbol{0}$$

erfüllen müssen, lässt sich für die z-Komponente der Ansatz aus Teilaufgabe (d) einsetzen, um

$$0 = \Box \boldsymbol{E}_0 = \left(\frac{1}{c^2} \frac{\partial^2}{\partial t^2} - \Delta \right) \boldsymbol{E}_0(x, y)\, \mathrm{e}^{\mathrm{i}(k_z - \omega t)}$$

$$= \mathrm{e}^{\mathrm{i}(k_z - \omega t)} \left(-\frac{\omega^2}{c^2} + k_z^2 - \partial_x^2 - \partial_y^2 \right) \boldsymbol{E}_0(x, y)$$

$$\Rightarrow \quad 0 = \left(\partial_x^2 + \partial_y^2 + \frac{\omega^2}{c^2} - k_z^2 \right) \boldsymbol{E}_0$$

und analog

$$\left(\partial_x^2 + \partial_y^2 + \frac{\omega^2}{c^2} - k_z^2 \right) \boldsymbol{B}_0 = 0$$

zu erhalten.

Alternativer Lösungsweg:
Da in der Aufgabe nur verlangt war zu zeigen, dass sich alle anderen Felder eindeutig durch E_{0z} und B_{0z} bestimmen lassen können, können die ersten beiden Zeilen der Eingangs gegebenen Gleichungen auch auf die Form eines linearen Gleichungssystems

$$\begin{aligned}
\omega B_{0x} && &+ k_z E_{0y} &&= -\mathrm{i}\partial_y E_{0z} \\
& \omega B_{0y} & - k_z E_{0x} && &= \mathrm{i}\partial_x E_{0z} \\
& k_z B_{0y} & - \frac{\omega}{c^2} E_{0x} && &= -\mathrm{i}\partial_y B_{0z} \\
k_z B_{0x} && &+ \frac{\omega}{c^2} E_{0y} &&= -\mathrm{i}\partial_x B_{0z}
\end{aligned}$$

gebracht werden. Die hierin auftretende Koeffizientenmatrix A ist also durch

$$A = \begin{pmatrix} \omega & 0 & 0 & k_z \\ 0 & \omega & -k_z & 0 \\ 0 & k_z & -\omega/c^2 & 0 \\ k_z & 0 & 0 & \omega/c^2 \end{pmatrix}$$

gegeben. Das Gleichungssystem ist eindeutig lösbar, wenn die Determinante der Koeffizientenmatrix von null verschieden ist. Diese kann über den Laplace'schen Entwicklungssatz bei Entwicklung zur ersten Spalte

$$
\begin{vmatrix} \omega^+ & 0 & 0 & k_z \\ 0^- & \omega & -k_z & 0 \\ 0^- & k_z & -\omega/c^2 & 0 \\ k_z^- & 0 & 0 & \omega/c^2 \end{vmatrix} = \omega \begin{vmatrix} \omega & -k_z & 0 \\ k_z & -\omega/c^2 & 0 \\ 0 & 0 & \omega/c^2 \end{vmatrix} - k_z \begin{vmatrix} 0 & 0 & k_z \\ \omega & -k_z & 0 \\ k_z & -\omega/c^2 & 0 \end{vmatrix}
$$

$$
= \omega \left(-\frac{\omega^3}{c^4} + k_z^2 \frac{\omega}{c^2} \right) - k_z \left(-k_z \frac{\omega^2}{c^2} + k_z^3 \right)
$$

$$
= -\frac{\omega^2}{c^2} \left(\frac{\omega^2}{c^2} - k_z^2 \right) + k_z^2 \left(\frac{\omega^2}{c^2} - k_z^2 \right) = - \left(\frac{\omega^2}{c^2} - k_z^2 \right)^2
$$

gefunden werden. Damit kann das Gleichungssystem nur gelöst werden, wenn $\omega^2 \neq k_z^2 c^2$ gilt.

9   Klausur IX – Elektrodynamik – Mittel

Im Kurzfragebogen dieser Klausur werden die Bestimmungsgleichung der Transformationsmatrizen einer Poincaré-Transformation, die Rotation eines Kreuzprodukts zweier Vektorfelder, die Orthogonalität der elektromagnetischen Felder und des Wellenvektors bei der Ausbreitung einer elektromagnetischen Welle, die magnetische Flussdichte eines stromdurchflossenen Drahtes, dessen Stromdichte linear mit dem Abstand zur z-Achse ansteigt, sowie ein LC-Schwingkreis mit einer konstanten Spannungsquelle betrachtet. Aufgabe 2 behandelt das elektrische Feld zweier koaxialer, geladener Zylinder und dem daraus resultierenden Kondensator. Aufgabe 3 untersucht die Ausbreitung elektromagnetischer Wellen in einem Medium, in dem sich eine Ladung schneller als die elektromagnetischen Wellen bewegen kann. In Aufgabe 4 sollen begrenzte Stromverteilungen und die durch magnetische Felder darauf wirkenden Kräfte sowie Drehmomente untersucht und auf ein konkretes Problem angewendet werden.

Überblick

9.1	Aufgaben zur Klausur IX – Elektrodynamik – Mittel		359
	Aufgabe 1 - **Kurzfragen**		359
	Aufgabe 2 - **Zylindrischer Kondensator**		360
	Aufgabe 3 - **Der Cherenkov-Winkel**		361
	Aufgabe 4 - **Kräfte und Drehmomente auf magnetische Dipolmomente**		363
9.2	Hinweise zur Klausur IX – Elektrodynamik – Mittel		365
9.3	Lösung zur Klausur IX – Elektrodynamik – Mittel		369
	Aufgabe 1 - **Kurzfragen**		369
	Aufgabe 2 - **Zylindrischer Kondensator**		375
	Aufgabe 3 - **Der Cherenkov-Winkel**		381
	Aufgabe 4 - **Kräfte und Drehmomente auf magnetische Dipolmomente**		388

© Der/die Autor(en), exklusiv lizenziert an
Springer-Verlag GmbH, DE, ein Teil von Springer Nature 2025
M. Eichhorn, *Prüfungstraining Theoretische Physik – Elektrodynamik*,
https://doi.org/10.1007/978-3-662-71709-7_10

9.1 Aufgaben zur Klausur IX – Elektrodynamik – Mittel

Aufgabe 1   **25 Punkte**

Kurzfragen

Schlagwörter:
Relativistik, Vektoranalysis, Elektromagnetische Wellen, Ampère'sches Gesetz, Elektrische Bauteile

(a) **(5 Punkte)** Zeigen Sie, dass bei einer Poincaré-Transformation

$$x^\mu \to x'^\mu = \Lambda^\mu{}_\nu x^\nu + a^\mu$$

aus der Invarianz des Linienelements $\mathrm{d}s^2 = \eta_{\mu\nu}\,\mathrm{d}x^\mu\,\mathrm{d}x^\nu$ die Bedingung $\Lambda^T \eta \Lambda = \eta$ folgt.

(b) **(5 Punkte)** Zeigen Sie, dass zwei stetig differenzierbare Vektorfelder A und B stets den Zusammenhang

$$\nabla \times (A \times B) = A(\nabla \cdot B) + (B \cdot \nabla)A - (A \cdot \nabla)B - B(\nabla \cdot A)$$

erfüllen.

(c) **(5 Punkte)** Bei der Ausbreitung elektromagnetischer Wellen im Vakuum ohne Quellen lassen sich das elektrische und magnetische Feld durch den Ansatz

$$E(r,t) = E_0\,\mathrm{e}^{\mathrm{i}(k \cdot r - \omega t)} \qquad B(k,t) = B_0\,\mathrm{e}^{\mathrm{i}(k \cdot r - \omega t)}$$

darstellen. Darin sind E_0, B_0 und k konstante Vektoren und ω eine konstante Zahl. Zeigen Sie mit den Maxwell-Gleichungen, dass E, B und k in dieser Reihenfolge ein Rechtssystem bilden.

(d) **(5 Punkte)** Betrachten Sie die Stromverteilung

$$j(r) = j_0 \frac{s}{R}\Theta(R - s)\,\hat{e}_z$$

mit konstantem j_0 und R. Bestimmen Sie j_0 so, dass insgesamt die Stromstärke I durch die xy-Ebene fließt. Ermitteln Sie dann das Magnetfeld $B(r)$ im gesamten Raum.

(e) **(5 Punkte)** Betrachten Sie eine Reihenschaltung aus einem Kondensator C und einer Spule L, die an eine konstante Spannungsquelle U_0 angeschlossen ist. Bestimmen Sie die Ladung am Kondensator als eine Funktion der Zeit, wenn zum Zeitpunkt $t = 0$ weder ein Strom noch eine Ladung an diesem vorliegen. Drücken Sie Ihr Ergebnis auch durch $\omega_0 = \frac{1}{\sqrt{LC}}$ aus.

Aufgabe 2   25 *Punkte*

Zylindrischer Kondensator

Schlagwörter:
Elektrostatik, Elektrisches Feld, Polarisation, Elektrisches Potential, Kondensator, Ladungsdichte, Dielektrizität

In dieser Aufgabe soll eine Anordnung aus zwei unendlich langen und unendlich dünnen koaxialen Zylindern mit den Radien R_i und R_a mit $R_a > R_i$ betrachtet werden. Die beiden Zylinder weisen die konstante Flächenladungsdichte σ_i und σ_a auf.

(a) **(5 Punkte)** Verwenden Sie das Gauß'sche Gesetz, um das elektrische Feld zu bestimmen. Wie müssen σ_i und σ_a gewählt sein, damit das elektrische Feld für $s > R_a$ verschwindet?

(b) **(5 Punkte)** Bestimmen Sie das elektrische Potential als eine Funktion von s und ermitteln Sie auch die Spannung $U = \phi(R_i) - \phi(R_a)$ zwischen den beiden Zylindern. Welche längenspezifische Kapazität $\frac{\mathrm{d}C}{\mathrm{d}z}$ weist die Konfiguration auf? Beziehen Sie dazu die Spannung auf die Ladung des inneren Zylinders.

Nehmen Sie nun an, der Raum zwischen den beiden Zylindern würde mit einem linearen, isotropen Dielektrikum der Dielektrizitätskonstante ε gefüllt.

(c) **(3 Punkte)** Bestimmen Sie die dielektrische Verschiebung D und stellen Sie eine Bedingung an σ_i und σ_a, damit das elektrische Feld E für $s > R_a$ verschwindet.

(d) **(4 Punkte)** Bestimmen Sie aus dem Ergebnis der vorherigen Teilaufgabe das elektrische Feld E, das elektrische Potential ϕ sowie die längenspezifische Kapazität $\frac{\mathrm{d}C}{\mathrm{d}z}$ des Kondensators. Welcher Zusammenhang besteht zur Kapazität aus Teilaufgabe (b)?

(e) **(4 Punkte)** Ermitteln Sie die Polarisation des Dielektrikums und die Polarisationsladungsdichten innerhalb des Mediums ρ_p sowie die Oberflächenladungsdichten $\sigma_{p,i}$ und $\sigma_{p,a}$.

(f) **(4 Punkte)** Bestimmen Sie die Energiedichte innerhalb des Kondensators. Ermitteln Sie darüber hinaus die längenspezifische Energie $\frac{\mathrm{d}E}{\mathrm{d}z}$ in dieser Feldkonfiguration. Ist diese mit der Formel $\frac{1}{2}CU^2$ vereinbar?

Aufgabe 3   25 *Punkte*

Der Cherenkov-Winkel

Schlagwörter:
Ladungsdichte, Stromdichte, Elektromagnetische Wellen, Felder in Materie, Wellenvektor

In dieser Aufgabe soll der Cherenkov-Effekt untersucht werden. Eine Punktladung q bewegt sich dazu in einem linearen und homogenen Medium mit Permittivität ε und Permeabilität μ mit einer festen Geschwindigkeit v entlang der z-Achse. Durch das Einführen der Potentiale

$$\boldsymbol{E} = -\boldsymbol{\nabla}\phi - \frac{\partial \boldsymbol{A}}{\partial t} \qquad \boldsymbol{B} = \boldsymbol{\nabla} \times \boldsymbol{A}$$

lassen sich unter der Eichbedingung

$$\frac{n^2}{c^2}\partial_t\phi + \boldsymbol{\nabla}\cdot\boldsymbol{A} = 0$$

nach einer Fourier-Transformation bzgl. der Zeit

$$\phi(\boldsymbol{r},t) = \frac{1}{\sqrt{2\pi}} \int\limits_{-\infty}^{\infty} \mathrm{d}\omega \; \phi_\omega(\boldsymbol{r})\, \mathrm{e}^{-\mathrm{i}\omega t}$$

die inhomogenen Maxwell-Gleichungen durch

$$\Delta\phi_\omega + n^2\frac{\omega^2}{c^2}\phi_\omega = -\frac{\rho_\omega}{\varepsilon} \qquad \Delta\boldsymbol{A}_\omega + n^2\frac{\omega^2}{c^2}\boldsymbol{A}_\omega = -\mu\,\boldsymbol{j}_\omega$$

beschreiben.

(a) **(4 Punkte)** Bestimmen Sie die Ladungs- und Stromdichte als eine Funktion von $\boldsymbol{r}$ und t und drücken Sie Ihr Ergebnis durch die Delta-Funktion in Zylinderkoordinaten aus.

(b) **(2 Punkte)** Bestimmen Sie die Fourier-Transformation der Ladungs- und Stromverteilung.

(c) **(5 Punkte)** Nutzen Sie nun den Laplace-Operator in Zylinderkoordinaten

$$\Delta\phi = \partial_s^2\phi + \frac{1}{s}\partial_s\phi + \frac{1}{s^2}\partial_\varphi^2\phi + \partial_z^2\phi,$$

um mit dem Ansatz

$$\phi_\omega(\boldsymbol{r}) = u(s)\,\mathrm{e}^{\mathrm{i}\frac{\omega}{v}z}$$

die Differentialgleichung

$$\frac{\mathrm{d}^2u}{\mathrm{d}s^2} + \frac{1}{s}\frac{\mathrm{d}u}{\mathrm{d}s} + \kappa^2 u = -\frac{q}{(2\pi)^{3/2}\varepsilon}\frac{\delta(s)}{vs}$$

für $u(s)$ zu finden. Hierin ist κ^2 eine zu bestimmende, reelle Konstante.

(d) **(5 Punkte)** Machen Sie für die homogene Lösung den Ansatz

$$u(s) = \frac{C(s)}{\sqrt{s}}$$

und lösen Sie die resultierende Differentialgleichung für $C(s)$ in großen Abständen $|\kappa|s \gg 1$ von der Bewegungsachse der Ladung.

(e) **(5 Punkte)** Verwenden Sie Ihre bisherigen Ergebnisse, um zu zeigen, dass das Potential für $n\frac{v}{c} > 1$ die Form

$$\phi_\omega(\boldsymbol{r}) = \frac{\phi_+(s)}{\sqrt{\kappa s}}\, \mathrm{e}^{\mathrm{i}\left(\kappa s + \frac{\omega}{v}z\right)} + \frac{\phi_-(s)}{\sqrt{\kappa s}}\, \mathrm{e}^{\mathrm{i}\left(-\kappa s + \frac{\omega}{v}z\right)}$$

aufweisen muss, wobei $\phi_\pm(s)$ Funktionen sind, die für $\kappa s \gg 1$ gegen einen konstanten Wert streben. Wie lassen sich hieraus alle anderen Felder im Problem bestimmen?

(f) **(4 Punkte)** Verwenden Sie das Ergebnis aus Teilaufgabe (e), um zu argumentieren, dass sich im Medium elektromagnetische Wellen ausbreiten. Unter welchem Winkel relativ zur Bewegungsrichtung der bewegten Ladung θ breiten sich diese aus?

Aufgabe 4   **25 *Punkte***

Kräfte und Drehmomente auf magnetische Dipolmomente

Schlagwörter:
Vektoranalysis, Dipol, Bewegungsgleichung, Magnetostatik, Bewegung im elektromagnetischen Feld, Magnetisches Moment

In dieser Aufgabe sollen die Kräfte und das Drehmoment, welche auf einen magnetischen Dipol mit Dipolmoment $\boldsymbol{m}$ wirken, innerhalb der Magnetostatik untersucht werden. Dazu wird für die gesamte Aufgabe davon ausgegangen, dass das Dipolmoment durch eine räumlich begrenzte Stromverteilung $\boldsymbol{j}(\boldsymbol{r})$ erzeugt wird und die magnetische Flussdichte $\boldsymbol{B}(\boldsymbol{r})$ innerhalb dieses Raumbereichs nicht stark variiert. Das magnetische Moment lässt sich über

$$\boldsymbol{m} = \frac{1}{2} \int \mathrm{d}^3 r'\ \boldsymbol{r}' \times \boldsymbol{j}(\boldsymbol{r}')$$

bestimmen.

(a) **(5 Punkte)** Zeigen Sie zunächst, dass das magnetische Moment auch den Zusammenhang

$$m_i \epsilon_{ilm} = \int \mathrm{d}^3 r'\ r'_l j_m(\boldsymbol{r}')$$

erfüllt.

(b) **(4 Punkte)** Betrachten Sie nun die Lorentz-Kraftdichte

$$\boldsymbol{f}_{\mathrm{L}}(\boldsymbol{r}') = \boldsymbol{j}(\boldsymbol{r}') \times \boldsymbol{B}(\boldsymbol{r}'),$$

um die gesamte auf den Dipol wirkende Kraft

$$\boldsymbol{F} = \int \mathrm{d}^3 r'\ \boldsymbol{f}_{\mathrm{L}}(\boldsymbol{r}')$$

zu ermitteln. Verwenden Sie hierfür eine Taylor-Entwicklung von $\boldsymbol{B}(\boldsymbol{r}')$ um den Punkt $\boldsymbol{r}$, der in der Mitte des Raumbereiches, auf den $\boldsymbol{j}$ beschränkt ist, liegen soll. Zeigen Sie so, dass die Kraft auch als

$$\boldsymbol{F}(\boldsymbol{r}) = \nabla(\boldsymbol{m} \cdot \boldsymbol{B}(\boldsymbol{r}))$$

ausgedrückt werden kann. Welche potentielle Energie ergibt sich demnach für einen Dipol in einem Magnetfeld?

(c) **(3 Punkte)** Gehen Sie nun analog zu Teilaufgabe (b) vor, um zu zeigen, dass das auf den Dipol wirkende Drehmoment durch

$$\boldsymbol{N} = \boldsymbol{m} \times \boldsymbol{B}$$

gegeben ist.

Die bisherigen Ergebnisse sollen nun auf ein konkretes Beispiel angewendet werden. Betrachten Sie dazu einen unendlich langen, vom Strom I durchflossenen Draht, welcher entlang der z-Achse verläuft.

(d) (**2 Punkte**) Bestimmen Sie die magnetische Flussdichte B, die von diesem Draht erzeugt wird.

Nun soll sich ein Dipol in diesem Magnetfeld bewegen. Gehen Sie davon aus, dass der Dipol mit Moment $\boldsymbol{m}_0$ und Masse m sich zunächst parallel zur z-Achse bewegt. Das Dipolmoment soll parallel zur xy-Ebene ausgerichtet sein und mit der $\hat{\boldsymbol{e}}_x$-Richtung den Winkel ψ einschließen. Bei Drehungen um eine beliebige Achse soll der Dipol stets das Trägheitsmoment Θ aufweisen.

(e) (**2 Punkte**) Bestimmen Sie die Bewegungsgleichung von ψ in Zylinderkoordinaten.

(f) (**4 Punkte**) Bestimmen Sie die Bewegungsgleichungen der Koordinaten s, φ und z. Was fällt Ihnen für die Summe J_z aus Bahndrehimpuls L_z und Eigendrehimpuls S_z entlang der z-Achse auf?

(g) (**5 Punkte**) Stellen Sie mit Ihren Erkenntnissen aus den bisherigen Teilaufgaben die Lagrange-Funktion mit den verallgemeinerten Koordinaten s, φ, z und ψ auf und zeigen Sie, dass sich damit die gleichen Ergebnisse wie in Teilaufgabe (e) und (f) ergeben. Wie lässt sich an dieser Lagrange-Funktion direkt Ihre Erkenntnis bezüglich J_z aus der letzten Teilaufgabe einsehen?

9.2 Hinweise zur Klausur IX – Elektrodynamik – Mittel

Aufgabe 1 - Kurzfragen

(a) Wie transformiert sich das Differential $\mathrm{d}x^\mu$? Was passiert, wenn damit $\mathrm{d}s'^2 = \eta_{\mu\nu}\,\mathrm{d}x'^\mu\,\mathrm{d}x'^\nu$ gebildet wird? Denken Sie daran, keinen Namen für einen Index doppelt zu vergeben! Was passiert in der Indexschreibweise, wenn eine Matrix transponiert wird?

(b) Was passiert, wenn die Rotation und das Kreuzprodukt mit Hilfe des Levi-Civita-Symbols in Indexschreibweise formuliert werden? Wie kann der Zusammenhang

$$\epsilon_{kij}\epsilon_{klm} = \delta_{il}\delta_{jm} - \delta_{im}\delta_{jl}$$

für das Levi-Civita-Symbol bei der weiteren Auswertung helfen? Wie sieht eine Divergenz in Indexschreibweise aus? Lassen sich solche Terme identifizieren?

(c) Was passiert, wenn die Divergenzen von den gegebenen Feldern gebildet werden? Inwiefern hilft die Produktregel der Vektoranalysis

$$\boldsymbol{\nabla} \cdot (\psi\,\boldsymbol{A}) = \boldsymbol{A} \cdot \boldsymbol{\nabla}\psi$$

für ein konstantes Vektorfeld $\boldsymbol{A}$ weiter? Was passiert, wenn die Rotation von $\boldsymbol{E}$ gebildet wird? Inwiefern hilft hier die Produktregel der Vektoranalysis

$$\boldsymbol{\nabla} \times (\psi\boldsymbol{A}) = -\boldsymbol{A} \times \boldsymbol{\nabla}\psi$$

für ein konstantes Vektorfeld $\boldsymbol{A}$ weiter? Welche Maxwell-Gleichung muss die Rotation von $\boldsymbol{E}$ erfüllen?

(d) Was passiert, wenn die gegebene Stromverteilung in der xy-Ebene in Polarkoordinaten integriert wird? Wie kann das Ampère'sche Gesetz verwendet werden, um das Magnetfeld zu bestimmen? Welche Abhängigkeiten kann das Magnetfeld aufgrund der vorliegenden Symmetrien aufweisen?

(e) Wie lässt sich aus dem Maschengesetz und den Spannungen an den einzelnen Bauteilen die Differentialgleichung

$$\ddot{Q} + \omega_0^2 Q = \frac{U_0}{L}$$

herleiten? Wie kann die Inhomogenität auf der rechten Seite beseitigt werden?

Aufgabe 2 - Zylindrischer Kondensator

(a) Von welchen Koordinaten darf das elektrische Feld aufgrund der vorliegenden Symmetrie nicht abhängen? Wird das elektrische Feld φ- oder z-Komponenten haben? Welche Ladung wird in einem Zylinder des Radius s und der Länge l eingeschlossen sein?

(b) Wieso lässt sich das elektrische Potential im vorliegenden Fall durch das Integral

$$\phi(s) = -\int_{\infty}^{s} \mathrm{d}s'\, E(s')$$

bestimmen? Für die längenspezifische Kapazität bietet es sich an, zunächst die Kapazität eines Teilstücks der Länge l zu bestimmen.

(c) Welche Differentialgleichung erfüllt die dielektrische Verschiebung? Welche Parallelen lassen sich demnach zu Teilaufgabe (a) ziehen?

(d) Wieso lassen sich alle Ergebnisse durch die Ersetzung $\varepsilon_0 \to \varepsilon$ erhalten?

(e) Wie hängt die Polarisation mit dem elektrischen Feld zusammen? Wie lässt sich die Polarisationsladungsdichte durch

$$\rho_\mathrm{p} = -\boldsymbol{\nabla} \cdot \boldsymbol{P}$$

bestimmen? Wie kann die Oberflächenladungsdichte mit

$$\sigma_\mathrm{p} = \boldsymbol{n} \cdot \boldsymbol{P}|_{\partial V}$$

bestimmt werden? In welche Richtung zeigt der Normalenvektor jeweils?

(f) Wie ist die Energiedichte durch die dielektrische Verschiebung und durch das elektrische Feld definiert? Was passiert, wenn diese bezüglich s und φ mit entsprechender Jacobi-Determinante integriert wird?

Aufgabe 3 - Der Cherenkov-Winkel

(a) Wieso kann die Ladungsdichte bezüglich der xy-Ebene durch $q\delta(x)\,\delta(y)$ beschrieben werden? Was passiert, wenn das Integral

$$1 = \iint \mathrm{d}x\,\mathrm{d}y$$

in Polarkoordinaten transformiert wird? Verwenden Sie

$$\int_{0}^{\infty} \mathrm{d}s\,\delta(s) = 1,$$

um die Dirac-Delta-Funktion in Polarkoordinaten zu überführen. Wie lässt sich die geradlinig gleichförmige Bewegung $z = vt$ durch eine Delta-Funktion berücksichtigen?

(b) Wie muss die Rücktransformation aussehen, damit nach wie vor

$$\delta(t - t') = \frac{1}{2\pi}\int_{-\infty}^{\infty} \mathrm{d}\omega\, \mathrm{e}^{\mathrm{i}\omega(t-t')}$$

gilt? Was passiert, wenn darin die Ladungs- und Stromdichten

$$\rho(\boldsymbol{r},t) = \frac{q}{2\pi s}\delta(s)\,\delta(z - vt) \qquad \boldsymbol{j}(\boldsymbol{r},t) = \frac{qv}{2\pi s}\delta(s)\,\delta(z - vt)\,\hat{\boldsymbol{e}}_z$$

eingesetzt werden?

(c) Wieso werden die Ableitungen nach φ im vorliegenden Ansatz nichts beitragen? Wieso wird sich die doppelte Ableitung nach z in der Form

$$\partial_z^2 \phi_\omega = -\frac{\omega^2}{v^2}\phi_\omega$$

einbringen? Sie sollten den Zusammenhang

$$\kappa^2 = n^2 \frac{\omega^2}{c^2}\left(1 - \frac{c^2}{v^2 n^2}\right)$$

finden.

(d) Wie lässt sich mit dem Ansatz

$$u''(s) = \frac{C''(s)}{\sqrt{s}} - \frac{C'(s)}{s\sqrt{s}} + \frac{3C(s)}{4s^2\sqrt{s}}$$

finden? Was passiert, wenn dies in die Differentialgleichung eingesetzt wird? Was passiert, wenn Terme der Art $\frac{1}{\kappa^2 s^2}$ für $|\kappa|s \gg 1$ vernachlässigt werden? Welchen Einfluss hat das Vorzeichen von κ^2 auf die möglichen Lösungen?

(e) Warum ist durch die Eichbedingung bei bekanntem ϕ_ω auch $\boldsymbol{A}_\omega$ prinzipiell bekannt?

(f) Wieso lassen sich die elektrische Feldstärke und magnetische Flussdichte mit den Ergebnissen aus Teilaufgabe (e) als Überlagerungen ebener Wellen

$$\exp(\mathrm{i}(\pm\boldsymbol{k}\cdot\boldsymbol{r} - \omega t))$$

auffassen? Wie lässt sich so die Form des Wellenvektors

$$\boldsymbol{k} = k\sqrt{1 - \frac{1}{\beta^2 n^2}}\,\hat{\boldsymbol{e}}_s + k\frac{1}{\beta n}\,\hat{\boldsymbol{e}}_z$$

finden?

Aufgabe 4 - Kräfte und Drehmomente auf magnetische Dipolmomente

(a) Was passiert, wenn der Ausdruck $m_i \epsilon_{ilm}$ unter Anwendung der Regel

$$\epsilon_{ilm}\epsilon_{ikn} = \delta_{lk}\delta_{mn} - \delta_{ln}\delta_{km}$$

ausgewertet wird? Wie könnte der Ausdruck

$$\iiint \mathrm{d}^3 r'\,\boldsymbol{\nabla}'\cdot(r_l' r_m'\,\boldsymbol{j}(\boldsymbol{r}'))$$

ausgewertet werden? Welchen Einfluss hat die räumliche Beschränktheit der Stromverteilung auf diesen Ausdruck?

(b) Wieso lässt sich die magnetische Flussdichte in erster Näherung durch

$$\boldsymbol{B}(\boldsymbol{r}') \approx \boldsymbol{B}(\boldsymbol{r}) + \frac{\partial \boldsymbol{B}}{\partial r_i}(r_i' - r_i) + \mathcal{O}\big((\Delta \boldsymbol{r})^2\big)$$

ausdrücken? Wie lässt sich durch das Auswerten von

$$\nabla' \cdot (r_i'\, \boldsymbol{j}(\boldsymbol{r}'))$$

zeigen, dass

$$\int \mathrm{d}^3 r'\; \boldsymbol{j}(\boldsymbol{r}') = 0$$

gilt?

(c) Weshalb lässt sich das Drehmoment über

$$\boldsymbol{N} = \int \mathrm{d}^3 r'\; \boldsymbol{r}' \times (\boldsymbol{j}(\boldsymbol{r}') \times \boldsymbol{B}(\boldsymbol{r}'))$$

bestimmen? Wie kann dieser mit der bac-cab-Regel umgeformt werden? Wie lassen sich die Erkenntnisse aus Teilaufgabe (a) verwenden, um das magnetische Dipolmoment in die Formel zu bringen?

(d) Wie lässt sich aus der Maxwell-Gleichung $\nabla \times \boldsymbol{B} = \mu_0\,\boldsymbol{j}$ das Ampère'sche Gesetz herleiten? Welche Fläche bietet sich bei der vorliegenden Symmetrie besonders zum Integrieren an? Wieso ist die magnetische Flussdichte nur von s abhängig?

(e) Weshalb bleibt das magnetische Moment parallel zur xy-Ebene ausgerichtet? Wie lässt sich aus dem entsprechenden Drehimpuls $\boldsymbol{S} = \Theta\dot{\psi}\hat{\boldsymbol{e}}_z$ und den Ergebnissen von Teilaufgabe (b) die Bewegungsgleichung für ψ finden?

(f) Wie kann der Gradient in Zylinderkoordinaten

$$\nabla = \hat{\boldsymbol{e}}_s \frac{\partial}{\partial s} + \hat{\boldsymbol{e}}_\varphi \frac{1}{s} \frac{\partial}{\partial \varphi} + \hat{\boldsymbol{e}}_z \frac{\partial}{\partial z}$$

verwendet werden, um die Kraft

$$\boldsymbol{F} = -\frac{\mu_0 I m_0}{2\pi s^2}\left(\hat{\boldsymbol{e}}_s \sin(\psi - \varphi) + \hat{\boldsymbol{e}}_\varphi \cos(\psi - \varphi)\right)$$

zu finden? Wie lauten die Komponenten der Beschleunigung in Zylinderkoordinaten?

(g) Wie lässt sich die Lagrange-Funktion aus kinetischer und potentieller Energie bestimmen? Wie lautet die kinetische Energie in Zylinderkoordinaten? Welcher rotative Anteil muss hinzugefügt werden? Wie kann die potentielle Energie gemäß den Ergebnissen aus Teilaufgabe (b) und (f) bestimmt werden? Was passiert, wenn die Euler-Lagrange-Gleichung

$$\frac{\mathrm{d}}{\mathrm{d}t} \frac{\partial L}{\partial \dot{q}_i} = \frac{\partial L}{\partial q_i}$$

für jede Koordinate ausgewertet wird? Was passiert bei Verschiebungen von φ und ψ um eine infinitesimale Größe ϵ? Was sagt das Noether-Theorem über Symmetrien und Erhaltungsgrößen aus?

9.3 Lösung zur Klausur IX – Elektrodynamik – Mittel

Aufgabe 1   **25 Punkte**

Kurzfragen

(a) **(5 Punkte)** Zeigen Sie, dass bei einer Poincaré-Transformation

$$x^\mu \to x'^\mu = \Lambda^\mu{}_\nu x^\nu + a^\mu$$

aus der Invarianz des Linienelements $\mathrm{d}s^2 = \eta_{\mu\nu}\,\mathrm{d}x^\mu\,\mathrm{d}x^\nu$ die Bedingung $\Lambda^T \eta \Lambda = \eta$ folgt.

Lösungsvorschlag:
Zunächst ist es hilfreich festzustellen, dass für die Transformation des Differentials $\mathrm{d}x^\mu$ nur die Transformationsmatrix $\Lambda^\mu{}_\nu$ gemäß

$$\mathrm{d}x'^\mu = \Lambda^\mu{}_\nu\,\mathrm{d}x^\nu$$

von Bedeutung ist. Das neue Linienelement $\mathrm{d}s'^2$ muss daher durch

$$\mathrm{d}s'^2 = \eta_{\mu\nu}\,\mathrm{d}x'^\mu\,\mathrm{d}x'^\nu = \eta_{\mu\nu}\Lambda^\mu{}_\alpha\,\mathrm{d}x^\alpha\Lambda^\nu{}_\beta\,\mathrm{d}x^\beta = (\Lambda^\mu{}_\alpha\eta_{\mu\nu}\Lambda^\nu{}_\beta)\,\mathrm{d}x^\alpha\,\mathrm{d}x^\beta$$

gegeben sein. Hierbei wurden als neue Indizes α und β gewählt, um die entstehenden Ausdrücke übersichtlicher zu gestalten. Damit das Linienelement invariant ist, muss der Term in Klammern gerade $\eta_{\alpha\beta}$ entsprechen, da sich nur dann auf der rechten Seite

$$\eta_{\alpha\beta}\,\mathrm{d}x^\alpha\,\mathrm{d}x^\beta = \mathrm{d}s^2$$

ergibt. Daher muss an die Transformationsmatrix die Bedingung

$$\Lambda^\mu{}_\alpha\eta_{\mu\nu}\Lambda^\nu{}_\beta = \eta_{\alpha\beta}$$

gestellt werden. Auf der linken Seite muss über den Index μ kontrahiert werden. Dieser steht für eine Kontraktion in $\Lambda^\mu{}_\alpha$ aber noch an der falschen Stelle. Er müsste als zweiter und nicht als erster Index auftauchen. Die Reihenfolge der Indizes kann durch Transponieren vertauscht werden, so dass die Bedingung auch als

$$\eta_{\alpha\beta} = (\Lambda^T){}_\alpha{}^\mu\eta_{\mu\nu}\Lambda^\nu{}_\beta$$

aufgeschrieben werden kann. Rechts stehen nun alle Indizes korrekt, um den Ausdruck als Matrixprodukt aufzufassen und so

$$\eta_{\alpha\beta} = (\Lambda^T \eta \Lambda)_{\alpha\beta}$$

zu schreiben. Da die Komponenten nun übereinstimmen, muss somit auch die Matrixgleichung

$$\Lambda^T \eta \Lambda = \eta$$

gültig sein.

(b) **(5 Punkte)** Zeigen Sie, dass zwei stetig differenzierbare Vektorfelder $\boldsymbol{A}$ und $\boldsymbol{B}$ stets den Zusammenhang

$$\nabla \times (\boldsymbol{A} \times \boldsymbol{B}) = \boldsymbol{A}(\nabla \cdot \boldsymbol{B}) + (\boldsymbol{B} \cdot \nabla)\boldsymbol{A} - (\boldsymbol{A} \cdot \nabla)\boldsymbol{B} - \boldsymbol{B}(\nabla \cdot \boldsymbol{A})$$

erfüllen.

Lösungsvorschlag:
In der Indexschreibweise kann für den Term auf der linken Seite zunächst der Ausdruck

$$\nabla \times (\boldsymbol{A} \times \boldsymbol{B}) = \hat{\boldsymbol{e}}_i \epsilon_{ijk} \partial_j (\boldsymbol{A} \times \boldsymbol{B})_k = \hat{\boldsymbol{e}}_i \epsilon_{ijk} \epsilon_{klm} \partial_j (A_l B_m)$$
$$= \hat{\boldsymbol{e}}_i \epsilon_{kij} \epsilon_{klm} (A_l \partial_j B_m + B_m \partial_j A_l)$$

gefunden werden. Dabei wurde im letzten Schritt sowohl die Produktregel angewendet, als auch die Reihenfolge der Indizes im ersten Levi-Civita-Symbol gemäß der Zyklizität verändert. Als nächstes kann der Zusammenhang

$$\epsilon_{kij} \epsilon_{klm} = \delta_{il}\delta_{jm} - \delta_{im}\delta_{jl}$$

für das Levi-Civita-Symbol ausgenutzt werden, um so

$$\nabla \times (\boldsymbol{A} \times \boldsymbol{B}) = \hat{\boldsymbol{e}}_i (\delta_{il}\delta_{jm} - \delta_{im}\delta_{jl})(A_l \partial_j B_m + B_m \partial_j A_l)$$
$$= \hat{\boldsymbol{e}}_i A_i \partial_j B_j + \hat{\boldsymbol{e}}_i B_j \partial_j A_i - \hat{\boldsymbol{e}}_i A_j \partial_j B_i - \hat{\boldsymbol{e}}_i B_i \partial_j A_j$$

zu erhalten. Die Kombinationen $\partial_j B_j$ und $\partial_j A_j$ können jeweils als $\nabla \cdot \boldsymbol{B}$ bzw. $\nabla \cdot \boldsymbol{A}$ geschrieben werden. Auf der anderen Seite müssen die Ausdrücke $B_j \partial_j$ und $A_j \partial_j$ durch $\boldsymbol{B} \cdot \nabla$ bzw. $\boldsymbol{A} \cdot \nabla$ ersetzt werden, um so

$$\nabla \times (\boldsymbol{A} \times \boldsymbol{B}) = \hat{\boldsymbol{e}}_i A_i (\nabla \cdot \boldsymbol{B}) + (\boldsymbol{B} \cdot \nabla)\hat{\boldsymbol{e}}_i A_i - (\boldsymbol{A} \cdot \nabla)\hat{\boldsymbol{e}}_i B_i - \hat{\boldsymbol{e}}_i B_i (\nabla \cdot \boldsymbol{A})$$
$$= \boldsymbol{A}(\nabla \cdot \boldsymbol{B}) + (\boldsymbol{B} \cdot \nabla)\boldsymbol{A} - (\boldsymbol{A} \cdot \nabla)\boldsymbol{B} - \boldsymbol{B}(\nabla \cdot \boldsymbol{A})$$

zu finden.

(c) **(5 Punkte)** Bei der Ausbreitung elektromagnetischer Wellen im Vakuum ohne Quellen lassen sich das elektrische und magnetische Feld durch den Ansatz

$$\boldsymbol{E}(\boldsymbol{r}, t) = \boldsymbol{E}_0 \, \mathrm{e}^{\mathrm{i}(\boldsymbol{k} \cdot \boldsymbol{r} - \omega t)} \qquad \boldsymbol{B}(\boldsymbol{k}, t) = \boldsymbol{B}_0 \, \mathrm{e}^{\mathrm{i}(\boldsymbol{k} \cdot \boldsymbol{r} - \omega t)}$$

darstellen. Darin sind $\boldsymbol{E}_0$, $\boldsymbol{B}_0$ und $\boldsymbol{k}$ konstante Vektoren und ω eine konstante Zahl. Zeigen Sie mit den Maxwell-Gleichungen, dass $\boldsymbol{E}$, $\boldsymbol{B}$ und $\boldsymbol{k}$ in dieser Reihenfolge ein Rechtssystem bilden.

Lösungsvorschlag:
Die nötigen Maxwell-Gleichungen sind hier durch

$$\nabla \cdot \boldsymbol{E} = \frac{\rho}{\varepsilon_0} = 0 \qquad \nabla \cdot \boldsymbol{B} = 0 \qquad \nabla \times \boldsymbol{E} = -\partial_t \boldsymbol{B}$$

gegeben. Da es sich bei E_0 und B_0 um konstante Vektoren handelt, kann die Produktregel für die Divergenz aus einem Skalarfeld und einem konstanten Vektorfeld in der Form

$$\nabla \cdot (\psi A) = A \cdot \nabla \psi = (\nabla \psi) \cdot A$$

verwendet werden, um die Divergenzen durch

$$\nabla \cdot E = \mathrm{i} k \cdot E_0 \ \mathrm{e}^{\mathrm{i}(k \cdot r - \omega t)} = \mathrm{i} k \cdot E$$
$$\nabla \cdot B = \mathrm{i} k \cdot B_0 \ \mathrm{e}^{\mathrm{i}(k \cdot r - \omega t)} = \mathrm{i} k \cdot B$$

zu bestimmen. Diese können nur null sein, wenn $k \cdot E = 0$ und $k \cdot B = 0$ gilt. Damit stehen E und B jeweils senkrecht auf k. Nun bleibt zu zeigen, dass auch E und B senkrecht aufeinander stehen. Zu diesem Zweck wird die Maxwell-Gleichung

$$\nabla \times E = -\partial_t B$$

betrachtet. Die linke Seite kann hierbei sehr einfach durch

$$-\partial_t B = -(-\mathrm{i}\omega) B_0 \ \mathrm{e}^{\mathrm{i}(k \cdot r - \omega t)} = \mathrm{i}\omega B$$

ausgewertet werden. Auf der rechten Seite kann wieder verwendet werden, dass E_0 ein konstanter Vektor ist und dass für die Rotation aus einem Skalarfeld und einem konstanten Vektorfeld die Produktregel

$$\nabla \times (\psi A) = -A \times \nabla \psi = (\nabla \psi) \times A$$

gilt. Auf diese Weise lässt sich

$$\nabla \times E = \mathrm{i} k \times E_0 \ \mathrm{e}^{\mathrm{i}(k \cdot r - \omega t)} = \mathrm{i} k \times E$$

finden. Gemäß der Maxwell-Gleichung muss also

$$\mathrm{i} k \times E = \mathrm{i}\omega B \quad \Rightarrow \quad B = \frac{k}{\omega} \times E$$

gelten. Damit sind auch E und B senkrecht aufeinander. Aufgrund der Konstruktion per Kreuzprodukt bilden sie in der Reihenfolge E, B und k ein Rechtssystem.

(d) **(5 Punkte)** Betrachten Sie die Stromverteilung

$$j(r) = j_0 \frac{s}{R} \Theta(R - s) \, \hat{e}_z$$

mit konstantem j_0 und R. Bestimmen Sie j_0 so, dass insgesamt die Stromstärke I durch die xy-Ebene fließt. Ermitteln Sie dann das Magnetfeld $B(r)$ im gesamten Raum.

Lösungsvorschlag:
Der Strom durch die xy-Ebene kann mit

$$I = \iint \mathrm{d}x\,\mathrm{d}y\; j_z(x,y) = \int_0^{2\pi} \mathrm{d}\varphi \int_0^\infty \mathrm{d}s\; s j_0 \frac{s}{R}\Theta(R-s)$$

$$= \frac{2\pi j_0}{R} \int_0^R \mathrm{d}s\; s^2 = \frac{2\pi j_0}{3R} R^3 = \frac{2}{3}\pi R^2 j_0$$

bestimmt werden. Daher muss die konstante Stromdichte j_0 durch

$$j_0 = \frac{3}{2}\frac{I}{\pi R^2}$$

gegeben sein. Aufgrund der vorliegenden Symmetrie bietet es sich an, das Ampère-'sche Gesetz

$$\oint_{\partial\mathcal{F}} \mathrm{d}\boldsymbol{r}\cdot\boldsymbol{B} = \mu_0 I_{\mathcal{F}}$$

zu verwenden. Da das Problem translationsinvariant entlang und rotationssymmetrisch um die z-Achse ist, kann das Magnetfeld nur eine Abhängigkeit von φ aufweisen. Daher kann als Integrationsfläche ein Kreis $\mathcal{K}$ in der xy-Ebene mit dem Ursprung als Mittelpunkt und dem Radius r verwendet werden. Auf der linken Seite des Ampère-'schen Gesetzes lässt sich so

$$\oint_{\partial\mathcal{K}} \mathrm{d}\boldsymbol{r}\cdot\boldsymbol{B} = 2\pi r B_\varphi(r)$$

finden. Auf der rechten Seite muss der eingeschlossene Strom

$$I_{\mathcal{K}} = \iint_{\mathcal{K}} \mathrm{d}^2\boldsymbol{f}\cdot\boldsymbol{j} = \int_0^{2\pi}\mathrm{d}\varphi \int_0^r \mathrm{d}s\; s j_0 \frac{s}{R}\Theta(R-s) = \frac{2\pi j_0}{R}\int_0^r \mathrm{d}s\; s^2\Theta(R-s)$$

bestimmt werden. Das verbleibende Integral muss unterschiedlich ausgewertet werden, je nachdem, ob $r < R$ oder $r > R$ gilt. Ist $r > R$, so geht das Integral bis R. Ist hingegen $r < R$, so geht das Integral nur bis r. Dementsprechend lässt sich das Integral durch

$$\int_0^r \mathrm{d}s\; s^2\Theta(R-s) = \Theta(R-r)\int_0^r \mathrm{d}s\; s^2 + \Theta(r-R)\int_0^R \mathrm{d}s\; s^2$$

$$= \Theta(R-r)\frac{1}{3}r^3 + \Theta(r-R)\frac{1}{3}R^3$$

ausdrücken. Somit ist der eingeschlossene Strom durch

$$I_K = \frac{2\pi j_0}{R} \left(\Theta(R - r)\,\frac{1}{3}r^3 + \Theta(r - R)\,\frac{1}{3}R^3 \right)$$

$$= \frac{2\pi R^2 j_0}{3} \left(\Theta(R - r)\left(\frac{r}{R}\right)^3 + \Theta(r - R) \right)$$

$$= I \left(\Theta(r - R) + \Theta(R - r)\left(\frac{r}{R}\right)^3 \right)$$

gegeben. Nach dem Ampère'schen Gesetz ist daher das Magnetfeld durch

$$B_\varphi(r) = \frac{\mu_0 I}{2\pi r} \left(\Theta(r - R) + \Theta(R - r)\left(\frac{r}{R}\right)^3 \right)$$

zu bestimmen. Im gesamten Raumbereich kann das Magnetfeld also durch

$$\boldsymbol{B}(\boldsymbol{r}) = \hat{\boldsymbol{e}}_\varphi \frac{\mu_0 I}{2\pi s} \left(\Theta(s - R) + \Theta(R - s)\left(\frac{s}{R}\right)^3 \right)$$

ausgedrückt werden. Im Inneren der Stromverteilung steigt es damit quadratisch in s an, während es außerhalb mit $\frac{1}{s}$ abfällt.

(e) **(5 Punkte)** Betrachten Sie eine Reihenschaltung aus einem Kondensator C und einer Spule L, die an eine konstante Spannungsquelle U_0 angeschlossen ist. Bestimmen Sie die Ladung am Kondensator als eine Funktion der Zeit, wenn zum Zeitpunkt $t = 0$ weder ein Strom noch eine Ladung an diesem vorliegen. Drücken Sie Ihr Ergebnis auch durch $\omega_0 = \frac{1}{\sqrt{LC}}$ aus.

Lösungsvorschlag:
Da es sich um eine Reihenschaltung handelt, bilden alle Bauteile zusammen eine Masche, so dass nach dem Maschensatz der Zusammenhang

$$U_0 = U_C + U_L$$

gelten muss. Da es keine Verzweigungen gibt, fließt durch alle Bauteile der gleiche Strom, so dass die Zusammenhänge

$$U_C = \frac{Q}{C} \qquad U_L = L\dot{I}$$

an Kondensator und Spule verwendet werden können, um die Differentialgleichung

$$U_0 = \frac{Q}{C} + L\ddot{Q} \quad \Rightarrow \quad \ddot{Q} + \frac{1}{LC}Q = \frac{U_0}{L}$$

für die Ladung Q am Kondensator aufzustellen. Mit der Einführung von

$$\omega_0 = \frac{1}{\sqrt{LC}}$$

kann diese weiter auf

$$\ddot{Q} + \omega_0^2 Q = \frac{U_0}{L}$$

vereinfacht werden. Um die konstante Inhomogenität auf der rechten Seite loszuwerden, kann die Funktion

$$Q = \tilde{Q} + Q_0$$

eingeführt werden, womit sich

$$\ddot{\tilde{Q}} + \omega_0^2 \tilde{Q} = \frac{U_0}{L} - \omega_0^2 Q_0$$

ergibt. Damit die Inhomogenität nun verschwindet, muss die Konstante Q_0 auf

$$Q_0 = \frac{U_0}{L\omega_0^2} = CU_0$$

gewählt werden. Die Funktion $\tilde{Q}$ muss daher die Differentialgleichung

$$\ddot{\tilde{Q}} + \omega_0^2 \tilde{Q} = 0$$

erfüllen und ihre allgemeine Lösung ist dann durch

$$\tilde{Q} = A\cos(\omega_0 t) + B\sin(\omega_0 t)$$

gegeben. Da zu Anfang weder eine Ladung noch ein Strom vorliegen soll, sind die Anfangsbedingungen für $\tilde{Q}$ durch

$$\tilde{Q}(0) = Q(0) - Q_0 = Q_0 \qquad \dot{\tilde{Q}}(0) = \dot{Q}(0) = 0$$

gegeben. Diese können durch

$$A = -Q_0 \qquad B = 0$$

erfüllt werden, weshalb die Lösung des vorliegenden Anfangswertproblems durch

$$Q(t) = \tilde{Q} + Q_0 = -Q_0\cos(\omega_0 t) + Q_0 = 2Q_0\frac{1 - \cos(\omega_0 t)}{2} = 2Q_0\cos^2\left(\frac{\omega_0 t}{2}\right)$$

gegeben ist.

Aufgabe 2 $\hfill$ **25 *Punkte***

Zylindrischer Kondensator

In dieser Aufgabe soll eine Anordnung aus zwei unendlich langen und unendlich dünnen koaxialen Zylindern mit den Radien R_i und R_a mit $R_\mathrm{a} > R_\mathrm{i}$ betrachtet werden. Die beiden Zylinder weisen die konstante Flächenladungsdichte σ_i und σ_a auf.

(a) **(5 Punkte)** Verwenden Sie das Gauß'sche Gesetz, um das elektrische Feld zu bestimmen. Wie müssen σ_i und σ_a gewählt sein, damit das elektrische Feld für $s > R_\mathrm{a}$ verschwindet?

Lösungsvorschlag:
Aufgrund der vorliegenden Zylindersymmetrie kann das elektrische Feld weder von φ noch von z abhängen. Das Feld wird ebenso keine Komponenten in φ und z-Richtung besitzen. Denn für jede Ladung auf der Oberfläche, die in einem betrachteten Punkt bspw. eine z-Komponente erzeugt, gibt es eine zweite Ladung mit gleichem φ aber anderem z, welches die z-Komponente ausgleicht. Auf diese Weise wird das elektrische Feld die Form $\boldsymbol{E} = E(s)\,\hat{\boldsymbol{e}}_s$ haben. Für das Gauß'sche Gesetz

$$\oiint_{\partial V} \mathrm{d}^2\boldsymbol{f} \cdot \boldsymbol{E} = \frac{1}{\varepsilon_0} \iiint_V \mathrm{d}^3 r \; \rho$$

bietet es sich an, einen Hilfszylinder mit Radius s und Länge l zu wählen. Wegen der bereits getätigten Symmetriebetrachtung ist klar, dass die Deckflächen mit $\boldsymbol{n} = \pm\hat{\boldsymbol{e}}_z$ nicht weiter betrachtet werden müssen, da hier $\boldsymbol{n} \cdot \boldsymbol{E} = 0$ gilt. Auf der linken Seite kann so der Ausdruck

$$\oiint_{\partial V} \mathrm{d}^2\boldsymbol{f} \cdot \boldsymbol{E} = s \int_0^{2\pi} \mathrm{d}\varphi \int_{-l/2}^{l/2} \mathrm{d}z \; (\hat{\boldsymbol{e}}_s \cdot \hat{\boldsymbol{e}}_s) E(s) = 2\pi s l E(s)$$

gefunden werden. Auf der rechten Seite steht die vom Hilfszylinder eingeschlossene Ladung. Für $s < R_\mathrm{i}$ befinden sich keine Ladungen im Inneren, so dass dort $E(s) = 0$ gilt.
Für $R_\mathrm{i} < s < R_\mathrm{a}$ kann wegen

$$\rho(\boldsymbol{r}) = \sigma_\mathrm{i}\delta(s - R_\mathrm{i}) + \sigma_\mathrm{a}\delta(s - R_\mathrm{a})$$

die eingeschlossene Ladung

$$\iiint_V \mathrm{d}^3 r \; \rho = \int_{-l/2}^{l/2} \mathrm{d}z \int_0^{2\pi} \mathrm{d}\varphi \int_0^s \mathrm{d}s' \; s'(\sigma_\mathrm{i}\delta(s' - R_\mathrm{i}) + \sigma_\mathrm{a}\delta(s' - R_\mathrm{a})) = 2\pi l R_\mathrm{i}\sigma_\mathrm{i}$$

gefunden werden. Damit ist zwischen den beiden Zylindern das elektrische Feld durch

$$E(s) = \frac{1}{2\pi s l} \cdot \frac{2\pi l R_\mathrm{i}\sigma_\mathrm{i}}{\varepsilon_0} = \frac{\sigma_\mathrm{i}}{\varepsilon_0}\frac{R_\mathrm{i}}{s} \quad \Rightarrow \quad \boldsymbol{E} = \frac{\sigma_\mathrm{i}}{\varepsilon_0}\frac{R_\mathrm{i}}{s}\hat{\boldsymbol{e}}_s$$

gegeben. Ist $s > R_\mathrm{a}$, muss in die eingeschlossene Ladung auch die Ladung des äußeren Zylinders einbezogen werden, so dass sich dort

$$\iiint_V \mathrm{d}^3 r \; \rho = 2\pi l (R_\mathrm{i}\sigma_\mathrm{i} + R_\mathrm{a}\sigma_\mathrm{a})$$

ergibt. Soll das elektrische Feld außerhalb null sein, so muss die eingeschlossene Ladung null sein. Daher lässt sich die Bedingung

$$\sigma_\mathrm{i} R_\mathrm{i} = -\sigma_\mathrm{a} R_\mathrm{a} \quad \Rightarrow \quad \sigma_\mathrm{a} = -\sigma_\mathrm{i}\frac{R_\mathrm{i}}{R_\mathrm{a}}$$

zwischen den Flächenladungsdichten aufstellen.

Somit verschwindet das elektrische Feld, außer im Bereich $R_\mathrm{i} < s < R_\mathrm{a}$, wo es die Gestalt

$$\boldsymbol{E} = \frac{\sigma_\mathrm{i}}{\varepsilon_0}\frac{R_\mathrm{i}}{s}\,\hat{\boldsymbol{e}}_s$$

annimmt.

(b) **(5 Punkte)** Bestimmen Sie das elektrische Potential als eine Funktion von s und ermitteln Sie auch die Spannung $U = \phi(R_\mathrm{i}) - \phi(R_\mathrm{a})$ zwischen den beiden Zylindern. Welche längenspezifische Kapazität $\frac{\mathrm{d}C}{\mathrm{d}z}$ weist die Konfiguration auf? Beziehen Sie dazu die Spannung auf die Ladung des inneren Zylinders.

Lösungsvorschlag:
Da das elektrische Potential und das elektrische Feld durch $\boldsymbol{E} = -\boldsymbol{\nabla}\phi$ zusammenhängen, lässt sich das elektrische Potential auch durch

$$\phi(\boldsymbol{r}) = \phi(\boldsymbol{r}_0) - \int_{\boldsymbol{r}_0}^{\boldsymbol{r}} \mathrm{d}\boldsymbol{r}' \cdot \boldsymbol{E}(\boldsymbol{r}')$$

bestimmen. Da das elektrische Feld nur von s abhängt, muss auch nur entlang dieser Komponente integriert werden, so dass $\mathrm{d}\boldsymbol{r} = \hat{\boldsymbol{e}}_s\,\mathrm{d}s$ gilt. Außerdem soll das Potential im Unendlichen den Wert null annehmen, so dass das Integral

$$\phi(s) = -\int_{\infty}^{s} \mathrm{d}s' \; E(s')$$

zu bestimmen bleibt. Ist $s > R_\mathrm{a}$, so ist das elektrische Feld und damit auch das Potential null. Zwischen den Zylindern kann

$$\phi(s) = -\int_{R_\mathrm{a}}^{s} \mathrm{d}s' \; \frac{\sigma_\mathrm{i}}{\varepsilon_0}\frac{R_\mathrm{i}}{s'} = \frac{\sigma_\mathrm{i} R_\mathrm{i}}{\varepsilon_0}[\ln(s')]_{R_\mathrm{a}}^{s} = \frac{\sigma_\mathrm{i} R_\mathrm{i}}{\varepsilon_0}\ln\left(\frac{R_\mathrm{a}}{s}\right)$$

gefunden werden. Innerhalb des inneren Zylinders ist das elektrische Feld nun wieder null, so dass es dort keine weiteren Beiträge zum Potential gibt. Daher ist das Potential dort durch den Wert bei $s = R_i$, also durch

$$\phi(s) = \frac{\sigma_i R_i}{\varepsilon_0} \ln\left(\frac{R_a}{R_i}\right)$$

definiert. Zusammenfassend lässt sich das Potential also durch

$$\phi(s) = \frac{\sigma_i R_i}{\varepsilon_0} \begin{cases} \ln\left(\frac{R_a}{R_i}\right) & s < R_i \\ \ln\left(\frac{R_a}{s}\right) & R_i < s < R_A \\ 0 & R_a < s \end{cases}$$

ausdrücken. Die Spannung zwischen den beiden geladenen Zylindern lässt sich dann mit

$$U = \phi(R_i) - \phi(R_a) = \phi(R_a) = \frac{\sigma_i R_i}{\varepsilon_0} \ln\left(\frac{R_a}{R_i}\right)$$

bestimmen. Wird zunächst wieder der Hilfszylinder aus Teilaufgabe (a) betrachtet, so kann auf dem inneren Zylinder die Ladung

$$Q = 2\pi l R_i \sigma_i$$

verortet werden. Die Kapazität dieses Teilstücks ist durch

$$C = \frac{Q}{U} = \frac{2\pi l R_i \sigma_i}{\frac{\sigma_i R_i}{\varepsilon_0} \ln\left(\frac{R_a}{R_i}\right)} = l \frac{2\pi \varepsilon_0}{\ln\left(\frac{R_a}{R_i}\right)}$$

gegeben. Sie ist direkt proportional zu der Länge des Teilstücks, so dass sich für die längenspezifische Kapazität

$$\frac{dC}{dz} = \frac{2\pi \varepsilon_0}{\ln\left(\frac{R_a}{R_i}\right)}$$

ergibt.

Nehmen Sie nun an, der Raum zwischen den beiden Zylindern würde mit einem linearen, isotropen Dielektrikum der Dielektrizitätskonstante ε gefüllt.

(c) **(3 Punkte)** Bestimmen Sie die dielektrische Verschiebung D und stellen Sie eine Bedingung an σ_i und σ_a, damit das elektrische Feld E für $s > R_a$ verschwindet.

Lösungsvorschlag:
Statt dem Gauß'schen Gesetz für das elektrische Feld $\nabla \cdot E = \frac{\rho}{\varepsilon_0}$ muss nun das entsprechende Gesetz für die dielektrische Verschiebung

$$\nabla \cdot D = \rho_f$$

mit den freien Ladungen betrachtet werden. Die freien Ladungen sind hierbei die vorgegebenen Oberflächenladungen der Zylinder. Mit den exakt gleichen Methoden wie in Teilaufgabe (a) kann so die dielektrische Verschiebung bestimmt werden. Für $s < R_i$ verschwindet diese. Für $R_i < s < R_a$ kann

$$\boldsymbol{D} = \sigma_i \frac{R_i}{s} \hat{\boldsymbol{e}}_s$$

gefunden werden. Außerhalb der beiden Zylinder würde sich

$$\boldsymbol{D} = (\sigma_i R_i + \sigma_a R_a) \frac{\hat{\boldsymbol{e}}_s}{s}$$

ergeben. Da außerhalb der beiden Zylinder nach wie vor ein Vakuum herrscht, ist dort $\boldsymbol{D} = \varepsilon_0 \boldsymbol{E}$. Das bedeutet, das elektrische Feld verschwindet, wenn die dielektrische Verschiebung verschwindet. Und somit kann die gleiche Bedingung wie in Teilaufgabe (a)

$$\sigma_a = -\sigma_i \frac{R_i}{R_a}$$

gefunden werden.

(d) **(4 Punkte)** Bestimmen Sie aus dem Ergebnis der vorherigen Teilaufgabe das elektrische Feld $\boldsymbol{E}$, das elektrische Potential ϕ sowie die längenspezifische Kapazität $\frac{dC}{dz}$ des Kondensators. Welcher Zusammenhang besteht zur Kapazität aus Teilaufgabe (b)?

Lösungsvorschlag:
In den Vakuumsbereichen ist die dielektrische Verschiebung null und damit auch das elektrische Feld. Es soll sich um ein lineares isotropes Medium der Dielektrizität ε handeln, so dass im Bereich $R_i < s < R_a$ der Zusammenhang

$$\boldsymbol{E} = \frac{1}{\varepsilon} \boldsymbol{D} = \frac{\sigma_i}{\varepsilon} \frac{R_i}{s} \hat{\boldsymbol{e}}_s$$

gilt. Ein Vergleich zum Ausdruck in Teilaufgabe (a) zeigt, dass ε_0 durch ε ersetzt wurde. Damit lässt sich das Potential direkt durch

$$\phi(s) = \frac{\sigma_i R_i}{\varepsilon} \begin{cases} \ln\left(\frac{R_a}{R_i}\right) & s < R_i \\ \ln\left(\frac{R_a}{s}\right) & R_i < s < R_A \\ 0 & R_a < s \end{cases}$$

bestimmen. Die längenspezifische Kapazität nimmt dann die Form

$$\frac{dC}{dz} = \frac{2\pi\varepsilon}{\ln\left(\frac{R_a}{R_i}\right)} = \frac{\varepsilon}{\varepsilon_0} \frac{2\pi\varepsilon_0}{\ln\left(\frac{R_a}{R_i}\right)} = \varepsilon_r \frac{dC_{\text{vak}}}{dz}$$

an. Es zeigt sich somit, dass die Kapazität gegenüber dem Vakuum um die relative Dielektrizität erhöht wird.

(e) **(4 Punkte)** Ermitteln Sie die Polarisation des Dielektrikums und die Polarisationsladungsdichten innerhalb des Mediums ρ_p sowie die Oberflächenladungsdichten $\sigma_\mathrm{p,\,i}$ und $\sigma_\mathrm{p,\,a}$.

Lösungsvorschlag:
Die Polarisation des Dielektrikums ist im entsprechenden Bereich durch

$$\boldsymbol{P} = (\epsilon - \varepsilon_0)\boldsymbol{E}$$

definiert. Mit dem elektrischen Feld aus Teilaufgabe (d) kann so

$$\boldsymbol{P} = \frac{\varepsilon - \varepsilon_0}{\varepsilon}\sigma_\mathrm{i}\frac{R_\mathrm{i}}{s}\,\hat{\boldsymbol{e}}_s$$

gefunden werden. Da die Divergenz in Zylinderkoordinaten durch

$$\boldsymbol{\nabla} \cdot \boldsymbol{A} = \frac{1}{s}\partial_s(sA_s) + \frac{1}{s}\partial_\varphi A_\varphi + \partial_z A_z$$

definiert ist und die Polarisationsladungsdichte durch

$$\rho_\mathrm{p} = -\boldsymbol{\nabla} \cdot \boldsymbol{P}$$

bestimmt werden kann, kann im vorliegenden Fall

$$\rho_\mathrm{p} = -\ - = \frac{\varepsilon - \varepsilon_0}{\varepsilon}\sigma_\mathrm{i}\frac{R_\mathrm{i}}{s}\partial_s\left(s\cdot\frac{1}{s}\right) = 0$$

gefunden werden. Für die Polarisationsladungsdichten an Grenzflächen hingegen muss der Zusammenhang

$$\sigma_\mathrm{p} = \boldsymbol{n} \cdot \boldsymbol{P}|_{\partial V}$$

verwendet werden, wobei der Normalenvektor immer aus dem Dielektrikum herauszeigt. Auf diese Weise können die beiden Oberflächenpolarisationsladungsdichten

$$\sigma_\mathrm{p,\,i} = -\hat{\boldsymbol{e}}_s \cdot \boldsymbol{P}|_{s=R_\mathrm{i}} = -\frac{\varepsilon - \varepsilon_0}{\varepsilon}\sigma_\mathrm{i}$$

und

$$\sigma_\mathrm{p,\,a} = \hat{\boldsymbol{e}}_s \cdot \boldsymbol{P}|_{s=R_\mathrm{a}} = \frac{\varepsilon - \varepsilon_0}{\varepsilon}\sigma_\mathrm{i}\frac{R_\mathrm{i}}{R_\mathrm{a}} = -\frac{R_\mathrm{i}}{R_\mathrm{a}}\sigma_\mathrm{p,\,i}$$

gefunden werden. Durch den Zusammenhang der beiden ist auch direkt einsehbar, dass dadurch keine von außen sichtbare Gesamtladung entsteht.

(f) **(4 Punkte)** Bestimmen Sie die Energiedichte innerhalb des Kondensators. Ermitteln Sie darüber hinaus die längenspezifische Energie $\frac{\mathrm{d}E}{\mathrm{d}z}$ in dieser Feldkonfiguration. Ist diese mit der Formel $\frac{1}{2}CU^2$ vereinbar?

Lösungsvorschlag:

Die Energiedichte des Feldes ist durch

$$u = \frac{1}{2} \boldsymbol{D} \cdot \boldsymbol{E}$$

zu bestimmen. Mit den bisherigen Ergebnissen kann so

$$u = \frac{1}{2\varepsilon} \boldsymbol{D}^2 = \frac{1}{2\varepsilon} \frac{\sigma_{\mathrm{i}}^2 R_{\mathrm{i}}^2}{s^2}$$

gefunden werden. Da nur die längenspezifische Energie bestimmt werden soll, kann das Integral

$$\frac{\mathrm{d}E}{\mathrm{d}z} = \int_0^{2\pi} \mathrm{d}\varphi \int_{R_{\mathrm{i}}}^{R_{\mathrm{a}}} \mathrm{d}s \, s u(\boldsymbol{r}) = \frac{\sigma_{\mathrm{i}}^2 R_{\mathrm{i}}^2}{2\varepsilon} \int_0^{2\pi} \mathrm{d}\varphi \int_{R_{\mathrm{i}}}^{R_{\mathrm{a}}} \mathrm{d}s \, \frac{1}{s} = \frac{\pi \sigma_{\mathrm{i}}^2 R_{\mathrm{i}}^2}{\varepsilon} \ln\left(\frac{R_{\mathrm{a}}}{R_{\mathrm{i}}}\right)$$

bestimmt werden. Da die Spannung unabhängig von der Länge des betrachteten Teilstücks des Kondensators ist, müsste auch der Zusammenhang

$$\frac{\mathrm{d}E}{\mathrm{d}z} = \frac{1}{2} \frac{\mathrm{d}C}{\mathrm{d}z} U^2$$

gelten. Durch das Einsetzen der in Teilaufgabe (d) ermittelten Größen kann so der Ausdruck

$$\frac{\mathrm{d}E}{\mathrm{d}z} = \frac{1}{2} \left(\frac{2\pi\varepsilon}{\ln\left(\frac{R_{\mathrm{a}}}{R_{\mathrm{i}}}\right)} \right) \left(\frac{\sigma_{\mathrm{i}} R_{\mathrm{i}}}{\varepsilon} \ln\left(\frac{R_{\mathrm{a}}}{R_{\mathrm{i}}}\right) \right)^2 = \frac{\pi \sigma_{\mathrm{i}}^2 R_{\mathrm{i}}^2}{\varepsilon} \ln\left(\frac{R_{\mathrm{a}}}{R_{\mathrm{i}}}\right)$$

gefunden werden. Er stimmt mit dem entsprechenden Integral der Energiedichte überein.

Aufgabe 3 25 *Punkte*

Der Cherenkov-Winkel

In dieser Aufgabe soll der Cherenkov-Effekt untersucht werden. Eine Punktladung q bewegt sich dazu in einem linearen und homogenen Medium mit Permittivität ε und Permeabilität μ mit einer festen Geschwindigkeit v entlang der z-Achse. Durch das Einführen der Potentiale

$$
E = -\nabla\phi - \frac{\partial A}{\partial t} \qquad B = \nabla \times A
$$

lassen sich unter der Eichbedingung

$$
\frac{n^2}{c^2}\partial_t\phi + \nabla \cdot A = 0
$$

nach einer Fourier-Transformation bzgl. der Zeit

$$
\phi(\boldsymbol{r}, t) = \frac{1}{\sqrt{2\pi}} \int\limits_{-\infty}^{\infty} \mathrm{d}\omega \; \phi_\omega(\boldsymbol{r}) \, \mathrm{e}^{-\mathrm{i}\omega t}
$$

die inhomogenen Maxwell-Gleichungen durch

$$
\Delta\phi_\omega + n^2\frac{\omega^2}{c^2}\phi_\omega = -\frac{\rho_\omega}{\varepsilon} \qquad \Delta A_\omega + n^2\frac{\omega^2}{c^2}A_\omega = -\mu j_\omega
$$

beschreiben.

(a) **(4 Punkte)** Bestimmen Sie die Ladungs- und Stromdichte als eine Funktion von $\boldsymbol{r}$ und t und drücken Sie Ihr Ergebnis durch die Delta-Funktion in Zylinderkoordinaten aus.

Lösungsvorschlag:
Die Ladung befindet sich auf der z-Achse, so dass ihre Ladungsdichte den Faktor $\delta(x)\,\delta(y)$ beinhaltet. In der xy-Ebene muss sich bei einem Integral über diese Größe der Wert eins ergeben. In Polarkoordinaten kann dieses Integral aber durch

$$
1 = \iint \mathrm{d}x\,\mathrm{d}y\,\delta(x)\,\delta(y) = \iint \mathrm{d}s\,\mathrm{d}\varphi\, sD(s,\varphi)
$$

beschrieben werden. Darin beschreibt $D(s,\varphi)$ die noch zu bestimmende Form der Delta-Funktion in Polarkoordinaten. Da das Problem rotationssymmetrisch um die z-Achse ist, kann $D(s,\varphi)$ nicht von φ abhängen, so dass sich

$$
1 = \iint \mathrm{d}s\,\mathrm{d}\varphi\, sD(s) = 2\pi \int\limits_{0}^{\infty} \mathrm{d}s\, sD(s)
$$

ergibt. Mit der Vereinbarung

$$\int_0^\infty \mathrm{d}s\,\delta(s) = 1$$

lässt sich damit

$$\delta(x)\,\delta(y) = D(s) = \frac{\delta(s)}{2\pi s}$$

ermitteln. Des Weiteren befindet sich die Ladung zum Zeitpunkt t an der z-Koordinate $z = vt$. Dies wird durch eine Delta-Funktion der Form $\delta(z - vt)$ berücksichtigt. Daher ist die Ladungsdichte durch

$$\rho(\boldsymbol{r},t) = \frac{q}{2\pi s}\delta(s)\,\delta(z - vt)$$

gegeben. Die Stromdichte ergibt sich, indem die Ladungsdichte mit dem Geschwindigkeitsvektor $\boldsymbol{v} = v\,\hat{\boldsymbol{e}}_z$ multipliziert wird. Somit kann die Stromdichte

$$\boldsymbol{j}(\boldsymbol{r},t) = \frac{qv}{2\pi s}\delta(s)\,\delta(z - vt)\,\hat{\boldsymbol{e}}_z$$

gefunden werden.

(b) **(2 Punkte)** Bestimmen Sie die Fourier-Transformation der Ladungs- und Stromverteilung.

Lösungsvorschlag:
Für die Ladungsverteilung kann mit dem Ergebnis aus Teilaufgabe (a) der Ausdruck

$$\rho_\omega = \frac{1}{\sqrt{2\pi}}\int_{-\infty}^\infty \mathrm{d}t\,\rho(\boldsymbol{r},t)\,\mathrm{e}^{\mathrm{i}\omega t} = \frac{1}{\sqrt{2\pi}}\frac{q}{2\pi s}\delta(s)\int_{-\infty}^\infty \mathrm{d}t\,\delta(z - vt)\,\mathrm{e}^{\mathrm{i}\omega t}$$

$$= \frac{q}{(2\pi)^{3/2}}\frac{\delta(s)}{s}\int_{-\infty}^\infty \mathrm{d}t\,\frac{\delta\!\left(t - \frac{z}{v}\right)}{v}\,\mathrm{e}^{\mathrm{i}\omega t} = \frac{q}{(2\pi)^{3/2}}\frac{\delta(s)}{vs}\,\mathrm{e}^{\mathrm{i}\frac{\omega}{v}z}$$

gefunden werden. Analog lässt sich für die Stromdichte

$$\boldsymbol{j}_\omega = \frac{q}{(2\pi)^{3/2}}\frac{\delta(s)}{s}\,\mathrm{e}^{\mathrm{i}\frac{\omega}{v}z}\,\hat{\boldsymbol{e}}_z$$

ermitteln.

(c) **(5 Punkte)** Nutzen Sie nun den Laplace-Operator in Zylinderkoordinaten

$$\Delta\phi = \partial_s^2\phi + \frac{1}{s}\partial_s\phi + \frac{1}{s^2}\partial_\varphi^2\phi + \partial_z^2\phi,$$

um mit dem Ansatz

$$\phi_\omega(\boldsymbol{r}) = u(s)\,\mathrm{e}^{\mathrm{i}\frac{\omega}{v}z}$$

die Differentialgleichung

$$\frac{\mathrm{d}^2 u}{\mathrm{d}s^2} + \frac{1}{s}\frac{\mathrm{d}u}{\mathrm{d}s} + \kappa^2 u = -\frac{q}{(2\pi)^{3/2}\varepsilon}\frac{\delta(s)}{vs}$$

für $u(s)$ zu finden. Hierin ist κ^2 eine zu bestimmende, reelle Konstante.

Lösungsvorschlag:
Wird weiter abkürzend ρ_ω geschrieben und

$$k^2 = n^2\frac{\omega^2}{c^2}$$

eingeführt, so muss die Gleichung

$$\partial_s^2\phi_\omega + \frac{1}{s}\partial_s\phi_\omega + \frac{1}{s^2}\partial_\varphi^2\phi_\omega + \partial_z^2\phi_\omega + k^2\phi_\omega = -\frac{\rho_\omega}{\varepsilon}$$

gelöst werden. Da der Ansatz

$$\phi_\omega(\boldsymbol{r}) = u(s)\,\mathrm{e}^{\mathrm{i}\frac{\omega}{v}z}$$

keine Abhängigkeit von φ aufweist, wird $\partial_\varphi^2\phi_\omega = 0$. Darüber hinaus kann

$$\partial_z^2\left(u(s)\,\mathrm{e}^{\mathrm{i}\frac{\omega}{v}z}\right) = -\frac{\omega^2}{v^2}u(s)\,\mathrm{e}^{\mathrm{i}\frac{\omega}{v}z}$$

bestimmt werden. Dies kann alles in die obige Differentialgleichung eingesetzt werden, um

$$\left(u''(s) + \frac{1}{s}u'(s) - \frac{\omega^2}{v^2}u + k^2 u\right)\mathrm{e}^{\mathrm{i}\frac{\omega}{v}z} = -\frac{\rho_\omega}{\varepsilon}$$

zu erhalten. Da ρ_ω durch

$$\rho_\omega = \frac{q}{(2\pi)^{3/2}}\frac{\delta(s)}{vs}\,\mathrm{e}^{\mathrm{i}\frac{\omega}{v}z}$$

gegeben ist, kann so die Differentialgleichung

$$u''(s) + \frac{1}{s}u'(s) + \left(k^2 - \frac{\omega^2}{v^2}\right)u = -\frac{q}{(2\pi)^{3/2}\varepsilon}\frac{\delta(s)}{vs}$$

gefunden werden. Im Vergleich zu der angegebenen Gleichung lässt sich

$$\kappa^2 = k^2 - \frac{\omega^2}{v^2} = n^2\frac{\omega^2}{c^2} - \frac{\omega^2}{v^2}$$

ablesen. Mit der Größe $\beta = \frac{v}{c}$ bzw. $v = \beta c$ lässt sich dies noch auf

$$\kappa^2 = n^2 \frac{\omega^2}{c^2} - \frac{\omega^2}{c^2 \beta^2} = n^2 \frac{\omega^2}{c^2} \left(1 - \frac{1}{\beta^2 n^2} \right) = k^2 \left(1 - \frac{1}{\beta^2 n^2} \right)$$

umformen. Hieran lässt sich wegen $k^2 > 0$ sehr leicht ablesen, dass κ^2 im Fall $\beta n = n\frac{v}{c} > 1$ positiv ausfällt, während es für $\beta n = n\frac{v}{c} < 1$ negative Werte annimmt.

(d) **(5 Punkte)** Machen Sie für die homogene Lösung den Ansatz

$$u(s) = \frac{C(s)}{\sqrt{s}}$$

und lösen Sie die resultierende Differentialgleichung für $C(s)$ in großen Abständen $|\kappa| s \gg 1$ von der Bewegungsachse der Ladung.

Lösungsvorschlag:
Die erste Ableitung des Ansatzes ist durch

$$u'(s) = \frac{C'(s)}{\sqrt{s}} - \frac{C(s)}{2s\sqrt{s}} = \frac{C'(s)}{\sqrt{s}} - \frac{u(s)}{2s}$$

gegeben. Damit kann die zweite Ableitung gemäß

$$\begin{aligned}
u''(s) &= \frac{C''(s)}{\sqrt{s}} - \frac{C'(s)}{2s\sqrt{s}} - \frac{u'(s)}{2s} + \frac{u(s)}{2s^2} \\
&= \frac{C''(s)}{\sqrt{s}} - \frac{C'(s)}{2s\sqrt{s}} - \frac{C'(s)}{2s\sqrt{s}} + \frac{C(s)}{4s^2\sqrt{s}} + \frac{C(s)}{2s^2\sqrt{s}} \\
&= \frac{C''(s)}{\sqrt{s}} - \frac{C'(s)}{s\sqrt{s}} + \frac{3C(s)}{4s^2\sqrt{s}}
\end{aligned}$$

bestimmt werden. Werden diese Ausdrücke in die homogene Gleichung

$$u''(s) + \frac{1}{s}u'(s) + u(s) = 0$$

eingesetzt, so kann

$$\begin{aligned}
0 &= \frac{C''(s)}{\sqrt{s}} - \frac{C'(s)}{s\sqrt{s}} + \frac{3C(s)}{4s^2\sqrt{s}} + \frac{C'(s)}{s\sqrt{s}} - \frac{C(s)}{2s^2\sqrt{s}} + \kappa^2 \frac{C(s)}{\sqrt{s}} \\
&= \frac{1}{\sqrt{s}} \left(C''(s) + \frac{C(s)}{4s^2} + \kappa^2 C(s) \right) \\
&= \frac{1}{\sqrt{s}} \left(C''(s) + \kappa^2 \left(1 + \frac{1}{4\kappa^2 s^2} \right) C(s) \right)
\end{aligned}$$

gefunden werden. Im Fall großer Abstände $|\kappa| s \gg 1$ kann der zweite Term in der Klammer vor $C(s)$ vernachlässigt werden, so dass sich

$$0 = C''(s) + \kappa^2 C(s)$$

ergibt. Ist nun $\kappa^2 > 0$, so handelt es sich um oszillierende Lösungen, deren Form durch

$$C_{\pm}^{+}(s) = \mathrm{e}^{\pm \mathrm{i}\kappa s}$$

angegeben werden kann. Im Fall $-\sigma^2 = \kappa^2 < 0$ handelt es sich um exponentielle Lösungen der Form

$$C_{\pm}^{-}(s) = \mathrm{e}^{\pm \sigma s} \, .$$

Da das Potential für $s \to \infty$ nicht divergieren darf, wäre hier nur das negative Vorzeichen zu wählen.

(e) **(5 Punkte)** Verwenden Sie Ihre bisherigen Ergebnisse, um zu zeigen, dass das Potential für $n\frac{v}{c} > 1$ die Form

$$\phi_\omega(\boldsymbol{r}) = \frac{\phi_+(s)}{\sqrt{\kappa s}}\,\mathrm{e}^{\mathrm{i}\left(\kappa s + \frac{\omega}{v} z\right)} + \frac{\phi_-(s)}{\sqrt{\kappa s}}\,\mathrm{e}^{\mathrm{i}\left(-\kappa s + \frac{\omega}{v} z\right)}$$

aufweisen muss, wobei $\phi_\pm(s)$ Funktionen sind, die für $\kappa s \gg 1$ gegen einen konstanten Wert streben. Wie lassen sich hieraus alle anderen Felder im Problem bestimmen?

Lösungsvorschlag:
In Teilaufgabe (c) wurde gezeigt, dass $\kappa^2 > 0$ für $\beta n > 1$ gilt. In der vorangegangenen Teilaufgabe wurde gezeigt, dass die Funktion $u(s)$ für $\kappa s \gg 1$ dann gemäß

$$u(s) \sim \frac{\mathrm{e}^{\pm \mathrm{i}\kappa s}}{\sqrt{s}}$$

geschrieben werden kann. Um die genaue Form zu erhalten, können neue Funktionen $\phi_\pm(s)$ eingeführt werden, in die auch eine Konstante $\sqrt{\kappa}$ absorbiert werden kann, um den Nenner dimensionslos zu machen. Die Lösung $u(s)$ wird dann also durch

$$u(s) = \frac{\phi_+(s)}{\sqrt{\kappa s}}\,\mathrm{e}^{\mathrm{i}\kappa s} + \frac{\phi_-(s)}{\sqrt{\kappa s}}\,\mathrm{e}^{-\mathrm{i}\kappa s}$$

beschrieben. In $\phi_\pm(s)$ ist somit das Verhalten für $\kappa s \lesssim 1$ vorhanden.[1] Da die Inhomogenität durch eine Dirac-Delta-Funktion gegeben ist, wird sich für $s \neq 0$ eine homogene Gleichung ergeben. Durch Stetigkeitsbedingungen können dann die Amplituden der Lösungen festgelegt werden. Da für das Potential allerdings $u(s)$ noch mit $\mathrm{e}^{\mathrm{i}\frac{\omega}{v} z}$ zu multiplizieren ist, kann schlussendlich die Form

$$\phi_\omega(\boldsymbol{r}) = \frac{\phi_+(s)}{\sqrt{\kappa s}}\,\mathrm{e}^{\mathrm{i}\left(\kappa s + \frac{\omega}{v} z\right)} + \frac{\phi_-(s)}{\sqrt{\kappa s}}\,\mathrm{e}^{\mathrm{i}\left(-\kappa s + \frac{\omega}{v} z\right)}$$

gefunden werden. Um $\boldsymbol{A}_\omega$ zu finden, kann auf ähnliche Weise vorgegangen werden. Da der Quellterm allerdings parallel zur z-Achse ist und dieser Teil der Gleichung vom

---

[1] Eine genauere Analyse zeigt, dass es sich bei der Differentialgleichung für u um die Bessel'sche Differentialgleichung handelt und die homogenen Lösungen damit durch die Bessel-Funktionen gegeben sind.

$s\varphi$-Teil abgespalten werden kann, wird sich für den $s\varphi$-Teil eine homogene Gleichung ergeben. Hier können bereits vorliegende Feldkonfigurationen aufaddiert werden, aber ohne Quellterm gibt es keinen Bedarf, $A_{\omega,s}$ und $A_{\omega,\varphi}$ verschieden von null zu wählen. Die Eichbedingung

$$\frac{n^2}{c^2}\partial_t\phi + \boldsymbol{\nabla}\cdot\boldsymbol{A} = 0$$

kann nach der Fourier-Transformation und der eben angestellten Betrachtung auf

$$0 = -\mathrm{i}\omega\frac{n^2}{c^2}\phi_\omega + \boldsymbol{\nabla}\cdot\boldsymbol{A}_\omega \quad\Rightarrow\quad \partial_z A_{\omega,z} = \mathrm{i}\omega\frac{n^2}{c^2}\phi_\omega$$

umgeformt werden. Da ϕ_ω nur in der Exponentialfunktion z beherbergt, ist es sehr einfach, daraus $A_{\omega,z}$ zu bestimmen, wodurch alle notwendigen Größen im Problem – für $\kappa s \gg 1$ und bis auf die Amplitude – bestimmt sind. Aus $\boldsymbol{A}_\omega$ und ϕ_ω lassen sich die Felder $\boldsymbol{B}_\omega$ und $\boldsymbol{E}_\omega$ bzw. $\boldsymbol{H}_\omega$ und $\boldsymbol{D}_\omega$ und nach finaler Fourier-Transformation auch $\boldsymbol{B}, \boldsymbol{E}, \boldsymbol{H}$ und $\boldsymbol{D}$ bestimmen.

(f) **(4 Punkte)** Verwenden Sie das Ergebnis aus Teilaufgabe (e), um zu argumentieren, dass sich im Medium elektromagnetische Wellen ausbreiten. Unter welchem Winkel relativ zur Bewegungsrichtung der bewegten Ladung θ breiten sich diese aus?

Lösungsvorschlag:
Nach den Ergebnissen von Teilaufgabe (e) sind alle auftretenden Felder durch die Form von $\phi_\omega(\boldsymbol{r})$ durch eine Linearkombination der Exponentialfunktionen

$$\exp\!\left(\mathrm{i}\left(\pm\kappa s + \frac{\omega}{v}z - \omega t\right)\right)$$

gegeben, die ebene Wellen beschreiben. Als Überlagerung von ebenen Wellen handelt es sich bei den elektrischen und magnetischen Feldern also um entsprechende Wellenpakete und für die weitere Analyse kann die ebene Welle betrachtet werden. Aus der Exponentialfunktion lässt sich der Wellenvektor

$$\boldsymbol{k}\cdot\boldsymbol{r} = \pm\kappa s + \frac{\omega}{v}z$$

ablesen. Der Einfachheit halber wird nur das Vorzeichen $+$ untersucht und mit den bereits gefundenen Größen lässt sich so

$$\boldsymbol{k}\cdot\boldsymbol{r} = k\sqrt{1-\frac{1}{\beta^2 n^2}}\,s + n\frac{\omega}{c}\frac{c}{nv}z = k\sqrt{1-\frac{1}{\beta^2 n^2}}\,s + k\frac{1}{\beta n}z$$

aufstellen. Hieraus lässt sich weiter der Wellenvektor

$$\boldsymbol{k} = k\sqrt{1-\frac{1}{\beta^2 n^2}}\,\hat{\boldsymbol{e}}_s + k\frac{1}{\beta n}\hat{\boldsymbol{e}}_z$$

ablesen, der tatsächlich über das Betragsquadrat

$$\boldsymbol{k}^2 = k^2\left(1-\frac{1}{\beta^2 n^2}\right) + k^2\frac{1}{\beta^2 n^2} = k^2$$

verfügt. Die Ausbreitungsrichtung der Ladung ist durch $\hat{\boldsymbol{e}}_z$ gegeben, so dass sich für den Winkel

$$\cos(\theta) = \frac{\hat{\boldsymbol{e}}_z \cdot \boldsymbol{k}}{k} = \frac{1}{\beta n}$$

ergibt.

Nicht gefragt:

Bei dem hier untersuchten Effekt handelt es sich um den Cherenkov-Effekt. In einem Medium bewegt sich das Licht langsamer als im Vakuum. Dadurch ist es für Ladungen möglich, sich innerhalb des Mediums schneller als das Licht fortzubewegen. Dadurch kommt es zu Dipolanregungen des Mediums, die zu der Emission von Licht in Form eines Kegels führen. Dieser Kegel breitet sich tendenziell in die Bewegungsrichtung des Teilchens aus, wenn auch mit dem oben beschriebenen Winkel. Durch die Begrenzung $\beta < 1$ – die Teilchen können sich nach wie vor nicht schneller als die *Vakuums*lichtgeschwindigkeit bewegen – gibt es einen maximalen Winkel

$$\cos(\theta_{\mathrm{C}}) = \frac{1}{n},$$

der auftritt, wenn sich Teilchen mit annähernder Lichtgeschwindigkeit bewegen. Für Wasser ist beispielsweise $n \approx 1{,}333$, so dass sich als Winkel

$$\theta_{\mathrm{C},\mathrm{H}_2\mathrm{O}} \approx \mathrm{Arccos}\left(\frac{1}{1{,}333}\right) \approx 41{,}4^\circ$$

ergibt. Das so ausgesandte Licht kann für Teilchendetektoren oder in der Astronomie für Neutrino-Teleskope und Cherenkov-Teleskope verwendet werden.

Aufgabe 4   25 *Punkte*

Kräfte und Drehmomente auf magnetische Dipolmomente

In dieser Aufgabe sollen die Kräfte und das Drehmoment, welche auf einen magnetischen Dipol mit Dipolmoment $\boldsymbol{m}$ wirken, innerhalb der Magnetostatik untersucht werden. Dazu wird für die gesamte Aufgabe davon ausgegangen, dass das Dipolmoment durch eine räumlich begrenzte Stromverteilung $\boldsymbol{j}(\boldsymbol{r})$ erzeugt wird und die magnetische Flussdichte $\boldsymbol{B}(\boldsymbol{r})$ innerhalb dieses Raumbereichs nicht stark variiert. Das magnetische Moment lässt sich über

$$\boldsymbol{m} = \frac{1}{2} \int \mathrm{d}^3 r' \, \boldsymbol{r}' \times \boldsymbol{j}(\boldsymbol{r}')$$

bestimmen.

(a) **(5 Punkte)** Zeigen Sie zunächst, dass das magnetische Moment auch den Zusammenhang

$$m_i \epsilon_{ilm} = \int \mathrm{d}^3 r' \, r_l' j_m(\boldsymbol{r}')$$

erfüllt.

Lösungsvorschlag:
Zunächst kann mit der Definition des magnetischen Dipolmoments der Ausdruck

$$m_i \epsilon_{ilm} = \frac{1}{2} \epsilon_{ilm} \int \mathrm{d}^3 r' \, (\boldsymbol{r}' \times \boldsymbol{j})_i = \frac{1}{2} \int \mathrm{d}^3 r' \, \epsilon_{ilm} \epsilon_{ikn} r_k' j_n$$

$$= \frac{1}{2} \int \mathrm{d}^3 r' \, (\delta_{lk} \delta_{mn} - \delta_{ln} \delta_{km}) r_k' j_n = \frac{1}{2} \int \mathrm{d}^3 r' \, (r_l' j_m - r_m' j_l)$$

gefunden werden. Da in der Magnetostatik die Kontinuitätsgleichung $\nabla \cdot \boldsymbol{j} = 0$ gilt, kann auch

$$\nabla' \cdot (r_l' r_m' \boldsymbol{j}(\boldsymbol{r}')) = (\nabla' r_l') r_m' \boldsymbol{j} + r_l' (\nabla' r_m') \boldsymbol{j} + r_l' r_m' (\nabla' \cdot \boldsymbol{j}')$$
$$= \hat{\boldsymbol{e}}_l \cdot \boldsymbol{j} \, r_m' + \hat{\boldsymbol{e}}_m \cdot \boldsymbol{j} \, r_l' = j_l r_m' + j_m r_l'$$

betrachtet werden. Wird dieser Ausdruck über ein Volumen integriert, so ist aufgrund des Satzes von Gauß

$$\iiint \mathrm{d}^3 r' \, \nabla' \cdot (r_l' r_m' \boldsymbol{j}(\boldsymbol{r}')) = \oiint \mathrm{d}^2 \boldsymbol{f}' \cdot (r_l' r_m' \boldsymbol{j}(\boldsymbol{r}'))$$

$$= \int \mathrm{d}^3 r' \, (j_l r_m' + j_m r_l')$$

gültig. Da die angegebene Gleichung für beliebige Volumina gültig ist, kann auch der gesamte Raum betrachtet werden. Das magnetische Moment wird aber durch eine räumlich beschränkte Stromverteilung verursacht. In diesem Fall verschwinden die

Ströme am Rand und das Oberflächenintegral ist null. Somit lassen sich die Indizes von j und r' bei einem direkten Produkt innerhalb eines Volumenintegrals unter Hinzufügen eines Vorzeichens tauschen. Damit kann der oben gefundene Ausdruck auf

$$m_i \epsilon_{ilm} = \frac{1}{2} \int \mathrm{d}^3 r' \, (r'_l j_m - r'_m j_l) = \frac{1}{2} \int \mathrm{d}^3 r' \, (r'_l j_m + r'_l j_m) = \int \mathrm{d}^3 r' \, r'_l j_m(\mathbf{r}')$$

umgeformt werden.

(b) **(4 Punkte)** Betrachten Sie nun die Lorentz-Kraftdichte

$$\boldsymbol{f}_{\mathrm{L}}(\boldsymbol{r}') = \boldsymbol{j}(\boldsymbol{r}') \times \boldsymbol{B}(\boldsymbol{r}'),$$

um die gesamte auf den Dipol wirkende Kraft

$$\boldsymbol{F} = \int \mathrm{d}^3 r' \, \boldsymbol{f}_{\mathrm{L}}(\boldsymbol{r}')$$

zu ermitteln. Verwenden Sie hierfür eine Taylor-Entwicklung von $\boldsymbol{B}(\boldsymbol{r}')$ um den Punkt $\boldsymbol{r}$, der in der Mitte des Raumbereiches, auf den $\boldsymbol{j}$ beschränkt ist, liegen soll. Zeigen Sie so, dass die Kraft auch als

$$\boldsymbol{F}(\boldsymbol{r}) = \boldsymbol{\nabla}(\boldsymbol{m} \cdot \boldsymbol{B}(\boldsymbol{r}))$$

ausgedrückt werden kann. Welche potentielle Energie ergibt sich demnach für einen Dipol in einem Magnetfeld?

Lösungsvorschlag:
Die Taylor-Entwicklung der magnetischen Flussdichte kann mit $\Delta \boldsymbol{r} = \boldsymbol{r}' - \boldsymbol{r}$ mittels

$$\boldsymbol{B}(\boldsymbol{r}') = \boldsymbol{B}(\boldsymbol{r} + \Delta \boldsymbol{r}) \approx \boldsymbol{B}(\boldsymbol{r}) + \frac{\partial \boldsymbol{B}}{\partial r_i} \Delta r_i + \mathcal{O}((\Delta \boldsymbol{r})^2)$$

durchgeführt werden. [2] Somit kann die Kraft zunächst durch

$$\begin{aligned}
\boldsymbol{F} &= \int \mathrm{d}^3 r' \, \boldsymbol{j}(\boldsymbol{r}') \times \boldsymbol{B}(\boldsymbol{r}') \\
&\approx \int \mathrm{d}^3 r' \, \boldsymbol{j}(\boldsymbol{r}') \times \left(\boldsymbol{B}(\boldsymbol{r}) + \frac{\partial \boldsymbol{B}}{\partial r_i} \Delta r_i \right) \\
&= \left(\int \mathrm{d}^3 r' \, \boldsymbol{j}(\boldsymbol{r}') \right) \times \boldsymbol{B}(\boldsymbol{r}) + \left(\int \mathrm{d}^3 r' \, r'_i \boldsymbol{j}(\boldsymbol{r}') \right) \times \frac{\partial \boldsymbol{B}}{\partial r_i} \\
&\qquad - \left(\int \mathrm{d}^3 r' \, \boldsymbol{j}(\boldsymbol{r}') \right) \times \frac{\partial \boldsymbol{B}}{\partial r_i} r_i
\end{aligned}$$

bestimmt werden. Hierin tritt zweimalig

$$\int \mathrm{d}^3 r' \, \boldsymbol{j}(\boldsymbol{r}') = \hat{\boldsymbol{e}}_i \int \mathrm{d}^3 r' \, j_i$$

---

[2] Reale magnetische Dipole sind mit Masse versehen und daher ist $\boldsymbol{r}$ mit dem Massenschwerpunkt des Dipols zu identifizieren.

auf und soll deshalb gesondert untersucht werden. Da mit der Produktregel

$$\nabla'(r_i' \, \boldsymbol{j}) = \hat{\boldsymbol{e}}_i \cdot \boldsymbol{j} + r_i'(\nabla' \cdot \boldsymbol{j}) = \hat{\boldsymbol{e}}_i \cdot \boldsymbol{j} = j_i$$

und der räumlich beschränkten Stromverteilung auch

$$\iiint \mathrm{d}^3 r' \; \nabla'(r_i' \, \boldsymbol{j}) = \iiint \mathrm{d}^3 r' \; j_i$$
$$= \oiint \mathrm{d}^2 \boldsymbol{f}' \cdot (r_i' \, \boldsymbol{j}) = 0$$

gefunden werden kann, verschwinden alle Terme, in denen dieses Integral auftaucht. Die Kraft ist daher allein durch

$$\boldsymbol{F} = \left(\int \mathrm{d}^3 r' \; r_i' \, \boldsymbol{j}(\boldsymbol{r}') \right) \times \frac{\partial \boldsymbol{B}}{\partial r_i} = \left(\int \mathrm{d}^3 r' \; r_i' \, \boldsymbol{j}(\boldsymbol{r}') \right) \times \partial_i \boldsymbol{B}$$

zu bestimmen. Dies kann mit den Erkenntnissen aus Teilaufgabe (a) weiter auf

$$\boldsymbol{F} = \hat{\boldsymbol{e}}_l \epsilon_{lmn} \left(\int \mathrm{d}^3 r' \; r_i' \, j_m \right) \partial_i B_n = \hat{\boldsymbol{e}}_l \epsilon_{lmn} \epsilon_{kim} m_k \partial_i B_n$$
$$= \hat{\boldsymbol{e}}_l \epsilon_{mnl} \epsilon_{mki} m_k \partial_i B_n = \hat{\boldsymbol{e}}_l (\delta_{nk}\delta_{li} - \delta_{ni}\delta_{kl}) m_k \partial_i B_n$$
$$= \hat{\boldsymbol{e}}_l (m_n \partial_l B_n - m_l \partial_i B_i) = \hat{\boldsymbol{e}}_l m_n \partial_l B_n - \boldsymbol{m}(\nabla \cdot \boldsymbol{B})$$

umgeformt werden. Da einerseits keine magnetischen Monopole existieren und damit $\nabla \cdot \boldsymbol{B} = 0$ gilt und andererseits das magnetische Moment ein konstanter Vektor ist, kann der letzte Ausdruck auf

$$\boldsymbol{F}(\boldsymbol{r}) = \hat{\boldsymbol{e}}_l m_n \partial_l B_n = \hat{\boldsymbol{e}}_l \partial_l (\boldsymbol{m} \cdot \boldsymbol{B}) = \nabla(\boldsymbol{m} \cdot \boldsymbol{B}(\boldsymbol{r}))$$

umgeformt werden. Da zwischen der Kraft und der potentiellen Energie $U(\boldsymbol{r})$ der Zusammenhang

$$\boldsymbol{F} = -\nabla U = \nabla(\boldsymbol{m} \cdot \boldsymbol{B})$$

besteht, kann direkt die potentielle Energie

$$U(\boldsymbol{r}) = -\boldsymbol{m} \cdot \boldsymbol{B}(\boldsymbol{r})$$

abgelesen werden. [3]

(c) **(3 Punkte)** Gehen Sie nun analog zu Teilaufgabe (b) vor, um zu zeigen, dass das auf den Dipol wirkende Drehmoment durch

$$\boldsymbol{N} = \boldsymbol{m} \times \boldsymbol{B}$$

---

[3]Dieser Zusammenhang wird bspw. in der Quantenmechanik wichtig, wo das magnetische Dipolmoment $\boldsymbol{\mu}$ direkt mit dem Spin $\boldsymbol{S}$ eines Teilchens verknüpft ist und das Verhalten im Magnetfeld durch den Hamilton-Operator $\hat{H} = -\boldsymbol{\mu} \cdot \boldsymbol{B} = -\gamma \boldsymbol{B} \cdot \hat{\boldsymbol{S}}$ beschrieben wird.

gegeben ist.

Lösungsvorschlag:
Auch für das Drehmoment kann eine Dichte der Form $\boldsymbol{r}' \times \boldsymbol{f}_{\mathrm{L}}(\boldsymbol{r}')$ definiert werden. Wird diese integriert, so kann zunächst der Ausdruck

$$\boldsymbol{N} = \int \mathrm{d}^3 r' \; \boldsymbol{r}' \times (\boldsymbol{j}(\boldsymbol{r}') \times \boldsymbol{B}(\boldsymbol{r}'))$$

gefunden werden. Wird hierin die radikale Näherung $\boldsymbol{B}(\boldsymbol{r}') \approx \boldsymbol{B}(\boldsymbol{r})$ vorgenommen, so kann der Ausdruck

$$\boldsymbol{N} = \int \mathrm{d}^3 r' \; \boldsymbol{r}' \times (\boldsymbol{j}(\boldsymbol{r}') \times \boldsymbol{B}(\boldsymbol{r}))$$

$$= \int \mathrm{d}^3 r' \; \boldsymbol{j}(\boldsymbol{r}')(\boldsymbol{r}' \cdot \boldsymbol{B}(\boldsymbol{r})) - \boldsymbol{B}(\boldsymbol{r})(\boldsymbol{r}' \cdot \boldsymbol{j}(\boldsymbol{r}'))$$

$$= \hat{\boldsymbol{e}}_i \left(\int \mathrm{d}^3 r' \; j_i r_l' \right) B_l - \boldsymbol{B}(\boldsymbol{r}) \int \mathrm{d}^3 r' \; r_i' j_i$$

ermittelt werden. Mit den Erkenntnissen aus Teilaufgabe (a) lässt sich der erste Term durch $m_k \epsilon_{kli}$ ersetzen. Der zweite Term müsste hingegen mit $m_k \epsilon_{kii}$ ersetzt werden. Da das Levi-Civita-Symbol aber antisymmetrisch ist, gibt es hierdurch keine Beträge, so dass nur

$$\boldsymbol{N} = \hat{\boldsymbol{e}}_i m_k \epsilon_{kli} B_l = \hat{\boldsymbol{e}}_i \epsilon_{ikl} m_k B_l = \boldsymbol{m} \times \boldsymbol{B}$$

gilt.

Die bisherigen Ergebnisse sollen nun auf ein konkretes Beispiel angewendet werden. Betrachten Sie dazu einen unendlich langen, vom Strom I durchflossenen Draht, welcher entlang der z-Achse verläuft.

(d) **(2 Punkte)** Bestimmen Sie die magnetische Flussdichte $\boldsymbol{B}$, die von diesem Draht erzeugt wird.

Lösungsvorschlag:
Um die magnetische Flussdichte zu bestimmen, kann die Maxwell-Gleichung

$$\nabla \times \boldsymbol{B} = \mu_0 \boldsymbol{j}$$

in ihrer integralen Form

$$\oint_{\partial \mathcal{F}} \mathrm{d}\boldsymbol{r} \cdot \boldsymbol{B} = \iint_{\mathcal{F}} \mathrm{d}^2 \boldsymbol{f} \cdot (\nabla \times \boldsymbol{B}) = \iint_{\mathcal{F}} \mathrm{d}^2 \boldsymbol{f} \cdot \boldsymbol{j} = I_{\mathcal{F}}$$

herangezogen werden. Wird als Integrationsfläche ein Kreis parallel zur xy-Achse mit Radius r verwendet, ist der durch die Fläche fließende Strom immer durch I gegeben.

Da das Problem rotations- und translationssymmetrisch um die z-Achse ist, kann die magnetische Flussdichte nur von s abhängen, so dass das linke Integral durch

$$\oint_{\partial\mathcal{F}} \mathrm{d}\boldsymbol{r} \cdot \boldsymbol{B} = \int_0^{2\pi} \mathrm{d}\varphi \, \hat{\boldsymbol{e}}_\varphi \cdot \boldsymbol{B}(s) = 2\pi r B_\varphi(r)$$

bestimmt werden kann. Damit kann der Ausdruck

$$2\pi r B_\varphi(r) = \mu_0 I \quad \Rightarrow \quad B_\varphi(s) = \frac{\mu_0 I}{2\pi s}$$

gefunden werden. Andere Beiträge zum Magnetfeld können nur durch äußere konstante Felder zustandekommen, welche hier aber nicht betrachtet werden sollen. Daher ist die magnetische Flussdichte durch

$$\boldsymbol{B}(s) = \frac{\mu_0 I}{2\pi s} \, \hat{\boldsymbol{e}}_\varphi$$

gegeben.

Nun soll sich ein Dipol in diesem Magnetfeld bewegen. Gehen Sie davon aus, dass der Dipol mit Moment $\boldsymbol{m}_0$ und Masse m sich zunächst parallel zur z-Achse bewegt. Das Dipolmoment soll parallel zur xy-Ebene ausgerichtet sein und mit der $\hat{\boldsymbol{e}}_x$-Richtung den Winkel ψ einschließen. Bei Drehungen um eine beliebige Achse soll der Dipol stets das Trägheitsmoment Θ aufweisen.

(e) **(2 Punkte)** Bestimmen Sie die Bewegungsgleichung von ψ in Zylinderkoordinaten.

Lösungsvorschlag:
Da das Dipolmoment zunächst parallel zur xy-Ebene ausgerichtet sein soll und das B-Feld ebenfalls in dieser Ebene liegt, muss das Drehmoment gemäß

$$\boldsymbol{N} = \boldsymbol{m}_0 \times \boldsymbol{B}$$

senkrecht darauf stehen und somit parallel zur z-Achse sein. Damit findet eine Drehung um die z-Achse statt und das Dipolmoment wird daher immer parallel zur xy-Ebene sein. Das entsprechende Trägheitsmoment ist durch Θ gegeben. Der Drehimpuls kann durch $\boldsymbol{S} = \Theta\dot{\psi}\hat{\boldsymbol{e}}_z$ bestimmt werden, so dass sich für die rotative Bewegung

$$\dot{\boldsymbol{S}} = \boldsymbol{m} \times \boldsymbol{B} = m_0\hat{\boldsymbol{e}}_\psi \times \left(\frac{\mu_0 I}{2\pi s} \, \hat{\boldsymbol{e}}_\varphi \right) = \frac{\mu_0 I m_0}{2\pi s}(\hat{\boldsymbol{e}}_\psi \times \hat{\boldsymbol{e}}_\varphi)$$

ergibt. Darin wurde der Ausrichtungsvektor des magnetischen Moments

$$\hat{\boldsymbol{e}}_\psi = \begin{pmatrix} \cos(\psi) \\ \sin(\psi) \\ 0 \end{pmatrix}$$

verwendet, mit dem sich auch

$$\hat{\boldsymbol{e}}_\psi \times \hat{\boldsymbol{e}}_\varphi = \begin{pmatrix} \cos(\psi) \\ \sin(\psi) \\ 0 \end{pmatrix} \times \begin{pmatrix} -\sin(\varphi) \\ \cos(\varphi) \\ 0 \end{pmatrix}$$

$$= \begin{pmatrix} 0 \\ 0 \\ \cos(\psi)\cos(\varphi) + \sin(\psi)\sin(\varphi) \end{pmatrix} = \begin{pmatrix} 0 \\ 0 \\ \cos(\psi - \varphi) \end{pmatrix}$$

finden lässt. Da die Änderung des Drehimpulses ebenfalls durch

$$\dot{\boldsymbol{S}} = \Theta \ddot{\psi}\, \hat{\boldsymbol{e}}_z$$

gegeben ist, kann so direkt die Bewegungsgleichung

$$\Theta \ddot{\psi} = \frac{\mu_0 I m_0}{2\pi s} \cos(\psi - \varphi)$$

gefunden werden.

(f) **(4 Punkte)** Bestimmen Sie die Bewegungsgleichungen der Koordinaten s, φ und z. Was fällt Ihnen für die Summe J_z aus Bahndrehimpuls L_z und Eigendrehimpuls S_z entlang der z-Achse auf?

Lösungsvorschlag:
Für die Bewegungsgleichungen der Koordinaten s, φ und z muss zunächst die Kraft $\boldsymbol{F} = \boldsymbol{\nabla}(\boldsymbol{m}_0 \cdot \boldsymbol{B})$ in Zylinderkoordinaten bestimmt werden. Hierzu bietet es sich an, zunächst

$$\boldsymbol{m}_0 \cdot \boldsymbol{B} = \frac{\mu_0 I m_0}{2\pi s}(\hat{\boldsymbol{e}}_\psi \cdot \hat{\boldsymbol{e}}_\varphi) = \frac{\mu_0 I m_0}{2\pi s} \begin{pmatrix} \cos(\psi) \\ \sin(\psi) \\ 0 \end{pmatrix} \cdot \begin{pmatrix} -\sin(\varphi) \\ \cos(\varphi) \\ 0 \end{pmatrix}$$

$$= \frac{\mu_0 I m_0}{2\pi s}(-\cos(\psi)\sin(\varphi) + \sin(\psi)\cos(\varphi)) = \frac{\mu_0 I m_0}{2\pi s}\sin(\psi - \varphi)$$

zu berechnen. Da der Gradient in Zylinderkoordinaten durch

$$\boldsymbol{\nabla} = \hat{\boldsymbol{e}}_s \frac{\partial}{\partial s} + \hat{\boldsymbol{e}}_\varphi \frac{1}{s}\frac{\partial}{\partial \varphi} + \hat{\boldsymbol{e}}_z \frac{\partial}{\partial z}$$

gegeben ist, kann die Kraft

$$\boldsymbol{F} = \boldsymbol{\nabla}(\boldsymbol{m}_0 \cdot \boldsymbol{B}) = \frac{\mu_0 I m_0}{2\pi}\left(\hat{\boldsymbol{e}}_s\left(-\frac{1}{s^2}\right)\sin(\psi - \varphi) + \hat{\boldsymbol{e}}_\varphi \frac{1}{s^2}(-\cos(\psi - \varphi))\right)$$

$$= -\frac{\mu_0 I m_0}{2\pi s^2}\left(\hat{\boldsymbol{e}}_s \sin(\psi - \varphi) + \hat{\boldsymbol{e}}_\varphi \cos(\psi - \varphi)\right)$$

bestimmt werden. Die Beschleunigung ist in Zylinderkoordinaten durch

$$
\boldsymbol{a} = \hat{\boldsymbol{e}}_s(\ddot{s} - s\dot{\varphi}^2) + \hat{\boldsymbol{e}}_\varphi \frac{1}{s}\frac{\mathrm{d}}{\mathrm{d}t}(s^2\dot{\varphi}) + \hat{\boldsymbol{e}}_z\,\ddot{z}
$$

gegeben, so dass schlussendlich

$$
m(\hat{\boldsymbol{e}}_s \cdot \boldsymbol{a}) = m(\ddot{s} - s\dot{\varphi}^2) = -\frac{\mu_0 I m_0}{2\pi s^2}\sin(\psi - \varphi) = \hat{\boldsymbol{e}}_s \cdot \boldsymbol{F}
$$

$$
m(\hat{\boldsymbol{e}}_\varphi \cdot \boldsymbol{a}) = \frac{m}{s}\frac{\mathrm{d}}{\mathrm{d}t}(s^2\dot{\varphi}) = -\frac{\mu_0 I m_0}{2\pi s^2}\cos(\psi - \varphi) = \hat{\boldsymbol{e}}_\varphi \cdot \boldsymbol{F}
$$

$$
m(\hat{\boldsymbol{e}}_z \cdot \boldsymbol{a}) = m\ddot{z} = 0 = \hat{\boldsymbol{e}}_z \cdot \boldsymbol{F}
$$

gefunden werden kann. Die Bewegung entlang der z-Achse verläuft also geradlinig gleichförmig, während die Bewegung parallel zur xy-Ebene durch die beiden Bewegungsgleichungen

$$
m(\ddot{s} - s\dot{\varphi}^2) = -\frac{\mu_0 I m_0}{2\pi s^2}\sin(\psi - \varphi)
$$

$$
m\frac{\mathrm{d}}{\mathrm{d}t}(s^2\dot{\varphi}) = -\frac{\mu_0 I m_0}{2\pi s}\cos(\psi - \varphi)
$$

beschrieben wird. Der Bahndrehimpuls entlang der z-Achse ist durch

$$
L_z = ms^2\dot{\varphi}
$$

gegeben und seine zeitliche Änderung wird dementsprechend durch die zweite Gleichung

$$
\frac{\mathrm{d}L_z}{\mathrm{d}t} = -\frac{\mu_0 I m_0}{2\pi s}\cos(\psi - \varphi)
$$

beschrieben. Die Änderung des Eigendrehimpulses um die z-Achse wurde hingegen in Teilaufgabe (e) gefunden und zu

$$
\frac{\mathrm{d}S_z}{\mathrm{d}t} = \Theta\ddot{\psi} = \frac{\mu_0 I m_0}{2\pi s}\cos(\psi - \varphi)
$$

bestimmt. Entsprechend ist die zeitliche Änderung der Summe $J_z = L_z + S_z$ der beiden durch

$$
\frac{\mathrm{d}J_z}{\mathrm{d}t} = \frac{\mathrm{d}L_z}{\mathrm{d}t} + \frac{\mathrm{d}S_z}{\mathrm{d}t} = -\frac{\mu_0 I m_0}{2\pi s}\cos(\psi - \varphi) + \frac{\mu_0 I m_0}{2\pi s}\cos(\psi - \varphi) = 0
$$

gegeben und eine Erhaltungsgröße.

(g) **(5 Punkte)** Stellen Sie mit Ihren Erkenntnissen aus den bisherigen Teilaufgaben die Lagrange-Funktion mit den verallgemeinerten Koordinaten s, φ, z und ψ auf und zeigen Sie, dass sich damit die gleichen Ergebnisse wie in Teilaufgabe (e) und (f) ergeben. Wie lässt sich an dieser Lagrange-Funktion direkt Ihre Erkenntnis bezüglich J_z aus der letzten Teilaufgabe einsehen?

Lösungsvorschlag:
Nach Teilaufgabe (b) ist die potentielle Energie durch

$$U(\boldsymbol{r}) = -\boldsymbol{m} \cdot \boldsymbol{B}$$

gegeben. Der hier auftretende Ausdruck wurde für das vorliegende Problem bereits in Teilaufgabe (f) berechnet und ist durch

$$U(\boldsymbol{r}, \psi) = -\frac{\mu_0 I m_0}{2\pi s} \sin(\psi - \varphi)$$

gegeben. Die kinetische Energie setzt sich aus der translatorischen Energie in Zylinderkoordinaten

$$T_{\text{trans}} = \frac{1}{2} m \left(\dot{s}^2 + s^2 \dot{\varphi}^2 + \dot{z}^2 \right)$$

und der Rotationsenergie

$$T_{\text{rot}} = \frac{1}{2} \Theta \dot{\psi}^2$$

zusammen und ist daher durch

$$T = T_{\text{trans}} + T_{\text{rot}} = \frac{1}{2} m \left(\dot{s}^2 + s^2 \dot{\varphi}^2 + \dot{z}^2 \right) + \frac{1}{2} \Theta \dot{\psi}^2$$

gegeben. Die Lagrange-Funktion $L = T - U$ kann somit durch

$$L = \frac{1}{2} m \left(\dot{s}^2 + s^2 \dot{\varphi}^2 + \dot{z}^2 \right) + \frac{1}{2} \Theta \dot{\psi}^2 + \frac{\mu_0 I m_0}{2\pi s} \sin(\psi - \varphi)$$

bestimmt werden. Die Euler-Lagrange-Gleichung

$$\frac{\mathrm{d}}{\mathrm{d}t} \frac{\partial L}{\partial \dot{q}_i} = \frac{\partial L}{\partial q_i}$$

kann für die einzelnen Komponenten ausgewertet werden, um so aus

$$\frac{\mathrm{d}}{\mathrm{d}t} \frac{\partial L}{\partial \dot{s}} = m\ddot{s} \qquad \frac{\partial L}{\partial s} = ms\dot{\varphi}^2 - \frac{\mu_0 I m_0}{2\pi s^2} \sin(\psi - \varphi)$$

$$\frac{\mathrm{d}}{\mathrm{d}t} \frac{\partial L}{\partial \dot{\varphi}} = \frac{\mathrm{d}}{\mathrm{d}t} \left(ms^2 \dot{\varphi} \right) \qquad \frac{\partial L}{\partial \varphi} = -\frac{\mu_0 I m_0}{2\pi s} \cos(\psi - \varphi)$$

$$\frac{\mathrm{d}}{\mathrm{d}t} \frac{\partial L}{\partial \dot{z}} = m\ddot{z} \qquad \frac{\partial L}{\partial z} = 0$$

$$\frac{\mathrm{d}}{\mathrm{d}t} \frac{\partial L}{\partial \dot{\psi}} = I\ddot{\psi} \qquad \frac{\partial L}{\partial \psi} = \frac{\mu_0 I m_0}{2\pi s^2} \cos(\psi - \varphi)$$

die Bewegungsgleichungen

$$m(\ddot{s} - ms\dot{\varphi}^2) = -\frac{\mu_0 I m_0}{2\pi s^2} \sin(\psi - \varphi)$$

$$\frac{\mathrm{d}}{\mathrm{d}t}\left(ms^2\dot{\varphi}\right) = -\frac{\mu_0 I m_0}{2\pi s} \cos(\psi - \varphi)$$

$$m\ddot{z} = 0$$

$$I\ddot{\psi} = \frac{\mu_0 I m_0}{2\pi s^2} \cos(\psi - \varphi)$$

zu erhalten. Diese entsprechen gerade den Bewegungsgleichungen aus den Teilaufgaben (e) und (f). Das L_z und S_z nicht isoliert erhalten sind, lässt sich direkt an der potentiellen Energie

$$U(\boldsymbol{r}, \psi) = -\frac{\mu_0 I m_0}{2\pi s} \sin(\psi - \varphi)$$

erkennen. Wird nur φ verschoben, so ändert die potentielle Energie ihren Wert, die isolierte Drehsymmetrie ist damit gebrochen und L_z daher nicht erhalten. Genauso ändert sich die potentielle Energie bei einer isolierten Verschiebung von ψ und S_z kann daher keine Erhaltungsgröße mehr sein. Bei einer gemeinsamen Transformation

$$\varphi \to \varphi + \epsilon \qquad \psi \to \psi + \epsilon$$

bleibt aber sowohl die kinetische wie auch die potentielle Energie invariant und es handelt sich um eine Symmetrie des Systems, die nach dem Noether-Theorem mit der Erhaltungsgröße

$$Q = \frac{\partial L}{\partial \dot{\varphi}} + \frac{\partial L}{\partial \dot{\psi}} = ms^2\dot{\varphi} + I\dot{\psi}$$

verknüpft sein muss. Diese ist gerade der erhaltene Gesamtdrehimpuls um die z-Achse J_z.

10 Klausur X – Elektrodynamik – Mittel

Im Kurzfragebogen dieser Klausur werden die Maxwell-Gleichungen in Lorentz-kovarianter Form, die Gesamtinduktivität zweier parallel geschalteter Spulen, die Kontinuitätsgleichung elektrischer Ladungen, das magnetische Feld zweier koaxialer, magnetisierbarer, stromdurchflossener Materialien sowie der Gauß'sche Mittelwertsatz für harmonische Funktionen in drei Dimensionen betrachtet. Aufgabe 2 beschäftigt sich mit der Ausbreitung elektromagnetischer Wellen in einem Medium und einer speziellen Lösungsmethode über die Green'sche Funktion des Helmholtz-Operators. In Aufgabe 3 wird die Abstrahlung elektromagnetischer Wellen durch oszillierende Dipole behandelt. In Aufgabe 4 soll über die Methode der Spiegelladungen das elektrische Feld einer Punktladung in Anwesenheit einer geerdeten Kugelschale bestimmt werden.

Überblick

10.1 Aufgaben zur Klausur X – Elektrodynamik – Mittel 399
    Aufgabe **1** - **Kurzfragen** 399
    Aufgabe **2** - **Die Helmholtz-Gleichung** 400
    Aufgabe **3** - **Dipolstrahlung** 402
    Aufgabe **4** - **Green'sche Funktion einer Kugelschale** 404
10.2 Hinweise zur Klausur X – Elektrodynamik – Mittel 405
10.3 Lösung zur Klausur X – Elektrodynamik – Mittel 409
    Aufgabe **1** - **Kurzfragen** 409
    Aufgabe **2** - **Die Helmholtz-Gleichung** 415
    Aufgabe **3** - **Dipolstrahlung** 423
    Aufgabe **4** - **Green'sche Funktion einer Kugelschale** 430

© Der/die Autor(en), exklusiv lizenziert an
Springer-Verlag GmbH, DE, ein Teil von Springer Nature 2025
M. Eichhorn, *Prüfungstraining Theoretische Physik – Elektrodynamik*,
https://doi.org/10.1007/978-3-662-71709-7_11

10.1 Aufgaben zur Klausur X – Elektrodynamik – Mittel

Aufgabe 1   **25 _Punkte_**

Kurzfragen

Schlagwörter:
Relativistik, Elektrische Bauteile, Maxwell-Gleichungen, Ampère'sches Gesetz, Vektor-analysis

(a) **(5 Punkte)** Nennen Sie die Maxwell-Gleichungen in Lorentz-kovarianter Formulierung sowie das zugehörige relativistische Kraftgesetz.

(b) **(5 Punkte)** Bestimmen Sie die Ersatzkapazität zweier parallel geschalteter Spulen L_1 und L_2.

(c) **(5 Punkte)** Zeigen Sie, dass die Maxwell-Gleichungen im Vakuum mit der Kontinuitätsgleichung

$$\partial_t \rho + \boldsymbol{\nabla} \cdot \boldsymbol{j} = 0$$

verträglich sind.

(d) **(5 Punkte)** Betrachten Sie zwei magnetisierbare Materialien mit den Permeabilitäten μ_1 und μ_2. Bei Material zwei soll es sich um einen unendlich langen Zylinder mit Radius R_2 handeln. Material eins soll dieses koaxial als Hohlzylinder mit Innenradius R_2 und Außenradius R_1 umschließen. Die gesamte Anordnung befindet sich im Vakuum. Auf der Grenzfläche zwischen Medium eins und zwei fließt ein konstanter Oberflächenstrom mit Gesamtstromstärke I. Bestimmen Sie H im gesamten Raumbereich und zeigen Sie dann, dass die Stetigkeitsbedingung

$$\boldsymbol{n}_{ab} \times (\boldsymbol{H}_b - \boldsymbol{H}_a) = \boldsymbol{k}_{\mathrm{f}}$$

an jeder Grenzfläche erfüllt ist.

(e) **(5 Punkte)** Beweisen Sie für harmonische Funktionen $u(\boldsymbol{r})$ in drei Dimensionen den Gauß'schen Mittelwertsatz

$$u(\boldsymbol{a}) = \frac{1}{4\pi R^2} \oiint\limits_{\partial K(\boldsymbol{a},R)} \mathrm{d}^2 f \; u(\boldsymbol{r}),$$

wobei $K(\boldsymbol{s}, R)$ eine Kugel mit Mittelpunkt $\boldsymbol{a}$ und Radius R beschreibt.
Hinweis: Verwenden Sie den zweiten Integralsatz von Green mit den beiden Skalarfeldern $u(\boldsymbol{r})$ und $v(\boldsymbol{r}) = \frac{1}{|\boldsymbol{r}-\boldsymbol{a}|}$.

Aufgabe 2   **25 *Punkte***

Die Helmholtz-Gleichung

Schlagwörter:
Felder in Materie, Eichfreiheit, Maxwell-Gleichungen, Elektromagnetische Wellen, Green'sche Funktion, Elektrisches Potential, Vektorpotential

In dieser Aufgabe soll die Ausbreitung von elektromagnetischen Wellen in einem linearen Medium mit Permittivität ε und Permeabilität μ mit Hilfe der Potentiale betrachtet werden. Ziel ist es, in der zeitlichen Fourier-Darstellung partikuläre Lösungen durch die Green'sche Funktion des Helmholtz-Operators ausdrücken zu können.

(a) **(4 Punkte)** Stellen Sie die Maxwell-Gleichungen im Medium für die Hilfsfelder D und H auf. Führen Sie für diese das skalare Potential ϕ und das Vektorpotential A auf, so dass im elektrostatischen Fall $D = -\nabla\phi$ und im magnetostatischen Fall $H = \nabla \times A$ gelten würde.

(b) **(6 Punkte)** Verwenden Sie eine passende Eichbedingung, durch die sich die Differentialgleichungen für die Felder ϕ und A trennen lassen. Sie sollten so die Differentialgleichungen

$$\frac{n^2}{c_0^2}\frac{\partial^2\phi}{\partial t^2} - \Delta\phi = \rho \qquad \frac{n^2}{c_0^2}\frac{\partial^2 A}{\partial t^2} - \Delta A = j$$

erhalten. Darin beschreibt c_0 die Lichtgeschwindigkeit im Vakuum und n den Brechungsindex des Mediums.

(c) **(3 Punkte)** Führen Sie nun eine Fourier-Transformation bzgl. der Zeit für beide Gleichungen durch, indem Sie bspw. für das Potential

$$\phi(r,t) = \frac{1}{\sqrt{2\pi}}\int_{-\infty}^{\infty} d\omega\; \phi_\omega(r)\, e^{-i\omega t}$$

verwenden. Zeigen Sie so, dass sich für die Fourier-Transformation des skalaren Potentials $\phi_\omega(r)$ die inhomogene Helmholtz-Gleichung

$$\left(\Delta + k^2\right)\phi_\omega = -\rho_\omega$$

ergibt. Bestimmen Sie das darin auftretende k^2 und ermitteln Sie die analoge Gleichung für A_ω.

(d) **(7 Punkte)** Betrachten Sie nun die Inhomogenität

$$\rho_\omega = -\delta^{(3)}(r)$$

und finden Sie die Fourier-Darstellung der Green'schen Funktion des Helmholtz-Operators $G(r)$, indem Sie die Fourier-Transformation in den räumlichen Koordinaten gemäß

$$\phi_\omega(r) = \frac{1}{(2\pi)^{3/2}}\iiint d^3k'\; \hat{\phi}(\omega, k')\, e^{ik'\cdot r}$$

durchführen. Wie lässt sich die spezielle Lösung von ϕ_ω durch $G(r)$ ausdrücken?

(e) **(3 Punkte)** Mit Hilfe von komplexer Analysis lässt sich zeigen, dass eine mögliche Darstellung der Green'schen Funktion durch

$$G(\boldsymbol{r}) = -\frac{1}{4\pi r}\, \mathrm{e}^{ikr}$$

gegeben ist. Setzen Sie diese in die Helmholtz-Gleichung mit Inhomogenität $\rho_\omega = -\delta^{(3)}(\boldsymbol{r})$ ein, um zu zeigen, dass es sich tatsächlich um die Green'sche Funktion handelt.

(f) **(2 Punkte)** Drücken Sie nun die partikuläre Lösung von ϕ_ω und $\boldsymbol{A}_\omega$ durch den expliziten Ausdruck von $G(\boldsymbol{r})$ aus.

Aufgabe 3   25 *Punkte*

Dipolstrahlung

Schlagwörter:
Elektrisches Potential, Vektorpotential, Dipol, Elektromagnetische Wellen, Elektrisches Feld, Magnetische Flussdichte, Poynting-Vektor, Stromdichte, Ladungsdichte

In dieser Aufgabe soll die Abstrahlung elektromagnetischer Wellen durch elektrische Dipole untersucht werden. Dazu werden alle Größen bezüglich der Zeit gemäß

$$\psi(t) = \frac{1}{\sqrt{2\pi}} \int\limits_{-\infty}^{\infty} d\omega \; \psi_\omega \, e^{-i\omega t} \qquad \psi_\omega = \frac{1}{\sqrt{2\pi}} \int\limits_{-\infty}^{\infty} dt \; \psi(t) \, e^{i\omega t}$$

Fourier transformiert. Durch Anwendung der Green'schen Funktion des d'Alambert-Operators lässt sich zeigen, dass in der Lorenz-Eichung die Zusammenhänge

$$\phi_\omega(\boldsymbol{r}) = \frac{1}{4\pi\varepsilon_0} \int d^3 r' \, \frac{\rho_\omega(\boldsymbol{r}')}{|\boldsymbol{r} - \boldsymbol{r}'|} \, e^{ik|\boldsymbol{r}-\boldsymbol{r}'|} \qquad \boldsymbol{A}_\omega(\boldsymbol{r}) = \frac{\mu_0}{4\pi} \int d^3 r' \, \frac{\boldsymbol{j}_\omega(\boldsymbol{r}')}{|\boldsymbol{r} - \boldsymbol{r}'|} \, e^{ik|\boldsymbol{r}-\boldsymbol{r}'|}$$

für die Potentiale gültig sind, wobei weiter $\omega = kc$ gilt.

(a) **(5 Punkte)** Zeigen Sie zunächst, dass sich aus dem Vektorpotential $\boldsymbol{A}_\omega$ alle Felder weit entfernt vom Dipol bestimmen lassen, da

$$\boldsymbol{E}_\omega = i\frac{c}{k}\boldsymbol{\nabla} \times \boldsymbol{B}_\omega$$

gilt. Zeigen Sie weiter, dass die Strom- und Ladungsdichte den Zusammenhang

$$\boldsymbol{\nabla} \cdot \boldsymbol{j}_\omega = i\omega\rho_\omega$$

erfüllen.

(b) **(3 Punkte)** Zeigen Sie, dass sich das Vektorpotential weit entfernt vom Dipol durch

$$\boldsymbol{A}_\omega(\boldsymbol{r}) \approx \frac{\mu_0}{4\pi} \frac{e^{ikr}}{r} \iiint d^3 r' \; \boldsymbol{j}_\omega(\boldsymbol{r}')$$

approximieren lässt.

(c) **(4 Punkte)** Verwenden Sie Ihre bisherigen Ergebnisse, um zu zeigen, dass das Vektorpotential in der betrachteten Näherung durch das elektrische Dipolmoment $\boldsymbol{p}$ mittels

$$\boldsymbol{A}_\omega(\boldsymbol{r}) = -i\omega\frac{\mu_0}{4\pi} \frac{e^{ikr}}{r} \boldsymbol{p}_\omega$$

ausgedrückt werden kann.

(d) **(6 Punkte)** Bestimmen Sie nun die elektrische Feldstärke $\boldsymbol{E}_\omega$ und die magnetische Flussdichte $\boldsymbol{B}_\omega$ in der Fernfeldzone $kr \gg 1$.

(e) **(5 Punkte)** Gehen Sie nun davon aus, dass der Dipol die charakteristische und feste Frequenz ω aufweist und sich die elektrische Feldstärke und die magnetische Flussdichte daher durch

$$\boldsymbol{E}(\boldsymbol{r}, t) = \mathrm{Re}\left[\boldsymbol{E}_0(\boldsymbol{r})\,\mathrm{e}^{-\mathrm{i}\omega t}\right] \qquad \boldsymbol{B}(\boldsymbol{r}, t) = \mathrm{Re}\left[\boldsymbol{B}_0(r)\,\mathrm{e}^{-\mathrm{i}\omega t}\right]$$

ausdrücken lassen. Nutzen Sie für zwei T-periodische Funktionen den Zusammenhang

$$\left\langle \mathrm{Re}\left[a(t)\right]\mathrm{Re}\left[b(t)\right]\right\rangle_t = \frac{1}{2}\left\langle a(t)b^*(t)\right\rangle_t$$

aus, um den zeitlich gemittelten Poynting-Vektor $\langle \boldsymbol{S}\rangle_t$ zu bestimmen.

(f) **(2 Punkte)** Zeigen Sie, dass die abgestrahlte Leistung pro Raumwinkel durch

$$\frac{\mathrm{d}P}{\mathrm{d}\Omega} = \frac{\langle \boldsymbol{S}\rangle_t \cdot \mathrm{d}^2\boldsymbol{f}}{\mathrm{d}\Omega} = \frac{c}{32\pi^2\varepsilon_0}k^4|\boldsymbol{p}_0|^2\sin^2(\alpha)$$

gegeben ist. Hierin ist α der Winkel zwischen der Ebene, in welcher der Dipol oszilliert, und dem Einheitsvektor in der betrachteten Richtung.

Aufgabe 4 25 *Punkte*

Green'sche Funktion einer Kugelschale

Schlagwörter:
Randwertproblem, Elektrostatik, Elektrisches Potential, Oberflächenladungsdichte,
Green'sche Funktion, Spiegelladungen

In dieser Aufgabe wird eine leitende, infinitesimal dünne Kugelschale mit Radius R im Raum platziert. Die Kugelschale ist geerdet und in ihrem Inneren befinden sich keine Ladungen. Ziel ist es, für diese Geometrie das elektrische Feld und Potential für Ladungsverteilungen außerhalb der Kugel systematisch bestimmen zu können.

(a) (**2 Punkte**) Formulieren Sie das Dirichlet-Randwertproblem für die gegebene Geometrie.

(b) (**8 Punkte**) Gehen Sie nun davon aus, dass eine Punktladung q außerhalb der Kugelschale bei $\boldsymbol{r}_0 = r_0\,\hat{\boldsymbol{e}}_z$ platziert wird. Verwenden Sie den Ansatz der Spiegelladungen, um das Potential $\phi(\boldsymbol{r})$ außerhalb der Kugel in diesem Fall zu bestimmen.

(c) (**3 Punkte**) Verwenden Sie Ihre Ergebnisse aus Teilaufgabe (b) um die Dirichlet'sche Green'sche Funktion für die vorliegenden Randbedingungen zu ermitteln. Wie lässt sich damit das Potential bei einer gegebenen Ladungsverteilung $\rho(\boldsymbol{r})$ außerhalb der Kugel und einem auf der Oberfläche vorgegebenen Potential $\phi_0(\boldsymbol{r})$ bestimmen?

(d) (**7 Punkte**) Bestimmen Sie die induzierte Oberflächenladungsdichte $\sigma(\theta,\varphi)$ auf der Kugelschale für die Situation aus Teilaufgabe (b) und zeigen Sie, dass sich diese durch

$$\sigma(\theta,\varphi) = -\frac{q}{4\pi R^2}\frac{R}{r_0}\frac{1 - \left(\frac{R}{r_0}\right)^2}{\left(1 + \left(\frac{R}{r_0}\right)^2 - 2\frac{R}{r_0}\cos(\theta)\right)^{3/2}}$$

ausdrücken lässt.

(e) (**5 Punkte**) Finden Sie die auf der Oberfläche induzierte Ladung Q_{infl}. Untersuchen Sie für die beiden Grenzfälle $r_0 \to R$ und $r_0 \to \infty$ die Oberflächenladungsdichte und die induzierte Ladung.

10.2 Hinweise zur Klausur X – Elektrodynamik – Mittel

Aufgabe 1 - Kurzfragen

(a) Welche beiden Differentialgleichungen muss der Feldstärketensor $F_{\mu\nu}$ erfüllen?

(b) Wie lassen sich mit Hilfe der Kirchhoff'schen Gesetze die Zusammenhänge

$$U_{\text{ges}} = U_1 = U_2 \qquad \dot{I}_{\text{ges}} = \dot{I}_1 + \dot{I}_2$$

finden? Welcher Zusammenhang besteht zwischen der Spannung U, der Stromstärke I und der Induktivität L an einer Spule?

(c) Welche Maxwell-Gleichungen beinhalten die Ladungs- und Stromdichte? Was passiert, wenn die Divergenz von der Rotation eines zweimal stetig differenzierbaren Vektorfeldes gebildet wird?

(d) Wie lässt sich eine Integraldarstellung der Maxwell-Gleichung

$$\boldsymbol{\nabla} \times \boldsymbol{H} = \boldsymbol{j}_{\text{f}}$$

in Materie finden? Weshalb kann die magnetische Feldstärke nur von s abhängen und nur in die $\hat{e}_\varphi$-Richtung zeigen? Wie lässt sich zeigen, dass der von einem mit Radius r in der xy-Ebene befindlichen Kreis eingeschlossene Strom durch

$$I_{\mathcal{F}}(r) = I\Theta(r - R_2)$$

gegeben ist?

(e) Was für eine spezielle Funktion stellt $\frac{1}{|\boldsymbol{r}-\boldsymbol{a}|}$ für den Laplace-Operator dar? Wenn $\boldsymbol{a}$ der Mittelpunkt der Kugel ist und r ein Punkt auf der Kugeloberfläche, welche Länge hat dann der Vektor $\boldsymbol{r} - \boldsymbol{a}$? In welche Richtung zeigt dieser Vektor? Wie lässt sich verwenden, dass der Fluss des Gradienten von harmonischen Funktionen durch eine geschlossene Oberfläche immer verschwindet?

Aufgabe 2 - Die Helmholtz-Gleichung

(a) Wie können die homogenen Maxwell-Gleichungen

$$\boldsymbol{\nabla} \times \boldsymbol{E} = -\frac{\partial \boldsymbol{B}}{\partial t} \qquad \boldsymbol{\nabla} \cdot \boldsymbol{B} = 0$$

in einem linearen, homogenen Medium auf die Hilfsfelder zurückgeführt werden? Wie wird die erste dieser Gleichungen erfüllt, wenn

$$\boldsymbol{D} = -\boldsymbol{\nabla}\phi + K\frac{\partial \boldsymbol{A}}{\partial t}$$

angesetzt wird?

(b) Was passiert, wenn die Felder

$$\boldsymbol{D} = -\boldsymbol{\nabla}\phi - \frac{1}{c^2}\frac{\partial \boldsymbol{A}}{\partial t} \qquad \boldsymbol{H} = \boldsymbol{\nabla} \times \boldsymbol{H}$$

in die inhomogenen Maxwell-Gleichungen

$$\boldsymbol{\nabla} \cdot \boldsymbol{D} = \rho \qquad \boldsymbol{\nabla} \times \boldsymbol{H} = \boldsymbol{j} + \frac{\partial \boldsymbol{D}}{\partial t}$$

eingesetzt werden? Durch was sollte $\boldsymbol{\nabla} \cdot \boldsymbol{A}$ ersetzt werden, um die Gleichungen zu entkoppeln? Wie lässt sich durch eine Eichtransformation der Form

$$\phi \to \phi' - \frac{1}{c^2}\partial_t\Lambda \qquad \boldsymbol{A} \to \boldsymbol{A}' = \boldsymbol{A} + \boldsymbol{\nabla}\Lambda$$

sicherstellen, dass die Potentiale

$$\partial_t\phi' + \boldsymbol{\nabla} \cdot \boldsymbol{A}' = 0$$

genügen?

(c) Wieso werden in der Fourier-transformierten Gleichung alle Zeitableitungen durch Faktoren der Art $(-\mathrm{i}\omega)$ ersetzt? Wie muss die Rücktransformation für die in der Aufgabe gegebene Fourier-Transformation aussehen?

(d) Wie lässt sich mit der gegebenen Inhomogenität die Differentialgleichung

$$\mathcal{D}_{\mathrm{H}}^{(2)} G(\boldsymbol{r}) = (\Delta + k^2)G(\boldsymbol{r}) = \delta^{(3)}(\boldsymbol{r})$$

für die Green'sche Funktion aufstellen? Was passiert, wenn hierauf die Fourier-Transformation angewendet wird? Was passiert, wenn der Helmholtz-Operator auf

$$-\iiint \mathrm{d}^3r'\, G(\boldsymbol{r} - \boldsymbol{r}')\rho_\omega(\boldsymbol{r}')$$

angewandt wird?

(e) Wie lässt sich die Produktregel

$$\Delta(\phi\psi) = \phi\Delta\psi + 2(\boldsymbol{\nabla}\psi) \cdot (\boldsymbol{\nabla}\phi)$$

im vorliegenden Fall ausnutzen? Bedenken Sie, dass der radiale Anteil des Laplace-Operators in Kugelkoordinaten durch

$$\Delta_r = \partial_r^2 + \frac{2}{r}\partial_r$$

gegeben ist.

(f) Was ergibt sich, wenn die Green'sche Funktion in

$$\phi_\omega(\boldsymbol{r}) = -\iiint \mathrm{d}^3r'\, G(\boldsymbol{r} - \boldsymbol{r}')\rho_\omega(\boldsymbol{r}')$$

eingesetzt wird? Was lässt sich über die spezielle Lösung $\boldsymbol{A}_\omega$ sagen, wenn berücksichtigt wird, dass der Herlmholtz-Operator auf jede Komponente einzeln wirkt?

Aufgabe 3 - Dipolstrahlung

(a) Wie lautet die Maxwell-Gleichung für die Rotation der magnetischen Flussdichte? Was lässt sich über die Strom- und Ladungsdichte in großer Entfernung zum Dipol sagen? Wie lautet die Kontinuitätsgleichung? Was passiert, wenn in all diese Gleichungen die Fourier-Transformationen der jeweiligen Felder eingesetzt werden?

(b) Was ist im betrachteten Fall die radikalste Näherung für den Ausdruck $|\boldsymbol{r} - \boldsymbol{r}'|$? Was passiert, wenn dies in den angegebenen Ausdruck für das Vektorpotential $\boldsymbol{A}_\omega$ eingesetzt wird?

(c) Was ergibt sich, wenn der Ausdruck

$$\boldsymbol{\nabla} \cdot (r_i \boldsymbol{j})$$

betrachtet wird? Wie lässt sich dieser verwenden, um das noch verbliebene Integral umzuformen?

(d) Wie lässt sich zeigen, dass in der Fernfeldnäherung

$$\boldsymbol{\nabla} \left(\frac{\mathrm{e}^{\mathrm{i}kr}}{r} \right) \approx \mathrm{i}k \frac{\mathrm{e}^{\mathrm{i}kr}}{r}$$

gültig ist? Ist der Zusammenhang

$$\boldsymbol{\nabla} \times (\phi \boldsymbol{A}) = \phi \boldsymbol{\nabla} \times \boldsymbol{A} - \boldsymbol{A} \times \boldsymbol{\nabla} \phi$$

für ein Vektorfeld $\boldsymbol{A}$ und ein Skalarfeld ϕ hilfreich?

(e) Wie kann mit den bisherigen Ergebnissen der etwas allgemeinere Ausdruck

$$\langle \boldsymbol{S} \rangle_t = \frac{c}{2\mu} (|\boldsymbol{B}_0|^2 \hat{\boldsymbol{e}}_r - \boldsymbol{B}_0 (\hat{\boldsymbol{e}}_r \cdot \boldsymbol{B}_0^*))$$

gefunden werden? Wieso ist hierin nur der erste Term von Bedeutung? Was ergibt sich, wenn die speziellen Ergebnisse für das elektrische und das magnetische Feld eingesetzt werden?

(f) Wie lautet das Oberflächenelement $\mathrm{d}^2 \boldsymbol{f}$ einer Kugel?

Aufgabe 4 - Green'sche Funktion einer Kugelschale

(a) Wie lautet die Laplace-Gleichung im Raumbereich? Welchen Wert muss das Potential auf dem Rand der geerdeten Kugelschale annehmen?

(b) Wo dürfen Sie eine Ladung platzieren, so dass die Poisson-Gleichung aus Teilaufgabe (a) immer noch erfüllt ist? Wie lässt sich mit der Rotationssymmetrie des Problems um die z-Achse argumentieren, dass sich diese zusätzliche Ladung ebenfalls auf der

z-Achse befinden muss? Was passiert, wenn die Randbedingung für $R\hat{e}_z$ und $-R\hat{e}_z$ ausgewertet wird? Sie sollten das Potential

$$\phi(\boldsymbol{r}) = \frac{q}{4\pi\varepsilon_0}\left(\frac{1}{|\boldsymbol{r}-\boldsymbol{r}_0|} - \frac{\frac{R}{r_0}}{|\boldsymbol{r}-\frac{R^2}{r_0^2}\boldsymbol{r}_0|}\right)$$

erhalten.

(c) Welche Poisson-Gleichung muss die Dirichlet'sche Green'sche Funktion erfüllen? Welche Poisson-Gleichung wird vom Potential aus Teilaufgabe (b) erfüllt? Sind die Randbedingungen für diesen Ansatz der Dirichlet'schen Green'schen Funktion erfüllt?

(d) Bedenken Sie, dass die induzierte Oberflächenladungsdichte durch

$$\sigma(\boldsymbol{r}) = \varepsilon_0\,\boldsymbol{n}\cdot\boldsymbol{\nabla}\phi(\boldsymbol{r})|_{\boldsymbol{r}\in\partial V}$$

definiert ist. In welche Richtung zeigt der Normalenvektor $\boldsymbol{n}$ des Randes von V?

(e) Wie lässt sich aus der Oberflächenladungsdichte eine Gesamtladung bestimmen? Unterscheiden Sie im Grenzfall $r_0 \to R$ für die Oberflächenladungsdichte die Fälle $\theta = 0$ und $\theta \neq 0$.

10.3 Lösung zur Klausur X – Elektrodynamik – Mittel

Aufgabe 1   **25 *Punkte***

Kurzfragen

(a) **(5 Punkte)** Nennen Sie die Maxwell-Gleichungen in Lorentz-kovarianter Formulierung sowie das zugehörige relativistische Kraftgesetz.

Lösungsvorschlag:
Die elektromagnetischen Felder werden in der Lorentz-kovarianten Formulierung durch den Feldstärketensor

$$F_{\mu\nu} = \partial_\mu A_\nu - \partial_\nu A_\mu$$

mit den Potentialen $A^\mu = \left(\frac{\phi}{c}, \boldsymbol{A} \right)$ ausgedrückt. Die homogenen Maxwell-Gleichungen können dann durch

$$\partial_\alpha F_{\beta\gamma} + \partial_\beta F_{\gamma\alpha} + \partial_\gamma F_{\alpha\beta} = 0$$

beschrieben werden. Für die inhomogenen Gleichungen wird die Vierer-Stromdichte $j^\mu = (\rho c, \boldsymbol{j})$ eingeführt. Sie lassen sich dann durch

$$\partial_\mu F^{\mu\nu} = \mu_0 \, j^\nu$$

ausdrücken. Eine Ladung q mit Masse m, die sich mit Geschwindigkeit $u^\mu = (\gamma c, \gamma \boldsymbol{v})$ in einem elektrischen Feld bewegt, wird dann dem Kraftgesetz

$$m\frac{\mathrm{d}u^\mu}{\mathrm{d}\tau} = qF^{\mu\nu}u_\nu$$

unterliegen.

(b) **(5 Punkte)** Bestimmen Sie die Ersatzkapazität zweier parallel geschalteter Spulen L_1 und L_2.

Lösungsvorschlag:
Sind zwei Spulen parallel geschaltet, so bilden sie eine Masche. Nach dem Maschensatz müssen die Spannungen über ihnen also gleich sein. Soll die Parallelschaltung durch eine einzelne Spule ersetzt werden, muss über diese die gleiche Spannung wie über den einzelnen Spulen anliegen. Daher muss der Zusammenhang

$$U_{\text{ges}} = U_1 = U_2$$

gültig sein. Gleichzeitig ist an einer Spule mit Induktivität L der Zusammenhang $U_L = L\dot{I}$ gültig. Der Strom, welcher in die Parallelschaltung fließt, muss sich an der Verzweigung aufteilen, so dass an den beiden Spulen die unterschiedlichen Ströme I_1 und I_2 vorliegen. Andererseits ist der in die Parallelschaltung fließende Strom gerade jener Strom I_{ges}, der in die Ersatzspule fließt. Daher muss nach dem Knotensatz

$$I_{\text{ges}} = I_1 + I_2 \quad \Rightarrow \quad \dot{I}_{\text{ges}} = \dot{I}_1 + \dot{I}_2$$

gültig sein. Werden hierin die Ersetzungen gemäß $U_L = L\dot{I}$ vorgenommen, kann zunächst

$$\frac{U_{\text{ges}}}{L} = \frac{U_1}{L_1} + \frac{U_2}{L_2}$$

gefunden werden, was sich wegen $U_1 = U_2 = U_{\text{ges}}$ auf

$$\frac{1}{L_{\text{ges}}} = \frac{1}{L_1} + \frac{1}{L_2}$$

umformen lässt. Die Induktivitäten addieren sich in einer Parallelschaltung damit reziprok.

(c) **(5 Punkte)** Zeigen Sie, dass die Maxwell-Gleichungen im Vakuum mit der Kontinuitätsgleichung

$$\partial_t \rho + \boldsymbol{\nabla} \cdot \boldsymbol{j} = 0$$

verträglich sind.

Lösungsvorschlag:
Die beiden einzigen Maxwell-Gleichungen, in denen die Ladungs- und Stromdichte auftreten, sind

$$\boldsymbol{\nabla} \cdot \boldsymbol{E} = \frac{\rho}{\varepsilon_0} \qquad \boldsymbol{\nabla} \times \boldsymbol{B} = \mu_0 \boldsymbol{j} + \mu_0 \varepsilon_0 \partial_t \boldsymbol{E}.$$

Wird die Divergenz der zweiten Gleichung gebildet, so kann zunächst

$$0 = \boldsymbol{\nabla} \cdot (\boldsymbol{\nabla} \times \boldsymbol{B}) = \mu_0 \boldsymbol{\nabla} \cdot \boldsymbol{j} + \mu_0 \varepsilon_0 \boldsymbol{\nabla} \cdot \partial_t \boldsymbol{E} = \mu_0 \left(\boldsymbol{\nabla} \cdot \boldsymbol{j} + \varepsilon_0 \partial_t \boldsymbol{\nabla} \cdot \boldsymbol{E} \right)$$

gefunden werden. Hierbei wurde ausgenutzt, dass die magnetische Flussdichte ein zweimal stetig differenzierbares Vektorfeld ist und die Divergenz ihrer Rotation damit verschwindet. Ebenso wurde verwendet, dass für das zweimal stetig differenzierbare Vektorfeld der elektrischen Feldstärke die Ableitung nach der Zeit mit der Divergenz vertauscht werden darf. Wird hierin die erste Maxwell-Gleichung eingesetzt, so kann weiter der Zusammenhang

$$0 = \boldsymbol{\nabla} \cdot \boldsymbol{j} + \varepsilon_0 \partial_t \frac{\rho}{\varepsilon_0} = \boldsymbol{\nabla} \cdot \boldsymbol{j} + \partial_t \rho$$

gefunden werden. Dieser entspricht aber gerade der Kontinuitätsgleichung.

(d) **(5 Punkte)** Betrachten Sie zwei magnetisierbare Materialien mit den Permeabilitäten μ_1 und μ_2. Bei Material zwei soll es sich um einen unendlich langen Zylinder mit Radius R_2 handeln. Material eins soll dieses koaxial als Hohlzylinder mit Innenradius R_2 und Außenradius R_1 umschließen. Die gesamte Anordnung befindet sich im Vakuum. Auf der Grenzfläche zwischen Medium eins und zwei fließt ein konstanter Oberflächenstrom mit Gesamtstromstärke I. Bestimmen Sie $\boldsymbol{H}$ im gesamten Raumbereich und zeigen Sie dann, dass die Stetigkeitsbedingung

$$\boldsymbol{n}_{ab} \times (\boldsymbol{H}_b - \boldsymbol{H}_a) = \boldsymbol{k}_{\text{f}}$$

an jeder Grenzfläche erfüllt ist.

Lösungsvorschlag:
Zunächst kann die Maxwell-Gleichung

$$\nabla \times \boldsymbol{H} = \boldsymbol{j}_{\mathrm{f}}$$

für die Magnetostatik in Materie heran gezogen werden. Wird diese über einen Kreis mit Radius r in der Ebene senkrecht zu den beiden koaxialen Drähten Integriert, so kann die integrale Form

$$\iint_{\partial\mathcal{F}} \mathrm{d}^2\boldsymbol{f} \cdot (\nabla \times \boldsymbol{H}) = \oint_{\partial\mathcal{F}} \mathrm{d}\boldsymbol{r} \cdot \boldsymbol{H} = \iint_{\partial\mathcal{F}} \mathrm{d}^2\boldsymbol{f} \cdot \boldsymbol{j}_{\mathrm{f}} = I_{\mathcal{F}}$$

gefunden werden. Da der einzige Strom in z-Richtung zeigt und die Materialien koaxial angeordnet sind, liegt sowohl eine Rotationssymmetrie um als auch eine Translationssymmetrie entlang der z-Achse vor. Daher kann die magnetische Feldstärke, die von der vorliegenden Anordnung (also ohne von Außen vorgegebene Felder) erzeugt wird, nur die Form $\boldsymbol{H}(s,\varphi,z) = H(s)\hat{\boldsymbol{e}}_\varphi$ haben. Damit kann das Integral auf der linken Seite direkt zu

$$\oint_{\partial\mathcal{F}} \mathrm{d}\boldsymbol{r} \cdot \boldsymbol{H} = 2\pi r H(r)$$

ausgewertet werden. Für die Größe $I_{\mathcal{F}}$ ließe sich direkt argumentieren, dass nur außerhalb der Grenzfläche der beiden Materialien, also im Falle $r > R_2$ der Strom I auftritt, dass also

$$I_{\mathcal{F}}(r) = I\Theta(r - R_2)$$

gilt. Da später aber noch die Stetigkeitsbedingungen geprüft werden sollen, bietet es sich an, zunächst die Stromdichte

$$\boldsymbol{j} = j_0\,\hat{\boldsymbol{e}}_z\delta(s - R_2)$$

aufzustellen und zu zeigen, dass sich für den gesamten Strom durch die xy-Ebene so

$$\iint_{xy} \mathrm{d}^2\boldsymbol{f} \cdot \boldsymbol{j} = j_0 \int_0^{2\pi} \mathrm{d}\varphi \int_0^{\infty} \mathrm{d}s\, s\delta(s - R_2) = 2\pi R_2 j_0 \overset{!}{=} I$$

einstellt, weshalb

$$\boldsymbol{j} = \frac{I}{2\pi R_2}\,\hat{\boldsymbol{e}}_z\delta(s - R_2)$$

gültig sein muss. Hieraus lässt sich sofort der Oberflächenstrom bei $s = R_2$

$$\boldsymbol{k}_{\mathrm{f}} = \frac{I}{2\pi R_2}\,\hat{\boldsymbol{e}}_z$$

ablesen. Außerdem kann der oben argumentativ hergeleitete Ausdruck durch

$$I_{\mathcal{F}}(r) = \iint_{\partial \mathcal{F}} \mathrm{d}^2 \boldsymbol{f} \cdot \boldsymbol{j}_{\mathrm{f}} = \int_0^{2\pi} \mathrm{d}\varphi \int_0^r \mathrm{d}s \, s \frac{I}{2\pi R_2} \delta(s - R_2)$$

$$= I \int_0^r \mathrm{d}s \, \delta(s - R_2) = I \Theta(r - R_2)$$

mathematisch untermauert werden. In jedem Fall kann auf diese Weise der Zusammenhang

$$\boldsymbol{H}(s) = \frac{I}{2\pi s} \Theta(s - R_2) \, \hat{\boldsymbol{e}}_\varphi$$

gefunden werden. Für die Stetigkeitsbedingungen müssen die beiden Grenzflächen von Material zwei zu Material eins und von Material eins zum Vakuum untersucht werden. Hierzu wird zunächst der Fall $2 \to 1$ betrachtet, wo die Stetigkeitsbedingung

$$\boldsymbol{n}_{21} \times (\boldsymbol{H}_1 - \boldsymbol{H}_2) = \boldsymbol{k}_{\mathrm{f}}$$

gültig sein müssen. Auf der linken Seite ist der Einheitsvektor $\boldsymbol{n}_{21}$ durch $\hat{\boldsymbol{e}}_s$ gegeben, während die beiden Felder an der Grenzfläche durch

$$\boldsymbol{H}_1 = \lim_{s \to R_2+} \boldsymbol{H}(s) = \frac{I}{2\pi R_2} \hat{\boldsymbol{e}}_\varphi \qquad \boldsymbol{H}_2 = \lim_{s \to R_2-} \boldsymbol{H}(s) = \boldsymbol{0}$$

bestimmt werden können. Das Kreuzprodukt auf der linken Seite ist daher durch

$$\boldsymbol{n}_{21} \times (\boldsymbol{H}_1 - \boldsymbol{H}_2) = \frac{I}{2\pi R_2} (\hat{\boldsymbol{e}}_s \times \hat{\boldsymbol{e}}_\varphi) = \frac{I}{2\pi R_2} \hat{\boldsymbol{e}}_z$$

gegeben. Dies entspricht aber dem oben gefundenen Oberflächenstrom $\boldsymbol{k}_{\mathrm{f}} = \frac{I}{2\pi R_2} \hat{\boldsymbol{e}}_z$ zwischen den beiden Materialien. Damit ist die Stetigkeitsbedingung tatsächlich erfüllt. Für den Übergang von Material eins auf das Vakuum kann hingegen

$$\boldsymbol{H}_0 = \lim_{s \to R_1+} \boldsymbol{H}(s) = \frac{I}{2\pi R_1} \hat{\boldsymbol{e}}_\varphi \qquad \boldsymbol{H}_1 = \lim_{s \to R_1-} \boldsymbol{H}(s) = \frac{I}{2\pi R_1} \hat{\boldsymbol{e}}_\varphi$$

gefunden werden. Damit wird sich in der entsprechenden Stetigkeitsbedingung

$$\boldsymbol{n}_{10} \times (\boldsymbol{H}_0 - \boldsymbol{H}_1) = \boldsymbol{k}_{\mathrm{f}}$$

auf der linken Seite eine null einstellen. Dies erfüllt aber die Stetigkeitsbedingung, da auf der Grenzfläche zum Vakuum gerade kein freier Strom vorhanden ist und daher die magnetische Feldstärke auch keinen Sprung machen wird. Damit ist gezeigt, dass die beiden Stetigkeitsbedingungen erfüllt sind.

(e) **(5 Punkte)** Beweisen Sie für harmonische Funktionen $u(\boldsymbol{r})$ in drei Dimensionen den Gauß'schen Mittelwertsatz

$$u(\boldsymbol{a}) = \frac{1}{4\pi R^2} \oiint_{\partial K(\boldsymbol{a},R)} \mathrm{d}^2 f \, u(\boldsymbol{r}),$$

wobei $K(\boldsymbol{s}, R)$ eine Kugel mit Mittelpunkt $\boldsymbol{a}$ und Radius R beschreibt.
Hinweis: Verwenden Sie den zweiten Integralsatz von Green mit den beiden Skalarfeldern $u(\boldsymbol{r})$ und $v(\boldsymbol{r}) = \frac{1}{|\boldsymbol{r}-\boldsymbol{a}|}$.

Lösungsvorschlag:
Eine harmonische Funktion muss auf einem festen Gebiet Ω die Laplace-Gleichung

$$\Delta u = 0$$

erfüllen. Im hier vorliegenden Fall muss die betrachtete Kugel $K(\boldsymbol{a}, R)$ ein Teilgebiet von Ω sein. Der zweite Integralsatz von Green besagt für im Volumen V zwei zweimal stetig differenzierbare Skalarfelder ϕ und ψ, dass der Zusammenhang

$$\iiint_V \mathrm{d}^3 r \, (\psi \Delta \phi - \phi \Delta \psi) = \oiint_{\partial V} \mathrm{d}^2 \boldsymbol{f} \cdot (\psi \boldsymbol{\nabla} \phi - \phi \boldsymbol{\nabla} \psi)$$

gültig ist. Werden hierin nun die Felder mit $\psi = \frac{1}{|\boldsymbol{r}-\boldsymbol{a}|}$ und $\phi = u(\boldsymbol{r})$ sowie das Integrationsvolumen mit der Kugel $V = K(\boldsymbol{a}, R)$ identifiziert, so kann die linke Seite wegen $\Delta u = 0$ zunächst auf

$$\iiint_V \mathrm{d}^3 r \, (\psi \Delta \phi - \phi \Delta \psi) = \iiint_K \mathrm{d}^3 r \, (v \Delta v - u \Delta v) = - \iiint_K \mathrm{d}^3 r \, u(\boldsymbol{r}) \Delta \frac{1}{|\boldsymbol{r} - \boldsymbol{a}|}$$

vereinfacht werden. Da $\frac{1}{|\boldsymbol{r}-\boldsymbol{a}|}$ aber gerade die Green'sche Funktion des Laplace-Operators ist, ist auch der Zusammenhang

$$\Delta \frac{1}{|\boldsymbol{r} - \boldsymbol{a}|} = -4\pi \delta^{(3)}(\boldsymbol{r} - \boldsymbol{a})$$

gültig. Damit kann die linke Seite durch

$$\iiint_K \mathrm{d}^3 r \, (\psi \Delta \phi - \phi \Delta \psi) = 4\pi \iiint_{K(\boldsymbol{a},R)} \mathrm{d}^3 r \, u(\boldsymbol{r}) \delta^{(3)}(\boldsymbol{r} - \boldsymbol{a}) = 4\pi u(\boldsymbol{a})$$

ausgewertet werden. Für die rechte Seite muss hingegen

$$\oiint_{\partial V} \mathrm{d}^2 \boldsymbol{f} \cdot (\psi \boldsymbol{\nabla} \phi - \phi \boldsymbol{\nabla} \psi) = \oiint_{\partial K} \mathrm{d}^2 \boldsymbol{f} \cdot \left(\frac{1}{|\boldsymbol{r} - \boldsymbol{a}|} \boldsymbol{\nabla} u - u \boldsymbol{\nabla} \frac{1}{|\boldsymbol{r} - \boldsymbol{a}|} \right)$$

betrachtet werden. Da über die Oberfläche der Kugel mit Radius R und Mittelpunkt $\boldsymbol{a}$ integriert wird, handelt es sich bei den im Integral auftretenden Vektoren $\boldsymbol{r}$ um Punkte auf der Kugel. Der Verbindungsvektor $\boldsymbol{r} - \boldsymbol{a}$ hat damit aber die Länge R, so dass das erste Integral auch als

$$\oiint_{\partial K} \mathrm{d}^2\boldsymbol{f} \cdot \left(\frac{1}{|\boldsymbol{r} - \boldsymbol{a}|} \nabla u \right) = \frac{1}{R} \oiint_{\partial K} \mathrm{d}^2\boldsymbol{f} \cdot \nabla u$$

geschrieben werden kann. Das hierin verbleibende Integral stellt aber den Fluss des Gradienten von u durch die Kugeloberfläche dar. Dieser verschwindet für harmonische Funktionen aber immer. Aus diesem Grund ist das erste Integral null und es muss nur noch

$$-\oiint_{\partial K} \mathrm{d}^2\boldsymbol{f} \cdot \left(u(\boldsymbol{r}) \nabla \frac{1}{|\boldsymbol{r} - \boldsymbol{a}|} \right)$$

betrachtet werden. Hierin lässt sich zunächst der Gradient von $\frac{1}{|\boldsymbol{r} - \boldsymbol{a}|}$ gemäß

$$\nabla \frac{1}{|\boldsymbol{r} - \boldsymbol{a}|} = -\frac{\boldsymbol{r} - \boldsymbol{a}}{|\boldsymbol{r} - \boldsymbol{a}|^3}$$

bestimmen. Das verbleibende Integral ist also durch

$$-\oiint_{\partial K} \mathrm{d}^2\boldsymbol{f} \cdot \left(u(\boldsymbol{r}) \nabla \frac{1}{|\boldsymbol{r} - \boldsymbol{a}|} \right) = \oiint_{\partial K} \mathrm{d}^2\boldsymbol{f} \cdot \left(u(\boldsymbol{r}) \frac{\boldsymbol{r} - \boldsymbol{a}}{|\boldsymbol{r} - \boldsymbol{a}|^3} \right)$$

gegeben. Wie oben bereits ausgeführt, kann im Oberflächenintegral die Ersetzung $|\boldsymbol{r} - \boldsymbol{a}| = R$ vorgenommen werden. Der Vektor $\boldsymbol{r} - \boldsymbol{a}$ hat die Länge R und zeigt vom Mittelpunkt auf den Punkt $\boldsymbol{r}$ der Kugeloberfläche. Er ist daher parallel zum Flächenelement, so dass dieses in Projektion durch das skalare Flächenelement $\mathrm{d}^2 f$ ersetzt werden kann. Auf diese Weise kann das Integral weiter zu

$$\oiint_{\partial K} \mathrm{d}^2\boldsymbol{f} \cdot \left(u(\boldsymbol{r}) \frac{\boldsymbol{r} - \boldsymbol{a}}{|\boldsymbol{r} - \boldsymbol{a}|^3} \right) = \frac{1}{R^2} \oiint_{\partial K(\boldsymbol{a}, R)} \mathrm{d}^2 f \, u(\boldsymbol{r})$$

umgeformt werden. Werden all die bisher gefundenen Ergebnisse kombiniert, so lässt sich der gesuchte Ausdruck mittels

$$4\pi u(\boldsymbol{a}) = \frac{1}{R^2} \oiint_{\partial K(\boldsymbol{a}, R)} \mathrm{d}^2 f \, u(\boldsymbol{r}) \quad \Rightarrow \quad u(\boldsymbol{a}) = \frac{1}{4\pi R^2} \oiint_{\partial K(\boldsymbol{a}, R)} \mathrm{d}^2 f \, u(\boldsymbol{r})$$

finden.

Aufgabe 2   **25 *Punkte***

Die Helmholtz-Gleichung

In dieser Aufgabe soll die Ausbreitung von elektromagnetischen Wellen in einem linearen Medium mit Permittivität ε und Permeabilität μ mit Hilfe der Potentiale betrachtet werden. Ziel ist es, in der zeitlichen Fourier-Darstellung partikuläre Lösungen durch die Green'sche Funktion des Helmholtz-Operators ausdrücken zu können.

(a) **(4 Punkte)** Stellen Sie die Maxwell-Gleichungen im Medium für die Hilfsfelder D und H auf. Führen Sie für diese das skalare Potential ϕ und das Vektorpotential A auf, so dass im elektrostatischen Fall $D = -\nabla\phi$ und im magnetostatischen Fall $H = \nabla \times A$ gelten würde.

Lösungsvorschlag:
Die homogenen Maxwell-Gleichungen in Materie sind durch

$$\nabla \times E = -\frac{\partial B}{\partial t} \qquad \nabla \cdot B = 0$$

gegeben, während für die inhomogenen Maxwell-Gleichungen

$$\nabla \cdot D = \rho \qquad \nabla \times H = j + \frac{\partial D}{\partial t}$$

gilt. Hierbei wurden die freien Ladungen und Ströme mit ρ und j bezeichnet. Da es sich um ein lineares und homogenes Medium handeln soll, sind die Hilfsfelder D und H mit den physikalischen Feldern E und B durch die Konstanten ε und μ über

$$D = \varepsilon E \qquad B = \mu H$$

verbunden. Dies kann in die homogenen Gleichungen eingesetzt werden, um

$$\nabla \times D = -\mu\varepsilon\frac{\partial H}{\partial t} \qquad \nabla \cdot H = 0$$

zu erhalten. Die Lichtgeschwindigkeit im Vakuum ist durch

$$c_0^2 = \frac{1}{\mu_0\varepsilon_0}$$

gegeben. In einem linearen Medium kann die Ausbreitungsgeschwindigkeit hingegen durch

$$c^2 = \frac{1}{\mu\varepsilon} = \frac{1}{\mu_0\varepsilon_0}\frac{\mu_0\varepsilon_0}{\mu\varepsilon} = \frac{c_0^2}{n^2}$$

bestimmt werden. Der hierin auftretende Koeffizient

$$n = \sqrt{\frac{\mu\varepsilon}{\mu_0\varepsilon_0}}$$

ist der Brechungsindex des Mediums. Die erste homogene Gleichung kann daher auch durch

$$\nabla \times D = -\frac{1}{c^2}\frac{\partial H}{\partial t}$$

ausgedrückt werden. In jedem Fall lässt sich H durch die Rotation eines Vektorfeldes

$$H = \nabla \times A$$

darstellen, da so der Gradient definitiv verschwindet. Im elektrostatischen Fall ist $\frac{\partial H}{\partial t} = 0$ und somit kann D als ein Gradientenfeld ausgedrückt werden, da hiervon die Rotation stets verschwindet. [1] Im allgemeinen Fall muss die Zeitableitung von A mit einer zu bestimmenden Konstante K addiert werden, so dass sich als Ansatz

$$D = -\nabla\phi + K\frac{\partial A}{\partial t}$$

ergibt. Durch das Einsetzen in die erste homogene Gleichung kann so

$$\nabla \times D = K\partial_t(\nabla \times A) = -\frac{1}{c^2}\partial_t(\nabla \times A)$$

gefunden werden, wodurch sich die Konstante $K = -\frac{1}{c^2}$ ergibt. Daher ist die elektrische Flussdichte durch

$$D = -\nabla\phi - \frac{1}{c^2}\frac{\partial A}{\partial t}$$

gegeben. Durch die Einführung der beiden Potentiale werden die homogenen Gleichungen vollständig gelöst und es müssen nur noch die inhomogenen Gleichungen betrachtet werden.

(b) **(6 Punkte)** Verwenden Sie eine passende Eichbedingung, durch die sich die Differentialgleichungen für die Felder ϕ und A trennen lassen. Sie sollten so die Differentialgleichungen

$$\frac{n^2}{c_0^2}\frac{\partial^2\phi}{\partial t^2} - \Delta\phi = \rho \qquad \frac{n^2}{c_0^2}\frac{\partial^2 A}{\partial t^2} - \Delta A = j$$

erhalten. Darin beschreibt c_0 die Lichtgeschwindigkeit im Vakuum und n den Brechungsindex des Mediums.

Lösungsvorschlag:
Werden die beiden Felder

$$D = -\nabla\phi - \frac{1}{c^2}\frac{\partial A}{\partial t} \qquad H = \nabla \times H$$

---

[1] Alternativ können diese Zusammenhänge auch argumentativ über den Helmholtz'schen Zerlegungssatz hergeleitet werden.

in die inhomogenen Maxwell-Gleichungen

$$\nabla \cdot \boldsymbol{D} = \rho \qquad \nabla \times \boldsymbol{H} = \boldsymbol{j} + \frac{\partial \boldsymbol{E}}{\partial t}$$

eingesetzt, können so

$$-\Delta \phi - \frac{1}{c^2} \partial_t (\nabla \cdot \boldsymbol{A}) = \rho$$

und

$$\nabla \times (\nabla \times \boldsymbol{A}) = \nabla(\nabla \cdot \boldsymbol{A}) - \Delta \boldsymbol{A}$$
$$= \boldsymbol{j} - \nabla(\partial_t \phi) - \frac{1}{c^2} \frac{\partial^2 \boldsymbol{A}}{\partial t^2}$$

gefunden werden. An der ersten Gleichung lässt sich erkennen, dass für eine Entkopplung $\nabla \cdot \boldsymbol{A}$ durch einen Ausdruck mit ϕ ersetzt werden muss. Dies muss entsprechend auch in der zweiten Gleichung durchgeführt werden, wo der Gradient von $\nabla \cdot \phi$ auftaucht. Der einzige Gradient mit ϕ in der zweiten Gleichung ist durch $\nabla(\partial_t \phi)$. Entsprechend kommt es bei der Wahl

$$\nabla \cdot \boldsymbol{A} = -\partial_t \phi \qquad \partial_t \phi + \nabla \cdot \boldsymbol{A} = 0$$

zu einem Kürzen der auftretenden Terme. In diesem Fall kann die erste Gleichung auf

$$\frac{1}{c^2} \frac{\partial^2 \phi}{\partial t^2} - \Delta \phi = \rho$$

und die zweite Gleichung auf

$$\frac{1}{c^2} \frac{\partial^2 \boldsymbol{A}}{\partial t^2} - \Delta \boldsymbol{A} = \boldsymbol{j}$$

umgeformt werden. Mit

$$\frac{1}{c^2} = \frac{n^2}{c_0^2}$$

ergibt sich die in der Aufgabenstellung angegebene Form.

Zuletzt bleibt zu zeigen, dass tatsächlich

$$\partial_t \phi + \nabla \cdot \boldsymbol{A} = 0$$

als Eichbedingung gewählt werden kann. Zu diesem Zweck soll zunächst davon ausgegangen werden, dass

$$\partial_t \phi + \nabla \cdot \boldsymbol{A} \neq 0$$

gilt. Das Vektorpotential $\boldsymbol{A}$ ist nicht eindeutig definiert, da eine Addition der Art $\boldsymbol{\nabla}\Lambda$ durch die Bildung der Rotation zu keiner Änderung von $\boldsymbol{H}$ führt. In diesem Fall würde das Feld $\boldsymbol{D}$ in

$$\boldsymbol{D}' = -\boldsymbol{\nabla}\phi' - \frac{1}{c^2}\frac{\partial \boldsymbol{A}}{\partial t} - \frac{1}{c^2}\partial_t(\boldsymbol{\nabla}\Lambda)$$

übergehen. Mit dem simultanen Übergang

$$\phi \to \phi' = \phi - \frac{1}{c^2}\partial_t\Lambda$$

bleibt auch $\boldsymbol{D}$ unverändert. Sollen nun ϕ' und $\boldsymbol{A}'$ die Eichbedingung erfüllen, so muss

$$0 = \partial_t\phi' + \boldsymbol{\nabla}\cdot\boldsymbol{A}' = \partial_t\phi + \boldsymbol{\nabla}\cdot\boldsymbol{A} - \frac{1}{c^2}\partial_t^2\Lambda + \Delta\Lambda$$

$$\Rightarrow \quad \frac{1}{c^2}\frac{\partial^2\Lambda}{\partial t^2} - \Delta\Lambda = \partial_t\phi + \boldsymbol{\nabla}\cdot\boldsymbol{A}$$

gelten. Damit muss ein Λ gefunden werden, was diese Wellengleichung erfüllt. Da dies stets möglich ist, ist

$$\partial_t\phi + \boldsymbol{\nabla}\cdot\boldsymbol{A} = 0$$

eine zulässige Eichbedingung.

(c) **(3 Punkte)** Führen Sie nun eine Fourier-Transformation bzgl. der Zeit für beide Gleichungen durch, indem Sie bspw. für das Potential

$$\phi(\boldsymbol{r}, t) = \frac{1}{\sqrt{2\pi}}\int_{-\infty}^{\infty}\mathrm{d}\omega\;\phi_\omega(\boldsymbol{r})\,\mathrm{e}^{-\mathrm{i}\omega t}$$

verwenden. Zeigen Sie so, dass sich für die Fourier-Transformation des skalaren Potentials $\phi_\omega(\boldsymbol{r})$ die inhomogene Helmholtz-Gleichung

$$\left(\Delta + k^2\right)\phi_\omega = -\rho_\omega$$

ergibt. Bestimmen Sie das darin auftretende k^2 und ermitteln Sie die analoge Gleichung für $\boldsymbol{A}_\omega$.

Lösungsvorschlag:
Bei einer Fourier-Transformation, wie sie hier angegeben ist, werden in linearen Differentialgleichungen alle Zeitableitungen aufgrund von

$$\partial_t\phi = \frac{1}{\sqrt{2\pi}}\int_{-\infty}^{\infty}\mathrm{d}\omega\;\phi_\omega(\boldsymbol{r})\partial_t\,\mathrm{e}^{-\mathrm{i}\omega t} = \frac{1}{\sqrt{2\pi}}\int_{-\infty}^{\infty}\mathrm{d}\omega\;(-\mathrm{i}\omega\phi_\omega(\boldsymbol{r}))\,\mathrm{e}^{-\mathrm{i}\omega t}$$

in algebraische Faktoren $(-\mathrm{i}\omega)$ umgewandelt. Damit können die inhomogenen Maxwell-Gleichungen auf

$$-\frac{\omega^2}{c^2}\phi_\omega - \Delta\phi_\omega = \rho_\omega \quad\Rightarrow\quad \Delta\phi_\omega + k^2\phi_\omega = -\rho_\omega$$

und

$$-\frac{\omega^2}{c^2}\boldsymbol{A}_\omega - \Delta\boldsymbol{A}_\omega = \boldsymbol{j}_\omega \quad\Rightarrow\quad \Delta\boldsymbol{A}_\omega + k^2\boldsymbol{A}_\omega = -\boldsymbol{j}_\omega$$

umformuliert werden. Hierbei wurde die Größe

$$k^2 = \frac{\omega^2}{c^2} = n^2\frac{\omega^2}{c_0^2}$$

eingeführt, die mit dem Betrag des Wellenvektors zusammenhängt.

(d) **(7 Punkte)** Betrachten Sie nun die Inhomogenität

$$\rho_\omega = -\delta^{(3)}(\boldsymbol{r})$$

und finden Sie die Fourier-Darstellung der Green'schen Funktion des Helmholtz-Operators $G(\boldsymbol{r})$, indem Sie die Fourier-Transformation in den räumlichen Koordinaten gemäß

$$\phi_\omega(\boldsymbol{r}) = \frac{1}{(2\pi)^{3/2}} \iiint \mathrm{d}^3k'\;\hat{\phi}(\omega,\boldsymbol{k}')\,\mathrm{e}^{\mathrm{i}\boldsymbol{k}'\cdot\boldsymbol{r}}$$

durchführen. Wie lässt sich die spezielle Lösung von ϕ_ω durch $G(\boldsymbol{r})$ ausdrücken?

Lösungsvorschlag:
Die Green'sche Funktion $G(\boldsymbol{r},\boldsymbol{r}')$ des Helmholtz-Operators

$$\mathcal{D}_\mathrm{H}^{(2)} = \Delta + k^2$$

muss die Differentialgleichung

$$\mathcal{D}_\mathrm{H}^{(2)} G(\boldsymbol{r},\boldsymbol{r}') = \delta^{(3)}(\boldsymbol{r}-\boldsymbol{r}')$$

erfüllen. Da der Helmholtz-Operator invariant unter Translationen $\boldsymbol{r}\to\boldsymbol{r}-\boldsymbol{r}'$ ist, kann analog auch die Gleichung

$$\mathcal{D}_\mathrm{H}^{(2)} G(\boldsymbol{r}) = (\Delta + k^2)G(\boldsymbol{r}) = \delta^{(3)}(\boldsymbol{r})$$

betrachtet werden. Diese Gleichung wird von einem Potential bei Inhomogenität $\rho_\omega = -\delta^{(3)}(\boldsymbol{r})$ erfüllt. Das bedeutet, die Green'sche Funktion ist mit dem entsprechenden Potential gleichzusetzen. Durch eine Fourier-Transformation

$$G(\boldsymbol{r}) = \frac{1}{(2\pi)^{3/2}} \iiint \mathrm{d}^3k'\;\hat{G}(\boldsymbol{k}')\,\mathrm{e}^{\mathrm{i}\boldsymbol{k}'\cdot\boldsymbol{r}}$$

wird die Anwendung des Laplace-Operators durch

$$\Delta G(\boldsymbol{r}) = \frac{1}{(2\pi)^{3/2}} \iiint \mathrm{d}^3 k' \, (-k'^2 \hat{G}(\boldsymbol{k}')) \, \mathrm{e}^{\mathrm{i}\boldsymbol{k}' \cdot \boldsymbol{r}}$$

gegeben sein. Auf der anderen Seite ist die Dirac-Delta-Funktion aufgrund von

$$\hat{\delta}^{(3)}(\boldsymbol{k}') = \frac{1}{(2\pi)^{3/2}} \iiint \mathrm{d}^3 r \, \delta^{(3)}(\boldsymbol{r}) \, \mathrm{e}^{-\mathrm{i}\boldsymbol{k}' \cdot \boldsymbol{r}} = \frac{1}{(2\pi)^{3/2}}$$

mit der Konstante $\frac{1}{(2\pi)^{3/2}}$ zu ersetzen. Insgesamt kann so die algebraische Gleichung

$$-k'^2 \hat{G} + k^2 \hat{G} = \frac{1}{(2\pi)^{3/2}} \quad \Rightarrow \quad \hat{G}(\boldsymbol{k}') = -\frac{1}{(2\pi)^{3/2}} \frac{1}{k'^2 - k^2}$$

gefunden werden. In die Rücktransformation eingesetzt, ist die Green'sche Funktion des Helmholtz-Operators so durch die Fourier-Darstellung

$$G(\boldsymbol{r}) = \frac{1}{(2\pi)^{3/2}} \iiint \mathrm{d}^3 k' \, \hat{G}(\boldsymbol{k}') \, \mathrm{e}^{\mathrm{i}\boldsymbol{k}' \cdot \boldsymbol{r}} = -\frac{1}{(2\pi)^3} \iiint \mathrm{d}^3 k' \, \frac{\mathrm{e}^{\mathrm{i}\boldsymbol{k}' \cdot \boldsymbol{r}}}{k'^2 - k^2}$$

gegeben.

Da die Green'sche Funktion die Gleichung

$$\mathcal{D}_{\mathrm{H}}^{(2)} G(\boldsymbol{r}) = \delta^{(3)}(\boldsymbol{r}) \quad \Rightarrow \quad \mathcal{D}_{\mathrm{H}}^{(2)} G(\boldsymbol{r} - \boldsymbol{r}') = \delta^{(3)}(\boldsymbol{r} - \boldsymbol{r}')$$

erfüllt, kann die spezielle Lösung für das Potential durch

$$\phi_\omega(\boldsymbol{r}) = -\iiint \mathrm{d}^3 r' \, G(\boldsymbol{r} - \boldsymbol{r}')\rho_\omega(\boldsymbol{r}')$$

ausgedrückt werden. Denn es lässt sich über die Rechnung

$$\mathcal{D}_{\mathrm{H}}^{(2)} \phi_\omega(\boldsymbol{r}) = -\mathcal{D}_{\mathrm{H}}^{(2)} \iiint \mathrm{d}^3 r' \, G(\boldsymbol{r} - \boldsymbol{r}')\rho_\omega(\boldsymbol{r}')$$

$$= -\iiint \mathrm{d}^3 r' \, (\mathcal{D}_{\mathrm{H}}^{(2)} G(\boldsymbol{r} - \boldsymbol{r}'))\rho_\omega(\boldsymbol{r}')$$

$$= -\iiint \mathrm{d}^3 r' \, \delta^{(3)}(\boldsymbol{r} - \boldsymbol{r}') \, \rho_\omega(\boldsymbol{r}') = -\rho_\omega(\boldsymbol{r})$$

zeigen, dass diese Lösung tatsächlich die Differentialgleichung erfüllt.

(e) **(3 Punkte)** Mit Hilfe von komplexer Analysis lässt sich zeigen, dass eine mögliche Darstellung der Green'schen Funktion durch

$$G(\boldsymbol{r}) = -\frac{1}{4\pi r} \, \mathrm{e}^{\mathrm{i}kr}$$

gegeben ist. Setzen Sie diese in die Helmholtz-Gleichung mit Inhomogenität $\rho_\omega = -\delta^{(3)}(\boldsymbol{r})$ ein, um zu zeigen, dass es sich tatsächlich um die Green'sche Funktion handelt.

Lösungsvorschlag:
Um die gegebene Green'sche Funktion in den Helmholtz-Operator einsetzen zu können, muss zunächst der Laplace-Operator von G bestimmt werden. Hierzu kann die Produktregel

$$\Delta(\phi\psi) = \phi\Delta\psi + 2(\boldsymbol{\nabla}\psi)\cdot(\boldsymbol{\nabla}\phi)$$

für zwei skalare Felder ϕ und ψ mit den Identifikationen

$$\psi = \mathrm{e}^{\mathrm{i}kr} \qquad \phi = \frac{1}{r}$$

herangezogen werden. Die Gradienten können gemäß

$$\boldsymbol{\nabla}\frac{1}{r} = -\frac{1}{r^2}\,\hat{\boldsymbol{e}}_r \qquad \boldsymbol{\nabla}\,\mathrm{e}^{\mathrm{i}kr} = \mathrm{i}k\,\mathrm{e}^{\mathrm{i}kr}\,\hat{\boldsymbol{e}}_r$$

bestimmt werden. Der Laplace-Operator von $\frac{1}{r}$ ist durch

$$\Delta\frac{1}{r} = -4\pi\delta^{(3)}(\boldsymbol{r})$$

gegeben, wie es bspw. aus der Poisson-Gleichung einer Punktladung bekannt ist. Für den Laplace von $\mathrm{e}^{\mathrm{i}kr}$ kann hingegen der radiale Anteil des Laplace-Operators in Kugelkoordinaten

$$\Delta_r = \partial_r^2 + \frac{2}{r}\partial_r$$

verwendet werden. Damit lässt sich dann

$$\Delta\,\mathrm{e}^{\mathrm{i}kr} = \Delta_r\,\mathrm{e}^{\mathrm{i}kr} = -k^2\,\mathrm{e}^{\mathrm{i}kr} + \frac{2\mathrm{i}k}{r}\,\mathrm{e}^{\mathrm{i}kr}$$

finden. Insgesamt kann so der Laplace-Operator der Green'schen Funktion zu

$$\Delta G = -\frac{1}{4\pi}\left(\frac{1}{r}\Delta\,\mathrm{e}^{\mathrm{i}kr} + 2\left(\boldsymbol{\nabla}\frac{1}{r}\right)\cdot(\boldsymbol{\nabla}\,\mathrm{e}^{\mathrm{i}kr}) + \mathrm{e}^{\mathrm{i}kr}\,\Delta\frac{1}{r}\right)$$

$$= -\frac{1}{4\pi}\left(-\frac{k^2}{r}\,\mathrm{e}^{\mathrm{i}kr} + \frac{2\mathrm{i}k}{r^2}\,\mathrm{e}^{\mathrm{i}kr} - 2\frac{\mathrm{i}k}{r^2}\,\mathrm{e}^{\mathrm{i}kr} - \mathrm{e}^{\mathrm{i}kr}\,4\pi\delta^{(3)}(\boldsymbol{r})\right)$$

$$= k^2\frac{1}{4\pi r}\,\mathrm{e}^{\mathrm{i}kr} + \delta^{(3)}(\boldsymbol{r})$$

bestimmt werden. Damit lässt sich auch die Wirkung des Helmholtz-Operators auf G als

$$\mathcal{D}_{\mathrm{H}}^{(2)}G(\boldsymbol{r}) = (\Delta + k^2)G(\boldsymbol{r}) = k^2\frac{1}{4\pi r}\,\mathrm{e}^{\mathrm{i}kr} + \delta^{(3)}(\boldsymbol{r}) + k^2\left(-\frac{1}{4\pi r}\,\mathrm{e}^{\mathrm{i}kr}\right) = \delta^{(3)}(\boldsymbol{r})$$

finden. In der Tat ergibt sich die rechte Seite der Differentialgleichung und es handelt sich bei dieser Darstellung tatsächlich um eine Darstellung der Green'schen Funktion des Helmholtz-Operators.

(f) **(2 Punkte)** Drücken Sie nun die partikuläre Lösung von ϕ_ω und $\boldsymbol{A}_\omega$ durch den expliziten Ausdruck von $G(\boldsymbol{r})$ aus.

Lösungsvorschlag:
Da die spezielle Lösung für das Potential durch

$$\phi_\omega(\boldsymbol{r}) = - \iiint \mathrm{d}^3 r'\, G(\boldsymbol{r} - \boldsymbol{r}')\rho_\omega(\boldsymbol{r}')$$

gegeben ist, lässt sich mit der angegebenen Green'schen Funktion

$$\phi_\omega(\boldsymbol{r}) = \frac{1}{4\pi} \iiint \mathrm{d}^3 r'\, \frac{\rho_\omega(\boldsymbol{r}')}{|\boldsymbol{r} - \boldsymbol{r}'|}\, \mathrm{e}^{\mathrm{i}k|\boldsymbol{r}-\boldsymbol{r}'|}$$

finden. Die Differentialgleichung

$$\Delta \boldsymbol{A}_\omega + k^2 \boldsymbol{A}_\omega = -\boldsymbol{j}_\omega$$

hat die Gleiche Struktur und der Helmholtz-Operator wirkt auf jede kartesische Komponente von $\boldsymbol{A}_\omega$ einzeln. Daher lässt sich die spezielle Lösung auch hier durch

$$\boldsymbol{A}_\omega(\boldsymbol{r}) = - \iiint \mathrm{d}^3 r'\, G(\boldsymbol{r} - \boldsymbol{r}')\boldsymbol{j}_\omega(\boldsymbol{r}')$$

und somit durch

$$\boldsymbol{A}_\omega(\boldsymbol{r}) = \frac{1}{4\pi} \iiint \mathrm{d}^3 r'\, \frac{\boldsymbol{j}_\omega(\boldsymbol{r}')}{|\boldsymbol{r} - \boldsymbol{r}'|}\, \mathrm{e}^{\mathrm{i}k|\boldsymbol{r}-\boldsymbol{r}'|}$$

ausdrücken.

Aufgabe 3   **25 *Punkte***

Dipolstrahlung

In dieser Aufgabe soll die Abstrahlung elektromagnetischer Wellen durch elektrische Dipole untersucht werden. Dazu werden alle Größen bezüglich der Zeit gemäß

$$\psi(t) = \frac{1}{\sqrt{2\pi}} \int\limits_{-\infty}^{\infty} \mathrm{d}\omega \; \psi_\omega \, \mathrm{e}^{-\mathrm{i}\omega t} \qquad \psi_\omega = \frac{1}{\sqrt{2\pi}} \int\limits_{-\infty}^{\infty} \mathrm{d}t \; \psi(t) \, \mathrm{e}^{\mathrm{i}\omega t}$$

Fourier transformiert. Durch Anwendung der Green'schen Funktion des d'Alambert-Operators lässt sich zeigen, dass in der Lorenz-Eichung die Zusammenhänge

$$\phi_\omega(\boldsymbol{r}) = \frac{1}{4\pi\varepsilon_0} \int \mathrm{d}^3 r' \, \frac{\rho_\omega(\boldsymbol{r}')}{|\boldsymbol{r} - \boldsymbol{r}'|} \, \mathrm{e}^{\mathrm{i}k|\boldsymbol{r}-\boldsymbol{r}'|} \qquad \boldsymbol{A}_\omega(\boldsymbol{r}) = \frac{\mu_0}{4\pi} \int \mathrm{d}^3 r' \, \frac{\boldsymbol{j}_\omega(\boldsymbol{r}')}{|\boldsymbol{r} - \boldsymbol{r}'|} \, \mathrm{e}^{\mathrm{i}k|\boldsymbol{r}-\boldsymbol{r}'|}$$

für die Potentiale gültig sind, wobei weiter $\omega = kc$ gilt.

(a) **(5 Punkte)** Zeigen Sie zunächst, dass sich aus dem Vektorpotential $\boldsymbol{A}_\omega$ alle Felder weit entfernt vom Dipol bestimmen lassen, da

$$\boldsymbol{E}_\omega = \mathrm{i}\frac{c}{k}\boldsymbol{\nabla} \times \boldsymbol{B}_\omega$$

gilt. Zeigen Sie weiter, dass die Strom- und Ladungsdichte den Zusammenhang

$$\boldsymbol{\nabla} \cdot \boldsymbol{j}_\omega = \mathrm{i}\omega\rho_\omega$$

erfüllen.

Lösungsvorschlag:
Die Maxwell-Gleichung für die Rotation der magnetischen Flussdichte ist durch

$$\boldsymbol{\nabla} \times \boldsymbol{B} = \mu_0 \boldsymbol{j} + \frac{1}{c^2}\frac{\partial \boldsymbol{E}}{\partial t}$$

gegeben. Da die Ladungs- und Stromverteilung auf einen kleinen Raumbereich – den Raumbereich mit dem elektrischen Dipol – begrenzt ist, ist die Stromdichte in großer Entfernung null und es kann der Zusammenhang

$$\boldsymbol{\nabla} \times \boldsymbol{B} = \frac{1}{c^2}\frac{\partial \boldsymbol{E}}{\partial t}$$

gefunden werden. Auf der linken Seite kann die Fourier-Transformation der magnetischen Flussdichte eingesetzt werden, um so

$$\boldsymbol{\nabla} \times \boldsymbol{B} = \boldsymbol{\nabla} \times \left(\frac{1}{\sqrt{2\pi}} \int\limits_{-\infty}^{\infty} \mathrm{d}\omega \; \boldsymbol{B}_\omega \, \mathrm{e}^{-\mathrm{i}\omega t} \right) = \frac{1}{\sqrt{2\pi}} \int\limits_{-\infty}^{\infty} \mathrm{d}\omega \; (\boldsymbol{\nabla} \times \boldsymbol{B}_\omega) \, \mathrm{e}^{-\mathrm{i}\omega t}$$

zu erhalten. Auf der anderen Seite kann durch das Einsetzen der Fourier-Transformation der elektrischen Feldstärke

$$\frac{1}{c^2}\frac{\partial \boldsymbol{E}}{\partial t} = \frac{1}{c^2}\frac{\partial}{\partial t}\left(\frac{1}{\sqrt{2\pi}}\int_{-\infty}^{\infty}\mathrm{d}\omega\, \boldsymbol{E}_\omega\,\mathrm{e}^{-\mathrm{i}\omega t}\right)$$

$$= \frac{1}{\sqrt{2\pi}}\int_{-\infty}^{\infty}\mathrm{d}\omega\,\frac{1}{c^2}\boldsymbol{E}_\omega(-\mathrm{i}\omega)\,\mathrm{e}^{-\mathrm{i}\omega t}$$

gefunden werden. Der Vergleich der Fourier-Koeffizienten zeigt, dass der Zusammenhang

$$\frac{-\mathrm{i}\omega}{c^2}\boldsymbol{E}_\omega = \boldsymbol{\nabla}\times\boldsymbol{B}_\omega \quad\Rightarrow\quad \boldsymbol{E}_\omega = \mathrm{i}\frac{c^2}{\omega}\boldsymbol{\nabla}\times\boldsymbol{B}_\omega = \mathrm{i}\frac{c}{k}\boldsymbol{\nabla}\times\boldsymbol{B}_\omega$$

gültig sein muss. Analog lässt sich zeigen, dass $\boldsymbol{B}_\omega = \boldsymbol{\nabla}\times\boldsymbol{A}_\omega$ ist. Damit lassen sich sowohl das elektrische wie auch das magnetische Feld alleine durch das Vektorpotential $\boldsymbol{A}_\omega$ bestimmen.

Die Ladungs- und Stromdichte müssen die Kontinuitätsgleichung

$$\frac{\partial \rho}{\partial t} + \boldsymbol{\nabla}\cdot\boldsymbol{j} = 0$$

erfüllen. Auch die hierin auftretenden Terme lassen sich durch die Fourier-Transformationen gemäß

$$\frac{\partial \rho}{\partial t} = \frac{\partial}{\partial t}\left(\frac{1}{\sqrt{2\pi}}\int_{-\infty}^{\infty}\mathrm{d}\omega\, \rho_\omega\,\mathrm{e}^{-\mathrm{i}\omega t}\right) = \frac{1}{\sqrt{2\pi}}\int_{-\infty}^{\infty}\mathrm{d}\omega\,(-\mathrm{i}\omega)\rho_\omega\,\mathrm{e}^{-\mathrm{i}\omega t}$$

und

$$\boldsymbol{\nabla}\cdot\boldsymbol{j} = \boldsymbol{\nabla}\cdot\left(\frac{1}{\sqrt{2\pi}}\int_{-\infty}^{\infty}\mathrm{d}\omega\, \boldsymbol{j}_\omega\,\mathrm{e}^{-\mathrm{i}\omega t}\right) = \frac{1}{\sqrt{2\pi}}\int_{-\infty}^{\infty}\mathrm{d}\omega\,(\boldsymbol{\nabla}\cdot\boldsymbol{j}_\omega)\mathrm{e}^{-\mathrm{i}\omega t}$$

ausdrücken, so dass sich

$$-\mathrm{i}\omega\rho_\omega + \boldsymbol{\nabla}\cdot\boldsymbol{j}_\omega = 0 \quad\Rightarrow\quad \boldsymbol{\nabla}\cdot\boldsymbol{j}_\omega = \mathrm{i}\omega\rho_\omega$$

ergibt.

(b) **(3 Punkte)** Zeigen Sie, dass sich das Vektorpotential weit entfernt vom Dipol durch

$$\boldsymbol{A}_\omega(\boldsymbol{r}) \approx \frac{\mu_0}{4\pi}\frac{\mathrm{e}^{\mathrm{i}kr}}{r}\iiint \mathrm{d}^3 r'\, \boldsymbol{j}_\omega(\boldsymbol{r}')$$

approximieren lässt.

Lösungsvorschlag:
Nach dem Einleitungstext der Aufgabe ist das Vektorpotential durch

$$\boldsymbol{A}_\omega(\boldsymbol{r}) = \frac{\mu_0}{4\pi} \int \mathrm{d}^3 r' \, \frac{\boldsymbol{j}_\omega(\boldsymbol{r}')}{|\boldsymbol{r} - \boldsymbol{r}'|} \, \mathrm{e}^{\mathrm{i}k|\boldsymbol{r}-\boldsymbol{r}'|}$$

exakt gegeben. Da die Ladungsverteilung räumlich beschränkt ist und die Felder in großer Entfernung zum Dipol betrachtet werden sollen, muss $r \gg r'$ gelten. Der zweimal auftretende Ausdruck

$$|\boldsymbol{r} - \boldsymbol{r}'|$$

kann dann radikal mit r genähert werden, wodurch sich der Ausdruck

$$\boldsymbol{A}_\omega(\boldsymbol{r}) \approx \frac{\mu_0}{4\pi} \int \mathrm{d}^3 r' \, \frac{\boldsymbol{j}_\omega(\boldsymbol{r}')}{r} \, \mathrm{e}^{\mathrm{i}kr} = \frac{\mu_0}{4\pi} \frac{\mathrm{e}^{\mathrm{i}kr}}{r} \int \mathrm{d}^3 r' \, \boldsymbol{j}_\omega(\boldsymbol{r}')$$

ergibt.

(c) **(4 Punkte)** Verwenden Sie Ihre bisherigen Ergebnisse, um zu zeigen, dass das Vektorpotential in der betrachteten Näherung durch das elektrische Dipolmoment $\boldsymbol{p}$ mittels

$$\boldsymbol{A}_\omega(\boldsymbol{r}) = -\mathrm{i}\omega \frac{\mu_0}{4\pi} \frac{\mathrm{e}^{\mathrm{i}kr}}{r} \boldsymbol{p}_\omega$$

ausgedrückt werden kann.

Lösungsvorschlag:
Um das elektrische Dipolmoment betrachten zu können, muss das Integral über die Stromdichte in ein Integral über die Ladungsdichte umgewandelt werden. Dazu bietet es sich an, zunächst den Ausdruck

$$\boldsymbol{\nabla} \cdot (r_i \boldsymbol{j}) = r_i \boldsymbol{\nabla} \cdot \boldsymbol{j} + \boldsymbol{j} \boldsymbol{\nabla} r_i = r_i \boldsymbol{\nabla} \cdot \boldsymbol{j} + \boldsymbol{j} \cdot \hat{\boldsymbol{e}}_i = r_i \boldsymbol{\nabla} \cdot \boldsymbol{j} + j_i$$

zu betrachten. Hiermit lässt sich das auftretende Integral in

$$\int \mathrm{d}^3 r' \, \boldsymbol{j}_\omega(\boldsymbol{r}') = \int \mathrm{d}^3 r' \, (\hat{\boldsymbol{e}}_i \boldsymbol{\nabla}' \cdot (\boldsymbol{j}_\omega r_i') - \boldsymbol{r}'(\boldsymbol{\nabla}' \cdot \boldsymbol{j}_\omega))$$

umwandeln. Der erste darin auftretende Term wird mit dem Satz von Gauß zu einem Oberflächenintegral im Unendlichen. Da hier die Ladungs- und Stromverteilung verschwindet, liefert auch dieses Integral keinen Beitrag. Somit ist das Integral zunächst mit

$$\int \mathrm{d}^3 r' \, \boldsymbol{j}_\omega(\boldsymbol{r}') = - \int \mathrm{d}^3 r' \, \boldsymbol{r}'(\boldsymbol{\nabla}' \cdot \boldsymbol{j}_\omega(\boldsymbol{r}'))$$

zu identifizieren. Hierin kann nun das Ergebnis aus Teilaufgabe (a)

$$\nabla' \cdot \boldsymbol{j}_\omega(\boldsymbol{r}') = \mathrm{i}\omega\rho_\omega(\boldsymbol{r}')$$

verwendet werden, um

$$\int \mathrm{d}^3 r' \, \boldsymbol{j}_\omega(\boldsymbol{r}') = -\int \mathrm{d}^3 r' \, \boldsymbol{r}'\mathrm{i}\omega\rho_\omega(\boldsymbol{r}') = -\mathrm{i}\omega \int \mathrm{d}^3 r' \, \rho_\omega(\boldsymbol{r}')\boldsymbol{r}'$$

zu erhalten. Hierbei handelt es sich um die Fourier-Transformierte des Dipolmoments

$$\boldsymbol{p} = \int \mathrm{d}^3 r' \, \rho_\omega(\boldsymbol{r}')\boldsymbol{r}'.$$

Somit kann das Vektorpotential durch

$$\boldsymbol{A}_\omega(\boldsymbol{r}) = \frac{\mu_0}{4\pi} \frac{\mathrm{e}^{\mathrm{i}kr}}{r} (-\mathrm{i}\omega\boldsymbol{p}_\omega) = -\mathrm{i}\omega\frac{\mu_0}{4\pi} \frac{\mathrm{e}^{\mathrm{i}kr}}{r}\boldsymbol{p}_\omega$$

bestimmt werden.

(d) **(6 Punkte)** Bestimmen Sie nun die elektrische Feldstärke $\boldsymbol{E}_\omega$ und die magnetische Flussdichte $\boldsymbol{B}_\omega$ in der Fernfeldzone $kr \gg 1$.

Lösungsvorschlag:
Nach den Erkenntnissen von Teilaufgabe (a) bietet es sich an, zunächst $\boldsymbol{B}_\omega$ zu bestimmen. Hierzu muss die Rotation des Vektorpotentials

$$\boldsymbol{B}_\omega = \nabla \times \boldsymbol{A}_\omega = -\mathrm{i}\omega\frac{\mu_0}{4\pi}\nabla \times \left(\frac{\mathrm{e}^{\mathrm{i}kr}}{r}\boldsymbol{p}_\omega\right)$$

gebildet werden. Für das Produkt aus einem Vektor und einem Skalar kann die Rotation in ein Kreuzprodukt aus dem Vektor und dem Gradienten des Skalars sowie ein Produkt aus dem Skalar und der Rotation des Vektors zerlegt werden. Auf diese Weise kann zunächst

$$\nabla \times \left(\frac{\mathrm{e}^{\mathrm{i}kr}}{r}\boldsymbol{p}_\omega\right) = \frac{\mathrm{e}^{\mathrm{i}kr}}{r}\nabla \times \boldsymbol{p}_\omega - \boldsymbol{p}_\omega \times \nabla \left(\frac{\mathrm{e}^{\mathrm{i}kr}}{r}\right)$$

gefunden werden. Da das Dipolmoment $\boldsymbol{p}(t)$ nur eine zeit-, aber nicht ortsabhängige Größe ist, ist auch $\boldsymbol{p}_\omega$ ortsunabhängig und seine Rotation verschwindet. Der erste Term trägt daher nichts bei. Für den Gradienten von $\frac{\mathrm{e}^{\mathrm{i}kr}}{r}$ kann durch

$$\nabla \left(\frac{\mathrm{e}^{\mathrm{i}kr}}{r}\right) = \frac{1}{r}\nabla \, \mathrm{e}^{\mathrm{i}kr} + \mathrm{e}^{\mathrm{i}kr} \nabla \frac{1}{r} = \frac{1}{r}\mathrm{e}^{\mathrm{i}kr}\,\mathrm{i}k\nabla r + \mathrm{e}^{\mathrm{i}kr}\left(-\frac{1}{r^2}\right)\nabla r$$

$$= \frac{1}{r}\mathrm{e}^{\mathrm{i}kr}\,\mathrm{i}k\frac{\boldsymbol{r}}{r} + \mathrm{e}^{\mathrm{i}kr}\left(-\frac{1}{r^2}\right)\frac{\boldsymbol{r}}{r} = \mathrm{i}k\frac{\mathrm{e}^{\mathrm{i}kr}}{r}\left(1 - \frac{1}{\mathrm{i}kr}\right)\hat{\boldsymbol{e}}_r$$

der Ausdruck

$$\boldsymbol{B}_\omega = -\mathrm{i}\omega\frac{\mu_0}{4\pi}\left(-\mathrm{i}k\frac{\mathrm{e}^{\mathrm{i}kr}}{r}\left(1-\frac{1}{\mathrm{i}kr}\right)(\boldsymbol{p}_\omega \times \hat{\boldsymbol{e}}_r)\right) \approx -\frac{\mu_0}{4\pi}k\omega\frac{\mathrm{e}^{\mathrm{i}kr}}{r}(\boldsymbol{p}_\omega \times \hat{\boldsymbol{e}}_r)$$

$$= \frac{\mu_0}{4\pi}\frac{\omega^2}{c}\frac{\mathrm{e}^{\mathrm{i}kr}}{r}(\hat{\boldsymbol{e}}_r \times \boldsymbol{p}_\omega)$$

gefunden werden. Hierbei wurde die Bedingung für die Fernfeldzone $kr \gg 1$ ausgenutzt.

Um nun das elektrische Feld zu bestimmen, muss lediglich

$$\boldsymbol{E}_\omega = \mathrm{i}\frac{c}{k}\nabla \times \boldsymbol{B}_\omega$$

ermittelt werden. Das bedeutet, dass

$$\nabla \times \left(\frac{\mathrm{e}^{\mathrm{i}kr}}{r}(\hat{\boldsymbol{e}}_r \times \boldsymbol{p}_\omega)\right)$$

zu bestimmen ist. Wie zuvor kann dies in einen Teil mit dem Gradienten von $\frac{\mathrm{e}^{\mathrm{i}kr}}{r}$ und einen Teil mit der Rotation des auftretenden Vektors aufgespalten werden. Da die Fernfeldzone betrachtet werden soll, in welcher $kr \gg 1$ gilt, werden aber nur die Terme bestehen bleiben, die ein k beinhalten. Aus diesem Grund genügt es, den Term mit dem Gradienten zu betrachten und es kann so

$$\nabla \times \left(\frac{\mathrm{e}^{\mathrm{i}kr}}{r}(\hat{\boldsymbol{e}}_r \times \boldsymbol{p}_\omega)\right) \approx -(\hat{\boldsymbol{e}}_r \times \boldsymbol{p}_\omega) \times \nabla\left(\frac{\mathrm{e}^{\mathrm{i}kr}}{r}\right) \approx -(\hat{\boldsymbol{e}}_r \times \boldsymbol{p}_\omega) \times \left(\frac{\mathrm{e}^{\mathrm{i}kr}}{r}\mathrm{i}k\hat{\boldsymbol{e}}_r\right)$$

gefunden werden. Auf diese Weise lässt sich das elektrische Feld gemäß

$$\boldsymbol{E}_\omega \approx \mathrm{i}\frac{c}{k}\left(\frac{\mu_0}{4\pi}\frac{\omega^2}{c}\right)\left(-(\hat{\boldsymbol{e}}_r \times \boldsymbol{p}_\omega) \times \left(\frac{\mathrm{e}^{\mathrm{i}kr}}{r}\mathrm{i}k\hat{\boldsymbol{e}}_r\right)\right)$$

$$= c\frac{\mu_0}{4\pi}\frac{\omega^2}{c}\frac{\mathrm{e}^{\mathrm{i}kr}}{r}((\hat{\boldsymbol{e}}_r \times \boldsymbol{p}_\omega) \times \hat{\boldsymbol{e}}_r) = c(\boldsymbol{B}_\omega \times \hat{\boldsymbol{e}}_r)$$

bestimmen.

(e) **(5 Punkte)** Gehen Sie nun davon aus, dass der Dipol die charakteristische und feste Frequenz ω aufweist und sich die elektrische Feldstärke und die magnetische Flussdichte daher durch

$$\boldsymbol{E}(\boldsymbol{r}, t) = \mathrm{Re}\left[\boldsymbol{E}_0(\boldsymbol{r})\,\mathrm{e}^{-\mathrm{i}\omega t}\right] \qquad \boldsymbol{B}(\boldsymbol{r}, t) = \mathrm{Re}\left[\boldsymbol{B}_0(\boldsymbol{r})\,\mathrm{e}^{-\mathrm{i}\omega t}\right]$$

ausdrücken lassen. Nutzen Sie für zwei T-periodische Funktionen den Zusammenhang

$$\langle \mathrm{Re}\,[a(t)]\,\mathrm{Re}\,[b(t)]\rangle_t = \frac{1}{2}\langle a(t)b^*(t)\rangle_t$$

aus, um den zeitlich gemittelten Poynting-Vektor $\langle \boldsymbol{S}\rangle_t$ zu bestimmen.

Lösungsvorschlag:
Der Vollständigkeit halber soll auch der Dipol durch

$$\boldsymbol{p}(t) = \mathrm{Re}\left[\boldsymbol{p}_0\, \mathrm{e}^{-\mathrm{i}\omega t}\right]$$

ausgedrückt werden. Damit sind die magnetische Flussdichte und die elektrische Feldstärke jeweils durch

$$\boldsymbol{B}_0 = \frac{\mu_0}{4\pi}\,\frac{\omega^2}{c}\,\frac{\mathrm{e}^{\mathrm{i}kr}}{r}\,(\hat{\boldsymbol{e}}_r \times \boldsymbol{p}_0)$$

und

$$\boldsymbol{E}_0 = c(\boldsymbol{B}_0 \times \hat{\boldsymbol{e}}_r)$$

gegeben. Da der Poynting-Vektor durch

$$\boldsymbol{S} = \frac{1}{\mu_0}\boldsymbol{E} \times \boldsymbol{B}$$

zu bestimmen ist, kann mit der gegebenen Identität zunächst

$$\begin{aligned}
\langle \boldsymbol{S}\rangle_t &= \frac{1}{\mu_0}\langle \boldsymbol{E} \times \boldsymbol{B}\rangle_t = \frac{1}{2\mu_0}\left\langle \mathrm{Re}\left[\boldsymbol{E}_0\, \mathrm{e}^{-\mathrm{i}\omega t}\right] \times \mathrm{Re}\left[\boldsymbol{B}_0\, \mathrm{e}^{-\mathrm{i}\omega t}\right]\right\rangle_t \\
&= \frac{1}{2\mu_0}\left\langle \boldsymbol{E}_0\, \mathrm{e}^{-\mathrm{i}\omega t} \times \boldsymbol{B}_0^*\, \mathrm{e}^{\mathrm{i}\omega t}\right\rangle_t = \frac{1}{2\mu_0}\left\langle \boldsymbol{E}_0 \times \boldsymbol{B}_0^*\right\rangle_t \\
&= \frac{1}{2\mu_0}\boldsymbol{E}_0 \times \boldsymbol{B}_0^* = \frac{c}{2\mu_0}(\boldsymbol{B}_0 \times \hat{\boldsymbol{e}}_r) \times \boldsymbol{B}_0^* \\
&= \frac{c}{2\mu_0}\left(|\boldsymbol{B}_0|^2\hat{\boldsymbol{e}}_r - \boldsymbol{B}_0(\hat{\boldsymbol{e}}_r \cdot \boldsymbol{B}_0^*)\right)
\end{aligned}$$

gefunden werden. Da allerdings auch

$$\boldsymbol{B}_0 = \frac{\mu_0}{4\pi}\,\frac{\omega^2}{c}\,\frac{\mathrm{e}^{\mathrm{i}kr}}{r}\,(\hat{\boldsymbol{e}}_r \times \boldsymbol{p}_0) \quad \Rightarrow \quad \hat{\boldsymbol{e}}_r \cdot \boldsymbol{B}_0 = 0$$

gilt, verschwindet der zweite Term, so dass der zeitlich gemittelte Poynting-Vektor allein durch

$$\begin{aligned}
\langle \boldsymbol{S}\rangle_t &= \frac{c}{2\mu_0}|\boldsymbol{B}_0|^2\hat{\boldsymbol{e}}_r = \frac{c}{\mu_0}\left|\frac{\mu_0}{4\pi}\,\frac{\omega^2}{c}\,\frac{\mathrm{e}^{\mathrm{i}kr}}{r}\,(\hat{\boldsymbol{e}}_r \times \boldsymbol{p}_0)\right|^2 \hat{\boldsymbol{e}}_r \\
&= \frac{c}{2\mu_0}\,\frac{\mu_0^2}{16\pi^2}\,\frac{\omega^4}{c^2}\,\frac{1}{r^2}|\hat{\boldsymbol{e}}_r \times \boldsymbol{p}_0|^2\hat{\boldsymbol{e}}_r = \frac{\mu_0\varepsilon_0}{32\pi^2\varepsilon_0}\,\frac{k^4c^4}{c}\,\frac{1}{r^2}|\hat{\boldsymbol{e}}_r \times \boldsymbol{p}_0|^2\hat{\boldsymbol{e}}_r \\
&= \frac{c}{32\pi^2\varepsilon_0}\,k^4\,\frac{1}{r^2}|\hat{\boldsymbol{e}}_r \times \boldsymbol{p}_0|^2\hat{\boldsymbol{e}}_r
\end{aligned}$$

zu bestimmen ist. Wird der Winkel zwischen $\boldsymbol{p}_0$ und $\hat{\boldsymbol{e}}_r$ mit α bezeichnet, lässt sich das Kreuzprodukt noch näher auf

$$\langle \boldsymbol{S} \rangle_t = \frac{c}{32\pi^2\varepsilon_0} k^4 \frac{1}{r^2} |\boldsymbol{p}_0|^2 \sin^2(\alpha)\, \hat{\boldsymbol{e}}_r$$

umschreiben. Damit beschreibt α den Winkel zwischen der Ebene, in welcher der Dipol oszilliert, und der betrachteten Richtung.

(f) **(2 Punkte)** Zeigen Sie, dass die abgestrahlte Leistung pro Raumwinkel durch

$$\frac{\mathrm{d}P}{\mathrm{d}\Omega} = \frac{\langle \boldsymbol{S} \rangle_t \cdot \mathrm{d}^2\boldsymbol{f}}{\mathrm{d}\Omega} = \frac{c}{32\pi^2\varepsilon_0} k^4 |\boldsymbol{p}_0|^2 \sin^2(\alpha)$$

gegeben ist. Hierin ist α der Winkel zwischen der Ebene, in welcher der Dipol oszilliert, und dem Einheitsvektor in der betrachteten Richtung.

Lösungsvorschlag:
Das Oberflächenelement einer Kugel ist durch $\mathrm{d}^2\boldsymbol{f} = \hat{\boldsymbol{e}}_r\, r^2\, \mathrm{d}\Omega$ gegeben und somit kann die abgestrahlte Leistung durch

$$\frac{\mathrm{d}P}{\mathrm{d}\Omega} = r^2\, \langle \boldsymbol{S} \rangle_t \cdot \hat{\boldsymbol{e}}_r = \frac{c}{32\pi^2\varepsilon_0} k^4 |\boldsymbol{p}_0|^2 \sin^2(\alpha)$$

ermittelt werden.

Aufgabe 4 25 *Punkte*

Green'sche Funktion einer Kugelschale

In dieser Aufgabe wird eine leitende, infinitesimal dünne Kugelschale mit Radius R im Raum platziert. Die Kugelschale ist geerdet und in ihrem Inneren befinden sich keine Ladungen. Ziel ist es, für diese Geometrie das elektrische Feld und Potential für Ladungsverteilungen außerhalb der Kugel systematisch bestimmen zu können.

(a) **(2 Punkte)** Formulieren Sie das Dirichlet-Randwertproblem für die gegebene Geometrie.

Lösungsvorschlag:

Der betrachtete Raumbereich V ist der $\mathbb{R}^3$ ohne das Innere der Kugelschale. In diesem Bereich muss das Potential die Poisson-Gleichung

$$\Delta\phi = -\frac{\rho(\boldsymbol{r})}{\varepsilon_0}$$

für eine vorgegebene Ladungsverteilung $\rho(\boldsymbol{r})$ erfüllen. Der Rand des betrachteten Volumens ∂V ist entsprechend der Rand der Kugelschale. Da die Kugel geerdet sein soll, ist das Potential auf dem Rand null, weshalb das Potential auch

$$\phi(\boldsymbol{r})|_{\boldsymbol{r}\in\partial V} = \phi(R\,\hat{\boldsymbol{e}}_r) = 0$$

erfüllen muss.

(b) **(8 Punkte)** Gehen Sie nun davon aus, dass eine Punktladung q außerhalb der Kugelschale bei $\boldsymbol{r}_0 = r_0\,\hat{\boldsymbol{e}}_z$ platziert wird. Verwenden Sie den Ansatz der Spiegelladungen, um das Potential $\phi(\boldsymbol{r})$ außerhalb der Kugel in diesem Fall zu bestimmen.

Lösungsvorschlag:

Da die Poisson-Gleichung nur innerhalb von V erfüllt sein muss, ist es möglich, eine Ladung außerhalb von V zu platzieren und damit das gesuchte Potential zu bestimmen, welches die Randbedingung erfüllt. Daher wird eine Ladung q' im Inneren der Kugelschale platziert. Da das Problem rotationssymmetrisch um die z-Achse ist, muss auch das Potential diese Symmetrie aufweisen. Würde die Spiegelladung nicht auf der z-Achse platziert, so wäre die Symmetrie gebrochen. Es wird hierzu der Ansatz $\boldsymbol{r}_0' = r_0'\hat{\boldsymbol{e}}_z$ mit $0 < r_0' < R$ gewählt. Auf diese Weise kann das Potential

$$\phi(\boldsymbol{r}) = \frac{1}{4\pi\varepsilon_0}\left(\frac{q}{|\boldsymbol{r} - \boldsymbol{r}_0|} + \frac{q'}{|\boldsymbol{r} - \boldsymbol{r}_0'|}\right)$$

aufgestellt werden. Aufgrund der Randbedingung

$$\phi(R\,\hat{\boldsymbol{e}}_r) = \frac{1}{4\pi\varepsilon_0}\left(\frac{q}{|R\,\hat{\boldsymbol{e}}_r - r_0\,\hat{\boldsymbol{e}}_z|} + \frac{q'}{|R\,\hat{\boldsymbol{e}}_r - r_0'\,\hat{\boldsymbol{e}}_z|}\right) = 0$$

$$\Rightarrow\quad q|R\,\hat{\boldsymbol{e}}_r - r_0'\,\hat{\boldsymbol{e}}_z| = -q'|R\,\hat{\boldsymbol{e}}_r - r_0\,\hat{\boldsymbol{e}}_z|$$

können mit der Wahl $\hat{e}_r = \hat{e}_z$ und $\hat{e}_r = -\hat{e}_z$ die beiden Bedingungen

$$q|R - r_0'| = q(R - r_0')$$
$$= -q'|R - r_0| = q'(R - r_0)$$

und

$$q|R + r_0'| = q(R + r_0')$$
$$= -q'|R + r_0| = -q'(R + r_0)$$

gefunden werden. Durch das Dividieren der beiden Bedingungen kann die Gleichung

$$\frac{R - r_0'}{R + r_0'} = -\frac{R - r_0}{R + r_0}$$

gefunden werden, die sich mittels

$$(R - r_0')(R + r_0) = R^2 + Rr_0 - Rr_0' - r_0 r_0'$$
$$= -(R - r_0)(R + r_0') = -R^2 - Rr_0' + Rr_0 + r_0 r_0'$$
$$\Rightarrow \quad R^2 = r_0 r_0'$$

zu

$$r_0' = \frac{R^2}{r_0} = \frac{R}{r_0} R < R$$

auflösen lässt. Die Ladung q' lässt sich dann mit der ersten Bedingung durch

$$q' = q\frac{R - r_0'}{R - r_0} = q\frac{R - \frac{R^2}{r_0}}{R - r_0} = q\frac{R}{r_0}\frac{r_0 - R}{R - r_0} = -q\frac{R}{r_0}$$

bestimmen. Damit ist das Potential für das Feld der Punktladung unter den gegebenen Randbedingungen durch

$$\phi(\boldsymbol{r}) = \frac{q}{4\pi\varepsilon_0}\left(\frac{1}{|\boldsymbol{r} - \boldsymbol{r}_0|} - \frac{\frac{R}{r_0}}{|\boldsymbol{r} - \frac{R^2}{r_0^2}\boldsymbol{r}_0|}\right)$$

zu bestimmen.

(c) **(3 Punkte)** Verwenden Sie Ihre Ergebnisse aus Teilaufgabe (b) um die Dirichlet'sche Green'sche Funktion für die vorliegenden Randbedingungen zu ermitteln. Wie lässt sich damit das Potential bei einer gegebenen Ladungsverteilung $\rho(\boldsymbol{r})$ außerhalb der Kugel und einem auf der Oberfläche vorgegebenen Potential $\phi_0(\boldsymbol{r})$ bestimmen?

Lösungsvorschlag:
Die Dirichlet'sche Green'sche Funktion muss die Bedingung

$$\Delta G_{\mathrm{D}}(\boldsymbol{r},\boldsymbol{r}') = \delta^{(3)}(\boldsymbol{r} - \boldsymbol{r}')$$

für alle $\boldsymbol{r}$ in V und

$$G_{\mathrm{D}}(\boldsymbol{r}, \boldsymbol{r}') = 0$$

für alle $\boldsymbol{r}'$ in ∂V erfüllen. Das gefundene Potential aus Teilaufgabe (b) erfüllt hingegen

$$\Delta\phi(\boldsymbol{r}) = -\frac{q}{\varepsilon_0}\delta^{(3)}(\boldsymbol{r} - \boldsymbol{r}_0)$$

für alle $\boldsymbol{r}$ in V. Damit lässt sich zunächst der Ansatz

$$G_{\mathrm{D}}(\boldsymbol{r}, \boldsymbol{r}') = -\frac{\varepsilon_0}{q}\phi(\boldsymbol{r})|_{\boldsymbol{r}_0 = \boldsymbol{r}'}$$

aufstellen. Die Dirichlet'sche Green'sche Funktion würde damit

$$G_{\mathrm{D}}(\boldsymbol{r}, \boldsymbol{r}') = \frac{1}{4\pi}\left(\frac{1}{|\boldsymbol{r} - \boldsymbol{r}'|} - \frac{\frac{R}{r'}}{|\boldsymbol{r} - \frac{R^2}{r'^2}\boldsymbol{r}'|}\right)$$

lauten. Wird ein $\boldsymbol{r}' \in \partial V$ gewählt, so ist $r' = R$ und die Green'sche Funktion nimmt so den Wert

$$G_{\mathrm{D}}(\boldsymbol{r}, R\hat{\boldsymbol{e}}_{r'}) = \frac{1}{4\pi}\left(\frac{1}{|\boldsymbol{r} - \boldsymbol{r}'|} - \frac{1}{|\boldsymbol{r} - \boldsymbol{r}'|}\right) = 0$$

an. Damit erfüllt $G_{\mathrm{D}}(\boldsymbol{r}, \boldsymbol{r}')$ die Bedingungen der Dirichlet'schen Green'schen Funktion. Mit ihr lässt sich das Potential bei vorgegebener Ladungsverteilung $\rho(\boldsymbol{r})$ und Potential auf dem Rand $\phi_0(\boldsymbol{r})$ durch

$$\phi(\boldsymbol{r}) = -\frac{1}{\varepsilon_0}\iiint_V \mathrm{d}^3 r' \, G_{\mathrm{D}}(\boldsymbol{r}, \boldsymbol{r}')\rho(\boldsymbol{r}') + \oiint_{\partial V} \mathrm{d}^2\boldsymbol{f} \cdot (\boldsymbol{\nabla}' G_{\mathrm{D}}(\boldsymbol{r}, \boldsymbol{r}'))\phi_0(\boldsymbol{r}')$$

bestimmen.

(d) **(7 Punkte)** Bestimmen Sie die induzierte Oberflächenladungsdichte $\sigma(\theta, \varphi)$ auf der Kugelschale für die Situation aus Teilaufgabe (b) und zeigen Sie, dass sich diese durch

$$\sigma(\theta, \varphi) = -\frac{q}{4\pi R^2}\frac{R}{r_0}\frac{1 - \left(\frac{R}{r_0}\right)^2}{\left(1 + \left(\frac{R}{r_0}\right)^2 - 2\frac{R}{r_0}\cos(\theta)\right)^{3/2}}$$

ausdrücken lässt.

Lösungsvorschlag:
Die induzierte Oberflächenladungsdichte lässt sich durch

$$\sigma(\boldsymbol{r}) = \varepsilon_0\, \boldsymbol{n} \cdot \boldsymbol{\nabla}\phi(\boldsymbol{r})|_{\boldsymbol{r} \in \partial V}$$

berechnen. Dabei ist $\boldsymbol{n}$ der Normalenvektor des Randes und zeigt aus V heraus, ist im vorliegenden Fall also durch $-\hat{\boldsymbol{e}}_r$ gegeben. Somit bleibt

$$\sigma(\theta,\varphi) = -\varepsilon_0\,\hat{\boldsymbol{e}}_r \cdot \boldsymbol{\nabla}\phi(\boldsymbol{r})|_{\boldsymbol{r}\in\partial V} = -\varepsilon_0 \frac{\partial\phi}{\partial r}\bigg|_{r=R}$$

zu berechnen. Es bietet sich an, zunächst $\boldsymbol{r}_0 = r_0\,\hat{\boldsymbol{e}}_z$ einzusetzen, um unter Verwendung von $\hat{\boldsymbol{e}}_z \cdot \hat{\boldsymbol{e}}_r = \cos(\theta)$ den Ausdruck

$$\phi(\boldsymbol{r}) = \frac{q}{4\pi\varepsilon_0}\left(\frac{1}{\sqrt{r^2 + r_0^2 - 2rr_0\cos(\theta)}} - \frac{Rr_0}{\sqrt{r_0^4 r^2 + R^4 r_0^2 - 2R^2 r_0^3 r\cos(\theta)}}\right)$$

für das Potential zu erhalten. Die Ableitung nach r ist somit durch

$$\frac{\partial\phi}{\partial r} = -\frac{q}{4\pi\varepsilon_0}\left(\frac{r - r_0\cos(\theta)}{\left(r^2 + r_0^2 - 2rr_0\cos(\theta)\right)^{3/2}}\right.$$
$$\left. - \frac{Rr_0(r_0^4 r - R^2 r_0^3\cos(\theta))}{\left(r_0^4 r^2 + R^4 r_0^2 - 2R^2 r_0^3 r\cos(\theta)\right)^{3/2}}\right)$$

gegeben. Mit $r = R$ kann so

$$\frac{\partial\phi}{\partial r}\bigg|_{r=R} = -\frac{q}{4\pi\varepsilon_0}\left(\frac{R - r_0\cos(\theta)}{\left(R^2 + r_0^2 - 2Rr_0\cos(\theta)\right)^{3/2}}\right.$$
$$\left. - \frac{Rr_0(r_0^4 R - R^2 r_0^3\cos(\theta))}{\left(r_0^4 R^2 + R^4 r_0^2 - 2R^3 r_0^3\cos(\theta)\right)^{3/2}}\right)$$
$$= -\frac{q}{4\pi\varepsilon_0}\left(\frac{1}{r_0^3}\frac{R - r_0\cos(\theta)}{\left(1 + \left(\frac{R}{r_0}\right)^2 - 2\frac{R}{r_0}\cos(\theta)\right)^{3/2}}\right.$$
$$\left. - \frac{1}{r_0^2 R}\frac{(r_0 - R\cos(\theta))}{\left(1 + \left(\frac{R}{r_0}\right)^2 - 2\frac{R}{r_0}\cos(\theta)\right)^{3/2}}\right)$$

gefunden werden. Dies lässt sich durch

$$\frac{\partial\phi}{\partial r}\bigg|_{r=R} = -\frac{q}{4\pi\varepsilon_0}\frac{1}{r_0^2\left(1 + \left(\frac{R}{r_0}\right)^2 - 2\frac{R}{r_0}\cos(\theta)\right)^{3/2}}\left(\frac{R}{r_0} - \cos(\theta) - \frac{r_0}{R} + \cos(\theta)\right)$$
$$= -\frac{q}{4\pi\varepsilon_0}\frac{1}{r_0^2\left(1 + \left(\frac{R}{r_0}\right)^2 - 2\frac{R}{r_0}\cos(\theta)\right)^{3/2}}\frac{R^2 - r_0^2}{Rr_0}$$
$$= \frac{q}{4\pi\varepsilon_0}\frac{1}{Rr_0}\frac{1 - \left(\frac{R}{r_0}\right)^2}{\left(1 + \left(\frac{R}{r_0}\right)^2 - 2\frac{R}{r_0}\cos(\theta)\right)^{3/2}}$$

weiter vereinfachen, um

$$\sigma(\theta, \varphi) = -\varepsilon_0 \frac{\partial \phi}{\partial r}\bigg|_{r=R} = -\frac{q}{4\pi R^2}\frac{R}{r_0} \frac{1 - \left(\frac{R}{r_0}\right)^2}{\left(1 + \left(\frac{R}{r_0}\right)^2 - 2\frac{R}{r_0}\cos(\theta)\right)^{3/2}}$$

zu erhalten.

(e) **(5 Punkte)** Finden Sie die auf der Oberfläche induzierte Ladung Q_{infl}. Untersuchen Sie für die beiden Grenzfälle $r_0 \to R$ und $r_0 \to \infty$ die Oberflächenladungsdichte und die induzierte Ladung.

Lösungsvorschlag:
Die auf der Kugeloberfläche induzierte Ladung ist durch das Integral

$$Q_{\text{infl}} = \oiint \mathrm{d}^2 f \; \sigma(\theta, \varphi)$$

zu bestimmen. Mit dem Ergebnis aus Teilaufgabe (d) kann so zunächst

$$Q_{\text{infl}} = -\frac{q}{4\pi R^2}\frac{R}{r_0}\left(1 - \left(\frac{R}{r_0}\right)^2\right)\int \mathrm{d}\Omega \; R^2 \frac{1}{\left(1 + \left(\frac{R}{r_0}\right)^2 - 2\frac{R}{r_0}\cos(\theta)\right)^{3/2}}$$

$$= -\frac{q}{2}\frac{R}{r_0}\left(1 - \left(\frac{R}{r_0}\right)^2\right)\int_{-1}^{1} \mathrm{d}\cos(\theta) \; \frac{1}{\left(1 + \left(\frac{R}{r_0}\right)^2 - 2\frac{R}{r_0}\cos(\theta)\right)^{3/2}}$$

gefunden werden. Mit der Substitution

$$u = 1 + \left(\frac{R}{r_0}\right)^2 - 2\frac{R}{r_0}\cos(\theta)$$

$$\Rightarrow \quad \mathrm{d}u = -2\frac{R}{r_0}\,\mathrm{d}\cos(\theta)$$

und folglich den Grenzen

$$\cos(\theta) = -1 \quad \Rightarrow \quad u = \left(1 + \frac{R}{r_0}\right)^2$$

$$\cos(\theta) = 1 \quad \Rightarrow \quad u = \left(1 - \frac{R}{r_0}\right)^2$$

kann das Integral so auf

$$
\begin{aligned}
Q_{\text{infl}} &= -\frac{q}{2}\frac{R}{r_0}\left(1-\left(\frac{R}{r_0}\right)^2\right)\left(-\frac{r_0}{2R}\right)\int\limits_{(1+R/r_0)^2}^{(1-R/r_0)^2} \mathrm{d}u\,\frac{1}{u^{3/2}} \\
&= \frac{q}{4}\left(1-\left(\frac{R}{r_0}\right)^2\right)(-2)\left(\frac{1}{\sqrt{(1-R/r_0)^2}}-\frac{1}{\sqrt{(1+R/r_0)^2}}\right) \\
&= -\frac{q}{2}\left(1-\left(\frac{R}{r_0}\right)^2\right)\left(\frac{1}{1-R/r_0}-\frac{1}{1+R/r_0}\right) \\
&= -\frac{q}{2}\left(1-\left(\frac{R}{r_0}\right)^2\right)\left(\frac{1+\frac{R}{r_0}-1+\frac{R}{r_0}}{1-\left(\frac{R}{r_0}\right)^2}\right)
\end{aligned}
$$

umgeformt werden. Damit kann die induzierte Ladung schließlich zu

$$
Q_{\text{infl}} = -q\frac{R}{r_0}
$$

bestimmt werden. Sie entspricht gerade der in Teilaufgabe (b) eingesetzten Spiegelladung q'.

Im Falle $r_0 \to R$ geht die induzierte Ladung gegen $Q_{\text{infl}} \to -q$. Für $\theta \neq 0$ ist in der Flächenladungsdichte

$$
\sigma(\theta,\varphi) = -\frac{q}{4\pi R^2}\frac{R}{r_0}\frac{1-\left(\frac{R}{r_0}\right)^2}{\left(1+\left(\frac{R}{r_0}\right)^2-2\frac{R}{r_0}\cos(\theta)\right)^{3/2}}
$$

der Ausdruck im Nenner im Grenzfall $r_0 \to R$ stets größer als null. Daher wird der Ausdruck durch den Zähler bestimmt und verschwindet. Ist $\theta = 0$, so ist die Flächenladungsdichte durch

$$
\sigma(0,\varphi) = -\frac{q}{4\pi R^2}\frac{R}{r_0}\frac{1-\left(\frac{R}{r_0}\right)^2}{\left(1-\frac{R}{r_0}\right)^3} = -\frac{q}{4\pi R}\frac{r_0^2-R^2}{(r_0-R)^3}
$$

gegeben. Im Grenzfall $r_0 \to R$ verschwinden sowohl Zähler als auch Nenner, weshalb die Regel von L'Hospital angewendet werden kann, um schlussendlich

$$
\lim_{r_0\to R}\sigma(0,\varphi) = -\frac{q}{4\pi R}\lim_{r_0\to R}\frac{2r_0}{3(r_0-R)^2} = (-\operatorname{sgn}(q))\cdot\infty
$$

zu finden. Die Flächenladungsdichte divergiert also für $\theta = 0$ gegen einen betragsmäßig unendlichen Wert. Das bedeutet, je näher die Ladung q an die Kugel heranrückt, desto stärker konzentriert sich die induzierte Ladung um den Pol $\theta = 0$ herum.

Für den Grenzfall $r_0 \to \infty$ gehen sowohl die induzierte Ladung als auch die Oberflächenladungsdichte gegen null.

11 Klausur XI – Elektrodynamik – Mittel

Im Kurzfragebogen dieser Klausur werden die Rotation eines Gradientenfeldes, die Maxwell-Gleichungen der Magnetostatik in ihrer Potentialformulierung, das elektrische Feld einer kugelsymmetrischen, exponentiell abfallenden Ladungsverteilung, eine TE-Mode mit konstantem B_{0z} in einem Hohlraumwellenleiter und ein RCL-Schwingkreis ohne äußere Spannungsquelle behandelt. Aufgabe 2 untersucht zur z-Achse parallele, zylindersymmetrische Stromverteilungen und deren magnetische Flussdichte. In Aufgabe 3 wird eine Kugeloberfläche mit vorgegebener Ladungsdichte betrachtet und deren elektrisches Feld in großer Entfernung durch die Multipolentwicklung in Kugelflächenfunktionen ermittelt. Aufgabe 4 beschäftigt sich mit dem Verhalten von elektromagnetischen Wellen, wenn diese auf sich bewegende Grenzflächen treffen, ausgehend von einem naiven Ansatz einerseits und der relativistischen Formulierung andererseits.

Überblick

11.1 Aufgaben zur Klausur XI – Elektrodynamik – Mittel 439
    Aufgabe **1** - **Kurzfragen** 439
    Aufgabe **2** - **Ausgedehnte Stromverteilungen** 440
    Aufgabe **3** - **Multipolmomente einer asymmetrisch geladenen Kugelschale** 442
    Aufgabe **4** - **Ebene Welle an bewegter Grenzfläche** 444
11.2 Hinweise zur Klausur XI – Elektrodynamik – Mittel 447
11.3 Lösung zur Klausur XI – Elektrodynamik – Mittel 451
    Aufgabe **1** - **Kurzfragen** 451
    Aufgabe **2** - **Ausgedehnte Stromverteilungen** 457
    Aufgabe **3** - **Multipolmomente einer asymmetrisch geladenen Kugelschale** 463
    Aufgabe **4** - **Ebene Welle an bewegter Grenzfläche** 470

11.1 Aufgaben zur Klausur XI – Elektrodynamik – Mittel

Aufgabe 1   **25 _Punkte_**

Kurzfragen

Schlagwörter:
Vektoranalysis, Maxwell-Gleichungen, Gauß'sches Gesetz, Wellenleiter, Elektrische Bauteile

(a) **(5 Punkte)** Zeigen Sie, dass für ein zweimal stetig differenzierbares Skalarfeld ϕ stets

$$\nabla \times (\nabla \phi) = 0$$

gilt.

(b) **(5 Punkte)** Nennen Sie die Maxwell-Gleichungen der Magnetostatik und führen Sie das Vektorpotential $\boldsymbol{A}$ ein. Welche Differentialgleichung erfüllt dieses Vektorpotential? Argumentieren Sie, weshalb die Coulomb-Eichung $\nabla \cdot \boldsymbol{A} = 0$ zur Vereinfachung gewählt werden kann und finden Sie die integrale Form der Differentialgleichung ohne vorliegende Randbedingungen.

(c) **(5 Punkte)** Betrachten Sie die diffuse Ladungsverteilung

$$\rho(\boldsymbol{r}) = \rho_0 \, \mathrm{e}^{-\frac{r}{R}}$$

mit konstantem ρ_0 und R. Bestimmen Sie ρ_0 so, dass im gesamten Raum die Ladung Q vorliegt. Ermitteln Sie dann das elektrische Feld $\boldsymbol{E}(\boldsymbol{r})$ im gesamten Raum.

(d) **(5 Punkte)** Zeigen Sie, dass in einem zur z-Achse parallelen Hohlraumwellenleiter mit perfekt leitenden Wänden keine TE-Mode mit einem konstanten B_{0z} aus dem Ansatz

$$\boldsymbol{B}(\boldsymbol{r}, t) = \boldsymbol{B}_0(x, y) \, \mathrm{e}^{\mathrm{i}(k_z z - \omega t)}$$

existieren kann.

(e) **(5 Punkte)** Betrachten Sie einen RCL-Schwingkreis, in dem ein Widerstand R, eine Spule L und ein Kondensator C in Reihe geschaltet sind. Eine Äußere Spannungsquelle liegt nicht vor. Der Kondensator soll zu Beginn mit Q_0 geladen sein, ein Strom fließt nicht. Stellen Sie die Differentialgleichung auf und lösen Sie das Anfangswertproblem. Drücken Sie ihre Lösung durch Q_0, $\gamma = \frac{R}{2L}$ und $\Omega = \sqrt{\omega_0^2 - \gamma^2} > 0$ mit $\omega_0^2 = \frac{1}{LC}$ aus.

Aufgabe 2   25 *Punkte*

Ausgedehnte Stromverteilungen

Schlagwörter:

Maxwell-Gleichungen, Magnetostatik, Stromdichte, Ampère'sches Gesetz, Magnetische Fluss-dichte, Magnetische Feldstärke

In dieser Aufgabe sollen zylindersymmetrische, statische Stromverteilungen der Form $\boldsymbol{j}(\boldsymbol{r}) = j(s)\,\hat{\boldsymbol{e}}_z$ mit unendlicher Ausdehnung untersucht werden. Die Stromverteilung soll sich im Vakuum befinden.

Hinweis: Für die gesamte Aufgabe kann die Rotation in Zylinderkoordinaten

$$\nabla \times \boldsymbol{V} = \hat{\boldsymbol{e}}_s \left[\frac{1}{s}\frac{\partial V_z}{\partial \varphi} - \frac{\partial V_\varphi}{\partial z} \right] + \hat{\boldsymbol{e}}_\varphi \left[\frac{\partial V_s}{\partial z} - \frac{\partial V_z}{\partial s} \right] + \hat{\boldsymbol{e}}_z \frac{1}{s} \left[\frac{\partial}{\partial s}(s V_\varphi) - \frac{\partial V_s}{\partial \varphi} \right]$$

hilfreich sein.

(a) **(3 Punkte)** Stellen Sie die nötigen Maxwell-Gleichungen in differentieller Form auf und leiten Sie aus der Gleichung mit der Rotation das Ampère'sche Gesetz

$$\oint_{\partial \mathcal{F}} \mathrm{d}\boldsymbol{r} \cdot \boldsymbol{B}(\boldsymbol{r}) = \mu_0 I_{\mathcal{F}}$$

her. Darin beschreibt $I_{\mathcal{F}}$ den durch die Fläche $\mathcal{F}$ fließenden Strom.

(b) **(3 Punkte)** Zeigen Sie, dass im Fall zylindersymmetrischer Verteilungen der Zusammenhang

$$B_\varphi(s) = \frac{\mu_0}{s} \int\limits_0^s \mathrm{d}s' \, s' \, j(s')$$

gefunden werden kann.

(c) **(5 Punkte)** Betrachten Sie nun die spezielle Verteilung

$$j(s) = \frac{I}{2\pi R^2}\, \mathrm{e}^{-s/R}$$

mit der Gesamtstromstärke I und dem Parameter R. Bestimmen Sie die magnetische Flussdichte.

(d) **(4 Punkte)** Zeigen Sie durch explizite Rechnung, dass Ihre Ergebnisse aus Teilaufgabe (c) die differentiellen Maxwell-Gleichungen erfüllen.

(e) **(5 Punkte)** Betrachten Sie nun die spezielle Verteilung

$$j(s) = \frac{j_0}{1 + \frac{s^2}{R^2}}$$

mit den beiden Parametern j_0 und R. Bestimmen Sie die magnetische Flussdichte.

(f) **(3 Punkte)** Zeigen Sie durch explizite Rechnung, dass Ihre Ergebnisse aus Teilaufgabe (e) die differentiellen Maxwell-Gleichungen erfüllen.

(g) **(2 Punkte)** Bestimmen Sie die zur Stromverteilung gehörende Gesamtstromstärke und bewerten Sie, ob es sich um ein physikalisches Beispiel handelt.

Aufgabe 3   **25 *Punkte***

Multipolmomente einer asymmetrisch geladenen Kugelschale

Schlagwörter:
Elektrostatik, Multipolentwicklung, Legendre-Polynome, Elektrisches Potential, Ladungs-dichte, Kugelflächenfunktionen, Dipol, Elektrisches Feld

In dieser Aufgabe soll die Oberflächenladungsdichte

$$\sigma(\theta, \varphi) = \hat{\sigma} \sin(\theta) \cos(\varphi)$$

auf einer infinitesimalen dünnen Kugelschale mit Radius R betrachtet werden. Ziel ist es, die sphärischen Multipolmomente und darüber das Potential sowie das elektrische Feld außerhalb der Kugelschale zu bestimmen.

(a) **(5 Punkte)** Entwickeln Sie den Ausdruck

$$\frac{1}{|\boldsymbol{r} - \boldsymbol{r}'|}$$

für $r' < r$ in Legendre-Polynome und nutzen Sie den Zusammenhang

$$P_l\left(\frac{\boldsymbol{r} \cdot \boldsymbol{r}'}{rr'}\right) = \frac{4\pi}{2l+1} \sum_{m=-l}^{l} Y_{lm}^*(\theta', \varphi') Y_{lm}(\theta, \varphi)$$

zu den Kugelflächenfunktionen, um das Potential durch

$$\phi(\boldsymbol{r}) = \frac{1}{4\pi\varepsilon_0} \sum_{l=0}^{\infty} \sum_{m=-l}^{l} \sqrt{\frac{4\pi}{2l+1}} \frac{q_{lm}}{r^{l+1}} Y_{lm}(\theta, \varphi)$$

auszudrücken. Wie lassen sich die sphärischen Multipolmomente q_{lm} durch ein Integral über eine gegebene Volumenladungsdichte bestimmen?

(b) **(6 Punkte)** Stellen Sie für $l = 0$ und $l = 1$ einen Zusammenhang zwischen den sphärischen Multipolmomenten und den kartesischen Komponenten des Monopolmoments Q sowie des Dipolmoments $\boldsymbol{p}$ her.

Hinweis: Die ersten vier Kugelflächenfunktionen sind durch

$$Y_{00} = \frac{1}{\sqrt{4\pi}} \qquad Y_{10} = \sqrt{\frac{3}{4\pi}} \cos(\theta) \qquad Y_{1\pm1} = \mp\sqrt{\frac{3}{8\pi}} \sin(\theta)\, e^{\pm i\varphi}$$

gegeben.

(c) **(3 Punkte)** Drücken Sie die gegebene Oberflächenladungsdichte durch die Kugelflä-chenfunktionen aus. Geben Sie dann die Volumenladungsdichte $\rho(\boldsymbol{r})$ durch das Hin-zufügen einer geeigneten radialen Funktion an.

(d) **(4 Punkte)** Bestimmen Sie die sphärischen Multipolmomente für die gegebene Ladungsverteilung.

(e) **(4 Punkte)** Bestimmen Sie das Potential außerhalb der Kugelschale mit Ihren bisherigen Ergebnissen. Drücken Sie das Potential sowohl in Kugelkoordinaten wie auch in kartesischen Koordinaten aus.

(f) **(3 Punkte)** Bestimmen Sie das elektrische Feld in kartesischen Koordinaten. Handelt es sich bei Ihrem Ergebnis um eine Näherung?

Aufgabe 4   **25 *Punkte***

Ebene Welle an bewegter Grenzfläche

Schlagwörter:
Relativistik, Elektromagnetische Wellen, Felder in Materie, Maxwell-Gleichungen, Stetig-keitsbedingungen, Elektrodynamik

In dieser Aufgabe soll die Reflexion und Transmission einer ebenen elektromagnetischen Welle an einer sich bewegenden Grenzfläche zwischen dem Vakuum und einem Medium mit Permittivität ε und Permeabilität μ untersucht werden. Die Grenzfläche soll sich zum Zeitpunkt $t = 0$ bei $z = 0$ befinden und mit Geschwindigkeit u in positive z-Richtung bewegen. Die Welle fällt senkrecht zu dieser Fläche von links ein und das elektrische Feld sei in x-Richtung polarisiert.

(a) **(1,5 Punkte)** Zeigen Sie anhand der Maxwell-Gleichungen, dass für eine ebene Welle der Form

$$\boldsymbol{E} = \hat{\boldsymbol{E}}_0 \, \mathrm{e}^{\mathrm{i}(\boldsymbol{k}\cdot\boldsymbol{r}-\omega t)}$$

der Zusammenhang

$$\boldsymbol{B} = \frac{\boldsymbol{k}}{\omega} \times \boldsymbol{E}$$

gilt.

(b) **(1,5 Punkte)** Drücken Sie die magnetische Feldstärke $\boldsymbol{H}$ im Fall eines homogenen, isotropen und *unbewegten* Mediums durch das elektrische Feld und die Wellenimpedanz $Z = \sqrt{\frac{\mu}{\varepsilon}}$ aus.

(c) **(1 Punkt)** Machen Sie einen Ansatz für die beiden Raumbereiche $z < ut$ und $z > ut$, als ob die Grenzfläche sich nicht bewegen würde, aber mit zunächst unterschiedlichen Frequenzen ω, ω_r und ω_t für die einfallende, reflektierte und transmittierte Welle.

(d) **(3 Punkte)** Verwenden Sie die Stetigkeitsbedingungen, um die Frequenzen ω_r und ω_t der reflektierten und transmittierten Welle zu bestimmen.

(e) **(2 Punkte)** Zeigen Sie nun weiter, dass die Amplituden des elektrischen Feldes durch

$$E_\mathrm{r} = \frac{Z_2 - Z_1}{Z_1 + Z_2} E_0 = \rho E_0 \qquad E_\mathrm{t} = \frac{2Z_2}{Z_1 + Z_2} E_0 = \tau E_0$$

verknüpft sind. Hierin sind E_0 die Amplitude der einfallenden Welle, E_r die Amplitude der reflektierten Welle und E_t die Amplitude der transmittierten Welle. ρ und τ sind jeweils der Reflexions- und Transmissionskoeffizient der Amplituden.

Bei der bisherigen Betrachtung handelt es sich nur um eine Näherung des tatsächlichen Verhaltens bei der Reflexion und Transmission an der bewegten Grenzfläche. Genauer lässt es sich bestimmen, wenn zunächst von einer unbewegten Grenzfläche ausgegangen wird und durch eine Lorentz-Transformation in das Bezugssystem gewechselt wird, in welchem sich die Grenzfläche bewegt.

(f) **(2 Punkte)** Verwenden Sie Ihre bisherigen Ergebnisse, um die elektrischen Felder für beide Raumbereiche im Fall einer unbewegten Grenzfläche auszudrücken.

(g) **(6 Punkte)** Wenden Sie nun das Verhalten unter der Lorentz-Transformation

$$\boldsymbol{E}' = \boldsymbol{E}_\| + \gamma(\boldsymbol{E}_\perp - \boldsymbol{u} \times \boldsymbol{B}) \qquad z' = \gamma(z + ut) \qquad t' = \gamma\left(t + \frac{u}{c^2}z\right)$$

auf Ihre Ergebnisse aus Teilaufgabe (f) an, um die Wellenvektoren und Frequenzen der einlaufenden, reflektierten und transmittierten Welle in jenem Bezugssystem zu finden, in dem sich die Grenzfläche mit Geschwindigkeit u in positiver Richtung entlang der z-Achse bewegt.

(h) **(4 Punkte)** Vergleichen Sie in Ihren Ergebnissen aus Teilaufgabe (g) die Wellenvektoren und Frequenzen der reflektierten bzw. transmittierten Welle mit der einlaufenden Welle und zeigen Sie, dass sich diese im nicht-relativistischen Grenzfall wie Ihre Ergebnisse aus Teilaufgabe (d) verhalten. Was fällt Ihnen bei der transmittierten Welle auf?

(i) **(4 Punkte)** Bestimmen Sie aus den Ergebnissen von Teilaufgabe (g) den Reflexions- und Transmissionskoeffizienten ρ' und τ' und vergleichen Sie diese mit den Ergebnissen aus Teilaufgabe (e).

11.2 Hinweise zur Klausur XI – Elektrodynamik – Mittel

Aufgabe 1 - Kurzfragen

(a) Wie lässt sich der Ausdruck in Indexschreibweise darstellen? Was passiert, wenn ein symmetrischer Ausdruck mit dem Levi-Civita-Symbol kontrahiert wird?

(b) Wieso lässt sich das Magnetfeld durch $\boldsymbol{B} = \boldsymbol{\nabla} \times \boldsymbol{A}$ darstellen? Wie kann die Relation

$$\boldsymbol{\nabla} \times (\boldsymbol{\nabla} \times \boldsymbol{A}) = \boldsymbol{\nabla}(\boldsymbol{\nabla} \cdot \boldsymbol{A}) - \Delta\boldsymbol{A}$$

verwendet werden, um eine Differentialgleichung für $\boldsymbol{A}$ zu finden? Was passiert mit dem Magnetfeld, wenn auf $\boldsymbol{A}$ der Gradient einer Funktion Λ aufaddiert wird?

(c) Was passiert, wenn die Ladungsverteilung über den gesamten Raum integriert wird? Inwiefern kann hier die partielle Integration helfen? Wie kann das Gauß'sche Gesetz verwendet werden, um das elektrische Feld zu bestimmen? Wieso bietet sich eine Kugel mit dem Ursprung als Mittelpunkt und dem Radius r als Integrationsvolumen an?

(d) Was passiert, wenn das Induktionsgesetz über die Querschnittsfläche des Wellenleiters integriert wird? Wie sieht die Tangentialkomponente des elektrischen Feldes an den Wänden des Wellenleiters aus? Was für eine Art von Welle ergibt sich, wenn $B_{0z} = 0$ ist? Können TEM-Moden in Hohlraumwellenleitern existieren?

(e) Wie lässt sich aus dem Maschensatz die Differentialgleichung

$$\ddot{Q} + \frac{R}{L}\dot{Q} + \frac{1}{LC}Q = 0$$

herleiten? Was passiert, wenn hierin die im Aufgabentext definierten Größen γ und ω_0 eingeführt werden? Wie kann ein Exponentialansatz für Q dabei helfen, das Problem zu lösen?

Aufgabe 2 - Ausgedehnte Stromverteilungen

(a) Was passiert, wenn die Maxwell-Gleichung

$$\boldsymbol{\nabla} \times \boldsymbol{B} = \mu\boldsymbol{j}$$

über eine Oberfläche $\mathcal{F}$ integriert wird?

(b) Was passiert bei der Integration über eine Kreisscheibe in der xy-Ebene? Weshalb kann im Fall zylindersymmetrischer Ströme die magnetische Flussdichte nicht von φ oder z abhängen?

(c) Was passiert, wenn die Stromverteilung in das Integral

$$\int_0^s \mathrm{d}s'\, s'\, j(s')$$

eingesetzt wird? Wie lässt sich mittels partieller Integration die Stammfunktion

$$\int \mathrm{d}u\; u\,\mathrm{e}^{-u} = -(1+u)\,\mathrm{e}^{-u} + c$$

herleiten?

(d) Was passiert, wenn die Divergenz in Zylinderkoordinaten

$$\boldsymbol{\nabla} \cdot \boldsymbol{V} = \frac{1}{s}\frac{\partial}{\partial s}(sV_s) + \frac{1}{s}\frac{\partial V_\varphi}{\partial \varphi} + \frac{\partial V_z}{\partial z}$$

ausgewertet wird? Weshalb muss für die Rotation nur der Term

$$\boldsymbol{\nabla} \times \boldsymbol{B} = \hat{\boldsymbol{e}}_z\,\frac{1}{s}\frac{\partial}{\partial s}(sB_\varphi)$$

betrachtet werden?

(e) Was passiert, wenn die Stromverteilung in das Integral

$$\int\limits_0^s \mathrm{d}s'\; s'\, j(s')$$

eingesetzt wird? Wie lässt sich mittels der Substitution $w = 1+u^2$ die Stammfunktion

$$\int \mathrm{d}u\,\frac{u}{1+u^2} = \frac{1}{2}\ln\!\left(1+u^2\right) + c$$

herleiten?

(f) Was passiert, wenn die Divergenz in Zylinderkoordinaten

$$\boldsymbol{\nabla} \cdot \boldsymbol{V} = \frac{1}{s}\frac{\partial}{\partial s}(sV_s) + \frac{1}{s}\frac{\partial V_\varphi}{\partial \varphi} + \frac{\partial V_z}{\partial z}$$

ausgewertet wird? Weshalb muss für die Rotation nur der Term

$$\boldsymbol{\nabla} \times \boldsymbol{B} = \hat{\boldsymbol{e}}_z\,\frac{1}{s}\frac{\partial}{\partial s}(sB_\varphi)$$

betrachtet werden?

(g) Wieso lässt sich die Stromstärke $I_{\mathcal{F}}$ durch

$$I(s) = \frac{2\pi}{\mu_0}\,s\,B_\varphi(s)$$

bestimmen? Welchen Wert nimmt diese im vorliegenden Fall für $s \to \infty$ an?

Aufgabe 3 - Multipolmomente einer asymmetrisch geladenen Kugelschale

(a) Welche spezielle Funktion stellt

$$\frac{1}{\sqrt{1 - 2\lambda x + \lambda^2}}$$

für die Legendre-Polynome dar? Wie lässt sich eine Funktion dieser Gestalt finden, wenn $r > r'$ gilt? Sie sollten die sphärischen Multipolmomente

$$q_{lm} = \sqrt{\frac{4\pi}{2l + 1}} \iiint\limits_{\mathbb{R}^3} \mathrm{d}^3 r \; \rho(\boldsymbol{r}) \, r^l Y_{lm}^*(\theta, \varphi)$$

finden.

(b) Wie werden die kartesischen Koordinaten x, y und z in Kugelkoordinaten ausgedrückt? Wie lassen sich die Produkte rY_{lm}^* durch kartesische Koordinaten ausdrücken?

(c) Welche Kugelflächenfunktionen weisen den Faktor $\sin(\theta)$ auf? Wie lässt sich der Kosinus durch Exponentialfunktionen darstellen? Wieso kann die Raumladungsdichte durch

$$\rho(\boldsymbol{r}) = \sigma(\theta, \varphi)\delta(r - R)$$

geschrieben werden?

(d) Wie lässt sich die Orthogonalität der Kugelflächenfunktionen

$$\int \mathrm{d}\Omega \; Y_{l'm'}(\theta, \varphi)Y_{lm}^*(\theta, \varphi) = \delta_{ll'}\delta_{mm'}$$

ausnutzen? Sie sollten

$$q_{1\pm 1} = \mp\hat{\sigma}\frac{2\pi R^3}{3}\sqrt{2}$$

erhalten.

(e) Was passiert, wenn die Ergebnisse aus Teilaufgabe (d) in das Potential von Teilaufgabe (a) eingesetzt werden und die Kugelflächenfunktionen auch explizit eingesetzt werden? In Kugelkoordinaten sollten Sie das Ergebnis

$$\phi(\boldsymbol{r}) = \frac{\hat{\sigma} R^3}{3\varepsilon_0}\frac{\sin(\theta)\cos(\varphi)}{r^2}$$

erhalten. Wie lässt sich x in Kugelkoordinaten ausdrücken?

(f) Wie lauten der Gradient von x und r in kartesischen Koordinaten?

Aufgabe 4 - Ebene Welle an bewegter Grenzfläche

(a) Wie lässt sich das Induktionsgesetz

$$\nabla \times \boldsymbol{E} = -\partial_t \boldsymbol{B}$$

verwenden, um die magnetische Flussdichte bei bekannter elektrischer Feldstärke zu bestimmen?

(b) Welche Gleichung erfüllt die elektrische Feldstärke? Welcher Zusammenhang ergibt sich demnach zwischen $|\boldsymbol{k}|$ und ω? Welcher Zusammenhang besteht zwischen $\boldsymbol{B}$ und $\boldsymbol{H}$.

(c) Welche Form hat die einlaufende Welle, wenn sie entlang der x-Achse polarisiert ist? Wird sich die Polarisation bei Reflexion oder Transmission ändern? Welche Beziehungen müssen die Wellenvektoren und Frequenzen stets erfüllen?

(d) Wieso genügt es, nur die Stetigkeitsbedingungen für die transversalen Komponenten zu betrachten? Wie können diese für alle Zeiten erfüllt werden? Welchen Einfluss haben die Dispersionsrelationen zwischen den Wellenvektoren und den Frequenzen auf das Ergebnis?

(e) Welche Stetigkeitsbedingungen erfüllen die elektrische und magnetische Feldstärke? Wie lassen sich die Ergebnisse aus den Teilaufgaben (a) und (b) verwenden, um die magnetische Feldstärke auf die elektrische zurückzuführen?

(f) Welcher Zusammenhang ist im Fall einer unbewegten Platte für die Frequenzen gültig? Wie hängen die Frequenzen mit den Wellenvektoren zusammen? Was passiert, wenn die Ergebnisse aus Teilaufgabe (e) für die Amplituden eingesetzt werden?

(g) Wieso genügt es, nur die Argumente der Exponentialfunktionen zu betrachten? Was lässt sich aus deren Forminvarianz ableiten? Können Sie zeigen, dass die Phasengeschwindigkeit der transmittierten Welle

$$v'_{\mathrm{ph,\,t}} = c\,\frac{1 + n\beta}{n + \beta}$$

beträgt?

(h) Welche Verhältnisse zwischen Wellenvektoren und Frequenzen ergeben sich aus den Ergebnissen aus Teilaufgabe (d)? Wie lässt sich so zeigen, dass die reflektierte Welle korrekt beschrieben wird, während die transmittierte Welle nicht richtig abgebildet wird?

(i) In welchem Verhältnis stehen die reflektierte und die einfallende Welle im gestrichenen Inertialsystem? Wie lässt sich daraus der entsprechende Reflexionskoeffizient bestimmen? Wie lässt sich diese Überlegung auf den Transmissionskoeffizienten übertragen?

11.3 Lösung zur Klausur XI – Elektrodynamik – Mittel

Aufgabe 1   25 *Punkte*

Kurzfragen

(a) **(5 Punkte)** Zeigen Sie, dass für ein zweimal stetig differenzierbares Skalarfeld ϕ stets

$$\nabla \times (\nabla \phi) = 0$$

gilt.

Lösungsvorschlag:
Der zu betrachtende Ausdruck auf der linken Seite kann zunächst mit Hilfe der Indexschreibweise durch

$$\nabla \times (\nabla \phi) = \hat{\boldsymbol{e}}_i \epsilon_{ijk} \partial_j (\nabla \phi)_k = \epsilon_{ijk} \partial_j \partial_k \phi$$

ausgedrückt werden. Da es sich bei ϕ um eine zweimal stetig differenzierbare Funktion handeln soll, können die Ableitungen nach dem Satz von Schwarz vertauscht werden. Damit ist $\partial_j \partial_k \phi$ ein symmetrischer Ausdruck unter dem Vertauschen der Indizes j und k. Dieser Ausdruck wird aber mit dem Levi-Civita-Symbol kontrahiert, so dass die Summe null ergibt. Dies lässt sich explizit durch die Rechnung

$$\epsilon_{ijk} \partial_j \partial_k \phi = \frac{1}{2} (\epsilon_{ijk} \partial_j \partial_k \phi + \epsilon_{ijk} \partial_j \partial_k \phi) = \frac{1}{2} (\epsilon_{ijk} \partial_j \partial_k \phi - \epsilon_{ikj} \partial_j \partial_k \phi)$$
$$= \frac{1}{2} (\epsilon_{ijk} \partial_j \partial_k \phi - \epsilon_{ijk} \partial_k \partial_j \phi) = \frac{1}{2} (\epsilon_{ijk} \partial_j \partial_k \phi - \epsilon_{ijk} \partial_j \partial_k \phi) = 0$$

zeigen. Beim Übergang in die zweite Zeile wurden dabei die Indizes j und k ineinander umbenannt. Im darauf folgenden Schritt wurde dann der Satz von Schwarz ausgenutzt, um die Ableitungen zu vertauschen.

(b) **(5 Punkte)** Nennen Sie die Maxwell-Gleichungen der Magnetostatik und führen Sie das Vektorpotential $\boldsymbol{A}$ ein. Welche Differentialgleichung erfüllt dieses Vektorpotential? Argumentieren Sie, weshalb die Coulomb-Eichung $\nabla \cdot \boldsymbol{A} = 0$ zur Vereinfachung gewählt werden kann und finden Sie die integrale Form der Differentialgleichung ohne vorliegende Randbedingungen.

Lösungsvorschlag:
Die Maxwell-Gleichungen der Magnetostatik sind durch

$$\nabla \cdot \boldsymbol{B} = 0 \qquad \nabla \times \boldsymbol{B} = \mu_0 \boldsymbol{j}$$

gegeben. Da die Divergenz des Magnetfeldes verschwindet, kann dieses durch ein Vektorpotential mittels

$$\boldsymbol{B} = \nabla \times \boldsymbol{A}$$

dargestellt werden. Eingesetzt in die Gleichung für die Rotation kann mit der Identität

$$\nabla \times (\nabla \times \boldsymbol{A}) = \nabla(\nabla \cdot \boldsymbol{A}) - \Delta \boldsymbol{A}$$

der Vektoranalysis die Differentialgleichung

$$\nabla \times \boldsymbol{B} = \nabla(\nabla \cdot \boldsymbol{A}) - \Delta \boldsymbol{A} = \mu_0 \, \boldsymbol{j}$$

gefunden werden. Da nur das Magnetfeld physikalisch ist und durch

$$\boldsymbol{B} = \nabla \times \boldsymbol{A}$$

definiert wird, ist es immer möglich, einen Gradienten auf $\boldsymbol{A}$ zu addieren, ohne das Magnetfeld und damit die physikalische Situation zu ändern. Wird also eine Eichtransformation der Form

$$\boldsymbol{A} \to \boldsymbol{A}' = \boldsymbol{A} + \nabla \Lambda$$

durchgeführt, so ist das neue Magnetfeld wegen

$$\nabla \times (\nabla \Lambda) = 0$$

durch

$$\boldsymbol{B}' = \nabla \times \boldsymbol{A}' = \nabla \times \boldsymbol{A} + \nabla \times (\nabla \Lambda) = \nabla \times \boldsymbol{A} = \boldsymbol{B}$$

gegeben. Soll für $\boldsymbol{A}'$ nun die Coulomb-Eichung $\nabla \cdot \boldsymbol{A}' = 0$ gelten, so muss Λ die Differentialgleichung

$$\nabla \cdot \boldsymbol{A}' = \nabla \cdot \boldsymbol{A} + \Delta \Lambda \quad \Rightarrow \quad \Delta \Lambda = -\nabla \cdot \boldsymbol{A}$$

erfüllen. Eine solche Lösung für Λ existiert und daher kann stets die Coulomb-Eichung $\nabla \cdot \boldsymbol{A} = 0$ gewählt werden. Damit kann die Differentialgleichung $\boldsymbol{A}$ auf

$$-\Delta \boldsymbol{A} = \mu_0 \, \boldsymbol{j} \quad \Rightarrow \quad \Delta \boldsymbol{A} = -\mu_0 \, \boldsymbol{j}$$

vereinfacht werden. Da die Green'sche-Funktion des Laplace-Operators gemäß

$$\Delta \frac{1}{|\boldsymbol{r} - \boldsymbol{r}'|} = -4\pi \delta^{(3)}(\boldsymbol{r} - \boldsymbol{r}')$$

durch

$$G_\Delta(\boldsymbol{r}, \boldsymbol{r}') = -\frac{1}{4\pi} \frac{1}{|\boldsymbol{r} - \boldsymbol{r}'|}$$

gegeben ist, kann die allgemeine Lösung ohne weitere Randbedingungen durch

$$\boldsymbol{A}(\boldsymbol{r}) = -\mu_0 \iiint_{\mathbb{R}^3} \mathrm{d}^3 r' \, G_\Delta(\boldsymbol{r}, \boldsymbol{r}') \boldsymbol{j}(\boldsymbol{r}') = \frac{\mu_0}{4\pi} \iiint_{\mathbb{R}^3} \mathrm{d}^3 r' \, \frac{\boldsymbol{j}(\boldsymbol{r}')}{|\boldsymbol{r} - \boldsymbol{r}'|}$$

geschrieben werden.

(c) **(5 Punkte)** Betrachten Sie die diffuse Ladungsverteilung

$$\rho(\boldsymbol{r}) = \rho_0 \, \mathrm{e}^{-\frac{r}{R}}$$

mit konstantem ρ_0 und R. Bestimmen Sie ρ_0 so, dass im gesamten Raum die Ladung Q vorliegt. Ermitteln Sie dann das elektrische Feld $\boldsymbol{E}(r)$ im gesamten Raum.

Lösungsvorschlag:
Die Gesamtladung im Raum kann durch

$$Q = \iiint_{\mathbb{R}^3} \mathrm{d}^3 r \, \rho(\boldsymbol{r}) = \rho_0 \int \mathrm{d}\Omega \int_0^{\infty} \mathrm{d}r \, r^2 \, \mathrm{e}^{-\frac{r}{R}} = 4\pi R^3 \rho_0 \int_0^{\infty} \mathrm{d}u \, u^2 \, \mathrm{e}^{-u}$$

ermittelt werden. Das verbleibende Integral ist die Definition der Gamma-Funktion am Funktionswert 3 und hat daher den Wert $2! = 2$. Damit kann ρ_0 zu

$$Q = 8\pi R^3 \rho_0 \quad \Rightarrow \quad \rho_0 = \frac{Q}{8\pi R^3}$$

bestimmt werden. Um das elektrische Feld zu ermitteln, kann das Gauß'sche Gesetz

$$\oiint_{\partial V} \mathrm{d}^2 \boldsymbol{f} \cdot \boldsymbol{E} = \frac{Q_V}{\varepsilon_0}$$

verwendet werden. Aufgrund der vorliegenden Symmetrie bietet sich als Integrationsvolumen eine Kugel $\mathcal{K}$ mit dem Ursprung als Mittelpunkt und dem Radius r an. Da das Problem kugelsymmetrisch ist, kann das elektrische Feld nur von r abhängen und auf der linken Seite kann somit

$$\oiint_{\partial \mathcal{K}} \mathrm{d}^2 \boldsymbol{f} \cdot \boldsymbol{E} = 4\pi r^2 E_r(r)$$

ermittelt werden. Auf der rechten Seite muss die bis r eingeschlossene Ladung gefunden werden. Hierzu kann zunächst

$$Q_{\mathcal{K}} = \iiint_{\mathcal{K}} \mathrm{d}^3 r' \rho(\boldsymbol{r}') = \rho_0 \int \mathrm{d}\Omega \int_0^r \mathrm{d}r' \, r'^2 \, \mathrm{e}^{-\frac{r}{R}} = 4\pi \rho_0 R^3 \int_0^{\frac{r}{R}} \mathrm{d}u \, u^2 \, \mathrm{e}^{-u}$$

bestimmt werden. Um $Q_{\mathcal{K}}$ vollständig zu ermitteln, muss das verbleibende Integral näher betrachtet werden. Durch zweifache partielle Integration lässt sich dabei

$$\int_0^{\frac{r}{R}} \mathrm{d}u \, u^2 \, \mathrm{e}^{-u} = \left[-u^2 \, \mathrm{e}^{-u} \right]_0^{\frac{r}{R}} - 2 \int_0^{\frac{r}{R}} \mathrm{d}u \, u \, \mathrm{e}^{-u}$$

$$= \left[-u^2 \, \mathrm{e}^{-u} - 2u \, \mathrm{e}^{-u} \right]_0^{\frac{r}{R}} - 2 \int_0^{\frac{r}{R}} \mathrm{d}u \, \mathrm{e}^{-u}$$

$$= \left[-u^2 \, \mathrm{e}^{-u} - 2u \, \mathrm{e}^{-u} - 2 \, \mathrm{e}^{-u} \right]_0^{\frac{r}{R}} = 2 - \left(\left(\frac{r}{R} \right)^2 + 2\frac{r}{R} + 2 \right) \mathrm{e}^{-\frac{r}{R}}$$

finden. Damit ist die eingeschlossene Ladung durch

$$
\begin{aligned}
Q_K &= 4\pi\rho_0 R^3 \left[2 - \left(\left(\frac{r}{R}\right)^2 + 2\frac{r}{R} + 2 \right) e^{-\frac{r}{R}} \right] \\
&= 8\pi R^3 \rho_0 \left[1 - \left(1 + \frac{r}{R} + \frac{1}{2}\left(\frac{r}{R}\right)^2 \right) e^{-\frac{r}{R}} \right] \\
&= Q \left[1 - \left(1 + \frac{r}{R} + \frac{1}{2}\left(\frac{r}{R}\right)^2 \right) e^{-\frac{r}{R}} \right]
\end{aligned}
$$

gegeben. Nach dem Gauß'schen Gesetz kann damit das elektrische Feld gemäß

$$
\begin{aligned}
4\pi r^2 E_r(r) &= \frac{Q_K}{\varepsilon_0} \\
\Rightarrow \quad E_r(r) &= \frac{Q}{4\pi\varepsilon_0 r^2} \left[1 - \left(1 + \frac{r}{R} + \frac{1}{2}\left(\frac{r}{R}\right)^2 \right) e^{-\frac{r}{R}} \right] \\
\Rightarrow \quad \boldsymbol{E}(\boldsymbol{r}) &= \hat{\boldsymbol{e}}_r \frac{Q}{4\pi\varepsilon_0 r^2} \left[1 - \left(1 + \frac{r}{R} + \frac{1}{2}\left(\frac{r}{R}\right)^2 \right) e^{-\frac{r}{R}} \right]
\end{aligned}
$$

bestimmt werden.

(d) **(5 Punkte)** Zeigen Sie, dass in einem zur z-Achse parallelen Hohlraumwellenleiter mit perfekt leitenden Wänden keine TE-Mode mit einem konstanten B_{0z} aus dem Ansatz

$$
\boldsymbol{B}(\boldsymbol{r}, t) = \boldsymbol{B}_0(x, y)\, e^{i(k_z z - \omega t)}
$$

existieren kann.

Lösungsvorschlag:
Das Elektromagnetische Feld muss alle Maxwell-Gleichungen sowie die Stetigkeitsbedingungen an den Wänden des Hohlraumwellenleiters erfüllen. Somit muss im Besonderen das Induktionsgesetz

$$
\boldsymbol{\nabla} \times \boldsymbol{E} = -\partial_t \boldsymbol{B}
$$

erfüllt werden. Dieses kann über die Querschnittsfläche $\mathcal{F}$ des Hohlraumwellenleiters integriert werden, um so

$$
\iint_{\mathcal{F}} \mathrm{d}^2\boldsymbol{f} \cdot (\boldsymbol{\nabla} \times \boldsymbol{E}) = - \iint_{\mathcal{F}} \mathrm{d}^2\boldsymbol{f} \cdot (\partial_t \boldsymbol{B})
$$

zu erhalten. Auf der rechten Seite kann der Ansatz eingesetzt werden, um die zeitliche Ableitung direkt über

$$
\partial_t \boldsymbol{B} = -i\omega\, \boldsymbol{B}_0(x, y)\, e^{i(k_z z - \omega t)}
$$

zu bestimmen. Daher kann das rechte Integral bei einem konstanten B_{0z} direkt durch

$$
- \iint_{\mathcal{F}} \mathrm{d}^2\boldsymbol{f} \cdot (\partial_t \boldsymbol{B}) = i\omega \iint_{\mathcal{F}} \mathrm{d}^2 f\, B_{0z}\, e^{i(k_z z - \omega t)} = A i\omega B_{0z}\, e^{i(k_z z - \omega t)}
$$

ermittelt werden, wobei A den Flächeninhalt der Querschnittsfläche $\mathcal{F}$ angibt. Auf der linken Seite kann der Satz von Stokes verwendet werden, um

$$\iint_{\mathcal{F}} \mathrm{d}^2\boldsymbol{f} \cdot (\boldsymbol{\nabla} \times \boldsymbol{E}) = \oint_{\partial\mathcal{F}} \mathrm{d}\boldsymbol{r} \cdot \boldsymbol{E}$$

zu finden. Da hier über den Rand der Querschnittsfläche integriert wird, wird über die Wände des Hohlraumwellenleiters integriert. Hier muss das elektromagnetische Feld die Stetigkeitsbedingungen erfüllen. Da es sich bei den Wänden um perfekte Leiter handelt, ist das elektrische Feld in diesen null. Weiter muss die Tangentialkomponente des elektrischen Feldes gemäß

$$\boldsymbol{n}_{12} \times (\boldsymbol{E}_2 - \boldsymbol{E}_1) = \boldsymbol{0}$$

erhalten bleiben. Das bedeutet, die Tangentialkomponente des elektrischen Felds verschwindet auf dem Rand der Querschnittsfläche. Da aber nur über die Tangentialkomponente integriert wird, ist das Integral bereits null. Somit muss der Zusammenhang

$$A i\omega B_{0z}\,\mathrm{e}^{\mathrm{i}(k_z z - \omega t)} = 0$$

gelten. Die einzige Möglichkeit, dies zu erreichen, besteht in $B_{0z} = 0$. Dann ist aber das Magnetfeld transversal zur Ausbreitungsrichtung z der Welle. Da es sich um eine TE-Mode handeln soll, ist auch das elektrische Feld transversal zur Ausbreitungsrichtung z. Da beide Felder senkrecht zur Ausbreitungsrichtung stehen, handelt es sich also tatsächlich um eine TEM-Mode. Solche Moden können in einem Hohlraumwellenleiter aber nicht existieren. Daher kann es keine TE-Mode mit einem konstanten B_{0z} geben.

(e) **(5 Punkte)** Betrachten Sie einen RCL-Schwingkreis, in dem ein Widerstand R, eine Spule L und ein Kondensator C in Reihe geschaltet sind. Eine Äußere Spannungsquelle liegt nicht vor. Der Kondensator soll zu Beginn mit Q_0 geladen sein, ein Strom fließt nicht. Stellen Sie die Differentialgleichung auf und lösen Sie das Anfangswertproblem. Drücken Sie ihre Lösung durch Q_0, $\gamma = \frac{R}{2L}$ und $\Omega = \sqrt{\omega_0^2 - \gamma^2} > 0$ mit $\omega_0^2 = \frac{1}{LC}$ aus.

Lösungsvorschlag:
Die Bauteile bilden eine Masche und nach dem Maschengesetz müssen ihre Spannungen die Beziehung

$$0 = U_R + U_C + U_L$$

erfüllen. Da es keine Verzweigungen gibt, ist die Stromstärke an allen Bauteilen gleich und kann im Besonderen durch $I = \dot{Q}$ mit der Ladung am Kondensator in Verbindung gebracht werden. Daher lässt sich

$$0 = RI + \frac{Q}{C} + L\dot{I} = R\dot{Q} + \frac{Q}{C} + L\ddot{Q} \quad \Rightarrow \quad \ddot{Q} + \frac{R}{L}\dot{Q} + \frac{1}{LC}Q = 0$$

finden. Hierin lassen sich bereits die im Aufgabentext aufgeführten Größen γ und ω_0 einführen, um die Differentialgleichung auf die Form

$$\ddot{Q} + 2\gamma\dot{Q} + \omega_0^2 Q = 0$$

zu bringen. Durch den Exponentialansatz $Q \sim e^{i\omega t}$ kann wegen

$$\dot{Q} = i\omega Q \qquad \ddot{Q} = -\omega^2 Q$$

über

$$-\omega^2 Q + 2i\gamma\omega Q + \omega_0^2 Q = 0$$

das charakteristische Polynom

$$\omega^2 - 2i\gamma\omega - \omega_0^2 = 0$$

gefunden werden. Seine Nullstellen sind durch

$$\omega_\pm = i\gamma \pm \sqrt{-\gamma^2 + \omega_0^2} = i\gamma \pm \Omega$$

gegeben. Im letzten Schritt wurde hierbei die Größe $\Omega = \sqrt{\omega_0^2 - \gamma^2}$ eingeführt, die laut Aufgabentext größer als null sein soll, wodurch zwei unabhängige Lösungen gegeben sind. Die allgemeine Lösung kann demnach durch

$$Q(t) = A\,e^{i\omega_+ t} + B\,e^{i\omega_- t} = A\,e^{-\gamma t}\,e^{i\Omega t} + B\,e^{-\gamma t}\,e^{-i\Omega t} = e^{-\gamma t}\left(A\,e^{i\Omega t} + B\,e^{-i\Omega t}\right)$$

ausgedrückt werden. Um das Anfangswertproblem

$$Q(0) = Q_0 \qquad \dot{Q}(0) = 0$$

zu lösen, muss zunächst die Ableitung von Q gemäß

$$\dot{Q}(t) = -\gamma Q(t) + i\Omega\left(A\,e^{i\Omega t} - B\,e^{-i\Omega t}\right)e^{-\gamma t}$$

bestimmt werden. Damit können dann die beiden Gleichungen

$$Q(0) = A + B = Q_0$$
$$\dot{Q}(0) = -\gamma Q_0 + i\Omega(A - B) = 0$$

aufgestellt werden. Diese können gelöst werden, um so

$$2A = Q_0\left(1 + \frac{\gamma}{i\Omega}\right) \quad \Rightarrow \quad A = \frac{Q_0}{2}\left(1 + \frac{\gamma}{i\Omega}\right)$$
$$2B = Q_0\left(1 - \frac{\gamma}{i\Omega}\right) \quad \Rightarrow \quad B = \frac{Q_0}{2}\left(1 - \frac{\gamma}{i\Omega}\right)$$

zu erhalten. Eingesetzt in $Q(t)$ kann so die Lösung

$$Q(t) = \left(A\,e^{i\Omega t} + B\,e^{-i\Omega t}\right)e^{-\gamma t} = Q_0\,e^{-\gamma t}\left(\cos(\Omega t) + \frac{\gamma}{\Omega}\sin(\Omega t)\right)$$

gefunden werden. [1]

---

[1] Falls $\omega_0^2 - \gamma^2 < 0$ wird Ω zu $i\sqrt{|\omega_0^2 - \gamma^2|}$ und die Lösung kann übernommen werden, wenn die trigonometrischen durch die hyperbolischen Funktionen ersetzt werden. Sogar der Fall $\Omega = 0$ kann aus dieser Lösung konstruiert werden, indem der Grenzfall $\Omega \to 0$ betrachtet wird.

Aufgabe 2   **25 *Punkte***

Ausgedehnte Stromverteilungen

In dieser Aufgabe sollen zylindersymmetrische, statische Stromverteilungen der Form $\boldsymbol{j}(\boldsymbol{r}) = j(s)\,\hat{\boldsymbol{e}}_z$ mit unendlicher Ausdehnung untersucht werden. Die Stromverteilung soll sich im Vakuum befinden.

Hinweis: Für die gesamte Aufgabe kann die Rotation in Zylinderkoordinaten

$$\boldsymbol{\nabla} \times \boldsymbol{V} = \hat{\boldsymbol{e}}_\varepsilon \left[\frac{1}{s}\frac{\partial V_z}{\partial \varphi} - \frac{\partial V_\varphi}{\partial z} \right] + \hat{\boldsymbol{e}}_\varphi \left[\frac{\partial V_s}{\partial z} - \frac{\partial V_z}{\partial s} \right] + \hat{\boldsymbol{e}}_z \frac{1}{s} \left[\frac{\partial}{\partial s}(sV_\varphi) - \frac{\partial V_s}{\partial \varphi} \right]$$

hilfreich sein.

(a) **(3 Punkte)** Stellen Sie die nötigen Maxwell-Gleichungen in differentieller Form auf und leiten Sie aus der Gleichung mit der Rotation das Ampère'sche Gesetz

$$\oint_{\partial \mathcal{F}} \mathrm{d}\boldsymbol{r} \cdot \boldsymbol{B}(\boldsymbol{r}) = \mu_0 I_\mathcal{F}$$

her. Darin beschreibt $I_\mathcal{F}$ den durch die Fläche $\mathcal{F}$ fließenden Strom.

Lösungsvorschlag:
Im Vakuum sind die Maxwell-Gleichungen der Elektrostatik durch

$$\boldsymbol{\nabla} \cdot \boldsymbol{B} = 0 \qquad \boldsymbol{\nabla} \times \boldsymbol{B} = \mu_0\,\boldsymbol{j}$$

gegeben. Zudem muss für die Stromdichte der Zusammenhang $\boldsymbol{\nabla} \cdot \boldsymbol{j} = 0$ gültig sein. Wird die Gleichung der Rotation nun über eine Fläche $\mathcal{F}$ integriert, kann auf der linken Seite wegen des Satzes von Stokes der Zusammenhang

$$\iint_\mathcal{F} \mathrm{d}^2\boldsymbol{f} \cdot (\boldsymbol{\nabla} \times \boldsymbol{B}) = \oint_{\partial \mathcal{F}} \mathrm{d}\boldsymbol{r} \cdot \boldsymbol{B}(\boldsymbol{r})$$

gefunden werden. Es werden also die tangentialen Komponenten von $\boldsymbol{B}$ entlang des Randes von $\mathcal{F}$ aufaddiert. Auf der rechten Seite kann hingegen der Ausdruck

$$\mu_0 \iint_\mathcal{F} \mathrm{d}^2\boldsymbol{f} \cdot \boldsymbol{j}(\boldsymbol{r})$$

gefunden werden. Das auftretende Integral summiert die Stromdichte über die Oberfläche gewichtet mit dem Winkel zwischen Stromdichte und Oberflächenorientierung auf und gibt somit die durch die Oberfläche $\mathcal{F}$ fließende Stromdichte an. Werden beide Ausdrücke zusammen genommen, kann das Ampère'sche Gesetz

$$\oint_{\partial \mathcal{F}} \mathrm{d}\boldsymbol{r} \cdot \boldsymbol{B}(\boldsymbol{r}) = \mu_0 I_\mathcal{F} = \mu_0 \iint_\mathcal{F} \mathrm{d}^2\boldsymbol{f} \cdot \boldsymbol{j}(\boldsymbol{r})$$

gefunden werden.

(b) **(3 Punkte)** Zeigen Sie, dass im Fall zylindersymmetrischer Verteilungen der Zusammenhang

$$B_\varphi(s) = \frac{\mu_0}{s} \int\limits_0^s \mathrm{d}s' \, s' \, j(s')$$

gefunden werden kann.

Lösungsvorschlag:
Für zylindersymmetrische Ladungsverteilung $\boldsymbol{j}(\boldsymbol{r}) = j(s)\,\hat{\boldsymbol{e}}_z$ bietet es sich an, eine Kreisscheibe mit Radius r parallel zur xy-Ebene zu wählen. Da die physikalische Situation entlang der z-Achse immer gleich ist, kann die Kreisscheibe auch direkt in die xy-Ebene gelegt werden. Für die Stromstärke durch die Kreisscheibe kann so der Ausdruck

$$I_\mathcal{F} = \iint_\mathcal{F} \mathrm{d}^2\boldsymbol{f} \cdot \boldsymbol{j}(\boldsymbol{r}) = \int\limits_0^r \mathrm{d}s \int\limits_0^{2\pi} \mathrm{d}\varphi \, s\, j(s) = 2\pi \int\limits_0^r \mathrm{d}s \, s\, j(s)$$

gefunden werden. Auf der linken Seite wird sich der Ausdruck

$$\oint_{\partial\mathcal{F}} \mathrm{d}\boldsymbol{r} \cdot \boldsymbol{B}(\boldsymbol{r}) = \int\limits_0^{2\pi} \mathrm{d}\varphi \, r\, (\hat{\boldsymbol{e}}_\varphi \cdot \boldsymbol{B}(\boldsymbol{r})) = \int\limits_0^{2\pi} \mathrm{d}\varphi \, r\, B_\varphi(\boldsymbol{r})$$

ergeben. Da die physikalische Situation zylindersymmetrisch ist und sich daher nicht bei Rotationen um die oder Verschiebungen entlang der z-Achse verändert, darf auch die magnetische Flussdichte nicht von φ und z abhängig sein. Somit handelt es sich bei $B_\varphi(r)$ um eine Konstante bezüglich φ und das Integral kann mittels

$$\int\limits_0^{2\pi} \mathrm{d}r \, r\, B_\varphi(\boldsymbol{r}) = 2\pi r\, B_\varphi(r)$$

ausgewertet werden. Durch das Gleichsetzen und ersetzen von r mit s kann der Zusammenhang

$$2\pi s\, B_\varphi(s) = \mu_0\, I_\mathcal{F} \quad \Rightarrow \quad B_\varphi(s) = \frac{\mu_0}{s} \int\limits_0^s \mathrm{d}s' \, s' \, j(s')$$

gefunden werden.

(c) **(5 Punkte)** Betrachten Sie nun die spezielle Verteilung

$$j(s) = \frac{I}{2\pi R^2}\, \mathrm{e}^{-s/R}$$

mit der Gesamtstromstärke I und dem Parameter R. Bestimmen Sie die magnetische Flussdichte.

Lösungsvorschlag:
Um die magnetische Flussdichte bestimmen zu können, muss das Integral

$$\int\limits_0^s \mathrm{d}s'\; s'\, j(s') = \frac{I}{2\pi R^2} \int\limits_0^s \mathrm{d}s'\; s'\, \mathrm{e}^{-s/R}$$

gelöst werden. Durch die Substitution $u = \frac{s}{R}$ lässt sich dieses bereits auf

$$\frac{I}{2\pi R^2} \int\limits_0^s \mathrm{d}s'\; s'\, \mathrm{e}^{-s/R} = \frac{I}{2\pi} \int\limits_0^{s/R} \mathrm{d}u\; u\, \mathrm{e}^{-u}$$

umformen. Mittels partieller Integration kann die Stammfunktion

$$\int \mathrm{d}u\; u\,\mathrm{e}^{-u} = -u\,\mathrm{e}^{-u} + \int \mathrm{d}u\; \mathrm{e}^{-u} = -u\,\mathrm{e}^{-u} - \mathrm{e}^{-u} + c = -(u+1)\,\mathrm{e}^{-u} + c$$

ermittelt werden. Daher kann das Integral vollständig durch

$$\frac{I}{2\pi} \int\limits_0^{s/R} \mathrm{d}u\; u\, \mathrm{e}^{-u} = \frac{I}{2\pi} \left[-(u+1)\,\mathrm{e}^{-u}\right]_0^{s/R} = \frac{I}{2\pi} \left(1 - \left(1 + \frac{s}{R}\right)\mathrm{e}^{-s/R}\right)$$

bestimmt werden. Somit ist die φ-Komponente der magnetischen Flussdichte durch

$$B_\varphi(s) = \frac{\mu_0}{s} \int\limits_0^s \mathrm{d}s'\; s'\, j(s') = \frac{\mu_0 I}{2\pi s} \left(1 - \left(1 + \frac{s}{R}\right)\mathrm{e}^{-s/R}\right)$$

gegeben. Wegen der Zylindersymmetrie können die $\hat{\boldsymbol{e}}_s$ und $\hat{\boldsymbol{e}}_z$ Komponente nur durch konstante äußere Felder verursacht werden, so dass sich in vektorieller Form die magnetische Flussdichte

$$\boldsymbol{B}(\boldsymbol{r}) = \hat{\boldsymbol{e}}_\varphi\, B_\varphi(s) = \hat{\boldsymbol{e}}_\varphi\, \frac{\mu_0 I}{2\pi s} \left(1 - \left(1 + \frac{s}{R}\right)\mathrm{e}^{-s/R}\right)$$

ergibt.

(d) **(4 Punkte)** Zeigen Sie durch explizite Rechnung, dass Ihre Ergebnisse aus Teilaufgabe (c) die differentiellen Maxwell-Gleichungen erfüllen.

Lösungsvorschlag:
Die Divergenz in Zylinderkoordinaten ist durch

$$\nabla \cdot \boldsymbol{V} = \frac{1}{s}\frac{\partial}{\partial s}(s V_s) + \frac{1}{s}\frac{\partial V_\varphi}{\partial \varphi} + \frac{\partial V_z}{\partial z}$$

gegeben. Da nur die φ-Komponente von null verschieden ist, aber nur von s abhängt, ist der Zusammenhang

$$\nabla \cdot \boldsymbol{B} = \frac{1}{s}\frac{\partial B_\varphi}{\partial \varphi} = 0$$

gültig. Für die Rotation kann der Ausdruck im Hinweis verwendet werden, um

$$\nabla \times \boldsymbol{B} = -\hat{\boldsymbol{e}}_s \frac{\partial B_\varphi}{\partial z} + \hat{\boldsymbol{e}}_z \frac{1}{s}\frac{\partial}{\partial s}(sB_\varphi)$$

zu bestimmen. Da B_φ nur von s abhängt, kann auch nur der zweite Term nicht verschwindend sein. Hierfür muss die Ableitung

$$\begin{aligned}
\frac{\partial}{\partial s}(sB_\varphi) &= \frac{\mu_0 I}{2\pi}\frac{\partial}{\partial s}\left(1 - \left(1 + \frac{s}{R}\right)\mathrm{e}^{-s/R}\right)\\
&= \frac{\mu_0 I}{2\pi}\left(-\frac{1}{R}\,\mathrm{e}^{-s/R} + \frac{1}{R}\left(1 + \frac{s}{R}\right)\mathrm{e}^{-s/R}\right)\\
&= \frac{\mu_0 I}{2\pi R^2}\,s\,\mathrm{e}^{-s/R}
\end{aligned}$$

bestimmt werden. Eingesetzt in die Formel für die Rotation kann also

$$\nabla \times \boldsymbol{B} = \hat{\boldsymbol{e}}_z \frac{1}{s}\frac{\partial}{\partial s}(sB_\varphi) = \hat{\boldsymbol{e}}_z \frac{\mu_0 I}{2\pi R^2}\,\mathrm{e}^{-s/R} = \mu_0\,\hat{\boldsymbol{e}}_z \frac{I}{2\pi R^2}\,\mathrm{e}^{-s/R}$$

gefunden werden. Ein Vergleich mit der Stromdichte

$$\boldsymbol{j}(\boldsymbol{r}) = j(s)\,\hat{\boldsymbol{e}}_z = \hat{\boldsymbol{e}}_z \frac{I}{2\pi R^2}\,\mathrm{e}^{-s/R}$$

zeigt, dass sich hier

$$\nabla \times \boldsymbol{B} = \mu_0\,\boldsymbol{j}$$

ergibt. Da die gefundene magnetische Flussdichte mit den Maxwell-Gleichungen verträglich ist, stellt sie eine Lösung derselbigen dar. [2]

(e) **(5 Punkte)** Betrachten Sie nun die spezielle Verteilung

$$j(s) = \frac{j_0}{1 + \frac{s^2}{R^2}}$$

mit den beiden Parametern j_0 und R. Bestimmen Sie die magnetische Flussdichte.

Lösungsvorschlag:
Für die magnetische Flussdichte muss das Integral

$$\int_0^s \mathrm{d}s'\, s'\, j(s') = j_0 \int_0^s \mathrm{d}s'\, \frac{s'}{1 + \frac{s'^2}{R^2}}$$

---

[2]Im Besonderen handelt es sich um jene Lösung, bei der im Grenzfall $s \to \infty$ die magnetische Flussdichte verschwindet.

ausgewertet werden. Mit der Substitution $u = \frac{s'}{R}$ kann dies zunächst auf die Form

$$j_0 \int_0^s \mathrm{d}s' \; \frac{s'}{1 + \frac{s'^2}{R^2}} = j_0 R^2 \int_0^{s/R} \mathrm{d}u \; \frac{u}{1 + u^2}$$

gebracht werden. Nun kann die weitere Substitution $w = 1 + u^2$ vorgenommen werden, so dass sich mit

$$\mathrm{d}w = 2u \, \mathrm{d}u$$

der Ausdruck

$$j_0 R^2 \int_0^{s/R} \mathrm{d}u \; \frac{u}{1 + u^2} = \frac{j_0 R^2}{2} \int_1^{1+s^2/R^2} \mathrm{d}w \; \frac{1}{w}$$

$$= \frac{j_0 R^2}{2} \left[\ln(w)\right]_1^{1+s^2/R^2} = \frac{j_0 R^2}{2} \ln\left(1 + \frac{s^2}{R^2}\right)$$

ergibt. Da die φ-Komponente der magnetischen Flussdichte durch

$$B_\varphi(s) = \frac{\mu_0}{s} \int_0^s \mathrm{d}s' \; s' \, j(s')$$

zu bestimmen ist, kann

$$B_\varphi(s) = \frac{\mu_0 j_0 R^2}{2s} \ln\left(1 + \frac{s^2}{R^2}\right)$$

gefunden werden. Schlussendlich können die s- und z-Komponenten nur durch äußere Felder nicht null sein und die magnetische Flussdichte kann in vektorieller Form deshalb als

$$\boldsymbol{B}(\boldsymbol{r}) = \hat{\boldsymbol{e}}_\varphi \, B_\varphi(s) = \hat{\boldsymbol{e}}_\varphi \, \frac{\mu_0 j_0 R^2}{2s} \ln\left(1 + \frac{s^2}{R^2}\right)$$

geschrieben werden.

(f) **(3 Punkte)** Zeigen Sie durch explizite Rechnung, dass Ihre Ergebnisse aus Teilaufgabe (e) die differentiellen Maxwell-Gleichungen erfüllen.

Lösungsvorschlag:
Für die Divergenz ist erneut nur der Term

$$\boldsymbol{\nabla} \cdot \boldsymbol{B} = \frac{1}{s} \frac{\partial B_\varphi}{\partial \varphi}$$

von Belang. Da B_φ nur von s abhängt, ist die Divergenz auch in diesem Fall null. Für die Rotation muss auch hier der Ausdruck

$$\nabla \times \boldsymbol{B} = \hat{\boldsymbol{e}}_z \frac{1}{s} \frac{\partial}{\partial s}(sB_\varphi)$$

ausgewertet werden. Dazu kann zunächst die Ableitung

$$\frac{\partial}{\partial s}(sB_\varphi) = \frac{\partial}{\partial s}\left(\frac{\mu_0 j_0 R^2}{2}\ln\left(1 + \frac{s^2}{R^2}\right)\right)$$
$$= \frac{\mu_0 j_0 R^2}{2}\frac{2s/R^2}{1 + \frac{s^2}{R^2}} = \mu_0 \frac{j_0}{1 + \frac{s^2}{R^2}}s$$

betrachtet werden. Eingesetzt in die Formel für die Rotation wird damit

$$\nabla \times \boldsymbol{B} = \hat{\boldsymbol{e}}_z \frac{1}{s}\mu_0 \frac{j_0}{1 + \frac{s^2}{R^2}}s = \mu_0 \hat{\boldsymbol{e}}_z \frac{j_0}{1 + \frac{s^2}{R^2}}$$

gefunden. Ein Vergleich mit der Stromdichte

$$\boldsymbol{j}(\boldsymbol{r}) = \hat{\boldsymbol{e}}_z \frac{j_0}{1 + \frac{s^2}{R^2}}$$

zeigt, dass auch hier

$$\nabla \times \boldsymbol{B}(\boldsymbol{r}) = \mu_0 \boldsymbol{j}(\boldsymbol{r})$$

gilt. Somit erfüllt die gefundene magnetische Flussdichte die Maxwell-Gleichungen der Magnetostatik.

(g) **(2 Punkte)** Bestimmen Sie die zur Stromverteilung gehörende Gesamtstromstärke und bewerten Sie, ob es sich um ein physikalisches Beispiel handelt.

Lösungsvorschlag:
Da nach den Erkenntnissen von Teilaufgabe (b) auch

$$2\pi s\, B_\varphi(s) = \mu_0 I_\mathcal{F} \quad \Rightarrow \quad I_\mathcal{F} = \frac{2\pi}{\mu_0}s\, B_\varphi(s)$$

gilt, kann die Gesamtstromstärke im Grenzwert $s \to \infty$ gefunden werden. Für die vorliegende Stromverteilung ist

$$I(s) = \frac{2\pi}{\mu_0}s\, B_\varphi(s) = \frac{2\pi}{\mu_0}s\frac{\mu_0 j_0 R^2}{2s}\ln\left(1 + \frac{s^2}{R^2}\right) = j_0 \pi R^2 \ln\left(1 + \frac{s^2}{R^2}\right)$$

gültig. Im Grenzfall $s \to \infty$ geht dieser Ausdruck gegen unendlich, womit auch die Gesamtstromstärke einen unendlichen Wert annimmt. Eine unendlich große Stromstärke ist aber physikalisch nicht möglich.

Aufgabe 3   **25 *Punkte***

Multipolmomente einer asymmetrisch geladenen Kugelschale

In dieser Aufgabe soll die Oberflächenladungsdichte

$$\sigma(\theta,\varphi) = \hat\sigma \sin(\theta)\cos(\varphi)$$

auf einer infinitesimalen dünnen Kugelschale mit Radius R betrachtet werden. Ziel ist es, die sphärischen Multipolmomente und darüber das Potential sowie das elektrische Feld außerhalb der Kugelschale zu bestimmen.

(a) **(5 Punkte)** Entwickeln Sie den Ausdruck

$$\frac{1}{|\boldsymbol{r}-\boldsymbol{r}'|}$$

für $r' < r$ in Legendre-Polynome und nutzen Sie den Zusammenhang

$$P_l\left(\frac{\boldsymbol{r}\cdot\boldsymbol{r}'}{rr'}\right) = \frac{4\pi}{2l+1}\sum_{m=-l}^{l} Y_{lm}^*(\theta',\varphi')Y_{lm}(\theta,\varphi)$$

zu den Kugelflächenfunktionen, um das Potential durch

$$\phi(\boldsymbol{r}) = \frac{1}{4\pi\varepsilon_0}\sum_{l=0}^{\infty}\sum_{m=-l}^{l}\sqrt{\frac{4\pi}{2l+1}}\frac{q_{lm}}{r^{l+1}}Y_{lm}(\theta,\varphi)$$

auszudrücken. Wie lassen sich die sphärischen Multipolmomente q_{lm} durch ein Integral über eine gegebene Volumenladungsdichte bestimmen?

Lösungsvorschlag:
Der gegebene Ausdruck kann als

$$\frac{1}{|\boldsymbol{r}-\boldsymbol{r}'|} = \frac{1}{\sqrt{r^2 - 2\boldsymbol{r}\cdot\boldsymbol{r}' + r'^2}} = \frac{1}{r}\frac{1}{\sqrt{1 - 2\frac{r'}{r}\frac{\boldsymbol{r}\cdot\boldsymbol{r}'}{rr'} + \left(\frac{r'}{r}\right)^2}}$$

geschrieben werden. Mit $\lambda = \frac{r'}{r} < 1$ und $x = \frac{\boldsymbol{r}\cdot\boldsymbol{r}'}{rr'}$ handelt es sich bei

$$\frac{1}{\sqrt{1 - 2\lambda x + \lambda^2}}$$

um die erzeugende Funktion der Legendre-Polynome, weshalb auch

$$\frac{1}{\sqrt{1 - 2\lambda x + \lambda^2}} = \sum_{l=0}^{\infty}\lambda^l P_l(x)$$

bzw.

$$\frac{1}{|\boldsymbol{r} - \boldsymbol{r}'|} = \sum_{l=0}^{\infty} \frac{r'^l}{r^{l+1}} P_l\left(\frac{\boldsymbol{r} \cdot \boldsymbol{r}'}{rr'}\right)$$

gültig ist. Mit dem angegebenen Zusammenhang zwischen Legendre-Polynomen und Kugelflächenfunktionen kann dieser Ausdruck noch weiter auf

$$\frac{1}{|\boldsymbol{r} - \boldsymbol{r}'|} = \sum_{l=0}^{\infty} \frac{r'^l}{r^{l+1}} \frac{4\pi}{2l+1} \sum_{m=-l}^{l} Y_{lm}^*(\theta', \varphi') Y_{lm}(\theta, \varphi)$$

umgeformt werden. Da das elektrische Potential durch

$$\phi(\boldsymbol{r}) = \frac{1}{4\pi\varepsilon_0} \iiint_{\mathbb{R}^3} \mathrm{d}^3 r' \frac{\rho(\boldsymbol{r})}{|\boldsymbol{r} - \boldsymbol{r}'|}$$

bestimmt werden kann, kann für räumlich beschränkte Ladungsverteilungen der Zusammenhang

$$\phi(\boldsymbol{r}) = \frac{1}{4\pi\varepsilon_0} \iiint_{\mathbb{R}^3} \mathrm{d}^3 r' \, \rho(\boldsymbol{r}') \left(\sum_{l=0}^{\infty} \frac{r'^l}{r^{l+1}} \frac{4\pi}{2l+1} \sum_{m=-l}^{l} Y_{lm}^*(\theta', \varphi') Y_{lm}(\theta, \varphi) \right)$$

$$= \frac{1}{4\pi\varepsilon_0} \sum_{l=0}^{\infty} \sum_{m=-l}^{l} \sqrt{\frac{4\pi}{2l+1}} \frac{Y_{lm}(\theta, \varphi)}{r^{l+1}} \left(\sqrt{\frac{4\pi}{2l+1}} \iiint_{\mathbb{R}^3} \mathrm{d}^3 r' \, \rho(\boldsymbol{r}') \, r'^l Y_{lm}^*(\theta', \varphi') \right)$$

aufgestellt werden. Damit dieser Ausdruck exakt ist, muss die Ladungsverteilung von einer Kugelschale des Radius R umschlossen werden können und es müssen Vektoren $\boldsymbol{r}$ mit $r > R$ betrachtet werden. Ein Vergleich mit dem Ausdruck in der Aufgabenstellung zeigt, dass die sphärischen Multipolmomente durch

$$q_{lm} = \sqrt{\frac{4\pi}{2l+1}} \iiint_{\mathbb{R}^3} \mathrm{d}^3 r \, \rho(\boldsymbol{r}) \, r^l Y_{lm}^*(\theta, \varphi)$$

zu bestimmen sind.

(b) **(6 Punkte)** Stellen Sie für $l = 0$ und $l = 1$ einen Zusammenhang zwischen den sphärischen Multipolmomenten und den kartesischen Komponenten des Monopolmoments Q sowie des Dipolmoments $\boldsymbol{p}$ her.

Hinweis: Die ersten vier Kugelflächenfunktionen sind durch

$$Y_{00} = \frac{1}{\sqrt{4\pi}} \qquad Y_{10} = \sqrt{\frac{3}{4\pi}} \cos(\theta) \qquad Y_{1\pm 1} = \mp\sqrt{\frac{3}{8\pi}} \sin(\theta)\, \mathrm{e}^{\pm \mathrm{i}\varphi}$$

gegeben.

Lösungsvorschlag:

Für $l = 0$ ist das sphärische Multipolmoment durch

$$q_{00} = \sqrt{\frac{4\pi}{1}} \iiint\limits_{\mathbb{R}^3} \mathrm{d}^3 r \ \rho(\boldsymbol{r}) \, r^0 Y_{00}^*(\theta, \varphi)$$

$$= \sqrt{4\pi} \iiint\limits_{\mathbb{R}^3} \mathrm{d}^3 r \ \rho(\boldsymbol{r}) \sqrt{4\pi} = \iiint\limits_{\mathbb{R}^3} \mathrm{d}^3 r \ \rho(\boldsymbol{r})$$

gegeben. Dieser Ausdruck ist aber gerade das kartesische Monopolmoment, so dass

$$q_{00} = Q$$

gilt.

Die sphärischen Dipolmomente sind durch

$$q_{1m} = \sqrt{\frac{4\pi}{3}} \iiint\limits_{\mathbb{R}^3} \mathrm{d}^3 r \ \rho(\boldsymbol{r}) \, r Y_{1m}^*(\theta, \varphi)$$

gegeben. Da sich x, y und z in Kugelkoordinaten durch

$$x = r \cos(\varphi) \sin(\theta) \qquad y = r \sin(\varphi) \sin(\theta) \qquad z = r \cos(\theta)$$

ausdrücken lassen, können Produkte von Kugelflächenfunktionen und r durch die kartesischen Koordinaten ausgedrückt werden. Für $m = 0$ kann so bspw.

$$r Y_{10}^* = \sqrt{\frac{3}{4\pi}} r \cos(\theta) = \sqrt{\frac{3}{4\pi}} z$$

gefunden werden, während sich für $m = 1$ der Zusammenhang

$$r Y_{1\pm 1}^* = \mp \sqrt{\frac{3}{8\pi}} r \sin(\theta) \, \mathrm{e}^{\mp \mathrm{i}\varphi} = \mp \sqrt{\frac{3}{8\pi}} r \sin(\theta) \left(\cos(\varphi) \mp \mathrm{i} \sin(\varphi) \right)$$

$$= \mp \sqrt{\frac{3}{8\pi}} \left(r \sin(\theta) \cos(\varphi) \mp \mathrm{i} r \sin(\theta) \sin(\varphi) \right) = \mp \sqrt{\frac{3}{8\pi}} (x \mp \mathrm{i}y)$$

ergibt. Diese Ergebnisse lassen sich nun in die sphärischen Dipolmomente einsetzen, um so

$$q_{10} = \sqrt{\frac{4\pi}{3}} \iiint\limits_{\mathbb{R}^3} \mathrm{d}^3 r \ \rho(\boldsymbol{r}) \sqrt{\frac{3}{4\pi}} z = \iiint\limits_{\mathbb{R}^3} \mathrm{d}^3 r \ \rho(\boldsymbol{r}) \, z = p_z$$

und

$$q_{1\pm 1} = \sqrt{\frac{4\pi}{3}} \iiint\limits_{\mathbb{R}^3} \mathrm{d}^3 r \ \rho(\boldsymbol{r}) \left(\mp \sqrt{\frac{3}{8\pi}} (x \mp \mathrm{i}y) \right) = \mp \frac{1}{\sqrt{2}} \iiint\limits_{\mathbb{R}^3} \mathrm{d}^3 r \ \rho(\boldsymbol{r}) \, (x \mp \mathrm{i}y)$$

$$= \mp \frac{1}{\sqrt{2}} (p_x \mp \mathrm{i}p_y) = \frac{1}{\sqrt{2}} (\mp p_x + \mathrm{i}p_y)$$

zu erhalten. Dieses Ergebnis lässt sich auch umkehren, um die kartesischen Multipolmomente durch die sphärischen auszudrücken. Dabei können die Ausdrücke

$$p_x = \frac{1}{\sqrt{2}}(q_{1-1} - q_{11}) \qquad p_y = \frac{-i}{\sqrt{2}}(q_{1-1} + q_{11}) \qquad p_z = q_{10}$$

gefunden werden.

(c) **(3 Punkte)** Drücken Sie die gegebene Oberflächenladungsdichte durch die Kugelflächenfunktionen aus. Geben Sie dann die Volumenladungsdichte $\rho(\boldsymbol{r})$ durch das Hinzufügen einer geeigneten radialen Funktion an.

Lösungsvorschlag:
Ein Vergleich zwischen der Oberflächenladungsdichte und den Kugelfunktionen bis $l = 1$ zeigt, dass der Faktor $\sin(\theta)$ nur in $Y_{1\pm1}$ auftritt. Daher empfiehlt es sich, den Kosinus von φ durch Exponentialfunktionen auszudrücken. Auf diesem Weg kann der Ausdruck

$$\sigma(\theta, \varphi) = \hat{\sigma} \sin(\theta) \cos(\varphi) = \frac{\hat{\sigma}}{2} \sin(\theta) \left(e^{i\varphi} + e^{-i\varphi}\right)$$

gefunden werden. Die entsprechenden Kugelflächenfunktionen haben den Vorfaktor $\sqrt{\frac{3}{8\pi}}$, der durch Erweitern mit

$$\sigma(\theta, \varphi) = \frac{\hat{\sigma}}{2} \sqrt{\frac{8\pi}{3}} \left(\sqrt{\frac{3}{8\pi}} \sin(\theta) e^{i\varphi} + \sqrt{\frac{3}{8\pi}} \sin(\theta) e^{-i\varphi}\right)$$

eingeführt werden kann. Auf diese Weise wird der Ausdruck

$$\sigma(\theta, \varphi) = \hat{\sigma} \sqrt{\frac{2\pi}{3}} \left(-Y_{11}(\theta, \varphi) + Y_{1-1}(\theta, \varphi)\right)$$

gewonnen. Um aus der Oberflächenladungsdichte eine Raumladungsdichte zu machen, muss nur die entsprechende Dirac-Delta-Funktion $\delta(r - R)$ multipliziert werden, da sich die Ladung auf die Kugeloberfläche beschränkt. Auf diese Weise kann die Raumladungsdichte

$$\rho(\boldsymbol{r}) = \sigma(\theta, \varphi)\delta(r - R) = \hat{\sigma} \sqrt{\frac{2\pi}{3}} \left(-Y_{11}(\theta, \varphi) + Y_{1-1}(\theta, \varphi)\right) \delta(r - R)$$

gefunden werden.

(d) **(4 Punkte)** Bestimmen Sie die sphärischen Multipolmomente für die gegebene Ladungsverteilung.

Lösungsvorschlag:
Da die sphärischen Multipolmomente nach Teilaufgabe (a) durch

$$q_{lm} = \sqrt{\frac{4\pi}{2l + 1}} \iiint_{\mathbb{R}^3} \mathrm{d}^3r \; \rho(\boldsymbol{r}) \, r^l Y_{lm}^*(\theta, \varphi)$$

bestimmt werden müssen und die Raumdichteverteilung nach Teilaufgabe (c) durch

$$\rho(\boldsymbol{r}) = \sigma(\theta, \varphi)\delta(r - R)$$

geschrieben werden kann, kann zunächst der Ausdruck

$$q_{lm} = \sqrt{\frac{4\pi}{2l+1}} \int\limits_0^\infty \mathrm{d}r \; r^2 \int \mathrm{d}\Omega \; \sigma(\theta, \varphi)\delta(r - R) \; r^l Y_{lm}^*(\theta, \varphi)$$

$$= R^{l+2}\sqrt{\frac{4\pi}{2l+1}} \int\limits_0^\pi \mathrm{d}\theta \; \sin(\theta) \int\limits_0^{2\pi} \mathrm{d}\varphi \; \sigma(\theta, \varphi) \, Y_{lm}^*(\theta, \varphi)$$

gefunden werden. Durch explizites Einsetzen der Ladungsverteilung vereinfacht sich dies zu

$$q_{lm} = \hat{\sigma} R^{l+2}\sqrt{\frac{2\pi}{3}}\sqrt{\frac{4\pi}{2l+1}} \int \mathrm{d}\Omega \; (Y_{1-1}(\theta, \varphi) - Y_{11}(\theta, \varphi))Y_{lm}^*(\theta, \varphi).$$

Da die Kugelflächenfunktionen die Orthogonalitätstrelation

$$\int \mathrm{d}\Omega \; Y_{l'm'}(\theta, \varphi)Y_{lm}^*(\theta, \varphi) = \delta_{ll'}\delta_{mm'}$$

erfüllen, können damit die sphärischen Multipolmomente

$$q_{lm} = \hat{\sigma} R^{l+2}\sqrt{\frac{2\pi}{3}}\sqrt{\frac{4\pi}{2l+1}}\delta_{l1}(\delta_{m-1} - \delta_{m1}) = \hat{\sigma} R^3 \sqrt{2}\frac{2\pi}{3}\delta_{l1}(\delta_{m-1} - \delta_{m1})$$

bestimmt werden. Das bedeutet, dass alle sphärischen Multipolmomente außer

$$q_{11} = -\hat{\sigma}\frac{2\pi R^3}{3}\sqrt{2} \qquad q_{1-1} = -q_{11} = \hat{\sigma}\frac{2\pi R^3}{3}\sqrt{2}$$

verschwinden.

Nicht gefragt:
Da die Entwicklung außerhalb der Kugel exakt ist und nur diese beiden Multipolmomente auftreten, bedeutet dies, dass die Ladungsverteilung nur über ein Dipolmoment verfügt. Es lässt sich nach den Erkenntnissen aus Teilaufgabe (b) durch

$$p_x = \frac{1}{\sqrt{2}}(q_{1-1} - q_{11}) = \hat{\sigma}\frac{4\pi R^3}{3} \qquad p_y = 0 \qquad p_z = 0$$

bestimmen.

(e) **(4 Punkte)** Bestimmen Sie das Potential außerhalb der Kugelschale mit Ihren bisherigen Ergebnissen. Drücken Sie das Potential sowohl in Kugelkoordinaten wie auch in kartesischen Koordinaten aus.

Lösungsvorschlag:
Nach Teilaufgabe (a) kann das Potential durch

$$\phi(\boldsymbol{r}) = \frac{1}{4\pi\varepsilon_0} \sum_{l=0}^{\infty} \sum_{m=-l}^{l} \sqrt{\frac{4\pi}{2l+1}} \frac{q_{lm}}{r^{l+1}} Y_{lm}(\theta,\varphi)$$

bestimmt werden. Es muss im vorliegenden Fall also durch

$$\phi(\boldsymbol{r}) = \frac{1}{4\pi\varepsilon_0} \sqrt{\frac{4\pi}{3}} \frac{q_{11}}{r^2} \left(Y_{11}(\theta,\varphi) - Y_{1-1}(\theta,\varphi) \right)$$

$$= \frac{1}{4\pi\varepsilon_0} \sqrt{\frac{4\pi}{3}} \frac{-\hat{\sigma}\frac{2\pi R^3}{3}\sqrt{2}}{r^2} \left(-\sqrt{\frac{3}{8\pi}} \sin(\theta)\, \mathrm{e}^{\mathrm{i}\varphi} - \sqrt{\frac{3}{8\pi}} \sin(\theta)\, \mathrm{e}^{-\mathrm{i}\varphi} \right)$$

$$= \frac{\hat{\sigma} 2\pi R^3}{3 \cdot 4\pi\varepsilon_0} \frac{1}{r^2} \sin(\theta) \left(\mathrm{e}^{\mathrm{i}\varphi} + \mathrm{e}^{-\mathrm{i}\varphi} \right) = \frac{\hat{\sigma} R^3}{3\varepsilon_0} \frac{\sin(\theta)\cos(\varphi)}{r^2}$$

gegeben sein, wobei bereits die Kugelflächenfunktionen sowie die Ergebnisse aus Teilaufgabe (d) explizit eingesetzt wurden. Da die x-Koordinate in Kugelkoordinaten durch

$$x = r\cos(\varphi)\sin(\theta)$$

ausgedrückt werden kann, kann das Potential in kartesischen Koordinaten zu

$$\phi(\boldsymbol{r}) = \frac{\hat{\sigma} R^3}{3\varepsilon_0} \frac{x}{r^3} = \frac{\hat{\sigma} R^3}{3\varepsilon_0} \frac{x}{(x^2+y^2+z^2)^{3/2}}$$

bestimmt werden.

Nicht gefragt: Da das Potential eines Dipols durch

$$\phi^{(1)}(\boldsymbol{r}) = \frac{1}{4\pi\varepsilon_0} \frac{\boldsymbol{p} \cdot \boldsymbol{r}}{r^3}$$

gegeben ist, lässt sich daraus direkt das Dipolmoment

$$\boldsymbol{p} = \hat{\boldsymbol{e}}_x \frac{4\pi R^3}{3} \hat{\sigma}$$

ablesen. Es wurde bereits in Teilaufgabe (d) ermittelt und stellt eine Möglichkeit dar, das Ergebnis auf Konsistenz zu prüfen.

(f) **(3 Punkte)** Bestimmen Sie das elektrische Feld in kartesischen Koordinaten. Handelt es sich bei Ihrem Ergebnis um eine Näherung?

Lösungsvorschlag:
Um das elektrische Feld zu bestimmen, muss der Gradient

$$\boldsymbol{E} = -\boldsymbol{\nabla}\phi$$

gebildet werden. Auf diese Weise kann der Ausdruck

$$\boldsymbol{E} = -\frac{\hat{\sigma} R^3}{3\varepsilon_0}\boldsymbol{\nabla}\left(\frac{x}{r^3}\right) = -\frac{\hat{\sigma} R^3}{3\varepsilon_0}\left(\frac{1}{r^3}\boldsymbol{\nabla}x - 3\frac{x}{r^4}\boldsymbol{\nabla}r\right) = -\frac{\hat{\sigma} R^3}{3\varepsilon_0}\frac{1}{r^3}\left(\hat{\boldsymbol{e}}_x - 3\frac{x\,\boldsymbol{r}}{r^2}\right)$$

gefunden werden, wobei $\boldsymbol{\nabla}x = \hat{\boldsymbol{e}}_x$ und $\boldsymbol{\nabla}r = \frac{\boldsymbol{r}}{r}$ verwendet wurden. Da die Reihenentwicklung in Kugelflächenfunktionen außerhalb der Kugel keine Näherung sondern ein exakter Ausdruck ist, handelt es sich auch bei diesem Ergebnis um das exakte Feld außerhalb der Kugel. Im Besonderen verfügt die vorgegebene Ladungsverteilung nur über ein Dipolmoment.

Aufgabe 4   **25 *Punkte***

Ebene Welle an bewegter Grenzfläche

In dieser Aufgabe soll die Reflexion und Transmission einer ebenen elektromagnetischen Welle an einer sich bewegenden Grenzfläche zwischen dem Vakuum und einem Medium mit Permittivität ε und Permeabilität μ untersucht werden. Die Grenzfläche soll sich zum Zeitpunkt $t = 0$ bei $z = 0$ befinden und mit Geschwindigkeit u in positive z-Richtung bewegen. Die Welle fällt senkrecht zu dieser Fläche von links ein und das elektrische Feld sei in x-Richtung polarisiert.

(a) **(1,5 Punkte)** Zeigen Sie anhand der Maxwell-Gleichungen, dass für eine ebene Welle der Form

$$E = \hat{E}_0 \, e^{i(\mathbf{k}\cdot\mathbf{r}-\omega t)}$$

der Zusammenhang

$$B = \frac{\mathbf{k}}{\omega} \times E$$

gilt.

Lösungsvorschlag:
Das Induktionsgesetz

$$\nabla \times E = -\partial_t B$$

erlaubt es, aus der Form von E die Form von B zu bestimmen. Zu diesem Zweck muss zunächst die Rotation des elektrischen Feldes

$$\nabla \times E = \nabla \times \left(\hat{E}_0 \, e^{i(\mathbf{k}\cdot\mathbf{r}-\omega t)} \right) = i\mathbf{k} \times \hat{E}_0 \, e^{i(\mathbf{k}\cdot\mathbf{r}-\omega t)}$$

gebildet werden. Die magnetische Flussdichte kann dann als zeitliches Integral gemäß

$$B = - \int dt \, (\nabla \times E) = - \frac{i\mathbf{k}}{-i\omega}\hat{E}_0 \, e^{i(\mathbf{k}\cdot\mathbf{r}-\omega t)} = \frac{\mathbf{k}}{\omega} \times E$$

gefunden werden.

(b) **(1,5 Punkte)** Drücken Sie die magnetische Feldstärke H im Fall eines homogenen, isotropen und *unbewegten* Mediums durch das elektrische Feld und die Wellenimpedanz $Z = \sqrt{\frac{\mu}{\varepsilon}}$ aus.

Lösungsvorschlag:
Die magnetische Flussdichte und die magnetische Feldstärke sind in einem unbewegten, isotropen und homogenen Medium durch

$$B = \mu H$$

verknüpft. Somit lässt sich zunächst die Form

$$H = \frac{1}{\mu}\frac{k}{\omega} \times E$$

finden. Da die elektrische Feldstärke im quellenfreien Fall die Wellengleichung

$$\left(\mu\varepsilon\frac{\partial^2}{\partial t^2} - \Delta\right) E = 0$$

erfüllen muss, kann durch Einsetzen der elektrischen Feldstärke

$$E = \hat{E}_0 \, \mathrm{e}^{\mathrm{i}(k \cdot r - \omega t)}$$

die Dispersionsrelation

$$\mu\varepsilon\omega^2 - k^2 = 0 \quad \Rightarrow \quad k = |k| = \omega\sqrt{\mu\varepsilon}$$

aufgestellt werden. Wird der Wellenvektor durch $k = k\,\hat{e}_k$ ausgedrückt, lässt sich der Zusammenhang zwischen elektrischer und magnetischer Feldstärke als

$$H = \frac{1}{\mu}\,\sqrt{\mu\varepsilon}\,\hat{e}_k \times E = \sqrt{\frac{\varepsilon}{\mu}}\,\hat{e}_k \times E$$

darstellen. Mit der Definition der Impedanz $Z = \sqrt{\frac{\mu}{\varepsilon}}$ kann dies dann schlussendlich auf die Form

$$H = \frac{\hat{e}_k \times E}{Z}$$

gebracht werden.

(c) **(1 Punkt)** Machen Sie einen Ansatz für die beiden Raumbereiche $z < ut$ und $z > ut$, als ob die Grenzfläche sich nicht bewegen würde, aber mit zunächst unterschiedlichen Frequenzen ω, ω_r und ω_t für die einfallende, reflektierte und transmittierte Welle.

Lösungsvorschlag:
Links von $z = ut$ wird es eine einlaufende Welle mit Amplitude E_0 und eine reflektierte Welle mit Amplitude E_r geben. Durch den senkrechten Einfall spielt die Polarisation keine Rolle und kann in beiden Fällen parallel zur x-Achse angenommen werden. Der Wellenvektor wird allein durch das Medium und die Frequenz bestimmt. Somit lässt sich in diesem Raumbereich der Ansatz

$$E_L = \hat{e}_x \left(E_0 \, \mathrm{e}^{\mathrm{i}(kz - \omega t)} + E_r \, \mathrm{e}^{-\mathrm{i}(k_r z + \omega_r t)}\right)$$

machen. Das umgekehrte Vorzeichen des Wellenvektors im Exponenten der reflektierten Welle rührt daher, dass die reflektierte Welle nach links laufen muss. Da es sich in diesem Raumbereich um das Vakuum handelt, ist der Zusammenhang

$$\omega = kc \qquad \omega_r = k_r c$$

gültig. Rechts von der Grenzfläche gibt es nur die transmittierte Welle. Diese muss ebenfalls entlang der x-Achse polarisiert sein und hat die Amplitude E_t. In diesem Raumbereich kann daher der Feldansatz

$$\boldsymbol{E}_\mathrm{R} = E_\mathrm{t}\, \mathrm{e}^{\mathrm{i}(k_\mathrm{t} z - \omega_\mathrm{t} t)}$$

gemacht werden. Hier bewegt sich die elektromagnetische Welle in einem Medium der Permittivität ε und der Permeabilität μ, so dass der Zusammenhang

$$\omega_\mathrm{t} = \frac{k_\mathrm{t}}{\sqrt{\mu\varepsilon}} = \frac{k_\mathrm{t} c}{n}$$

gilt, wobei n der Brechungsindex des Mediums ist.

(d) **(3 Punkte)** Verwenden Sie die Stetigkeitsbedingungen, um die Frequenzen ω_r und ω_t der reflektierten und transmittierten Welle zu bestimmen.

Lösungsvorschlag:
Die Stetigkeitsbedingungen besagen, dass die transversalen Komponenten der Feldstärken $\boldsymbol{E}$ und $\boldsymbol{H}$ im quellenfreien Fall an Grenzflächen erhalten sind. Da es sich um eine transversale Welle handelt, sind also nur diese Stetigkeitsbedingungen von Interesse. Für das elektrische Feld muss daher an der Stelle $z = ut$

$$E_0\, \mathrm{e}^{\mathrm{i}(ku - \omega)t} + E_\mathrm{r}\, \mathrm{e}^{-\mathrm{i}(k_\mathrm{r} u + \omega_\mathrm{r})t} = E_\mathrm{t}\, \mathrm{e}^{\mathrm{i}(k_\mathrm{t} u - \omega_\mathrm{t})t}$$

zu allen Zeiten t gelten. Die oszillierenden Terme im Exponent können diese Bedingung nur erfüllen, wenn die Koeffizienten alle gleich sind, womit sich die Gleichungen

$$ku - \omega = -(k_\mathrm{r} u + \omega_\mathrm{r}) = k_\mathrm{t} u - \omega_\mathrm{t}$$

finden lassen. Im Fall der reflektierten Welle lässt sich mit $k_\mathrm{r} = \frac{\omega_\mathrm{r}}{c}$ und $k = \frac{\omega}{c}$ so der Zusammenhang

$$\omega - ku = \omega - \frac{u}{c}\omega = \left(1 - \frac{u}{c}\right)\omega = \omega_\mathrm{r} + k_\mathrm{r} u = \omega_\mathrm{r}\left(1 + k\frac{u}{c}\right)$$
$$\Rightarrow \quad \omega_\mathrm{r} = \omega\frac{1 - \beta}{1 + \beta}$$

herstellen. Hierbei wurde zuletzt $\beta = \frac{u}{c}$ eingeführt.
Für die transmittierte Welle muss wegen $k_\mathrm{t} = \frac{\omega_\mathrm{t}}{c} n$ hingegen der Zusammenhang

$$\omega - ku = \left(1 - \frac{u}{c}\right)\omega = \omega_\mathrm{t} - k_\mathrm{t} u = \omega_\mathrm{t}\left(1 - n\frac{u}{c}\right)$$
$$\Rightarrow \quad \omega_\mathrm{t} = \omega\frac{1 - \beta}{1 - n\beta}$$

gültig sein.

(e) **(2 Punkte)** Zeigen Sie nun weiter, dass die Amplituden des elektrischen Feldes durch

$$E_{\mathrm{r}} = \frac{Z_2 - Z_1}{Z_1 + Z_2} E_0 = \rho E_0 \qquad E_{\mathrm{t}} = \frac{2Z_2}{Z_1 + Z_2} E_0 = \tau E_0$$

verknüpft sind. Hierin sind E_0 die Amplitude der einfallenden Welle, E_{r} die Amplitude der reflektierten Welle und E_{t} die Amplitude der transmittierten Welle. ρ und τ sind jeweils der Reflexions- und Transmissionskoeffizient der Amplituden.

Lösungsvorschlag:
Mit den Ergebnissen von Teilaufgabe (d) kann die Stetigkeitsbedingung der elektrischen Feldstärke auch durch

$$E_0 + E_{\mathrm{r}} = E_{\mathrm{t}}$$

ausgedrückt werden. Für die Stetigkeitsbedingung der magnetischen Feldstärke muss jene zunächst über die Ergebnisse aus Teilaufgabe (b) ermittelt werden. Da das elektrische Feld in jedem Fall in x-Richtung polarisiert ist und sich die Welle entlang der z-Achse ausbreitet, wird das Magnetfeld entlang der y-Achse polarisiert sein. Aufgrund der umgekehrten Laufrichtung der reflektierten Welle wird sich hier ein relatives Vorzeichen zur einfallenden und transmittierten Welle ergeben. Daher kann die Stetigkeitsbedingung

$$\frac{1}{Z_1}(E_0 - E_{\mathrm{r}}) = \frac{E_{\mathrm{t}}}{Z_2}$$

gefunden werden. Durch Einsetzen der ersten Stetigkeitsbedingung kann mit der Rechnung

$$\frac{E_0 - E_{\mathrm{r}}}{Z_1} = \frac{E_0 + E_{\mathrm{r}}}{Z_2} \quad \Rightarrow \quad \left(\frac{1}{Z_1} - \frac{1}{Z_2}\right) E_0 = \left(\frac{1}{Z_1} + \frac{1}{Z_2}\right) E_{\mathrm{r}}$$

somit

$$E_{\mathrm{r}} = E_0 \frac{Z_2 - Z_1}{Z_1 + Z_2}$$

ermittelt werden. Mit der ersten Stetigkeitsbedingungen lässt sich hieraus auch direkt

$$E_{\mathrm{t}} = E_0 + E_{\mathrm{r}} = E_0 + E_0 \frac{Z_2 - Z_1}{Z_1 + Z_2} = E_0 \frac{2Z_2}{Z_1 + Z_2}$$

bestimmen. Damit ergeben sich die in der Aufgabe geschilderten Zusammenhänge.

Bei der bisherigen Betrachtung handelt es sich nur um eine Näherung des tatsächlichen Verhaltens bei der Reflexion und Transmission an der bewegten Grenzfläche. Genauer lässt es sich bestimmen, wenn zunächst von einer unbewegten Grenzfläche ausgegangen wird und durch eine Lorentz-Transformation in das Bezugssystem gewechselt wird, in welchem sich die Grenzfläche bewegt.

(f) **(2 Punkte)** Verwenden Sie Ihre bisherigen Ergebnisse, um die elektrischen Felder für beide Raumbereiche im Fall einer unbewegten Grenzfläche auszudrücken.

Lösungsvorschlag:
Der verwendete Ansatz wird exakt, wenn sich die Grenzfläche nicht bewegt. Im Besonderen ergibt sich wegen $\beta = 0$ auch $\omega_\mathrm{r} = \omega$ für die Frequenz der reflektierten Welle und $\omega_\mathrm{t} = \omega$ für die Frequenz der transmittierten Welle. Die Amplituden waren unabhängig von β und können daher übernommen werden. Hierdurch lässt sich im Fall einer unbewegten Grenzfläche das elektrische Feld im linken Raumbereich durch

$$\boldsymbol{E}_\mathrm{L} = \hat{\boldsymbol{e}}_x \left(E_0 \, \mathrm{e}^{\mathrm{i}(k_1 z - \omega t)} + \frac{Z_2 - Z_1}{Z_1 + Z_2} \, \mathrm{e}^{-\mathrm{i}(k_1 z + \omega t)} \right)$$
$$= E_0 \, \hat{\boldsymbol{e}}_x \left(\mathrm{e}^{\mathrm{i}(k_1 z - \omega t)} + \rho \, \mathrm{e}^{-\mathrm{i}(k_1 z + \omega t)} \right)$$

ausdrücken, während das elektrische Feld im rechten Raumbereich durch

$$\boldsymbol{E}_\mathrm{R} = E_0 \, \hat{\boldsymbol{e}}_x \frac{2 Z_2}{Z_1 + Z_2} \, \mathrm{e}^{\mathrm{i}(k_2 z - \omega t)} = \tau E_0 \, \hat{\boldsymbol{e}}_x \, \mathrm{e}^{\mathrm{i}(k_2 z - \omega t)}$$

gegeben sein wird. Für die Wellenvektoren und Frequenzen sind die Zusammenhänge

$$\omega = k_1 c = \frac{k_2 c}{n}$$

gültig.

(g) **(6 Punkte)** Wenden Sie nun das Verhalten unter der Lorentz-Transformation

$$\boldsymbol{E}' = \boldsymbol{E}_\| + \gamma(\boldsymbol{E}_\perp - \boldsymbol{u} \times \boldsymbol{B}) \qquad z' = \gamma(z + ut) \qquad t' = \gamma\left(t + \frac{u}{c^2} z\right)$$

auf Ihre Ergebnisse aus Teilaufgabe (f) an, um die Wellenvektoren und Frequenzen der einlaufenden, reflektierten und transmittierten Welle in jenem Bezugssystem zu finden, in dem sich die Grenzfläche mit Geschwindigkeit u in positiver Richtung entlang der z-Achse bewegt.

Lösungsvorschlag:
Um die neuen Frequenzen und Wellenvektoren zu finden, genügt es, die Lorentz-Transformation auf die Argumente der Exponentialfunktion anzuwenden. Nur diese bestimmen das Ausbreitungsverhalten der Welle. Für die Amplituden in Teilaufgabe (i) müssen dann die vollständigen Transformationen durchgeführt werden. Die einlaufende Welle weist das Argument $k_1 z - \omega t$ auf. Um die Lorentz-Transformation hierauf auszuführen, kann die inverse Transformation

$$z = \gamma(z' - ut') \qquad t = \gamma\left(t' - \frac{u}{c^2} z'\right)$$

eingesetzt werden, womit sich

$$k_1 z - \omega t = \gamma k_1 (z' - ut') - \gamma\omega\left(t' - \frac{u}{c^2}z'\right)$$

$$= \gamma\left(z'\left(k_1 + \frac{u}{c^2}\omega\right) - t'\left(\omega + k_1 u\right)\right)$$

$$= \gamma\left(1 + \beta\right)k_1 z' - \gamma\omega\left(1 + \beta\right)t'$$

ergibt. Da das Argument der Exponentialfunktion forminvariant sein muss, muss es die Gestalt $k'z' - \omega' t'$ annehmen, woraus sich die Frequenz

$$\omega' = \frac{1 + \beta}{\sqrt{1 - \beta^2}}\omega = \omega\sqrt{\frac{1 + \beta}{1 - \beta}}$$

und der Wellenvektor

$$k' = \frac{1 + \beta}{\sqrt{1 - \beta^2}}k_1 = k_1\sqrt{\frac{1 + \beta}{1 - \beta}}$$

der einlaufenden Welle im gestrichenen System ablesen lässt, in welchem sich die Grenzfläche bewegt. Da die transmittierte Welle die gleiche Gestalt wie die einfallende Welle hat, lässt sich diese Betrachtung mit der Berücksichtigung von $\omega = \frac{k_2 c}{n}$ direkt übertragen, um zunächst

$$k_2 z - \omega t = \gamma\left(z'\left(k_2 + \frac{u}{c^2}\omega\right) - t'\left(\omega + k_2 u\right)\right) = \gamma k_2\left(1 + \frac{\beta}{n}\right)z' - \gamma\omega(1 + n\beta)t'$$

zu erhalten. Im gestrichenen Bezugssystem müssen die Koeffizienten von z' und t' dem Wellenvektor und der Kreisfrequenz der transmittierten Welle entsprechen, so dass

$$k'_{\mathrm{t}} = \gamma\frac{k_2}{n}(n + \beta) \qquad \omega'_{\mathrm{t}} = \gamma\omega(1 + n\beta)$$

gelten muss. Damit lässt sich auch einsehen, dass die transmittierte Welle im gestrichenen Inertialsystem die Phasengeschwindigkeit

$$v'_{\mathrm{ph,\,t}} = \frac{\omega'_{\mathrm{t}}}{k'_{\mathrm{t}}} = \frac{n\omega}{k_2}\frac{1 + n\beta}{n + \beta} = c\frac{1 + n\beta}{n + \beta}$$

aufweisen muss. [3] Die reflektierte Welle weist hingegen das Argument

$$k_1 z + \omega t$$

---

[3]Dieses Ergebnis wurde auch durch Max von Laue aus der relativistischen Geschwindigkeitsaddition hergeleitet (Max von Laue, *Die Mitführung des Lichtes durch bewegte Körper nach dem Relativitätsprinzip*, Annalen der Physik Band **23**, 1907, S. 989-990) und erklärte damit das Fizeau'sche Experiment durch die spezielle Relativitätstheorie.

in der Exponentialfunktion auf. Durch Einsetzen der Lorentz-Transformation kann so der Ausdruck

$$
\begin{aligned}
k_1 z + \omega t &= \gamma k_1 (z' - u t') + \gamma \omega \left(t' - \frac{u}{c^2} z' \right) \\
&= \gamma \left(z' \left(k_1 - \frac{u}{c^2} \omega \right) + t' \left(\omega - k_1 u \right) \right) \\
&= \gamma (1 - \beta) k_1 z' - \gamma \omega (1 - \beta) t'
\end{aligned}
$$

gefunden werden. Im gestrichenen Bezugssystem muss sich hier wiederum das Argument $k_\mathrm{r}' z' + \omega_\mathrm{r}' t'$ mit dem neuen Wellenvektor

$$
k_\mathrm{r}' = k_1 \gamma (1 - \beta) = k_1 \sqrt{\frac{1 - \beta}{1 + \beta}}
$$

und der neuen Frequenz

$$
\omega_\mathrm{r}' = \omega \gamma (1 - \beta) = \omega \sqrt{\frac{1 - \beta}{1 + \beta}}
$$

der reflektierten Welle ergeben.

(h) **(4 Punkte)** Vergleichen Sie in Ihren Ergebnissen aus Teilaufgabe (g) die Wellenvektoren und Frequenzen der reflektierten bzw. transmittierten Welle mit der einlaufenden Welle und zeigen Sie, dass sich diese im nicht-relativistischen Grenzfall wie Ihre Ergebnisse aus Teilaufgabe (d) verhalten. Was fällt Ihnen bei der transmittierten Welle auf?

Lösungsvorschlag:
Für die Wellenvektoren können die Zusammenhänge

$$
\frac{k_\mathrm{r}'}{k'} = \frac{k_1 \sqrt{\frac{1 - \beta}{1 + \beta}}}{k_1 \sqrt{\frac{1 - \beta}{1 + \beta}}} = \frac{1 - \beta}{1 + \beta}
$$

und

$$
\frac{k_\mathrm{t}'}{k'} = \frac{\gamma \frac{k_2}{n} (n + \beta)}{k_1 \sqrt{\frac{1 - \beta}{1 + \beta}}} = \frac{n + \beta}{\sqrt{(1 - \beta)(1 + \beta)} \sqrt{\frac{1 - \beta}{1 + \beta}}} = \frac{n + \beta}{1 + \beta}
$$

gefunden werden. In der zweiten Zeile wurde dazu der Zusammenhang $k_2 = n k_1$ der beiden Wellenvektoren ausgenutzt. In Teilaufgabe (d) wurden die Frequenzen der reflektierten und transmittierten Welle bestimmt, aus denen sich die Wellenvektoren gemäß $k_\mathrm{r} = \frac{\omega_\mathrm{r}}{c}$ und $k_\mathrm{t} = \frac{n \omega_\mathrm{t}}{c}$ ermitteln lassen. Auf diese Weise können

$$
k_\mathrm{r} = \frac{\omega_\mathrm{r}}{c} = \frac{\omega}{c} \frac{1 - \beta}{1 + \beta} = k_1 \frac{1 - \beta}{1 + \beta}
$$

und

$$k_{\mathrm{t}} = n\frac{\omega_{\mathrm{t}}}{c} = n\frac{\omega}{c}\frac{1-\beta}{1-n\beta} = nk_1\frac{1-\beta}{1-n\beta}$$

gefunden werden. Ein Vergleich mit den hier gefundenen Wellenvektoren zeigt zunächst, dass das Verhältnis der Wellenvektoren für die reflektierte Welle aus der Näherungslösung in den Teilaufgaben (a) bis (e) und die Ergebnisse aus der Lorentz-Transformation übereinstimmen. Für die transmittierte Welle ergeben sich jedoch erhebliche unterschiedliche Ausdrücke, die auch im nicht-relativistischen Grenzfall

$$\frac{k'_{\mathrm{t}}}{k'} \approx n + \beta - n\beta \qquad \frac{k_{\mathrm{t}}}{k_1} \approx n - n\beta + n^2\beta$$

nur übereinstimmen, wenn $\beta = 0$ oder $n = 1$ gilt. Für die Frequenzen kann äquivalent

$$\frac{\omega'_{\mathrm{r}}}{\omega'} = \frac{1-\beta}{1+\beta}$$

und

$$\frac{\omega'_{\mathrm{t}}}{\omega'} = \frac{1+n\beta}{1+\beta}$$

gefunden werden. Auch hier lässt sich feststellen, dass im Vergleich zur Näherungslösung aus den Teilaufgaben (a) bis (e) das Verhalten der reflektierten Welle richtig wiedergegeben wird, während sich für die transmittierte Welle nur im nicht-relativistischen Grenzfall

$$\frac{\omega'_{\mathrm{t}}}{\omega'} = \frac{1+n\beta}{1+\beta} \approx 1 + n\beta - \beta \approx \frac{1-\beta}{1-n\beta} = \frac{\omega_{\mathrm{t}}}{\omega}$$

ein ähnliches Verhalten ergibt. Insgesamt kann bemerkt werden, dass das Verhalten im Vakuum selbst durch Näherungslösung der Teilaufgaben (a) bis (e) adäquat wiedergegeben wird, während das Verhalten der transmittierten Welle im Medium nicht richtig beschrieben wird. Im Rahmen einer relativistischen Betrachtung lässt sich erkennen, dass bewegte Medien nicht mehr die trivialen Materialkonstanten ε und μ wie im unbewegten Fall aufweisen. Hinzu kommen Mitführungseffekte, welche auch die Phasengeschwindigkeit der Welle im bewegten Medium beeinflussen. All solche Effekte wurden im Ansatz aus Teilaufgabe (d) nicht berücksichtigt und führen daher zu offensichtlich fehlerhaften Ergebnissen.

(i) **(4 Punkte)** Bestimmen Sie aus den Ergebnissen von Teilaufgabe (g) den Reflexions- und Transmissionskoeffizienten ρ' und τ' und vergleichen Sie diese mit den Ergebnissen aus Teilaufgabe (e).

Lösungsvorschlag:
Um die Amplituden der reflektierten und transmittierten Welle zu ermitteln, muss nun

die vollständige Transformation des elektrischen Feldes durchgeführt werden. Zu diesem Zwecke muss zuerst die magnetische Flussdichte vor der Lorentz-Transformation durch

$$\boldsymbol{B} = \frac{\boldsymbol{k}}{\omega} \times \boldsymbol{E}$$

in beiden Raumbereichen ermittelt werden. Hierbei kann im linken Raumbereich

$$\boldsymbol{B}_{\mathrm{L}} = \frac{E_0}{c} \hat{\boldsymbol{e}}_y \left(\mathrm{e}^{\mathrm{i}(k_1 z - \omega t)} - \rho\, \mathrm{e}^{-\mathrm{i}(k_1 z + \omega t)} \right)$$

und

$$\boldsymbol{B}_{\mathrm{R}} = n\tau \frac{E_0}{c} \hat{\boldsymbol{e}}_y\, \mathrm{e}^{\mathrm{i}(k_1 z - \omega t)}$$

im rechten Raumbereich errechnet werden. Mit der in Teilaufgabe (g) angegebenen Lorentz-Transformation kann so das elektrische Feld aufgrund der transversalen Polarisation im gestrichenen System durch

$$\boldsymbol{E}' = \gamma \left(\boldsymbol{E} - u\hat{\boldsymbol{e}}_z \times \boldsymbol{B} \right)$$

bestimmt werden. Daher kann im linken Raumbereich

$$\begin{aligned}
\boldsymbol{E}'_{\mathrm{L}} &= \gamma \left(\boldsymbol{E}_{\mathrm{L}} - u\,\hat{\boldsymbol{e}}_z \times \boldsymbol{B}_{\mathrm{L}} \right) \\
&= \gamma \Bigg(E_0\, \hat{\boldsymbol{e}}_x \left(\mathrm{e}^{\mathrm{i}(k' z' - \omega' t')} + \rho\, \mathrm{e}^{-\mathrm{i}(k'_t z' + \omega'_t t')} \right) \\
&\qquad - u\, \hat{\boldsymbol{e}}_z \times \hat{\boldsymbol{e}}_y \frac{E_0}{c} \left(\mathrm{e}^{\mathrm{i}(k' z' - \omega' t')} - \rho\, \mathrm{e}^{-\mathrm{i}(k'_t z' + \omega'_t t')} \right) \Bigg) \\
&= \gamma E_0\, \hat{\boldsymbol{e}}_x \left((1 + \beta)\, \mathrm{e}^{\mathrm{i}(k' z' - \omega' t')} + \rho(1 - \beta)\, \mathrm{e}^{-\mathrm{i}(k'_t z' + \omega'_t t')} \right)
\end{aligned}$$

gefunden werden, wohingegen sich im rechten Raumbereich

$$\begin{aligned}
\boldsymbol{E}'_{\mathrm{R}} &= \gamma \left(\boldsymbol{E}_{\mathrm{R}} - u\hat{\boldsymbol{e}}_z \times \boldsymbol{B}_{\mathrm{R}} \right) \\
&= \gamma \left(\tau E_0\, \hat{\boldsymbol{e}}_x\, \mathrm{e}^{\mathrm{i}(k'_t z' - \omega' t')} - u\hat{\boldsymbol{e}}_z \times \hat{\boldsymbol{e}}_y \tau \frac{nE_0}{c}\, \mathrm{e}^{\mathrm{i}(k'_t z' - \omega' t')} \right) \\
&= \gamma\tau E_0\, \hat{\boldsymbol{e}}_x \left(1 + n\beta \right) \mathrm{e}^{\mathrm{i}(k'_t z' - \omega' t')}
\end{aligned}$$

ergibt. Da sich der Reflexionskoeffizient als Verhältnis der Amplituden der reflektierten und einfallenden Welle ergibt, kann

$$\rho' = \frac{\gamma E_0 \rho (1 - \beta)}{\gamma E_0 (1 + \beta)} = \rho \frac{1 - \beta}{1 + \beta} = \frac{Z_2 - Z_1}{Z_1 + Z_2} \frac{1 - \beta}{1 + \beta}$$

gefunden werden. Für den Transmissionskoeffizienten lässt sich analog

$$\tau' = \frac{\gamma\tau E_0 (1 + n\beta)}{\gamma E_0 (1 + \beta)} = \tau \frac{1 + n\beta}{1 + \beta} = \frac{2Z_2}{Z_1 + Z_2} \frac{1 + n\beta}{1 + \beta}$$

bestimmen. Nur in der krassen nicht-relativistischen Näherung $\beta = 0$ ergeben sich die Koeffizienten aus Teilaufgabe (e). Damit zeigt sich, dass die Näherungslösung das Verhalten der Amplituden in keiner Weise richtig wiedergibt.

12 Klausur XII – Elektrodynamik – Schwer

Im Kurzfragebogen dieser Klausur werden der Fluss des Gradienten einer harmonischen Funktion durch die Oberfläche eines Volumens, der Ausschaltvorgang einer Spule, die Bewegung von Ladungen in einem Magnetfeld, das elektrische Feld einer Punktladung im Zentrum einer dielektrischen Kugel und die Maxwell-Gleichungen für die Potentiale im Vakuum in Lorenz-Eichung behandelt. Aufgabe 2 beschäftigt sich mit einer allgemeinen Lösungsmethode für Randwertprobleme in der Elektrostatik mittels Green'scher Funktionen. Aufgabe 3 untersucht einzelne Komponenten des Energie-Impuls-Tensors der Elektrodynamik und dessen Zusammenhang mit der Energiedichte, dem Poynting-Vektor, dem Maxwell'schen Spannungstensor und der Lorentz-Kraft. In Aufgabe 4 wird die Erzeugung von elektromagnetischen Wellen durch Ladungen auf Kreisbahnen untersucht.

Überblick

12.1 Aufgaben zur Klausur XII – Elektrodynamik – Schwer 481
    Aufgabe **1** - **Kurzfragen** 481
    Aufgabe **2** - **Randwertprobleme und Green'sche Funktionen** 482
    Aufgabe **3** - **Der Energie-Impuls-Tensor der Elektrodynamik** 484
    Aufgabe **4** - **Energieabstrahlung auf der Kreisbahn** 485
12.2 Hinweise zur Klausur XII – Elektrodynamik – Schwer 487
12.3 Lösung zur Klausur XII – Elektrodynamik – Schwer 491
    Aufgabe **1** - **Kurzfragen** 491
    Aufgabe **2** - **Randwertprobleme und Green'sche Funktionen** 496
    Aufgabe **3** - **Der Energie-Impuls-Tensor der Elektrodynamik** 503
    Aufgabe **4** - **Energieabstrahlung auf der Kreisbahn** 509

© Der/die Autor(en), exklusiv lizenziert an
Springer-Verlag GmbH, DE, ein Teil von Springer Nature 2025
M. Eichhorn, *Prüfungstraining Theoretische Physik – Elektrodynamik*,
https://doi.org/10.1007/978-3-662-71709-7_13

12.1 Aufgaben zur Klausur XII – Elektrodynamik – Schwer

Aufgabe 1   25 *Punkte*

Kurzfragen

Schlagwörter:
Vektoranalysis, Elektrische Bauteile, Bewegung im elektromagnetischen Feld, Gauß'sches Gesetz, Maxwell-Gleichungen

(a) (**5 Punkte**) Zeigen Sie, dass der Fluss des Gradienten einer harmonischen Funktion $u(\boldsymbol{r})$ durch die Oberfläche eines Volumens V verschwindet.

(b) (**5 Punkte**) Betrachten Sie die Reihenschaltung eines Widerstands R und einer Spule L. Diese wird an eine Stromquelle angeschlossen, bis sich in der Spule ein konstanter Strom I_0 einstellt. Danach werden sie durch das Umlegen eines Schalters von der Spannungsquelle getrennt und kurzgeschlossen. Finden Sie die Stromstärke an der Spule als eine Funktion der Zeit.

(c) (**5 Punkte**) Betrachten Sie eine Ladung q mit Masse m, die sich senkrecht zu einem homogenen Magnetfeld B mit Geschwindigkeit v bewegt. In einem solchen Fall stellt sich eine Kreisbahn mit Radius r ein. Die Größe $R = Br$ heißt Rigidität und ist experimentell leicht zugänglich. Drücken Sie die Rigidität durch den Impuls p und die elektrische Ladung q im nicht-relativistischen Fall aus. Was ließe sich so bei relativistischen Bewegungen mit angeschlossener Energiemessung bestimmen?

(d) (**5 Punkte**) Betrachten Sie eine Punktladung q, die sich im Zentrum einer dielektrischen Kugel mit Radius R und konstanter Permittivität ε befindet. Bestimmen Sie das elektrische Feld im gesamten Raumbereich. Finden Sie dann die Polarisation.

(e) (**5 Punkte**) Nennen Sie die Maxwell-Gleichungen im Vakuum, führen Sie die Potentiale ϕ und $\boldsymbol{A}$ mit

$$\boldsymbol{E} = -\nabla\phi - \frac{\partial \boldsymbol{A}}{\partial t} \qquad \boldsymbol{B} = \nabla \times \boldsymbol{A}$$

ein und finden Sie entkoppelte Differentialgleichungen für diese in der Lorenz-Eichung.

Aufgabe 2   **25** *Punkte*

Randwertprobleme und Green'sche Funktionen

Schlagwörter:
Randwertproblem, Elektrostatik, Elektrisches Potential, Oberflächenladungsdichte,
Green'sche Funktion

In dieser Aufgabe soll das Lösen der Randwertprobleme der Elektrostatik mit Hilfe von
Green'schen Funktionen untersucht werden.

(a) **(2 Punkte)** Nennen Sie die Poisson-Gleichung der Elektrostatik sowie die Green'sche
Funktion $G_\Delta(\boldsymbol{r}, \boldsymbol{r}')$ des Laplace-Operators ohne Randbedingungen. Wie lässt sich aus
einer gegebenen Ladungsverteilung $\rho(\boldsymbol{r})$ und der Green'schen Funktion die Lösung
$\phi(\boldsymbol{r})$ bestimmen?

Gehen Sie nun davon aus, dass die Felder in einem begrenzten Raumbereich V mit dem
Rand ∂V bestimmt werden sollen. Am Rand liegen entweder Dirichlet-Randbedingungen
$\phi(\boldsymbol{r})|_{\partial V} = \phi_0(\boldsymbol{r})|_{\partial V}$ oder Neumann-Randbedingungen $\boldsymbol{E}(\boldsymbol{r})|_{\partial V} = \boldsymbol{E}_0(\boldsymbol{r})|_{\partial V}$ vor.

(b) **(8 Punkte)** Zeigen Sie zunächst, dass es genügt, eine der beiden Randbedingungen zu
betrachten und dass das Potential dadurch eindeutig bestimmt wird.

Hinweis: Gehen Sie hierzu wie folgt vor. Nehmen Sie an, es gäbe zwei Potentiale ϕ_1 und ϕ_2, welche das Randwertproblem lösen. Betrachten Sie deren Differenz
$U = \phi_1 - \phi_2$ und benutzen Sie den ersten Green'schen Integralsatz

$$\iiint_V \mathrm{d}^3 r\, \psi \Delta \chi = \oiint_{\partial V} \mathrm{d}^2 \boldsymbol{f} \cdot (\psi \boldsymbol{\nabla} \chi) - \iiint_V \mathrm{d}^3 r\, (\boldsymbol{\nabla} \psi) \cdot (\boldsymbol{\nabla} \chi)$$

für zwei Skalarfelder ψ und χ, um zu zeigen, dass U in ganz V einen konstanten Wert
annimmt. Wieso ist das Problem damit eindeutig gelöst?

(c) **(8 Punkte)** Definieren Sie eine Green'sche Funktion $G(\boldsymbol{r}, \boldsymbol{r}') = G_\Delta(\boldsymbol{r}, \boldsymbol{r}') + F(\boldsymbol{r}, \boldsymbol{r}')$,
um die Randbedingungen zu berücksichtigen. Welche Bedingung muss F in V er-
füllen, damit G eine Green'sche Funktion der Poisson-Gleichung ist? Verwenden Sie
dann den ersten Green'schen Integralsatz, um die allgemeine Lösung durch die Ladungsverteilung, das vorgegebene Potential ϕ_0 und das vorgegebene elektrische Feld
$\boldsymbol{E}_0$ auszudrücken.

(d) **(2 Punkte)** Wie muss die Funktion $F(\boldsymbol{r}, \boldsymbol{r}')$ gewählt sein, damit nur die Dirichlet-
Randbedingungen betrachtet werden müssen? Nennen Sie die Green'sche Funktion
in diesem Fall die Dirichlet'sche Green'sche Funktion $G_\mathrm{D}(\boldsymbol{r}, \boldsymbol{r}')$ und drücken Sie die
allgemeine Lösung durch diese, die Ladungsverteilung und das vorgegebene Potential
aus.

(e) **(2 Punkte)** Was für ein Potential ergibt sich, wenn in einem begrenzten Raumgebiet V
keine Ladungen vorhanden sind und das Potential am Rand verschwindet? Wie wird
eine solche Konfiguration bezeichnet?

(f) **(3 Punkte)** Betrachten Sie nun ein Randwertproblem mit den Dirichlet-Randbedingungen $\phi = 0$ auf ∂V. Gehen Sie davon aus, dass der abgetrennte Raumbereich $V' = \mathbb{R}^3 \setminus V$ ladungsfrei ist. Motivieren Sie mit Hilfe des Gauß'schen Gesetzes, wie sich die Oberflächenladungsdichte $\sigma(\boldsymbol{r})$ der Grenzfläche ∂V durch das Potential $\phi(\boldsymbol{r})$ in V bestimmen lässt.

Aufgabe 3 25 *Punkte*

Der Energie-Impuls-Tensor der Elektrodynamik

Schlagwörter:
Feldstärketensor, Relativistik, Feldtheorie, Energie-Impuls-Tensor, Energiedichte, Poynting-Vektor

In dieser Aufgabe soll der Energie-Impuls-Tensor des elektromagnetischen Feldes

$$T_{\mathrm{EM}}^{\mu\nu} = -\frac{1}{\mu_0} F^{\mu\sigma} F^{\nu}{}_{\sigma} + \eta^{\mu\nu}\frac{1}{4\mu_0} F^{\alpha\beta} F_{\alpha\beta}$$

näher untersucht werden. Darin beschreibt

$$F_{\mu\nu} = \partial_\mu A_\nu - \partial_\nu A_\mu$$

den Feldstärketensor, für den die Zusammenhänge

$$F_{0i} = \frac{1}{c}\boldsymbol{E}_i \qquad F_{ij} = -\epsilon_{ijk}\boldsymbol{B}_k$$

gültig sind.

(a) (**4 Punkte**) Drücken Sie die Energiedichte $w = T_{\mathrm{EM}}^{00}$ durch das elektrische und magnetische Feld aus.

(b) (**2 Punkte**) Drücken Sie den Poynting-Vektor $\boldsymbol{S}_i = c\,T_{\mathrm{EM}}^{0i}$ durch das elektrische und magnetische Feld aus.

(c) (**5 Punkte**) Drücken Sie den Maxwell'schen Spannungstensor $\sigma_{ij} = -T_{\mathrm{EM}}^{ij}$ durch das elektrische und magnetische Feld aus.

(d) (**6 Punkte**) Verwenden Sie die kovariante Form der Maxwell-Gleichungen, um $\partial_\mu T_{\mathrm{EM}}^{\mu\nu}$ zu bestimmen.

(e) (**5 Punkte**) Betrachten Sie nun Ihr Ergebnis aus Teilaufgabe (d) für $\nu = 0$ und integrieren Sie über ein begrenztes Raumvolumen V. Beschreiben Sie die Bedeutung der einzelnen Terme für das elektromagnetische Feld. Welche Auswirkung hat dies für eine Punktladung?

(f) (**3 Punkte**) Verwenden Sie nun die Gleichung aus Teilaufgabe (d), um einen Zusammenhang zwischen $\partial_\mu T_{\mathrm{EM}}^{\mu\nu}$ und der Lorentz-Kraft $K_{\mathrm{L}}^{\mu} = qF^{\mu\nu}u_\nu$ einer Punktladung zu motivieren. Wie lässt sich dies auf eine beliebige Stromdichte j^μ übertragen?

Aufgabe 4   **25 *Punkte***

Energieabstrahlung auf der Kreisbahn

Schlagwörter:
Maxwell-Gleichungen, Dipol, Vektorpotential, Magnetische Flussdichte, Elektrisches Feld,
Poynting-Vektor, Vektoranalysis

In dieser Aufgabe soll die Energieabstrahlung einer Ladung q auf einer Kreisbahn

$$\boldsymbol{r}_0(t) = R(\hat{\boldsymbol{e}}_x \cos(\omega_0 t) + \hat{\boldsymbol{e}}_y \sin(\omega_0 t))$$

mit Radius R und fester Winkelgeschwindigkeit $\omega_0 > 0$ untersucht werden.

Durch das Auswerten der Green'schen Funktionen des d'Alembert-Operators kann für die
Fourier-Transformation des Vektorpotentials in großen Entfernungen $r \gg R$ zur Quelle

$$\boldsymbol{A}_\omega(\boldsymbol{r}) = \frac{1}{\sqrt{2\pi}} \int\limits_{-\infty}^{\infty} \mathrm{d}t\, \boldsymbol{A}(\boldsymbol{r},t)\, \mathrm{e}^{\mathrm{i}\omega t} = -\mathrm{i}\omega \frac{\mu_0}{4\pi} \frac{\mathrm{e}^{\mathrm{i}\frac{\omega}{c}r}}{r} \boldsymbol{p}_\omega$$

gefunden werden, worin $\boldsymbol{p}_\omega$ die Fourier-Transformation des elektrischen Dipolmoments
ist.

(a) **(4 Punkte)** Bestimmen Sie zunächst das elektrische Dipolmoment und zeigen Sie da-
    mit, dass das Vektorpotential durch

$$\boldsymbol{A}(\boldsymbol{r},t) = \frac{\mu_0 c}{4\pi r} qkR \left(\hat{\boldsymbol{e}}_x \sin(k(r - ct)) + \hat{\boldsymbol{e}}_y \cos(k(r - ct))\right)$$

gegeben ist. Hierin beschreibt $k = \frac{\omega_0}{c}$ den Betrag des Wellenvektors $\boldsymbol{k} = k\,\hat{\boldsymbol{e}}_r$.

(b) **(2 Punkte)** Bestimmen Sie mit dem Ergebnis aus Teilaufgabe (a) die magnetische
    Flussdichte $\boldsymbol{B}(\boldsymbol{r},t)$ in der Fernfeldnäherung $kr \gg 1$. Zeigen Sie, dass diese senkrecht
    auf $\boldsymbol{k}$ steht.

(c) **(8 Punkte)** Verwenden Sie die Maxwell-Gleichungen, um die elektrische Feldstärke
    $\boldsymbol{E}(\boldsymbol{r},t)$ zu bestimmen. Zeigen Sie, dass diese über die Beziehung

$$\boldsymbol{E} = c(\boldsymbol{B} \times \hat{\boldsymbol{e}}_r)$$

mit der magnetischen Flussdichte verknüpft ist.

Hinweis: Für diese Teilaufgabe können die Produktregeln

$$\boldsymbol{\nabla} \times (\boldsymbol{v} \times \boldsymbol{w}) = \boldsymbol{v}(\boldsymbol{\nabla} \cdot \boldsymbol{w}) + (\boldsymbol{w} \cdot \boldsymbol{\nabla})\boldsymbol{v} - (\boldsymbol{v} \cdot \boldsymbol{\nabla})\boldsymbol{w} - \boldsymbol{w}(\boldsymbol{\nabla} \cdot \boldsymbol{v})$$
$$\boldsymbol{\nabla}(\phi\boldsymbol{v}) = \phi(\boldsymbol{\nabla} \cdot \boldsymbol{v}) + \boldsymbol{v} \cdot \boldsymbol{\nabla}\phi$$

der Vektoranalysis sehr hilfreich sein.

(d) **(7 Punkte)** Bestimmen Sie nun den Poynting-Vektor $\boldsymbol{S}$ und zeigen Sie, dass dessen zeitliches Mittel durch

$$\langle \boldsymbol{S} \rangle_t = \hat{\boldsymbol{e}}_r \frac{q^2}{32\pi^2\varepsilon_0} \frac{\omega_0^4 R^2}{r^2 c^3}\left(1 + \cos^2(\theta)\right)$$

gegeben ist. Hierin ist θ der Polarwinkel in Kugelkoordinaten.

(e) **(4 Punkte)** Bestimmen Sie nun die in den gesamten Raumbereich abgestrahlte mittlere Leistung P_{ges} und zeigen Sie, dass diese mit der Larmor-Formel für eine mit Beschleunigung a bewegte Ladung q

$$P_{\text{ges}} = \frac{2}{3} \frac{q^2}{4\pi\varepsilon_0} \frac{a^2}{c^3}$$

in Einklang steht.

12.2 Hinweise zur Klausur XII – Elektrodynamik – Schwer

Aufgabe 1 - Kurzfragen

(a) Welche Differentialgleichung erfüllt eine harmonische Funktion? Wie kann der erste Integralsatz von Green

$$\iiint_V \mathrm{d}^3 r \; \phi \Delta \psi = \oiint_{\partial V} \mathrm{d}^2 \boldsymbol{f} \cdot (\phi \boldsymbol{\nabla} \psi) - \iiint_V \mathrm{d}^3 r \; (\boldsymbol{\nabla} \phi) \cdot (\boldsymbol{\nabla} \psi)$$

benutzt werden? Welche Wahlen bieten sich für die Felder ϕ und ψ an?

(b) Wie lässt sich zunächst für den Schaltkreis mit Spannungsquelle aus den Kirchhoff'schen Gesetzen die Differentialgleichung

$$U_0 = RI + L\dot{I}$$

herleiten? Wie lässt sich hieraus die konstante Stromstärke I_0 bestimmen? Welche Differentialgleichung beschreibt nun die Situation, in der der Schalter umgelegt wird und einen Kurzschluss verursacht?

(c) Was für einen Anteil der Kraft auf der Kreisbahn muss die Lorentz-Kraft (im engeren Sinne) darstellen? Was passiert, wenn die resultierende Gleichung nach R umgestellt wird? Welcher Impuls muss bei relativistischen Bewegungen verwendet werden?

(d) Wie lässt sich das Gauß'sche Gesetz auf die Maxwell-Gleichung $\boldsymbol{\nabla} \cdot \boldsymbol{D} = \rho_\mathrm{f}$ anwenden? Welche Symmetrie liegt in diesem Problem vor und welches Integrationsvolumen bietet sich demnach an? Wie hängen die elektrische Flussdichte, die elektrische Feldstärke und die Polarisation in einem linearen Medium zusammen? Wie lässt sich so zeigen, dass $\boldsymbol{P} = (\varepsilon - \varepsilon_0)\boldsymbol{E}$ gilt?

(e) Was passiert, wenn die Ausdrücke des elektrischen und magnetischen Feldes in die Maxwell-Gleichungen

$$\boldsymbol{\nabla} \cdot \boldsymbol{E} = \frac{\rho}{\varepsilon_0} \qquad \boldsymbol{\nabla} \times \boldsymbol{B} = \mu_0 \boldsymbol{j} + \mu_0 \varepsilon_0 \partial_t \boldsymbol{E}$$

eingesetzt werden? Wie kann die Lorenz-Eichung

$$\frac{1}{c^2} \partial_t \phi + \boldsymbol{\nabla} \cdot \boldsymbol{A} = 0$$

verwendet werden, um diese Ausdrücke zu vereinfachen? Welcher Zusammenhang besteht zwischen μ_0, ε_0 und c?

Aufgabe 2 - Randwertprobleme und Green'sche Funktionen

(a) Wie lässt sich aus dem Gauß'schen Gesetz und dem Zusammenhang $\boldsymbol{E} = -\boldsymbol{\nabla}\phi$ die Poisson-Gleichung herleiten? Welche Gleichung muss eine Green'sche Funktion erfüllen und welches Potential hat eine Punktladung, die sich am Ort $\boldsymbol{r}'$ befindet? Wie lässt sich daraus die Green'sche Funktion ablesen?

(b) Welche beiden Eigenschaften müssen ϕ_1 und ϕ_2 aufweisen, wenn sie das Randwertproblem lösen? Was lässt sich damit für ähnliche Eigenschaften von der Differenz U schlussfolgern? Was passiert, wenn im ersten Green'schen Integralsatz $\chi = \psi = U$ eingesetzt wird? Stellen die Potentiale ϕ_1 und $\phi_2 + K$ mit einer Konstante K dieselbe physikalische Lösung dar?

(c) Wie lässt sich das Potential mittels einer Dirac-Delta-Funktion ausdrücken? Wie kann dann die Green'sche Funktion mit eingebracht werden? Macht es einen Unterschied, ob der Laplace bei der Green'schen Funktion auf r oder r' wirkt? Was passiert, wenn der erste Green'sche Integralsatz zwei mal verwendet wird, um schlussendlich ein Volumenintegral zu erhalten, in dem auf G kein Differentialoperator mehr wirkt? Wie lassen sich die Bedingungen des Randwertproblems in den erhaltenen Ausdruck einflechten? Sie sollten schlussendlich den Ausdruck

$$\phi(\boldsymbol{r}) = -\frac{1}{\varepsilon_0} \iiint_V \mathrm{d}^3 r' \; G(\boldsymbol{r},\boldsymbol{r}')\rho(\boldsymbol{r}')$$

$$+ \oiint_{\partial V} \mathrm{d}^2 \boldsymbol{f}' \cdot \left[\left(\nabla' G(\boldsymbol{r},\boldsymbol{r}')\right)\phi_0(\boldsymbol{r}') + G(\boldsymbol{r},\boldsymbol{r}')\, \boldsymbol{E}_0(\boldsymbol{r}')\right]$$

finden.

(d) Wie lässt sich der Term mit $\boldsymbol{E}_0$ im Potential eliminieren?

(e) Was passiert, wenn $\rho = 0$ und $\phi_0 = 0$ in das Ergebnis aus Teilaufgabe (d) eingesetzt wird?

(f) Wie stehen die elektrischen Felder zur Grenzfläche? Welches Integrationsvolumen bietet sich demnach für den Satz von Gauß an? Wie lassen sich diese Integrale auswerten, wenn ein infinitesimal kleines Integrationsvolumen betrachtet wird? Was ist nach den Erkenntnissen aus Teilaufgabe (e) für die elektrischen Felder in V' gültig?

Aufgabe 3 - Der Energie-Impuls-Tensor der Elektrodynamik

(a) Ist es hilfreich, die Matrixform des Feldstärketensors $F_{\mu\nu}$ und $F^{\mu\nu}$ auszuschreiben? Wie lässt sich so der Term $F^{\alpha\beta} F_{\alpha\beta} = \frac{2}{c^2}(c^2|\boldsymbol{B}|^2 - |\boldsymbol{E}|^2)$ erhalten? Was passiert mit Indizes mit Wert 0 bzw. mit $i \in 1, 2, 3$ wenn diese nach oben oder nach unten gezogen werden?

(b) Wird der Term mit der Metrik einen Beitrag leisten?

(c) Lassen sich Ergebnisse aus Teilaufgabe (a) verwerten? Wie lässt sich der Term $F^{i\sigma} F^j{}_\sigma$ auswerten?

(d) Wieso bietet es sich an, die Form

$$\partial_\alpha F_{\beta\gamma} + \partial_\beta F_{\gamma\alpha} + \partial_\gamma F_{\alpha\beta} = 0$$

für die homogenen Maxwell-Gleichungen zu verwenden? Sie sollten das Ergebnis

$$\partial_\mu T^{\mu\nu}_{\mathrm{EM}} = -F^{\nu\mu} j_\mu$$

erhalten.

(e) Wieso ergibt sich nach Einsetzen der Zusammenhänge der Satz von Poynting? Wie lässt sich der Satz von Gauß im vorliegenden Fall anwenden? Wie muss die Bewegung eines Massenpunktes relativ zu einer einwirkenden Kraft gerichtet sein, damit die kinetische Energie zunimmt?

(f) Wie lässt sich eine Lorentz-Kraft*dichte* konstruieren?

Aufgabe 4 - Energieabstrahlung auf der Kreisbahn

(a) Wieso ist das Dipolmoment durch $\boldsymbol{p}(t) = q\,\boldsymbol{r}_0(t)$ gegeben? Wie lassen sich Sinus und Kosinus in komplexe Exponentialfunktionen zerlegen? Wie kann der Zusammenhang

$$\int\limits_{-\infty}^{\infty} \mathrm{d}t \ \mathrm{e}^{\mathrm{i}(\omega\pm\omega_0)t} = 2\pi\delta(\omega \pm \omega_0)$$

genutzt werden, um $\boldsymbol{p}_\omega$ zu bestimmen?

(b) Wieso ist die Produktregel

$$\boldsymbol{\nabla} \times (\phi\,\boldsymbol{v}) = \phi(\boldsymbol{\nabla} \cdot \boldsymbol{v}) - \boldsymbol{v} \times \boldsymbol{\nabla}\phi$$

der Vektoranalysis hilfreich? Wie kann die Fernfeldnäherung $kr \gg 1$ ausgenutzt werden, um die Approximation der beiden Gradienten

$$\boldsymbol{\nabla}\frac{\sin(k(r-ct))}{r} \approx k\,\hat{\boldsymbol{e}}_r\frac{\cos(k(r-ct))}{r}$$

und

$$\boldsymbol{\nabla}\frac{\cos(k(r-ct))}{r} \approx -k\,\hat{\boldsymbol{e}}_r\frac{\sin(k(r-ct))}{r}$$

durchzuführen?

(c) Wie lautet die Maxwell-Gleichung für die Rotation der magnetischen Flussdichte? Was für eine Aussage lässt sich über die Stromdichte bei großer Entfernung zur Quelle $r \gg R$ treffen? Wie lassen sich die angegebenen Relationen der Vektoranalysis verwenden, um die Rotation der magnetischen Flussdichte

$$\boldsymbol{\nabla} \times \boldsymbol{B} = \frac{\mu_0 c}{4\pi}qk^2R\hat{\boldsymbol{e}}_r \times \left(\hat{\boldsymbol{e}}_r \times \left(-\hat{\boldsymbol{e}}_x\frac{k\sin(k(r-ct))}{r} + \hat{\boldsymbol{e}}_y\frac{k\cos(k(r-ct))}{r} \right) \right)$$

zu bestimmen? Wie ergibt sich hieraus die elektrische Feldstärke?

(d) Wie kann das Ergebnis $\boldsymbol{E} = c(\boldsymbol{B} \times \hat{\boldsymbol{e}}_r)$ genutzt werden, um den Poynting-Vektor durch

$$\boldsymbol{S} = \hat{\boldsymbol{e}}_r\frac{c}{\mu_0}|\boldsymbol{B}|^2$$

zu bestimmen? Wie lässt sich der Einheitsvektor

$$\hat{e}_r = \begin{pmatrix} \sin(\theta)\cos(\varphi) \\ \sin(\theta)\sin(\varphi) \\ \cos(\theta) \end{pmatrix} = \begin{pmatrix} s_\theta c_\varphi \\ s_\theta s_\varphi \\ c_\theta \end{pmatrix}$$

verwenden, um die Kreuzprodukte $\hat{e}_r \times \hat{e}_x$ und $\hat{e}_r \times \hat{e}_y$ zu bestimmen? Wieso ist das auftretende Betragsquadrat dann durch

$$|(\hat{e}_r \times \hat{e}_x)c_\psi - (\hat{e}_r \times \hat{e}_y)s_\psi|^2 = 1 - \sin^2(\theta)\cos^2(k(r - ct) + \varphi)$$

gegeben?

(e) Wie lässt sich mit

$$\frac{\mathrm{d}P}{\mathrm{d}\Omega} = \frac{\langle \boldsymbol{S} \rangle_t \cdot \mathrm{d}\boldsymbol{f}}{\mathrm{d}\Omega}$$

die Strahlungsleistung pro Raumwinkelelement bestimmen? Wie kann aus $\frac{\mathrm{d}P}{\mathrm{d}\Omega}$ die gesamte in den Raum abgestrahlte Leistung ermittelt werden? Welche Beschleunigung erfährt ein Körper auf einer Kreisbahn?

12.3　Lösung zur Klausur XII – Elektrodynamik – Schwer

Aufgabe 1　　　　　　　　　　　　　　　　　　　**25 *Punkte***

Kurzfragen

(a) **(5 Punkte)** Zeigen Sie, dass der Fluss des Gradienten einer harmonischen Funktion $u(\boldsymbol{r})$ durch die Oberfläche eines Volumens V verschwindet.

Lösungsvorschlag:
Eine harmonische Funktion erfüllt die Laplace-Gleichung $\Delta u = 0$ im gesamten Volumen V. Der erste Integralsatz von Green

$$\iiint_V \mathrm{d}^3 r\; \phi \Delta \psi = \oiint_{\partial V} \mathrm{d}^2 \boldsymbol{f} \cdot (\phi \boldsymbol{\nabla} \psi) - \iiint_V \mathrm{d}^3 r\; (\boldsymbol{\nabla} \phi) \cdot (\boldsymbol{\nabla} \psi)$$

kann nun mit den Feldern $\phi = 1$ und $\psi = u$ betrachtet werden. Offensichtlich wird das zweite Integral der rechten Seite null, da $\boldsymbol{\nabla} 1 = \boldsymbol{0}$ gilt. Auf der linken Seite wird sich aufgrund $\Delta u = 0$ ebenso ein verschwindendes Integral ergeben. Daher kann

$$\oiint_{\partial V} \mathrm{d}^2 \boldsymbol{f} \cdot \boldsymbol{\nabla} u = 0$$

gefunden werden. Das Integral auf der linken Seite entspricht dabei aber dem Fluss des Gradienten von u durch die Oberfläche des Volumens V und ist null. Damit ist die Behauptung gezeigt.

(b) **(5 Punkte)** Betrachten Sie die Reihenschaltung eines Widerstands R und einer Spule L. Diese wird an eine Stromquelle angeschlossen, bis sich in der Spule ein konstanter Strom I_0 einstellt. Danach werden sie durch das Umlegen eines Schalters von der Spannungsquelle getrennt und kurzgeschlossen. Finden Sie die Stromstärke an der Spule als eine Funktion der Zeit.

Lösungsvorschlag:
Sind der Widerstand und die Spule an die Spannungsquelle angeschlossen, ist nach dem Maschengesetz

$$U_0 = U_R + U_L$$

für die einzelnen Spannungen gültig. Da es keine Verzweigungen gibt, sind die Stromstärken durch den Widerstand und die Spule gleich. Damit kann die Differentialgleichung

$$U_0 = RI + L\dot{I}$$

gefunden werden. Diese Schaltung bleibt solange aufrecht erhalten, bis sich an der Spule der konstante Strom I_0 einstellt. Dann ist aber $\dot{I} = 0$ und daher lässt sich I_0 direkt gemäß

$$I_0 = \frac{U_0}{R}$$

bestimmen. Wird der Schalter nun umgelegt, so bilden nur noch der Widerstand und die Spule eine Masche, so dass

$$0 = U_R + U_L$$

gilt. Wieder sind die Stromstärken durch die Spule und den Widerstand gleich, so dass nun die Differentialgleichung

$$0 = RI + L\dot{I}$$

gefunden werden kann. Sie wird durch

$$I(t) = \hat{I}\,\mathrm{e}^{-\frac{R}{L}t}$$

gelöst. Da zum Zeitpunkt $t = 0$, bei dem der Schalter umgelegt wird, der Strom gerade I_0 betragen muss, kann $\hat{I} = I_0$ bestimmt werden, so dass

$$I(t) = \frac{U_0}{R}\,\mathrm{e}^{-\frac{R}{L}t}$$

gilt.

(c) **(5 Punkte)** Betrachten Sie eine Ladung q mit Masse m, die sich senkrecht zu einem homogenen Magnetfeld B mit Geschwindigkeit v bewegt. In einem solchen Fall stellt sich eine Kreisbahn mit Radius r ein. Die Größe $R = Br$ heißt Rigidität und ist experimentell leicht zugänglich. Drücken Sie die Rigidität durch den Impuls p und die elektrische Ladung q im nicht-relativistischen Fall aus. Was ließe sich so bei relativistischen Bewegungen mit angeschlossener Energiemessung bestimmen?

Lösungsvorschlag:
Auf einer Kreisbahn muss eine Zentripetalkraft wirken. Bei dieser kann es sich nur um die Lorentz-Kraft (im engeren Sinne) handeln, so dass die Beziehung

$$F_{\mathrm{Z}} = m\frac{v^2}{r} = qvB = F_{\mathrm{L}}$$

hergestellt werden kann. Diese kann nach

$$R = Br = \frac{mv}{q} = \frac{p}{q}$$

aufgelöst werden. Dieser Zusammenhang wurde zwar nicht-relativistisch hergeleitet, bleibt aber auch im relativistischen Fall korrekt, wenn für p der relativistische Impuls $p = \gamma mv$ verwendet wird. Bei hochrelativistischen Bewegungen ist aber $E \approx pc$ gültig, so dass

$$R \approx \frac{E}{qc}$$

gilt. Da es sich bei c um eine Naturkonstante handelt und E nach dem Durchfliegen des Magnetfeldes gemessen wird, kann hieraus die Ladung q bestimmt werden. [1]

---

[1] In der Teilchen- und Astroteilchenphysik findet sich auch die abgewandelte Definition $R = Brc = \frac{pc}{q} = \frac{pc}{Ze}$, womit sich im hoch relativistischen Fall der Zusammenhang $R \approx \frac{E}{Ze}$ ergibt. Die Rigidität kann dann verwendet werden, um die Ordnungszahl Z zu bestimmen und hat die Einheiten Volt statt $\mathrm{T} \cdot \mathrm{m}$.

(d) **(5 Punkte)** Betrachten Sie eine Punktladung q, die sich im Zentrum einer dielektrischen Kugel mit Radius R und konstanter Permittivität ε befindet. Bestimmen Sie das elektrische Feld im gesamten Raumbereich. Finden Sie dann die Polarisation.

Lösungsvorschlag:
Für die Elektrostatik in Materie werden die beiden Maxwell-Gleichungen

$$\nabla \cdot \boldsymbol{D} = \rho_{\mathrm{f}} \qquad \nabla \times \boldsymbol{E} = \boldsymbol{0}$$

verwendet. Die erste Gleichung kann über ein Volumen integriert werden, um mit dem Satz von Gauß

$$\iiint_V \mathrm{d}^3 r \, \nabla \boldsymbol{D} = \oiint_{\partial V} \mathrm{d}^2 \boldsymbol{f} \cdot \boldsymbol{D} = \iiint_V \mathrm{d}^3 r \, \rho_{\mathrm{f}} = Q_V$$

zu erhalten. Aufgrund der vorliegenden Kugelsymmetrie bietet es sich an, als Volumen eine Kugel mit Radius r zu wählen, in deren Zentrum sich die Ladung q befindet. Die elektrische Flussdichte kann nur von r abhängen und ohne von außen angelegten Feldern nur in die r-Richtung zeigen, so dass sich auf der linken Seite

$$\oiint_{\partial V} \mathrm{d}^2 \boldsymbol{f} \cdot \boldsymbol{D} = 4\pi r^2 D_r(r)$$

ergibt. Auf der rechten Seite wird das Integrationsvolumen stets die Ladung q beinhalten, so dass die elektrische Flussdichte

$$4\pi r^2 D_r(r) = q \quad \Rightarrow \quad D_r(r) = \frac{q}{4\pi r^2} \quad \Rightarrow \quad \boldsymbol{D}(r) = \frac{q}{4\pi r^2} \hat{\boldsymbol{e}}_r$$

gefunden werden kann. Da es sich offensichtlich um ein lineares Medium mit ε handeln soll, ist aufgrund des Zusammenhangs $\boldsymbol{D} = \varepsilon \boldsymbol{E}$ innerhalb der dielektrischen Kugel

$$\boldsymbol{E}_{\mathrm{i}}(r) = \frac{1}{4\pi\varepsilon} \frac{q}{r^2} \hat{\boldsymbol{e}}_r \qquad r < R$$

gültig, während außerhalb

$$\boldsymbol{E}_{\mathrm{a}}(r) = \frac{1}{4\pi\varepsilon_0} \frac{q}{r^2} \hat{\boldsymbol{e}}_r \qquad r > R$$

gilt. Da die elektrische Feldstärke, die elektrische Flussdichte und die Polarisation auch über

$$\boldsymbol{D} = \varepsilon_0 \boldsymbol{E} + \boldsymbol{P}$$

zusammenhängen, kann die Polarisation in einem linearen Medium stets mittels

$$\boldsymbol{P} = \boldsymbol{D} - \varepsilon_0 \boldsymbol{E} = \varepsilon \boldsymbol{E} - \varepsilon_0 \boldsymbol{E} = (\varepsilon - \varepsilon_0) \boldsymbol{E}$$

bestimmt werden. Außerhalb der dielektrischen Kugel ist $\varepsilon = \varepsilon_0$, so dass dort die Polarisation verschwindet und

$$\boldsymbol{P}_{\mathrm{a}} = 0 \qquad r > R$$

gilt. Innerhalb der dielektrischen Kugel ist allerdings $\varepsilon \neq \varepsilon_0$, so dass

$$\boldsymbol{P}_{\mathrm{i}} = (\varepsilon - \varepsilon_0)\,\boldsymbol{E} = \frac{\varepsilon - \varepsilon_0}{\varepsilon}\,\frac{q}{4\pi r^2}\,\hat{\boldsymbol{e}}_r \qquad r < R$$

gefunden werden kann.

(e) **(5 Punkte)** Nennen Sie die Maxwell-Gleichungen im Vakuum, führen Sie die Potentiale ϕ und $\boldsymbol{A}$ mit

$$\boldsymbol{E} = -\boldsymbol{\nabla}\phi - \frac{\partial \boldsymbol{A}}{\partial t} \qquad \boldsymbol{B} = \boldsymbol{\nabla} \times \boldsymbol{A}$$

ein und finden Sie entkoppelte Differentialgleichungen für diese in der Lorenz-Eichung.

Lösungsvorschlag:
Die Maxwell-Gleichungen im Vakuum sind durch

$$\boldsymbol{\nabla} \cdot \boldsymbol{E} = \frac{\rho}{\varepsilon_0} \qquad \boldsymbol{\nabla} \times \boldsymbol{E} = -\partial_t \boldsymbol{B}$$
$$\boldsymbol{\nabla} \cdot \boldsymbol{B} = 0 \qquad \boldsymbol{\nabla} \times \boldsymbol{B} = \mu_0 \boldsymbol{j} + \mu_0 \varepsilon_0 \partial_t \boldsymbol{E}$$

gegeben. Die Potentiale sind so konstruiert, dass die homogenen Maxwell-Gleichungen

$$\boldsymbol{\nabla} \cdot \boldsymbol{B} = 0 \qquad \boldsymbol{\nabla} \times \boldsymbol{E} = -\partial_t \boldsymbol{B}$$

dadurch direkt erfüllt sind. Werden die Felder durch die Potentiale ausgedrückt und in die inhomogene Maxwell-Gleichung für die magnetische Flussdichte eingesetzt, so kann dort

$$\begin{aligned}
\boldsymbol{\nabla} \times \boldsymbol{B} &= \boldsymbol{\nabla} \times (\boldsymbol{\nabla} \times \boldsymbol{A}) = \boldsymbol{\nabla}(\boldsymbol{\nabla} \cdot \boldsymbol{A}) - \Delta \boldsymbol{A} \\
&= \mu_0 \boldsymbol{j} + \mu_0 \varepsilon_0 \partial_t \boldsymbol{E} = \mu_0 \boldsymbol{j} + \mu_0 \varepsilon_0 \partial_t \left(-\boldsymbol{\nabla}\phi - \partial_t \boldsymbol{A}\right) \\
&= \mu_0 \boldsymbol{j} - \mu_0 \varepsilon_0 \left(\boldsymbol{\nabla}\partial_t \phi + \partial_t^2 \boldsymbol{A}\right)
\end{aligned}$$

gefunden werden. Dies lässt sich nun weiter zu

$$\mu_0 \varepsilon_0 \partial_t^2 \boldsymbol{A} - \Delta \boldsymbol{A} = \mu_0 \boldsymbol{j} - \boldsymbol{\nabla}\left(\mu_0 \varepsilon_0 \partial_t \phi + \boldsymbol{\nabla} \cdot \boldsymbol{A}\right)$$

umstellen. Mit dem Zusammenhang $\mu_0 \varepsilon_0 = \frac{1}{c^2}$ und der Definition des d'Alembert-Operators $\Box = \frac{1}{c^2}\partial_t^2 - \Delta$ kann diese weiter auf

$$\Box \boldsymbol{A} = \mu_0 \boldsymbol{j} - \boldsymbol{\nabla}\left(\frac{1}{c^2}\partial_t \phi + \boldsymbol{\nabla} \cdot \boldsymbol{A}\right)$$

umgeformt werden. In der Lorenz-Eichung ist der Term in Klammern gerade null, so
dass einfach nur noch

$$\Box \boldsymbol{A} = \mu_0 \, \boldsymbol{j}$$

gilt. Für das Skalarpotential ϕ kann die Quellengleichung des elektrischen Feldes betrachtet werden, um so zunächst

$$\nabla \cdot \boldsymbol{E} = -\Delta\phi - \partial_t \nabla \cdot \boldsymbol{A} = \frac{\rho}{\varepsilon_0}$$

zu erhalten. Mit der Lorenz-Eichung muss nun aber auch

$$\nabla \cdot \boldsymbol{A} = -\frac{1}{c^2}\partial_t^2 \phi$$

gültig sein, womit sich

$$-\Delta\phi - \partial_t \left(-\frac{1}{c^2}\partial_t^2 \phi \right) = \frac{1}{c^2}\partial_t^2 \phi - \Delta\phi = \Box\phi = \frac{\rho}{\varepsilon_0} = \mu_0 \frac{\rho}{\varepsilon_0\mu_0} = \mu_0 (\rho c) c$$

$$\Rightarrow \quad \Box \frac{\phi}{c} = \mu_0 (\rho c)$$

finden lässt.[2]

<hr>

[2]In Lorentz-kovarianter Formulierung mit $j^\mu = (\rho c, \boldsymbol{j})$ und $A^\mu = \left(\frac{\phi}{c}, \boldsymbol{A} \right)$ lassen sich die Gleichungen
für die Potentiale also durch $\Box A^\mu = \mu_0 j^\mu$ ausdrücken, während die Lorenz-Eichung mittels $\partial_\mu = \left(\frac{1}{c}\partial_t, \nabla \right)$
durch $\partial_\mu A^\mu = 0$ ausgedrückt wird.

Aufgabe 2   **25 *Punkte***

Randwertprobleme und Green'sche Funktionen

In dieser Aufgabe soll das Lösen der Randwertprobleme der Elektrostatik mit Hilfe von Green'schen Funktionen untersucht werden.

(a) **(2 Punkte)** Nennen Sie die Poisson-Gleichung der Elektrostatik sowie die Green'sche Funktion $G_\Delta(\boldsymbol{r}, \boldsymbol{r}')$ des Laplace-Operators ohne Randbedingungen. Wie lässt sich aus einer gegebenen Ladungsverteilung $\rho(\boldsymbol{r})$ und der Green'schen Funktion die Lösung $\phi(\boldsymbol{r})$ bestimmen?

Lösungsvorschlag:
Die Poisson-Gleichung der Elektrostatik ist durch

$$\Delta\phi(\boldsymbol{r}) = -\frac{\rho(\boldsymbol{r})}{\varepsilon_0}$$

gegeben. Die Green'sche-Funktion des Laplace-Operators ist durch

$$G_\Delta(\boldsymbol{r}, \boldsymbol{r}') = -\frac{1}{4\pi}\frac{1}{|\boldsymbol{r} - \boldsymbol{r}'|}$$

zu bestimmen. Die Lösung für eine vorgegebene Ladungsverteilung lässt sich dann durch

$$\phi(\boldsymbol{r}) = -\frac{1}{\varepsilon_0}\iiint_{\mathbb{R}^3} \mathrm{d}^3 r'\, G_\Delta(\boldsymbol{r}, \boldsymbol{r}')\rho(\boldsymbol{r}') = \frac{1}{4\pi\varepsilon_0}\iiint_{\mathbb{R}^3} \mathrm{d}^3 r'\, \frac{\rho(\boldsymbol{r}')}{|\boldsymbol{r} - \boldsymbol{r}'|}$$

ermitteln.

Gehen Sie nun davon aus, dass die Felder in einem begrenzten Raumbereich V mit dem Rand ∂V bestimmt werden sollen. Am Rand liegen entweder Dirichlet-Randbedingungen $\phi(\boldsymbol{r})|_{\partial V} = \phi_0(\boldsymbol{r})|_{\partial V}$ oder Neumann-Randbedingungen $\boldsymbol{E}(\boldsymbol{r})|_{\partial V} = \boldsymbol{E}_0(\boldsymbol{r})|_{\partial V}$ vor.

(b) **(8 Punkte)** Zeigen Sie zunächst, dass es genügt, eine der beiden Randbedingungen zu betrachten und dass das Potential dadurch eindeutig bestimmt wird.

Hinweis: Gehen Sie hierzu wie folgt vor. Nehmen Sie an, es gäbe zwei Potentiale ϕ_1 und ϕ_2, welche das Randwertproblem lösen. Betrachten Sie deren Differenz $U = \phi_1 - \phi_2$ und benutzen Sie den ersten Green'schen Integralsatz

$$\iiint_V \mathrm{d}^3 r\, \psi\Delta\chi = \oiint_{\partial V} \mathrm{d}^2\boldsymbol{f} \cdot (\psi\boldsymbol{\nabla}\chi) - \iiint_V \mathrm{d}^3 r\, (\boldsymbol{\nabla}\psi) \cdot (\boldsymbol{\nabla}\chi)$$

für zwei Skalarfelder ψ und χ, um zu zeigen, dass U in ganz V einen konstanten Wert annimmt. Wieso ist das Problem damit eindeutig gelöst?

Lösungsvorschlag:
Wenn beide Potentiale ϕ_1 und ϕ_2 das Randwertproblem lösen, müssen sie beide zwei Eigenschaften besitzen:

(I) Beide müssen die Poisson-Gleichung

$$\Delta\phi_1(\boldsymbol{r}) = \Delta\phi_2(\boldsymbol{r}) = -\frac{\rho(\boldsymbol{r})}{\varepsilon_0}$$

für alle $\boldsymbol{r}$ in V lösen.

(II) Beide müssen die Randbedingungen erfüllen. Also entweder die Dirichlet-Rand-bedingungen

$$\phi_1(\boldsymbol{r})|_{\boldsymbol{r}\in\partial V} = \phi_2(\boldsymbol{r})|_{\boldsymbol{r}\in\partial V} = \phi_0(\boldsymbol{r})|_{\boldsymbol{r}\in\partial V}$$

oder die Neumann-Randbedingungen

$$\boldsymbol{\nabla}\phi_1(\boldsymbol{r})|_{\boldsymbol{r}\in\partial V} = \boldsymbol{\nabla}\phi_2(\boldsymbol{r})|_{\boldsymbol{r}\in\partial V} = -\boldsymbol{E}_0(\boldsymbol{r})|_{\boldsymbol{r}\in\partial V}.$$

Diese Eigenschaften haben einen direkten Einfluss auf die Differenz $U = \phi_1 - \phi_2$ der beiden Potentiale. Die erste sorgt dafür, dass U die quellenfreie Poisson-Gleichung (Laplace-Gleichung)

$$\Delta U = \Delta\phi_1 - \Delta\phi_2 = 0$$

auf ganz V erfüllen muss. Die zweite sorgt dafür, dass U auf dem Rand entweder null ist (Dirichlet-Randbedingungen) oder dass der Gradient von U auf dem Rand von V verschwindet (Neumann-Randbedingungen). Nun lässt sich der erste Integralsatz von Green für $\psi = \chi = U$ auswerten, um

$$\iiint_V \mathrm{d}^3r\, U\,\Delta U = \oiint_{\partial V} \mathrm{d}^2\boldsymbol{f}\cdot(U\,\boldsymbol{\nabla}U) - \iiint_V \mathrm{d}^3r\,(\boldsymbol{\nabla}U)\cdot(\boldsymbol{\nabla}U)$$

zu erhalten. Das Integral auf der linken Seite ist null, da U die Laplace-Gleichung in ganz V erfüllt. Liegen Dirichlet-Randbedingungen vor, so ist U auf dem Rand null, bei Neumann-Randbedingungen verschwindet der Gradient von U auf dem Rand von V. Damit ist das erste Integral auf der rechten Seite ebenfalls null. Somit kann der Zusammenhang

$$\iiint_V \mathrm{d}^3r\,(\boldsymbol{\nabla}U)^2 = 0$$

gefunden werden. Da der Integrand eine nicht negative Größe ist, muss er bereits auf dem gesamten Raumbereich V null sein. Daher muss der Gradient von U in ganz V verschwinden und U einen konstanten Wert U_0 annehmen. Somit ist gezeigt, dass auf ganz V

$$\phi_1 = \phi_2 + U_0$$

gelten muss. Da Potentiale sowieso nur auf eine additive Konstante eindeutig bestimmt werden können, stellen ϕ_1 und ϕ_2 somit äquivalente Lösungen des Problems dar. Es genügt also die Annahme einer einzigen Randbedingung, um das Problem eindeutig zu lösen.

(c) **(8 Punkte)** Definieren Sie eine Green'sche Funktion $G(\boldsymbol{r},\boldsymbol{r}') = G_\Delta(\boldsymbol{r},\boldsymbol{r}') + F(\boldsymbol{r},\boldsymbol{r}')$, um die Randbedingungen zu berücksichtigen. Welche Bedingung muss F in V erfüllen, damit G eine Green'sche Funktion der Poisson-Gleichung ist? Verwenden Sie dann den ersten Green'schen Integralsatz, um die allgemeine Lösung durch die Ladungsverteilung, das vorgegebene Potential ϕ_0 und das vorgegebene elektrische Feld $\boldsymbol{E}_0$ auszudrücken.

Lösungsvorschlag:
Damit G ebenfalls eine Green'sche Funktion der Poisson-Gleichung in V ist, muss sie die Gleichung

$$\Delta G(\boldsymbol{r},\boldsymbol{r}') = \delta^{(3)}(\boldsymbol{r}-\boldsymbol{r}')$$

für alle $\boldsymbol{r}$ in V erfüllen. Da sich G nun aber in G_Δ und F zerlegen lässt und G_Δ eben jene Bedingung bereits erfüllt, kann

$$\delta^{(3)}(\boldsymbol{r}-\boldsymbol{r}') = \Delta(G_\Delta(\boldsymbol{r},\boldsymbol{r}') + F(\boldsymbol{r},\boldsymbol{r}')) = \delta^{(3)}(\boldsymbol{r}-\boldsymbol{r}') + \Delta F(\boldsymbol{r},\boldsymbol{r}'))$$
$$\Rightarrow \quad \Delta F(\boldsymbol{r},\boldsymbol{r}')) = 0$$

gefunden werden. Die Funktion $F(\boldsymbol{r},\boldsymbol{r}')$ muss also eine homogene Lösung der Poisson-Gleichung in V sein.
Das Potential lässt sich mittels der Dirac-Delta-Funktion durch

$$\phi(\boldsymbol{r}) = \iiint_V \mathrm{d}^3r'\, \delta^{(3)}(\boldsymbol{r}-\boldsymbol{r}')\,\phi(\boldsymbol{r}')$$

ausdrücken. Hierin lässt sich die Green'sche Funktion einsetzen, um

$$\phi(\boldsymbol{r}) = \iiint_V \mathrm{d}^3r'\, (\Delta G(\boldsymbol{r},\boldsymbol{r}'))\phi(\boldsymbol{r}')$$

zu erhalten. Statt den Laplace auf $\boldsymbol{r}$ wirken zu lassen, kann er auch auf $\boldsymbol{r}'$ wirken, wodurch sich nach wie vor

$$\Delta' G(\boldsymbol{r},\boldsymbol{r}') = \delta^{(3)}(\boldsymbol{r}-\boldsymbol{r}')$$

ergibt. Damit kann der erste Green'sche Integralsatz verwendet werden, um zunächst

$$\phi(\boldsymbol{r}) = \iiint_V \mathrm{d}^3r'\, (\Delta' G(\boldsymbol{r},\boldsymbol{r}'))\phi(\boldsymbol{r}')$$
$$= \oiint_{\partial V} \mathrm{d}^2\boldsymbol{f}' \cdot (\boldsymbol{\nabla}' G(\boldsymbol{r},\boldsymbol{r}'))\,\phi(\boldsymbol{r}') - \iiint_V \mathrm{d}^3r'\, (\boldsymbol{\nabla}' G(\boldsymbol{r},\boldsymbol{r}')) \cdot (\boldsymbol{\nabla}'\phi(\boldsymbol{r}'))$$

zu erhalten. Nach erneutem Anwenden des Integralsatzes kann so schlussendlich

$$\phi(\boldsymbol{r}) = \oiint_{\partial V} \mathrm{d}^2\boldsymbol{f}' \cdot (\boldsymbol{\nabla}' G(\boldsymbol{r},\boldsymbol{r}'))\,\phi(\boldsymbol{r}') - \oiint_{\partial V} \mathrm{d}^2\boldsymbol{f}' \cdot (G(\boldsymbol{r},\boldsymbol{r}')\,\boldsymbol{\nabla}'\phi(\boldsymbol{r}'))$$
$$+ \iiint_V \mathrm{d}^3r'\, G(\boldsymbol{r},\boldsymbol{r}')\,\Delta'\phi(\boldsymbol{r}')$$

gefunden werden. Laut der Dirichlet-Randbedingungen soll das Potential auf dem Rand den Wert ϕ_0 annehmen und kann daher im ersten Integral ersetzt werden. Wegen der Neumann-Randbedingungen soll auf dem Rand $\nabla'\phi(\mathbf{r}') = -\mathbf{E}_0(\mathbf{r}')$ für alle $\mathbf{r}'$ aus dem Rand von V gelten, weshalb sich im zweiten Integral eine Ersetzung vornehmen lässt. Schlussendlich gilt auf ganz V die Poisson-Gleichung, weshalb sich im letzten Integral $\Delta'\phi$ durch $-\frac{\rho}{\varepsilon_0}$ ersetzen lässt. Insgesamt kann so der Zusammenhang

$$
\begin{aligned}
\phi(\mathbf{r}) &= \oiint_{\partial V} \mathrm{d}^2\mathbf{f}' \cdot (\nabla' G(\mathbf{r},\mathbf{r}'))\,\phi_0(\mathbf{r}') - \oiint_{\partial V} \mathrm{d}^2\mathbf{f}' \cdot (G(\mathbf{r},\mathbf{r}')(-\mathbf{E}_0(\mathbf{r}'))) \\
&\qquad + \iiint_V \mathrm{d}^3 r'\, G(\mathbf{r},\mathbf{r}') \left(-\frac{\rho(\mathbf{r}')}{\varepsilon_0}\right) \\
&= -\frac{1}{\varepsilon_0} \iiint_V \mathrm{d}^3 r'\, G(\mathbf{r},\mathbf{r}')\rho(\mathbf{r}') \\
&\qquad + \oiint_{\partial V} \mathrm{d}^2\mathbf{f}' \cdot [(\nabla' G(\mathbf{r},\mathbf{r}'))\,\phi_0(\mathbf{r}') + G(\mathbf{r},\mathbf{r}')\,\mathbf{E}_0(\mathbf{r}')]
\end{aligned}
$$

gefunden werden.

(d) **(2 Punkte)** Wie muss die Funktion $F(\mathbf{r},\mathbf{r}')$ gewählt sein, damit nur die Dirichlet-Randbedingungen betrachtet werden müssen? Nennen Sie die Green'sche Funktion in diesem Fall die Dirichlet'sche Green'sche Funktion $G_\mathrm{D}(\mathbf{r},\mathbf{r}')$ und drücken Sie die allgemeine Lösung durch diese, die Ladungsverteilung und das vorgegebene Potential aus.

Lösungsvorschlag:

Damit nur die Dirichlet-Randbedingungen betrachtet werden müssen, muss der Beitrag im zweiten Integral aus Teilaufgabe (c) mit $\mathbf{E}_0$ zum Verschwinden gebracht werden. Dies kann geschehen, indem $G(\mathbf{r},\mathbf{r}')$ für alle $\mathbf{r}'$ in ∂V auf null gewählt wird. Das heißt konkret, es muss die Bedingung

$$
\begin{aligned}
0 &= G_\mathrm{D}(\mathbf{r},\mathbf{r}')|_{\mathbf{r}'\in\partial V} = G_\Delta(\mathbf{r},\mathbf{r}')|_{\mathbf{r}'\in\partial V} + F(\mathbf{r},\mathbf{r}')|_{\mathbf{r}'\in\partial V} \\
&\Rightarrow \quad F(\mathbf{r},\mathbf{r}')|_{\mathbf{r}'\in\partial V} = -G_\Delta(\mathbf{r},\mathbf{r}')|_{\mathbf{r}'\in\partial V}
\end{aligned}
$$

erfüllt werden. Da $F(\mathbf{r},\mathbf{r}')$ nach wie vor die Laplace-Gleichung erfüllen muss, handelt es sich bei der Suche von F um das Lösen der Laplace-Gleichung unter Randbedingungen. In vielen Problemen der Elektrostatik lässt sich dies durch die Methode der Spiegelladungen bewerkstelligen.

Mit der so gefundenen Dirichlet'schen Green'schen Funktion lässt sich der Ausdruck aus Teilaufgabe (c) weiter zu

$$
\phi(\mathbf{r}) = -\frac{1}{\varepsilon_0} \iiint_V \mathrm{d}^3 r'\, G(\mathbf{r},\mathbf{r}')\rho(\mathbf{r}') + \oiint_{\partial V} \mathrm{d}^2\mathbf{f}' \cdot (\nabla' G(\mathbf{r},\mathbf{r}'))\,\phi_0(\mathbf{r}')
$$

vereinfachen.

Nicht gefragt:

Würden stattdessen die Neumann-Randbedingungen betrachtet werden, wäre es verlockend, $\nabla' G(\mathbf{r}, \mathbf{r}') = 0$ für alle $\mathbf{r}' \in \partial V$ wählen zu wollen. Da allerdings wegen des Satzes von Gauß auch

$$
\begin{aligned}
1 &= \iiint_V \mathrm{d}^3 r'\, \delta^{(3)}(\mathbf{r} - \mathbf{r}') = \iiint_V \mathrm{d}^3 r'\, \Delta' G(\mathbf{r}, \mathbf{r}') \\
&= \iiint_V \mathrm{d}^3 r'\, \nabla' \cdot (\nabla' G(\mathbf{r}, \mathbf{r}')) = \oiint_{\partial V} \mathrm{d}^2 \mathbf{f} \cdot (\nabla' G(\mathbf{r}, \mathbf{r}'))
\end{aligned}
$$

für alle $\mathbf{r} \in V$ gilt, ist dies nicht möglich. Stattdessen wird F so gewählt, dass sich für $\nabla' G(\mathbf{r}, \mathbf{r}')$ der Ausdruck

$$
\nabla' G(\mathbf{r}, \mathbf{r}') = \frac{\mathbf{n}}{A}
$$

ergibt, wobei $\mathbf{n}$ der Normalenvektor des Randes und A die Oberfläche des Randes ist. Dadurch ergibt sich die Neumann'sche Green'sche Funktion $G_{\mathrm{N}}(\mathbf{r}, \mathbf{r}')$, mit der sich das Potential durch

$$
\begin{aligned}
\phi(\mathbf{r}) &= -\frac{1}{\varepsilon_0} \iiint_V \mathrm{d}^3 r'\, G_{\mathrm{N}}(\mathbf{r}, \mathbf{r}') \rho(\mathbf{r}') \\
&\quad + \oiint_{\partial V} \mathrm{d}^2 \mathbf{f} \cdot \left[\frac{\mathbf{n}}{A} \phi_0(\mathbf{r}') + G_{\mathrm{N}}(\mathbf{r}, \mathbf{r}')\, \mathbf{E}_0(\mathbf{r}') \right] \\
&= -\frac{1}{\varepsilon_0} \iiint_V \mathrm{d}^3 r'\, G_{\mathrm{N}}(\mathbf{r}, \mathbf{r}') \rho(\mathbf{r}') + \oiint_{\partial V} \mathrm{d}^2 \mathbf{f} \cdot (G_{\mathrm{N}}(\mathbf{r}, \mathbf{r}')\, \mathbf{E}_0(\mathbf{r}')) \\
&\quad + \frac{1}{A} \oiint_{\partial V} \mathrm{d}^2 f'\, \phi_0(\mathbf{r}')
\end{aligned}
$$

bestimmen lässt. Da das dritte Integral nur einen Mittelwert über das vorgegebene Potential ϕ_0 am Rand bildet, stellt es eine additive Konstante dar. Da Potentiale nur bis auf solche additiven Konstanten genau bestimmt werden können, ist es äquivalent zu einem Potential, dass durch

$$
\phi(\mathbf{r}) = -\frac{1}{\varepsilon_0} \iiint_V \mathrm{d}^3 r'\, G_{\mathrm{N}}(\mathbf{r}, \mathbf{r}') \rho(\mathbf{r}') + \oiint_{\partial V} \mathrm{d}^2 \mathbf{f} \cdot (G_{\mathrm{N}}(\mathbf{r}, \mathbf{r}')\, \mathbf{E}_0(\mathbf{r}'))
$$

bestimmt ist.

(e) **(2 Punkte)** Was für ein Potential ergibt sich, wenn in einem begrenzten Raumgebiet V keine Ladungen vorhanden sind und das Potential am Rand verschwindet? Wie wird eine solche Konfiguration bezeichnet?

Lösungsvorschlag:
Wenn Dirichlet-Randbedingungen vorliegen und sich in V keine Ladungen befinden, also $\rho(\mathbf{r}) = 0$ gilt und der Rand geerdet ist, so ergibt sich nach den Erkenntnissen von Teilaufgabe (d) das Potential $\phi(\mathbf{r}) = 0$. Damit sind auch keine Felder in V vorhanden. Ein ladungsfreier Raum mit geerdetem Rand ist somit feldfrei. Es handelt sich

um einen Faraday'schen Käfig. Dieser lässt sich auch dadurch realisieren, dass der Rand aus einem leitenden Material besteht, in dem sich Ladungen frei bewegen und entsprechend der äußeren Felder anordnen können.

(f) **(3 Punkte)** Betrachten Sie nun ein Randwertproblem mit den Dirichlet-Randbedingungen $\phi = 0$ auf ∂V. Gehen Sie davon aus, dass der abgetrennte Raumbereich $V' = \mathbb{R}^3 \setminus V$ ladungsfrei ist. Motivieren Sie mit Hilfe des Gauß'schen Gesetzes, wie sich die Oberflächenladungsdichte $\sigma(\boldsymbol{r})$ der Grenzfläche ∂V durch das Potential $\phi(\boldsymbol{r})$ in V bestimmen lässt.

Lösungsvorschlag:

Da die Grenzfläche das Potential null aufweist, handelt es sich um eine Äquipotentialfläche und das elektrische Feld steht somit senkrecht auf dieser Fläche. Um das Gauß'sche Gesetz

$$\oiint_{\partial\Omega} \mathrm{d}^2\boldsymbol{f} \cdot \boldsymbol{E} = \iiint_{\Omega} \mathrm{d}^3 r \, \boldsymbol{\nabla} \cdot \boldsymbol{E} = \frac{1}{\varepsilon_0} \iiint_{\Omega} \mathrm{d}^3 r \, \rho(\boldsymbol{r})$$

anwenden zu können, wird daher als Integrationsvolumen Ω ein infinitesimal kleiner Zylinder mit Höhe h und Deckfläche A gewählt. Die Deckflächen sollen parallel zur Grenzfläche sein und er soll sich zu gleichen Teilen in V und V' befinden. Auf der rechten Seite wird sich für $h \to 0$ nur noch die Ladung der Grenzfläche bemerkbar machen. Diese lässt sich bei einer ebenso infinitesimal kleinen Deckfläche A durch die Oberflächenladungsdichte σ und den Flächeninhalt der Deckfläche A mittels $A\sigma$ beschreiben. Somit kann die rechte Seite mittels

$$\frac{1}{\varepsilon_0} \iiint_{\Omega} \mathrm{d}^3 r \, \rho(\boldsymbol{r}) = \frac{\sigma}{\varepsilon_0} A$$

ausgewertet werden. Da das elektrische Feld senkrecht auf der Grenzfläche steht, werden bei verschwindender Höhe $h \to 0$ auch nur die Deckflächen einen Beitrag zum Oberflächenintegral auf der linken Seite leisten. Wird der Normalenvektor der Grenzfläche, der aus V heraus zeigt, mit $\boldsymbol{n}$ bezeichnet, so lässt sich die linke Seite für infinitesimal kleine Deckflächen A durch

$$\oiint_{\partial\Omega} \mathrm{d}^2\boldsymbol{f} \cdot \boldsymbol{E} = A\,\boldsymbol{n} \cdot (\boldsymbol{E}_{V'} - \boldsymbol{E}_V)$$

auswerten. Dies liegt daran, dass der Normalenvektor der Deckfläche des Zylinders im Raumbereich V' parallel zu $\boldsymbol{n}$ gerichtet ist, während er im Raumbereich V antiparallel dazu gerichtet ist, da bei einem Oberflächenintegral der Normalenvektor immer aus dem umschlossenen Volumen nach außen zeigen muss. Da im Raumbereich V' keine Ladungen vorzufinden sind und das Potential am Rand von V' null ist, gibt es in V' nach den Erkenntnissen von Teilaufgabe (e) keine elektrischen Felder. Damit ist das Integral im Grenzfall $h \to 0$ schlussendlich durch

$$\oiint_{\partial\Omega} \mathrm{d}^2\boldsymbol{f} \cdot \boldsymbol{E} = -A\,\boldsymbol{n} \cdot \boldsymbol{E}|_{\partial V}$$

gegeben. Werden beide Seiten zusammengebracht, kann so die Oberflächenladungsdichte

$$\frac{\sigma}{\varepsilon_0} A = -A\, \boldsymbol{n} \cdot \boldsymbol{E}|_{\partial V} = A\, \boldsymbol{n} \cdot [\boldsymbol{\nabla}\phi]_{\partial V} \quad \Rightarrow \quad \sigma = \varepsilon_0\, [\boldsymbol{n} \cdot \boldsymbol{\nabla}\phi]_{\partial V}$$

gefunden werden.

Aufgabe 3   25 **Punkte**

Der Energie-Impuls-Tensor der Elektrodynamik

In dieser Aufgabe soll der Energie-Impuls-Tensor des elektromagnetischen Feldes

$$T_{\text{EM}}^{\mu\nu} = -\frac{1}{\mu_0} F^{\mu\sigma} F^{\nu}{}_{\sigma} + \eta^{\mu\nu} \frac{1}{4\mu_0} F^{\alpha\beta} F_{\alpha\beta}$$

näher untersucht werden. Darin beschreibt

$$F_{\mu\nu} = \partial_\mu A_\nu - \partial_\nu A_\mu$$

den Feldstärketensor, für den die Zusammenhänge

$$F_{0i} = \frac{1}{c} \boldsymbol{E}_i \qquad F_{ij} = -\epsilon_{ijk} \boldsymbol{B}_k$$

gültig sind.

(a) **(4 Punkte)** Drücken Sie die Energiedichte $w = T_{\text{EM}}^{00}$ durch das elektrische und magnetische Feld aus.

Lösungsvorschlag:
Zunächst bietet es sich an, zur Übersicht die Matrixform des Feldstärketensors

$$F_{\mu\nu} = \begin{pmatrix} 0 & \frac{E_x}{c} & \frac{E_y}{c} & \frac{E_z}{c} \\ -\frac{E_x}{c} & 0 & -B_z & B_y \\ -\frac{E_y}{c} & B_z & 0 & -B_x \\ -\frac{E_z}{c} & -B_y & B_x & 0 \end{pmatrix} \qquad F^{\mu\nu} = \begin{pmatrix} 0 & -\frac{E_x}{c} & -\frac{E_y}{c} & -\frac{E_z}{c} \\ \frac{E_x}{c} & 0 & -B_z & B_y \\ \frac{E_y}{c} & B_z & 0 & -B_x \\ \frac{E_z}{c} & -B_y & B_x & 0 \end{pmatrix}$$

aufzuschreiben. Es muss die 00-Komponente berechnet werden, so dass $\eta^{\mu\nu}$ den Wert $+1$ annimmt und somit der Beitrag $F^{\alpha\beta} F_{\alpha\beta}$ bestimmt werden muss. Dazu können die beiden Matrizen komponentenweise multipliziert und die jeweiligen Ergebnisse addiert werden. Auf diese Weise kann der Ausdruck

$$F^{\alpha\beta} F_{\alpha\beta} = -\frac{|\boldsymbol{E}|^2}{c^2} - \frac{|\boldsymbol{E}|^2}{c^2} + |\boldsymbol{B}|^2 + |\boldsymbol{B}|^2$$

$$= 2\left(|\boldsymbol{B}|^2 - \frac{1}{c^2}\boldsymbol{E}^2\right) = \frac{2}{c^2}\left(c^2|\boldsymbol{B}|^2 - |\boldsymbol{E}|^2\right)$$

gefunden werden. [3] Für den ersten Term im Energie-Impuls-Tensor muss der Ausdruck

$$F^{0\sigma} F^{0}{}_{\sigma}$$

---

[3]Da er sich durch die Lorentz-kovariante Form $F^{\alpha\beta} F_{\alpha\beta}$ ergibt, handelt es sich um eine invariante Größe unter der Lorentz-Transformation. Die Differenz aus elektrischem und magnetischem Feld ist somit in jedem Bezugssystem gleich.

bestimmt werden. Da der Feldstärketensor antisymmetrisch ist, werden die 00-Komponenten keinen Beitrag leisten. Ein Index mit einer null kann mit der Metrik nach oben und nach unten gezogen werden, ohne das Vorzeichen zu verändern. Jeder Index mit $i \in 1, 2, 3$ wird beim Hoch- oder Runterziehen wegen der Metrik ein Vorzeichen erhalten. Auf diese Weise kann der Zusammenhang

$$F^{0\sigma}F^0{}_\sigma = F^{0i}F^0{}_i = (-F_{0i})F_{0i} = -\frac{1}{c^2}\boldsymbol{E}_i\boldsymbol{E}_i = -\frac{1}{c^2}|\boldsymbol{E}|^2$$

gefunden werden. Werden die gefundenen Terme zusammengesetzt, so kann mit $\frac{1}{c^2} = \mu_0\varepsilon_0$ die Energiedichte

$$w = T^{00}_{\text{EM}} = -\frac{1}{\mu_0}\left(-\frac{1}{c^2}|\boldsymbol{E}|^2\right) + \frac{1}{4\mu_0}\cdot\frac{2}{c^2}\left(c^2|\boldsymbol{B}|^2 - |\boldsymbol{E}|^2\right)$$

$$= \varepsilon_0|\boldsymbol{E}|^2 + \frac{1}{2\mu_0}|\boldsymbol{B}|^2 - \frac{\varepsilon_0}{2}|\boldsymbol{E}|^2 = \frac{1}{2}\left(\varepsilon_0|\boldsymbol{E}|^2 + \frac{1}{\mu_0}|\boldsymbol{B}|^2\right)$$

bestimmt werden. Da es die 00-Komponente eines Tensors vom Rang zwei ist, handelt es sich um keine Größe, die unter der Lorentz-Transformation invariant ist.

(b) **(2 Punkte)** Drücken Sie den Poynting-Vektor $\boldsymbol{S}_i = c\,T^{0i}_{\text{EM}}$ durch das elektrische und magnetische Feld aus.

Lösungsvorschlag:
Für den Term T^{0i} wird die Metrik η^{0i} wegen ihrer diagonalen Gestalt den Wert null annehmen, so dass nur der erste Term des Energie-Impuls-Tensors in der Form

$$F^{0\sigma}F^i{}_\sigma$$

betrachtet werden muss. Erneut wird wegen des antisymmetrischen Charakters von F der Index $\sigma = 0$ keinen Beitrag leisten, so dass nur

$$F^{0j}F^i{}_j$$

zu betrachten ist. Nach den gleichen Regeln wie in Teilaufgabe (a) kann so

$$F^{0j}F^i{}_j = (-F_{0j})(-F_{ij}) = F_{0j}F_{ij} = \frac{1}{c}\boldsymbol{E}_j(-\epsilon_{ijk}\boldsymbol{B}_k)$$

$$= -\frac{1}{c}\epsilon_{ijk}\boldsymbol{E}_j\boldsymbol{B}_k = -\frac{1}{c}(\boldsymbol{E}\times\boldsymbol{B})_i$$

gefunden werden. Somit kann der Poynting-Vektor durch

$$\boldsymbol{S}_i = c\,T^{0i}_{\text{EM}} = -\frac{1}{\mu_0}\left(-\frac{1}{c}(\boldsymbol{E}\times\boldsymbol{B})_i\right) = \frac{1}{\mu_0}(\boldsymbol{E}\times\boldsymbol{B})_i$$

$$\Rightarrow \quad \boldsymbol{S} = \frac{1}{\mu_0}\boldsymbol{E}\times\boldsymbol{B}$$

ausgedrückt werden.

(c) **(5 Punkte)** Drücken Sie den Maxwell'schen Spannungstensor $\sigma_{ij} = -T_{\mathrm{EM}}^{ij}$ durch das elektrische und magnetische Feld aus.

Lösungsvorschlag:
Der Beitrag mit der Metrik wurde bereits in Teilaufgabe (a) zu

$$F^{\alpha\beta} F_{\alpha\beta} = \frac{2}{c^2} \left(c^2 |\boldsymbol{B}|^2 - |\boldsymbol{E}|^2 \right)$$

bestimmt. Da hier nur die räumlichen Indizes betrachtet werden, lässt sich die Metrik durch ein negatives Kornecker-Delta $-\delta_{ij}$ ersetzen. Damit ist es erneut nötig, den ersten Term

$$F^{i\sigma} F^{j}{}_{\sigma}$$

näher auszuwerten. Im vorliegenden Fall ist es möglich, dass alle Indizes von σ beitragen, so dass mit der gleichen Methode wie in (a) und (b) die Rechnung

$$F^{i\sigma} F^{j}{}_{\sigma} = F^{i0} F^{j}{}_{0} + F^{ik} F^{j}{}_{k} = F_{0i} F_{0j} + F_{ik}(-F_{jk})$$
$$= \frac{1}{c^2} \boldsymbol{E}_i \boldsymbol{E}_j - (\epsilon_{ikl}\boldsymbol{B}_l)(\epsilon_{jkm}\boldsymbol{B}_m) = \frac{\boldsymbol{E}_i \boldsymbol{E}_j}{c^2} - \epsilon_{kli}\epsilon_{kmj}\boldsymbol{B}_l\boldsymbol{B}_m$$
$$= \frac{\boldsymbol{E}_i \boldsymbol{E}_j}{c^2} - \delta_{ij}|\boldsymbol{B}|^2 + \boldsymbol{B}_i\boldsymbol{B}_j$$

durchgeführt werden kann. Wird dies in den Energie-Impuls-Tensor eingesetzt, so kann der Ausdruck

$$T_{\mathrm{EM}}^{ij} = -\frac{1}{\mu_0} \left(\frac{\boldsymbol{E}_i\boldsymbol{E}_j}{c^2} - \delta_{ij}|\boldsymbol{B}|^2 + \boldsymbol{B}_i\boldsymbol{B}_j \right) - \frac{\delta_{ij}}{4\mu_0} \left(\frac{2}{c^2} \left(c^2|\boldsymbol{B}|^2 - |\boldsymbol{E}|^2 \right) \right)$$
$$= \delta_{ij} \frac{1}{2} \left(\varepsilon_0 |\boldsymbol{E}|^2 - \frac{1}{\mu_0}|\boldsymbol{B}|^2 \right) - \left(\varepsilon_0 \boldsymbol{E}_i\boldsymbol{E}_j + \frac{1}{\mu_0}\boldsymbol{B}_i\boldsymbol{B}_j \right)$$

und schlussendlich der Maxwell'sche Spannungstensor

$$\sigma_{ij} = -T_{\mathrm{EM}}^{ij} = \varepsilon_0 \boldsymbol{E}_i\boldsymbol{E}_j + \frac{1}{\mu_0}\boldsymbol{B}_i\boldsymbol{B}_j - \delta_{ij} w$$

gefunden werden.

(d) **(6 Punkte)** Verwenden Sie die kovariante Form der Maxwell-Gleichungen, um $\partial_\mu T_{\mathrm{EM}}^{\mu\nu}$ zu bestimmen.

Lösungsvorschlag:
Die inhomogenen Maxwell-Gleichungen können durch

$$\partial_\mu F^{\mu\nu} = \mu_0 j^\nu$$

ausgedrückt werden. Die homogenen Maxwell-Gleichungen können entweder über den dualen Feldstärketensor oder über

$$\partial_\alpha F_{\beta\gamma} + \partial_\beta F_{\gamma\alpha} + \partial_\gamma F_{\alpha\beta} = 0$$

ausgedrückt werden. Die zweite Form ist für dieses Problem tatsächlich zielführend. Unter Ausnutzung der Produktregel kann so zunächst der Ausdruck

$$\partial_\mu T^{\mu\nu}_{\mathrm{EM}} = -\frac{1}{\mu_0} F^\nu{}_\sigma \partial_\mu F^{\mu\sigma} - \frac{1}{\mu_0} F^{\mu\sigma} \partial_\mu F^\nu{}_\sigma + \frac{1}{2\mu_0} F^{\alpha\beta} \partial^\nu F_{\alpha\beta}$$

$$= -\frac{1}{\mu_0} F^\nu{}_\sigma (\mu_0 j^\sigma) + \frac{1}{2\mu_0} \left(-2 F^{\mu\sigma} \partial_\mu F^\nu{}_\sigma + F^{\alpha\beta} \partial^\nu F_{\alpha\beta} \right)$$

$$= -F^{\nu\sigma} j_\sigma + \frac{1}{2\mu_0} \left(-2 F^{\alpha\beta} \partial_\alpha F^\nu{}_\beta + F^{\alpha\beta} \partial^\nu F_{\alpha\beta} \right)$$

$$= j_\sigma F^{\sigma\nu} + \frac{1}{2\mu_0} F^{\alpha\beta} \eta^{\nu\gamma} \left(-2\partial_\alpha F_{\gamma\beta} + \partial_\gamma F_{\alpha\beta} \right)$$

gefunden werden. Dabei wurde im vorletzten Schritt eine Umbenennung der Summationsindizes μ zu α und σ zu β vorgenommen. Der Term in Klammern kann nun mittels der Antisymmetrie des Feldstärketensors durch

$$F^{\alpha\beta} \left(-2\partial_\alpha F_{\gamma\beta} + \partial_\gamma F_{\alpha\beta} \right) = F^{\alpha\beta} \left(-\partial_\alpha F_{\gamma\beta} - \partial_\alpha F_{\gamma\beta} + \partial_\gamma F_{\alpha\beta} \right)$$

$$= F^{\alpha\beta} \left(-\partial_\alpha F_{\gamma\beta} + \partial_\beta F_{\gamma\alpha} + \partial_\gamma F_{\alpha\beta} \right)$$

$$= F^{\alpha\beta} \left(\partial_\alpha F_{\beta\gamma} + \partial_\beta F_{\gamma\alpha} + \partial_\gamma F_{\alpha\beta} \right)$$

weiter umgeformt werden. Im zweiten Schritt wurde dabei im zweiten Term die Umbenennung $\alpha \leftrightarrow \beta$ durchgeführt, was wegen der Antisymmetrie von $F^{\alpha\beta}$ den Tausch des Vorzeichens bedingt. Der so entstandene Ausdruck ist laut der homogenen Maxwell-Gleichungen null, so dass sich insgesamt für den Energie-Impuls-Tensor der Ausdruck

$$\partial_\mu T^{\mu\nu}_{\mathrm{EM}} = j_\mu F^{\mu\nu}$$

ergibt. Dieses Ergebnis wird auch als Energie-Impuls-Satz bezeichnet.

(e) **(5 Punkte)** Betrachten Sie nun Ihr Ergebnis aus Teilaufgabe (d) für $\nu = 0$ und integrieren Sie über ein begrenztes Raumvolumen V. Beschreiben Sie die Bedeutung der einzelnen Terme für das elektromagnetische Feld. Welche Auswirkung hat dies für eine Punktladung?

Lösungsvorschlag:
Für $\nu = 0$ lässt sich der Zusammenhang

$$\partial_\mu T^{\mu 0}_{\mathrm{EM}} = \partial_0 T^{00}_{\mathrm{EM}} + \partial_i T^{0i}_{\mathrm{EM}} = \frac{1}{c}\frac{\partial w}{\partial t} + \frac{1}{c}\frac{\partial S_i}{\partial x^i} = \frac{1}{c}\left(\partial_t w + \boldsymbol{\nabla} \cdot \boldsymbol{S} \right)$$

$$= j_0 F^{00} + j_i F^{i0} = (-j_i)(F_{0i}) = -\frac{1}{c} j_i E_i = -\frac{1}{c}\boldsymbol{j} \cdot \boldsymbol{E}$$

finden. Durch das Kürzen der Lichtgeschwindigkeit auf beiden Seiten kann damit der Satz von Poynting

$$\partial_t w + \boldsymbol{\nabla} \cdot \boldsymbol{S} = -\boldsymbol{j} \cdot \boldsymbol{E}$$

erhalten werden. Bei einer Integration über ein festes und begrenztes Raumvolumen V wird sich für den ersten Term der Ausdruck

$$\iiint_V \mathrm{d}^3 r \; \partial_t w = \frac{\mathrm{d}}{\mathrm{d}t} \iiint_V \mathrm{d}^3 r \; w = \frac{\mathrm{d}E_V}{\mathrm{d}t}$$

ergeben. Es handelt sich um die zeitliche Änderung der Energie des elektromagnetischen Feldes innerhalb des betrachteten Volumens. Für den zweiten Term kann gemäß

$$\iiint_V \mathrm{d}^3 r \; \boldsymbol{\nabla} \cdot \boldsymbol{S} = \oiint_{\partial V} \mathrm{d}^2 \boldsymbol{f} \cdot \boldsymbol{S}$$

der Satz von Gauß verwendet werden. Es handelt sich um ein Oberflächenintegral, das den Energiefluss durch die begrenzende Oberfläche ermittelt. Der Poynting-Vektor stellt die Energiestromdichte des elektromagnetischen Feldes dar. Wäre die rechte Seite null, würde die gesamte Energie des elektromagnetischen Feldes von einem Raumbereich durch Strahlung in einen anderen getragen werden, ohne, dass sich die gesamte Energie im elektromagnetischen Feld ändert. [4] Für den dritten Term wird

$$- \iiint_V \mathrm{d}^3 r \; \boldsymbol{j} \cdot \boldsymbol{E}$$

gefunden. Da dieser Term nicht null ist, gibt es Quellen und Senken für die Energie im elektromagnetischen Feld. Diese Quellen und Senken hängen damit zusammen, ob sich Ladungen parallel oder antiparallel zum elektrischen Feld bewegen. Für eine Punktladung ist

$$\boldsymbol{j}(\boldsymbol{r}, t) = q \delta^{(3)}(\boldsymbol{r} - \boldsymbol{r}_0(t)) \, \boldsymbol{v}(t)$$

gültig. Es soll hier der Fall betrachtet werden, in dem sich die Punktladung im betrachteten Volumen befindet. Damit kann das Integral weiter zu

$$- \iiint_V \mathrm{d}^3 r \; \boldsymbol{j} \cdot \boldsymbol{E} = -q \boldsymbol{v} \cdot \boldsymbol{E}$$

ausgewertet werden. Ist dieser Ausdruck negativ, so verliert das elektromagnetische Feld im Volumen an Energie. Da die Energie insgesamt eine Erhaltungsgröße ist, muss sie von der Punktladung aufgenommen werden. Das bedeutet, die Punktladung wird die Energie

$$q \boldsymbol{E} \cdot \boldsymbol{v} \, \mathrm{d}t = q \boldsymbol{E} \, \mathrm{d}\boldsymbol{r}$$

hinzu gewinnen. Die kinetische Energie eines mechanischen Systems nimmt zu, wenn die Bewegung parallel einer einwirkenden Kraft verläuft. Das bedeutet, der Ausdruck $q\boldsymbol{E}$ kann als die Kraft des elektromagnetischen Feldes auf die Punktladung aufgefasst werden. Es handelt sich um die Coulomb-Kraft.

---

[4] In diesem Fall wäre es unmöglich, elektromagnetische Wellen zu emittieren oder zu absorbieren

(f) **(3 Punkte)** Verwenden Sie nun die Gleichung aus Teilaufgabe (d), um einen Zusammenhang zwischen $\partial_\mu T^{\mu\nu}_{\mathrm{EM}}$ und der Lorentz-Kraft $K^\mu_{\mathrm{L}} = qF^{\mu\nu}u_\nu$ einer Punktladung zu motivieren. Wie lässt sich dies auf eine beliebige Stromdichte j^μ übertragen?

Lösungsvorschlag:
In Teilaufgabe (e) war bereits zu sehen, dass die rechte Seite von

$$\partial_\mu T^{\mu\nu}_{\mathrm{EM}} = j_\mu F^{\mu\nu}$$

mit der Kraft des elektromagnetischen Feldes auf Punktladungen in Verbindung gebracht werden kann. Jedoch tritt dabei eine Projektion auf die Geschwindigkeit auf, so dass eventuell senkrecht dazu stehende Anteile nicht berücksichtigt wurden. Für eine Punktladung ist die Lorentz-Kraft, wie in der Aufgabenstellung angegeben, durch

$$K^\mu_{\mathrm{L}} = qF^{\mu\nu}u_\nu$$

zu bestimmen. Diese kann jedoch auch in eine Lorentz-Kraftdichte der Form

$$k^\mu_{\mathrm{L}} = qF^{\mu\nu}u_\nu \delta^{(3)}(\boldsymbol{r} - \boldsymbol{r}_0(t))$$

umformuliert werden. Da sich eine Stromdichte auch durch

$$\boldsymbol{j} = \rho\,\boldsymbol{v}$$

schreiben lässt, kann diese wegen $\rho = q\delta^{(3)}(\boldsymbol{r} - \boldsymbol{r}_0(t))$ weiter mit

$$k^\mu_{\mathrm{L}} = F^{\mu\nu}\rho u_\nu = F^{\mu\nu}j_\nu = -j_\nu F^{\nu\mu}$$

identifiziert werden. Der hierin auftretende Term war aber gerade jener, der die Divergenz des Energie-Impuls-Tensors darstellt, so dass sich

$$\partial_\mu T^{\mu\nu}_{\mathrm{EM}} = -k^\nu_{\mathrm{L}}$$

ergibt.

Aufgabe 4   **25 *Punkte***

Energieabstrahlung auf der Kreisbahn

In dieser Aufgabe soll die Energieabstrahlung einer Ladung q auf einer Kreisbahn

$$\boldsymbol{r}_0(t) = R(\hat{\boldsymbol{e}}_x \cos(\omega_0 t) + \hat{\boldsymbol{e}}_y \sin(\omega_0 t))$$

mit Radius R und fester Winkelgeschwindigkeit $\omega_0 > 0$ untersucht werden.

Durch das Auswerten der Green'schen Funktionen des d'Alembert-Operators kann für die Fourier-Transformation des Vektorpotentials in großen Entfernungen $r \gg R$ zur Quelle

$$\boldsymbol{A}_\omega(\boldsymbol{r}) = \frac{1}{\sqrt{2\pi}} \int\limits_{-\infty}^{\infty} \mathrm{d}t\, \boldsymbol{A}(\boldsymbol{r},t)\, \mathrm{e}^{\mathrm{i}\omega t} = -\mathrm{i}\omega \frac{\mu_0}{4\pi} \frac{\mathrm{e}^{\mathrm{i}\frac{\omega}{c}r}}{r} \boldsymbol{p}_\omega$$

gefunden werden, worin $\boldsymbol{p}_\omega$ die Fourier-Transformation des elektrischen Dipolmoments ist.

(a) **(4 Punkte)** Bestimmen Sie zunächst das elektrische Dipolmoment und zeigen Sie damit, dass das Vektorpotential durch

$$\boldsymbol{A}(\boldsymbol{r},t) = \frac{\mu_0 c}{4\pi r} qkR\left(\hat{\boldsymbol{e}}_x \sin(k(r-ct)) + \hat{\boldsymbol{e}}_y \cos(k(r-ct))\right)$$

gegeben ist. Hierin beschreibt $k = \frac{\omega_0}{c}$ den Betrag des Wellenvektors $\boldsymbol{k} = k\,\hat{\boldsymbol{e}}_r$.

Lösungsvorschlag:
Da sich das Dipolmoment durch

$$\boldsymbol{p}(t) = \int \mathrm{d}^3 r\, \boldsymbol{r}\, \rho(\boldsymbol{r},t)$$

bestimmen lässt und die Ladungsdichte durch

$$\rho(\boldsymbol{r},t) = q\delta^{(3)}(\boldsymbol{r} - \boldsymbol{r}_0(t))$$

gegeben ist, kann das Dipolmoment durch

$$\boldsymbol{p}(t) = q\boldsymbol{r}_0(t) = qR(\hat{\boldsymbol{e}}_x \cos(\omega_0 t) + \hat{\boldsymbol{e}}_y \sin(\omega_0 t))$$

ausgedrückt werden. Für die Fourier-Transformation muss demnach

$$\boldsymbol{p}_\omega = \frac{1}{\sqrt{2\pi}} \int\limits_{-\infty}^{\infty} \mathrm{d}t\, \boldsymbol{p}(t)\, \mathrm{e}^{\mathrm{i}\omega t} = \frac{qR}{\sqrt{2\pi}} \int\limits_{-\infty}^{\infty} \mathrm{d}t\, (\hat{\boldsymbol{e}}_x \cos(\omega_0 t) + \hat{\boldsymbol{e}}_y \sin(\omega_0 t))\, \mathrm{e}^{\mathrm{i}\omega t}$$

berechnet werden. Da sich Sinus und Kosinus gemäß

$$\sin(\omega_0 t) = \frac{1}{2\mathrm{i}} \left(\mathrm{e}^{\mathrm{i}\omega_0 t} - \mathrm{e}^{-\mathrm{i}\omega_0 t}\right) \qquad \cos(\omega_0 t) = \frac{1}{2} \left(\mathrm{e}^{\mathrm{i}\omega_0 t} + \mathrm{e}^{-\mathrm{i}\omega_0 t}\right)$$

zerlegen lassen und der Zusammenhang

$$\int\limits_{-\infty}^{\infty} \mathrm{d}t \ \mathrm{e}^{\mathrm{i}(\omega \pm \omega_0)t} = 2\pi\delta(\omega \pm \omega_0)$$

gültig ist, ist die Fourier-Transformation des Dipolmoments durch

$$\boldsymbol{p}_\omega = \frac{qR\sqrt{2\pi}}{2} \left(\left(\hat{\boldsymbol{e}}_x + \frac{1}{\mathrm{i}}\hat{\boldsymbol{e}}_y\right)\delta(\omega + \omega_0) + \left(\hat{\boldsymbol{e}}_x - \frac{1}{\mathrm{i}}\hat{\boldsymbol{e}}_y\right)\delta(\omega - \omega_0) \right)$$

$$= \frac{qR\sqrt{2\pi}}{2}\left((\hat{\boldsymbol{e}}_x - \mathrm{i}\hat{\boldsymbol{e}}_y)\delta(\omega + \omega_0) + (\hat{\boldsymbol{e}}_x + \mathrm{i}\hat{\boldsymbol{e}}_y)\delta(\omega - \omega_0) \right)$$

gegeben. Die Fourier-Transformation des Vektor-Potentials

$$\boldsymbol{A}_\omega(\boldsymbol{r}) = -\mathrm{i}\omega\frac{\mu_0}{4\pi}\frac{\mathrm{e}^{\mathrm{i}\frac{\omega}{c}r}}{r}\boldsymbol{p}_\omega$$

kann demnach auf

$$\boldsymbol{A}_\omega(\boldsymbol{r}) = -\mathrm{i}\omega\frac{\mu_0}{4\pi}\frac{\mathrm{e}^{\mathrm{i}\frac{\omega}{c}r}}{r}\frac{qR\sqrt{2\pi}}{2}\left((\hat{\boldsymbol{e}}_x - \mathrm{i}\hat{\boldsymbol{e}}_y)\delta(\omega + \omega_0) + (\hat{\boldsymbol{e}}_x + \mathrm{i}\hat{\boldsymbol{e}}_y)\delta(\omega - \omega_0) \right)$$

$$= -\mathrm{i}\omega_0\frac{\mu_0}{4\pi r}\frac{qR\sqrt{2\pi}}{2}\left((\hat{\boldsymbol{e}}_x + \mathrm{i}\hat{\boldsymbol{e}}_y)\delta(\omega - \omega_0)\,\mathrm{e}^{\mathrm{i}\frac{\omega_0}{c}r} \right.$$

$$\left. - (\hat{\boldsymbol{e}}_x - \mathrm{i}\hat{\boldsymbol{e}}_y)\delta(\omega + \omega_0)\,\mathrm{e}^{-\mathrm{i}\frac{\omega_0}{c}r} \right)$$

umgeformt werden. Wird die Fourier-Transformation

$$\boldsymbol{A}(\boldsymbol{r}, t) = \frac{1}{\sqrt{2\pi}}\int\limits_{-\infty}^{\infty} \mathrm{d}\omega \ \boldsymbol{A}_\omega(\boldsymbol{r})\,\mathrm{e}^{-\mathrm{i}\omega t}$$

dann explizit ausgerechnet, so kann das Vektorpotential

$$\boldsymbol{A}(\boldsymbol{r}, t) = -\mathrm{i}\omega_0\frac{\mu_0}{4\pi r}\frac{qR}{2}\left((\hat{\boldsymbol{e}}_x + \mathrm{i}\hat{\boldsymbol{e}}_y)\,\mathrm{e}^{-\mathrm{i}\omega_0 t}\,\mathrm{e}^{\mathrm{i}\frac{\omega_0}{c}r} - (\hat{\boldsymbol{e}}_x - \mathrm{i}\hat{\boldsymbol{e}}_y)\,\mathrm{e}^{\mathrm{i}\omega_0 t}\,\mathrm{e}^{-\mathrm{i}\frac{\omega_0}{c}r} \right)$$

$$= \frac{\mu_0 qR\omega_0}{4\pi r}\left(\hat{\boldsymbol{e}}_x\frac{1}{2\mathrm{i}}\left(\mathrm{e}^{\mathrm{i}\left(\frac{\omega_0}{c}r - \omega_0 t\right)} - \mathrm{e}^{-\mathrm{i}\left(\frac{\omega_0}{c}r - \omega_0 t\right)} \right) \right.$$

$$\left. + \hat{\boldsymbol{e}}_y\frac{\mathrm{i}}{2\mathrm{i}}\left(\mathrm{e}^{\mathrm{i}\left(\frac{\omega_0}{c}r - \omega_0 t\right)} + \mathrm{e}^{-\mathrm{i}\left(\frac{\omega_0}{c}r - \omega_0 t\right)} \right) \right)$$

$$= \frac{\mu_0}{4\pi r}qR\omega_0\left(\hat{\boldsymbol{e}}_x\sin\left(\frac{\omega_0}{c}(r - ct)\right) + \hat{\boldsymbol{e}}_y\cos\left(\frac{\omega_0}{c}(r - ct)\right) \right)$$

$$= \frac{\mu_0 c}{4\pi r}qkR\left(\hat{\boldsymbol{e}}_x\sin(k(r - ct)) + \hat{\boldsymbol{e}}_y\cos(k(r - ct)) \right)$$

gefunden werden.

(b) **(2 Punkte)** Bestimmen Sie mit dem Ergebnis aus Teilaufgabe (a) die magnetische Flussdichte $\boldsymbol{B}(\boldsymbol{r},t)$ in der Fernfeldnäherung $kr \gg 1$. Zeigen Sie, dass diese senkrecht auf $\boldsymbol{k}$ steht.

Lösungsvorschlag:
Um die Argumente der trigonometrischen Funktionen nicht ständig ausschreiben zu müssen, wird die Phase

$$\psi(r,t) = k(r - ct)$$

mit den Ableitungen

$$\frac{\partial \psi}{\partial r} = k \qquad \frac{\partial \psi}{\partial t} = -kc$$

eingeführt. Das Vektorpotential lässt sich dann als

$$\boldsymbol{A}(\boldsymbol{r},t) = \frac{\mu_0 c}{4\pi r} qkR \left(\hat{\boldsymbol{e}}_x \sin(\psi) + \hat{\boldsymbol{e}}_y \cos(\psi)\right)$$

schreiben. Da das Vektorpotential die Form $\phi\boldsymbol{v}$ aufweist, muss die Produktregel

$$\boldsymbol{\nabla} \times (\phi\boldsymbol{v}) = \phi(\boldsymbol{\nabla} \cdot \boldsymbol{v}) - \boldsymbol{v} \times \boldsymbol{\nabla}\phi$$

der Vektoranalysis verwendet werden. Die auftretenden Vektoren $\hat{\boldsymbol{e}}_x$ und $\hat{\boldsymbol{e}}_y$ sind konstant und ihre Ableitungen verschwinden. Daher ist für die magnetische Flussdichte lediglich

$$\boldsymbol{B}(\boldsymbol{r},t) = \boldsymbol{\nabla} \times \boldsymbol{A} = -\frac{\mu_0 c}{4\pi} qkR \left(\hat{\boldsymbol{e}}_x \times \boldsymbol{\nabla}\frac{\sin(\psi)}{r} + \hat{\boldsymbol{e}}_y \times \boldsymbol{\nabla}\frac{\cos(\psi)}{r}\right)$$

zu berechnen. Der erste auftretende Gradient kann mittels

$$\boldsymbol{\nabla}\frac{\sin(k(r-ct))}{r} = \hat{\boldsymbol{e}}_r \frac{k\cos(k(r-ct))\,r - \sin(k(r-ct))}{r^2}$$

bestimmt werden. In der Fernfeldnäherung $kr \gg 1$ ist nur der Term proportional zu k dominant, so dass sich in dieser

$$\boldsymbol{\nabla}\frac{\sin(k(r-ct))}{r} \approx \hat{\boldsymbol{e}}_r \frac{k\cos(k(r-ct))}{r} = k\,\hat{\boldsymbol{e}}_r \frac{\cos(\psi)}{r}$$

ergibt. Analog kann der Gradient

$$\boldsymbol{\nabla}\frac{\cos(k(r-ct))}{r} \approx -k\,\hat{\boldsymbol{e}}_r \frac{\sin(\psi)}{r}$$

gefunden werden. Damit kann die magnetische Flussdichte zu

$$\begin{aligned}
\boldsymbol{B}(\boldsymbol{r},t) &= -\frac{\mu_0 c}{4\pi} qk^2 R \left(\hat{\boldsymbol{e}}_x \times \hat{\boldsymbol{e}}_r \frac{\cos(\psi)}{r} - \hat{\boldsymbol{e}}_y \times \hat{\boldsymbol{e}}_r \frac{\sin(\psi)}{r}\right) \\
&= \frac{\mu_0 c}{4\pi} qk^2 R\,\hat{\boldsymbol{e}}_r \times \left(\hat{\boldsymbol{e}}_x \frac{\cos(\psi)}{r} - \hat{\boldsymbol{e}}_y \frac{\sin(\psi)}{r}\right) \\
&= \frac{\mu_0 c}{4\pi} qkR\,\boldsymbol{k} \times \left(\hat{\boldsymbol{e}}_x \frac{\cos(k(r-ct))}{r} - \hat{\boldsymbol{e}}_y \frac{\sin(k(r-ct))}{r}\right)
\end{aligned}$$

bestimmt werden. Im letzten Schritt wurde hierzu der Wellenvektor $\boldsymbol{k} = k\,\hat{\boldsymbol{e}}_r$ eingesetzt. Da sich die magnetische Flussdichte aus einem Kreuzprodukt mit $\boldsymbol{k}$ ergibt, steht
$\boldsymbol{B}$ senkrecht auf $\boldsymbol{k}$.

(c) **(8 Punkte)** Verwenden Sie die Maxwell-Gleichungen, um die elektrische Feldstärke
$\boldsymbol{E}(\boldsymbol{r}, t)$ zu bestimmen. Zeigen Sie, dass diese über die Beziehung

$$\boldsymbol{E} = c(\boldsymbol{B} \times \hat{\boldsymbol{e}}_r)$$

mit der magnetischen Flussdichte verknüpft ist.

Hinweis: Für diese Teilaufgabe können die Produktregeln

$$\nabla \times (\boldsymbol{v} \times \boldsymbol{w}) = \boldsymbol{v}(\nabla \cdot \boldsymbol{w}) + (\boldsymbol{w} \cdot \nabla)\boldsymbol{v} - (\boldsymbol{v} \cdot \nabla)\boldsymbol{w} - \boldsymbol{w}(\nabla \cdot \boldsymbol{v})$$
$$\nabla(\phi\,\boldsymbol{v}) = \phi(\nabla \cdot \boldsymbol{v}) + \boldsymbol{v} \cdot \nabla\phi$$

der Vektoranalysis sehr hilfreich sein.

Lösungsvorschlag:
Die Rotation der magnetischen Flussdichte ist nach den Maxwell-Gleichungen durch

$$\nabla \times \boldsymbol{B} = \mu_0\,\boldsymbol{j} + \frac{1}{c^2}\frac{\partial \boldsymbol{E}}{\partial t}$$

gegeben. Da die Felder in großer Entfernung von der Quelle $r \gg R$ betrachtet werden,
ist dort $\boldsymbol{j} = \boldsymbol{0}$, so dass der direkte Zusammenhang

$$\frac{\partial \boldsymbol{E}}{\partial t} = c^2(\nabla \times \boldsymbol{B})$$

besteht. Von der magnetischen Flussdichte kann demnach zunächst die Rotation gebildet werden, um anschließend bzgl. der Zeit zu integrieren. Für die Rotation von $\boldsymbol{B}$
muss die Rotation

$$\nabla \times \left(\hat{\boldsymbol{e}}_r \times \left(\hat{\boldsymbol{e}}_x \frac{\cos(k(r - ct))}{r} - \hat{\boldsymbol{e}}_y \frac{\sin(k(r - ct))}{r} \right) \right)$$

ermittelt werden. Da die Rotation linear ist, kann zunächst der erste Term

$$\nabla \times \left(\hat{\boldsymbol{e}}_r \times \left(\hat{\boldsymbol{e}}_x \frac{\cos(\psi)}{r} \right) \right)$$

betrachtet werden. Dieser Ausdruck entspricht mit $\boldsymbol{v} = \hat{\boldsymbol{e}}_r$ und $\boldsymbol{w} = \hat{\boldsymbol{e}}_x \frac{\cos(\psi)}{r}$ der
Rotation

$$\nabla \times (\boldsymbol{v} \times \boldsymbol{w}) = \boldsymbol{v}(\nabla \cdot \boldsymbol{w}) + (\boldsymbol{w} \cdot \nabla)\boldsymbol{v} - (\boldsymbol{v} \cdot \nabla)\boldsymbol{w} - \boldsymbol{w}(\nabla \cdot \boldsymbol{v}).$$

Da nur der Beitrag im Fernfeld bestimmt werden soll, werden nur solche Terme verbleiben, die durch die Ableitung einen Faktor k erhalten. Damit scheiden alle Ableitungen des Vektor $\boldsymbol{v} = \hat{\boldsymbol{e}}_r$ aus und es kann die Näherung

$$\nabla \times (\boldsymbol{v} \times \boldsymbol{w}) \approx \boldsymbol{v}(\nabla \cdot \boldsymbol{w}) - (\boldsymbol{v} \cdot \nabla)\boldsymbol{w}$$

verwendet werden. Weiter ist im zweiten Term

$$(\boldsymbol{v} \cdot \boldsymbol{\nabla})\boldsymbol{w} = (\hat{\boldsymbol{e}}_r \cdot \boldsymbol{\nabla})\boldsymbol{w} = \frac{\partial \boldsymbol{w}}{\partial r} = \frac{\partial}{\partial r}\left(\hat{\boldsymbol{e}}_x \frac{\cos(\psi)}{r}\right) \approx -k\,\hat{\boldsymbol{e}}_x \frac{\sin(\psi)}{r}$$

zu finden. Für den ersten Term muss hingegen

$$\boldsymbol{\nabla} \cdot \left(\hat{\boldsymbol{e}}_x \frac{\cos(\psi)}{r}\right)$$

bestimmt werden. Hierzu kann die zweite gegebene Identität

$$\boldsymbol{\nabla}(\phi\,\boldsymbol{v}) = \phi(\boldsymbol{\nabla} \cdot \boldsymbol{v}) + \boldsymbol{v} \cdot \boldsymbol{\nabla}\phi$$

mit $\phi = \frac{\cos(\psi)}{r}$ und $\boldsymbol{v} = \hat{\boldsymbol{e}}_x$ verwendet werden. Da $\hat{\boldsymbol{e}}_x$ ein konstanter Vektor ist, kann somit

$$\boldsymbol{\nabla} \cdot \left(\hat{\boldsymbol{e}}_x \frac{\cos(\psi)}{r}\right) = \hat{\boldsymbol{e}}_x \cdot \boldsymbol{\nabla}\frac{\cos(\psi)}{r} = -\hat{\boldsymbol{e}}_x \cdot \hat{\boldsymbol{e}}_r \frac{k\sin(\psi)}{r}$$

gefunden werden. Insgesamt wird damit der Ausdruck

$$\boldsymbol{\nabla} \times \left(\hat{\boldsymbol{e}}_r \times \left(\hat{\boldsymbol{e}}_x \frac{\cos(\psi)}{r}\right)\right) \approx -k\,\hat{\boldsymbol{e}}_x \frac{\sin(\psi)}{r} + \hat{\boldsymbol{e}}_r(\hat{\boldsymbol{e}}_x \cdot \hat{\boldsymbol{e}}_r)\frac{k\sin(\psi)}{r}$$

$$= (\hat{\boldsymbol{e}}_r(\hat{\boldsymbol{e}}_x \cdot \hat{\boldsymbol{e}}_r) - \hat{\boldsymbol{e}}_x)\frac{k\sin(k(r-ct))}{r}$$

in der Fernfeldnäherung bestimmt. Analog lässt sich so auch der Term

$$\boldsymbol{\nabla} \times \left(\hat{\boldsymbol{e}}_r \times \left(\hat{\boldsymbol{e}}_y \frac{\sin(\psi)}{r}\right)\right) \approx -(\hat{\boldsymbol{e}}_r(\hat{\boldsymbol{e}}_x \cdot \hat{\boldsymbol{e}}_r) - \hat{\boldsymbol{e}}_x)\frac{k\cos(k(r-ct))}{r}$$

ermitteln. Da für ein doppeltes Kreuzprodukt

$$\hat{\boldsymbol{e}}_r \times (\hat{\boldsymbol{e}}_r \times \hat{\boldsymbol{e}}_i) = \hat{\boldsymbol{e}}_r(\hat{\boldsymbol{e}}_r \cdot \hat{\boldsymbol{e}}_i) - \hat{\boldsymbol{e}}_i\hat{\boldsymbol{e}}_r^2 = \hat{\boldsymbol{e}}_r(\hat{\boldsymbol{e}}_r \cdot \hat{\boldsymbol{e}}_i) - \hat{\boldsymbol{e}}_i$$

gilt, können die beiden Terme auch durch

$$\boldsymbol{\nabla} \times \left(\hat{\boldsymbol{e}}_r \times \left(\hat{\boldsymbol{e}}_x \frac{\cos(\psi)}{r}\right)\right) \approx -(\hat{\boldsymbol{e}}_r \times (\hat{\boldsymbol{e}}_r \times \hat{\boldsymbol{e}}_x))\frac{k\sin(\psi)}{r}$$

und

$$\boldsymbol{\nabla} \times \left(\hat{\boldsymbol{e}}_r \times \left(\hat{\boldsymbol{e}}_y \frac{\sin(\psi)}{r}\right)\right) \approx (\hat{\boldsymbol{e}}_r \times (\hat{\boldsymbol{e}}_r \times \hat{\boldsymbol{e}}_x))\frac{k\cos(\psi)}{r}$$

beschrieben werden. Somit kann die Rotation der magnetischen Flussdichte

$$\boldsymbol{\nabla} \times \boldsymbol{B} = \frac{\mu_0 c}{4\pi}qk^2R\left(-(\hat{\boldsymbol{e}}_r \times (\hat{\boldsymbol{e}}_r \times \hat{\boldsymbol{e}}_x))\frac{k\sin(\psi)}{r} + (\hat{\boldsymbol{e}}_r \times (\hat{\boldsymbol{e}}_r \times \hat{\boldsymbol{e}}_x))\frac{k\cos(\psi)}{r}\right)$$

$$= \frac{\mu_0 c}{4\pi}qk^2R\,\hat{\boldsymbol{e}}_r \times \left(\hat{\boldsymbol{e}}_r \times \left(-\hat{\boldsymbol{e}}_x \frac{k\sin(\psi)}{r} + \hat{\boldsymbol{e}}_y \frac{k\cos(\psi)}{r}\right)\right)$$

ermittelt werden. Um die elektrische Feldstärke zu bestimmen, muss dieser Ausdruck mit c^2 multipliziert und unbestimmt nach der Zeit integriert werden, um so

$$\boldsymbol{E} = \int \mathrm{d}t \, c^2 (\boldsymbol{\nabla} \times \boldsymbol{B}) = \frac{\mu_0 c^3}{4\pi} q k^2 R \hat{\boldsymbol{e}}_r \times \left(\hat{\boldsymbol{e}}_r \times \left(-\hat{\boldsymbol{e}}_x \frac{\cos(\psi)}{rc} + \hat{\boldsymbol{e}}_y \frac{\sin(\psi)}{rc} \right) \right)$$

zu erhalten. Ein Vergleich mit der magnetischen Flussdichte

$$\boldsymbol{B} = \frac{\mu_0 c}{4\pi} q k^2 R \hat{\boldsymbol{e}}_r \times \left(\hat{\boldsymbol{e}}_x \frac{\cos(\psi)}{r} - \hat{\boldsymbol{e}}_y \frac{\sin(\psi)}{r} \right)$$

erlaubt es, die elektrische Feldstärke

$$\boldsymbol{E}(\boldsymbol{r}, t) = \frac{\mu_0 c^2}{4\pi} q k^2 R \hat{\boldsymbol{e}}_r \times \left(\hat{\boldsymbol{e}}_r \times \left(-\hat{\boldsymbol{e}}_x \frac{\cos(k(r - ct))}{r} + \hat{\boldsymbol{e}}_y \frac{\sin(k(r - ct))}{r} \right) \right)$$

auch auf

$$\boldsymbol{E} = c \hat{\boldsymbol{e}}_r \times \left(\frac{\mu_0 c}{4\pi} q k^2 R \hat{\boldsymbol{e}}_r \times \left(-\hat{\boldsymbol{e}}_x \frac{\cos(\psi)}{r} + \hat{\boldsymbol{e}}_y \frac{\sin(\psi)}{r} \right) \right)$$
$$= c \left(\frac{\mu_0 c}{4\pi} q k^2 R \hat{\boldsymbol{e}}_r \times \left(\hat{\boldsymbol{e}}_x \frac{\cos(\psi)}{r} - \hat{\boldsymbol{e}}_y \frac{\sin(\psi)}{r} \right) \right) \times \hat{\boldsymbol{e}}_r = c(\boldsymbol{B} \times \hat{\boldsymbol{e}}_r)$$

umzuformen. Damit steht $\boldsymbol{E}$ sowohl senkrecht auf $\boldsymbol{k}$ als auch auf $\boldsymbol{B}$ und die Vektoren $(\boldsymbol{E}, \boldsymbol{B}, \boldsymbol{k})$ bilden in dieser Reihenfolge ein Rechtssystem, wie es von der Analyse der Ausbreitung elektromagnetischer Wellen her bekannt ist. Im vorliegenden Fall breiten sich diese in Form von Kugelwellen aus.

(d) **(7 Punkte)** Bestimmen Sie nun den Poynting-Vektor $\boldsymbol{S}$ und zeigen Sie, dass dessen zeitliches Mittel durch

$$\langle \boldsymbol{S} \rangle_t = \hat{\boldsymbol{e}}_r \frac{q^2}{32\pi^2 \varepsilon_0} \frac{\omega_0^4 R^2}{r^2 c^3} (1 + \cos^2(\theta))$$

gegeben ist. Hierin ist θ der Polarwinkel in Kugelkoordinaten.

Lösungsvorschlag:
Der Poynting-Vektor ist durch

$$\boldsymbol{S} = \frac{1}{\mu_0} \boldsymbol{E} \times \boldsymbol{B}$$

gegeben. Da nun aber auch $\boldsymbol{E} = c(\boldsymbol{B} \times \hat{\boldsymbol{e}}_r)$ gilt, kann dies zunächst auf

$$\boldsymbol{S} = \frac{c}{\mu_0} (\boldsymbol{B} \times \hat{\boldsymbol{e}}_r) \times \boldsymbol{B} = \frac{c}{\mu_0} \boldsymbol{B} \times (\hat{\boldsymbol{e}}_r \times \boldsymbol{B}) = \frac{c}{\mu_0} (\hat{\boldsymbol{e}}_r |\boldsymbol{B}|^2 - \boldsymbol{B}(\boldsymbol{B} \cdot \hat{\boldsymbol{e}}_r))$$

umgeformt werden. Da $\boldsymbol{B}$ senkrecht auf $\hat{\boldsymbol{e}}_r$ steht, ist der Poynting-Vektor also durch

$$\boldsymbol{S} = \hat{\boldsymbol{e}}_r \frac{c}{\mu_0} |\boldsymbol{B}|^2$$

zu bestimmen. Mit der magnetischen Flussdichte aus Teilaufgabe (b)

$$\boldsymbol{B} = \frac{\mu_0 c}{4\pi} q k^2 R\, \hat{\boldsymbol{e}}_r \times \left(\hat{\boldsymbol{e}}_x \frac{\cos(\psi)}{r} - \hat{\boldsymbol{e}}_y \frac{\sin(\psi)}{r} \right)$$

kann das Betragsquadrat durch

$$|\boldsymbol{B}|^2 = \frac{\mu_0^2 c^2}{16\pi^2} \frac{q^2 k^4 R^2}{r^2} \left| (\hat{\boldsymbol{e}}_r \times \hat{\boldsymbol{e}}_x)\cos(\psi) - (\hat{\boldsymbol{e}}_r \times \hat{\boldsymbol{e}}_y)\sin(\psi) \right|^2$$

ausgedrückt werden. Die beiden auftretenden Kreuzprodukte können mit

$$\hat{\boldsymbol{e}}_r = \begin{pmatrix} \sin(\theta)\cos(\varphi) \\ \sin(\theta)\sin(\varphi) \\ \cos(\theta) \end{pmatrix} = \begin{pmatrix} s_\theta c_\varphi \\ s_\theta s_\varphi \\ c_\theta \end{pmatrix}$$

durch

$$\hat{\boldsymbol{e}}_r \times \hat{\boldsymbol{e}}_x = \begin{pmatrix} s_\theta c_\varphi \\ s_\theta s_\varphi \\ c_\theta \end{pmatrix} \times \begin{pmatrix} 1 \\ 0 \\ 0 \end{pmatrix} = \begin{pmatrix} 0 \\ c_\theta \\ -s_\theta s_\varphi \end{pmatrix}$$

und

$$\hat{\boldsymbol{e}}_r \times \hat{\boldsymbol{e}}_y = \begin{pmatrix} s_\theta c_\varphi \\ s_\theta s_\varphi \\ c_\theta \end{pmatrix} \times \begin{pmatrix} 0 \\ 1 \\ 0 \end{pmatrix} = \begin{pmatrix} -c_\theta \\ 0 \\ s_\theta c_\varphi \end{pmatrix}$$

ausgedrückt werden. Der auftretende Vektor lässt sich demnach gemäß

$$(\hat{\boldsymbol{e}}_r \times \hat{\boldsymbol{e}}_x)c_\psi - (\hat{\boldsymbol{e}}_r \times \hat{\boldsymbol{e}}_y)s_\psi = \begin{pmatrix} 0 \\ c_\theta c_\psi \\ -s_\theta s_\varphi c_\psi \end{pmatrix} - \begin{pmatrix} -c_\theta s_\psi \\ 0 \\ s_\theta c_\varphi s_\psi \end{pmatrix}$$

$$= \begin{pmatrix} c_\theta s_\psi \\ c_\theta c_\psi \\ -s_\theta (s_\varphi c_\psi + c_\varphi s_\psi) \end{pmatrix}$$

ermitteln. Der in der z-Komponente auftretende Term kann durch

$$s_\varphi c_\psi + c_\varphi s_\psi = \sin(\varphi)\cos(\psi) + \cos(\varphi)\sin(\psi) = \sin(\psi + \varphi)$$

vereinfacht werden. Das gesuchte Betragsquadrat ist daher durch

$$\left| (\hat{\boldsymbol{e}}_r \times \hat{\boldsymbol{e}}_x)c_\psi - (\hat{\boldsymbol{e}}_r \times \hat{\boldsymbol{e}}_y)s_\psi \right|^2 = c_\theta^2 (s_\psi^2 + c_\psi^2) + s_\theta^2 \sin^2(\psi + \varphi)$$

$$= c_\theta^2 + s_\theta^2 \sin^2(\psi + \varphi) = 1 - s_\theta^2 s_\theta^2 \sin^2(\psi + \varphi)$$

$$= 1 - \sin^2(\theta)\cos^2(\psi + \varphi)$$

$$= 1 - \sin^2(\theta)\cos^2(k(r - ct) + \varphi)$$

zu ermitteln. Mit all diesen Erkenntnissen lässt sich unter Verwendung von $c^2 = \frac{1}{\varepsilon_0 \mu_0}$ der Poynting-Vektor

$$\boldsymbol{S} = \hat{\boldsymbol{e}}_r \, \frac{c}{\mu_0} |\boldsymbol{B}|^2 = \hat{\boldsymbol{e}}_r \, \frac{c}{16\pi^2 \varepsilon_0} \frac{q^2 k^4 R^2}{r^2} \left(1 - \sin^2(\theta)\cos^2(k(r-ct)+\varphi)\right)$$

bestimmen. Durch ein zeitliches Mittel über die Periodendauer $T = \frac{2\pi}{kc}$ wird das Kosinusquadrat zu $\frac{1}{2}$, womit sich der gemittelte Poynting-Vektor

$$\langle \boldsymbol{S} \rangle_t = \hat{\boldsymbol{e}}_r \, \frac{c}{16\pi^2 \varepsilon_0} \frac{q^2 k^4 R^2}{r^2} \left(1 - \frac{\sin^2(\theta)}{2}\right) = \hat{\boldsymbol{e}}_r \, \frac{c}{32\pi^2 \varepsilon_0} \frac{q^2 k^4 R^2}{r^2} \left(2 - \sin^2(\theta)\right)$$

$$= \hat{\boldsymbol{e}}_r \, \frac{c}{32\pi^2 \varepsilon_0} \frac{q^2 k^4 R^2}{r^2} \left(1 + \cos^2(\theta)\right)$$

ergibt. Mit dem Zusammenhang $\omega_0 = kc$ kann dies noch auf die in der Aufgabe angegebene Form

$$\langle \boldsymbol{S} \rangle_t = \hat{\boldsymbol{e}}_r \, \frac{q^2}{32\pi^2 \varepsilon_0} \frac{\omega_0^4 R^2}{r^2 c^3} \left(1 + \cos^2(\theta)\right)$$

gebracht werden.

(e) **(4 Punkte)** Bestimmen Sie nun die in den gesamten Raumbereich abgestrahlte mittlere Leistung P_{ges} und zeigen Sie, dass diese mit der Larmor-Formel für eine mit Beschleunigung a bewegte Ladung q

$$P_{\text{ges}} = \frac{2}{3} \frac{q^2}{4\pi\varepsilon_0} \frac{a^2}{c^3}$$

in Einklang steht.

Lösungsvorschlag:
Die Leistung pro Raumwinkelelement kann durch

$$\frac{\mathrm{d}P}{\mathrm{d}\Omega} = \frac{\langle \boldsymbol{S} \rangle_t \cdot \mathrm{d}\boldsymbol{f}}{\mathrm{d}\Omega} = \frac{\langle \boldsymbol{S} \rangle_t \cdot \hat{\boldsymbol{e}}_r \, r^2 \, \mathrm{d}\Omega}{\mathrm{d}\Omega} = \langle \boldsymbol{S} \rangle_t \cdot \hat{\boldsymbol{e}}_r \, r^2$$

$$= \frac{q^2}{32\pi^2 \varepsilon_0} \frac{\omega_0^4 R^2}{c^3} \left(1 + \cos^2(\theta)\right)$$

bestimmt werden. Um die in den gesamten Raumbereich abgestrahlte Leistung zu bestimmen, muss die Leistung pro Raumwinkelelement über $\mathrm{d}\Omega = \mathrm{d}\varphi \, \mathrm{d}\cos(\theta)$ integriert werden. Da φ nicht explizit auftritt, entspricht das Integral darüber einer Multiplikation mit 2π, so dass zunächst

$$P_{\text{ges}} = \int \mathrm{d}\Omega \frac{\mathrm{d}P}{\mathrm{d}\Omega} = \frac{q^2}{32\pi^2 \varepsilon_0} \frac{\omega_0^4 R^2}{c^3} 2\pi \int\limits_{-1}^{1} \mathrm{d}\cos(\theta) \left(1 + \cos^2(\theta)\right)$$

$$= \frac{q^2}{16\pi \varepsilon_0} \frac{\omega_0^4 R^2}{c^3} \int\limits_{-1}^{1} \mathrm{d}\cos(\theta) \left(1 + \cos^2(\theta)\right)$$

gefunden werden kann. Das verbleibende Integral kann mit

$$\int_{-1}^{1} \mathrm{d}\cos(\theta)\ \left(1 + \cos^2(\theta)\right) = 2 + \frac{2}{3} = \frac{8}{3}$$

gelöst werden. Somit ist die gesamte abgestrahlte Leistung durch

$$P_{\text{ges}} = \frac{q^2}{16\pi\varepsilon_0}\frac{\omega_0^4 R^2}{c^3}\frac{8}{3} = \frac{2}{3}\frac{q^2}{4\pi\varepsilon_0}\frac{\omega_0^4 R^2}{c^3}$$

gegeben. Da ein Körper auf einer Kreisbahn die Zentripetalbeschleunigung $a = \omega_0^2 R$ erfährt, handelt es sich bei dem auftretenden Term um das Quadrat der Zentripetalbeschleunigung, so dass sich

$$P_{\text{ges}} = \frac{2}{3}\frac{q^2}{4\pi\varepsilon_0}\frac{a^2}{c^3}$$

finden lässt. Dies entspricht gerade der Larmor-Formel.

Nicht gefragt:
Ausgehend von dieser Rechnung kann die von der klassischen Physik vorhergesagte Lebensdauer von Atomen bestimmt werden. Zu diesem Zweck soll das einfachste Atom – Wasserstoff – herangezogen werden. Es besteht aus einem positiv geladenen Proton und einem negativ geladenen, etwa 2000 mal leichteren Elektron. Damit kann das Proton als zentrales Objekt betrachtet werden, in dessen elektrischem Potential sich ein Elektron auf einer Kreisbahn bewegt. Beide Ladungen haben den Betrag $e \approx 1{,}602 \cdot 10^{-19}$ C. Handelt es sich um ein virialisiertes System, müssen wegen der Abhängigkeit des Potentials $V \sim r^{-1}$ auch die Zusammenhänge

$$\langle T \rangle_t = -\frac{1}{2}\langle V \rangle_t \qquad \langle T \rangle_t = -E \qquad \langle V \rangle_t = 2E$$

gültig sein. Mit der expliziten Form des Potentials

$$V = -\frac{e^2}{4\pi\varepsilon_0}\frac{1}{r}$$

kann so auch der Radius r_0 der Kreisbahn

$$\langle V \rangle_t = -\frac{e^2}{4\pi\varepsilon_0}\frac{1}{r_0} \quad \Rightarrow \quad r_0 = -\frac{e^2}{4\pi\varepsilon_0\langle V \rangle_t} = \frac{e^2}{8\pi\varepsilon_0(-E)}$$

ermittelt werden. Für Wasserstoff wird im Labor eine Ionisierungsenergie $I_0 \approx 13{,}6\,\text{eV}$ gemessen, weshalb die Energie E des Elektrons auf seiner Kreisbahn ebenfalls bei $E = -I_0 \approx -13{,}6\,\text{eV}$ liegen sollte. [5] Werden nun die gängigen Zahlenwerte der Naturkonstanten eingesetzt, wird der Bohr-Radius

$$r_0 \approx 0{,}053\,\text{nm}$$

---

[5]Dabei ist eV die in der Atomphysik gängige Einheit Elektronenvolt und mit $1\,\text{eV} \approx 1{,}602 \cdot 10^{-19}\,\text{J}$ gegeben.

gefunden.

Aus dem Gleichsetzen der Zentripetalkraft und der Coulomb-Kraft

$$mw^2 r = \frac{e^2}{4\pi\varepsilon_0}\frac{1}{r}$$

kann der zum dritten Kepler'schen Gesetz analoge Ausdruck

$$\omega^2 r^3 = \frac{e^2}{4\pi\varepsilon_0 m}$$

gefunden werden. Über den bereits gefundenen Radius kann so die Kreisfrequenz

$$\omega_0 = \sqrt{\frac{e^2}{4\pi\varepsilon_0 m r_0^2}} \approx 4{,}13 \cdot 10^{16}\,\mathrm{s}^{-1}$$

bestimmt werden. In der Larmor-Formel kann die Beschleunigung durch die Zentripetalbeschleunigung $a = \omega^2 r$ ersetzt werden, um

$$P = \frac{2}{3}\frac{e^2}{4\pi\varepsilon_0 c^3}\omega_0^4 r_0^2 \approx 4{,}66 \cdot 10^{-8}\,\frac{\mathrm{J}}{\mathrm{s}} = 2{,}9 \cdot 10^{11}\,\frac{\mathrm{eV}}{\mathrm{s}}$$

zu erhalten. [6] Das Elektron strahlt pro Sekunde damit eine Energie ab, die wesentlich größer als seine eigentliche Energie ist. Da mit abnehmender Energie und $r_0 \sim \frac{1}{-E}$ auch der Radius immer kleiner wird, stürzt das Elektron schlussendlich in den Kern. Wird für die Lebensdauer τ die Abschätzung

$$P \sim \frac{-E}{\tau} \quad \Rightarrow \quad \tau \sim \frac{|E|}{P}$$

durchgeführt, so kann diese zu

$$\tau \sim \frac{13{,}6\,\mathrm{ev}}{2{,}9 \cdot 10^{11}\,\frac{\mathrm{eV}}{\mathrm{s}}} \approx 4{,}7 \cdot 10^{-11}\,\mathrm{s}$$

bestimmt werden. Da Wasserstoffatome allerdings stabil sind, steht die Wirklichkeit mit der hier getroffenen Aussage im Widerspruch! Daher müssen einige Annahmen, die in diese Rechnung geflossen sind, ungültig sein. Ein erster Erklärungsversuch ist das Bohr'sche Atommodell, in dem *gefordert* wird, dass sich die Elektronen ohne Energieabstrahlung auf Kreisbahnen bewegen. Im Rahmen dieses Modells können die charakteristischen Spektren der Atome erklärt werden. Die Quantenmechanik erlaubt es dann, die Bewegung des Elektrons innerhalb des Atoms durch eine Wahrscheinlichkeitsamplitude – die Wellenfunktion

---

[6]Werden die vorherigen Formeln kombiniert, so kann die abgestrahlte Leistung auch durch

$$P = \frac{128\pi\varepsilon_0 c}{3e^2}\left(\frac{E^2}{mc^2}\right)^2$$

ausgedrückt werden. Dabei wurde die Kombination mc^2 gewählt, da dies der Ruheenergie des Elektrons von $mc^2 \approx 511\,\mathrm{keV}$ entspricht.

– zu beschreiben. Die Elektronen bewegen sich also nicht auf Kreisbahnen und es gibt daher keinen Grund zur Energieabstrahlung. Schlussendlich wird das Verständnis des elektromagnetischen Feldes im Rahmen der Quantenelektrodynamik und Quantenfeldtheorie grundlegend überarbeitet. Dort werden Teilchen namens Photonen, die als Anregung des elektromagnetischen Feldes aufgefasst werden, betrachtet. Im Zuge dessen zeigt sich auch, dass die Maxwell-Gleichungen nur dem klassische Grenzfall der Quantenelektrodynamik entsprechen. [7]

---

[7] Dies zeigt sich zum Beispiel bei Betrachtungen von Streuung des elektromagnetischen Feldes an Ladungen. Im Rahmen der klassischen Elektrodynamik können hier die Thomson- oder die Rayleigh-Streuung untersucht werden. Der Compton-Effekt, bei dem ein ruhendes Elektron einen Teil der Energie des einfallenden Photons erhält, kann inklusive des Streuquerschnitts aber erst im Rahmen der Quantenelektrodynamik berechnet werden.

13   Klausur XIII – Elektrodynamik – Schwer

Im Kurzfragebogen dieser Klausur werden die Rotation einer Rotation, die Maxwell-Gleichungen in Materie in integraler Form, die magnetische Flussdichte einer unendlich weit ausgedehnten, stromdurchflossenen Platte mit endlicher Dicke, die Gesamtadmittanz eines parallelen RCL-Schwingkreises und das Transformationsverhalten eines reinen elektrischen Feldes unter Lorentz-Boost untersucht. Aufgabe 2 beschäftigt sich mit einer homogen magnetisierten Kugel und dem magnetischen Feld, das durch diese verursacht wird. In Aufgabe 3 sollen begrenzte Ladungsverteilungen mit Dipolmoment und die darauf wirkenden Kräfte und Drehmomente in einem elektrischen Feld untersucht werden. Aufgabe 4 leitet die Potentiale einer geradlinig gleichförmig bewegten Ladung auf zweierlei Weisen her; zum einen über die Liénard-Wiechert-Potentiale und zum anderen über die spezielle Relativitätstheorie.

Überblick

13.1   Aufgaben zur Klausur XIII – Elektrodynamik – Schwer 523
    Aufgabe **1** - **Kurzfragen** 523
    Aufgabe **2** - **Feld einer magnetisierten Kugel** 524
    Aufgabe **3** - **Kräfte und Drehmomente auf elektrische Dipolmomente** . 525
    Aufgabe **4** - **Potentiale gleichförmig bewegter Ladung** 527
13.2   Hinweise zur Klausur XIII – Elektrodynamik – Schwer 529
13.3   Lösung zur Klausur XIII – Elektrodynamik – Schwer 533
    Aufgabe **1** - **Kurzfragen** 533
    Aufgabe **2** - **Feld einer magnetisierten Kugel** 540
    Aufgabe **3** - **Kräfte und Drehmomente auf elektrische Dipolmomente** . 547
    Aufgabe **4** - **Potentiale gleichförmig bewegter Ladung** 554

© Der/die Autor(en), exklusiv lizenziert an
Springer-Verlag GmbH, DE, ein Teil von Springer Nature 2025
M. Eichhorn, *Prüfungstraining Theoretische Physik – Elektrodynamik*,
https://doi.org/10.1007/978-3-662-71709-7_14

13.1 Aufgaben zur Klausur XIII – Elektrodynamik – Schwer

Aufgabe 1   **25 *Punkte***

Kurzfragen

Schlagwörter:
Vektoranalysis, Maxwell-Gleichungen, Ampère'sches Gesetz, Elektrische Bauteile, Relativistik

(a) **(5 Punkte)** Zeigen Sie, dass für ein zweimal stetig differenzierbares Vektorfeld stets

$$\nabla \times (\nabla \times \boldsymbol{A}) = \nabla(\nabla \cdot \boldsymbol{A}) - \Delta \boldsymbol{A}$$

gilt.

(b) **(5 Punkte)** Nennen Sie die Maxwell-Gleichungen in Materie in ihrer integralen Form. Verwenden Sie dabei soweit wie möglich Vereinfachungen durch bekannte Integralsätze.

(c) **(5 Punkte)** Betrachten Sie eine unendlich weit ausgedehnte Platte der Dicke a, welche parallel zur zx-Ebene ausgerichtet ist. Sie soll von der homogenen Stromdichte j_0 in z-Richtung durchsetzt werden. Bestimmen Sie das Magnetfeld $\boldsymbol{B}(\boldsymbol{r})$ im gesamten Raum. Wählen Sie das Koordinatensystem so, dass das Problem spiegelsymmetrisch an der zx-Ebene ist.

(d) **(5 Punkte)** Betrachten Sie einen getriebenen RCL-Schwingkreis, in dem ein Widerstand R, eine Spule L und ein Kondensator C parallel zueinander geschaltet sind. Die anliegende Wechselspannung soll die Form $U_0(t) = \hat{U}_0\, e^{i\omega t}$ haben. Bestimmen Sie die Gesamtadmittanz $\frac{1}{Z_{\text{ges}}}$ als Vielfaches von $\frac{1}{R}$ und damit die Stromstärke $I(t)$. Ermitteln Sie dann die Amplitude und Phasenverschiebung der Stromstärke. Drücken Sie Ihre Ergebnisse soweit wie möglich durch $\gamma = \frac{R}{2L}$ und $\omega_0 = \frac{1}{\sqrt{LC}}$ aus.

(e) **(5 Punkte)** Zeigen Sie anhand eines allgemeinen Lorentz-Boosts

$$(\Lambda^\mu{}_\alpha) = \begin{pmatrix} \gamma & -\gamma \boldsymbol{\beta}^T \\ -\gamma \boldsymbol{\beta} & \mathbb{1}_3 + \frac{\boldsymbol{\beta}\boldsymbol{\beta}^T}{\beta^2}(\gamma - 1) \end{pmatrix},$$

dass sich ein reines elektrisches Feld gemäß

$$\boldsymbol{E}' = \boldsymbol{E}_\parallel + \gamma \boldsymbol{E}_\perp$$

transformiert.

Aufgabe 2   **25 *Punkte***

Feld einer magnetisierten Kugel

Schlagwörter:
Magnetostatik, Magnetisches Moment, Magnetisierung, Magnetische Flussdichte, Magnetfeld, Magnetische Feldstärke, Magnetisches Skalarpotential

In dieser Aufgabe soll eine Kugel mit Radius R und der homogenen Magnetisierung $\boldsymbol{M} = M\,\hat{\boldsymbol{e}}_z$ betrachtet werden. Ziel ist es, die magnetische Flussdichte $\boldsymbol{B}$ im gesamten Raumbereich zu bestimmen. Es liegen keine äußeren Ströme $\boldsymbol{j}_\mathrm{f}$ vor.

(a) (**2 Punkte**) Bestimmen Sie das magnetische Moment $\boldsymbol{\mu}$ der Kugel.

(b) (**2 Punkte**) Begründen Sie mit den Maxwell-Gleichungen, dass die magnetische Feldstärke $\boldsymbol{H}$ durch ein magnetisches Skalarpotential ψ ausgedrückt werden kann und zeigen Sie, dass dieses

$$\Delta\psi_\mathrm{m} = \boldsymbol{\nabla}\cdot\boldsymbol{M} \tag{13.1}$$

erfüllt.

(c) (**5 Punkte**) Verwenden Sie Gl. (13.1), um zu zeigen, dass sich das magnetische Potential auch durch

$$\psi = -\frac{1}{4\pi}\boldsymbol{\nabla}\cdot\iiint_{\mathbb{R}^3} \mathrm{d}^3 r' \, \frac{\boldsymbol{M}(\boldsymbol{r}')}{|\boldsymbol{r}-\boldsymbol{r}'|}$$

ausdrücken lässt.

(d) (**7 Punkte**) Bestimmen Sie das magnetische Potential und daraus die magnetische Flussdichte $\boldsymbol{B}$ *außerhalb* der Kugel. Drücken Sie Ihr Ergebnis durch das magnetische Moment $\boldsymbol{\mu}$ aus.

(e) (**5 Punkte**) Bestimmen Sie nun das magnetische Potential und die magnetische Flussdichte $\boldsymbol{B}$ *innerhalb* der Kugel, ausgedrückt durch das magnetische Moment $\boldsymbol{\mu}$.

(f) (**4 Punkte**) Leiten Sie die Stetigkeitsbedingung für die Normalkomponente der magnetischen Flussdichte her und prüfen Sie so, ob Ihre beiden Ergebnisse aus Teilaufgabe (d) und (e) zueinander passen.

Aufgabe 3   **25 Punkte**

Kräfte und Drehmomente auf elektrische Dipolmomente

Schlagwörter:
Vektoranalysis, Elektrostatik, Dipol, Bewegung im elektromagnetischen Feld, Bewegungsgleichung

In dieser Aufgabe soll die Bewegung eines geladenen starren Körpers in einem elektrostatischen Feld $E(r)$ untersucht werden. Dazu wird davon ausgegangen, dass die Ladungsverteilung aus Ladungen q_α mit Masse m_α und Orten r_α zusammengesetzt ist. Die Gesamtladung soll mit q bezeichnet werden, während M die Gesamtmasse und R den Schwerpunkt bezeichnet.

(a) **(3 Punkte)** Nennen Sie das Dipolmoment bezogen auf den Schwerpunkt und zeigen Sie anschließend mit dem Coulomb'schen Gesetz, dass die Kraft auf den Körper in zweiter Näherung durch

$$F = q\,E(R) + (p \cdot \nabla_R)E(R)$$

gegeben ist.

(b) **(5 Punkte)** Untersuchen Sie den Ausdruck

$$A \times (\nabla \times B) + B \times (\nabla \times A)$$

für zwei Vektorfelder, um den Gradienten von $A \cdot B$ zu bestimmen. Drücken Sie damit Ihr Ergebnis aus Teilaufgabe (a) aus.

(c) **(3 Punkte)** Zeigen Sie, dass das Drehmoment auf den Körper in erster Näherung durch

$$N = p \times E(R)$$

gegeben ist.

Im Rest der Aufgabe sollen die bisherigen Ergebnisse auf ein konkretes Problem angewendet werden. Betrachten Sie dazu einen unendlich dünnen und unendlich langen Draht, welcher die Linienladungsdichte λ aufweist.

(d) **(4 Punkte)** Bestimmen Sie das elektrische Feld E sowie das skalare Potential ϕ.

Nehmen Sie nun an, der Dipol sei anfänglich parallel zur xy-Ebene ausgerichtet und schließe mit der x-Achse den Winkel ψ ein. Er soll sich zu diesem Zeitpunkt um keine seiner eigenen Achsen drehen. Bei einer Drehung um eine beliebige Achse soll er aber das Trägheitsmoment Θ aufweisen.

(e) **(3 Punkte)** Argumentieren Sie, weshalb der Winkel ψ zur Beschreibung der Ausrichtung des Dipols im vorliegenden Anfangswertproblem genügt. Bestimmen Sie dann die Lagrange-Funktion

$$L = T_{\text{trans}} + T_{\text{rot}} - q\phi + p \cdot E$$

in Zylinderkoordinaten.

(f) **(7 Punkte)** Bestimmen Sie die Bewegungsgleichungen aus der Lagrange-Funktion und zeigen Sie, dass diese mit Ihren Erkenntnissen bezüglich der Kraft und des Drehmoments auf den Dipol vereinbar sind.

Aufgabe 4   **25 *Punkte***

Potentiale gleichförmig bewegter Ladung

Schlagwörter:
Elektrisches Potential, Relativistik, Vierer-Potential, Vektorpotential, Elektrodynamik

In dieser Aufgabe sollen die Potentiale von geradlinig, gleichförmig bewegten Ladungen auf zweierlei Weisen untersucht werden.

Im Rahmen der Untersuchung der Liénard-Wiechert-Potentiale können die Ausdrücke

$$\phi(\boldsymbol{r},t) = \frac{q}{4\pi\varepsilon_0}\left[\frac{1}{d - \boldsymbol{\beta}\cdot\boldsymbol{d}}\right]_{t_{\mathrm{r}}} \qquad \boldsymbol{A}(r,t) = \frac{\phi(r,t)}{c}\boldsymbol{\beta}(t_{\mathrm{r}})$$

für das elektrische Potential ϕ und das Vektorpotential $\boldsymbol{A}$ gefunden werden. Darin beschreiben $\boldsymbol{d}(t) = \boldsymbol{r} - \boldsymbol{r}_0(t)$, wobei $\boldsymbol{r}_0(t) = \boldsymbol{R}_0 + \boldsymbol{v}_0 t$ die Bahnkurve der Ladung ist, $\boldsymbol{\beta}(t) = \frac{\dot{\boldsymbol{r}}_0(t)}{c} = \frac{\boldsymbol{v}_0}{c}$ und t_{r} die retardierte Zeit, welche

$$c(t - t_{\mathrm{r}}) = d(t_{\mathrm{r}})$$

erfüllen muss.

(a) **(5 Punkte)** Verwenden Sie das Quadrat der Bedingung für die retardierte Zeit und die geradlinig-gleichförmige Bewegung, um zu zeigen, dass

$$t - t_{\mathrm{r}} = \frac{\gamma^2}{c}\left(\boldsymbol{d}(t)\cdot\boldsymbol{\beta} + \sqrt{(\boldsymbol{d}(t)\cdot\boldsymbol{\beta})^2 + \left(\frac{d(t)}{\gamma}\right)^2}\right)$$

gilt, wobei $\gamma^{-2} = 1 - \beta^2$ ist.

(b) **(5 Punkte)** Zeigen Sie mit dem Ergebnis von Teilaufgabe (a), dass der Nenner des elektrischen Potentials die Form

$$d(t_{\mathrm{r}}) - \boldsymbol{\beta}\cdot\boldsymbol{d}(t_{\mathrm{r}}) = d(t)\sqrt{1 - \beta^2\sin^2(\alpha)}$$

haben muss. Hierin beschreibt α den Winkel zwischen $\boldsymbol{d}(t)$ und $\boldsymbol{\beta}$.

(c) **(6 Punkte)** Betrachten Sie nun die spezielle Bahnkurve mit $\boldsymbol{R}_0 = \boldsymbol{0}$ und $\boldsymbol{v}_0 = v\hat{\boldsymbol{e}}_z$ und zeigen Sie so, dass

$$\phi(\boldsymbol{r},t) = \frac{q}{4\pi\varepsilon_0}\frac{1}{\sqrt{r^2(1 - \beta^2\sin^2(\theta)) - 2r\beta ct\cos(\theta) + \beta^2 c^2 t^2}}$$

gilt. Hierin ist θ der übliche Polarwinkel der Kugelkoordinaten. Wie lautet das Vektorpotential $\boldsymbol{A}$?

Im Rahmen der speziellen Relativitätstheorie lassen sich die Ergebnisse von Teilaufgabe
(c) auch durch einen Wechsel zwischen Bezugssystemen ermitteln. Dazu soll ein Intertialsystem I' betrachtet werden, in welchem die Ladung am Ursprung ruht und somit der
Zusammenhang

$$\phi'(\boldsymbol{r}', t') = \frac{q}{4\pi\varepsilon_0} \frac{1}{r'}$$

gültig ist.

(d) **(2 Punkte)** Wie muss die Transformationsvorschrift zu einem Inertialsystem I lauten,
damit sich die Ladung in diesem mit v entlang der z-Achse bewegt? Welche Form hat
dann die Rücktransformation?

(e) **(7 Punkte)** Bestimmen Sie durch das Transformationsverhalten des Vierer-Potentials
A^μ das Potential $\phi(\boldsymbol{r}, t)$ und $\boldsymbol{A}(\boldsymbol{r}, t)$. Zeigen Sie so, dass dies mit dem Ergebnis von
Teilaufgabe (c) übereinstimmt.

13.2 Hinweise zur Klausur XIII – Elektrodynamik – Schwer

Aufgabe 1 - Kurzfragen

(a) Was passiert, wenn der zu untersuchende Ausdruck in Indexschreibweise dargestellt wird? Wie lässt sich die Identität

$$\epsilon_{kij}\epsilon_{klm} = \delta_{il}\delta_{jm} - \delta_{im}\delta_{jl}$$

für das Levi-Civita-Symbol verwenden, um den Ausdruck zu vereinfachen? Wie sieht ein Laplace-Operator in der Indexschreibweise aus? Wie sieht eine Divergenz in der Indexschreibweise aus?

(b) Was sagt der Satz von Gauß über das Volumenintegral einer Divergenz aus? Was sagt der Satz von Stokes über ein Oberflächenintegral einer Rotation aus?

(c) Welche Symmetrien liegen in dem Problem vor? Wieso zwingen diese das Magnetfeld, die Bedingungen $\boldsymbol{B}(\boldsymbol{r}) = \boldsymbol{B}(y)$ und $\boldsymbol{B}(-y) = -\boldsymbol{B}(y)$ anzunehmen? Inwieweit hilft das Ampère'sche Gesetz

$$\oint_{\mathcal{F}} \mathrm{d}\boldsymbol{r} \cdot \boldsymbol{B} = \mu_0 I_{\mathcal{F}},$$

dieses Problem zu lösen? Welche Integrationsfläche in der xy-Ebene eignet sich besonders gut?

(d) Was gilt für Widerstände in Parallelschaltungen? Wie lässt sich das auf Impedanzen übertragen? Wie lauten die Impedanzen für Widerstände, Spulen und Kondensatoren?

(e) Durch welchen Tensor wird das elektrische Feld beschrieben? Wie transformiert sich ein Tensor zweiter Stufe unter Lorentz-Transformation? Wie lässt sich zeigen, dass die nötige Transformationsmatrix durch das angegebene Λ mittels $(\Lambda^{-1})^T$ ausgedrückt werden kann? Wieso genügt es, die erste Zeile des Ergebnisses zu betrachten? Welche Einträge in den Transformationsmatrizen bleiben dann interessant? Sie sollten im Transformationsverhalten

$$\boldsymbol{E}' = \gamma\boldsymbol{E} + (\gamma^2 - \gamma)(\boldsymbol{E} \cdot \boldsymbol{n})\boldsymbol{n} - \gamma^2\beta^2(\boldsymbol{n} \cdot \boldsymbol{E})\boldsymbol{n}$$

erhalten, wobei $n_i = \frac{\beta_i}{\beta}$ ist. Wie lassen sich hierin parallel und senkrechte Anteile zum Boost identifizieren?

Aufgabe 2 - Feld einer magnetisierten Kugel

(a) Weshalb lässt sich das magnetische Moment durch

$$\boldsymbol{\mu} = \iiint_{\mathbb{R}^3} \mathrm{d}^3r\, \boldsymbol{M}(\boldsymbol{r})$$

bestimmen? Was ist das Volumen einer Vollkugel?

(b) Die beiden Maxwell-Gleichungen der Magnetostatik in Materie sind durch

$$\nabla \cdot \boldsymbol{B} = 0 \qquad \nabla \times \boldsymbol{H} = \boldsymbol{j}_{\mathrm{f}}$$

gegeben. Wie lässt sich die zweite dieser Gleichungen im stromfreien Fall direkt erfüllen? Welcher Zusammenhang besteht zwischen $\boldsymbol{H}$, $\boldsymbol{B}$ und $\boldsymbol{M}$?

(c) Lässt sich Gl. (13.1) als eine Poisson-Gleichung der Art

$$\Delta \psi = \rho_{\mathrm{m}}$$

interpretieren? Was ist dann der Quellterm ρ_{m}? Wie sieht die allgemeine Lösung für diese Poisson-Gleichung aus? Wie lässt sich die Produktregel

$$\nabla \cdot (\phi \boldsymbol{V}) = \phi(\nabla \cdot \boldsymbol{V}) + \boldsymbol{V} \cdot (\nabla \phi)$$

für Vektor- und Skalarfelder $\boldsymbol{V}$ und ϕ auf

$$\frac{\boldsymbol{M}(\boldsymbol{r}')}{|\boldsymbol{r} - \boldsymbol{r}'|}$$

anwenden, um den Integranden umzuformulieren? Welche Bedeutung hat die Begrenzung der Magnetisierung auf den Raumbereich $r < R$ für die sich ergebenden Integrale?

(d) Zeigen Sie zunächst, dass sich das Potential in diesem Problem außerhalb wie innerhalb der Kugel durch

$$\psi = -\frac{M}{4\pi} \frac{\partial}{\partial z} I(\boldsymbol{r})$$

mit dem Integral

$$I(\boldsymbol{r}) = \iiint_{K_R} \mathrm{d}^3 r' \, \frac{1}{|\boldsymbol{r} - \boldsymbol{r}'|}$$

bestimmen lässt. Darin beschreibt K_R den Raumbereich einer Kugel mit Radius R. Wie lässt sich das Integral durch eine geeignete Wahl des Koordinatensystems für $\boldsymbol{r}'$ lösen? Wie könnte dabei die Substitution

$$u = r^2 + r'^2 - 2rr' \cos(\theta')$$

hilfreich sein? Sie sollten das wichtige Zwischenergebnis

$$I(\boldsymbol{r}) = \frac{2\pi}{r} \int\limits_0^R \mathrm{d}r' \, r'(|r + r'| - |r - r'|)$$

erhalten. Wie hängen die magnetische Flussdichte und die magnetische Feldstärke außerhalb der Kugel zusammen?

(e) Wie lässt sich das Zwischenergebnis von Teilaufgabe (d)

$$\psi = -\frac{M}{4\pi}\frac{\partial}{\partial z}I(r) \qquad I(r) = \frac{2\pi}{r}\int_0^R dr'\, r'(|r+r'| - |r-r'|)$$

verwenden, um das magnetische Potential im Inneren der Kugel zu bestimmen? Wieso ist in diesem Fall

$$\boldsymbol{H}_{r<R} = -\frac{\boldsymbol{M}}{3}$$

gültig? Wie hängen Magnetisierung, magnetische Feldstärke und magnetische Flussdichte im Inneren der Kugel zusammen?

(f) Was passiert, wenn eine Maxwell-Gleichung mit einer Divergenz über ein infinitesimales Volumen an einer Grenzfläche integriert wird? Warum ist die Normalkomponente der magnetischen Flussdichte erhalten? Durch was ist der Normalenvektor im vorliegenden Fall gegeben?

Aufgabe 3 - Kräfte und Drehmomente auf elektrische Dipolmomente

(a) Wie ist das Dipolmoment normalerweise gegeben? Wieso müssen die Vektoren $\boldsymbol{r}_\alpha - \boldsymbol{R}$ verwendet werden, um es auf den Schwerpunkt zu beziehen? Was passiert, wenn $\boldsymbol{E}(\boldsymbol{r}_\alpha)$ um $\boldsymbol{R}$ herum genähert wird?

(b) Was ergibt sich, wenn der Ausdruck in Indexschreibweise ausgeschrieben wird? Wie kann der Zusammenhang

$$\epsilon_{kij}\epsilon_{klm} = \delta_{il}\delta_{jm} - \delta_{im}\delta_{lm}$$

für das Levi-Civita-Symbol benutzt werden, um dies zu vereinfachen? Wieso werden die Ableitungen von $\boldsymbol{p}$ keinen Beitrag in der Kraft leisten?

(c) Was passiert, wenn im Ausdruck für das Drehmoment

$$\boldsymbol{N} = \sum_\alpha (\boldsymbol{r}_\alpha - \boldsymbol{R}) \times \boldsymbol{F}_\alpha$$

die radikale Näherung $\boldsymbol{r}_\alpha \approx \boldsymbol{R}$ vorgenommen wird?

(d) Wie kann die Maxwell-Gleichung $\nabla \cdot \boldsymbol{E} = \frac{\rho}{\varepsilon_0}$ verwendet werden, um das elektrische Feld $E_s(s) = \frac{\lambda}{2\pi\varepsilon_0 s}$ zu finden? Wie muss ϕ aussehen, damit es den Zusammenhang $\boldsymbol{E} = -\nabla\phi$ erfüllt?

(e) Wie sieht das Drehmoment für die vorliegende Anfangssituation aus? Wie wird sich demnach die Ausrichtung des Dipolmoments entwickeln?

(f) Was passiert, wenn die Euler-Lagrange-Gleichungen

$$\frac{\mathrm{d}}{\mathrm{d}t}\frac{\partial L}{\partial \dot{q}_i} = \frac{\partial L}{\partial q_i}$$

angewandt werden? Was ergibt sich alternativ, wenn direkt

$$\boldsymbol{F} = q\,\boldsymbol{E} + \boldsymbol{\nabla}(\boldsymbol{p}\cdot\boldsymbol{E}) \qquad \boldsymbol{N} = \boldsymbol{p}\times\boldsymbol{E}$$

bestimmt werden? Wie passen diese mit den Ergebnissen aus den Euler-Lagrange-Gleichungen zusammen?

Aufgabe 4 - Potentiale gleichförmig bewegter Ladung

(a) Zeigen Sie zunächst, dass sich im Fall der geradlinig, gleichförmigen Bewegung auch

$$\boldsymbol{d}(t_{\mathrm{r}}) = \boldsymbol{d}(t) + \boldsymbol{v}_0\,(t - t_{\mathrm{r}})$$

schreiben lässt. Sie werden so eine quadratische Gleichung in $c(t - t_{\mathrm{r}})$ erhalten. Weshalb ist nur das positive Vorzeichen physikalisch?

(b) Was passiert, wenn im Nenner $d(t_{\mathrm{r}})$ durch $c(t - t_{\mathrm{r}})$ ersetzt wird? Wie lässt sich mit dem gleichen Trick wie in (a) $\boldsymbol{d}(t_{\mathrm{r}})$ durch $\boldsymbol{d}(t)$ ausdrücken?

(c) Was passiert, wenn $\boldsymbol{d}(t)$ für die betrachtete Bewegung in das Zwischenergebnis

$$d(t_{\mathrm{r}}) - \boldsymbol{\beta}\cdot\boldsymbol{d}(t_{\mathrm{r}}) = \sqrt{(\boldsymbol{d}\cdot\boldsymbol{\beta})^2 + \left(\frac{d}{\gamma}\right)^2}$$

für den Nenner aus Teilaufgabe (b) eingesetzt wird?
Alternativ: Warum lässt sich auch

$$d(t_{\mathrm{r}}) - \boldsymbol{\beta}\cdot\boldsymbol{d}(t_{\mathrm{r}}) = \sqrt{\boldsymbol{d}^2 - |\boldsymbol{\beta}\times\boldsymbol{d}|^2}$$

schreiben? Wie lässt sich dies für die gegebene Bahnkurve weiter bearbeiten?

(d) Wie muss für einen generischen Lorentz-Boost entlang der z-Achse das Vorzeichen gewählt werden, so dass sich bei $z' = 0$ auch $z = vt$ ergibt?

(e) Beachten Sie, dass bei einem Lorentz-Boost

$$A^{\mu}(\boldsymbol{r}, t) = \Lambda^{\mu}_{\ \nu} A'^{\nu}(\boldsymbol{r}', t')$$

gilt und die Koordinaten $\boldsymbol{r}'$ und t' noch ersetzt werden müssen.

13.3 Lösung zur Klausur XIII – Elektrodynamik – Schwer

Aufgabe 1   **25 *Punkte***

Kurzfragen

(a) **(5 Punkte)** Zeigen Sie, dass für ein zweimal stetig differenzierbares Vektorfeld stets

$$\nabla \times (\nabla \times \boldsymbol{A}) = \nabla(\nabla \cdot \boldsymbol{A}) - \Delta \boldsymbol{A}$$

gilt.

Lösungsvorschlag:
Zunächst kann der Ausdruck auf der linken Seite in Indexschreibweise durch

$$\nabla \times (\nabla \times \boldsymbol{A}) = \hat{\boldsymbol{e}}_i \epsilon_{ijk} \partial_j (\nabla \times \boldsymbol{A})_k = \hat{\boldsymbol{e}}_i \epsilon_{ijk} \partial_j (\epsilon_{klm} \partial_l A_m) = \hat{\boldsymbol{e}}_i \epsilon_{kij} \epsilon_{klm} \partial_j \partial_l A_m$$

dargestellt werden. Wird hierauf die Identität

$$\epsilon_{kij} \epsilon_{klm} = \delta_{il} \delta_{jm} - \delta_{im} \delta_{jl}$$

des Levi-Civita-Symbols angewendet, so kann

$$\nabla \times (\nabla \times \boldsymbol{A}) = \hat{\boldsymbol{e}}_i (\delta_{il} \delta_{jm} - \delta_{im} \delta_{jl}) \partial_j \partial_l A_m = \hat{\boldsymbol{e}}_i \partial_j \partial_i A_j - \hat{\boldsymbol{e}}_i \partial_j \partial_j A_i$$

gefunden werden. Mit der Definition des Laplace-Operators

$$\Delta = \partial_i \partial_i = \partial_x^2 + \partial_y^2 + \partial_z^2,$$

der komponentenweise auf ein Vektorfeld $\boldsymbol{A}$ angewendet wird, kann der zweite Term als $-\Delta \boldsymbol{A}$ aufgefasst werden. Im ersten Term können aufgrund der zweimaligen stetigen Differenzierbarkeit und dem damit anwendbaren Satz von Schwarz die beiden Ableitungen vertauscht werden, um

$$\nabla \times (\nabla \times \boldsymbol{A}) = \hat{\boldsymbol{e}}_i \partial_i \partial_j A_j - \Delta \boldsymbol{A}$$

zu erhalten. Der erste Ausdruck $\partial_j A_j$ kann als die Divergenz $\nabla \cdot \boldsymbol{A}$ in der Indexschreibweise aufgefasst werden. Damit stellt $\hat{\boldsymbol{e}}_i \partial_i$ den Gradienten der sich ergebenden Größe dar, so dass tatsächlich

$$\nabla \times (\nabla \times \boldsymbol{A}) = \nabla(\nabla \cdot \boldsymbol{A}) - \Delta \boldsymbol{A}$$

gilt.

(b) **(5 Punkte)** Nennen Sie die Maxwell-Gleichungen in Materie in ihrer integralen Form. Verwenden Sie dabei soweit wie möglich Vereinfachungen durch bekannte Integralsätze.

Lösungsvorschlag:
Die Divergenzen können über ein Volumen $\mathcal{V}$ integriert werden, um damit

$$\oiint_{\partial\mathcal{V}} \mathrm{d}^2\boldsymbol{f}\cdot\boldsymbol{D} = \iiint_{\mathcal{V}} \mathrm{d}^3 r\,(\boldsymbol{\nabla}\cdot\boldsymbol{D}) = \iiint_{\mathcal{V}} \mathrm{d}^3 r\,\rho_{\mathrm{f}} = Q_{\mathrm{f},\mathcal{V}}$$

$$\oiint_{\partial\mathcal{V}} \mathrm{d}^2\boldsymbol{f}\cdot\boldsymbol{B} = \iiint_{\mathcal{V}} \mathrm{d}^3 r\,(\boldsymbol{\nabla}\cdot\boldsymbol{B}) = 0$$

zu erhalten. Dabei wurde beide Male der Satz von Gauß ausgenutzt, der es erlaubt, das Integral einer Divergenz über ein Volumen $\mathcal{V}$ in ein Integral des Vektorfelds über der das Volumen beschränkenden Oberfläche $\partial\mathcal{V}$ umzuschreiben. Die Rotationen können über eine Oberfläche $\mathcal{F}$ integriert werden, um damit

$$\oint_{\partial\mathcal{F}} \mathrm{d}\boldsymbol{r}\cdot\boldsymbol{E} = \iint_{\mathcal{F}} \mathrm{d}^2\boldsymbol{f}\cdot(\boldsymbol{\nabla}\times\boldsymbol{E}) = \iint_{\mathcal{F}} \mathrm{d}^2\boldsymbol{f}\cdot(-\partial_t\boldsymbol{B}) = -\iint_{\mathcal{F}} \mathrm{d}^2\boldsymbol{f}\cdot(\partial_t\boldsymbol{B})$$

$$\oint_{\partial\mathcal{F}} \mathrm{d}\boldsymbol{r}\cdot\boldsymbol{H} = \iint_{\mathcal{F}} \mathrm{d}^2\boldsymbol{f}\cdot(\boldsymbol{\nabla}\times\boldsymbol{H}) = \iint_{\mathcal{F}} \mathrm{d}^2\boldsymbol{f}\cdot\boldsymbol{j}_{\mathrm{f}} + \iint_{\mathcal{F}} \mathrm{d}^2\boldsymbol{f}\cdot(\partial_t\boldsymbol{D})$$

$$= I_{\mathrm{f},\mathcal{F}} + \iint_{\mathcal{F}} \mathrm{d}^2\boldsymbol{f}\cdot(\partial_t\boldsymbol{D})$$

zu finden. Hierbei wurde der Satz von Stokes verwendet, der es erlaubt, das Integral einer Rotation über eine Fläche $\mathcal{F}$ in ein Wegintegral des Vektorfeldes über den Rand der Fläche $\partial\mathcal{F}$ umzuformulieren.

(c) **(5 Punkte)** Betrachten Sie eine unendlich weit ausgedehnte Platte der Dicke a, welche parallel zur zx-Ebene ausgerichtet ist. Sie soll von der homogenen Stromdichte j_0 in z-Richtung durchsetzt werden. Bestimmen Sie das Magnetfeld $\boldsymbol{B}(\boldsymbol{r})$ im gesamten Raum. Wählen Sie das Koordinatensystem so, dass das Problem spiegelsymmetrisch an der zx-Ebene ist.

Lösungsvorschlag:
Aufgrund der vorliegenden Symmetrien bietet es sich an, hier das Ampère'sche Gesetz

$$\oint_{\mathcal{F}} \mathrm{d}\boldsymbol{r}\cdot\boldsymbol{B} = \mu_0 I_{\mathcal{F}}$$

zu benutzen. Da das ganze Problem invariant gegen Verschiebungen entlang der x- und z-Achse ist, kann das Magnetfeld nur von y abhängen, so dass $\boldsymbol{B}(\boldsymbol{r}) = \boldsymbol{B}(y)$ gilt. Da das Problem spiegelsymmetrisch an der zx-Ebene ist und der unendlich ausgedehnte Strom in z-Richtung fließt, muss das Magnetfeld parallel zu $\hat{\boldsymbol{e}}_x$ sein und darüber hinaus $\boldsymbol{B}(-y) = -\boldsymbol{B}(y)$ erfüllen. Als Integrationsfläche bietet sich nun ein Rechteck $\mathcal{R}$ an. Aufgrund der Stromrichtung sollte es so gewählt werden, dass es parallel zur xy-Ebene ist. Aufgrund der Translationsinvarianzen kann sein Mittelpunkt in den Ursprung des Koordinatensystems geschoben werden. Seine zur x-Achse parallelen Seiten sollen dann die Länge l haben. Um die Spiegelsymmetrie zu berücksichtigen, müssen sie beide von der x-Achse den gleichen Abstand h aufweisen. Eine liegt bei negativen y-Werten, während die andere bei positiven y-Werten liegt. Um die richtige Orientierung der Fläche zu gewährleisten, muss das Rechteck so durchlaufen werden, dass bei positiven y-Werten die Seite der Länge l entgegen der x-Richtung durchlaufen wird. Mit diesen Überlegungen lässt sich die linke Seite des Ampère'schen Gesetzes durch

$$\oint_{\mathcal{R}} \mathrm{d}\boldsymbol{r} \cdot \boldsymbol{B} = \int_{-h}^{h} \mathrm{d}y \; B_y(y) + \int_{l/2}^{-l/2} \mathrm{d}x \; B_x(h) + \int_{h}^{-h} \mathrm{d}y \; B_y(y) + \int_{-l/2}^{l/2} \mathrm{d}x \; B_x(-h)$$

$$= -lB_x(h) + lB_x(-h) = -2lB_x(h)$$

ausdrücken. Auf der rechten Seite lässt sich der eingeschlossene Strom mittels

$$I_{\mathcal{R}} = \iint_{\mathcal{R}} \mathrm{d}^2\boldsymbol{f} \cdot \boldsymbol{j}(\boldsymbol{r}) = \int_{-l/2}^{l/2} \mathrm{d}x \int_{-h}^{h} \mathrm{d}y \; j_0 \Theta\left(\frac{a}{2} - |y|\right) = 2lj_0 \int_{0}^{h} \mathrm{d}y \; \Theta\left(\frac{a}{2} - y\right)$$

bestimmen. Das verbleibende Integral hängt davon ab, ob h größer oder kleiner als $\frac{a}{2}$ ist. Ist h größer, so wird die obere Integrationsgrenze durch die Theta-Funktion auf $\frac{a}{2}$ gesetzt. Ist h kleiner als $\frac{a}{2}$, so muss bis h integriert werden. Daher lässt sich das verbleibende Integral auch durch

$$\int_{0}^{h} \mathrm{d}y \; \Theta\left(\frac{a}{2} - y\right) = \Theta\left(\frac{a}{2} - h\right) \int_{0}^{h} \mathrm{d}y \; + \Theta\left(h - \frac{a}{2}\right) \int_{0}^{a/2} \mathrm{d}y$$

$$= h\Theta\left(\frac{a}{2} - h\right) + \frac{a}{2}\Theta\left(h - \frac{a}{2}\right)$$

ausdrücken. Damit kann der eingeschlossene Strom

$$I_{\mathcal{R}} = 2lj_0 \left(h\Theta\left(\frac{a}{2} - h\right) + \frac{a}{2}\Theta\left(h - \frac{a}{2}\right)\right) = j_0la \left(\Theta\left(h - \frac{a}{2}\right) + \frac{h}{a/2}\Theta\left(\frac{a}{2} - h\right)\right)$$

gefunden werden. Und somit ist das Magnetfeld für $h > 0$ durch

$$B_x(h) = -\frac{\mu_0 j_0 a}{2}\left(\Theta\left(h - \frac{a}{2}\right) + \frac{h}{a/2}\Theta\left(\frac{a}{2} - h\right)\right)$$

gegeben. Damit die Bedingung $B_x(-y) = -B_x(y)$ erfüllt ist, muss im ersten Term noch mit einer entsprechenden Vorzeichenfunktion $\mathrm{sgn}(h)$ multipliziert werden, so dass das Magnetfeld schlussendlich durch

$$\boldsymbol{B}(\boldsymbol{r}) = -\hat{\boldsymbol{e}}_x \frac{\mu_0 j_0 a}{2}\left(\Theta\left(|y| - \frac{a}{2}\right)\mathrm{sgn}(y) + \frac{y}{a/2}\Theta\left(\frac{a}{2} - |y|\right)\right)$$

gegeben ist. Während die magnetische Flussdichte außerhalb der Platte konstant ist, steigt sie im Inneren linear an.

(d) (5 Punkte) Betrachten Sie einen getriebenen RCL-Schwingkreis, in dem ein Widerstand R, eine Spule L und ein Kondensator C parallel zueinander geschaltet sind. Die anliegende Wechselspannung soll die Form $U_0(t) = \hat{U}_0\, \mathrm{e}^{\mathrm{i}\omega t}$ haben. Bestimmen Sie die Gesamtadmittanz $\frac{1}{Z_\mathrm{ges}}$ als Vielfaches von $\frac{1}{R}$ und damit die Stromstärke $I(t)$. Ermitteln Sie dann die Amplitude und Phasenverschiebung der Stromstärke. Drücken Sie Ihre Ergebnisse soweit wie möglich durch $\gamma = \frac{R}{2L}$ und $\omega_0 = \frac{1}{\sqrt{LC}}$ aus.

Lösungsvorschlag:

Da der Schwingkreis als Parallelschaltung vorliegt, müssen die Impedanzen reziprok addiert werden. Das bedeutet, die Admittanzen werden einfach addiert. Da die Impedanzen am Widerstand, am Kondensator und an der Spule jeweils durch $Z_R = R$, $Z_C = \frac{1}{\mathrm{i}\omega C}$ und $Z_L = \mathrm{i}\omega L$ gegeben sind, kann die Gesamtadmittanz durch

$$\frac{1}{Z_\mathrm{ges}} = \frac{1}{Z_R} + \frac{1}{Z_C} + \frac{1}{Z_L} = \frac{1}{R} + \mathrm{i}\omega C + \frac{1}{\mathrm{i}\omega L}$$

$$= \frac{1}{R}\left(1 + \mathrm{i}\omega\frac{R}{L}\left(LC - \frac{1}{\omega^2}\right)\right)$$

gefunden werden. Mit den im Aufgabentext beschriebenen Größen

$$2\gamma = \frac{R}{L} \qquad \frac{1}{\omega_0^2} = LC$$

lässt sich die Gesamtadmittanz auf die Form

$$\frac{1}{Z_\mathrm{ges}} = \frac{1}{R}\left(1 + 2\mathrm{i}\gamma\omega\left(\frac{1}{\omega_0^2} - \frac{1}{\omega^2}\right)\right)$$

bringen. Da für die Spannung, Stromstärke und Impedanz der Zusammenhang

$$U = Z_\mathrm{ges} I$$

gilt, kann auch

$$I(t) = \frac{U(t)}{Z_\mathrm{ges}}$$

gefunden werden, womit sich sofort die Stromstärke

$$I(t) = \frac{U_0}{R}\left(1 + 2\mathrm{i}\gamma\omega\left(\frac{1}{\omega_0^2} - \frac{1}{\omega^2}\right)\right)\mathrm{e}^{\mathrm{i}\omega t}$$

ergibt. Ihre Amplitude kann durch

$$\hat{I} = |I(t)| = \frac{|U_0|}{R}\sqrt{1 + 4\gamma^2\omega^2\left(\frac{1}{\omega_0^2} - \frac{1}{\omega^2}\right)^2}$$

ermittelt werden. Da sich die Stromstärke und die Spannung jeweils durch

$$I(t) = \hat{I}\,\mathrm{e}^{\mathrm{i}\phi_\mathrm{i}}\,\mathrm{e}^{\mathrm{i}\omega t} \qquad U(t) = |U_0|\,\mathrm{e}^{\mathrm{i}\phi_\mathrm{u}}\,\mathrm{e}^{\mathrm{i}\omega t}$$

darstellen lassen, kann die Phasenverschiebung $\psi = \phi_i - \phi_u$ als Phase der Admittanz gefunden werden, womit sich die Bedingung

$$\tan(\psi(\omega)) = 2\gamma\omega\left(\frac{1}{\omega_0^2} - \frac{1}{\omega^2}\right)$$

ergibt.

(e) **(5 Punkte)** Zeigen Sie anhand eines allgemeinen Lorentz-Boosts

$$(\Lambda^\mu{}_\alpha) = \begin{pmatrix} \gamma & -\gamma\boldsymbol{\beta}^T \\ -\gamma\boldsymbol{\beta} & \mathbb{1}_3 + \frac{\boldsymbol{\beta}\boldsymbol{\beta}^T}{\beta^2}(\gamma-1) \end{pmatrix},$$

dass sich ein reines elektrisches Feld gemäß

$$\boldsymbol{E}' = \boldsymbol{E}_\parallel + \gamma\boldsymbol{E}_\perp$$

transformiert.

Lösungsvorschlag:
Das elektrische Feld ist in der relativistischen Formulierung ein Teil des Feldstärketensors $F_{\mu\nu}$. Bei einer Transformation muss für jeden Index eine Transformationsmatrix auftreten, so dass

$$F'_{\mu\nu} = \Lambda_\mu{}^\alpha \Lambda_\nu{}^\beta F_{\alpha\beta}$$

gilt. Die hier auftretende Indizierung von Λ unterscheidet sich von der angegebenen Standardform $\Lambda^\mu{}_\alpha$. Um diese zurückzuerhalten, muss eine zweifache Kontraktion mit der Metrik gemäß

$$\Lambda_\mu{}^\alpha = \eta_{\mu\mu'}\Lambda^{\mu'}{}_{\alpha'}\eta^{\alpha'\alpha}$$

erfolgen. Da die Metrik ihr eigenes Inverses ist, kann die hier vorliegende Kontraktion auch durch

$$\Lambda_\mu{}^\alpha = (\eta\Lambda\eta^{-1})_\mu{}^\alpha$$

beschrieben werden. Da die Transformationsmatrix aber die Bestimmungsgleichung $\Lambda^T\eta\Lambda = \eta$ erfüllen muss, muss auch

$$\eta\Lambda\eta^{-1} = (\Lambda^T)^{-1}$$

gelten. Nun können Transposition und Invertierung vertauscht werden, um so die nötige Transformationsmatrix

$$\eta\Lambda\eta^{-1} = (\Lambda^{-1})^T$$

zu finden. Die Transformation eines Lorentz-Boosts ist symmetrisch und kann invertiert werden, indem $\boldsymbol{\beta}$ auf $-\boldsymbol{\beta}$ gesetzt wird. In Matrix-Schreibweise ist also

$$(\Lambda_\mu{}^\alpha) = \begin{pmatrix} \gamma & \gamma\boldsymbol{\beta}^T \\ \gamma\boldsymbol{\beta} & \mathbb{1}_3 + \frac{\boldsymbol{\beta}\boldsymbol{\beta}^T}{\beta^2}(\gamma-1) \end{pmatrix}$$

zu verwenden. Der vorliegende Feldstärketensor

$$(F_{\alpha\beta}) = \frac{1}{c}\begin{pmatrix} 0 & \boldsymbol{E}^T \\ -\boldsymbol{E} & 0_{3\times 3} \end{pmatrix}$$

kann dann durch das Matrixprodukt

$$(F'_{\mu\nu}) = (\Lambda_\mu{}^\alpha)(F_{\alpha\beta})(\Lambda_\nu{}^\beta)^T$$

$$= \frac{1}{c}\begin{pmatrix} \gamma & \gamma\boldsymbol{\beta}^T \\ \gamma\boldsymbol{\beta} & \mathbb{1}_3 + \frac{\boldsymbol{\beta}\boldsymbol{\beta}^T}{\beta^2}(\gamma-1) \end{pmatrix}\begin{pmatrix} 0 & \boldsymbol{E}^T \\ -\boldsymbol{E} & 0_{3\times 3} \end{pmatrix}\begin{pmatrix} \gamma & \gamma\boldsymbol{\beta}^T \\ \gamma\boldsymbol{\beta} & \mathbb{1}_3 + \frac{\boldsymbol{\beta}\boldsymbol{\beta}^T}{\beta^2}(\gamma-1) \end{pmatrix}$$

transformiert werden. Da der transformierte Feldstärketensor wieder die gleiche Form haben muss, genügt es, im Ergebnis die erste Zeile zu betrachten, da hier $\boldsymbol{E}'^T$ auftauchen wird. Wird die Multiplikation mit der linken Matrix als letztes ausgeführt, ergibt sich die erste Zeile aus einem Produkt der ersten Zeile der linken Matrix und dem rechten 4×3-Spalten-Block der Matrix, welche als Produkt aus der mittleren und der rechten Matrix entsteht. Dementsprechend ist nur der rechte 4×3-Spalten-Block des Matrixprodukts aus der mittleren und der rechten Matrix interessant. Dieser entsteht wiederum aus dem Produkt der ersten Zeile der mittleren Matrix mit dem rechten 4×3-Spalten-Block der rechten Matrix und dem unteren 3×4-Zeilen-Block der mittleren Matrix mit dem rechten 4×3-Spalten-Block der rechten Matrix. Entsprechend kann das Matrixprodukt mit den notwendigen Einträgen durch

$$(F'_{\mu\nu}) = \frac{1}{c}\begin{pmatrix} \gamma & \gamma\beta\,\boldsymbol{n}^T \\ \cdots & \cdots \end{pmatrix}\begin{pmatrix} 0 & \boldsymbol{E}^T \\ -\boldsymbol{E} & 0_{3\times 3} \end{pmatrix}\begin{pmatrix} \cdots & \gamma\beta\,\boldsymbol{n}^T \\ \cdots & \mathbb{1}_3 + \boldsymbol{n}\boldsymbol{n}^T(\gamma-1) \end{pmatrix}$$

ausgedrückt werden. Dabei wurde der Übersicht halber der Normalenvektor $\boldsymbol{n} = \frac{\boldsymbol{\beta}}{\beta}$ eingeführt. Nun kann die Matrix-Multiplikation schrittweise durchgeführt werden, um

$$(F'_{\mu\nu}) = \frac{1}{c}\begin{pmatrix} \gamma & \gamma\beta\,\boldsymbol{n}^T \\ \cdots & \cdots \end{pmatrix}\begin{pmatrix} \cdots & \boldsymbol{E}^T + (\boldsymbol{E}\cdot\boldsymbol{n})\boldsymbol{n}(\gamma-1) \\ \cdots & -\gamma\beta\,\boldsymbol{E}\boldsymbol{n}^T \end{pmatrix}$$

$$= \frac{1}{c}\begin{pmatrix} \cdots & \gamma\boldsymbol{E}^T + \gamma(\gamma-1)(\boldsymbol{E}\cdot\boldsymbol{n})\boldsymbol{n} - \gamma^2\beta^2(\boldsymbol{n}\cdot\boldsymbol{E})\boldsymbol{n}^T \\ \cdots & \cdots \end{pmatrix}$$

zu erhalten. Der erhaltene Eintrag muss das Transponierte des neuen elektrischen Feldes sein, so dass

$$\boldsymbol{E}' = \gamma\boldsymbol{E} + (\gamma^2-\gamma)(\boldsymbol{E}\cdot\boldsymbol{n})\boldsymbol{n} - \gamma^2\beta^2(\boldsymbol{n}\cdot\boldsymbol{E})\boldsymbol{n}$$

$$= \gamma(\boldsymbol{E} - \boldsymbol{n}(\boldsymbol{n}\cdot\boldsymbol{E})) + \gamma^2(1-\beta^2)\boldsymbol{n}(\boldsymbol{n}\cdot\boldsymbol{E})$$

gilt. Da n die Richtung des Boosts ist, stellt $n(n \cdot E)$ den parallelen Anteil $E_\parallel$ von E zum Boost dar. Mit $\gamma^{-2} = 1 - \beta^2$ und $E = E_\parallel + E_\perp$ lässt sich der gefundene Ausdruck so weiter

$$E' = \gamma(E - E_\parallel) + E_\parallel = E_\parallel + \gamma E_\perp$$

umformen. Dies ist genau das gesuchte Transformationsverhalten des elektrischen Feldes.

Aufgabe 2   25 *Punkte*

Feld einer magnetisierten Kugel

In dieser Aufgabe soll eine Kugel mit Radius R und der homogenen Magnetisierung $\boldsymbol{M} = M\,\hat{\boldsymbol{e}}_z$ betrachtet werden. Ziel ist es, die magnetische Flussdichte $\boldsymbol{B}$ im gesamten Raumbereich zu bestimmen. Es liegen keine äußeren Ströme $\boldsymbol{j}_\mathrm{f}$ vor.

(a) **(2 Punkte)** Bestimmen Sie das magnetische Moment $\boldsymbol{\mu}$ der Kugel.

Lösungsvorschlag:
Da die Magnetisierung die Dichte der magnetischen Momente $\boldsymbol{M} = \frac{\mathrm{d}\boldsymbol{\mu}}{\mathrm{d}V}$ ist, kann das magnetische Moment durch das Integral

$$\boldsymbol{\mu} = \iiint_{\mathbb{R}^3} \mathrm{d}^3 r\; \boldsymbol{M}(\boldsymbol{r})$$

bestimmt werden. Es handelt sich um eine magnetisierte Kugel des Radius R, weshalb sich die Magnetisierung auch durch

$$\boldsymbol{M} = \hat{\boldsymbol{e}}_z\, M\Theta(R - r)$$

ausdrücken lässt. Dies kann in das obige Integral eingesetzt werden, um

$$\boldsymbol{\mu} = \hat{\boldsymbol{e}}_z\, M \iiint_{\mathrm{Kugel}} \mathrm{d}^3 r = M\frac{4}{3}\pi R^3\, \hat{\boldsymbol{e}}_z$$

zu erhalten. Dabei wurde ausgenutzt, dass das Volumen einer Vollkugel durch $\frac{4}{3}\pi R^3$ gegeben ist.

(b) **(2 Punkte)** Begründen Sie mit den Maxwell-Gleichungen, dass die magnetische Feldstärke $\boldsymbol{H}$ durch ein magnetisches Skalarpotential ψ ausgedrückt werden kann und zeigen Sie, dass dieses

$$\Delta\phi_\mathrm{m} = \nabla \cdot \boldsymbol{M} \tag{13.2}$$

erfüllt.

Lösungsvorschlag:
Die beiden Maxwell-Gleichungen in Materie sind durch

$$\nabla \cdot \boldsymbol{B} = 0 \qquad \nabla \times \boldsymbol{H} = \boldsymbol{j}_\mathrm{f}$$

gegeben. Die magnetische Feldstärke $\boldsymbol{H}$ und die magnetische Flussdichte sind dabei über

$$\boldsymbol{H} = \frac{1}{\mu_0}\boldsymbol{B} - \boldsymbol{M}$$

mit der Magnetisierung verknüpft. Da im vorliegenden Problem keine freien Ströme auftreten, folgt aus der Gleichung $\nabla \times \boldsymbol{H} = 0$, dass sich $\boldsymbol{H}$ als Gradientenfeld mittels

$$\boldsymbol{H} = -\nabla \psi$$

darstellen lässt. Die Divergenz von $\boldsymbol{H}$ kann dann über

$$\nabla \cdot \boldsymbol{H} = \nabla \cdot \left(\frac{1}{\mu_0} \boldsymbol{B} - \boldsymbol{M} \right) = \frac{1}{\mu_0} \nabla \cdot \boldsymbol{B} - \nabla \cdot \boldsymbol{M} = -\nabla \cdot \boldsymbol{M}$$

ermittelt werden, wobei die Maxwell-Gleichung $\nabla \cdot \boldsymbol{B} = 0$ verwendet wurde. Da die Divergenz von $\boldsymbol{H}$ mit

$$\nabla \cdot \boldsymbol{H} = \nabla \cdot (-\nabla \psi) = -\Delta \psi$$

durch das magnetische Potential ausgedrückt werden kann, kann so die Poisson-Gleichung für selbiges

$$\Delta \psi = \nabla \cdot \boldsymbol{M}$$

gefunden werden.

(c) **(5 Punkte)** Verwenden Sie Gl. (13.2), um zu zeigen, dass sich das magnetische Potential auch durch

$$\psi = -\frac{1}{4\pi} \nabla \cdot \iiint_{\mathbb{R}^3} \mathrm{d}^3 r' \, \frac{\boldsymbol{M}(\boldsymbol{r}')}{|\boldsymbol{r} - \boldsymbol{r}'|}$$

ausdrücken lässt.

Lösungsvorschlag:
Da es sich bei Gl. (13.2) um eine Poisson-Gleichung

$$\Delta \psi = \rho_\mathrm{m}$$

mit dem Quellterm

$$\rho_\mathrm{m} = \nabla \cdot \boldsymbol{M}$$

ohne Randbedingungen handelt, kann die Lösung durch

$$\psi(\boldsymbol{r}) = -\frac{1}{4\pi} \iiint_{\mathbb{R}^3} \mathrm{d}^3 r' \, \frac{\rho_\mathrm{m}(\boldsymbol{r}')}{|\boldsymbol{r} - \boldsymbol{r}'|} = -\frac{1}{4\pi} \iiint_{\mathbb{R}^3} \mathrm{d}^3 r' \, \frac{\nabla' \cdot \boldsymbol{M}(\boldsymbol{r}')}{|\boldsymbol{r} - \boldsymbol{r}'|}$$

formuliert werden. Darin bezeichnet ∇' den Gradienten bzgl. $\boldsymbol{r}'$. Um diesen Ausdruck weiter zu vereinfachen, kann die Produktregel für Vektor- und Skalarfelder

$$\nabla \cdot (\phi \boldsymbol{V}) = \phi(\nabla \cdot \boldsymbol{V}) + \boldsymbol{V} \cdot (\nabla \phi)$$

auf den Ausdruck

$$\frac{M(r')}{|r - r'|}$$

angewendet werden. Damit kann der Ausdruck

$$\nabla' \cdot \left(\frac{M(r')}{|r - r'|} \right) = M(r') \cdot \nabla' \frac{1}{|r - r'|} + \frac{\nabla' \cdot M(r')}{|r - r'|}$$

gefunden werden. Dieser lässt sich verwenden, um den Integranden gemäß

$$\psi(r) = -\frac{1}{4\pi} \iiint_{\mathbb{R}^3} \mathrm{d}^3 r' \left(\nabla' \cdot \left(\frac{M(r')}{|r - r'|} \right) - M(r') \cdot \nabla' \frac{1}{|r - r'|} \right)$$

zu ersetzen. Das erste der beiden Integrale kann über das Gauß'sche Gesetz in ein Oberflächenintegral

$$\iiint_{\mathbb{R}^3} \mathrm{d}^3 r' \nabla' \cdot \left(\frac{M(r')}{|r - r'|} \right) = \oiint_{\partial \mathbb{R}^3} \frac{M(r')}{|r - r'|}$$

umgewandelt werden. Im vorliegenden Problem ist die Magnetisierung allerdings nur im Raumbereich $r < R$ von null verschieden. Damit verschwindet sie im Besonderen am Rand des betrachteten Volumens und das Integral ist damit null. Daher kann das magnetische Potential bereits auf den Term

$$\psi(r) = \frac{1}{4\pi} \iiint_{\mathbb{R}^3} \mathrm{d}^3 r' \, M(r') \cdot \nabla' \frac{1}{|r - r'|}$$

reduziert werden. Da aber der Zusammenhang

$$\nabla' \frac{1}{|r - r'|} = -\nabla \frac{1}{|r - r'|}$$

mit dem auf r wirkenden Gradienten ∇ gilt, kann dieser vor das Integral gezogen werden, um schlussendlich

$$\psi = -\frac{1}{4\pi} \nabla \cdot \iiint_{\mathbb{R}^3} \mathrm{d}^3 r' \, \frac{M(r')}{|r - r'|}$$

zu erhalten.

(d) **(7 Punkte)** Bestimmen Sie das magnetische Potential und daraus die magnetische Flussdichte B *außerhalb* der Kugel. Drücken Sie Ihr Ergebnis durch das magnetische Moment μ aus.

Lösungsvorschlag:
Zunächst kann die Magnetisierung eingesetzt werden, um den Ausdruck

$$\psi = -\frac{1}{4\pi} \nabla \iiint_{\mathbb{R}^3} \mathrm{d}^3 r' \, \frac{M \hat{e}_z \, \Theta(R - r')}{|r - r'|} = -\frac{M}{4\pi} \nabla \cdot \left(\hat{e}_z \iiint_{K_R} \mathrm{d}^3 r' \, \frac{1}{|r - r'|} \right)$$

zu erhalten. Dabei kennzeichnet K_R das Raumgebiet der Kugel mit Radius R. Da der Term in Klammern nur eine z-Komponente hat, wird die Divergenz in eine Ableitung nach der Komponente z umgewandelt, womit sich der Ausdruck

$$\psi = -\frac{M}{4\pi}\frac{\partial}{\partial z}\iiint_{K_R} \mathrm{d}^3 r' \, \frac{1}{|\boldsymbol{r} - \boldsymbol{r}'|}$$

ergibt. Es muss daher das Integral

$$I(\boldsymbol{r}) = \iiint_{K_R} \mathrm{d}^3 r' \, \frac{1}{|\boldsymbol{r} - \boldsymbol{r}'|}$$

gelöst werden. Zu diesem Zwecke kann die z'-Achse für die Integration parallel zu $\boldsymbol{r}$ gelegt werden, womit sich in Kugelkoordinaten der Ausdruck

$$I(\boldsymbol{r}) = \int\limits_0^R \mathrm{d}r' \, r'^2 \int\limits_0^{2\pi} \mathrm{d}\varphi' \int\limits_{-1}^{1} \mathrm{d}\cos(\theta') \, \frac{1}{\sqrt{r^2 + r'^2 - 2rr'\cos(\theta')}}$$

ergibt. Dieser Ausdruck wird nach der Integration nur noch von r und nicht von θ oder φ abhängen, weshalb es sich bei I nur um eine Funktion von r handelt. Das Integral über φ' kann direkt durchgeführt werden und ergibt 2π. Für das Integral über $\cos(\theta')$ kann die Substitution

$$u = r^2 + r'^2 - 2rr'\cos(\theta') \quad \Rightarrow \quad \mathrm{d}u = -2rr'\,\mathrm{d}\cos(\theta')$$

mit den neuen Grenzen

$$\cos(\theta') = -1 \Rightarrow u = (r + r')^2 \qquad \cos(\theta') = 1 \Rightarrow u = (r - r')^2$$

durchgeführt werden, um den Ausdruck

$$I(r) = 2\pi \int\limits_0^R \mathrm{d}r' \, r'^2 \frac{1}{-2rr'} \int\limits_{(r+r')^2}^{(r-r')^2} \mathrm{d}u \, \frac{1}{\sqrt{u}} = \frac{\pi}{r} \int\limits_0^R \mathrm{d}r' \, r' \int\limits_{(r-r')^2}^{(r+r')^2} \mathrm{d}u \, u^{-1/2}$$

$$= \frac{2\pi}{r} \int\limits_0^R \mathrm{d}r' \, r'(|r + r'| - |r - r'|)$$

zu erhalten. Da ein Punkt $r > R$ außerhalb der Kugel betrachtet werden soll, ist $r > r'$ und das Integral kann daher durch

$$I(r > R) = \frac{2\pi}{r} \int\limits_0^R \mathrm{d}r' \, r'(2r') = \frac{4\pi}{r} \int\limits_0^R \mathrm{d}r' \, r'^2 = \frac{4\pi R^3}{3r}$$

ausgewertet werden. Das magnetische Potential ist damit durch

$$\psi_{r>R}(\boldsymbol{r}) = -\frac{M}{4\pi}\frac{\partial}{\partial z} I(r > R) = -\frac{M}{4\pi}\frac{\partial}{\partial z}\left(\frac{4\pi R^3}{3r}\right) = \frac{MR^3}{3}\frac{z}{r^3}$$

gegeben. Mit dem Ergebnis aus Teilaufgabe (a) lässt sich die Kombination $\frac{MR^3}{3}$ durch $\frac{|\boldsymbol{\mu}|}{4\pi}$ ersetzen. Da nun aber aus dem Ortsvektor $\boldsymbol{r}$ die z-Komponente im Zähler auftaucht, kann das Ergebnis auch durch

$$\psi_{r>R}(\boldsymbol{r}) = \frac{1}{4\pi}\frac{\boldsymbol{\mu}\cdot\boldsymbol{r}}{r^3}$$

ausgedrückt werden. Es handelt sich um ein Potential für ein Dipol-Feld, wie es auch aus der Elektrostatik bekannt ist. Die magnetische Feldstärke hängt mittels

$$\boldsymbol{H}_{r>R} = -\boldsymbol{\nabla}\psi_{r>R}$$

mit dem magnetischen Potential zusammen, so dass sich dieses durch

$$\boldsymbol{H}_{r>R} = -\frac{1}{4\pi}\left(\frac{\boldsymbol{\mu}}{r^3} - 3\frac{(\boldsymbol{\mu}\cdot\boldsymbol{r})\,\boldsymbol{r}}{r^5}\right) = \frac{1}{4\pi}\frac{3(\boldsymbol{\mu}\cdot\boldsymbol{r})\,\boldsymbol{r} - \boldsymbol{\mu}\,r^2}{r^5}$$

bestimmen lässt. Da außerhalb der Kugel keine Magnetisierung vorliegt, ist die magnetische Feldstärke mit der magnetischen Flussdichte durch

$$\boldsymbol{H} = \frac{1}{\mu_0}\boldsymbol{B}$$

verknüpft. Damit kann die magnetische Flussdichte durch

$$\boldsymbol{B}_{r>R}(\boldsymbol{r}) = \frac{\mu_0}{4\pi}\frac{3(\boldsymbol{\mu}\cdot\boldsymbol{r})\,\boldsymbol{r} - \boldsymbol{\mu}\,r^2}{r^5}$$

ausgedrückt werden.

(e) **(5 Punkte)** Bestimmen Sie nun das magnetische Potential und die magnetische Flussdichte $\boldsymbol{B}$ *innerhalb* der Kugel, ausgedrückt durch das magnetische Moment $\boldsymbol{\mu}$.

Lösungsvorschlag:
Nach den Erkenntnissen aus Teilaufgabe (d) ist das magnetische Potential durch

$$\psi = -\frac{M}{4\pi}\frac{\partial}{\partial z}I(r)$$

gegeben. Das Integral

$$I(r) = \frac{2\pi}{r}\int\limits_0^R \mathrm{d}r'\; r'(|r+r'| - |r-r'|)$$

muss nun für $r < R$ ausgewertet werden. Dazu wird das Integrationsintervall an der Stelle $r' = r$ in zwei Hälften aufgeteilt, um so zunächst das Integral

$$\frac{r}{2\pi}I(r<R) = \int\limits_0^r \mathrm{d}r'\; r'(|r+r'| - |r-r'|) + \int\limits_r^R \mathrm{d}r'\; r'(|r+r'| - |r-r'|)$$

zu erhalten. Im ersten Integral ist $r' < r$, so dass sich dieses zu

$$\int\limits_0^r \mathrm{d}r'\, r'(|r + r'| - |r - r'|) = \int\limits_0^r \mathrm{d}r'\, r'(2r') = \frac{2}{3}r^3$$

auswerten lässt. Im zweiten Integral ist $r' > r$, so dass hier

$$\int\limits_r^R \mathrm{d}r'\, r'(|r + r'| - |r - r'|) = \int\limits_r^R \mathrm{d}r'\, r'(2r) = r(R^2 - r^2) = R^2 r - r^3$$

gefunden werden kann. Damit kann der Ausdruck

$$I(r < R) = \frac{2\pi}{r}\left(\frac{2}{3}r^3 + R^2 r - r^3\right) = 2\pi\left(R^2 - \frac{1}{3}r^2\right) = \frac{2\pi}{3}(3R^2 - r^2)$$

gefunden werden. Damit kann das magnetische Potential über

$$\psi_{r<R} = -\frac{M}{4\pi}\frac{\partial}{\partial z}I(r < R) = \frac{M}{4\pi}\frac{2\pi}{3}\frac{\partial}{\partial z}r^2 = \frac{M}{3}z$$

bestimmt werden. Mit der Ersetzung

$$M = \frac{3|\boldsymbol{\mu}|}{4\pi R^3}$$

kann dieses Ergebnis durch das magnetische Moment der Kugel in Form von

$$\psi_{r<R} = \frac{\boldsymbol{\mu} \cdot \boldsymbol{r}}{4\pi R^3}$$

ausgedrückt werden. Um nun die magnetische Feldstärke zu bestimmen, muss der Gradient gebildet werden, was entweder durch

$$\boldsymbol{H}_{r<R} = -\boldsymbol{\nabla}\psi_{r<R} = -\boldsymbol{\nabla}\left(\frac{M}{3}z\right) = -\frac{M}{3}\hat{\boldsymbol{e}}_z = -\frac{\boldsymbol{M}}{3}$$

oder durch

$$\boldsymbol{H}_{r<R} = -\boldsymbol{\nabla}\psi_{r<R} = -\boldsymbol{\nabla}\left(\frac{\boldsymbol{\mu} \cdot \boldsymbol{r}}{4\pi R^3}\right) = -\frac{\boldsymbol{\mu}}{4\pi R^3}$$

geschehen kann. Für die magnetische Flussdichte im Inneren der Kugel muss die Magnetisierung mittels

$$\boldsymbol{B} = \mu_0(\boldsymbol{H} + \boldsymbol{M})$$

berücksichtigt werden. Auf diese Weise kann diese zu

$$\boldsymbol{B}_{r<R}(\boldsymbol{r}) = \mu_0\left(-\frac{\boldsymbol{M}}{3} + \boldsymbol{M}\right) = \frac{2}{3}\mu_0\boldsymbol{M} = \frac{\mu_0}{2\pi R^3}\boldsymbol{\mu}$$

ermittelt werden.

(f) **(4 Punkte)** Leiten Sie die Stetigkeitsbedingung für die Normalkomponente der magnetischen Flussdichte her und prüfen Sie so, ob Ihre beiden Ergebnisse aus Teilaufgabe (d) und (e) zueinander passen.

Lösungsvorschlag:
Um die Stetigkeitsbedingung einer Normalkomponente herzuleiten, empfiehlt es sich, eine Maxwell-Gleichung mit einer Divergenz zu betrachten. Ein Volumenintegral über ein infinitesimales kleines Volumen lässt sich mit dem Satz von Gauß in ein Oberflächenintegral umwandeln, in welchem ein Normalenvektor auftritt. Die relevante Maxwell-Gleichung im vorliegenden Fall ist die Divergenz der magnetischen Flussdichte, welche verschwindet. Damit muss über das infinitesimale Volumen V der Zusammenhang

$$0 = \iiint_V \mathrm{d}^3 r \, \boldsymbol{\nabla} \cdot \boldsymbol{B} = \oiint_{\partial V} \mathrm{d}^2 \boldsymbol{f} \cdot \boldsymbol{B}$$

gültig sein. Wird ein infinitesimal kleiner Zylinder angenommen, mit dem Normalenvektor zum Vakuum hin zeigend, so kann der Zusammenhang

$$0 = \lim_{V \to 0} \oiint_{\partial V} \mathrm{d}^2 \boldsymbol{f} \cdot \boldsymbol{B} = \left[\boldsymbol{n} \cdot (\boldsymbol{B}_{\mathrm{vac}} - \boldsymbol{B}_{\mathrm{mat}}) \right]_{\partial V}$$

gefunden werden. Damit ist die Normalkomponente der magnetischen Flussdichte stetig. Im vorliegenden Fall ist der Normalenvektor durch $\hat{\boldsymbol{e}}_r$ gegeben. Die Normalkomponente des äußeren Feldes ist hier durch

$$\hat{\boldsymbol{e}}_r \cdot \boldsymbol{B}_{r>R}(R) = \frac{\mu_0}{4\pi} \left[\frac{3(\boldsymbol{\mu} \cdot \boldsymbol{r})r - (\boldsymbol{\mu} \cdot \boldsymbol{r})r}{r^5} \right]_{r=R} = \frac{\mu_0}{2\pi} \frac{(\boldsymbol{\mu} \cdot \hat{\boldsymbol{e}}_r)}{R^3}$$

gegeben. Für die magnetische Flussdichte im Inneren der Kugel kann am Rand die Normalkomponente

$$\hat{\boldsymbol{e}}_r \cdot \boldsymbol{B}_{r<R}(R) = \frac{\mu_0}{2\pi R^3} (\boldsymbol{\mu} \cdot \hat{\boldsymbol{e}}_r) = \frac{\mu_0}{2\pi} \frac{(\boldsymbol{\mu} \cdot \hat{\boldsymbol{e}}_r)}{R^3}$$

gefunden werden. Die beiden Normalkomponenten stimmen also miteinander überein, so dass die Stetigkeitsbedingung erfüllt und die beiden Ergebnisse selbstkonsistent sind.

Aufgabe 3   25 *Punkte*

Kräfte und Drehmomente auf elektrische Dipolmomente

In dieser Aufgabe soll die Bewegung eines geladenen starren Körpers in einem elektrostatischen Feld $\boldsymbol{E}(\boldsymbol{r})$ untersucht werden. Dazu wird davon ausgegangen, dass die Ladungsverteilung aus Ladungen q_α mit Masse m_α und Orten $\boldsymbol{r}_\alpha$ zusammengesetzt ist. Die Gesamtladung soll mit q bezeichnet werden, während M die Gesamtmasse und $\boldsymbol{R}$ den Schwerpunkt bezeichnet.

(a) **(3 Punkte)** Nennen Sie das Dipolmoment bezogen auf den Schwerpunkt und zeigen Sie anschließend mit dem Coulomb'schen Gesetz, dass die Kraft auf den Körper in zweiter Näherung durch

$$\boldsymbol{F} = q\,\boldsymbol{E}(\boldsymbol{R}) + (\boldsymbol{p} \cdot \boldsymbol{\nabla}_{\boldsymbol{R}})\boldsymbol{E}(\boldsymbol{R})$$

gegeben ist.

Lösungsvorschlag:
Das Dipolmoment kann mit Hilfe von

$$\boldsymbol{p} = \sum_\alpha q_\alpha \boldsymbol{r}'_\alpha$$

berechnet werden. Hierbei beziehen sich die $\boldsymbol{r}'_\alpha$ auf die Abstandsvektoren zum Ursprung. Soll das Dipolmoment auf den Schwerpunkt bezogen werden, so muss dieser als der Ursprung in obiger Formel gewählt werden. Daher kann der Zusammenhang

$$\boldsymbol{r}'_\alpha = \boldsymbol{r}_\alpha - \boldsymbol{R}$$

gefunden werden, da $\boldsymbol{r}_\alpha$ die absolute Position von q_α im Raum beschreibt. Somit ist das Dipolmoment bezogen auf den Schwerpunkt durch

$$\boldsymbol{p} = \sum_\alpha q_\alpha (\boldsymbol{r}_\alpha - \boldsymbol{R})$$

gegeben.

Die Kraft auf eine Ladung q_α ist nach dem Coulomb'schen Gesetz durch

$$\boldsymbol{F}_\alpha = q_\alpha \boldsymbol{E}(\boldsymbol{r}_\alpha)$$

zu ermitteln. Die Kraft auf den Körper kann durch die Summe der Kräfte auf die einzelnen Ladungen

$$\boldsymbol{F} = \sum_\alpha \boldsymbol{F}_\alpha = \sum_\alpha q_\alpha \boldsymbol{E}(\boldsymbol{r}_\alpha)$$

bestimmt werden. Wird nun $\boldsymbol{E}$ auf $\boldsymbol{R}$ bezogen, so lässt sich wegen der Taylor-Näherung

$$\boldsymbol{E}(\boldsymbol{r}_\alpha) = \boldsymbol{E}(\boldsymbol{R} + (\boldsymbol{r}_\alpha - \boldsymbol{R})) \approx \boldsymbol{E}(\boldsymbol{R}) + \left.\frac{\partial \boldsymbol{E}}{\partial r_i}\right|_{\boldsymbol{R}} (\boldsymbol{r}_\alpha - \boldsymbol{R})_i$$

finden. Eingesetzt in den Ausdruck für die Kraft, lässt sich dieser dann auf

$$\boldsymbol{F} \approx \sum_\alpha q_\alpha \left(\boldsymbol{E}(\boldsymbol{R}) + \left.\frac{\partial \boldsymbol{E}}{\partial r_i}\right|_{\boldsymbol{R}} (\boldsymbol{r}_\alpha - \boldsymbol{R})_i \right)$$

$$= \boldsymbol{E}(\boldsymbol{R}) \sum_\alpha q_\alpha + \left.\frac{\partial \boldsymbol{E}}{\partial r_i}\right|_{\boldsymbol{R}} \sum_\alpha q_\alpha (\boldsymbol{r}_\alpha - \boldsymbol{R})_i = Q\boldsymbol{E}(\boldsymbol{R}) + \left.\frac{\partial \boldsymbol{E}}{\partial r_i}\right|_{\boldsymbol{R}} p_i$$

umformen. Hierbei wurde ausgenutzt, dass die Gesamtladung durch $q = \sum_\alpha q_\alpha$ gegeben ist, und das Dipolmoment nach dem obigen Ausdruck berechnet werden kann. Schlussendlich können die Terme mit Indizes auf $\boldsymbol{p} \cdot \boldsymbol{\nabla}_{\boldsymbol{R}}$ umgeformt werden, um

$$\boldsymbol{F} = q\,\boldsymbol{E}(\boldsymbol{R}) + (\boldsymbol{p} \cdot \boldsymbol{\nabla}_{\boldsymbol{R}})\boldsymbol{E}(\boldsymbol{R})$$

zu erhalten.

(b) **(5 Punkte)** Untersuchen Sie den Ausdruck

$$\boldsymbol{A} \times (\boldsymbol{\nabla} \times \boldsymbol{B}) + \boldsymbol{B} \times (\boldsymbol{\nabla} \times \boldsymbol{A})$$

für zwei Vektorfelder, um den Gradienten von $\boldsymbol{A} \cdot \boldsymbol{B}$ zu bestimmen. Drücken Sie damit Ihr Ergebnis aus Teilaufgabe (a) aus.

Lösungsvorschlag:
In Indexschreibweise kann der gegebene Ausdruck zunächst als

$$[\boldsymbol{A} \times (\boldsymbol{\nabla} \times \boldsymbol{B}) + \boldsymbol{B} \times (\boldsymbol{\nabla} \times \boldsymbol{A})]_i = \epsilon_{ijk} A_j \epsilon_{klm} \partial_l B_m + \epsilon_{ijk} B_j \epsilon_{klm} \partial_l A_m$$

geschrieben werden. Aufgrund von

$$\epsilon_{ijk}\epsilon_{klm} = \epsilon_{kij}\epsilon_{klm} = \delta_{il}\delta_{jm} - \delta_{im}\delta_{lm}$$

kann dieser Ausdruck dann weiter auf

$$\epsilon_{ijk} A_j \epsilon_{klm} \partial_l B_m + \epsilon_{ijk} B_j \epsilon_{klm} \partial_l A_m = \epsilon_{ijk}\epsilon_{klm}(A_j \partial_l B_m + B_j \partial_l A_m)$$

$$= (\delta_{il}\delta_{jm} - \delta_{im}\delta_{lm})(A_j \partial_l B_m + B_j \partial_l A_m)$$

$$= A_j \partial_i B_j - A_j \partial_j B_i + B_j \partial_i A_j - B_j \partial_j A_i$$

$$= A_j \partial_i B_j + B_j \partial_i A_j - (\boldsymbol{A} \cdot \boldsymbol{\nabla})B_i - (\boldsymbol{B} \cdot \boldsymbol{\nabla})A_i$$

$$= \partial_i(A_j B_j) - (\boldsymbol{A} \cdot \boldsymbol{\nabla})B_i - (\boldsymbol{B} \cdot \boldsymbol{\nabla})A_i$$

umgeformt werden. Der Term in der ersten Klammer ist gerade $\boldsymbol{A} \cdot \boldsymbol{B}$, so dass sich also

$$\boldsymbol{A} \times (\boldsymbol{\nabla} \times \boldsymbol{B}) + \boldsymbol{B} \times (\boldsymbol{\nabla} \times \boldsymbol{A}) = \boldsymbol{\nabla}(\boldsymbol{A} \cdot \boldsymbol{B}) - (\boldsymbol{A} \cdot \boldsymbol{\nabla})\boldsymbol{B} - (\boldsymbol{B} \cdot \boldsymbol{\nabla})\boldsymbol{A}$$

$$\Rightarrow \quad \boldsymbol{\nabla}(\boldsymbol{A} \cdot \boldsymbol{B}) = (\boldsymbol{A} \cdot \boldsymbol{\nabla})\boldsymbol{B} + (\boldsymbol{B} \cdot \boldsymbol{\nabla})\boldsymbol{A} + \boldsymbol{A} \times (\boldsymbol{\nabla} \times \boldsymbol{B}) + \boldsymbol{B} \times (\boldsymbol{\nabla} \times \boldsymbol{A})$$

finden lässt. Der zweite Term in der Kraft

$$(\boldsymbol{p} \cdot \nabla)\boldsymbol{E}$$

lässt sich demnach auf

$$(\boldsymbol{p} \cdot \nabla)\boldsymbol{E} = \nabla(\boldsymbol{p} \cdot \boldsymbol{E}) - (\boldsymbol{E} \cdot \nabla)\boldsymbol{p} - \boldsymbol{p} \times (\nabla \times \boldsymbol{E}) - \boldsymbol{E} \times (\nabla \times \boldsymbol{p})$$

umformen. Da es sich beim Dipolmoment um einen konstanten Vektor handelt, sind die beiden Terme $(\boldsymbol{E} \cdot \nabla)\boldsymbol{p}$ und $\nabla \times \boldsymbol{p}$ gerade null. Da ein elektrostatisches Feld betrachtet wird, muss auch $\nabla \times \boldsymbol{E} = 0$ gelten. Somit lässt sich die Kraft auch durch

$$\boldsymbol{F} = q\,\boldsymbol{E} + \nabla(\boldsymbol{p} \cdot \boldsymbol{E})$$

ausdrücken. Hieraus lässt sich erkennen, dass die Kraft auf einen Dipol durch ein skalares Potential der Form $-\boldsymbol{p} \cdot \boldsymbol{E}$ beschrieben werden kann.

(c) **(3 Punkte)** Zeigen Sie, dass das Drehmoment auf den Körper in erster Näherung durch

$$\boldsymbol{N} = \boldsymbol{p} \times \boldsymbol{E}(\boldsymbol{R})$$

gegeben ist.

Lösungsvorschlag:
Das Drehmoment durch eine einzelne Ladung ergibt sich durch das Kreuzprodukt des Verbindungsvektors zum Schwerpunkt und der auf die Ladung wirkenden Kraft. Das gesamte Drehmoment kann daher durch

$$\boldsymbol{N} = \sum_{\alpha}(\boldsymbol{r}_\alpha - \boldsymbol{R}) \times (q_\alpha \boldsymbol{E}(\boldsymbol{r}_\alpha))$$

ermittelt werden. Mit der radikalen Näherung $\boldsymbol{r}_\alpha \approx \boldsymbol{R}$ im elektrischen Feld kann so

$$\boldsymbol{N} \approx \sum_{\alpha}(\boldsymbol{r}_\alpha - \boldsymbol{R}) \times (q_\alpha \boldsymbol{E}(\boldsymbol{R})) = \left(\sum_{\alpha} q_\alpha(\boldsymbol{r}_\alpha - \boldsymbol{R})\right) \times \boldsymbol{E}(\boldsymbol{R})$$

gefunden werden. Der Term in Klammern ist das in Teilaufgabe (a) gefundene Dipolmoment, weshalb sich

$$\boldsymbol{N} = \boldsymbol{p} \times \boldsymbol{E}(\boldsymbol{R})$$

ergibt.

Im Rest der Aufgabe sollen die bisherigen Ergebnisse auf ein konkretes Problem angewendet werden. Betrachten Sie dazu einen unendlich dünnen und unendlich langen Draht, welcher die Linienladungsdichte λ aufweist.

(d) **(4 Punkte)** Bestimmen Sie das elektrische Feld E sowie das skalare Potential ϕ.

Lösungsvorschlag:
Um das elektrische Feld zu bestimmen, kann die Maxwell-Gleichung

$$\nabla \cdot E = \frac{\rho}{\varepsilon_0}$$

in ihrer integralen Form

$$\oiint_{\partial V} \mathrm{d}^2 f \cdot E = \iiint_V \mathrm{d}^3 r \, (\nabla \cdot E) = \frac{1}{\varepsilon_0} \iiint_V \mathrm{d}^3 r \, \rho(r) = \frac{Q_V}{\varepsilon_0}$$

verwendet werden. Es bietet sich an, als Integrationsvolumen einen Zylinder $\mathcal{Z}$, dessen Symmetrieachse mit dem Draht zusammenfällt, mit Radius r und Höhe h zu wählen. Da das Problem sowohl rotationssymmetrisch um wie auch translationssymmetrisch entlang der z-Achse ist, kann das elektrische Feld weder von φ noch von z abhängen. Damit ist das elektrische Feld aber auf den beiden Deckflächen gleich. Aufgrund der entgegengesetzten Normalenvektoren heben sich die beiden Beiträge also gegenseitig auf. Daher trägt nur die Mantelfläche zum Integral auf der linken Seite bei und es kann

$$\oiint_{\partial \mathcal{Z}} \mathrm{d}^2 f \cdot E = E_s(r) 2\pi r h$$

gefunden werden. Auf der rechten Seite kann mit der Ladungsdichte $\rho(r) = \lambda \delta(x)\,\delta(y)$ der Beitrag

$$Q_{\mathcal{Z}} = \iiint_{\mathcal{Z}} \mathrm{d}^3 r \, \rho(r) = \lambda \iiint_{\mathcal{Z}} \mathrm{d}^3 r \, \delta(x)\,\delta(y) = \lambda h$$

gefunden werden. Daher muss das elektrische Feld durch

$$E_s(s) = \frac{\lambda}{2\pi\varepsilon_0 s} \quad \Rightarrow \quad E(r) = \frac{\lambda}{2\pi\varepsilon_0 s} \hat{e}_s$$

gegeben sein. Zwischen dem elektrischen Feld und dem Potential ϕ muss der Zusammenhang

$$E = -\nabla\phi$$

bestehen, so dass sich ϕ durch

$$\phi(r) = - \int_\gamma \mathrm{d}r \cdot E$$

bestimmen lässt. Wird das Wegintegral an einem beliebigen Radius s_0 gestartet, kann so

$$\phi(r) = - \int_{s_0}^{s} \mathrm{d}s' \, \frac{\lambda}{2\pi\varepsilon_0 s'} = -\frac{\lambda}{2\pi\varepsilon_0} \ln\left(\frac{s}{s_0}\right)$$

gefunden werden. [1]

Nehmen Sie nun an, der Dipol sei anfänglich parallel zur xy-Ebene ausgerichtet und schließe mit der x-Achse den Winkel ψ ein. Er soll sich zu diesem Zeitpunkt um keine seiner eigenen Achsen drehen. Bei einer Drehung um eine beliebige Achse soll er aber das Trägheitsmoment Θ aufweisen.

(e) **(3 Punkte)** Argumentieren Sie, weshalb der Winkel ψ zur Beschreibung der Ausrichtung des Dipols im vorliegenden Anfangswertproblem genügt. Bestimmen Sie dann die Lagrange-Funktion

$$L = T_{\mathrm{trans}} + T_{\mathrm{rot}} - q\phi + \boldsymbol{p} \cdot \boldsymbol{E}$$

in Zylinderkoordinaten.

Lösungsvorschlag:
Nach den Erkenntnissen von Teilaufgabe (c) ist das Drehmoment durch

$$\boldsymbol{N} = \boldsymbol{p} \times \boldsymbol{E}$$

gegeben. Das elektrische Feld ist in Teilaufgabe (d) bestimmt worden und mit dem Winkel ψ lässt sich für die vorliegende Situation das Dipolmoment durch

$$\boldsymbol{p} = p \begin{pmatrix} \cos(\psi) \\ \sin(\psi) \\ 0 \end{pmatrix}$$

ausdrücken. Daher ist das Drehmoment durch

$$\boldsymbol{N} = \boldsymbol{p} \times \boldsymbol{E} = \frac{\lambda p}{2\pi\varepsilon_0 s} \begin{pmatrix} \cos(\psi) \\ \sin(\psi) \\ 0 \end{pmatrix} \times \begin{pmatrix} \cos(\varphi) \\ \sin(\varphi) \\ 0 \end{pmatrix} = \frac{\lambda p}{2\pi\varepsilon_0 s} \begin{pmatrix} 0 \\ 0 \\ \sin(\varphi - \psi) \end{pmatrix}$$

gegeben. Da es parallel zur z-Achse ist, wird die Drehung nur entlang dieser Achse stattfinden und der Dipol bleibt für die gesamte Bewegung parallel zur xy-Ebene. Daher reicht der Winkel ψ zur Beschreibung der Ausrichtung des Dipols aus. Der translative Teil der kinetischen Energie kann in Zylinderkoordinaten durch

$$T_{\mathrm{trans}} = \frac{1}{2} M (\dot{s}^2 + s^2 \dot{\varphi}^2 + \dot{z}^2)$$

bestimmt werden, während der rotative Anteil durch

$$T_{\mathrm{rot}} = \frac{1}{2} \Theta \dot{\psi}^2$$

---

[1] s_0 hat keinen Einfluss auf das elektrische Feld und stellt wegen des Logarithmengesetzes $\ln\left(\frac{x}{y}\right) = \ln(x) - \ln(y)$ nur eine additive Konstante im Potential dar. Es sorgt aber dafür, dass das Argument des Logarithmus dimensionslos ist, wie es für jede mathematische Funktion immer der Fall sein muss.

gegeben ist. Das elektrische Potential ϕ ist aus Teilaufgabe (d) mit

$$\phi = -\frac{\lambda}{2\pi\varepsilon_0} \ln\left(\frac{s}{s_0}\right)$$

bekannt. So bleibt nur noch der Term $\boldsymbol{p} \cdot \boldsymbol{E}$ mit

$$\boldsymbol{p} \cdot \boldsymbol{E} = \frac{\lambda p}{2\pi\varepsilon_0 s} \begin{pmatrix} \cos(\psi) \\ \sin(\psi) \\ 0 \end{pmatrix} \cdot \begin{pmatrix} \cos(\varphi) \\ \sin(\varphi) \\ 0 \end{pmatrix} = \frac{\lambda p}{2\pi\varepsilon_0 s} \cos(\psi - \varphi)$$

zu bestimmen. Damit ist die Lagrange-Funktion des vorliegenden Problems durch

$$L = T_{\text{trans}} + T_{\text{rot}} - q\phi + \boldsymbol{p} \cdot \boldsymbol{E}$$
$$= \frac{1}{2}M(\dot{s}^2 + s^2\dot{\varphi}^2 + \dot{z}^2) + \frac{1}{2}\Theta\dot{\psi}^2 + \frac{\lambda q}{2\pi\varepsilon_0}\ln\left(\frac{s}{s_0}\right) + \frac{\lambda p}{2\pi\varepsilon_0 s}\cos(\psi - \varphi)$$

gegeben.

(f) **(7 Punkte)** Bestimmen Sie die Bewegungsgleichungen aus der Lagrange-Funktion und zeigen Sie, dass diese mit Ihren Erkenntnissen bezüglich der Kraft und des Drehmoments auf den Dipol vereinbar sind.

Lösungsvorschlag:
Die Euler-Lagrange-Gleichungen sind durch

$$\frac{\mathrm{d}}{\mathrm{d}t}\frac{\partial L}{\partial \dot{q}_i} = \frac{\partial L}{\partial q_i}$$

gegeben. Werden Sie auf die Lagrange-Funktion aus Teilaufgabe (e) angewandt, so müssen zuerst die Ableitungen

$$\frac{\mathrm{d}}{\mathrm{d}t}\frac{\partial L}{\partial \dot{s}} = M\ddot{s} \qquad \frac{\partial L}{\partial s} = Ms\dot{\varphi}^2 + \frac{q\lambda}{2\pi\varepsilon_0 s} - \frac{\lambda p}{2\pi\varepsilon_0 s^2}\cos(\psi - \varphi)$$

$$\frac{\mathrm{d}}{\mathrm{d}t}\frac{\partial L}{\partial \dot{\varphi}} = \frac{\mathrm{d}}{\mathrm{d}t}(Ms^2\dot{\varphi}) \qquad \frac{\partial L}{\partial \varphi} = \frac{\lambda p}{2\pi\varepsilon_0 s}\sin(\psi - \varphi)$$

$$\frac{\mathrm{d}}{\mathrm{d}t}\frac{\partial L}{\partial \dot{z}} = M\ddot{z} \qquad \frac{\partial L}{\partial z} = 0$$

$$\frac{\mathrm{d}}{\mathrm{d}t}\frac{\partial L}{\partial \dot{\psi}} = \Theta\ddot{\psi} \qquad \frac{\partial L}{\partial \psi} = -\frac{\lambda p}{2\pi\varepsilon_0 s}\sin(\psi - \varphi)$$

bestimmt werden. Hiermit sind die Bewegungsgleichungen durch

$$M(\ddot{s} - s\dot{\varphi}^2) = \frac{q\lambda}{2\pi\varepsilon_0 s} - \frac{\lambda p}{2\pi\varepsilon_0 s^2}\cos(\psi - \varphi)$$

$$\frac{1}{s}\frac{\mathrm{d}}{\mathrm{d}t}(Ms^2\dot{\varphi}) = \frac{\lambda p}{2\pi\varepsilon_0 s^2}\sin(\psi - \varphi)$$

$$M\ddot{z} = 0$$

$$\Theta\ddot{\psi} = -\frac{\lambda p}{2\pi\varepsilon_0 s}\sin(\psi - \varphi)$$

gegeben. Die linke Seite der ersten drei Zeilen stellt jeweils die $\hat{e}_s$-, $\hat{e}_\varphi$- und $\hat{e}_z$-Komponente aus dem Produkt der Masse und der Beschleunigung $M\,\boldsymbol{a}$ dar. Daher muss die Kraft die Form

$$M\,\ddot{\boldsymbol{R}} = q\frac{\lambda}{2\pi\varepsilon_0 s}\,\hat{\boldsymbol{e}}_s + p\frac{\lambda}{2\pi\varepsilon_0 s^2}\left(\hat{\boldsymbol{e}}_\varphi \sin(\psi - \varphi) - \hat{\boldsymbol{e}}_s \cos(\psi - \varphi)\right)$$

aufweisen. Der erste Term entspricht hierbei offensichtlich dem Produkt aus der Ladung q und dem elektrischen Feld $\boldsymbol{E} = \frac{\lambda}{2\pi\varepsilon_0 s}\,\hat{\boldsymbol{e}}_s$ und ist daher mit dem ersten Beitrag zur Kraft $q\,\boldsymbol{E}(\boldsymbol{R})$ verträglich. Der zweite Term müsste demnach $\nabla(\boldsymbol{p}\cdot\boldsymbol{E})$ entsprechen. Dies soll nun geprüft werden. Zu diesem Zweck muss der Gradient von

$$\boldsymbol{p}\cdot\boldsymbol{E} = \frac{\lambda p}{2\pi\varepsilon_0 s}\cos(\psi - \varphi)$$

in Zylinderkoordinaten gebildet werden. Hierbei kann der Ausdruck

$$\nabla(\boldsymbol{p}\cdot\boldsymbol{E}) = \hat{\boldsymbol{e}}_s\frac{\partial}{\partial s}(\boldsymbol{p}\cdot\boldsymbol{E}) + \hat{\boldsymbol{e}}_\varphi\frac{1}{s}\frac{\partial}{\partial\varphi}(\boldsymbol{p}\cdot\boldsymbol{E})$$

$$= -\hat{\boldsymbol{e}}_s\frac{\lambda p}{2\pi\varepsilon_0 s^2}\cos(\psi - \varphi) + \hat{\boldsymbol{e}}_\varphi\frac{\lambda p}{2\pi\varepsilon_0 s}\sin(\psi - \varphi)$$

gefunden werden, der mit jenem in der Bewegungsgleichung übereinstimmt. Somit führt die vorliegende Lagrange-Funktion tatsächlich auf

$$\boldsymbol{F} = M\,\ddot{\boldsymbol{R}} = q\,\boldsymbol{E}(\boldsymbol{R}) + \nabla(\boldsymbol{p}\cdot\boldsymbol{E}).$$

Die vierte Bewegungsgleichung

$$\Theta\ddot{\psi} = -\frac{\lambda p}{2\pi\varepsilon_0 s}\sin(\psi - \varphi)$$

beschreibt die Änderung der z-Komponente des Drehimpulses und muss daher mit dem entsprechenden Drehmoment zusammenhängen. Der konkrete Ausdruck für das Drehmoment wurde bereits in Teilaufgabe (e) zu

$$\boldsymbol{N} = \hat{\boldsymbol{e}}_z\frac{\lambda p}{2\pi\varepsilon_0 s}\sin(\psi - \varphi) = -\hat{\boldsymbol{e}}_z\frac{\lambda p}{2\pi\varepsilon_0 s}\sin(\varphi - \psi)$$

bestimmt. Es stimmt mit dem gefundenen Drehmoment überein. Somit zeigt sich, dass die hier aufgestellte Lagrange-Funktion das Problem vollständig beschreibt. [2]

---

[2] Im Besonderen ist die potentielle Energie des Dipolmoments im elektrischen Feld $U = -\boldsymbol{p}\cdot\boldsymbol{E}$ ein wichtiger Bestandteil, der so auch in den Hamilton-Formalismus $H_{pE} = -\boldsymbol{p}\cdot\boldsymbol{E}$ übernommen werden kann und in der Quantenmechanik bspw. zur Beschreibung des Stark-Effekts eine Rolle spielt.

Aufgabe 4 25 *Punkte*

Potentiale gleichförmig bewegter Ladung

In dieser Aufgabe sollen die Potentiale von geradlinig, gleichförmig bewegten Ladungen auf zweierlei Weisen untersucht werden.

Im Rahmen der Untersuchung der Liénard-Wiechert-Potentiale können die Ausdrücke

$$\phi(\boldsymbol{r},t) = \frac{q}{4\pi\varepsilon_0}\left[\frac{1}{d - \boldsymbol{\beta}\cdot\boldsymbol{d}}\right]_{t_\mathrm{r}} \qquad \boldsymbol{A}(r,t) = \frac{\phi(r,t)}{c}\boldsymbol{\beta}(t_\mathrm{r})$$

für das elektrische Potential ϕ und das Vektorpotential $\boldsymbol{A}$ gefunden werden. Darin beschreiben $\boldsymbol{d}(t) = \boldsymbol{r} - \boldsymbol{r}_0(t)$, wobei $\boldsymbol{r}_0(t) = \boldsymbol{R}_0 + \boldsymbol{v}_0 t$ die Bahnkurve der Ladung ist, $\boldsymbol{\beta}(t) = \frac{\dot{\boldsymbol{r}}_0(t)}{c} = \frac{\boldsymbol{v}_0}{c}$ und t_r die retardierte Zeit, welche

$$c(t - t_\mathrm{r}) = d(t_\mathrm{r})$$

erfüllen muss.

(a) **(5 Punkte)** Verwenden Sie das Quadrat der Bedingung für die retardierte Zeit und die geradlinig-gleichförmige Bewegung, um zu zeigen, dass

$$t - t_\mathrm{r} = \frac{\gamma^2}{c}\left(\boldsymbol{d}(t)\cdot\boldsymbol{\beta} + \sqrt{(\boldsymbol{d}(t)\cdot\boldsymbol{\beta})^2 + \left(\frac{d(t)}{\gamma}\right)^2}\right)$$

gilt, wobei $\gamma^{-2} = 1 - \beta^2$ ist.

Lösungsvorschlag:
Das Quadrat der Bedingung für die retardierte Zeit ist durch

$$c^2(t - t_\mathrm{r})^2 = (d(t_\mathrm{r}))^2 = \boldsymbol{d}(t_\mathrm{r})\cdot\boldsymbol{d}(t_\mathrm{r})$$

gegeben. Da sich im speziellen Fall einer geradlinig, gleichförmig bewegten Ladung auch

$$\boldsymbol{d}(t_\mathrm{r}) = \boldsymbol{r} - \boldsymbol{R}_0 - \boldsymbol{v}_0\, t_\mathrm{r} = \boldsymbol{r} - \boldsymbol{R}_0 - \boldsymbol{v}_0\, t + \boldsymbol{v}_0\, t - \boldsymbol{v}_0\, t_\mathrm{r} = \boldsymbol{d}(t) + \boldsymbol{v}_0(t - t_\mathrm{r})$$

schreiben lässt, kann die Bedingung auf

$$c^2(t - t_\mathrm{r})^2 = \boldsymbol{d}^2 + \boldsymbol{v}_0^2(t - t_\mathrm{r})^2 + 2\boldsymbol{d}\cdot\boldsymbol{v}_0(t - t_\mathrm{r})$$

umgeformt werden. Hierin bezeichnet $\boldsymbol{d}$ den Abstandsvektor zum Zeitpunkt t, also $\boldsymbol{d}(t)$. Dieser Zusammenhang lässt sich durch die Einführung von

$$\gamma = \frac{1}{\sqrt{1 - \frac{v_0^2}{c^2}}}$$

weiter auf

$$(c^2 - v_0^2)(t - t_{\rm r})^2 - 2\boldsymbol{d} \cdot \boldsymbol{v}_0(t - t_{\rm r}) - d^2 = 0$$
$$(c(t - t_{\rm r}))^2\gamma^{-2} - 2\boldsymbol{d} \cdot \boldsymbol{\beta}(c(t - t_{\rm r})) - d^2 = 0$$
$$(c(t - t_{\rm r}))^2 - 2\gamma^2\boldsymbol{d} \cdot \boldsymbol{\beta}(c(t - t_{\rm r})) - \gamma^2 d^2 = 0$$

umformen. Dies kann mit Hilfe der pq-Formel gelöst werden, um so

$$c|t - t_{\rm r}| = \gamma^2\boldsymbol{d} \cdot \boldsymbol{\beta} \pm \sqrt{(\gamma^2\boldsymbol{d} \cdot \boldsymbol{\beta})^2 + \gamma^2 d^2}$$
$$= \gamma^2 \left(\boldsymbol{d} \cdot \boldsymbol{\beta} \pm \sqrt{(\boldsymbol{d} \cdot \boldsymbol{\beta})^2 + \gamma^{-2}d^2}\right)$$

zu finden. Da die Bedingung für die retardierte Zeit

$$c(t - t_{\rm r}) = d(t_{\rm r})$$

lautet, muss $t - t_{\rm r} \geq 0$ gelten, so dass schlussendlich

$$t - t_{\rm r} = \frac{\gamma^2}{c} \left(\boldsymbol{d} \cdot \boldsymbol{\beta} + \sqrt{(\boldsymbol{d} \cdot \boldsymbol{\beta})^2 + \left(\frac{d}{\gamma}\right)^2}\right)$$

gefunden werden kann.

(b) **(5 Punkte)** Zeigen Sie mit dem Ergebnis von Teilaufgabe (a), dass der Nenner des elektrischen Potentials die Form

$$d(t_{\rm r}) - \boldsymbol{\beta} \cdot \boldsymbol{d}(t_{\rm r}) = d(t)\sqrt{1 - \beta^2 \sin^2(\alpha)}$$

haben muss. Hierin beschreibt α den Winkel zwischen $\boldsymbol{d}(t)$ und $\boldsymbol{\beta}$.

Lösungsvorschlag:
Zunächst lässt sich der Nenner zu

$$d(t_{\rm r}) - \boldsymbol{\beta} \cdot \boldsymbol{d}(t_{\rm r}) = d(t_{\rm r}) - \boldsymbol{\beta} \cdot (\boldsymbol{d}(t) + \boldsymbol{v}_0 (t - t_{\rm r}))$$

umschreiben. Für $d(t_{\rm r})$ lässt sich gemäß der Bedingung für die retardierte Zeit $c(t-t_{\rm r})$ einsetzen, um den Ausdruck so weiter auf

$$d(t_{\rm r}) - \boldsymbol{\beta} \cdot \boldsymbol{d}(t_{\rm r}) = c(t - t_{\rm r}) - \boldsymbol{\beta} \cdot \boldsymbol{d} + \frac{v_0^2}{c}(t - t_{\rm r})$$
$$= c(t - t_{\rm r}) \left(1 - \frac{v_0^2}{c^2}\right) - \boldsymbol{\beta} \cdot \boldsymbol{d} = \gamma^{-2}c(t - t_{\rm r}) - \boldsymbol{\beta} \cdot \boldsymbol{d}$$

zu vereinfachen. Hierin kann das Ergebnis aus Teilaufgabe (a) eingesetzt werden, um

$$d(t_{\rm r}) - \boldsymbol{\beta} \cdot \boldsymbol{d}(t_{\rm r}) = \boldsymbol{d} \cdot \boldsymbol{\beta} + \sqrt{(\boldsymbol{d} \cdot \boldsymbol{\beta})^2 + \left(\frac{d}{\gamma}\right)^2} - \boldsymbol{\beta} \cdot \boldsymbol{d} = \sqrt{(\boldsymbol{d} \cdot \boldsymbol{\beta})^2 + \left(\frac{d}{\gamma}\right)^2}$$

zu erhalten. Wird nun mit α der Winkel zwischen $\boldsymbol{\beta}$ und $\boldsymbol{d}$ bezeichnet, so lässt sich der Radikand aufgrund von

$$\boldsymbol{d} \cdot \boldsymbol{\beta} = d\beta \cos(\alpha)$$

gemäß

$$(\boldsymbol{d} \cdot \boldsymbol{\beta})^2 + \left(\frac{d}{\gamma}\right)^2 = d^2\beta^2 \cos^2(\theta) + d^2(1 - \beta^2)$$
$$= d^2 - d^2\beta^2(1 - \cos^2(\alpha)) = d^2\left(1 - \beta^2 \sin^2(\alpha)\right)$$

ausdrücken. Somit kann der Nenner des elektrischen Potentials zu

$$d(t_{\mathrm{r}}) - \boldsymbol{\beta} \cdot \boldsymbol{d}(t_{\mathrm{r}}) = d(t)\sqrt{1 - \beta^2 \sin^2(\alpha)}$$

bestimmt werden.

(c) **(6 Punkte)** Betrachten Sie nun die spezielle Bahnkurve mit $\boldsymbol{R}_0 = \boldsymbol{0}$ und $\boldsymbol{v}_0 = v\hat{\boldsymbol{e}}_z$ und zeigen Sie so, dass

$$\phi(\boldsymbol{r}, t) = \frac{q}{4\pi\varepsilon_0} \frac{1}{\sqrt{r^2(1 - \beta^2 \sin^2(\theta)) - 2r\beta ct \cos(\theta) + \beta^2 c^2 t^2}}$$

gilt. Hierin ist θ der übliche Polarwinkel der Kugelkoordinaten. Wie lautet das Vektorpotential $\boldsymbol{A}$?

Lösungsvorschlag:
Um für die gegebene Bahnkurve den Nenner zu bestimmen, wird das Zwischenergebnis

$$d(t_{\mathrm{r}}) - \boldsymbol{\beta} \cdot \boldsymbol{d}(t_{\mathrm{r}}) = \sqrt{(\boldsymbol{d} \cdot \boldsymbol{\beta})^2 + \left(\frac{d}{\gamma}\right)^2}$$

aus Teilaufgabe (b) näher betrachtet. Die hierin auftretenden Ausdrücke können dank

$$\boldsymbol{d}(t) = \boldsymbol{r} - vt\,\hat{\boldsymbol{e}}_z$$

direkt zu

$$d^2 = \boldsymbol{d}^2 = r^2 + v^2 t^2 - (\boldsymbol{r} \cdot z)vt$$
$$= r^2 + v^2 t^2 - 2zvt = r^2 + \beta^2 c^2 t^2 - 2r\beta ct \cos(\theta)$$

und

$$\boldsymbol{\beta} \cdot \boldsymbol{d} = \frac{v}{c}\hat{\boldsymbol{e}}_z \cdot \boldsymbol{r} - \frac{v^2}{c}t = \beta r \cos(\theta) - \beta^2 ct$$

bestimmt werden. Eingesetzt in den Radikanden kann so

$$(\boldsymbol{d}\cdot\boldsymbol{\beta})^2 + \left(\frac{d}{\gamma}\right)^2 = (\beta r\cos(\theta) - \beta^2 ct)^2 + (1-\beta^2)(r^2 + \beta^2 c^2 t^2 - 2r\beta ct\cos(\theta))$$

$$= \beta^2 r^2\cos^2(\theta) + \beta^4 c^2 t^2 - 2\beta^3 ctr\cos(\theta) + r^2 + \beta^2 c^2 t^2$$
$$- 2r\beta ct\cos(\theta) - \beta^2 r^2 - \beta^4 c^2 t^2 + 2r\beta^3 ct\cos(\theta)$$
$$= \beta^2 r^2(\cos^2(\theta) - 1) + r^2 + \beta^2 c^2 t^2 - 2r\beta ct\cos(\theta)$$
$$= r^2(1 - \beta^2\sin^2(\theta)) - 2r\beta ct\cos(\theta) + \beta^2 c^2 t^2$$

ermittelt werden. Damit ist das elektrische Potential schlussendlich durch

$$\phi(\boldsymbol{r},t) = \frac{q}{4\pi\varepsilon_0}\,\frac{1}{\sqrt{r^2(1 - \beta^2\sin^2(\theta)) - 2r\beta ct\cos(\theta) + \beta^2 c^2 t^2}}$$

gegeben. Da das Vektorpotential mit

$$\boldsymbol{A} = \frac{\phi}{c}\boldsymbol{\beta}(t_{\mathrm{r}})$$

zu bestimmen ist und neben $\boldsymbol{\beta}(t_{\mathrm{r}}) = \beta\,\hat{\boldsymbol{e}}_z$ auch $\frac{1}{c^2} = \mu_0\varepsilon_0$ gilt, muss das Vektorpotential durch

$$\boldsymbol{A}(\boldsymbol{r},t) = \frac{\phi}{c^2}v\,\hat{\boldsymbol{e}}_z = \frac{\mu_0 q}{4\pi}\,\frac{v\,\hat{\boldsymbol{e}}_z}{\sqrt{r^2(1 - \beta^2\sin^2(\theta)) - 2r\beta ct\cos(\theta) + \beta^2 c^2 t^2}}$$

gegeben sein.

Alternative Lösung: Ausgehend von

$$d(t_{\mathrm{r}}) - \boldsymbol{\beta}\cdot\boldsymbol{d}(t_{\mathrm{r}}) = d(t)\sqrt{1 - \beta^2\sin^2(\alpha)} = \sqrt{d^2 - d^2\beta^2\sin^2(\alpha)}$$

kann wegen

$$|\boldsymbol{\beta}\times\boldsymbol{d}|^2 = \beta^2 d^2\sin^2(\alpha)$$

auch

$$d(t_{\mathrm{r}}) - \boldsymbol{\beta}\cdot\boldsymbol{d}(t_{\mathrm{r}}) = \sqrt{d^2 - |\boldsymbol{\beta}\times\boldsymbol{d}|^2}$$

geschrieben werden. Wird hierin $\boldsymbol{d} = \boldsymbol{r} - \boldsymbol{\beta}ct = \boldsymbol{r} - vt\,\hat{\boldsymbol{e}}_z$ eingesetzt, so ergibt sich ebenfalls der gesuchte Ausdruck, da

$$\boldsymbol{d}^2 = r^2 + \beta^2 c^2 t^2 - 2(\boldsymbol{r}\cdot\hat{\boldsymbol{e}}_z)\beta ct = r^2 + \beta^2 c^2 t^2 - 2r\beta ct\cos(\theta)$$

und

$$|\boldsymbol{\beta}\times(\boldsymbol{r} - \boldsymbol{\beta}ct)|^2 = |\boldsymbol{\beta}\times\boldsymbol{r}|^2 = \beta^2 r^2\sin^2(\theta)$$

gültig sind.

Im Rahmen der speziellen Relativitätstheorie lassen sich die Ergebnisse von Teilaufgabe (c) auch durch einen Wechsel zwischen Bezugssystemen ermitteln. Dazu soll ein Intertialsystem I' betrachtet werden, in welchem die Ladung am Ursprung ruht und somit der Zusammenhang

$$\phi'(\boldsymbol{r}', t') = \frac{q}{4\pi\varepsilon_0} \frac{1}{r'}$$

gültig ist.

(d) **(2 Punkte)** Wie muss die Transformationsvorschrift zu einem Inertialsystem I lauten, damit sich die Ladung in diesem mit v entlang der z-Achse bewegt? Welche Form hat dann die Rücktransformation?

Lösungsvorschlag:
Im System I' soll sich die Ladung stets an der Stelle $z' = 0$ befinden. Im System I soll sie sich stattdessen mit Geschwindigkeit v entlang der z-Achse bewegen. Das bedeutet, in I muss der Zusammenhang $z = vt$ gültig sein. Wird nur entlang der z-Achse transformiert, so sieht ein Lorentz-Boost die Form

$$ct = \gamma(ct' \pm \beta z') \qquad x = x' \qquad y = y' \qquad z = \gamma(z' \pm \beta ct')$$

vor, wobei $\beta = \frac{v}{c}$ ist. Mit $z' = 0$ kann so

$$ct = \gamma ct'$$

und damit

$$z = \pm\beta\gamma ct' = \pm\beta ct = \pm vt$$

gefunden werden. Damit zeigt sich, für die Transformation von I' zu I muss die Vorschrift

$$ct = \gamma(ct' + \beta z') \qquad x = x' \qquad y = y' \qquad z = \gamma(z' + \beta ct')$$

verwendet werden. Die Rücktransformation wird durch das Tauschen der gestrichenen mit den ungestrichenen Koordinaten und das Tauschen des Vorzeichens von β bestimmt. Sie ist daher durch

$$ct' = \gamma(ct - \beta z) \qquad x' = x \qquad y' = y \qquad z' = \gamma(z - \beta ct)$$

gegeben.

(e) **(7 Punkte)** Bestimmen Sie durch das Transformationsverhalten des Vierer-Potentials A^μ das Potential $\phi(\boldsymbol{r}, t)$ und $\boldsymbol{A}(\boldsymbol{r}, t)$. Zeigen Sie so, dass dies mit dem Ergebnis von Teilaufgabe (c) übereinstimmt.

Lösungsvorschlag:

Das Viererpotential $A^\mu = (\phi/c, \boldsymbol{A})$ transformiert sich wie ein Vierer-Vektor und daher ist es im ungestrichenen Koordinatensystem durch

$$
\begin{pmatrix} \phi/c \\ \boldsymbol{A} \end{pmatrix} = \begin{pmatrix} \gamma & 0 & 0 & \gamma\beta \\ 0 & 1 & 0 & 0 \\ 0 & 0 & 1 & 0 \\ \gamma\beta & 0 & 0 & \gamma \end{pmatrix} \begin{pmatrix} \phi'/c \\ \boldsymbol{A}' \end{pmatrix} = \begin{pmatrix} \gamma\left(\frac{\phi'}{c} - \beta A'_z\right) \\ A'_x \\ A'_y \\ \gamma\left(\beta\frac{\phi'}{c} + A'_z\right) \end{pmatrix}
$$

zu bestimmen. Da die Ladung im gestrichenen Inertialsystem in Ruhe ist, ist $\boldsymbol{A}' = \boldsymbol{0}$, so dass sich

$$
\phi = \gamma\phi'
$$

und

$$
\boldsymbol{A} = \gamma\beta\frac{\phi'}{c}\,\hat{\boldsymbol{e}}_z
$$

finden lassen. Allerdings ist ϕ' noch von $\boldsymbol{r}'$ und t' abhängig und muss entsprechend umgeschrieben werden. Da

$$
\phi'(\boldsymbol{r}', t') = \frac{q}{4\pi\varepsilon_0}\frac{1}{r'} = \frac{q}{4\pi\varepsilon_0}\frac{1}{\sqrt{x'^2 + y'^2 + z'^2}}
$$

gültig ist, kann mit der Transformation aus Teilaufgabe (d)

$$
\phi(\boldsymbol{r}, t) = \gamma\phi' = \frac{1}{\sqrt{1 - \beta^2}}\frac{q}{4\pi\varepsilon_0}\frac{1}{\sqrt{x^2 + y^2 + (\gamma(z - \beta ct))^2}}
$$

gefunden werden. Da weiterhin die Zusammenhänge

$$
1 - \beta^2 = \gamma^{-2} \qquad x^2 + y^2 = r^2 \sin^2(\theta) \qquad z = r\cos(\theta)
$$

gültig sind, lässt sich der so gefundene Ausdruck auf

$$
\phi(\boldsymbol{r}, t) = \frac{q}{4\pi\varepsilon_0}\frac{1}{\sqrt{r^2 \sin^2(\theta)(1 - \beta^2) + r^2 \cos^2(\theta) - 2\beta ctr\cos(\theta) + \beta^2 c^2 t^2}}
$$

$$
= \frac{q}{4\pi\varepsilon_0}\frac{1}{\sqrt{r^2(1 - \beta^2 \sin^2(\theta)) - 2r\beta ct\cos(\theta) + \beta^2 c^2 t^2}}
$$

umformen. Damit kann auch das Vektorpotential direkt zu

$$
\boldsymbol{A}(\boldsymbol{r}, t) = \frac{\mu_0 q}{4\pi}\frac{v\,\hat{\boldsymbol{e}}_z}{\sqrt{r^2(1 - \beta^2 \sin^2(\theta)) - 2r\beta ct\cos(\theta) + \beta^2 c^2 t^2}}
$$

bestimmt werden. Beide entsprechen den in Teilaufgabe (c) gefundenen Ergebnissen.

14 Klausur XIV – Elektrodynamik – Schwer

Im Kurzfragebogen dieser Klausur werden die Maxwell-Gleichungen der Elektrostatik in ihrer Potentialformulierung, die Impedanzen verschiedener elektrischer Bauteile, der Gradient eines Skalarprodukts zweier Vektorfelder, die magnetische Flussdichte eines Stromdurchflossenen Drahtes mit monomiell ansteigender Stromdichte und das Transformationsverhalten eines reinen Magnetfeldes bei Lorentz-Boost betrachtet. Aufgabe 2 beschäftigt sich mit der Bewegung von Ladungen in elektromagnetischen Feldern, um deren Eigenschaften zu vermessen. In Aufgabe 3 werden mit Hilfe des Gauß'schen Gesetzes das elektrische Feld und das elektrische Potential einer endlich dicken Kugelschale bestimmt. In Aufgabe 4 wird die Ausbreitung von elektromagnetischen Wellen in einem durch zwei parallele, perfekt leitende Platten begrenzten Raumbereich untersucht.

Überblick

14.1 Aufgaben zur Klausur XIV – Elektrodynamik – Schwer 563
    Aufgabe **1** - **Kurzfragen** 563
    Aufgabe **2** - **Bestimmung der spezifischen Ladung** 564
    Aufgabe **3** - **Elektrisches Feld einer Kugelschale** 566
    Aufgabe **4** - **Ebene Wellen zwischen leitenden Platten** 567
14.2 Hinweise zur Klausur XIV – Elektrodynamik – Schwer 569
14.3 Lösung zur Klausur XIV – Elektrodynamik – Schwer 573
    Aufgabe **1** - **Kurzfragen** 573
    Aufgabe **2** - **Bestimmung der spezifischen Ladung** 580
    Aufgabe **3** - **Elektrisches Feld einer Kugelschale** 584
    Aufgabe **4** - **Ebene Wellen zwischen leitenden Platten** 591

14.1 Aufgaben zur Klausur XIV – Elektrodynamik – Schwer

Aufgabe 1   **25 *Punkte***

Kurzfragen

Schlagwörter:
Maxwell-Gleichungen, Elektrische Bauteile, Vektoranalysis, Ampère'sches Gesetz, Relativistik

(a) (**5 Punkte**) Nennen Sie die Maxwell-Gleichungen der Elektrostatik und führen Sie das Skalarpotential $\phi(\boldsymbol{r})$ ein. Welche Differentialgleichung erfüllt dieses Skalarfeld? Wie lässt sich die Lösung ohne Randbedingungen in integraler Form darstellen?

(b) (**5 Punkte**) Um Wechselstromkreise einfacher beschreiben zu können, werden komplexwertige Widerstände mit dem Namen Impedanz $Z = r + ix$ eingeführt. Diese sind für Spannungs- und Stromverläufe der Form $U(t) = \hat{U}\,e^{i(\omega t + \varphi_\mathrm{u})}$ und $I(t) = \hat{I}\,e^{i(\omega t + \varphi_\mathrm{i})}$ an einem Bauteil durch $Z = \frac{U}{I}$ definiert. Bestimmen Sie die Impedanzen für einen Ohm'schen Widerstand R, einen Kondensatoren C und eine Spule L.

(c) (**5 Punkte**) Untersuchen Sie den Ausdruck

$$\boldsymbol{A} \times (\boldsymbol{\nabla} \times \boldsymbol{B}) + \boldsymbol{B} \times (\boldsymbol{\nabla} \times \boldsymbol{A}),$$

um $\boldsymbol{\nabla}(\boldsymbol{A}\cdot\boldsymbol{B})$ durch Ableitungen auf die einzelnen stetig differenzierbaren Vektorfelder $\boldsymbol{A}$ und $\boldsymbol{B}$ auszudrücken.

(d) (**5 Punkte**) Betrachten Sie die Stromverteilung

$$\boldsymbol{j}(\boldsymbol{r}) = j_0 \left(\frac{s}{R}\right)^n \Theta(R - s)\,\hat{\boldsymbol{e}}_z$$

mit konstantem j_0, R und n. Bestimmen Sie j_0 so, dass insgesamt die Stromstärke I durch die xy-Ebene fließt. Welche Bedingung müssen Sie hierzu an n stellen? Ermitteln Sie dann das Magnetfeld $\boldsymbol{B}(\boldsymbol{r})$ im gesamten Raum.

(e) (**5 Punkte**) Zeigen Sie anhand eines allgemeinen Lorentz-Boosts

$$(\Lambda^\mu{}_\alpha) = \begin{pmatrix} \gamma & -\gamma\,\boldsymbol{\beta}^T \\ -\gamma\,\boldsymbol{\beta} & \mathbb{1}_3 + \frac{\boldsymbol{\beta}\,\boldsymbol{\beta}^T}{\beta^2}(\gamma - 1) \end{pmatrix},$$

dass sich ein reines Magnetfeld gemäß

$$\boldsymbol{B}' = \boldsymbol{B}_\parallel + \gamma\boldsymbol{B}_\perp$$

transformiert.

Aufgabe 2   25 *Punkte*

Bestimmung der spezifischen Ladung

Schlagwörter:
Bewegung im elektromagnetischen Feld, Bewegungsgleichung, Elektrisches Feld, Magnetische Flussdichte, Lorentz-Kraft

In dieser Aufgabe sollen Methoden untersucht werden, um das Verhältnis der Ladung q eines Körpers zu dessen Masse m zu bestimmen. Dieses Verhältnis wird als spezifische Ladung bezeichnet und kann beispielsweise dazu verwendet werden, bei bekannter Elementarladung e die Elektronenmasse m_e zu bestimmen.

(a) **(5 Punkte)** Betrachten Sie zunächst ein Teilchen der Masse m und der Ladung q, welches sich durch ein homogenes elektrisches Feld der Form $\boldsymbol{E} = E\,\hat{\boldsymbol{e}}_y$ und ein homogenes magnetisches Feld $\boldsymbol{B} = B\,\hat{\boldsymbol{e}}_z$ mit initialer Geschwindigkeit $\boldsymbol{v}(0) = v\,\hat{\boldsymbol{e}}_x$ bewegt. Dabei sind E, B und v alle größer null. Bestimmen Sie die auf das Teilchen wirkende Kraft und ermitteln Sie eine Bedingung an die Geschwindigkeit des Teilchens, damit sich dieses geradlinig gleichförmig bewegt.

(b) **(4 Punkte)** Nehmen Sie nun an, das Teilchen verlässt das homogene elektrische Feld. Stellen Sie die Bewegungsgleichung auf und finden Sie den Radius der Kreisbahn des Teilchens. In welche Richtung krümmt sich dieser, wenn das Teilchen negativ geladen ist?

(c) **(2 Punkte)** Verwenden Sie die Ergebnisse der beiden vorherigen Teilaufgaben, um die spezifische Ladung des Teilchens zu bestimmen, wenn E und B eingestellt und R gemessen werden kann.

Nun soll eine zweite Möglichkeit zur Bestimmung der spezifischen Ladung untersucht werden. Dazu werden mehrere Teilchen mit einer Spannung U aus der Ruhe heraus parallel zur z-Achse auf nicht-relativistische Geschwindigkeiten beschleunigt. Ohne dass sich der Betrag der Geschwindigkeit ändert, werden sie danach unterschiedlich stark in der x-Richtung abgelenkt, so dass sich ein kleiner Winkel α zur z-Achse einstellt.

(d) **(4 Punkte)** Bestimmen Sie die Geschwindigkeit der Teilchen nach dem Durchlaufen der Spannung. Was für eine Bahn beschreiben die Teilchen? Was für ein Bild ergibt sich auf einem fluoreszierenden Schirm in Entfernung d?

(e) **(6 Punkte)** Nehmen Sie nun an, nach dem Ablenken durchqueren die Teilchen ein Magnetfeld parallel zur z-Achse. Welche Bahn beschreiben die Elektronen nun? Warum lässt sich die Bewegung parallel zur xy-Ebene durch die charakteristische Zeit

$$T = \frac{2\pi}{\frac{|q|}{m}B}$$

beschreiben? Welche Strecke s legen die Teilchen in dieser Zeit zurück? Welches Bild ergibt sich auf dem Schirm, wenn $d = s$ gilt?

(f) **(4 Punkte)** Verwenden Sie die Ergebnisse der vorherigen beiden Teilaufgaben, um die spezifische Ladung durch die Beschleunigungsspannung U, die Magnetfeldstärke B und den Abstand d auszudrücken.

Aufgabe 3   25 *Punkte*

Elektrisches Feld einer Kugelschale

Schlagwörter:
Gauß'sches Gesetz, Elektrostatik, Elektrisches Feld, Elektrisches Potential, Ladungsdichte

In dieser Aufgabe soll das elektrische Feld einer homogen geladenen Kugelschale mit innerem Radius r_i und äußerem Radius r_a bestimmt werden. Die Kugelschale soll dabei die Gesamtladung q besitzen.

(a) **(2 Punkte)** Wie lautet das Gauß'sche Gesetz in integraler Form? Verwenden Sie die Symmetrie des Problems, um den Zusammenhang

$$E_r(\boldsymbol{r}) = \frac{1}{4\pi\varepsilon_0}\frac{Q(r)}{r^2}$$

herzuleiten. Darin ist $Q(r)$ die von einer fiktiven Kugeloberfläche mit Radius r eingeschlossene Ladung.

(b) **(6 Punkte)** Bestimmen Sie die eingeschlossene Ladung $Q(r)$ für alle r aus $[0, \infty)$ und damit das elektrische Feld der Kugelschale.

(c) **(8 Punkte)** Wie lautet das elektrische Potential $\phi(\boldsymbol{r})$ der Kugelschale, wenn für $|\boldsymbol{r}| \to \infty$ das Potential verschwinden soll?

(d) **(2 Punkte)** Betrachten Sie nun den Grenzfall $r_a = r_i = R$. Was ergibt sich in diesem Fall für das elektrische Feld und das elektrische Potential? Welcher Ladungsverteilung entspricht dies?

(e) **(2 Punkte)** Welche Form nehmen das elektrische Feld und das elektrische Potential im Grenzfall $r_i = 0$ mit $r_a = R$ an? Welcher Art von Ladungsverteilung entspricht diese Situation?

(f) **(5 Punkte)** Skizzieren Sie für die beiden Grenzfälle aus (d) und (e) die Stärke des elektrischen Feldes und das Potential für den Fall, dass $q > 0$ gilt. Machen Sie in Ihrer Skizze den Radius der Kugel R kenntlich.

Aufgabe 4   **25 *Punkte***

Ebene Wellen zwischen leitenden Platten

Schlagwörter:
Maxwell-Gleichungen, Elektromagnetische Wellen, Felder in Materie, Wellenleiter, Stetigkeitsbedingungen

In dieser Aufgabe soll die Ausbreitung elektromagnetischer Wellen zwischen zwei unendlich weit ausgedehnten parallelen, leitenden Platten betrachtet werden. Die Platten sollen parallel zur zx-Ebene ausgerichtet sein und sich bei $y = 0$ und $y = a > 0$ befinden. Dazwischen befindet sich ein lineares Medium mit Permittivität ε und Permeabilität μ. Freie Ladungen und Ströme sollen zwischen den Platten nicht vorhanden sein.

(a) **(3 Punkte)** Nennen Sie die Maxwell-Gleichungen für die elektromagnetischen Felder zwischen den Platten sowie die Randbedingungen, wenn es sich um perfekt leitende Platten handelt, in denen zum Zeitpunkt $t = 0$ keine elektromagnetischen Felder vorliegen.

(b) **(5 Punkte)** Begründen Sie, weshalb für das vorliegende Problem der Ansatz

$$\boldsymbol{E}(x,y,z,t) = \boldsymbol{E}_0(y)\,\mathrm{e}^{\mathrm{i}(k_z z - \omega t)} \qquad \boldsymbol{B}(x,y,z,t) = \boldsymbol{B}_0(y)\,\mathrm{e}^{\mathrm{i}(k_z z - \omega t)}$$

gemacht werden kann und zeigen Sie damit, dass sowohl

$$\mathrm{i}\omega \boldsymbol{B}_0 = \boldsymbol{\nabla} \times \boldsymbol{E}_0 + \mathrm{i}k_z\,\hat{\boldsymbol{e}}_z \times \boldsymbol{E}_0 \qquad -\mathrm{i}\frac{\omega}{u^2}\boldsymbol{E}_0 = \boldsymbol{\nabla} \times \boldsymbol{B}_0 + \mathrm{i}k_z\,\hat{\boldsymbol{e}}_z \times \boldsymbol{B}_0 \quad (14.1)$$

als auch

$$\left(\frac{\partial^2}{\partial y^2} + \frac{\omega^2}{u^2} - k_z^2\right)E_{0z} = 0 \qquad \left(\frac{\partial^2}{\partial y^2} + \frac{\omega^2}{u^2} - k_z^2\right)B_{0z} = 0 \qquad (14.2)$$

mit der Ausbreitungsgeschwindigkeit u im Medium gültig sind.

(c) **(5 Punkte)** Zeigen Sie, dass aus den Ergebnissen (14.1) von Teilaufgabe (b) für TEM-Moden konstante Felder $\boldsymbol{E}_0$ und $\boldsymbol{B}_0$ folgen. Bestimmen Sie deren Orientierung im Raum und vergleichen Sie diese mit der Ausbreitung elektromagnetischer Wellen im freien Raum.

Für den Rest der Aufgabe sollen TE-Moden mit $E_{0z} = 0$ betrachtet werden.

(d) **(3 Punkte)** Lösen Sie die verbleibende Gleichung aus (14.2) und stellen Sie eine Dispersionsrelation zwischen ω und k_z auf. Welchen Wert darf ω für eine Ausbreitung der Welle nicht unterschreiten?

(e) **(6 Punkte)** Verwenden Sie (14.1) und die Randbedingungen, um die restlichen Komponenten von $\boldsymbol{E}_0$ und $\boldsymbol{B}_0$ zu bestimmen. Zeigen Sie so, dass die minimal mögliche Kreisfrequenz aller TE-Moden durch

$$\omega_{\mathrm{g}}^{\mathrm{TE}} = \frac{\pi}{a\sqrt{\mu\varepsilon}}$$

gegeben ist.

(f) **(3 Punkte)** Bestimmen Sie die Phasen- und Gruppengeschwindigkeit der einzelnen TE-Moden bei vorgegebener Kreisfrequenz ω.

14.2 Hinweise zur Klausur XIV – Elektrodynamik – Schwer

Aufgabe 1 - Kurzfragen

(a) Was gilt für die Rotation eines Gradienten? Wie lässt sich so zeigen, dass aus $\boldsymbol{E} = -\nabla\phi$ die Poisson-Gleichung $\Delta\phi = -\frac{\rho}{\varepsilon_0}$ folgt? Wie lautet die Green'sche Funktion des Laplace-Operators?

(b) Was passiert, wenn die Ableitungen der Spannung und des Stroms gebildet werden? Welche Zusammenhänge zwischen Spannungen und Stromstärken bestehen an Widerständen, Kondensatoren und Spulen?

(c) Was passiert wenn der zu untersuchende Ausdruck in Indexschreibweise dargestellt wird? Inwiefern ist die Relation

$$\epsilon_{ijk}\epsilon_{klm} = \delta_{il}\delta_{jm} - \delta_{im}\delta_{jl}$$

für das Levi-Civita-Symbol hilfreich? Wie sieht der Ausdruck $\nabla \cdot (\boldsymbol{A} \cdot \boldsymbol{B})$ in Indexschreibweise aus?

(d) Was passiert, wenn die Stromdichte über die xy-Ebene integriert wird? Wann kann durch die Größe $n + 2$ nicht dividiert werden? Wann kann in einen Ausdruck der Form s^{n+2} der Wert $s = 0$ eingesetzt werden? Wie kann das Ampère'sche Gesetz

$$\oint_{\partial\mathcal{F}} \mathrm{d}\boldsymbol{r} \cdot \boldsymbol{B} = \mu_0\, I_{\mathcal{F}}$$

helfen? Welche Symmetrien liegen in diesem Problem vor und welche Abhängigkeiten kann $\boldsymbol{B}$ daher aufweisen?

(e) Durch welchen Tensor wird das Magnetfeld beschrieben? Wie transformiert sich ein Tensor zweiter Stufe unter Lorentz-Transformation? Wie lässt sich zeigen, dass die nötige Transformationsmatrix durch das angegebene Λ mittels $(\Lambda^{-1})^T$ ausgedrückt werden kann? Wieso sind nur die unteren rechten Matrixblöcke von Bedeutung? Führen Sie die Größe $B_{ij} = \epsilon_{ijk}B_k$ zur Beschreibung des Magnetfeldes ein. Sie sollten im Transformationsverhalten dann

$$B'_{i'j'} = \epsilon_{i'j'k}\left[\boldsymbol{B} - \boldsymbol{n} \times (\boldsymbol{n} \times \boldsymbol{B})(\gamma - 1)\right]_k$$

erhalten, wobei $n_i = \frac{\beta_i}{\beta}$ ist. Wie lassen sich hierin parallel und senkrechte Anteile zum Boost identifizieren?

Aufgabe 2 - Bestimmung der spezifischen Ladung

(a) Wie ist die Lorentz-Kraft definiert?

(b) Wie sieht die Zentripetalkraft im vorliegenden Fall aus?

(c) Sie sollten in Teilaufgabe (a) $v = \frac{E}{B}$ und in Teilaufgabe (b) $R = \frac{mv}{|q|B}$ gefunden haben.

(d) Wieso ist die Energie nach dem Beschleunigungsprozess durch $E_U = |q|U$ gegeben. Wirken nach der Beschleunigung noch Kräfte auf die Teilchen?

(e) Wie lautet die Lorentz-Kraft im vorliegenden Fall? Was passiert, wenn die Geschwindigkeit in einen parallelen und senkrechten Anteil zum Magnetfeld aufgespalten wird? Sie sollten das Ergebnis

$$s \approx \frac{2\pi v}{\frac{|q|}{m} B}$$

erhalten.

(f) Sie sollten in Teilaufgabe (d) den Zusammenhang

$$v = \sqrt{\frac{2}{m} |q| U}$$

gefunden haben.

Aufgabe 3 - Elektrisches Feld einer Kugelschale

(a) Wie lässt sich aus dem Gauß'schen Gesetz in differentieller Form

$$\nabla \cdot \boldsymbol{E} = \frac{\rho}{\varepsilon_0}$$

und dem Gauß'schen Satz

$$\iiint_V \mathrm{d}^3 r \, \nabla \cdot \boldsymbol{A} = \oiint_{\partial V} \mathrm{d}\boldsymbol{f} \cdot \boldsymbol{A}$$

für ein Vektorfeld $\boldsymbol{A}$ ein Zusammenhang zwischen der von einer Oberfläche eingeschlossenen Ladung und dem Integral des elektrischen Feldes über diese Oberfläche herstellen? Welche Symmetrien besitzt die vorliegende Ladungsverteilung? Wie übertragen sich diese auf das elektrische Feld?

(b) Wieso lässt sich die Ladungsdichte durch

$$\rho(\boldsymbol{r}) = \rho_0 \Theta(r - r_\mathrm{i}) \, \Theta(r_\mathrm{a} - r)$$

ausdrücken? Welchen Wert muss ρ_0 annehmen? Sie sollten den Zusammenhang

$$E(r) = \frac{1}{4\pi\varepsilon_0} \frac{q}{r^2} \begin{cases} 0 & r < r_\mathrm{i} \\ \frac{r^3 - r_\mathrm{i}^3}{r_\mathrm{a}^3 - r_\mathrm{i}^3} & r_\mathrm{i} < r < r_\mathrm{a} \\ 1 & r_\mathrm{a} < r \end{cases}$$

erhalten.

(c) Wie ist das elektrische Potential allgemein aus dem elektrischen Feld zu berechnen? Welcher Weg bietet sich für das vorliegende Problem als Integrationspfad an? Für den mittleren Bereich mit $r_\mathrm{i} < r < r_\mathrm{a}$ sollten Sie den Ausdruck

$$\phi_{r_\mathrm{i}<r<r_\mathrm{a}}(r) = \frac{q}{4\pi\varepsilon_0}\left(\frac{1}{r_\mathrm{a}} - \frac{1}{r_\mathrm{a}^3 - r_\mathrm{i}^3}\left(\frac{1}{2}(r^2 - r_\mathrm{a}^2) + \frac{r_\mathrm{i}^3}{r} - \frac{r_\mathrm{i}^3}{r_\mathrm{a}}\right)\right)$$

erhalten.

(d) Werden alle drei Raumbereiche aus Teilaufgabe (c) bestehen bleiben? Was passiert, wenn im elektrischen Feld $r_\mathrm{i} = r_\mathrm{a} = R$ eingesetzt wird? Was passiert beim elektrischen Potential? Ist die Regel von L'Hospital

$$\lim_{x\to x_0} \frac{f(x)}{g(x)} = \lim_{x\to x_0} \frac{f'(x)}{g'(x)}$$

für $f(x_0) = g(x_0) = 0$ hilfreich?

(e) Werden alle drei Raumbereiche aus Teilaufgabe (c) bestehen bleiben? Was passiert, wenn $r_\mathrm{i} = 0$ und $r_\mathrm{a} = R$ in das elektrische Feld bzw. das elektrische Potential einfach eingesetzt werden?

(f) Machen Sie sich Gedanken darüber, welche Funktionsverläufe das elektrische Feld und das Potential jeweils für $r < R$ und $r > R$ aufweisen. Welche Werte nehmen die Größen jeweils für $r = 0$ und $r = R$ an?

Aufgabe 4 - Ebene Wellen zwischen leitenden Platten

(a) Wie lauten die Maxwell-Gleichungen in Materie

$$\nabla \cdot \boldsymbol{D} = \rho_\mathrm{f} \qquad \nabla \times \boldsymbol{H} = \boldsymbol{j}_\mathrm{f} + \frac{\partial \boldsymbol{D}}{\partial t}$$

$$\nabla \cdot \boldsymbol{B} = 0 \qquad \nabla \times \boldsymbol{E} = -\frac{\partial \boldsymbol{B}}{\partial t},$$

wenn es weder freie Ladungen noch freie Ströme gibt? Wie hängen die Flussdichten $\boldsymbol{D}$ und $\boldsymbol{B}$ mit den Feldstärken $\boldsymbol{E}$ und $\boldsymbol{H}$ zusammen? Welche Komponenten sind unabhängig von Oberflächenladungen und Oberflächenströmen erhalten?

(b) Welche Symmetrien liegen in diesem Problem vor? Wieso kann die Achse der Ausbreitung in der zx-Ebene frei gewählt werden? Ändert sich die physikalische Situation bei Verschiebungen entlang der x-Achse? Wie hilft beim Einsetzen des Ansatzes die Produktregel

$$\nabla \times (\psi \boldsymbol{V}) = \psi(\nabla \times \boldsymbol{V}) - \boldsymbol{V} \times \nabla\psi$$

weiter? Wie lassen sich aus den Maxwell-Gleichungen die Wellengleichungen

$$\left(\frac{1}{u^2}\frac{\partial^2}{\partial t^2} - \Delta\right)\boldsymbol{E} = 0 \qquad \left(\frac{1}{u^2}\frac{\partial^2}{\partial t^2} - \Delta\right)\boldsymbol{B} = 0$$

herleiten? Was passiert, wenn hierin der Ansatz aus der Aufgabe eingesetzt wird?

(c) Wie lässt sich durch die Rotation und die Divergenz der Felder zeigen, dass es sich bei einer TEM-Welle bei den x- und y-Komponenten um Konstanten handeln muss? Welche dieser Konstanten müssen aufgrund der Randbedingungen null sein? Erlauben die Maxwell-Gleichungen und die Randbedingungen, dass die anderen Konstanten von null verschieden sind?

(d) Wie lässt sich die verbleibende Differentialgleichung auf

$$B_{0z}'' = -k_y^2 B_{0z}$$

umformen? Wie lautet die allgemeine Lösung dieser Gleichung? Welche Bedingung muss k_z^2 erfüllen, damit sich die Welle ungedämpft entlang der z-Achse ausbreiten kann?

(e) Wie lassen sich die Gleichungen (14.1) verwenden, um im Fall $k_y \neq 0$ zu zeigen, dass E_{0y} und B_{0x} beide verschwinden? Wie lässt sich zeigen, dass sowohl E_{0x} als auch B_{0x} proportional zu $\frac{\partial B_{0z}}{\partial y}$ sind?

(f) Welche Phasengeschwindigkeit $v_{\text{ph}} = \frac{\omega}{k_z}$ und welche Gruppengeschwindigkeit $v_{\text{gr}} = \frac{\mathrm{d}\omega}{\mathrm{d}k_z}$ ergeben sich für die Dispersionsrelation

$$\omega = u\sqrt{k_z^2 + \frac{n^2\pi^2}{a^2}}$$

der TE-Moden?

14.3 Lösung zur Klausur XIV – Elektrodynamik – Schwer

Aufgabe 1   **25 *Punkte***

Kurzfragen

(a) **(5 Punkte)** Nennen Sie die Maxwell-Gleichungen der Elektrostatik und führen Sie das Skalarpotential $\phi(\boldsymbol{r})$ ein. Welche Differentialgleichung erfüllt dieses Skalarfeld? Wie lässt sich die Lösung ohne Randbedingungen in integraler Form darstellen?

Lösungsvorschlag:
Die Maxwell-Gleichungen der Elektrostatik sind durch

$$\boldsymbol{\nabla} \cdot \boldsymbol{E} = \frac{\rho}{\varepsilon_0} \qquad \boldsymbol{\nabla} \times \boldsymbol{E} = \boldsymbol{0}$$

gegeben. Da die Rotation des elektrischen Feldes verschwindet, kann es aufgrund

$$\boldsymbol{\nabla} \times (\boldsymbol{\nabla}\phi) = 0$$

durch ein zweimal stetig differenzierbares Skalarpotential ϕ in der Form

$$\boldsymbol{E} = -\boldsymbol{\nabla}\phi$$

dargestellt werden. Die Divergenzgleichung kann so auf

$$\boldsymbol{\nabla} \cdot \boldsymbol{E} = \boldsymbol{\nabla} \cdot (-\boldsymbol{\nabla}\phi) = -\Delta\phi = \frac{\rho}{\varepsilon_0}$$

umgeformt werden. Das Skalarpotential muss demnach die Poisson-Gleichung

$$\Delta\phi = -\frac{\rho}{\varepsilon_0}$$

erfüllen. Da die Green'sche Funktion des Laplace-Operators ohne Randbedingungen durch

$$G_\Delta(\boldsymbol{r}, \boldsymbol{r}') = -\frac{1}{4\pi}\frac{1}{|\boldsymbol{r} - \boldsymbol{r}'|}$$

gegeben ist, kann die allgemeine Lösung durch

$$\phi(\boldsymbol{r}) = -\frac{1}{4\pi\varepsilon_0} \iiint_{\mathbb{R}^3} \mathrm{d}^3 r' \, G_\Delta(\boldsymbol{r}, \boldsymbol{r}')\rho(\boldsymbol{r}') = \frac{1}{4\pi\varepsilon_0} \iiint_{\mathbb{R}^3} \mathrm{d}^3 r' \, \frac{\rho(\boldsymbol{r}')}{|\boldsymbol{r} - \boldsymbol{r}'|}$$

ausgedrückt werden.

(b) **(5 Punkte)** Um Wechselstromkreise einfacher beschreiben zu können, werden komplexwertige Widerstände mit dem Namen Impedanz $Z = r + \mathrm{i}x$ eingeführt. Diese sind für Spannungs- und Stromverläufe der Form $U(t) = \hat{U}\,\mathrm{e}^{\mathrm{i}(\omega t + \varphi_\mathrm{u})}$ und $I(t) = \hat{I}\,\mathrm{e}^{\mathrm{i}(\omega t + \varphi_\mathrm{i})}$ an einem Bauteil durch $Z = \frac{U}{I}$ definiert. Bestimmen Sie die Impedanzen für einen Ohm'schen Widerstand R, einen Kondensatoren C und eine Spule L.

Lösungsvorschlag:
Für einen Widerstand ist das Ohm'sche Gesetz $U = RI$ gültig, weshalb sich auch bei Wechselspannung die Impedanz

$$Z_R = \frac{U}{I} = R$$

bestimmen lässt.
An einem Kondensator ist die Spannung mit der Ladung durch

$$Q = CU$$

verknüpft. Da die Änderung der Ladung gerade der Stromstärke entspricht, kann auch der Zusammenhang

$$I = \dot{Q} = C\dot{U}$$

gefunden werden. Mit der speziellen Form der Wechselspannung $U(t) = \hat{U}\,e^{i(\omega t + \varphi_u)}$ kann deren Ableitung zu

$$\dot{U} = i\omega\hat{U}\,e^{i(\omega t + \varphi_u)} = i\omega U(t)$$

bestimmt werden, so dass weiter der Zusammenhang

$$I = i\omega CU$$

gilt. Demnach muss für die Impedanz am Kondensator

$$Z_C = \frac{U}{I} = \frac{U}{i\omega CU} = \frac{1}{i\omega C} = -i\frac{1}{\omega C}$$

gelten.
An einer Spule sind die Änderung der Stromstärke und die Spannung über

$$U = L\dot{I}$$

verknüpft. Mit dem vorliegenden Ansatz kann für die Ableitung der Stromstärke

$$\dot{I} = i\omega\hat{I}\,e^{i(\omega t + \varphi_i)} = i\omega I(t)$$

gefunden werden. Damit kann dann

$$U = i\omega LI$$

bestimmt werden, woraus sich eine Impedanz der Form

$$Z_L = \frac{U}{I} = \frac{i\omega LI}{I} = i\omega L$$

ergibt.

(c) **(5 Punkte)** Untersuchen Sie den Ausdruck

$$\boldsymbol{A} \times (\boldsymbol{\nabla} \times \boldsymbol{B}) + \boldsymbol{B} \times (\boldsymbol{\nabla} \times \boldsymbol{A}),$$

um $\boldsymbol{\nabla}(\boldsymbol{A} \cdot \boldsymbol{B})$ durch Ableitungen auf die einzelnen stetig differenzierbaren Vektorfelder $\boldsymbol{A}$ und $\boldsymbol{B}$ auszudrücken.

Lösungsvorschlag:
Der zu untersuchende Ausdruck kann mit Hilfe der Indexschreibweise in die Form

$$\boldsymbol{A} \times (\boldsymbol{\nabla} \times \boldsymbol{B}) + \boldsymbol{B} \times (\boldsymbol{\nabla} \times \boldsymbol{A}) = \hat{\boldsymbol{e}}_i \epsilon_{ijk} \left(A_j (\boldsymbol{\nabla} \times \boldsymbol{B})_k + B_j (\boldsymbol{\nabla} \times \boldsymbol{A}) \right)$$
$$= \hat{\boldsymbol{e}}_i \epsilon_{ijk} \epsilon_{klm} \left(A_j \partial_l B_m + B_j \partial_l A_m \right)$$

gebracht werden. Mit der Identität

$$\epsilon_{ijk} \epsilon_{klm} = \epsilon_{kij} \epsilon_{klm} = \delta_{il} \delta_{jm} - \delta_{im} \delta_{jl}$$

für das Levi-Civita-Symbol kann der vorliegende Ausdruck weiter auf

$$\hat{\boldsymbol{e}}_i \epsilon_{ijk} \epsilon_{klm} \left(A_j \partial_l B_m + B_j \partial_l A_m \right) = \hat{\boldsymbol{e}}_i (\delta_{il} \delta_{jm} - \delta_{im} \delta_{jl}) \left(A_j \partial_l B_m + B_j \partial_l A_m \right)$$
$$= \hat{\boldsymbol{e}}_i \left(A_j \partial_i B_j + B_j \partial_i A_j - A_j \partial_j B_i - B_j \partial_j A_i \right)$$

umgeformt werden. Die Kombinationen der Art $C_j \partial_j$ können durch $\boldsymbol{C} \cdot \boldsymbol{\nabla}$ ersetzt werden. Auf diese Weise lässt sich der vorliegende Ausdruck weiter auf

$$\hat{\boldsymbol{e}}_i \epsilon_{ijk} \epsilon_{klm} \left(A_j \partial_l B_m + B_j \partial_l A_m \right) = \hat{\boldsymbol{e}}_i \left(A_j \partial_i B_j + B_j \partial_i A_j - (\boldsymbol{A} \cdot \boldsymbol{\nabla}) B_i - (\boldsymbol{B} \cdot \boldsymbol{\nabla}) A_i \right)$$

umformen. Die Kombination

$$A_j \partial_i B_j + B_j \partial_i A_j$$

kann dann mit einer Produktregel rückwärts durch $\partial_i (A_j B_j) = \partial_i (\boldsymbol{A} \cdot \boldsymbol{B})$ ersetzt werden. Auf diese Weise wird schlussendlich der Zusammenhang

$$\boldsymbol{A} \times (\boldsymbol{\nabla} \times \boldsymbol{B}) + \boldsymbol{B} \times (\boldsymbol{\nabla} \times \boldsymbol{A}) = \hat{\boldsymbol{e}}_i \partial_i (\boldsymbol{A} \cdot \boldsymbol{B}) - (\boldsymbol{A} \cdot \boldsymbol{\nabla}) B_i \hat{\boldsymbol{e}}_i - (\boldsymbol{B} \cdot \boldsymbol{\nabla}) A_i \hat{\boldsymbol{e}}_i$$
$$= \boldsymbol{\nabla}(\boldsymbol{A} \cdot \boldsymbol{B}) - (\boldsymbol{A} \cdot \boldsymbol{\nabla}) \boldsymbol{B} - (\boldsymbol{B} \cdot \boldsymbol{\nabla}) \boldsymbol{A}$$

gefunden. Damit ist der Gradient eines Skalarprodukts auch durch

$$\boldsymbol{\nabla}(\boldsymbol{A} \cdot \boldsymbol{B}) = \boldsymbol{A} \times (\boldsymbol{\nabla} \times \boldsymbol{B}) + \boldsymbol{B} \times (\boldsymbol{\nabla} \times \boldsymbol{A}) + (\boldsymbol{A} \cdot \boldsymbol{\nabla}) \boldsymbol{B} + (\boldsymbol{B} \cdot \boldsymbol{\nabla}) \boldsymbol{A}$$

gegeben.

(d) **(5 Punkte)** Betrachten Sie die Stromverteilung

$$\boldsymbol{j}(\boldsymbol{r}) = j_0 \left(\frac{s}{R} \right)^n \Theta(R - s)\, \hat{\boldsymbol{e}}_z$$

mit konstantem j_0, R und n. Bestimmen Sie j_0 so, dass insgesamt die Stromstärke I durch die xy-Ebene fließt. Welche Bedingung müssen Sie hierzu an n stellen? Ermitteln Sie dann das Magnetfeld $\boldsymbol{B}(\boldsymbol{r})$ im gesamten Raum.

Lösungsvorschlag:
Die Stromstärke durch die xy-Ebene kann durch das integral

$$I = \iint_{\mathbb{R}^2} \mathrm{d}x\,\mathrm{d}y\; j_z(x,y) = \frac{j_0}{R^n} \int_0^{2\pi} \mathrm{d}\varphi \int_0^\infty \mathrm{d}s\; s\, s^n \Theta(R-s)$$

$$= 2\pi \frac{j_0}{R^n} \int_0^R \mathrm{d}s\; s^{n+1} = 2\pi \frac{j_0}{R^n} \left[\frac{s^{n+2}}{n+2}\right]_0^R = \frac{2}{2+n} \pi R^2 j_0$$

bestimmt werden. Die letzten beiden Umformungen sind dabei nur möglich, falls $n > -2$ gilt. Im Fall $n = -2$ wäre die Stammfunktion ein Logarithmus und würde für $s = 0$ divergieren, und im Fall $n > -2$ wäre die Stammfunktion von der Form $\frac{1}{s^{2-n}} = \frac{1}{s^m}$ mit $m > 0$ und daher auch bei $s = 0$ divergent. Aus dem vorliegenden Ergebnis lässt sich daher

$$j_0 = \frac{I}{\pi R^2} \frac{2+n}{2}$$

bestimmen. Um nun das Magnetfeld im gesamten Raum zu bestimmen, kann das Ampère'sche Gesetz

$$\oint_{\partial \mathcal{F}} \mathrm{d}\boldsymbol{r} \cdot \boldsymbol{B} = \mu_0 \, I_{\mathcal{F}}$$

verwendet werden. Aufgrund der vorliegenden Translationsinvarianz an und Rotationssymmetrie um die z-Achse kann das Magnetfeld nur von s abhängen. Als Integrationsfläche bietet sich ein Kreis $\mathcal{K}$ in der xy-Ebene mit Radius r und dem Ursprung als Mittelpunkt an. Auf der linken Seite kann so der Ausdruck

$$\oint_{\partial \mathcal{K}} \mathrm{d}\boldsymbol{r} \cdot \boldsymbol{B} = 2\pi r B_\varphi(r)$$

gewonnen werden. Auf der rechten Seite muss der eingeschlossene Strom

$$I_{\mathcal{K}} = \oint_{\mathcal{K}} \mathrm{d}^2\boldsymbol{f} \cdot \boldsymbol{j} = \frac{j_0}{R^n} \int_0^{2\pi} \mathrm{d}\varphi \int_0^r \mathrm{d}s\; s\, s^n \Theta(R-s)$$

$$= 2\pi \frac{j_0}{R^n} \int_0^r \mathrm{d}s\; s^{n+1} \Theta(R-s)$$

bestimmt werden. Das verbleibende Integral hängt davon ab, ob r kleiner oder größer als R ist. Ist r kleiner als R, so wird das Integral einfach bis r ausgeführt. Ist hingegen

r größer als R, wird die obere Grenze durch die Theta-Funktion auf R herabgesetzt. Auf diese Weise lässt sich das Integral durch

$$
\int_0^r \mathrm{d}s\, s^{n+1}\Theta(R-s) = \left(\Theta(R-r) \int_0^r \mathrm{d}s\, s^{n+1} + \Theta(r-R) \int_0^R \mathrm{d}s\, s^{n+1} \right)
$$

$$
= \left(\Theta(R-r)\frac{r^{n+2}}{n+2} + \Theta(r-R)\frac{R^{n+2}}{n+2} \right)
$$

$$
= \frac{R^{n+2}}{n+2}\left(\Theta(r-R) + \Theta(R-r)\left(\frac{r}{R}\right)^{n+2} \right)
$$

bestimmen. Der eingeschlossene Strom ist damit durch

$$
I_K = \frac{2}{n+2}\pi R^2 j_0 \left(\Theta(r-R) + \Theta(R-r)\left(\frac{r}{R}\right)^{n+2} \right)
$$

$$
= I \left(\Theta(r-R) + \Theta(R-r)\left(\frac{r}{R}\right)^{n+2} \right)
$$

gegeben. Aus dem Ampère'schen Gesetz kann somit der Zusammenhang

$$
B_\varphi(r) = \frac{\mu_0 I}{2\pi r}\left(\Theta(r-R) + \Theta(R-r)\left(\frac{r}{R}\right)^{n+2} \right)
$$

und schließlich das Magnetfeld im gesamten Raum

$$
\boldsymbol{B}(\boldsymbol{r}) = \hat{\boldsymbol{e}}_\varphi \frac{\mu_0 I}{2\pi s}\left(\Theta(s-R) + \Theta(R-s)\left(\frac{s}{R}\right)^{n+2} \right)
$$

hergeleitet werden. Für $s > R$ fällt das Magnetfeld also wie erwartet mit $\frac{1}{s}$ ab, während es für $s < R$ mit s^{n+1} ansteigt.

(e) **(5 Punkte)** Zeigen Sie anhand eines allgemeinen Lorentz-Boosts

$$
(\Lambda^\mu{}_\alpha) = \begin{pmatrix} \gamma & -\gamma\boldsymbol{\beta}^T \\ -\gamma\boldsymbol{\beta} & \mathbb{1}_3 + \frac{\boldsymbol{\beta}\boldsymbol{\beta}^T}{\beta^2}(\gamma-1) \end{pmatrix},
$$

dass sich ein reines Magnetfeld gemäß

$$
\boldsymbol{B}' = \boldsymbol{B}_\parallel + \gamma\boldsymbol{B}_\perp
$$

transformiert.

Lösungsvorschlag:
Das Magnetfeld ist in der relativistischen Formulierung ein Teil des Feldstärketensors $F_{\mu\nu}$. Bei einer Transformation muss für jeden Index eine Transformationsmatrix auftreten, so dass

$$
F'_{\mu\nu} = \Lambda_\mu{}^\alpha \Lambda_\nu{}^\beta F_{\alpha\beta}
$$

gilt. Die hier auftretende Indizierung von Λ unterscheidet sich von der angegebenen Standardform $\Lambda^{\mu}{}_{\alpha}$. Um diese zurück zu erhalten muss eine zweifache Kontraktion mit der Metrik gemäß

$$\Lambda_{\mu}{}^{\alpha} = \eta_{\mu\mu'} \Lambda^{\mu'}{}_{\alpha'} \eta^{\alpha'\alpha}$$

erfolgen. Da die Metrik ihr eigenes Inverses ist, kann die hier vorliegende Kontraktion auch durch

$$\Lambda_{\mu}{}^{\alpha} = (\eta\Lambda\eta^{-1})_{\mu}{}^{\alpha}$$

beschrieben werden. Da die Transformationsmatrix aber die Bestimmungsgleichung $\Lambda^{T}\eta\Lambda = \eta$ erfüllen muss, muss auch

$$\eta\Lambda\eta^{-1} = (\Lambda^{T})^{-1}$$

gelten. Nun können Transposition und Invertierung vertauscht werden, um so die nötige Transformationsmatrix

$$\eta\Lambda\eta^{-1} = (\Lambda^{-1})^{T}$$

zu finden. Die Transformation eines Lorentz-Boosts ist symmetrisch und kann invertiert werden, indem $\boldsymbol{\beta}$ auf $-_{\text{„}}\boldsymbol{\beta}$ gesetzt wird. In Matrix-Schreibweise ist also

$$(\Lambda_{\mu}{}^{\alpha}) = \begin{pmatrix} \gamma & \gamma\boldsymbol{\beta}^{T} \\ \gamma\boldsymbol{\beta} & \mathbb{1}_{3} + \frac{\boldsymbol{\beta}\boldsymbol{\beta}^{T}}{\beta^{2}}(\gamma - 1) \end{pmatrix}$$

zu verwenden. Der vorliegende Feldstärketensor

$$(F_{\alpha\beta}) = \begin{pmatrix} 0 & \mathbf{0}^{T} \\ \mathbf{0} & \boldsymbol{B} \times \cdot \end{pmatrix}$$

kann dann durch das Matrixprodukt

$$(F'_{\mu\nu}) = (\Lambda_{\mu}{}^{\alpha})(F_{\alpha\beta})(\Lambda_{\nu}{}^{\beta})^{T}$$
$$= \begin{pmatrix} \gamma & \gamma\boldsymbol{\beta}^{T} \\ \gamma\boldsymbol{\beta} & \mathbb{1}_{3} + \frac{\boldsymbol{\beta}\boldsymbol{\beta}^{T}}{\beta^{2}}(\gamma - 1) \end{pmatrix} \begin{pmatrix} 0 & \mathbf{0}^{T} \\ \mathbf{0} & \boldsymbol{B} \times \cdot \end{pmatrix} \begin{pmatrix} \gamma & \gamma\boldsymbol{\beta}^{T} \\ \gamma\boldsymbol{\beta} & \mathbb{1}_{3} + \frac{\boldsymbol{\beta}\boldsymbol{\beta}^{T}}{\beta^{2}}(\gamma - 1) \end{pmatrix}$$

transformiert werden. Da am Ende nur das neue Magnetfeld untersucht werden soll, ist nur der untere rechte 3×3-Matrixblock von Interesse. Wird die Multiplikation mit der linken Matrix als letztes ausgeführt, kommt dieser Block nur aus der zweiten Zeile der ganz linken Matrix und der zweiten Spalte der sich ergebenden Matrix aus dem Produkt der beiden rechten Matrizen zu Stande. Das bedeutet, bei der Multiplikation der beiden rechten Matrizen ist im Ergebnis nur die zweite Spalte interessant. Diese ergibt sich zum Teil aus dem Produkt der ersten Zeile der mittleren und der zweiten Spalte der rechten Matrix. Da die erste Zeile der mittleren Matrix verschwindet, ergibt sich hier kein Beitrag. Damit ist nur das Produkt aus der zweiten Zeile und der zweiten Spalte interessant. Somit zeigt sich insgesamt, dass nur die unteren rechten Matrixblöcke miteinander multipliziert werden müssen. Dies kann am besten durch die Indexschreibweise geschehen. Dazu wird in den äußeren Matrizen der untere rechte Block mit λ bezeichnet und seine Komponenten sind durch

$$\lambda_{ij} = \delta_{ij} + n_i n_j (\gamma - 1)$$

gegeben, wobei $n_i = \frac{\beta_i}{\beta}$ eingeführt wurde. In der mittleren Matrix kann dieser Block hingegen durch

$$B_{ij} = \epsilon_{ijk} B_k$$

beschrieben werden. Damit muss die Multiplikation gemäß

$$\begin{aligned} B'_{i'j'} &= \lambda_{i'i}\lambda_{jj'} Bij = (\delta_{ii'} + n_i n_{i'}(\gamma - 1))\epsilon_{ijk}B_k(\delta_{jj'} + n_j n_{j'}(\gamma - 1)) \\ &= \epsilon_{i'j'k}B_k + \epsilon_{i'jk}B_k n_j n_{j'}(\gamma - 1) + \epsilon_{ij'k}B_k n_i n_{i'}(\gamma - 1) \\ &\quad + \epsilon_{ijk}n_i n_j B_k n_{i'} n_{j'}(\gamma - 1)^2 \end{aligned}$$

ausgeführt werden. Der letzte darin auftretende Term stellt ein Kreuzprodukt aus $\boldsymbol{n}$ mit $\boldsymbol{n}$ dar und verschwindet dementsprechend. In den beiden Termen mit dem Faktor $(\gamma - 1)$ lässt sich hingegen ein Kreuzprodukt aus $\boldsymbol{n}$ mit $\boldsymbol{B}$ konstruieren, um so

$$\begin{aligned} B'_{i'j'} &= \epsilon_{i'j'k}B_k + (\boldsymbol{n} \times \boldsymbol{B})_{i'} n_{j'}(\gamma - 1) + (\boldsymbol{n} \times \boldsymbol{B})_{j'} n_{i'}(\gamma - 1) \\ &= \epsilon_{i'j'k}B_k + [n_{j'}(\boldsymbol{n} \times \boldsymbol{B})_{i'} + n_{i'}(\boldsymbol{n} \times \boldsymbol{B})_{j'}](\gamma - 1) \end{aligned}$$

zu erhalten. Da für ein Kreuzprodukt aber auch immer

$$\epsilon_{ijk}(\boldsymbol{a} \times \boldsymbol{b})_k = a_i b_j - a_j b_i$$

gilt, kann der Ausdruck weiter auf

$$\begin{aligned} B'_{i'j'} &= \epsilon_{i'j'k}B_k + \epsilon_{j'i'k}[\boldsymbol{n} \times (\boldsymbol{n} \times \boldsymbol{B})]_k(\gamma - 1) \\ &= \epsilon_{i'j'k}[\boldsymbol{B} - \boldsymbol{n} \times (\boldsymbol{n} \times \boldsymbol{B})(\gamma - 1)]_k \end{aligned}$$

vereinfacht werden. Da aber auch $B'_{i'j'} = \epsilon_{i'j'k}B'_k$ gelten muss, muss der Term in Klammern gerade dem neuen Magnetfeld entsprechen, so dass hierfür

$$\boldsymbol{B}' = \boldsymbol{B} - \boldsymbol{n} \times (\boldsymbol{n} \times \boldsymbol{B})(\gamma - 1) = \boldsymbol{B} - (\boldsymbol{n}(\boldsymbol{n} \cdot \boldsymbol{B}) - \boldsymbol{B}(\boldsymbol{n} \cdot \boldsymbol{n}))(\gamma - 1)$$

gefunden werden. Da $\boldsymbol{n}$ ein Einheitsvektor ist, der die Boost-Richtung angibt, stellt die Konstruktion

$$\boldsymbol{n}(\boldsymbol{n} \cdot \boldsymbol{B}) - \boldsymbol{B}(\boldsymbol{n} \cdot \boldsymbol{n}) = \boldsymbol{n}(\boldsymbol{n} \cdot \boldsymbol{B}) - \boldsymbol{B} = \boldsymbol{B}_\parallel - \boldsymbol{B} = -\boldsymbol{B}_\perp$$

den negativen zur Boost-Richtung stehenden Anteil dar. Damit kann dann das neue Magnetfeld vollständig durch

$$\boldsymbol{B}' = \boldsymbol{B} + \boldsymbol{B}_\perp(\gamma - 1) = (\boldsymbol{B} - \boldsymbol{B}_\perp) + \gamma \boldsymbol{B}_\perp = \boldsymbol{B}_\parallel + \gamma \boldsymbol{B}_\perp$$

bestimmt werden.

Aufgabe 2   **25 *Punkte***

Bestimmung der spezifischen Ladung

In dieser Aufgabe sollen Methoden untersucht werden, um das Verhältnis der Ladung q eines Körpers zu dessen Masse m zu bestimmen. Dieses Verhältnis wird als spezifische Ladung bezeichnet und kann beispielsweise dazu verwendet werden, bei bekannter Elementarladung e die Elektronenmasse m_e zu bestimmen.

(a) **(5 Punkte)** Betrachten Sie zunächst ein Teilchen der Masse m und der Ladung q, welches sich durch ein homogenes elektrisches Feld der Form $\boldsymbol{E} = E\,\hat{\boldsymbol{e}}_y$ und ein homogenes magnetisches Feld $\boldsymbol{B} = B\,\hat{\boldsymbol{e}}_z$ mit initialer Geschwindigkeit $\boldsymbol{v}(0) = v\,\hat{\boldsymbol{e}}_x$ bewegt. Dabei sind E, B und v alle größer null. Bestimmen Sie die auf das Teilchen wirkende Kraft und ermitteln Sie eine Bedingung an die Geschwindigkeit des Teilchens, damit sich dieses geradlinig gleichförmig bewegt.

Lösungsvorschlag:
Die Ladung unterliegt der Lorentz-Kraft

$$\boldsymbol{F}_{\mathrm{L}} = q(\boldsymbol{E} + \boldsymbol{v} \times \boldsymbol{B})$$

die mit den gegebenen elektrischen und magnetischen Feldern unter der Annahme einer konstanten Geschwindigkeit zu

$$\boldsymbol{F}_{\mathrm{L}} = q(E\,\hat{\boldsymbol{e}}_y + vB(\hat{\boldsymbol{e}}_x \times \hat{\boldsymbol{e}}_z)) = q(E\,\hat{\boldsymbol{e}}_y - vB\,\hat{\boldsymbol{e}}_y) = q(E - vB)\,\hat{\boldsymbol{e}}_y$$

bestimmt werden kann. Damit die Geschwindigkeit auch wirklich konstant ist, muss die einwirkende Kraft null sein. Dies ist entweder durch die Wahl $q = 0$ möglich – was aber einer triviale Lösung darstellt – oder durch das Erfüllen der Bedingung $v = \frac{E}{B}$. Bei bekanntem elektrischem und magnetischem Feld E und B ist damit auch die Geschwindigkeit der Teilchen bekannt, wenn diese nicht abgelenkt wurden. Zu diesem Zweck wird eine Lochblende am Ende der Feldkonfiguration angebracht. Eine solche Konfiguration wird auch als Wien'scher Filter bezeichnet.

(b) **(4 Punkte)** Nehmen Sie nun an, das Teilchen verlässt das homogene elektrische Feld. Stellen Sie die Bewegungsgleichung auf und finden Sie den Radius der Kreisbahn des Teilchens. In welche Richtung krümmt sich dieser, wenn das Teilchen negativ geladen ist?

Lösungsvorschlag:
Wenn das Teilchen das elektrische Feld verlässt, unterliegt es nur noch der Kraft durch das magnetische Feld, welche durch

$$\boldsymbol{F}_{\mathrm{L}} = q\,\boldsymbol{v} \times \boldsymbol{B}$$

gegeben ist. Da die Kraft stets senkrecht auf der Geschwindigkeit steht, wird sich eine Kreisbahn einstellen. Die Zentripetalkraft dieser Bewegung ist die Lorentz-Kraft, so dass sich der Zusammenhang

$$m\frac{v^2}{R} = |q| \cdot vB \quad \Rightarrow \quad R = \frac{mv}{|q|B} = \frac{p}{|q|B}$$

aufstellen lässt. Auf das Teilchen wirkt zunächst die Lorentz-Kraft

$$F_{\mathrm{L}} = q\,(v\,\hat{e}_x) \times (B\,\hat{e}_z) = -qvB\,\hat{e}_y$$

ein. Ist nun $q < 0$, so ist der Koeffizient positiv und das Teilchen wird anfänglich in die positive y-Richtung abgelenkt. In der xy-Ebene wird der Kreis also gegen den Uhrzeigersinn durchlaufen.

(c) **(2 Punkte)** Verwenden Sie die Ergebnisse der beiden vorherigen Teilaufgaben, um die spezifische Ladung des Teilchens zu bestimmen, wenn E und B eingestellt und R gemessen werden kann.

Lösungsvorschlag:
In der Formel für den Radius aus Teilaufgabe (b)

$$R = \frac{mv}{|q|B}$$

kann die aus (a) ermittelte Geschwindigkeit

$$v = \frac{E}{B}$$

eingesetzt werden, um

$$R = \frac{mE}{|q|B^2} \quad \Rightarrow \quad \frac{|q|}{m} = \frac{E}{B^2R}$$

zu ermitteln.

Nun soll eine zweite Möglichkeit zur Bestimmung der spezifischen Ladung untersucht werden. Dazu werden mehrere Teilchen mit einer Spannung U aus der Ruhe heraus parallel zur z-Achse auf nicht-relativistische Geschwindigkeiten beschleunigt. Ohne dass sich der Betrag der Geschwindigkeit ändert, werden sie danach unterschiedlich stark in der x-Richtung abgelenkt, so dass sich ein kleiner Winkel α zur z-Achse einstellt.

(d) **(4 Punkte)** Bestimmen Sie die Geschwindigkeit der Teilchen nach dem Durchlaufen der Spannung. Was für eine Bahn beschreiben die Teilchen? Was für ein Bild ergibt sich auf einem fluoreszierenden Schirm in Entfernung d?

Lösungsvorschlag:
Durch das Durchlaufen des von der Spannung erzeugten elektrischen Feldes nehmen die Teilchen die Energie $E_U = |q|U$ auf. Diese muss mit der kinetischen Energie,

welche die Teilchen nach dem Beschleunigungsprozess haben, übereinstimmen. Auf diese Weise kann der Zusammenhang

$$\frac{1}{2}mv^2 = |q|U \quad \Rightarrow \quad v = \sqrt{\frac{2}{m}|q|U}$$

gefunden werden. Nachdem die Teilchen das elektrische Feld durchlaufen haben, sind sie keinem weiteren Feld ausgesetzt und bewegen sich geradlinig gleichförmig. Wenn die Teilchen nun unterschiedlich stark, aber alle in x-Richtung abgelenkt werden, stellt sich auf dem Schirm ein Strich entlang der x-Achse ein. Bei einem kleinen maximalen Winkel $\alpha_{\max} \ll 1$ wird die Breite dieses Striches durch $2d\alpha_{\max}$ gegeben sein.

(e) **(6 Punkte)** Nehmen Sie nun an, nach dem Ablenken durchqueren die Teilchen ein Magnetfeld parallel zur z-Achse. Welche Bahn beschreiben die Elektronen nun? Warum lässt sich die Bewegung parallel zur xy-Ebene durch die charakteristische Zeit

$$T = \frac{2\pi}{\frac{|q|}{m}B}$$

beschreiben? Welche Strecke s legen die Teilchen in dieser Zeit zurück? Welches Bild ergibt sich auf dem Schirm, wenn $d = s$ gilt?

Lösungsvorschlag:
Die Geschwindigkeit der Teilchen lässt sich in einen zum Magnetfeld parallelen und senkrechten Anteil aufspalten. Der parallele Anteil $v_{\parallel} = v\cos(\alpha)$ bleibt von der Lorentz-Kraft

$$\boldsymbol{F}_{\mathrm{L}} = q\boldsymbol{v} \times \boldsymbol{B} = q\,v_{\perp} \times \boldsymbol{B} = qv_{\perp}B\,\hat{\boldsymbol{e}}_n$$

unberührt. Darin ist $\hat{\boldsymbol{e}}_n$ ein Einheitsvektor, der parallel zur xy-Ebene ist. Da dies die einzige Kraft ist, stellt sich parallel zur xy-Ebene eine Kreisbewegung ein. Wie auch in Aufgabe (b) stellt die Lorentz-Kraft die Zentripetalkraft dar, so dass sich

$$m\omega^2 R = mv_{\perp}\omega = |q|v_{\perp}B \quad \Rightarrow \quad \omega = \frac{|q|}{m}B$$

bestimmen lässt. Hieraus lässt sich die Umlaufzeit des Kreises

$$T = \frac{2\pi}{\omega} = \frac{2\pi}{\frac{|q|}{m}B}$$

ermitteln. Die Überlagerung dieser beiden Bewegungen, der geradlinig gleichförmigen Bewegung entlang der z-Achse mit $v_{\parallel}$ und der kreisförmigen Bewegung parallel zur xy-Ebene, ergibt eine Schraubenbahn.
Nach der Zeit T haben die Teilchen die Strecke

$$s = v_{\parallel}T = v\cos(\alpha)\,\frac{2\pi}{\frac{|q|}{m}B} \approx \frac{2\pi v}{\frac{|q|}{m}B}$$

zurückgelegt. Befindet sich der Schirm in genau diesem Abstand $d = s$ zur Stelle, an der die Teilchen in verschiedene Richtungen abgelenkt werden, so treffen hier alle möglichen Schraubenbahnen wieder aufeinander und es wird sich ein einziger Punkt auf dem Schirm einstellen.

(f) **(4 Punkte)** Verwenden Sie die Ergebnisse der vorherigen beiden Teilaufgaben, um die spezifische Ladung durch die Beschleunigungsspannung U, die Magnetfeldstärke B und den Abstand d auszudrücken.

Lösungsvorschlag:
Zunächst lässt sich das Ergebnis von Teilaufgabe (e) nach

$$\frac{|q|}{m} = \frac{2\pi}{Bd}v$$

umstellen. Nach Einsetzen des Ergebnisses aus Teilaufgabe (d) kann damit der Ausdruck

$$\frac{|q|}{m} = \frac{2\pi}{Bd}\sqrt{\frac{2}{m}|q|U}$$

gewonnen werden. Durch Quadrieren auf beiden Seiten

$$\left(\frac{|q|}{m}\right)^2 = \frac{4\pi^2}{B^2d^2}2U\frac{|q|}{m}$$

lässt sich so schließlich

$$\frac{|q|}{m} = \frac{8\pi^2 U}{B^2 d^2}$$

ermitteln.

Aufgabe 3   **25 *Punkte***

Elektrisches Feld einer Kugelschale

In dieser Aufgabe soll das elektrische Feld einer homogen geladenen Kugelschale mit innerem Radius r_i und äußerem Radius r_a bestimmt werden. Die Kugelschale soll dabei die Gesamtladung q besitzen.

(a) **(2 Punkte)** Wie lautet das Gauß'sche Gesetz in integraler Form? Verwenden Sie die Symmetrie des Problems, um den Zusammenhang

$$E_r(\boldsymbol{r}) = \frac{1}{4\pi\varepsilon_0}\,\frac{Q(r)}{r^2}$$

herzuleiten. Darin ist $Q(r)$ die von einer fiktiven Kugeloberfläche mit Radius r eingeschlossene Ladung.

Lösungsvorschlag:
Das Gauß'sche Gesetz ist durch

$$\oint_{\mathcal{F}} \mathrm{d}\boldsymbol{f} \cdot \boldsymbol{E} = \frac{Q_\mathrm{ein}}{\varepsilon_0}$$

gegeben. Dabei ist Q_ein die durch die geschlossene Oberfläche $\mathcal{F}$ eingeschlossene Ladung. Da die Ladungsverteilung eine Kugelsymmetrie aufweist, bietet es sich an, als Oberfläche ebenfalls eine Kugelschale zu verwenden, für welche $\mathrm{d}\boldsymbol{f} = \mathrm{d}f\,\hat{e}_r$ gilt. Die eingeschlossene Ladung kann dann nur vom Radius der Kugelschale r abhängen. Aufgrund der Kugelsymmetrie der Ladungsverteilung muss auch das resultierende elektrische Feld rotationssymmetrisch um jede beliebige Achse sein. Wenn das elektrische Feld Komponenten in θ- oder φ-Richtung aufweisen würde, wäre dies nicht der Fall, weshalb

$$\boldsymbol{E}(\boldsymbol{r}) = E_r(\boldsymbol{r})\,\hat{e}_r$$

gelten muss. Weiter darf die Stärke des elektrischen Feldes aufgrund der Kugelsymmetrie nur von r abhängen. Auf diese Weise kann das Gauß'sche Gesetz zu

$$\frac{Q(r)}{\varepsilon_0} = \oint_{\text{Kugel}} \mathrm{d}f\,\hat{e}_r \cdot (E_r(r)\,\hat{e}_r) = E_r(r) \oint_{\text{Kugel}} \mathrm{d}f = E_r(r)\,4\pi r^2$$

umgeformt werden. Und damit kann schließlich der gesuchte Zusammenhang

$$E_r(\boldsymbol{r}) = E_r(r) = \frac{1}{4\pi\varepsilon_0}\,\frac{Q(r)}{r^2}$$

gefunden werden.

(b) **(6 Punkte)** Bestimmen Sie die eingeschlossene Ladung $Q(r)$ für alle r aus $[0, \infty)$ und damit das elektrische Feld der Kugelschale.

Lösungsvorschlag:
Die Ladungsdichte kann durch

$$\rho(\boldsymbol{r}) = \rho_0 \Theta(r - r_\mathrm{i}) \, \Theta(r_\mathrm{a} - r)$$

beschrieben werden. Damit wird die Gesamtladung der Kugel durch

$$q = \iiint\limits_{\mathbb{R}^3} \mathrm{d}^3 r \; \rho(\boldsymbol{r}) = \int\limits_0^\infty \mathrm{d}r \; r^2 \rho(r) \int \mathrm{d}\Omega = 4\pi\rho_0 \int\limits_{r_\mathrm{i}}^{r_\mathrm{a}} \mathrm{d}r \; r^2 = \frac{4}{3}\pi\rho_0(r_\mathrm{a}^3 - r_\mathrm{i}^3)$$

beschrieben. Die Ladungsdichte lässt sich daher durch die Gesamtladung und die beiden charakteristischen Radien durch

$$\rho(\boldsymbol{r}) = \frac{3q}{4\pi(r_\mathrm{a}^3 - r_\mathrm{i}^3)}\Theta(r - r_\mathrm{i}) \, \Theta(r_\mathrm{a} - r)$$

ausdrücken. Die eingeschlossene Ladung muss mit

$$Q(r) = \iiint\limits_{\text{Kugel}} \mathrm{d}^3 r \; \rho(\boldsymbol{r}) = 4\pi\rho_0 \int\limits_0^r \mathrm{d}r' \; r'^2 \Theta(r - r_\mathrm{i}) \, \Theta(r_\mathrm{a} - r)$$

bestimmt werden. Für den Fall $r < r_\mathrm{i}$ ist das Argument null, so dass auch $Q(r)$ den Wert null annimmt. Für $r > r_\mathrm{a}$ entspricht das Integral dem obigen, mit welchem q bestimmt wurde, so dass $Q(r) = q$ gilt. Für den Fall $r_\mathrm{i} < r < r_\mathrm{a}$ kann

$$Q(r) = 4\pi\rho_0 \int\limits_{r_\mathrm{i}}^r \mathrm{d}r' \; r'^2 = \frac{4\pi}{3}\rho_0(r^3 - r_\mathrm{i}^3) = q\frac{r^3 - r_\mathrm{i}^3}{r_\mathrm{a}^3 - r_\mathrm{i}^3}$$

bestimmt werden. Nach den Erkenntnissen aus Teilaufgabe (a) kann so das elektrische Feld $\boldsymbol{E}(\boldsymbol{r}) = E(r)\,\hat{\boldsymbol{e}}_r$ zusammenfassend durch

$$E(r) = \frac{1}{4\pi\varepsilon_0}\frac{q}{r^2}\begin{cases} 0 & r < r_\mathrm{i} \\ \frac{r^3 - r_\mathrm{i}^3}{r_\mathrm{a}^3 - r_\mathrm{i}^3} & r_\mathrm{i} < r < r_\mathrm{a} \\ 1 & r_\mathrm{a} < r \end{cases}$$

beschrieben werden.

(c) **(8 Punkte)** Wie lautet das elektrische Potential $\phi(\boldsymbol{r})$ der Kugelschale, wenn für $|\boldsymbol{r}| \to \infty$ das Potential verschwinden soll?

Lösungsvorschlag:
Allgemein wird das elektrische Potential durch

$$\phi(\boldsymbol{r}) = \phi(\boldsymbol{r}_0) - \int_{\boldsymbol{r}_0}^{\boldsymbol{r}} \mathrm{d}\boldsymbol{r}' \cdot \boldsymbol{E}(\boldsymbol{r}')$$

für einen beliebigen aber festen Bezugspunkt $\boldsymbol{r}_0$ bestimmt. Da das elektrische Feld nur in die radiale Richtung zeigt, wird sich auch nur für einen Weg in $\hat{\boldsymbol{e}}_r$-Richtung eine Änderung des Potentials ergeben, weshalb als Weg $\mathrm{d}r' = \mathrm{d}r'\hat{\boldsymbol{e}}_{r'}$ gewählt werden kann. Damit kann das elektrische Potential dann durch

$$\phi(r) = \phi(r_0) - \int_{r_0}^{r} \mathrm{d}r' \, E(r')$$

ermittelt werden. Für $r \to \infty$ soll das Potential verschwinden, so dass $r_0 = \infty$ und $\phi(r_0) = 0$ gewählt werden kann. Auf diese Weise muss für das elektrische Feld aus Teilaufgabe (b) das Integral

$$\phi(r) = - \int_{\infty}^{r} \mathrm{d}r' \, E(r')$$

bestimmt werden. Es bietet sich an, das Potential von außen ($r_\mathrm{a} < r$) nach innen ($r < r_\mathrm{i}$) zu bestimmen. Im äußeren Bereich $r_\mathrm{a} < r$ ist

$$E(r) = \frac{1}{4\pi\varepsilon_0} \frac{q}{r^2}$$

gültig, so dass das Potential durch

$$\phi_{r_\mathrm{a}<r}(r) = - \frac{q}{4\pi\varepsilon_0} \int_{\infty}^{r} \mathrm{d}r' \, \frac{1}{r'^2} = \frac{q}{4\pi\varepsilon_0} \left[\frac{1}{r'^2} \right]_{\infty}^{r} = \frac{1}{4\pi\varepsilon_0} \frac{q}{r}$$

gegeben ist.

Im mittleren Bereich $r_\mathrm{i} < r < r_\mathrm{a}$ kann das elektrische Potential durch

$$\phi_{r_\mathrm{i}<r<r_\mathrm{a}}(r) = - \int_{\infty}^{r_\mathrm{a}} \mathrm{d}r' \, E(r') - \int_{r_\mathrm{a}}^{r} \mathrm{d}r' \, E(r') = \frac{1}{4\pi\varepsilon_0} \frac{q}{r_\mathrm{a}} - \int_{r_\mathrm{a}}^{r} \mathrm{d}r' \, E(r')$$

bestimmt werden. Das erste Integral wurde hierbei durch die Erkenntnisse für den Außenbereich bereits ausgewertet. Für das zweite Integral muss das elektrische Feld zwischen den beiden charakteristischen Radien

$$E(r) = \frac{1}{4\pi\varepsilon_0} \frac{q}{r^2} \cdot \frac{r^3 - r_\mathrm{i}^3}{r_\mathrm{a}^3 - r_\mathrm{i}^3} = \frac{q}{4\pi\varepsilon_0} \frac{1}{r_\mathrm{a}^3 - r_\mathrm{i}^3} \left(r - \frac{r_\mathrm{i}^3}{r^2} \right)$$

eingesetzt werden. Das entsprechende Integral lässt sich dann mit

$$- \int_{r_\mathrm{a}}^{r} \mathrm{d}r' \, E(r') = - \frac{q}{4\pi\varepsilon_0} \frac{1}{r_\mathrm{a}^3 - r_\mathrm{i}^3} \int_{r_\mathrm{a}}^{r} \mathrm{d}r' \, \left(r' - \frac{r_\mathrm{i}^3}{r'^2} \right)$$

$$= - \frac{q}{4\pi\varepsilon_0} \frac{1}{r_\mathrm{a}^3 - r_\mathrm{i}^3} \left(\frac{1}{2}(r^2 - r_\mathrm{a}^2) + \frac{r_\mathrm{i}^3}{r} - \frac{r_\mathrm{i}^3}{r_\mathrm{a}} \right)$$

auswerten, womit sich das elektrische Potential

$$\phi_{r_i < r < r_a}(r) = \frac{q}{4\pi\varepsilon_0}\left(\frac{1}{r_a} - \frac{1}{r_a^3 - r_i^3}\left(\frac{1}{2}(r^2 - r_a^2) + \frac{r_i^3}{r} - \frac{r_i^3}{r_a}\right)\right)$$

ergibt.

Für den Innenbereich $r < r_i$ kann das Integral gemäß

$$\phi_{r < r_i} = -\int\limits_\infty^{r_i} \mathrm{d}r'\, E(r') - \int\limits_{r_i}^r \mathrm{d}r'\, E(r')$$

aufgeteilt werden. Da das elektrische Feld für $r < r_i$ verschwindet, nimmt das Potential den konstanten Wert

$$\phi_{r < r_i}(r) = \phi_{r_i < r < r_a}(r_i) = \frac{q}{4\pi\varepsilon_0}\left(\frac{1}{r_a} - \frac{1}{r_a^3 - r_i^3}\left(\frac{1}{2}(r_i^2 - r_a^2) + \frac{r_i^3}{r_i} - \frac{r_i^3}{r_a}\right)\right)$$

$$= \frac{q}{4\pi\varepsilon_0}\left(\frac{1}{r_a} - \frac{1}{r_a^3 - r_i^3}\left(\frac{3}{2}r_i^2 - \frac{1}{2}r_a^2 - \frac{r_i^3}{r_a}\right)\right)$$

an. Dabei wurde das Ergebnis der vorherigen Rechnung verwendet.

(d) **(2 Punkte)** Betrachten Sie nun den Grenzfall $r_a = r_i = R$. Was ergibt sich in diesem Fall für das elektrische Feld und das elektrische Potential? Welcher Ladungsverteilung entspricht dies?

Lösungsvorschlag:
Der Grenzfall $r_i = r_a = R$ entspricht einer infinitesimal dünnen Kugelschale mit konstanter Flächenladungsdichte $\sigma_0 = \frac{q}{4\pi R^2}$. Der Bereich $r_i < r < r_a$ existiert entsprechend nicht mehr. Das elektrische Feld muss in diesem Fall also durch

$$E(r) = \frac{1}{4\pi\varepsilon_0}\frac{q}{r^2}\begin{cases}0 & r < R \\ 1 & R < r\end{cases}$$

$$= \frac{1}{4\pi\varepsilon_0}\frac{q}{r^2}\Theta(r - R)$$

gegeben sein. Das Potential im Außenbereich wird nach wie vor durch

$$\phi_{R < r}(r) = \frac{1}{4\pi\varepsilon_0}\frac{q}{r}$$

gegeben sein. Für den Innenbereich muss das Potential einen konstanten Wert annehmen. Dieser muss mit dem Wert auf der Kugeloberfläche übereinstimmen, also durch

$$\phi_{r < R}(r) = \frac{1}{4\pi\varepsilon_0}\frac{q}{R}$$

gegeben sein. Dieser lässt sich auch aus dem in Teilaufgabe (c) gefundenen Ausdruck bestimmen, wenn die Regel von L'Hospital

$$\lim_{r_i \to r_a}\frac{1}{r_a^3 - r_i^3}\left(\frac{3}{2}r_i^2 - \frac{1}{2}r_a^2 - \frac{r_i^3}{r_a}\right) = \lim_{r_i \to r_a}\frac{1}{-3r_i^2}\left(3r_i - 3\frac{r_i^2}{r_a}\right) = 0$$

angewendet wird.

(e) **(2 Punkte)** Welche Form nehmen das elektrische Feld und das elektrische Potential im Grenzfall $r_\mathrm{i} = 0$ mit $r_\mathrm{a} = R$ an? Welcher Art von Ladungsverteilung entspricht diese Situation?

Lösungsvorschlag:
Im Fall $r_\mathrm{i} = 0$ handelt es sich um eine massive Kugel mit homogener Ladungsdichte $\rho_0 = \frac{3q}{4\pi R^3}$. In diesem Fall ist der Raumbereich $r < r_\mathrm{i}$ nicht mehr existent. Für das elektrische Feld kann im Außenbereich der Ausdruck

$$E(r) = \frac{1}{4\pi\varepsilon_0}\frac{q}{r^2}$$

gefunden werden. Während sich für den inneren Bereich $r < R$ der Zusammenhang

$$E(r) = \frac{1}{4\pi\varepsilon_0}\frac{q}{r^2}\cdot\frac{r^3}{R^3} = \frac{1}{4\pi\varepsilon_0}\frac{q}{R^2}\cdot\frac{r}{R}$$

ergibt. Wie auch zuvor bleibt das elektrische Potential im Außenbereich unverändert und ist durch

$$\phi_{R<r}(r) = \frac{1}{4\pi\varepsilon_0}\frac{q}{r}$$

gegeben. Für den inneren Bereich lassen sich die Werte $r_\mathrm{i} = 0$ und $r_\mathrm{a} = R$ in $\phi_{r_\mathrm{i}<r<r_\mathrm{a}}$ aus Teilaufgabe (c) einsetzen, um

$$\phi_{r<R}(r) = \frac{q}{4\pi\varepsilon_0}\left(\frac{1}{R} - \frac{1}{R^3 - 0^3}\left(\frac{1}{2}(r^2 - R^2) + \frac{0^3}{r} - \frac{0^3}{R}\right)\right)$$

$$= \frac{q}{4\pi\varepsilon_0}\left(\frac{1}{R} - \frac{1}{R^3}\left(\frac{1}{2}(r^2 - R^2)\right)\right) = \frac{q}{4\pi\varepsilon_0}\frac{1}{R}\left(\frac{3}{2} - \frac{1}{2}\frac{r^2}{R^2}\right)$$

$$= \frac{q}{4\pi\varepsilon_0}\frac{3}{2R}\left(1 - \frac{1}{3}\frac{r^2}{R^2}\right)$$

zu erhalten.

(f) **(5 Punkte)** Skizzieren Sie für die beiden Grenzfälle aus (d) und (e) die Stärke des elektrischen Feldes und das Potential für den Fall, dass $q > 0$ gilt. Machen Sie in Ihrer Skizze den Radius der Kugel R kenntlich.

Lösungsvorschlag:
Für den Fall der infinitesimal dünnen Kugelschale waren laut Teilaufgabe (d) das elektrische Feld durch

$$E(r) = \frac{1}{4\pi\varepsilon_0}\frac{q}{r^2}\Theta(r - R)$$

und das elektrische Potential durch

$$\phi(r) = \frac{q}{4\pi\varepsilon_0}\begin{cases}\frac{1}{R} & r < R \\ \frac{1}{r} & R < r\end{cases}$$

gegeben. Das elektrische Feld nimmt innerhalb der Kugel den konstanten Wert null an. An der Stelle $r = R$ springt es auf den Wert $E(R) = \frac{q}{4\pi\varepsilon_0}\frac{1}{R^2}$ und fällt danach proportional zu $\frac{1}{r^2}$ ab. Für das Potential ist zu bemerken, dass es an den Stellen $r = 0$ und $r = R$ den selben Wert $\phi(0) = \frac{q}{4\pi\varepsilon_0}\frac{1}{R}$ annimmt. Für $r > R$ fällt es proportional zu $\frac{1}{r}$ ab. Die entsprechende Skizze ist in Abb. 14.1 zu sehen.

Für den Fall der homogen geladenen Vollkugel waren laut Teilaufgabe (e) das elektrische Feld durch

$$E(r) = \frac{q}{4\pi\varepsilon_0} \begin{cases} \frac{r}{R^3} & r < R \\ \frac{1}{r^2} & R < r \end{cases}$$

und das elektrische Potential durch

$$\phi(r) = \frac{q}{4\pi\varepsilon_0} \begin{cases} \frac{3}{2R}\left(1 - \frac{1}{3}\frac{r^2}{R^2}\right) & r < R \\ \frac{1}{r} & R < r \end{cases}$$

gegeben. Das elektrische Feld nimmt innerhalb der Kugel linear zu. An der Stelle $r = R$ hat es den Wert $E(R) = \frac{q}{4\pi\varepsilon_0}\frac{1}{R^2}$ und fällt danach proportional zu $\frac{1}{r^2}$ ab. Das Potential hingegen nimmt seinen maximalen Wert an der Stelle $r = 0$ an und beträgt dort $\phi(0) = \frac{3}{2}\frac{q}{4\pi\varepsilon_0}\frac{1}{R}$. Bis zum Rand der Kugel nimmt es durch eine quadratische Funktionsvorschrift ab und hat an der Stelle $r = R$ schließlich den Wert $\phi(R) = \frac{q}{4\pi\varepsilon_0}\frac{1}{R} = \frac{2}{3}\phi(0)$. Für $r > R$ fällt es proportional zu $\frac{1}{r}$ ab. Die entsprechende Skizze ist in Abb. 14.2 zu sehen.

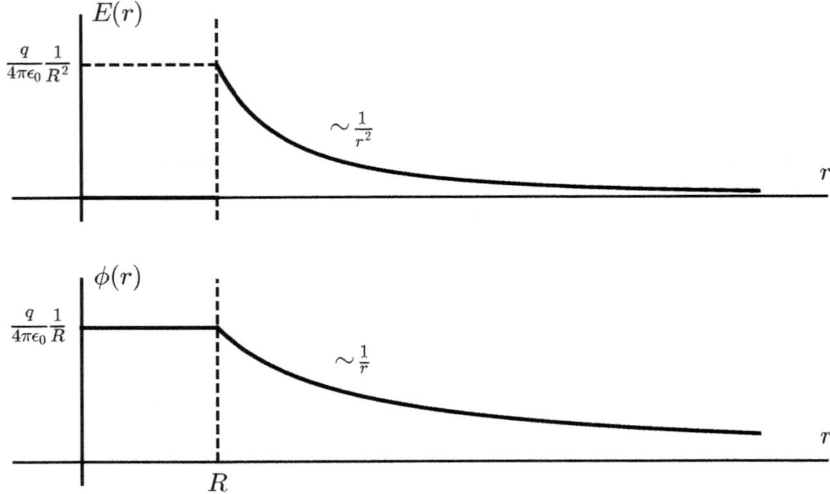

Abb. 14.1 Skizze des elektrischen Feldes und des Potentials einer infinitesimal dünnen Kugelschale mit Radius R

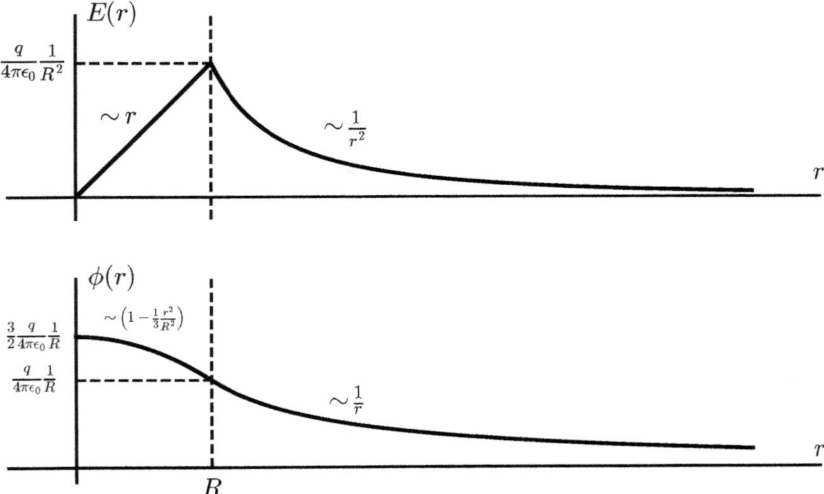

Abb. 14.2 Skizze des elektrischen Feldes und des Potentials einer Vollkugel mit Radius R

Aufgabe 4   **25 Punkte**

Ebene Wellen zwischen leitenden Platten

In dieser Aufgabe soll die Ausbreitung elektromagnetischer Wellen zwischen zwei unendlich weit ausgedehnten parallelen, leitenden Platten betrachtet werden. Die Platten sollen parallel zur zx-Ebene ausgerichtet sein und sich bei $y = 0$ und $y = a > 0$ befinden. Dazwischen befindet sich ein lineares Medium mit Permittivität ε und Permeabilität μ. Freie Ladungen und Ströme sollen zwischen den Platten nicht vorhanden sein.

(a) **(3 Punkte)** Nennen Sie die Maxwell-Gleichungen für die elektromagnetischen Felder zwischen den Platten sowie die Randbedingungen, wenn es sich um perfekt leitende Platten handelt, in denen zum Zeitpunkt $t = 0$ keine elektromagnetischen Felder vorliegen.

Die Maxwell-Gleichungen in Materie sind zunächst durch

$$\nabla \cdot \boldsymbol{D} = \rho_{\mathrm{f}} \qquad \nabla \times \boldsymbol{H} = \boldsymbol{j}_{\mathrm{f}} + \frac{\partial \boldsymbol{D}}{\partial t}$$

$$\nabla \cdot \boldsymbol{B} = 0 \qquad \nabla \times \boldsymbol{E} = -\frac{\partial \boldsymbol{B}}{\partial t}$$

gegeben. Da es keine freien Ladungen und Ströme geben soll, können sie auf

$$\nabla \cdot \boldsymbol{D} = 0 \qquad \nabla \times \boldsymbol{H} = \frac{\partial \boldsymbol{D}}{\partial t}$$

$$\nabla \cdot \boldsymbol{B} = 0 \qquad \nabla \times \boldsymbol{E} = -\frac{\partial \boldsymbol{B}}{\partial t}$$

vereinfacht werden. Der Zusammenhang zwischen den Flussdichten und den Feldstärken ist dabei durch

$$D = \varepsilon E \qquad B = \mu H$$

gegeben. Unabhängig von Oberflächenströmen und Ladungen sind stets die Normalkomponente des $\boldsymbol{B}$-Feldes und die Tangentialkomponente des $\boldsymbol{E}$-Feldes an einer Grenzfläche erhalten. In einem perfekten Leiter ist die elektrische Feldstärke stets null, weshalb die magnetische Flussdichte eine zeitliche wie räumliche Konstante sein muss. Existiert zu Beginn kein $\boldsymbol{B}$-Feld im Leiter, so wird dies auch für alle weiteren Zeiten der Fall sein. Damit müssen am Rand des Wellenleiters die Normalkomponente der magnetischen Flussdichte $\boldsymbol{B}$ und die Tangentialkomponente der elektrischen Feldstärke $\boldsymbol{E}$ verschwinden. Konkret hat dies zur Folge, dass

$$B_y(y = 0) = B_y(y = a) = 0$$

und

$$E_x(y = 0) = E_x(y = a) = E_z(y = 0) = E_z(y = a) = 0$$

gelten.

(b) **(5 Punkte)** Begründen Sie, weshalb für das vorliegende Problem der Ansatz

$$\boldsymbol{E}(x,y,z,t) = \boldsymbol{E}_0(y)\,\mathrm{e}^{\mathrm{i}(k_z z - \omega t)} \qquad \boldsymbol{B}(x,y,z,t) = \boldsymbol{B}_0(y)\,\mathrm{e}^{\mathrm{i}(k_z z - \omega t)}$$

gemacht werden kann und zeigen Sie damit, dass sowohl

$$\mathrm{i}\omega\boldsymbol{B}_0 = \boldsymbol{\nabla}\times\boldsymbol{E}_0 + \mathrm{i}k_z\,\hat{\boldsymbol{e}}_z\times\boldsymbol{E}_0 \qquad -\mathrm{i}\frac{\omega}{u^2}\boldsymbol{E}_0 = \boldsymbol{\nabla}\times\boldsymbol{B}_0 + \mathrm{i}k_z\,\hat{\boldsymbol{e}}_z\times\boldsymbol{B}_0 \qquad (14.3)$$

als auch

$$\left(\frac{\partial^2}{\partial y^2} + \frac{\omega^2}{u^2} - k_z^2\right)E_{0z} = 0 \qquad \left(\frac{\partial^2}{\partial y^2} + \frac{\omega^2}{u^2} - k_z^2\right)B_{0z} = 0 \qquad (14.4)$$

mit der Ausbreitungsgeschwindigkeit u im Medium gültig sind.

Lösungsvorschlag:
Da die Platten unendlich weit ausgedehnt sind, besitzt das Problem eine Rotationssymmetrie um die y-Achse. Es kann daher die Ausbreitung der Welle in eine einzige Richtung betrachtet werden, die als z-Achse gewählt werden kann. Die sich ausbreitende Welle wird also durch einen Phasenfaktor der Form

$$\mathrm{e}^{\mathrm{i}(k_z z - \omega t)}$$

beschrieben. Die Amplitude kann naiv zunächst von x, y und z abhängen. Da es sich um die Ausbreitung einer Welle entlang der z-Achse handeln soll, ist die gesamte Abhängigkeit der Amplitude von z bereits im Phasenfaktor vorhanden. [1] Bei einer Translation um die x-Achse ändert sich die physikalische Situation nicht, weshalb sich auch die Amplitude nicht ändern darf. Ebenso ändert sich die Konfiguration der Platten nicht in der Zeit, weshalb die Amplitude auch nicht von t abhängen darf. Damit ist eine Abhängigkeit der Amplitude alleine von y gerechtfertigt. Damit kann der Ansatz

$$\boldsymbol{E}(x,y,z,t) = \boldsymbol{E}_0(y)\,\mathrm{e}^{\mathrm{i}(k_z z - \omega t)} \qquad \boldsymbol{B}(x,y,z,t) = \boldsymbol{B}_0(y)\,\mathrm{e}^{\mathrm{i}(k_z z - \omega t)}$$

aufgestellt werden.
Wird die Rotation des elektrischen Feldes gebildet, so kann aufgrund der Produktregel

$$\boldsymbol{\nabla}\times(\psi\boldsymbol{V}) = \psi(\boldsymbol{\nabla}\times\boldsymbol{V}) - \boldsymbol{V}\times\boldsymbol{\nabla}\psi$$

der Ausdruck

$$\begin{aligned}
\boldsymbol{\nabla}\times\boldsymbol{E} &= \mathrm{e}^{\mathrm{i}(k_z z - \omega t)}\,\boldsymbol{\nabla}\times\boldsymbol{E}_0 - \boldsymbol{E}_0\times(\mathrm{i}k_z\,\hat{\boldsymbol{e}}_z)\,\mathrm{e}^{\mathrm{i}(k_z z - \omega t)} \\
&= \mathrm{e}^{\mathrm{i}(k_z z - \omega t)}\left(\boldsymbol{\nabla}\times\boldsymbol{E}_0 + \mathrm{i}k_z\,\hat{\boldsymbol{e}}_z\times\boldsymbol{E}_0\right)
\end{aligned}$$

gefunden werden. Andererseits kann die zeitliche Ableitung der magnetischen Flussdichte

$$\partial_t\boldsymbol{B} = -\mathrm{i}\omega\,\mathrm{e}^{\mathrm{i}(k_z z - \omega t)}\,\boldsymbol{B}_0$$

---

[1] Variiert die Amplitude mit z, macht sich dies durch einen Imaginärteil in k_z bemerkbar.

gebildet werden. Werden diese gemäß der Maxwell-Gleichung

$$\nabla \times \boldsymbol{E} = -\partial_t \boldsymbol{B}$$

gleichgesetzt, so kann der Zusammenhang

$$\mathrm{i}\omega\, \mathrm{e}^{\mathrm{i}(k_z z - \omega t)}\, \boldsymbol{B}_0 = \mathrm{e}^{\mathrm{i}(k_z z - \omega t)} \left(\nabla \times \boldsymbol{E}_0 + \mathrm{i}k_z\, \hat{\boldsymbol{e}}_z \times \boldsymbol{E}_0\right)$$
$$\Rightarrow \quad \mathrm{i}\omega \boldsymbol{B}_0 = \nabla \times \boldsymbol{E}_0 + \mathrm{i}k_z\, \hat{\boldsymbol{e}}_z \times \boldsymbol{E}_0$$

gefunden werden. Analog kann die Rotation der magnetischen Flussdichte

$$\nabla \times \boldsymbol{B} = \mathrm{e}^{\mathrm{i}(k_z z - \omega t)} \left(\nabla \times \boldsymbol{B}_0 + \mathrm{i}k_z\, \hat{\boldsymbol{e}}_z \times \boldsymbol{B}_0\right)$$

und die zeitliche Ableitung des elektrischen Feldes

$$\partial_t \boldsymbol{E} = -\mathrm{i}\omega\, \mathrm{e}^{\mathrm{i}(k_z z - \omega t)}\, \boldsymbol{E}_0$$

gefunden werden. Da die entsprechende Maxwell-Gleichung

$$\nabla \times \boldsymbol{H} = -\partial_t \boldsymbol{D}$$

über

$$\boldsymbol{H} = \frac{1}{\mu}\boldsymbol{B} \qquad \boldsymbol{D} = \varepsilon\, \boldsymbol{E}$$

bei konstanter Permittivität ε und Permeabilität μ auf

$$\nabla \times \boldsymbol{B} = -\mu\varepsilon\partial_t \boldsymbol{E}$$

umgeformt werden kann, kann auch der Zusammenhang

$$-\mu\varepsilon(-\mathrm{i}\omega)\, \mathrm{e}^{\mathrm{i}(k_z z - \omega t)}\, \boldsymbol{E}_0 = \mathrm{e}^{\mathrm{i}(k_z z - \omega t)} \left(\nabla \times \boldsymbol{B}_0 + \mathrm{i}k_z\, \hat{\boldsymbol{e}}_z \times \boldsymbol{B}_0\right)$$
$$\Rightarrow \quad -\mathrm{i}\frac{\omega}{u^2}\boldsymbol{E}_0 = \nabla \times \boldsymbol{B}_0 + \mathrm{i}k_z\, \hat{\boldsymbol{e}}_z \times \boldsymbol{B}_0$$

mit $\mu\varepsilon = \frac{1}{u^2}$ gefunden werden.
Ebenfalls kann die Rotation der Rotation der magnetischen Flussdichte gebildet werden, um einerseits

$$\nabla \times (\nabla \times \boldsymbol{B}) = \nabla(\nabla \cdot \boldsymbol{B}) - \Delta \boldsymbol{B} = -\Delta \boldsymbol{B}$$

und andererseits

$$\nabla \times (\nabla \times \boldsymbol{B}) = \nabla \times \left(\frac{1}{u^2}\partial_t \boldsymbol{E}\right) = \frac{1}{u^2}\partial_t(\nabla \times \boldsymbol{E}) = -\frac{1}{u^2}\partial_t^2 \boldsymbol{B}$$

zu erhalten. Durch Gleichsetzen kann so die Gleichung

$$\left(\frac{1}{u^2}\frac{\partial^2}{\partial t^2} - \Delta\right)\boldsymbol{B} = 0$$

gefunden werden. Eine analoge Gleichung lässt sich für die elektrische Feldstärke bestimmen. Wird hierin der obige Ansatz eingesetzt, so lässt sich zunächst

$$\mathbf{0} = \left(\frac{1}{u^2}\frac{\partial^2}{\partial t^2} - \Delta\right)\left(\boldsymbol{B}_0\,\mathrm{e}^{\mathrm{i}(k_z z - \omega t)}\right)$$

$$= \mathrm{e}^{\mathrm{i}(k_z z - \omega t)}\left(\frac{1}{u^2}(-\mathrm{i}\omega)^2 - (\mathrm{i}k_z)^2 - \frac{\partial^2}{\partial y^2}\right)\boldsymbol{B}_0$$

$$\Rightarrow \quad \mathbf{0} = \left(\frac{\partial^2}{\partial y^2} + \frac{\omega^2}{u^2} - k_z^2\right)\boldsymbol{B}_0$$

ermitteln. Hiervon kann die z-Komponente betrachtet werden, um schlussendlich

$$\left(\frac{\partial^2}{\partial y^2} + \frac{\omega^2}{u^2} - k_z^2\right)B_{0z} = 0$$

zu finden. Analog lässt sich so auch

$$\left(\frac{\partial^2}{\partial y^2} + \frac{\omega^2}{u^2} - k_z^2\right)E_{0z} = 0$$

bestimmen.

(c) **(5 Punkte)** Zeigen Sie, dass aus den Ergebnissen (14.3) von Teilaufgabe (b) für TEM-Moden konstante Felder $\boldsymbol{E}_0$ und $\boldsymbol{B}_0$ folgen. Bestimmen Sie deren Orientierung im Raum und vergleichen Sie diese mit der Ausbreitung elektromagnetischer Wellen im freien Raum.

Lösungsvorschlag:
Eine TEM-Mode ist dadurch definiert, dass sowohl $E_{0z} = 0$ als auch $B_{0z} = 0$ gilt. Damit kann nun die Gleichung

$$\mathrm{i}\omega\boldsymbol{B}_0 = \boldsymbol{\nabla} \times \boldsymbol{E}_0 + \mathrm{i}k_z\,\hat{\boldsymbol{e}}_z \times \boldsymbol{E}_0$$

betrachtet und auf die z-Komponente projiziert werden, um so

$$0 = \mathrm{i}\omega B_{0z} = \hat{\boldsymbol{e}}_z \cdot (\boldsymbol{\nabla} \times \boldsymbol{E}_0) + \mathrm{i}k_z\,\hat{\boldsymbol{e}}_z \cdot (\hat{\boldsymbol{e}}_z \times \boldsymbol{E}_0) = \hat{\boldsymbol{e}}_z \cdot (\boldsymbol{\nabla} \times \boldsymbol{E}_0)$$

zu erhalten. Die Auswertung der Rotation

$$0 = \hat{\boldsymbol{e}}_z \cdot (\boldsymbol{\nabla} \times \boldsymbol{E}_0) = \frac{\partial E_{0y}}{\partial x} - \frac{\partial E_{0x}}{\partial y} = -\frac{\partial E_{0x}}{\partial y}$$

ergibt, dass es sich bei E_{0x} um eine Konstante handeln muss. Da aber die Randbedingung $E_x(y = 0) = 0$ fordert, muss E_{0x} in dem gesamten Bereich zwischen den Platten null sein. Daneben kann die Divergenz der elektrischen Feldstärke betrachtet werden, die gemäß der Maxwell-Gleichung $\boldsymbol{\nabla} \cdot \boldsymbol{D} = 0$ verschwindend sein muss. Durch das Anwenden der Produktregel

$$\boldsymbol{\nabla} \cdot (\psi\boldsymbol{V}) = \psi(\boldsymbol{\nabla} \cdot \boldsymbol{V}) + \boldsymbol{V} \cdot (\boldsymbol{\nabla}\psi)$$

kann so

$$0 = \nabla \cdot \left(\boldsymbol{E}_0 \, \mathrm{e}^{\mathrm{i}(k_z z - \omega t)} \right) = \mathrm{e}^{\mathrm{i}(k_z z - \omega t)} (\nabla \cdot \boldsymbol{E}_0) + \boldsymbol{E}_0 \cdot \left(\mathrm{i} k_z \, \hat{\boldsymbol{e}}_z \, \mathrm{e}^{\mathrm{i}(k_z z - \omega t)} \right)$$

$$\Rightarrow \quad 0 = \nabla \cdot \boldsymbol{E}_0 = \frac{\partial E_{0y}}{\partial y}$$

gefunden werden. Damit muss es sich bei E_{0y} zwischen den Platten um eine Konstante handeln. Die einzige Möglichkeit für die Ausbreitung einer TEM-Welle besteht darin, dass $E_{0y} \neq 0$ ist. Es bleibt also zu prüfen, dass dies nicht den anderen Maxwell-Gleichungen widerspricht.

Aus einer analogen Betrachtung lässt sich schließen, dass auch B_{0x} und B_{0y} konstant sind. Aufgrund der Randbedingungen muss $B_{0y} = 0$ zwischen den Platten gelten. Ist das elektrische Feld nun durch

$$\boldsymbol{E} = E_0 \, \hat{\boldsymbol{e}}_y \, \mathrm{e}^{\mathrm{i}(k_z z - \omega t)}$$

gegeben, so muss die magnetische Flussdichte gemäß

$$\mathrm{i}\omega \, \boldsymbol{B}_0 = \nabla \times \boldsymbol{E}_0 + \mathrm{i} k_z \, \hat{\boldsymbol{e}}_z \times \boldsymbol{E}_0 = \mathrm{i} k_z E_0 (\hat{\boldsymbol{e}}_z \times \hat{\boldsymbol{e}}_y)$$

durch

$$\boldsymbol{B}_0 = -\frac{k_z}{\omega} E_0 \, \hat{\boldsymbol{e}}_x = \frac{\boldsymbol{k}}{\omega} \times \boldsymbol{E}_0$$

gegeben sein. Dies entspricht gerade der Situation, dass $B_{0x} \neq 0$, aber dafür $B_{0y} = 0$ ist. Die Maxwell-Gleichungen und Randbedingungen erlauben daher die Ausbreitung einer TEM-Welle zwischen den Platten. Im Gegensatz zu einer freien Welle ist die Polarisation hier vorgegeben. Dies ist dahingehend verständlich, dass die Platten die Rotationssymmetrie entlang der Ausbreitungsrichtung brechen und sich dies im physikalischen Ergebnis, in diesem Fall durch die Polarisation, spiegeln muss.

Für den Rest der Aufgabe sollen TE-Moden mit $E_{0z} = 0$ betrachtet werden.

(d) **(3 Punkte)** Lösen Sie die verbleibende Gleichung aus (14.4) und stellen Sie eine Dispersionsrelation zwischen ω und k_z auf. Welchen Wert darf ω für eine Ausbreitung der Welle nicht unterschreiten?

Lösungsvorschlag:
Bei einer TE-Mode ist $E_{0z} = 0$, so dass nur noch

$$\left(\frac{\partial^2}{\partial y^2} + \frac{\omega^2}{u^2} - k_z^2 \right) B_{0z} = 0$$

zu lösen bleibt. Wird die Größe

$$k_y^2 = \frac{\omega^2}{u^2} - k_z^2$$

eingeführt, kann diese Gleichung auf

$$B_{0z}'' = -k_y^2 B_{0y}$$

umgeformt werden, um

$$B_{0z} = C_1 \cos(k_y y) + C_2 \sin(k_y y)$$

zu erhalten. Wegen der Definition von k_y^2 kann die Dispersionsrelation

$$\omega = u\sqrt{k_y^2 + k_z^2}$$

ermittelt werden. Da für die ungedämpfte Ausbreitung der Welle $k_z^2 > 0$ sein muss, ist die minimale Frequenz durch

$$\omega_{\min} = u|k_y|$$

gegeben.

(e) **(6 Punkte)** Verwenden Sie (14.3) und die Randbedingungen, um die restlichen Komponenten von $\boldsymbol{E}_0$ und $\boldsymbol{B}_0$ zu bestimmen. Zeigen Sie so, dass die minimal mögliche Kreisfrequenz aller TE-Moden durch

$$\omega_{\mathrm{g}}^{\mathrm{TE}} = \frac{\pi}{a\sqrt{\mu\varepsilon}}$$

gegeben ist.

Lösungsvorschlag:
Zunächst können die Komponenten E_{0y} und B_{0x} betrachtet werden. Aus den Gleichungen (14.3) können so

$$i\omega B_{0x} = \hat{\boldsymbol{e}}_x \cdot (\boldsymbol{\nabla} \times \boldsymbol{E}_0) + ik_z \hat{\boldsymbol{e}}_x \cdot (\hat{\boldsymbol{e}}_z \times \boldsymbol{E}_0)$$
$$= \frac{\partial E_{0z}}{\partial y} - \frac{\partial E_{0y}}{\partial z} - ik_z E_{0y} = -ik_z E_{0y}$$

und

$$-i\frac{\omega}{u^2}E_{0y} = \hat{\boldsymbol{e}}_y \cdot (\boldsymbol{\nabla} \times \boldsymbol{B}_0) + ik_z \hat{\boldsymbol{e}}_y \cdot (\hat{\boldsymbol{e}}_z \times \boldsymbol{B}_0)$$
$$= \frac{\partial B_{0x}}{\partial z} - \frac{\partial B_{0z}}{\partial x} + ik_z B_{0x} = ik_z B_{0x}$$

gefunden werden. Werden diese Gleichungen kombiniert, so kann

$$-i\frac{\omega}{u^2}E_{0y} = ik_z \frac{1}{i\omega}(-ik_z E_{0y}) = -i\frac{k_z^2}{\omega}E_{0y}$$

ermittelt werden. Falls nun $k_y \neq 0$ ist, es sich also um eine wirkliche TE- und nicht um eine TEM-Mode handelt, so kann die Gleichung nur für $E_{0y} = 0$ und damit $B_{0x} = 0$

erfüllt werden.

Daneben können auch die Komponenten E_{0x} und B_{0y} betrachtet werden, wobei sich die Zusammenhänge

$$-\mathrm{i}\frac{\omega}{u^2}E_{0x} = \hat{\boldsymbol{e}}_x \cdot (\boldsymbol{\nabla} \times \boldsymbol{B}_0) + \mathrm{i}k_z\,\hat{\boldsymbol{e}}_x \cdot (\hat{\boldsymbol{e}}_z \times \boldsymbol{B}_0)$$

$$= \frac{\partial B_{0z}}{\partial y} - \frac{\partial B_{0y}}{\partial z} - \mathrm{i}k_z B_{0y} = \frac{\partial B_{0z}}{\partial y} - \mathrm{i}k_z B_{0y}$$

und

$$\mathrm{i}\omega B_{0y} = \hat{\boldsymbol{e}}_y \cdot (\boldsymbol{\nabla} \times \boldsymbol{E}_0) + \mathrm{i}k_z\,\hat{\boldsymbol{e}}_y \cdot (\hat{\boldsymbol{e}}_z \times \boldsymbol{E}_0)$$

$$= \frac{\partial E_{0x}}{\partial z} - \frac{\partial E_{0z}}{\partial x} + \mathrm{i}k_z E_{0x} = \mathrm{i}k_z E_{0x}$$

ergeben. Diese können ineinander eingesetzt werden, um so zunächst

$$-\mathrm{i}\frac{\omega}{u^2}E_{0x} = \frac{\partial B_{0z}}{\partial y} - \mathrm{i}k_z B_{0y}$$

$$= \frac{\partial B_{0z}}{\partial y} - \mathrm{i}k_z \frac{1}{\mathrm{i}\omega}\mathrm{i}k_z E_{0x} = \frac{\partial B_{0z}}{\partial y} - \mathrm{i}\frac{k_z^2}{\omega}E_{0x}$$

$$\Rightarrow \quad -\mathrm{i}\left(\frac{\omega^2}{u^2} - k_z^2\right)E_{0x} = \omega\frac{\partial B_{0z}}{\partial y}$$

zu erhalten. Da $k_y \neq 0$ betrachtet werden soll, muss damit auch

$$E_{0x} = \frac{\mathrm{i}\omega}{\frac{\omega^2}{u^2} - k_z^2}\frac{\partial B_{0z}}{\partial y} = \mathrm{i}\frac{\omega}{k_y^2}\frac{\partial B_{0z}}{\partial y}$$

gelten. Da die Randbedingungen $E_{0x}(y = 0) = 0$ vorsehen, muss also auch

$$\left.\frac{\partial B_{0z}}{\partial y}\right|_{y=0} = k_y C_2 = 0$$

gültig sein, weshalb $C_2 = 0$ und deshalb auch

$$B_{0z} = \hat{B}_{0z}\cos(k_y y)$$

ist. Durch die Bedingung $E_{0x}(y = a) = 0$ kann hingegen die Bedingung

$$\left.\frac{\partial B_{0z}}{\partial y}\right|_{y=a} = k_y\hat{B}_{0z}\sin(k_y a) = 0 \quad \Rightarrow \quad k_y a = n\pi \quad n \in \mathbb{N}$$

gefunden werden. Diese sorgt dafür, dass nur bestimmte Werte für k_y in den Moden auftreten. Da B_{0y} über

$$B_{0y} = \frac{k_z}{\omega}E_{0x}$$

direkt proportional zu E_{0x} ist und ebenfalls am Rand verschwinden muss, sind die Randbedingungen für beide Felder bereits erfüllt. Die vollständige Lösung für TE-Moden kann zusammenfassend also durch

$$E_{0x} = -\mathrm{i}\frac{\omega}{k_y}\hat{B}_{0z}\sin(k_y y) \qquad E_{0y} = 0 \qquad E_{0z} = 0$$

$$B_{0x} = 0 \qquad B_{0y} = -\mathrm{i}\frac{k_z}{k_y}\hat{B}_{0z}\sin(k_y y) \qquad B_{0z} = \hat{B}_{0z}\cos(k_y y)$$

mit $k_y = \frac{n\pi}{a}$ angegeben werden. Da die kleinste Grenzfrequenz für das kleinste k_y bei $n = 1$ eingenommen wird, kann so

$$\omega_{\mathrm{g}}^{\mathrm{TE}} = u\frac{1\cdot\pi}{a} = \frac{\pi}{a\sqrt{\mu\varepsilon}}$$

gefunden werden.

(f) **(3 Punkte)** Bestimmen Sie die Phasen- und Gruppengeschwindigkeit der einzelnen TE-Moden bei vorgegebener Kreisfrequenz ω.

Lösungsvorschlag:
Die Phasengeschwindigkeit ist durch den Quotienten

$$v_{\mathrm{ph}} = \frac{\omega}{k}$$

bestimmt. Da in einer TE-Mode der Zusammenhang

$$\omega = u\sqrt{k_z^2 + \frac{n^2\pi^2}{a^2}}$$

gültig ist, kann so die Phasengeschwindigkeit

$$v_{\mathrm{ph}} = \frac{\omega}{k_z} = u\sqrt{1 + \frac{n^2\pi^2}{k_z^2 a^2}} > u$$

ermittelt werden. Sie ist größer als die naiv erwartete Ausbreitungsgeschwindigkeit u im Medium. [2] Die Gruppengeschwindigkeit ist hingegen durch

$$v_{\mathrm{gr}} = \frac{\mathrm{d}\omega}{\mathrm{d}k}$$

gegeben und kann daher zu

$$v_{\mathrm{gr}} = \frac{\mathrm{d}\omega}{\mathrm{d}k_z} = u\frac{2k_z}{2\sqrt{k_z^2 + \frac{n^2\pi^2}{a^2}}} = \frac{u}{\sqrt{1 + \frac{n^2\pi^2}{k_z^2 a^2}}} < u$$

ermittelt werden. Sie ist kleiner als die naiv erwartete Ausbreitungsgeschwindigkeit u im Medium.

---

[2] Im Spezialfall eines Vakuums zwischen den beiden Platten ist sie somit auch größer als die Vakuumslichtgeschwindigkeit. Da die Phasengeschwindigkeit aber keine Informationen transportiert, verletzt sie nicht das Kausalitätsprinzip.

15 Klausur XV – Elektrodynamik – Sehr Schwer

Im Kurzfragebogen dieser Klausur werden die Kontinuitätsgleichung in Lorentz-kovarianter Form, die Gesamtinduktivität zweier in Reihe geschalteter Spulen, die magnetische Flussdichte einer zur z-Achse parallelen und zylindersymmetrischen nach außen hin exponentiell abfallenden Stromverteilung, das Volumenintegral einer Rotation und die Stetigkeit der magnetischen Feldstärke an einer stromdurchflossenen Grenzfläche betrachtet. In Aufgabe 2 wird, aus der klassischen Mechanik kommend, die Lagrange-Dichte der Elektrodynamik konstruiert und anschließend deren Verhalten unter Eichtransformation untersucht. Aufgabe 3 beschäftigt sich mit der Ausbreitung elektromagnetischer Wellen und im Besonderen mit der Polarisation derselbigen. Dabei wird auch das Transformationsverhalten der polarisierten Anteile unter einem Lorentz-Boost betrachtet. In Aufgabe 4 soll das elektrische Potential in großer Entfernung zu einer hexagonalen Ladungsverteilung bestimmt werden.

Überblick

15.1 Aufgaben zur Klausur XV – Elektrodynamik – Sehr Schwer 601
    Aufgabe **1 - Kurzfragen** 601
    Aufgabe **2 - Die Lagrange-Formulierung der Elektrodynamik** 602
    Aufgabe **3 - Zirkulare Polarisation elektromagnetischer Wellen** 604
    Aufgabe **4 - Multipolmomente am regelmäßigen Sechseck** 606
15.2 Hinweise zur Klausur XV – Elektrodynamik – Sehr Schwer 609
15.3 Lösung zur Klausur XV – Elektrodynamik – Sehr Schwer 613
    Aufgabe **1 - Kurzfragen** 613
    Aufgabe **2 - Die Lagrange-Formulierung der Elektrodynamik** 619
    Aufgabe **3 - Zirkulare Polarisation elektromagnetischer Wellen** 625
    Aufgabe **4 - Multipolmomente am regelmäßigen Sechseck** 634

15.1   Aufgaben zur Klausur XV – Elektrodynamik – Sehr Schwer

Aufgabe 1   25 *Punkte*

Kurzfragen

Schlagwörter:
Maxwell-Gleichungen, Elektrische Bauteile, Ampère'sches Gesetz, Vektoranalysis, Stetig-
keitsbedingungen

(a) **(5 Punkte)** Verwenden Sie die inhomogenen Maxwell-Gleichungen in Lorentz-kovarianter
Form, um die Kontinuitätsgleichung $\partial_\lambda j^\lambda = 0$ zu zeigen.

(b) **(5 Punkte)** Bestimmen Sie aus den Kirchhoff'schen Gesetzen die Gesamtinduktivität
zweier in Reihe geschalteter Spulen L_1 und L_2.

(c) **(5 Punkte)** Betrachten Sie die ausgedehnte Stromverteilung

$$ \boldsymbol{j} = \frac{I}{\pi R^2}\, \mathrm{e}^{-\frac{s^2}{R^2}}\, \hat{\boldsymbol{e}}_z $$

und zeigen Sie zunächst, dass die gesamte xy-Ebene vom Strom I durchflossen wird.
Bestimmen Sie dann die magnetische Flussdichte $\boldsymbol{B}(\boldsymbol{r})$.

(d) **(5 Punkte)** Zeigen Sie, dass für ein stetig differenzierbares Vektorfeld der Zusammenhang

$$ \iiint_{\mathcal{V}} \mathrm{d}^3 r\, \boldsymbol{\nabla} \times \boldsymbol{A} = \oiint_{\partial\mathcal{V}} \mathrm{d}^2 \boldsymbol{f} \times \boldsymbol{A} $$

gültig ist.

(e) **(5 Punkte)** Zeigen Sie, dass für die magnetische Feldstärke an einer Grenzfläche mit
dem Oberflächenstrom $\boldsymbol{k}_\mathrm{f}$ der Zusammenhang

$$ \boldsymbol{n}_{12} \times (\boldsymbol{H}_2 - \boldsymbol{H}_1) = \boldsymbol{k}_\mathrm{f} $$

gültig ist. Hierin beschreiben $\boldsymbol{H}_1$ und $\boldsymbol{H}_2$ die magnetischen Feldstärken in den jeweiligen Medien am selben Punkt der Grenzfläche und $\boldsymbol{n}_{12}$ beschreibt den Normalenvektor
der Grenzfläche, der von Medium eins in Medium zwei zeigt.

Aufgabe 2   **25 *Punkte***

Die Lagrange-Formulierung der Elektrodynamik

Schlagwörter:
Feldstärketensor, Relativistik, Vektorpotential, Eichfreiheit, Stromdichte, Bewegungsgleichung, Lagrange-Formalismus, Feldtheorie

In dieser Aufgabe soll die Lagrange-Funktion der Elektrodynamik untersucht werden. Dazu dürfen uneingeschränkt die Kenntnisse über klassische Feldtheorien und im Besonderen die Euler-Lagrange-Gleichungen

$$\partial_\mu \frac{\partial \mathcal{L}}{\partial(\partial_\mu \phi_r)} = \frac{\partial \mathcal{L}}{\partial \phi_r} \tag{15.1}$$

für die Wirkung

$$S = \frac{1}{c} \int_\Omega \mathrm{d}^4 x \; \mathcal{L}(\phi_r, \partial_\mu \phi_r, x)$$

mit der Lagrange-Dichte $\mathcal{L}(\phi_r, \partial_\mu \phi_r, x)$ verwendet werden. ϕ_r sind dabei die betrachteten Felder und Ω ist das betrachtete Raumzeitvolumen der Form $[t_A, t_B] \times \mathbb{R}^3$.

(a) **(4 Punkte)** Verwenden Sie die Lagrange-Funktion

$$L(\boldsymbol{r}, \boldsymbol{v}, t) = -mc^2 \sqrt{1 - \frac{v^2}{c^2}} + q\,\boldsymbol{v} \cdot \boldsymbol{A}(\boldsymbol{r}, t) - q\phi(\boldsymbol{r}, t)$$

eines relativistischen Teilchens in einem elektromagnetischen Feld, um zu argumentieren, dass die Lagrange-Dichte der Elektrodynamik einen Term der Form

$$\mathcal{L}_{\text{int}} = -j_\mu A^\mu$$

beinhalten muss.

(b) **(7 Punkte)** Zeigen Sie mit Hilfe der Euler-Lagrange-Gleichung (15.1), dass sich mit der Lagrange-Dichte

$$\mathcal{L}_{\text{ED}}(A_\mu, \partial_\nu A_\mu, x) = -\frac{1}{4\mu_0} F_{\mu\nu} F^{\mu\nu} - j_\mu A^\mu$$

die inhomogenen Maxwell-Gleichungen in kovarianter Form ergeben. Dabei ist

$$F_{\mu\nu} = \partial_\mu A_\nu - \partial_\nu A_\mu$$

der Feldstärketensor der Elektrodynamik.

(c) **(5 Punkte)** Verwenden Sie das Ergebnis aus Teilaufgabe (b), um die Kontinuitätsgleichung der Ladungsstromdichte j^μ herzuleiten. Zeigen Sie, dass die damit definierte Ladung

$$Q = \int_\mathcal{S} \mathrm{d}^3 S_\mu \; j^\mu$$

eine Erhaltungsgröße ist. Darin ist der Normalenvektor der dreidimensionalen Hyperfläche $\mathcal{S}$ zeitartig.

Hinweis:
Sie dürfen ohne Beweis den Satz von Gauß

$$\int_\Omega \mathrm{d}^4x \ \partial_\mu V^\mu(x) = \oint_{\partial\Omega} \mathrm{d}^3 S_\mu \ V^\mu(x)$$

annehmen.

(d) **(3 Punkte)** Finden Sie das Verhalten von $F^{\mu\nu}$ unter der Eichtransformation

$$A_\mu \to A'_\mu = A_\mu + \partial_\mu \Lambda(x)$$

mit einer zweimal stetig differenzierbaren Funktion $\Lambda(x)$. Was bedeutet dies für die Bewegungsgleichungen aus Teilaufgabe (b)?

(e) **(6 Punkte)** Untersuchen Sie das Verhalten der Wirkung

$$S_{\mathrm{ED}} = \frac{1}{c} \int_\Omega \mathrm{d}^4x \ \mathcal{L}_{\mathrm{ED}}(A_\mu, \partial_\nu A_\mu, x)$$

unter der Eichtransformation aus Teilaufgabe (d). Drücken Sie die transformierte Wirkung S'_{ED} dazu durch die nicht transformierte Wirkung S_{ED} und ein Integral über eine dreidimensionale Hyperfläche $\partial\Omega$, die ein vierdimensionales Hypervolumen Ω beschränkt, aus. Wieso hat dieser Term keinen Einfluss auf die Bewegungsgleichungen?

Aufgabe 3   **25 Punkte**

Zirkulare Polarisation elektromagnetischer Wellen

Schlagwörter:
Maxwell-Gleichungen, Elektromagnetische Wellen, Relativistik, Lorentz-Boost

In dieser Aufgabe soll die zirkulare Polarisation elektromagnetischer Wellen im Vakuum untersucht werden.

(a) **(3 Punkte)** Stellen Sie die quellenfreien Maxwell-Gleichungen im Vakuum auf und zeigen Sie, dass sich diese auf

$$\left(\frac{1}{c^2}\frac{\partial^2}{\partial t^2} - \Delta\right) \boldsymbol{E} = 0 \qquad \left(\frac{1}{c^2}\frac{\partial^2}{\partial t^2} - \Delta\right) \boldsymbol{B} = 0$$

reduzieren lassen.

(b) **(5 Punkte)** Machen Sie den Ansatz einer ebenen Welle

$$\boldsymbol{E}(\boldsymbol{r}, t) = \boldsymbol{E}_0 \, \mathrm{e}^{\mathrm{i}(\boldsymbol{k}\cdot\boldsymbol{r} - \omega t)}$$

mit konstantem $\boldsymbol{E}_0$ und finden Sie eine Beziehung zwischen ω und $\boldsymbol{k}$. Zeigen Sie dann, dass es sich bei $\boldsymbol{E}$, $\boldsymbol{B}$ und $\boldsymbol{k}$ um ein orthogonales Rechtssystem handelt. Zeigen Sie im Besonderen, dass der Zusammenhang

$$\boldsymbol{B}_0 = \frac{\boldsymbol{k}}{\omega} \times \boldsymbol{E}_0$$

gelten muss.

Gehen Sie nun davon aus, die Welle breite sich entlang der z-Richtung aus und ihre Amplitude sei durch

$$\boldsymbol{E}_0 = \frac{E_0}{\sqrt{2}} \left(\hat{\boldsymbol{e}}_x + \mathrm{e}^{\mathrm{i}\delta}\,\hat{\boldsymbol{e}}_y\right)$$

gegeben. Dabei ist $E_0 = |E_0|\,\mathrm{e}^{\mathrm{i}\varphi}$ eine komplexwertige Amplitude mit Phase φ und δ die Phasendifferenz der Amplituden in x- und y-Richtung.

(c) **(4 Punkte)** Zeigen Sie zunächst, dass die Amplitude des elektrischen Feldes dann wirklich durch $|\boldsymbol{E}_0| = |E_0|$ gegeben ist und bestimmen Sie die physikalischen Felder $\mathrm{Re}\,[\boldsymbol{E}(\boldsymbol{r}, t)]$ und $\mathrm{Re}\,[\boldsymbol{B}(\boldsymbol{r}, t)]$.

(d) **(3 Punkte)** Zeigen Sie, dass die Basisvektoren $\hat{\boldsymbol{e}}_\pm$ in $\boldsymbol{E}_0 = E_0\,\hat{\boldsymbol{e}}_\pm$ für rechts-zirkular polarisiertes Licht $\delta = +\frac{\pi}{2}$ und links-zirkular polarisiertes Licht $\delta = -\frac{\pi}{2}$ durch

$$\hat{\boldsymbol{e}}_\pm = \frac{1}{\sqrt{2}}(\hat{\boldsymbol{e}}_x \pm i\hat{\boldsymbol{e}}_y)$$

gegeben sind. Untersuchen Sie, wie sich diese Vektoren bei der Drehung

$$\hat{\boldsymbol{e}}_x \to \hat{\boldsymbol{e}}_x \cos(\theta) + \hat{\boldsymbol{e}}_y \sin(\theta)$$
$$\hat{\boldsymbol{e}}_y \to -\hat{\boldsymbol{e}}_x \sin(\theta) + \hat{\boldsymbol{e}}_y \cos(\theta)$$

um die z-Achse um den Winkel θ transformieren.

(e) (**5 Punkte**) Zeigen Sie mit Ihren bisherigen Ergebnissen, dass es sich bei den Größen

$$\boldsymbol{F}_\pm = \boldsymbol{E} \pm \mathrm{i}c\,\boldsymbol{B}$$

um rechts- bzw. links-zirkular polarisierte Vektoren handelt.

(f) (**5 Punkte**) Verwenden Sie das Transformationsverhalten

$$\boldsymbol{E}'(\boldsymbol{r}',t') = \boldsymbol{E}_\parallel(\boldsymbol{r},t) + \gamma\left(\boldsymbol{E}_\perp(\boldsymbol{r}',t') + \boldsymbol{\beta} \times (c\,\boldsymbol{B}(\boldsymbol{r},t))\right)$$
$$\boldsymbol{B}'(\boldsymbol{r}',t') = \boldsymbol{B}_\parallel(\boldsymbol{r},t) + \gamma\left(\boldsymbol{B}_\perp(\boldsymbol{r},t) - \boldsymbol{\beta} \times \left(\frac{1}{c}\boldsymbol{E}(\boldsymbol{r},t)\right)\right)$$

der elektromagnetischen Felder bei einem Boost, um die Transformationsmatrix $\Lambda_\pm$ in $\boldsymbol{F}'_\pm(\boldsymbol{r}',t') = \Lambda_\pm \boldsymbol{F}_\pm(\boldsymbol{r},t)$ für die in Teilaufgabe (e) eingeführten Felder $\boldsymbol{F}_\pm$ allgemein zu bestimmen.

Hinweis: Bei einem Boost lassen sich γ und $\boldsymbol{\beta} = \beta\,\boldsymbol{n}$ durch die Rapidität ν mittels $\gamma = \cosh(\nu)$ und $\gamma\beta = \sinh(\nu)$ ausdrücken. Der parallele Anteil eines Vektors $\boldsymbol{A}$ zu einem normierten Vektor $\boldsymbol{n}$ kann durch $(\boldsymbol{n} \cdot \boldsymbol{n}^T)\boldsymbol{A}$ ermittelt werden.

Aufgabe 4   25 *Punkte*

Multipolmomente am regelmäßigen Sechseck

Schlagwörter:
Elektrostatik, Multipolentwicklung, Legendre-Polynome, Elektrisches Potential, Ladungs-
dichte, Monopol, Dipol, Quadrupol

In dieser Aufgabe soll das elektrische Potential von sechs Ladungen, die in einem regelmäßigen Sechseck der Kantenlänge a in der xy-Ebene angeordnet sind, in großem Abstand
$r \gg a$ bestimmt werden. Die geometrische Anordnung ist in Abb. 15.1 zu sehen. Die
Ladungen sind dabei in ihrem Vorzeichen alternierend.

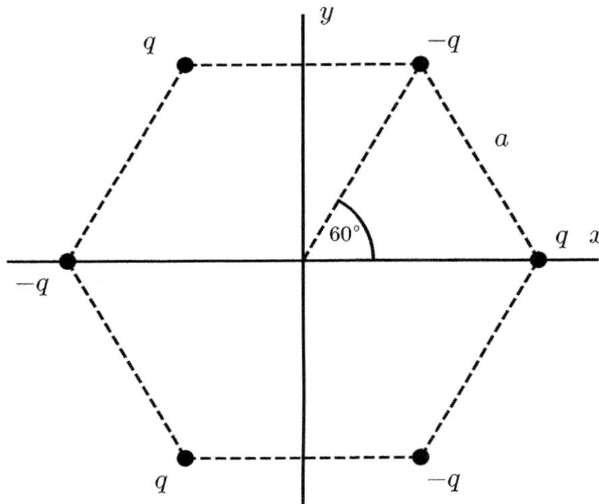

Abb. 15.1 Skizze der hexagonal angeordneten Ladungen

(a) **(2 Punkte)** Finden Sie die x- und y-Komponenten der jeweiligen Ladungen.

(b) **(2 Punkte)** Bestimmen Sie das Mono- und Dipolmoment der vorliegenden Ladungskonfiguration.

(c) **(4 Punkte)** Zeigen Sie, dass alle Komponenten des Quadrupoltensors für diese Ladungsverteilung verschwinden.

(d) **(6 Punkte)** Entwickeln Sie den Ausdruck

$$\frac{1}{\sqrt{1 - 2\lambda x + \lambda^2}}$$

bis zur dritten Ordnung in λ und verwenden Sie Ihr Ergebnis, um zu zeigen, dass sich das Potential eines Sextupolfeldes durch

$$\phi^{(3)}(\boldsymbol{r}) = \frac{1}{8\pi\varepsilon_0} \cdot \frac{Q^{(3)}_{ijk} r_i r_j r_k}{r^7}$$

schreiben lässt. Darin ist $Q^{(3)}_{ijk}$ der Sextupoltensor. Er ist invariant unter der Permutation der Indizes und erfüllt die Eigenschaft $Q^{(3)}_{ikk} = 0$ für alle $i \in \{1, 2, 3\}$.

Hinweis: Das Legendre-Polynom für $l = 3$ ist durch

$$P_3(x) = \frac{5x^3 - 3x}{2}$$

gegeben.

(e) (**9 Punkte**) Begründen Sie, weshalb es genügt, die Komponenten $Q^{(3)}_{123}$, $Q^{(3)}_{111}$, $Q^{(3)}_{133}$, $Q^{(3)}_{222}$, $Q^{(3)}_{233}$, $Q^{(3)}_{322}$ und $Q^{(3)}_{333}$ zu bestimmen, um den gesamten Sextupoltensor zu kennen. Bestimmen Sie diese Komponenten für die vorliegende Ladungsverteilung.

(f) (**2 Punkte**) Verwenden Sie Ihre Ergebnisse aus den Teilaufgaben (d) und (e), um das Potential des Sextupolanteils für die gegebene Ladungsverteilung zu bestimmen. Weshalb wird das tatsächliche Potential für große Abstände $r \gg a$ durch diesen Ausdruck gut beschrieben?

15.2 Hinweise zur Klausur XV – Elektrodynamik – Sehr Schwer

Aufgabe 1 - Kurzfragen

(a) Was passiert, wenn von den Lorentz-kovarianten inhomogenen Maxwell-Gleichungen $\partial_\mu F^{\mu\nu} = \mu_0 j^\nu$ die Ableitung ∂_ν gebildet wird?

(b) Wie hängen Spannung, Induktivität und Änderung der Stromstärke an einer einzelnen Spule zusammen? Wieso ist die Spannung in der Ersatzspule die Summe der Spannungen der einzelnen Spulen? Wieso ist die Änderung der Stromstärke in den beiden Spulen gleich?

(c) Was passiert, wenn das Integral

$$\iint_{\mathbb{R}^2} \mathrm{d}^2\boldsymbol{f} \cdot \boldsymbol{j}$$

ausgewertet wird? Wie kann das Ampère'sche Gesetz

$$\oint_{\partial\mathcal{F}} \mathrm{d}\boldsymbol{r} \cdot \boldsymbol{B} = \mu_0 \iint_{\mathcal{F}} \mathrm{d}^2\boldsymbol{f} \cdot \boldsymbol{j}$$

mit einer Kreisfläche in der xy-Ebene dieses Problem lösen? Wieso kann die magnetische Flussdichte nur von s abhängen?

(d) Was passiert, wenn beide Seiten mit einem beliebigen aber konstanten Vektorfeld $\boldsymbol{C}$ multipliziert werden? Wie lässt sich die Produktregel der Vektoranalysis

$$\boldsymbol{\nabla} \cdot (\boldsymbol{A} \times \boldsymbol{C}) = \boldsymbol{C} \cdot (\boldsymbol{\nabla} \times \boldsymbol{A}) - \boldsymbol{A} \cdot (\boldsymbol{\nabla} \times \boldsymbol{C})$$

ausnutzen, um im linken Integral eine Divergenz herzustellen?

(e) Wie lässt sich die Maxwell-Gleichung

$$\boldsymbol{\nabla} \times \boldsymbol{H} = \boldsymbol{j}_\mathrm{f} + \partial_t \boldsymbol{D}$$

verwenden, um die gesuchte Stetigkeitsbedingung zu finden? Wie kann diese in eine Integralform gebracht werden? Über welches Gebiet sollte am besten integriert werden? Welches Rechtssystem lässt sich aus den Vektoren $\boldsymbol{k}_\mathrm{f}$ und $\boldsymbol{n}_{12}$ bilden? Wie stehen die beiden Vektoren mit einer Größe des Integrationsgebiets zusammen?

Aufgabe 2 - Die Lagrange-Formulierung der Elektrodynamik

(a) Wie baut sich eine Lagrange-Funktion für ein System auf, dass aus zwei Teilsystemen besteht? Was ist, wenn es sich bei diesen Teilsystemen um das elektromagnetische Feld auf der einen Seite und bewegte und geladene Teilchen auf der anderen Seite handelt? Wie lässt sich aus der Ladung eine Ladungsdichte konstruieren? Wie sieht dann die Stromdichte aus? Welche Form haben das Vierer-Potential und die Vierer-Stromdichte?

(b) Wie lassen sich die Ableitungen

$$\frac{\partial F_{\mu\nu}}{\partial A_\sigma} \qquad \frac{\partial F_{\mu\nu}}{\partial(\partial_\lambda A_\sigma)}$$

bestimmen? Achten Sie darauf, wann ein Kronecker-Delta und wann die Metrik verwendet werden muss.

(c) Was passiert, wenn die Ableitung $\partial_\sigma \partial_\lambda F^{\sigma\lambda}$ gebildet wird? Betrachten Sie die Ladung zu zwei Zeitpunkten t_1 und t_2 und entsprechend zwei Hyperflächen $\mathcal{S}_1$ und $\mathcal{S}_2$. Wie lässt sich daraus ein Integral über eine geschlossene dreidimensionale Hyperfläche konstruieren? Was passiert mit dem parallelen Anteil zum Normalenvektor der Oberfläche der Ladungsstromdichte für $|\boldsymbol{r}| \to \infty$?

(d) Was passiert, wenn die Feldtransformation in die Definition des Feldstärketensors eingesetzt wird? Was gilt für zwei partielle Ableitungen von zweimal stetig differenzierbaren Funktionen nach dem Satz von Schwarz?

(e) Wie lässt sich mit Hilfe der Kontinuitätsgleichung der Ausdruck

$$\partial_\mu\left(j^\mu \Lambda\right)$$

vereinfachen? Warum trägt ein Integral über den Rand des Hypervolumens $\partial\Omega$ nicht zu den Bewegungsgleichungen bei, wenn der Integrand nicht von den Feldern abhängt?

Aufgabe 3 - Zirkulare Polarisation elektromagnetischer Wellen

(a) Was passiert, wenn die Rotation der Rotation betrachtet wird? Inwiefern kann die Regel der Vektoranalysis

$$\nabla \times (\nabla \times \boldsymbol{A}) = \nabla(\nabla \cdot \boldsymbol{A}) - \Delta\boldsymbol{A}$$

hier hilfreich sein?

(b) Was passiert, wenn der gegebene Ansatz in die Gleichungen aus Teilaufgabe (a) eingesetzt wird? Wie führt die komponentenweise Anwendung des Laplace-Operators auf die Anwendung des Laplace-Operators auf die Exponentialfunktion? Was passiert, wenn der Ansatz in die Maxwell-Gleichungen für das elektrische Feld eingesetzt wird?

(c) Wie lässt sich $|\boldsymbol{E}_0|^2$ mit Hilfe des komplex Konjugierten bestimmen? Was passiert, wenn die Amplitude in den Ansatz aus Teilaufgabe (b) eingesetzt wird? Welche Information kann aus der Euler'schen Formel

$$e^{\mathrm{i}x} = \cos(x) + \mathrm{i}\sin(x)$$

gewonnen werden, um den Realteil der Felder zu bestimmen? Wie lässt sich nach den Erkenntnissen von Teilaufgabe (b) die Amplitude $\boldsymbol{B}_0$ aus der Amplitude des elektrischen Feldes bestimmen?

(d) Was passiert, wenn die einzelnen Werte für δ in den Ausdruck der Amplitude eingesetzt werden? Wie vergleichen sich diese mit den gesuchten Basisvektoren $\hat{\boldsymbol{e}}_{\pm}$? Was passiert, wenn die Transformation von $\hat{\boldsymbol{e}}_x$ und $\hat{\boldsymbol{e}}_y$ in die Definition der Polarisationsvektoren $\hat{\boldsymbol{e}}_{\pm}$ eingesetzt wird?

(e) Was passiert, wenn die Amplituden $\boldsymbol{E}_0$ und $\boldsymbol{B}_0$ durch $\hat{\boldsymbol{e}}_{\pm}$ ausgedrückt werden? Wie lässt sich zeigen, dass $\hat{\boldsymbol{e}}_x$ und $\hat{\boldsymbol{e}}_y$ gemäß

$$\hat{\boldsymbol{e}}_x = \frac{1}{\sqrt{2}}(\hat{\boldsymbol{e}}_+ + \hat{\boldsymbol{e}}_-) \qquad \hat{\boldsymbol{e}}_y = \frac{-\mathrm{i}}{\sqrt{2}}(\hat{\boldsymbol{e}}_+ - \hat{\boldsymbol{e}}_-)$$

in $\hat{\boldsymbol{e}}_{\pm}$ zerlegt werden können? Wie lässt sich dann zeigen, dass $\boldsymbol{F}_+$ proportional zu $\hat{\boldsymbol{e}}_+$ ist, während $\boldsymbol{F}_-$ proportional zu $\hat{\boldsymbol{e}}_-$ ist?

(f) Was passiert, wenn das Transformationsverhalten der elektromagnetischen Felder in die Definition von $\boldsymbol{F}_{\pm}$ eingesetzt wird? Wie lassen sich die Terme aus $\boldsymbol{F}_{\pm}$ im so entstehenden Ausdruck wieder identifizieren?

Aufgabe 4 - Multipolmomente am regelmäßigen Sechseck

(a) Aus der Skizze geht hervor, dass der Mittelpunkt des Sechsecks mit dem Ursprung zusammenfällt. Was für Strukturen ergeben sich, wenn der Ursprung mit jeder Ladung verbunden wird? Was für eine Aussage lässt sich über die Seitenlänge dieser Strukturen treffen? Welche Werte nehmen Sinus und Kosinus für ein Argument von $60°$ an?

(b) Wieso lassen sich Monopol- und Dipolmoment für Punktladungen auch durch

$$Q^{(0)} = \sum_{\alpha} q_{\alpha}$$

und

$$Q_i^{(1)} = \sum_{\alpha} q_{\alpha} r_{\alpha,i}$$

bestimmen? Was ergibt sich mit den Ergebnissen aus Teilaufgabe (a)?

(c) Über welche Eigenschaften verfügt der Quadrupoltensor, der für Punktladungen durch

$$Q_{ij}^{(2)} = \sum_{\alpha} q_{\alpha}(3 r_{\alpha,i} r_{\alpha,j} - \delta_{ij} r_{\alpha}^2)$$

gegeben ist? Wieso bietet es sich vor allem an, die Elemente $Q_{33}^{(2)}$ und $Q_{22}^{(2)}$ zu bestimmen?

(d) Stellt der gegebene Ausdruck etwas Besonderes für Legendre-Polynome dar? Alternativ können Sie auch die Taylor-Entwicklung gemäß des binomischen Lehrsatzes

$$(1+x)^n \approx 1 + nx + \frac{n(n-1)}{2}x^2 + \frac{n(n-1)(n-2)}{6}x^3 + \mathcal{O}(x^4)$$

verwenden. Wie hängt der Ausdruck

$$\frac{1}{|\boldsymbol{r} - \boldsymbol{r}'|}$$

mit dem zu entwickelnden Ausdruck zusammen? Sie sollten den Sextupoltensor

$$Q_{ijk}^{(3)} = \iiint\limits_{\mathbb{R}^3} \mathrm{d}^3 r' \; \rho(\boldsymbol{r}') \left(5 r_i' r_j' r_k' - r'^2 (r_i' \delta_{jk} + r_j' \delta_{ki} + r_k' \delta_{ij})\right)$$

finden.

(e) Wie viele Komponenten hat ein dreifach indizierter Tensor? Wie viele unabhängige Komponenten gibt es, wenn alle drei Indizes verschieden sind? Wie viele unabhängige Komponenten gibt es aufgrund von $Q_{ikk}^{(3)} = 0$, wenn mindestens zwei Indizes gleich sind? Wieso lässt sich der Sextupoltensor in diesem Fall auch durch

$$Q_{ijk}^{(3)} = \sum_{\alpha} q_\alpha \left(5 r_{\alpha,i} r_{\alpha,j} r_{\alpha,k} - r_\alpha^2 (r_{\alpha,i} \delta_{jk} + r_{\alpha,j} \delta_{ki} + r_{\alpha,k} \delta_{ij})\right)$$

ausdrücken?

(f) Bedenken Sie, dass die Summe $Q_{ijk}^{(3)} r_i r_j r_k$ über 27 Summanden verfügt.

15.3   Lösung zur Klausur XV – Elektrodynamik – Sehr Schwer

Aufgabe 1   25 *Punkte*

Kurzfragen

(a) **(5 Punkte)** Verwenden Sie die inhomogenen Maxwell-Gleichungen in Lorentz-kovarianter Form, um die Kontinuitätsgleichung $\partial_\lambda j^\lambda = 0$ zu zeigen.

Lösungsvorschlag:
Die Lorentz-kovariante Form der inhomogenen Maxwell-Gleichungen ist durch

$$\partial_\mu F^{\mu\nu} = \mu_0\, j^\nu$$

gegeben. Wird hiervon die Ableitung ∂_ν gebildet, so kann zunächst

$$\mu_0 \partial_\nu j^\nu = \partial_\nu \partial_\mu F^{\mu\nu}$$

gefunden werden. Werden nun die Antisymmetrie $F^{\mu\nu} = -F^{\nu\mu}$ sowie der Satz von Schwarz ausgenutzt, kann mittels der Rechnung

$$\partial_\nu\partial_\mu F^{\mu\nu} = \frac{1}{2}\left(\partial_\nu\partial_\mu F^{\mu\nu} + \partial_\nu\partial_\mu F^{\mu\nu}\right) = \frac{1}{2}\left(\partial_\nu\partial_\mu F^{\mu\nu} - \partial_\nu\partial_\mu F^{\nu\mu}\right)$$
$$= \frac{1}{2}\left(\partial_\nu\partial_\mu F^{\mu\nu} - \partial_\mu\partial_\nu F^{\mu\nu}\right) = \frac{1}{2}\left(\partial_\nu\partial_\mu F^{\mu\nu} - \partial_\nu\partial_\mu F^{\mu\nu}\right) = 0$$

ermittelt werden. Daher ist die Kontinuitätsgleichung

$$\partial_\nu j^\nu = 0$$

gültig.

(b) **(5 Punkte)** Bestimmen Sie aus den Kirchhoff'schen Gesetzen die Gesamtinduktivität zweier in Reihe geschalteter Spulen L_1 und L_2.
Die Spannung über einer Spule ist durch $U_L = L\dot{I}$ gegeben. Werden zwei Spulen L_1 und L_2 in Reihe geschaltet, so ist die gesamte Spannung über diesen durch

$$U_{\mathrm{ges}} = U_1 + U_2 = L_1\dot{I}_1 + L_2\dot{I}_2$$

gegeben. Sie muss aber auch der Spannung $U_{\mathrm{ges}} = L_{\mathrm{ges}}\dot{I}$ der Ersatzspule entsprechen. Da keine Knoten auftreten, muss die Stromstärke in den beiden Spulen gleich sein und damit ist auch die Änderung der beiden Stromstärken gleich. Gleichzeitig muss diese aber auch der Änderung der Stromstärke in der Ersatzspule entsprechen, weshalb der Zusammenhang

$$I_{\mathrm{ges}} = I_1 = I_2$$

gültig ist. Damit kann der Zusammenhang

$$L_{\mathrm{ges}} = L_1\dot{I}_1 + L_2\dot{I}_2 = L_1\dot{I}_{\mathrm{ges}} + L_2\dot{I}_{\mathrm{ges}} \quad\Rightarrow\quad L_{\mathrm{ges}} = L_1 + L_2$$

gefunden werden. Die Induktivitäten müssen also einfach addiert werden.

(c) **(5 Punkte)** Betrachten Sie die ausgedehnte Stromverteilung

$$\boldsymbol{j} = \frac{I}{\pi R^2}\, \mathrm{e}^{-\frac{s^2}{R^2}}\, \hat{\boldsymbol{e}}_z$$

und zeigen Sie zunächst, dass die gesamte xy-Ebene vom Strom I durchflossen wird. Bestimmen Sie dann die magnetische Flussdichte $\boldsymbol{B}(\boldsymbol{r})$.

Lösungsvorschlag:
Zunächst kann der Strom durch die xy-Ebene mit

$$\iint_{\mathbb{R}^2} \mathrm{d}^2\boldsymbol{f}\cdot\boldsymbol{j}$$

errechnet werden. Dies lässt sich zunächst auf

$$\frac{I}{\pi R^2}\int_0^{2\pi}\mathrm{d}\phi\int_0^{\infty}\mathrm{d}s\; s\,\mathrm{e}^{-\frac{s^2}{R^2}} = \frac{2I}{R^2}\int_0^{\infty}\mathrm{d}s\; s\,\mathrm{e}^{-\frac{s^2}{R^2}}$$

umformen. Für das verbleibende Integral kann die Substitution $u = \frac{s^2}{R^2}$ mit

$$\mathrm{d}u = \frac{2}{R^2}s\,\mathrm{d}s$$

verwendet werden, um

$$\frac{2I}{R^2}\int_0^{\infty}\mathrm{d}s\; s\,\mathrm{e}^{-\frac{s^2}{R^2}} = I\int_0^{\infty}\mathrm{d}u\; \mathrm{e}^{-u} = I\left[-\mathrm{e}^{-u}\right]_0^{\infty} = I$$

zu erhalten. Daher ist der Strom durch die xy-Ebene tatsächlich durch I gegeben. Um nun die magnetische Flussdichte bestimmen zu können, kann das Ampère'sche Gesetz

$$\oint_{\partial\mathcal{F}}\mathrm{d}\boldsymbol{r}\cdot\boldsymbol{B} = \mu_0\iint_{\mathcal{F}}\mathrm{d}^2\boldsymbol{f}\cdot\boldsymbol{j} = \mu_0 I_{\mathcal{F}}$$

verwendet werden. Es bietet sich hierbei an, als Fläche $\mathcal{F}$ einen Kreis mit Radius s in der xy-Ebene zu wählen. Da das Problem translationsinvariant entlang der z-Achse ist, beschränkt die Wahl der xy-Ebene nicht die Aussagekraft des Ergebnisses. Im Besonderen ist die magnetische Flussdichte nicht von z abhängig. Wegen der Rotationsinvarianz um die z-Achse kann die magnetische Flussdichte nicht von φ abhängen. Da die magnetische Flussdichte also nur noch vom Radius s abhängen kann, aber über einen Kreis mit festem Radius integriert wird, handelt es sich um eine Konstante, weshalb sich auf der linken Seite

$$\oint_{\partial\mathcal{F}}\mathrm{d}\boldsymbol{r}\cdot\boldsymbol{B} = \int_0^{2\pi}\mathrm{d}\varphi\; s(\hat{\boldsymbol{e}}_\varphi\cdot\boldsymbol{B}(\varphi)) = 2\pi s B_\varphi(s)$$

ergibt. Für die rechte Seite lassen sich die vorangegangenen Berechnungen zur Gesamtstromstärke teilweise verwenden, um das Zwischenergebnis

$$I_{\mathcal{F}} = \frac{2I}{R^2} \int\limits_0^s \mathrm{d}s' \, s' \, \mathrm{e}^{-\frac{s'^2}{R^2}}$$

zu erhalten. Wird nun die gleiche Substitution wie zuvor durchgeführt, muss die obere Grenze durch $\frac{s^2}{R^2}$ ersetzt werden, so dass sich

$$I_{\mathcal{F}} = I \int\limits_0^{\frac{s^2}{R^2}} \mathrm{d}u \, \mathrm{e}^{-u} = I \left(1 - \mathrm{e}^{-\frac{s^2}{R^2}}\right)$$

ergibt. Mit dem Ampère'schen Gesetz kann dann also der Ausdruck

$$B_\varphi(s) = \frac{\mu_0 I}{2\pi s} \left(1 - \mathrm{e}^{-\frac{s^2}{R^2}}\right)$$

für die φ-Komponente der magnetischen Flussdichte ermittelt werden. Andere Beiträge zur magnetischen Flussdichte können nur durch konstante äußere Felder zu Stande kommen. Es handelt sich bei diesem Ergebnis also um den essentiellen Teil der magnetischen Flussdichte, der durch die gegebene Stromverteilung erzeugt wird.

(d) **(5 Punkte)** Zeigen Sie, dass für ein stetig differenzierbares Vektorfeld der Zusammenhang

$$\iiint_{\mathcal{V}} \mathrm{d}^3 r \, \boldsymbol{\nabla} \times \boldsymbol{A} = \oiint_{\partial \mathcal{V}} \mathrm{d}^2 \boldsymbol{f} \times \boldsymbol{A}$$

gültig ist.

Lösungsvorschlag:
Um das Integral auf der linken Seite umzuwandeln, wäre es von Vorteil, wenn der Integrand eine Divergenz ist. In diesem Fall ließe sich nämlich das Gesetz von Gauß anwenden. Es kann dazu die Produktregel der Vektoranalysis

$$\boldsymbol{\nabla} \cdot (\boldsymbol{A} \times \boldsymbol{C}) = \boldsymbol{C} \cdot (\boldsymbol{\nabla} \times \boldsymbol{A}) - \boldsymbol{A} \cdot (\boldsymbol{\nabla} \times \boldsymbol{C})$$

betrachtet werden. Wird $\boldsymbol{C}$ als ein beliebiges aber konstantes Vektorfeld gewählt, kann der Ausdruck zu

$$\boldsymbol{\nabla} \cdot (\boldsymbol{A} \times \boldsymbol{C}) = \boldsymbol{C} \cdot (\boldsymbol{\nabla} \times \boldsymbol{A})$$

vereinfacht werden. Wird also das ursprüngliche Integral von links mit $\boldsymbol{C}$ multipliziert, so kann der Ausdruck

$$\boldsymbol{C} \cdot \iiint_{\mathcal{V}} \mathrm{d}^3 r \, \boldsymbol{\nabla} \times \boldsymbol{A} = \iiint_{\mathcal{V}} \mathrm{d}^3 r \, \boldsymbol{C} \cdot (\boldsymbol{\nabla} \times \boldsymbol{A}) = \iiint_{\mathcal{V}} \mathrm{d}^3 r \, \boldsymbol{\nabla} \cdot (\boldsymbol{A} \times \boldsymbol{C})$$

gefunden werden. Auf diesen lässt sich nun der Satz von Gauß anwenden, um so

$$C \cdot \iiint_{\mathcal{V}} \mathrm{d}^3 r \, \nabla \times A = \oiint_{\partial \mathcal{V}} \mathrm{d}^2 f \cdot (A \times C)$$

zu erhalten. Hierin lässt sich im Spatprodukt nun eine zyklische Vertauschung durchführen und C als konstantes Vektorfeld vor das Integral bringen, um so

$$C \cdot \iiint_{\mathcal{V}} \mathrm{d}^3 r \, \nabla \times A = \oiint_{\partial \mathcal{V}} C \cdot (\mathrm{d}^2 f \times A) = C \cdot \oiint_{\partial \mathcal{V}} \mathrm{d}^2 f \times A$$

zu finden. Da das Vektorfeld C aber beliebig war, muss der Zusammenhang bereits ohne das Skalarprodukt mit C gültig sein, so dass sich

$$\iiint_{\mathcal{V}} \mathrm{d}^3 r \, \nabla \times A = \oiint_{\partial \mathcal{V}} \mathrm{d}^2 f \times A$$

ergibt.

(e) **(5 Punkte)** Zeigen Sie, dass für die magnetische Feldstärke an einer Grenzfläche mit dem Oberflächenstrom k_f der Zusammenhang

$$n_{12} \times (H_2 - H_1) = k_\mathrm{f}$$

gültig ist. Hierin beschreiben H_1 und H_2 die magnetischen Feldstärken in den jeweiligen Medien am selben Punkt der Grenzfläche und n_{12} beschreibt den Normalenvektor der Grenzfläche, der von Medium eins in Medium zwei zeigt.

Lösungsvorschlag:
Ein Zusammenhang zwischen der magnetischen Feldstärke und Strömen wird über die Maxwell-Gleichung

$$\nabla \times H = j_\mathrm{f} + \partial_t D$$

hergestellt. Um eine Aussage über das Verhalten von H an einer Grenzfläche zu erhalten, muss diese integriert werden. Um etwaige Sätze aus der Vektoranalysis ausnutzen zu können, muss – wegen der auftretenden Rotation – ein Oberflächenintegral

$$\iint_{\mathcal{F}} \mathrm{d}^2 f \cdot (\nabla \times H) = \oint_{\partial \mathcal{F}} \mathrm{d}r \cdot H = \iint_{\mathcal{F}} \mathrm{d}^2 f \cdot j_\mathrm{f} + \iint_{\mathcal{F}} \mathrm{d}^2 f \cdot \partial_t D$$

betrachtet werden. Damit beide Seiten der Grenzfläche betrachtet werden, muss die Begrenzung der Fläche so gewählt sein, dass ein Teil davon in Medium eins verläuft und der andere Teil in Medium zwei. Es wird dazu eine rechteckige Fläche gewählt, die zwei Seiten der Länge l parallel zur Grenzfläche aufweist. Diese beiden Seiten sollen von der Grenzfläche jeweils den Abstand $h/2$ haben. Sofern die Integrationsfläche klein genug ist, können alle auftretenden Größen als konstant im jeweiligen Medium bzw. auf der Grenzfläche angenommen werden. Mit dieser Wahl ist die Ausrichtung der Grenzfläche jedoch noch nicht eindeutig. Es gibt durch möglicherweise auftretende Oberflächenströme $\boldsymbol{k}_{\mathrm{f}}$ eine ausgezeichnete Richtung in der Grenzfläche. Die Integrationsfläche soll nun so gewählt werden, dass der Oberflächenstrom senkrecht auf dieser steht. Weiter soll in Medium eins die zur Grenzfläche parallele Begrenzungsstrecke l so ausgerichtet werden, dass sie mit dem Normalenvektor $\boldsymbol{n}_{12}$ auf der Grenzfläche und dem Oberflächenstrom in der Reihenfolge $(\boldsymbol{l}, \boldsymbol{n}_{12}, \boldsymbol{k}_{\mathrm{f}})$ ein Rechtssystem bildet. Dementsprechend kann das Wegintegral über die magnetische Feldstärke gemäß

$$\oint_{\partial \mathcal{F}} \mathrm{d}\boldsymbol{r} \cdot \boldsymbol{H} = \boldsymbol{l} \cdot (\boldsymbol{H}_1 - \boldsymbol{H}_2)$$

ausgewertet werden. Auf der rechten Seite kann zunächst das Integral

$$\iint_{\mathcal{F}} \mathrm{d}^2\boldsymbol{f} \cdot \partial_t \boldsymbol{D} = \partial_t \iint_{\mathcal{F}} \mathrm{d}^2\boldsymbol{f} \cdot \boldsymbol{D}$$

betrachtet werden. Da sich die elektrische Flussdichte aus den physikalischen Feldern der elektrischen Feldstärke und der Polarisation zusammensetzt, darf sie keine unendlich großen Werte annehmen, sondern höchstens endliche Sprünge vollführen. Damit wird das Oberflächenintegral aber null, wenn der Oberflächeninhalt selbst gegen null strebt. Es wird der Grenzfall einer kleinen Oberfläche betrachtet, um die Konstanz der auftretenden Felder zu gewährleisten. Gleichzeitig soll aber eine Aussage über das Verhalten der magnetischen Feldstärke *an der Grenzfläche* untersucht werden. Dies bedingt, dass der Grenzwert $h \to 0$ ausgeführt wird, womit der Flächeninhalt $A = lh$ ebenfalls gegen null tendiert. Daher verschwindet das Integral über die zeitliche Änderung der Flussdichte im betrachteten Grenzfall. Somit muss nur noch das Integral

$$\iint_{\mathcal{F}} \mathrm{d}^2\boldsymbol{f} \cdot \boldsymbol{j}_{\mathrm{f}}$$

untersucht werden. Auch hier wird der Grenzwert $h \to 0$ berücksichtigt. Da in der Stromdichte aber auch Oberflächenströme k_{f} auftreten können, kann das Integral selbst im Fall eines verschwindenden Oberflächeninhalts von null verschieden sein. [1] Da die Integrationsfläche so gewählt wurde, dass $\boldsymbol{k}_{\mathrm{f}}$ parallel zum Normalenvektor der Integrationsfläche ist, muss nur noch über die zur Grenzfläche parallele Länge integriert werden, so dass sich

$$\iint_{\mathcal{F}} \mathrm{d}^2\boldsymbol{f} \cdot \boldsymbol{j}_{\mathrm{f}} = k_{\mathrm{f}} l$$

ergibt. Werden die untersuchten Integrale zusammengebracht, kann so zunächst der Zusammenhang

$$\boldsymbol{l} \cdot (\boldsymbol{H}_1 - \boldsymbol{H}_2) = l k_{\mathrm{f}} \quad \Rightarrow \quad \hat{\boldsymbol{e}}_l \cdot (\boldsymbol{H}_1 - \boldsymbol{H}_2) = k_{\mathrm{f}}$$

---

[1] Ein Oberflächenstrom in der xy-Ebene kann bspw. durch $\boldsymbol{j} = \delta(z)\,\boldsymbol{k}$ ausgedrückt werden, wobei $\boldsymbol{k}$ ein Vektor in der xy-Ebene ist. Bei einem Integral entlang der z-Achse ergibt sich so ein endlicher Wert, selbst wenn über das infinitesimale Intervall $(-\varepsilon, \varepsilon)$ integriert wird.

hergestellt werden, wobei der Einheitsvektor $\hat{e}_l = \frac{l}{l}$ eingeführt wurde. Da die Vektoren $(l, n_{12}, k_{\mathrm{f}})$ in dieser Reihe ein Rechtssystem bilden, muss der Oberflächenstrom durch

$$k_{\mathrm{f}} = k_{\mathrm{f}}(\hat{e}_l \times n_{12})$$

gegeben sein. Um in dem soeben gefundenen Zusammenhang also wieder den vektorartigen Oberflächenstrom k_{f} zu erhalten, muss zunächst mit $\hat{e}_l$ multipliziert werden, um

$$\hat{e}_l(\hat{e}_l \cdot (H_1 - H_2)) = k_{\mathrm{f}}\,\hat{e}_l$$

zu finden. Der Ausdruck auf der linken Seite ist nun aber der parallele Anteil von H an l und damit einer der beiden tangentialen Anteile von H zur Grenzfläche. Dieser Anteil erlebt einen Sprung bei einem auftretenden Oberflächenstrom. Der Oberflächenstrom ist hier aber nur verblieben, da die Integrationsfläche so gewählt wurde, dass der Oberflächenstrom parallel zum Normalenvektor der Integrationsfläche war. Wird stattdessen eine Integrationsfläche gewählt, bei der der Normalenvektor senkrecht zum Oberflächenstrom steht, so tritt dieser nicht mehr auf der rechten Seite auf. Daher ergibt sich in diesem Fall kein Sprung für H, womit die linke Seite zur tangentialen Komponente $H^{(\parallel)}$ vervollständigt werden kann, um

$$H_1^{(\parallel)} - H_2^{(\parallel)} = k_{\mathrm{f}}\,\hat{e}_l$$

zu erhalten. Wird dieser Zusammenhang nun von rechts im Kreuzprodukt mit n_{12} betrachtet, kann

$$k_{\mathrm{f}} = k_{\mathrm{f}}\,\hat{e}_l \times n_{12} = (H_1^{(\parallel)} - H_2^{(\parallel)}) \times n_{12} = n_{12} \times (H_2^{(\parallel)} - H_1^{(\parallel)})$$

gefunden werden. Da beim Kreuzprodukt $n \times H$ nur der Teil senkrecht zu n verbleibt, kann auf der rechten Seite die Tangentialkomponente der magnetischen Feldstärke zur gesamten magnetischen Feldstärke erweitert werden, um so schlussendlich

$$n_{12} \times (H_2 - H_1) = k_{\mathrm{f}}$$

zu finden.

Aufgabe 2 **25 *Punkte***

Die Lagrange-Formulierung der Elektrodynamik

In dieser Aufgabe soll die Lagrange-Funktion der Elektrodynamik untersucht werden. Dazu dürfen uneingeschränkt die Kenntnisse über klassische Feldtheorien und im Besonderen die Euler-Lagrange-Gleichungen

$$\partial_\mu \frac{\partial \mathcal{L}}{\partial(\partial_\mu \phi_r)} = \frac{\partial \mathcal{L}}{\partial \phi_r} \tag{15.2}$$

für die Wirkung

$$S = \frac{1}{c} \int_\Omega \mathrm{d}^4 x \; \mathcal{L}(\phi_r, \partial_\mu \phi_r, x)$$

mit der Lagrange-Dichte $\mathcal{L}(\phi_r, \partial_\mu \phi_r, x)$ verwendet werden. ϕ_r sind dabei die betrachteten Felder und Ω ist das betrachtete Raumzeitvolumen der Form $[t_A, t_B] \times \mathbb{R}^3$.

(a) **(4 Punkte)** Verwenden Sie die Lagrange-Funktion

$$L(\boldsymbol{r}, \boldsymbol{v}, t) = -mc^2 \sqrt{1 - \frac{v^2}{c^2}} + q\boldsymbol{v} \cdot \boldsymbol{A}(\boldsymbol{r}, t) - q\phi(\boldsymbol{r}, t)$$

eines relativistischen Teilchens in einem elektromagnetischen Feld, um zu argumentieren, dass die Lagrange-Dichte der Elektrodynamik einen Term der Form

$$\mathcal{L}_{\text{int}} = -j_\mu A^\mu$$

beinhalten muss.

Lösungsvorschlag:
Zunächst ist zu bemerken, dass im nicht-relativistischen Grenzfall $|\boldsymbol{v}| \ll c$ die Lagrange-Funktion ungefähr durch

$$L \approx -mc^2 + \frac{1}{2} m \boldsymbol{v}^2 + q\boldsymbol{v} \cdot \boldsymbol{A}(\boldsymbol{r}, t) - q\phi(\boldsymbol{r}, t)$$

gegeben ist. Der erste Term $-mc^2$ stellt eine Konstante dar und hat keinen Einfluss auf die Bewegungsgleichung. Der zweite Term $\frac{1}{2} m \boldsymbol{v}^2$ hingegen ist die kinetische Energie des Teilchens, womit es sich bei

$$V(\boldsymbol{r}, \boldsymbol{v}, t) = q\phi(\boldsymbol{r}, t) - q\boldsymbol{v} \cdot \boldsymbol{A}(\boldsymbol{r}, t)$$

um das verallgemeinerte Potential handeln muss. Wird im Lagrange-Formalismus ein System betrachtet, das aus zwei Teilsystemen besteht, so ist die Lagrange-Funktion des Gesamtsystems durch die Summe der freien Lagrange-Funktionen der beiden Teilsysteme und einem Wechselwirkungsterm gegeben. Die Lagrange-Funktion eines freien Teilchens ist durch die kinetische Energie gegeben. Die Wechselwirkung mit dem elektromagnetischen Feld wird durch das verallgemeinerte Potential beschrieben. Es muss sich dabei also um den Wechselwirkungsterm $L_{\text{int}} = -V(\boldsymbol{r}, \boldsymbol{v}, t)$ handeln. [2] Wird die Ladung des Teilchens durch die Ladungsdichte

$$\rho(\boldsymbol{r}, t) = q\delta^{(3)}(\boldsymbol{r} - \boldsymbol{r}(t))$$

ersetzt, so kann der Wechselwirkungsterm der Lagrange-Funktion in einen Wechselwirkungsterm einer Lagrange-Dichte

$$\mathcal{L}_{\text{int}} = \rho\boldsymbol{v} \cdot \boldsymbol{A}(\boldsymbol{r}, t) - \rho\phi(\boldsymbol{r}, t) = \rho\,\boldsymbol{v} \cdot \boldsymbol{A} - \rho\phi$$

umformuliert werden. Da die Stromdichte für eine Punktladung durch

$$\boldsymbol{j} = \rho\,\boldsymbol{v}$$

gegeben ist, und das Vierer-Potential und die Vierer-Stromdichte durch $A^\mu = \left(\frac{\phi}{c}, \boldsymbol{A}\right)$ und $j^\mu = (\rho c, \boldsymbol{j})$ gegeben sind, kann der Wechselwirkungsterm auch als

$$\mathcal{L}_{\text{int}} = \boldsymbol{j} \cdot \boldsymbol{A} - \rho c\frac{\phi}{c} = -\left(\rho c\frac{\phi}{c} - \boldsymbol{j} \cdot \boldsymbol{A}\right) = -\left(j_0 A^0 + j_i A^i\right) = -j_\mu A^\mu$$

formuliert werden. Damit muss für eine konsistente Formulierung ein Wechselwirkungsterm zwischen Quellen und elektromagnetischen Feldern genau diese Form, mit eben diesem Vorzeichen aufweisen.

(b) **(7 Punkte)** Zeigen Sie mit Hilfe der Euler-Lagrange-Gleichung (15.2), dass sich mit der Lagrange-Dichte

$$\mathcal{L}_{\text{ED}}(A_\mu, \partial_\nu A_\mu, x) = -\frac{1}{4\mu_0}F_{\mu\nu}F^{\mu\nu} - j_\mu A^\mu$$

die inhomogenen Maxwell-Gleichungen in kovarianter Form ergeben. Dabei ist

$$F_{\mu\nu} = \partial_\mu A_\nu - \partial_\nu A_\mu$$

der Feldstärketensor der Elektrodynamik.

Lösungsvorschlag:
Zunächst bietet es sich an, die Ableitungen des Feldstärketensors zu bestimmen. Da dieser nur die Ableitungen von A^μ beinhaltet, wird sich für die Ableitung nach dem Feld gerade

$$\frac{\partial F_{\mu\nu}}{\partial A_\sigma} = 0$$

ergeben. Auf der anderen Seite werden die Ableitungen nach den Ableitungen von A^μ nicht verschwinden. Dazu ist zu bemerken, dass es nur Beiträge gibt, wenn die Indizes

---

[2] Die Lagrange-Dichte des freien elektromagnetischen Feldes wird in Teilaufgabe (b) implizit eingeführt und ist durch $\mathcal{L}_{\text{EM}} = -\frac{1}{4\mu_0}F_{\mu\nu}F^{\mu\nu}$ gegeben.

sowohl der Ableitung wie auch des Feldes selbst miteinander übereinstimmen. Das heißt, es wird sich eine Kombination von Kronecker-Deltas ergeben. Explizit kann dies zu

$$\frac{\partial F_{\mu\nu}}{\partial(\partial_\lambda A_\sigma)} = \frac{\partial}{\partial(\partial_\lambda A_\sigma)}(\partial_\mu A_\nu - \partial_\nu A_\mu) = \delta_\mu^\lambda \delta_\nu^\sigma - \delta_\nu^\lambda \delta_\mu^\sigma$$

ermittelt werden. Mit diesen Ergebnissen lässt sich die rechte Seite der Euler-Lagrange-Gleichung zu

$$\frac{\partial \mathcal{L}_{\mathrm{ED}}}{\partial A_\sigma} = -j_\mu \eta^{\mu\sigma} = -j^\sigma$$

bestimmen. Auf der linken Seite der Euler-Lagrange-Gleichung kann hingegen

$$\frac{\partial \mathcal{L}_{\mathrm{ED}}}{\partial(\partial_\lambda A_c)} = -\frac{1}{4\mu_0}2F^{\mu\nu}\frac{\partial F_{\mu\nu}}{\partial(\partial_\lambda A_\sigma)} = -\frac{1}{2\mu_0}F^{\mu\nu}(\delta_\mu^\lambda \delta_\nu^\sigma - \delta_\nu^\lambda \delta_\mu^\sigma)$$

$$= -\frac{1}{2\mu_0}(F^{\lambda\sigma} - F^{\sigma\lambda}) = -\frac{1}{\mu_0}F^{\lambda\sigma}$$

$$\Rightarrow \quad \partial_\lambda \frac{\partial \mathcal{L}_{\mathrm{ED}}}{\partial(\partial_\lambda A_\sigma)} = -\frac{1}{\mu_0}\partial_\lambda F^{\lambda\sigma}$$

gefunden werden. Hierbei wurde verwendet, dass es sich beim Feldstärketensor um einen antisymmetrischen Tensor $F^{\mu\nu} = -F^{\nu\mu}$ handelt. Werden beide Seiten kombiniert, so können die inhomogenen Maxwell-Gleichungen

$$\partial_\lambda F^{\lambda\sigma} = \mu_0 j^\sigma$$

gefunden werden.

(c) **(5 Punkte)** Verwenden Sie das Ergebnis aus Teilaufgabe (b), um die Kontinuitätsgleichung der Ladungsstromdichte j^μ herzuleiten. Zeigen Sie, dass die damit definierte Ladung

$$Q = \int_S \mathrm{d}^3 S_\mu \, j^\mu$$

eine Erhaltungsgröße ist. Darin ist der Normalenvektor der dreidimensionalen Hyperfläche S zeitartig.

Hinweis:
Sie dürfen ohne Beweis den Satz von Gauß

$$\int_\Omega \mathrm{d}^4x \, \partial_\mu V^\mu(x) = \oint_{\partial\Omega} \mathrm{d}^3 S_\mu \, V^\mu(x)$$

annehmen.

Lösungsvorschlag:

Wird auf die inhomogenen Maxwell-Gleichungen die Ableitung ∂_σ angewandt, so kann auf der linken Seite der Zusammenhang

$$\partial_\sigma \partial_\lambda F^{\lambda\sigma} = \partial_\lambda \partial_\sigma F^{\lambda\sigma} = \partial_\sigma \partial_\lambda F^{\sigma\lambda} = -\partial_\sigma \partial_\lambda F^{\lambda\sigma}$$

gefunden werden. Dabei wurde im ersten Schritt der Satz von Schwarz angewandt. Im zweiten Schritt wurde λ in σ und σ in λ umbenannt. Im dritten Schritt wurde die Antisymmetrie des Feldstärketensors verwendet. Damit ist die Größe $\partial_\sigma \partial_\lambda F^{\lambda\sigma}$ aber ihr eigenes Negatives und muss daher mit null übereinstimmen. Auf der rechten Seite der inhomogenen Maxwell-Gleichung kann hingegen

$$0 = \mu_0 \partial_\sigma j^\sigma \quad \Rightarrow \quad \partial_\sigma j^\sigma = 0$$

gefunden werden. Es handelt sich hierbei um die Kontinuitätsgleichung der Ladungsstromdichte. Um zu zeigen, dass es sich bei Q um eine Erhaltungsgröße handelt, wird diese zu zwei Zeitpunkten t_1 und t_2 bestimmt. In diesem Fall sind die beiden Hyperflächen $\mathcal{S}_1 = \mathcal{S}(t_1)$ und $\mathcal{S}_2 = \mathcal{S}(t_2)$ zu betrachten. Die Änderung der Ladung zwischen diesen beiden Zeitpunkten ist aber durch

$$\Delta Q = Q_2 - Q_1 = \int_{\mathcal{S}_2} \mathrm{d}^3 S_\mu \, j^\mu - \int_{\mathcal{S}_1} \mathrm{d}^3 S_\mu \, j^\mu$$

gegeben. Die beiden Normalenvektoren von $\mathcal{S}_1$ und $\mathcal{S}_2$ sind parallel und zeitartig. Die Ladungsströme parallel zu den Normalenvektoren der raumartigen Oberflächen verschwinden für $|\boldsymbol{r}| \to \infty$. Damit lässt sich das Integral als das Oberflächenintegral über die Begrenzung $\partial\Omega$ eines vierdimensionalen Hypervolumens Ω der Raumzeit auffassen, dass in der Zeit durch die beiden Hyperflächen $\mathcal{S}_1$ und $\mathcal{S}_2$ beschränkt wird. Das Vorzeichen vor dem Integral von $\mathcal{S}_1$ sorgt dafür, dass der Normalenvektor der Oberfläche des Hypervolumens stets nach außen zeigt. Damit kann also der Ausdruck

$$\Delta Q = \oint_{\partial\Omega} \mathrm{d}^3 S_\mu \, j^\mu$$

gefunden werden. Mit Hilfe des Satzes von Gauß lässt sich dieser Ausdruck dann aber auf

$$\Delta Q = \int_\Omega \mathrm{d}^4 x \, \partial_\mu j^\mu$$

umformen. Der Integrand ist nun wegen der Kontinuitätsgleichung gerade null, weshalb sich $\Delta Q = 0$ ergibt. Da sich Q nicht ändert, handelt es sich um eine Erhaltungsgröße.

(d) **(3 Punkte)** Finden Sie das Verhalten von $F^{\mu\nu}$ unter der Eichtransformation

$$A_\mu \to A'_\mu = A_\mu + \partial_\mu \Lambda(x)$$

mit einer zweimal stetig differenzierbaren Funktion $\Lambda(x)$. Was bedeutet dies für die Bewegungsgleichungen aus Teilaufgabe (b)?

Lösungsvorschlag:
Nach der Eichtransformation nimmt der Feldstärketensor die Form

$$F'_{\mu\nu} = \partial_\mu A'_\nu - \partial_\nu A'_\mu = \partial_\mu(A_\nu + \partial_\nu\Lambda) - \partial_\nu(A_\mu + \partial_\mu\Lambda)$$
$$= \partial_\mu A_\nu - \partial_\nu A_\mu + \partial_\mu\partial_\nu\Lambda - \partial_\nu\partial_\mu\Lambda$$

an. Da es sich bei Λ um eine zweimal stetig differenzierbare Funktion handelt, ist nach dem Satz von Schwarz der Zusammenhang $\partial_\mu\partial_\nu\Lambda = \partial_\nu\partial_\mu\Lambda$ gültig. Also kann der Feldstärketensor

$$F'_{\mu\nu} = \partial_\mu A_\nu - \partial_\nu A_\mu = F_{\mu\nu}$$

gefunden werden. Er verändert sich nicht unter der Eichtransformation. Da in den inhomogenen Maxwell-Gleichungen nur der Feldstärketensor auftaucht, verändern sich diese unter der Eichtransformation ebenso nicht. Sie haben keinen Einfluss auf die Bewegungsgleichungen. Es gibt also eine Eichfreiheit für die Potentiale A^μ.

(e) **(6 Punkte)** Untersuchen Sie das Verhalten der Wirkung

$$S_{\mathrm{ED}} = \frac{1}{c}\int_\Omega \mathrm{d}^4x \; \mathcal{L}_{\mathrm{ED}}(A_\mu, \partial_\nu A_\mu, x)$$

unter der Eichtransformation aus Teilaufgabe (d). Drücken Sie die transformierte Wirkung S'_{ED} dazu durch die nicht transformierte Wirkung S_{ED} und ein Integral über eine dreidimensionale Hyperfläche $\partial\Omega$, die ein vierdimensionales Hypervolumen Ω beschränkt, aus. Wieso hat dieser Term keinen Einfluss auf die Bewegungsgleichungen?

Lösungsvorschlag:
Wie in Teilaufgabe (d) festgestellt, ändert sich der Feldstärketensor unter Eichtransformationen nicht. Damit ist für die Wirkung nach der Transformation der Ausdruck

$$S'_{\mathrm{ED}} = \frac{1}{c}\int_\Omega \mathrm{d}^4x \left(-\frac{1}{4\mu_0}F'_{\mu\nu}F'^{\mu\nu} - j_\mu A'^\mu\right)$$
$$= \frac{1}{c}\int_\Omega \mathrm{d}^4x \left(-\frac{1}{4\mu_0}F_{\mu\nu}F^{\mu\nu} - j_\mu A^\mu - j_\mu\partial^\mu\Lambda\right)$$
$$= \frac{1}{c}\int_\Omega \mathrm{d}^4x \left(-\frac{1}{4\mu_0}F_{\mu\nu}F^{\mu\nu} - j_\mu A^\mu\right) - \frac{1}{c}\int_\Omega \mathrm{d}^4x \; j^\mu\partial_\mu\Lambda$$

zu finden. Beim ersten Term handelt es sich gerade um die untransformierte Wirkung S_{ED}. Für den Integrand des zweiten Terms kann mit der Kontinuitätsgleichung der Zusammenhang

$$\partial_\mu(j^\mu\Lambda) = \underbrace{(\partial_\mu j^\mu)}_{0}\Lambda + j^\mu\partial_\mu\Lambda$$

gefunden werden. Damit lässt sich die Wirkung nach der Eichtransformation durch

$$S'_{\mathrm{ED}} = S_{\mathrm{ED}} - \frac{1}{c} \int_\Omega \mathrm{d}^4x \; \partial_\mu (j^\mu \Lambda)$$

ausdrücken. Mit dem Satz von Gauß kann dies noch weiter zu

$$S'_{\mathrm{ED}} = S_{\mathrm{ED}} - \frac{1}{c} \oint_{\partial\Omega} \mathrm{d}^3 S_\mu \; j^\mu(x)\Lambda(x)$$

vereinfacht werden. Die Terme des Integranden hängen nun nicht mehr von den Feldern ab und sind als Randbedingungen bzw. Anfangsbedingungen des Problems gegeben. Damit ist das Integral auf der rechten Seite nur noch eine Zahl, die nichts an der Variation der Wirkung ändert. [3]

---

[3]Generell gilt, dass totale Ableitungen von Funktionen von x und sogar den Feldern $\partial_\mu \Lambda(\phi_r(x), x)$ auf die Lagrange-Funktion aufaddiert werden können, ohne etwas an den Bewegungsgleichungen zu ändern. Denn sie lassen sich immer in ein Oberflächenintegral umwandeln. Da dieses nur von den Rand- bzw. Anfangsbedingungen abhängig ist, lässt es sich auswerten und ergibt eine konstante Zahl, die nichts an den Bewegungsgleichungen ändert.

Aufgabe 3 25 *Punkte*

Zirkulare Polarisation elektromagnetischer Wellen

In dieser Aufgabe soll die zirkulare Polarisation elektromagnetischer Wellen im Vakuum untersucht werden.

(a) **(3 Punkte)** Stellen Sie die quellenfreien Maxwell-Gleichungen im Vakuum auf und zeigen Sie, dass sich diese auf

$$\left(\frac{1}{c^2}\frac{\partial^2}{\partial t^2} - \Delta\right)\boldsymbol{E} = 0 \qquad \left(\frac{1}{c^2}\frac{\partial^2}{\partial t^2} - \Delta\right)\boldsymbol{B} = 0$$

reduzieren lassen.

Lösungsvorschlag:
Die quellenfreien Maxwell-Gleichungen im Vakuum sind durch

$$\boldsymbol{\nabla}\cdot\boldsymbol{E} = 0 \qquad \boldsymbol{\nabla}\times\boldsymbol{E} = -\frac{\partial\boldsymbol{B}}{\partial t}$$

$$\boldsymbol{\nabla}\cdot\boldsymbol{B} = 0 \qquad \boldsymbol{\nabla}\times\boldsymbol{B} = \frac{1}{c^2}\frac{\partial\boldsymbol{E}}{\partial t}$$

gegeben. Zunächst lässt sich die Rotation der Rotation des elektrischen Feldes betrachten und aufgrund der Regel der Vektoranalysis

$$\boldsymbol{\nabla}\times(\boldsymbol{\nabla}\times\boldsymbol{A}) = \boldsymbol{\nabla}(\boldsymbol{\nabla}\cdot\boldsymbol{A}) - \Delta\boldsymbol{A}$$

und der Maxwell-Gleichung $\boldsymbol{\nabla}\cdot\boldsymbol{E} = 0$ auf

$$\boldsymbol{\nabla}\times(\boldsymbol{\nabla}\times\boldsymbol{E}) = -\Delta\boldsymbol{E}$$

umformen. Wegen der Maxwell-Gleichung $\boldsymbol{\nabla}\times\boldsymbol{E} = -\partial_t\boldsymbol{B}$ und der Vertauschbarkeit der Ableitungen muss dies aber auch mit

$$\boldsymbol{\nabla}\times(\boldsymbol{\nabla}\times\boldsymbol{E}) = -\boldsymbol{\nabla}\times\frac{\partial\boldsymbol{B}}{\partial t} = -\frac{\partial}{\partial t}(\boldsymbol{\nabla}\times\boldsymbol{B})$$

übereinstimmen. Durch die Maxwell-Gleichung $\boldsymbol{\nabla}\times\boldsymbol{B} = \frac{1}{c^2}\partial_t\boldsymbol{E}$ kann dann schließlich

$$\boldsymbol{\nabla}\times(\boldsymbol{\nabla}\times\boldsymbol{E}) = -\frac{\partial}{\partial t}\left(\frac{1}{c^2}\frac{\partial\boldsymbol{E}}{\partial t}\right) = -\frac{1}{c^2}\frac{\partial^2\boldsymbol{E}}{\partial t^2}$$

gefunden werden. Werden beide Teile zusammengesetzt, lässt sich so

$$-\frac{1}{c^2}\frac{\partial^2\boldsymbol{E}}{\partial t^2} = -\Delta\boldsymbol{E} \quad\Rightarrow\quad \left(\frac{1}{c^2}\frac{\partial^2}{\partial t^2} - \Delta\right)\boldsymbol{E} = 0$$

bestimmen.

Durch eine analoge Rechnung

$$\boldsymbol{\nabla} \times (\boldsymbol{\nabla} \times \boldsymbol{B}) = \boldsymbol{\nabla}(\underbrace{\boldsymbol{\nabla} \cdot \boldsymbol{B}}_{0}) - \Delta \boldsymbol{B} = -\Delta \boldsymbol{B}$$

$$= \boldsymbol{\nabla} \times \left(\frac{1}{c^2} \frac{\partial \boldsymbol{E}}{\partial t}\right) = \frac{1}{c^2} \frac{\partial}{\partial t} \underbrace{(\boldsymbol{\nabla} \times \boldsymbol{E})}_{-\partial_t \boldsymbol{B}} = -\frac{1}{c^2} \frac{\partial^2 \boldsymbol{B}}{\partial t^2}$$

lässt sich auch

$$\left(\frac{1}{c^2} \frac{\partial^2}{\partial t^2} - \Delta\right) \boldsymbol{B} = 0$$

finden.

(b) **(5 Punkte)** Machen Sie den Ansatz einer ebenen Welle

$$\boldsymbol{E}(\boldsymbol{r}, t) = \boldsymbol{E}_0 \, \mathrm{e}^{\mathrm{i}(\boldsymbol{k} \cdot \boldsymbol{r} - \omega t)}$$

mit konstantem $\boldsymbol{E}_0$ und finden Sie eine Beziehung zwischen ω und $\boldsymbol{k}$. Zeigen Sie dann, dass es sich bei $\boldsymbol{E}$, $\boldsymbol{B}$ und $\boldsymbol{k}$ um ein orthogonales Rechtssystem handelt. Zeigen Sie im Besonderen, dass der Zusammenhang

$$\boldsymbol{B}_0 = \frac{\boldsymbol{k}}{\omega} \times \boldsymbol{E}_0$$

gelten muss.

Lösungsvorschlag:
Damit der gegebene Ansatz eine Lösung der Wellengleichung ist, müssen die entsprechenden Ableitungen bestimmt werden. Die erste und zweite Zeitableitung ist hierbei einfach durch

$$\frac{\partial}{\partial t} \left(\boldsymbol{E}_0 \, \mathrm{e}^{\mathrm{i}(\boldsymbol{k} \cdot \boldsymbol{r} - \omega t)}\right) = -\mathrm{i}\omega \, \boldsymbol{E}_0 \, \mathrm{e}^{\mathrm{i}(\boldsymbol{k} \cdot \boldsymbol{r} - \omega t)}$$

$$\frac{\partial^2}{\partial t^2} \left(\boldsymbol{E}_0 \, \mathrm{e}^{\mathrm{i}(\boldsymbol{k} \cdot \boldsymbol{r} - \omega t)}\right) = (-\mathrm{i}\omega)^2 \, \boldsymbol{E}_0 \, \mathrm{e}^{\mathrm{i}(\boldsymbol{k} \cdot \boldsymbol{r} - \omega t)} = -\omega^2 \, \boldsymbol{E}_0 \, \mathrm{e}^{\mathrm{i}(\boldsymbol{k} \cdot \boldsymbol{r} - \omega t)}$$

gegeben. Für den Laplace-Operator kann verwendet werden, dass dieser bei Wirkung auf ein Vektorfeld komponentenweise wirkt. Da $\boldsymbol{E}_0$ konstant ist, wirkt der Laplace-Operator in jeder Komponente also auf die Exponentialfunktion und es muss daher

$$\Delta \left(\boldsymbol{E}_0 \, \mathrm{e}^{\mathrm{i}(\boldsymbol{k} \cdot \boldsymbol{r} - \omega t)}\right) = \boldsymbol{E}_0 \, \Delta \left(\mathrm{e}^{\mathrm{i}(\boldsymbol{k} \cdot \boldsymbol{r} - \omega t)}\right) = \boldsymbol{E}_0 \, \boldsymbol{\nabla} \cdot \left(\boldsymbol{\nabla} \, \mathrm{e}^{\mathrm{i}(\boldsymbol{k} \cdot \boldsymbol{r} - \omega t)}\right)$$

bestimmt werden. Die auftretenden Ableitungen sind dabei durch

$$\boldsymbol{\nabla} \, \mathrm{e}^{\mathrm{i}(\boldsymbol{k} \cdot \boldsymbol{r} - \omega t)} = \mathrm{i}\boldsymbol{k} \, \mathrm{e}^{\mathrm{i}(\boldsymbol{k} \cdot \boldsymbol{r} - \omega t)}$$

$$\boldsymbol{\nabla} \cdot \left(\boldsymbol{\nabla} \, \mathrm{e}^{\mathrm{i}(\boldsymbol{k} \cdot \boldsymbol{r} - \omega t)}\right) = (\mathrm{i}\boldsymbol{k})^2 \, \mathrm{e}^{\mathrm{i}(\boldsymbol{k} \cdot \boldsymbol{r} - \omega t)} = -\boldsymbol{k}^2 \, \mathrm{e}^{\mathrm{i}(\boldsymbol{k} \cdot \boldsymbol{r} - \omega t)}$$

gegeben. Insgesamt muss also der Zusammenhang

$$0 = \left(\frac{1}{c^2}\frac{\partial^2}{\partial t^2} - \Delta\right) \boldsymbol{E} = \left(\frac{-\omega^2}{c^2} + \boldsymbol{k}^2\right) \boldsymbol{E}_0 \, \mathrm{e}^{\mathrm{i}(\boldsymbol{k}\cdot\boldsymbol{r}-\omega t)}$$

gültig sein. Dies kann für alle Punkte im Raum zu jeder beliebigen Zeit t aber nur erfüllt werden, wenn entweder $\boldsymbol{E}_0 = \boldsymbol{0}$ ist, was der trivialen Lösung entspricht, oder wenn die Klammer bereits null ist, also der Zusammenhang

$$\omega^2 = \boldsymbol{k}^2 c^2 \quad \Rightarrow \quad \omega = |\boldsymbol{k}|c$$

gilt. Da das elektrische Feld dennoch die Maxwell-Gleichungen erfüllen muss, kann die Divergenz ausgewertet werden, um

$$0 = \boldsymbol{\nabla} \cdot \boldsymbol{E} = \mathrm{i}\boldsymbol{k} \cdot \boldsymbol{E}_0 \, \mathrm{e}^{\mathrm{i}(\boldsymbol{k}\cdot\boldsymbol{r}-\omega t)}$$

zu erhalten. Die kann nur erfüllt werden, wenn $\boldsymbol{k}\cdot\boldsymbol{E}_0 = 0$ und damit auch $\boldsymbol{k}\cdot\boldsymbol{E} = 0$ gilt. Damit stehen die elektrische Feldstärke und der Wellenvektor senkrecht aufeinander. Mit der Rotation des elektrischen Feldes

$$\boldsymbol{\nabla} \times \boldsymbol{E} = \mathrm{i}\boldsymbol{k} \times \boldsymbol{E}_0 \, \mathrm{e}^{\mathrm{i}(\boldsymbol{k}\cdot\boldsymbol{r}-\omega t)}$$

kann aufgrund der Maxwell-Gleichung $\boldsymbol{\nabla} \times \boldsymbol{E} = -\partial_t \boldsymbol{B}$ durch ein unbestimmtes Integral über die Zeit die magnetische Flussdichte durch

$$\boldsymbol{B} = -\int \mathrm{d}t \, \boldsymbol{\nabla} \times \boldsymbol{E} = -\mathrm{i}\boldsymbol{k} \times \boldsymbol{E}_0 \int \mathrm{d}t \, \mathrm{e}^{\mathrm{i}(\boldsymbol{k}\cdot\boldsymbol{r}-\omega t)}$$

$$= \frac{-\mathrm{i}\boldsymbol{k} \times \boldsymbol{E}_0}{-\mathrm{i}\omega} \, \mathrm{e}^{\mathrm{i}(\boldsymbol{k}\cdot\boldsymbol{r}-\omega t)} = \left(\frac{\boldsymbol{k}}{\omega} \times \boldsymbol{E}_0\right) \mathrm{e}^{\mathrm{i}(\boldsymbol{k}\cdot\boldsymbol{r}-\omega t)}$$

bestimmt werden. Dies ist ein Ausdruck der Form $\boldsymbol{B}_0 \, \mathrm{e}^{\mathrm{i}(\boldsymbol{k}\cdot\boldsymbol{r}-\omega t)}$, weshalb auch

$$\boldsymbol{B}(\boldsymbol{r}, t) = \boldsymbol{B}_0 \, \mathrm{e}^{\mathrm{i}(\boldsymbol{k}\cdot\boldsymbol{r}-\omega t)} \qquad \boldsymbol{B}_0 = \frac{\boldsymbol{k}}{\omega} \times \boldsymbol{E}_0$$

gefunden werden. Da $\boldsymbol{B}_0$ und damit $\boldsymbol{B}$ ein Kreuzprodukt aus der elektrischen Feldstärke und dem Wellenvektor ist, muss es senkrecht auf beiden stehen. Damit stehen alle drei Vektoren senkrecht aufeinander und bilden ein Orthogonalsystem. Aus der Konstruktion von $\boldsymbol{B}_0$ wird klar, dass sie in der Reihenfolge $\boldsymbol{E}$, $\boldsymbol{B}$ und $\boldsymbol{k}$ ein Rechtssystem bilden.

Gehen Sie nun davon aus, die Welle breite sich entlang der z-Richtung aus und ihre Amplitude sei durch

$$\boldsymbol{E}_0 = \frac{E_0}{\sqrt{2}} \left(\hat{\boldsymbol{e}}_x + \mathrm{e}^{\mathrm{i}\delta}\,\hat{\boldsymbol{e}}_y\right)$$

gegeben. Dabei ist $E_0 = |E_0|\,\mathrm{e}^{\mathrm{i}\varphi}$ eine komplexwertige Amplitude mit Phase φ und δ die Phasendifferenz der Amplituden in x- und y-Richtung.

(c) **(4 Punkte)** Zeigen Sie zunächst, dass die Amplitude des elektrischen Feldes dann wirklich durch $|\boldsymbol{E}_0| = |E_0|$ gegeben ist und bestimmen Sie die physikalischen Felder $\mathrm{Re}\,[\boldsymbol{E}(\boldsymbol{r},t)]$ und $\mathrm{Re}\,[\boldsymbol{B}(\boldsymbol{r},t)]$.

Lösungsvorschlag:

Um den Betrag der Amplitude zu bestimmen, bietet es sich an, das Betragsquadrat zu betrachten. Da es sich insgesamt um eine komplexe Größe handelt, muss die Amplitude mit ihrem komplex Konjugierten multipliziert werden. Auf diese Weise kann

$$
|\boldsymbol{E}_0|^2 = \boldsymbol{E}_0 \cdot \boldsymbol{E}_0^* = \frac{E_0 E_0^*}{2}(\hat{\boldsymbol{e}}_x + \mathrm{e}^{\mathrm{i}\delta}\,\hat{\boldsymbol{e}}_y) \cdot (\hat{\boldsymbol{e}}_x + \mathrm{e}^{-\mathrm{i}\delta}\,\hat{\boldsymbol{e}}_y)
$$

$$
= \frac{E_0 E_0^*}{2}(1 + \mathrm{e}^{\mathrm{i}\delta}\,\mathrm{e}^{-\mathrm{i}\delta}) = \frac{|E_0|^2}{2}(1+1) = |E_0|^2
$$

gefunden werden. Damit muss dann auch $|\boldsymbol{E}_0| = |E_0|$ gelten. Wird die gegebene Amplitude in den Ansatz aus Teilaufgabe (b) eingesetzt, so kann der Ausdruck

$$
\boldsymbol{E} = \boldsymbol{E}_0\,\mathrm{e}^{\mathrm{i}(\boldsymbol{k}\cdot\boldsymbol{r}-\omega t)} = \frac{|E_0|\,\mathrm{e}^{\mathrm{i}\varphi}}{\sqrt{2}}(\hat{\boldsymbol{e}}_x + \mathrm{e}^{\mathrm{i}\delta}\,\hat{\boldsymbol{e}}_y)\,\mathrm{e}^{\mathrm{i}(\boldsymbol{k}\cdot\boldsymbol{r}-\omega t)}
$$

$$
= \frac{|E_0|}{\sqrt{2}}\left(\hat{\boldsymbol{e}}_x\,\mathrm{e}^{\mathrm{i}(\boldsymbol{k}\cdot\boldsymbol{r}-\omega t+\varphi)} + \hat{\boldsymbol{e}}_y\,\mathrm{e}^{\mathrm{i}(\boldsymbol{k}\cdot\boldsymbol{r}-\omega t+\varphi+\delta)}\right)
$$

gefunden werden. Wird hiervon der Realteil für das physikalische elektrische Feld betrachtet, so kann

$$
\mathrm{Re}\,[\boldsymbol{E}] = \frac{|E_0|}{\sqrt{2}}\left(\hat{\boldsymbol{e}}_x \cos(\boldsymbol{k}\cdot\boldsymbol{r}-\omega t+\varphi) + \hat{\boldsymbol{e}}_y \cos(\boldsymbol{k}\cdot\boldsymbol{r}-\omega t+\varphi+\delta)\right)
$$

$$
= \frac{|E_0|}{\sqrt{2}}\left(\hat{\boldsymbol{e}}_x \cos(kz-\omega t+\varphi) + \hat{\boldsymbol{e}}_y \cos(kz-\omega t+\varphi+\delta)\right)
$$

gefunden werden. Im letzten Schritt wurde dabei noch ausgenutzt, dass sich die Welle entlang der z-Richtung ausbreitet und daher $\boldsymbol{k} = k\hat{\boldsymbol{e}}_z$ gilt. Für die Amplitude der magnetischen Flussdichte kann aufgrund von

$$
\boldsymbol{B}_0 = \frac{\boldsymbol{k}}{\omega} \times \boldsymbol{E}_0 = \frac{|\boldsymbol{k}|}{\omega}\hat{\boldsymbol{e}}_z \times \boldsymbol{E}_0 = \frac{1}{c}\hat{\boldsymbol{e}}_z \times \boldsymbol{E}_0
$$

der Zusammenhang

$$
\boldsymbol{B}_0 = \frac{1}{c}\frac{E_0}{\sqrt{2}}\left(\hat{\boldsymbol{e}}_z \times \hat{\boldsymbol{e}}_x + \mathrm{e}^{\mathrm{i}\delta}\,\hat{\boldsymbol{e}}_z \times \hat{\boldsymbol{e}}_y\right) = \frac{E_0}{c\sqrt{2}}\left(\hat{\boldsymbol{e}}_y - \mathrm{e}^{\mathrm{i}\delta}\,\hat{\boldsymbol{e}}_x\right)
$$

gefunden werden. Wird dies in die ebene Welle eingesetzt, so kann

$$
\boldsymbol{B} = \boldsymbol{B}_0\,\mathrm{e}^{\mathrm{i}(\boldsymbol{k}\cdot\boldsymbol{r}-\omega t)} = \frac{|E_0|\,\mathrm{e}^{\mathrm{i}\varphi}}{c\sqrt{2}}\left(\hat{\boldsymbol{e}}_y - \mathrm{e}^{\mathrm{i}\delta}\,\hat{\boldsymbol{e}}_x\right)\mathrm{e}^{\mathrm{i}(\boldsymbol{k}\cdot\boldsymbol{r}-\omega t)}
$$

$$
= \frac{|E_0|}{c\sqrt{2}}\left(\hat{\boldsymbol{e}}_y\,\mathrm{e}^{\mathrm{i}(\boldsymbol{k}\cdot\boldsymbol{r}-\omega t+\varphi)} - \hat{\boldsymbol{e}}_x\,\mathrm{e}^{\mathrm{i}(\boldsymbol{k}\cdot\boldsymbol{r}-\omega t+\varphi+\delta)}\right)
$$

bestimmt werden, womit sich dann das physikalische Feld

$$
\begin{aligned}
\operatorname{Re}[\boldsymbol{B}] &= \frac{|E_0|}{c\sqrt{2}}\left(\hat{\boldsymbol{e}}_y \cos(\boldsymbol{k}\cdot\boldsymbol{r}-\omega t+\varphi) - \hat{\boldsymbol{e}}_x \cos(\boldsymbol{k}\cdot\boldsymbol{r}-\omega t+\varphi+\delta)\right)\\
&= -\frac{|E_0|}{c\sqrt{2}}\left(\hat{\boldsymbol{e}}_x \cos(\boldsymbol{k}\cdot\boldsymbol{r}-\omega t+\varphi+\delta) - \hat{\boldsymbol{e}}_y \cos(\boldsymbol{k}\cdot\boldsymbol{r}-\omega t+\varphi)\right)\\
&= -\frac{|E_0|}{c\sqrt{2}}\left(\hat{\boldsymbol{e}}_x \cos(kz-\omega t+\varphi+\delta) - \hat{\boldsymbol{e}}_y \cos(kz-\omega t+\varphi)\right)
\end{aligned}
$$

ergibt.

(d) **(3 Punkte)** Zeigen Sie, dass die Basisvektoren $\hat{\boldsymbol{e}}_\pm$ in $\boldsymbol{E}_0 = E_0\,\hat{\boldsymbol{e}}_\pm$ für rechts-zirkular polarisiertes Licht $\delta = +\frac{\pi}{2}$ und links-zirkular polarisiertes Licht $\delta = -\frac{\pi}{2}$ durch

$$
\hat{\boldsymbol{e}}_\pm = \frac{1}{\sqrt{2}}(\hat{\boldsymbol{e}}_x \pm \mathrm{i}\hat{\boldsymbol{e}}_y)
$$

gegeben sind. Untersuchen Sie, wie sich diese Vektoren bei der Drehung

$$
\begin{aligned}
\hat{\boldsymbol{e}}_x &\to \hat{\boldsymbol{e}}_x \cos(\theta) + \hat{\boldsymbol{e}}_y \sin(\theta)\\
\hat{\boldsymbol{e}}_y &\to -\hat{\boldsymbol{e}}_x \sin(\theta) + \hat{\boldsymbol{e}}_y \cos(\theta)
\end{aligned}
$$

um die z-Achse um den Winkel θ transformieren.

Lösungsvorschlag:
Wird die Amplitude des elektrischen Feldes

$$
\boldsymbol{E}_0 = \frac{E_0}{\sqrt{2}}\left(\hat{\boldsymbol{e}}_x + \mathrm{e}^{\mathrm{i}\delta}\,\hat{\boldsymbol{e}}_y\right)
$$

betrachtet, so kann für rechts-zirkular polarisiertes Licht mit $\delta = +\pi/2$ der Zusammenhang

$$
\begin{aligned}
\boldsymbol{E}_0 &= \frac{E_0}{\sqrt{2}}\left(\hat{\boldsymbol{e}}_x + \mathrm{e}^{\mathrm{i}\pi/2}\,\hat{\boldsymbol{e}}_y\right) = \frac{E_0}{\sqrt{2}}\left(\hat{\boldsymbol{e}}_x + \mathrm{i}\hat{\boldsymbol{e}}_y\right)\\
&= E_0\frac{1}{\sqrt{2}}(\hat{\boldsymbol{e}}_x + \mathrm{i}\hat{\boldsymbol{e}}_y) = E_0\,\hat{\boldsymbol{e}}_+\\
\Rightarrow\quad \hat{\boldsymbol{e}}_+ &= \frac{1}{\sqrt{2}}(\hat{\boldsymbol{e}}_x + \mathrm{i}\hat{\boldsymbol{e}}_y)
\end{aligned}
$$

gefunden werden. [4] Analog wird für links-zirkular polarisiertes mit $\delta = -\pi/2$ Licht

$$\boldsymbol{E}_0 = \frac{E_0}{\sqrt{2}}\left(\hat{\boldsymbol{e}}_x + \mathrm{e}^{-\mathrm{i}\pi/2}\,\hat{\boldsymbol{e}}_y\right) = \frac{E_0}{\sqrt{2}}\left(\hat{\boldsymbol{e}}_x - \mathrm{i}\hat{\boldsymbol{e}}_y\right)$$

$$= E_0\,\frac{1}{\sqrt{2}}(\hat{\boldsymbol{e}}_x - \mathrm{i}\hat{\boldsymbol{e}}_y) = E_0\,\hat{\boldsymbol{e}}_-$$

$$\Rightarrow \quad \hat{\boldsymbol{e}}_- = \frac{1}{\sqrt{2}}(\hat{\boldsymbol{e}}_x - \mathrm{i}\hat{\boldsymbol{e}}_y)$$

gefunden. Bei der gegebenen Rotation um die z-Achse vollziehen die beiden Vektoren $\hat{\boldsymbol{e}}_\pm$ ebenfalls eine Transformation, die durch

$$\hat{\boldsymbol{e}}_\pm \to \frac{1}{\sqrt{2}}(\hat{\boldsymbol{e}}_x' \pm \mathrm{i}\hat{\boldsymbol{e}}_y') = \frac{1}{\sqrt{2}}(\hat{\boldsymbol{e}}_x \cos(\theta) + \hat{\boldsymbol{e}}_y \sin(\theta) \mp \mathrm{i}\hat{\boldsymbol{e}}_x \sin(\theta) \pm \mathrm{i}\hat{\boldsymbol{e}}_y \cos(\theta))$$

$$= \frac{1}{\sqrt{2}}(\hat{\boldsymbol{e}}_x(\cos(\theta) \mp \mathrm{i}\sin(\theta)) \pm \mathrm{i}\hat{\boldsymbol{e}}_y(\cos(\theta) \mp \mathrm{i}\sin(\theta)))$$

$$= \mathrm{e}^{\mp \mathrm{i}\theta}\,\frac{1}{\sqrt{2}}(\hat{\boldsymbol{e}}_x \pm \mathrm{i}\hat{\boldsymbol{e}}_y) = \mathrm{e}^{\mp \mathrm{i}\theta}\,\hat{\boldsymbol{e}}_\pm$$

bestimmt werden kann. Die Polarisationsvektoren werden bei einer Drehung um die z-Achse damit um eine komplexe Phase in gegenläufiger Richtung geändert. [5]

(e) **(5 Punkte)** Zeigen Sie mit Ihren bisherigen Ergebnissen, dass es sich bei den Größen

$$\boldsymbol{F}_\pm = \boldsymbol{E} \pm \mathrm{i}c\,\boldsymbol{B}$$

um rechts- bzw. links-zirkular polarisierte Vektoren handelt.

Lösungsvorschlag:
Um die Größe $\boldsymbol{F}_\pm$ bestimmen zu können, muss zunächst $\boldsymbol{E}$ und $\boldsymbol{B}$ allgemein durch $\hat{\boldsymbol{e}}_\pm$ ausgedrückt werden. Dazu wird die Definition

$$\hat{\boldsymbol{e}}_+ = \frac{1}{\sqrt{2}}(\hat{\boldsymbol{e}}_x + \mathrm{i}\hat{\boldsymbol{e}}_y) \qquad \hat{\boldsymbol{e}}_- = \frac{1}{\sqrt{2}}(\hat{\boldsymbol{e}}_x - \mathrm{i}\hat{\boldsymbol{e}}_y)$$

---

[4]Über die physikalischen Felder aus Teilaufgabe (c) lässt sich auch zeigen, dass es sich bei $\delta = +\pi/2$ um rechts-zirkular polarisiertes Licht handelt. Dazu wird der Raumpunkt $z = 0$ mit der Phase $\varphi = 0$ betrachtet, womit das physikalische Feld durch $\frac{|E_0|}{\sqrt{2}}(\hat{\boldsymbol{e}}_x \cos(\omega t) + \hat{\boldsymbol{e}}_y \sin(\omega t))$ gegeben ist. Es dreht sich in der xy-Ebene gegen den Uhrzeigersinn und ist damit rechtshändig.

[5]Hieran sind zwei Dinge bemerkenswert: 1) Nach einer Drehung um 180 Grad haben beide Basisvektoren einfach nur ein Minuszeichen eingesammelt. Die Polarisationsebene ist dann wieder dieselbe, die Welle hat nur einen Phasenunterschied von 180 Grad. In diesem Sinne entspricht eine volle Drehung im Polarisationsraum einer halben Drehung im physikalischen Raum. Im Rahmen der Quantenmechanik tauchen sogenannte Spinoren auf, die eine ähnliche Eigenschaft haben, dass volle Drehungen im physikalischen Raum einer halben Drehung im Spinorraum entsprechen. 2) Im Rahmen der Quantenmechanik wird Licht als Zusammensetzung einzelner Teilchen (der Photonen) aufgefasst. Diese haben einen Eigendrehimpuls (Spin), der nur zwei Einstellungen einnehmen kann. Eine Drehung um die z-Achse wird dabei durch einen Operator der Form $\mathrm{e}^{-\mathrm{i}\hat{L}_z\theta/\hbar}$ ausgeführt. Ein Vergleich mit dem gefundenen Ausdruck legt nahe, dass die Eigenwerte für $\hat{L}_z$ von $\hat{\boldsymbol{e}}_\pm$ durch $\pm\hbar$ gegeben sein müssen. Die $+$ Einstellung entspricht damit rechtshändigen Photonen, deren Spin parallel zu ihrem Impuls ausgerichtet ist.

invertiert, um so

$$\hat{e}_+ + \hat{e}_- = \sqrt{2}\hat{e}_x \quad \Rightarrow \quad \hat{e}_x = \frac{1}{\sqrt{2}}(\hat{e}_+ + \hat{e}_-)$$

$$\hat{e}_+ - \hat{e}_- = i\sqrt{2}\hat{e}_y \quad \Rightarrow \quad \hat{e}_y = \frac{-i}{\sqrt{2}}(\hat{e}_+ - \hat{e}_-)$$

zu finden. Dies kann in die Amplitude

$$\boldsymbol{E}_0 = \frac{E_0}{\sqrt{2}}(\hat{e}_x + e^{i\delta}\,\hat{e}_y)$$

eingesetzt werden, um so

$$\boldsymbol{E}_0 = \frac{E_0}{2}(\hat{e}_+ + \hat{e}_- - i\,e^{i\delta}(\hat{e}_+ - \hat{e}_-)) = \frac{E_0}{2}(\hat{e}_+(1 - i\,e^{i\delta}) + \hat{e}_-(1 + i\,e^{i\delta}))$$

zu finden. Um $\boldsymbol{B}_0$ zu bestimmen, bietet es sich wegen

$$\boldsymbol{B}_0 = \frac{1}{c}\,\hat{e}_z \times \boldsymbol{E}_0$$

an, die Kreuzprodukte von $\hat{e}_z$ mit $\hat{e}_\pm$ zu bestimmen, wobei sich

$$\hat{e}_z \times \hat{e}_\pm = \frac{1}{\sqrt{2}}(\hat{e}_z \times \hat{e}_x \pm i(\hat{e}_z \times \hat{e}_y)) = \frac{1}{\sqrt{2}}(\hat{e}_y \mp i\hat{e}_x)$$

$$= \mp\frac{i}{\sqrt{2}}(\hat{e}_x \pm i\hat{e}_y) = \mp i\hat{e}_\pm = (-i)(\pm\hat{e}_\pm)$$

ergibt. Somit kann für $\boldsymbol{B}_0$ der Ausdruck

$$\boldsymbol{B}_0 = -i\frac{E_0}{2c}(\hat{e}_+(1 - i\,e^{i\delta}) - \hat{e}_-(1 + i\,e^{i\delta}))$$

gefunden werden. Wird nun die Größe $\boldsymbol{F}_\pm$ durch

$$\boldsymbol{F}_\pm = \boldsymbol{F}_{\pm 0}\,e^{i(\boldsymbol{k}\cdot\boldsymbol{r}-\omega t)}$$

ausgedrückt, so kann die Größe

$$\boldsymbol{F}_{\pm 0} = \boldsymbol{E}_0 \pm ic\,\boldsymbol{B}_0$$

aufgrund von

$$\boldsymbol{E}_0 = \frac{E_0}{2}(\hat{e}_+(1 - i\,e^{i\delta}) + \hat{e}_-(1 + i\,e^{i\delta}))$$

$$ic\,\boldsymbol{B}_0 = \frac{E_0}{2}(\hat{e}_+(1 - i\,e^{i\delta}) - \hat{e}_-(1 + i\,e^{i\delta}))$$

durch

$$\boldsymbol{F}_{\pm 0} = \boldsymbol{E}_0 \pm ic\,\boldsymbol{B}_0 = \frac{E_0}{2}(\hat{e}_+(1 \pm 1)(1 - i\,e^{i\delta}) + \hat{e}_-(1 \mp 1)(1 + i\,e^{i\delta}))$$

bestimmt werden. Im Falle des oberen Vorzeichens wird so

$$\boldsymbol{F}_{+0} = E_0(1 - \mathrm{i}\,\mathrm{e}^{\mathrm{i}\delta})\hat{\boldsymbol{e}}_+$$

gefunden, während im Falle des unteren Vorzeichens

$$\boldsymbol{F}_{-0} = E_0(1 + \mathrm{i}\,\mathrm{e}^{\mathrm{i}\delta})\hat{\boldsymbol{e}}_-$$

gilt. Die beiden Amplituden $\boldsymbol{F}_{+0}$ und $\boldsymbol{F}_{-0}$ sind damit jeweils parallel zu $\hat{\boldsymbol{e}}_+$ und $\hat{\boldsymbol{e}}_-$ und damit rechts bzw. links polarisierte Vektoren. [6]

(f) **(5 Punkte)** Verwenden Sie das Transformationsverhalten

$$\boldsymbol{E}'(\boldsymbol{r}',t') = \boldsymbol{E}_\parallel(\boldsymbol{r},t) + \gamma\left(\boldsymbol{E}_\perp(\boldsymbol{r},t) + \boldsymbol{\beta} \times (c\,\boldsymbol{B}(\boldsymbol{r},t))\right)$$

$$\boldsymbol{B}'(\boldsymbol{r}',t') = \boldsymbol{B}_\parallel(\boldsymbol{r},t) + \gamma\left(\boldsymbol{B}_\perp(\boldsymbol{r},t) - \boldsymbol{\beta} \times \left(\frac{1}{c}\,\boldsymbol{E}(\boldsymbol{r},t)\right)\right)$$

der elektromagnetischen Felder bei einem Boost, um die Transformationsmatrix $\Lambda_\pm$ in $\boldsymbol{F}'_\pm(\boldsymbol{r}',t') = \Lambda_\pm \boldsymbol{F}_\pm(\boldsymbol{r},t)$ für die in Teilaufgabe (e) eingeführten Felder $\boldsymbol{F}_\pm$ allgemein zu bestimmen.

Hinweis: Bei einem Boost lassen sich γ und $\boldsymbol{\beta} = \beta\,\boldsymbol{n}$ durch die Rapidität ν mittels $\gamma = \cosh(\nu)$ und $\gamma\beta = \sinh(\nu)$ ausdrücken. Der parallele Anteil eines Vektors $\boldsymbol{A}$ zu einem normierten Vektor $\boldsymbol{n}$ kann durch $(\boldsymbol{n} \cdot \boldsymbol{n}^T)\boldsymbol{A}$ ermittelt werden.

Lösungsvorschlag:
Zunächst ist es vorteilhaft, die Abkürzungen s_ν und c_ν für $\sinh(\nu)$ und $\cosh(\nu)$ einzuführen. Mit dem Hinweis kann das Transformationsverhalten dann zunächst durch

$$\boldsymbol{E}' = (\boldsymbol{n} \cdot \boldsymbol{n}^T)\boldsymbol{E} + c_\nu(\mathbb{1} - \boldsymbol{n} \cdot \boldsymbol{n}^T)\boldsymbol{E} + s_\nu\,\boldsymbol{n} \times (c\,\boldsymbol{B})$$

$$\boldsymbol{B}' = (\boldsymbol{n} \cdot \boldsymbol{n}^T)\boldsymbol{B} + c_\nu(\mathbb{1} - \boldsymbol{n} \cdot \boldsymbol{n}^T)\boldsymbol{B} - s_\nu\,\boldsymbol{n} \times \left(\frac{1}{c}\,\boldsymbol{E}\right)$$

ausgedrückt werden. Dieses Transformationsverhalten kann nun in die Definition

$$\boldsymbol{F}_\pm = \boldsymbol{E} \pm \mathrm{i}c\,\boldsymbol{B}$$

eingesetzt werden, um

$$\begin{aligned}
\boldsymbol{F}'_\pm &= (\boldsymbol{n} \cdot \boldsymbol{n}^T)\boldsymbol{E} + c_\nu(\mathbb{1} - \boldsymbol{n} \cdot \boldsymbol{n}^T)\boldsymbol{E} + s_\nu\,\boldsymbol{n} \times (c\,\boldsymbol{B}) \\
&\quad \pm \mathrm{i}c(\boldsymbol{n} \cdot \boldsymbol{n}^T)\boldsymbol{B} \pm \mathrm{i}c c_\nu(\mathbb{1} - \boldsymbol{n} \cdot \boldsymbol{n}^T)\boldsymbol{B} \mp \mathrm{i}s_\nu\,\boldsymbol{n} \times \boldsymbol{E} \\
&= (\boldsymbol{n} \cdot \boldsymbol{n}^T)(\boldsymbol{E} \pm \mathrm{i}c\,\boldsymbol{B}) + c_\nu(\mathbb{1} - \boldsymbol{n} \cdot \boldsymbol{n}^T)(\boldsymbol{E} \pm \mathrm{i}c\,\boldsymbol{B}) \mp \mathrm{i}s_\nu\,\boldsymbol{n} \times (\boldsymbol{E} \pm \mathrm{i}c\,\boldsymbol{B}) \\
&= \left(\boldsymbol{n} \cdot \boldsymbol{n}^T + c_\nu(\mathbb{1} - \boldsymbol{n} \cdot \boldsymbol{n}^T) \mp \mathrm{i}s_\nu\,\boldsymbol{n} \times \cdot\right)\boldsymbol{F}_\pm
\end{aligned}$$

---

[6] $\boldsymbol{F}_\pm$ projizieren den rechts bzw. links polarisierten Anteil des Lichtes heraus, was sich daran erkennen lässt, dass für eine rein links polarisierte Welle $\delta = -\pi/2$ der Zusammenhang $\boldsymbol{F}_{+0} = E_0(1 - \mathrm{i}(-\mathrm{i})) = 0$ gilt. Da die links polarisierte Welle keinen rechts polarisierten Anteil enthält, sollte ein rechts polarisierter Anteil entsprechend verschwinden, was durch $\boldsymbol{F}_+$ erfüllt wird.

zu finden. Damit zeigt sich, dass sich $F_\pm$ mit einer Matrix $\Lambda_\pm$ der Form

$$\Lambda_\pm = \boldsymbol{n} \cdot \boldsymbol{n}^T + c_\nu(\mathbb{1} - \boldsymbol{n} \cdot \boldsymbol{n}^T) \mp \mathrm{i}s_\nu\, \boldsymbol{n} \times \cdot$$

transformiert. In Komponenten kann diese durch

$$(\Lambda_\pm)_{ij} = n_i n_j + \cosh(\nu)\,(\delta_{ij} - n_i n_j) \pm \mathrm{i}\sinh(\nu)\,\epsilon_{ijk}n_k$$

ausgedrückt werden. [7]

---

[7]Wie sich zeigt, transformieren sich die Kombinationen $F_\pm$ einfach durch eine Matrixmultiplikation. Durch das Betrachten infinitesimaler Transformationen lässt sich zeigen, dass diese das gleiche algebraische Verhalten aufweisen wie die infinitesimalen Transformationen eines Vierervektors. Tatsächlich handelt es sich bei $\Lambda_\pm$ um dreidimensionale Darstellungen der Lorentz-Gruppe. Eine detaillierte Analyse derselbigen zeigt, dass ihre Algebra in zwei $\mathfrak{su}(2)$-Algebren aufgesplittet wird. Im Rahmen der Quantentheorie wird diesen Algebren je eine halbzahlige Quantenzahl zugewiesen. Die erste wird für linkshändige und die zweite für rechtshändige Transformationsverhalten verwendet. In diesem Sinne handelt es sich bei F_+ um ein Objekt, das mit einer rechtshändigen Darstellung der Form $(0, 1)$ transformiert und bei F_- um ein Objekt für die linkshändige Darstellung der Form $(1, 0)$. (Das Viererpotential transformiert hingegen mit einer Darstellung der Form $(\frac{1}{2}, \frac{1}{2})$ und hat damit sowohl links- wie auch rechtshändige Anteile.)

Aufgabe 4   **25 *Punkte***

Multipolmomente am regelmäßigen Sechseck

In dieser Aufgabe soll das elektrische Potential von sechs Ladungen, die in einem regelmäßigen Sechseck der Kantenlänge a in der xy-Ebene angeordnet sind, in großem Abstand $r \gg a$ bestimmt werden. Die geometrische Anordnung ist in Abb. 15.2 zu sehen. Die Ladungen sind dabei in ihrem Vorzeichen alternierend.

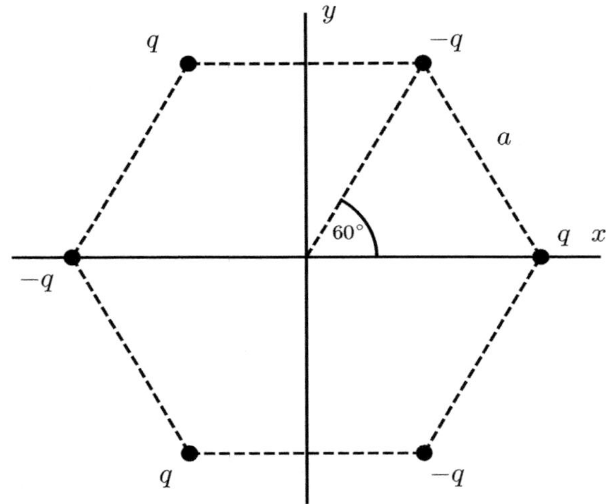

Abb. 15.2 Skizze der hexagonal angeordneten Ladungen

(a) **(2 Punkte)** Finden Sie die x- und y-Komponenten der jeweiligen Ladungen.

Lösungsvorschlag:
Da die Ladungen in einem regelmäßigen Sechseck, dessen Mittelpunkt mit dem Ursprung zusammenfällt, angeordnet sind, lässt sich dieses auch in gleichseitige Dreiecke aufteilen. Jede Ladung hat den Abstand a zum Ursprung und es müssen nur die trigonometrischen Funktionen von $60°$ bestimmt werden. Da

$$\sin(60°) = \frac{\sqrt{3}}{2} \qquad \cos(60°) = \frac{1}{2}$$

gültig sind, können so die Koordinaten der Ladungen

#	φ	Ladung	x	y
1	0	$+q$	a	0
2	$\frac{\pi}{3}$	$-q$	$\frac{a}{2}$	$\frac{\sqrt{3}}{2}a$
3	$\frac{2\pi}{3}$	$+q$	$-\frac{a}{2}$	$\frac{\sqrt{3}}{2}a$
4	π	$-q$	$-a$	0
5	$\frac{4\pi}{3}$	$+q$	$-\frac{a}{2}$	$-\frac{\sqrt{3}}{2}a$
6	$\frac{5\pi}{3}$	$-q$	$\frac{a}{2}$	$-\frac{\sqrt{3}}{2}a$

gefunden werden. Dazu wurden die Ladungen gegen den Uhrzeigersinn von der Ladung auf der positiven x-Achse aus startend durchnummeriert.

(b) **(2 Punkte)** Bestimmen Sie das Mono- und Dipolmoment der vorliegenden Ladungskonfiguration.

Lösungsvorschlag:
Das Monopolmoment ist durch

$$Q^{(0)} = \iiint\limits_{\mathbb{R}^3} \mathrm{d}^3 r \; \rho(\boldsymbol{r})$$

gegeben und lässt sich für Punktladungen demnach durch

$$Q^{(0)} = \sum_\alpha q_\alpha$$

bestimmen. Im vorliegenden Fall kann so

$$Q^{(0)} = q_1 + q_2 + q_3 + q_4 + q_5 + q_6 = +q - q + q - q + q - q = 0$$

gefunden werden.

Das Dipolmoment ist hingegen durch

$$Q_i^{(1)} = \iiint\limits_{\mathbb{R}^3} \mathrm{d}^3 r \; \rho(\boldsymbol{r}) \, r_i$$

definiert und nimmt für Punktladungen die Form

$$Q_i^{(1)} = \sum_\alpha q_\alpha r_{\alpha,i}$$

an. Es müssen hier die drei Komponenten $Q_1^{(1)}$, $Q_2^{(1)}$ und $Q_3^{(1)}$ bestimmt werden. Da die z-Koordinate aller Ladungen null ist, ist die letzte Komponente ebenfalls null. Für die x-Komponente kann durch Einsetzen der Koordinaten aus Teilaufgabe (a)

$$Q_1^{(1)} = \sum_\alpha q_\alpha x_\alpha = q\left(a - \frac{a}{2} - \frac{a}{2} + a - \frac{a}{2} - \frac{a}{2}\right) = 0$$

gefunden werden, während sich für die y-Komponente

$$Q_2^{(1)} = \sum_\alpha q_\alpha y_\alpha = q\left(0 - \frac{\sqrt{3}}{2}a + \frac{\sqrt{3}}{2}a - 0 - \frac{\sqrt{3}}{2}a + \frac{\sqrt{3}}{2}a\right) = 0$$

ergibt.

Es zeigt sich somit, dass sowohl das Monopol- wie auch das Dipolmoment verschwinden.

(c) **(4 Punkte)** Zeigen Sie, dass alle Komponenten des Quadrupoltensors für diese Ladungsverteilung verschwinden.

Lösungsvorschlag:
Der Quadrupoltensor ist durch

$$Q_{ij}^{(2)} = \iiint_{\mathbb{R}^3} \mathrm{d}^3 r \; \rho(\boldsymbol{r})(3r_i r_j - \delta_{ij} r^2)$$

definiert. Im Fall von Punktladungen kann dieser durch

$$Q_{ij}^{(2)} = \sum_\alpha q_\alpha(3r_{\alpha,i} r_{\alpha,j} - \delta_{ij} r_\alpha^2)$$

bestimmt werden. Es handelt sich um einen symmetrischen spurlosen Tensor, weshalb nur fünf Elemente bestimmt werden müssen, um ihn vollständig zu bestimmen. Es werden hierzu die Elemente $Q_{12}^{(2)}$, $Q_{13}^{(2)}$, $Q_{23}^{(2)}$ und zwei sich anbietende Diagonalelemente betrachtet. Darüber hinaus ist es vorteilhaft, direkt zu bemerken, dass für alle α auch $r_\alpha^2 = a^2$ gilt.

Da die z-Koordinate aller Ladungen null ist, werden die Komponenten $Q_{13}^{(2)}$ und $Q_{23}^{(2)}$ null sein, da in diesem Fall auch δ_{ij} den Wert null annehmen wird. In diesem Zusammenhang lässt sich direkt $Q_{33}^{(2)}$ betrachten. Hier wird der erste Term $r_{\alpha,3} r_{\alpha,3} = z_\alpha^2$ zwar null sein, nicht jedoch das Kronecker-Delta. In diesem Fall wird

$$Q_{33}^{(2)} = \sum_\alpha q_\alpha(-r_\alpha^2) = -a^2 \sum_\alpha q_\alpha$$

verbleiben. Hierbei wurde ausgenutzt, dass jede Ladung den selben Abstand a zum Ursprung hat. Die verbleibende Summe ist aber das Monopolmoment, das nach Teilaufgabe (b) den Wert null annimmt, so dass auch $Q_{33}^{(2)} = 0$ gilt. Als zweites Diagonalelement bietet es sich an, $Q_{22}^{(2)}$ zu bestimmen, da die y-Komponente zweier Ladungen bereits null ist. Hierzu muss also der Ausdruck

$$Q_{22}^{(2)} = \sum_\alpha q_\alpha(3y_\alpha^2 - a^2)$$

bestimmt werden. Wie schon beim Element $Q_{33}^{(2)}$ lässt sich argumentieren, dass der zweite Term wegen des verschwindenden Monopolmoments auch verschwinden muss. Damit kann dann

$$Q_{22}^{(2)} = 3 \sum_\alpha q_\alpha y_\alpha^2 = 3q \left(0 - \frac{3}{4}a^2 + \frac{3}{4}a^2 + 0 + \frac{3}{4}a^2 - \frac{3}{4}a^2 \right) = 0$$

bestimmt werden.
Zu guter Letzt bleibt noch $Q_{12}^{(2)}$ zu bestimmen. Hier ist das Kronecker-Delta null, so dass nur

$$Q_{12}^{(2)} = 3 \sum_\alpha q_\alpha x_\alpha y_\alpha = 3q \left(0 - \frac{\sqrt{3}}{4}a^2 - \frac{\sqrt{3}}{4}a^2 + 0 + \frac{\sqrt{3}}{4}a^2 + \frac{\sqrt{3}}{4}a^2 \right) = 0$$

bestimmt werden muss.

Da der Tensor spurlos ist, ist auch das verbleibende Diagonalelement durch

$$Q_{11}^{(2)} = -Q_{22}^{(2)} - Q_{33}^{(2)} = 0$$

zu bestimmen. Darüber hinaus ist der Tensor symmetrisch, so dass auch die Elemente

$$Q_{21}^{(2)} = Q_{12}^{(2)} = 0 \qquad Q_{31}^{(2)} = Q_{13}^{(2)} = 0 \qquad Q_{32}^{(2)} = Q_{23}^{(2)} = 0$$

gegeben sind. Insgesamt zeigt sich, dass jede Komponente des Quadrupoltensors null ist.

(d) (**6 Punkte**) Entwickeln Sie den Ausdruck

$$\frac{1}{\sqrt{1 - 2\lambda x + \lambda^2}}$$

bis zur dritten Ordnung in λ und verwenden Sie Ihr Ergebnis, um zu zeigen, dass sich das Potential eines Sextupolfeldes durch

$$\phi^{(3)}(\boldsymbol{r}) = \frac{1}{8\pi\varepsilon_0} \cdot \frac{Q_{ijk}^{(3)} r_i r_j r_k}{r^7}$$

schreiben lässt. Darin ist $Q_{ijk}^{(3)}$ der Sextupoltensor. Er ist invariant unter der Permutation der Indizes und erfüllt die Eigenschaft $Q_{ikk}^{(3)} = 0$ für alle $i \in \{1, 2, 3\}$.

Hinweis: Das Legendre-Polynom für $l = 3$ ist durch

$$P_3(x) = \frac{5x^3 - 3x}{2}$$

gegeben.

Lösungsvorschlag:

Der gegebene Ausdruck kann entweder direkt durch die Taylor-Reihe gemäß dem binomischen Lehrsatz

$$(1 + x)^n = \sum_{k=0}^{\infty} \binom{n}{k} x^k$$

entwickelt werden, oder es kann erkannt werden, dass es sich um die erzeugende Funktion der Legendre-Polynome handelt. So lässt sich der gegebene Ausdruck nämlich gemäß

$$\frac{1}{\sqrt{1 + 2\lambda x + \lambda^2}} = \sum_{l=0}^{\infty} \lambda^l P_l(x)$$

in Legendre-Polynomen entwickeln. Mit dem gegebenen Legendre-Polynom und den ersten drei Legendre-Polynomen

$$P_0(x) = 1 \qquad P_1(x) = x \qquad P_2(x) = \frac{3x^2 - 1}{2}$$

lässt sich so die Entwicklung

$$\frac{1}{\sqrt{1 + 2\lambda x + \lambda^2}} \approx 1 + \lambda \cdot x + \lambda^2 \frac{3x^2 - 1}{2} + \lambda^3 \frac{5x^3 - 3x}{2} + \mathcal{O}(\lambda^4)$$

finden. Das elektrische Potential ist durch

$$\phi(\boldsymbol{r}) = \frac{1}{4\pi\varepsilon_0} \iiint\limits_{\mathbb{R}^3} \mathrm{d}^3 r' \frac{\rho(\boldsymbol{r}')}{|\boldsymbol{r} - \boldsymbol{r}'|}$$

zu bestimmen. Unter der Annahme, dass die Ladungsverteilung auf einen endlich großen Raumbereich beschränkt ist, welcher durch eine Kugel des Radius a eingeschlossen wird, können Orte mit $r \gg a$ und folglich $r \gg r'$ betrachtet werden. Der Nenner im Integrand kann dann als

$$\frac{1}{|\boldsymbol{r} - \boldsymbol{r}'|} = \frac{1}{\sqrt{r^2 - 2\boldsymbol{r} \cdot \boldsymbol{r}' + r'^2}} = \frac{1}{r} \frac{1}{\sqrt{1 - 2\frac{r'}{r}\frac{\boldsymbol{r}\cdot\boldsymbol{r}'}{rr'} + \left(\frac{r'}{r}\right)^2}}$$

geschrieben und gemäß der obigen Erkenntnis mit $\lambda = \frac{r'}{r} \ll 1$ und $x = \frac{\boldsymbol{r}\cdot\boldsymbol{r}'}{rr'}$ entwickelt werden. Die Terme mit $l \in \{0, 1, 2\}$ ergeben respektive das Monopol-, Dipol- und Quadrupolmoment und sind nach den Erkenntnissen von Teilaufgabe (b) und (c) null. Für den Term in dritter Ordnung von $\frac{r'}{r}$ kann so

$$\phi^{(3)}(\boldsymbol{r}) = \frac{1}{4\pi\varepsilon_0} \iiint\limits_{\mathbb{R}^3} \mathrm{d}^3 r' \, \rho(\boldsymbol{r}') \frac{1}{r} \left(\frac{r'}{r}\right)^3 \frac{5\left(\frac{\boldsymbol{r}\cdot\boldsymbol{r}'}{rr'}\right)^3 - 3\frac{\boldsymbol{r}\cdot\boldsymbol{r}'}{rr'}}{2}$$

$$= \frac{1}{8\pi\varepsilon_0} \frac{1}{r^7} \iiint\limits_{\mathbb{R}^3} \mathrm{d}^3 r' \, \rho(\boldsymbol{r}') \left(5(\boldsymbol{r} \cdot \boldsymbol{r}')^3 - 3(\boldsymbol{r} \cdot \boldsymbol{r}')r^2 r'^2\right)$$

gefunden werden. Für den ersten Term im Integranden kann in Indexschreibweise die Form

$$(\boldsymbol{r} \cdot \boldsymbol{r}')^3 = (r_i r_i')(r_j r_j')(r_k r_k') = r_i r_j r_k r_i' r_j' r_k'$$

geschrieben werden. Damit lassen sich die Abhängigkeiten von $\boldsymbol{r}$ aus dem Integral herausziehen und der Term ist invariant unter der Permutation der Indizes. Für den zweiten Term muss zum Entstehen des Faktors r^2 bei Multiplikation mit $r_i r_j r_k$ ein Kronecker-Delta auftauchen. Würde nur ein Kronecker-Delta auftreten, so wäre dieser Term nicht mehr invariant unter der Permutation der Indizes. Deshalb muss die Spezielle Konstruktion

$$3(\boldsymbol{r} \cdot \boldsymbol{r}')r^2 r'^2 = (\boldsymbol{r} \cdot \boldsymbol{r}')r^2 r'^2 + (\boldsymbol{r} \cdot \boldsymbol{r}')r^2 r'^2 + (\boldsymbol{r} \cdot \boldsymbol{r}')r^2 r'^2$$
$$= (r_i r_i')r'^2 \delta_{jk} r_j r_k + (r_j r_j')r'^2 \delta_{ik} r_i r_k + (r_k r_k')r'^2 \delta_{ij} r_i r_j$$
$$= r_i r_j r_k (r'^2 r_i' \delta_{jk} + r'^2 r_j' \delta_{ki} + r'^2 r_k' \delta_{ij})$$

verwendet werden, die alle Indizes gleichberechtigt beinhaltet. Auf diese Weise lässt sich der Beitrag in dritter Ordnung zum Potential nun durch

$$\phi^{(3)}(\boldsymbol{r}) = \frac{1}{8\pi\varepsilon_0} \frac{1}{r^7} \iiint\limits_{\mathbb{R}^3} \mathrm{d}^3 r' \; \rho(\boldsymbol{r}') r_i r_j r_k \left(5 r_i' r_j' r_k' - r'^2 (r_i' \delta_{jk} + r_j' \delta_{ki} + r_k' \delta_{ij})\right)$$
$$= \frac{1}{8\pi\varepsilon_0} \frac{r_i r_j r_k}{r^7} \left(\iiint\limits_{\mathbb{R}^3} \mathrm{d}^3 r' \; \rho(\boldsymbol{r}') \left(5 r_i' r_j' r_k' - r'^2 (r_i' \delta_{jk} + r_j' \delta_{ki} + r_k' \delta_{ij})\right) \right)$$

schreiben. Ein Vergleich mit dem Ausdruck in der Aufgabe zeigt, dass der Sextupoltensor durch

$$Q_{ijk}^{(3)} = \iiint\limits_{\mathbb{R}^3} \mathrm{d}^3 r' \; \rho(\boldsymbol{r}') \left(5 r_i' r_j' r_k' - r'^2 (r_i' \delta_{jk} + r_j' \delta_{ki} + r_k' \delta_{ij})\right)$$

gegeben ist. Per Konstruktion ist dieser invariant unter der Permutation der Indizes. Wird der Ausdruck $Q_{ikk}^{(3)}$ betrachtet, so kann für den Integranden weiter

$$5 r_i' r_k' r_k' - r'^2 (r_i' \delta_{kk} + r_k' \delta_{ki} + r_k' \delta_{ik}) = 5 r_i' r'^2 - r'^2 (3 r_i' + r_i' + r_i') = 0$$

gefunden werden, womit sich zeigt, dass dieser Tensor tatsächlich $Q_{ikk}^{(3)} = 0$ für jedes beliebige i erfüllt.

(e) **(9 Punkte)** Begründen Sie, weshalb es genügt, die Komponenten $Q_{123}^{(3)}$, $Q_{111}^{(3)}$, $Q_{133}^{(3)}$, $Q_{222}^{(3)}$, $Q_{233}^{(3)}$, $Q_{322}^{(3)}$ und $Q_{333}^{(3)}$ zu bestimmen, um den gesamten Sextupoltensor zu kennen. Bestimmen Sie diese Komponenten für die vorliegende Ladungsverteilung.

Lösungsvorschlag:
Zunächst gibt es für den dreifach indizierten Sextupoltensor $3 \cdot 3 \cdot 3 = 27$ Komponenten. Da der Tensor aber invariant unter Permutationen der Indizes ist, gibt es für

drei verschiedene Indizes $i \neq j \neq k \neq i$ nur ein einziges Element, das bestimmt werden muss, um alle zu kennen. Für dieses kann bspw. $Q^{(3)}_{123}$ gewählt werden. Damit verbleiben die Elemente, bei denen entweder alle Indizes oder nur zwei Indizes gleich sind. Da die Ausdrücke invariant unter Permutation sind, können für den letzten Fall exemplarisch alle Komponenten angeschaut werden, bei denen die letzten beiden Indizes gleich sind. Damit gibt es hierfür $3 \cdot 2 = 6$ Möglichkeiten. Zusammen mit den Komponenten bei denen alle Indizes gleich sind, gibt es also noch neun weitere Komponenten. Diese werden durch die Eigenschaft $Q^{(3)}_{ikk} = 0$ aber miteinander verbunden, so dass es hierunter nur sechs unabhängige Komponenten gibt. Insgesamt zeigt sich so, dass der Sextupoltensor über sieben unabhängige Komponenten verfügt. [8] Die Gleichungen $Q^{(3)}_{ikk} = 0$ lassen sich mit

$$Q^{(3)}_{111} + Q^{(3)}_{122} + Q^{(3)}_{133} = 0$$
$$Q^{(3)}_{211} + Q^{(3)}_{222} + Q^{(3)}_{233} = 0$$
$$Q^{(3)}_{311} + Q^{(3)}_{322} + Q^{(3)}_{333} = 0$$

ausschreiben. Ein Vergleich mit der Liste der Komponenten in der Aufgabenstellung zeigt, dass es sich bei den geforderten um sieben unabhängige Komponenten handelt.

Wie schon beim Quadrupoltensor sind die folgenden Beobachtungen hilfreich:

1) Für Punktladungen kann das Integral durch eine Summe ersetzt werden, so dass der Sextupoltensor durch

$$Q^{(3)}_{ijk} = \sum_{\alpha} q_{\alpha} \left(5 r_{\alpha,i} r_{\alpha,j} r_{\alpha,k} - r_{\alpha}^2 (r_{\alpha,i} \delta_{jk} + r_{\alpha,j} \delta_{ki} + r_{\alpha,k} \delta_{ij}) \right)$$

gegeben ist.

2) Die z-Komponenten aller Ladungen sind null, so dass stets $z_{\alpha} = 0$ gilt.

3) Alle Ladungen haben den selben Abstand zum Ursprung, so dass $r_{\alpha}^2 = a^2$ gültig ist.

Für das Element

$$Q^{(3)}_{123} = \sum_{\alpha} q_{\alpha} \left(5 x_{\alpha} y_{\alpha} z_{\alpha} - r_{\alpha}^2 (x_{\alpha} \delta_{23} + y_{\alpha} \delta_{31} + z_{\alpha} \delta_{12}) \right)$$

sind alle Elemente unterschiedlich und alle Kronecker-Deltas nehmen daher den Wert null an. Darüber hinaus steht im ersten Term ein Produkt mit z_{α}, so dass auch dieser Term verschwindet. Damit zeigt sich, dass $Q^{(3)}_{123} = 0$ gelten muss.

---

[8] Das ist wenig überraschend, da in einer Multipolentwicklung nach Kugelflächenfunktionen der Sextupol durch $l = 3$ beschrieben wird und es damit für m insgesamt sieben verschiedene Einstellungen gibt. Also gibt es auch nur sieben sphärische Sextupolmomente.

Für $Q_{111}^{(3)}$ lässt sich zunächst der Ausdruck

$$Q_{111}^{(3)} = \sum_{\alpha} q_\alpha (5x_\alpha^3 - a^2(x_\alpha + x_\alpha + x_\alpha)) = \sum_{\alpha} q_\alpha (5x_\alpha^3 - 3a^2 x_\alpha)$$

bestimmen. Der zweite Term lässt sich nach Ausmultiplizieren zu

$$-3a^2 \sum_{\alpha} q_\alpha x_\alpha$$

umformen. Dieser Term wird aufgrund des verschwindenden Dipolmoments ebenfalls null sein. Somit kann durch Einsetzen der Ergebnisse von Teilaufgabe (a) für die betrachtete Komponente

$$Q_{111}^{(3)} = 5 \sum_{\alpha} q_\alpha x_\alpha^3 = 5q \left(a^3 - \frac{a^3}{8} - \frac{a^3}{8} + a^3 - \frac{a^3}{8} - \frac{a^3}{8} \right)$$
$$= 5qa^3 \left(2 - \frac{1}{2} \right) = \frac{15}{2} qa^3 \neq 0$$

gefunden werden.

Für $Q_{133}^{(3)}$ kann der Zusammenhang

$$Q_{133}^{(3)} = \sum_{\alpha} q_\alpha \left(5x_\alpha z_\alpha^2 - r_\alpha^2 (x_\alpha \delta_{33} + z_\alpha \delta_{31} + z_\alpha \delta_{13}) \right) = -a^2 \sum_{\alpha} q_\alpha x_\alpha$$

gefunden werden. Hierbei wurde ausgenutzt, dass die z-Koordinaten der Ladungen allesamt null sind und dass die Kronecker-Deltas für verschiedene Indizes auch verschwindende Werte annehmen. Wie auch schon bei der Komponente $Q_{111}^{(3)}$ lässt sich argumentieren, dass der verbleibende Term aufgrund des verschwindenden Dipolmoments auch null sein muss. Damit zeigt sich, dass die Komponente $Q_{133}^{(3)}$ verschwindet. Aufgrund der Eigenschaft $Q_{1kk}^{(3)} = 0$ lässt sich so auch

$$Q_{122}^{(3)} = -Q_{111}^{(3)} - Q_{133}^{(3)} = -\frac{15}{2} qa^3$$

bestimmen.

Für die Komponente $Q_{222}^{(3)}$ lässt sich genau wie für $Q_{111}^{(3)}$ der Ausdruck

$$Q_{222}^{(3)} = \sum_{\alpha} q_\alpha \left(5y_\alpha^3 - 3a^2 y_\alpha \right)$$

aufstellen. Wieder lässt sich argumentieren, dass der zweite Term aufgrund des verschwindenden Monopolmoments ebenfalls null sein muss. Für den ersten Term kann dann durch Einsetzen der Koordinaten aus Teilaufgabe (a) der Zusammenhang

$$Q_{222}^{(3)} = 5 \sum_{\alpha} q_\alpha y_\alpha^3 = 5q \left(0 - \frac{\sqrt{3}^3}{8} a^3 + \frac{\sqrt{3}^3}{8} a^3 + 0 - \frac{\sqrt{3}^3}{8} a^3 + \frac{\sqrt{3}^3}{8} a^3 \right) = 0$$

gefunden werden.

Für die Komponente $Q^{(3)}_{233}$ kann der Ausdruck

$$Q^{(3)}_{233} = \sum_\alpha q_\alpha \left(5 y_\alpha z_\alpha^2 - r_\alpha^2 (y_\alpha \delta_{33} + z_\alpha \delta_{32} + z_\alpha \delta_{23})\right) = -a^2 \sum_\alpha q_\alpha y_\alpha$$

aufgestellt werden. Auch hier wurden die verschwindenden z-Komponenten sowie der Umstand $r_\alpha^2 = a^2$ ausgenutzt. Der verbleibende Term stellt die y-Komponente des Dipolmomentes dar und ist somit null. Insgesamt zeigt sich so wegen des Zusammenhangs $Q^{(3)}_{2kk} = 0$ auch, dass

$$Q^{(3)}_{211} = -Q^{(3)}_{222} - Q^{(3)}_{233} = 0$$

gelten muss.

Für die Komponente $Q^{(3)}_{322}$ lässt sich der Ausdruck

$$Q^{(3)}_{322} = \sum_\alpha q_\alpha \left(5 z_\alpha y_\alpha^2 - r_\alpha^2 (z_\alpha \delta_{22} + y_\alpha \delta_{23} + y_\alpha \delta_{32})\right)$$

finden. Da nun aber die z-Koordinaten aller Ladungen null sind und die Kronecker-Deltas für unterschiedliche Indizes ebenso null werden, zeigt sich, dass auch $Q^{(3)}_{322} = 0$ gilt.

Für die Komponente $Q^{(3)}_{333}$ tauchen in jedem Term z-Komponenten auf, die allesamt null sind, sodass auch $Q^{(3)}_{333} = 0$ gelten muss. Aufgrund des Zusammenhangs $Q^{(3)}_{3kk} = 0$ lässt sich damit auch sofort bestimmen, dass

$$Q^{(3)}_{311} = -Q^{(3)}_{322} - Q^{(3)}_{333} = 0$$

gelten muss.

Somit sind die einzigen nicht verschwindenden Komponenten des Sextupoltensors durch

$$Q^{(3)}_{111} = \frac{15}{2} q a^3$$

und

$$Q^{(3)}_{122} = Q^{(3)}_{212} = Q^{(3)}_{221} = -\frac{15}{2} q a^3$$

gegeben.

(f) **(2 Punkte)** Verwenden Sie Ihre Ergebnisse aus den Teilaufgaben (d) und (e), um das Potential des Sextupolanteils für die gegebene Ladungsverteilung zu bestimmen. Weshalb wird das tatsächliche Potential für große Abstände $r \gg a$ durch diesen Ausdruck gut beschrieben?

Lösungsvorschlag:
Laut Teilaufgabe (d) ist das Potential eines Sextupols durch

$$\phi^{(3)}(\boldsymbol{r}) = \frac{1}{8\pi\varepsilon_0} \frac{Q^{(3)}_{ijk} r_i r_j r_k}{r^7}$$

zu bestimmen. Mit den Werten für den Quadrupoltensor aus Teilaufgabe (e) kann somit

$$\phi^{(3)}(\boldsymbol{r}) = \frac{1}{8\pi\varepsilon_0} \frac{1}{r^7} \left(Q^{(3)}_{111} x^3 + Q^{(3)}_{122} xy^2 + Q^{(3)}_{212} xy^2 + Q^{(3)}_{221} xy^2 \right)$$

$$= \frac{15}{16\pi\varepsilon_0} \frac{qa^3}{r^7} (x^3 - 3xy^2) = \frac{15qa^3}{16\pi\varepsilon_0} \frac{x(x^2 - 3y^2)}{r^7}$$

gefunden werden. Da die Ladungskonfiguration auf einen Raumbereich beschränkt ist, der durch eine Kugel des Radius a beschrieben werden kann, wird in großer Entfernung $r \gg a$ das Feld maßgeblich durch das niedrigste nicht verschwindende Multipolmoment bestimmt. Wie sich in Teilaufgabe (b) und (c) gezeigt hat, sind das Monopol-, Dipol- wie auch Quadrupolmoment allesamt null. Erst das Sextupolmoment verschwindet nicht. Alle höheren Multipolmomente, wie das Oktupolmoment, werden mit Potenzen von $\frac{a}{r} \gg 1$ unterdrückt.

Index

Ampère'sches Gesetz, 49, 243, 322, 359, 399, 440, 523, 563, 601

Bewegung im elektromagnetischen Feld, 49, 89, 90, 172, 246, 363, 481, 525, 564
Bewegungsgleichung, 135, 172, 363, 525, 564, 602

Dielektrizität, 172, 323, 360
Dipol, 51, 91, 132, 172, 173, 211, 244, 323, 363, 402, 442, 485, 525, 606

Eichfreiheit, 133, 207, 321, 400, 602
Elektrische Bauteile, 49, 89, 131, 171, 207, 243, 281, 321, 359, 399, 439, 481, 523, 563, 601
Elektrisches Feld, 53, 91, 93, 132, 244, 246, 321, 323, 360, 402, 442, 485, 564, 566
Elektrisches Potential, 132, 175, 209, 244, 323, 360, 400, 402, 404, 442, 482, 566, 606
Elektrodynamik, 53, 444
Elektromagnetische Wellen, 53, 91, 93, 131, 172, 208, 209, 243, 285, 324, 359, 361, 400, 402, 444, 567, 604
Elektrostatik, 132, 175, 207, 244, 323, 360, 404, 442, 482, 525, 566, 606
Energie-Impuls-Tensor, 283, 484
Energiedichte, 484

Felder in Materie, 53, 93, 172, 324, 361, 400, 444, 567
Feldstärketensor, 135, 283, 484, 602
Feldtheorie, 283, 484, 602

Gauß'sches Gesetz, 89, 131, 171, 207, 281, 439, 481, 566
Green'sche Funktion, 175, 209, 282, 400, 404, 482

Kondensator, 360
Kreisfrequenz, 50, 53, 90
Kugelflächenfunktionen, 442

Ladungsdichte, 90, 132, 323, 360, 361, 402, 442, 566, 606
Lagrange-Formalismus, 171, 246, 283, 602
Legendre-Polynome, 245, 323, 442, 606
Lorentz-Boost, 50, 135, 604
Lorentz-Kraft, 135, 564

Magnetfeld, 91, 245, 524
Magnetische Feldstärke, 245, 322, 440, 524
Magnetische Flussdichte, 51, 53, 133, 173, 211, 245, 282, 322, 402, 440, 485, 524, 564
Magnetisches Moment, 51, 90, 173, 211, 245, 363, 524
Magnetisches Skalarpotential, 245, 524
Magnetisierung, 245, 524
Magnetostatik, 51, 90, 133, 173, 211, 245, 282, 322, 363, 440, 524
Maxwell-Gleichungen, 49, 53, 93, 131, 208, 209, 211, 243, 281, 282, 285, 322, 324, 399, 400, 439, 440, 444, 481, 485, 523, 563, 567, 601, 604
Monopol, 132, 244, 606
Multipolentwicklung, 132, 173, 211, 244, 442, 606

Oberflächenladungsdichte, 175, 404, 482

Permeabilität, 245, 322
Polarisation, 172, 323, 360
Poynting-Vektor, 53, 91, 402, 484, 485

Quadrupol, 132, 173, 211, 244, 606

Randwertproblem, 175, 208, 285, 324, 404, 482

© Der/die Herausgeber bzw. der/die Autor(en), exklusiv lizenziert an
Springer-Verlag GmbH, DE, ein Teil von Springer Nature 2025
M. Eichhorn, *Prüfungstraining Theoretische Physik – Elektrodynamik*,
https://doi.org/10.1007/978-3-662-71709-7

Relativistik, 50, 135, 246, 283, 359,
399, 444, 484, 523, 563, 602,
604

Spiegelladungen, 175, 404
Stetigkeitsbedingungen, 53, 89, 171,
208, 281, 321, 322, 324, 444,
567, 601
Stromdichte, 93, 133, 173, 211, 322,
361, 402, 440, 602

Vektoranalysis, 49, 51, 89, 131, 171,
207, 243, 281, 321, 324, 359,
363, 399, 439, 481, 485, 523,
525, 563, 601
Vektorpotential, 51, 91, 133, 173, 209,
211, 282, 283, 400, 402, 485,
602

Wellenleiter, 208, 285, 324, 439, 567
Wellenvektor, 50, 53, 361

springer-spektrum.de

LEHRBUCH

$$\delta S = \delta \int_{t_A}^{t_B} dt\, L(q, \dot{q}, t) = 0$$

Markus Eichhorn

Prüfungstraining Theoretische Physik – Analytische Mechanik

Klausuren mit ausführlichen Lösungen

Jetzt bestellen:

link.springer.com/978-3-662-68937-0